中国科学院中国动物志编辑委员会主编

中国动物志

昆虫纲　第七十三卷

半　翅　目

盲蝽科 (三)

单室盲蝽亚科　细爪盲蝽亚科　齿爪盲蝽亚科
树盲蝽亚科　撒盲蝽亚科

刘国卿　穆怡然　许静杨　刘　琳　著

国家自然科学基金重大项目
中国科学院知识创新工程重大项目
(国家自然科学基金委员会　中国科学院　科技部　资助)

科 学 出 版 社
北 京

内 容 简 介

　　盲蝽科在自然界常见，并且种类丰富。本志是《中国动物志》盲蝽科第三卷，包括单室盲蝽亚科 Bryocorinae、细爪盲蝽亚科 Cylapinae、齿爪盲蝽亚科 Deraeocorinae、树盲蝽亚科 Isometopinae 和撒盲蝽亚科 Psallopinae，其中含有许多农林害虫和一些有益昆虫。本志提供了中国单室盲蝽亚科、细爪盲蝽亚科、齿爪盲蝽亚科、树盲蝽亚科和撒盲蝽亚科等 5 亚科昆虫的区系和分类基础资料。全书共分为总论和各论两部分。在总论中对其研究简史、形态特征、区系分析、生物学和经济意义做了简要的介绍。在各论中，主要记述上述 5 亚科目前中国已知种，共记述了 268 种，隶属于 56 属；其中单室盲蝽亚科 26 属 109 种，细爪盲蝽亚科 8 属 22 种，齿爪盲蝽亚科 13 属 98 种，树盲蝽亚科 8 属 33 种，撒盲蝽亚科 1 属 6 种。本志包括 28 新种、6 中国新纪录属和 16 中国新纪录种。提供形态特征插图 217 幅，成虫背面观彩色照片 272 幅。

　　本志可供昆虫学、动物学、生物学、农林植物保护及环境科学工作者参考和使用。

图书在版编目(CIP)数据

中国动物志. 昆虫纲. 第七十三卷, 半翅目. 盲蝽科. 三. 单室盲蝽亚科、细爪盲蝽亚科、齿爪盲蝽亚科、树盲蝽亚科、撒盲蝽亚科/刘国卿等著. ——北京：科学出版社，2022.6
　　ISBN 978-7-03-072518-9

　　Ⅰ. ①中…　Ⅱ. ①刘… 　Ⅲ. ①动物志-中国 ②昆虫纲-动物志-中国 ③半翅目-动物志-中国 ④盲蝽科-动物志-中国 　Ⅳ. ①Q958.52

中国版本图书馆 CIP 数据核字 (2022) 第 099369 号

责任编辑：韩学哲　付丽娜 / 责任校对：宁辉彩
责任印制：吴兆东 / 封面设计：刘新新

科 学 出 版 社 出版
北京东黄城根北街 16 号
邮政编码：100717
http://www.sciencep.com

北京虎彩文化传播有限公司 印刷
科学出版社发行　各地新华书店经销
*
2022 年 6 月第 一 版　开本：787 × 1092　1/16
2022 年 6 月第一次印刷　印张：39 1/4　插页：9
字数：931 000
定价：829.00 元
(如有印装质量问题，我社负责调换)

Editorial Committee of Fauna Sinica, Chinese Academy of Sciences

FAUNA SINICA

INSECTA Vol. 73

Hemiptera

Miridae (III)

Bryocorinae, Cylapinae, Deraeocorinae,

Isometopinae and Psallopinae

By

Liu Guoqing, Mu Yiran, Xu Jingyang and Liu Lin

A Major Project of the National Natural Science Foundation of China
A Major Project of the Knowledge Innovation Program
of the Chinese Academy of Sciences

(Supported by the National Natural Science Foundation of China,
the Chinese Academy of Sciences, and the Ministry of Science and Technology of China)

Science Press
Beijing, China

中国科学院中国动物志编辑委员会

前　言

盲蝽科 Miridae 隶属于半翅目 Hemiptera，种类丰富，是该目的大科之一，世界已知1 万种以上，自然界常见，包括了许多与人类关系密切、重要的经济种类，有些种类已给农、林业等方面的发展带来了严重的损失。亦发现一些种类的存在有益于人类的生存和大自然的繁荣。目前，该科共含 8 亚科，现已由国家科学技术学术著作出版基金资助、中国科学院中国动物志编辑委员会主编出版了 2 卷：郑乐怡教授等编著的《中国动物志 昆虫纲 第三十三卷 半翅目 盲蝽科 盲蝽亚科》及刘国卿教授等编著的《中国动物志 昆虫纲 第六十二卷 半翅目 盲蝽科 (二) 合垫盲蝽亚科》，分别于 2004 年 7 月和 2014 年 6月由科学出版社出版，共记载 2 亚科昆虫 107 属 525 种。

本志是《中国动物志》盲蝽科的第三卷，涉及盲蝽科中的单室盲蝽亚科、细爪盲蝽亚科、齿爪盲蝽亚科、树盲蝽亚科及撒盲蝽亚科等 5 亚科昆虫。

本志分总论和各论两部分。总论中对涉及亚科的研究简史、形态特征、区系分析、生物学和经济意义做了简要的介绍。在各论中，分别对上述 5 亚科的中国已知种给予记述，共记述了 268 种，隶属于 56 属；其中单室盲蝽亚科 26 属 109 种，细爪盲蝽亚科 8属 22 种，齿爪盲蝽亚科 13 属 98 种，树盲蝽亚科 8 属 33 种，撒盲蝽亚科 1 属 6 种。本志包括 28 新种、6 中国新纪录属和 16 中国新纪录种。

各论中，亚科、族、属、亚属及种名前后顺序按其学名的首字母顺序排列，不表示各阶元间的系统关系。种类描述方面，多数种类依据实际标本描述，少数未见到标本的种则依据其原始记载加以摘要描述，并已注明出处。在检查模式标本的过程中发现原始文献中对其特征描写过于简单的物种，作者依据模式标本增加了相关描述。在"观察标本"一项，对所用各批标本的数目、性别、采集信息等做了具体记载，所检查的模式标本相关信息亦在其中。

本志提供形态特征插图 217 幅，成虫背面观彩色照片 272 幅。特征图是作者依据实物绘制而成。本志有少数特征图引用于其他学者，亦已注明出处。

已故萧采瑜教授是我国著名的昆虫学家，是从事中国盲蝽科分类区系研究的第一位中国学者，萧先生的工作始于 20 世纪 40 年代，他的研究成果和丰富的资料积累为我们的研究奠定了极为良好的基础。郑乐怡教授是继萧采瑜教授后又一位优秀的昆虫学家，致力于中国半翅目昆虫的研究和昆虫学教学，带领南开大学的课题组在盲蝽分类研究方面做出了重要的贡献，作为后学，我们将永远感谢他们在我国盲蝽分类学研究中奠基性功绩的开创性工作。

在撰写工作中，引用了郑乐怡教授、任树芝教授、胡奇教授和马成俊先生等有关中国齿爪盲蝽亚科、单室盲蝽亚科和树盲蝽亚科等研究工作的相关资料，在此专门致谢。

另外，在本志撰写过程及相关研究工作中，有关标本借用、文献赠送以及野外工作等各方面工作得到了国内外单位和同行学者的大力帮助与支持，我们对此深表谢意。他们是：中国科学院动物研究所杨星科研究员、黄大卫研究员、梁爱萍研究员、李枢强研究员、乔格侠研究员、张学忠先生；内蒙古师范大学能乃扎布教授、齐宝瑛教授；河北大学任国栋教授、石福明教授；天津自然博物馆孙桂华研究员；宁夏农林科学院植物保护研究所杨彩霞研究员；中国农业大学李法圣教授、彩万志教授；台湾自然科学博物馆林政行博士；甘肃白水江自然保护区王洪建高级工程师；俄罗斯科学院动物研究所Kerzhner 博士；加拿大农业部 Schwartz 博士；匈牙利自然历史博物馆 Rédei 博士；日本冈山大学 Yasunaga 博士；美国国家自然历史博物馆 Henry 博士；美国纽约自然历史博物馆 Schuh 博士；康奈尔大学 Schaefer 教授等。

南开大学昆虫学研究所半翅目研究室卜文俊教授、谢强研究员、于昕副教授及历届研究生亦多次赴国外和全国各地采集相关标本，他们的辛勤劳动、所获大量的标本为丰富本志的内容做出了重要贡献，亦是本志顺利完成的重要条件之一，在此表示衷心感谢。

由于时间所限，标本收集不尽齐全，难免有所挂漏，敬请读者批评指正。

刘国卿

2017 年春于南开大学昆虫学研究所

目　　录

中国动物志　昆虫纲　第七十三卷

总　论

　　盲蝽科 Miridae 隶属于半翅目 Hemiptera，是该目中的大科之一，种类极为丰富。本志记述了该科中的 5 亚科，分别是单室盲蝽亚科 Bryocorinae、细爪盲蝽亚科 Cylapinae、齿爪盲蝽亚科 Deraeocorinae、树盲蝽亚科 Isometopinae 和撒盲蝽亚科 Psallopinae。此类昆虫分布广泛，与人类关系密切，其中有许多种类为害虫或益虫。对该类群的研究具有一定的社会经济意义和理论意义。

一、研究简史

(一) 世界研究简史

1. 单室盲蝽亚科

　　Baerensprung 于 1860 年建立了单室盲蝽亚科，该亚科当时作为一个科来对待。Carvalho (1952, 1957) 将其归入盲蝽科，主要依据副爪间突、爪、触角、前胸背板、膜片、缘片、喙长度和复眼等特征，降为亚科，并提出单室盲蝽亚科包括 3 个族：蕨盲蝽族 Bryocorini、Monaloniiini 和 Doniellinio。从 20 世纪 50 年代至 70 年代中期，Carvalho 系统占据主要地位，将烟盲蝽族 Dicyphini 置于叶盲蝽亚科中。Kelton (1959) 研究了盲蝽科 6 亚科 17 族约 300 种的雄性外生殖器特征，发现烟盲蝽族的阳茎端 (vesica) 形态不同于叶盲蝽亚科内其他 2 族，而与单室盲蝽亚科的 Monaloniiini 族相似，从而提出烟盲蝽族有可能是 1 个单独的亚科。Knight (1941, 1968)、Wagner (1955, 1974b) 根据外生殖器特征，将烟盲蝽族从叶盲蝽亚科中提出，独立地作为 1 个亚科。在 20 世纪 40 年代至 70 年代中期，Knight-Wagner 系统使用颇多。Leston (1961) 对盲蝽精巢管数目进行了研究，从精巢管数目的差异上，推测 Dicyphinae 亚科与 Bryocorinae 亚科系统关系较远，因此，也支持把烟盲蝽族 Dicyphini 视为 1 个单独的亚科。而 Cobben (1968) 在对其卵的结构研究中发现烟盲蝽亚族 Dicyphina 和 Monaloniiini 族的卵都具呼吸角，故它们之间的亲缘关系较接近。Schuh (1975) 对毛点 (trichobothria) 的研究发现烟盲蝽族在毛点数量、毛斑 (trichoma) 有无以及毛点基部的隆起部分特征与本亚科的 Odoniellini 族相同。Schuh (1976) 利用扫描电镜观察了前跗节构造，认为 Dicyphini 族具有伪爪垫，与单室盲蝽亚科的 Monaloniiini 族和 Bryocorini 族相同，而叶盲蝽亚科前跗节应具爪垫 (pulvillus)，二者性质不同，又结合 Kelton (1959)、Cobben (1968) 和 Schuh (1975) 的研究结果，将烟盲蝽族视为单室盲蝽亚科内的一个族，并将其分为烟盲蝽亚族 Dicyphina 和摩盲蝽亚族 Monaloniina。另外，由于 Carvalho 系统中的蕨盲蝽族 Bryocorini 中的 *Eccritotarsus* Stål 属具有大而与爪自由分离的爪垫，爪垫基部具有排列成梳状的长刺毛，

Schuh (1976) 将其提升到族级水平, 而 Carvalho (1956) 建立的帕劳盲蝽亚科 Palaucorinae 的前跗节构造与其相似, 提议并入该族, 成为 1 个亚族 Palaucorina。至此, 该类群的范围被确立, 并被后人普遍采用。

Schuh 和 Slater (1993) 在 *True Bugs of the World (Hemiptera: Heteroptera), Classification and Natural History* 一书中将烟盲蝽族 Dicyphini 分 3 亚族, 提出单室盲蝽亚科的系统如下:

单室盲蝽亚科 Subfamily Bryocorinae
    蕨盲蝽族 Tribe Bryocorini
    烟盲蝽族 Tribe Dicyphini
        烟盲蝽亚族 Subtribe Dicyphina
        摩盲蝽亚族 Subtribe Monaloniina
        泡盾盲蝽亚族 Subtribe Odoniellina
    宽垫盲蝽族 Tribe Eccritotarsini
        宽垫盲蝽亚族 Subtribe Eccritotarsina
        帕劳盲蝽亚族 Subtribe Palaucorina

Schuh (1995)、Kerzhner 和 Josifov (1999)、Cassis 和 Schuh (2012) 等接受并采用该系统。

单室盲蝽亚科分类研究中: Carvalho (1957, 1958a, 1958b) 发表的 "A catalogue of the Miridae of the world (Part I and Part II)" 以 Carvalho 系统为基础, 整理了世界已知属种名录; Schuh 在 1995 年撰写专著 *Plant bugs of the World (Hemiptera: Heteroptera)*, 并于 2002 年建立了盲蝽网站: https://research.amnh.org/pbi/catalog/, 提供世界盲蝽科物种和相关的大量信息, 并持续更新至今。欧洲从 20 世纪 60 年代开始对该亚科就有大量研究: Wagner (1961a, 1961b, 1974a, 1974b) 以地中海为中心研究了欧洲区系单室盲蝽亚科; Wagner 和 Weber (1964) 对法国的该类群进行了研究; Putshkov (1978) 对苏联 (包括远东及中亚地区) 的种类进行了描述与总结; Tamanini (1981) 研究了意大利的种类。Kerzhner (1964, 1978, 1988b) 编写了俄罗斯远东地区属检索表, 并发表了一批新属种。美洲的研究工作主要有: Knight (1968) 编制了美国西部各属的检索表; Carvalho 在 20 世纪 50 年代至 90 年代初, 对中美洲、南美洲的种类有较多的研究, 发表了大量新属种, 为美洲的单室盲蝽亚科的研究奠定了良好的基础; Ferreira 和 Henry (2011) 修订了巴西种类, 并编写了相关检索表。亚洲的研究工作有: 早期由 Miyamoto (1965a, 1965b) 研究了日本和中国台湾的部分种类; Muminov (1978) 对中亚的显胝盲蝽属 *Dicyphus* 进行了系统修订; Carvalho (1981a, 1982) 编写了族检索表, 并分别对新几内亚岛和印度南部及缅甸的类群进行了总结; Stonedahl (1988, 1991a) 对太平洋岛屿及东洋界的某些类群进行了研究, 修订了旧大陆 Eccritotarsini 族 6 属, 详细描述了 59 种, 对其中 34 种进行了重新描述; Yasunaga (2000a) 总结了日本的单室盲蝽亚科名录, 并发表了一些新属种; Yasunaga 和 Duwal (2006) 发表了尼泊尔的新属种; Henry (2009) 对印度西部地区进行了研究; Cho (2010) 报道了蕨盲蝽属 *Bryocoris* 2 种在韩国的分布。Woodward (1954) 对澳洲界的菲盲蝽属 *Felisacus* 进行了研究; Eyles 和 Schuh (2003)、Eyles 等 (2008) 对新西兰的单室盲蝽进行了修订。非洲种类主要由 Poppius (1914a, 1914b, 1914c, 1914d)、Odhiambo (1961, 1962) 和 Linnavuori (1975) 进行了研究。

单室盲蝽亚科主要分布于热带、亚热带，目前世界不同地区均有研究该亚科的种类，发展较为平衡。欧洲、美洲由于研究历史较长，经几代人的努力，其区系分类情况已较为详细，而大洋洲、非洲以及亚洲最近几年一些学者对该亚科进行了广泛研究，发表了不少新属种，尽管如此，上述区域的区系研究仍还有很多的工作需做。

2. 细爪盲蝽亚科

细爪盲蝽亚科 Cylapinae 最早由 Distant (1883) 建立，作为一个群，命名为 Valdasaria。Carvalho (1957) 将其并入盲蝽科，成为一个亚科，并提出将其分为 3 族，即毛膜盲蝽族 Bothriomirini、细爪盲蝽族 Cylapini 和尖头盲蝽族 Fulviini。Schmitz 和 Stys (1973) 认为尖头盲蝽族 Fulviini (或 Fulviinae) 可能是高度分化的单系群。Schuh (1976) 根据爪结构的研究，同样也认为该亚科应是一个单系群。虽然这些特征后来也被修订，但目前看来，该亚科并没有一个明确的族级共有衍征，而细爪盲蝽族和尖头盲蝽族分族标准也不够稳定，几乎可以确定是非单系的 (Schuh, 1995; Schuh & Slater, 1995)。

早期的一些重要研究包括：英国的 Bergroth (1920) 编写了该亚科部分属种的名录；Carvalho 和 Fontes (1968) 对新热带界的种类进行了总结；Carvalho 和 Lorenzato (1978) 研究了新几内亚岛的该类群。另外，Bergroth (1910, 1918, 1920, 1922)、Carvalho (1948, 1952, 1954, 1955a, 1955b, 1956, 1957, 1958a, 1958b, 1972, 1976, 1980a, 1980b, 1981a, 1982, 1984)、Carvalho 和 Fontes (1968)、Carvalho 和 Lorenzato (1978)、Carvalho 和 Ferreira (1994)、Distant (1883, 1904a, 1904b, 1904c, 1904d, 1909, 1913)、Herczek (1991, 1993)、Herczek 和 Popov (1997, 1998, 2000)、Hsiao (1944)、Poppius (1909, 1910, 1912a, 1912b, 1912c, 1913, 1914a, 1914b, 1914c, 1914d, 1915a, 1915b)、Reuter (1875a, 1875b, 1878, 1893, 1895a, 1895b, 1895c, 1902, 1907)、Stål (1860, 1862, 1871) 等在 19 世纪至 20 世纪发表该亚科大量属种，为该类群的现代分类学研究做出了重要贡献。

21 世纪以来，Ferreira 和 Henry (2002, 2011)、Henry 和 Paula (2004) 及 Henry 等 (2011) 报道了分布于美洲的一些种类；Cassis 等 (2003)、Cassis 和 Monteith (2006)、Moulds 和 Cassis (2006) 发表了分布于澳大利亚及南太平洋岛屿的类群；Yasunaga (2000b)、Yasunaga 和 Miyamoto (2006) 对分布于日本的种类进行了报道，并对部分种类进行修订；Gorczyca、Chérot、Chlond、Eyles、Ribes 和 Wolski 等学者在 1997-2008 年的十余年时间内研究了非洲界、东洋界的部分属种，发表了近 40 篇文章，其中包括大量新属种，比较重要的是波兰 Gorczyca 的研究工作，他于 2000 年发表了 "A new genus and species of Cylapinae from the Afrotropical Region (Hemiptera: Miridae)" 一文，对非洲界的细爪盲蝽亚科进行了系统的修订，于 2006 年撰写了 "The catalogue of the subfamily Cylapinae Kirkaldy, 1903 of the World (Hemiptera, Heteroptera, Miridae)"，总结了细爪盲蝽亚科的世界名录。Wolski (2010) 又修订了 Rhinocylapus-group，其中包含 Mycetocylapus Poppius、Proamblia Bergroth、Rhinocylapidius Poppius 和 Rhinocylapus Poppius 等 4 属。

在分子研究方面，Sadowska-Woda 等 (2008) 利用分子方法对尖头盲蝽属 Fulvius

Stål 进行了系统发生分析。Schuh (2009) 利用分子 (16S rDNA、18S rDNA、28S rDNA 和 COI) 和形态的综合分析，认为细爪盲蝽亚科不是单系的。

Schuh 和 Slater (1995) 在 *True Bugs of the World (Hemiptera: Heteroptera): Classification and Natural History* 一书中将细爪盲蝽亚科分为 3 族：毛膜盲蝽族 Bothriomirini、细爪盲蝽族 Cylapini 和尖头盲蝽族 Fulviini。扇细爪盲蝽族 Vanniini 由 Gorczyca 于 1997 年建立。随后，Gorczyca (2000) 建立了鲨盲蝽族 Rhinomirini。Cassis 和 Schuh (2012) 总结了盲蝽科的分类系统，其中细爪盲蝽亚科共包含 5 个族：毛膜盲蝽族 Bothriomirini、细爪盲蝽族 Cylapini、尖头盲蝽族 Fulviini、鲨盲蝽族 Rhinomirini 和扇细爪盲蝽族 Vanniini。

3. 齿爪盲蝽亚科

最早记载该类昆虫的分类学家是 Linnaeus。1758 年，在他的著作 *Systema Naturae* (第十版) 中记载了欧洲广布的齿爪盲蝽 *Deraeocoris ruber*，置于 *Cimex* 属中。直至 18 世纪末，齿爪盲蝽共记载有 4 种，分别置于 *Cimex* 属和 *Lygaeus* 属。

Douglas 和 Scott (1865) 在其著作 *The British-Hemiptera. Vol.1. Hemiptera-Heteroptera* 中提出将齿爪盲蝽归为科级阶元。在该书中记述了当时已知的齿爪盲蝽属 *Deraeocoris* 和 *Pantilius* 2 属共 14 种。随着研究工作的深入，Douglas 和 Scott (1865) 所做出的归群结果有诸多不合理之处，在此后的研究中基本未被采用。

进入 20 世纪，世界各地涌现出更多针对盲蝽科的研究学者，世界性分类工作的开展也为进一步阐明盲蝽科的分类系统奠定了基础。这一时期主要的分类学工作已在世界范围内展开。特别是芬兰的 Poppius (1915a) 发表的"H. Sauter's Formosa-Ausbeute: Nabidae, Anthocoridae, Termatophylidae, Miridae, Isometopidae und Ceratocombidae (Hemiptera)" 和 *Zur Kenntnis der Indo-Australischen Capsarien* 记述了分布于东南亚和大洋洲的齿爪盲蝽，其中包括对我国台湾种类的记述，这些记载对我国齿爪盲蝽分类区系研究甚为重要。

1957-1960 年，巴西的 Carvalho 编写了世界盲蝽名录并已出版，共计 5 卷，包括 5000 余种。Carvalho 主要致力于新热带界种类的研究，记述了大量的物种。20 世纪七八十年代，Wagner、Kerzhner 分别总结了欧洲及俄罗斯远东地区的盲蝽区系工作，先后完成了 *Die Miridae Hahn, 1831, des Mittelmeerraumes und der Makaronesischen Inseln (Hemiptera, Heteroptera)*、*Key to the insects of the European U. S. S. R.* 和 *Keys to the insects of the far east of the U. S. S. R.* 等多部著作。日本学者 Miyamoto 自 1965 年以来发表了"Three new species of the Cimicomorpha from Japan (Hemiptera)"、"Isometopinae, Deraeocorinae and Bryocorinae of the South-west Islands, lying between Kyushu and Formosa (Hemiptera: Miridae)"、"Five new species of Miridae from Japan (Hemiptera, Heteroptera)"、"Type specimens and identity of the mirid species described by Japanese authors in 1906-1917 (Heteroptera: Miridae)"等文章记述分布于日本及周边地区的齿爪盲蝽，Nakatani 等 (2000) 发表的"New or little known deraeocorinae plant bugs from Japan (Heteroptera: Miridae)"记述了分布于日本的齿爪盲蝽；Nakatani (1995, 1997) 发表的"*Deraeocoris kimotoi* Miyamoto and its allies of Japan, with description of a new species (Heteroptera: Miridae)"

和 "A taxonomic study of the genus *Termatophylum* Reuter from Japan (Heteroptera, Miridae)" 等文章对近似种进行了区分，他们的工作对澄清这一类群的种类问题做出了贡献并为今后的区系分析工作奠定了基础；保加利亚学者 Josifov 记述了分布于朝鲜半岛的多种齿爪盲蝽，对这一地区的区系研究有较大的贡献；芬兰学者 Linnavuori 记录了大量采自欧洲、非洲及中亚地区的齿爪盲蝽。

随着研究工作的推进，1995 年，Schuh 编写的世界盲蝽名录 *Plant Bugs of the World* 一书出版，对当时已知的该亚科的种类做了比较完善的总结。

2000 年以来，齿爪盲蝽有零星的新种、新属被发现。Nakatani (2001) 发文恢复了环盲蝽属 *Cimicicapsus* 的属级地位；2003 年 Henry 和 Ferreira 发表了分布于新热带界的 3 新属，2005 年两人又提出一项新异名。

4. 树盲蝽亚科

Fieber 于 1860 年建立树盲蝽科，当时该科仅包括 2 种：*Isometopus intrusus* (Herrich-Schafer) 和 *Isometopus alienus* (Fieber)，此后该类群的分类地位一直存在争议，不同学者提出了不同见解。该类群因具有单眼，被很多学者视为独立科，随着研究工作的深入，对其地位有了新的认识，Hesse (1947) 根据该类群卵的特征，认为该类群与盲蝽科中其他类群相似，Slater (1950) 根据该类群交配囊后壁的特征，亦将该类群归属于盲蝽科。Carayon (1958) 基于半鞘翅和生殖节的结构特征将其归属于盲蝽科，此观点得到了大多数学者的认同，如 Leston (1961)、Slater 和 Schuh (1969)、Schuh (1974, 1976)、Wheeler 和 Henry (1977)、Akingbohungbe (1983)、Schuh 和 Slater (1995) 等同意将其归属于盲蝽科。

目前多数学者认同该类为盲蝽科的成员，将其视为一个亚科而存在。

在族级阶元划分上，Bergroth (1924) 首次将树盲蝽亚科划分为 Isometoparia 和 Myiommaria 两类。McAtee 和 Malloch (1932) 将树盲蝽亚科划分为 2 族：Diphlebini 和 Isometopini，又将后者进一步划分为 Isometoparia 和 Myiommaria 两类。Herczek (1993) 建立了 Electromyiommini 和 Gigantometopini 2 新族，描述了 Isometopini 和 Myiommini 族的鉴别特征。

世界范围内对树盲蝽亚科的分类学研究较早，主要有：著名分类学者 Distant (1904d, 1910b) 对印度、缅甸和斯里兰卡区系的树盲蝽亚科进行了研究，建立了 *Sophianus*、*Turnebus*、*Jehania*、*Scapana* 等 4 属；Poppius (1913, 1915a) 建立了树盲蝽亚科中 *Isometopidea*、*Turnabiella*、*Lidopus* 3 属；Carvalho (1947, 1951) 共建立了 *Aristotelesia*、*Plaumanocoris*、*Paramyiomma*、*Lindbergiolla*、*Biliola*、*Bilionella* 等 6 属。Akingbohungbe (1996) 在 *The Isometopinae (Heteroptera: Miridae) of Africa, Europe and the Middle East* 一书中对非洲、欧洲和中东地区的树盲蝽亚科进行了研究，共记述 89 种和一个亚种。随后，Akingbohungbe (2003, 2004, 2006, 2012) 又建立了树盲蝽亚科的 1 新属 15 种。Schuh 2002-2014 年于 On-line Systematic Catalog of Plant Bugs (Insecta: Heteroptera: Miridae) (https://research.amnh.org/pbi/catalog/) 上共记载树盲蝽亚科 5 族 40 属 231 种。

树盲蝽亚科是一个较小的亚科，大多数种类分布于热带和亚热带地区。该亚科昆虫生活环境隐蔽，行动迅速，不易采集，加之体型小而柔弱、标本容易损坏、不易完整保存等，与盲蝽科其他亚科相比，对其研究的程度相对薄弱。该亚科大多数种类的描述依据 1-4 头标本，有 48%种类仅依据单头标本描述 (Eyles, 1971)。

5. 撒盲蝽亚科

Usinger (1946) 最早描述了撒盲蝽属 *Psallops* 的种类，当时该类群归在叶盲蝽亚科内，Carvalho (1956) 提出撒盲蝽属外形与树盲蝽亚科相似，而 Schuh (1976) 根据其雄性外生殖器特征，将其提为单独的亚科，即撒盲蝽亚科 Psallopinae。

撒盲蝽亚科个体微小、种类稀少，标本采集困难，所以在世界范围内仅有零星报道：Usinger (1946) 报道了分布于马里亚纳群岛的 1 种：*Psallops oculatus* Usinger。Carvalho 和 Sailer (1954) 报道了分布于巴拿马的单型属 *Isometocoris* Carvalho *et* Sailer，当时归在树盲蝽亚科中。Henry 和 Maldonado (1982) 修订撒盲蝽亚科时，将该属移入。Carvalho (1956) 记述了分布于加罗林群岛的 2 种：*Psallops yapensis* Carvalho 和 *P. ponapensis* Carvalho。Linnavuori 和 Alamy (1982) 记述了分布于沙特阿拉伯的 1 种：*P. grandoculus* Linnavuori *et* Alamy。Yasunaga (1999) 共记述了分布于日本的 3 种：*P. yaeyamanus* Yasunaga、*P. nakatanii* Yasunaga 和 *P. myiocephalus* Yasunaga。Yasunaga 和 Yamada (2010) 报道了该亚科在泰国的首次分布，并建立了 2 新种。另外，还有零星化石种类的报道 (Herczek & Popov, 1992; Popov & Herczek, 2006; Vernoux *et al.*, 2010)。

(二) 中国研究简史

1. 单室盲蝽亚科

我国幅员辽阔，物种丰富，但单室盲蝽亚科的区系分类研究较为薄弱。已有的中国种类记载比较零星，而且多数为国外学者的研究结果，并且标本也保存于国外的博物馆中。Signoret (1858) 首次报道了本亚科分布于中国的一个 *Pachypeltis* 属的种类。Reuter (1903, 1906) 研究了采自中国四川西部的标本，描述了 2 种。Poppius (1915a) 根据采自中国台湾的标本描述了 11 种。Stonedahl (1988, 1991a) 记载了中国分布的一批种类。

国内学者研究除早期萧采瑜于 1941 年和 1942 年记载的 7 种外，20 世纪 90 年代，由南开大学昆虫学研究所和台湾自然科学博物馆的研究人员开始研究。Zheng 和 Liu (1992)、Zheng (1992) 先后描述了 7 个分布于中国的种。Zheng (1995) 在 "A list of the Miridae (Heteroptera) recorded from China since J. C. M. Carvalho's 'World Catalogue'" 中报道了该亚科分布于中国的 20 种。胡奇和郑乐怡于 1999-2004 年相继发表了 7 篇文章，记述了中国分布的种类，建立了 1 新属 20 余新种，提出多项新组合，对中国单室盲蝽亚科的分类研究做出了重要贡献。Qi 等 (2002) 记述了本亚科 1 中国新纪录属及 1 新纪录种。林政行于 2000-2008 年报道了中国大陆及台湾分布的 28 种，并发表 15 新种。

2. 细爪盲蝽亚科

中国分布的细爪盲蝽亚科种类全部由国外学者发表，仅有零星种类记载，至今没有进行过系统性研究。最早的报道是由 Poppius 在 1915 年发表的，他记录了分布于台湾的 5 新种：点毛膜盲蝽 *Bothriomiris lugubris* (Poppius)、丝尖头盲蝽 *Fulvius subnitens* Poppius、暗尖头盲蝽 *F. tagalicus* Poppius、普佩盲蝽 *Peritropis pusillus* Poppius 和台无齿细爪盲蝽 *Rhinocylapidius velocipedoides* Poppius。Kerzhner 和 Josifov (1999) 记载了分布于台湾的地尖头盲蝽 *F. dimidiatus* Poppius。Yasunaga (2000b) 记载了分布于台湾的多毛毛膜盲蝽 *B. capillosus* Yasunaga。2002 年，Gorczyca 记载了分布于香港的花尖头盲蝽 *F. anthocoroides* (Reuter)。Lin 和 Yang (2005) 在对盲蝽科外生殖器研究的文章中，研究了分布于台湾的斑细爪盲蝽 *Cylapomorpha michikoae* Yasunaga 和点佩盲蝽 *P. punctatus* Carvalho *et* Lorenzato。Wolski 和 Gorczyca (2012) 记载了带毛膜盲蝽 *B. dissimulans* (Walker) 在海南的分布。

3. 齿爪盲蝽亚科

芬兰学者 Reuter (1903) 记述了采自我国的齿爪盲蝽标本，命名为 *Alloeotomus chinensis*，这是目前我国最早有关齿爪盲蝽的描述。1915 年前后芬兰的另一位学者 R. B. Poppius 根据赫尔辛基大学动物博物馆、巴黎博物馆以及德国昆虫研究所 (Deutsches Entomologisches Institute，Müncheberg，Germany) 的收藏对我国台湾地区的盲蝽科昆虫进行研究，规模较大，其中包括齿爪盲蝽 4 种。1935 年，胡经甫的 *Catalogus Insectorum Sinensium* 一书中共记述中国齿爪盲蝽 3 属 8 种。

20 世纪中后期，随着我国分类工作的开展，有少数国外学者对中国分布的种类有零星记载，大部分工作由我国学者来承担。以萧采瑜、郑乐怡为代表的我国从事半翅目研究的学者对中国的盲蝽科昆虫进行了分类区系研究，发现、记载和描述了大量的新种和我国的新纪录类群，极大地丰富了我国盲蝽科的区系资料。萧采瑜先生在 20 世纪 30 年代末就以中国盲蝽科分类为研究课题开始研究工作。1941 年，他发表了第一篇有关中国盲蝽的论文 "Some new species of Miridae from China"，文章中共记述了盲蝽科 11 种，其中齿爪盲蝽 4 种，在随后发表的 "A list of Chinese Miridae (Hemiptera) with keys to subfamilies, tribes, genera and species" 一文中总结了当时中国已有盲蝽记录，共记载 60 属 143 种，其中包括齿爪盲蝽 2 属 11 种。

20 世纪 80 年代，萧采瑜、任树芝教授发表的《毛眼盲蝽属 (*Termatophylum* Reuter) 及亮盲蝽属 (*Fingulus* Distant) 新种记述 (半翅目：盲蝽科)》和《齿爪盲蝽亚科的新属和新种记述 (半翅目：盲蝽科)》，共描述了中国齿爪盲蝽亚科 3 属 10 种。南开大学昆虫学研究所郑乐怡教授和刘国卿教授对中国齿爪盲蝽亚科的分类也做出了大量工作。在郑乐怡教授的指导下马成俊在 20 世纪 90 年代末在《动物分类学报》等刊物上发表了 3 篇分类学论文，共记述了齿爪盲蝽属 4 种。1995 年，郑乐怡教授在 "A list of the Miridae (Heteroptera) recorded from China since J. C. M. Carvalho's 'World catalogue'" 一文中，记述中国齿爪盲蝽亚科 11 属 33 种。刘国卿教授在 2002 年和马成俊共同发表了《齿爪盲蝽属新种及中国新纪录 (半翅目：盲蝽科)》一文，共记述了齿爪盲蝽属 9 新种和 1 个中国新纪录种。郑乐怡教授和马成俊 2003 年共同发表《点盾盲蝽属中国种类记述 (半翅目，盲蝽科，齿爪盲蝽亚科)》一文，记述了点盾盲蝽属 5 种，并指出 1 个次异名。许静杨、刘国卿等学者于 2005 年和 2007 年先后发表了《齿爪盲蝽属新种及新名记述 (半翅目，盲蝽科，齿爪盲蝽亚科)》及 "The genus *Nicostratus* Distant from China (Hemiptera, Miridae, Deraeocorinae)" 两篇研究论文，记述了中国齿爪盲蝽亚科 3 新种。

此外，内蒙古师范大学的能乃扎布先生、齐宝瑛先生、照日格图先生等于 20 世纪 90 年代开始开展以内蒙古地区为主的盲蝽分类区系研究，积累了大量资料。1994 年发表的《中国内蒙古齿爪盲蝽亚科新种和新纪录 (半翅目：异翅亚目：盲蝽科)》一文中记述了齿爪盲蝽亚科内蒙古分布的 3 属 15 种。1999 年能乃扎布先生主编的《内蒙古昆虫》一书中记录了齿爪盲蝽亚科 13 种，2006 年齐宝瑛先生等撰写的 "A review of *Deraeocoris* from the mainland of China, including *D. qinlingensis* sp. nov. (Hemiptera: Heteroptera: Miridae: Deraeocorinae)" 一文以检索表的形式记录了我国齿爪盲蝽亚科 37 种。

4. 树盲蝽亚科

树盲蝽亚科较小，中国学者过去的研究视其为一独立的科，称树蝽科。萧采瑜 (1964) 根据采自天津、广州、海南地区的标本记述了中国树盲蝽亚科的树蝽属 *Isomeopus* 的 3 新种，此为该属在我国的首次记录。任树芝 (1987) 记载了侏树蝽属的 4 新种，该属亦为中国的首次记录。任树芝和杨集昆 (1988) 建立了树盲蝽亚科 1 新属桂树蝽属 *Paraletaba* Ren et Yang, 1988，该新属包括 1 新种：山桂树蝽 *Paraletaba montana* Ren et Yang, 1988，记述树蝽属的 2 新种及奇树盲蝽属 *Sophianus* 的 1 新种：雁山奇树盲蝽 *Sophianus lamellatus* Ren et Yang, 1988，奇树盲蝽属为中国首次记录。1996 年，Akingbohungbe 认为桂树蝽属与 *Paloniella* Poppius, 1915 是同物异名。Ren (1988) 描述了坚树蝽属 *Letaba* Hesse 的 1 新种：*Letaba xizangana* Ren, 1988，该种是李法圣先生采自西藏，此种被 Akingbohungbe (1996) 新组合为 *Paloniella xizangana* (Ren, 1988)。Ren (1991) 根据云南地区采集的标本记述了树蝽属 1 新种。Qi (2005) 编制了相关属种的检索表，并记述陕西秦岭 1 新种。

台湾地区树盲蝽亚科主要研究者为林政行。Lin (2004b, 2005, 2009) 共记述树盲蝽亚科 13 新种、3 个中国新纪录种及 1 个台湾地区新纪录种。Yasunaga 等 (2017) 对台湾树盲蝽亚科的区系进行了研究，记述了 2 个科学上的新种，建立 1 新族，文中还提出 1 项新组合和 1 新名。

5. 撒盲蝽亚科

中国对该类群的研究相当薄弱，全部的分布记录均由台湾自然科学博物馆的林政行报道。林政行最早于 2004 年发表了分布于台湾的 2 新种：台湾撒盲蝽 *Psallops formosanus* Lin, 2004 和李氏撒盲蝽 *P. leeae* Lin, 2004，并记载了分布于中国天津的 1 新种：中国撒盲蝽 *P. chinensis* Lin, 2004。林政行于 2006 年又发表了台湾 1 新种：橙斑撒盲蝽 *P. luteus* Lin, 2006。2008 年，林政行对台湾撒盲蝽模式种存放地点及模式种信息加以更正，重新定义了模式标本。

二、形态特征

(一) 一般体型特征

此类昆虫中型或小型，体长 1-15mm，多数种类在 3-6mm，体较脆弱，附肢极易受损脱落，狭长至卵圆形；头三角形，前口式或下口式；复眼较大，仅树盲蝽亚科有单眼，其他类群无单眼；触角和喙均 4 节；大部分种类为长翅型 (macropterous)，前翅遮盖腹部，多沿楔片缝向下弯曲，短翅型亦普遍，如雌雄性二型性和种内翅多型性；前翅具三角形楔片，膜片翅脉简单，围成 1-2 个翅室；所有足的转节均分开，中、后足腿节的腹面和侧面具 2-10 个毛点毛；跗节多为 3 节，少数 2 节；爪具薄片状或刚毛状的副爪尖突，爪腹面或中部常具肉质爪垫，有时具爪基部伸出的伪爪垫；后胸臭腺成对，蒸发域常发达；雄性生殖节以及外生殖器构造左右不对称；雌性产卵器锯齿状。

单室盲蝽亚科和细爪盲蝽亚科体型差异较大，既有小型种类，也有大型种类，一些种类大于 10mm。体常狭长，亦有长椭圆形，甚至宽椭圆形。体显著扁平，或强烈圆隆。多数种类为长翅型，少数类群为短翅型。同一种内的体色差异依据不同类群而不同。多数种类体色差异很小，但有些种内差异较大。雌雄二型现象不明显，雌性常较雄性体型略大或相同，但细爪盲蝽亚科的 *Rhinocylapidius vittatus* (Hsiao)体型差异较大，一些种类雌性体型大于雄性的 2 倍，细爪盲蝽亚科大部分属雄性的喙略长于雌性。

齿爪盲蝽亚科昆虫体形通常为椭圆形，齿爪盲蝽族 Deraeocorini、沟齿爪盲蝽族 Clivinemini 的多数种类身体背面呈长椭圆形，透齿爪盲蝽族 Hyaliodini 体形多为宽椭圆形。体型大小变化较大，大田齿爪盲蝽 *Deraeocoris* (*Deraeocoris*) *sanghonami*、大齿爪盲蝽 *D.* (*D.*) *brachialis* 等大型种类体长 15mm 左右，而彦山毛眼盲蝽 *Termatophylum hikosanum* 等小型种类体长仅 3mm 左右。

树盲蝽亚科绝大多数属为阔椭圆形或长椭圆形，亦有一些属为束腰形，身体背面较平坦或微隆，大多数种类背面具刻点，体色变化较小，有些种类甚至整个属体色均相似，且该亚科有些种类为性二型，表现在体色、触角形状等，导致鉴定上的困难。

撒盲蝽亚科体小型，大小较均一。体形一般为长卵圆形。已知种均为长翅型。该类群的体色、体长、翅长、触角形状和毛被等特征常因个体差异或性别而多变，因此易导致鉴定上的困难，并造成许多同物异名的现象和分类上的混乱。

(二) 毛被与其他被覆物

体毛的类型、长短和分布情况等特征在此类昆虫中较为稳定，是常用的分类特征。

体毛多为刚毛状毛 (setae)，圆柱形，结构简单，向端部渐细，顶端尖，长短不一，常直立、半直立或近平伏生长，颜色因种类不同而异，但多为浅黄褐色至褐色，在光照下不呈特殊的闪光。在扫描电镜高倍放大下，其表面结构不同，有些简单光滑，有些具螺旋状纹，有些则具平行刻纹。刚毛状毛较其他毛坚固，排列较稳定且较不易脱落。

另一种较常见的类型为丝状毛 (sericeous setae)，在光照下具特殊的闪光，常为银白色，毛体在中部略加宽，呈窄柳叶状，常平伏，微弯，较刚毛状毛更易因摩擦而脱落。

部分种类还被一种鳞片状毛 (scalelike setae)，在光照下呈银白色，鳞片状，平伏而微弯，中部较宽，端部渐尖，极易脱落。在扫描电镜高倍镜下，其表面具纵向排列的密集条纹。鳞片状毛一般较其他毛分布杂乱而稀疏，如苏盲蝽属 *Sulawesifulvius* Gorczyca, Cherot *et* Stys 前胸背板前角各具 1 单独的直立鳞片状毛。

一些类群体表具外观呈粉末状的被覆物，称为粉被 (pruninosity)，在暗色背景上常呈银白色，无光泽。粉被多分布于头顶、半鞘翅部分区域、胸部侧面和腹部。在扫描电镜下观察，粉被实为一层极短极密的小毛。粉被的功能至今尚无定论，Schuh 和 Slater (1995) 认为其与保护体壁免被磨损有关。

毛被在标本的采集、制作和保存过程中易因摩擦而脱落，另外水浸、油污等因素可导致其变性、变色及粘黏成束等，会给种类鉴定带来一定的困难，故必须小心、谨慎对待，尽量保持毛被的天然状态。

齿爪盲蝽亚科昆虫是普遍具有刻点的一个类群，本亚科种类通常在前胸背板、小盾片、半鞘翅革质部具有刻点。刻点的有无、颜色、浓密与稀疏以及刻点的粗糙程度，均可作为分类特征。

(三) 头 部

此类昆虫的头部多为平伸、斜下倾、半垂直或垂直，通常较短，侧面观大致呈椭圆形，极少数种类呈球形。细爪盲蝽亚科头部多纵向或背腹强烈延伸，只有部分属头部较短。有的树盲蝽亚科种类头高大于头宽，如鹿角树盲蝽属 *Alcecoris*、奇树盲蝽属 *Sophianus*。头的形状、头高与头宽的比例、头顶宽与复眼宽的比例等特征在种类鉴定分类中得以广泛应用。

额 (frons) (图 1-d) 与头顶 (vertex) (图 1-e) 之间无任何外表可见的沟缝分割，形成一连续的额-头顶区 (frons-vertex)，是头部背面的主要区域，此区域后半一般认为是头顶。头顶扁平或微隆，细爪盲蝽亚科的 *Rhinophrus* 属头顶具一个强烈的突起。后缘直或微凸，有时隆起呈狭长的脊状突起，称为后缘脊 (carina of vertex)，后缘脊的高低及完整程度 (全长具脊或只两端呈脊状而中部平坦等) 常作为属、种的分类特征。头顶中部常具 1 下凹的中纵沟 (longitudinal sulcus of vertex)，有时缺，沟的长短、深浅因种类而异，一般较狭细，部分种类略宽大。扫描电镜下可见沟的两侧常具细微刻纹状表面结构，其结构、形状和分布范围在种内较稳定，但目前研究尚不足。额-头顶区的前半为额，额一般较饱满，均匀隆拱，背面观超过、伸达或未遮盖唇基前部，有时具斑纹或横棱，单室盲蝽亚科的泡盾盲蝽属额前部具 1 对指状突起。

唇基 (clypeus) 过去亦称中叶 (central lobe) (图 1-a)，位于额的前方，狭三角形，微隆，略弯曲，少数种类强烈隆起；唇基的基部与额之间常可见不同程度的凹痕分割。唇基常与水平位置的额垂直，或斜下倾，端部下指或后指。细爪盲蝽亚科部分类群唇基近平伸。唇基颜色、隆起程度、长短和弯曲度是常用的分类特征。

上颚片 (mandibular plate) (图 1-g) 过去亦称侧叶 (lateral lobe)，位于唇基两侧或侧下方，侧面观一般呈三角形，向前一般不伸达唇基末端，多紧贴于头部，为上颚口针基部在其上附着的骨片；上颚片上缘与额区无明确分界，较下颚片短，但更宽，表面较平坦，少数种类微隆。

下颚片 (maxillary plate) (图 1-h) 位于上颚片的下方或后方，呈狭片状，为下颚口针基部附着的骨片，一般长于上颚片，基部与小颊相连。小颊 (buccula) (图 1-i) 是位于喙基部两侧的 1 对小片状构造，前端与唇基末端相连。

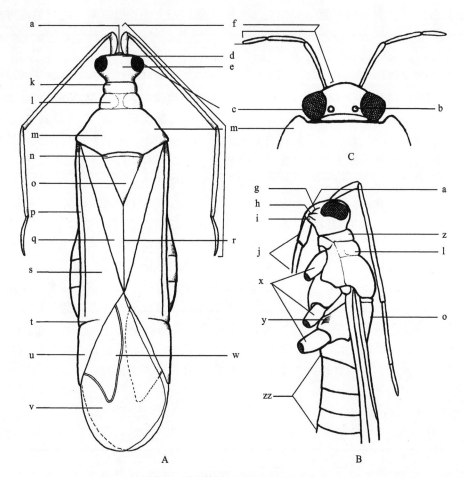

图 1　成虫构造 (structure of adult)

A. 虫体背面观 (dorsal view of body)；B. 虫体侧面观 (lateral view of body)；C. 头背面观 (dorsal view of head)
a. 唇基 (clypeus)；b. 单眼 (ocellus)；c. 复眼 (eye)；d. 额 (frons)；e. 头顶 (vertex)；f. 触角 (antenna)；g. 上颚片 (mandibular plate)；h. 下颚片 (maxillary plate)；i. 小颊 (buccula)；j. 喙 (rostrum)；k. 领 (collar)；l. 胝 (callus)；m. 前胸背板 (pronotum)；n. 中胸盾片 (mesoscutum)；o. 小盾片 (scutellum)；p. 缘片 (embolium)；q. 爪片 (clavus)；r. 爪片接合缝 (claval commissural margin)；s. 革片 (corium)；t. 楔片缝 (cuneal suture)；u. 楔片 (cuneus)；v. 膜片 (membrane)；w. 翅室 (cell of membrane)；x. 基节 (coxa)；y. 臭腺 (scent-gland)；z. 触角窝 (antennal fossa)；　zz. 腹部 (abdomen)

复眼 (eye) (图 1-c) 一般较大，与前胸背板接触或不接触，侧面观常呈肾形。复眼基部在少数情况下向两侧突伸，略呈眼柄状。其侧面观高度、在头部所占据的位置以及两眼内缘之间的距离 (眼间距) 用于分类。树盲蝽亚科、撒盲蝽亚科复眼较大。

单眼 (ocellus) (图 1-b) 仅存于树盲蝽亚科昆虫中，其他亚科中均无。其紧靠或不紧靠复眼。有些种类单眼明显凸出，高于复眼及头顶。该亚科中，单眼与复眼间距离常用于属间或种间的分类鉴定。

连接头与前胸的部分称"颈" (neck)，位于头顶后缘后方的短筒状结构，多被前胸背板遮盖，少数种类明显可见，两侧微隆 (如：长颈盲蝽属 *Macrolophus* Fieber)、平行或向后渐收缩，背面观颈表面一般较头顶光滑。颈的颜色、长短、两侧的弯曲程度亦常用于分类。

触角 (antenna) (图 1-f) 4 节，触角窝 (antennal fossa) (图 1-z) 为触角着生的部位，相对于眼的位置是常用的分类特征。触角一般较细长，少数种类极长。触角第 1 节短粗，基部明显缢缩，端部一般粗于第 2 节基部，具不同程度隆起，部分种类结节状 (如：泡盾盲蝽属 *Pseudodoniella* China *et* Carvalho)，或在中部突然加粗 (如：芋盲蝽属 *Ernestinus* Distant)，或端部膨大 (如：拉盲蝽属 *Ragwelellus* Odhiambo)，多数种类中部或近端部具少数深色硬毛，毛基有或无暗斑；第 2 节一般最长，部分种类略短于第 3 节，形状因种类而异，多呈线形或端部略加粗，少数种类端部明显膨大呈棒状，或强烈扁平 (如：细爪盲蝽亚科的 *Peritropis crassicornis* Poppius、*Phyllofulvius* Carvalho 和 *Phyllofulvidius* Gorczyca)；第 3、4 节多为线形，部分种亦有变化。触角的形状、颜色、长短等方面多存在雌雄差异，特别是触角第 2 节的形状尤为明显。触角特征在分类鉴定中很重要，但此类昆虫的触角常易断落，因此在标本的采集和制作过程中需加以注意。

喙 (rostrum) (图 1-j) 直，又称下唇 (labium)，不取食时平置于腹下，全长紧贴身体腹面。4 节，第 1 节常略粗，端部渐细。各节长度因种类而异，末节端部一般伸至中足基节至后足基节，少数种类伸达前足基节 (如：真颈盲蝽属 *Eupachypeltis* Poppius)，有时伸达或伸过腹部末端 (如：鲨盲蝽属 *Rhinomiris* Kirkaldy)。此类昆虫食性较杂，一般植食性种类喙较细长，捕食性种类喙粗壮。喙的长度在同种中恒定，是分类鉴定中常用的特征。

(四) 胸　　部

此类昆虫前胸背板 (pronotum) (图 1-m) 形状较多样，一般为梯形或钟形，短宽或狭长，表面较平坦或饱满隆拱，具刻点或平滑，不同程度地向前下方倾斜，体较厚实的种类前倾较强烈；前角圆钝，有时各具一根深色直立长毛，侧缘直或微外拱，有时具缢缩而将前胸背板划分为前叶和后叶，部分种类侧缘略上翘 (如：佩盲蝽属 *Peritropis* Uhler)，泡盾盲蝽亚族 Odoniellina 部分种类侧缘外侧呈较大的锯齿状；后侧角圆钝或尖锐，伸出不明显，或略凸出，后缘平直、内凹或隆凸，有时呈波浪状 (如：普佩盲蝽 *Peritropis pusillus* Poppius 和小佩盲蝽 *P. advena* Kerzhner)；少数种类因侧缘明显内凹，前胸背板呈沙漏形，多见于拟蚁形种类。前胸背板的前端常具一狭带状的"领"(collum 或 collar) (图 1-k)，后缘具 1 深凹痕，厚度因种类而异，领的粗细、高低、颜色、光泽和毛被的情况均为有用的分类特征，部分种类无领，或与前胸背板其余部分区分不明显。在领后则为成对的胝 (callus) (图 1-l)，微隆呈横列的椭圆形，或较平坦而不明显。胝向外侧延伸的程度不同，两胝或全长相连或只前半相连或完全分开，均因种、属而异；胝区及胝间的表面结构 (刻点、毛被等) 可与前胸背板其余部分不同。细爪盲蝽亚科胝通常较大，常占据整个前胸背板前叶，形态变化较大，蚁盲蝽属 *Nicostratus* Distant、*Schmitzofulvius* Gorczyca 和 *Peritropisca* Carvalho *et* Lorenzato 属种类的胝抬升呈长锥形。前胸背板与侧板之间的夹角多向不同程度的圆钝过渡，部分类群则成一锐缘，多见于背腹扁平种类 (如：苏盲蝽属 *Sulawesifulvius* Gorczyca, Cherot *et* Stys)。

中胸盾片 (mesoscutum) (图 1-n) 后部不同程度地外露，呈窄横带状或倒梯形，或完全被前胸背板所遮盖，较下倾，外露部分与其后的中胸小盾片 (简称"小盾片") 共同成为 1 个三角形构造，二者相接处以一清楚的横沟划分，但二者质地、颜色常相同，极易将其误认为小盾片本身。

小盾片 (scutellum) (图 1-o) 相对较小，明显短于前翅长之半，表面平坦或微隆，光滑或具刻点或横皱。部分种类小盾片发生较大程度的特化，如细爪盲蝽亚科的 *Leprocapsus* Poppius 属的小盾片具 2 个圆瘤；单室盲蝽亚科的角盲蝽属 *Helopeltis* Signoret 小盾片中部具 1 细长的杆状突起，中部收缩，末端稍膨大，顶端平并具毛；泡盾盲蝽亚族 Odoniellina 小盾片呈半球状或龟背状，部分种类瘤突极大。蚁盲蝽属 *Nicostratus* Distant 小盾片强烈隆起成锥状。

半鞘翅 (hemelytron) 又称前翅 (fore wing)，基半部革质，又称前翅的革质部 (corial portion of fore wing)，端半膜质，部分短翅型种类膜质部极短或缺失。基本构造包括以下部分。

爪片 (clavus) (图 1-q)：为斜梯形的狭长骨片，内、外缘近于平行，或向后略宽，翅收拢平置于背面时，位于小盾片两侧，后部在小盾片后相遇，位置相当于虫体的中纵线，称为爪片接合缝 (claval commissural margin 或 claval commissure) (图 1-r)，部分种类由于小盾片的特化膨大，两爪片端部不相接触 (如：泡盾盲蝽属 *Pseudodoniella* China *et* Carvalho)；爪片外缘与革片相邻，呈明显直缝状，称为爪片缝 (claval suture)，爪片与革片之间在一定程度上可依此缝略微折动；爪片中央或中央附近可见 1 条明显隆起的纵脉，一般称为爪片脉 (claval vein)，从基部内角延伸至端部，有时不明显。有些种类的爪片内半部明显加厚 (如：菲盲蝽属 *Felisacus* Distant)。

革片 (corium) (图 1-s)：位于爪片外侧，为半鞘翅中面积最大、最宽阔的部分，大致呈三角形，一般较平坦；革片中部偏外侧具 1 纵向的裂痕状纹，称为中裂 (median fracture)，有时仅基半较明显。革片骨化加厚，并具各种色斑，致使其余翅脉常隐约而不显著，或几不能辨，仅在部分类群翅脉较明显。革片和爪片上的刻点、斑纹和毛被特征为较常用的分类特征，在同属近缘种的区分上常很重要，包括刻点的疏密、深浅和分布，斑纹的大小、形状、位置和颜色，以及毛被的类型、颜色、疏密和分布等。

缘片 (embolium) (图 1-p)：为半鞘翅最外方的狭片，位于革片外侧，常两侧平行或外凸呈圆弧形，一些种类外缘中部略内凹或较明显内凹，宽度一般较均匀，一些种类向后缘加宽，多无刻点，部分种类具刻点。国外学者常称此结构为"外革片"(exocorium) (Schuh, 1974, 1984; Schuh & Slater, 1995; Schwartz & Foottit, 1992)，在此意见体系中，传统意义上盲蝽科的"革片"则为"内革片"(endocorium)。我国学者 (邹环光, 1983, 1985, 1987, 1989; 郑乐怡等, 2004) 在分类学研究中采用"缘片"一词，故本志亦同。

楔片 (cuneus) (图 1-u)：位于革片和缘片后方的三角形部分，与前部以一明显的横缝分割，此缝称为前缘裂 (costal fracture)，或称楔片缝 (cuneal suture) (图 1-t)，由翅的外缘向内伸达至革片后缘之半处，楔片常依前缘裂下折，其后的翅面与革片之间成一角度，斜遮腹部的后端，在体厚而腹短的种类中前缘裂的外端出现较大的缺口，下折角度较大，而有时仅略下折，或几不下折，尤其是体较扁平种类。细爪盲蝽亚科部分种类楔片缝不发达，较短或几无 (如：鲨盲蝽族 Rhinomirini)。楔片颜色和形状为有用的分类特征，在鉴别时常被应用。

膜片 (membrane) (图 1-v)：位于前翅革质部后，长翅型发达，短翅型极短或缺失；膜片上的脉明显，少而简单，通常围成位于膜片基半的两个翅室 (cell of membrane) (图 1-w)，一大一小，大室位于内侧，小室位于外侧偏基方，有时小翅室较小而不明显，有时仅具一大翅室。膜片无毛，少数种类被微毛，半透明或透明状，有时具纵皱。膜片翅脉颜色，翅室数量、大小和端角形状，以及膜片上有无斑纹、光泽和色泽等为常用的分类特征。

后翅 (hind wing) 膜质，极薄，脉有时微弱而无色，各亚科后翅脉相变化很小 (Davis, 1961)，在分类鉴定中使用较少。

胸部侧板结构较简单。前胸侧板 (propleuron) 和中胸侧板 (mesopleuron) 宽阔、平坦，多具明显光泽。后胸侧板 (metapleuron) 呈狭片状，较光滑，具臭腺 (scent-gland) (图 1-y)。臭腺形态因种而异，各有不同，由臭腺沟 (scent-gland groove)、沟缘 (peritreme)、蒸发域 (evaporative area) 组成；臭腺沟短，向端渐粗，略呈窄三角形；沟缘肥厚而短，位于后胸侧板前部 (如：细爪盲蝽族 Cylapini) 或后部 (如：细爪盲蝽亚科的尖头盲蝽族 Fulviini 和单室盲蝽亚科的宽垫盲蝽族 Eccritotarsina)，有时中部具小瘤状突起，或细长突起 (如：细爪盲蝽亚科的 Cylapus citus Bergroth)；蒸发域质地、色泽与周围区域有明显差别，部分种类蒸发域很大，几乎占据整个后胸侧板 (如：显胝盲蝽属 Dicyphus Fieber)，或较狭小 (如：宽垫盲蝽族 Eccritotarsina)，或缺失 (如：摩盲蝽亚族 Monaloniini、泡盾盲蝽亚族 Odoneillini 和图盲蝽属 Tupiocoris China et Carvalho)。

足 (leg) 的形状、颜色、毛被为重要的分类特征，基本构造如下。

基节 (coxa) (图 1-x) 位于基部，较粗壮，部分类群极粗壮。前足基节距中足相对较远，中足和后足基节相互靠近。基节通过转节 (trochanter) 与腿节相连。转节短小，结构简单，在分类中较少应用。

腿节 (femur) 多较细而呈简单均匀的狭纺锤形，少数种类膨大程度较大，如细爪盲蝽亚科的 Cylapojulvius-complex 腿节强烈发达，类似捕捉足，单室盲蝽亚科的角盲蝽属 Helopeltis Signoret 腿节具多个瘤状突起。腿节一般较长，部分种类伸过腹部末端，少数种类腿节端半下方具刺 (如：毛膜盲蝽族 Bothriomirini 和尖头盲蝽族 Fulviini 的部分类群)。中、后足腿节下方有若干毛点毛 (trichobothrial hair)。细爪盲蝽亚科的 *Euchilofulvius*-complex 后足腿节具有一些类似发声器的结构 (Gorczyca, 1999c)。

胫节 (tibia) 较细长,一般细于腿节,有些种类略弯曲,其上的毛被和胫节刺的特征在分类中常用,胫节刺基部有无暗斑亦为有用的分类特征。后足胫节多具径向排列的黑色微刺。细爪盲蝽亚科 *Phylocylapus* 属的种类前足胫节极度发达,呈扁叶形。

跗节 (tarsus) 多为 3 节,单室盲蝽亚科部分属、树盲蝽亚科、撒盲蝽亚科和细爪盲蝽亚科的多数种类通常 2 节,细爪盲蝽亚科还存在"伪双节" (pseudo-bisegmented),即连接跗节第 2、3 节的关节只形成了一部分,呈 1 非常浅的垂直于纵轴的沟 (如:*Fulvius sigwaltae* Gorczyca)。

前跗节 (pretarsus) 的构造在盲蝽科的高级阶元分类中至关重要,包括爪本身与爪间的一些结构 (图 2)。

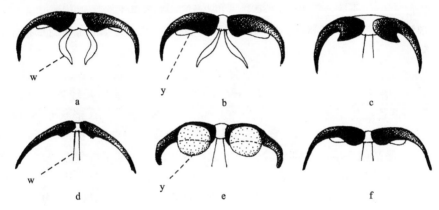

图 2 盲蝽科前跗节 (pretarsus of Miridae)

a. 合垫盲蝽亚科 (Orthotylinae);b. 盲蝽亚科 (Mirinae);c. 齿爪盲蝽亚科 (Deraeocorinae);d. 细爪盲蝽亚科 (Cylapinae);e. 单室盲蝽亚科 (Bryocorinae);f. 叶盲蝽亚科 (Phylinae);w. 副爪间突 (parempodium);y. 爪垫 (pulvillus)

爪 (claw) 简单,基部多少膨大。爪的形状、弯曲程度、是否有齿等均为有用的分类特征。单室盲蝽亚科中爪多无齿,烟盲蝽族 Dicyphina 部分种类爪基部具齿。细爪盲蝽亚科爪较细长,多近端部具 1 小齿,除细爪盲蝽族 Cylapini 以外的所有族都有部分种类会缺少近端部的齿 (如:*Rhinocylapus*、*Afrobothriomiris* 和 *Schmitzojulvius* 属,以及尖头盲蝽属 *Fulvius* 的一些种类)。树盲蝽亚科、撒盲蝽亚科爪近端部具齿。齿爪盲蝽亚科爪基部具齿,齿的明显与否常作为属级分类特征。

爪间结构在此类昆虫中较为复杂,爪间有 1 刚毛状或狭片状结构,称为副爪间突 (parempodium)。此结构在亚科和族级分类中至关重要。单室盲蝽亚科 (图 2-e)、细爪盲蝽亚科 (图 2-d) 和撒盲蝽亚科的副爪间突多为刚毛状,帕劳盲蝽亚族 Palaucorina 副爪间突肉质,呈微弱的片状,蕨盲蝽族无副爪间突,细爪盲蝽亚科的扇细爪盲蝽族 Vanniini 副爪间突狭片状,近平行,单室盲蝽亚科的蕨盲蝽族无副爪间突。爪垫 (pulvillus) 着生于爪腹面,片状或肉质状。细爪盲蝽亚科无爪垫。单室盲蝽亚科的宽垫盲蝽族 Eccritotarsini (图 2-e) 爪内缘普遍具大而宽扁的爪垫 (除了 Palaucorina) 和梳状齿 (除了

Bunsua Carvalho 属和帕劳盲蝽亚族 Palaucorina)。另一类爪间构造称伪爪垫 (pseudopulvillus) 或称为侧副爪间突 (accessory parempodium)，亦为垫状或刚毛状构造，因此很容易与爪垫混淆，但此构造或多或少与掣爪片相连；如为刚毛状时，其基部与掣爪片相连处缺少关节，可以与典型的副爪间突相区别；当副爪间突存在时，成对的刚毛状侧副爪间突常位于副爪间突两侧。此类构造见于烟盲蝽类、摩盲蝽类、泡盾盲蝽类和单室盲蝽亚科的蕨盲蝽族 Bryocorini。

以上构造的细致区分，有时需在扫描电镜高倍放大下才能明辨。

(五) 腹　　部

腹部 (图 1-zz) 圆筒形或长椭圆形，背板骨化较弱。腹部侧接缘 (connexivum) 在颜色和骨化程度上分化不明显，极少呈薄边式的构造。腹部第 1 腹节退化不可见，第 2 腹节背板常很短或不完整。腹部第 1 对气门位于胸腹部之间，第 2-8 对气门均位于各节的腹面。

雄虫腹部第 9 节膨大伸长，两侧多不对称，称生殖囊 (pygophore 或 genital capsule)，其端部向后面、背面、腹面或侧面开口，开口边缘形状多变，有时具较复杂的多个突起。生殖囊开口两侧各着生 1 常见阳基侧突 (paramere) (图 3A、B)，形状亦不对称，阳基侧突基半部最粗的部分称为阳基侧突体部，体部内侧常膨大而突出，称为感觉叶 (sensory lobe) (图 3-c)；阳基侧突端半的部分较体部狭细，常弯曲，端部不同程度变形，称为钩状突 (hypophysis) (图 3-a)。通常左阳基侧突大，种间形状变化较明显，可作为分类依据；右阳基侧突短小，感觉叶通常突起不明显，杆部短小，不易和体部区分，钩状突常短小。阳基侧突的形状为常用的分类特征。阳茎 (aedeagus) (图 3C) 位于生殖囊的中央，主要由三部分组成：阳茎基 (phallobase) (图 3-f)；阳茎鞘 (phallotheca) (图 3-e)，筒形，全部骨化或骨化不均匀；阳茎端 (vesica)，位于阳茎鞘端方并被阳茎鞘包围或半包围。细爪盲蝽亚科阳茎端多为简单的膜质囊，由相互连通的几个膜叶 (membranal lobe) 组成，尖头盲蝽族 Fulviini 中的部分种类具不同程度的骨化，甚至强烈骨化为骨针 (如：*Fulvius* 属和 *Peritropis* 属中的一些种类)。单室盲蝽亚科阳茎端亦多为简单的膜质，蕨盲蝽族 Bryocorini 阳茎端无骨化附器 (sclerotized appendage)，其他部分族属阳茎端具发达骨化附器。撒盲蝽亚科阳茎端骨化附器较发达。导精管 (seminal duct) 较粗而明显，开口于阳茎端上，称"次生生殖孔" (secondary gonopore)。齿爪盲蝽亚科阳茎端被阳茎鞘完全包围或半包围，主要由膜质的囊及骨化附器构成：膜囊 (membranal sac) 在体液压力下膨胀展开，呈相互连通的膜叶 (membranal lobe)。膜囊上常具各种骨化附器，骨化附器包括：针突 (spicule)，源自阳茎端基部并相对游离的细长骨化附器，常为针状或刺状；梳状板 (comb-shaped spiculum)、中骨片 (middle sclerite)、侧叶 (lateral sclerite) 等均为膜囊表面骨化而成。导精管 (seminal duct) 一般较细，圆筒状，管上可见环形骨化纹。导精管开口于阳茎端上，称次生生殖孔 (secondary gonopore)。该孔通常位于多个膜叶间，开口处由小骨片围绕。阳茎端的结构在此类昆虫分类研究中极其重要，为鉴别种时最常用的特征。

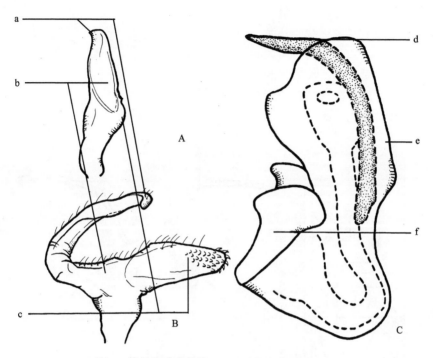

图 3　雄性生殖节构造 (structure of male genitalia)

A. 右阳基侧突 (right paramere)；B. 左阳基侧突 (left paramere)；C. 阳茎 (aedeagus)

a. 钩状突 (hypophysis)；b. 阳基侧叶体 (paramere body)；c. 感觉叶 (sensory lobe)；d. 阳茎端刺突 (vesica speculum)；e. 阳茎鞘 (phallotheca)；f. 阳茎基 (phallobase)

雌虫腹部第八、九腹节构成其外生殖器，构造变化较小，腹面观两侧基本对称，产卵瓣明显可见，针状。在分类学研究工作中，在物种鉴定方面，目前产卵瓣的形态特征应用较少，一些学者有时采用交配囊后壁 (posterior wall of bursa copulatrix) 和环骨片 (ring sclerite) 结构特征。

(六) 量　　度

本志种类描述中所采用的量度含义如图 4 所示，单位均为毫米 (mm)，一般保留小数点后 2 位。

体长：头背面观最前沿 (不含触角) 至翅最后端的长度，如为短翅型，则到腹端。

体宽：两翅合拢静止时最宽处的距离。

头宽：背面观，两复眼外缘间的最大距离。

眼间距：背面观，两复眼内缘间的最小距离。

眼宽：背面观，复眼的最大宽度。

眼高：侧面观，眼上缘至下缘之间的距离。

前胸背板长：前胸背板中纵线长度。

前胸背板宽：前胸背板后缘最大宽度。

小盾片长：小盾片中纵线的长度。

小盾片宽：小盾片基部两侧角之间的距离。

缘片长：缘片基部到缘片末端的长度。

楔片长：楔片缝至楔片端的长度。

楔片宽：楔片内角至楔片外缘之间的宽度。

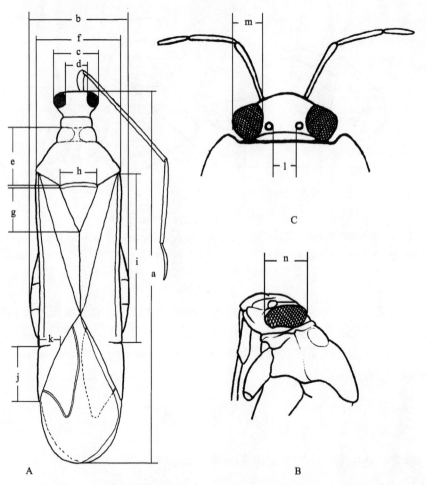

图 4　虫体测量示意图 (diagrams of insects body measurement)

A. 成虫背面观 (dorsal view of adult)；B. 头、胸侧面观 (lateral view of head and thorax)；C. 头部背面观 (dorsal view of head)

a. 体长 (body length)；b. 体宽 (body width)；c. 头宽 (head width)；d. 眼间距 (interocular space)；e. 前胸背板长 (pronotum length)；f. 前胸背板宽 (pronotum width)；g. 小盾片长 (scutellum length)；h. 小盾片宽 (scutellum width)；i. 缘片长 (embolium length)；　j. 楔片长 (cuneus length)；k. 楔片宽 (cuneus width)；l. 单眼间距 (interocellar space)；m. 眼宽 (eye width)；n. 眼高 (eye height)

三、区 系 分 析

(一) 单室盲蝽亚科

全世界共记载单室盲蝽亚科 174 属 1146 种，该亚科为世界性分布，在各大动物区系均有较多分布，其中新热带界种类分布最多，共 226 种，占世界总数的 19.72%，古北界最少，仅为 101 种，占世界总数的 8.81%，其他四大界区系分布较均衡。

目前，中国记录单室盲蝽亚科 3 族 26 属 109 种。该亚科中国属种分别占世界已记录的属种数的 14.94% 和 9.69%，其中，中国特有属种共 2 属 (拟颈盲蝽属 *Parapachypeltis* Hu *et* Zheng 和球盾盲蝽属 *Rhopaliceschatus* Reuter) 77 种，分别占中国单室盲蝽亚科已记录属种数的 7.69% 和 70.64%，初步反映出中国特有种较为丰富。

从统计数据上看，中国单室盲蝽亚科种类除世界广布的烟盲蝽 *Nesidiocoris tenuis* (Reuter) 外，仅在东洋界分布的种类最多，共 84 种，占总数的 77.06%；中国古北界和东洋界的共有种次之，共 15 种，占总数的 13.76%；东洋界和澳洲界的共有种和仅在古北界分布的种数接近，分别分布 5 种和 4 种；分布于三个区系的种类共有两种，各分布 1 种。

(二) 细爪盲蝽亚科

世界已知细爪盲蝽亚科 107 属 406 种，该亚科亦为世界性分布，其中东洋界和新热带界种类分布最多，各为 125 种，各占世界总数的 30.79%，埃塞俄比亚界和澳洲界次之，古北界和新北界分布最少。

该亚科明显在热带地区分布较多，这与该亚科昆虫生物学特性以及可能的寄主分布密切相关，目前，该亚科仅知一部分种类为菌食性，尚需更广泛的生物学研究。波兰的 Gorczyca (1996a, 1996b, 1996c, 1997a, 1997b, 1997c, 1998, 1999a, 1999b, 1999c, 2000, 2001, 2002a, 2002b, 2002c, 2003a, 2003b, 2003c, 2003d, 2004a, 2004b, 2005, 2006a, 2006b, 2006c) 研究了该亚科世界上大部分物种，建立了该亚科较为完善的分类系统，并发表该亚科世界名录。在本研究前，我国对该亚科的分类学研究主要是国外分类学家的零星记载，而本研究是在已有标本的基础上，首次对中国细爪盲蝽亚科昆虫进行系统性分类研究，从所记载的 22 种分析，目前看来尚不足以代表我国该亚科昆虫的多样性和潜在分布，预计我国南方地区应该尚有大量物种未被发现。

该亚科中国属种分别占世界已记录属种数的 7.48% 和 5.42%，其中中国特有种 6 种，占中国细爪盲蝽亚科已记录种数的 27.27%，初步反映出中国特有种相对丰富。从统计数据上看，中国细爪盲蝽亚科种类除世界广布的花尖头盲蝽 *Fulvius anthocoroides* (Reuter) 外，仅在东洋界分布的种类最多，共 15 种，占总数的 68.18%；中国古北界和东洋界的共有种次之，共 3 种，占总数的 13.6%；其他四种分布类型各有 1 种。

(三) 齿爪盲蝽亚科

世界已知齿爪盲蝽亚科昆虫 130 属 747 种，隶属于 6 族。该亚科中齿爪盲蝽族含有的属最多，共 64 属，其次是透齿爪盲蝽族、沟齿爪盲蝽族和短角齿爪盲蝽族，分别包括了 25 属、17 属和 10 属。苏齿爪盲蝽族包括 9 属，柄眼齿爪盲蝽族包含最少，仅 5 属。

世界已知沟齿爪盲蝽族 83 种，分布于古北界、新北界以及新热带界，古北界分布最少，仅 1 属，新热带界分布最多，为 14 属。该族 59.04% 的种分布在新热带界，该族分布以新热带界为主；齿爪盲蝽族 410 种，是该亚科中种类最多的类群，世界广布，虽然近 50% 的属分布在新热带界，但是在种级阶元上各动物区系分布情况较为接近；透齿爪盲蝽族 138 种，新热带界分布有 80% 的属和 83.33% 的种，在属、种两级阶元上均呈现出以新热带界分布为主的情况；柄眼齿爪盲蝽族 16 种，仅在澳洲界有分布，是典型的狭分布族；苏齿爪盲蝽族 67 种，超过一半的属、种分布在新大陆，此外还有埃塞俄比亚界、东洋界和古北界，该族在澳洲界尚未有分布记录；短角齿爪盲蝽族 33 种，除古北界和新北界外均有分布，且分布情况差异不大。

通过统计该亚科属种在各大动物区系的分布情况，不难发现，该亚科种类主要分布在新热带界。从属、种两级阶元的统计结果可看出新热带界种类最为丰富，约 73 属，超过亚科内属总数的 1/2，其次是澳洲界，分布 24 属，新北界、埃塞俄比亚界及东洋界所分布的数量均在 20 属以下，古北界最少，仅分布 9 属。从种级阶元分析，新热带界分布种超过该亚科总数的 1/3，新北界、东洋界、埃塞俄比亚界次之，均在 100 种左右，澳洲界和古北界分布种类最少，分别是 89 种和 86 种。

全球广布的仅有齿爪盲蝽属 *Deraeocoris* 1 属；分布范围覆盖古北界、新北界、东洋界及埃塞俄比亚界的仅军配盲蝽属 *Stethoconus* 1 属；分布范围覆盖东洋界、埃塞俄比亚界及澳洲界的包括亮齿爪盲蝽属 *Fingulus* 和毛眼盲蝽属 *Termatophylum*；分布范围包括古北界、新北界和新热带界的仅毛膜盲蝽属 *Bothriomiris*；分布在东洋界和澳洲界的有 2 属，即 *Eurybrochis* 和 *Papuacoris*；分布在古北界和埃塞俄比亚界的包括 *Cranocapsus*、*Platycapsus*、*Glossopeltis*；分布在古北界和东洋界的有 3 属，即点盾盲蝽属 *Alloeotomus*、环盲蝽属 *Cimicicapsus* 和棒角盲蝽属 *Cimidaeorus*；齿爪盲蝽亚科广布属很少。新热带界特有属 61 属，澳洲界和埃塞俄比亚界特有属均超过 10 个，古北界最少，仅 *Apoderaeocoris* 属。可见，齿爪盲蝽亚科各属以狭分布属占优势，或者说某一动物区系特有属居多。

目前，中国记载该亚科 5 族 13 属 98 种，占世界所有属数的 10%、所有种数的 13.1%。该亚科中仅东洋界分布的有 6 属，占我国所有属数的 45.15%；仅古北界分布的有 1 属，占我国所有属数的 7.69%；在东洋界和古北界均有分布的有 6 属，占我国所有属数的 46.15%，这表明我国齿爪盲蝽区系以东洋界占优势。

我国齿爪盲蝽以跨区分布属居多，东洋界特有属 4 属，其余 9 属均为 2 个或 2 个以上动物区系共有的，占我国所有属数的 69.23%，在这些跨区分布的属中，以东洋界、古北界共有的属居多。该亚科中，我国已有种中的广布种有 13 种，占已知种的 13.27%。其中古北界有 12 种，这些种类生活的植物为柳属植物和松属植物，占已知种的 12.24%。

东洋界有 74 种，占已知种的 75.51%。

(四) 树盲蝽亚科

全世界共记载树盲蝽亚科 40 属 232 种，为世界性分布，其中埃塞俄比亚界种类分布最多，共 98 种，占世界总数的 42.24%，澳洲界最少，仅为 9 种，占世界总数的 3.88%，该亚科在其余四个界亦有分布，其中新北界 20 种，占世界总数的 8.62%；新热带界 22 种，占世界总数的 9.48%；东洋界 40 种，占世界总数的 17.24%；古北界 42 种，占世界总数的 18.10%。

树盲蝽亚科埃塞俄比亚界分布的种类最多，古北界和东洋界次之，澳洲界分布的种类最少，这与对该亚科昆虫的研究不均衡相关，该亚科的主要研究者有尼日利亚的 Akingbohungbe、芬兰的 Poppius 和英国的 Distant 等，其中尼日利亚的 Akingbohungbe 教授描述了该亚科世界上 45.45% 的种类，其研究主要集中在非洲和欧洲、中东的部分地区。

该亚科虫体小，善跳跃，常隐藏于树皮内，另外对该亚科的生物学记载较少，因而增加了该亚科标本的采集难度。

中国共记录树盲蝽亚科 8 属 33 种，大多分布于中国南方地区。树盲蝽亚科中国属种分别占世界已记录属种数的 20% 和 14.22%，其中中国特有属种共 1 属 (稀树盲蝽属 *Isometopidea* Poppius, 1913) 28 种，分别占中国树盲蝽亚科已记录属种数的 12.5% 和 84.85%，可以初步看出中国特有种较为丰富。

从统计数据上看，中国树盲蝽亚科种类仅在东洋界分布的种类最多，为 26 种，占总数的 78.79%；仅在古北界分布的种类为 3 种，占总数的 9.1%；古北界和东洋界的共有种为 4 种，占总数的 12.12%。

(五) 撒盲蝽亚科

世界已知撒盲蝽亚科 5 属 20 种，古北界和东洋界分布的种类明显多于澳洲界和新热带界，其中古北界分布的多为化石种类，其他三个界区系均为现生种类，说明现生种类多为热带分布。该亚科相对于盲蝽科的其他亚科种类极少，所报道的现生种类多为零星分布，没有全面系统的研究。另外，对于该亚科的生物学知之甚少，已知种类多为灯诱采集或发现于树皮内外，因而也增加了该亚科标本的采集难度。本研究记载的该亚科 6 种，除台湾的林政行发表过的 4 种外，其他 2 种均为首次记载。

撒盲蝽亚科中国属种分别占世界已记录属种数的 20% 和 35%，其中中国特有种共 6 种，占中国撒盲蝽亚科已记录种数的 85.71%，初步反映出中国特有种较为丰富。

从统计数据上看，中国撒盲蝽亚科种类仅在东洋界分布的种类最多，共 6 种；古北界和东洋界的共有种和仅在古北界分布的种数均仅有 1 种。

四、生物学和经济意义

(一) 生 物 学

此类昆虫除严寒和极干旱的荒漠等极端环境外，各种生境中均可见。食性广泛，多为植食性，吸食寄主植物的营养器官和繁殖器官，其身体相对纤弱，很少吸食质地坚硬的枝干部分。少数为捕食性，亦有兼食性。

1. 食性

近年来，关于该类群的生物学研究 (Wheeler, 2000a, 2000b; Guillermo, 2005; Mantu & Bhattacharyya, 2006; Voigt, 2006, 2007, 2010; Roy et al., 2009; Gwennan, 2010) 的文章逐年增加，仅体现在一些与人类的农业生产密切相关的少数类群上，对大部分物种的生物学研究很少，有些甚至是空白。已知此类昆虫食性非常复杂，既有植食性种类，也有捕食性种类，还有菌食性种类，很多种类为杂食性。

1) 植食性

单室盲蝽亚科大部分种类是植食性的，蕨盲蝽属和微盲蝽属的一些种类以孢子囊为食。烟盲蝽族的烟盲蝽亚族内很多属，包括显胝盲蝽属 Dicyphus、Engytatus、长颈盲蝽属 Macrolophus 和烟盲蝽属 Nesidiocoris，以茄属植物为食，如烟草、番茄和其他具腺毛寄主的科，它们导致寄主茎受损溃烂，并取食花、果、叶和腺状毛。烟盲蝽族内的摩盲蝽亚族和泡盾盲蝽亚族是严格的植食类群。宽垫盲蝽族主要为植食性。

单室盲蝽亚科包含大量植食性害虫，其中危害最为广泛的是原本旧大陆特有的烟盲蝽 Nesidiocoris tenuis (Reuter)，该种通过商业运输进行了广泛传播，并明显地已经通过飞行扩散到了很多群岛，由于其良好的适应能力，现已成为世界广布种 (Wheeler & Henry, 1992)。它们是杂食性的，主要的寄主植物是番茄、烟草、芝麻、泡桐等，最常见的寄主是茄属植物。EI-Dessouki 等 (1976) 回顾了早前烟盲蝽作为番茄、烟草和其他作物害虫的研究，他在研究该属生物学时发现，实验室条件下每年可完成 8 代，冬天 2 代 (17.4℃)、夏天和秋天 6 代 (28.2℃)。孵化期为 10-19 天，若虫期为 16-23 天。在实验室条件下，产卵量在冬天为每天 3-8 枚，夏天为每天 4-11 枚；成虫寿命冬天为 6-15 天，夏天为 3-13 天。寿命和若虫发育与印度的 Raman 和 Sanjayan (1984) 进行的实验室研究 (温度和其他条件没有规定) 相似。

角盲蝽属 Helopeltis 的许多种类为重要的经济害虫，危害多种热带作物。例如，H. antonii Signoret 主要分布于印度和斯里兰卡，取食植物的生长和繁殖部位。虽然这些种类也能够危害可可和茶 (Stonedahl, 1991a)，但它是腰果和番石榴非常重要的害虫 (Wheeler, 2001)。印度和斯里兰卡很多有关害虫防治的文献都提及该种与同属的 H. bradyi Waterhouse。而爪哇岛和菲律宾也有 H. antonii 和角盲蝽属其他种类危害多种作物的记录。H. antonii 的成虫与该属其他种相同，小盾片有突起或刺；若虫在二龄期突起开始变得明显，卵前端发出两个不同的呼吸丝或角。Devasahayam (1988) 描述了 H. antonii 的交配和产卵行为，实验室条件下其平均产卵数量为 40-50 枚 (Puttarudriah, 1952;

Jeevaratnam & Rajapakse, 1981)，但是 Devasahayam (1985) 发现产卵数量随季节而变化，从 13 至 82 枚不等。其寿命也从 16-17 天 (Piliai & Abraham, 1975) 到 22-25 天 (Jeevaratnam & Rajapakse, 1981)。根据 Jeevaratnam 和 Rajapakse (1981) 的研究，其若虫取食腰果嫩枝时比取食果实时的繁殖力更强，若虫发育也更迅速。若虫的发育在可可和腰果上比在茶上更迅速 (为 22-23 天) (Jeevaratnam & Rajapakse, 1981)。成虫可以在田里存活 3 个月 (Puttarudriah, 1952)。

细爪盲蝽亚科在植食性方面只有少数报道 (Schmitz & Stys, 1973; Kelton, 1985)。

2) 捕食性

单室盲蝽亚科中很多种类是杂食性的，除寄主植物外，还会捕食其他小型节肢动物及其卵，其中很多重要的捕食性种类的生物学得到了较为详尽的研究，报道较多的为显胝盲蝽属和烟盲蝽属 Nesidiocoris 的种类。

Wheeler 在 2000 年对盲蝽的食性进行了总结，提到一种重要的捕食性盲蝽 Dicyphus tamaninii Wagner，它主要分布在欧洲、北非和以色列，生活于野生番茄 Lycopersicon esculentum Mill 和一些其他植物上 (Gabarra et al., 1988; Riudavets & Castañé, 1998)，捕食蓟马等一些小型节肢动物，现已广泛应用于生物防治中。欧洲的 D. errans Wolff，与该亚族其他种类一样，是杂食性的，主要以蚜虫、粉虱的卵和成虫为食，也以腺毛植物为食。Schewket (1930) 报道了 D. errans Wolff 在德国对温室内的带状天竺葵 Pelargonium hortorum L. H. Bailey 造成的损伤，同时也提到比起仅食用天竺葵叶片，捕食蚜虫更能够促进若虫的发育。Voigt (2006) 指出 D. errans Wolff 取食植物汁液，似乎只是为了补充水分。D. errans Wolff 已广泛应用于生物防治，因此对其捕食过程中的行为也有一定的记载。D. errans Wolff 在搜寻猎物时，首先会用喙反复地探索叶片表面，当它的喙顶端或跗节顶端触碰到猎物时，就能够进行准确定位了。它与猎物接触是通过用口针刺穿，之后反复口外消化 (反刍) 以吸出体液。多数情况下它只吸食猎物的一部分，而在攻击过程中常常会伴随长时间的休息，在休息时它会仔细清理自己的身体。

世界性分布的烟盲蝽 Nesidiocoris tenuis (Reuter)，在我国分布也相当广泛。它同样是杂食性，因此一些研究者认为它既是植物害虫也是有益的天敌 (Libutan & Bernardo, 1995; Torreno & Magallona, 1994)。它主要以半翅目低龄幼虫、蚜虫、木虱、叶蝉若虫及蚊蝇成虫等为食 (Zhang, 1985; Zhang & Hu, 1993)。Kajita (1978) 报道了烟盲蝽在实验室环境下会捕食任何龄期的温室粉虱。发现于非洲菊 Gerbera jamesonii Bolus ex Hook. f.、不加热的塑料温室内的番茄 (Nucifora & Calabretta, 1986) 以及意大利的温室生长的西葫芦 Cucurbita pepo L. (Arzone et al., 1990) 上的烟盲蝽，会捕食粉虱和三叶斑潜蝇 Liriomyza trifolii 的幼虫。在西班牙对其潜在猎物西花蓟马的研究中发现，烟盲蝽很少在番茄上出现；在实验室条件下，若虫喜欢捕食蓟马幼虫 (Riudavets & Castañé, 1998)。烟盲蝽捕食猎物范围广泛，并且会同类相残，也会食用粘在它的黏性寄主植物上的死昆虫 (El-Dessouki et al., 1976; Torreno & Magallona, 1994)。比起 1-2 天大的夜蛾科幼虫它更倾向于取食新生的 (<8h) 大夜蛾。烟盲蝽的二龄若虫通常只攻击刚刚蜕皮或者正在蜕皮的夜蛾科幼虫 (Torreno, 1994)。和其他捕食性盲蝽一样，烟盲蝽的捕食性趋势在后几龄更为明显 (Torreno, 1994; Libutan & Bernardo, 1995)。在菲律宾，烟盲蝽被认为是糖蛾

Spodoptera litura Fabricius 的重要天敌 (Torreno, 1994)。Torreno 和 Magallona (1994) 侧重于烟盲蝽的捕食性，对其生物学进行了描述，包含交配、产卵期、产卵量、寿命、若虫发育、在烟草上的取食位点和空间分布、寄主植物的选择和天敌等，他们提出当它既食用烟草又捕食其他动物 (夜蛾科幼虫) 时，比起只食用烟草，其产卵量和成活率都会升高，其寿命延长。同样，Libutan 和 Bernardo (1995) 也报道了该虫食用夜蛾科卵较之吸食植物 (番茄) 发育更加迅速。

细爪盲蝽亚科的一些捕食性种类取食小型昆虫和它们的卵 (Wheeler, 2000b)。Dr. Pluot-Sigwalt 饲养了细爪盲蝽属 *Cylapomorpha* 不同龄期的若虫，以蝴蝶的幼虫和卵喂养。Kelton (1985) 观察到 *F. imbecilis* (Say) 取食双翅目、鞘翅目的幼虫，以及其他身体柔软的节肢动物。Herring (1976) 描述了该亚科的一个新属和新种：*Trynocoris lawrencei*，采取 Dr. John F. Lawrence 的方式以 Ciidae 幼虫喂养，这种微小的甲虫生活于巴拿马森林中，取食树上的真菌。另外，还有一些学者也报道过其捕食行为 (Leston, 1961; Maldonado, 1969; Schuh, 1974, 1976; Stonedahl & Kovac, 1995)，多报道其以介壳虫为食。

事实上，细爪盲蝽亚科昆虫有大量是通过灯诱捕获的，捕食性昆虫趋光性通常不强，这似乎暗示它们中至少有一部分是菌食性的 (Schuh, 1976)。尽管如此，尖头盲蝽族 Fulviini 中大部分种类的行动方式和前足腿节的强烈加粗也暗示了它们具有捕食的生活方式。

齿爪盲蝽亚科昆虫为捕食性，主要捕食蚜虫、木虱等小型昆虫和螨类。据报道 (Li et al., 2002)，黑食蚜齿爪盲蝽 *Deraeocoris* (*Camptobrochis*) *punctulatus* (Fallén) 每日可捕食 80 头左右的蚜虫或 15 头左右的枸杞木虱；黑带多盲蝽 *Dortus chinai* Miyamoto 每小时捕食节瓜蓟马 10 头左右 (Qin et al., 2003)。

据报道(Qin et al., 2003)，齿爪盲蝽亚科昆虫在爬行时触角伸于前端，当触角接触到捕食对象时，迅速将口器刺入"猎物"胸部或腹部，吸取汁液，然后移动口器吸食其他部位汁液。取食结束后用前足整理口器，继续寻找新的捕食对象。该亚科昆虫除捕食小型昆虫外，还需吸食植物汁液才能完成发育。例如，黑食蚜齿爪盲蝽有刺吸苹果和梨花的报道，可造成落蕾落花等严重后果。

对于树盲蝽亚科昆虫，目前研究认为其无专一宿主，捕食性，多捕食一些软体昆虫，如蚜虫、介壳虫等。Wagner 和 Weber (1964) 亦发现该亚科昆虫捕食一些蚜虫类，如 *Schizoneura* spp.、*Eriosoma* spp.。Wheeler 和 Henry (1978) 报道树盲蝽亚科的北美种 *Corticoris signatus* 和 *Myiomma cixiiformis* 在针栎树上捕食 *Melanaspis obscura*。Ghauri 和 Ghauri (1983) 认为该亚科有些种类捕食一种世界性茶树害虫 *Fiorinia theae* Green。

3) 菌食性

细爪盲蝽亚科只有少数植食性报道 (Schmitz & Stys, 1973; Kelton, 1985)，多数种类被认为是菌食性的，它们多被发现于真菌密集的地方，如地上、垃圾中、树皮下，与高等真菌的菌丝或子实体相联系较多 (Schuh, 1976; Heidemann, 1908; Poppius, 1914c; Knight, 1923, 1941, 1968; Blatchley, 1926; China & Carvalho, 1951a; Kerzhner & Yaczewski, 1967; Wheeler & Wheeler, 1994; Wheeler, 2000a, 2000b; Cassis & Gross, 1995)。也有少量的观察可证明这一点，Schuh (1976) 在巴西观察到 *Cylapus ruficeps* Bergroth 取食一种真菌。

Wheeler 和 Wheeler (1994) 在 *Cylapus tenuicornis* (Say) 的肠道内发现另一种真菌的子囊孢子,指出 *Cylapus* 属至少有 2 种是取食真菌的,为菌食性提供了强有力的证据。Stonedahl 和 Kovac (1995) 对细爪盲蝽亚科进行了更加仔细的观察,他们观察了一种栖息在部分浸在水中的竹笋上的 *Carvalhofulvius gigantochloae* Stonedahl *et* Kovac,研究了其从卵到成虫的过程,并且发现它会将口针刺入"潮湿的含有真菌菌丝的碎屑"中。

2. 其他方面

细爪盲蝽亚科的一些属不像大多数的盲蝽科昆虫那样将卵产在植物组织内,而是产在树皮的裂缝中 (Schmitz & Stys, 1973)。

对细爪盲蝽亚科的生物学观察也非常缺乏,大量种类仅依据单一标本描述,其中许多种类仅通过灯诱获得。然而,目前几乎所有已发表的生物学记录研究和从采集标签上获知的信息,都表明它们多生活于阴暗、潮湿的环境中,如被真菌覆盖的腐烂原木,或朽木的树皮中。另外,还有一些被发现于水果、花 (兰科) 和正常生长的树木树皮下,甚至是干的原木的树皮下 (Kelton, 1985)。研究还发现,马来西亚半岛 *Carvalhofulvius* Stonedahl *et* Kovac 的一个种生活在竹笋的节间内 (Stonedahl & Kovac, 1995)。目前已知至少有一些属生活于落叶上 (如 *Howefulvius elytratus* Schmitz *et* Stys) 和垃圾上 (如 *Schizopteromiris* Schuh 属中的多数种类) (Schuh, 1986)。

齿爪盲蝽亚科昆虫喜潮湿阴凉的环境,Wagner (1970) 记述毛膜盲蝽生活在沼泽中。森林中齿爪盲蝽在林下、林中数量多,较为常见,林缘及上部数量少,常分布于松属、柳属、欧石南属等植物上。该亚科昆虫以卵或成虫越冬。通常将卵产在植物茎、叶等幼嫩组织中,卵盖外露。成虫通常在 11 月左右在杂草根部、枯叶下、树缝或树皮下、疏松土表下越冬,翌年 3 月出蛰活动,5 月以后逐渐达到高峰。另外,该亚科部分昆虫在麦田和棉田也较为常见,其数量与田间的蚜虫等农业害虫的发生数量相关。

树盲蝽亚科的生活环境较隐蔽,多生活于树干及树皮缝中,生活环境多阴暗潮湿 (Eyles,1971)。该亚科后足粗壮,善于跳跃,行动迅速,不易采集。Akingbohungbe (1996) 记载,树盲蝽亚科昆虫的雄性较雌性更具趋光性,因此,通过灯诱获得的标本大多数为雄性,雌性个体较少。利用马氏网捕获得到的标本亦是雄性个体占多数,然而通过扫网获得的标本中,雌性个体则占多数。综上所述,树盲蝽亚科雄性个体较雌性个体更善于飞翔,且为分散式飞翔。

Wheeler 和 Heary (1978) 记载,树盲蝽亚科昆虫以卵越冬,卵于 4 月中旬开始孵化,虫体于 5 月末 6 月初开始成熟。

关于撒盲蝽亚科在生物学方面知之甚少,仅能从标本标签获知。撒盲蝽亚科具趋光性,因为大部分种类由灯诱诱集 (Schuh & Slater, 1995)。Yasunaga (1999) 报道的 *Psallops myiocephalus* Yasunaga, 1999 采自麻栎 *Quercus acutissima* (Fagaceae),但不能确定麻栎是其寄主植物。Lin (2004a) 研究中采自天津的种也是扫网获得,采集时间为 9 月初。而中国天津蓟县八仙山和日本九州长崎县是世界报道种类中仅有的温带分布的类群所在地。

(二) 经 济 意 义

此类昆虫食物广泛，其中的一些种类与人类农业生产密切相关。其中很多植食性种类是重要的农业害虫，曾给人类带来了巨大的经济损失；捕食性类群又可以作为生物防治的手段，帮助人类除掉害虫；杂食性种类在农业生产中带来的利大还是弊大的问题，至今仍是研究热点。

1. 危害

单室盲蝽亚科包含重要的热带作物害虫，造成热带植物的创伤、溃烂、叶片萎黄等，常对人类造成经济上的损失。18 世纪，亚洲就有此类昆虫为害茶园的记载 (Stonedahl, 1991a)。据 Schuh 和 Slater (1995) 统计，单室盲蝽亚科昆虫在全世界已知的寄主植物近 200 种，为害经济作物达 30 种左右，主要有可可、茶树、黑胡椒、苹果、葡萄、番石榴、芒果、金鸡纳树等。

在中国，已记录的单室盲蝽亚科为害的经济作物有近 30 种，主要为烟草、芝麻、可可、茶树、番石榴、黑胡椒、洋蒲桃、泡桐 (Zhang, 1985)、樟树 (Bao *et al*., 2009; Shi, 2010)、檫树 (Zheng & Liu, 1992)、大豆、豌豆、咖啡、芒果、人心果、柑橘、蒲瓜等 (Zhang & Hu, 1993)。南开大学在福建、广东、海南、云南的香蕉树上也多次采集到该亚科的黄唇蕉盲蝽 *Prodromus clypeatus* Distant，但为害情况不详。

烟盲蝽 *Nesidiocoris tenuis* (Reuter) 以成虫、若虫为害烟草的叶片、花蕾和花，食用番茄地表以上部分特别是生长点和嫩叶，并且经常返回之前的取食位点继续取食，会引起茎、叶柄和叶脉出现褐色病变或坏死环，使叶面褶皱、受害叶失绿变黄，叶片通常变得脆弱并较早脱落，品质下降，蕾、花受害易脱落，影响种子质量 (Raman & Sanjayan, 1984; Raman *et al*., 1984)。

泡盾盲蝽亚族的 *Distantiella theobroma* (Distant) 通常被称为可可盲蝽，是一种世界性为害可可的低密度害虫，它是西非可可生产上的灾害，它所造成的损害与它本身的数量是不成比例的 (Conway, 1969; Southwood, 1973; Wheeler, 2001)。*D. theobroma* (Distant) 食用植物营养器官和繁殖器官的表皮组织，作物茎和枝的损伤会带来巨大损失 (Toxopeus & Gerard, 1968; Marchart, 1972)。它还会引起可可的两种疾病：肿枝病 (Thresh, 1960) 和黑荚果病。

角盲蝽属 *Helopeltis* Signoret 在全世界为害多种经济作物,在国内除严重为害腰果外,还为害其他多种作物，如可可、咖啡、茶树、番石榴、红毛榴莲、胡椒、洋蒲桃及芒果等 (Hu & Luo, 1999)。Luo 和 Jin (1985) 及 Luo (1991) 报道了几种角盲蝽 *Helopeltis* spp. 在海南为害腰果等作物，当受害严重时，坚果被害率可达百分之百。据 Zhang (1985) 报道，可可在受到角盲蝽为害后，对产量的影响也极大。腰果角盲蝽 *Helopeltis theivora* Waterhouse 是一种重要的园艺害虫，尤其给印度的茶叶生产带来重要的影响，已经成为印度东北部最重要的经济害虫之一 (Gurusubramanian *et al*., 2008)。它每年给茶叶生产带来的损失可达到 100% (Roy *et al*., 2009)。由于它对多种常用农药都具有抗药性，给防治带来了一定的困难，因此，学者不断地研究防治腰果角盲蝽的方法 (Roy *et al*., 2009,

2010a)。

2. 生物防治

此类昆虫的捕食性种类可以在生物防治工作中发挥作用。

显脈盲蝽属 *Dicyphus* 多为杂食性类群，其中一些种类已广泛运用于生物防治中，如 *Dicyphus tamaninii* 现已用于温室害虫种群的防治，主要防治西花蓟马 *Frankliniella occidentalis* (Pergande) 和温室粉虱 *Trialeurodes vaporariorum* (Westwood)。它可以依靠食用蓟马幼虫来完成其若虫期的发育 (Riudavets *et al.*, 1993)。当在实验条件[25℃，75% 相对湿度 (RH)，16∶8 (L∶D)]下，若虫每天可取食大约 4 个二龄蓟马幼虫，然而成虫每天可以取食 10 个个体 (Riudavets & Castañé, 1998)。在笼子实验中，*D. tamaninii* 可以使黄瓜上的西花蓟马维持在一个较低的密度 (Gabarra *et al.*, 1995)；而当蓟马为害豆类植物时，也可以利用 *D. tamaninii* 来控制 (Riudavets *et al.*, 1993)。根据猎物寄主的不同，*D. tamaninii* 的捕食行为也会做出相应的变化 (Gessé, 1992)。在黄瓜上以不同速率释放 *D. tamaninii*，所导致的西花蓟马密度下降的情况是一致的，预示着它在进行生物防治上的潜能。保持捕食者/猎物=3/10 (每片叶子最初感染 5 个蓟马成虫) 能够保持黄瓜上的蓟马种群低于经济危害水平 (Castañé *et al.*, 1996)。

在法国，*D. errans* 早已开始用于生物防治，防治温室番茄上的蚜虫 (Lyon, 1986; Malausa & Trottin-Caudal, 1996)。而在意大利，*D. errans* 不仅捕食桃蚜 *Myzus persicae* (Sulzer)，还捕食温室粉虱的卵和成虫，在温室番茄不用杀虫剂的情况下，它的出现就足以导致蚜虫种群数量的下降 (Petacchi & Rossi, 1991; Quaglia *et al.*, 1993)。

杂食性烟盲蝽族的烟盲蝽 *Nesidiocoris tenuis* (Reuter) 可被当作植食性害虫，它的成虫和许多盲蝽一样被认为是一些特殊作物的害虫，但是它吸食鳞翅目低龄幼虫、蚜虫、木虱、叶蝉若虫及蚊蝇成虫的体液 (Zhang, 1985; Zhang & Hu, 1993)，同样可以认为它在同样的植物上也是有益的天敌。

据报道，齿爪盲蝽亚科昆虫捕食蚜虫、木虱、飞虱、螨类等农业害虫，20 世纪 80 年代以来我国植保工作者就有利用黑食蚜齿爪盲蝽和军配盲蝽防治蚜虫、梨花网蝽的报道。其中黑食蚜齿爪盲蝽由于饲养条件宽松，捕食能力强，在新疆等主要产棉区得到推广。军配盲蝽被用于防治梨花网蝽已具有一定规模。该亚科昆虫对化学药剂敏感，通常不与化学防治一起使用。该亚科昆虫需取食植物汁液才能完成发育过程，对农作物会造成一定程度的损害。在农田系统中，如何合理控制该亚科昆虫的种群数量，在充分发挥其捕食害虫习性的基础上，使其对农作物的损害程度在经济阈值以下，将其作为天敌昆虫开发利用尚需进一步研究。

各　论

盲蝽科 Miridae Hahn, 1833

Miridae Hahn, 1833: 234 (Mirides).
Type genus: *Miris* Fabricius, 1794.

　　体中小型。无单眼，仅树盲蝽亚科 Isometopinae 有单眼。触角 4 节。中胸盾片常部分外露。爪片接合缝明显，前缘裂 (或楔片缝) 发达，具楔片及缘片。前、中足基节圆锥形。各足跗节 2 或 3 节。雄生殖囊两侧不对称，但生殖前节两侧对称；左、右阳基侧突形状不同。雌虫产卵器针状，发达。全世界已知 11 101 种 (Schuh, 2011)。世界性分布。

　　目前，盲蝽科中全球已知 8 亚科，我国均有分布。本志记载了单室盲蝽亚科 Bryocorinae、细爪盲蝽亚科 Cylapinae、齿爪盲蝽亚科 Deraeocorinae、树盲蝽亚科 Isometopinae 和撒盲蝽亚科 Psallopinae 的中国已知种类。

　　上述 5 亚科目前共记述中国已知 268 种，其中单室盲蝽亚科 109 种、细爪盲蝽亚科 22 种、齿爪盲蝽亚科 98 种、树盲蝽亚科 33 种及撒盲蝽亚科 6 种。文中包括 28 新种 (除注明者外，模式标本均保存在南开大学昆虫学研究所)、6 中国新纪录属和 16 中国新纪录种。

亚科检索表

1. 有单眼 ·· 树盲蝽亚科 Isometopinae
   无单眼 ··· 2
2. 跗节 2 节 ·· 3
   跗节 3 节 ·· 4
3. 头部球形 ·· 撒盲蝽亚科 Psallopinae
   头部相对较长，不如上述 ·································· 细爪盲蝽亚科 (部分) Cylapinae (part)
4. 副爪间突通常肉质，扁平 ·· 5
   副爪间突通常刚毛状 ·· 9
5. 副爪间突端部不靠拢 ·· 盲蝽亚科 Mirinae
   副爪间突端部靠拢 ·· 6
6. 跗节末端膨大 ··· 单室盲蝽亚科 (部分) Bryocorinae (part)
   跗节末端不膨大 ·· 7
7. 半鞘翅被倒伏的银色鳞状毛，通常成簇或者横向带状排列 ······· 叶盲蝽亚科 (部分) Phylinae (part)
   半鞘翅无银色鳞状毛，刚毛不排列成簇或带状 ·· 8

8. 爪垫可见；阳茎端骨化强烈；左阳基侧突舟形；前胸背板无领 ·················
·· **叶盲蝽亚科 (部分) Phylinae (part)**
  爪垫不可见；阳茎端骨化弱；左阳基侧突不呈舟形；前胸背板具明显的领 ··········
·· **合垫盲蝽亚科 Orthotylinae**
9. 膜片具 2 翅室，小室明显 ·· 10
  膜片具 1 翅室，或具 2 室时小室极小 ·········· **单室盲蝽亚科 (部分) Bryocorinae (part)**
10. 具爪垫 ····································· **叶盲蝽亚科 (部分) Phylinae (part)**
  无爪垫 ·· 11
11. 爪基部具单齿或突起 ···························· **齿爪盲蝽亚科 Deraeocorinae**
  爪基部无齿或突起 ···················· **细爪盲蝽亚科 (部分) Cylapinae (part)**

Ⅰ. 单室盲蝽亚科 Bryocorinae Baerensprung, 1860

Bryocorinae Baerensprung, 1860: 13 (Bryocorides).

　　体形多变，膜片翅室多为 1 个，若具 2 翅室，则跗节第 3 节较膨大，跗节端部具长毛。蕨盲蝽族和烟盲蝽族 (除 *Campyloneura* Fieber 外) 具伪爪垫，宽垫盲蝽族爪内缘普遍具大而宽扁的爪垫 (除帕劳盲蝽亚族 Palaucorina 外) 和梳状齿 (除 *Bunsua* Carvalho 和帕劳盲蝽亚族外)，副爪间突刚毛状或狭片状。

　　该亚科世界已知 3 族 174 属 1126 种，本志记述中国 3 族 26 属 109 种，其中包括 4中国新纪录属、7 中国新纪录种和 15 新种。

族 检 索 表

1. 前胸背板不划分成领、前叶及后叶 3 部分 ································ 2
  前胸背板明显分为领、前叶和后叶 3 部分 ···················· **烟盲蝽族 Dicyphini**
2. 半鞘翅外缘略外拱；爪内面着生大而宽扁的爪垫，爪腹面常有梳状长刺列；副爪间突刚毛状 ·····
·· **宽垫盲蝽族 Eccritotarsini**
  半鞘翅外缘略平行或中部微内凹，端半略外拱；爪下与爪内面无爪垫，具伪爪垫；副爪间突狭片状，常呈 "八" 字形伸开 ·························· **蕨盲蝽族 Bryocorini**

一、蕨盲蝽族 Bryocorini Baerensprung, 1890

Bryocorini Baerensprung, 1890: 13 (Bryocorides). **Type genus:** *Bryocoris* Fallén, 1829.

　　体长椭圆形或宽椭圆形，短翅型个体翅后部较宽，腹部末端外露。头斜下倾，宽略大于长，头顶具后缘脊，眼着生于头两侧，较圆，略离开前胸背板前缘。触角细长，第1 节常较粗，基部细，有时基部较细部分占第 1 节长的 2/5-1/2。前胸背板具领，具刻点和半直立毛，明显隆起，胝较小，侧方常伸达前胸背板侧缘，微隆。小盾片较平坦，中胸盾片不外露，或狭窄外露。半鞘翅两侧略平行或中部微凹、端半外拱。膜片具1翅室，端角圆钝，约呈圆弧形。短翅型个体爪片与革片界限模糊，前翅无膜片。足跗节具狭长的伪爪垫，副爪间突狭片状。

世界已知3属47种 (包括本志记述的新种)，除澳洲界外，世界各大动物地理区系均有分布。本志记载中国3属26种，其中包括2新种。

属 检 索 表

1. 体较宽短；楔片外缘基部略外拱；膜片明显下倾 ……………………… **微盲蝽属 Monalocoris**
   体较狭长；楔片外缘较直；膜片下倾不如上述 ………………………………………… 2
2. 体两侧平行；后足跗节第1节长于第2节；无短翅型 ……………………… **亥盲蝽属 Hekista**
   体两侧不平行；后足跗节第1节短于第2节；部分种类存在短翅型 ………… **蕨盲蝽属 Bryocoris**

1. 蕨盲蝽属 *Bryocoris* Fallén, 1829

Bryocoris Fallén, 1829: 151. **Type species:** *Bryocoris montanus* Fallén, 1807, by monotypy.

Cobalorrhynchus Reuter, 1906: 1. **Type species:** *Cobalorrhynchus biquadrangulifer* Reuter, 1906; by monotypy. Synonymized by Yasunaga *et* Kerzhner, 1998: 88.

体长椭圆形，具光泽，被淡色半直立毛。头圆或横宽，背面观头顶前端略前凸，头顶具后缘脊，眼着生于头两侧中部，有时后缘与头顶后缘脊平齐。喙细长，末端超过前足基节或伸达中足基节。触角细长，被淡色半直立毛，第1节略粗于其他节，基部略细，长度约等于头宽，明显长于头顶宽。前胸背板领明显，胝较小，光滑，微隆，侧面多伸达前胸背板侧缘，前胸背板强烈隆起，具刻点，侧缘较直，后缘平直或圆隆，小盾片平坦，基部被前胸背板部分遮盖。半鞘翅外缘端半略外拱，楔片外缘较直。膜片具2翅室，端角多圆钝，不超过楔片端部。足细长，被淡色半直立毛。雄虫左阳基侧突基半不同程度膨大，部分种类被长毛；右阳基侧突短小，狭窄，部分种类与左阳基侧突几等长。

该属存在性二型和多型现象，有长翅型和短翅型，如 *B. montanus* 雄虫具长、短2种翅型，雌虫短翅型，*B. pteridis* 雌虫具长、短2种翅型，雄虫短翅型。

分布：陕西、甘肃、浙江、湖北、湖南、台湾、广东、海南、广西、四川、贵州、云南、西藏；日本，新几内亚岛。

该属与微盲蝽属 *Monalocoris* Dahlbom 相似，但该属体较狭长，半鞘翅端半略外拱，楔片平坦，半鞘翅沿楔片缝仅微下倾，或不下倾。

该属种类主要生活在蕨类植物上。

Reuter (1906) 首次记载了蕨盲蝽属在中国的分布；Hsiao (1941) 发表了中国四川1新种；Zheng 和 Liu (1992) 发表了中国该属2新种；Hu 和 Zheng (2000, 2004) 对中国蕨盲蝽属进行了修订，将其分为2个亚属 (蕨盲蝽亚属 *Bryocoris* Fallén, 1829 和锥喙蕨盲蝽亚属 *Cobalorrhynchus* Reuter, 1906)，发表了10个新种，给出了该属世界种类检索表；

Lin (2003) 发表了中国台湾 3 新种。迄今为止，已对中国种类进行了较为详尽的修订。世界已知 21 种，中国已知 18 种。

亚属检索表

喙第 4 节短粗，长度等于或略短于第 3 节长；左阳基侧突复杂，片状或形状多变··· **蕨盲蝽亚属** *Bryocoris*
喙第 4 节细长，长度大于等于第 3 节长的 1.5 倍；左阳基侧突简单，矛状或镰刀状··· **锥喙蕨盲蝽亚属** *Cobalorrhynchus*

1) 蕨盲蝽亚属 *Bryocoris* Fallén, 1829

喙第 4 节与第 3 节等长或略短，并几乎等粗不具刺，略伸过前足基节端部，或伸达中胸腹板中部；雄性左阳基侧突外露部分较宽平，形状复杂，中部弯曲呈 "U" 形，末端宽阔，具 1 个或多个小突起；侧面观半鞘翅楔片边缘淡色；存在短翅型。

分布：浙江、湖北、湖南、台湾、广东、广西、四川、贵州、云南、西藏；日本，新几内亚岛。

中国已知 7 种。

种 检 索 表

1. 领全部黑色···2
　领黄色，或至少背面黄色··4
2. 头侧面眼后方黑色或具黑色带··3
　头侧面眼后方淡色，不呈黑色··· **卜氏蕨盲蝽** *B. (B.) bui*
3. 左阳基侧突端部中部凹陷，端部呈二叉状····································· **凹背蕨盲蝽** *B. (B.) concavus*
　左阳基侧突端部中部突出，呈箭头状······································· **亮蕨盲蝽** *B. (B.) nitidus*
4. 领侧面黑色··5
　领全部黄色··6
5. 小盾片全部黑色；雄性生殖囊开口侧面具 1 个密被毛的卵圆形凹陷······· **熊氏蕨盲蝽** *B. (B.) xiongi*
　小盾片黄褐色，边缘黑色；雄性生殖囊开口侧面不具 1 个密被毛的卵圆形凹陷·· **台湾蕨盲蝽** *B. (B.) formosensis*
6. 体两侧不平行；雄性生殖囊左侧微凹而光亮，前部具 1 个钝横脊······· **奇突蕨盲蝽** *B. (B.) insuetus*
　体两侧近平行；雄性生殖囊不如上述··· **纤蕨盲蝽** *B. (B.) gracilis*

(1) 卜氏蕨盲蝽 *Bryocoris* (*Bryocoris*) *bui* Hu et Zheng, 2000 (图 5；图版 I：1, 2)

Bryocoris (*Bryocoris*) *bui* Hu *et* Zheng, 2000: 245.
Bryocoris bui: Schuh, 2002-2014.

雄虫、雌虫均存在长翅型和短翅型。

雄虫：体相对窄小，体两侧近平行，密被半直立闪光短毛，触角第 1 节黑褐色，前胸背板领黑色。

头背面观三角形，垂直，被淡褐色半直立毛，黄褐色。头顶浅黄褐色，中部倒三角形区域暗褐色至黑褐色，眼周缘淡色，眼间距约为眼宽的 3.88 倍，中纵沟不明显，后缘横脊明显。额光亮，黑褐色至黑色，背面观圆隆，被稀疏长毛。唇基黑褐色，光亮，侧面观圆隆，垂直。上颚片宽阔，宽三角形，无光泽，黑褐色，下缘淡黄褐色，被半直立淡色长毛。下颚片狭长，微隆，略具光泽，褐色。小颊端部较宽阔，褐色，基部色略淡。喙短粗，黄色，略伸达中足基节基部，第 3、4 节约等长，第 4 节端部黑褐色。复眼椭圆形，黑褐色，略被毛，略向两侧伸出。触角细长，黑褐色至黑色，密被长半直立毛。第 1 节长约为眼间距的 1.26 倍，近基部 1/3 处较明显加粗；第 2 节明显细于第 1 节，基部直径约为第 1 节端部直径的 1/3，近端部略微加粗，有时基半色略淡；第 3、4 节粗细较均一，均略细于第 2 节基部直径，第 4 节向端部渐细。

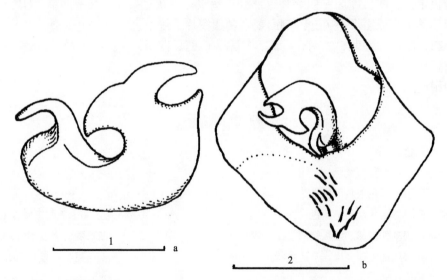

图 5　卜氏蕨盲蝽 *Bryocoris* (*Bryocoris*) *bui* Hu et Zheng (仿 Hu & Zheng, 2000)
a. 左阳基侧突 (left paramere)；b. 生殖囊 (pygophore)；比例尺：1=0.1mm (a)，2=0.2mm (b)

前胸背板梯形，微隆，略斜下倾，全部黑色，刻点浅，具光泽，密被半直立短毛。前胸背板侧缘几乎直，后缘中部内凹，后侧角略下沉，内侧具 1 微弱的浅凹痕，后侧角端部略尖。领黑色，较宽，被短毛，后部被细密刻点，略粗糙，光泽弱。胝平滑，略肿胀，两胝不相连，内侧具刻点。胸部侧板黑色，被稀疏平伏短毛，前胸侧板二裂，前叶小，光滑。中胸盾片外露较短，黑色，密被半直立短毛。小盾片黑色，侧面观较平坦，微隆，基角略隆起，端角尖锐，密被半直立淡色短毛。

半鞘翅前缘近直，在缘片端部略外隆，除爪片外均为黄褐色半透明，具黑色斑，被细密淡色短半直立毛。爪片黑色，革片淡黄褐色，革片和缘片端部 1/5-1/3 具 1 暗褐色斑，斑前缘倾斜或呈 "之" 字形，中裂黑色。楔片缝明显，翅面沿楔片缝略下折，楔片亮黄褐色，端部内侧 2/5 黑褐色。膜片褐色，近楔片端部淡灰褐色，脉褐色，翅室端角宽圆。

　　足浅黄色，被淡色半直立长毛，基节和腿节基半浅黄色，腿节端半和胫节暗黄褐色，后足腿节端半侧缘褐色，跗节第 1、2 节黄色，第 3 节黑褐色，端部略膨大，爪细长、弯曲，浅褐色。

　　腹部黑色，第 8、9 节腹面色略淡。臭腺沟缘浅黄色。

　　雄虫生殖囊黑色，腹面色略淡，开口前部具 1 个被一层浓毛的白色凹陷区域，长度约为整个腹长的 1/4。左阳基侧突外露部分宽阔，中部凹弯，端部具 1 个强壮的弯曲突起，顶端具 2 个小的反向弯曲短钳状齿；右阳基侧突细小而短。

　　雌虫：体型和体色与雄虫相似。但颊黄色，腹部端半黄色，产卵器长于腹部腹面的一半，腹部第 7 节侧缘直。雄、雌虫 (短翅型)：体小，后部宽阔。前胸背板钟形，侧缘波浪状凹陷。半鞘翅无楔片和膜片。前胸背板多皱。腹部侧缘除基部外黄褐色。其余特征同长翅型。

　　量度 (mm)：长翅型：体长 3.10-3.14 (♂)、3.46-3.52 (♀)，宽 0.94-0.95 (♂)、1.21-1.24 (♀)；头长 0.16-0.18 (♂)、0.21-0.22 (♀)，宽 0.45-0.48 (♂)、0.52-0.56 (♀)；眼间距 0.31-0.32 (♂)、0.32-0.33 (♀)；眼宽 0.08-0.09 (♂)、0.08-0.09 (♀)；触角各节长：Ⅰ:Ⅱ:Ⅲ:Ⅳ=0.38-0.40:0.89-0.94:0.48-0.53:0.32-0.33 (♂)、0.32-0.35:0.87-0.93:0.45-0.50:0.32-0.33 (♀)；前胸背板长 0.42-0.45 (♂)、0.43-0.49 (♀)，后缘宽 0.89-0.93 (♂)、1.07-1.15 (♀)；小盾片长 0.35-0.37 (♂)、0.32-0.39 (♀)，基宽 0.43-0.46 (♂)、0.46-0.50 (♀)；缘片长 1.04-1.08 (♂)、1.20-1.25 (♀)；楔片长 0.59-0.63 (♂)、0.60-0.67 (♀)，基宽 0.30-0.33 (♂)、0.35-0.41 (♀)。短翅型：体长 2.08 (♂)、2.27-2.31 (♀)，宽 1.03 (♂)、1.21-1.24 (♀)；头长 0.23 (♂)、0.24-0.26 (♀)，宽 0.52 (♂)、0.53-0.57 (♀)；眼间距 0.30 (♂)、0.32-0.36 (♀)；眼宽 0.11 (♂)、0.11-0.12 (♀)；触角各节长：Ⅰ:Ⅱ:Ⅲ:Ⅳ=0.52:1.03:0.50:0.44 (♂)、0.49-0.53:0.99-1.02:0.54-0.58:0.43-0.45 (♀)；前胸背板长 0.39 (♂)、0.43-0.46 (♀)，后缘宽 0.78 (♂)、1.04-1.09 (♀)；小盾片长 0.28 (♂)、0.32-0.35 (♀)，基宽 0.33 (♂)、0.36-0.41 (♀)；半鞘翅长 1.28 (♂)、1.42-1.45 (♀)。

　　观察标本：1♂ (正模)，云南绿春，1900m，1996.Ⅵ.30，卜文俊采；1♂3♀，云南绿春，1900m，1996.Ⅵ.30，卜文俊采。1♂，贵州梵净山鱼塘回香坪，1000-1750m，2011.Ⅶ.29，卜文俊采；2♀，贵州梵净山金顶棉絮岭，1700-2200m，2001.Ⅷ.1，卜文俊采。

　　分布：台湾、贵州、云南。

　　本志新增贵州的分布记录。

(2) 凹背蕨盲蝽 *Bryocoris* (*Bryocoris*) *concavus* **Hu** *et* **Zheng, 2000** (图 6；图版Ⅰ: 3, 4)

Bryocoris (*Bryocoris*) *concavus* Hu *et* Zheng, 2000: 248.
Bryocoris concavus: Schuh, 2002-2014.

　　雌虫、雄虫均为长翅型。

　　雄虫：体相对较长，密被半直立闪光短毛，头侧面眼后方黑色或具黑色带，触角第 1 节黑褐色，有时暗黄褐色带黑色，前胸背板领黑色。

　　头背面观三角形，垂直，被淡褐色半直立毛，黑褐至黑色。头顶侧面直至眼边缘渐

淡，呈黄褐色，头顶后缘区域黄褐色，中部黑色，眼后缘侧面具1黑色宽带，眼间距约
为眼宽的3倍，中纵沟不明显，后缘横脊明显。额光亮，黑褐至黑色，侧面观圆隆，略
伸过唇基，被稀疏长毛。唇基黑褐色，两侧色略淡，光亮，侧面观圆隆，垂直。上颚片
宽阔，宽三角形，无光泽，黑褐色，下缘淡黄褐色，被较长的半直立淡色长毛。下颚片
宽圆，微隆，光亮，褐色。小颊狭长，褐色，基部色略淡。喙短粗，伸达中胸腹板中部，
黄色，第4节端部黑褐色，第3、4节短，约等长，第3、4节长度之和约等于第2节长。
复眼椭圆形，黑褐色至黑色，略被毛，略向两侧伸出。触角细长，黑褐色至黑色，密被
长半直立毛。第1节长约为眼间距的1.52倍，近基部1/3处较明显加粗，有时暗黄褐色
带黑色；第2节明显细于第1节，近端部略微加粗；第3、4节粗细较均一，均略细于第
2节基部直径。

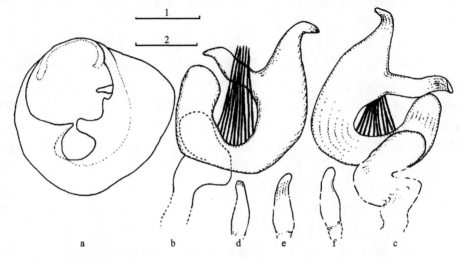

图6 凹背蕨盲蝽 Bryocoris (Bryocoris) concavus Hu et Zheng (仿 Hu & Zheng, 2000)

a. 生殖囊 (pygophore)；b、c. 左阳基侧突不同方位 (left paramere in different views)；d-f. 右阳基侧突不同方位 (right paramere
in different views)；比例尺：1=0.2mm (a)，2=0.1mm (b-f)

前胸背板梯形，相对宽短，微隆，略斜下倾，全部黑色，后叶具浅刻点，有时具横
皱，略具光泽，密被半直立短毛。前胸背板侧缘几乎直，中部微凹，后侧角略下沉，内
侧具1微弱的浅凹痕，后侧角端部圆钝，后缘微隆。领黑色，相对较窄，被短毛，后部
被细密刻点，略粗糙，光泽弱。胝平滑，略肿胀，两胝不相连，内侧具刻点。胸部侧板
黑色，被稀疏平伏短毛，前胸侧板二裂，前叶小，光亮。中胸盾片外露较短，黑色，密
被半直立长毛。小盾片黑色，侧面观微隆，基角略隆起，端角尖锐，密被半直立短毛。
半鞘翅在缘片端部明显加宽，革片近端部1/6-2/5最宽，除爪片外均为黄褐色半透明，具
黑色斑，被细密淡色短半直立毛。爪片黑色，革片外半褐色，内半黄褐色，具1个褐色
斑，占据革片和缘片端部的1/4，从楔片缝向基部延伸至革片内半中部，中裂黑色部分
延伸至小盾片顶端的水平位置。楔片缝明显，翅面沿楔片缝略下折，楔片淡褐色，顶端
和端半内缘褐色。膜片暗烟色，翅室端角外侧和膜片端部白色，膜片具1个极窄但可辨
的小翅室，翅脉褐色，翅室端角圆钝，宽阔。

足浅黄色，被淡色半直立长毛，各足基节黄白色，腿节浅黄褐色，前、中足腿节端部色略深，后足腿节端部 2/5 暗褐色，胫节黄褐色，前足胫节端部暗褐色，跗节第 1、2 节黄色，第 3 节黑褐色，端部略膨大，爪细长、弯曲，浅褐色。

腹部黑色。臭腺沟缘黑褐色，后部黄褐色。

雄虫生殖囊黑褐色，腹面色略淡，长度约为整个腹长的 1/5。左阳基侧突暴露部分较长，中部强烈弯曲呈"U"形，端部宽大，呈长而较粗壮的二叉状；右阳基侧突短粗。

雌虫：体略宽大，头和足色多略淡，体型和体色与雄虫相似。

量度 (mm)：长翅型：体长 3.87-3.92 (♂)、4.13-4.23 (♀)，宽 1.19-1.24 (♂)、1.40-1.47 (♀)；头长 0.21-0.23 (♂)、0.22-0.23 (♀)，宽 0.52-0.58 (♂)、0.57-0.61 (♀)；眼间距 0.33-0.35 (♂)、0.33-0.34 (♀)；眼宽 0.11-0.12 (♂)、0.12-0.13 (♀)；触角各节长：Ⅰ：Ⅱ：Ⅲ：Ⅳ=0.49-0.52:1.12-1.18:0.81-0.85:0.47-0.51 (♂)、0.45-0.49:1.04-1.09:0.66-0.70:0.49-0.52 (♀)；前胸背板长 0.55-0.58 (♂)、0.52-0.57 (♀)，后缘宽 1.06-1.11 (♂)、1.17-1.22 (♀)；小盾片长 0.34-0.35 (♂)、0.38-0.40 (♀)，基宽 0.43-0.46 (♂)、0.48-0.52 (♀)；缘片长 1.26-1.32 (♂)、1.39-1.42 (♀)；楔片长 0.90-0.95 (♂)、0.85-0.90 (♀)，基宽 0.46-0.48 (♂)、0.49-0.51 (♀)。

观察标本：1♂ (正模)，云南云龙，2400m，1996.Ⅶ.5，卜文俊采；2♂30♀，云南云龙，2400-2500m，1996.Ⅶ.5，郑乐怡采 (1♀保存于大英博物馆，1♀保存于俄罗斯科学院动物学研究所，2♀保存于日本北海道教育大学)。1♀，四川峨眉山报国寺，1957.Ⅳ.17，郑乐怡、程汉华采。3♀，西藏亚东，2800m，1978.Ⅷ.22-24，李法圣采；1♂，西藏亚东下司马镇下亚东，2600-2900m，2003.Ⅷ.27，薛怀君、王新谱采；4♂8♀，西藏亚东乃堆拉山，2800-3100m，2003.Ⅷ.29，薛怀君、王新谱采。

分布：四川、云南、西藏。

讨论：本种体型、体色与卜氏蕨盲蝽 *B. (B.) bui* Hu *et* Zheng 相似，可由雄虫左阳基侧突端部形状相互区别。

(3) 台湾蕨盲蝽 *Bryocoris (Bryocoris) formosensis* Lin, 2003 (图版Ⅰ: 5, 6)

Bryocoris (Bryocoris) formosensis Lin, 2003: 180.
Bryocoris formosensis: Schuh, 2002-2014.

雄虫、雌虫均存在长翅型和短翅型。

雄虫 (长翅型)：体相对窄小，两侧近平行，密被半直立淡色短毛，触角第 1 节黄褐色，带褐色斑，前胸背板领侧面黑色。

头背面观三角形，垂直，被淡褐色半直立毛，黑色，后侧缘具三角形褐色斑。头顶近眼周缘色略淡，淡色区域延伸至颈部，眼间距约为眼宽的 3 倍，中纵沟不明显，后缘横脊明显。额光亮，黑色，侧面观圆隆，略伸过唇基前缘，被稀疏长毛。唇基黑色，光亮，侧面观圆隆，垂直。上颚片宽阔，宽三角形，无光泽，黑色，下缘淡黄褐色，被较长的半直立淡色长毛。下颚片狭小，微隆，光亮，黑色。小颊较宽阔，黑色。喙短粗，黄褐色，伸达中胸腹板中部，第 4 节略长于第 3 节，端部暗褐色。复眼椭圆形，黑褐色，略被毛，略向两侧伸出。触角细长，褐色至黑色，密被半直立长毛。第 1 节黄褐色，具褐色斑，长棒状，基部较窄，近基部 1/3 处较明显加粗，长约为眼间距的 1.15 倍；第 2 节黑色，明显细于第 1 节，近端部略微加粗；第 3、4 节暗褐色，粗细较均一，均略细于第 2 节基部直径，第 4 节末端略膨大。

前胸背板梯形，微隆，略斜下倾，黑色，后叶被细微刻点，被浅横皱，具光泽，密被半直立短毛。前胸背板侧缘几直，后缘平直，后侧角略下沉，内侧具 1 微弱的浅凹痕，后侧角端部略尖。领褐色，较宽，被短毛，后部被细密刻点，略粗糙，光泽弱。胝平滑，光亮，略肿胀，两胝不相连，内侧具刻点。前胸侧板二裂，前叶小，光滑，前胸侧板、中胸侧板和后胸侧板均为黑色，被稀疏平伏短毛。中胸盾片外露较短，黑色，密被半直立短毛。小盾片黄褐色，侧缘黑色，微隆，端角尖锐，密被半直立短毛。

半鞘翅前缘近直，在缘片端部 2/3 略外拱，除爪片外均为黄褐色半透明，具黑色斑，被细密淡色半直立短毛。爪片黑色，革片淡黄褐色，革片在中裂外侧和缘片端部 1/5-1/3 具 1 暗褐色斑，中裂黑色。楔片缝明显，翅面沿楔片缝略下折，楔片亮黄褐色，端部内侧 2/5 黑褐色。膜片烟褐色，近楔片端部和膜片端部淡色，脉褐色，翅室端角宽圆。

足黄褐色，被淡色半直立长毛，后足腿节略膨大，中足胫节末端色略加深，前、后足胫节末端黑褐色，跗节第 1、2 节黄色，第 3 节黑褐色，端部略膨大，爪细长、弯曲，浅褐色。

腹部黑色，后部 1/3 黄褐色。臭腺沟缘浅黄色。

雄虫生殖囊黑褐色，腹面色略淡，长度约为整个腹长的 1/3，生殖囊开口卵圆形，后侧方微弯，开口左侧基部近左阳基侧突处具 1 二叉状突起。左阳基侧突暴露部分大，中部具 1 指状突起，末端具 2 个叶状突起；右阳基侧突小，矛尖状。

雌虫 (长翅型)：体型和体色与雄虫相似，但腹部腹面全部黑色，足色较淡。

作者未见短翅型标本，根据 Lin (2003) 描述整理如下。

短翅型：体褐色，唇基、小颊和头侧面前部黑色。触角第 1 节褐色，长棒状，基部 1/3 窄，第 2 节细长，基部和端部 1/8 黑色，被直立长柔毛。第 3、4 节黑色，被直立长柔毛。领黄褐色，前胸背板被稀疏横皱，褐色，前侧角和后缘黑褐色，侧缘波浪状凹陷。小盾片褐色，前缘和侧缘暗褐色，中部微凹。半鞘翅无楔片和膜片，中裂黑色，革片具黑色宽带。胸部侧面黑色。腹部腹面黑色，端部 1/3 黄褐色，雌虫腹部中部黄褐色。

量度 (mm)：长翅型：体长 3.20-3.24 (♂)、3.21-3.24 (♀)，宽 1.16-1.19 (♂)、1.18-1.21 (♀)；头长 0.17-0.22 (♂)、0.17-0.23 (♀)，宽 0.55-0.57 (♂)、0.53-0.56 (♀)；眼间距 0.34-0.35 (♂)、0.31-0.34 (♀)；眼宽 0.11-0.12 (♂)、0.11-0.12 (♀)；触角各节长：I：II：III：IV=0.37-0.39:0.98-1.03:0.68-0.70:0.49-0.52 (♂)、0.39-0.43:0.77-0.79:0.46-0.50:0.41-0.46 (♀)；前胸背板长 0.43-0.46 (♂)、0.49-0.52 (♀)；后缘宽 1.05-1.08 (♂)、1.00-1.03 (♀)；小盾片长 0.32-0.35 (♂)、0.27-0.31 (♀)，基宽 0.43-0.46 (♂)、0.43-0.45 (♀)；缘片长 1.16-1.18 (♂)、1.27-1.31 (♀)；楔片长 0.62-0.65 (♂)、0.55-0.58 (♀)，基宽 0.35-0.39 (♂)、0.38-0.41 (♀)。

观察标本：1♂1♀，台湾阿里山，2130m，1947.VIII.22，J. L. Gresitt 采；3♂4♀，台湾嘉义阿里山，2400m，1965.VI.12-16，T. Maa et K. S. Lin 采。

分布：台湾。

讨论：本种与纤蕨盲蝽 *B. (B.) gracilis* Linnavuori 相似，但本种触角第 1 节黄褐色，小盾片和雄虫生殖囊不呈黑色，左阳基侧突指状突起圆钝而不尖锐，可与之相区分。

(4) 纤蕨盲蝽 *Bryocoris (Bryocoris) gracilis* Linnavuori, 1962 (图 7; 图版 I: 7, 8)

Bryocoris gracilis Linnavuori, 1962: 68; Miyamoto, 1965b: 167; Zheng, 1995: 458; Hu *et* Zheng, 2000: 249; Yasunaga, 2000a: 94; Schuh, 2002-2014.

Hekista albicollaris Carvalho, 1981a: 73. Synonymized by Hu *et* Zheng, 2000: 249.

Bryocoris (Bryocoris) gracilis: Lin, 2003: 181.

雌虫、雄虫均为长翅型。

雄虫：体狭长，两侧近平行，密被半直立闪光短毛，触角第 1 节基部 1/3 黄褐色，其余部分褐色，前胸背板领全部黄白色。

头背面观三角形，垂直，被淡褐色半直立毛，黑褐色，光亮。头顶褐色，略具光泽。背面观，眼间距约为眼宽的 3 倍，中纵沟不明显，后缘横脊明显，颈黄褐色。额光亮，黑褐色，侧面观圆隆，被稀疏长毛。唇基黑褐色，光亮，圆隆，垂直。上颚片宽三角形，光亮，黑褐色，其下缘黄褐色，被较长的半直立淡色毛。下颚片宽短，微隆，具光泽，褐色。小颊较宽阔，黄褐色，基部色略淡。喙短粗，黄褐色，第 4 节末端黑色，伸达中胸腹板中部。复眼椭圆形，黑褐色，略被毛，略向两侧伸出。触角细长，黄褐至黑色，密被半直立长毛。第 1 节基部 1/3 窄，黄褐色，其余部分膨大，褐色，棒状，长约为眼间距的 1.27 倍；第 2 节明显细于第 1 节，细长，黑褐色，向端部渐呈黑色，近端部略微加粗；第 3、4 节均略细于第 2 节基部直径，黑褐色。

前胸背板梯形，相对较短，侧面观强烈隆起，略斜下倾，黑色，后叶刻点较细密，具光泽，密被半直立短毛。前胸背板侧缘几乎直，微隆凸，后缘较平直，中部略内凹，后侧角略下沉，内侧具 1 微弱的浅凹痕，后侧角端部略尖。领黄白色，较宽，被短毛，后部被细密刻点，略粗糙，光泽弱。胝平滑，略肿胀，两胝不相连，内侧具刻点。前胸侧板二裂，前叶小，光滑，前胸侧板、中胸侧板和后胸侧板均为黑色，被稀疏平伏短毛。中胸盾片外露较短，黑色，光亮，密被半直立短毛。小盾片黑色，侧面观微隆，端角尖锐，密被半直立长毛。

半鞘翅两侧近平行，中部略外拱，除爪片外均为黄褐色半透明，具黑色斑，被细密淡色短半直立毛。爪片黑色，革片淡黄褐色，革片和缘片端部 1/5-1/3 具 1 暗褐色斑，中裂黑色。楔片缝明显，翅面沿楔片缝略下折，楔片淡黄褐色，内缘端部具褐色带。膜片淡烟褐色，脉褐色，翅室端角宽圆。

足黄褐色，被淡色半直立长毛，基节黄白色，胫节端部暗黄褐色，跗节第 1、2 节褐色，第 3 节黑褐色，端部略膨大，爪细长、弯曲，浅褐色。

腹部黑色。臭腺沟缘浅黄色。

雄虫生殖囊黑色，长度约为整个腹长的 1/3，开口边缘具 3 个镰刀状突起。左阳基侧突外露部分大，平坦，基部弯曲，具钩状突起，端部具 1 镰刀状突起；右阳基侧突小。

雌虫：体型和体色与雄虫相似，但触角第 1 节端部 2/3 黑色。

量度 (mm)：长翅型：体长 3.26-3.33 (♂)、3.04-3.09 (♀)，宽 1.20-1.24 (♂)、1.21-1.25 (♀)；头长 0.17-0.22 (♂)、0.15-0.19 (♀)，宽 0.52-0.58 (♂)、0.50-0.56 (♀)；眼间距 0.32-0.35 (♂)、0.30-0.32 (♀)；眼宽 0.11-0.12 (♂)、0.11-0.12 (♀)；触角各节长：Ⅰ:Ⅱ:Ⅲ:Ⅳ=0.41-0.44:0.86-0.92:0.43-0.47:0.38-0.42 (♂)、0.37-0.43:0.77-0.83:0.38-0.43:0.37-0.42 (♀)；前胸背板长 0.52-0.57 (♂)、0.47-0.52 (♀)，后缘宽 0.98-1.05 (♂)、0.99-1.06 (♀)；小盾片长 0.32-0.35 (♂)、0.27-0.34 (♀)，基宽 0.43-0.48 (♂)、0.38-0.43 (♀)；缘片长 1.21-1.25 (♂)、1.15-1.19 (♀)；楔片长 0.60-0.62 (♂)、0.61-0.63 (♀)，基宽 0.38-0.42 (♂)、0.39-0.41 (♀)。

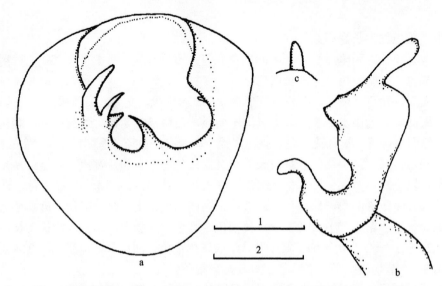

图 7　纤蕨盲蝽 *Bryocoris* (*Bryocoris*) *gracilis* Linnavuori (仿 Hu & Zheng, 2000)

a. 生殖囊 (pygophore)；b. 左阳基侧突 (left paramere)；c. 右阳基侧突 (right paramere)；

比例尺：1=0.2mm (a), 2=0.1mm (b、c)

观察标本：1♂，贵州赤水桫椤金沙乡，2000.Ⅴ.29，薛怀君采；1♂，贵州习水蔺江，600m，2000.Ⅸ.26，周长发采；1♂，贵州遵义绥阳宽阔水自然保护区，1600m，2010.Ⅵ.3，党凯采；1♂，同前，1550m，2010.Ⅵ.5，党凯采；1♀，贵州绥阳宽阔水自然保护区香湾村，900m，2010.Ⅵ.8，党凯采；2♂1♀，贵州遵义绥阳宽阔水自然保护区茶场，1500m，2010.Ⅷ.15，王艳会采。1♂，浙江凤阳山，2007.Ⅶ.28，范中华采；1♂，同前，2007.Ⅷ.1，朱卫兵等采。1♂，广东茂名大雾岭自然保护区，1050m，2009.Ⅷ.1，崔英采。1♀，湖北五峰后河，1100m，1999.Ⅶ.11，卜文俊采；2♂，湖北五峰后河核心区，1999.Ⅶ.11，郑乐怡采；2♂，湖北咸丰坪坝营，1280m，1999.Ⅶ.22，卜文俊采；1♂1♀，同前，1999.Ⅶ.23，薛怀君采。1♂1♀，云南保山腾冲曲石高黎贡山，2170m，2006.Ⅷ.11，高翠青采；1♂，云南腾冲整顶，2120m，2006.Ⅷ.12，石雪芹采；1♀，云南腾冲高黎贡山，1700m，2006.Ⅷ.15，张旭采。1♂，广西猫儿山，900-1320m，2009.Ⅶ.10，党凯采；1♂2♀，广西金秀大瑶山保护区圣堂山保护站，1200-1970m，2009.Ⅶ.23，范中华采；3♂2♀，同前，孙溪采。1♂1♀，湖南张家界，1985.Ⅹ.10，邹环光采；1♀，湖南衡阳衡山，1030m，2004.

Ⅶ.20，许静杨采。4♂，四川峨眉山报国寺，1957.Ⅴ.10，郑乐怡、程汉华采；1♂，峨眉山九老洞，1800m，1957.Ⅶ.7。

分布：浙江、湖北、湖南、台湾、广东、广西、四川、贵州、云南；日本，新几内亚岛。

讨论：本种与奇突蕨盲蝽 *B. (B.) insuetus* Hu *et* Zheng 相似，但本种前胸背板黑色，可与之相互区别。

雌虫未见短翅型。

本志新增贵州、浙江、湖北、广西和广东的分布记录。

(5) 奇突蕨盲蝽 *Bryocoris* (*Bryocoris*) *insuetus* **Hu** *et* **Zheng, 2000** (图 8；图版Ⅰ: 9-11)

Bryocoris (*Bryocoris*) *insuetus* Hu *et* Zheng, 2000: 249.
Bryocoris insuetus: Lin, 2003: 182; Schuh, 2002-2014.

雄虫既有长翅型也有短翅型，雌虫短翅型。

雄虫（长翅型）：体两侧不平行，密被半直立闪光短毛，触角第 1 节黄褐色，前胸背板黑色，或黄褐色后侧角具黑色斑，领浅黄褐色。

头背面观椭圆形，垂直，被淡褐色半直立毛，黑褐色至黑色，部分种类黄褐色。头顶两侧黄褐色，背面观中部具 1 菱形黑褐色斑，眼间距约为眼宽的 3 倍，中纵沟不明显，后缘横脊明显。额光亮，较圆隆，侧面观伸过唇基前缘，被稀疏长直立毛。唇基黑褐色，光亮，圆隆，垂直。上颚片宽阔，宽三角形，无光泽，黑褐色，端部下缘淡黄褐色，被半直立淡色长毛。下颚片狭长，微隆，具光泽，褐色。小颊较宽阔，褐色，基部色略淡。喙短粗，黄色，略伸达中足基节基部，第 3、4 节约等长，第 4 节端部黑褐色。复眼椭圆形，黑褐色，略被毛，略向两侧伸出。触角细长，黄褐色至黑褐色，密被长半直立毛。第 1 节黄褐色，长约为眼间距的 1.39 倍，近基部 1/3 处较明显加粗；第 2 节黄褐色，基部黑褐色，端部 1/4-1/3 黑色，基部明显细于第 1 节，近端部略微加粗；第 3、4 节黑褐色至黑色，粗细较均一，均略细于第 2 节基部直径，第 4 节略短。

前胸背板梯形，微隆，略斜下倾，一色黑褐色，有时仅后叶中部黄褐色，或全部黄褐色，有时两胝两侧和后侧角黑褐色，后叶具刻点和微皱，具光泽，密被半直立短毛。前胸背板侧缘几乎直，前后叶间略内凹，后缘中部内凹，后侧角略下沉，内侧具 1 微弱的浅凹痕，后侧角端部圆钝。领浅黄褐色，较宽，被短毛，后部被细密刻点，略粗糙，光泽弱。胝平滑，略肿胀，两胝不相连。前胸侧板光滑，二裂，前叶小，黄褐色，后叶黑褐色，中胸侧板和后胸侧板均为黑色，密被淡色平伏短毛。中胸盾片外露较短，黑色，密被半直立短毛。小盾片黄褐色至黑褐色，侧面观较平坦，微隆，基角略隆起，端角尖锐，密被半直立短毛。

半鞘翅两侧不平行，在缘片端部略外拱，除爪片外均为黄褐色半透明，具黑色斑，被细密淡色半直立短毛。爪片黑色，革片淡黄褐色，革片和缘片端部 1/5-1/3 具 1 暗褐色斑，斑前缘倾斜或呈"之"字形，中裂黑色。楔片缝明显，翅面沿楔片缝略下折，楔片黄白色，端部内侧 2/5 黑褐色。膜片浅褐色，近楔片端部和膜片顶端淡灰褐色，脉褐色，翅室端角宽圆。

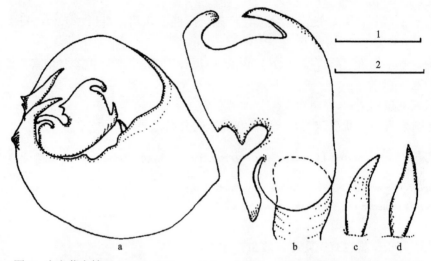

图 8　奇突蕨盲蝽 *Bryocoris* (*Bryocoris*) *insuetus* Hu *et* Zheng (仿 Hu & Zheng, 2000)
a. 生殖囊 (pygophore)；b. 左阳基侧突 (left paramere)；c、d. 右阳基侧突不同方位 (right paramere in different views)；　比例尺：1=0.2mm (a)，2=0.1mm (b-d)

　　足黄白色，被淡色半直立长毛，各足基节和腿节基半浅黄色，腿节端部 1/3 和胫节端部 1/4 暗黄褐色，跗节第 1、2 节黄色，第 3 节黑褐色，端部略膨大，爪细长、弯曲，浅褐色。

　　腹部黄褐色至黑色。臭腺沟缘浅黄色。

　　雄虫生殖囊黑褐色至黑色，左侧微凹而光亮，前部具 1 个钝横脊，长度约为整个腹长的 1/4。左阳基侧突暴露部分大而平，端部具 1 长而弯曲的突起，基半宽阔，具 2 个小而弯曲的突起；右阳基侧突小，矛形。

　　雄、雌虫 (短翅型)：体小，后部宽阔。前胸背板钟形，侧缘波浪状凹陷。半鞘翅无楔片和膜片。前胸背板多皱。其余特征同长翅型。

　　量度 (mm)：长翅型 (♂)：体长 3.43-3.47，宽 1.10-1.14；头长 0.20-0.23，宽 0.55-0.60；眼间距 0.32-0.35；眼宽 0.11-0.12；触角各节长：Ⅰ:Ⅱ:Ⅲ:Ⅳ=0.45-0.49:1.00-1.03:0.60-0.63:0.43-0.47；前胸背板长 0.55-0.60，后缘宽 1.01-1.04；小盾片长 0.32-0.35，基宽 0.43-0.47；缘片长 1.21-1.24；楔片长 0.63-0.66，基宽 0.41-0.46。短翅型：体长 2.28-2.35 (♂)、2.41-2.46 (♀)，宽 1.13-1.17 (♂)、1.20-1.25 (♀)；头长 0.23-0.26 (♂)、0.21-0.24 (♀)；宽 0.52-0.55 (♂)、0.52-0.56 (♀)；眼间距 0.34-0.38 (♂)、0.35-0.39 (♀)；眼宽 0.08-0.09 (♂)、0.08-0.10 (♀)；触角各节长：Ⅰ:Ⅱ:Ⅲ:Ⅳ=0.54-0.59:1.05-1.09:0.63-0.70:0.54-0.60 (♂)、0.42-0.48:0.93-0.98:0.49-0.53:0.37-0.42 (♀)；前胸背板长 0.49-0.55 (♂)、0.50-0.54 (♀)，后缘宽 0.80-0.86 (♂)、0.82-0.87 (♀)；小盾片长 0.26-0.30 (♂)、0.27-0.31 (♀)，基宽 0.33-0.37 (♂)、0.30-0.34 (♀)；半鞘翅长 1.52-1.57 (♂)、1.41-1.45 (♀)。

　　观察标本：1♂ (正模)，云南屏边，1500m，1996.Ⅴ.23，卜文俊采；1♂，云南昆明，

1978.XI.12；1♀，云南屏边，1500m，1996.V.23，卜文俊采；1♀，云南大围山，1700m，1996.V.24，卜文俊采；2♂5♀，云南南涧无量山蛇腰箐，2200m，2001.XI.6；4♂3♀，同前，2400m，2001.XI.7，朱卫兵采；1♂，云南景东文龙帮迈，1900m，2001.XI.10，朱卫兵采；1♂，云南景东文龙义昌，1800-2000m，2001.XI.11，朱卫兵采。1♂，四川峨眉山报国寺，1600m，1957.IV.17，郑乐怡、程汉华采；1♂，四川宝兴硗碛，2200-2700m，1963.VI.28，郑乐怡采。1♂，广东茂名信宜大成镇大雾岭自然保护区，1000m，2009.VII.31，焦克龙、蔡波采。

分布：台湾、广东、四川、云南。

讨论：本种与纤蕨盲蝽 *B. (B.) gracilis* Linnavuori 相似，但本种半鞘翅两侧不平行，前胸背板黑色，或黄褐色，后侧角具黑色斑，雄虫生殖囊左侧微凹而光亮，前部具 1 钝横脊；雌虫存在短翅型，可与之相区别。

本志新增广东的分布记录。

(6) 亮蕨盲蝽 *Bryocoris (Bryocoris) nitidus* **Hu et Zheng, 2004** (图 9；图版 I : 12)

Bryocoris (Bryocoris) nitidus Hu et Zheng, 2004: 273.
Bryocoris nitidus: Schuh, 2002-2014.

仅已知雄虫，长翅型。

本种在属内体相对狭小，两侧近平行，密被半直立闪光短毛，触角第 1 节黑色，前胸背板领黑色，雄虫生殖囊开口朝向腹面，前部具 1 密被毛的卵圆形凹陷区域。

头背面观三角形，垂直，被淡褐色半直立毛，黑褐色至黑色。头顶侧面和后缘渐呈黄褐色，触角窝边缘淡黄褐色，眼间距约为眼宽的 4.13 倍，中纵沟不明显，后缘横脊明显。额、唇基和头侧缘黑褐色，额和唇基光亮，侧面观圆隆，被稀疏长毛，唇基垂直。上颚片宽阔，宽三角形，光亮，被较长的半直立淡色长毛。下颚片狭长，微隆，具光泽。小颊较宽阔。喙短粗，黄色，略伸达前足基节基部，第 4 节端部黑褐色。复眼椭圆形，黑褐色，被短毛，略向两侧伸出。触角细长，黑色，密被半直立长毛。第 1 节长约为眼间距的 1.18 倍，基部 1/3 窄；第 2 节明显细于第 1 节，近端部略微加粗；第 3、4 节粗细较均一，均略细于第 2 节基部直径。

前胸背板梯形，基部 2/3 微下沉，后部圆隆，全部黑色，具光泽，刻点浅而不规则，密被半直立短毛。侧缘几乎直，后缘中部内凹，后侧角略下沉，内侧具 1 微弱的浅凹痕，后侧角端部相对略尖。领黑色，较宽，被短毛，后部被细密刻点，粗糙，无光泽。胝平滑，略肿胀，两胝不相连，胝间区域光滑，具深刻点。前胸侧板二裂，前叶小，前胸侧板、中胸侧板和后胸侧板均为黑色，光滑，被稀疏平伏短毛。中胸盾片外露较短，黑色，密被半直立短毛。小盾片黑褐色，微隆，端角尖锐，密被半直立短毛。

半鞘翅前缘近直，端半微凸，除爪片黑色外均为黄褐色半透明，具黑色斑，被细密淡色短半直立毛。爪片黑色，革片和缘片淡黄褐色，革片端部 1/3 具 1 淡黑褐色斑，前缘倾斜或呈 "之" 字形，延伸至中裂内侧中部，中裂黑色，缘片端部 1/4 淡黑褐色。楔片缝明显，翅面沿楔片缝略下折，楔片淡黄褐色，基部内角和端部内缘褐色。膜片灰褐色，脉褐色，翅室端角宽圆。

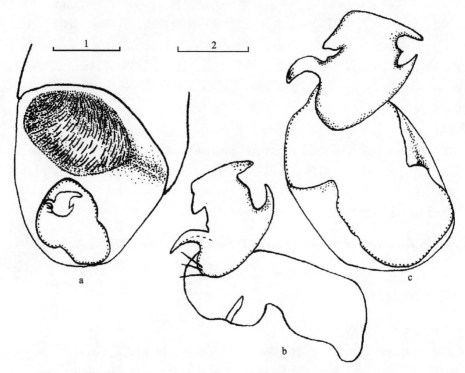

图 9　亮蕨盲蝽 *Bryocoris* (*Bryocoris*) *nitidus* Hu *et* Zheng (仿 Hu & Zheng, 2004)
a. 生殖囊 (pygophore)；b. 右阳基侧突 (right paramere)；c. 左阳基侧突 (left paramere)；
比例尺：1=0.2mm (a)，2=0.1mm (b、c)

足亮黄褐色，被淡色半直立长毛，胫节端部色较深，跗节第 1、2 节黄褐色，第 3 节黑褐色，端部略膨大，爪细长、弯曲，浅褐色。腹部黑色。臭腺沟缘黄色。

雄虫生殖囊黑色，腹面色略淡，长度约为整个腹长的 1/3，开口朝向腹面，前部具 1 密被毛的卵圆形凹陷区域。左阳基侧突暴露部分平坦，顶端中部突出，呈箭头状，一侧具两个相向的突起，两突起间凹陷区域具一小突起，另一侧具一个弯曲的尾状突；右阳基侧突狭小。

量度 (mm)：体长 2.33，宽 0.99；头长 0.17，宽 0.50；眼间距 0.33；眼宽 0.08；触角各节长：Ⅰ:Ⅱ:Ⅲ:Ⅳ=0.39:0.82:0.50:0.39；前胸背板长 0.42，后缘宽 0.89；小盾片长 0.28，基宽 0.31；缘片长 0.89；楔片长 0.50，基宽 0.28。

观察标本：1♂ (正模)，四川青城山，1000m，1985.Ⅲ.16，李新正采。

分布：四川。

讨论：本种与卜氏蕨盲蝽 *B.* (*B.*) *bui* Hu *et* Zheng 在体型大小、体色及前翅革片上斑方面均相似，主要区别为本种前胸背板的隆起程度较高，胝间区域较光亮；半鞘翅楔片较短，雄虫左阳基侧突形状亦可相互区别。

(7) 熊氏蕨盲蝽 *Bryocoris* (*Bryocoris*) *xiongi* Hu *et* Zheng, 2000 (图 10；图版Ⅰ: 13, 14)

Bryocoris (*Bryocoris*) *xiongi* Hu *et* Zheng, 2000: 251.

Bryocoris xiongi: Schuh, 2002-2014.

雄虫长翅型，雌虫短翅型。

雄虫：体狭长，较小，两侧近平行，触角第 1 节黑褐色，有时暗黄褐色，端部 2/3 褐色，前胸背板领背面后部暗黄褐色，两侧黑色或黑褐色。

头背面观三角形，垂直，被淡褐色半直立毛，黑褐色。头顶两侧色较淡，暗黄褐色，并向后延伸至头顶后部，眼间距约为眼宽的 3 倍，中纵沟不明显，后缘横脊明显。额光亮，黑褐色至黑色，侧面观圆隆，略超过唇基最突出处，前缘被稀疏长毛。唇基黑褐色，光亮，圆隆，垂直。上颚片宽阔，宽三角形，具光泽，黑褐色，被较长的半直立淡色长毛。下颚片狭长，隆起，具光泽，黑褐色。小颊端部较宽阔，褐色，近眼部淡黄褐色。喙短粗，黄色，第 4 节端部黑褐色，伸达或略伸过前足基节端部，第 4 节略长于第 3 节。复眼椭圆形，黑褐色，略被毛，略向两侧伸出。触角细长，黑褐色至黑色，密被半直立长毛。第 1 节有时暗黄褐色，端部 2/3 褐色，长约为眼间距的 1.52 倍，近基部 1/3 处较明显加粗；第 2 节明显细于第 1 节，近端部略微加粗，有时暗黄褐色，基部和端部 1/4 带褐色；第 3、4 节粗细较均一，均略细于第 2 节基部直径，第 3 节略长于第 4 节。

前胸背板梯形，微隆，略斜下倾，全部黑色，被浅或中度刻点，略具浅横皱，具光泽，密被半直立短毛。前胸背板侧缘几乎直，后缘中部圆隆，后侧角略下沉，内侧具 1 微弱的浅凹痕，后侧角相对尖锐。领后部暗黄褐色，较宽，被短毛，后部被细密刻点，后半粗糙，光泽弱，领两侧黑色或黑褐色。胝平滑，略肿胀，两胝不相连，内侧无刻点。前胸侧板二裂，前叶小，光滑，微向外翘，背面观可见，前胸侧板、中胸侧板和后胸侧板均为黑色，被稀疏平伏短毛。中胸盾片外露较短，黑色，密被半直立短毛。小盾片黑色，侧面观较平坦，微隆，基角略隆起，端角尖锐，密被半直立短毛。

半鞘翅前缘近直，在缘片端部略外拱，除爪片外均为黄褐色半透明，具黑色斑，被细密淡色短半直立毛。爪片黑色，革片浅褐色，革片和缘片端部 1/5-1/3 具深褐色至黑褐色大斑，斑在革片中裂部向革片基部延伸。楔片缝明显，翅面沿楔片缝略下折，楔片灰白色，半透明，基部内角、内缘和端角内缘褐色，端部 1/5 褐色。膜片和翅脉黄褐色，近翅室端角、楔片顶端后部和膜片端部淡色，翅室端角宽阔。

足黄色，被淡褐色半直立长毛，各足基节和腿节基半浅黄色，腿节端部 1/2 或 2/5 和胫节褐色，前足胫节端部 2/5 黑褐色，跗节第 1、2 节黄色，第 3 节黑褐色，端部略膨大，爪细长、弯曲，浅褐色。

腹部黑色，第 8、9 节腹面色略淡。臭腺沟缘浅黄色。

雄虫生殖囊褐色，腹面黄褐色，长度约为整个腹长的 1/3，生殖囊开口边缘左阳基侧突左侧具 1 对刺状突起，开口侧面具 1 卵圆形凹陷区域，密被 1 层淡色毛。左阳基侧突暴露部分平，中部弯曲呈"U"形，中部具 1 尾状突起，端部鸟头形；右阳基侧突短小，狭细。

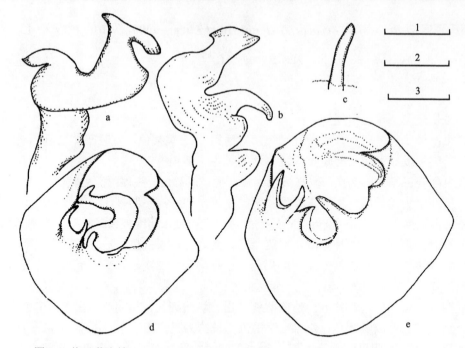

图 10 熊氏蕨盲蝽 *Bryocoris* (*Bryocoris*) *xiongi* Hu *et* Zheng (仿 Hu & Zheng, 2000)
a、b. 左阳基侧突不同方位 (left paramere in different views)；c. 右阳基侧突 (right paramere)；d、e. 生殖囊不同方位
(pygophore in different views)；比例尺：1=0.1mm (a-c)，2=0.2mm (d)，3=0.2mm (e)

雌虫：体小，后部宽阔。头色同长翅型，或色略淡仅头顶中部具 1 褐色纵带。触角全部黑色，或第 1、2 节中部暗褐色。前胸背板钟形，侧缘中部较强烈凹陷，黑色，或淡黄褐色，仅后侧角暗色，后叶多皱。半鞘翅无楔片和膜片，背面隆起，爪片黑褐色至黑色，革片褐色至黄褐色，半鞘翅深色斑大，褐色至黑色，起自楔片缝，占据缘片端部 1/4 和革片端部 1/3-1/2，向基部伸达爪片，沿中裂内侧向前略延伸。胸部腹面黑色。腹部向两侧扩展，腹面黄色，或基半黑色。其他特征同长翅型。

量度 (mm)：长翅型 (♂)：体长 3.37-3.44，宽 1.09-1.14；头长 0.20-0.25，宽 0.54-0.61；眼间距 0.32-0.35；眼宽 0.11-0.12；触角各节长：Ⅰ:Ⅱ:Ⅲ:Ⅳ=0.49-0.53:1.04-1.09:0.60-0.65:0.55-0.60；前胸背板长 0.50-0.53，后缘宽 0.98-1.06，小盾片长 0.31-0.35，基宽 0.49-0.53；缘片长 1.17-1.21；楔片长 0.60-0.64，基宽 0.39-0.40。短翅型 (♀)：体长 2.26-2.32，宽 1.21-1.24；头长 0.20-0.25，宽 0.52-0.54；眼间距 0.32-0.35；眼宽 0.08-0.10；触角各节长：Ⅰ:Ⅱ:Ⅲ:Ⅳ=0.52-0.59:0.87-0.90:0.61-0.70:0.52-0.60；前胸背板长 0.43-0.47，后缘宽 0.71-0.73；小盾片长 0.27-0.31，基宽 0.26-0.50；半鞘翅长 1.41-1.46。

观察标本：1♂ (正模)，云南屏边大围山，1700m，1996.Ⅴ.22，郑乐怡采；5♂2♀，云南屏边大围山，1700m，1996.Ⅴ.22，郑乐怡采；4♂1♀，同前，1996.Ⅴ.23，卜文俊采。

分布：云南。

讨论：本种与纤蕨盲蝽 *B.* (*B.*) *gracilis* Linnavuori 相似，体均较细长，但本种两侧近平行，前缘不甚突出，领侧缘深色，革片色较深，左阳基侧突端部形状不同，本种雄虫生殖囊侧缘开口前部具 1 个被毛的卵圆形凹陷，可与之相互区分。

2) 锥喙蕨盲蝽亚属 *Cobalorrhynchus* Reuter, 1906

喙长，第 4 节具刺，显著长于第 3 节，长大于等于第 3 节的 1.5 倍，伸达中胸腹板中央或中足基节基部，第 3 节或多或少背腹向压扁；左阳基侧突外露部分较简单，镰刀状或矛状；侧面观半鞘翅楔片边缘黑色或黑褐色；无短翅型。

分布：陕西、甘肃、浙江、湖北、湖南、台湾、海南、广西、四川、云南、西藏；日本。

中国已知 11 种。

种 检 索 表

1. 头全部黄褐色或浅黄色，无明显黑色斑 ·······································2
   头褐色或黑色，如果浅色，则具明显黑色斑 ·······························4
2. 触角第 2 节黑褐色至黑色 ····································**黄头蕨盲蝽 *B. (C.) flaviceps***
   触角第 2 节端部 1/3 褐色至黑褐色，其余部分淡黄褐色 ·······················3
3. 前胸背板刻点大且深 ·······························**宽蕨盲蝽 *B. (C.) latiusculus***
   前胸背板刻点细小 ·······························**宽翅蕨盲蝽 *B. (C.) latus***
4. 小盾片褐色或黄褐色，无深色中纵斑 ·······································5
   小盾片全部黑色，或淡色具深色中纵斑 ·····································7
5. 前胸背板具黄褐色明显中纵带 ···6
   前胸背板中部无纵带 ·······························**四川蕨盲蝽 *B. (C.) sichuanensis***
6. 左阳基侧突基半无指状突起 ·························**类带蕨盲蝽 *B. (C.) paravittatus***
   左阳基侧突基半具指状突起 ·························**带蕨盲蝽 *B. (C.) vittatus***
7. 小盾片黑褐色至黑色，有时端部具淡色斑 ·············**叶突蕨盲蝽 *B. (C.) lobatus***
   小盾片淡黄色至黄褐色，中部具 1 深色纵向斑或带 ···························8
8. 前胸背板后叶一色褐色至黑色 ···9
   前胸背板后叶具 1 对黄色斑，或后叶后部黄色 ·······························10
9. 体长小于 3.80mm；雄性生殖囊开口前部侧面具纵向凹陷 ··········**萧氏蕨盲蝽 *B. (C.) hsiaoi* (部分)**
   体长大于 4.10mm；雄性生殖囊开口前部侧面无纵向凹陷 ·····**隆背蕨盲蝽 *B. (C.) convexicollis* (部分)**
10. 前胸背板后叶无明确的 1 对黄色斑，若存在，短圆锥形，远离前胸背板后缘；雄性生殖囊开口右侧具 1 狭长多刺的突起 ·······················**隆背蕨盲蝽 *B. (C.) convexicollis* (部分)**
    前胸背板后叶具 2 个明确的大黄色斑，斑伸达或几伸达前胸背板后缘；雄性生殖囊开口右侧无狭长多刺的突起 ···11
11. 体长 3.5mm；雄性生殖囊开口前部侧面具纵凹 ···············**萧氏蕨盲蝽 *B. (C.) hsiaoi* (部分)**
    体长大于 4.0mm；雄性生殖囊开口前部侧面无纵凹 ·····························12
12. 缘片深色斑较大，正方形；体较宽 ················**锥喙蕨盲蝽 *B. (C.) biquadrangulifer***

缘片深色斑较小，细长；体较狭长 ··· **李氏蕨盲蝽 B. (C.) lii**

(8) 锥喙蕨盲蝽 *Bryocoris (Cobalorrhynchus) biquadrangulifer* (Reuter, 1906) (图版Ⅰ: 15, 16)

Cobalorrhynchus biquadrangulifer Reuter, 1906: 2; Carvalho, 1957a: 95; Schuh, 2002-2014.
Bryocoris biquadrangulifer: Yasunaga *et* Kerzhner, 1998: 88.
Bryocoris (Cobalorrhynchus) biquadrangulifer: Hu *et* Zheng, 2000: 253.

雄虫：体长卵圆形，相对较宽大，密被半直立闪光短毛。

头背面观卵圆形，垂直，褐色至黑褐色，光亮，被淡褐色半直立毛。头顶侧缘渐呈黄褐色，头顶后缘褐至黑褐色，有时后部黄褐色，眼间距约为眼宽的 3.27 倍，中纵沟不明显，后缘横脊明显，颈部黑色，光亮。额黑色，光亮，侧面观圆隆，未伸过唇基前缘，被稀疏长毛。唇基黑褐色，光亮，圆隆，垂直。上颚片宽三角形，具光泽，褐色，被稀疏半直立淡色长毛。下颚片狭小，微隆，略具光泽，褐色。小颊较宽阔，黑褐色。喙黄褐色，第 4 节端部 2/3 黑褐色，伸达或略伸过中足基节，第 4 节细长，约为第 3 节长的 2 倍。复眼椭圆形，黑褐色，略被毛，略向两侧伸出。触角细长，黄褐至黑褐色，密被半直立长毛。第 1 节淡黄褐色，长约为眼间距的 1.08 倍，近基部 1/3 处较明显加粗；第 2 节黄褐色，末端 1/3-1/2 灰褐至黑褐色，有时第 2 节全部黑色，侧面观基半褐色，明显细于第 1 节，端部略加粗；第 3、4 节灰褐至黑褐色，粗细较均一，均略细于第 2 节基部直径，第 3 节明显长于第 4 节。

前胸背板梯形，相对较宽，圆隆，略斜下倾，暗褐至黑色，中纵带暗色，两边各具 1 个大的黄褐色斑，有时前胸背板后缘黄色，与前部黄色斑相连。前胸背板后叶刻点较浅，中等大小，具光泽，密被半直立短毛。前胸背板侧缘几直，后缘中部平直，后侧角内侧具 1 微弱的浅凹痕，后侧角端部约呈直角。领淡黄褐色，灰暗，较宽，被短毛，后部被细密刻点，略粗糙，光泽弱。胝平滑，略肿胀，两胝不相连，内侧无刻点。前胸侧板二裂，前叶小，前胸侧板、中胸侧板和后胸侧板均为黑褐色，光亮，被稀疏平伏短毛。中胸盾片不外露。小盾片侧面观基部微隆，黄褐色，中纵带褐色，向端部色渐淡，端角圆，密被半直立短毛。

半鞘翅相对宽阔，基部 1/3 直，之后均匀外拱，在革片端部 1/5-1/3 最宽，底色浅黄褐具黑色斑，半透明，被细密淡色短半直立毛。爪片黄褐色，基部和端部区域黑褐色，爪片缝暗色。革片、缘片和楔片淡黄褐色，半透明，缘片和革片端部 1/5-1/4 具 1 个矩形褐至黑褐色斑，向前沿中裂狭窄地延伸，向内部伸达或略伸达爪片接合缝。缘片窄于眼宽。楔片缝黑色，翅面沿楔片缝略下折，楔片端部暗色。膜片暗褐色，端部淡色，脉褐色，翅室端角约呈直角。

足黄褐色，被淡色半直立长毛，各足腿节和胫节具不规则红色狭细纵带，后足腿节背侧近端部具 1 褐色环，有时较模糊，跗节黄褐色，第 3 节端部略膨大，有时色略加深，爪细长、弯曲，浅褐色。

腹部暗黄褐色至褐色，侧面色略淡。臭腺沟缘浅黄色。

雄虫生殖囊黄褐色，腹面色略淡，开口左侧具 1 个裂缝，生殖囊长度约为整个腹长的 1/5。左阳基侧突暴露部分简单，近基部弯曲，其余部分矛尖状，狭长，端部狭细弯曲；右阳基侧突小，基半细长，端部鸟头状。

雌虫：体型和体色与雄虫相似。

量度 (mm)：体长 3.92-3.96 (♂)、3.95-4.02 (♀)，宽 1.54-1.57 (♂)、1.70-1.74 (♀)；头长 0.20-0.22 (♂)、0.20-0.23 (♀)，宽 0.56-0.61 (♂)、0.57-0.62 (♀)；眼间距 0.35-0.37 (♂)、0.36-0.39 (♀)；眼宽 0.11-0.12 (♂)、0.11-0.12 (♀)；触角各节长：I : II : III : IV=0.38-0.41:0.96-1.01:0.55-0.59:0.33-0.40 (♂)、0.32-0.36:0.85-0.89:0.49-0.53:0.31-0.35 (♀)；前胸背板长0.60-0.67 (♂)、0.69-0.73 (♀)，后缘宽 1.26-1.33 (♂)、1.37-1.42 (♀)；小盾片长 0.42-0.45 (♂)、0.65-0.70 (♀)，基宽 0.53-0.59 (♂)、0.57-0.64 (♀)；缘片长 1.57-1.60 (♂)、1.55-1.59 (♀)；楔片长 0.69-0.76 (♂)、0.71-0.78 (♀)，基宽 0.52-0.56 (♂)、0.54-0.58 (♀)。

观察标本：1♂，云南云龙，2700m，1979.Ⅷ.11，刘国卿采；1♂，同前，邹环光采；1♀，同前，崔剑昕采；1♀，同前，1996.Ⅵ.14；1♀，同前，2900-3100m，1996.Ⅵ.15；1♀，云南中甸虎跳峡，3100m，1996.Ⅵ.9，卜文俊采。

分布：四川、云南。

讨论：本种与李氏蕨盲蝽 B. (C.) lii Hu et Zheng 和萧氏蕨盲蝽 B. (C.) hsiaoi Zheng et Liu 相似，前胸背板后叶中线两侧均具 1 对淡色斑，小盾片淡色具深色中纵带，但前者体较宽阔，半鞘翅色较深，缘片端部具矩形深色斑，雄虫生殖囊开口左侧具 1 裂缝，可相互区分。本种体色亦与四川蕨盲蝽 B. (C.) sichuanensis Hu et Zheng 相似，但前者触角第 2 节或多或少二色，前胸背板及小盾片颜色和较窄的缘片可相互区分。

(9) 隆背蕨盲蝽 *Bryocoris* (*Cobalorrhynchus*) *convexicollis* Hsiao, 1941 (图11；图版Ⅱ: 17, 18)

Bryocoris convexicollis Hsiao, 1941: 241; Carvalho, 1957a: 93; Zheng, 1995: 458; Schuh, 2002-2014.
Bryocoris (*Cobalorrhynchus*) *convexicollis*: Hu et Zheng, 2000: 255.

雄虫：体长卵圆形，密被半直立闪光长毛。

头背面观卵圆形，垂直，光亮，相对窄，被淡褐色半直立毛，头顶、眼后区域和头顶后缘区域黑褐色至黑色，头顶侧缘褐色或黄褐色，其余部分褐色。眼间距约为眼宽的2.54 倍，中纵沟不明显，后缘横脊明显。额光亮，黑褐色至黑色，侧面观圆隆，不伸过唇基前缘，被稀疏长毛。唇基黑褐色，两侧基部色略淡，光亮，侧面观圆隆，垂直。上颚片宽阔，光泽弱，褐色，被较长的半直立淡色长毛。下颚片小三角形，微隆，略具光泽，褐色。小颊宽阔，褐色。喙黄色，第 4 节端半褐色，细长，约为第 3 节的 1.7 倍，伸达或略伸达中足基节基部。复眼椭圆形，黑褐色，略被毛，略向两侧伸出。触角细长，密被半直立短毛。第 1 节灰黄褐色至灰褐色，端部 2/3 内侧褐色，长约为眼间距的 1.24倍，近基部 1/3 处较明显加粗；第 2-4 节黑褐色至黑色，第 2 节明显细于第 1 节，近端部略微加粗；第 3、4 节粗细较均一，均略细于第 2 节基部直径，第 3 节明显长于第 4 节。

前胸背板梯形，适度隆起，略斜下倾，刻点浅，中度稀疏，具光泽，密被半直立短毛。前胸背板褐色至黑褐色，后侧角黄白色，或后缘黄色，或前部黑褐色，后部渐淡呈黄褐色，有时黑褐色部分中部向后延伸为 1 个短圆锥状，顶端后部远离前胸背板后缘。

前胸背板侧缘直，后缘中部微凸，后侧角略下沉，内侧具 1 微弱的浅凹痕，后侧角端部圆钝。领黄色，灰暗，较宽，被短毛，后部被细密刻点，略粗糙，光泽弱。胝平滑，略肿胀，两胝不相连，内侧无刻点。前胸侧板二裂，前叶小，前胸侧板、中胸侧板和后胸侧板均为黑色，光亮，被稀疏平伏短毛。中胸盾片不外露。小盾片灰黄色，中纵带褐色，向端部渐细、渐淡，隆起，基部微凹，具横皱，密被半直立短毛。

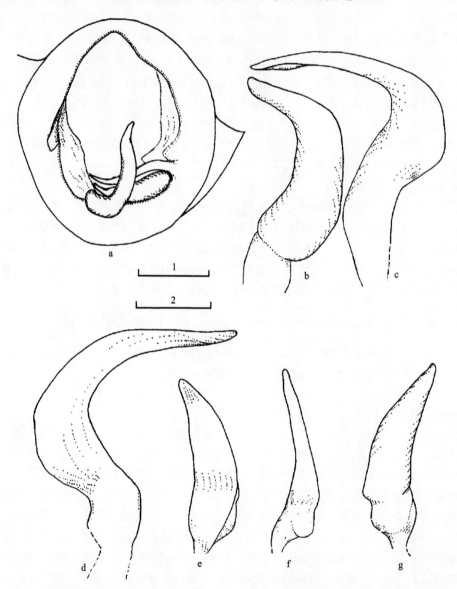

图 11　隆背蕨盲蝽 *Bryocoris (Cobalorrhynchus) convexicollis* Hsiao (仿 Hu & Zheng, 2000)

a. 生殖囊 (pygophore)；b-d. 左阳基侧突不同方位 (left paramere in different views)；e-g. 右阳基侧突不同方位 (right paramere in different views)；比例尺：1=0.2mm (a)，2=0.1mm (b-g)

半鞘翅相对宽阔，两侧基部 2/7 直，其余部分微外凸，革片长的 2/7 处最宽，底色淡黄褐色，半透明，被细密淡色短半直立毛。爪片两端和内缘黑褐色，缘片和革片端部 1/6 及 1/5 处黑褐色，向内结束于中裂内侧，沿中裂狭窄地向前延伸，形成 "L" 形斑，缘片外缘和中裂中部黑色。楔片缝明显，翅面沿楔片缝略下折，楔片顶端黑褐色，内缘狭细褐色。膜片淡黄褐色，翅脉、翅室内半和从翅室端部延伸到膜片外侧角顶点的宽斜带烟褐色，翅室端角宽圆。

足黄褐色，被淡色半直立长毛，后足腿节端部 2/5 褐色，跗节第 1、2 节黄色，第 3 节端部略膨大，色略加深，爪细长、弯曲，浅褐色。

腹部全部暗褐色，节间色略加深。臭腺沟缘浅黄色。

雄虫生殖囊暗褐色，腹面色略淡，长度约为整个腹长的 1/4，开口左侧靠近左阳基侧突基部具 1 小片状突起，开口右侧靠近右阳基侧突基部具 1 明显长刺状突起，指向中部。左阳基侧突钩状，中部弯曲，端半细长；右阳基侧突短矛尖状，相对较宽。

雌虫：体型和体色与雄虫相似。产卵器短，短于腹部长的一半，腹部中部不收缩。

量度 (mm)：体长 4.15-4.24 (♂)、4.42-4.55 (♀)，宽 1.47-1.54 (♂)、1.70-1.76 (♀)；头长 0.21-0.25 (♂)、0.26-0.29 (♀)，宽 0.59-0.64 (♂)、0.61-0.66 (♀)；眼间距 0.32-0.35 (♂)、0.33-0.34 (♀)；眼宽 0.12-0.14 (♂)、0.14-0.15 (♀)；触角各节长：Ⅰ:Ⅱ:Ⅲ:Ⅳ=0.40-0.43:1.27-1.32:0.50-0.60:0.32-0.40 (♂)、0.41-0.43:1.06-1.15:0.45-0.53:0.34-0.40 (♀)；前胸背板长 0.70-0.75 (♂)、0.71-0.74 (♀)，后缘宽 1.27-1.33 (♂)、1.32-1.39 (♀)；小盾片长 0.38-0.42 (♂)、0.42-0.47 (♀)，基宽 0.50-0.53 (♂)、0.54-0.61 (♀)；缘片长 1.50-1.57 (♂)、1.60-1.65 (♀)；楔片长 0.84-0.90 (♂)、0.90-0.93 (♀)，基宽 0.55-0.57 (♂)、0.60-0.64 (♀)。

观察标本：1♂ (正模)，四川，1932.Ⅶ，G. Liu 采；1♂1♀，四川成都，1500m，1963，刘胜利采 (存于天津自然博物馆)；1♂，四川峨眉山九老洞，1800m，1957.Ⅵ.17，郑乐怡、程汉华采；3♂1♀，同前，1957.Ⅶ.7；1♂，同前，1957.Ⅶ.8；1♂，同前，1957.Ⅶ.9；1♂，四川峨眉山，1600-2100m，1955.Ⅵ.24，吴乐采；1♂，四川峨眉山，3100m，布希克采；1♂1♀，四川峨眉山初殿，1957.Ⅶ.4；2♂，四川宝兴硗碛，950-1350m，1963.Ⅵ.17，郑乐怡采；2♂，同前，邹环光采；1♂，同前，1963.Ⅵ.18；7♂1♀，四川马尔康，2500-2800m，1963.Ⅷ.10，郑乐怡采；3♂2♀，同前，邹环光采；6♂2♀，同前，熊江采 (存于天津自然博物馆)；1♂，同前，刘胜利采 (存于天津自然博物馆)。1♀，甘肃邱家坝，2400m，1988.Ⅶ.22。

分布：甘肃、四川。

讨论：本种与锥喙蕨盲蝽 B. (C.) biquadrangulifer (Reuter) 相似，并曾被 Yasunaga 和 Kerzhner (1998) 认为是其异名，但后者前胸背板和半鞘翅更为宽阔，而本种前胸背板和半鞘翅较窄，前胸背板后叶无 1 对清晰黄色斑；缘片无深色斑，革片深色斑较小；雄虫生殖囊开口右侧具 1 明显的刺状突起。本种亦与李氏蕨盲蝽 B. (C.) lii Hu et Zheng 较相似，但本种半鞘翅较宽大，外缘前部更弯曲，生殖囊开口简单，可与之相互区别。

(10)　黄头蕨盲蝽 *Bryocoris* (*Cobalorrhynchus*) *flaviceps* Zheng *et* Liu, 1992 (图 12，图 13；图版 II：19, 20)

Bryocoris flaviceps Zheng *et* Liu, 1992: 290; Zheng, 1995: 458; Schuh, 2002-2014.
Bryocoris (*Cobalorrhynchus*) *flaviceps*: Hu *et* Zheng, 2000: 257; Lin, 2003: 183.

雄虫：体长卵圆形，密被半直立闪光短毛，头全部黄褐色或浅黄色，无明显黑色斑，触角第 2 节全部黑色，前胸背板领黄褐色或黑褐色，雄虫生殖囊开口简单，无明显突起。

头背面观椭圆形，横宽，垂直，被淡褐色半直立毛，浅黄色至淡黄褐色。眼后缘色略淡，眼间距约为眼宽的 2.67 倍，中纵沟不明显，后缘横脊明显，颈部淡黄白色。额光亮，侧面观微隆不伸过唇基前缘，被稀疏长毛。唇基淡黄褐色，光亮，侧面观较平坦，微隆，垂直。上颚片宽三角形，黄色，光亮，被稀疏半直立淡色毛。下颚片小三角形，微隆，淡黄褐色，光亮。小颊宽阔，淡黄褐色，光亮。喙黄色，伸达中足基节，第 4 节端部 2/3 褐色。复眼椭圆形，黑褐色，略被毛，略向两侧伸出。触角细长，褐至黑色，密被半直立长毛。第 1 节基部淡黄白色，近基部 1/3 处较明显加粗，其后黄褐色，向端部渐呈黑褐色，长约为眼间距的 1.34 倍；第 2 节黑褐至黑色，有时基部 2/5 色较淡，基部略细于第 1 节端部，近端部略微加粗，密被浅褐色长毛；第 3、4 节粗细较均一，均略细于第 2 节基部直径。

前胸背板梯形，饱满圆隆，略斜下倾，黑色或黄褐色，前侧缘有时黑褐色，或向后部渐呈黄褐色，后侧角黄褐色，有时前胸背板中部具 1 黄褐色三角形大斑，从后缘延伸至胝区后缘。刻点深刻，较密，具光泽，密被半直立短毛。前胸背板侧缘几乎直，中部略内凹，后缘中部内凹，后侧角略下沉，内侧具 1 微弱的浅凹痕，后侧角端部略尖。领黄褐色或黑褐色，较宽，被短毛，后部被细密刻点，略粗糙，无光泽。胝光滑，略肿胀，两侧伸达前胸背板侧缘，两胝不相连，内侧具刻点。胸部侧板黑色，光亮，被稀疏平伏短毛，前胸侧板二裂，前叶小。中胸盾片不外露。小盾片黄褐色或黑褐色，圆隆，基部中部微凹，端角较尖锐，密被半直立短毛。

半鞘翅革片长，基部 1/4 微向外倾，其后略外拱，底色淡黄褐色，半透明，具黑色斑，被细密淡色半平伏短毛。爪片基部 1/5-1/4 以及端部黑褐色，外缘淡黄褐色。革片淡黄褐色，外缘呈狭细的黑褐色，革片端部具宽黑褐色带，内端沿中裂成直角前折，或沿中裂内侧延伸成黑褐色细纵带，止于前方 2/5 处，中裂深黑褐色。楔片缝明显，翅面沿楔片缝略下折，楔片淡灰黄色，基部内角带褐色，端部内侧 2/5 黑褐色，外缘基半呈褐色。膜片淡烟色，中部有 2 条隐约的深色宽纵带，脉淡黑褐色，中段略深，翅室端角宽圆，略大于直角。

足黄色，被淡色半直立长毛，后足腿节近端部有 1 黑褐色环，边缘模糊，跗节第 1、2 节黄色，第 3 节端部黑褐色，略膨大，爪细长、弯曲，浅褐色。

腹部黄褐色，各节间深褐色，密被半直立淡色短毛。臭腺沟缘淡黄白色至黄色。

雄虫生殖囊黑褐色至黑色，较短小，长度约为整个腹长的 1/6，开口简单，无明显突起。左阳基侧突暴露部分矛尖状；右阳基侧突小，鸟头状。

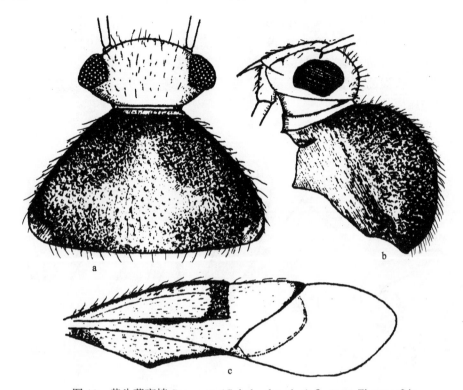

图 12　黄头蕨盲蝽 *Bryocoris* (*Cobalorrhynchus*) *flaviceps* Zheng *et* Liu

a. 头及前胸背板背面观 (head and pronotum, dorsal view)；b. 头及前胸背板侧面观 (head and pronotum, lateral view)；c. 半鞘翅 (hemelytron)

雌虫：体型和体色与雄虫相似。但体较宽大，腹部中部不收缩。

量度 (mm)：体长3.03-3.10 (♂)、3.37-3.46 (♀)，宽1.15-1.24 (♂)、1.26-1.32 (♀)；头长0.24-0.29 (♂)、0.25-0.31 (♀)，宽0.54-0.59 (♂)、0.55-0.62 (♀)；眼间距0.31-0.35 (♂)、0.34-0.39 (♀)；眼宽0.12-0.13 (♂)、0.11-0.12 (♀)；触角各节长：Ⅰ:Ⅱ:Ⅲ:Ⅳ=0.41-0.46:0.96-1.05:0.42-0.50:0.26-0.30 (♂)、0.37-0.43:0.97-1.08:0.46-0.53:0.31-0.35 (♀)；前胸背板长0.54-0.57 (♂)、0.57-0.61 (♀)，后缘宽0.96-1.01 (♂)、1.03-1.07 (♀)；小盾片长0.30-0.35 (♂)、0.36-0.44 (♀)，基宽0.38-0.43 (♂)、0.47-0.52 (♀)；缘片长1.13-1.17 (♂)、1.27-1.43 (♀)；楔片长0.53-0.61 (♂)、0.60-0.63 (♀)，基宽0.37-0.42 (♂)、0.38-0.43 (♀)。

观察标本：1♂ (正模)，湖南石门丰家河，1987.Ⅸ.21；1♂2♀，湖南炎陵县桃源洞，660m，2004.Ⅶ.16，李俊兰采；1♂，同前，890m，2004.Ⅶ.17，田颖采；1♂3♀，湖南郴州宜章莽山，1100-1270m，2004.Ⅶ.22，许静杨采；2♂1♀，湖南石门县壶瓶山，600m，2004.Ⅷ.3，朱卫兵采；1♀，同前，柯云玲采；4♂4♀，同前，田颖采。1♂1♀，湖北利川星斗山，900m，1999.Ⅶ.30，卜文俊采。海南尖峰岭，800m，2007.Ⅵ.6，花吉蒙采；海南尖峰岭，800m，2007.Ⅵ.6，花吉蒙采；1♂，海南尖峰岭，2007.Ⅵ.6，花吉蒙采；1♂，海南尖峰岭，2007.Ⅵ.6，董鹏志采；1♂，海南乐东尖峰岭，2007.Ⅵ.7，940m，张旭采。1♂，云南隆阳百花岭，1600m，2006.Ⅵ.6，朱卫兵采。4♂，浙江庆元百山祖五岭坑，1800m，

1994.Ⅶ.20。1♂，四川峨眉山报国寺，600m，1957.Ⅴ.10，郑乐怡、程汉华采；1♂，同前，1957.Ⅴ.17；1♂，同前，1957.Ⅴ.19；1♂，四川峨眉山大峨寺，1957.Ⅳ.11。

分布：浙江、湖北、湖南、台湾、海南、四川、云南。

讨论：本种头淡色，与体色明显区分，前胸背板圆隆，刻点深刻，喙及雄性外生殖器结构亦可与属内其他种相区分。

本志新增湖北、海南和云南的分布记录。

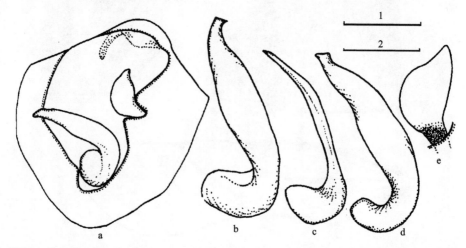

图 13 黄头蕨盲蝽 *Bryocoris* (*Cobalorrhynchus*) *flaviceps* Zheng et Liu (仿 Hu & Zheng, 2000)

a. 生殖囊 (pygophore)；b-d. 左阳基侧突不同方位 (left paramere in different views)；e. 右阳基侧突 (right paramere)；
比例尺：1=0.2mm (a)，2=0.1mm (b-e)

(11) 萧氏蕨盲蝽 *Bryocoris* (*Cobalorrhynchus*) *hsiaoi* Zheng *et* Liu, 1992 (图 14，图 15；图版 Ⅱ：21, 22)

Bryocoris hsiaoi Zheng *et* Liu, 1992: 290; Zheng, 1995: 459; Yasunaga, 2000a: 94; Schuh, 2002-2014.
Bryocoris (*Cobalorrhynchus*) *hsiaoi*: Hu *et* Zheng, 2000: 258; Mu *et* Liu, 2018: 116.

雄虫：体长椭圆形，密被半直立闪光短毛。

头背面观椭圆形，横宽，垂直，被淡褐色半直立毛，褐色至黑色，眼后部具 2 个斜向内指的淡褐色纵带，有时较模糊，头侧面观均匀地微隆。头顶在眼内角后方光滑无刻点，具光泽，后缘区域无光泽，眼间距约为眼宽的 3.27 倍，中纵沟不明显，后缘横脊明显，颈暗褐色，光亮。额光亮，黑褐色至黑色，侧面观圆隆，略超过唇基前部，被稀疏长毛。唇基黑褐色，光亮，侧面观圆隆，垂直。上颚片宽三角形，无光泽，褐色，被稀疏半直立淡色毛。下颚片小三角形，微隆，略具光泽，褐色。小颊较宽阔，黑褐色。喙短粗，黄色，略伸达中足基节中部，第 4 节端部 2/3 褐色。复眼椭圆形，黑褐色，略被毛，不外伸。触角细长，褐色至黑褐色，密被半直立长毛。第 1 节褐色，基部淡黄褐色，长约为眼间距的 1.19 倍，近基部 1/3 处较明显加粗；第 2-4 节黑褐色，毛较粗密，长约等于该节中部直径，第 2 节基部明显细于第 1 节端部，近端部略微加粗；第 3、4 节粗细较均一，均略细于第 2 节基部直径，第 3 节明显长于第 4 节。

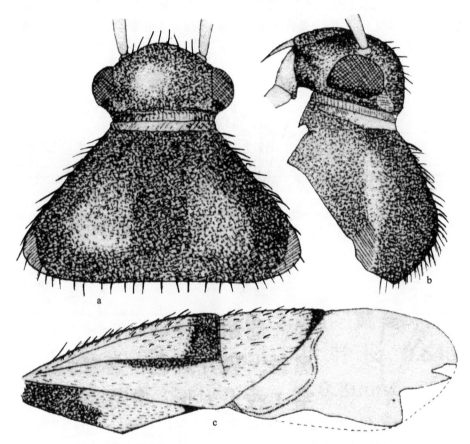

图 14　萧氏蕨盲蝽 *Bryocoris* (*Cobalorrhynchus*) *hsiaoi* Zheng *et* Liu

a. 头及前胸背板背面观 (head and pronotum, dorsal view)；b. 头及前胸背板侧面观 (head and pronotum, lateral view)；c. 半鞘翅 (hemelytron)

前胸背板梯形，饱满，前半明显下倾，黑色，后侧角淡黄褐色或黄白色，有时后叶中线两侧各有 1 黄褐色或褐色斑，有时可占前胸背板长之半，具光泽，具较明显的粗大刻点，两侧渐深，被半平伏淡色短毛。前胸背板侧缘几乎直，后缘中部内凹，后侧角略下沉，内侧具 1 微弱的浅凹痕，后侧角端部略尖。领黄色至黄褐色，无光泽，较宽，被短毛，后部被细密刻点，略粗糙，光泽弱。胝平坦，侧方伸达前胸背板侧缘，两胝不相连，两胝间不下凹，无刻点。胸部侧板暗褐色，光亮，密被半直立短毛，前胸侧板二裂，前叶小，后叶后侧角淡色。中胸盾片不外露。小盾片淡黄色至黄褐色，中部具 1 个深色纵向斑，向端部渐细，侧面观圆隆，基部中部略内凹，略具横皱，基角略隆起，端角尖锐，密被长毛。

半鞘翅革片端部 1/4 处最宽，淡黄褐色，半透明，具暗色斑，被细密淡色短半直立毛。爪片淡黄褐色或黄白色，基部 1/4-1/3 及端角黑褐色。革片及楔片黄白色或淡黄褐色，楔片缝前有 1 黑褐色宽横带，由外缘伸达中裂，向内渐宽，沿中裂约呈直角前折，形成主要位于中裂内侧的细纵带，伸达革片中部，中裂褐色。缘片外缘呈狭窄的黑褐色。楔片缝明显，翅面沿楔片缝略下折，楔片端部黑褐色，向外渐粗，外缘呈极狭细的黑褐色。膜片烟色，基外角具1白色大斑，其后区域色较深，呈1纵走的深色宽带状，脉褐色，翅室端角略大于直角。

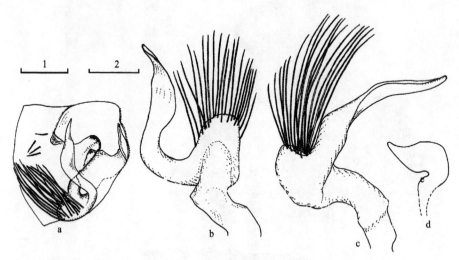

图 15　萧氏蕨盲蝽 *Bryocoris* (*Cobalorrhynchus*) *hsiaoi* Zheng *et* Liu (仿 Hu & Zheng, 2000)

a. 生殖囊 (pygophore); b、c. 左阳基侧突不同方位 (left paramere in different views); d. 右阳基侧突 (right paramere);

比例尺: 1=0.2mm (a), 2=0.1mm (b-d)

足黄白色，被淡色半直立长毛，腿节近端部色多少加深，后足腿节端部1/3有时黑褐色，后足胫节灰褐色至淡黑褐色，基半常加深，跗节第1、2节黄色，第3节端部褐色，略膨大，爪细长、弯曲，浅褐色。

腹部黑褐色，基部数节侧缘淡黄褐色。臭腺沟缘黄白色。

雄虫生殖囊黑褐色，腹面色略淡，长度约为整个腹长的1/4，开口左侧角具1圆锥形突起。左阳基侧突暴露部分较大，中部突然弯曲呈"U"形，基部肿胀，密被长毛，端部宽矛尖形，向端部渐细；右阳基侧突小，基部细长，中部急剧弯曲，之后膨大，顶端渐细，呈指状。

雌虫：体型和体色与雄虫相似。但体较宽大，腹部腹面淡黄褐色，中部不收缩。

量度 (mm)：体长 3.42-3.52 (♂)、3.60-3.71 (♀)，宽 1.25-1.34 (♂)、1.40-1.45 (♀)；头长 0.21-0.25 (♂)、0.22-0.29 (♀)，宽 0.55-0.56 (♂)、0.57-0.60 (♀)；眼间距 0.35-0.40 (♂)、0.35-0.39 (♀)；眼宽 0.10-0.13 (♂)、0.11-0.13 (♀)；触角各节长：Ⅰ:Ⅱ:Ⅲ:Ⅳ=0.42-0.49:1.35-1.39:0.57-0.60:0.42-0.46 (♂)、0.37-0.43:0.98-1.08:0.45-0.53:0.36-0.42 (♀)；前胸背板长 0.60-0.69 (♂)、0.66-0.71 (♀)，后缘宽 1.05-1.09 (♂)、1.12-1.17 (♀)；小盾片长 0.32-0.35 (♂)、0.33-0.34 (♀)，基宽 0.37-0.43 (♂)、0.45-0.54 (♀)；缘片长 1.31-1.39 (♂)、1.21-1.26 (♀)；楔片长 0.65-0.72 (♂)、0.66-0.73 (♀)，基宽 0.42-0.46 (♂)、0.52-0.58 (♀)。

观察标本：1♂ (正模)，湖南石门壶瓶山，2000m，1987.Ⅵ.29；2♀，湖南石门壶瓶山，2000m，1987.Ⅵ.29；1♀，同前，1987.Ⅵ.30。4♂13♀，陕西宁陕火地塘，1994.Ⅷ.12-14，

吕楠采。1♀，四川峨眉山九老洞，1800m，1957.Ⅴ.8，郑乐怡、程汉华采；1♀，四川峨眉山洗象池，2000m，1957.Ⅵ.22，郑乐怡、程汉华采；1♀，四川宝兴硗碛，2200-2700m，1963.Ⅵ.24，郑乐怡采。4♂3♀，西藏亚东，2800m，1978.Ⅷ.23，李法圣采。

分布：陕西、湖南、四川、西藏；日本。

讨论：本种与锥喙蕨盲蝽 *B. (C.) biquadrangulifer* (Reuter) 和李氏蕨盲蝽 *B. (C.) lii* Hu *et* Zheng 相似，但本种前胸背板刻点较深刻，左阳基侧突形态和雄虫生殖囊开口左侧形态可与之相区别。

(12) 宽蕨盲蝽 *Bryocoris* (*Cobalorrhynchus*) *latiusculus* **Hu *et* Zheng, 2007** (图 16；图版Ⅱ：23, 24)

Bryocoris (*Cobalorrhynchus*) *latus* Hu *et* Zheng, 2004: 272.

Bryocoris (*Cobalorrhynchus*) *latiusculus* Hu *et* Zheng, 2007: 770. New name for *Bryocoris* (*Cobalorrhynchus*) *latus* Hu *et* Zheng, 2004, by Hu *et* Zheng, 2007: 770.

Bryocoris latiusculus: Scuhuh, 2002-2014.

雄虫：体长卵圆形，相对宽大，密被半直立闪光短毛。

头背面观椭圆形，垂直，亮黄褐色，被淡褐色半直立毛。眼间距约为眼宽的 3.55 倍，中纵沟不明显，后缘横脊明显，颈部亮黄褐色。额光亮，侧面观圆隆，未伸过唇基前缘，被稀疏长毛。唇基褐色，两侧色渐淡，光亮，侧面观圆隆，垂直。头侧面淡黄褐色，被稀疏的半直立淡色毛，上颚片较短，宽三角形，光泽弱；下颚片小三角形，微隆，略具光泽；小颊较宽阔，下缘暗黄褐色。喙亮黄褐色，第 1 节基部和第 4 节端半暗黑褐色，端部伸达中足基节。复眼椭圆形，黑褐色，略被毛，略向两侧伸出。触角细长，淡黄褐色至黑色，密被半直立长毛。第 1、2 节淡黄褐色，第 1 节长约为眼间距的 0.97 倍，基部 1/3 窄；第 2 节端部 2/5-1/2 黑褐色，明显细于第 1 节，近端部略微加粗；第 3、4 节褐色，粗细较均一，均略细于第 2 节基部直径，第 3 节明显长于第 4 节。

前胸背板梯形，圆隆，端部 3/5 显著倾斜，暗黄褐色，有时侧面暗色，或全部黑褐色，刻点较大而深刻，具光泽，密被半直立短毛。前胸背板侧缘几乎直，后缘中部微凸，后侧角略下沉，内侧具 1 微弱的浅凹痕，后侧角相对圆隆。领背面亮黄褐色，侧面眼下方黑色，较宽，被短毛，后部被细密刻点，略粗糙，光泽弱。胝光亮，黑色，略肿胀，侧缘不伸达前胸背板侧缘，两胝不相连，内侧不具刻点。胸部侧板均为黑色，前胸侧板二裂，前叶小，光亮，中胸侧板、后胸侧板较粗糙，光泽弱，被稀疏平伏短毛。中胸盾片不外露。小盾片暗黄褐色或黄褐色，侧面观圆隆，基部中间凹陷，端角尖锐，密被半直立短毛。

半鞘翅外缘明显外拱，底色淡黄褐色，具黑色斑，被细密淡色短半直立毛。爪片暗黄褐色，内缘有时色较淡。革片端半具 1 个黄褐色大斑，内半有时色较淡，前缘呈模糊的 "之" 字形，前部沿中裂内缘向上延伸，延伸到中裂基部的 1/3 处，中裂黑褐色。缘片和楔片亮黄褐色，半透明，缘片较宽阔，最宽处超过触角第 2 节中部直径的 2 倍，端部 2/3 黄褐色，外缘黑褐色。楔片缝明显，翅面沿楔片缝略下折，楔片端部 1/4 内缘黑褐色，基部内角褐色。膜片褐色，近楔片端部淡灰褐色，脉褐色，翅室端角略大于直角。

足黄色，被淡色半直立长毛，跗节黄色，第 3 节近顶端暗褐色，略膨大，爪细长、弯曲，浅褐色。

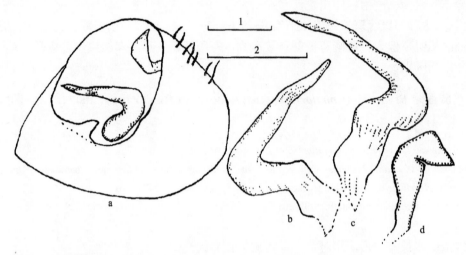

图 16 宽蕨盲蝽 *Bryocoris* (*Cobalorrhynchus*) *latiusculus* Hu *et* Zheng (仿 Hu & Zheng, 2004)

a. 生殖囊 (pygophore)；b、c. 左阳基侧突不同方位 (left paramere in different views)；d. 右阳基侧突 (right paramere)；

比例尺：1=0.2mm (a)，2=0.2mm (b-d)

腹部黄褐色或暗黄褐色，有时各节后部暗色。臭腺沟缘黄色。

雄虫生殖囊暗褐色，长度约为整个腹长的 1/5，生殖囊开口于侧面，开口侧面近左阳基侧突具 1 小突起。左阳基侧突狭长，中部弯曲，端半渐尖，近矛尖状，基部宽大；右阳基侧突短粗，端部 2/5 弯曲。

雌虫：体型和体色与雄虫相似。但体色较浅，腹部中部不收缩。

量度 (mm)：体长 3.76-3.84 (♂)、3.65-3.73 (♀)，宽 1.74-1.82 (♂)、1.77-1.82 (♀)；头长 0.16-0.20 (♂)、0.20-0.24 (♀)，宽 0.63-0.70 (♂)、0.62-0.66 (♀)；眼间距 0.37-0.42 (♂)、0.38-0.44 (♀)；眼宽 0.11-0.12 (♂)、0.09-0.10 (♀)；触角各节长：Ⅰ:Ⅱ:Ⅲ:Ⅳ=0.36-0.42:1.06-1.12:0.36-0.43:0.27-0.31 (♂)、0.35-0.40:0.86-0.88:0.47-0.53:0.32-0.34 (♀)；前胸背板长 0.71-0.77 (♂)、0.70-0.74 (♀)，后缘宽 1.38-1.43 (♂)、1.33-1.37 (♀)；小盾片长 0.41-0.45 (♂)、0.40-0.44 (♀)，基宽 0.61-0.68 (♂)、0.57-0.64 (♀)；缘片长 1.26-1.33 (♂)、1.45-1.52 (♀)；楔片长 0.67-0.69 (♂)、0.65-0.68 (♀)，基宽 0.54-0.57 (♂)、0.60-0.64 (♀)。

观察标本：1♂ (正模)，甘肃文县店坝东沟，1992.Ⅵ.16，王洪建采；3♂3♀，甘肃文县店坝东沟，1992.Ⅵ.17，王洪建采。2♀，西藏亚东，2800m，1978.Ⅷ.23，李法圣采；1♂2♀，西藏亚东乃堆拉山，2900-3100m，2003.Ⅶ.29，薛怀君、王新谱采。

分布：甘肃、西藏。

讨论：本种与锥喙蕨盲蝽 *B.* (*C.*) *biquadrangulifer* (Reuter) 相似，但本种体较宽，前胸背板较圆隆，刻点粗大，缘片宽度超过触角第 2 节中部直径的 2 倍，雄性阳基侧突形状亦不同。

本志新增西藏的分布记录。

(13) 宽翅蕨盲蝽 *Bryocoris* (*Cobalorrhynchus*) *latus* Lin, 2003

Bryocoris (*Cobalorrhynchus*) *latus* Lin, 2003: 183.

Bryocoris latus: Schuh, 2002-2014.

作者未见标本，根据 Lin (2003) 描述整理如下。

该种体长椭圆形，密生细毛。头褐色。触角第 1 节黄褐色，棍棒状，基部较狭窄；第 2 节黄褐色，基部褐色或黑色。喙黄褐色，伸及中胸腹板中央。前胸背板较宽，微突，刻点小且浅，密生长细毛。小盾片黑色，中央为突，密生长细毛。半翅鞘较宽。爪片褐色。楔片黄褐色。足淡黄色。与锥喙蕨盲蝽 *B.* (*C.*) *biquadrangulifer* (Reuter) 相似，但头黄褐色，前胸背板和小盾片黑色，领宽阔，左阳基侧突披针状，可与之相区分。

分布：台湾。

(14) 李氏蕨盲蝽 *Bryocoris* (*Cobalorrhynchus*) *lii* Hu *et* Zheng, 2000 (图 17；图版 II: 25, 26)

Bryocoris (*Cobalorrhynchus*) *lii* Hu *et* Zheng, 2000: 259.

Bryocoris lii: Schuh, 2002-2014.

雄虫：体狭长，毛被相对较短，中度稠密。

头背面观椭圆形，垂直，被淡褐色半直立短毛，光亮，全部黑色，或头顶侧缘和触角窝下部黄褐色至褐色。眼间距约为眼宽的 3 倍，中纵沟不明显，后缘横脊明显，颈部黑褐色，光亮。额光亮，黑褐色，侧面观圆隆，被稀疏长毛。唇基黑褐色，光亮，侧面观圆隆，垂直。上颚片宽短，宽三角形，光亮，褐色，毛被稀疏。下颚片较宽大，微隆，略具光泽，黑褐色。小颊较宽阔，褐色。喙黄色，第 4 节端部褐色，伸达中胸腹板中部，第 4 节细长，约为第 3 节长的 2 倍。复眼椭圆形，黑褐色，略被毛，略向两侧伸出。触角细长，黄褐色至黑色，密被半直立长毛。第 1 节黄褐色，长约为眼间距的 1.45 倍，近基部 1/3 处较明显加粗；第 2 节端部暗黑褐色至黑色，有时仅中部黄褐色，明显细于第 1 节，近端部略微加粗；第 3、4 节粗细较均一，均略细于第 2 节基部直径，褐色至暗褐色，第 4 节近端部有时略膨大。

前胸背板梯形，微隆，略斜下倾，黑褐色至黑色，胝内侧有时黄色，后叶胝后方黑色中纵带两侧各具 1 个黄色或浅褐色纵向长方形斑，斑延伸至前胸背板后缘，或结束于前胸背板后部黑色区域。后叶密被刻点，较稀疏，具光泽，密被半直立短毛。前胸背板侧缘几乎直，后缘较平直，中部微凸，后侧角略下沉，内侧具 1 微弱的浅凹痕，后侧角端部略尖。领黄色至浅褐色，较宽，被短毛，后部被细密刻点，略粗糙，光泽弱。胝平滑，略肿胀，两胝不相连，内侧无刻点。前胸侧板二裂，前叶小，光滑，前胸侧板、中胸侧板和后胸侧板均为暗褐色，被稀疏平伏短毛。中胸盾片不外露。小盾片淡黄色，中纵带暗褐色或黑色，向后端渐细，一般不伸达顶端，微隆，基部中部微凹，端角尖锐，密被半直立短毛。

半鞘翅侧缘基部 1/5 直，后部明显外拱，底色淡黄色，半透明，被细密淡色半直立短毛。爪片淡褐色，基部、端部和爪片接合缝暗色。缘片外缘褐色，缘片端部 1/7 和外革片端部 1/5 黑褐色至黑色，革片后外侧浅褐色至黑褐色，形成 1 三角形斑，向前伸达中裂中部，有时中裂内侧形成 1 淡色斑，中裂黑褐色。楔片缝褐色，翅面沿楔片缝略下折，楔片外缘褐色，有时色较淡，有时基半带红色，楔片内缘端半暗褐色。膜片褐色，近楔片端部淡灰褐色，脉褐色，翅室端角约小于直角。

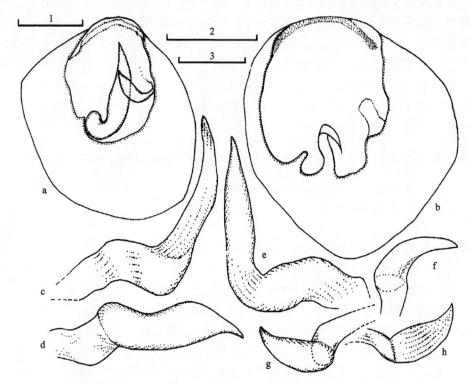

图 17　李氏蕨盲蝽 *Bryocoris* (*Cobalorrhynchus*) *lii* Hu *et* Zheng (仿 Hu & Zheng, 2000)

a、b. 生殖囊不同方位 (pygophore in different views)；　c-e. 左阳基侧突不同方位 (left paramere in different views)；f-h. 右阳基侧突不同方位 (right paramere in different views)；比例尺：1=0.2mm (a)，2=0.2mm (b)，3=0.1mm (c-h)

　　足浅黄褐色，被淡色半直立长毛，后足腿节端半褐色，跗节第 3 节端部褐色，略膨大，爪细长、弯曲，浅褐色。

　　腹部黄褐色至褐色，或后半两侧黑褐色。臭腺沟缘浅黄色。

　　雄虫生殖囊黑褐色，光亮，长度约为整个腹长的 1/3，生殖囊开口边缘简单。左阳基侧突钩状，中部较突然弯曲，端半较平直，狭长，顶端矛尖状；右阳基侧突较短，端半微弯，顶端尖。

　　雌虫：体型和体色与雄虫相似。但体较宽短，腹部中部不收缩，腹面淡褐色，后部淡黄褐色。

　　量度 (mm)：体长 4.00-4.09 (♂)、3.65-3.70 (♀)，宽 1.37-1.44 (♂)、1.42-1.48 (♀)；头长 0.20-0.25 (♂)、0.21-0.25 (♀)，宽 0.54-0.58 (♂)、0.56-0.60 (♀)；眼间距 0.32-0.35 (♂)、

0.33-0.39 (♀)；眼宽 0.11-0.13 (♂)、0.12-0.13 (♀)；触角各节长：Ⅰ：Ⅱ：Ⅲ：Ⅳ=0.46-0.52:1.11-1.16:0.54-0.60:0.36-0.40 (♂)、0.37-0.43:0.85-0.89:0.54-0.58:0.38-0.41 (♀)；前胸背板长 0.58-0.62 (♂)、0.57-0.61 (♀)，后缘宽 1.15-1.21 (♂)、1.04-1.07 (♀)；小盾片长 0.37-0.39 (♂)、0.30-0.34 (♀)，基宽 0.48-0.53 (♂)、0.46 (♀)；缘片长 1.48-1.57 (♂)、1.31-1.36 (♀)；楔片长 0.77-0.83 (♂)、0.68-0.70 (♀)，基宽 0.43-0.46 (♂)、0.54-0.59 (♀)。

观察标本：1♂ (正模)，西藏亚东，2800m，1978.Ⅷ.23，李法圣采；3♂3♀，西藏亚东，2800m，1978.Ⅷ.23，李法圣采；15♂7♀，西藏亚东乃堆拉山，2900-3100m，2003.Ⅷ.29，薛怀君、王新谱采。1♀，云南屏边大围山，1700m，1996.Ⅴ.22，郑乐怡采；1♂，云南绿春，1900m，1996.Ⅴ.30，卜文俊采；4♀，云南云龙，2500m；2♀，同前，1996.Ⅵ.4；4♀，同前，2400m，1996.Ⅵ.5，郑乐怡采；3♀，同前，卜文俊采；1♂，云南元江望乡台保护区，2160m，2006.Ⅶ.21，张旭采；1♀，同前，2100m，朱卫兵采；2♂2♀，云南腾冲芒棒乡大蒿坪太平铺，2259m，2009.Ⅴ.23，李敏采；1♂，云南南涧无量山蛇腰箐，2200m，2001.Ⅺ.6，朱卫兵采。

分布：云南、西藏。

讨论：本种体色与隆背蕨盲蝽 *B. (C.) convexicollis* Hsiao 相似，但本种体较窄，半鞘翅端半较前缘突然隆起，中裂内缘深色斑或多或少三角形，雄虫生殖囊开口较简单，可与之相互区分。

(15) 叶突蕨盲蝽 *Bryocoris (Cobalorrhynchus) lobatus* Hu et Zheng, 2000 (图18；图版Ⅱ：27, 28)

Bryocoris (Cobalorrhynchus) lobatus Hu et Zheng, 2000: 261.
Bryocoris lobatus: Schuh, 2002-2014.

雄虫：体长卵圆形，较狭窄，两侧近平行，密被半直立闪光短毛。

头背面观椭圆形，垂直，被淡褐色半直立毛，光亮，全部黑色，有时侧面和触角窝下部黄褐色，头顶后缘区域黑色、光亮，眼间距约为眼宽的 2.67 倍，中纵沟不明显，后缘横脊明显，颈部黑褐色，光亮。额光亮，黑褐色至黑色，侧面观圆，微隆，被稀疏长毛。唇基黑褐色，基部两侧色略淡，光亮，侧面观圆隆，垂直。上颚片宽三角形，光泽弱，黄褐色，下缘淡黄褐色，毛被稀疏。下颚片三角形，微隆，略具光泽，褐色，下缘黑褐色。小颊端部较宽阔，褐色，下缘色渐深。喙黄色，第 4 节端部暗褐色，略伸达中胸腹板中后部。复眼椭圆形，黑褐色，略被毛，略向两侧伸出。触角细长，全部黑色或仅第 1 节基部黄色，密被长半直立毛。第 1 节长约为眼间距的 1.66 倍，近基部 1/3 处较明显加粗；第 2 节基部略细于第 1 节端部，近端部略微加粗；第 3、4 节粗细较均一，均略细于第 2 节基部直径，第 3 节明显长于第 4 节。

前胸背板梯形，微隆，略斜下倾，被浅刻点，光亮，密被半直立短毛，黑色，后侧角淡黄色，有时后叶前部黄褐色，形成 1 大倒三角形斑，斑覆盖领的大部分，向后伸达后叶中部，后缘中部具 1 小的黄褐色三角形斑。前胸背板侧缘直，后缘平直，中部略内凹，后侧角略下沉，内侧具 1 微弱的浅凹痕，后侧角端部略尖。领黄色，较宽，被短毛，后部被细密刻点，略粗糙，光泽弱。胝平滑，略肿胀，两胝不相连，内侧具刻点。前胸侧板二裂，前叶小，前胸侧板、中胸侧板和后胸侧板均为黑色，光亮，被稀疏平伏短毛。中胸盾片不外露。小盾片黑色或黑褐色，微隆，被横皱，基部微凹，顶端较尖锐，密被半直立短毛。

半鞘翅前缘近直，在革片长的 1/3 处微外拱，除爪片一色黑色外底色为白色或淡黄色，具黑褐色斑，半透明，被细密淡色半直立短毛。缘片外缘黑褐色，缘片和外革片端部具黑褐色斑，斑长度约占缘片长的 1/10，斑向前延伸至中裂端部的 1/6-1/4，斑前缘倾斜，革片外侧端部 1/3 褐色至黑色，形成 1 大三角形黑色斑，斑前缘倾斜，从中裂基部 1/3 延伸至爪片接合缝端部，有时缘片后部内侧渐淡呈褐色。楔片缝明显，楔片端部内半和内缘暗褐色，外缘褐色。膜片褐色，近顶端区域和端部淡灰褐色，翅室端部约呈直角。

足浅黄色，被淡色半直立长毛，前、中足腿节端部 2/5 浅褐色，后足腿节端部 2/5 褐色，胫节浅黄褐色，后足胫节基部 3/4 褐色，跗节第 1 节黄色，第 2 节黄褐色，第 3 节黑褐色，端部略膨大，爪细长、弯曲，浅褐色。

腹部腹面黄褐色，基部色较深，侧面各节间黑褐色，侧面常略深。臭腺沟缘浅黄色。

雄虫生殖囊黑褐色，腹面色略淡，长度约为整个腹长的 1/4，开口左侧具 1 叶状突起，该突起前部具 1 刺状突起。左阳基侧突暴露部分镰刀状，中部弯曲，端半向顶端渐细，顶部尖；右阳基侧突细长，钩状。

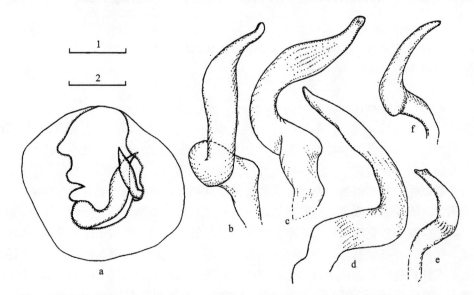

图 18　叶突蕨盲蝽 *Bryocoris* (*Cobalorrhynchus*) *lobatus* Hu et Zheng (仿 Hu & Zheng, 2000)

a. 生殖囊 (pygophore)；　b-d. 左阳基侧突不同方位 (left paramere in different views)；e、f. 右阳基侧突不同方位 (right paramere in different views)；比例尺：1=0.20mm (a)，2=0.10mm (b-f)

雌虫：体型和体色与雄虫相似。但触角第 1 节色较淡，头顶两侧淡色区域较大，小盾片侧缘色较淡，半鞘翅内革片暗色面积有时较大，腹部腹面淡色面积较大，中部不收缩。

量度 (mm)：体长 3.93-4.02 (♂)、4.25-4.35 (♀)，宽 1.26-1.31 (♂)、1.48-1.54 (♀)；头长 0.21-0.25 (♂)、0.24-0.29 (♀)，宽 0.55-0.59 (♂)、0.60-0.64 (♀)；眼间距 0.31-0.35 (♂)、0.34-0.39 (♀)；眼宽 0.11-0.12 (♂)、0.13-0.14 (♀)；触角各节长：Ⅰ:Ⅱ:Ⅲ:Ⅳ=0.51-0.56:1.15-1.21:0.66-0.70:0.41-0.45 (♂)、0.52-0.57:1.15-1.18:0.65-0.72:0.37-0.42 (♀)；前胸背板长 0.64-0.67 (♂)、0.73-0.79 (♀)，后缘宽 1.13-1.17 (♂)、1.32-1.37 (♀)；小盾片长 0.35-0.39 (♂)、0.40-0.44 (♀)，基宽 0.48-0.53 (♂)、0.57-0.64 (♀)；缘片长 1.43-1.47 (♂)、1.67-1.74 (♀)；楔片长 0.75-0.82 (♂)、0.73-0.78 (♀)，基宽 0.43-0.46 (♂)、0.42-0.48 (♀)。

观察标本：1♂ (正模)，云南屏边大围山，1700m，1996.Ⅴ.22，郑乐怡采；5♂2♀，1900m，同前，1996.Ⅴ.24，郑乐怡采。

分布：云南。

讨论：本种小盾片黑色或黑褐色，缘片深色斑较短，革片深色斑宽阔，雄性生殖囊开口左侧具叶状突起，可与属内其他种相区分。

(16) 类带蕨盲蝽 *Bryocoris* (*Cobalorrhynchus*) *paravittatus* **Lin, 2003**

Bryocoris (*Cobalorrhynchus*) *paravittatus* Lin, 2003: 184.

Bryocoris paravittatus: Schuh, 2002-2014.

作者未见标本，根据 Lin (2003) 描述整理如下。

体狭长，被毛。头亮黑色，第 1 触角节基部 1/5 黄白色，其余部分褐色。喙褐色，伸达中足基节。领黄白色，被直立毛。前胸背板适当突起，黑褐色，光亮，刻点稀疏且深，侧缘几乎直，背面具较宽的黄褐色中纵条斑，宽约是小盾片基宽的 1/2。小盾片黄褐色，端角黑色，尖锐。前翅前缘略直，基半近楔片缝处略向外隆出；缘片近楔片缝处具 1 清晰的黑色横带；楔片端缝亦具 1 黑色带。足黄白色，前、中足腿节具烟色带。胸部腹面黑色，腹部腹面褐色。

量度 (mm)：体长 4.5。

分布：台湾。

讨论：本种与带蕨盲蝽 *B.* (*C.*) *vittatus* Hu *et* Zheng 相似，但本种前胸背板刻点较粗大，左阳基侧突端半无指状突起，可相互区分。

(17) 四川蕨盲蝽 *Bryocoris* (*Cobalorrhynchus*) *sichuanensis* **Hu *et* Zheng, 2000** (图 19；图版Ⅱ：29, 30)

Bryocoris (*Cobalorrhynchus*) *sichuanensis* Hu *et* Zheng, 2000: 262.

Bryocoris sichuanensis: Schuh, 2002-2014.

雄虫：体长卵圆形，较狭窄，密被半直立闪光短毛。

头背面观椭圆形，垂直，被淡褐色半直立毛，褐色至黑色，头顶侧缘和触角窝下方渐淡呈浅褐色至黄褐色，有时头顶淡色。头顶中纵沟两侧具 1 对模糊的暗色斑，眼间距约为眼宽的 3.50 倍，后缘横脊明显，颈淡黄褐色。额光亮，黑褐色至黑色，侧面观微隆，不超过唇基前缘，被稀疏长毛。唇基暗褐色，光亮，侧面观圆隆，垂直。上颚片宽三角形，略具光泽，黄褐色，被稀疏半直立淡色毛。下颚片较宽，微隆，略具光泽，黄褐色。小颊端部较宽阔，黑褐色，基部上半淡黄褐色。喙黄色，第 1 节及第 4 节端部褐色，伸达中足基节中部，第 4 节细长，约为第 3 节长的 2 倍。复眼椭圆形，黑褐色，略被毛，略向两侧伸出。触角细长，密被半直立长毛。第 1 节淡黄褐色至灰褐色，近端部渐深，长约为眼间距的 1.17 倍，近基部 1/3 处较明显加粗；第 2 节褐色，向端部渐呈黑褐色，明显细于第 1 节，近端部略微加粗；第 3、4 节粗细较均一，黑褐色，均略细于第 2 节基部直径。

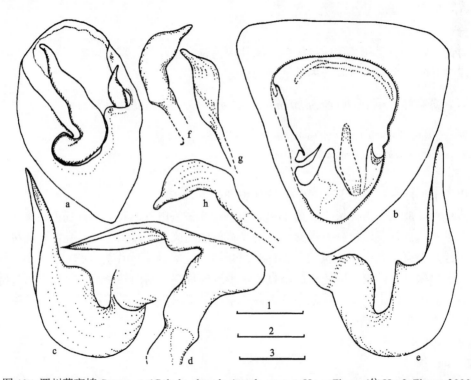

图 19　四川蕨盲蝽 *Bryocoris* (*Cobalorrhynchus*) *sichuanensis* Hu *et* Zheng (仿 Hu & Zheng, 2000)

a、b. 生殖囊不同方位 (pygophore in different views)；c-e. 左阳基侧突不同方位 (left paramere in different views)；f-h. 右阳
基侧突不同方位 (right paramere in different views)；比例尺：1=0.2mm (a)，2=0.2mm (b)，3=0.1mm (c-h)

前胸背板梯形，圆隆，略斜下倾，暗栗褐色至黑褐色，侧缘常暗色，后侧角黄色，有时后缘黄色，刻点中等深，相对稀疏，具光泽，密被半直立短毛。前胸背板侧缘直，后缘中部微凸，后侧角略下沉，内侧具 1 微弱的浅凹痕，后侧角端部圆钝。领黄褐色或浅褐色，灰暗，较宽，被短毛，后部被细密刻点，略粗糙，光泽弱。胝平滑，略肿胀，两胝不相连，内侧无刻点。前胸侧板二裂，前叶小，前胸侧板、中胸侧板和后胸侧板均为黑色，光亮，被稀疏平伏短毛。中胸盾片不外露。小盾片全部黄褐色，或褐色，端部渐淡呈黄褐色至黄色，略隆起，基部凹陷，具横皱，无刻点，顶端圆钝，密被半直立

短毛。

半鞘翅两侧较均匀圆拱，除爪片一色黑褐色外均为黄褐色半透明，具褐色至暗褐色斑，被细密淡色短半直立毛。爪片浅褐色至栗褐色，端部加深，内侧 1/3 大面积灰褐色。缘片端部 1/7 和外革片端部 1/4 具暗色斑，内革片端部具褐色斑，斑前缘从中裂端部 1/3 内延伸至接近爪片接合缝。缘片相对宽阔，几等于眼宽，平坦，端部 1/7-1/5 黑色，后半外缘黑褐色。楔片缝褐色，翅面沿楔片缝略下折，楔片亮黄褐色，端角暗褐色，内缘和外缘暗褐色。膜片浅褐色，端部和楔片顶端后部淡色，脉褐色，翅室端角近直角。

足黄色，被淡色半直立长毛，后足腿节端部 1/3 暗色，跗节第1、2节黄色，第3节端部褐色，略膨大，爪细长、弯曲，浅褐色。

腹部黑褐色，基部 1/3 侧缘色略淡。臭腺沟缘浅黄褐色。

雄虫生殖囊红褐色，长度约为整个腹长的 1/6，开口左侧具1狭长叶状突起，突起和左阳基侧突基部之间具1长刺状突起，指向内侧。左阳基侧突近基部弯曲强烈，之后部分宽阔，波浪状弯曲，中部具1短而宽阔的突起，端部渐细；右阳基侧突短小而简单，端部指状。

雌虫：体型和体色与雄虫相似。但体较宽，色较淡，前胸背板有时全部或部分黄褐色，侧缘黑褐色，腹部腹面黑褐色，侧面黄褐色，中部不收缩。

量度（mm）：体长 4.26-4.34 (♂)、4.21-4.28 (♀)，宽 1.60-1.64 (♂)、1.81-1.84 (♀)；头长 0.21-0.23 (♂)、0.16-0.19 (♀)，宽 0.64-0.69 (♂)、0.65-0.68 (♀)；眼间距 0.40-0.45 (♂)、0.36-0.43 (♀)；眼宽 0.12-0.13 (♂)、0.13-0.14 (♀)；触角各节长：I : II : III : IV = 0.48-0.51 : 1.20-1.26 : 0.41-0.46 : 0.37-0.40 (♂)、0.42-0.47 : 1.00-1.08 : 0.36-0.43 : 0.31-0.37 (♀)；前胸背板长 0.70-0.77 (♂)、0.65-0.72 (♀)，后缘宽 1.26-1.33 (♂)、1.40-1.47 (♀)；小盾片长 0.38-0.41 (♂)、0.42-0.46 (♀)，基宽 0.54-0.58 (♂)、0.61-0.68 (♀)；缘片长 1.66-1.69 (♂)、1.64-1.69 (♀)；楔片长 0.80-0.86 (♂)、0.82-0.88 (♀)，基宽 0.48-0.54 (♂)、0.57-0.65 (♀)。

观察标本：1♂ (正模)，四川峨眉山九老洞，1800m，1957.VII.7，郑乐怡、程汉华采；1♀，四川成都，500m，1955.V.29，黄克仁采；1♀，四川峨眉山九老洞，1800m，1957.VI.10，郑乐怡、程汉华采；15♀，同前，1957.VII.7；1♀，同前，1957.VII.8；2♀，同前，1957.VIII.10；2♂1♀，四川宝兴硗碛，2200-2700m，1963.VI.28，郑乐怡采。

分布：四川。

讨论：本种体型和体色与锥喙蕨盲蝽 *B. (C.) biquadrangulifer* (Reuter) 相似，但本种前胸背板刻点较深刻而明显，无明显暗色中纵带，小盾片黄褐色或褐色，中部无深色纵带，缘片较宽阔，雄虫生殖囊开口左侧具一个狭长叶状突起，可与之相互区分。

(18) 带蕨盲蝽 *Bryocoris* (*Cobalorrhynchus*) *vittatus* Hu *et* Zheng, 2000 (图 20；图版 II : 31, 32)

Bryocoris (*Cobalorrhynchus*) *vittatus* Hu *et* Zheng, 2000: 264.
Bryocoris vittatus: Schuh, 2002-2014.

雄虫：体长卵圆形，较狭窄，被毛浓密，相对较短。

　　头背面观椭圆形，垂直，被淡褐色半直立毛，光亮，全部黑褐色或黑色，有时额和触角窝下部侧面渐淡呈褐色。头顶后缘中部具 1 对光滑无毛的圆形区域，眼间距约为眼宽的 2.67 倍，中纵沟不明显，后缘横脊明显，颈黑色。额光亮，黑褐色至黑色，侧面观微隆，被稀疏长毛。唇基黑色，光亮，侧面观较平，微隆，垂直。上颚片宽阔，宽三角形，略具光泽，暗黄褐色，被较长的半直立淡色长毛。下颚片短小，微隆，光亮，黑色。小颊端部较宽阔，黑褐色。喙黄褐色，第 4 节褐色，几伸达中足基节基部，第 4 节细长，约为第 3 节长的 1.5 倍。复眼椭圆形，黑褐色，略被毛，略向两侧伸出。触角细长，黑褐色至黑色，密被半直立短毛。第 1 节褐色，基部黄色，长约为眼间距的 1.24 倍，近基部 1/3 处较明显加粗；第 2-4 节黑色，第 2 节明显细于第 1 节，近端部略微加粗；第 3、4 节粗细较均一，均略细于第 2 节基部直径，第 4 节明显短于第 3 节。

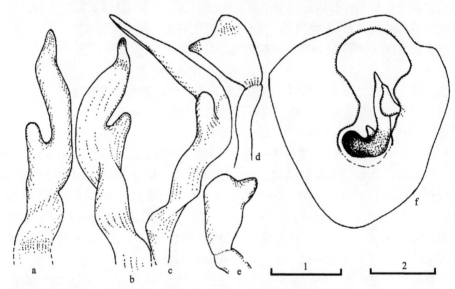

图 20　带蕨盲蝽 *Bryocoris* (*Cobalorrhynchus*) *vittatus* Hu *et* Zheng (仿 Hu & Zheng, 2000)

a-c. 左阳基侧突不同方位 (left paramere in different views)；d、e. 右阳基侧突不同方位 (right paramere in different views)；

f. 生殖囊 (pygophore)；比例尺：1=0.1mm (a-e)，2=0.2mm (f)

　　前胸背板梯形，微隆，略斜下倾，光亮，刻点相对稀疏，中等粗大，向后缘渐浅，密被半直立短毛，黑褐色至黑色，具 1 贯穿全长的淡黄褐色宽中纵带，后侧角淡黄褐色至黄褐色。前胸背板侧缘几乎直，后缘平直，中部略内凹，后侧角略下沉，内侧具 1 微弱的浅凹痕，后侧角端部圆钝。领黄色，后半略加深，较宽，被直立毛，后部被细密刻点，略粗糙，光泽弱。胝平滑，略肿胀，两胝不相连，内侧具刻点。胸部侧板均为黑色，被稀疏平伏短毛，前胸侧板光亮，二裂，前叶小，前缘色略淡，中胸侧板和后胸侧板较粗糙，略具光泽。中胸盾片不外露。小盾片黄褐色，基部 1/5 褐色至暗褐色，有时暗色区域在两侧略向后延伸，微隆，基部凹陷，具横皱，其余部分平滑，顶端圆钝，密被半直立短毛。

　　半鞘翅前缘直，或基部 1/3 微凸，之后略弯曲外拱，在革片长的端部 2/3 最宽，被细密淡色短半直立毛。半鞘翅底色淡黄白色，半透明。爪片黄色或浅褐色，端部和基部 1/4-1/3 黑褐色，爪片接合缝暗色，有时大面积暗褐色，仅近端部外缘半圆形区域淡色。缘片端部和革片具 1 横向的黑色斑，延伸至中裂处转为纵向，呈"L"形，伸达中裂中部，缘片窄于眼宽，外缘呈狭细的黑褐色。楔片缝明显，翅面沿楔片缝略下折，楔片基部内角呈狭窄的黑色，端部内缘 1/3 黑色，外缘呈狭细的黑褐色。膜片淡褐色，中部带浅褐色，有时暗色，近楔片端部和翅室端角淡色，脉褐色，翅室端角略呈钝角。

足黄色，被淡色半直立长毛，中足腿节近端部内缘褐色，后足腿节端部 1/3 暗黄褐色至黑褐色，胫节端部浅黄褐色至黄褐色，或大面积褐色或黑色，跗节第 1 节黄色，第 2 节黄褐色，第 3 节暗褐色，端部略膨大，爪细长、弯曲，浅褐色。

腹部腹面黄色至黄褐色，或基部和侧面黑褐色，或基部黑褐色，向后色渐淡。臭腺沟缘浅黄色。

雄虫生殖囊褐色，腹面色略淡，开口较简单，长度约为整个腹长的 1/5。左阳基侧突暴露部分钩状，中部弯曲几成直角，基半宽阔，具 1 指状突起，端半渐细；右阳基侧突短小，端部鸟头状。

雌虫：体型和体色与雄虫相似。但体长宽大，腹部中部不收缩。

量度 (mm)：体长 3.93-4.02 (♂)、4.37-4.41 (♀)，宽 1.25-1.31 (♂)、1.42-1.47 (♀)；头长 0.21-0.23 (♂)、0.26-0.29 (♀)，宽 0.55-0.58 (♂)、0.58-0.63 (♀)；眼间距 0.30-0.33 (♂)、0.31-0.34 (♀)；眼宽 0.12-0.13 (♂)、0.13-0.14 (♀)；触角各节长：I : II : III : IV=0.38-0.41:1.24-1.31:0.82-0.86:0.37-0.40 (♂)、0.54-0.58:1.16-1.21:0.61-0.67:0.38-0.43 (♀)；前胸背板长 0.61-0.65 (♂)、0.67-0.70 (♀)，后缘宽 1.10-1.13 (♂)、1.22-1.27 (♀)；小盾片长 0.32-0.35 (♂)、0.37-0.42 (♀)，基宽 0.32-0.36 (♂)、0.42-0.47 (♀)；缘片长 1.52-1.57 (♂)、1.61-1.64 (♀)；楔片长 0.67-0.70 (♂)、0.82-0.86 (♀)，基宽 0.38-0.42 (♂)、0.43-0.47 (♀)。

观察标本：1♂ (正模)，云南屏边，1700m，1996.V.22，郑乐怡采；1♂2♀，云南云龙县纸厂，2500m，1996.V.4；2♀，云南云龙，2400m，1996.V.5，卜文俊采；4♂4♀，云南屏边，1700m，1996.V.22，郑乐怡采；1♂1♀，云南屏边，1900m，1996.V.24，郑乐怡采；2♂4♀，云南南涧无量山蛇腰箐，2200m，2001.XI.6，朱卫兵采；6♂7♀，同前，2400m，2001.XI.7；1♂，云南元江望乡台保护区，2100m，2006.VII.21，朱卫兵采；1♀，云南保山腾冲界头乡沙坝村天台山，1800-2200m，2009.V.13，蔡波采；1♂，云南腾冲芒棒乡大蒿坪太平铺，2259m，2009.V.23，李敏采。2♀，广西龙胜白崖至花坪，1964.VIII.28，王良臣采；1♂，同前，刘胜利采 (存于天津自然博物馆)。1♀，台湾阿里山，2000m，1947.VIII.16，L. Gressitt et Y. C. Wen 采。1♀，西藏波密易贡，2300m，1978.VI.13。

分布：台湾、广西、云南、西藏。

讨论：本种前胸背板黑褐色至黑色，宽中纵带及后侧角黄褐色至褐色，左阳基侧突中部具 1 指状突起，可与该属其他种相互区别。

2. 亥盲蝽属 *Hekista* Kirkaldy, 1902

Hekista Kirkaldy, 1902b: 248. **Type species:** *Hekista laudator* Kirkaldy, 1902; by monotyty.

Combalus Distant, 1904c: 431. **Type species:** *Combalus novitius* Distant, 1904; by monotyty. Synonymized by Poppius, 1915b: 84.

体小型，狭长，具光泽，密被半直立毛，前胸背板具浅刻点。头几乎垂直，宽大于长，头顶后方具脊，额略圆隆，唇基中部略前凸。眼着生于头两侧中部，后缘远离领，不相接触。触角细长，被淡色半直立毛，第 1 节长于眼间距，基部 2/5-1/2 较细。第 2 节长于第 1 节的 2 倍，第 3、4 节细长。喙较细长，伸达中胸腹板。前胸背板较饱满地隆起，具浅刻点，仅在胝前部平滑，被淡色半直立毛，侧缘较直或略弯曲，后缘略平直。领明显，较短。胝区较小，光滑，稍隆起。半鞘翅两侧平行，缘片宽阔平坦。中胸背板不外露。小盾片小，较平坦，端部尖。楔片楔形，长大于宽，外缘较直。膜片翅室较小，端角钝圆，不超过楔片端部。足细长，腿节不明显加粗，被淡色半直立毛。后足跗节第 1 节较第 2 节长。

本属与蕨盲蝽属 *Bryocoris* Fallén 相似，但本属头较横宽，喙较长，伸达中足基节，触角第 1 节基部较细部分占第 1 节总长度的 2/5-1/2，前胸背板隆起程度较小，刻点明显可见，半鞘翅两侧较平行，不外拱，后足跗节比例亦与之不同。本属与微盲蝽属 *Monaloeoris* Dahlbom 的主要区别为：触角第 1 节长于头顶宽，半鞘翅两侧较平行，楔片明显长于基部宽。

分布：湖北、台湾、海南、广西、四川、云南、西藏；印度，巴布亚新几内亚，印度尼西亚。

Distant (1904d) 依据采自印度的黑亥盲蝽 *H. novitius* Distant 建立了 *Combalus* 属，Poppius (1915b) 检查了其模式标本，认为该属是亥盲蝽属的异名，而将该种移入亥盲蝽属。Carvalho (1981a) 记述了新几内亚岛的 2 个新种。30 多年来，除名录性引用外，对该属再没有进行进一步研究，亦没有新的种类发现。

我国对本属的研究甚少，仅胡奇 (1998) 在其博士论文中记述过本属 1 种。

世界记载 4 种。本志记述分布于中国的 2 种，包括 1 新种。

种 检 索 表

臭腺沟外缘黑色，至少中部突起黑色；楔片内半褐色，有时全部黑褐色；左阳基侧突端半中部平，不具明显突起··································褐亥盲蝽 *H. novitius*

臭腺沟外缘乳白色至淡黄色；楔片淡黄色半透明；左阳基侧突端半中部具 1 突起···············亚东亥盲蝽，新种 *H. yadongiensis* sp. nov.

(19) 褐亥盲蝽 *Hekista novitius* (Distant, 1904)（图 21；图版Ⅲ: 33, 34）

Combalus novitius Distant, 1904c: 431.
Hekista novitius: Carvalho, 1957a: 105; Carvalho, 1981b: 3; Schuh, 2002-2014.

雄虫：体长椭圆形，黑褐色，具光泽。

头部光滑，浅黄褐色，垂直，背面观，头宽接近头长的 3 倍。头的眼后部分圆，唇基深黄褐色。喙黄褐色，未伸达中足基节。触角第 1 节黄白色至黄褐色，基部 2/5 较细，被稀疏褐色半平伏毛，毛长等于该节中部直径；第 2 节向端部略加粗，淡黄褐色，端部 2/5 黑褐色，有时深黄褐色，长度约为该节中部直径的 1.5 倍；第 3、4 节黄褐色，第 3 节基部黑褐色，被长毛和短毛，长毛与触角第 2 节毛等长，短毛长约等于第 3 节中部直径。

　　前胸背板钟形，圆隆，无光泽，被均匀粗大刻点，刻点不达胝区，被淡色半直立毛，毛长约等于触角第 2 节中部直径。前胸背板后缘较圆，中部微凹，黑褐色，后侧角、后缘有时色略淡。领无光泽，胝略隆起，侧方不伸达前胸背板侧缘。胸部腹面淡黄褐色。小盾片暗褐色，被淡色半直立毛，略具横皱。

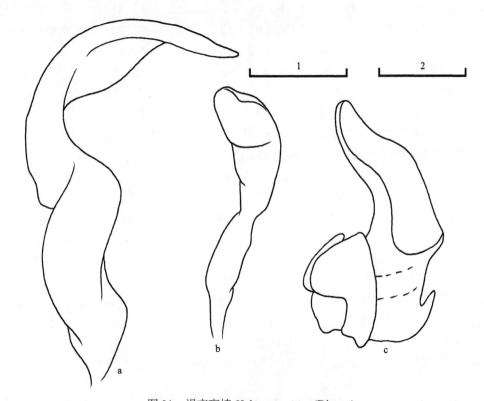

图 21　褐亥盲蝽 *Hekista novitius* (Distant)

a. 左阳基侧突 (left paramere)；b. 右阳基侧突 (right paramere)；c. 阳茎 (aedeagus)；比例尺：1=0.1mm (a、b)，2=0.1mm (c)

　　半鞘翅前缘较直，近基部 1/3 处稍收缩。爪片黑褐色，近内缘略带深黄褐色，有时全部深黄褐色；革片深黄褐色，有时色略淡或黑褐色，基部色略深，密被淡色平伏长毛；缘片浅黄色，外缘黑色，半透明；楔片内缘及端部褐色，有时全部黑褐色；膜片亮烟褐色，脉褐色。

　　足淡黄褐色，后足腿节近端部具 1 褐色环，有时不明显，腿节毛较稀疏，短于该节中部直径；后足胫节端半具成列的褐色小刺，毛较密，长度约等同于该节中部直径；跗节末端黑褐色。

腹部腹面褐色，第 2-4 腹节腹面近侧缘区域色较淡，有时腹部腹面全部黑褐色，有时深黄褐色，各节后缘微呈黑色。臭腺沟外缘黑色，至少中部突起部分黑色。

雄虫阳茎端简单。左阳基侧突镰刀状，向端部渐细，中部黑色；右阳基侧突小，中部黑色，端部圆钝。

雌虫：体型、体色与雄虫相似，体略宽大，头顶中部有时有 1 隐约的褐色长形大斑，前胸背板有时黑褐色至淡黄褐色。

量度 (mm)：体长 3.52-3.56 (♂)、3.60-3.75 (♀)，宽 1.10-1.13 (♂)、1.14-1.17 (♀)；头长 0.12-0.15 (♂)、0.16-0.18 (♀)，宽 0.56-0.57 (♂)、0.57-0.58 (♀)；眼间距 0.34-0.35 (♂)、0.34-0.35 (♀)；眼宽 0.10-0.11 (♂)、0.11-0.12 (♀)；触角各节长：Ⅰ:Ⅱ:Ⅲ:Ⅳ=0.44-0.45:1.08-1.12:0.53-0.54:0.43-0.44 (♂)、0.43-0.45:1.04-1.10:0.52-0.54:0.41-0.43 (♀)；前胸背板长 0.73-0.75 (♂)、0.74-0.75 (♀)，后缘宽 1.08-1.10 (♂)、1.11-1.12 (♀)；小盾片长 0.28-0.32 (♂)、0.30-0.33 (♀)，基宽 0.44-0.46 (♂)、0.47-0.49 (♀)；缘片长 1.57-1.60 (♂)、1.56-1.62 (♀)；楔片长 0.52-0.53 (♂)、0.54-0.55 (♀)，基宽 0.31-0.33 (♂)、0.32-0.33 (♀)。

观察标本：2♂1♀，海南吊罗山，2007.Ⅴ.28，120m，李晓明采；1♂，海南尖峰岭，2007.Ⅵ.6，800m，花吉蒙采。1♂5♀，广西龙胜白崖，1964.Ⅷ.29，刘胜利采。2♂2♀，四川峨眉山伏虎寺，1957.Ⅳ.5；1♂1♀，四川峨眉山报国寺，1957.Ⅴ.10，郑乐怡、程汉华采；2♀，同前，1957.Ⅵ.4；1♀，同前，1957.Ⅵ.12；2♀，四川峨眉山，1500m，1940.Ⅷ.9，L. Gresitt 采；3♀，四川峨眉山顶峰，2900-3000m，1940.Ⅶ.11，同前；2♀，四川峨眉山洪椿坪，1500m，1957.Ⅵ.12，郑乐怡、程汉华采；1♀，四川青城山，1957.Ⅷ.17；1♂，四川宝兴城关，350-1300m，1963.Ⅵ.13，邹环光采；1♀，同前，350-1500m，1963.Ⅵ.17；1♂，四川宝兴硗碛，2200-2700m，1957.Ⅵ.23，郑乐怡采；1♀，四川宝兴盐井至硗碛途中，1963.Ⅵ.19，刘胜利采。1♀，云南勐腊，1979.Ⅸ.24。2♀，台湾宜兰明池，1130m，2011.Ⅵ.13，谢强采。2♂5♀，湖北鹤峰沙元，1260m，1999.Ⅶ.17，郑乐怡采；1♀，湖北咸丰坪坝营，1280m，1999.Ⅶ.20，郑乐怡采；4♂6♀，湖北咸丰坪坝营至道口，1450m，1999.Ⅶ.21，郑乐怡采；3♂5♀，湖北咸丰坪坝营，1280m，1999.Ⅶ.21，李传仁采；1♂，同前，薛怀君采；3♂5♀，同前，1999.Ⅶ.22；1♂2♀，同前，卜文俊采。

分布：湖北、台湾、海南、广西、四川、云南；印度，巴布亚新几内亚，印度尼西亚。

本文新增湖北、海南和台湾的分布记录。

(20) 亚东亥盲蝽，新种 *Hekista yadongiensis* Mu *et* Liu, sp. nov. (图 22；图版Ⅲ: 35, 36)

雄虫：体小型，黄褐色至黑色。

头深褐色，横宽，垂直，被淡色半直立毛。头顶黄褐色，中部深褐色，仅复眼两侧浅色，或中部具深褐色纵带，除中部 2 个光滑区域外，被半直立淡色长毛，眼间距是眼宽的 3 倍，后缘横脊平直，深褐色至黑色，与头顶后缘颜色反差较小。额深褐色，微隆，光滑。唇基深褐色，中部隆起，垂直，被淡色直立毛。上颚片较宽阔，呈宽三角形，黄褐色，近复眼处加深呈深褐色，具光泽，被平伏淡色短毛，下颚片黑褐色，较小，微隆，光亮，小颊狭长，具光泽，黑褐色，被平伏淡色短毛。喙黄褐色，第 1 节基半深褐色，伸达中胸腹板后缘。复眼背面观小，长大于宽，深红褐色。触角细长，被淡色半直立毛，第 1 节长是眼间距的 1.33 倍，基半淡黄白色，中部突然加粗，端半淡黄褐色，粗是基半的近 2 倍；第 2 节红褐色，基部略深，自中部起向端部渐加深呈黑褐色，基部与第 1 节基部等粗，端部 1/3 加粗，毛略长于该节最粗处直径；第 3、4 节较细，约等于第 2 节基部粗，黑褐色，毛被同第 2 节，第 3 节长于第 4 节，第 4 节略长于第 1 节。领外露部分深褐色至黑色。

前胸背板梯形，较强烈隆起，黑褐色至黑色，部分种类后缘淡褐色，具光泽，除胝区外，密被浅刻点和淡色半直立长毛。前侧角圆，侧缘较直，中部略内凹，后侧角圆，后缘两侧各具 1 凹陷，中部圆隆。领黑色，较宽，无光泽，具粉被，被淡色长毛。胝深褐色，光亮，微隆，两胝不相连。中胸盾片不外露。小盾片三角形，端部尖，侧面观较平，微隆起，黑色，被淡色半直立长毛。

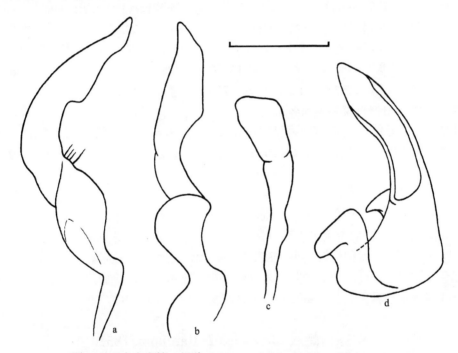

图 22　亚东亥盲蝽，新种 *Hekista yadongiensis* Mu et Liu, sp. nov.

a、b. 左阳基侧突不同方位 (left paramere in different views)；c. 右阳基侧突 (right paramere)；d. 阳茎 (aedeagus)；

比例尺：0.1mm

半鞘翅前缘略直，中部微内凹，深黄褐色，具光泽，被淡色半直立长毛，爪片宽阔，黑褐色，内缘黄褐色，革片黄褐色，中部深褐色，缘片淡色，半透明，外缘及端部深褐色，翅面沿楔片缝略下折，楔片狭长，淡黄色半透明，内角、内缘及端部内侧深褐色，膜片长，烟褐色，脉淡褐色。前胸侧板二裂，黑褐色，光亮，毛较稀疏。中、后胸侧板黑色，光亮被稀疏淡色长毛。

足浅黄褐色，基节较粗；腿节细长，粗细较均匀，被淡色半直立毛，腹面毛较长，但毛长不超过该节直径，后足腿节近端部具 1 褐色环，有些种类不明显；胫节细长，颜色略深于腿节，胫节刺淡褐色，基部无明显斑；跗节第 3 节端部膨大，黑褐色；爪褐色。

腹部黑褐色，密被半直立淡色毛。臭腺沟缘淡黄白色。

雄虫生殖囊较小，长度约为整个腹长的 1/5，褐色，被半直立长淡色毛。阳茎简单，阳茎端无骨化附器。左阳基侧突粗大，扭曲，端半微弯曲，中部具 1 突起，端部渐尖，末端圆，基半饱满，扭曲，黑色，背侧具少量短毛；右阳基侧突狭长，端半膨大，端部较平，黑色，基半不发达，略膨大。

雌虫：体色与雄虫几一致，但体型较大，头较宽，前胸背板后缘和半鞘翅颜色较浅，浅黄褐色至深褐色。

量度 (mm)：体长 3.25-3.50 (♂)、3.85-3.95 (♀)，宽 0.90-1.15 (♂)、1.10-1.20 (♀)；头长 0.14-0.20 (♂)、0.17-0.18 (♀)，宽 0.52-0.54 (♂)、0.57-0.58 (♀)；眼间距 0.30-0.33 (♂)、0.34-0.35 (♀)；眼宽 0.10-0.11 (♂)、0.11-0.12 (♀)；触角各节长：I : II : III : IV =0.40-0.41:0.90-0.91:0.48-0.49:0.42-0.43 (♂)、0.43-0.49:0.91-1.00:0.50-0.53:0.34-0.40 (♀)；前胸背板长 0.50-0.60 (♂)、0.73-0.75 (♀)，后缘宽 0.90-1.10 (♂)、1.10-1.20 (♀)；小盾片长 0.36-0.37 (♂)、0.39-0.42 (♀)，基宽 0.44-0.48 (♂)、0.47-0.49 (♀)；缘片长 1.38-1.44 (♂)、1.55-1.56 (♀)；楔片长 0.53-0.62 (♂)、0.57-0.64 (♀)，基宽 0.22-0.32 (♂)、0.35-0.38 (♀)。

种名词源：根据正模采集地名命名。

模式标本：正模♂，西藏亚东乃堆拉山，2900-3100m，2003.VIII.29，薛怀君、王新谱采。副模：6♂2♀，同正模；1♀，西藏波密易贡，2800m，1978.VI.16，李法圣采；2♂1♀，西藏亚东，2800m，1978.VIII.22，李法圣采。

分布：西藏。

讨论：本种体型、体色与 *H. papuensis* Carvalho 相似，但本种触角第 1 节淡色，生殖囊开口无任何突起，后者生殖囊开口具 2 个明显突起。另外，本种与褐亥盲蝽 *H. novitius* (Distant) 亦相似，但本种体较狭小，前胸背板较短，长约是头长的 4 倍，头顶中部褐色，楔片黑色范围较小，仅端角、内角及内缘深褐色，不达中部，臭腺沟缘淡黄白色，左阳基侧突钩状突中部具 1 突起，右阳基侧突钩状突较短，端部平截，亦可相互区分。

3. 微盲蝽属 *Monalocoris* Dahlbom, 1851

Monalocoris Dahlbom, 1851: 209. **Type species**: *Cimex filicis* Linnaeus, 1758; by monotyty.

Sthenarusoides Distant, 1913a: 183. **Type species**: *Sthenarusoides monotanus* Distant, 1913; by monotyty. Synonymized by Carvalho, 1952: 56.

Siporia Poppius, 1915c: 87. **Type species**: *Siporia flavipes* Poppius, 1915; by monotyty. Synonymized by Bergroth, 1922: 51.

体小型，较紧凑，宽卵圆形，具光泽，密被淡色半直立毛。头宽大于长，额较圆隆，头顶后缘脊明显，眼后缘接近前胸背板前缘。喙伸达前足基节端部，有时伸达中足基节。触角细长，被淡色半直立毛，第 1 节短于头顶宽，略粗于其他节，基部较细。前胸背板刻点均匀，侧缘圆隆，向头部渐窄，中部略高隆，后侧角略钝圆，后缘直，有时略呈宽阔的弧形后凸。领明显。胝光亮，微隆，其边缘不形成明显凹陷。小盾片小，较平坦。半鞘翅楔片缝处两侧明显圆隆，革片及缘片端部略窄缩，缘片较宽，略外展，约为触角第 2 节中部直径的 2 倍，楔片缝深，楔片及膜片常向体腹方弯折，楔片长约等于基部宽，膜片短，外缘基部略弯曲呈弧形，中央区域略凹，翅室端角圆，不超过膜片末端。足短，被淡色半直立毛。雄虫左阳基侧突有 2 种类型，一类二叉状，长形略弯，部分种类顶部具许多小齿状突起，另一类狭长、弯曲，不分叉；右阳基侧突狭小。阳茎端膜质。

分布：黑龙江、天津、河北、陕西、甘肃、安徽、浙江、湖北、江西、湖南、福建、台湾、广东、广西、重庆、四川、贵州、云南；俄罗斯 (西伯利亚、萨哈林岛、千岛群岛)，日本 (九州、冲绳岛)，朝鲜半岛，马里亚纳群岛，瑞典，丹麦，德国，意大利，法国，英国，亚速尔群岛，古巴。

本属与蕨盲蝽属 *Bryocoris* Fallén 相似，但本属喙和楔片长度均与之不同，无短翅型。本属亦与亥盲蝽属 *Hekista* Kirkaldy 相似，但楔片和触角第 1 节长度可与之相互区分。

Linnavuori (1975) 建议将本属划分成 *Monalocoris* Dahlbom 和 *Sthenarusoides* Distant 2 个亚属，其主要区别为：*Monalocoris* 亚属半鞘翅背面较平坦，刻点不明显，左阳基侧突二叉形，基半强烈隆起，右阳基侧突很小；*Sthenarusoides* 亚属半鞘翅背方隆起，侧面向体腹面方向下倾，刻点明显，左阳基侧突不分叉。

本属已知寄主均为蕨类植物。

世界已知 15 种。本志记述中国种类 6 种，其中包括 1 个新种。

种 检 索 表

1. 触角第 1、2 节全部黑褐色 ···························· **均黑微盲蝽，新种 *M. totanigrus* sp. nov.**

　　触角第 1、2 节非全部黑褐色，至少第 2 节基部淡色 ···························· 2

2. 体长 2.1-2.8mm；喙细长，第 4 节长于第 2 节 ···························· **蕨微盲蝽 *M. filicis***

　　体长 2.8mm 以上；喙较粗短，第 4 节短于第 2 节 ···························· 3

3. 小盾片黑色或黑褐色 ···························· 4

　　不如上述 ···························· 5

4. 前胸背板最高隆起处在中央后方，楔片较横宽 ···························· **大岛微盲蝽 *M. amamianus***

　　前胸背板最高隆起处在背板的后 2/3 处，楔片较长 ···························· **黑黄微盲蝽 *M. nigroflavis* (部分)**

5. 爪片内缘及结合缘黑褐色或褐色 ···························· **黑黄微盲蝽 *M. nigroflavis* (部分)**

　　不如上述 ···························· 6

6. 胝伸达前胸背板侧缘，楔片端部褐色 ···························· **黄盾微盲蝽 *M. fulviscutellatus***

　　胝不伸达前胸背板侧缘，楔片端部淡色 ···························· **赭胸微盲蝽 *M. ochraceus***

(21) 大岛微盲蝽 *Monalocoris amamianus* Yasunaga, 2000 (图版III: 37, 38)

Monalocoris amamianus Yasunaga, 2000a: 96; Hu *et* Zheng, 2003: 116; Schuh, 2002-2014.

雄虫：体黑褐色，卵圆形，背面光亮，密被半直立丝状毛。

　　头横宽，垂直，橙色至红褐色，光亮，无刻点，被稀疏淡色半平伏短毛。头顶色较淡，眼间距是眼宽的 2.72 倍，后半具浅中纵沟，后缘具横脊，脊褐色。额圆隆，毛较稀疏。唇基隆起，黑褐色，光亮。上颚片橙红色，下颚片和小颊浅黄褐色，下颚片宽，端部方形。喙浅黄褐色，短，伸达前足基节端部，第 4 节端部褐色。复眼背面观半圆形，黑褐色。触角细长，被淡褐色半直立长毛，第 1 节浅黄褐色，圆柱状，基部 1/3 较细，毛被较稀疏；第 2 节基部 4/5 浅黄褐色，端部黑褐色，细长，向端部渐粗，略细于第 1 节，毛长于第 1 节毛；第 3、4 节细长，微弯，褐色，略细于第 2 节，毛被同第 2 节。

　　前胸背板梯形，侧缘较直，后侧角略圆，后缘微凸，侧面观圆隆，前胸背板光亮，黑色，后缘浅黄褐色，密被褐色半直立毛和浅刻点。领宽，浅棕色，略粗于触角第 1 节。胝光亮，长椭圆形，微隆。胸部侧板黑褐色，光亮，被淡色半直立短毛，前胸侧板二裂。中胸盾片狭窄，外露，黑褐色。小盾片黑褐色，三角形，端角尖，具浅横皱，平坦，密被淡色半直立毛。

　　半鞘翅黑褐色，密被淡色半直立毛，爪片宽，黑色，端角色略淡；革片黑褐色，仅基部区域和端部三角形区域色略淡；缘片淡黄褐色，端部 2/5-1/2 深褐色；翅面沿楔片缝略下折，楔片较宽，内角黑褐色，有时延伸至中部，外缘及后缘其余部分宽阔淡黄褐色、半透明；膜片淡灰褐色，半透明，具 1 翅室，脉褐色。

　　足浅黄褐色，被淡褐色半直立短毛，基节基部褐色；腿节细长，中部略淡褐色；胫节毛较腿节密，毛略长于该节直径；跗节 3 节，第 3 节膨大，色略深；爪褐色。

　　腹部光亮，黑褐色，密被半直立淡色短毛。臭腺沟缘后半黄褐色，前半黑褐色，中部具 1 褐色隆起。

　　雄虫生殖囊褐色，被淡褐色半直立短毛，长度约为整个腹长的 1/5。

　　雌虫：体型、体色与雄虫一致，但雌虫体略宽，体色较淡，有时淡褐色，臭腺沟缘有时淡黄白色至淡褐色。

　　量度 (mm)：体长 2.40-2.81 (♂)、2.60-2.67 (♀)，宽 1.18-1.20 (♂)、1.36-1.42 (♀)；头长 0.12-0.13 (♂)、0.12-0.14 (♀)，宽 0.50-0.53 (♂)、0.58-0.59 (♀)；眼间距 0.29-0.30 (♂)、0.34-0.35 (♀)；眼宽 0.11-0.12 (♂)、0.11-0.12 (♀)；触角各节长：I : II : III : IV=0.30-0.33 : 0.64-0.69 : 0.38-0.41 : 0.44-0.45 (♂)、0.29-0.32 : 0.58-0.62 : 0.40-0.43 : 0.31-0.35 (♀)；前胸背板长 0.45-0.47 (♂)、0.52-0.57 (♀)，后缘宽 0.95-1.03 (♂)、1.05-1.09 (♀)；小盾片长 0.29-0.31 (♂)、0.28-0.31 (♀)，基宽 0.46-0.47 (♂)、0.45-0.50 (♀)；缘片长 1.06-1.09 (♂)、1.05-1.12 (♀)；楔片长 0.39-0.43 (♂)、0.33-0.36 (♀)，基宽 0.32-0.36 (♂)、0.42-0.44 (♀)。

　　观察标本：2♂，云南屏边，1500m，1996.V.23，郑乐怡采；1♂，云南腾冲来凤山，1800m，2006.VIII.6，朱卫兵采；1♂，同前，石雪芹采；1♀，云南腾冲高黎贡山，2400-3100m，2006.VIII.12，张旭采；1♀，云南腾冲芒棒乡大蒿坪，2259m，2009.V.23，李敏采；1♂，云南屏边大围山国家自然保护区，2011.VIII.22，穆怡然、焦克龙采。1♀，台湾阿里山，2130m，1947.VIII.21，Gressitt J. L.采；1♀，台湾阿里山，2130m，1947.VIII.22，Gressitt J. L.采；1♂1♀，台湾台北北投，50m，1957.IX.20，Maa T. C.采；1♂，台湾台北郊区，1957.IX.30，Maa T. C.采；1♂，台湾台北郊区，1957.X.21，Maa T. C.采；1♀，台湾乌来龟山，300-500m，1957.XI.11，Maa T. C.采；1♂1♀，台湾台北，1958.X.1-4，Lin K. S.采；1♀，台湾台北

乌来，150m，1965.Ⅳ.17，马氏网捕；2♂，台湾嘉义阿里山，2400m，1965.Ⅵ.12-16，Maa T.、Lin K. S.采；2♀，台湾阿里山，2400m，1972.Ⅶ.3-9，Maa T. C.采；4♂15♀，台湾宜兰明池，1130m，2011.Ⅵ.13，谢强采。

分布：台湾、云南；日本。

讨论：本种与蕨微盲蝽 *M. filicis* 相似，但前者背部具浓密毛，触角第 1 节和腿节无任何深色环，臭腺中部瘤状突起较小，缘片前半淡色，楔片呈宽阔的黄色、半透明。

本志新增台湾的分布记录，纠正了 Hu 和 Zheng (2003) 对广西标本的错误鉴定。

(22) 蕨微盲蝽 *Monalocoris filicis* (Linnaeus, 1758) (图 23；图版Ⅲ: 39, 40)

Cimex filicis Linnaeus, 1758: 443.

Monalocoris filicis atlanticus Lindberg, 1941: 15.

Monalocoris filicis: Carvalho, 1956b: 32; Carvalho, 1957a: 110; Leston, 1957: 612; Scudder, 1959: 427; Southwood *et* Leston, 1959: 203; Southwood, 1960: 205; Franz *et* Wagner, 1961: 345; Leston, 1961: 93; Wagner, 1961b: 22; Kerzhner, 1964: 933; Wagner *et* Weber, 1964: 30; Kulik, 1965: 39; Pericart, 1965: 380; Gollner-Scheiding, 1972: 10; Servadei, 1972: 14; Alayo, 1974: 18; Andersen *et* Gaun, 1974: 118; Wagner, 1974b: 27; Coulianos *et* Ossiannilsson, 1976: 150; Kerzhner, 1978: 37; Akingbohungbe, 1983: 39; Yasunaga, 2000a: 94; Qi *et al.*, 2002: 166; Hu *et* Zheng, 2003: 116; Qi *et* Huo, 2007: 347; Schuh, 2002-2014; Mu *et* Liu, 2018: 119.

Monalocoris filicis filicis: Ehanno, 1960: 321; Tamanini, 1981: 34; Tamanini, 1982: 93.

Monalocoris filicis atlantica: Ehanno, 1960: 321.

Monalocoris japonensis: Linnavuori, 1961: 164. Synonymized by Kerzhner, 1978: 37.

雄虫：体较小，宽短，黑色，有时暗褐色，卵圆形，背面光亮，密被半直立丝状毛。

头横宽，垂直，黄褐色，光亮，无刻点，被稀疏淡色半平伏短毛。头顶微隆，眼间距是眼宽的 2.55 倍，后缘具横脊，脊褐色。额圆隆，毛较稀疏。唇基隆起，暗褐色，有时端半黑褐色，光亮。头侧面黄褐色。喙淡黄褐色，端部深色，伸达中足基节。复眼背面观半圆形，黑褐色。触角细长，被淡褐色半直立长毛，第 1 节浅黄褐色，圆柱状，基部 1/3 较细，毛被较稀疏，短于该节中部直径；第 2 节淡黄褐色，端部 1/4 暗褐色，细长，向端部渐粗，略细于第 1 节，长约为该节中部直径的 1.5 倍；第 3、4 节细长，略细于第 2 节，褐色，毛被同第 2 节。

前胸背板梯形，侧缘较直，后侧角略圆，后缘微凸，侧面观圆隆，前胸背板光亮，暗褐色，后侧角淡黄褐色，具均匀的刻点及淡色半直立毛，刻点达胝间区域，毛略长于触角第 2 节中部直径。领宽，黄褐色，有时淡黄褐色，略粗于触角第 1 节。胝光亮，长椭圆形，微隆，侧方不伸达前胸背板侧缘。领略淡。胸部侧板淡黄褐色，光亮，被淡色半直立短毛，前胸侧板二裂。中胸盾片不外露。小盾片黑褐色，有时暗褐色或褐色，三角形，端角尖，具浅横皱，平坦，密被淡色半直立毛，毛长为触角第 2 节中部直径的 2 倍。

半鞘翅黄褐色，密被淡色半直立毛，爪片较宽，黑褐色，有时暗褐色或褐色，有时深黄褐色，内缘色略淡，较小盾片毛短；革片黑色，有时褐色至深褐色或深黄褐色；缘片淡黄褐色，有时深黄褐色；翅面沿楔片缝略下折，楔片淡黄褐色，半透明，基内角黑褐色，有时该黑褐色区域扩展，约占楔片内半的 1/2，黑褐色区域的周缘具淡褐色至褐黄色晕，毛略短于革片上的毛；膜片淡灰黄褐色，半透明，有时淡黑黄褐色，基半褐色略带黄褐色具 1 翅室，脉褐色。

足浅黄褐色，被淡褐色半直立短毛，腿节细长，后足腿节亚端部具 1 褐色环带，有时黑褐色，有时后足腿节外侧亚端部至端部区域具黄褐色斑，毛较稀疏，长度明显短于腿节中部直径；胫节毛较腿节密，毛略长于该节中部直径；跗节 3 节，第 3 节膨大；爪褐色。

腹部光亮，黄褐色，第 2、3 节侧缘区域色略淡，有时各节深黄褐色，后缘区域黑褐色，密被半直立淡色短毛。臭腺沟缘浅黄褐色，中部具 1 黄褐色隆起。

雄虫生殖囊黄褐色至淡黄褐色，有时深黄褐色至暗黄褐色，被淡褐色半直立短毛，长度约为整个腹长的 1/5。阳茎端简单。左阳基侧突二叉状，基部叉狭长，略弯，端部膨大，具齿，端部叉弯曲，略膨大，顶端渐细；右阳基侧突狭小，细长，端部圆。

雌虫：体型、体色与雄虫相似，但体略大，体色较淡。

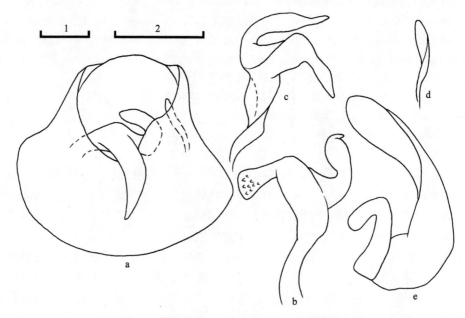

图 23 蕨微盲蝽 *Monalocoris filicis* (Linnaeus)

a. 生殖囊腹面观 (genital capsule, ventral view)；b、c. 左阳基侧突不同方位 (left paramere in different views)；d. 右阳基侧突 (right paramere)；e. 阳茎 (aedeagus)；比例尺：1=0.1mm (a-d)，2=0.1mm (e)

量度 (mm)：体长 2.04-2.81 (♂)、2.52-3.05 (♀)，宽 1.28-1.34 (♂)、1.30-1.39 (♀)；头长 0.13-0.18 (♂)、0.13-0.16 (♀)，宽 0.49-0.50 (♂)、0.49-0.53 (♀)；眼间距 0.28-0.32 (♂)、0.29-0.32 (♀)；眼宽 0.10-0.11 (♂)、0.10-0.11 (♀)；触角各节长：Ⅰ:Ⅱ:Ⅲ:Ⅳ=0.30-0.32:0.78-0.83:0.39-0.40:0.28-0.31 (♂)、0.29-0.32:0.76-0.84:0.38-0.40:0.25-0.30 (♀)；前胸背板长 0.69-0.74 (♂)、0.70-0.75 (♀)，后缘宽 1.05-1.12 (♂)、1.06-1.14 (♀)；小盾片长 0.27-0.33 (♂)、0.28-0.34 (♀)，基宽 0.43-0.48 (♂)、0.44-0.50 (♀)；缘片长 0.96-1.03 (♂)、1.00-1.19 (♀)；

楔片长 0.39-0.41 (♂)、0.38-0.46 (♀)，基宽 0.37-0.43 (♂)、0.38-0.41 (♀)。

　　观察标本：2♂11♀，黑龙江伊春五营，1980.VII.18，汪兴鉴采；11♂5♀，同前，郑乐怡采；1♂，同前，1980.VII.19，汪兴鉴采；3♂，同前，1980.VII.22，汪兴鉴采；5♂，同前，1980.VII.25，郑乐怡采；1♀，黑龙江勃利通天屯，1980.VII.29，汪兴鉴采。1♂，天津蓟县黑水河，1400m，1985.IX.17，卜文俊采。1♂，河北张北城关，1400m，2005.VII.20，刘国卿采。1♂1♀，陕西店坝正沟，1992.VI.17；1♂，陕西凤县秦岭车站，1400m，1994.VII.30，吕楠采；5♂5♀，陕西留坝庙台子，1994.VIII.1，吕楠采；4♂，陕西周至板房子，1994.VIII.8，卜文俊采。2♀，甘肃文县碧口碧峰沟，900-1450m，1998.VI.25，杨星科采；1♂1♀，甘肃文县范坝，1998.VII.31；2♂，甘肃康县清河林场，2000.VIII.25，周长发采。1♂，湖北房县桥上，1977.VI.17，郑乐怡采；1♀，湖北五峰渔洋关镇，300m，1990.VII.24，李传仁采；1♂，湖北长阳县火烧坪乡，1700m，1990.VIII.28，李传仁采；1♂，湖北咸丰坪坝营，1280m，1999.VII.22，卜文俊采；1♀，湖北咸丰马河坝，450m，1999.VII.24，郑乐怡采；12♂6♀，同前，1999.VII.25，卜文俊采；9♂13♀，同前，450m，1999.VII.26，郑乐怡采；1♂1♀，湖北星斗山保护区，840-900m，1999.VII.30，李传仁采；5♂12♀，湖北利川市水杉坝，2000.VIII.25，李传仁采；1♂，湖北神农架自然保护区木鱼镇，2004.VIII.11，李晓明采；3♂4♀，湖北通山九宫山，450m，2010.VII.30，孙溪采；1♀，湖北通山九宫山金鸡谷，450m，2010.VII.31，孙溪采；2♂，同前，2010.VIII.2，卜文俊采；1♂1♀，同前，2010.VIII.5，孙溪采；2♂，同前，2010.VIII.5，王艳会采。1♂2♀，湖南株洲，1995.VII.16，卜文俊采；1♀，湖南怀化，1995.VII.20，卜文俊采；1♂，湖南张家界森林公园，650m，2001.VIII.17，朱卫兵采；2♂，湖南炎陵桃源洞，660-800m，2004.VII.16，朱卫兵采；6♂4♀，同前，890m，许静杨采；3♂2♀，同前，田颖采；2♂3♀，同前，柯云玲采；1♂，湖南衡阳衡山，1250m，2004.VII.19，李俊兰采；2♂，同前，2004.VII.20，花吉蒙采；1♀，同前，335-610m，朱卫兵采；3♀，同前，李俊兰采；4♂，同前，1030m，许静杨采；1♂，湖南郴州宜章莽山，1900m，2004.VII.24，许静杨采；1♂1♀，湖南永川东安县舜皇山，470-900m，2004.VII.27，许静杨采；1♂1♀，同前，1200m，2004.VII.28；3♂3♀，同前，柯云玲采；1♂6♀，同前，朱卫兵采；2♂3♀，同前，花吉蒙采；5♂4♀，湖南石门壶瓶山，500-1000m，2004.VIII.4，田颖采；1♂2♀，湖南常德市桃源双溪乡，2010.VIII.12，李敏采。1♂2♀，浙江庆元百山祖，1994.IV.20；1♂1♀，同前，1994.X.24-25，吴鸿采；1♂，浙江天目山半山桥，1965.VIII.17，刘胜利采；1♂5♀，浙江天目山龙潭，1965.VIII.18，刘胜利采；2♂，浙江天目山禅源寺，1965.VIII.6，王良臣采；1♀，浙江天目山，1999.VIII.19，王义平采；1♂，浙江临安天目山，2007.VII.25，杜鹃采；1♂4♀，浙江天目山三亩坪，800m，1999.VIII.20，谢强采；1♂，浙江泰顺乌岩岭，700-800m，2007.VIII.4，朱卫兵采；1♂，浙江临安天目山，2007.VIII.7，朱卫兵采；2♀，同前，400-600m，2007.VIII.8，朱耿平采；3♂2♀，同前，300-700m，朱卫兵采。1♀，福建邵武大竹岚，1948.VI.6；1♀，福建南靖，1965.IV.13，刘胜利采；1♀，福建南靖和溪，1965.IV.21，刘胜利采；1♂，福建崇安三港，1982.VIII.9，邹环光采；1♂，福建武夷山自然保护区，2009.VII.28，张旭采。1♂，江西庐山，1957.VII.25，应松鹤采；2♀，江西井冈山早禾木，2002.VII.22，薛怀君采；4♂1♀，江西井冈山小溪洞林场，2002.VII.24，薛怀君采；3♂1♀，江西井冈山小溪洞上茶园，2002.VII.24，于昕采；1♂，

江西井冈山五指峰小溪洞，2002.Ⅶ.24，于昕采；1♂，江西宜丰官山西河站，2002.Ⅷ.3，薛怀君采。1♂1♀，广东连县瑶安乡，1962.Ⅹ.20，郑乐怡、程汉华采；1♂，广东广州石牌，1962.Ⅸ.14，同前；1♀，广东连州大东山自然保护区，665m，2004.Ⅶ.19，李晓明采；1♀，广东恩平那吉镇七星坑保护区，2009.Ⅶ.22，崔英采；1♂，广东肇庆鼎湖山自然保护区，2009.Ⅶ.28，崔英采；2♂，广东肇庆鼎湖山自然保护区，2009.Ⅶ.28，蔡波采；3♀，广东茂名信宜大成镇大雾岭自然保护区，2009.Ⅶ.30，李敏采；3♀，广西龙胜天平山，1964.Ⅷ.26，刘胜利采；2♂，广西南宁，1984.Ⅴ.30，任树芝采；1♂1♀，广西金秀金忠公路，1100m，1999.Ⅴ.12，李文柱采；1♂4♀，广西金秀花王山庄，600m，1999.Ⅴ.20，高明媛采；1♀，广西防城板八乡，250m，2000.Ⅵ.3，李文柱采；6♂1♀，广西那坡德孚，1350m，2000.Ⅵ.19，李文柱采；2♂，同前，2000.Ⅵ.21，李文柱采；1♂1♀，广西上思红旗林场，260-300m，2002.Ⅳ.2，薛怀君采；1♂，广西兴安县高寨村，2009.Ⅶ.6，灯诱，孙溪采；4♀，广西十里大峡谷，2009.Ⅶ.7，孙溪采；2♂，同前，范中华采；1♂1♀，广西龙胜花坪保护区，540m，2009.Ⅶ.16，范中华采；3♀，广西金秀大瑶山保护区圣堂山保护站，780-1200m，2009.Ⅶ.22，范中华采；4♂7♀，广西金秀大瑶山保护区银杉保护站，1150m，2009.Ⅶ.25，党凯采；1♂，广西上思十万大山，2009.Ⅶ.29，孙溪采；1♂，同前，范中华采；1♀，广西兴安县高寨村，2009.Ⅷ.5，范中华采；7♂8♀，广西玉林容县黎村天堂山，730-740m，2009.Ⅷ.17，蔡波、焦克龙采；2♂1♀，广西玉林容县天堂山保护区，730m，2009.Ⅷ.17，崔英采；5♂3♀，广西南宁武鸣大明山，2011.Ⅷ.7，王晓静采；1♀，广西南宁大明山马山水锦，2011.Ⅷ.13，王晓静采。3♂4♀，安徽六安金寨县天堂寨镇，480m，2004.Ⅷ.3，李晓明采。1♂，四川峨眉山龙门洞，1957.Ⅵ.17；2♂，四川峨眉山清音阁，1957.Ⅳ.28；1♀，四川峨眉山九老洞，1800m，1957.Ⅶ.9；1♂，四川灌县二王庙，750-800m，1963.Ⅶ.15，刘胜利采；2♂1♀，四川青城山，800m，1985.Ⅶ.19，卜文俊采；4♂5♀，四川丰都世坪，610m，1994.Ⅹ.6，李法圣采。2♂，重庆南川金佛山，1200-1300m，2000.Ⅸ.4，李传仁采。1♀，贵州贵阳黔灵公园，1983.Ⅶ；1♂，贵州贵阳雷公山，1600m，1983.Ⅶ.13，陈萍萍采；1♂1♀，贵州贵阳，1983.Ⅶ.20，邹环光采；1♀，贵州贵阳黔灵公园，1983.Ⅷ；2♂15♀，贵州茂兰，1995.Ⅶ.29，马成俊采；1♂3♀，贵州茂兰板寨，500m，1995.Ⅷ.1，卜文俊采；4♀，贵州荔波，1995.Ⅷ.7，马成俊采；1♂，贵州赤水桫椤保护区，2000.Ⅴ.28，薛怀君采；1♂4♀，贵州贵定昌明镇，1050m，2000.Ⅸ.8，李传仁、周长发采；2♂3♀，同前，2000.Ⅸ.9，李传仁采；1♂，贵州望谟桑郎镇，2000.Ⅸ.16，李传仁、周长发采；5♂，贵州赤水桫椤保护区，200-500m，2000.Ⅸ.20，李传仁采；1♂4♀，贵州习水蔺江，600m，2000.Ⅸ.26，周长发采；1♂1♀，贵州习水三岔河，800-1000m，2000.Ⅸ.26，李传仁采；1♀，贵州习水三岔河，800-1000m，2000.Ⅸ.27，李传仁采；2♂3♀，贵州梵净山铜矿厂，700m，2001.Ⅶ.28，卜文俊采；1♂，贵州麻阳河保护区大河坝保护站，320m，2007.Ⅸ.27，朱耿平采；2♂3♀，贵州遵义绥阳宽阔水自然保护区白哨沟，800m，2010.Ⅷ.12，杨贵江采；1♀，贵州遵义绥阳宽阔水自然保护区，900m，2010.Ⅷ.12，孙溪、王艳会采；2♀，贵州遵义绥阳宽阔水自然保护区核心站，2010.Ⅷ.16，杨贵江采。1♂，云南中甸虎跳峡，2450m，1996.Ⅵ.9，郑乐怡采；1♀，云南中甸虎跳峡，2450m，1996.Ⅵ.9，卜文俊采；2♂，云南思茅思茅港，700m，2001.Ⅺ.20，朱卫兵采；2♂1♀，云南澜沧田房，660m，2001.XI.25，朱卫兵采；1♂，云南元江县望乡台保护区，2006.VII.18，朱卫兵采；2♂，云南广南坝美村，2011.VIII.12，穆怡然、焦克龙采。

分布：黑龙江、天津、河北、陕西、甘肃、安徽、浙江、湖北、江西、湖南、福建、台湾、广东、广西、重庆、四川、贵州、云南；俄罗斯 (西伯利亚、萨哈林岛、千岛群岛)，日本 (九州、冲绳岛)，朝鲜半岛，马里亚纳群岛，瑞典，丹麦，德国，意大利，法国，英国，亚速尔群岛，古巴。

讨论：本种与 *M. pallipes* Carvalho 的体型、体色、体长相近，但后者雄虫左阳基侧突端部不具多数小齿，可与之区别。

本志新增河北、安徽、天津和重庆的分布记录。

(23) 黄盾微盲蝽 *Monalocoris fulviscutellatus* Hu *et* Zheng, 2003 (图版III: 41)

Monalocoris fulviscutellatus Hu *et* Zheng, 2003: 118; Schuh, 2002-2014.

雌虫：体淡黄褐色，卵圆形，体背面光亮，密被半直立丝状毛。

头横宽，垂直，黄褐色，光亮，无刻点，被稀疏淡色半平伏短毛。头顶较平坦，眼间距是眼宽的 3.50 倍，后缘具横脊，脊褐色。额圆隆，毛较稀疏。唇基隆起，褐色，光亮。上颚片浅橙褐色，下颚片和小颊浅黄褐色。喙淡黄褐色，短，伸达前足基节端部，第 4 节端部褐色。复眼背面观半圆形，黑褐色。触角细长，被淡褐色半直立长毛，第 1 节黄褐色，基部 1/3 处具 1 褐色环，圆柱状，基部 1/3 较细，毛被较稀疏；第 2 节浅黄褐色，端部 1/3-2/5 褐色，细长，向端部渐粗，略细于第 1 节，毛长于第 1 节毛。

前胸背板梯形，侧面观圆隆，背面观侧缘较直，后侧角略圆，后缘微凸，中部较平直，前胸背板光亮，黄褐色，后侧角色略淡，略具稀疏而形状不甚规则的浅刻点，密被褐色半直立毛和浅刻点。领宽，淡黄褐色，略粗于触角第 1 节。胝常光亮，椭圆形，微隆，较大，外侧缘伸达胸部侧面，侧面观胝长约为前胸背板侧缘长的 1/4。胸部侧板黄褐色，光亮，被淡色半直立短毛，前胸侧板二裂。中胸盾片不外露。小盾片淡黄白色，三角形，端角尖，具浅横皱，微隆，密被淡色半直立毛。

半鞘翅黄褐色，密被淡色半直立毛，爪片黄褐色，内缘及接合缝深黄褐色，有时爪片基半带褐色，外缘具 1 列刻点；革片淡黄色，半透明，革片在近脉内侧区域的端部 2/3-4/5 带褐色，近脉内缘区域色淡，革片与缘片缝端部 1/3 带褐色，有时黑褐色，而且革片外缘端部 1/4 具 1 褐色或黑褐色模糊细条斑状区域；缘片较宽，淡黄褐色；翅面沿楔片缝略下折，楔片淡黄色，半透明，基内角带褐色，端角褐色，外缘较弯曲；膜片淡灰黄褐色，半透明，具 1 翅室，脉褐色。

足淡黄褐色，被淡褐色半直立短毛，基节基部褐色；腿节细长，后足腿节近端部具 1 褐色环；胫节毛较腿节密，毛略长于该节直径；跗节 3 节，第 3 节膨大，色略深；爪褐色。

腹部光亮，黄褐色，第 3-7 节后缘黑色，密被半直立淡色短毛。臭腺沟缘淡黄褐色，中部具 1 褐色隆起。

雄虫：未知。

量度 (mm)：雌虫：体长 2.28-2.34，宽 1.08-1.12；头长 0.18-0.19，宽 0.48-0.49；眼间距 0.31-0.32；眼宽 0.09-0.10；触角各节长：Ⅰ:Ⅱ:Ⅲ:Ⅳ=0.30-0.32:0.60-0.73:? :? (标本中该触角节已缺失，用? 代表，下同)；前胸背板长 0.48-0.52，后缘宽 0.84-0.92；小盾片长 0.24-0.26，基宽 0.36-0.38；缘片长 0.96-1.02；楔片长 0.30-0.32，基宽 0.35-0.36 (数据引自 Hu & Zheng, 2003)。

观察标本：1♀ (正模)，云南小勐龙，810m，1957.Ⅲ.30，刘大华采；1♀ (副模)，云南景洪大勐龙，700m，1957.Ⅳ.10，蒲富基采 (模式标本存于中国科学院动物研究所)。

分布：云南。

讨论：本种与 *M. flaviceps* Poppius 相似，前者膜片淡灰黄褐色，脉褐色；触角第 1 节黄褐色。但 *M. flaviceps* 膜片烟黑褐色，翅室脉暗色，端部带宽的淡黄白色，触角第 1 节全部黄色，可与之相区别。本种亦与 *M. pallidiceps* (Reuter) 相似，但本种体较小，阳茎结构亦可区分。

(24) 黑黄微盲蝽 *Monalocoris nigroflavis* Hu *et* Zheng, 2003 (图 24；图版Ⅲ: 42)

Monalocoris nigroflavis Hu *et* Zheng, 2003: 118; Schuh, 2002-2014.

雄虫：体褐色，卵圆形，背面光亮，密被半直立丝状毛。

头横宽，垂直，深黄褐色，光亮，无刻点，被稀疏淡色半平伏短毛。眼间距是眼宽的 3.56 倍，后缘具横脊，脊褐色。额圆隆，毛较稀疏，额区基部有时略带黑褐色。唇基隆起，黑色，光亮。头侧面黑褐色，有时褐色，眼周缘区域黄褐色。喙淡黄褐色，末端黑褐色，伸达前足基节端部。复眼背面观半圆形，黑褐色。触角细长，被淡褐色半直立长毛，第 1 节浅黄褐色，圆柱状，基部 1/3 较细，毛被较稀疏；第 2 节基部 2/3 浅黄褐色，端部黑褐色，细长，向端部渐粗，略细于第 1 节，毛长于第 1 节毛；第 3、4 节细长，微弯曲，深褐色，略细于第 2 节，毛被同第 2 节。

前胸背板梯形，侧面观圆隆，高隆位置在后 1/3 区域明显下倾。背面观侧缘较直，后侧角略圆，后缘微凸，中部略平直。前胸背板光亮，密被褐色半直立毛和浅刻点，黑褐色，后缘区域略带黑黄褐色，有时后侧角淡黄褐色，或后缘 1/3 区域具 1 大的双凸形黄褐色区域；有时前胸背板深黄褐色，基部至后侧角之间的侧缘区域黑褐色；或前胸背板深褐色，前端及侧缘区域带黑褐色，后侧角带黄褐色。领黄褐色，宽，略粗于触角第 1 节。胝侧缘不伸达胸部侧面，黑褐色，光亮，长椭圆形，微隆，有时褐色，有时外侧 1/2-2/3 区域渐呈深黄褐色，其余部分黄褐色。胸部侧板光亮，黑色，有时胸部腹面黄褐色，具 2 个褐色大斑状区域，被淡色半直立短毛，前胸侧板二裂。中胸盾片狭窄外露，黑褐色。小盾片深黄褐色，基部及两侧色略深，端部色略淡，具浅横皱，平坦，密被淡色半直立毛。

半鞘翅黄褐色，爪片深黄褐色或略带黑色，内缘及接合缝黑褐色或褐色；革片黄褐色，外缘端半区域略呈深褐色或黑褐色，有时呈 1 纵条斑状，或约为半圆形，或为三角形；脉褐色或黑褐色，革片在脉端部 2/3 部分的内侧区域略带褐色，脉端部至革片端缘区域带褐色，有时革片全部黄褐色，仅端缘区域带褐色；缘片淡黄褐色，端部 2/5-1/2

褐色；翅面沿楔片缝略下折，楔片较长，淡黄褐色，半透明，基内角褐色；膜片淡灰黄褐色，半透明，有时后部具1对褐色圆斑，具1翅室，脉褐色。

足黄色，被淡褐色半直立短毛。腿节细长，端半略淡褐色；胫节黄褐色，毛较腿节密，毛略长于该节直径；跗节3节，第3节膨大，色略深；爪褐色。

腹部黑色，光亮，有时深黄褐色，或腹节侧缘具褐色或深色区域，密被半直立淡色短毛。臭腺沟缘黄褐色，中部具1褐色隆起。

雄虫生殖囊黄褐色，被淡褐色半直立短毛，长度约为整个腹长的1/4，开口右侧具1宽大突起，顶端平截。阳茎端简单，具1指状骨化附器。左阳基侧突弯曲，狭长，基半略膨大，端半细长，顶端渐细；右阳基侧突细长，弯曲，基半略膨大，顶端略膨大，圆钝。

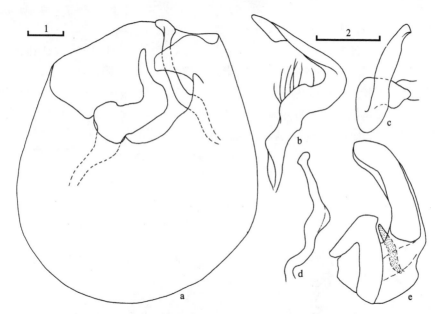

图 24　黑黄微盲蝽 *Monalocoris nigroflavis* Hu *et* Zheng

a. 生殖囊腹面观 (genital capsule, ventral view)；b、c. 左阳基侧突不同方位 (left paramere in different views)；d. 右阳基侧突 (right paramere)；e. 阳茎 (aedeagus)；比例尺：1=0.1mm (a-d), 2=0.1mm (e)

雌虫：未知。

量度 (mm)：雄虫：体长2.51-2.54，宽1.21-1.25；头长0.11-0.12，宽0.48-0.49；眼间距0.32-0.33；眼宽0.08-0.10；触角各节长：Ⅰ:Ⅱ:Ⅲ:Ⅳ=0.20-0.23:0.73-0.78:0.41-053:0.37-0.40；前胸背板长0.46-0.47，后缘宽0.99-1.03；小盾片长0.29-0.33，基宽0.46-0.47；缘片长1.13-1.19；楔片长0.41-0.43，基宽0.43-0.46。

观察标本：1♂(正模)，云南金平分水岭，2000m，1996.Ⅴ.26，卜文俊采；1♂(副模)，云南屏边大围山，1700m，1996.Ⅴ.22，郑乐怡采；7♂(副模)，云南屏边大围山，1900m，1996.Ⅴ.24，郑乐怡采；2♂(副模)，云南屏边大围山，1800m，1996.Ⅴ.24，卜文俊采；1♂(副模)，云南金平分水岭，2300m，1996.Ⅴ.26，卜文俊采；1♂(副模)，云南绿春，1900m，

1996.Ⅴ.30，卜文俊采。

分布：云南。

讨论：本种与大岛微盲蝽 *M. amamianus* 相似，体色均为暗色，但后者前胸背板的高隆位置在中部后方，高隆后方部分下倾不强，楔片横宽。本种亦与分布于斯里兰卡的 *M. bipunctipennis* Walker 相似，但后者体较小，革片上的 2 个斑均在革片外缘端部和近端部区域，而本种革片外缘端部区域只有 1 纵条斑，体亦大，雄虫阳基侧突亦可与之相互区别。

(25) 赭胸微盲蝽 *Monalocoris ochraceus* Hu et Zheng, 2003 (图 25；图版Ⅲ: 43, 44)

Monalocoris ochraceus Hu *et* Zheng, 2003: 119; Schuh, 2002-2014.

雄虫：体黄褐色，卵圆形，背面光亮，密被半直立丝状毛。

头横宽，垂直，深黄褐色，光亮，无刻点，被稀疏淡色半平伏短毛。眼间距是眼宽的 2.73 倍，后缘具横脊，脊淡褐色。额圆隆，毛较稀疏。唇基隆起，黑色，光亮。头侧面黄褐色。喙较粗壮，淡黄褐色，第 4 节短于第 2 节，端部褐色，伸达前足基节端部。复眼背面观半圆形，黑褐色。触角细长，被淡褐色半直立长毛，第 1 节浅黄褐色，圆柱状，基部 1/3 较细，毛被较稀疏；第 2 节浅黄褐色，端部 1/3-2/3 黑褐色，细长，向端部渐粗，略细于第 1 节，毛长于第 1 节毛；第 3、4 节细长，略细于第 2 节，褐色，毛被同第 2 节。

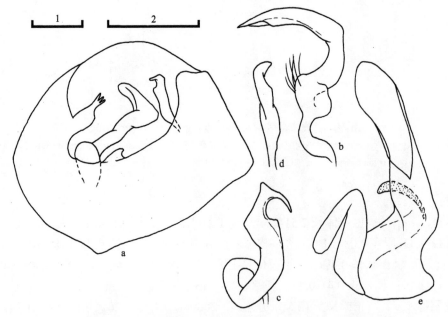

图 25　赭胸微盲蝽 *Monalocoris ochraceus* Hu *et* Zheng

a. 生殖囊腹面观 (genital capsule, ventral view)；b、c. 左阳基侧突不同方位 (left paramere in different views)；d. 右阳基侧突 (right paramere)；e. 阳茎 (aedeagus)；比例尺：1=0.1mm (a-d)，2=0.1mm (e)

前胸背板梯形，侧面观圆隆，高隆位置在后缘区域，侧缘较直，后侧角略圆，后缘微凸。前胸背板光亮，密被褐色半直立毛和浅刻点，深黄褐色，略微具浅凹，近后缘中部常色深，略带黑褐色，有时中部具1黑色细纵纹，或后缘中部具1隐约的淡褐斑，或前胸背板黑褐色，后缘、后侧角黄褐色。领宽，黄褐色，略粗于触角第1节。胝光亮，长椭圆形，微隆，胝外侧方不伸达前胸背板侧面。胸部侧板黄褐色，光亮，被淡色半直立短毛，前胸侧板二裂。中胸盾片狭窄外露，褐色。小盾片黄褐色至深褐色，三角形，端角尖，具浅横皱，平坦，密被淡色半直立毛。

半鞘翅黄褐色，密被淡色半直立毛，爪片宽，深黄褐色，或端半内缘或内半褐色，外缘具1列小刻点；革片黄褐色，半透明，脉褐色，革片端部1/3-1/2带褐色或淡褐色，有时革片在近革片脉内、外缘区域色较淡，在外缘端半区域色略深；缘片黄褐色；翅面沿楔片缝略下折，楔片黄褐色，端部淡色，半透明，基内角褐色，外缘略外拱；膜片淡灰褐色，半透明，具1翅室，脉褐色，翅室内色略深。

足黄色，被淡褐色半直立短毛，腿节细长，端半略淡褐色；胫节毛较腿节密，毛略长于该节直径；跗节3节，第3节膨大，色略深，端部毛较长；爪褐色。

腹部光亮，黑褐色，密被半直立淡色短毛。臭腺沟缘浅黄褐色，中部具1褐色隆起。

雄虫生殖囊浅黄褐色，被淡褐色半直立短毛，长度约为整个腹长的1/5，开口左侧具1细长突起，突起端部三叉状。阳茎端简单，具1指状骨化附器。左阳基侧突狭长，弯曲，基半中部具1肿胀，端半狭长，顶端尖；右阳基侧突较小，狭长，顶端较尖。

雌虫：体型、体色与雄虫相似，有时体色略淡。

量度 (mm)：体长2.63-2.74 (♂)、2.25-2.65 (♀)，宽1.21-1.25 (♂)、1.06-1.21 (♀)；头长0.09-0.10 (♂)、0.12-0.13 (♀)，宽0.49-0.52 (♂)、0.46-0.49 (♀)；眼间距0.27-0.30 (♂)、0.27-0.31 (♀)；眼宽0.10-0.11 (♂)、0.10-0.11 (♀)；触角各节长：Ⅰ:Ⅱ:Ⅲ:Ⅳ=0.28-0.29:0.68-0.74:0.53-0.54:0.37-0.39 (♂)、0.24-0.28:0.60-0.61:0.40-0.46:0.22-0.35 (♀)；前胸背板长0.43-0.47 (♂)、0.43-0.45 (♀)，后缘宽1.00-1.03 (♂)、0.92-1.01 (♀)；小盾片长0.27-0.28 (♂)、0.25-0.26 (♀)，基宽0.41-0.43 (♂)、0.43-0.44 (♀)；缘片长1.05-1.07 (♂)、0.94-1.02 (♀)；楔片长0.41-0.43 (♂)、0.26-0.34 (♀)，基宽0.42-0.46 (♂)、0.39-0.42 (♀)。

观察标本：1♂ (正模)，云南屏边大围山，1800m，1996.Ⅴ.24，卜文俊采；10♂3♀ (副模)，云南屏边大围山，1700-1800m，1996.Ⅴ.22,24，郑乐怡采；2♂3♀，云南屏边，1500m，1996.Ⅴ.22-23；1♂4♀，云南绿春，1900m，1996.Ⅴ.30，卜文俊采；3♂，云南金平分水岭，2000-2100m，1996.Ⅴ.26，卜文俊采。1♂5♀，四川峨眉山报国寺，600m，1957.Ⅴ.17；3♂4♀，四川峨眉山报国寺，1957.Ⅴ.10；1♂，四川峨眉山报国寺，1957.Ⅴ.16；1♀，四川峨眉山初殿，1957.Ⅵ.28；1♂1♀，四川峨眉山清音阁，1957.Ⅳ.28；2♂3♀，四川峨眉山九老洞，1800m，1957.Ⅵ.17，1957.Ⅶ.9；1♂，四川峨眉山洪椿坪，1500m，1957.Ⅵ.12。1♂，贵州茂兰三岔河，420m，1995.Ⅶ.25，卜文俊采。

分布：四川、贵州、云南。

讨论：本种与蕨微盲蝽 M. filicis (Linnaeus) 相似，但本种前胸背板无明显的均匀分布的浅刻点，喙第4节明显短于第2节，雄虫生殖囊开口处具1端部呈三叉状的突起，左阳基侧突不呈二叉状，可相互区分。本种亦与印度尼西亚的 M. flaviceps Poppius 体色相似，但后者头顶端及后足腿节亚端部具 1 黑褐色斑，触角第 3、4 节与体长更长，可与之相互区别。与分布于巴布亚新几内亚的 *M. pallipes* Carvalho 体色亦相似，但触角各节长度比及体长不同，阳基侧突形状不同，而 *M. pallipes* 的左阳基侧突二叉状。

(26) 均黑微盲蝽，新种 *Monalocoris totanigrus* Mu *et* Liu, sp. nov. (图 26；图版III: 45, 46)

雄虫：体黑褐色，卵圆形，背面光亮，密被半直立丝状毛。

头横宽，垂直，暗橙褐色，光亮，无刻点，被稀疏淡色半平伏短毛。头顶眼两侧色较淡，眼间距是眼宽的 0.31 倍，后缘具横脊，脊褐色。额圆隆，毛较稀疏。唇基隆起，黑褐色，光亮。头侧面黄褐色，下颚片圆隆，褐色，光亮。喙浅黄褐色，短，伸过前足基节端部，未达中足基节基部，第 1 节带褐色，第 4 节端部深褐色。复眼背面观半圆形，黑褐色。触角细长，被淡褐色半直立长毛，第 1 节黑褐色，基部黄褐色，圆柱状，基部1/3 较细，毛被较稀疏；第 2 节黑褐色，细长，向端部渐粗，略细于第 1 节，毛较第 1节细密而长；第 3、4 节细长，微弯，褐色，略细于第 2 节，毛被同第 2 节。

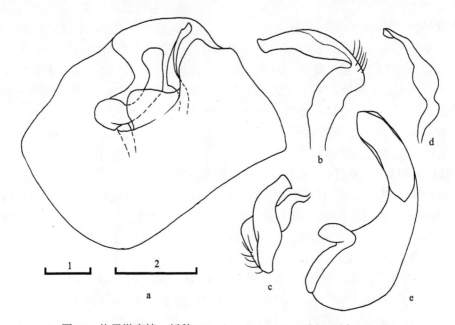

图 26　均黑微盲蝽，新种 *Monalocoris totanigrus* Mu *et* Liu, sp. nov.

a. 生殖囊腹面观 (genital capsule, ventral view)；b、c. 左阳基侧突不同方位 (left paramere in different views)；d. 右阳基侧突 (right paramere)；e. 阳茎 (aedeagus)；比例尺：1=0.1mm (a-d)，2=0.1mm (e)

前胸背板梯形，侧缘较直，后侧角略圆，后缘微凸，侧面观圆隆，前胸背板光亮，黑色，后缘浅黄褐色，密被褐色半直立毛和浅刻点。领宽，浅棕色，略粗于触角第 1 节。胝光亮，长椭圆形，两胝不相连，微隆。胸部侧板黑褐色，光亮，被淡色半直立短毛，前胸侧板二裂。中胸盾片狭窄外露，黑褐色。小盾片黑褐色，三角形，端角尖，具浅横皱，微隆，密被淡色半直立毛。

半鞘翅黑褐色，密被淡色半直立毛，爪片宽，黑色，端角色略淡；革片黑褐色，仅基部区域和端部三角形区域色略淡；缘片淡黄褐色，端部 2/5-1/2 深褐色；翅面沿楔片缝略下折，楔片较宽，内角黑褐色，有时延伸至中部，外缘及后缘其余部分宽阔淡黄褐色、半透明；膜片淡灰褐色，半透明，具 1 翅室，脉褐色。

足浅黄褐色，被淡褐色半直立短毛，基节基部 1/3 褐色；腿节细长，中部略淡褐色；胫节端部略粗，毛较腿节密，毛长略长于该节直径；跗节 3 节，第 3 节膨大，色略深；爪褐色。

腹部光亮，褐色，各节间黑褐色，密被半直立淡色短毛。臭腺沟缘褐色，中部具 1 褐色隆起。

雄虫生殖囊褐色，被淡褐色半直立短毛，长度约为整个腹长的 1/6，生殖囊开口腹面具 1 三角形突起。阳茎端简单。左阳基侧突镰刀状，基半略膨大，中部不收缩，端半略膨大，向端部渐细，顶端平截；右阳基侧突细长，基半圆隆。

雌虫：体色与雄虫相似，但体较宽短。

量度 (mm)：体长 2.63-2.80 (♂)、2.62-2.65 (♀)，宽 1.30-1.40 (♂)、1.36-1.42 (♀)；头长 0.12-0.14 (♂)、0.15-0.17 (♀)，宽 0.53-0.56 (♂)、0.58-0.69 (♀)；眼间距 0.31-0.32 (♂)、0.32-0.34 (♀)；眼宽 0.10-0.12 (♂)、0.11-0.13 (♀)；触角各节长：I : II : III : IV = 0.27-0.30 : 0.64-0.83 : 0.38-0.47 : 0.38-0.44 (♂)、0.27-0.28 : 0.70-0.74 : 0.40-0.43 : 0.48-0.55 (♀)；前胸背板长 0.47-0.49 (♂)、0.51-0.53 (♀)，后缘宽 1.14-1.18 (♂)、1.05-1.08 (♀)；小盾片长 0.28-0.31 (♂)、0.31-0.33 (♀)，基宽 0.45-0.47 (♂)、0.51-0.54 (♀)；缘片长 1.08-1.10 (♂)、1.12-1.14 (♀)；楔片长 0.34-0.36 (♂)、0.41-0.46 (♀)，基宽 0.39-0.42 (♂)、0.44-0.45 (♀)。

种名词源：新种以触角前两节均为黑褐色命名。

模式标本：正模♂，广西龙胜白崖至花坪沿途，1964.VIII.26-28，刘胜利采。副模 1♂7♀，采集信息同正模。

观察标本：1♂1♀，广东茂名大雾岭自然保护区，1050m，2009.VIII.1，崔英采；1♂，广东茂名信宜大成镇大雾岭自然保护区，1000m，2009.VIII.1，蔡波采。1♀，福建南靖，1965.IV.20，王良臣采。1♂，贵州赤水桫椤金沙乡，2000.V.29，薛怀君采；1♂，贵州赤水桫椤 (葫市)，2000.V.30，灯诱，薛怀君采；1♀，贵州梵净山鱼塘回香坪，1000-1750m，2001.VII.29，卜文俊采。1♂1♀，广西金秀，1100m，1999.V.10，袁德成采；1♀，同前，黄复生采；1♀，广西金秀天堂山，600m，1999.V.11，高明媛采；1♂，广西金秀金忠公路，1100m，1999.V.11，袁德成采；2♂4♀，同前，1999.V.12，高明媛采；1♀，同前，1100m，李文柱采。

分布：福建、广东、广西、贵州、云南。

讨论：本种与蕨微盲蝽 *M. filicis* (Linnaeus) 相似，但前者触角第 1、2 节全部黑褐色，缘片端部 2/5-1/2 深褐色，左阳基侧突不呈二叉状，可与之相互区分。本种亦与大岛微盲蝽 *M. amamianus* Yasunaga 相似，但依触角及雄性外生殖器特征可相互区分。

二、烟盲蝽族 Dicyphini Reuter, 1883

Dicyphini Reuter, 1883: 566 (Dicypharia). **Type genus:** *Dicyphus* Fieber, 1858.

体狭长或长椭圆形。头部略呈圆形，或横宽，或长大于宽，头在眼后方略窄缩成颈，有的种类几乎不窄缩。眼着生于头部两侧，部分种类眼略外伸。触角细长或粗壮，细长型触角第 1 节等于或超过头顶宽，粗壮型则多约为头顶宽的 1/2，且长与宽约相等，粗壮型的触角第 1、4 节常几等长，短棒形或纺锤形。前胸背板光亮，或具刻点及瘤突，具领，部分种类前胸背板凹陷而被划分为领、前叶和后叶 3 部分，小盾片多较平坦，部分种类隆起呈囊泡状或龟背状，有时具角状或较大瘤状突起。中胸盾片有时外露。半鞘翅较狭长，部分类群半透明或透明，膜片翅室 1 个或 2 个。足均较细长，腿节有时具刺，爪具伪爪垫及毛状副爪间突。

本族世界已知 3 亚族 59 属，本志记载中国 3 亚族 16 属，其中包括 3 个中国新纪录属。

亚族检索表

1. 小盾片具刻点及瘤突，触角第 1 节短粗，长约为头顶宽的 1/2 ············**泡盾盲蝽亚族 Odoniellina**
   小盾片不具刻点及瘤突，触角第 1 节细长，或略粗壮，长度等于或超过头顶宽······················2
2. 头部在眼后方区域缢缩成颈··**摩盲蝽亚族 Monaloniina**
   头部在眼后方区域不缢缩··**烟盲蝽亚族 Dicyphina**

（一）烟盲蝽亚族 Dicyphina Reuter, 1883

Dicyphina Reuter, 1883: 566. **Type genus:** *Dicyphus* Fieber, 1858.

体长椭圆形，具光泽，前翅革质部外缘基半略平行，近端部区域略微外拱。头部背面观较圆，部分种类眼后方部分较长，眼后缘或多或少远离领前缘，头顶后方无脊，触角细长。前胸背板无刻点，领明显，胝略隆起。中胸盾片明显外露，小盾片较平坦。前翅革质部不透明或半透明，膜片具 2 翅室。足较细长，腿节及胫节常具刺，爪具伪爪垫和毛状副爪间突。

在 Carvalho (1952, 1957) 分类系统中，本族位于叶盲蝽亚科中，在 Schuh (1976, 1995, 2002-2014) 的体系中本族被置于单室盲蝽亚科内，本志采用 Schuh (1976, 1995, 2012) 的系统。

本亚族世界已知 18 属，世界各动物地理大区均有分布，本志记述中国种类 6 属，其中包括 3 个中国新纪录属。

属 检 索 表

4. 弓盲蝽属 *Cyrtopeltis* Fieber, 1860

Cyrtopeltis Fieber, 1860: 76. **Type species:** *Cyrtopeltis geniculata* Fieber, 1860; by monotypy.

长翅型，长卵圆形，浅黄色至黄色，体背面有时具褐色斑，被淡色半直立短毛。头狭长，额在眼前部强烈隆起，有时具淡褐色斑，头顶宽阔圆隆，有时中部具褐色斑，眼后缘两侧向后收拢。触角第 1 节短，约等于头顶宽，有时具褐色环，第 2 节长约等于前胸背板后缘宽，有时基部具环。喙伸达中足基节端部。前胸背板梯形，侧缘直，领窄，中部略收缩，光亮。脈大，中部具纵沟。后叶后侧角圆钝，后缘微凹，有时波浪状。中胸盾片微弱外露。半鞘翅几一色。腿节纺锤形，黄色至砖红色，基部有时带褐色，被半直立短粗毛，中足腿节具 3 个毛点毛，后足腿节具 4 个毛点毛；胫节线状，砖红色，有时基部具褐色环，被短粗褐色刺，被淡色至褐色毛，有时具不规则刺列。雄虫生殖囊开口具 1 明显突起，生殖囊开口背面分开。

分布：福建、广西、四川；古北界。

本属与显脈盲蝽属 *Dicyphus* Fieber 及长颈盲蝽属 *Macrolophus* Fieber 较相近，但弓盲蝽属头更向前延伸，眼后缘至领前缘间距离约等同于触角第 2 节中部直径，前胸背板后缘呈宽阔的弧形前凹，可区别于上述 2 属。

关于本属包含种类范围，不同学者曾提出过不同意见：China 和 Carvalho (1952) 根据雄虫生殖囊及阳茎、阳基侧突的结构特征将本属划分为下列 6 个亚属：*Cyrtopeltis* Fieber、*Engytatus* Reuter、*Nesidiocoris* Kirkaldy、*Singhalesia* China *et* Carvalho、*Tupiocoris* China *et* Carvalho 和 *Usingerella* China *et* Carvalho；Wagner (1974) 采用与 China 和 Carvalho (1952) 相同的特征划分亚属，但提出弓盲蝽属只包括前述 6 个亚属中的 3 个亚属：*Cyrtopeltis* Fieber、*Nesidiocoris* Kirkaldy 和 *Singhalesia* China *et* Carvalho；Cassis (1986) 则将前述的 6 个亚属均视作独立的属级阶元，该观点被 Kerzhner (1988b) 和 Schuh (2002-2014) 采用，本志亦采用该观点。

世界已知 10 种，本志记述 2 新种。

种 检 索 表

生殖囊开口腹面偏右侧具三角形突起·······················黑棘弓盲蝽，新种 *C. nigripilis* sp. nov.

生殖囊开口腹面偏右侧具指状突起·······················褐唇弓盲蝽，新种 *C. clypealis* sp. nov.

(27) 褐唇弓盲蝽，新种 *Cyrtopeltis clypealis* Mu et Liu, sp. nov. (图 27；图版Ⅲ: 47, 48)

雄虫：体中小型，狭长，黄色，被褐色半平伏短毛。

头三角形，额强烈隆起，背面观前部较尖，斜向下倾，头一色黄色，被直立淡色短毛。头顶微隆，侧面观前倾，泛白色，眼间距是眼宽的 1.24 倍，后缘无横脊。唇基中部强烈隆起，垂直，端部色略深。复眼大，背面观半圆形，接近领前缘，但未相互接触，侧面观肾形，褐色。喙略伸过中足基节，未伸达后足基节端部，黄褐色，被淡色直立短毛，第 3、4 节褐色，第 4 节端部深褐色。触角细长，线状，被淡色半平伏毛。第 1 节短粗，中部略膨大，褐色，基部和端部黄色，光亮。第 2 节细长，黄色，近基部具 1 褐色环，有时淡色，端部 1/3 褐色，长约为第 1 节的 1.65 倍，第 3、4 节线状，细于第 2 节，除第 3 节基部黄色外，全部褐色。

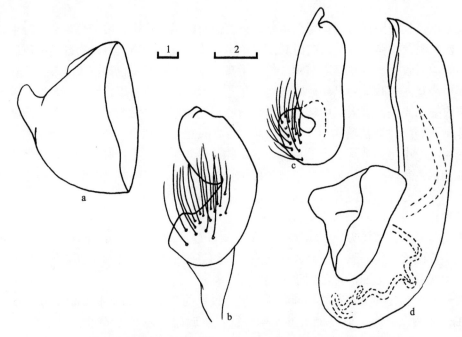

图 27　褐唇弓盲蝽，新种 *Cyrtopeltis clypealis* Mu et Liu, sp. nov.

a. 生殖囊侧面观 (genital capsule, lateral view); b、c. 左阳基侧突不同方位 (left paramere in different views); d. 阳茎端 (vesica); 比例尺: 1=0.1mm (a), 2=0.1mm (b-d)

前胸背板梯形，黄色，被半直立淡褐色毛，侧面观显著前倾，较平，侧缘几乎直，后侧角圆，后缘中部微内凹。领粗，约与第 1 节中部等粗，前缘略内凹，具光泽，黄色，被褐色半直立毛。胝较平坦，两胝不相连。前胸侧板黄色，二裂，裂痕较深，前叶小。

中、后胸侧板黄色。中胸盾片外露部分宽阔，黄色至黄褐色。小盾片黄色至黄褐色，侧面观微隆，光泽弱，被淡褐色半直立毛。

半鞘翅黄色至黄褐色，前缘平直，向后渐宽，被淡褐色半直立短毛，革片端部外侧具 1 个红色带，与缘片内缘共同围成三角形，有时色较浅而不明显。楔片缝明显，翅面沿楔片缝略下折，楔片长三角形，端部褐色。膜片淡黄褐色，半透明，脉淡黄褐色，翅室后缘脉色略深。

足细长，黄褐色，密被淡褐色半直立短毛，后足腿节较粗，端部渐细；胫节细长，胫节刺褐色，具 2 列褐色小刺；跗节第 1 节很短，第 2 节较第 3 节长，向端部渐呈褐色；爪深褐色。

腹部淡黄色，密被淡色短毛。臭腺蒸发域黄色。

雄虫生殖囊黄色，密被淡色半平伏毛，长度约为整个腹长的 1/3，生殖囊开口腹面偏右侧具细长指状突起。左阳基侧突扁平，端部具 1 指状突起，端部较圆隆，感觉叶膨大，被长毛；右阳基侧突小，叶状。阳茎端膜质。

雌虫：体型、体色与雄虫一致，有时色较淡。

量度 (mm)：体长 4.44-4.47 (♂)、4.35-4.39 (♀)、宽 1.33-1.36 (♂)、1.35-1.37 (♀)；头长 0.28-0.30 (♂)、0.27-0.28 (♀)，宽 0.67-0.68 (♂)、0.61-0.63 (♀)；眼间距 0.26-0.27 (♂)、0.31-0.32 (♀)；眼宽 0.21-0.22 (♂)、0.15-0.18 (♀)；触角各节长：I∶II∶III∶IV=0.64-0.69∶1.06-1.07∶0.22-0.24∶0.50-0.57 (♂)、0.59-0.62∶1.05-1.08∶1.18-1.23∶0.52-0.55 (♀)；前胸背板长 0.56-0.57 (♂)、0.50-0.52 (♀)，后缘宽 1.11-1.13 (♂)、1.05-1.09 (♀)；小盾片长 0.39-0.40 (♂)、0.37-0.39 (♀)，基宽 0.55-0.57 (♂)、0.52-0.54 (♀)；缘片长 2.33-2.36 (♂)、2.31-2.33 (♀)；楔片长 0.78-0.80 (♂)、0.73-0.75 (♀)，基宽 0.31-0.33 (♂)、0.30-0.31 (♀)。

种名词源：以唇基的颜色命名。

模式标本：正模♂，福建崇安三港，1965.VI.22，王良臣采。副模：9♂15♀，同正模；1♂7♀，同上，刘胜利采；1♂，福建建阳黄坑，1965.VI.8，王良臣采；2♂1♀，1965.VI.24，同上。

观察标本：1♀，广西龙胜，1964.VIII.22，刘胜利采；2♂，广西龙胜天平山，1964.VIII.26，刘胜利采；2♂，广西龙胜天平山至白崖沿途，1964.VIII.30，刘胜利采；8♂5♀，广西金秀大瑶山花王山庄，2002.IV.16，薛怀君采。1♂，四川峨眉山报国寺，600m，1957.V.12，郑乐怡、程汉华采；1♂，1957.VI.1，同上；2♂，四川峨眉山龙门洞，1957.VI.12；1♂1♀，四川峨眉山洪椿坪，1500m，1957.VI.12，郑乐怡、程汉华采。

分布：福建、广西、四川。

讨论：本种与分布于韩国的 *C. rufobrunnea* Lee *et* Kerzhner 相似，但前者体黄色，触角第 2 节大部分黄色，而非仅基部淡色，喙未伸达后足基节端部，雄虫左阳基侧突钩状突端部较圆隆，阳茎鞘较直，可与之相区分。

(28) 黑棘弓盲蝽，新种 *Cyrtopeltis nigripilis* Mu *et* Liu, sp. nov. (图 28；图版IV: 49)

雄虫：体中小型，狭长，黄色，被褐色半平伏短毛。

头三角形，额强烈隆起，背面观前部较尖，斜向下倾，头一色黄色，被直立淡色短毛。头顶微隆，侧面观前倾，泛白色，眼间距是眼宽的 1.56 倍，后缘无横脊。唇基中部强烈隆起，垂直，端部色略深。喙略伸过中足基节中部，未达中足基节端部，黄褐色，被淡色直立短毛，第 3、4 节褐色，第 4 节端部深褐色。复眼大，背面观半圆形，接近领前缘，但未相互接触，侧面观肾形，褐色。触角细长，线状，被淡色半平伏毛。第 1 节短粗，中部略膨大，褐色，基部和端部黄色，光亮。第 2 节细长，向端部略加粗，黄色，近基部具 1 褐色环，端部 1/3 褐色，约为第 1 节的 3 倍，第 3、4 节线状，弯曲，细于第 2 节，除第 3 节基部黄色外，全部褐色。

前胸背板梯形，胝区黄色，后半淡黄白色，被半直立褐色毛，侧面观显著前倾，较平，侧缘几乎直，后侧角圆，后缘中部微内凹。领粗，约与第 1 节中部等粗，前缘平，光泽弱，淡黄白色，被褐色半直立毛。胝较平坦，两胝不相连。前胸侧板二裂，裂痕较深，前叶小，黄色，后叶前部 1/3 黄色，后部淡黄白色。中、后胸侧板黄色。中胸盾片外露部分宽阔，黄色。小盾片黄白色，侧面观微隆，无光泽，被淡褐色半平伏毛。

半鞘翅黄白色，外侧缘褐色，体两侧近平行，被淡褐色半直立短毛。楔片缝明显，翅面沿楔片缝略下折，楔片长三角形，外缘褐色。膜片淡黄色，半透明，脉淡黄白色。

足细长，黄褐色，密被淡褐色半直立短毛，后足腿节较粗，端部渐细，具黑色棘刺；胫节细长，胫节刺褐色，具 2 列褐色小刺，后足胫节基部褐色；跗节第 1 节很短，褐色，第 2 节较第 3 节长，第 3 节端部渐呈褐色；爪深褐色。

腹部黄色，密被淡色短毛。臭腺蒸发域淡黄白色。

雄虫生殖囊黄色，密被淡色半平伏毛，长度约为整个腹长的 1/4，生殖囊开口腹面偏右侧具三角形突起。阳茎端膜质，简单，细长，无任何骨化附器。左阳基侧突粗大，弯曲，端半狭长，近端部略膨大，端部渐尖，基半圆隆，膨大，背面被稀疏长毛；右阳基侧突短小，狭长，端部尖翘。

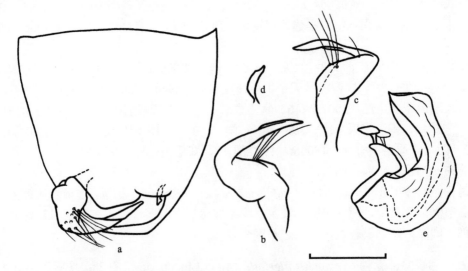

图 28　黑棘弓盲蝽，新种 *Cyrtopeltis nigripilis* Mu et Liu, sp. nov.

a. 生殖囊腹面观 (genital capsule, ventral view)；b、c. 左阳基侧突不同方位 (left paramere in different views)；d. 右阳基侧突 (right paramere)；e. 阳茎 (aedeagus)；比例尺：0.1mm

雌虫：体型、体色与雄虫一致，体较宽，色较深。

量度 (mm)：体长 3.60-3.70 (♂)、3.55 (♀)，宽 1.00-1.14 (♂)、1.16 (♀)；头长 0.22-0.26 (♂)、0.25 (♀)，宽 0.58-0.59 (♂)、0.56 (♀)；眼间距 0.25-0.26 (♂)、0.26 (♀)；眼宽 0.16-0.17 (♂)、0.15 (♀)；触角各节长：Ⅰ:Ⅱ:Ⅲ:Ⅳ=0.30-0.32:0.97-1.09:1.00-1.06:0.47-0.48 (♂)、0.26:1.07:0.94:0.50 (♀)；前胸背板长 0.52-0.53 (♂)、0.58 (♀)，后缘宽 0.94-1.06 (♂)、1.04 (♀)；小盾片长 0.24-0.29 (♂)、0.34 (♀)，基宽 0.44-0.50 (♂)、0.40 (♀)；缘片长 1.85-1.95 (♂)、1.80 (♀)；楔片长 0.56-0.60 (♂)、0.48 (♀)，基宽 0.22-0.30 (♂)、0.26 (♀)。

种名词源：以足具黑色棘刺命名。

模式标本：正模♂，四川峨眉山报国寺，1975.Ⅴ.10。副模：1♀，同正模；1♂，四川峨眉山报国寺，600m，1957.Ⅴ.6，郑乐怡、程汉华采。

分布：四川。

讨论：本种与分布于日本的 *C. miyamotoi* (Yasunaga) 相似，但前者触角第 2 节黄色，而非深褐色，胫节基部无深色斑，腿节无成列的褐色斑，可与之相互区分。本种与褐唇弓盲蝽 *C. clypealis* sp. nov. 相似，但前者雄性生殖囊开口腹面偏右侧具三角形突起，而非指状突起，可与之相区别。

5. 显肬盲蝽属 *Dicyphus* Fieber, 1858

Dicyphus Fieber, 1858: 327. **Type species:** *Capsus collaris* Fallen, 1807 (=*Gerris errans* Wolff, 1804); by subsequent designation by Reuter, 1888.

Brachyceraea Fieber, 1858: 327. **Type species:** *Gerris annutatus* Wolff, 1804. Synonymized by Wagner, 1952: 89.

Idolocoris Douglas *et* Scott, 1865: 374. **Type species:** *Brachyceraea pallicornis* Fieber, 1861. Synonymized by Puton, 1869: 31.

Abibalus Distant, 1909: 521. **Type species:** *Abibalus regulus* Distant, 1909; by monotypy. Synonymized by Cassis, 1986: 69.

Bucobia Poppius, 1914a: 16. **Type species:** *Bucobia gracilis* Poppius, 1914; by original designation. Synonymized by Cassis, 1986: 69.

体狭长，长翅型，有时短翅型，具较强烈光泽，半鞘翅两侧平行，体常为砖红色，具褐色至浅褐色斑，被稀疏长半直立毛。头部狭长，额略伸过眼前部，略圆，砖红色，常具 2 个深色带；头顶常具浅中纵沟，后缘常深色；唇基微凸或强烈突起。眼中等大小，远离领，离开领的距离至少等于领长，褐色，常带红色，侧面观小到中型。触角细长，触角窝位于眼中部，具半直立毛，第 1 节略粗，基部较细。前胸背板梯形，明显分为前后 2 叶，近正方形，后叶后部显著抬升，侧缘略凹，后缘深凹，毛被较稀疏，领明显，肬明显，肬区略隆起或较隆起。前胸侧板强烈向两侧扩展，背面观可见。中胸背板外露，小盾片较平坦。半鞘翅毛被稀疏，缘片较狭窄，楔片较狭长，内、外缘较直。膜片具 2 翅室，端角不超过楔片端部。足细长，被暗色半直立毛，基节较长，约为腿节之半；腿节线状，向端部渐细，淡色，常具褐色斑列，中足腿节 4-6 个毛点毛，后足腿节 6-7 个；

胫节刺大，色深，有 1 对明显暗色梳状刺；跗节长；爪基部深裂，线状，端部内弯，爪基部内侧具 1 突起。

雄虫生殖囊开口深，开口于背侧，开口腹面具 1 长唇状凸起。左阳基侧突呈镰刀形，基半近方形，具长毛，端半狭长，内缘弯曲，有时端部膨大，向端部渐细；右阳基侧突线状，端部锥形。阳茎多膜叶，基部具 "U" 形环，具多数骨化小刺或 1-2 个骨针，阳茎鞘基部非常宽，端部裂开。

雌虫交配囊大，骨化环分开，宽二裂。

分布：甘肃、浙江、湖北、江西、湖南、福建、广西、四川、云南；韩国 (大邱)，印度。本属除澳洲界外，世界各地理区系均有分布。

本属种类多为植食性，已记载的寄主植物有：茄科的泡囊草属 *Physochlaina*、颠茄属 *Atropa*；石竹科的狗筋蔓属 *Cucubalus*、剪秋罗属 *Lychnis*、蝇子草属 *Silene*、卷耳属 *Cerastium*；唇形科的水苏属 *Stachys*、鼠尾草属 *Salvia*；柳叶菜科的柳叶菜属 *Epilobium*；蝶形花科的芒柄花属 *Ononis*；玄参科的毛地黄属 *Digitalis*；菊科的蓟属 *Cirsium* 等 (Wagner, 1974b; Hutchinson, 1934)。少数种类杂食性，如 *D. pallidus* 及 *D. constrictus* (Wagner, 1974b)。

世界已知 60 种，本志记述 9 种，包括 2 个中国新纪录种和 5 个新种。

种 检 索 表

(29) 狭显胝盲蝽，新种 *Dicyphus angustifolius* Mu *et* Liu, sp. nov. (图 29a，图 30；图版Ⅳ：50)

雄虫：体小型，狭长，黄褐色，被淡褐色半直立毛。

头圆，颈略向内收缩，侧面观近垂直，头深褐色，光亮，头顶具 2 黄色椭圆斑，斑前缘位于眼中部，后缘略伸过眼后缘，被稀疏直立褐色短刚毛。头顶微隆，光亮，眼间距是眼宽的 1.56-1.57 倍，后缘无横脊。额圆隆。唇基微隆，斜下倾。头侧面一色深褐色。复眼大，背面观半圆形，侧面观椭圆形，红褐色。喙略伸过后足基节端部，黄褐色，被淡褐色直立短毛，第 4 节端部深褐色。触角细长，线状，被褐色半平伏短毛。第 1 节狭长，光亮，红褐色，基部 1/4 具 1 淡色环，基部窄，被毛较其他节稀疏，半直立。第 2 节褐色，毛被细密，略细于第 1 节，向端部渐粗，第 3、4 节缺。

前胸背板钟形，较窄，深褐色，中部呈宽阔的淡黄色，被半直立稀疏褐色刚毛，侧面观略前倾，后叶较平，侧缘中部内凹，后角向两侧翘起，后侧角圆，后缘中部内凹。领粗，粗于触角第 1 节最宽处直径，前缘略内凹，无光泽，橙黄色，侧面淡黄白色，被稀疏褐色短毛。胝隆起，光亮，黄色，外侧褐色。前胸侧板褐色，二裂，前叶小，光亮，后叶下缘呈狭窄的黄褐色。中、后胸侧板褐色。中胸盾片外露部分倒梯形，橙黄色，中部具 1 褐色纵带，延伸至小盾片。小盾片黄色，中部具宽褐色纵带，侧面观微隆，光泽弱，被稀疏褐色半直立刚毛。

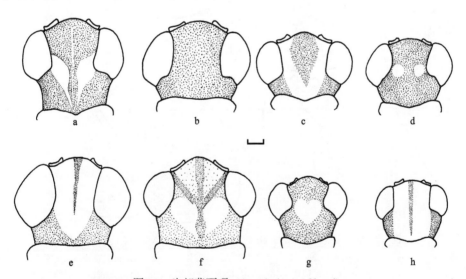

图 29　头部背面观 (dorsal views of head)

a. 狭显胝盲蝽，新种 *D. angustifolius* Mu *et* Liu, sp. nov.；b. 殊显胝盲蝽 *D. incognitus* Neimorovets；c. 黑额显胝盲蝽 *D. nigrifrons* Reuter；d. 斑显胝盲蝽，新种 *D. bimaculiformis* Mu *et* Liu, sp. nov.；e. 长角显胝盲蝽，新种 *D. longicomis* Mu *et* Liu, sp. nov.；f. 粗领显胝盲蝽，新种 *D. collierromerus* Mu *et* Liu, sp. nov.；g. 心显胝盲蝽，新种 *D. cordatus* Mu *et* Liu, sp. nov.；h. 朴氏显胝盲蝽 *D. parkheoni* Lee *et* Kerzhner；比例尺：0.1mm

半鞘翅黄褐色，外缘近直，被褐色半直立短毛。爪片纵脊淡黄白色。革片端部近楔片缝处具 2 个褐色小斑，有时色较淡而不明显。缘片狭窄，端部深褐色。楔片缝不明显，翅面沿楔片缝略下折，楔片长三角形，端部沿内缘褐色。膜片烟褐色，脉褐色，具细密纵皱。

　　足细长，黄褐色，密被褐色直立长毛，基节基部带褐色；腿节较粗，两侧各具 2 列不规则褐色圆斑；胫节细长，基部和端部略深；跗节第 1 节短，第 2 节略长于第 3 节，第 3 节褐色；爪深褐色。

　　腹部黄褐色，被淡色短毛。臭腺沟缘狭长，淡黄色。

　　雄虫生殖囊黄褐色，后端黑褐色，被淡褐色半直立长毛，长度约为整个腹长的 1/4。左阳基侧突弯曲，钩状突中部背侧具 1 三角形小突起，突起端部较尖，感觉叶膨大，端部尖，被中等长度毛；右阳基侧突小，叶状。阳茎端简单。

　　雌虫：体型、体色与雄虫一致，体略宽大。

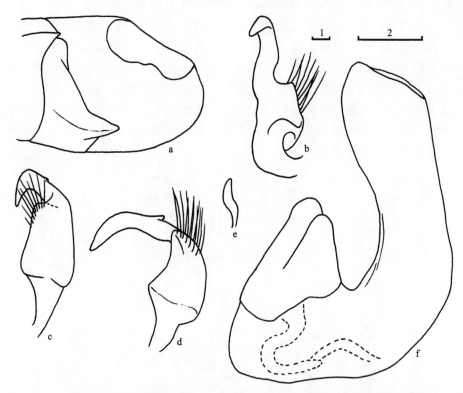

图 30　狭显胝盲蝽，新种 *Dicyphus angustifolius* Mu *et* Liu, sp. nov.

a. 生殖囊侧面观 (genital capsule, lateral view)；b-d. 左阳基侧突不同方位 (left paramere in different views)；e. 右阳基侧突
(right paramere)；f. 阳茎 (aedeagus)；比例尺：1=0.1mm (a)，2=0.1mm (b-f)

　　量度 (mm)：体长 3.45-3.75 (♂)、4.05-4.15 (♀)，宽 0.70-0.75 (♂)、0.83-0.90 (♀)；头长 0.38-0.42 (♂)、0.38-0.40 (♀)，宽 0.50-0.52 (♂)、0.60-0.62 (♀)；眼间距 0.22-0.25 (♂)、0.25-0.26 (♀)；眼宽 0.14-0.16 (♂)、0.17-0.18 (♀)；触角各节长：I : II : III : IV =0.56-0.63 : 1.35-1.36 : ? : ? (♂)、0.56-0.58 : 1.38-1.39 : 1.22 : 0.55 (♀)；前胸背板长 0.38-0.39 (♂)、0.40-0.43 (♀)，后缘宽 0.65-0.66 (♂)、0.78-0.80 (♀)；小盾片长 0.26-0.27 (♂)、0.25-0.33 (♀)，基宽

0.31-0.32 (♂)、0.33-0.35 (♀)；缘片长 1.67-1.70 (♂)、1.83-1.85 (♀)；楔片长 0.60-0.61 (♂)、0.62-0.67 (♀)，基宽 0.22-0.23 (♂)、0.19-0.20 (♀)。

种名词源：以头顶狭叶状斑命名。

模式标本：正模♂，甘肃肃南，1926.Ⅷ.16。副模 3♂2♀，采集信息同正模。

分布：甘肃。

讨论：本种头顶色斑与黑领显胝盲蝽 *D. collinigrus* sp. nov. 相似，但前者体较狭小，前胸背板宽仅为头宽的 1.3 倍，触角第 2 节一色褐色，领淡色，雄虫生殖器亦可相互区分。亦与分布于印度的 *D. orientalis* Reuter 相似，但本种触角第 2 节中部不具淡色环，头顶深色，具 2 个椭圆形斑，不似后者头顶淡色，具"Y"形大褐色斑，雄虫生殖器亦可相互区分。

(30) 斑显胝盲蝽，新种 *Dicyphus bimaculiformis* Mu et Liu, sp. nov. (图 29d，图 31；图版 Ⅳ: 51)

雄虫：体小型，狭长，褐色，被褐色半直立毛。

头圆，颈略向内收缩，侧面观近垂直，头深褐色，头顶 2 个小圆斑和喙淡黄色，被稀疏直立褐色短刚毛。头顶圆隆，光亮，眼间距是眼宽的 1.33 倍，后缘无横脊。唇基微隆，斜下倾，侧面染红色。上颚片隆起，圆锥形，具浅横皱，光亮。下颚片宽阔。喙略伸过后足基节端部，黄褐色，被淡褐色直立短毛，第 1 节背面红褐色，光亮，第 2 节基部褐色，第 4 节端部褐色。复眼大，背面观半圆形，侧面观椭圆形，红褐色。触角细长，线状，被褐色半平伏短毛。第 1 节狭长，基半淡黄色至红色，端半红褐色，光亮，基半略膨大，最基部窄，被毛较其他节稀疏，半直立。第 2 节深红褐色至深褐色，端部略膨大，略长于第 3 节，约为第 1 节的 3.06 倍，第 3、4 节褐色，较第 2 节细。

前胸背板钟形，深褐色，中部具 1 淡黄色纵带，前半橙黄色，被半直立稀疏褐色刚毛，侧面观略前倾，前角圆，侧缘微弯，后角略向两侧翘起，后侧角圆，后缘中部强烈内凹。领粗，背面观两侧外隆，前缘中部内凹，无光泽，黄色，前缘灰色，后缘橙色，被稀疏褐色短毛。胝隆起，光亮，后缘沟红色。前胸侧板褐色，二裂，前叶小，光亮。中、后胸侧板红褐色。中胸盾片外露部分倒梯形，黄褐色，中部具 1 宽褐色纵带，延伸至小盾片。小盾片橙黄色，中部具宽褐色纵带，侧面观微隆，光泽弱，具浅横皱，被稀疏褐色半直立刚毛。

半鞘翅浅黄褐色，两侧近平行，被褐色半直立短毛，楔片缝前具 1 三角形无毛区域。爪片黄褐色。革片端部近楔片缝处具 1 个大深褐色斑，延伸至缘片外缘，斑内侧沿楔片缝褐色，有时呈 1 个褐色小圆斑。缘片狭窄，外缘略加深。楔片缝较短，翅面沿楔片缝略下折，楔片长三角形，浅黄色，端部 1/3 红褐色至褐色。膜片烟褐色，脉褐色，翅室下缘近楔片处红褐色，具细密纵皱。

足细长，淡黄色，密被褐色直立长毛，基节基部褐色；腿节较粗，背面密被不规则褐色圆斑；胫节细长，胫节刺褐色；跗节黄褐色，第 1 节长，是第 2 节的 2.45 倍，第 2 节端半褐色；爪深褐色。

腹部红褐色，被淡色短毛。臭腺沟缘较短，红褐色，蒸发域略伸过中胸侧板气孔。

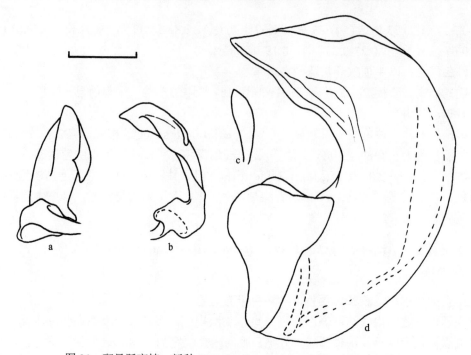

图 31　斑显胝盲蝽，新种 *Dicyphus bimaculiformis* Mu *et* Liu, sp. nov.

a、b. 左阳基侧突不同方位 (left paramere in different views); c. 右阳基侧突 (right paramere); d. 阳茎 (aedeagus);

比例尺：0.1mm

　　雄虫生殖囊黄褐色，腹面端部褐色，侧面近生殖囊开口处红褐色，被淡褐色半直立长毛，长度约为整个腹长的 1/3。左阳基侧突较复杂、扭曲；右阳基侧突小，叶状。阳茎端膜质，无任何骨化附器。

　　雌虫：体型、体色与雄虫一致，体略宽短。

　　量度 (mm)：体长 3.44-3.52 (♂)、3.38-3.42 (♀)、宽 0.76-0.80 (♂)、0.80-0.83 (♀); 头长 0.30-0.32 (♂)、0.27-0.32 (♀)，宽 0.53-0.54 (♂)、0.52-0.54 (♀); 眼间距 0.20-0.21 (♂)、0.19-0.22 (♀); 眼宽 0.15-0.16 (♂)、0.14-0.16 (♀); 触角各节长：Ⅰ:Ⅱ:Ⅲ:Ⅳ=0.31-0.33:0.97-0.99:0.46-0.50:0.38-0.41 (♂)、0.27-0.32:1.05-1.08:0.47-0.49:0.42-0.45 (♀); 前胸背板长 0.36-0.38 (♂)、0.34-0.37 (♀)，后缘宽 0.76-0.77 (♂)、0.78-0.80 (♀); 小盾片长 0.29-0.30 (♂)、0.71-0.74 (♀)，基宽 0.30-0.32 (♂)、0.74-0.77 (♀); 缘片长 1.53-1.56 (♂)、1.51-1.54 (♀); 楔片长 0.53-0.57 (♂)、0.50-0.53 (♀)，基宽 0.20-0.24 (♂)、0.23-0.25 (♀)。

　　种名词源：以头顶具 2 个淡色圆斑命名。

　　模式标本：正模：♂，云南武定狮子山，2300m，1986.Ⅷ.10；副模：1♂6♀，同正模；2♂2♀，云南武定狮子山，2200m，1986.Ⅷ.7。

　　分布：云南。

　　讨论：本种与分布于西班牙的 *D. heissi* Ribes *et* Baena 头顶色斑和小盾片颜色相似，但前者体更细长，触角第 3、4 节较细，前胸背板深褐色，中部具 1 淡色纵带，左阳基侧突更加扭曲，可相互区别。本种体型与狭显胝盲蝽 *D. angustifolius* sp. nov.相似，雄虫生殖器亦可相互区分。

(31) 粗领显胝盲蝽，新种 *Dicyphus collierromerus* Mu *et* Liu, sp. nov. (图 29f, 图 32；图版 IV: 52, 53)

雄虫：体中型，狭长，色多变，黄色至褐色，被褐色半直立毛。

头较长，额圆隆，颈略向内收缩，侧面观近垂直，头淡黄色至深褐色，背面中部具三叉戟状红色至红褐色窄纵带，颈及头腹面浅黄褐色至黑褐色，被稀疏直立褐色短刚毛。头顶较平，光亮，暗色个体头顶具 1 三叉戟状红褐色带纹，纹后部两侧具 2 个明显的黄色圆斑，浅色个体三叉戟状带纹中两侧带纹色较浅，眼间距是眼宽的 1.53 倍，后缘无横脊。额圆隆，饱满。唇基深黄褐色至黑褐色，微隆，斜下倾。小颊黄褐色，端角黄色。上颚片较宽阔，圆锥形，端部圆隆。下颚片宽阔，深黄褐色。暗色个体小颊、上颚和下颚均为黑褐色。喙略伸至后足基节中部，黄褐色，被淡褐色直立短毛，基节淡黄色，第 4 节端部深褐色。复眼大，背面观卵圆形，侧面观椭圆形，红褐色。触角细长，线状，被褐色半平伏短毛，第 1 节狭长，光亮，珊瑚红色至红褐色，基部淡色，基部窄，被毛较其他节稀疏，半直立；第 2 节粗细均匀，淡黄褐色，端部 1/4-1/3 深褐色，毛被细密，毛长略大于该节直径，约为第 1 节长的 3 倍；第 3 节深褐色，基部 1/3 淡黄色，略细于第 2 节；第 4 节较短，与第 3 节等粗。

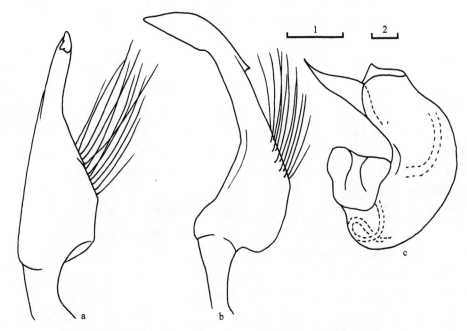

图 32　粗领显胝盲蝽，新种 *Dicyphus collierromerus* Mu *et* Liu, sp. nov.
a、b. 左阳基侧突不同方位 (left paramere in different views)；c. 阳茎 (aedeagus)；比例尺：1=0.1mm (a、b), 2=0.1mm (c)

前胸背板钟形，黄褐色至红褐色，中部淡黄褐色，有时前胸背板一色，被半直立稀疏褐色毛，侧面观前倾，较平，侧缘中部内凹，后角向两侧翘起，后侧角圆，后缘中部内凹。领粗，背面观前缘略向内凹，光泽弱，黄色至红褐色，被稀疏褐色短毛。胝隆起，光亮。前胸侧板黄褐色至红褐色，被稀疏淡色半直立短毛，二裂，前叶小，光亮。中、后胸侧板黄褐色至红褐色。中胸盾片外露部分淡黄褐色至红褐色，两侧深色，有时中部不具深色纵带。小盾片黄色至黄褐色，中部具褐色纵带，侧面观微隆，光泽弱，具浅横皱，被稀疏褐色半直立刚毛。

半鞘翅黄褐色至褐色，外缘直，被褐色半直立短毛，楔片缝前具 1 三角形无毛区域。革片端部近楔片处具 1 褐色长椭圆形小斑，有时色较淡而不明显。缘片狭窄，外缘端部深褐色，有时红褐色。楔片缝明显，翅面沿楔片缝略下折，楔片长三角形，端部褐色。膜片烟褐色，脉红褐色，具细密纵皱。

足细长，淡黄色，密被褐色直立长毛，基节基部褐色，有时淡褐色；腿节较粗，向端部渐细，两侧各具 2 列不规则褐色圆斑，腹面毛长于背面；胫节细长，胫节刺黑褐色；跗节第 1 节短，第 2 节略长于第 3 节，第 1 节黄褐色，第 3 节褐色；爪深褐色。

腹部黄色至红褐色，被淡色短毛，腹部第 9 节侧面各具 1 向后的三角形突起，盖于生殖节上。臭腺沟缘较短，红褐色。

雄虫生殖囊黄色至红褐色，后端深褐色，被淡褐色半直立长毛，长度约为整个腹长的 1/3。左阳基侧突弯曲，钩状突中部背侧具 1 三角形小突起，端部渐细，感觉叶略膨大，隆起程度小，被中等长度毛；右阳基侧突小，叶状。阳茎端膜质，端部具 1 叶状膜叶。

雌虫：体型、体色与雄虫一致，体略大而较宽。

量度 (mm)：体长 5.08-5.56 (♂)、5.17-5.57 (♀)，宽 1.11-1.22 (♂)、1.17-1.33 (♀)；头长 0.50-0.53 (♂)、0.53-0.54 (♀)，宽 0.65-0.68 (♂)、0.65-0.69 (♀)；眼间距 0.29-0.30 (♂)、0.29-0.30 (♀)；眼宽 0.19-0.20 (♂)、0.18-0.19 (♀)；触角各节长：Ⅰ:Ⅱ:Ⅲ:Ⅳ=0.47-0.48:1.38-1.48:0.95-0.98:0.36-0.38 (♂)、0.47-0.48:1.23-1.40:0.83-0.88:0.36-0.40 (♀)；前胸背板长 0.66-0.71 (♂)、0.71-0.73 (♀)，后缘宽 1.14-1.15 (♂)、1.19-1.20 (♀)；小盾片长 0.39-0.43 (♂)、0.39-0.40 (♀)，基宽 0.52-0.53 (♂)、0.52-0.53 (♀)；缘片长 2.33-2.39 (♂)、2.39-2.42 (♀)；楔片长 0.59-0.68 (♂)、0.60-0.63 (♀)，基宽 0.23-0.25 (♂)、0.30-0.31 (♀)。

种名词源：以领粗命名。

模式标本：正模♂，四川小金两河口，3200m，1963.Ⅷ.16，熊江采。副模：2♂2♀，同正模；2♂1♀，四川小金两河口，3200m，1963.Ⅷ.15，郑乐怡采；1♀，四川小金两河口，3200m，1963.Ⅷ.16，邹环光采。

观察标本：1♀，四川理县米亚罗，1959.Ⅷ.20；2♂，四川马尔康，2600-2800m，1963.Ⅷ.10，刘胜利采；3♀，四川马尔康，2600-2800m，1963.Ⅷ.10，郑乐怡采；1♂3♀，四川马尔康，2600-2800m，1963.Ⅷ.11，刘胜利采；1♂1♀，四川马尔康，2600-2800m，1963.Ⅷ.11，邹环光采；1♂1♀，四川若尔盖唐克，1963.Ⅷ.4，刘胜利采。

分布：四川。

讨论：本种与分布于印度的 *D. sengge* Hutchinson 相似，但是前者体较大，触角第 2 节基部淡色，头顶不具 "V" 形斑，且喙较长，伸过中足基节端部，腹部第 9 节两侧具 1 对突起，雄虫生殖器结构亦可与其相区分。另外，与同样分布于印度的 *D. orientalis* Reuter

亦相似，但是前者体较大，触角第 2 节中部不具淡色环，左阳基侧突弯曲，钩状突背面中部具 1 小三角形突起，可与之相区别。

(32)　心显胝盲蝽，新种 *Dicyphus cordatus* **Mu** *et* **Liu, sp. nov.** (图 29g, 图 33; 图版 IV: 54, 55)

雄虫：体小型，狭长，黄褐色，被褐色半直立毛。

头圆，颈略向内收缩，侧面观近垂直，头红褐色，头顶具 1 淡黄色心形斑，唇基和头腹面淡黄色，被稀疏直立褐色短刚毛。头顶圆隆，光亮，眼间距是眼宽的 1.46 倍，后缘无横脊。唇基微隆，斜下倾。小颊向下包围上颚片，红褐色，光亮。上颚片小三角形，下颚片较宽，均为淡黄色。喙略伸过后足基节，淡黄色，被淡色直立短毛，第 4 节端部深褐色。复眼大，背面观半圆形，侧面观椭圆形，红褐色。触角细长，线状，被褐色半平伏短毛。第 1 节狭长，黄色，基部和端半珊瑚红色，光亮，基半略膨大，最基部窄，被毛较其他节稀疏。第 2 节深红褐色，端部略膨大，略长于第 3 节，长约为第 1 节的 2.44 倍，第 3、4 节褐色，较第 2 节细。

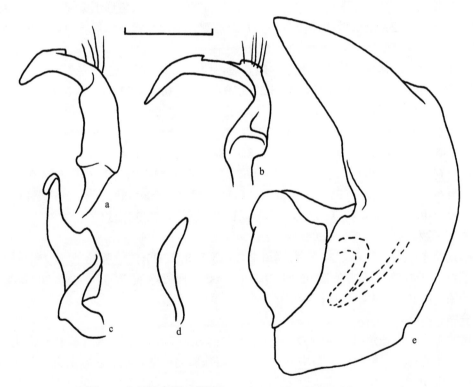

图 33　心显胝盲蝽，新种 *Dicyphus cordatus* Mu *et* Liu, sp. nov.

a-c. 左阳基侧突不同方位 (left paramere in different views); d. 右阳基侧突 (right paramere); e. 阳茎 (aedeagus);

比例尺：0.1mm

前胸背板钟形，深褐色，中部色略淡，中纵带褐色，被半直立稀疏褐色刚毛，侧面观前倾，前角圆，侧缘中部内凹，后角向两侧翘起，后侧角圆，后缘中部内凹。领粗，背面观侧缘较圆隆，前缘中部内凹，无光泽，橙黄色，被稀疏褐色短毛。胝隆起，光亮，后缘褐色。前胸侧板红褐色，二裂，前叶小，光亮。中、后胸侧板红褐色。中胸盾片外露部分倒梯形，红褐色。小盾片黄色，中部具宽褐色纵带，侧面观微隆，光泽弱，被稀疏褐色半直立刚毛。

半鞘翅黄褐色，两侧近平行，被褐色半直立短毛，楔片缝前具 1 半圆形无毛区域。爪片深黄褐色，中部纵脊色略浅。革片端部近楔片缝处具 2 个模糊深褐色椭圆形小斑，内侧斑较小而圆，有时色较淡而不明显。缘片狭窄，半透明，外缘中部和端部深褐色。楔片缝不明显，翅面沿楔片缝略下折，楔片长三角形，黄色半透明，端角略加深。膜片烟褐色，脉褐色，具细密纵皱。

足细长，淡黄色，密被淡褐色直立长毛，基节基部染红色；腿节较粗，背面密被不规则褐色圆斑，中、后足腿节腹面具数根长毛；胫节细长，粗细均匀，胫节刺浅褐色；跗节端部略加深；爪深褐色。

腹部淡黄色，染红色，被淡色短毛。臭腺沟缘狭长，红褐色。

雄虫生殖囊浅黄褐色，背面染红色，腹面端部褐色，被淡褐色半直立长毛，长度约为整个腹长的 1/3。左阳基侧突弯曲，钩状突中部背侧具 1 三角形小突起，端部渐细，感觉叶略小，扭曲，端部较尖，被短毛；右阳基侧突小，叶状。阳茎端膜质，无任何骨化附器。

雌虫：体型、体色与雄虫一致，体略宽短，腹部红褐色。

量度 (mm)：体长 3.03-3.04 ($\male$)、3.27-3.30 ($\female$)，宽 0.70-0.73 ($\male$)、0.76-0.80 ($\female$)；头长 0.27-0.28 ($\male$)、0.31-0.32 ($\female$)，宽 0.43-0.48 ($\male$)、0.52-0.59 ($\female$)；眼间距 0.19-0.20 ($\male$)、0.23-0.26 ($\female$)；眼宽 0.13-0.14 ($\male$)、0.12-0.13 ($\female$)；触角各节长：Ⅰ:Ⅱ:Ⅲ:Ⅳ=0.24-0.29:0.60-0.62:0.67-0.70:0.26-0.28 ($\male$)、0.27-0.28:0.85-0.88:0.64-0.65:0.37-0.39 ($\female$)；前胸背板长 0.30-0.32 ($\male$)、0.35-0.38 ($\female$)，后缘宽 0.64-0.67 ($\male$)、0.70-0.73 ($\female$)；小盾片长 0.24-0.25 ($\male$)、0.20-0.24 ($\female$)，基宽 0.28-0.29 ($\male$)、0.31-0.34 ($\female$)；缘片长 0.89-0.92 ($\male$)、1.45-1.49 ($\female$)；楔片长 0.45-0.52 ($\male$)、0.48-0.50 ($\female$)，基宽 0.17-0.19 ($\male$)、0.20-0.23 ($\female$)。

种名词源：以头顶具心形斑命名。

模式标本：正模$\male$，浙江临安清凉峰，2005.Ⅶ.9，800-900m，许静杨采。副模：4$\male$5$\female$，同正模；1$\female$，浙江临安清凉峰，2005.Ⅶ.10，900-1600m，柯云玲采；2$\male$3$\female$，同前，2005.Ⅶ.12，柯云玲采 (存于南开大学昆虫标本馆)。

分布：浙江。

讨论：本种与长角显胝盲蝽 *D. longicornis* sp. nov. 相似，但前者体较狭小，头顶后缘中部具 1 心形斑，触角第 1 节中部黄色，左阳基侧突感觉叶不如后者宽大，阳茎端形状亦可与之相区分。

(33) 殊显胝盲蝽 *Dicyphus incognitus* Neimorovets, 2006 (图 29b，图 34)

Dicyphus incognitus Neimorovets, 2006: 131; Schuh, 2002-2014.

雄虫：体中小型，狭长，褐色，被褐色半直立毛。

头圆，颈略向内收缩，侧面观近垂直，头黑褐色，光亮，被稀疏直立褐色短刚毛。头顶圆隆，眼间距是眼宽的 1.40 倍，后缘无横脊。唇基隆拱，两侧红褐色，斜下倾。上颚片端部盖于唇基上端部分。下颚片宽阔。喙略伸过后足基节，黄色，被淡褐色直立短毛，基节淡黄白色，第 4 节端部深褐色。复眼大，背面观半圆形，侧面观椭圆形，红褐色。触角细长，线状，被褐色半平伏短毛。第 1 节狭长，黑褐色，光亮，基部 1/3 橙黄色，最基部略染红色，被毛较其他节稀疏，半直立。第 2-4 节褐色，毛被细密，第 2 节长于第 1 节的 3 倍以上，第 4 节短，约等于第 2 节长的 1/5，第 3、4 节较细。

前胸背板钟形，深褐色，被半直立稀疏褐色长毛，侧面观前倾，侧缘中部内凹，后角向两侧翘起，后侧角圆，后缘中部强烈内凹。领粗，前缘内凹不甚明显，黄白色，后缘染红色，光泽弱，被稀疏褐色短毛。胝隆起，光亮，深红褐色。后叶中部具 1 三角形黄褐色斑，斑端部伸达两胝之间。前胸侧板黑褐色，二裂，前叶较大，前缘淡黄色，染红色。中、后胸侧板黄褐色。中胸盾片外露部分污黄褐色，两侧黑褐色。小盾片黄褐色，中部具宽褐色纵带，侧面观微隆，光泽弱，被稀疏褐色半直立长毛。

半鞘翅黄褐色，两侧近平行，被淡色半直立短毛。

足细长，淡黄色，密被褐色半直立毛，基节基部 1/4 褐色；腿节细长，向端部渐细，内、外侧各具 2 列不规则黑褐色小圆斑；胫节细长，腹面被毛较长而直立；跗节长，第 1 节短，第 2、3 节几等长，端部褐色；爪深褐色。

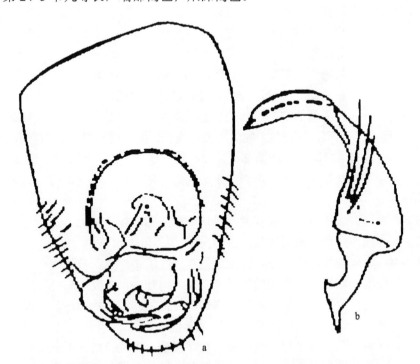

图 34　殊显胝盲蝽 *Dicyphus incognitus* Neimorovets (仿 Neimorovets, 2006)

a. 生殖囊后面观 (genital capsule, posterior view)；b. 左阳基侧突 (left paramere)

　　腹部黄色，被淡色短毛。臭腺沟缘狭长，伸达中胸气孔，红褐色。

　　雄虫生殖囊黄褐色，末端及背面黑褐色，被淡褐色半直立毛，长度约为整个腹长的1/2。左阳基侧突弯曲，钩状突中部背侧无三角形突起，端部渐细，感觉叶膨大，被长毛；右阳基侧突小，叶状。

　　量度 (mm)：雄虫：体长 4.25，宽 1.00；头长 0.45，宽 0.67；眼间距 0.28；眼宽 0.20；触角各节长：Ⅰ:Ⅱ:Ⅲ:Ⅳ=0.48:1.73:1.03:0.38；前胸背板长 0.55，后缘宽 0.93；小盾片长0.37，基宽 0.43；缘片长 1.60。

　　作者未见雌虫标本，量度数据根据文献整理：雌虫体长 5.2-5.5mm。

　　观察标本：1♂，甘肃文县邱家坝，1987.Ⅶ.20。

　　分布：甘肃；俄罗斯 (远东地区)。

　　讨论：本种头背面全部黑褐色，无任何淡色斑，与普通显胝盲蝽 *D. regulus* (Distant)相似，但本种触角第 2 节较长，长于第 1 节的 3 倍以上，而普通显胝盲蝽触角第 2 节约为第 1 节的 2 倍，可与之相区分。

　　本种为中国首次记录。

(34) 长角显胝盲蝽，新种 *Dicyphus longicomis* Mu *et* Liu, sp. nov. (图 29e, 图 35；图版 Ⅳ: 56, 57)

　　雄虫：体中小型，狭长，褐色，被褐色半直立毛。

　　头圆，颈略向内收缩，侧面观近垂直，头淡黄色，眼后方宽纵带、颈背面和唇基深褐色，被稀疏直立褐色短刚毛。头顶圆隆，光亮，具 1 窄中纵带，红色，向后缘渐细，头顶宽略大于眼宽，后缘无横脊。唇基微隆，斜下倾。上颚片较宽阔，长方形，端部略宽。下颚片宽阔，近眼处略染红色。喙略伸过后足基节中部，黄褐色，被淡褐色直立短毛，基节淡黄色，光亮，第 2 节基部和端部色略深，第 4 节端部深褐色。复眼大，背面观半圆形，侧面观椭圆形，红褐色。触角细长，线状，被褐色半平伏短毛。第 1 节狭长，珊瑚红色，光亮，基半略膨大，最基部窄，被毛较其他节稀疏，半直立。第 2-4 节褐色，毛被细密，第 2 节略与第 3 节等长，为第 1 节的近 3 倍，第 4 节短，约为第 2 节的 1/3，第 3、4 节较细。

　　前胸背板钟形，深褐色，中部淡黄色，被半直立稀疏褐色刚毛，侧面观较平，前角圆，侧缘中部内凹，后角向两侧翘起，后侧角圆，后缘中部内凹。领粗，背面观后部两侧向内略缢缩，中部较窄，无光泽，淡黄白色，后缘略染红色，被稀疏褐色短毛。胝隆起，光亮，后缘沟染红色。前胸侧板褐色，二裂，前叶小，光亮，后叶下缘呈淡黄色。中、后胸侧板褐色。中胸盾片外露部分倒梯形，红褐色。小盾片黄色，中部具宽褐色纵带，侧面观微隆，光泽弱，被稀疏褐色半直立刚毛。

　　半鞘翅黄褐色，两侧近平行，被褐色半直立短毛，楔片缝前具 1 三角形无毛区域。爪片深黄褐色。革片端部近楔片缝处具 2 个斜向内指的深褐色长椭圆形小斑，内侧斑较小，有时色较淡而不明显。缘片狭窄，外缘端部深褐色。楔片缝不明显，翅面沿楔片缝略下折，楔片长三角形，端半红褐色。膜片烟褐色，脉红褐色，具细密纵皱。

　　足细长，淡黄色，密被褐色直立长毛，中、后足基节基部褐色；腿节较粗，背面密被不规则褐色圆斑；胫节细长，胫节刺黑褐色；跗节端部褐色；爪深褐色。

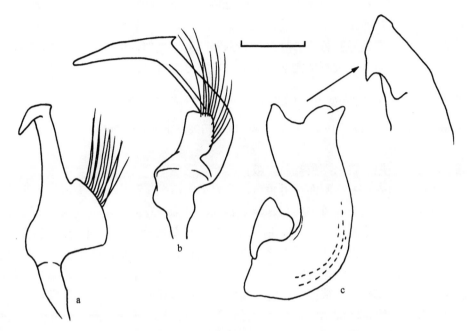

图 35　长角显胝盲蝽，新种 *Dicyphus longicomis* Mu *et* Liu, sp. nov.

a、b. 左阳基侧突不同方位 (left paramere in different views)；c. 阳茎 (aedeagus)；比例尺：0.1mm

腹部淡黄色，被淡色短毛。臭腺沟缘狭长，红褐色。

雄虫生殖囊黑褐色，侧面中部淡黄色，被淡褐色半直立长毛，长度约为整个腹长的1/6。左阳基侧突弯曲，钩状突中部背侧具 1 三角形小突起，端部渐细，感觉叶膨大，扭曲，被长毛；右阳基侧突小，叶状。阳茎端膜质，无任何骨化附器。

雌虫：体型、体色与雄虫一致，体略宽短。

量度 (mm)：体长 4.56-4.86 (♂)、4.35-4.39 (♀)，宽 0.98-1.01 (♂)、1.08-1.12 (♀)；头长 0.46-0.49 (♂)、0.48-0.52 (♀)，宽 0.66-0.72 (♂)、0.68-0.69 (♀)；眼间距 0.23-0.24 (♂)、0.24-0.26 (♀)；眼宽 0.21-0.24 (♂)、0.22-0.24 (♀)；触角各节长：I : II : III : IV=0.65-0.67 : 1.73-2.01 : 1.60-1.77 : 0.66-0.75 (♂)、0.60-0.65 : 1.57-1.73 : 1.55-1.77 : 0.67-0.69 (♀)；前胸背板长 0.60-0.62 (♂)、0.54-0.57 (♀)，后缘宽 0.98-1.03 (♂)、1.03-1.05 (♀)；小盾片长 0.37-0.38 (♂)、0.33-0.36 (♀)，基宽 0.43-0.45 (♂)、0.40-0.41 (♀)；缘片长 2.10-2.15 (♂)、2.14-2.16 (♀)；楔片长 0.67-0.68 (♂)、0.60-0.61 (♀)，基宽 0.22-0.23 (♂)、0.24-0.25 (♀)。

种名词源：以触角狭长命名。

模式标本：正模♂，浙江临安凤阳山，2007.VII.28，范中华采。副模 1♂2♀，同正模；3♂3♀，浙江临安凤阳山，2007.VII.30，朱耿平采；1♀，浙江临安凤阳山，2007.VIII.1，朱卫兵等 (存于南开大学昆虫标本馆)。

观察标本：1♂，福建建阳坳头，1965.VI.24，刘胜利采；1♀，福建，1980.X.5，江凡采；1♀，福建崇安三港，1982.VIII.10，陈萍萍采。1♀，江西庐山，1982.IV.19。1♂，

广西锦绣大瑶山花王山庄，2002.IV.16，薛怀君采。1♀，湖南衡阳衡山，2004.VII.20，335-610m，李俊兰采；1♂，湖南宜章莽山，2004.VII.22，1100-1270m，朱卫兵采。

分布：浙江、江西、湖南、福建、广西。

讨论：本种与黑领显胝盲蝽 *D. collinigrus* sp. nov. 相似，但前者体较小，头顶中部具 1 暗色纵带，左阳基侧突基部侧面较膨大，可与之相区分。

(35) 黑额显胝盲蝽 *Dicyphus nigrifrons* Reuter, 1906 (图 29c，图 36；图版IV: 58, 59)

Dicyphus nigrifrons Reuter, 1906: 61; Carvalho, 1958a: 198; Schuh, 2002-2014.

雄虫：体中小型，狭长，黄褐色，被褐色半直立毛。

头圆，颈略向内收缩，侧面观近垂直，头黑褐色，颈背面中部、头顶、额及小颊黄色，头顶具 1 黑褐色菱形大斑，向前延伸至唇基，被稀疏直立褐色短刚毛。头顶微隆，光亮，眼间距是眼宽的 1.35-1.38 倍，后缘无横脊。唇基微隆，斜下倾，黑褐色。上颚片较宽阔，长方形，黑褐色，端部黄褐色。下颚片宽阔。喙伸达后足基节端部，未伸过后足基节，黄褐色，被淡褐色直立短毛，基节基半内侧褐色，第 2 节基部、第 3 节基部和端部色略深，第 4 节褐色，端部深褐色。复眼大，背面观半圆形，侧面观椭圆形，深红褐色。触角细长，线状，被褐色半平伏短毛。第 1 节狭长，褐色，基半色略淡，最基部缢缩处橙黄色，光亮，被毛较其他节稀疏、短而半直立。第 2-4 节黑褐色，毛被细密，第 2 节向端部略加粗，褐色，第 2 节长于第 3 节，约为第 3 节的 2 倍，第 4 节较短，端部渐细，第 3、4 节毛长于各节直径。

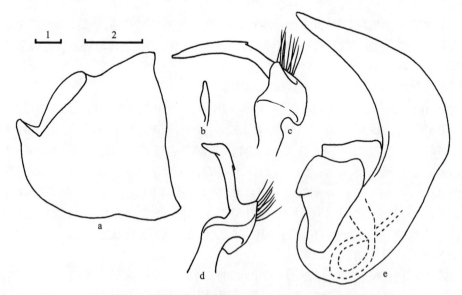

图 36 黑额显胝盲蝽 *Dicyphus nigrifrons* Reuter

a. 生殖囊侧面观 (genital capsule, lateral view)；b. 右阳基侧突 (right paramere)；c、d. 左阳基侧突不同方位 (left paramere in different views)；e. 阳茎 (aedeagus)；比例尺：1=0.1mm (a)，2=0.1mm (b-e)

前胸背板钟形，深褐色，中部淡黄色，被半直立稀疏褐色刚毛，侧面观略前倾，后叶较平，侧缘中部较平，后部微内凹，后侧角略向两侧翘起，后侧角圆，后缘中部内凹。领粗，背面观前缘中部略内凹，无光泽，黄色，后缘略染红色，被稀疏褐色短毛。胝隆起，光亮，外半黑褐色，后缘沟染红色。前胸侧板褐色，二裂，前叶小，光亮，后叶下缘呈狭窄的淡黄色，毛较稀疏。中、后胸侧板褐色。中胸盾片外露部分橙红色，两侧褐色，中部具 1 褐色宽纵带，延伸至小盾片。小盾片黄色，中部具宽褐色纵带，带两侧略染红色，侧面观微隆，光泽弱，被稀疏褐色半直立刚毛。

半鞘翅黄褐色，两侧近平行，被褐色半直立短毛，楔片前无明显无毛区域。近楔片缝处具 2 个深褐色斑，外侧斑位于缘片端部，色较深，内侧斑位于革片内缘，较小而圆，轮廓不明显，色较淡。缘片狭窄。楔片缝较明显，翅面沿楔片缝略下折，楔片长三角形，端部深褐色。膜片烟褐色，脉褐色，小翅室下缘脉染红色，具细密纵皱。

足细长，黄色，被褐色半直立毛，前、中足基节基部褐色，后足基节基部深褐色；腿节较粗，向端部渐细，两侧各具 2 列不规则褐色圆斑；胫节细长，端部褐色，胫节刺褐色；跗节第 1 节短，第 2 节略长于第 3 节，褐色，第 3 节深褐色；爪深褐色。

腹部红褐色，第 4-6 节腹面红色，被淡色短毛。臭腺沟缘较粗短，红褐色。

雄虫生殖囊黑褐色，侧面中部黄褐色，生殖囊开口背面染红色，被淡褐色半直立长毛，长度约为整个腹长的 1/4。左阳基侧突弯曲，钩状突中部背侧具 1 三角形小突起，端部渐细，感觉叶膨大，端部较尖，扭曲，被短毛；右阳基侧突小，叶状。阳茎端简单，膜质。

雌虫：体型、体色与雄虫一致，体略宽大。

量度 (mm)：体长 3.95-4.05 (♂)、4.00-4.04 (♀)，宽 0.97-1.03 (♂)、1.02-1.03 (♀)；头长 0.43-0.47 (♂)、0.39-0.40 (♀)，宽 0.58-0.59 (♂)、0.60-0.62 (♀)；眼间距 0.23-0.25 (♂)、0.25-0.26 (♀)；眼宽 0.17-0.18 (♂)、0.18-0.19 (♀)；触角各节长：I : II : III : IV=0.33-0.35 : 0.88-1.27 : 0.62-0.63 : 0.40-0.41 (♂)、0.35-0.36 : 0.83-0.84 : 0.60-0.61 : 0.44-0.45 (♀)；前胸背板长 0.55-0.56 (♂)、0.55-0.57 (♀)，后缘宽 0.95-1.00 (♂)、1.03-1.06 (♀)；小盾片长 0.33-0.35 (♂)、0.33-0.35 (♀)，基宽 0.43-0.45 (♂)、0.46-0.48 (♀)；缘片长 1.80-1.85 (♂)、1.85-1.95 (♀)；楔片长 0.52-0.53 (♂)、0.52-0.53 (♀)，基宽 0.25-0.26 (♂)、0.21-0.22 (♀)。

观察标本：1♀，四川峨眉山九老洞，1800m，1957.VII.7，郑乐怡、程汉华采。3♀，云南丽江玉龙雪山，2800m，1979.VIII.12，邹环光采；1♀，云南丽江玉龙雪山，2760m，1979.VIII.12，刘国卿采；1♀，云南丽江玉龙雪山，2800m，1979.VIII.13，郑乐怡采；1♂1♀，云南丽江玉龙雪山，2800m，1979.VIII.16，郑乐怡采；1♂1♀，云南中甸虎跳峡，2450m，1996.VI.9，郑乐怡采；1♀，云南中甸虎跳峡，2450m，1996.VI.9，卜文俊采。

分布：四川、云南。

讨论：本种与心显胝盲蝽 *D. cordatus* 相似，但前者头顶黄色，中部具 1 大型黑褐色菱形斑，雄性外生殖器亦可与之相互区分。

(36) 朴氏显胝盲蝽 *Dicyphus parkheoni* Lee *et* Kerzhner, 1995 (图 29h, 图 37; 图版Ⅳ: 60, 61)

Dicyphus parkheoni Lee *et* Kerzhner, 1995: 253; Schuh, 2002-2014.

雄虫: 体中小型, 狭长, 褐色, 被褐色半直立毛。

头较长, 颈较长而平行, 侧面观近垂直, 头淡黄色, 侧面观眼后方具褐色宽纵带, 唇基深褐色, 被稀疏直立褐色短刚毛。头顶较平, 光亮, 背面具 1 窄中纵带, 红褐色, 向前色渐减淡为淡红色, 延伸至唇基, 眼间距是眼宽的 1.46 倍, 后缘无横脊。唇基微隆, 斜下倾, 基半淡褐色。上颚片圆锥形, 隆起。下颚片宽阔。喙略伸过后足基节端部, 黄褐色, 第 1 节基部染红色, 被淡褐色直立短毛, 第 4 节端部深褐色。复眼大, 背面观半圆形, 侧面观椭圆形, 红褐色。触角较短, 线状, 被褐色半平伏毛。第 1 节较短粗, 基部窄, 红褐色; 第 2 节浅黄色, 端部 2/5 褐色, 毛被细密, 端半略膨大; 第 3 节浅黄色, 端半深褐色, 基部略细于第 2 节端部, 向端部渐细, 略短于第 2 节, 约与第 2 节等长; 第 4 节短, 向端部渐细。

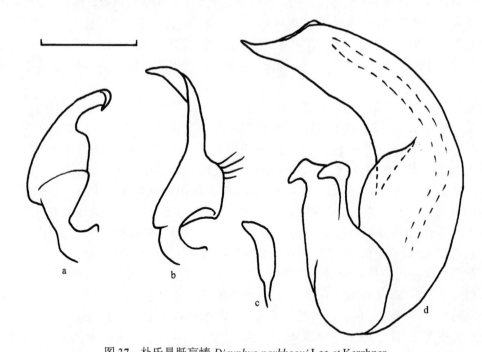

图 37　朴氏显胝盲蝽 *Dicyphus parkheoni* Lee *et* Kerzhner
a、b. 左阳基侧突不同方位 (left paramere in different views); c. 右阳基侧突 (right paramere); d. 阳茎 (aedeagus);
比例尺: 0.1mm

前胸背板钟形, 深褐色, 背面中部呈宽阔的黄色, 中纵带呈狭窄的褐色, 被半直立稀疏褐色刚毛, 侧面观略前倾, 前角圆, 侧缘中部略内凹, 后角向两侧略翘起, 后侧角圆, 后缘中部强烈内凹。领粗, 背面观前缘中部略内凹, 无光泽, 背面中部呈宽阔的淡黄白色，侧面褐色，被稀疏褐色短毛。䏐隆起，光亮。前胸侧板褐色，二裂，前叶小，光亮。中、后胸侧板褐色。中胸盾片外露部分倒梯形，橙褐色，中部具宽阔褐色纵带，延伸至小盾片。小盾片黄色，中部具宽褐色纵带，侧面观微隆，光泽弱，被稀疏褐色半直立刚毛。

半鞘翅黄褐色，两侧近平行，被褐色半直立短毛。爪片深黄褐色，外缘色略淡。革片端部近楔片缝处深褐色，延伸至缘片外缘，内侧具模糊褐色圆斑，有时色较淡而不明显。缘片狭窄，半透明。楔片缝不明显，翅面沿楔片缝略下折，楔片长三角形，淡黄色，半透明，端部 1/3 褐色。膜片烟褐色，脉红褐色，翅室下缘近楔片处脉带红色，具细密纵皱。

足细长，淡黄色，密被褐色直立长毛，基节基部略带褐色；腿节较粗，背面密被不规则褐色圆斑；胫节细长，胫节刺淡褐色；跗节第 1 节是第 2 节的 2.92 倍，第 2 节端部 4/5 褐色；爪深褐色。

腹部深褐色，被淡色短毛。臭腺沟缘较宽短，褐色。

雄虫生殖囊黑褐色，侧面淡黄褐色，被淡褐色半直立毛，长度约为整个腹长的 2/5。左阳基侧突弯曲，钩状突中部背侧具 1 三角形小突起，突起较靠近基部，端部渐细，顶端尖，感觉叶扭曲，膨大，端部圆钝，被短淡色毛；右阳基侧突小，较宽，叶状。阳茎端膜质，无任何骨化附器。

雌虫：体型、体色与雄虫一致，体略宽短。

量度 (mm)：体长 2.77-2.80 (♂)、2.96-3.00 (♀)，宽 0.68-0.71 (♂)、0.81-0.84 (♀)；头长 0.23-0.26 (♂)、0.28-0.31 (♀)，宽 0.45-0.48 (♂)、0.46-0.50 (♀)；眼间距 0.18-0.20 (♂)、0.20-0.22 (♀)；眼宽 0.13-0.16 (♂)、0.12-0.13 (♀)；触角各节长：Ⅰ:Ⅱ:Ⅲ:Ⅳ=0.23-0.25:0.52-0.54:0.50-0.53:0.17-0.19 (♂)、0.23-0.27:0.51-0.54:0.52-0.55:0.17-0.19 (♀)；前胸背板长 0.35-0.39 (♂)、0.37-0.40 (♀)，后缘宽 0.64-0.66 (♂)、0.75-0.77 (♀)；小盾片长 0.22-0.29 (♂)、0.24-0.29 (♀)，基宽 0.22-0.24 (♂)、0.28-0.31 (♀)；缘片长 1.32-1.36 (♂)、1.40-1.43 (♀)；楔片长 0.38-0.41 (♂)、0.33-0.36 (♀)，基宽 0.18-0.19 (♂)、0.26-0.29 (♀)。

观察标本：23♂8♀，湖北利川毛坝，1999.Ⅶ.29，郑乐怡采。2♂，浙江临安天目山，2007.Ⅷ.7，朱卫兵采。

分布：浙江、湖北；韩国 (大邱)。

讨论：本种体型体色与长角显䏐盲蝽 *D. longicomis* sp. nov. 相似，但前者体小，体长不足 3mm，左阳基侧突感觉叶毛较短而稀疏；触角第 2 节淡色，端部深色，可与之相互区分。

Lee 和 Kerzhner (1995b) 记载该种寄主为茄科 Solanaceae 的白英 *Solanum lyratum*。本种为中国首次记录。

(37) 普显䏐盲蝽 *Dicyphus regulus* (Distant, 1909)

Abibalus regulus Distant, 1909: 521; Carvalho, 1958a: 182; Zheng, 1995: 458.

Dicyphus (*Idolocoris*) *regulus*: Cassis, 1986: 69.

Dicyphus regulus: Schuh, 2002-2014.

作者未见此种标本, 现根据 Distant (1909) 描述如下。

头黑色, 长略大于宽, 前部宽阔凸起, 眼后微倾斜。触角第 1 节略长于头长, 第 2 节约为第 1 节的 2 倍, 第 3 节约为第 2 节的 2/3, 略大于第 4 节的 3 倍; 喙伸达后足基节。前胸背板黑色, 前缘淡褐色, 长大于前缘宽, 而约为后缘宽的一半, 后缘内凹; 中胸盾片外露, 侧缘倾斜、内凹; 小盾片黑色, 两侧淡褐色。爪片深色, 边缘灰白色; 革片褐色, 近基部具 1 个大斑, 楔片前具 1 个狭长斑, 近膜片边缘具一些小型不规则斑; 楔片狭长, 长大于宽; 膜片淡烟褐色, 翅室边缘深色; 体腹面黑色; 足和喙淡褐色; 腿节端部褐色; 腹部腹面淡黄褐色, 侧缘褐色, 第 5-8 节后缘略呈黄色, 生殖节黄褐色至黑褐色。

本种与分布于印度的 *D. sengge* Hutchinson 相似, 但头部和前胸背板黑色, 触角第 3 节长略大于第 4 节的 3 倍, 可明显区别。

体长: 4.0mm (♂)。

分布: 福建 (Zheng, 1995); 印度。

6. 长颈盲蝽属 *Macrolophus* Fieber, 1858

Macrolophus Fieber, 1858a: 326. **Type species:** *Capsus nubilus* Herrich-Schaeffer, 1835 (=*Phytocoris pygmaeus* Rambur, 1839); by monotypy.

Pandama Distant, 1884: 271. **Type species:** *Pandama praeclara* Distant, 1884; by monotypy. Synonymizea by Carvalho, 1945: 525.

Macrolophidea Poppius, 1914a: 23. **Type species:** *Macrolophidea longicorne* Poppius, 1914; by original designation. Synonymized by Cassis, 1986: 117.

Tylocapsus Van Duzee, 1923: 151. **Type species:** *Tylocapsus lopezi* Van Duzee, 1923; by original designation. Synonymized by Carvalho, 1945: 224.

体较小, 狭长, 具光泽, 通常黄色, 半鞘翅常具深色斑或宽带, 被略稀疏淡色半直立或直立毛。头部长约等于宽, 背面观大致呈五边形, 头顶圆隆, 额前凸, 眼后缘至领前缘间距离较长, 等同于眼背面观的长度, 两侧强烈凸起, 近平行, 多具深色带。唇基强烈隆起, 伸过额前部。喙细长, 长度变化较大, 伸达中足基节端部至第 3 腹板之间。触角着生于眼中部下方, 细长, 被半直立毛, 与体色一致, 有时具小的深色带, 有时第 1 节全部深色, 第 1 节略粗, 基部稍细, 长度大于头顶宽 (除了体较宽种类)。前胸背板微隆, 被半直立毛, 侧缘较直, 后缘呈弧形前凹, 后侧角钝圆, 领明显, 胝略隆起, 中部较平坦, 界限通常较为模糊, 内缘后半及后缘区域略具浅凹陷, 侧方伸达前胸背板侧缘。中胸盾片外露, 小盾片较平坦。半鞘翅外缘较平行, 有时一色, 有时具斑或宽带, 楔片较长而宽, 膜片具 2 翅室, 小翅室通常较小, 大翅室端角不超过楔片端部。足较细长, 具淡色半直立毛, 中足腿节具 4-5 个毛点毛, 后足腿节具 5-7 个毛点毛, 胫节具暗色成列的小刺, 爪弯曲, 基部具齿。

雄虫生殖囊开口位于末端。左阳基侧突变化较大, 长形, 近中部略弯曲, 感觉叶较膨大，略呈长圆形或半环形，具明显较多的长毛，顶突指状或大齿状；右阳基侧突长形，有时基部略粗，具较稀疏略长的毛。阳茎端膜质，导精管端部伸达阳茎端部 2/5 处。

分布：台湾、四川、贵州、云南；捷克 (波希米亚)，南斯拉夫，匈牙利，法国，克里米亚，乌克兰 (喀尔巴阡山)。

该属已知寄主有菊科的蓟属 *Cirsium*、蓝刺头属 *Echinops* 和飞廉属 *Carduus* 等 (Wagner, 1974b)。

该属与弓盲蝽属 *Cyrtopeltis* Fieber 相似，主要区别为前者头顶前端明显前凸，眼后缘至领前缘距离长，明显超过触角第 2 节中部直径的 2 倍，触角第 1 节长度明显超过头顶宽，喙较长，伸过后足基节端部。该属亦与图盲蝽属 *Tupiocoris* China *et* Carvalho 相似，但可通过臭腺的位置区分，另外该属前胸背板不具强烈光泽。

世界已知 27 种，本志为该属在中国的首次记录，记述了 1 种。

(38) 灰长颈盲蝽 *Macrolophus glaucescens* Fieber, 1858 (图 38；图版Ⅳ: 62, 63)

Macrolophus glaucescens Fieber, 1858: 341; Carvalho, 1958a: 203; Wagner, 1958a: 244; Franz *et* Wagner, 1961: 347; Wagner *et* Weber, 1964: 56; Wagner, 1974b: 59; Putshkov, 1978: 854; Putshkov, 1971: 30; Schuh, 2002-2014.

雄虫：体小型，淡黄色，微带淡绿色。

头长，背面观大致呈五边形，前端略前凸，眼后侧缘略外隆，微下倾，黄色，被半直立淡色长毛。头顶略带白色，侧面观眼后方至领前缘区域纵贯 1 褐色带，其宽度略等同于眼高度，眼间距是眼宽的 2.2 倍，中纵沟浅，黄色，后缘无横脊；额侧面观强烈隆起，前伸；唇基微隆，斜下倾，毛直立；小颊、上颚片和下颚片黄色，无毛。喙淡黄褐色，端部褐色，伸过后足基节中部。复眼较小，红褐色，侧面观肾形，略高于头高的一半，背面观圆形。触角第 1 节圆柱形，近基部 1/3 微膨大，褐色，光亮，毛被淡色半直立；第 2 节淡黄褐色，略细于第 1 节，向端部略加粗，毛被较密，色略暗，长度约等于该节中部直径；第 3、4 节细长，弯曲，密被淡色半直立长毛。

前胸背板细长钟形，微下倾，黄色，被褐色白平伏毛，侧缘中部偏后内凹，后侧角微翘，后缘两侧圆隆，中部宽阔内凹，领宽，略隆起，毛直立，胝大，占据前胸背板前叶，两胝相连，后叶毛半直立，长度略长于触角第 2 节中部直径。前胸侧板二裂，与中、后胸侧板均为黄色。中胸盾片外露部分宽阔，微下倾，黄色。小盾片微隆，被稀疏褐色短毛，黄色，光亮。

半鞘翅黄色，略带绿色，被稀疏褐色半平伏毛，爪片宽，纵脉明显；缘片狭窄，外缘褐色，端部具淡褐色斑；楔片缝明显，翅面沿楔片缝略下折，楔片长三角形，外缘微隆，淡黄色，半透明，基部黄色，端部外缘染浅绿色；膜片淡黄白色，半透明，翅室外端至膜片端部区域中部色略暗，脉淡黄色略带淡绿色，纵脉端半及横脉淡褐色，翅室中部纵脉边缘具 1 褐色小圆斑，有时色较淡而不明显，翅室端角略呈直角，近翅室端部外缘具 1 较大褐色圆斑。

足淡黄褐色，略带淡绿色，被淡色半直立毛，腿节细长，端部渐细；胫节细长，端部色略深，具 2 列褐色小刺，胫节刺淡褐色；跗节较长，第 1 节短，第 2 节略长于第 3 节；爪细长，褐色。

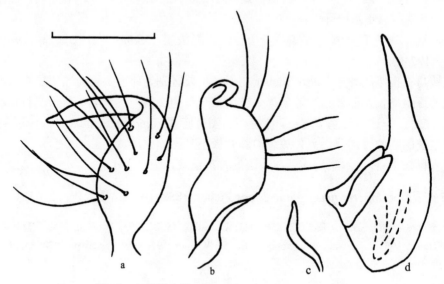

图 38 灰长颈盲蝽 Macrolophus glaucescens Fieber

a、b. 左阳基侧突不同方位 (left paramere in different views)；c. 右阳基侧突 (right paramere)；d. 阳茎 (aedeagus)；

比例尺：0.1mm

腹部淡黄褐色，略带淡绿色，有时腹部第 5-9 节色渐加深至黄褐色，密被淡色半直立毛。臭腺沟缘狭长，黄色。

雄虫生殖囊黄色，开口腹面和背面向前延伸，密被淡色半直立毛，长度约为整个腹长的 1/6。阳茎端膜质，简单，较小，细长，端部渐尖，无任何骨化附器。左阳基侧突粗大，弯曲，端半狭长，端部渐尖，基半圆隆，膨大，背面被稀疏长毛；右阳基侧突短小，狭长。

雌虫：色略浅，体较雄虫宽大。

量度 (mm)：体长 3.04-3.10 (♂)、4.05-4.12 (♀)，宽 0.83-0.85 (♂)、1.02-1.05 (♀)；头长 0.32-0.38 (♂)、0.48-0.52 (♀)，宽 0.41-0.42 (♂)、0.47-0.49 (♀)；眼间距 0.22-0.23 (♂)、0.25-0.26 (♀)；眼宽 0.10-0.11 (♂)、0.09-0.10 (♀)；触角各节长：Ⅰ:Ⅱ:Ⅲ:Ⅳ=0.40-0.41:0.91-0.93:1.02-1.05:0.40-0.43 (♂)、0.36-0.38:1.01-1.02:1.01-1.02:0.39-0.42 (♀)；前胸背板长 0.41-0.43 (♂)、0.43-0.44 (♀)，后缘宽 0.60-0.73 (♂)、0.91-0.94 (♀)；小盾片长 0.28-0.30 (♂)、0.33-0.34 (♀)，基宽 0.25-0.27 (♂)、0.37-0.39 (♀)；缘片长 1.42-1.47 (♂)、1.93-1.96 (♀)；楔片长 0.52-0.53 (♂)、0.20-0.23 (♀)，基宽 0.18-0.21 (♂)、0.24-0.25 (♀)。

观察标本：2♀，四川宝兴城关，950-1360m，1963.Ⅵ.16-18，郑乐怡采；2♂2♀，采集地同前，1963.Ⅶ.1，郑乐怡采。1♂，云南昆明，1978.Ⅺ.12；2♂，云南思茅，1300m，1955.Ⅳ.13，薛子锋采；2♀，云南思茅菜阳河瞭望塔，1600m，2000.Ⅴ.16，卜文俊采；1♀，云南思茅菜阳河，1600m，2000.Ⅴ.18，卜文俊采；1♀，云南思茅菜阳河倮倮新寨山，1500m，2000.Ⅴ.21，卜文俊采；1♀，云南思茅菜阳河，1450m，2000.Ⅴ.27，卜文俊采；1♀，云南腾冲，1950m，2002.Ⅸ.28，灯诱，薛怀君采；1♀，云南大理苍山，2050m，2006.Ⅷ.21，郭华采。2♂1♀，贵州贵定昌明镇，1000m，2000.Ⅸ.9，李传仁采；4♀，贵州惠水摆金镇，1200m，2000.Ⅸ.13，李传仁采；12♂6♀，贵州惠水摆金镇，2000.Ⅸ.13，李传仁、周传发采。1♀，台湾阿里山，2130m，1947.Ⅷ.21，Gressitt J. L.采；2♀，台湾阿里山嘉义县，2400m，1965.Ⅵ.12-16，Mas T. *et* Lin K. S.采；1♀，台湾阿里山嘉义县，1965.Ⅵ.17，Mas T. *et* Lin K. S.采。

分布：台湾、四川、贵州、云南；捷克 (波希米亚)，南斯拉夫，匈牙利，法国，克里米亚，乌克兰 (喀尔巴阡山)。

讨论：本种与 *M. costalis* Fieber 相似，但爪片端部无深色斑，雄性外生殖器亦可相互区分。另外，与 *M. pygmaeus* (Rambur) 亦相似，但本种触角第 3 节更长，长于第 4 节的 2 倍。

该种为中国首次记录。

7. 烟盲蝽属 *Nesidiocoris* Kirkaldy, 1902

Nesidiocoris Kirkaldy, 1902b: 247. **Type species:** *Nesidiocoris volucer* Kirkaldy, 1902; by monotypy.
Gallobelicus Distant, 1904c: 477. **Type species:** *Gallobelicus crassicornis* Distant, 1904 (= *Cyrtopeltis tenuis* Reuter, 1895); by original designation. Synonymized by Reuter, 1910: 166.

长翅型，体狭长，黄色、砖红色或褐色，常具褐色斑，被半直立不规则淡色至深色毛。头垂直，头顶窄，中部圆隆，头顶后缘脊微弱。眼大，在头基部和触角窝中间。触角短粗，第 1 节略短于头长，第 2 节略超过第 1 节的 2 倍，第 3 节约等于第 2 节；喙略伸过中足基节端部，第 1 节伸过头基部。前胸背板前部窄，具明显的领，侧缘凹弯，后侧角突出，后缘中部微凹，宽为头宽的 2 倍，具明显的中纵沟。中胸背板暴露，小盾片近三角形，微隆。半鞘翅侧缘直，楔片长明显大于宽；膜片显著超过腹部端部，翅室端部尖锐。足细长，后足腿节伸过腹部端部，但是不超过半鞘翅。腹部基部缢缩。后胸侧板臭腺中度发达，臭腺沟缘卵圆形，蒸发域不延伸至中胸侧板气孔，覆盖该节的 1/3-1/2。雄虫生殖囊深裂，左阳基侧突大。阳茎端具相连的骨化附器。

分布：内蒙古、北京、天津、河北、山西、山东、河南、陕西、江苏、浙江、湖北、江西、湖南、福建、台湾、广东、海南、广西、四川、贵州、云南、西藏；印度，缅甸，伊朗，以色列，土耳其，埃及，沙特阿拉伯，尼泊尔，印度尼西亚 (爪哇岛，苏门答腊岛)，斐济，西班牙 (加那利群岛)，澳大利亚，苏丹，法国 (留尼汪岛)，南非，利比亚，佛得角，北美洲。

该属曾被作为弓盲蝽属 *Cyrtopeltis* Fieber 的 1 亚属，随着分类学的发展，多数学者视其为独立的属。作者亦同意将该属作为独立的属级阶元。

该属与显胝盲蝽属 *Dicyphus* Fieber 以及长颈盲蝽属 *Macrolophus* Fieber 2 属较相近，但烟盲蝽属眼后缘至领前缘间距离约等于触角第 2 节中部直径，前胸背板后缘呈宽阔的弧形前凹，可区别于后 2 属。

该属寄主和生物学信息已知较少，已知该属寄主为茄属 *Solanum* 植物，它可能与 *Engytatus* Reuter 属相似，是寡食性的。Odhiambo (1961) 记载 *N. volucer*、*N. persimilis* 和 *N. callani* 取食烟草负泥虫 *Lema bilineata* (Germar)的卵。

世界已知 25 种，部分种类世界性广布，如烟盲蝽 *N. tenuis*。我国已知 3 种。

种 检 索 表

1. 楔片端部红色··寻常烟盲蝽 *N. plebejus*
   楔片端部 1/5 褐色 ···2
2. 雄性生殖囊开口右侧的突起较细，端部尖····················波氏烟盲蝽 *N. poppiusi*
   雄性生殖囊开口右侧的突起较粗，端部圆钝··························烟盲蝽 *N. tenuis*

(39) 寻常烟盲蝽 *Nesidiocoris plebejus* (Poppius, 1915) (图版Ⅳ: 64)

Engytatus plebejus Poppius, 1915a: 61; Steyskal, 1973: 207.
Cyrtopeltis (*Nesidiocoris*) *plebejus*: Carvalho, 1958a: 188.
Nesidiocoris plebejus: Schuh, 2002-2014.

雌虫：体小型，狭长，黄色，被暗色半直立毛。

头横宽，椭圆形，额强烈隆起，背面观前部较尖，斜向下倾，被直立淡色短毛，黄色，头顶后方中部在领前缘处具 1 褐斑，略呈三角形，唇基端半或端部 2/5 褐色。头顶微隆，侧面观前倾，眼间距是眼宽的 1.90 倍，后缘无横脊。唇基中部强烈隆起，垂直。喙略伸达或略伸过后足基节端部，黄褐色，被淡色直立短毛。复眼较小，背面观半圆形，略远离领前缘，侧面观肾形，高度小于头高，红褐色。触角细长，被淡褐色半平伏毛。第 1 节短粗，褐色，两端淡黄褐色，毛较稀疏，长度短于该节中部直径。第 2 节细长，是第 1 节长的 2.6 倍，深黄褐色，基部褐色，毛长略短于该节中部直径。第 3 节深黄褐色，端部淡黄褐色，具较密短毛及稀疏长毛，短毛略短于该节中部直径，长毛约等同于该节中部直径。第 4 节褐色，端部 1/3-2/5 淡黄褐色，具较密短毛及稀疏长毛，长度均短于该节中部直径。

前胸背板梯形，黄褐色，胝区色略深，被稀疏半直立褐色毛，长度约等于触角第 2 节中部直径，侧面观显著前倾，较平，侧缘几乎直，后侧角圆，后缘中部微内凹。领粗，约与第 1 节中部等粗，前缘中部略内凹，光泽弱，被褐色半直立毛。胝较微隆。胸部侧板黄褐色。中胸盾片外露部分宽阔，黄褐色。小盾片黄褐色，具 1 暗褐色纵带，被毛较稀疏，毛长于前胸背板毛，侧面观微隆。

半鞘翅黄色，体两侧近平行，被淡褐色半直立短毛。爪片内缘及接合缝呈极狭窄的黑褐色，革片黄褐色，半透明，缘片端部渐宽，楔片缝处褐色，楔片缝明显，翅面沿楔片缝略下折，楔片长三角形，淡黄褐色略带白色，端部及内缘红色。膜片淡黄褐色，半透明，翅室纵脉基半褐色，端半色淡，横脉近膜片内缘 2/3 红色。

足细长，淡黄褐色，密被淡褐色半直立短毛，后足腿节较粗，端部渐细；胫节细长，胫节刺褐色，具 2 列褐色小刺，后足胫节基部褐色；跗节黄褐色，端部褐色；爪深褐色。

　　腹部黄褐色，密被淡色短毛。臭腺沟缘淡黄白色。

　　雄虫：未知。

　　量度 (mm)：雌虫：体长 2.70，宽 0.78；头长 0.31，宽 0.42；眼间距 0.19；眼宽 0.10；触角各节长：Ⅰ:Ⅱ:Ⅲ:Ⅳ=0.20:0.52:0.40:0.23；前胸背板长 0.41，后缘宽 0.70；小盾片长 0.20，基宽 0.33；缘片长 1.20；楔片长 0.42，基宽 0.20。

　　观察标本：1♀，云南西双版纳曼兵，1958.Ⅳ.20。

　　分布：台湾、云南。

　　讨论：本种与烟盲蝽 N. tenuis Reuter 相近，主要区别为前者体小，喙较长，略伸达或略超出后足基节端部，楔片端部红色。

　　本种模式产地为台湾 (高雄)，除原始描述记载的分布地点外，无其他分布记录。

　　本研究为其在大陆的首次记载。根据 Poppius (1915a) 的记载，模式标本存放于匈牙利博物馆。

(40) 波氏烟盲蝽 *Nesidiocoris poppiusi* (**Carvalho, 1958**) (图 39；图版 V：65, 66)

Cyrtopeltis (Nesidiocoris) poppiusi Carvalho, 1958a: 188. New name for *Dicyphus orientalis* Poppius, junior primary homonym of *Dicyphus orientalis* Reuter, 1879.

Dicyphus orientalis Poppius, 1915a: 60. Junior primary homonym of *Dicyphus orientalis* Reuter, 1879.

Dicyphus poppiusi: Kiritshenko, 1961: 444. New name (unnecessary) for *Dicyphus orientalis* Poppius, 1915.

Nesidiocoris poppiusi: Schuh, 2002-2014.

　　雄虫：体小型，狭长，黄褐色，被淡色半平伏短毛。

　　头圆形，额隆起，背面观前部圆隆，斜向下倾，黄色，被直立淡色短毛。头顶微隆，较窄，侧面观前倾，眼间距与眼宽近乎相等，后缘无横脊。唇基微隆，斜下倾，黄褐色，端部渐呈褐色，毛较头顶稀疏且短。喙略伸过后足基节中部，未伸达后足基节端部，黄色，被淡色直立短毛，端部褐色。复眼大，背面观椭圆形，不与离开领前缘接触，侧面观肾形，高度几与头高相等，红褐色。触角较粗，被淡色半平伏毛。第 1 节短粗，圆柱状，向端部渐粗，黄褐色，基部深褐色，光亮。第 2 节细长，约为第 1 节的 3 倍，略细于第 1 节，浅黄褐色，基部 1/5 和端部 1/5 褐色，被毛长未超过该节中部直径。第 3、4 节黄褐色至褐色，弯曲，第 4 节膨大。

　　前胸背板梯形，黄褐色，被半直立淡褐色毛，侧面观显著前倾，较平，侧缘略内凹，后侧角圆，后缘中部微内凹。领粗，约与第 1 节中部等粗，前缘平，具光泽，黄色，被褐色半直立毛。胝微隆，两胝中部纵沟明显。前胸侧板毛显著稀疏于前胸背板，光亮，二裂，裂痕较深，黄褐色。中、后胸侧板黄色。中胸盾片外露部分宽阔，黄色至橙色。小盾片黄白色，中部具 1 暗褐色纵带，侧面观微隆，无光泽，被淡褐色半平伏毛。

　　半鞘翅黄色，外侧缘褐色，体两侧近平行，被淡褐色半直立短毛。爪片内缘、缘片外缘及革片端部褐色。楔片缝明显，翅面沿楔片缝略下折，楔片长三角形，端部褐色。

膜片烟褐色，半透明，脉褐色。

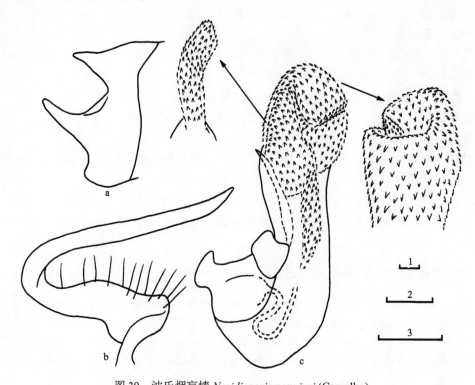

图 39　波氏烟盲蝽 *Nesidiocoris poppiusi* (Carvalho)

a. 生殖囊侧面观 (genital capsule, lateral view)；b. 左阳基侧突 (left paramere)；c. 阳茎 (aedeagus)；

比例尺：1=0.1mm (a)，2=0.1mm (b)，3=0.1mm (c)

足细长，黄色，密被淡褐色半直立短毛，后足腿节较粗，端部渐细；胫节细长，胫节刺褐色，具 2 列褐色小刺，后足胫节基部褐色；跗节第 1 节短，第 2 节较第 3 节长，端部渐呈褐色；爪深褐色。

腹部黄色，密被淡色毛。臭腺沟缘黄色。

雄虫生殖囊黄色，密被淡色半平伏毛，长度约为整个腹长的 1/4，生殖囊开口腹面偏右侧，具细长指状突起。左阳基侧突细长，弯曲，钩状突细长，平直，感觉叶略膨大，被稀疏毛；右阳基侧突小，叶状。阳茎端具 1 骨针和 3 个表面具细刺的骨化结构，其中一个球形，端部向内凹陷，另外两个细长。

雌虫：体型、体色与雄虫一致，体较宽，色较深。

量度 (mm)：体长 3.47-3.56 (♂)、3.56-3.59 (♀)，宽 0.96-1.00 (♂)、1.15-1.17 (♀)；头长 0.37-0.42 (♂)、0.40-0.44 (♀)，宽 0.58-0.61 (♂)、0.58-0.61 (♀)；眼间距 0.19-0.20 (♂)、0.22-0.25 (♀)；眼宽 0.20-0.22 (♂)、0.24-0.26 (♀)；触角各节长：Ⅰ:Ⅱ:Ⅲ:Ⅳ=0.30-0.32:0.90-1.02:1.00-1.04:0.48-0.51 (♂)、0.29-0.33:1.01-1.05:0.50-0.53:0.52-0.55 (♀)；前胸背板长 0.59-0.62 (♂)、0.60-0.62 (♀)，后缘宽 0.78-0.83 (♂)、0.80-0.84 (♀)；小盾片长 0.28-0.31 (♂)、0.30-0.33 (♀)，基宽 0.34-0.36 (♂)、0.36-0.38 (♀)；缘片长 1.68-1.72 (♂)、1.70-1.72 (♀)；

楔片长 0.50-0.52 (♂)、0.52-0.56 (♀)，基宽 0.20-0.21 (♂)、0.24-0.26 (♀)。

观察标本： 1♂，海南，1933.Ⅵ.9，Wm. E. Hoffmann 采。2♂2♀，福建崇安三港，1982.Ⅷ.2，邹环光采；1♂，福建，1982.Ⅷ.3，任树芝采；1♀，福建沙县富口镇，2009.Ⅳ.18，张旭采；2♂2♀，福建沙县富口镇，2009.Ⅶ.16，张旭采；4♂，福建沙县富口镇，2009.Ⅶ.16，灯诱，张旭采；5♂2♀，福建沙县富口镇，2009.Ⅶ.18，张旭采；1♂，福建沙县富口镇，2009.Ⅶ.18，灯诱，张旭采；1♂3♀，福建沙县富口镇，2009.Ⅶ.18，王莹采；3♂1♀，福建沙县富口镇，2009.Ⅶ.17，张旭采；5♂7♀，福建武夷山自然保护区，2009.Ⅶ.27，张旭采。2♂2♀，云南玉溪，1974.Ⅺ.27；2♂，云南昆明，1979.Ⅹ.8，刘国卿采；1♀，云南思茅菜阳河，1500m，2000.Ⅴ.18，卜文俊采；4♂2♀，云南腾冲曲石，1780m，2002.Ⅸ.30，薛怀君采；1♂，云南隆阳百花岭，1600m，2006.Ⅷ.11，范中华采；2♀，云南隆阳百花岭，1500-1700m，2006.Ⅷ.12，范中华采；1♂，云南隆阳百花岭，1500-1700m，2006.Ⅷ.12，李明采；1♀，云南隆阳百花岭，1500-1700m，2006.Ⅷ.13，朱卫兵采；1♀，云南隆阳百花岭，1700m，2006.Ⅷ.15，朱卫兵采；1♂，云南大理苍山，2200m，2006.Ⅷ.18，高翠青采；2♀，云南大理苍山，2050m，2006.Ⅷ.21，郭华采。2♂2♀，浙江泰顺乌岩岭，2005.Ⅷ.3，柯云玲采。3♂2♀，贵州福泉皂角井，1975.Ⅹ.12，武祖荣采；1♂2♀，贵州沿河麻阳河保护区大河坝，300-400m，2007.Ⅸ.29，蔡波采；14♂6♀，贵州沿河麻阳河保护区大河坝，300-400m，2007.Ⅸ.30，蔡波采；1♀，贵州沿河麻阳河保护区沙坪村万家，800-900m，2007.Ⅹ.4，蔡波采。1♀，广西高寨村猫儿山，420-890m，2009.Ⅶ.6，孙溪采；14♂3♀，广西高寨村猫儿山，420-890m，2009.Ⅶ.6，范中华采；4♂1♀，广西高寨村猫儿山，800-980m，2009.Ⅶ.8，范中华采；1♂3♀，广西高寨村猫儿山，800-980m，2009.Ⅶ.8，赵清采；6♂7♀，广西玉林天堂山保护区，2009.Ⅷ.15，李敏采；3♂，广西玉林天堂山保护区，730m，2009.Ⅷ.15，崔英采；1♀，广西玉林容县黎村天堂山，730-740m，2009.Ⅷ.15，蔡波采；3♂2♀，广西龙胜花坪自然保护区，540m，2009.Ⅶ.16，范中华采。

分布： 福建、台湾 (Poppius, 1915a)、海南、广西、贵州、云南。

讨论： 本种与烟盲蝽 *N. tenuis* (Reuter) 很相似，二者体型、体色非常接近，分布地亦有重叠，说明二者亲缘关系上比较相近，生物学方面可能也接近。但是以下特征可相互区分：本种体较长，生殖器开口右侧的突起较细长，更偏向右侧，左阳基侧突较细长。1975 年采自贵州福泉县皂角井的标本记载其寄主为烟草。

本志首次记载了该种在中国大陆的分布，增加了海南、福建、云南、贵州、广西的分布记录。

(41) 烟盲蝽 *Nesidiocoris tenuis* (**Reuter, 1895**) (图 40；图版 Ⅴ: 67, 68)

Dicyphus tamaricis Puton, 1886: 19. Synonymized by Wagner, 1967: 119. Suppressed under the plenary powers and placed on the official index of specific names (Opinion 958/1971; see also Wagner, 1969: 234).

Cyrtopeltis tenuis Reuter, 1895c: 139; Wagner, 1956: 3; Wagner, 1958b: 2; Hsiao *et* Meng, 1963: 446; Linnavuori, 1964: 323; Eckerlein *et* Wagner, 1965: 214; Miyamoto *et* Lee, 1966: 381; Maldonado, 1969: 70; Alayo, 1974: 24; Gravestein, 1978: 37; Wheeler *et* Henry, 1992: 16; Zheng, 1995: 459.

Gallobelicus crassicornis Distant, 1904c: 478. Synonymized by Horvath, 1926: 332.

Cyrtopeltis javanus Poppius, 1914c: 163. Synonymized by China, 1938: 607.

Dicyphus nocivus Fulmek, 1925: 4. Synonymized by Horvath, 1926: 332.

Cyrtopeltis (*Nesidiocoris*) *tenuis*: Hoberlandt, 1956: 61; Carvalho, 1956: 46; Wagner, 1957: 76; Carvalho, 1958a: 188; Carvalho, Dutra *et* Becker, 1960: 458; Priesner *et* Wagner, 1961: 333; Wagner, 1974b: 64; Linnavuori, 1975: 13; Tamanini, 1981: 38; Ribes, 1984: 372; Linnavuori, 1986: 128.

Nesidiocoris tenuis: Lindberg, 1958: 100; Lindberg, 1961: 48; Linnavuori, 1961: 2; Eckerlein *et* Wagner, 1969: 181; Kerzhner, 1988b: 67; Hernandez *et* Henry, 2010: 30; Schuh, 2002-2014; Mu *et* Liu, 2018: 121.

Cyrtopeltis (*Nesidiocoris*) *ebaeus* Odhiambo, 1961: 12. Synonymized by Linnavuori, 1975: 13.

雄虫：体小型，狭长，黄绿色，被淡色半平伏短毛。

头淡黄色，头顶色略深，较平坦，眼后缘与领前缘间距离等同于触角第1节中部直径，头部在领前缘区域略窄，该区域的背、侧方褐色，有时黄褐色略淡，被淡色长毛，指向前部。唇基黑褐色，有时深黄褐色，基半色略淡，额基方中部褐色或黄褐色。喙淡黄色，端部1/5-1/4色略深，伸达中胸腹板后缘。

触角第1节褐色，有时黑褐色，基部及端部区域淡黄色，毛被略稀，长度均一，短于该节中部直径；第2节淡黄褐色，基部1/3褐色，有时黑褐色，毛被长度均一，略短于该节中部直径；第3节褐色，有时黄褐色略淡，毛较密，长度约等同于该节中部直径；第4节颜色同第3节，被毛较密，略短于该节中部直径。

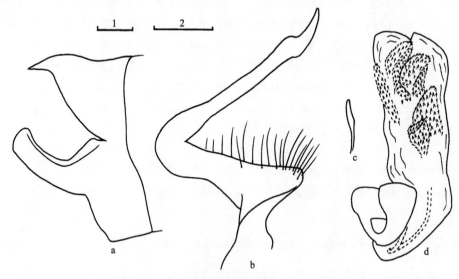

图40 烟盲蝽 *Nesidiocoris tenuis* (Reuter)

a. 生殖囊侧面观 (genital capsule, lateral view); b. 左阳基侧突 (left paramere); c. 右阳基侧突 (right paramere); d. 阳茎 (aedeagus); 比例尺：1=0.1mm (a), 2=0.1mm (b-d)

前胸背板淡黄色，有时淡黄褐色，侧缘几乎直，后侧角微翘，后缘中部内凹，侧面观前倾，较平坦。领宽，略窄于触角第 1 节中部直径，淡黄绿色。胝区略高隆，有时褐色，两胝间略具 1 纵向细沟，有时胝区中部具纵向褐色短带，毛被较疏短，长度约等于触角第 2 节中部直径的 1/2。胸部侧板淡黄色。中胸盾片外露部分带橙红色，毛被淡色半直立，较稀疏，长度略超过触角第 2 节中部直径。小盾片淡黄褐色，有时色略深，端部略带黑褐色，侧面观微隆。

半鞘翅淡黄色略带淡灰绿色，有时淡黄褐色，两侧近平行，后缘略宽，爪片内缘及接合缝处呈黑褐色，有时褐色，有时爪片端半深黄褐色，被淡色半直立毛，略稀疏，长度略同于小盾片毛；革片内缘褐色，有时黄褐色，端缘近外侧区域具 1 褐色短纹，由革片端部斜指向革片内侧，短纹的前端达革片端部 1/7 处，该短纹的内侧呈淡褐色；缘片外缘具极狭窄的褐黄色；楔片缝明显，倾斜，楔片长三角形，端部褐色。膜片淡褐色，有时近端部色略深，脉黄褐色或褐色，纵脉基部色略淡，翅室端角外缘较尖锐。

足淡黄色，有时淡黄褐色，腿节毛短于该节中部直径的 1/2，胫节基部褐色，有时前、中足胫节基部色不加深，毛被均一，毛长略短于各胫节中部直径，胫节刺褐色或深黄褐色。

腹部淡黄色略带淡绿色，有时淡黄褐色。臭腺蒸发域淡黄白色。

雄虫生殖囊黄色，密被淡色半平伏毛，长度约为整个腹长的 1/4，生殖囊开口背腹面各具 1 突起，背面突起尖锐，腹面突起偏右侧，端部较宽阔，平截。左阳基侧突细长，弯曲呈小于 90°折角，钩状突细长，平直，近端部弯曲，端部略尖，感觉叶较小，微隆起，背面较平，被稀疏毛；右阳基侧突小，叶状。阳茎端具 5 个表面具细刺的骨化结构，其中 1 个细长，其余 4 个短粗。

雌虫：体型、体色与雄虫一致，体色较深。

量度 (mm)：体长 2.85-3.42 (♂)、3.01-3.59 (♀)，宽 0.80-0.94 (♂)、0.75-1.05 (♀)；头长 0.29-0.32 (♂)、0.28-0.30 (♀)，宽 0.50-0.51 (♂)、0.49-0.52 (♀)；眼间距 0.18-0.20 (♂)、0.18-0.19 (♀)；眼宽 0.16-0.18 (♂)、0.17-0.20 (♀)；触角各节长：Ⅰ:Ⅱ:Ⅲ:Ⅳ=0.30-0.31:0.72-0.80:0.74-0.79:0.36-0.38 (♂)、0.27-0.33:0.64-0.69:0.70-0.73:0.27-0.33 (♀)；前胸背板长 0.47-0.52 (♂)、0.50-0.53 (♀)，后缘宽 0.84-0.89 (♂)、0.82-0.87 (♀)；小盾片长 0.27-0.33 (♂)、0.28-0.36 (♀)，基宽 0.41-0.48 (♂)、0.40-0.44 (♀)；缘片长 1.54-1.73 (♂)、1.38-1.39 (♀)；楔片长 0.58-0.63 (♂)、0.60-0.62 (♀)，基宽 0.18-0.21 (♂)、0.20-0.23 (♀)。

观察标本：1♀，内蒙古赤峰农业试验站 (原始标签缺失采集时间和采集人)。2♂2♀，河北静海，1956.Ⅸ.16。5♂3♀，天津杨村，1963；1♂2♀，天津杨柳青，1963.Ⅹ.11；2♂6♀，天津，1956.Ⅸ.28；6♂11♀，天津，2006.Ⅵ.30，古希树采。13♂16♀，北京环保所温室，2005.Ⅹ.25，路慧采。3♀，山东泰安山东农学院 (原始标签缺失采集时间和采集人)。11♂12♀，山西绛县，1974.Ⅸ.6。1♂2♀，陕西宁陕火地塘，1994.Ⅳ.15，吕楠采；13♀，陕西西乡，1963.Ⅶ.16。1♂2♀，河南安阳棉场，1956.Ⅶ.13；9♂9♀，河南安阳，1956.Ⅶ.13。5♂6♀，湖北江陵，1962.Ⅺ；5♂3♀，湖北武昌，1960。1♀，湖南张家界，1985.Ⅹ.15，邹环光采。1♂2♀，浙江杭州留下小和山，1983。3♂5♀，江西庐山，1956.Ⅸ.11，王良臣采；1♀，江西玉山，1956.Ⅳ.10；1♀，江西莲塘，1955.Ⅹ.1♀，四川灌县二王庙，750-800m，1963.Ⅶ.15，郑乐怡采；1♂，四川雅安，1957.Ⅶ.8；1♂，四川峨眉山，1957.Ⅷ.8，应松鹤采；1♂，同前，1000m，1956.Ⅵ.22，冷怀橘采；1♀，四川青城山，1957.Ⅷ.13，郑乐怡采；2♂1♀，四川开县，1957.Ⅵ；11♂12♀，四川西昌，1957.Ⅷ.3；23♀，四川简阳，1963.Ⅶ.13，邹环光采；2♀1♂，四川米亚罗，2000-2300m，1963.Ⅸ.7，邹环光采；2♀，四川金川，2000-2300m，1963.Ⅸ.7-9，郑乐怡采；四川简阳，1963.Ⅶ.21-22，熊江采；1♀，同前，1500m，1961.Ⅶ.20，郑乐怡采；2♀，四川绵阳，1957.Ⅶ.7。3♀，云南景洪大勐龙，1958.Ⅳ.8；15♂29♀，同前，1958.Ⅷ.4；1♂，同前，1958.Ⅷ.5；2♀，同前，1958.Ⅳ.7；1♂，云南景洪曼兵，1958.Ⅳ.15；1♀，同前，1958.Ⅳ.16；10♂15♀，云南景洪曼兵，1958.Ⅳ.19-20；1♀，云南景洪，同前；6♂30♀，云南景洪勐宋，1958.Ⅳ.23-24；1♀，云南勐海南糯山，1200m，1957.Ⅶ.27，梁秋珍采；1♀，云南勐海至景洪途中，1000m，1957.Ⅵ.23，臧令超采；1♀，云南凤仪，2000m，1955.Ⅵ.1，波波夫采；1♂，云南怒江河谷，800m，1955.Ⅵ.1，波波夫采；1♀，云南墨江，1300-1400m，1955.Ⅳ.2，克雷让诺夫斯基采；1♂，云南金平勐拉，400m，1956.Ⅳ.27，黄克仁采；6♂7♀，云南昆明农学院，1960.Ⅹ；1♀，云南景洪，1979.Ⅹ.9，同前；1♂，云南潞西，1979.Ⅹ.26，郑乐怡采。2♀，广东广州，1936.Ⅸ.28，F. K. TO 采；2♂3♀，广东连县瑶安乡，1962.Ⅶ.28，郑乐怡采；5♂2♀，同前，1962.Ⅹ.19-20；3♂1♀，广东肇庆市鼎湖山，1962.Ⅸ.22，郑乐怡、程汉华采；3♂，同前，1962.Ⅹ.20；1♀，同前，1962.Ⅹ.25；1♂，同前，1962.Ⅹ.28；1♀，广东广州石牌，1962.Ⅸ.12；1♂1♀，同前，1963.Ⅹ.13。1♂1♀，广西南宁，1964.Ⅸ.1，王良臣采；5♂2♀，同前，1962.Ⅹ.19-20；9♂2♀，广西龙州，1964.Ⅸ.11，王良臣采。1♀，江苏南京，1955.Ⅴ.5。6♂5♀，福建漳州，1965.Ⅳ.14，王良臣采。1♀，海南琼山，1961，谭象生采；4♂3♀，海南万宁华南热作所兴隆试验站，1962.Ⅸ.3；1♂，海南霸王岭保护区，150m，2008.Ⅳ.9，蔡波采；1♂1♀，海南吊罗山自然保护区，720m，2008.Ⅳ.16，蔡波采；1♂，同上，150m，2008.Ⅳ.21，朱耿平采；1♂，海南吊罗山保护区南喜管理站，250m，2008.Ⅳ.19，蔡波采；1♂，同上，250m，2008.Ⅳ.21，蔡波采；1♂，同上，250m，2008.Ⅳ.22，蔡波、朱耿平采；1♀，海南万宁六连岭保护区，2008.Ⅶ.23，张旭采，灯诱；3♂3♀，海南万宁尖峰岭保护区，250m，2008.Ⅶ.28，张旭、范中华采；1♀，同上，250m，2008.Ⅶ.28，张旭采；2♂，海南万宁新中农场，2008.Ⅷ.4，范中华采，灯诱；2♀，海南五指山市毛阳镇，2009.Ⅳ.18，穆怡然采；1♂，海南东方大田坡鹿保护区，100m，2009.Ⅳ.27，穆怡然采，灯诱；1♂1♀，海南兴隆，2009.Ⅴ.5，穆怡然采，灯诱。

分布：内蒙古、北京、天津、河北、山西、山东、河南、陕西、江苏、浙江、湖北、江西、湖南、福建、台湾、广东、海南、广西、四川、贵州、云南、西藏；印度，缅甸，伊朗，以色列，土耳其，埃及，沙特阿拉伯，尼泊尔，印度尼西亚 (爪哇岛，苏门答腊岛)，斐济，西班牙 (加那利群岛)，苏丹，南非，利比亚，佛得角，北美州。

讨论：本种体型与波氏烟盲蝽 *N. poppiusi* (Poppius) 很相似，但可通过以下特征相互区分：雄虫生殖囊开口右侧的突起较粗，端部圆钝，左阳基侧突和阳茎端骨化结构亦可与之区别。

本种已知寄主为：白花菜科 Capparidaceae 的白花菜属某种 *Gynandropsis* sp.；大戟科 Euphorbiaceae 的棉叶膏桐 *Jatropha gossypiifolia*；茄科 Solanaceae 的番茄 *Lycopersicon esculentum*、番茄属某种 *Lycopersicon* sp.和烟草属某种 *Nicotiana* sp.；菊科 Asteraceae 的

阿拉伯蚤草 *Pulicaria arabica*；胡麻科 Pedeliaceae 的芝麻 *Sesamum indicum*。

本种在我国分布广泛，本志增加了其在台湾、西藏和贵州的分布记录。该种国内俗称烟草盲蝽。

8. 锡兰盲蝽属 *Singhalesia* China *et* Carvalho, 1952

Singhalesia China *et* Carvalho, 1952: 165 (as subgenus of *Cyrtopeltis*; upgraded by Cassis, 1984: 1371).

Type species: *Singhalesia indica* Poppius, 1913; by original designation.

体长翅型，长卵圆形，雄虫体长 1.95-2.80mm，雌虫体长 2.20-3.00mm。体黄色至砖红色，或全部褐色，具淡色区域，若体单色，则多具褐色和红色斑；被短粗半直立毛。头垂直，横宽；额在眼前部微隆，淡色，有时具深色斑；眼间距约等于触角第 1 节长，眼后部向内收拢，常深色；唇基小，背面观一般不可见；眼大，远离前胸背板领；头侧面褐色，常染红色。触角着生于眼前缘中部，第 1 节短粗，中部常具红色或褐色带，第 2 节等于或略小于前胸背板基部宽。前胸背板梯形，侧缘略分开，领明显，中部和后缘有时褐色，前胸背板后叶平坦，长约为胝长的 2 倍，后缘直或凹，后侧角宽，常深色，背面观前胸侧板不可见。小盾片基角淡色，中部深色。半鞘翅砖红色至黑色，若淡色，则前缘裂和楔片端部深色，膜片具 2 翅室，小翅室小。腿节砖红色，近端部具深色带，后足腿节略膨大，胫节线状，砖红色，基部常具褐色带，具刺，爪基部具齿，具宽阔伪爪垫。雄虫生殖囊开口于末端，腹侧具 1-2 个突起，背面被短粗直立毛，左阳基侧突 "S" 形，基半宽阔，背面膨大；右阳基侧突小，线状。阳茎端退化为箭头状，输精管延伸至阳茎端，阳茎鞘基部分成 3 叶。

分布：福建、台湾；斯里兰卡，新几内亚岛，澳大利亚，所罗门群岛。

世界已知 5 种，中国已知 1 种。

(42) 暗角锡兰盲蝽 *Singhalesia obscuricornis* (Poppius, 1915) (图版 V: 69)

Engytatus obscuricornis Poppius, 1915a: 62; Gaedike, 1971: 149.

Cyrtopeltis (*Nesidiocoris*) *obscuricornis*: Carvalho, 1958a: 187.

Singhalesia obscuricornis: Cassis, 1986: 146; Schuh, 2002-2014.

雌虫：体淡黄褐色带淡红色。

头背面观较圆隆，喙末端褐色，伸达中足基节端部。喙第 1 节略超过前胸背板领前缘，各节约等长。

前胸背板淡黄褐色带淡红色，毛被较稀疏，略长于后足胫节直径之半，侧缘在后侧角前略内凹，领淡黄褐色微带淡红色，胝略微隆起，侧端伸达前胸背板侧缘，两胝间有 1 纵凹。小盾片淡黄褐色，中胸盾片橙红色，二者中部纵贯褐色纵带，毛被稀疏，长度均一，长为前胸背板毛长的 2 倍。

半鞘翅爪片黄褐色略暗，毛被较均一，长度约等于前胸背板毛长的 1.5 倍，指向尾端；革片黄褐色，略微透明，端缘区域淡褐色，端缘外侧端具 1 深褐色斜短纹，斜指爪片端部，毛被约同爪片；缘片深黄褐色，端部褐色；楔片淡黄褐色，端部 1/4 褐色，毛被约同爪片，稍斜指外方。膜片淡灰褐色。翅室脉褐色，翅室端角钝圆，横脉近楔片内缘区域略宽。

足淡黄褐色，腿节毛被较密，长度略超过腿节中部直径之半，中、后足腿节腹面具极少数细长毛，长度约为短毛长的 2 倍，胫节毛被较密，长度均一，略短于胫节中部直径，各足胫节均具稀疏的粗刺。

腹部淡黄褐色带淡红色，生殖节淡黄褐色。

雄虫：未见。

量度 (mm)：雌虫：体长 3.60，宽 1.42；头长 0.31，宽 0.20；眼间距 0.49；眼宽 0.83；触角各节长：Ⅰ:Ⅱ:Ⅲ:Ⅳ=0.30:1.08:0.70:0.58；前胸背板长 0.89，后缘宽 1.05；小盾片长 0.32，基宽 0.33；缘片长 1.70；楔片长 0.52，基宽 0.21。

观察标本：1♀，福建南靖 (和溪)，1965.Ⅶ.22，王良臣采。

分布：福建、台湾；斯里兰卡，新几内亚岛，澳大利亚，所罗门群岛。

讨论：本种体色带淡红色及革片端缘区域具褐色的特征可区别于属内其他种类。

据 Poppius (1915a) 记载，模式产地为台湾 (安平，台南)。模式标本存放在芬兰赫尔辛基大学动物博物馆。

9. 图盲蝽属 *Tupiocoris* China *et* Carvalho, 1952

Tupiocoris China *et* Carvalho, 1952: 162 (as subgenus of *Cyrtopelbis*; upgraded by Cassis, 1984: 1371).
　Type species: *Neoproba notata* Distant, 1893; by original designation.
Leptomiris Carvalho *et* Becker, 1957: 199. **Type species**: *Leptomiris mexicanus* Carvalho *et* Becker, 1957; by original designation. Synonymized by Cassis, 1986: 148.
Neodicyphus McGavin, 1982: 79. **Type species**: *Dicyphus thododendri* Dolling, 1972; by original designation. Synonymized by Cassis, 1986: 148.

多为长翅型，小型至大型，纤细，体两侧近平行，多为褐色至黑色，具黄色斑，少数褐色至黄色，被半直立短毛。头垂直，横宽，额略隆起，黄色至淡褐色。头顶隆起，褐色，眼边缘常具 2 个黄色斑，眼后部狭窄，强烈收缩。唇基略隆起，略伸过额前部，头侧面多褐色。眼常凸出，但不伸达小颊。触角着生于眼前缘中部，长度多变，有时具带，常端部黄色，其余部分深色，第 2 节长度多变，约等于前胸背板基宽。喙伸达中、后足基节之间。前胸背板梯形，领窄，中部收缩，有时中部具模糊的沟，常黄色；胝隆起，后缘具沟，常为褐色，中部有时黄色，或胝区全部淡色；后叶后侧角圆钝，后缘平直或微凹，淡色至深色。小盾片圆隆，端部常尖，褐色，基角常黄色。半鞘翅长翅型，亦存在雌雄异型，部分种两性均为短翅型，或雌虫短翅型，常透明，具褐色或红色斑，楔片常较长，至少为宽的 3 倍，常具 2 翅室，小翅室较小。爪均匀弯曲。臭腺蒸发域位于中胸侧板边缘，无后胸臭腺。

雄虫生殖囊开口于末端，左阳基侧突多为"V"形，阳茎端退化为单独的膜叶，端部具 1 个骨片或 4 个骨片(如 *T. notatus*)。

分布：黑龙江；俄罗斯，斯里兰卡，新几内亚岛，澳大利亚，所罗门群岛。

世界已知 20 种，中国为首次记载，记录了中国分布的 1 种。

(43) 环图盲蝽 *Tupiocoris annulifer* (Lindberg, 1927) (图版Ⅴ: 70)

Dicyphus annulifer Lindberg, 1927: 23; Kulik, 1965: 57; Kerzhner, 1978: 38.

Dicyphus (*Dicyphus*) *annulifer*: Carvalho, 1958a: 194.

Neodicyphus annulifer: Kerzhner, 1988b: 67.

Tupiocoris annulifer: Kerzhner, 1997: 245; Schuh, 2002-2014.

雌虫：体黑色，半鞘翅色略淡。

头黑色。喙淡黄褐色，第 1 节基半淡褐色，第 4 节端部色略深，略伸过中足基节端部。触角具暗色毛，第 1 节略粗，基部稍细，褐色，基部 2/5 淡黄褐色，毛略稀疏，短于该节中部直径；第 2 节褐色，端部略粗，毛被略密，均一，长度略短于该节中部直径；第 3、4 节缺失。

前胸背板黑色，领黄色，胝略隆起，两胝内缘后半之间区域黄色，前胸背板中部纵贯 1 黄色宽带，此带约占前胸背板中部 1/5 宽度，毛被黄褐色，毛长等于触角第 2 节中部直径。胸部腹面黑色。小盾片黑色，基缘前方区域褐色，毛色同前胸背板毛，略长。

半鞘翅爪片淡黄褐色略带淡灰绿色，端部 2/5 褐色，内缘及爪片接合缝处呈狭窄褐色，毛长约等于触角第 2 节中部直径；革片淡黄褐色略带淡灰绿色，内缘褐色，带淡褐色，端部淡褐色，外侧端部有 1 褐色短细纹，斜指爪片端部，纹的内侧具 1 淡褐色小斑，边缘模糊；缘片色同革片，端部略带褐色；楔片与革片同色，端部褐色，后缘基部 3/4 色略深。

足淡黄色，具黄褐色半直立毛，基节基部外侧具 1 褐色斑，腿节具较少的褐色斑点，胫节基部褐色，端部色略深，后足胫节近中部区域有 1 模糊的暗色环，腿节毛短于该节中部直径，中、后足腿节腹面具极少数细长毛，长度略短于腿节中部直径，胫节毛较均一，长度等于胫节中部直径。

腹部腹面淡黄色，第 1、2 节腹面、腹侧缘区域及第 4 节后半区域褐色至黑褐色，第 5 节腹侧缘具 1 褐色小斑。

雄虫：未见。

量度 (mm)：雌虫：体长 4.03，宽 1.12；头长 0.38，宽 0.52；眼间距 0.22；眼宽 0.13；触角各节长：I:II:III:IV= 0.33:0.91:? :? ；前胸背板长 0.62，后缘宽 0.91；小盾片长 0.29，基宽 0.83；缘片长 1.70；楔片长 0.62，基宽 0.20。

观察标本：1♀，黑龙江古莲，1984.Ⅶ.19，陈萍萍采。

分布：黑龙江；俄罗斯 (西伯利亚、千岛群岛、萨哈林岛)。

讨论：本种头部黑色无斑，前胸背板后叶黑色，中部纵贯 1 黄色宽纵带，可与属内其他种相区别。

已知寄主为蔷薇科 Rosaceae 悬钩子属植物 *Rubus* sp.。

本种为中国首次记录。

（二）摩盲蝽亚族 Monaloniina Reuter, 1892

Monaloniina Reuter, 1892: 398 (Monalonianaria). **Type genus:** *Monalonion* Herrich-Schaeffer, 1850.

体长椭圆形，具明显光泽。头及前胸背板光亮无毛或具稀疏毛被，部分种类毛较长。头圆形或横宽，部分种类额及头顶具毛瘤。头在眼后方窄缩成明显的颈部。眼着生于头部前方两侧，略圆，较小，眼后缘远离前胸背板前缘，头部后方无隆脊。喙末端伸过前足基节。触角细长，部分种类第 1 节较粗，柱状，基部较细，端部区域有时加粗，具结节状突起，第 2 节细长。前胸背板由 2 个深凹缢分成领、前叶及后叶 3 部分。前叶较后叶明显窄缩，后叶多呈梯形。小盾片平坦，中胸背板不外露，或略微隆起，部分种类具 1 细长角状突起。前翅革质部常半透明或透明，不少类群前翅中部内凹略呈束腰状，部分种类爪片明显分成内外两半，形成结构不同的区域。膜片具单一翅室，部分种类还隐约具 1 较小的翅室。爪具略窄长的伪爪垫及副爪间突。

根据 Schuh (1976, 1995) 的分类体系，本亚族全世界已知 20 属，除新北界外，世界各动物地理大区均有分布。

Schuh (1976, 1995, 2012) 系统的摩盲蝽亚族与 Carvalho (1952, 1957) 系统的摩盲蝽亚族所包括的属范围基本一致，仅菲盲蝽属 *Felisacus* Distant 的归属有所不同，Carvalho (1952, 1957) 将该属置于蕨盲蝽族中，而 Schuh (1976) 将该属置于摩盲蝽亚族中，其依据为：扫描电镜观察发现，该属具有较为窄长的伪爪垫及毛状的副爪间突。本志采用 Schuh (1976) 的意见。

目前，本亚族世界共已知 21 属，本志记述中国 8 属。

属 检 索 表

1. 触角第 1 节较粗壮，长度约等于眼间距 ·· 2
   触角第 1 节较细长，明显长于眼间距 ·· 5
2. 腹部侧缘背面观不外露 ·· 3
   腹部侧缘在前翅外缘近中部区域外露 ·· 4
3. 额区具毛瘤 ·· 真颈盲蝽属 *Eupachypeltis*
   额区无毛瘤 ·· 狄盲蝽属 *Dimia*
4. 前胸背板后叶具不规则的较大而深的刻点 ····················· 拟颈盲蝽属 *Parapachypeltis*
   前胸背板后叶光滑，不具刻点 ······································· 颈盲蝽属 *Pachypeltis*
5. 小盾片中央具 1 突起 ··· 角盲蝽属 *Helopeltis*
   小盾片无突起，较平坦 ·· 6
6. 爪片内半加厚，将爪片分为内外 2 部分 ··························· 菲盲蝽属 *Felisacus*

10. 狄盲蝽属 _Dimia_ Kerzhner, 1988

Dimia Kerzhner, 1988b: 779. **Type species:** _Dimia inexspectata_ Kerzhner, 1988; by monotypy.

体狭长，被半直立和直立的长毛及短毛。头横宽，眼较大，向两侧突出。颈部明显。前胸背板明显分为前后 2 叶，具领，侧缘被显著长毛。半鞘翅两侧较直，缘片基部和后部几等宽；爪片、革片毛被较短而浓密，并具稀疏长毛；膜片翅室较大，端角尖锐后指；阳茎端具众多小骨针。

分布：陕西、浙江、湖北、台湾；俄罗斯 (远东地区)。

世界已知 2 种，中国均有记载。

该属生物学记载较少，仅有俄罗斯的 Kerzhner 记载的狄盲蝽 _D. inexspectata_ 曾在壳斗科栎属植物 _Quercus dentate_ 上发现。

种 检 索 表

颈部无 “Y” 形血红色斑；左阳基侧突基部较尖 ····························· **台湾狄盲蝽 _D. formosana_**

颈部具 “Y” 形血红色斑；左阳基侧突基部弯曲平滑 ························· **狄盲蝽 _D. inexspectata_**

(44) 台湾狄盲蝽 _Dimia formosana_ Lin, 2006 (图 41)

Dimia formosana Lin, 2006b: 407; Schuh, 2002-2014.

作者未见标本，现根据 Lin (2006b) 描述整理如下。

雄虫：体大型，狭长，褐色，具淡黄色斑，被直立长毛和短毛。

头圆隆，头顶棕色，平坦，中部具小突起和直立黑色毛，侧缘被直立黑色毛；眼大，褐色，向两侧突出；触角第 1 节杆状，红棕色，末端具 1 淡黄色斑，被直立淡色长毛；第 2 节红棕色，细长，长约为第 1 节的 5 倍，端部 1/8 略膨大，被直立淡色毛；第 3 节红棕色，细长，中部具几处膨大；第 4 节红棕色，长纺锤形；喙淡黄色，端部黑色，伸达中足基节。颈暴露部分无血红色斑。

前胸背板棕色或褐色，具淡黄色斑，2 个缢缩分隔成领、前叶和后叶，领具几个小隆起，密被直立淡色毛；胝棕色，中部色淡，侧缘常有被毛的较大突起；后叶褐色，密被淡黑色毛，后缘具 1 个大三角形淡色斑，侧缘具小圆形淡色斑；中胸盾片暴露，小盾片平坦、抬升、褐色，中部具 1 条淡黄色带，密被直立淡色和黑色毛。

半鞘翅棕色，具散乱的淡色斑或点，密被直立淡黑色毛，革片前部的前缘脉具 2 束黑色毛；楔片灰色，端部和基部边缘具黄色线，内缘红色；膜片灰色，具不规则的淡色斑，脉红色，一些部位黄色。足基节淡黄色，腿节基部 4/5 淡黄色，端部 1/5 具红色环，胫节淡黄色，基部 1/3 具红棕色环，端部 1/5 具红色环。体腹面淡色，侧面边缘黑色。

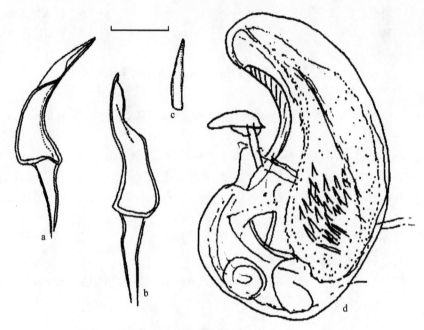

图 41 台湾狄盲蝽 *Dimia formosana* Lin (仿 Lin, 2006b)

a、b. 左阳基侧突不同方位 (left paramere in different views)；c. 右阳基侧突 (right paramere)；d. 阳茎 (aedeagus)；
比例尺：0.1mm

雄虫左阳基侧突宽阔，端半窄，尖；右阳基侧突直，端部尖，阳茎端具 20 多个骨针。

雌虫：与雄虫相似，腹部略向两侧扩展，背面观可见。

量度 (mm)：体长 8.00 (♂)、9.50 (♀)，宽 2.60 (♂)、3.00 (♀)。

分布：台湾 (Lin, 2006b)。

讨论：本种与狄盲蝽 *D. inexspectata* Kerzhner 相似，但可从以下特征加以区分：颈部无 "Y" 形血红色斑，身体和足均无血红色斑，触角第 2 节更短，左阳基侧突端部较尖，而非弯曲平滑。

本种正模雄虫，Lin C-S 于 2004 年采自台湾南投，保存于台湾自然科学博物馆。

(45) 狄盲蝽 *Dimia inexspectata* Kerzhner, 1988 (图 42；图版Ⅴ: 71, 72)

Dimia inexspectata Kerzhner, 1988a: 792; Kerzhner, 1988b: 8; Hu *et* Zheng, 2001: 415; Lin, 2006b: 407; Schuh, 2002-2014; Mu *et* Liu, 2018: 124.

雄虫：体黄褐色，具淡色斑。

头横宽，颈明显，前端圆隆，光亮，被淡色长直立毛。头顶平坦，光亮，浅褐色，眼内侧各具 1 个淡黄色斑，斑前部染红色，眼间距是眼宽的 1.45 倍，无中纵沟，颈背面淡褐色，中央具 1 个 "Y" 形血红色斑，斑边缘红色，颈侧面及腹面淡黄褐色，眼下部具 1 褐色纵带，带上部边缘染红色；额圆隆，中部凹陷，黑褐色，光亮，被毛较短而稀疏；唇基垂直，隆起，淡黄褐色，中部略染红色被直立长毛，略短于头顶毛；小颊、上颚片和下颚片侧面观端部约等高，光亮，淡黄褐色，小颊色较淡。喙略伸过中足基节端部，基部淡黄褐色，向端部渐呈红褐色。复眼向两侧伸出，侧面观椭圆形，背面观近圆形，深红褐色，被直立短毛。触角细长，深红褐色，密被半平伏淡色短毛和直立淡褐色长毛，第 1 节短粗，略短于头长，向端部渐细，红褐色，基部淡黄褐色，直立长毛长略小于该节中部直径；第 2 节细长，微弯，端部略膨大，端部 1/3 背面具 1 小突起，直立长毛长于该节直径；第 3 节长纺锤形，中部直径宽于第 2 节中部直径，背面具 3 个小突起，直立长毛较第 1、2 节稀疏，且短于该节中部直径；第 4 节纺锤形，短于第 3 节长度之半，略细于第 3 节，毛被同第 3 节。

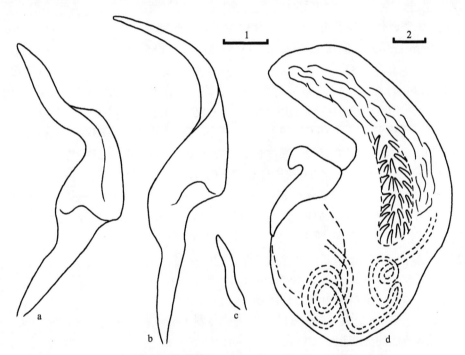

图 42　狄盲蝽 *Dimia inexspectata* Kerzhner

a、b. 左阳基侧突不同方位 (left paramere in different views)；c. 右阳基侧突 (right paramere)；d. 阳茎 (aedeagus)；

比例尺：1=0.1mm (a-c)，2=0.1mm (d)

　　前胸背板黑褐色，具淡黄褐色区域，密被直立淡色长毛，前部 2/5 具深缢缩，明显分为前后 2 叶，领宽，圆隆，黑褐色，后半色较浅，胝显著、圆隆、宽阔，两胝不相连，中部淡色，两侧黑褐色；后叶具浅刻点，两侧微隆，向后显著加宽，后侧角圆，后缘均匀凸出，侧面观微下倾，黑褐色，中部后缘具 1 三角形淡黄褐色斑。前胸侧板黑褐色，上缘具 1 淡黄色窄带，下缘色较淡，二裂；中、后胸侧板黑褐色，下部 1/3 淡黄色，具光泽，被稀疏短毛。中胸盾片外露部分黄褐色，中部具 2 个黑褐色模糊斑。小盾片微隆，中部内凹，黑褐色，中部凹陷部分具 1 淡黄褐色纵带，向端部渐细。

半鞘翅侧缘直，向后渐宽，基部 1/3 略内凹，褐色，密被不规则淡色圆斑，革片中部部分斑相连成片，被褐色平伏短毛和淡色直立长毛。革片脉红色，缘片粗细均匀，外缘褐色；楔片外缘圆隆，黄褐色，内半除基部外红色；膜片烟褐色，被淡色圆斑，脉红色，具 1 个大翅室，端角尖锐，伸过楔片端部。

足黄褐色，细长，密被淡色直立长毛，腿节密被不规则红色斑，近端部具 1 粗褐色环；胫节细长，被红色斑，基部红褐色，近基部具 1 红褐色环，端部膨大，红褐色，端部背面具梳状齿，被 4 列细密褐色小刺；跗节 3 节，各节几等长，鲜红色，端部膨大；爪红褐色。

腹部淡黄色，侧缘深褐色，密被半直立淡色短毛。臭腺沟缘狭长，淡褐色。

雄虫生殖囊褐色，被半直立淡色毛，长度约为整个腹长的 1/3。阳茎端具众多小骨针。左阳基侧突狭长，弯曲，基半略膨大，端半狭长，向端部渐细；右阳基侧突小而细长。

雌虫：体型、体色与雄虫一致，但体较宽大，体色略淡。

量度 (mm)：体长 7.89-8.30 (♂)、9.50-9.53 (♀)，宽 2.85-2.93 (♂)、3.28-3.32 (♀)；头长 0.72-0.78 (♂)、0.74-0.82 (♀)，宽 1.45-1.48 (♂)、1.49 (♀)；眼间距 0.55-0.57 (♂)、0.65-0.72 (♀)；眼宽 0.38-0.41 (♂)、0.35-0.40 (♀)；触角各节长：Ⅰ:Ⅱ:Ⅲ:Ⅳ=0.72-0.74:3.58-3.59:1.58-1.60:? (♂)、0.89-0.93:3.63-3.68:1.59-1.63:0.79-0.85 (♀)；前胸背板长 1.15-1.17 (♂)、1.39-1.42 (♀)，后缘宽 2.13-2.15 (♂)、2.69-2.72 (♀)；小盾片长 0.85-0.88 (♂)、0.80-0.83 (♀)，基宽 1.02-1.05 (♂)、1.04-1.06 (♀)；缘片长 3.50-3.57 (♂)、4.43-4.49 (♀)；楔片长 1.32-1.33 (♂)、1.49-1.52 (♀)，基宽 0.68-0.69 (♂)、0.99-1.01 (♀)。

观察标本：1♂，湖北神农架松柏，1977.Ⅵ.22，邹环光采。1♀，陕西宁陕火地塘，1600m，1994.Ⅷ.12，灯诱，吕楠采。1♂，浙江泰顺乌岩岭，2005.Ⅷ.3，柯云玲采；1♂，浙江临安顺溪，400m，2007.Ⅷ.12，灯诱，朱耿平采。

分布：陕西、浙江、湖北；俄罗斯 (远东地区)。

讨论：本种与台湾狄盲蝽 D. formosana Lin 相似，但本种颈部具 "Y" 形血红色斑，左阳基侧突基部弯曲平滑，可与之相区别。

Kerzhner (1988c) 记载其 7-8 月的寄主为壳斗科 Fagaceae 槲树 Quercus dentata。

本志新增浙江的分布记录。

11. 真颈盲蝽属 *Eupachypeltis* Poppius, 1915

Eupachypeltis Poppius, 1915c: 79. **Type species:** *Eupachypeltis pilosus* Poppius, 1915; by original designation.

体长椭圆形，较粗壮，具光泽，被半直立毛。头横宽，额与头顶略垂直，具 3 个毛瘤，侧面观唇基中部略前凸，约与额基部位置平齐。喙伸达前足基节，第 1 节端部较粗，第 3 节端部略粗。触角较长，被半直立毛，第 1 节粗壮，近中部最粗，其余各节细长，第 2 节最长，第 1、4 节约等长，最短。前胸背板分为领、前叶及后叶。胝较明显。后叶前缘中部具 1 短纵沟，后缘较宽。小盾片较平坦，具浅横皱。前翅革片及爪片略微具浅凹陷。缘片外缘略呈弧形，端部较宽。楔片长略大于宽。

分布：台湾、海南；印度尼西亚。

本属与颈盲蝽属 *Pachypeltis* Signoret 相近，但头部具毛瘤，体毛较长，缘片端部明显加宽，前胸背板后叶前缘中部具 1 短纵沟。

本属全世界已知共 4 种，本志共记述 3 种。

种 检 索 表

1. 触角第 1 节黑色或褐色 ·· 2
   触角第 1 节淡黄色 ···单色真颈盲蝽 *E. unicolor*
2. 小盾片黄褐色；领侧面具明显斑点 ·····································巨真颈盲蝽 *E. immanis*
   小盾片褐色；领侧面不具明显斑点 ···························黄角真颈盲蝽 *E. flavicornis*

(46) 黄角真颈盲蝽 *Eupachypeltis flavicornis* Poppius, 1915 (图 43)

Eupachypeltis flavicornis Poppius, 1915a: 55; Carvalho, 1957: 133; Carvalho, 1980b: 651; Lin, 2000b: 119; Hu *et* Zheng, 2001: 416; Schuh, 2002-2014.

作者未见标本，现根据 Poppius (1915a) 描述整理如下。

雄虫：体狭长，具浓密毛。半鞘翅密被淡色半直立长毛。头褐色。头顶具黑色斑。额隆起，具 3 个具长毛的瘤。唇基棕色，染褐色。喙端部黑色，伸达前足基节端部。颈背面棕色，侧面褐色。触角褐色，被黑色直立毛，第 1 节黑色。

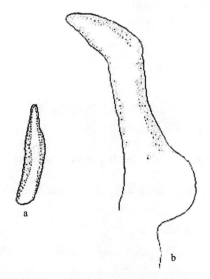

图 43　黄角真颈盲蝽 *Eupachypeltis flavicornis* Poppius (仿 Lin, 2000b)
a. 右阳基侧突 (right paramere)；b. 左阳基侧突 (left paramere)

前胸背板棕色，侧面褐色。领背面棕色，侧面褐色，密被黑色直立长毛。前叶棕色，侧面密被黑色直立长毛。后叶棕色，侧面 1/5 褐色，被黑色直立长毛。小盾片褐色。爪片黑色，被半直立淡色柔毛。革片黄褐色，外缘被淡色半直立毛。缘片黄棕色，密被淡色半直立毛。膜片灰黄色，翅室端部直。足棕色，被金黄色直立长毛。胸部侧板和腹板棕色，有时染褐色，密被淡色半直立柔毛。

雌虫：与雄虫相似，但触角第 1 节褐色，其余几节棕色。颈和领侧面观棕色而非褐色。

量度 (mm)：体长 5.50 (♂)、5.80 (♀)，宽 1.00 (♂)、1.00 (♀)。

分布：台湾。

讨论：本种与巨真颈盲蝽 E. immanis Lin 相似，但可从以下特征加以区分：体较小，体色较浅，前胸背板领两侧不具明显斑点，革片端部色较淡。

Poppius (1915a) 记载了该种在台湾的分布，Carvalho (1980a) 检查了该种的模式标本，Lin (2000b) 提供了该种的背面观图片和生殖器图。

(47) 巨真颈盲蝽 *Eupachypeltis immanis* Lin, 2000

Eupachypeltis immanis Lin, 2000b: 122; Hu *et* Zheng, 2001: 416; Schuh, 2002-2014.

作者未见标本，现根据 Lin (2000b) 描述整理如下。

雌虫：体狭长，具浓密毛。半鞘翅密被淡色半直立毛。头棕色。头顶不平坦，略肿胀，被淡色直立长毛。额棕色，具 3 个被长直立毛的瘤。唇基基部染褐色。喙端部棕色，伸达前足基节端部。颈背面棕色，侧面具褐色斑。触角褐色，被棕色长直立毛。

前胸背板棕色，密被淡色直立长毛。前叶染褐色。后叶棕色，侧面 1/4 染褐色。小盾片微隆，黄褐色。爪片褐色，密被淡色半直立柔毛。革片棕色，端部 1/5 褐色。缘片黄棕色，密被半直立柔毛。楔片黄棕色，内缘棕色，密被淡色长半直立毛。膜片灰黄色，翅室端缘直。足棕色，密被长直立金黄色毛。

量度 (mm)：体长 7.10 (♀)、宽 2.50 (♀)。

分布：台湾 (Lin, 2000b)。

讨论：本种与黄角真颈盲蝽 E. flavicornis Poppius 相似，但可从以下特征加以区分：体型较大；触角第 1 节褐色；颈部侧面有褐色斑点；小盾片黄褐色。

(48) 单色真颈盲蝽 *Eupachypeltis unicolor* Hu *et* Zheng, 2001 (图版 V: 73)

Eupachypeltis unicolor Hu *et* Zheng, 2001: 416; Schuh, 2002-2014.

雌虫：体黄褐色，被直立淡色长毛。

头横宽，颈明显，光亮，头顶前端及额区具 4 条纵向凹缢，中央及两侧的隆起中部各具淡色长毛，约与触角第 1 节毛长等长，正面观触角窝背方近内缘区域各具 1 边缘模糊的淡褐色圆斑。头顶平坦，光亮，眼间距是眼宽的 1.66 倍，浅褐色，中部具 1 淡红色斑，被淡色长直立毛，颈部背面及腹面淡黄褐色，侧面深黄褐色；唇基垂直，隆起，基部褐色，被直立长毛；头侧面淡黄色，小颊、上颚片和下颚片侧面观端部约等高，光亮，淡黄褐色。喙伸过前足基节中部，未达前足基节端部，淡黄褐色，端部褐色。复眼向两侧伸出，侧面观椭圆形，背面观近圆形，深红褐色，被直立短毛。触角细长，黄褐色，密被半平伏淡色短毛和直立淡褐色长毛，第1节基部细，然后较突然加粗，向端部渐细，略短于头长，黄褐色，近基部褐色，直立长毛长约等于该节最大直径；第2节较细长，微弯，色稍淡，直立长毛较第1节稀疏，长于该节直径；第3节较第2节略细，端部2/5褐色，毛被同第2节；第4节色略深，长约为第3节的1/2。

前胸背板黄褐色，密被直立淡色长毛，最长毛长于触角第1节的毛，前部2/5具深缢缩，明显分为前后2叶，领宽，圆隆，胝显著、圆隆、宽阔，两胝不相连，前叶侧面具1褐色纵带；后叶色较深，梯形，两侧微隆，中部内凹，后侧角圆，后缘均匀凸出，侧面观微下倾，中部具1浅纵沟，侧面黄褐色，向后略加深，或均为黄褐色。前胸侧板深黄褐色，二裂；中、后胸侧板黄褐色，具光泽，被稀疏短毛。中胸盾片外露部分窄，深黄褐色。小盾片微隆，黄褐色，中部具1浅纵沟，凹陷部分色较深，被稀疏半直立毛。

半鞘翅淡黄褐色，半透明，侧缘直，向后渐宽，基部1/3略内凹，被褐色平伏短毛和淡色直立长毛；爪片淡黄褐色，革片脉褐色，端部1/5的中部具1纵向淡褐色小斑；缘片端半渐加宽，端部宽度略长于触角第1节毛长，外缘褐色；楔片端部色略深，长约为宽的2倍；膜片烟褐色，半透明，脉淡黄色，具1个大翅室，端角略小于直角，略伸过楔片端部。

足淡黄褐色，细长，密被淡色直立长毛，前、中足腿节端半及后足腿节端部1/3带淡红色，长毛长度略超过该节端部直径；胫节细长，毛平伏，长者约为该节直径的2倍；跗节3节，前两节短，黄褐色，端部膨大，褐色；爪黄褐色，端部带红色。

腹部黄褐色，腹部各节气门外侧区域色略深，密被半直立淡色短毛。臭腺沟缘狭长，淡黄白色。

雄虫：未知。

量度 (mm)：雌虫：体长8.00-8.04，宽2.57-2.62；头长0.70-0.72，宽1.20-1.24；眼间距0.53-0.56；眼宽0.32-0.35；触角各节长：Ⅰ:Ⅱ:Ⅲ:Ⅳ=0.80-0.85:2.30-2.50:1.30-1.35:0.70-0.72；前胸背板长1.40-1.42，后缘宽2.20-2.30；小盾片长1.00-1.06，基宽0.92-0.94；缘片长3.49-3.59；楔片长1.30-1.34，基宽0.70-0.74。

观察标本：1♀(正模)，海南尖峰岭，1985.Ⅳ.18，任树芝采；1♀(副模)，海南尖峰岭，1985.Ⅳ.20，灯诱，任树芝采；1♀，海南昌江霸王岭，750m，2008.Ⅴ.7，巴义彬、郎峻通采。

分布：海南。

讨论：本种与黄角真颈盲蝽 E. flavicornis Poppius 相似，但本种体型较大，黄褐色，触角第1节淡黄褐色，翅室端角尖锐呈锐角，脉淡色，爪片淡黄褐色，可与之相互区分。

作者根据该种模式标本进行了重新描述，补充了中胸盾片、跗节和爪等部位的特征描述。

12. 菲盲蝽属 *Felisacus* Distant, 1904

Liocoris Motschulsky, 1863: 86 (junior homonym of *Liocoris* Fieber, 1858, Mirinae). **Type species:**

Liocoris glabratus Motschulsky, 1863, by subsequent designation (Distant, 1904c: 438, for *Felisacus*).

Felisacus Distant, 1904c: 438. New name for *Liocoris* Motschulsky, 1863.

Hyaloscytus Reuter, 1904: 1. **Type species:** *Hyaloscytus elegantulus* Reuter, 1904; by monotypy. Synonymized by Poppius, 1911: 3.

体小型，半鞘翅半透明，体平滑、光亮。头具明显的颈，眼后常缢缩，眼小，位于头前部，远离前胸背板前缘，额略凸而直，一些种类的头顶具叶状突起；喙短，伸达前足基节中部；触角第 1 节明显长于头宽，光亮，第 2 节略长于第 1 节，约等于第 3 节，毛长于该节直径。前胸背板具明显的领，胝后明显窄，胝愈合，伸达侧缘，后叶明显隆起、光亮，前侧角圆，侧缘向后渐宽，后缘直。小盾片小，平坦。半鞘翅透明，爪片内半加厚，常被长直立毛，缘片发达，楔片长略大于基部宽，膜片翅室端部圆钝。足细长，被长直立毛。

分布：福建、台湾、广东、海南、广西、云南；日本 (冲绳岛)，缅甸，菲律宾，印度尼西亚，新几内亚岛。

本属已知的主要寄主为蕨类植物。

本属世界已知 26 种，中国已知 9 种。

种 检 索 表

1. 眼后方部分不缢缩成颈状 ··· 2
   眼后方部分缢缩成明显的颈状 ··· 5
2. 触角第 1 节亚基部膨大 ··· 3
   触角第 1 节亚基部不膨大 ·· 弯带菲盲蝽 *F. curvatus*
3. 喙长，伸达后足基节端部 ·· 琉球菲盲蝽 *F. okinawanus*
   不如上述 ·· 4
4. 体长 3.9mm ··· 长头菲盲蝽 *F. longiceps*
   体长 4.6mm ·· 丽菲盲蝽 *F. magnificus*
5. 前胸背板后叶具黄色宽中纵带 ·· 桂氏菲盲蝽 *F. gressitti*
   前胸背板后叶无黄色中纵带 ··· 6
6. 触角第 1 节红褐色 ·· 黑角菲盲蝽 *F. nigricornis*
   触角第 1 节淡黄色 ··· 7
7. 前胸背板后叶具 2 个黑褐色横向斑 ·· 艳丽菲盲蝽 *F. bellus*
   前胸背板后叶淡色，无深色斑 ··· 8
8. 触角第 1 节红色；爪片基部略带红色 ··· 印尼菲盲蝽 *F. amboinae*
   触角第 1 节黄褐色；爪片基部不带红色 ··· 岛菲盲蝽 *F. insularis*

(49) 印尼菲盲蝽 *Felisacus amboinae* Woodward, 1954 (图 44)

Felisacus amboinae Woodward, 1954: 45; Carvalho, 1957: 103; Hu *et* Zheng, 2001: 417; Schuh, 2002-2014.

雌虫：体小型，表面光亮，被淡色稀疏半直立毛。

头平伸，头长约是眼长的 1.5 倍；眼间距约为眼宽的 1.5 倍，眼后区域宽阔，后部 1/5 缢缩，形成具明显的颈，黄褐色，光亮，被稀疏直立淡色毛。头顶微隆，眼间距是眼宽的 1.46 倍，中纵沟明显，后缘无横脊，具 1 弧形凹痕，眼后具红色纵带，延伸至前胸背板前叶。额中部内凹，具红色横带。唇基垂直，均匀隆起，基部背面染红色。上颚片、下颚片和小颊黄褐色，光亮，小颊较宽。喙伸达中足基节中部，褐色。复眼半圆形，侧面观椭圆形，红褐色或黑褐色，背面观比头的眼后部分长，略向两边伸出。触角细长，密被淡色半直立毛，第 1 节长为眼间距的 3.78 倍，基部略呈柄状，端部微外弯，红色，端部褐色，毛被较其他节稀疏；第 2 节较第 1 节细，略长于第 1 节，红褐色，略斑驳，被毛细密，毛略长于该节直径；第 3、4 节弯曲，略细于第 2 节，毛被同第 2 节，第 3 节颜色同第 2 节，第 4 节深褐色。

前胸背板中部缢缩，分为前后 2 叶，黄褐色，前胸背板长度超过头长的 1.5 倍，被直立淡色毛。领后缘两侧具 1 对圆形深刻凹陷，前叶侧缘圆隆，胝圆隆，两胝相连，界限不明显，两胝中部后缘具 1 对小圆形凹陷，直径小于领后缘凹陷，胝后缘凹陷处外侧具 1 排小刻点。后叶强烈凸起，侧缘几乎直，后部 2/3 略内凹，后侧角圆隆，后缘平直，中部略内凹，后缘黑褐色，中部淡色。胸部侧板黄褐色，具光泽，被淡色半直立短毛，前胸侧板二裂。中胸盾片部分外露，黄褐色。小盾片微隆，淡黄褐色，端部褐色，端角水滴状，被稀疏淡色半直立毛。

半鞘翅两侧微隆，被半直立淡色长毛，淡黄色，半透明。爪片基部染红色，脉和接合缝红褐色；革片内缘红色；缘片外缘及内缘红褐色，外缘色较深，端部宽，红色，沿楔片缝处褐色；翅面沿楔片缝略下折，楔片黄色，外缘红褐色，内缘红色；膜片烟褐色，半透明，具 2 翅室，脉红色。

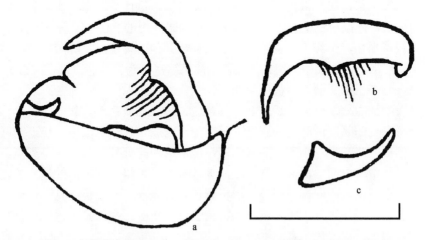

图 44　印尼菲盲蝽 *Felisacus amboinae* Woodward (仿 Woodward, 1954)

a. 雄虫腹部末端后面观 (apex of male abdomen, posterior view)；b. 左阳基侧突 (left paramere)；c. 右阳基侧突 (right paramere)；比例尺：0.5mm

足细长，被淡色半直立毛，黄色，腿节和胫节背侧具 1 列红色纵带，胫节端部略膨大、压扁，具 4 列褐色小刺，毛较腿节平伏；跗节褐色，3 节，第 3 节较长，向端部膨大；爪褐色。

腹部黄褐色，腹节背面红色，被稀疏淡色半直立短毛。臭腺沟缘膨大，淡黄白色，端半黑褐色。

量度 (mm)（♀）：体长 3.75，宽 0.95；头长 0.51，宽 0.72；眼间距 0.28；眼宽 0.20；触角各节长：Ⅰ:Ⅱ:Ⅲ:Ⅳ=1.05:1.03:1.03:1.00；前胸背板长 0.99，后缘宽 1.05；小盾片长 0.46，基宽 0.37；缘片长 1.98；楔片长 0.68，基宽 0.27。

观察标本：1♀，海南尖峰岭天池，1964.Ⅴ.8，刘胜利采。

分布：海南；印度尼西亚。

讨论：本种与分布于澳洲界的 *F. filicicola* (Kirkaldy) 相似，但本种体较小，体色不同，头在眼后部加宽，前胸背板后叶中部相对短，基部较宽，楔片较短，可与之相互区分。亦与分布于爪哇岛的 *F. jacobsoni* Poppius 相似，本种体色不同，触角第 1 节、半鞘翅和前胸背板均较短，前胸背板更倾斜。

(50) 艳丽菲盲蝽 *Felisacus bellus* Lin, 2000 (图 45；图版Ⅴ: 74, 75)

Felisacus bellus Lin, 2000c: 233; Schuh, 2002-2014.

雄虫：体小型，被淡色稀疏半直立毛。

头平伸，眼后区域宽阔，后部 1/4 缢缩，形成具明显的颈，橙黄色，光亮，被稀疏直立淡色毛。头顶微隆，眼间距是眼宽的 1.45 倍，中纵沟明显，后缘无横脊。额中部内凹。唇基垂直，基半隆起。上颚片较狭，下颚片较宽阔，宽三角形，光亮。小颊狭长。喙伸达中足基节中部，淡红褐色，基部黄色。复眼圆，侧面观肾形，黑褐色，略向两边伸出。触角细长，密被淡色半直立毛，第 1 节长为眼间距的 3.80 倍，基部略呈柄状，端部微外弯，淡黄褐色，带红色，端部褐色，毛被较其他节稀疏；第 2 节较第 1 节细，略长于第 1 节，红褐色，端部略加粗，黑褐色，被毛细密，毛长于该节直径；第 3、4 节弯曲，黑褐色，略细于第 2 节，毛被同第 2 节。

前胸背板中部缢缩，分为前后 2 叶，橙黄色，被直立淡色毛。领前缘褐色，后缘两侧具 1 对圆形深刻凹陷，前叶侧缘圆隆，胝圆隆，两胝相连，界限不明显，两胝中部后缘具 1 对小圆形凹陷，直径小于领后缘凹陷，胝后缘凹陷处外侧具 1 排小刻点。后叶圆隆，侧缘隆拱，中部内凹，后侧角圆隆，后缘平直，中部略内凹，后缘黑褐色，或中部淡色，形成 2 个黑褐色横向斑。胸部侧板橙黄色，具光泽，被淡色半直立短毛，前胸侧板二裂。中胸盾片不外露，小盾片微隆，橙黄色，端角圆，中部具 1 褐色纵带，有时色较淡，仅端部褐色，被淡色半直立毛。

半鞘翅两侧微隆，被半直立淡色长毛，淡黄色，除楔片外半透明。爪片基部染红色，脉褐色，接合缝红色；革片中部沿爪片具 1 对褐色狭长斑，后缘红色；缘片外缘褐色，端部宽，红色，沿楔片缝处褐色；翅面沿楔片缝略下折，楔片黄色，内半及端部大范围染红色，外缘褐色；膜片烟褐色，半透明，具 2 翅室，脉淡黄褐色。

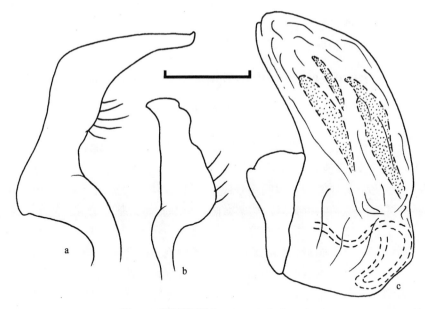

图 45　艳丽菲盲蝽 *Felisacus bellus* Lin

a. 左阳基侧突 (left paramere)；　b. 右阳基侧突 (right paramere)；c. 阳茎 (aedeagus)；比例尺：0.1mm

足细长，淡黄褐色，被淡色半直立毛，腿节向端部渐细，端部色略深；胫节色较腿节略深，具 4 列褐色小刺；跗节 3 节，基节短，第 2、3 节向端部膨大，端部褐色；爪褐色。

腹部腹面淡黄色，侧面和背面黑褐色，具光泽，被稀疏淡色半直立短毛。臭腺沟缘膨大，圆形，黑褐色。

雄虫生殖囊褐色，被稀疏淡色半直立短毛，长度约为整个腹长的 1/3。阳茎端膜状，具 3 个骨化附器。左阳基侧突弯曲，基半略膨大，腹面被毛，端半平伸，向端部渐细；右阳基侧突短粗，较膨大，背面具多个弯曲，顶端较尖。

雌虫：体较宽大，触角第 1 节褐色面积更大，腿节色较浅。

量度 (mm)：体长 4.63-4.74 (♂)、4.81-4.85 (♀)，宽 1.03-1.20 (♂)、1.32-1.42 (♀)；头长 0.51-0.54 (♂)、0.50-0.52 (♀)，宽 0.65-0.68 (♂)、0.70-0.73 (♀)；眼间距 0.29-0.30 (♂)、0.33-0.34 (♀)；眼宽 0.20-0.21 (♂)、0.18-0.20 (♀)；触角各节长：Ⅰ:Ⅱ:Ⅲ:Ⅳ=1.14-1.21:1.43-1.47:1.00-1.03:1.03-1.05 (♂)、1.03-1.06:0.97-1.08:1.02-1.05:1.02-1.04 (♀)；前胸背板长 0.91-0.97 (♂)、0.97-0.99 (♀)，后缘宽 1.03-1.07 (♂)、1.16-1.19 (♀)；小盾片长 0.45-0.48 (♂)、0.33-0.36 (♀)，基宽 0.37-0.39 (♂)、0.46-0.49 (♀)；缘片长 1.94-1.97 (♂)、2.09-2.10 (♀)；楔片长 0.66-0.70 (♂)、0.61-0.64 (♀)，基宽 0.26-0.29 (♂)、0.28-0.34 (♀)。

观察标本：3♂，云南瑞丽珍稀植物园，1000m，2006.Ⅶ.30，李明采。1♂，广东茂名信宜大成镇大雾岭自然保护区，2009.Ⅶ.31，蔡波采。1♀，海南尖峰岭保护区，1980.Ⅳ.9，邹环光采；1♀，海南陵水吊罗山白水岭，400-600m，2008.Ⅷ.13，范中华采。

分布：台湾、广东、海南、云南。

讨论：本种与分布于澳洲界的 *F. rubricuneus* Carvalho 相似，但本种触角第 1 节不膨大，雄虫生殖器结构亦可相互区分。

本志增加了该种在云南、广东和海南的分布记录。

(51) 弯带菲盲蝽 *Felisacus curvatus* **Hu *et* Zheng, 2001** (图 46；图版 V：76, 77)

Felisacus curvatus Hu *et* Zheng, 2001: 417; Schuh, 2002-2014.

雄虫：体小型，狭长，黄褐色，两侧缘近于平行，被淡色半直立毛。

头平伸，眼后区域宽阔，后部不明显缢缩，颈约与头的眼后区等宽，橙黄色，光亮，被稀疏直立淡色毛。头顶微隆，眼间距是眼宽的 1.49 倍，中纵沟明显，沟内红色，后缘无横脊，具 1 弧形凹痕。额较平坦，端部微隆。唇基垂直，基半隆起，褐色，基部淡色。头侧面黄色，上颚片较狭，下颚片较宽阔，端部方，光亮，小颊狭长。喙淡黄褐色，伸达前足基节后缘。复眼半圆形，侧面观肾形，黑褐色，略向两边伸出。触角细长，密被淡色半直立毛，第 1 节长为眼间距的 3.89 倍，淡黄褐色，端部带红色，毛被较其他节稀疏而长，毛长约为该节中部直径的 1.5 倍；第 2 节较第 1 节细，略长于第 1 节，淡黄褐色，向端部渐呈褐色，向端部渐粗，毛被细密，毛长于该节直径；第 3、4 节弯曲，黑褐色，略细于第 2 节，毛被同第 2 节。

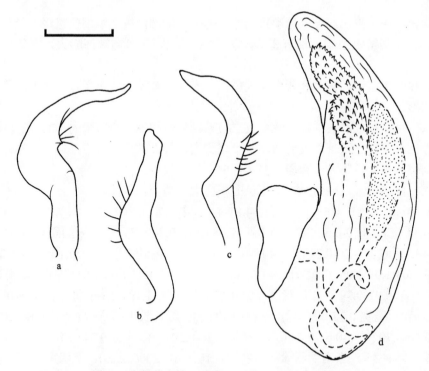

图 46　弯带菲盲蝽 *Felisacus curvatus* Hu *et* Zheng

a. 左阳基侧突 (left paramere)；b、c. 右阳基侧突不同方位 (right paramere in different views)；d. 阳茎 (aedeagus)；

比例尺：0.1mm

前胸背板中部缢缩，分为前后 2 叶，黄色，被直立淡色毛。领后缘两侧具 1 对圆形深刻凹陷，前叶侧缘圆隆，胝圆隆，两胝相连，界限不明显，两胝中部后缘具 1 对小圆形凹陷，直径小于领后缘凹陷，胝后缘凹陷处外侧具 1 排小刻点。后叶圆隆，侧缘较平直，后部两侧近平行，后侧角圆，后缘平直，中部略内凹，侧缘后半及后缘褐色，近后缘区域略带淡红色色泽。前胸侧板二裂，黄色，中、后胸侧板黑褐色，光亮，被淡色半直立短毛。中胸盾片外露部分狭窄，中部具 1 对圆形小凹陷。小盾片微隆，黄色，端角圆，被淡色半直立毛。

半鞘翅前缘近平直，中部微凸，被半直立淡色长毛，淡黄色，除爪片外半透明。爪片黄褐色，脉外半黑褐色；革片中部具 1 对褐色弯带，基部伸达爪片端部 1/5，端部沿楔片缝伸至革片外缘，不伸达缘片；缘片外缘淡黄褐色；翅面沿楔片缝略下折，楔片端角内缘红色；膜片烟褐色，半透明，脉淡红褐色，翅室端角圆钝。

足细长，淡黄褐色，被淡色半直立长毛，腿节向端部渐细，腿节端部及胫节近基部略带淡红色，胫节具 4 列褐色小刺；跗节 3 节，基节短，第 2、3 节向端部膨大；爪淡褐色。

腹部腹面淡黄褐色，第 2 节侧面具 1 长形小红斑，第 3-7 节近腹侧缘区域红色，具光泽，被稀疏淡色半直立短毛。臭腺沟缘膨大，黄色，端半黑褐色。

雄虫生殖囊黄褐色，被稀疏淡色半直立短毛，长度约为整个腹长的 1/4。阳茎端膜状，具 2 个带刺的膜叶。左阳基侧突弯曲，基半略膨大，腹面中部具 1 个三角形小突起，端半狭长，向顶端渐细；右阳基侧突粗细较均匀，略小于左阳基侧突，端部渐细。

雌虫：体较宽大，腹部第 2-7 节侧面红色。

量度 (mm)：体长 4.63-4.77 (♂)、4.84-4.88 (♀)，宽 1.05-1.21 (♂)、1.35-1.41 (♀)；头长 0.55-0.59 (♂)、0.54-0.58 (♀)，宽 0.68-0.71 (♂)、0.71-0.75 (♀)；眼间距 0.29-0.36 (♂)、0.33-0.35 (♀)；眼宽 0.20-0.24 (♂)、0.18-0.23 (♀)；触角各节长：Ⅰ:Ⅱ:Ⅲ:Ⅳ=1.14-1.20:1.44-1.47:1.01-1.03:1.03-1.08 (♂)、1.03-1.05:0.97-1.03:1.02-1.07:1.01-1.04 (♀)；前胸背板长 0.90-0.95 (♂)、0.93-0.99 (♀)，后缘宽 1.04-1.07 (♂)、1.15-1.19 (♀)；小盾片长 0.44-0.49 (♂)、0.33-0.37 (♀)，基宽 0.33-0.38 (♂)、0.45-0.48 (♀)；缘片长 1.92-1.96 (♂)、2.04-2.11 (♀)；楔片长 0.65-0.71 (♂)、0.63-0.65 (♀)，基宽 0.27-0.31 (♂)、0.28-0.33 (♀)。

观察标本：1♂ (正模)，海南吊罗山，1964.Ⅲ.28，刘胜利采；1♀ (副模)，同前；1♂，海南白沙县鹦哥岭自然保护区，450m，2007.Ⅴ.23，张旭采；1♀，海南吊罗山，120m，2007.Ⅴ.28，李晓明采。

分布：海南。

讨论：本种与艳丽菲盲蝽 *F. bellus* Lin 相似，但本种前胸背板后叶侧缘后半及后缘褐色，无明显的黑褐色横向斑，革片中部具 1 对褐色弯带，楔片端角内缘红色，左阳基侧突中部小突起较尖，右阳基侧突较细长可相互区别。

作者根据模式标本进行了重新描述，补充了头侧面和身体侧面的细节特征。

(52) 桂氏菲盲蝽 *Felisacus gressitti* Miyamoto, 1965 (图 47)

Felisacus gressitti Miyamoto, 1965b: 162; Lin, 2000c: 234; Schuh, 2002-2014.

作者未见此种标本，现根据 Miyamoto (1965b) 描述整理如下。

雄虫：头狭窄，宽略大于长，橙色至黄褐色，眼间距约是眼宽的 2 倍，头顶具浅中纵沟，额、唇基和眼前部区域褐色，眼深褐色，喙黄褐色，伸达后足基节端部，触角长，第 1 节微弯，褐色，第 2 节红褐色，第 3、4 节褐色。

领黄色，前胸背板褐色，宽大于长，中部之前略收缩，胝后凹陷部分具 1 列明显刻点，后叶黑色，具 1 个黄色宽中纵带。小盾片褐色，三角形，微隆，基部具 1 对凹陷。半鞘翅狭长，半透明，楔片半透明，爪片污黄色，背缘褐色，沿爪片接合缝呈狭窄的暗褐色，被稀疏长毛；革片透明，前缘半透明，外缘和内缘褐色，后外侧缘具 1 个半圆形暗褐色斑；楔片两侧近平行，较长，长约为宽的 2 倍；膜片宽阔，半透明，翅室大于楔片。

足细长，基节黄白色；腿节基部黄色，中部至跗节端部橙黄色，腿节腹面被直立长毛。体腹面褐色，腹部背面红褐色。左阳基侧突狭长，弯曲，被直立毛；右阳基侧突端部宽。

雌虫：体型、体色与雄虫相似，但足和腹部腹面褐色。

量度 (mm)：体长：3.2；体宽：0.77。

正模雄虫，Miyamoto 和 Hirashima 于 1963 年采自日本冲绳，保存于九州大学昆虫学实验室。

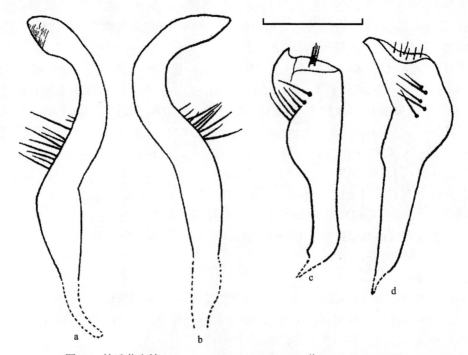

图 47　桂氏菲盲蝽 *Felisacus gressitti* Miyamoto (仿 Miyamoto, 1965b)

a、b. 左阳基侧突不同方位 (left paramere in different views)；c、d. 右阳基侧突不同方位 (right paramere in different views)；

比例尺：0.1mm

分布：台湾 (Lin, 2000a)；日本。

讨论：本种与分布于澳洲界的 *F. crassicornis* Usinger 相似，但可从以下特征加以区分：体较大，触角第 1 节膨胀较弱，前胸背板后叶中纵带黄色，较宽，眼略宽，右阳基侧突端部较宽，可与之相区别。

(53) 岛菲盲蝽 *Felisacus insularis* Miyamoto, 1965 (图 48；图版 V: 78, 79)

Felisacus insularis Miyamoto, 1965b: 159; Lin, 2000c: 235; Hu *et* Zheng, 2001: 419; Schuh, 2002-2014.

雄虫：体小型，狭长，黄褐色，被淡色稀疏半直立毛。

头平伸，眼后区域宽阔，后部 1/5 缢缩，形成具明显的颈，黄褐色，光亮，被稀疏直立淡色毛。头宽大于长，眼间距约为头宽的一半，头顶有虚弱的中纵沟。头顶微隆，眼间距是眼宽的 1.39 倍，中纵沟明显，后缘无横脊，具 1 弧形凹痕。额中部略内凹。唇基垂直，基半隆起，黄色。喙伸达中胸骨片中部，黄色。复眼半圆形，侧面观肾形，黑褐色，略向两边伸出。触角细长，密被淡色半直立毛，第 1 节长为眼间距的 3.92 倍，基部略呈柄状，黄褐色，毛被较其他节稀疏；第 2 节较第 1 节细，略长于第 1 节，红褐色，基部淡色，被毛细密，毛长于该节直径；第 3、4 节弯曲，黑褐色，略细于第 2 节，毛被同第 2 节。

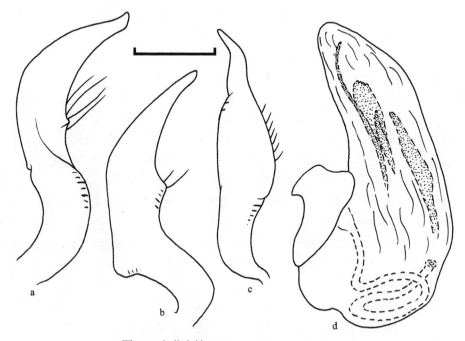

图 48　岛菲盲蝽 *Felisacus insularis* Miyamoto

a、b. 左阳基侧突不同方位 (left paramere in different views)；c. 右阳基侧突 (right paramere)；d. 阳茎 (aedeagus)；

比例尺：0.1mm

前胸背板中部缢缩，分为前后 2 叶，一色黄褐色，被直立淡色毛。领后缘两侧具 1 对圆形深刻凹陷，前叶侧缘圆隆，胝圆隆，两胝相连，界限不明显，两胝中部后缘具 1 对小圆形凹陷，直径小于领后缘凹陷，胝后缘凹陷处外侧具 1 排小刻点。后叶强烈凸起，侧缘几直，后部 2/3 略内凹，后侧角圆隆，后缘平直，中部略内凹。胸部侧板黄褐色，具光泽，被淡色半直立短毛，前胸侧板二裂。中胸盾片部分外露，端部具 1 对小圆形凹陷。小盾片微隆，一色黄褐色，端角圆，被稀疏淡色半直立毛。

半鞘翅前缘近平直，被半直立淡色长毛，淡黄色，半透明。爪片内半隆起，脉黄褐色，端半褐色，接合缝褐色；革片中部沿爪片具 1 对褐色狭长斑，后缘褐色；缘片外缘褐色，端部宽，沿楔片缝褐色；翅面沿楔片缝略下折，楔片狭长，端角侧缘红色；膜片烟褐色，半透明，具 2 翅室，脉黄褐色。

足细长，淡黄褐色，被淡色半直立毛。腿节向端部渐细；胫节色较腿节略深，具 4 列褐色小刺；跗节 3 节，向端部膨大；爪褐色。

腹部腹面黄色，具光泽，被稀疏淡色半直立短毛。臭腺沟缘膨大，淡黄白色。

雄虫生殖囊黄褐色，被稀疏淡色半直立短毛，长度约为整个腹长的 1/3。阳茎端有 3 个骨化结构。左阳基侧突宽，顶点渐狭，内侧弯曲，中部有 1 小突起；右阳基侧突粗，中部宽。

雌虫：体较宽大，体色略深，其他特征与雄虫相似。

量度 (mm)：体长 4.63-4.67 (♂)、4.84-4.89 (♀)，宽 1.06-1.21 (♂)、1.38-1.41 (♀)；头长 0.52-0.59 (♂)、0.52-0.58 (♀)，宽 0.66-0.71 (♂)、0.70-0.75 (♀)；眼间距 0.24-0.34 (♂)、0.31-0.35 (♀)；眼宽 0.21-0.24 (♂)、0.19-0.23 (♀)；触角各节长：I:II:III:IV=1.16-1.20:1.45-1.47:1.01-1.05:1.04-1.08 (♂)、1.02-1.05:0.94-1.03:1.01-1.07:1.02-1.04 (♀)；前胸背板长 0.91-0.95 (♂)、0.94-0.99 (♀)，后缘宽 1.02-1.07 (♂)、1.16-1.19 (♀)；小盾片长 0.46-0.49 (♂)、0.36-0.37 (♀)，基宽 0.34-0.38 (♂)、0.43-0.48 (♀)；缘片长 1.93-1.96 (♂)、2.05-2.11 (♀)；楔片长 0.66-0.71 (♂)、0.62-0.65 (♀)，基宽 0.28-0.31 (♂)、0.29-0.33 (♀)。

观察标本：1♀，福建邵武古县街道，1945.XI.5；2♀，福建邵武古县街道，1945.XI.9；1♂，福建邵武古县街道，1945.XI.17。1♂，广东连县瑶安乡，1962.X.20，郑乐怡、程汉华采；1♂1♀，广东连县瑶安乡，1962.X.22，郑乐怡、程汉华采；1♀，广东连县瑶安乡，1962.X.25，郑乐怡、程汉华采。8♂18♀，海南尖峰岭天池，1964.V.8，刘胜利采；4♂8♀，海南尖峰岭保护区，1980.IV.9，邹环光采；1♂1♀，海南尖峰岭，1985.IV.18-20，任树芝采；1♀，海南尖峰岭天池，1982.XI.21，谭昆智采；1♂，海南兴隆，2009.V.6，穆怡然采。1♀，台湾 (台北西北 15km)，1972.XI.19，T. C. Maa 采。

分布：福建、台湾、广东、海南、云南；日本 (冲绳岛)。

讨论：本种与印尼菲盲蝽 F. amboinae Woodward 近似，但本种前胸背板后叶和爪片均不带红色，仅有部分个体在楔片端部略带淡红色，半鞘翅革片中部沿爪片具 1 对褐色狭长斑。触角第 1 节黄褐色，可与之相互区分。与 F. ochraceus Usinger 亦相近，但后者爪片内半褐色，楔片内半红色或黄色，前胸背板后缘全长褐色，可与之区别。

据 Miyamoto (1965b) 记载，该种已知寄主为碗蕨科的蕨属 Pteridium。

(54) 长头菲盲蝽 *Felisacus longiceps* Poppius, 1915

Felisacus longiceps Poppius, 1915a: 55; Carvalho, 1957: 103; Carvalho, 1980b: 652; Lin, 2000c: 236; Hu *et* Zheng, 2001: 417; Schuh, 2002-2014.

作者未见此种标本，现根据 Poppius (1915a) 和 Lin (2000c) 描述整理如下。

雄虫：体狭长，两侧近平行。

头褐色，长大于宽，眼间距约为头宽的一半，眼后区域两侧近平行，不收缩，褐色，侧面具血红色带。眼近球形，位于头前侧缘。额褐色，唇基和眼前区域具血红色斑。触角长，第 1 节红棕色，基部略膨大，第 2 节直，端部略膨大，第 2-4 节红褐色。喙中等长度，伸达中胸腹板中部。

前胸背板宽大于长，前部窄，中部之前明显收缩，前胸背板基部宽是端部宽的 2.5 倍，领褐色，前叶棕色，后叶亮黑色或褐色，后叶前部收缩区域具一系列小刻点，后缘被长毛。小盾片亮褐色，背面微隆，前缘具 2 个粗糙刻点，被长毛。

半鞘翅狭长，远伸过腹部端部，大部分黑色或褐色并透明，爪片黑色或褐色，内半隆起，与外半之间的边缘较尖锐，边缘具 1 列刻点；革片具黑色或褐色 "X" 形带；楔片长是宽的 2 倍，半透明，内缘略带黑色或褐色；膜片翅室较大，但窄于楔片，呈宽阔的黑色或褐色，后缘半透明。

足长，被直立长毛，浅褐色，具黑色或褐色环和血红色斑，基节黄白色。

体腹面红褐色或黑色，腹部腹面黄白色，末节黑色。左阳基侧突短粗，中部宽；右阳基侧突细长，具指状突起。

雌虫：体型、体色与雄虫相似，但足为黄白色。

量度 (mm)：体长 3.9、宽 1.2。

正模雄虫于 1909 年采自台湾，保存于匈牙利自然历史博物馆。

分布：台湾 (Poppius, 1915a; Lin, 2000c)。

讨论：Carvalho (1980b) 在对模式标本进行检视后，提出本种与丽菲盲蝽 *F. magnificus* Distant 非常相似，并怀疑其为后者的次异名，作者未检视模式标本前，暂将其处理为 1 个独立的种。

(55) 丽菲盲蝽 *Felisacus magnificus* Distant, 1904 (图 49；图版 Ⅴ: 80，Ⅵ: 81)

Felisacus magnificus Distant, 1904c: 439; Carvalho, 1957: 104; Carvalho, 1981a: 62; Carvalho, 1981b: 3; Hu *et* Zheng, 2001: 419; Schuh, 2002-2014.
Felisacus pulchellus Poppius, 1915c: 80. Synonymized by Carvalho, 1981a: 62.

雄虫：体小型，狭长，黑褐色，被淡色稀疏半直立毛。

头平伸，狭长，背面观长大于宽，眼后区侧缘前半微隆，后半近平行，眼后区长大于眼长的 1.5 倍，淡黄褐色，头侧面和颈褐色，光亮，被稀疏直立淡色毛。头顶微隆，眼间距是眼宽的 1.55 倍，中纵沟浅而短，后缘无横脊，具 1 弧形凹痕。额中部内凹，两侧各有 1 条血红色侧线，延伸至头顶眼两侧，有时 2 条线端部靠近，呈 "n" 形，有时色较淡而不连续。唇基垂直，均匀微隆，黄色，背面染红色。上颚片和下颚片黄色，小颊色较深。喙伸达中胸部腹板端部，不达中足基节基部，黄褐色，端部褐色。复眼位于头的前半部，半圆形，侧面观肾形，红褐色，略向两侧伸出。触角细长，密被淡色半直立毛，第 1 节长为眼间距的 3.73 倍，近基部 1/3 处渐膨大，端部细，红褐色，光亮，毛被较其他节稀疏；第 2 节较第 1 节细，略长于第 1 节，淡黄褐色，略带红色，向端部略加粗，被毛细密，毛长于该节直径；第 3、4 节弯曲，略细于第 2 节，毛被同第 2 节，褐色，第 3 节基部 1/3 色较淡。

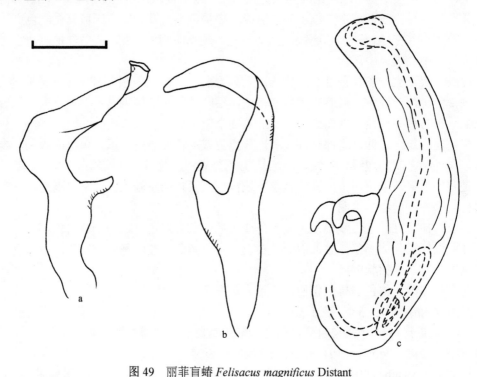

图 49　丽菲盲蝽 *Felisacus magnificus* Distant
a. 左阳基侧突 (left paramere)；b. 右阳基侧突 (right paramere)；c. 阳茎 (aedeagus)；比例尺：0.1mm

　　前胸背板中部缢缩，分为前后 2 叶，前叶黄褐色，后叶黑色，被稀疏直立淡色毛。领前缘褐色，后缘两侧具 1 对圆形深刻凹陷，前叶侧缘圆隆，胝圆隆，两胝相连，界限不明显，两胝中部后缘具 1 对小圆形凹陷，直径小于领后缘凹陷，胝后缘凹陷处外侧具 1 排小刻点。后叶圆隆，侧缘平直，后侧角圆隆，后缘中部略内凹。胸部侧板黑褐色，具光泽，被淡色半直立短毛，前胸背板前半黄褐色，二裂。中胸盾片狭窄外露，黑色，无光泽。小盾片微隆，黑褐色，具浅横皱，光泽弱，端角圆，被稀疏淡色半直立毛。
　　半鞘翅两侧中部微隆，被半直立淡色长毛，淡黄色，除爪片外半透明。爪片黑褐色，无光泽；革片和缘片基部黑色，革片中部、楔片缝和楔片内缘各具 1 横向的黑色条纹，在中部相连接，前两条横纹均伸达缘片外缘，楔片内缘黑纹伸达楔片端角；翅面沿楔片缝略下折；膜片烟褐色，端缘淡色、半透明，具 2 翅室，脉深褐色。
　　足细长，淡黄褐色，被淡色半直立毛，腿节向端部渐细，前、中足腿节端部 1/3 和后足腿节端部 2/3 黑褐色，腿节端部背面染红色，有时具 1 红色短带；前、后足胫节基部 2/3 和中足胫节 1/2 黑褐色，具 4 列褐色小刺；跗节 3 节，基节短，第 2、3 节向端部膨大，端部褐色；爪褐色。

腹部淡黄色，被稀疏淡色半直立短毛。臭腺沟缘膨大，端缘圆形，淡黄白色。

雄虫生殖囊淡黄色，染红色，被稀疏淡色半直立短毛，长度约为整个腹长的 1/2。阳茎端简单，膜质。左阳基侧突弯曲成直角，基半具 1 指状突起，端半细长，顶端上翘；右阳基侧突几与左阳基侧突等大，基半具 1 指状突起，端半弯曲，狭长。

雌虫：体型、体色与雄虫相似，有时体色略淡。

量度 (mm)：体长 4.61-4.69 (♂)、4.83-4.87 (♀)，宽 1.02-1.19 (♂)、1.38-1.45 (♀)；头长 0.52-0.58 (♂)、0.52-0.59 (♀)，宽 0.67-0.73 (♂)、0.70-0.74 (♀)；眼间距 0.27-0.34 (♂)、0.34-0.38 (♀)；眼宽 0.20-0.25 (♂)、0.16-0.21 (♀)；触角各节长：I : II :III:IV=1.14-1.19:1.42-1.46:1.02-1.04:1.02-1.09 (♂)、1.03-1.08:0.94-1.01:1.01-1.04:1.03-1.07 (♀)；前胸背板长 0.90-0.96 (♂)、0.95-0.98 (♀)，后缘宽 1.03-1.06 (♂)、1.12-1.17 (♀)；小盾片长 0.47-0.49 (♂)、0.34-0.39 (♀)，基宽 0.35-0.39 (♂)、0.46-0.49 (♀)；缘片长 1.91-1.95 (♂)、2.07-2.10 (♀)；楔片长 0.68-0.72 (♂)、0.60-0.64 (♀)，基宽 0.27-0.32 (♂)、0.27-0.31 (♀)。

观察标本：12♂5♀，海南尖峰岭，1980.IV.13，任树芝采；2♀，海南五指山水满乡，2007.V.9，张旭采；2♀，海南五指山保护区，2007.V.18，董鹏志采；2♀，海南白沙县鹦哥岭，2007.V.23，董鹏志采；1♀，海南霸王岭南叉河监测站，2007.VI.10，董鹏志、于昕采；1♂3♀，海南吊罗山自然保护区，2008.IV.19，朱耿平采；1♂，海南黎母山森林公园，2008.IV.23，蔡波采；1♀，海南黎母山森林公园，2008.IV.23，朱耿平采；1♂，海南万宁六连岭，2008.VII.26，高翠青采；2♀，海南陵水吊罗山白水岭，450m，2008.VIII.13，张旭采；5♂11♀，海南兴隆，2009.V.6，穆怡然采；1♀，海南霸王岭保护区东一管护站，2009.V.18，穆怡然采；1♂，海南乐东尖峰岭自然保护区，2009.XII.4，王菁采。1♀，福建南靖，1965.IV.20，王良臣采。1♂3♀，广东肇庆鼎湖山国家级自然保护区，2009.VII.28，崔英采；2♂4♀，广东肇庆鼎湖山国家级自然保护区，2009.VII.28，蔡波采；1♀，广东茂名信宜大成镇大雾岭自然保护区，1000m，2009.VIII.1，蔡波采；1♀，同上，2009.VIII.2，崔英采。1♀，广西龙州大青山，1964.VII.19，刘胜利采；1♀，同上，王良臣采；1♀，同上，1964.VII.21；1♂，广西防城板八乡，250m，2000.VI.3，李文柱采；2♂，广西玉林容县天堂山保护区，2009.VIII.15，崔英采；3♂，广西南宁大明山，2011.VIII.14，邢杏采。

分布：福建、广东、海南、广西；缅甸，菲律宾，新几内亚岛。

讨论：本种色斑与琉球菲盲蝽 *F. okinawanus* Miyamoto 相似，但左阳基侧突较弯曲，端半与基半之间夹成直角，可与之相区别。

本种标本多采集于蕨类植物上。

本志新增了福建的分布记录，并对 Hu 和 Zheng (2001) 中记载的分布地点进行了更正，Distant (1904d) 记载的本种分布地为缅甸丹那沙林，而非日本冲绳。

(56) 黑角菲盲蝽 *Felisacus nigricornis* Poppius, 1912 (图 50; 图版Ⅵ: 82, 83)

Felisacus nigricornis Poppius, 1912d: 2; Carvalho, 1957: 104; Carvalho, 1980b: 652; Carvalho, 1981a: 65; Schuh, 2002-2014.

雄虫: 体小型, 狭长, 体黄色, 被淡色稀疏半直立毛。

头平伸, 眼后区域宽阔, 后部 1/4 缢缩, 形成具明显的颈, 黄色, 光亮, 被稀疏直立淡色毛。头顶微隆, 眼间距是眼宽的 1.85 倍, 中纵沟明显, 后缘无横脊, 具 1 弧形凹痕, 眼后具 1 红色纵带, 伸达颈部。额中部平, 具 1 弧形红色横带, 带前部具 1 模糊红色斑。唇基垂直, 均匀隆起。上颚片较狭, 下颚片较宽阔, 宽三角形, 光亮。小颊狭长。喙伸达中足基节中部, 淡黄褐色, 端部褐色。复眼圆, 侧面观肾形, 红褐色, 略向两边伸出。触角细长, 红褐色, 密被淡色半直立毛, 第 1 节长为眼间距的 3.33 倍, 基部略细, 端部微外弯, 基部黄色, 毛被较其他节稀疏; 第 2 节较第 1 节细, 略长于第 1 节, 端部略加粗, 被毛细密, 毛长于该节直径; 第 3、4 节弯曲, 略细于第 2 节, 毛被同第 2 节, 第 3 节色略淡。

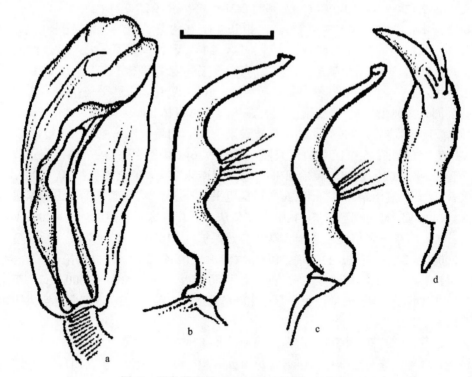

图 50　黑角菲盲蝽 *Felisacus nigricornis* Poppius

a. 阳茎 (aedeagus); b、c. 左阳基侧突不同方位 (left paramere in different views); d. 右阳基侧突 (right paramere); 比例尺: 0.1mm

前胸背板中部缢缩, 分为前后 2 叶, 黄色, 被直立淡色毛。前叶两侧各具 1 条红色纵带, 领前缘褐色, 后缘两侧具 1 对圆形深刻凹陷, 前叶侧缘圆隆, 胝圆隆, 两胝相连,界限不明显，两胝中部后缘具 1 对小圆形凹陷，直径小于领后缘凹陷，胝后缘凹陷处外侧具 1 排小刻点。后叶圆隆，侧缘几乎直，中部微内凹，后侧角圆隆，后缘平直，中部略内凹，后缘两侧黑褐色。胸部侧板黄色，具光泽，被淡色半直立短毛，前胸侧板二裂。中胸盾片狭窄外露，黄色。小盾片微隆，黄色，端部褐色，端角圆，被淡色半直立毛。

半鞘翅两侧平行，端半微隆，被半直立淡色长毛，淡黄色，除爪片内半外半透明。爪片脉红色，内半淡黄褐色，外半淡黄色、半透明；革片后缘红色，端部微染红色；缘片外缘端部 3/4 褐色，端部较宽，沿楔片缝红褐色；翅面沿楔片缝略下折，楔片狭长，内缘红色，外缘褐色；膜片烟褐色，半透明，具 2 翅室，脉褐色。

足细长，淡黄褐色，腿节和胫节背面具红色纵带，被淡色半直立毛，腿节向端部渐细；胫节具 4 列褐色小刺；跗节 3 节，基节短，第 2、3 节向端部膨大，第 3 节黑褐色；爪褐色。

腹部腹面淡黄色，侧面带红色，具光泽，被稀疏淡色半直立短毛。臭腺沟缘膨大，圆形，淡黄白色。

雄虫生殖囊黄褐色，被稀疏淡色半直立短毛，长度约为整个腹长的 1/3。阳茎端输精管端部特化。左阳基侧突端部细长，基半具 1 圆隆肿胀，顶端尖；右阳基侧突短粗，基半膨大，中部具 1 突起，顶端尖。

雌虫：体型、体色与雄虫一致，体较宽大，淡黄色，触角黑色，楔片略带黄色，不透明，前胸背板后叶两侧具红色纵带。

量度 (mm)：体长 2.8 (♂)、4.1 (♀)，宽 0.7 (♂)、1.0 (♀)；头长 0.3 (♂)、0.40 (♀)，宽 0.4 (♂)、0.53 (♀)；眼间距 0.24 (♂)、0.25 (♀)；眼宽 0.13 (♂)、0.13 (♀)；触角各节长：Ⅰ:Ⅱ:Ⅲ:Ⅳ=0.8:0.79:0.50:0.61 (♂)、0.87:1.1:0.55:0.65 (♀)；前胸背板长 0.6 (♂)、0.79 (♀)，后缘宽 0.67 (♂)、0.91 (♀)；小盾片长 0.21 (♂)、0.30 (♀)，基宽 0.23 (♂)、0.38 (♀)；缘片长 1.12 (♂)、1.72 (♀)；楔片长 0.48 (♂)、0.55 (♀)，基宽 0.20 (♂)、0.19 (♀)。

观察标本：1♂，云南瑞丽弄岛，1000m，2006.Ⅶ.31，朱卫兵采；1♀，云南腾冲，1850m，2006.Ⅷ.13，石雪芹采。

分布：云南；新几内亚岛。

讨论：本种与岛菲盲蝽 *F. insularis* Miyamoto 相似，但本种触角第 1 节暗褐色至黑色，头侧面眼后具 1 红色纵带，前胸背板后缘两侧黑褐色，可与之相区别。

本种为中国新纪录种。

(57) 琉球菲盲蝽 *Felisacus okinawanus* Miyamoto, 1965 (图 51)

Felisacus okinawanus Miyamoto, 1965b: 166; Lin, 2000c: 237; Schuh, 2002-2014.

作者未见此种标本，现根据 Miyamoto (1965b) 描述整理如下。

体狭长，两侧近平行，被长毛。

头长大于宽，褐色，头顶血红色至红褐色，眼间距约为头宽的一半，额、唇基黄褐色。喙长，伸达后足基节端部。触角第 1 节褐色至红褐色，基半微弯而膨大；第 2 节较细，黄色；第 2-4 节较第 1 节细长，被长毛。

颈、领和前胸背板亮棕色，前胸背板宽大于长，中部之前明显收缩，收缩区域具 1 列深刻点，后缘宽约为前缘宽的 2 倍，后叶长约为前缘长的 2 倍，后部隆起程度较弱。小盾片近三角形，后部微隆，亮褐色，光滑，具横皱，基部具 1 对刻点，被长直立毛。

半鞘翅狭长。爪片、革片内部相连的 2 个横向带、膜片褐色，爪片内半抬升，与外半之间的分界尖锐，边缘具 1 列刻点；楔片狭长，三角形，长约为宽的 2 倍；膜片宽，端部淡色，透明，翅室长，但窄于楔片宽。足长，被长直立毛，黄色，前、中足腿节具棕色环，后足腿节具褐色环。

腹面褐色。

雄虫生殖节黄色，侧缘几乎直，腹面后缘在左阳基侧突下方具 2 个尖锐突起。左阳基侧突较狭长，仅基部突起较宽大而后外侧较直；右阳基侧突向端部渐窄，顶端圆钝，仅基部内侧具 1 短小而强烈弯曲的突起。

雌虫：与雄虫相似，但体褐色，腹部腹面黄白色。

量度 (mm)：体长 3.2、宽 0.84。

分布：台湾 (Lin, 2000a)；日本。

讨论：本种体色与丽菲盲蝽 *F. magnificus* Distant 相似，但本种右阳基侧突端半较细长，可相互区别。

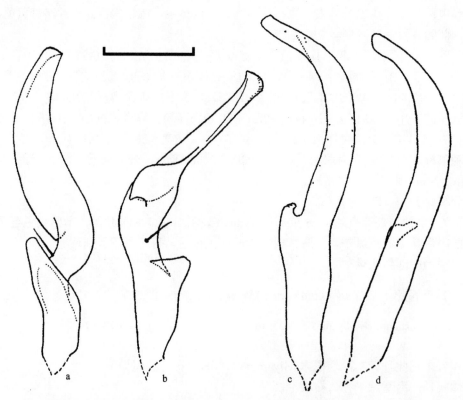

图 51　琉球菲盲蝽 *Felisacus okinawanus* Miyamoto (仿 Miyamoto, 1965b)

a、b. 左阳基侧突不同方位 (left paramere in different views)；c、d. 右阳基侧突不同方位 (right paramere in different views)；

比例尺：0.1mm

13. 角盲蝽属 *Helopeltis* Signoret, 1858

Helopeltis Signoret, 1858: 502. **Type species:** *Helopeltis antonii* Signoret, 1858; by monotypy.

Aspicellus Costa, 1864: 147. **Type species:** *Aspicellus podagricus* Costa, 1864; by monotypy. Synonymized by Walker, 1873: 165.

体中到大型，较狭长，光亮，淡红褐色至深褐色，淡色种类头、前胸背板、足和触角上常有鲜艳色斑，背部光亮，无毛或仅有淡色刚毛。

头短，背面观宽约为长的 2 倍，具明显的颈，头顶圆隆，具细中纵沟，额平或微凹，未伸达触角窝边缘。唇基显著延伸，多毛，中前部有时凹陷。眼近球形，位于头中部，从侧面观看，是头高度的一半。触角窝长，触角细长，长于体长，第 1 节常长于前胸背板后缘宽，末端膨胀，被稀疏短淡色毛；第 2-4 节细长，第 2、3 节长度几相等，长于第 4 节，毛较密，第 2、3 节毛有时长于该节直径。喙伸达或略超过中胸腹板端部，第 1-3 节等长，第 4 节略长。

前胸背板光滑，前部在胝区强烈狭窄，后叶强烈圆隆，后侧角圆钝，后缘弧状，中部 1/3 处直或微凹；领膨大或微隆，胝不明显。小盾片小，有时圆隆，被刻点，中部具 1 细长的杆状突起，中部收缩，末端稍膨大，顶端平，具毛，此特征为该属的显著特点之一。半鞘翅狭长，光滑，半透明，两侧中部内凹，爪片具细微刻点，在小盾片顶点和爪片内缘之间有宽缝隙；革片后缘宽；楔片缝很浅，微裂，楔片长大于基部宽，狭窄而弯曲；膜片长，1 翅室，翅室大，翅室端角尖。足细长，腿节略具瘤状突起，被稀疏短毛；胫节刺长，端部具深色微刺；爪近端部具齿，有发达的副爪垫和刚毛状爪间突。

雄虫左阳基侧突均匀弯曲，感觉叶较发达；右阳基侧突小，尖端钝。

分布：江西、台湾、广东、海南、广西、贵州、云南、西藏；印度，缅甸，越南，泰国，斯里兰卡，菲律宾，马来西亚，印度尼西亚 (爪哇岛)。

本属世界已知 43 种，中国已知 4 种。

种 检 索 表

1. 触角第 1 节约与头宽相等；阳茎端无齿 ·················金鸡纳角盲蝽 *H. cinchonae*
   触角第 1 节长于头宽的 2 倍；阳茎端具小齿 ························ 2
2. 腿节基部具淡黄褐色或淡黄色宽环 ·················布氏角盲蝽 *H. bradyi*
   腿节基部无淡色环 ······································ 3
3. 触角第 2 节毛长约为该节中部直径的 2 倍；生殖囊黑褐色 ·········台湾角盲蝽 *H. fasciaticollis*
   触角第 2 节毛较短，不达该节直径的 2 倍；生殖囊淡黄褐色 ········腰果角盲蝽 *H. theivora*

(58) 布氏角盲蝽 *Helopeltis bradyi* Waterhouse, 1886 (图 52；图版Ⅵ: 84)

Helopeltis bradyi Waterhouse, 1886: 458; Lever, 1949: 91; Carvalho, 1957: 134; Zheng, 1995: 459; Hu et Zheng, 2001: 420; Schuh, 2002-2014.

Helopeltis romundei Waterhouse, 1888: 207. Synonymized by Stonedahl, 1991a: 476.

Helopeltis ceylonensis De Silva, 1957: 459. Synonymized by Stonedahl, 1991a: 476.
Helopeltis (*Helopeltis*) *bradyi*: Stonedahl, 1991a: 476.

雄虫：体中型，狭长，黑褐色，被淡色直立极短毛。

头横宽，垂直，黑褐色，仅在唇基端半和眼下方色略淡。头顶微隆，具光泽，眼间距是眼宽的3.10倍，中纵沟明显，后缘无横脊。额较平坦，略内凹，被稀疏淡色直立短毛。唇基较小，上缘与眼下缘平齐，强烈隆起，垂直，端部2/3色淡，密被直立短毛。头侧面褐色，眼下方色略淡，小颊狭长，前端淡黄色。喙褐色，第1节端部、第2节基部和第3节基部淡色，伸达中足基节端部。复眼侧面观椭圆形，背面观半圆形，略向两边伸出，红褐色。触角细长，黄褐色，被褐色直立短毛，第1节细长，端部膨大，基部淡黄色，毛较稀疏；第2节略细于第1节中部，细长，微弯，黑褐色，被毛浓密，被淡色半平伏短毛和褐色半直立毛；第3、4节缺。

前胸背板梯形，侧面观斜下倾，深红褐色，光亮，被稀疏褐色短毛，侧缘在胝后微隆，后侧角圆，后缘圆隆。领后缘界限不明显。胝黑褐色，狭长，两侧伸达前胸背板背面观两侧，微隆，两胝不相连。胸部侧板红褐色。中胸盾片狭窄外露，褐色，中部黑褐色。小盾片倒梯形，后缘平直，微翘，褐色，边缘淡色，角状突起后缘具1中纵脊，淡色，角状突起基部深褐色，近基部黄色，向端部渐呈褐色，端部膨大，端部密被直立短毛，其他部分毛较稀疏。

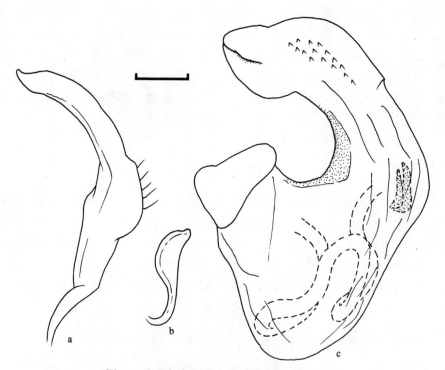

图 52　布氏角盲蝽 *Helopeltis bradyi* Waterhouse

a. 左阳基侧突 (left paramere)；b. 右阳基侧突 (right paramere)；c. 阳茎 (aedeagus)；比例尺：0.1mm

半鞘翅两侧向后渐收拢，淡黄褐色、半透明，被毛较短而稀疏，不明显，爪片向端部渐细，端部相接触，无接合缝，基部色较淡，内缘、脉和外缘呈狭窄的褐色；革片端部内角有时褐色；缘片狭窄，褐色，内缘黑褐色；楔片缝较短，倾斜，翅面沿楔片缝略下折，楔片细长，长是宽的 6.72 倍，褐色，内缘和外缘黑褐色；膜片淡褐色，半透明，具 1 翅室，端部向后延伸，端角圆，脉褐色。

足细长，褐色，被褐色短毛，胫节毛较腿节略浓密，足基节深褐色；腿节基部 1/3 具淡黄褐色或淡黄色宽环，在淡色环后具多个瘤状突起及褐色小斑，向端部渐粗，端部腹面具 "V" 形 1 深裂；胫节黄褐色，端部褐色，端部微膨大，近端部毛较细密而倾斜；跗节 3 节，第 3 节最长，深褐色，毛同胫节端部；爪褐色。

腹部背面褐色，腹面淡黄褐色，第 1-3 节侧面具深色斑。臭腺沟缘灰褐色。

雄虫生殖囊黑褐色，被半直立淡色毛，长于前胸背板毛，长度约为整个腹长的 1/3。阳茎端膜质，具 1 丛小刺，具 2 个小骨化附器。左阳基侧突大，狭长，微弯，基半略膨大，背面被短毛；右阳基侧突短小，微弯，向端部渐细。

雌虫：体略宽大，前胸背板后叶橙色。

量度 (mm)：体长 6.82-6.93 (♂)、7.32-7.83 (♀)，宽 1.60-1.63 (♂)、1.15-1.21 (♀)；头长 0.56-0.59 (♂)、0.57-0.62 (♀)，宽 0.92-0.93 (♂)、0.98-0.99 (♀)；眼间距 0.70-0.71 (♂)、0.73-0.74 (♀)；眼宽 0.11-0.12 (♂)、0.12-0.14 (♀)；触角各节长：Ⅰ:Ⅱ:Ⅲ:Ⅳ=2.50-2.61: 4.38-5.00:3.60-3.62:? (♂)、2.52-2.63:4.40-4.95:3.61-3.63:? (♀)；前胸背板长 0.94-0.97 (♂)、0.98-1.02 (♀)，后缘宽 1.54-1.62 (♂)、1.57-1.59 (♀)；小盾片长 0.49-0.52 (♂)、0.47-0.49 (♀)，基宽 0.53-0.55 (♂)、0.57-0.59 (♀)；缘片长 3.01-3.10 (♂)、3.05-3.12 (♀)；楔片长 1.41-1.50 (♂)、1.43-1.52 (♀)，基宽 0.22-0.29 (♂)、0.23-0.31 (♀)。

观察标本：1♂1♀，海南，1979.Ⅳ；3♂2♀，海南陵水，1980.Ⅲ.31。

分布：海南；新加坡，缅甸，印度，斯里兰卡，马来西亚，印度尼西亚。

讨论：本种与分布于菲律宾的 *H. bakeri* Poppius 相似，但本种前胸背板后叶有时带有红色，腹部第 1-3 节侧面具深色斑，雄虫外生殖器结构亦可相互区分。

据记载，本种观察标本采自咖啡上。

(59) 金鸡纳角盲蝽 *Helopeltis cinchonae* **Mann, 1907** (图 53；图版Ⅵ: 85, 86)

Helopeltis cinchonae Mann, 1907: 328; Carvalho, 1957: 134; Lavabre, 1977c: 62; Zheng, 1995: 459; Hu et Zheng, 2001: 420; Schuh, 2002-2014.

Helopeltis brevicornis Poppius, 1915a: 52. Synonymized by Stonedahl, 1991a: 478.

Helopeltis (Helopeltis) cinchonae: Stonedahl, 1991a: 478.

雄虫：体中型，狭长，黑褐色，被淡色直立极短毛。

头横宽，垂直，黑褐色。头顶微隆，具光泽，眼内侧色略淡，眼间距是眼宽的 3.06 倍，中纵沟明显，后缘无横脊，颈两侧具 1 对淡色小斑。额内凹，被稀疏淡色直立短毛。唇基较小，上缘与眼下缘平齐，强烈隆起，垂直，端部淡色，密被直立短毛。头侧面黑褐色，眼下方具 1 隐约淡色斑，小颊狭长，前端色略淡。喙黄褐色，端部深褐色，伸达中足基节中部。复眼侧面观椭圆形，背面观半圆形，略向两边伸出，红褐色。触角细长，被褐色直立短毛，第 1 节短，等于或略长于头宽，具瘤，浅黄褐色，具不规则黑色斑，毛稀疏；第 2-4 节浅红褐色至深红褐色，被毛较浓密，被淡色半平伏短毛和褐色半直立毛，第 2、3 节略细长，约等粗，细于第 1 节，第 4 节短，向端部渐细，基部和端部红褐色。

前胸背板梯形，侧面观斜下倾，深红褐色，光亮，被稀疏褐色短毛，侧缘在胝后微隆，后侧角圆，后缘圆隆。领前缘中部内凹，后缘界限不明显。胝较平坦，黑褐色，光亮。胸部侧板黑褐色。中胸盾片狭窄外露，黑褐色。小盾片倒梯形，后缘平直，侧面观圆隆，黑褐色，角状突起基半黑褐色，端半淡黄褐色，端部褐色或具褐色环，端部膨大，端部密被直立短毛，杆部和小盾片其他部分毛较稀疏。

半鞘翅两侧向后渐收拢，褐色，半透明，被毛较短而稀疏，不明显，爪片向端部渐细，端部相接触，无接合缝；缘片狭窄，端部略宽，内缘黑褐色；楔片缝较短，倾斜，翅面沿楔片缝略下折，楔片细长，长是宽的 6.56 倍，褐色，内缘红色，外缘端半黑褐色；膜片烟褐色，翅室后具 1 淡黄白色斑，半透明，具 1 翅室，端角较尖，略小于直角，脉褐色。

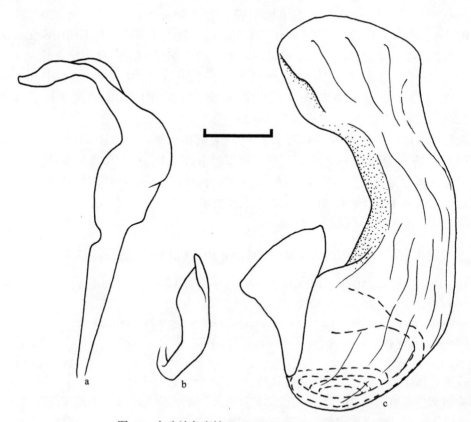

图 53　金鸡纳角盲蝽 *Helopeltis cinchonae* Mann

a. 左阳基侧突 (left paramere)；b. 右阳基侧突 (right paramere)；c. 阳茎 (aedeagus)；比例尺：0.1mm

足细长，黄褐色，被褐色短毛，胫节毛较腿节略浓密，足基节深褐色；腿节细长，具瘤，浅黄褐色，具不规则黑色斑，端部 1/4 略膨大，黑褐色，端部腹面具"V"形 1 深裂；胫节细，向端部渐细，顶部微膨大，黄褐色，基部褐色，基半 1/3 具 2 个黑色环，端半毛较细密而倾斜；跗节 3 节，第 3 节最长，端部略膨大，黄褐色，毛同胫节端部；爪褐色。

腹部黄褐色至红褐色。臭腺沟缘黄褐色。

雄虫生殖囊黑褐色，被半直立淡色毛，长于前胸背板毛，长度约为整个腹长的1/3。阳茎端膜质，无任何骨化结构。左阳基侧突大，狭长，弯曲，基半膨大，端半细长；右阳基侧突短小，端部渐细。

雌虫：体略宽大，色较淡，体黄褐色至红褐色。

量度 (mm)：体长 5.62-5.73 (♂)、6.30-6.92 (♀)，宽 0.99-1.04 (♂)、1.03-1.06 (♀)；头长 0.48-0.50 (♂)、0.47-0.52 (♀)，宽 0.86-0.93 (♂)、0.69-0.89 (♀)；眼间距 0.52-0.54 (♂)、0.61-0.62 (♀)；眼宽 0.17-0.18 (♂)、0.19-0.20 (♀)；触角各节长：Ⅰ:Ⅱ:Ⅲ:Ⅳ=0.80-0.90:2.51-3.00:2.41-2.69:1.02-1.11 (♂)、0.81-0.86:2.44-2.48:2.58-2.63:1.05-1.09 (♀)；前胸背板长 0.84-0.87 (♂)、0.94-0.97 (♀)，后缘宽 1.19-1.32 (♂)、1.36-1.42 (♀)；小盾片长 0.44-0.48 (♂)、0.37-0.39 (♀)，基宽 0.48-0.52 (♂)、0.56-0.64 (♀)；缘片长 2.32-2.57 (♂)、3.00-3.02 (♀)；楔片长 1.18-1.22 (♂)、1.13-1.17 (♀)，基宽 0.18-0.20 (♂)、0.34-0.37 (♀)。

观察标本：1♂，海南白沙鹦哥岭，500m，2007.Ⅴ.25，花吉蒙采；1♂，同前，500m，2007.Ⅴ.25，董鹏志采。1♂，贵州沿河麻阳河保护区沙坪村万家，800-900m，2007.Ⅹ.4，蔡波采；1♂1♀，贵州绥阳宽阔水自然保护区香树湾村，900m，2010.Ⅵ.74，党凯采。1♂，广东茂名信宜大成镇大雾岭自然保护区，1000m，2009.Ⅶ.30，蔡波采；2♂7♀，同前，2009.Ⅶ.31；2♂3♀，同前，1000m，焦克龙、蔡波采；14♂3♀，同前，2009.Ⅷ.1，蔡波采；6♂13♀，同前，1050m，李敏采；12♂7♀，同前，崔英采；6♂4♀，同前，2009.Ⅷ.2；2♂3♀，同前，1000m，李敏采；1♂，广东阳春八甲镇鹅凰嶂自然保护区仙家洞保护站，576m，2009.Ⅷ.4，李敏采；1♂，广东南昆山，2010.Ⅶ.29，刘浩宇采；1♂，同前，2010.Ⅶ.29。2♂，西藏墨脱，1977.Ⅶ.28，李继钧采；1♀，西藏墨脱背崩，750m，1998.Ⅺ.9，姚建采；1♂，西藏墨脱三号桥背崩，780-1000m，2003.Ⅷ.11，魏美才、肖炜采；1♂，西藏墨脱背崩，780m，2003.Ⅷ.12，魏美才、肖炜采；3♂1♀，西藏墨脱背崩乡，780-1100m，2003.Ⅷ.13，薛怀君、王新谱采；1♂，西藏墨脱城郊，1100m，2003.Ⅷ.14，薛怀君、王新谱采。1♂，江西九连山坪坑，2002.Ⅶ.16，薛怀君采。3♂4♀，台湾高雄多纳，300m，2011.Ⅵ.3，谢强采；1♂，台湾屏东浸水营，1000m，2011.Ⅵ.7，谢强采；2♂，台湾新北乌来，600m，2011.Ⅵ.9，谢强采；1♂，台湾宜兰大汉桥，710m，2011.Ⅵ.13，谢强采；1♀，台湾新北塔曼山，600m，2011.Ⅵ.14，灯诱，谢强采。1♂2♀，广西龙州大青山，1964.Ⅶ.18，刘胜利采；2♂，同前，1964.Ⅶ.19，同前；4♂，同前，1964.Ⅶ.21，同前；1♀，广西陇瑞，1984.Ⅴ.19，任树芝采；1♀，广西那坡，900m，1998.Ⅳ.2，乔格侠采；1♀，广西那坡百合，440m，1998.Ⅳ.7，武春生采；1♂，广西那坡，1000m，1998.Ⅳ.12，武春生采；1♂，广西防城板八乡，550m，2000.Ⅵ.4，姚建采；1♂，广西那坡德孚，1350m，2000.Ⅵ.18，姚建采；1♂，广西靖西底定，1000-1700m，2000.Ⅵ.23，姚建采；1♀，广西上思县红旗林场，260m，2002.Ⅳ.1，灯诱，薛怀君采；1♂，广西金秀大瑶山保护区圣堂山保护站，780-1200m，2009.Ⅶ.22，赵清采；1♂，广西金秀大瑶山保护区老山林场，800m，2009.Ⅶ.26，赵清采；1♂，广西玉林容县天堂山保护区，2009.Ⅷ.15，李敏采；2♂，广西玉林容县黎村镇天堂山，750m，2009.Ⅷ.16，党凯采；4♂4♀，广西玉林容县天堂山保护区，2009.Ⅷ.17，崔英采；1♂1♀，广西玉林容县黎村天堂山，730-740m，2009.Ⅷ.17，李敏采；1♀，同前，2009.Ⅷ.18，蔡波、焦克龙采；1♀，广西玉林容县黎村天堂山，700-800m，2009.Ⅷ.18，党凯、焦克龙采；1♂1♀，广西巴马坡月村百魔洞，2011.Ⅷ.6，穆怡然、焦克龙采。1♂2♀，云南西双版纳勐龙、景洪，1958.Ⅳ.16，程汉华采；1♂，云南景洪，1981.Ⅳ.9-16，何俊华采；1♀，云南澜沧拉祜，1200m，1957.Ⅷ.8；1♂，云南勐腊尚勇，1979.Ⅸ.20，凌作培采；1♂5♀，云南蒙自，1988，陈玉玲采；1♂，云南思茅菜阳河瞭望塔，1600m，2000.Ⅴ.16，郑乐怡采；1♀，云南思茅菜阳河俣俣新寨山，1400m，2000.Ⅴ.21，郑乐怡采；1♂，云南思茅菜阳河电站，1100m，2000.Ⅴ.24，郑乐怡采；1♂，云南思茅菜阳河，1300m，2000.Ⅴ.25，卜文俊采；1♀，云南思茅菜阳河鱼塘，1400m，2000.Ⅹ.21，卜文俊采；1♀，同前，2000.Ⅹ.25；1♂，云南思茅菜阳河阿里河村，1250m，2000.Ⅹ.26，卜文俊采；1♀，云南思茅菜阳河俣俣新寨山，1350m，2000.Ⅹ.27，卜文俊采；1♂，云南南涧公郎，1300m，2001.Ⅺ.4，朱卫兵采；1♀，同前，卜文俊采；1♀，云南澜沧田房，660m，2001.Ⅺ.25；1♂，云南天峨大山林场，1100m，2002.Ⅷ.3，谌安明采；1♂，同前，蒋国芳采；1♀，云南保山百花岭，1600m，2002.Ⅸ.20，薛怀君采；1♂2♀，云南保山百花岭马山沟，1550m，2002.Ⅸ.21，薛怀君采；1♂2♀，云南龙陵邦腊掌，1300m，2002.Ⅹ.13，薛怀君采；1♂，云南元江县咪哩乡，2006.Ⅶ.19，范中华采；1♀，云南瑞丽珍稀植物园，1200m，2006.Ⅶ.28，李明采；2♀，云南瑞丽珍稀植物园，1200m，2006.Ⅶ.29，李明采；3♀，同前，范中华采；2♀，同前，张旭采；2♀，同前，田晓轩采；1♀，同前，石雪芹采；1♂，同前，郭华采；1♀，同前，2006.Ⅶ.30，张旭采；1♂，同前，田晓轩采；2♂1♀，同前，2006.Ⅶ.31，范中华采；2♂，同前，高翠青采；1♂，同前，郭华采；2♂2♀，同前，2006.Ⅷ.1，范中华采；2♂♀，同前，石雪芹采；1♂，同前，张旭采；1♂，同前，高翠青采；1♂，同前，郭华采；1♂4♀，云南瑞丽弄岛等嘎，1000m，2006.Ⅷ.1，朱卫兵采；1♂1♀，云南隆阳百花岭，1600m，2006.Ⅷ.11，董鹏志采；2♂，同前，范中华采；1♂♀，同前，朱卫兵采；4♂4♀，同前，1500-1700m，2006.Ⅷ.12；5♂1♀，同前，范中华采；1♂♀，同前，董鹏志采；3♂，同前，李明采；2♂4♀，同前，2006.Ⅷ.13，朱卫兵采；4♂1♀，同前，董鹏志采；2♂♀，同前，1500-1600m，2006.Ⅷ.14，范中华采；2♂，同前，1600-1800m，2006.Ⅷ.15，董鹏志采；2♂2♀，云南腾冲整顶，1850m，2006.Ⅷ.13，石雪芹采；2♂3♀，同前，郭华采；1♂1♀，云南腾冲整顶小云盘，2006.Ⅷ.15，郭华采；1♂，云南腾冲来凤山国家森林公园，1800m，2006.Ⅷ.6，石雪芹采；1♀，云南德宏盈江铜壁关乡，318-1160m，2009.Ⅴ.15，蔡波采；1♂，云南德宏盈江铜壁关乡，1350-1790m，2009.Ⅴ.19，李敏采；1♂2♀，云南德宏盈江铜壁关乡，1350m，2009.Ⅴ.20，李敏采；1♂2♀，云南普洱思茅区梅子湖森林公园，1350m，2009.Ⅷ.28，穆怡然、焦克龙采。

分布：江西、台湾、广东、海南、广西、贵州、云南、西藏；缅甸，越南，泰国，马来西亚，爪哇岛。

讨论：本种与布氏角盲蝽 *H. bradyi* Waterhouse 相似，但本种触角第 1 节较短，等于或略长于头宽，楔片带红色，雄虫外生殖器特征亦可相互区别。

本种已记载寄主为金鸡纳树、茶等。

本志增加了该种在海南、贵州、广东、西藏和江西的分布记录。

(60) 台湾角盲蝽 *Helopeltis fasciaticollis* Poppius, 1915 (图 54；图版 VI: 87, 88)

Helopeltis fasciaticollis Poppius, 1915a: 53; Carvalho, 1957: 135; Gaedike, 1971: 147; Stonedahl, 1991a: 481; Zheng, 1995: 459; Hu *et* Zheng, 2001: 420; Schuh, 2002-2014.

Helopeltis pallidus Poppius, 1915a: 54. Synonymized by Stonedahl, 1991a: 481.

Helopeltis pollidiceps Poppius, 1915c: 76. Synonymized by Stonedahl, 1991a: 481.

雄虫：体中型，狭长，黑褐色，被淡色直立短毛。

头横宽，垂直，褐色，唇基端部、眼侧面下方斑和领侧面宽阔斑淡色。头顶微隆，具光泽，眼间距是眼宽的 3.59 倍，中纵沟明显，后缘无横脊。额中部微凹，被稀疏淡色直立短毛。唇基较小，上缘与眼下缘平齐，强烈隆起，垂直，端部淡色，密被直立短毛。头侧面淡褐色，眼下方色略淡，下颚片宽阔，小颊狭长，端半褐色，前角淡黄色。喙浅黄褐色，第 2 节褐色，端部深褐色，伸达中足基节中部。复眼侧面观椭圆形，背面观半圆形，略向两边伸出，黄褐色。触角细长，褐色，被褐色直立短毛，第 1 节细长，端部膨大，基部淡色，毛短于该节中部直径之半；第 2 节略细于第 1 节中部，细长，显著长于前胸背板后缘宽，微弯，黑褐色，被毛浓密，毛长约为该节中部直径的 2 倍；第 3、4 节黑褐色，毛被同第 2 节，第 3 节略短于第 2 节，第 4 节短。

前胸背板梯形，后叶侧面观斜下倾，领全部暗色，至少前缘区域为烟褐色，后叶褐色或淡褐色带橙红色，有时后缘深褐色，光亮，被稀疏褐色短毛，侧缘在胝后微隆，后侧角圆，后缘圆隆，中部略内凹。胝与后叶一色，狭长，微隆，光亮，两侧伸达前胸背板背面两侧，两胝不相连。前胸侧板黑褐色，有时褐色，有时淡黄褐色略带橘黄色，中、后胸侧板褐色。中胸盾片狭窄外露，黄褐色。小盾片倒梯形，后缘圆隆，橙褐色至褐色，密被暗褐色小斑，角状突起后缘具 1 中纵脊，角状突起深黄褐色至褐色，端部膨大，端部密被直立短毛，杆部和小盾片其他部分毛较稀疏。

半鞘翅两侧向后渐收拢，淡黄褐色、半透明，被毛较短而稀疏，不明显，爪片向端部渐细，端部相接触，无接合缝，基部色较淡，内缘、脉和外缘呈狭窄的褐色；革片脉褐色；缘片狭窄，内、外缘褐色；楔片缝较短，倾斜，翅面沿楔片缝略下折，楔片细长，长是宽的 3.78 倍，烟褐色，内、外缘呈狭窄的褐色；膜片淡褐色，半透明，具 1 翅室，端部向后延伸，端角圆，脉褐色。

足细长，褐色，被褐色短毛，胫节毛较腿节略浓密，足基节深褐色；腿节具多个瘤状突起，端部粗，暗黄褐色，略带褐色或黑褐色斑点，有时暗褐色带黑褐色斑点，基部淡黄褐色，端部腹面具 "V" 形 1 深裂；胫节黄褐色，基半具稀疏的褐色斑点，体色较淡者，腿节黄褐色，具深黄褐色斑，基部淡黄褐色，胫节颜色略同腿节，基半具稀疏的深黄褐色斑。端部微膨大，端半毛较长，且细密而倾斜；跗节 3 节，黄褐色，第 3 节最长，深褐色，端部膨大，毛较长而稀疏；爪黑褐色。

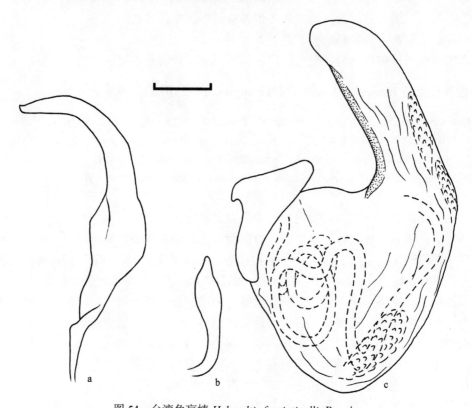

图 54　台湾角盲蝽 *Helopeltis fasciaticollis* Poppius
a. 左阳基侧突 (left paramere)；b. 右阳基侧突 (right paramere)；c. 阳茎 (aedeagus)；比例尺：0.1mm

腹部背面褐色，腹面淡黄褐色。臭腺沟缘灰褐色。

雄虫生殖囊黑褐色，被半直立淡色毛，长于前胸背板毛，长度约为整个腹长的 1/3。阳茎端部分骨化，顶端略钝圆，具 3 个带刺膜囊。左阳基侧突狭长，中部略弯，基半略膨大，末端较窄；右阳基侧突短小，略膨大，向端部渐细。

雌虫：体型、体色与雄虫相似，前胸背板常橙褐色至红色，足常呈宽阔的暗色。

量度 (mm)：体长 6.02-6.92 (♂)、6.64-7.03 (♀)，宽 1.02-1.10 (♂)、1.06-1.09 (♀)；头长 0.52-0.54 (♂)、0.49-0.53 (♀)，宽 1.11-1.23 (♂)、1.13-1.21 (♀)；眼间距 0.61-0.68 (♂)、0.62-0.64 (♀)；眼宽 0.17-0.19 (♂)、0.18-0.20 (♀)；触角各节长：I : II : III : IV=2.73-2.89 : 4.70-4.73 : 4.32-4.82 : ? (♂)、2.76-2.79 : 4.74-4.78 : 4.36-4.52 : ? (♀)；前胸背板长 0.88-0.93 (♂)、0.89-0.96 (♀)，后缘宽 1.36-1.42 (♂)、1.40-1.47 (♀)；小盾片长 0.48-0.52 (♂)、0.45-0.48 (♀)，基宽 0.50-0.54 (♂)、0.56-0.61 (♀)；缘片长 2.72-3.01 (♂)、2.75-3.06 (♀)；楔片长 1.02-1.20 (♂)、1.04-1.20 (♀)，基宽 0.27-0.31 (♂)、0.30-0.33 (♀)。

观察标本：1♂，海南尖峰岭鸣凤谷，900m，2007.VI.6，董鹏志采。1♂，云南勐腊，1979.IX.16，崔剑昕采；1♂，云南元江南溪，2010m，2006.VII.23，郭华采；1♀，云南瑞丽珍稀植物园，1200m，2006.VII.29，范中华采；1♂，同前，朱卫兵采；1♂，同前，1000m，

2006.Ⅶ.30，董鹏志采；1♀，云南瑞丽弄岛等嘎，2006.Ⅷ.1，董鹏志采；2♂3♀，同前，1000m，朱卫兵采。1♂，台湾，1947.Ⅷ.8，T. C. Wen 采；1♂1♀，台湾高雄多纳，300m，2011.Ⅵ.3，谢强采。1♂2♀，广西龙州，1981.Ⅶ.15；2♀，广西陇瑞，1984.Ⅴ.19，任树芝采；1♀，广西南宁区林科所，1984.Ⅶ.29，蒙田采。

分布：台湾、海南、广西、云南；印度，菲律宾，马来西亚，印度尼西亚。

讨论：本种与腰果角盲蝽 *H. theivora* Waterhouse 相近，主要区别为本种触角第 2 节毛长度比较均一，长度约为该节中部直径的 2 倍；雄虫生殖囊黑褐色。

Stonedahl (1991a) 记载该种寄主为漆树科 Anacardiaceae 的腰果 *Anacardium occidentale*、西番莲科 Passifloraceae 的鸡蛋果 *Passiflora edulis* 和梧桐科 Sterculiaceae 的可可 *Theobroma cacao*。

本志增加了该种在云南和海南的分布记录。

(61) 腰果角盲蝽 *Helopeltis theivora* **Waterhouse, 1886** (图 55；图版Ⅵ: 89, 90)

Helopeltis theivora Waterhouse, 1886: 457; Carvalho, 1957: 137; Goel *et* Schaefer, 1970: 311; Goel, 1972a: 367; Goel, 1972b: 171; Entwistle, 1977: 42; Lavabre, 1977c: 62; Stonedahl, 1991a: 486; Zheng, 1995: 459; Hu *et* Zheng, 2001: 420; Schuh, 2002-2014.

Helopeltis febriculosa Bergroth, 1889: 271. Synonymized by Distant, 1904c: 440.

Helopeltis oryx Distant, 1904c: 441. Synonymized by Stonedahl, 1991a: 486.

Helopeltis theobromae Miller, 1939: 343. Synonymized by Betrem, 1953: 177; see Stonedahl, 1991a: 486.

雄虫：体中型，狭长，体色变异较大，黄褐色或淡黄褐色，有时略呈黄色，被淡色直立短毛。

头横宽，垂直，黑褐色或褐色，头顶微隆，背面观头顶在触角窝基部后方近复眼内缘区域黄褐色或淡黄褐色，具光泽，眼间距是眼宽的 2.68 倍，中纵沟明显，后缘无横脊。额中部略内凹。唇基较小，上缘与眼下缘平齐，强烈隆起，垂直，基部褐色，端部 3/4 黄褐色，密被直立短毛。头侧面从唇基两侧经复眼下方、颈部侧方及颈部背后方至领前缘具 1 条宽的黄色条带，头部腹面黄色，颈部腹面褐色，中央区域黄色。喙黄褐色，末端褐色或黑褐色，第 1 节略粗壮，伸达中足基节端部。复眼侧面观椭圆形，背面观半圆形，略向两边伸出，褐色。触角细长，黄褐色，被褐色直立短毛，第 1 节细长，黄褐色，基部淡黄白色或淡黄色，端部 1/8 膨大，色略深，触角背方部分色略深，具不规则的黑褐色或褐色斑点，毛被较稀疏，极短，长度短于该节中部直径的一半；第 2-4 节黄褐色至黑褐色，第 2 节细长，微弯，略细于第 1 节中部，被毛浓密，端部 1/3 毛较长，略长于或等于该节中部直径；第 3、4 节毛较密，第 3 节多数毛长度约为该节中部直径的 1.5 倍，少数长毛达该节中部直径的 2 倍；第 4 节短，毛长多数略超过该节中部直径。

前胸背板梯形，侧面观斜下倾，被稀疏褐色短毛，侧缘在胝后微隆，后侧角圆，后缘中部平直，微内凹。领前半黄褐色或黄色，有时略带橙色，后半淡褐色或褐色、黑褐色，极少数个体领部淡色。胝狭长，两侧伸达前胸背板背面观两侧，微隆，两胝不相连，黄褐色略带橙色或褐色、黑褐色，有时胝的后半外侧部分色较淡。前胸背板后叶黄褐色或黄色，略具橙色，光亮，后部具 1 黑褐色大斑，有时颜色较淡，有时斑的前缘与胝的后缘相接，斑的前缘到前胸背板的黄褐色区域逐渐过渡。胸部侧板浅黄褐色。中胸盾片狭窄外露，黄褐色，中部褐色。小盾片倒梯形，后缘平直，微翘，淡黄褐色、黄褐色或深黄褐色，角状突起黄褐色或褐色，基半及端部有时黑褐色，端部膨大，端部密被直立短毛，杆部和小盾片其他部分毛较稀疏。

半鞘翅两侧向后渐收拢，淡黄褐色、半透明，被毛较短而稀疏，不明显，爪片向端部渐细，端部相接处，接合缝短，基部色较淡，内缘、脉和外缘呈狭窄的褐色；革片黄褐色或暗黄褐色，基部色淡，端部内角褐色或暗褐色，脉褐色；缘片狭窄，黄褐色或深黄褐色，有时略带橙红色；楔片缝较短，倾斜，翅面沿楔片缝略下折，楔片细长，长是宽的 5.88 倍，黄褐色或淡黄褐色略带橙红色；膜片黄褐色或暗黄褐色，半透明，具 1 翅室，端部向后延伸，端角圆，脉黄褐色或褐色。

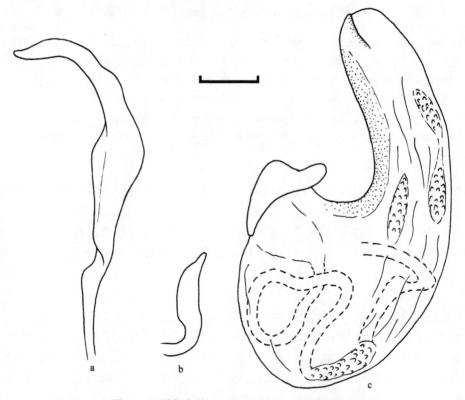

图 55　腰果角盲蝽 *Helopeltis theivora* Waterhouse
a. 左阳基侧突 (left paramere); b. 右阳基侧突 (right paramere); c. 阳茎 (aedeagus); 比例尺：0.1mm

足细长，黄褐色，被褐色短毛，胫节毛较腿节略浓密，足基节浅黄褐色；腿节深黄褐色，具多个瘤状突起及褐色小斑，向端部渐粗，端部腹面具 "V" 形 1 深裂；胫节基部深黄褐色或褐色，基部 2/3 具褐色斑，端部微膨大，前足胫节端部具 1 指状突起，突起腹面具梳状毛，端半毛较长，且细密而倾斜；跗节 3 节，第 3 节最长，深褐色，毛同胫节端部；爪黑褐色。

腹部腹面淡黄褐色或黄褐色。臭腺沟缘黄褐色。

雄虫生殖囊淡黄褐色，被半直立淡色毛，长于前胸背板毛，长度约为整个腹长的1/3。阳茎端膜质，具3个具刺膜囊。左阳基侧突狭长，基半略膨大，端半细长、弯曲；右阳基侧突短小，弯曲，向端部渐细。

雌虫：体略宽大，有时胸部腹板黄褐色，腹部腹面黄褐色或色略淡，有时腹侧缘略带橙红色，有时腹部腹面后半褐色或淡褐色。

量度 (mm)：体长 5.63-6.01 (♂)、6.57-7.23 (♀)，宽 1.02-1.07 (♂)、1.05-1.12 (♀)；头长 0.53-0.58 (♂)、0.48-0.52 (♀)，宽 1.02-1.09 (♂)、1.03-1.12 (♀)；眼间距 0.59-0.61 (♂)、0.57-0.62 (♀)；眼宽 0.22-0.23 (♂)、0.21-0.22 (♀)；触角各节长：Ⅰ:Ⅱ:Ⅲ:Ⅳ=2.14-2.42:4.04-4.61:4.22-4.30:1.56-1.62 (♂)、2.15-2.43:4.07-4.63:4.26-4.32:1.61-1.63 (♀)；前胸背板长 0.85-0.88 (♂)、0.93-0.97 (♀)，后缘宽 1.15-1.31 (♂)、1.17-1.45 (♀)；小盾片长 0.46-0.48 (♂)、0.39-0.42 (♀)，基宽 0.49-0.53 (♂)、0.60-0.64 (♀)；缘片长 2.37-2.82 (♂)、2.35-2.92 (♀)；楔片长 1.06-1.12 (♂)、1.07-1.15 (♀)，基宽 0.18-0.20 (♂)、0.19-0.23 (♀)。

观察标本：1♂，云南勐腊，1979.Ⅸ.24。1♂2♀，海南琼山，1961.Ⅱ.7，谭象生采；2♀，海南兴隆，1962.Ⅶ；7♂5♀，同前，1981.Ⅷ.25；1♀，海南文昌，1964.Ⅵ.7，刘胜利采；1♀，海南万宁，1964.Ⅲ.16，同前；3♀，海南儋县，1979.Ⅳ；4♂3♀，海南儋县，1979.Ⅴ；1♂，同前，1979.Ⅴ；1♂1♀，同前，1979.Ⅸ；1♀，同前，1980.Ⅹ；5♂16♀，海南乐东，1985.Ⅳ.16，郑乐怡采；1♂，海南五指山水满乡，650m，2007.Ⅴ.15，灯诱，董鹏志采；1♂，同前，2007.Ⅴ.17，张旭采；1♂，同前，2007.Ⅴ.17，董鹏志、于昕采；1♀，海南吊罗山白水岭，600m，2007.Ⅴ.29，董鹏志采；1♂，海南乐东尖峰岭天池，940m，2007.Ⅵ.5，灯诱，张旭采；1♂，海南尖峰岭鸣凤谷，900m，2007.Ⅵ.6，董鹏志采；1♂1♀，海南吊罗山保护区林业局，720m，2008.Ⅳ.17，蔡波采；1♂，同前，100m，2008.Ⅳ.22，蔡波采；1♂2♀，海南万宁兴隆，250m，2008.Ⅷ.4，张旭采；1♀，海南陵水吊罗山南喜保护站，300m，2008.Ⅷ.14，灯诱，谢强采；1♂，海南佳西自然保护区，220m，2009.Ⅺ.14，灯诱，党凯采；1♀，同前，2009.Ⅺ.15，党凯、王菁采；2♂，同前，220-300m，2009.Ⅺ.17，党凯采；1♀，海南陵水县吊罗山林业局附近，2011.Ⅶ.28，穆怡然采。

分布：海南、云南；印度，斯里兰卡，马来西亚，印度尼西亚。

讨论：本种与台湾角盲蝽 H. fasciaticollis Poppius 相似，但本种触角第2节基部2/3毛短于该节中部直径，端部1/3毛长于或等于该节中部直径；前胸背板领前半黄褐色或黄色，有时略带橙色，后半黑褐色，可与之相互区分。

本种已知寄主植物为腰果、可可、茶树、黑胡椒、樟树、芒果、番石榴、洋蒲桃、金鸡纳树等。

本志增加了该种在云南的分布记录。

14. 曼盲蝽属 *Mansoniella* Poppius, 1915

Mansoniella Poppius, 1915c: 77. **Type species:** *Mansoniella ninuta* Poppius, 1915; by original designation.

　　体狭长，具明显光泽，半鞘翅密被淡色半直立短毛。雄虫体型较小，体色较深，有时体色二型。头部宽略大于长，具明显的颈部，额圆，头顶光滑，后缘无脊。额略前凸。触角第 1 节明显长于眼间距，端部 1/3-2/5 膨大，毛半直立，极疏短，第 2-4 节细长，圆柱形，第 4 节长约等于第 1 节。喙短，伸达前足基节端部。前胸背板在胝的前、后方各具 1 缢缩，将其划分为领、前叶和后叶 3 部分。小盾片较平坦，被半直立毛，中胸盾片狭窄外露。半鞘翅被毛，两侧中部略内凹，端部稍外拱，楔片长略大于基部宽，膜片翅室端角约呈直角或略尖锐。足细长，胫节被长直立毛。雄性外生殖器：左阳基侧突较宽，基半较膨大，顶端扁薄或呈指状。右阳基侧突短小，狭长。

　　分布：陕西、甘肃、江苏、浙江、湖北、江西、湖南、福建、台湾、广东、海南、广西、四川、贵州、云南。

　　本属与颈盲蝽属 *Pachypelt1s* Signoret 相似，但本属体毛较短，额略前凸，触角第 1 节较细长，明显长于眼间距，膜片翅室端角约呈直角，可与之相区分。

　　作者在野外考察过程中发现该属种类多被发现于树叶上，一些种类被发现于樟科 Lauraceae 的樟属 *Cinnamomum* 植物和檫树 *Sassafras tzumu*，以及槭树科 Aceraceae 的枫属 *Acer* 植物上 (Zheng & Li, 1992; Zheng & Liu, 1992; Hu & Zheng, 1999b; Lin, 2000a, 2001b)。本属至少部分种类为捕食性，以介壳虫为食 (Lin, 2002)。本属生物学还有待进一步研究。

　　本属世界已知 18 种，本志记述了中国 17 种，其中包括 1 新种。

<h2 align="center">种 检 索 表</h2>

1. 背面观领前部黄白色，后缘黑褐色或褐色 ·· 2
   背面观领前部非黄白色，后缘无黑褐色成分 ·· 3
2. 前胸背板前、后叶均为黄褐色，无黑褐色斑 ················· **樟曼盲蝽 *M. cinnamomi***
   前胸背板前叶红褐色，后叶褐色，后叶侧缘具黑褐色斑 ········· **诗凡曼盲蝽 *M. shihfanae***
3. 革片外缘具红色纵带 ··························· **红带曼盲蝽，新种 *M. rubistrigata* sp. nov.**
   革片外缘无红色纵带 ··· 4
4. 半鞘翅端部的色斑非环状 ·· 5
   半鞘翅端部的色斑环状 ··· 11
5. 体长小于等于 6mm ·· 6
   体长大于 6mm ·· 8
6. 前胸背板后叶侧缘具黑色带 ································· **蓬莱曼盲蝽 *M. formosana***
   前胸背板后叶侧缘无黑色带 ·· 7
7. 前胸背板前叶具黑色纵带 ···························· **斑颈曼盲蝽 *M. cervivirga***
   前胸背板前叶无黑色纵带 ·································· **龚曼盲蝽 *M. kungi***
8. 前胸背板后叶宽大于等于 2.0mm ··· 9
   前胸背板后叶宽小于 2.0mm ·· 10
9. 楔片长大于 1.5mm，小盾片末端尖锐 ··················· **武夷山曼盲蝽 *M. wuyishana***
   楔片长小于 1.5mm，小盾片末端较圆钝 ··················· **王氏曼盲蝽 *M. wangi***

10. 前胸背板珊瑚红色，后叶具 1 淡色中纵带，爪片朱红色·················**檫木曼盲蝽 *M. sassafri***
　　前胸背板前叶淡黄褐色，后叶无淡色中纵带，爪片黑褐色·················**黄翅曼盲蝽 *M. flava***

11. 体长约为两翅合拢最大宽度的 2.8 倍，前胸背板前叶侧方有 1 小的纵脊·······**脊曼盲蝽 *M. cristata***
　　体长为两翅合拢最大宽度的 3 倍以上，前胸背板前叶侧方无脊··························· 12

12. 头暗褐色，领珊瑚红色··**雅凡曼盲蝽 *M. yafanae***
　　头黄褐色或淡黄褐色，领不为珊瑚红色··· 13

13. 额头顶区无斑··**瑰环曼盲蝽 *M. rosacea***
　　额头顶区有斑··· 14

14. 前翅革片端部环斑内半浅红褐色，外半黑褐色·························**狭长曼盲蝽 *M. elongata***
　　不如上述··· 15

15. 头顶背方后半区域有 2 个暗黑褐色大斑··························**胡桃曼盲蝽 *M. juglandis***
　　头顶背方后半区域不具上述特征··· 16

16. 侧面观领后半至前胸背板前叶后缘间具 1 黑褐色纵带··············**环曼盲蝽 *M. annulata***
　　侧面观领至前胸背板前叶后缘间具 1 红色纵带···················**赤环曼盲蝽 *M. rubida***

(62) 环曼盲蝽 *Mansoniella annulata* Hu et Zheng, 1999 (图版Ⅵ: 91)

Mansoniella annulata Hu et Zheng, 1999b: 159; Hu et Zheng, 2001: 421; Schuh, 2002-2014; Mu et Liu, 2018: 126.

雌虫：体狭长，光亮，密被淡色半直立毛。

头横宽，椭圆形，平伸，黄褐色，光亮，几无毛。头顶后半具 1 个珊瑚红色区域，有时形成横向斑，光滑，眼间距约为眼宽的 2.17 倍。颈背面珊瑚红色，侧面具黑褐色或褐色纵带，带下方浅黄褐色。额微隆，侧面具 1 个珊瑚红色斑，延伸至唇基基部。唇基浅黄褐色，前部染红色，垂直，隆起，侧面观不超过额前端，端部被稀疏淡色半直立长毛。头侧面一色淡黄褐色，毛较稀疏，上颚片宽三角形，微隆，略具光泽，下颚片小，隆起，向眼部渐窄，具光泽，小颊宽阔，具光泽，被稀疏淡色毛。喙粗壮，端部黑褐色，略伸达前足基节端部，被稀疏淡色半直立毛。复眼黑色，略向两侧伸出。触角狭长，底色黄色，大面积染珊瑚红色，被淡色半直立毛，第 1 节长约为眼间距的 2.25 倍，基部黄色面积较大，近端部 2/5 膨大，被稀疏短毛；第 2 节毛长约为第 2 节中部直径的 1.5 倍，第 2 节狭长，粗细较均匀，端部略膨大，端部色较深；第 3、4 节色较淡，仅略细于第 2 节，第 3 节毛被同第 2 节，第 4 节端部渐细，短于第 1 节，被短毛和一些长毛，长毛约为该节中部直径的 2 倍。

前胸背板淡黄褐色，带红色和黑褐色带状纹，表面光滑，无刻点，具极稀疏短毛。领前缘略前凸，后部缢缩，前部 2/5 黄白色，侧面观具 1 黑褐色纵带沿领后半贯穿至前叶，纵带边缘染珊瑚红色。前叶圆隆，黄褐色，胝平，不显著。后叶隆起，侧面具 1 珊瑚红色宽纵带，有时色较淡，侧缘圆隆，中部略内凹，后缘中部宽阔内凹，后侧角圆钝。前胸侧板前叶二裂，裂缝处略外翘，背面观可见，中、后胸侧板黄褐色。中胸盾片外露部分狭窄，褐色。小盾片微隆，淡黄色，被淡色半直立短毛，长度约等于触角第 2 节直径，有时具 1 条微弱的灰色纵带，伸达小盾片端部，基部较宽，向端部渐细。

半鞘翅淡黄褐色，具珊瑚红色斑，光泽弱，两侧中部略内凹，密被淡色半直立毛。爪片珊瑚红色，内侧和爪片接合缝浅黄褐色，毛直立或微弯，长约等于小盾片毛长，外侧具 1 列粗大刻点。革片浅黄色，半透明，端部 1/4 具红色环斑，外缘伸达革片端部边缘，外半占据革片外部 2/5，后缘接近爪片接合缝，内缘伸达革片内角，革片外缘具 1 列粗大刻点。缘片浅黄色，端部 1/5 珊瑚红色。翅面沿楔片缝略下折，楔片狭长，外缘直，浅黄色，半透明，长约等于宽的 1.7 倍，端部染珊瑚红色。膜片半透明，浅黄褐色，内缘基角和近顶端红色，翅脉红色，端角较尖锐，呈直角。

足黄色，被淡色半直立长毛，腿节背面毛短，腹面毛较长，前足腿节端部 2/3、中足腿节端部 1/2 和后足腿节端部 1/3 浅黄褐色，有时全部浅黄褐色。跗节第 3 节端部淡红褐色，略膨大，爪褐色。

腹部腹面黄色，有时浅黄褐色，被淡色长直立毛。臭腺沟缘狭窄，淡黄色。

量度 (mm)：雌虫：体长 7.83-7.92，宽 2.41-2.45；头长 0.63-0.70，宽 0.99-1.01；眼间距 0.50-0.52；眼宽 0.23-0.24；触角各节长：Ⅰ:Ⅱ:Ⅲ:Ⅳ=1.16-1.19:2.74-2.80:2.30-2.35:0.79-0.80；前胸背板长 1.32-1.36，后缘宽 1.94-1.99；小盾片长 0.80-0.85，基宽 0.85-0.90；缘片长 3.36-3.43；楔片长 1.12-1.20，基宽 0.67-0.74。

雄虫：未见。

观察标本：1♀ (正模)，陕西凤县秦岭火车站，1400m，1994.Ⅶ.27，吕楠采；1♀，陕西凤县秦岭火车站，1400m，1994.Ⅶ.29，吕楠采；1♀，陕西南郑，1600m，1985.Ⅶ.27，任树芝采。1♀，贵州习水三元村，2000.Ⅸ.24；1♀，贵州遵义绥阳宽阔水自然保护区茶场，1500m，2010.Ⅷ.14，灯诱，王艳会采；1♀，贵州习水蔺江，2000.Ⅸ.24，周长发采。1♀，四川峨眉山报国寺，600m，1957.Ⅵ.17，郑乐怡、程汉华采。1♀，湖北长阳火烧坪乡，1700m，1999.Ⅶ.27，李传仁采。1♀，云南保山百花岭旧街子，1980m，2002.Ⅳ.12，司徒英贤采；1♀，云南龙陵老虎石，2000m，2002.Ⅳ.16，易传辉采。

分布：陕西、湖北、四川、贵州、云南。

讨论：本种与瑰环曼盲蝽 M. rosacea Hu et Zheng 相近，但本种触角第 2 节中部毛较长，约为该节中部直径的 1.5 倍，体较宽短，革片端部环斑红色，前胸背板后叶侧面纵带珊瑚红色，可与之相区别。本种亦与胡桃曼盲蝽 M. juglandis Hu et Zheng 相似，但本种额较隆起，前胸背板后叶侧缘明显内凹，膜片翅室端角较尖锐后指，革片环斑红色，可与之相区分。

本志新增湖北、云南和贵州的分布记录。

(63) 斑颈曼盲蝽 *Mansoniella cervivirga* Lin, 2000

Mansoniella cervivirga Lin, 2000a: 1; Lin, 2001b: 377; Hu *et* Zheng, 2001: 421; Schuh, 2002-2014.

作者未见标本，现根据 Lin (2000a) 记录描述如下。

体长，光亮。头暗色。头顶平滑，无毛，具一些珊瑚红色斑。额微膨大。唇基黑色，眼前部分浅褐色。头侧缘和喙浅褐色，喙端部黑色，伸达前足基节端部。颈背面和侧缘深褐色，腹面浅褐色。触角珊瑚红色，具浅色半直立毛；第 1 节被稀疏短毛，长是眼间距的 2 倍，端部 2/5 膨大；第 2 节密被均一的毛。

领前部和前胸背板后叶浅黄褐色。侧面观，领后半和前胸背板前叶具黑色带。小盾片黄白色，被稀疏淡色半直立毛。

半鞘翅被浓密淡色半直立毛。爪片深褐色，被浓密淡色直立毛。革片浅黄褐色，基部染珊瑚红色；革片端部 1/4 具 1 个大型珊瑚红色斑。楔片黄白色，略染珊瑚红色，长约是基部宽的 2 倍，端部 1/3 染红色，毛等于或长于革片毛。膜片灰色，半透明；脉珊瑚红色，翅室端部直。足浅黄褐色，前足腿节端部 2/3 和中足腿节端部 1/3 浅黄褐色，后足腿节端部 1/4 珊瑚红色，胫节浅黄褐色。阳基侧突尖锐。

量度 (mm)：体长 5.5，宽 2.0。

分布：台湾。

讨论：本种与瑰环曼盲蝽 *M. rosacea* Hu et Zheng 相似，但本种体型较小，半鞘翅革片端部斑非环状，爪片一色深褐色，唇基基部黑色，可加以区别。

(64) 樟曼盲蝽 *Mansoniella cinnamomi* (Zheng et Liu, 1992) (图 56；图版Ⅵ: 92)

Pachypeltis cinnamomi Zheng et Liu, 1992: 291; Schuh, 2002-2014.

Mansoniella cinnamomi: Hu et Zheng, 1999b: 170; Hu et Zheng, 2001: 421.

雄虫：体长椭圆形，光亮，较狭窄，密被淡色半直立毛。

头横宽，宽椭圆形，平伸，黄褐色，头顶光亮，几无毛。头顶中部有 1 隐约的浅红色至红褐色横带，光滑，眼间距约为眼宽的 2.17 倍。颈黑褐色，腹面和侧面后缘黄色，二者之间区域红褐色。额微隆，前端中部具 1 黑色大斑。唇基黑色，垂直，隆起，侧面观约与额前端平齐，端部被稀疏淡色半直立短毛。头侧面黄色，毛较稀疏，上颚片宽三角形，微隆，略具光泽，下颚片小，隆起，向眼部渐窄，具光泽，小颊宽阔，具光泽，被稀疏淡色毛。喙粗壮，淡黄褐色，末端黑褐色，几伸达前胸腹板末端，被稀疏淡色半直立毛。复眼黑色，略向两侧伸出。触角狭长，被淡色半直立毛。第 1 节珊瑚红色，长约为眼间距的 2.0 倍，端半较突然地加粗，被稀疏短毛；第 2 节狭长，暗红褐色，粗细较均匀，端部略膨大，端部色较深，毛长约等于第 2 节中部直径；第 3、4 节红褐色，仅略细于第 2 节，第 3 节毛被同第 2 节，第 4 节端部渐细，短于第 1 节，被短毛和一些长毛，长毛约为该节中部直径的 2 倍。

前胸背板黄褐色，光滑，几无毛。领前缘略前凸，后部缢缩，前半淡黄白色，后半褐色，此二区域之间为 1 红色细横纹。前叶圆隆，暗褐色，略染红色，其前、后缘缢缩处加深呈黑褐色，胝平，不显著。后叶隆起，斜下倾，黄褐色或淡褐色，中线区域微淡，侧缘微凹，后缘中部宽阔内凹，后侧角区域略呈叶状，后侧角端部圆钝。前胸侧板前叶二裂，裂缝处略外翘，背面观可见，中、后胸侧板橙红色。中胸盾片外露部分狭窄，淡褐色。小盾片饱满，淡黄白色，密被较长毛。

半鞘翅黄褐色，具红褐色斑，光泽弱，外缘基部微内凹，之后向外拱弯，密被淡色半直立毛。爪片红褐色，外缘色较浅，外侧具 1 列粗大刻点。革片浅黄色，半透明，外侧具粗大刻点列，端部 1/4 有 1 略呈横列状的黑褐色略带红色的斑，斑外缘伸达革片端部外缘，色略加深，斑内半前缘斜向前延伸至爪片中部，后缘接近楔片缝，密被较长毛。缘片浅黄色，基部褐色，端部 1/3 红色。翅面沿楔片缝略下折，楔片狭长，外缘微外拱，淡黄白色，仅末端 1/5-1/4 的内缘红色。膜片半透明，烟色，不甚均匀，翅室后半、膜片中部 1 向后加宽的纵带及内缘处色加深，脉红色，翅室端缘横脉较直，端角呈钝角。

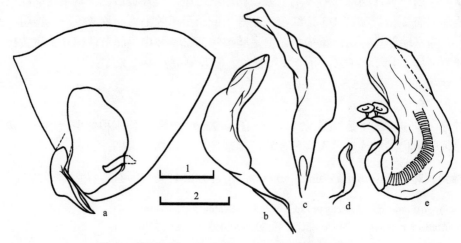

图 56 樟曼盲蝽 *Mansoniella cinnamomi* (Zheng *et* Liu)

a. 生殖囊腹面观 (genital capsule, ventral view)；b、c. 左阳基侧突 (left paramere)；d. 右阳基侧突 (right paramere)；e. 阳茎 (aedeagus)；比例尺：1=0.1mm (a)，2=0.1mm (b-e)

足淡黄白色，被淡色半直立长毛，腿节端部及胫节末端淡橙褐色，腿节被淡色直立毛，多短于该节直径，胫节后部 2/3 具若干黑色小刚毛，排列成不甚整齐的数列。跗节第 3 节端部略膨大。爪褐色。

腹部腹面黄褐色至红褐色，斑驳，侧面带暗褐色，被淡色直立长毛。臭腺沟缘狭窄，淡黄白色。

雄虫生殖囊浅黄褐色至褐色，被淡色长直立毛，长度约为整个腹长的 1/5。阳茎端膜质，简单，细长，端部圆钝，无任何骨化附器。左阳基侧突粗大，略弯曲，端半扁平、扭曲，端部圆钝，顶端渐窄，基半圆隆；右阳基侧突短小，狭长，弯曲。

雌虫：体型、体色与雄虫大体一致，但体较宽大，体色较浅，腹部腹面黄褐色至红褐色，斑驳，侧面具 1 模糊红色纵带。

量度 (mm)：体长 5.00-5.10 (♂)、5.77-5.85 (♀)，宽 1.31-1.36 (♂)、1.89-2.04 (♀)；头长 0.50-0.55 (♂)、0.57-0.64 (♀)，宽 0.71-0.75 (♂)、0.84-0.90 (♀)；眼间距 0.37-0.39 (♂)、0.41-0.42 (♀)；眼宽 0.17-0.19 (♂)、0.21-0.22 (♀)；触角各节长：Ⅰ:Ⅱ:Ⅲ:Ⅳ=0.75-0.80:1.74-1.79:1.30-1.36:0.51-0.54 (♂)、0.94-1.02:2.06-2.11:1.49-1.51:0.60-0.62 (♀)；前胸背板长 0.93-0.99 (♂)、1.06-1.11 (♀)，后缘宽 1.30-1.36 (♂)、1.53-1.70 (♀)；小盾片长 0.43-0.45 (♂)、0.58-0.59 (♀)，基宽 0.59-0.62 (♂)、0.70-0.74 (♀)；缘片长 2.06-2.13 (♂)、2.71-2.74 (♀)；楔片长 0.54-0.60 (♂)、0.80-0.86 (♀)，基宽 0.32-0.33 (♂)、0.60-0.61 (♀)。

　　观察标本：1♀(正模)，湖南靖县排牙山，1987.Ⅹ，韩明德采。9♂10♀，云南腾冲国家森林公园，1800m，2006.Ⅷ.6，郭华采；2♂2♀，同前，1700-1850m；2♀，云南腾冲来凤山国家森林公园，同前，朱卫兵采；1♂，同前，石雪芹采；1♂，云南腾冲曲石高黎贡山，1700m，2006.Ⅷ.14，高翠青采。14♂28♀，浙江桐庐县，2008.Ⅸ.20，包春泉采；3♂1♀，浙江临安天目山，1400m，2011.Ⅶ.26，伊文博、吴昊阳采；1♀，浙江临安天目山三亩坪，2011.Ⅶ.28，灯诱，叶镇、伊文博、吴昊阳采；1♀，浙江凤阳山，600m，2007.Ⅶ.31，朱耿平、范中华采。1♀，江西龙南九连山虾蚣塘，2002.Ⅶ.16，于昕采。1♂，海南昌江霸王岭，940m，2007.Ⅵ.9，李晓明采。

　　分布：浙江、湖南、海南、广西、云南。

　　讨论：本种与王氏曼盲蝽 *M. wangi* (Zheng *et* Li) 相似，但前者体较狭小，前胸背板前叶两侧不呈黑色，前、后缘凹陷处黑色，膜片翅室端角圆钝，而非尖锐后指，可与之相互区分。据记载浙江标本寄主为樟树。

　　2009 年 10 月徐天森先生送鉴该种标本时谈到在浙江湖州香樟树上，发现该种盲蝽危害，虫口密度较高，危害严重者能造成香樟死亡。Yang 等 (2013) 研究了上海市水源涵养林内的樟曼盲蝽，记述了该种的生活史、生物学习性及若虫的龄期划分和各龄若虫的形态特征。

(65) 脊曼盲蝽 *Mansoniella cristata* Hu *et* Zheng, 1999 (图版Ⅵ: 93)

Mansoniella cristata Hu *et* Zheng, 1999b: 161; Hu *et* Zheng, 2001: 421; Schuh, 2002-2014.

　　本种仅知雌性。体长卵圆形，体长约为体宽的 2.8 倍，密被淡色半直立毛，光亮，较宽短。

　　头横宽，宽椭圆形，平伸，浅褐色，头顶光亮，几无毛。头顶光滑，眼间距约为眼宽的 2.28 倍。颈背面和腹面浅褐色，略带红色，侧面褐色。额微隆，暗黄褐色。唇基淡红褐色，垂直，隆起，侧面观约与额前端平齐，端部被稀疏淡色半直立短毛。头侧面黄色，毛较稀疏，上颚片宽三角形，微隆，略具光泽，下颚片小，隆起，向眼部渐窄，具光泽，小颊宽阔，具光泽，被稀疏淡色毛。喙粗壮，黄褐色，端部黑褐色，伸达前足基节端部，被稀疏淡色半直立毛。复眼黑色，略向两侧伸出。触角狭长，珊瑚红色，被淡色半直立毛。第 1 节长约为眼间距的 1.41 倍，端半较突然地加粗，被稀疏短毛；第 2 节狭长，粗细较均匀，端部略膨大，端部色较深，毛长略长于第 2 节中部直径；第 3 节色较淡，仅略细于第 2 节，毛被同第 2 节；第 4 节端部渐细，暗红褐色，短于第 1 节，被短毛和一些长毛，长毛约为该节中部直径的 2 倍。

　　前胸背板浅黄褐色，光滑，几无毛。领前缘略前凸，中部略内凹，后部缢缩，前半黄白色，后半略染珊瑚红色，后缘侧面观黑色，延伸至前叶前半。前叶圆隆，黄褐色，其前、后缘缢缩处略加深，中部色略淡，缢缩处侧面具黑褐色带，侧面具纵脊，胝平，不显著。后叶隆起，斜下倾，黄褐色或淡褐色，中线区域略染红色，侧缘外拱，中部较强烈内凹，后缘中部宽阔内凹，后侧角端部圆钝。前胸侧板前叶二裂，裂缝处略外翘，背面观可见，中、后胸侧板黄褐色。胸部腹板浅黄褐色，中胸腹板色略浅。中胸盾片外露部分狭窄,褐色。小盾片微隆,黄色,被淡色半直立短毛,毛长约等于后足胫节端部直径,具 1 珊瑚红色纵带,基部较宽,向端部渐细。

半鞘翅黄褐色,具红褐色斑,光泽弱,外侧端半明显外拱,密被淡色半直立毛。爪片黄褐色,外侧具 1 列粗大刻点,沿刻点列红褐色。革片浅黄褐色,半透明,基部略染珊瑚红色,端半具 1 个浅褐色至灰褐色半圆形斑,外缘和后缘色略深,斑外缘伸达革片端部外缘,斑内半前缘斜向前延伸至爪片中部,后缘接近楔片缝,革片外侧具粗大刻点列,密被较长毛。缘片浅黄褐色,基部和端部 1/3 红褐色。翅面沿楔片缝略下折,楔片狭长,外缘微外拱,黄色,半透明,长约为宽的 1.5 倍,端部 1/4 和基部内角染珊瑚红色,毛较稀疏。膜片半透明,褐色,后缘浅黄褐色,翅室后除中纵带外淡色,脉红色,翅室端缘横脉较直,端角略大于直角。

足浅黄褐色,被淡色半直立长毛,腿节端部 1/2 具 3 个珊瑚红色环或斑,胫节端部 1/2-2/3 具 3-4 个珊瑚红色环或斑,腿节被淡色直立毛,多短于该节直径,胫节后部 2/3 具若干黑色小刚毛,排列成不甚整齐的数列。跗节第 3 节端部略膨大。爪褐色。

腹部腹面浅黄褐色,侧缘略染珊瑚红色,被淡色直立长毛。臭腺沟缘狭窄,淡黄白色。

量度 (mm):体长 5.72-5.74,宽 2.00-2.01;头长 0.66-0.67,宽 0.78-0.80;眼间距 0.41-0.42;眼宽 0.18-0.19;触角各节长:Ⅰ:Ⅱ:Ⅲ:Ⅳ=0.58:1.78:1.50:0.72;前胸背板长 1.12-1.14,后缘宽 1.56-1.57;小盾片长 0.47-0.48,基宽 0.67-0.68;缘片长 3.52-3.54;楔片长 0.83-0.86,基宽 0.50-0.53。

观察标本:1♀ (正模),云南瑞丽勐休,1979.Ⅸ.2,邹环光采。1♀,云南思茅菜阳河,1500m,2000.Ⅴ.18,卜文俊采。

分布:云南。

讨论:本种与胡桃曼盲蝽 M. juglandis Hu et Zheng 相似,但前者体色较深,体较宽短,半鞘翅后半外缘较隆突,小盾片中部具 1 珊瑚红色纵带,革片端部环斑较宽大,可与之相区别。本种与狭长曼盲蝽 M. elongata Hu et Zheng 小盾片中部均具 1 珊瑚红色纵带,但本种体型明显宽短,半鞘翅后半外拱明显,可与之相区分。

作者根据模式标本进行了重新描述,补充描述了其触角等特征。

(66) 狭长曼盲蝽 *Mansoniella elongata* Hu et Zheng, 1999 (图 57;图版Ⅵ: 94, 95)

Mansoniella elongata Hu et Zheng, 1999b: 162; Hu et Zheng, 2001: 421.

雄虫:体狭长,密被淡色半直立毛,光亮,长约为半鞘翅最窄处宽的 4 倍。

头横宽,椭圆形,平伸,黄褐色,光亮,几无毛。头顶淡黄褐色,中部具模糊浅褐色三角形斑,后缘红褐色,有时形成 1 横带,光滑,眼间距约为眼宽的 1.43 倍。颈背面红褐色,向侧面渐呈黑褐色,腹面黄色。额微隆,中部具 1 个褐色斑,斑前部伸达唇基基部,后缘与头顶斑相接触。唇基黄色,背面中部黑色,两侧略染红色,垂直,隆起,侧面观略超过额前端,端部被稀疏淡色半直立长毛。头侧面黄色,毛较稀疏,上颚片宽三角形,微隆,略具光泽,下颚片小,隆起,向眼部渐窄,具光泽,小颊宽阔,具光泽,基半略染红色，被稀疏淡色毛。喙粗壮，端部黑褐色，伸达前足基节端部，被稀疏淡色半直立毛。复眼黑色，略向两侧伸出。触角狭长，珊瑚红色，被淡色半直立毛，第 1 节被稀疏短毛，长约为眼间距的 2.36 倍，端部 2/5 膨大；第 2 节狭长，粗细较均匀，端部略膨大，基部和端部色较深，毛略长于第 2 节中部直径；第 3 节端半毛被较密，第 4 节端部渐细，短于第 1 节，被短毛和一些长毛，长毛约为该节中部直径的 2 倍。

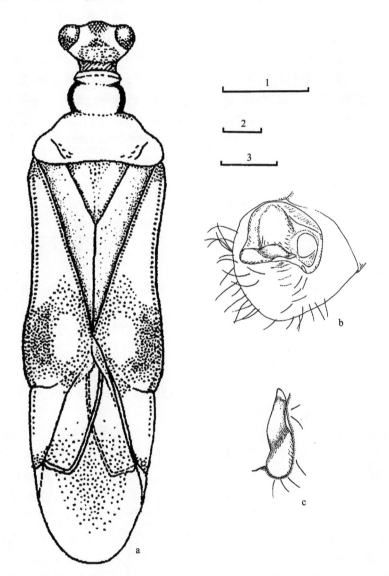

图 57　狭长曼盲蝽 *Mansoniella elongata* Hu *et* Zheng (仿 Hu & Zheng, 1999b)

a. 体背面观 (body, dorsal view)；b. 生殖囊背面观 (genital capsule, dorsal view)；c. 左阳基侧突 (left paramere)；

比例尺：1=1.0mm (a)，2=0.2mm (b)，3=0.2mm (c)

前胸背板浅黄褐色，侧面观领后半和前胸背板前叶具"X"形黑色斑，斑边缘略带红色，表面光滑，无刻点，具极稀疏短毛。领前缘略前凸，后部缢缩，前部 2/5 黄白色，侧面观具 1 黑褐色纵带沿领后半贯穿至前叶，纵带边缘染珊瑚红色。前叶圆隆，黄褐色，胝平，不显著。后叶隆起，斜下倾，侧缘中部微凹，后缘中部明显内凹，后侧角圆钝，略大于直角。前胸侧板前叶二裂，裂缝处略外翘，背面观可见，中、后胸侧板红褐色，上部各具 1 模糊黑色大斑。胸部腹面黄色，前胸腹板略带珊瑚红色，中胸腹板黄褐色。中胸盾片外露部分狭窄，红褐色。小盾片微隆，浅黄褐色，被稀疏淡色半直立毛，毛长略短于触角第 2 节直径，具 1 条灰色中纵带，向端部渐细，基部略染珊瑚红色。

半鞘翅淡黄褐色，具红褐色斑，光泽弱，两侧中部略内凹，密被淡色半直立毛。爪片红褐色，内侧和爪片接合缝浅黄褐色，毛微弯，外侧具 1 列粗大刻点。革片浅黄褐色，半透明，密被毛，基部略带褐色，端部 1/3 具 1 个大环斑，内半浅红褐色，外半黑褐色，边缘略染珊瑚红色，斑内侧前缘斜前伸至爪片中部，外缘伸达革片外缘，后部接近楔片缝，外缘具 1 列粗大刻点。缘片浅黄褐色，基部略带珊瑚红色，端部 1/4 红色。翅面沿楔片缝略下折，楔片狭长，外缘微凸，黄色，半透明，长约为宽的 3 倍，端部 1/4 带红色。膜片半透明，黄色，中部和翅室端半外侧黄褐色，翅脉珊瑚红色，翅室端部直，端角较尖锐，略大于直角。

足黄色，被淡色半直立长毛，前足腿节端部 2/3 和中足腿节端部 1/3 浅黄褐色，后足腿节端部 1/4 珊瑚红色，腿节被淡色直立毛，多短于该节直径，胫节浅黄褐色，胫节后部 2/3 具若干黑色小刚毛，排列成不甚整齐的数列。跗节第 3 节端部褐色，略膨大，爪褐色。

腹部腹面黄褐色，略带珊瑚红色，第 2 节侧缘具 1 个暗褐色圆斑，第 3-8 节侧缘暗黄褐色，被淡色长直立毛。臭腺沟缘狭窄，淡黄色。

雄虫生殖囊黄褐色，腹面后部黑褐色，侧面略染红色，被淡色长直立毛，长度约为整个腹长的 1/3。左阳基侧突暴露部分宽大，略弯曲，短不渐尖；右阳基侧突细小，端部指状。

雌虫：体型、体色与雄虫大体一致，但体较宽大，体色较深，腹部腹面黄褐色，侧面各节间具 1 模糊褐色斑，腹部中部不收缩。

量度 (mm)：体长 5.86-5.90 (♂)，6.15-6.21 (♀)；宽 1.52-1.60 (♂)，1.79-1.88 (♀)；头长 0.54-0.55 (♂)，0.53-0.56 (♀)；宽 0.77-0.80 (♂)，0.75-0.79 (♀)；眼间距 0.32-0.34 (♂)，0.42-0.43 (♀)；眼宽 0.21-0.23 (♂)，0.17-0.20 (♀)；触角各节长：Ⅰ:Ⅱ:Ⅲ:Ⅳ=0.75-0.79:2.25-2.31:1.76-1.83:0.67-0.72 (♂)，0.76-0.80:1.72-1.83:1.26-1.33:0.60-0.68 (♀)；前胸背板长 0.97-1.06 (♂)，1.03-1.06 (♀)；后缘宽 1.43-1.52 (♂)，1.48-1.53 (♀)；小盾片长 0.54-0.58 (♂)，0.60-0.63 (♀)，基宽 0.63-0.64 (♂)，0.65-0.70 (♀)；缘片长 2.55-2.69 (♂)，2.70-2.75 (♀)；楔片长 0.85-0.87 (♂)，0.94-0.95 (♀)，基宽 0.39-0.40 (♂)，0.44-0.46 (♀)。

观察标本：1♂ (正模)，云南武定狮子山，1986.Ⅷ.10；1♂3♀，云南金平，1990.Ⅱ.7，徐志强采；1♂1♀，云南德宏盈江铜壁关金山，1530-1790m，2009.Ⅴ.19，蔡波采。

分布：云南。

讨论：本种与樟曼盲蝽 *M. cinnamomi* (Zheng *et* Liu) 相似，但前者体长约为半鞘翅中部缢缩处宽的 4 倍，领后半和前胸背板前叶侧缘具"X"形黑色斑，楔片长约为宽的 3 倍，可与之相区分。

(67) 黄翅曼盲蝽 *Mansoniella flava* **Hu et Zheng, 1999** (图 58；图版Ⅵ: 96)

Mansoniella flava Hu et Zheng, 1999b: 164; Hu *et* Zheng, 2001: 421; Schuh, 2002-2014; Mu *et* Liu, 2018: 128.

本种仅知雄虫：体狭长，密被淡色半直立毛，光亮。

头横宽，椭圆形，平伸，黄色，有时黄褐色，光亮，几无毛。头顶后半珊瑚红色，眼边缘淡色，光滑，眼间距约为眼宽的 2.23 倍。颈背面珊瑚红色，有时黄褐色，略染珊瑚红色，侧面具 1 个黑褐色宽纵带，颈侧面其余部分和腹面黄色，有时黄褐色。额微隆，具 1 珊瑚红色大斑，伸达唇基基部前缘，斑后端接近头顶珊瑚红色斑，或与之相接触。唇基基半有时略带珊瑚红色，垂直，微隆，侧面观不超过额前端，端部被稀疏淡色半直立长毛。头侧面一色淡黄褐色，毛较稀疏，上颚片宽三角形，微隆，略具光泽，下颚片小，隆起，向眼部渐窄，具光泽，小颊宽阔，具光泽，被稀疏淡色毛。喙粗壮，黄色，端部褐色，伸达前足基节端部，被稀疏淡色半直立毛。复眼黑色，略向两侧伸出。触角狭长，珊瑚红色，被淡色半直立毛。第 1 节长约为眼间距的 2.04 倍，端部 2/5 膨大，基部色略淡，被毛短而稀疏；第 2 节毛略长于该节中部直径，狭长，粗细较均匀，端部略膨大，端部色较深；第 3、4 节略细于第 2 节，第 3 节毛被同第 2 节，第 4 节色较深，端部渐细，短于第 1 节，被短毛和一些长毛，长毛约为该节中部直径的 2 倍。

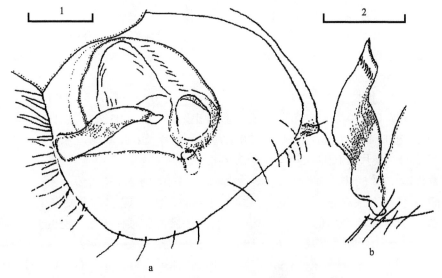

图 58　黄翅曼盲蝽 *Mansoniella flava* Hu *et* Zheng (仿 Hu & Zheng, 1999b)

a. 生殖囊背面观 (genital capsule, dorsal view)；b. 左阳基侧突 (left paramere)

比例尺：1=0.2mm (a)，2=0.2mm (b)

前胸背板表面光滑，无刻点，毛被稀疏。领前缘略前凸，中部略内凹，后部缢缩，浅黄褐色，背面具 1 不规则珊瑚红色斑，有时带珊瑚红色，侧面具 1 个黑色宽纵带，从领延伸到前叶后缘，斑背面边缘略带红色。前叶圆隆，浅黄褐色，胝平，不显著。后叶隆起，暗黄褐色，向两侧渐加深呈黑褐色，有时全部黑褐色，侧缘圆隆，中部明显内凹，后缘宽阔浅凹陷，后侧角圆钝。前胸侧板前叶二裂，裂缝处略外翘，背面观可见，中、后胸侧板黄褐色，有时具不规则黑褐色细小斑点。胸部腹板黄色，有时中胸腹板略带浅黄褐色，有时胸部腹板浅黄褐色。中胸盾片外露部分狭窄，红褐色。小盾片微隆，黄色，有时具1模糊灰色纵带，基部宽阔，向端部渐窄，有时黄褐色，有时被淡色直立毛，长约等于触角第2节直径。

半鞘翅淡黄褐色，具红褐色斑，光泽弱，两侧中部略内凹，密被淡色半直立毛。爪片黑褐色，外部1/3渐变为红褐色，毛浓密，略短于小盾片毛，外侧具1列粗大刻点。革片黄色，半透明，外缘具1列浅刻点，基部有时略染珊瑚红色，端部1/3具1红褐色横向斑，有时黑褐色，边缘染红色，斑内缘较外缘高，内缘由革片内角延伸至爪片外缘端部。缘片黄色，基部1/5有时略染珊瑚红色，端部1/5珊瑚红色。翅面沿楔片缝略下折，楔片狭长，外缘微外拱，黄色，半透明，长等于或略短于宽的2倍，端部略染珊瑚红色。膜片半透明，灰黄褐色，翅室后半、端角后部和膜片中部褐色，脉珊瑚红色，翅室端部横脉微凹，端角尖锐，约呈直角。

足黄色，被淡色半直立长毛，腿节背面毛短，腹面毛较长，腿节端部1/3-2/3浅黄褐色，有时略染珊瑚红色，被淡色直立毛，多短于该节直径，胫节浅黄褐色，有时基部色略深，端部略带浅红褐色，后部2/3具若干黑色小刚毛，排列成不甚整齐的数列。跗节第3节端部淡红褐色，略膨大，爪褐色。

腹部黄色或浅黄褐色，被淡色长直立毛。臭腺沟缘狭窄，淡黄色。

雄虫生殖囊淡黄褐色，背面暗红褐色，侧面略染珊瑚红色，被淡色长直立毛，长度约为整个腹长的1/3。左阳基侧突外露部分狭长，中部宽，向端部渐细，顶端倾斜平齐；右阳基侧突狭小，短粗。

量度 (mm)：体长 6.73-6.89，宽 1.92-1.94；头长 0.55-0.58，宽 0.90-0.96；眼间距 0.48-0.50；眼宽 0.21-0.22；触角各节长：Ⅰ:Ⅱ:Ⅲ:Ⅳ=1.00-1.03:2.76-2.81:2.18-2.23:0.80-0.85；前胸背板长 1.20-1.25，后缘宽 1.70-1.73；小盾片长 0.60-0.65，基宽 0.77-0.81；缘片长 2.87-2.93；楔片长 0.95-0.99，基宽 0.56-0.57。

观察标本：1♂(正模)，陕西凤县秦岭火车站，1994.Ⅶ.27，吕楠采；1♂，陕西镇巴，1985.Ⅶ.20，任树芝采。1♂，湖北五峰后河，1100m，1999.Ⅶ.11，卜文俊采；2♂，湖北咸丰坪坝营，1600m，1999.Ⅶ.21，卜文俊采。1♂，云南腾冲整顶保护站，1850m，2006.Ⅷ.13，郭华采；1♂，云南隆阳百花岭，1600-1800m，2006.Ⅷ.15，朱卫兵采。1♂，广西田林，1300m，2002.Ⅵ.2，蒋国芳采；1♂，广西乐业雅长林场，1360m，2004.Ⅶ.23，于昕采。

分布：陕西、湖北、广西、云南。

讨论：本种与檫木曼盲蝽 *M. sassafri* (Zheng et Liu) 相似，但前者触角第2节长约为第1节的1.2倍，前胸背板后叶黄褐色至黑褐色，不具黄色中纵带，可与之相区别。

本志新增湖北、云南和广西的分布记录。

(68) 蓬莱曼盲蝽 *Mansoniella formosana* Lin, 2002

Mansoniella formosana Lin, 2002: 373; Schuh, 2002-2014.

作者未见标本，现根据 Lin (2002) 记录描述如下。

体长约是体宽的 3.5 倍。半鞘翅被浓密淡色半直立毛，前侧缘中部微凹。

头黄褐色至褐色。头顶无毛，后部 1/2 珊瑚红色。额略肿胀。喙褐色，端部黑褐色，伸达前足基节端部。触角第 1 节珊瑚红色，其他节褐色。颈侧缘黑色，背面褐色。领褐色，前缘具珊瑚红色环。

前胸背板前叶侧面黑色，背面黄褐色，后叶褐色至深褐色。小盾片黄白色至黄褐色，爪片黑色或褐色侧缘具 1 个黑色条纹。半鞘翅黄褐色或褐色，前后缘珊瑚红色，革片黑色。楔片黄褐色，端部珊瑚红色。膜片灰色，翅室和膜片中部深褐色，脉红色。腹部褐色，前胸侧板具深褐色斑。

足黄褐色，后足腿节基部具珊瑚红色斑。

雄虫左阳基侧突基部宽三角形，具 1 个凹槽，顶端渐窄而尖；右阳基侧突基部宽、弯曲、角状。阳茎端长，适度弯曲，指状，膜叶无骨针。

雌虫与雄虫相似，但是体更大，眼更大。触角全部珊瑚红色。头和身体亮褐色。颈至前胸背板后叶侧面具黑色带。后叶背面具 1 个大的暗褐色斑。爪片侧缘具黑色条纹。

量度 (mm)：体长 5.7 (♂)，6.0 (♀)；体宽 1.7 (♂)，2.0 (♀)。

分布：台湾。

讨论：本种与斑颈曼盲蝽 *M. cervivirga* Lin 相似，但可从以下特征加以区分：左阳基侧突端部较宽，顶端不呈钩状，右阳基侧突较宽而弯曲。

林政行于 2002 年采自台湾南投，网捕于金缕梅科 Hamamelidaceae 的枫香树 *Liquidambar formosana* Hance。

(69) 胡桃曼盲蝽 *Mansoniella juglandis* Hu et Zheng, 1999 (图 59；图版Ⅶ: 97, 98)

Mansoniella juglandis Hu et Zheng, 1999b: 165; Hu et Zheng, 2001: 421; Schuh, 2002-2014.

雄虫：体狭长，光亮，密被淡色半直立毛。

头横宽，椭圆形，平伸，暗黄色，有时浅黄褐色，光亮，几无毛。头顶光滑，毛较稀疏，眼间距约为眼宽的 1.78 倍，后半具 2 个暗黑褐色大斑，有时斑略相连，呈 1 横带。颈背面黄色，有时浅黄褐色，常带珊瑚红色，侧面具 1 个黑色宽带，前部较宽，向眼后区域延伸，前缘接近眼后缘，侧面其余部分和腹面黄色，有时浅黄褐色。额圆隆，具 1 暗褐色大斑，伸达唇基基部前端，有时后缘带褐色，向后略延伸至头顶前部。唇基浅黄褐色，垂直，隆起，侧面观不超过额前端，端部被稀疏淡色半直立长毛。头侧面一色淡黄褐色，略带红色，毛较稀疏，上颚片宽三角形，微隆，略具光泽，下颚片小，隆起，向眼部渐窄，具光泽，小颊宽阔，具光泽，被稀疏淡色毛。喙粗壮，黄褐色，端部褐色，伸达前足基节端部，被稀疏淡色半直立毛。复眼黑色，略向两侧伸出。触角狭长，珊瑚红色，第 3、4 节暗红褐色，被淡色半直立毛，有时带浅黄褐色，第 1 节长约等于眼间距的 2.31 倍，端部 2/5 膨大，被稀疏短毛；第 2 节狭长，粗细较均匀，端部略膨大，端部色较深，毛长约为该节中部直径的 1.5 倍；第 3、4 节仅略细于第 2 节，第 3 节端部 1/3 色较深，第 4 节端部渐细，短于第 1 节，被若干长毛，毛长约为该节中部直径的 2 倍。

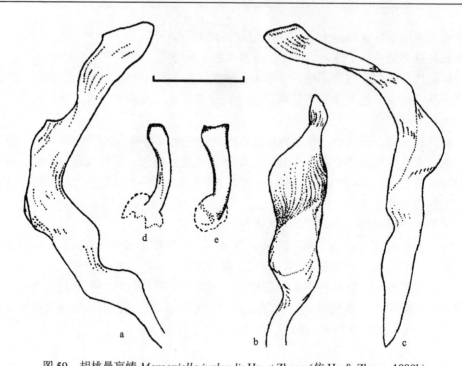

图 59　胡桃曼盲蝽 *Mansoniella juglandis* Hu et Zheng (仿 Hu & Zheng, 1999b)
a-c. 左阳基侧突不同方位 (left paramere in different views)；d、e. 右阳基侧突不同方位 (right paramere in different views)；
比例尺：0.2mm

　　前胸背板淡黄褐色，带黑褐带状纹，表面光滑，无刻点，具极稀疏短毛。领和前叶浅黄褐色，略带白色，有时浅黄褐色，侧面具 1 黑色纵带，从领延伸至前叶后缘。前叶圆隆，黄褐色，胝平，不显著。后叶浅黄褐色，后侧角常色较深，有时黑褐色，侧缘微凹，后缘呈宽阔的凹陷，后侧角圆钝。前胸侧板前叶二裂，裂缝处略外翘，背面观可见，中、后胸侧板黄白色。胸部腹板浅黄褐色，有时中胸腹板浅黄色。中胸盾片外露部分狭窄，黄白色，中部具褐色宽纵带。小盾片暗黄色，微隆，具模糊的灰色中纵带，被淡色直立毛，毛长约为触角第 2 节直径的 1.5 倍。

　　半鞘翅淡黄褐色，光泽弱，两侧中部略内凹，密被淡色半直立毛。爪片浅黄褐色，外缘呈狭窄的珊瑚红色，延伸至爪片接合缝端部，外缘基部和内缘基部 1/4-1/2 黑褐色，外侧具 1 列粗大刻点。革片半透明，浅黄褐色，有时基部暗色，端部 1/4 具 1 个红褐色环状斑，斑外缘伸达革片外缘，外半占革片的 2/5，后缘接近楔片缝，内缘伸达革片内角，前缘略伸过爪片端部，外缘具 1 列较稀疏刻点。缘片浅黄褐色，有时基部暗色，端部 1/4 带浅珊瑚红色，翅面沿楔片缝略下折，楔片狭长，外缘直，浅黄褐色，端部呈狭窄的珊瑚红色，半透明，长约为宽的 1.8 倍。膜片半透明，黄褐色，带黑色，脉珊瑚红色，有时色淡，基部 1/3 纵脉与膜片同色，翅室端部脉直，端角较圆，略大于直角。

　　足浅黄褐色，被淡色半直立长毛，腿节端部和近端部区域有时色较暗，但有时具模糊的珊瑚红色斑，腿节背面毛短，腹面毛较长，胫节端部色略暗，后部 2/3 具若干黑色小刚毛，排列成不甚整齐的数列。跗节第 3 节端部红褐色，略膨大，爪褐色。

腹部腹面浅黄褐色，被淡色长直立毛。臭腺沟缘狭窄，淡黄色。

雄虫生殖囊褐色，被淡色长直立毛，长度约为整个腹长的 1/4。左阳基侧突外露部分狭长，弯曲，略扭曲，近端部较细，顶端略呈指状，近端部具 1 宽阔突起；右阳基侧突狭小，片状。

雌虫：体型、体色与雄虫大体一致，但体较宽大，体色较浅，头顶褐色斑较淡，前胸背板后叶后缘凹陷区域中部具 1 个小突起，腹部中部膨大，不收缩。

量度 (mm)：体长 6.90-7.03 (♂)、8.64-8.75 (♀)，宽 2.07-2.14 (♂)、2.80-2.88 (♀)；头长 0.64-0.70 (♂)、0.77-0.82 (♀)，宽 1.00-1.03 (♂)、1.04-1.09 (♀)；眼间距 0.48-0.50 (♂)、0.59-0.60 (♀)；眼宽 0.25-0.27 (♂)、0.27-0.28 (♀)；触角各节长：Ⅰ:Ⅱ:Ⅲ:Ⅳ=1.08-0.14:2.90-2.97:2.21-2.24:0.83-0.86 (♂)、1.19-1.24:3.04-3.10:2.23-2.28:0.77-0.80 (♀)；前胸背板长 1.26-1.30 (♂)、1.38-1.41 (♀)，后缘宽 1.96-2.00 (♂)、2.26-2.30 (♀)；小盾片长 0.60-0.63 (♂)、0.83-0.84 (♀)，基宽 0.82-0.86 (♂)、0.99-1.03 (♀)；缘片长 3.06-3.13 (♂)、3.85-3.90 (♀)；楔片长 1.05-1.09 (♂)、1.18-1.20 (♀)，基宽 0.56-0.57 (♂)、0.67-0.68 (♀)。

观察标本：♂ (正模)，四川峨眉山，1957.Ⅳ.11；2♂6♀，四川峨眉山清音阁，1957.Ⅵ.11；1♂，同前，1957.Ⅴ.28。

分布：四川。

讨论：本种与环曼盲蝽 *M. annulata* Hu *et* Zheng 相似，但额较隆起，膜片翅室端角近直角，革片端部环斑红褐色。本种亦与瑰环曼盲蝽 *M. rosacea* Hu *et* Zheng 相似，但本种革片后部环斑较狭长、横宽，而不呈玫瑰色，膜片翅室端角不及后者尖锐，可与之相区分。

(70) 龚曼盲蝽 *Mansoniella kungi* Lin, 2001

Mansoniella kungi Lin, 2001b: 377; Schuh, 2002-2014.

作者未见标本，现根据 Lin (2001b) 记录描述如下。

雄虫：体长约是体宽的 4 倍，具强光泽。半鞘翅被稠密淡色半直立毛；前侧侧缘中部凹。

头黄褐色，头顶前部 1/2 褐色。额略肿胀，褐色。唇基基部褐色。喙淡黄色，端部褐色，伸达前足基节端部。颈背面黄褐色，染珊瑚红色；背面侧缘具 2 个三角形黑色斑。触角珊瑚红色，被淡色半直立毛。第 1 节约是眼间距的 2.5 倍，端部 1/2 膨大，被稀疏短毛，第 2-4 节被均一毛。眼黑色，四周珊瑚红色。

前胸背板具光亮的领，前部具乳白色或淡黄色环，后部染珊瑚红色。前胸背板前叶黄褐色，略染珊瑚红色。后叶浅黄褐色，侧缘略凹，后缘宽阔内凹。小盾片浅黄褐色，略肿胀，被淡色半直立毛。爪片褐色，前部具珊瑚红色斑，后部具黑褐色斑，被浓密闪光短毛，毛短于小盾片毛。革片褐色，边缘染珊瑚红色。楔片淡黄色，半透明，长约是基部宽的 2 倍，端部染红色，毛色同革片毛，淡较稀疏。膜片淡黄褐色，中部灰褐色，脉珊瑚红色，翅室端部边缘直。

足淡黄色，腿节黄色，端部 1/5 橙色，胫节浅黄褐色，被淡色半直立毛。胸部腹板褐色。

腹部腹板黄褐色至褐色。左阳基侧突端部延长成宽三角形，端部侧面弯曲尖锐，基部窄而短；右阳基侧突鸟喙形，基部大，端部弯曲尖锐。

雌虫：体型、体色与雄虫一致，但是颈背面观侧缘的三角形黑色斑较小。

量度 (mm)：体长 5.4-6.0，宽 1.5-1.7。

分布：台湾。

讨论：本种与檫木曼盲蝽 M. sassafri (Zheng et Liu) 相似，但可从以下特征加以区分：额略肿胀，颈背面侧缘具 2 个黑色三角形斑，前胸背板后叶背面无黄色斑，膜片翅室后缘直。

(71) 瑰环曼盲蝽 *Mansoniella rosacea* Hu et Zheng, 1999 (图版Ⅶ: 99)

Mansoniella rosacea Hu et Zheng, 1999b: 166; Hu et Zheng, 2001: 421; Schuh, 2002-2014.

本种仅已知雄虫：体狭长，光亮，密被淡色半直立毛。

头横宽，椭圆形，平伸，黄色，光亮，几无毛。头顶中部大面积珊瑚红色，向后延伸至颈部，光滑，眼间距约为眼宽的 2.26 倍。颈背面珊瑚红色，中部略带黄色，侧面黄色，前、后缘分别具 2 个小黑褐色斑。额微隆，珊瑚红色，向前延伸接近唇基基部。唇基背面略带珊瑚红色，垂直，隆起，侧面观略超过额前端，端部被稀疏淡色半直立长毛。头侧面一色，黄色，毛较稀疏，上颚片宽三角形，微隆，略具光泽，下颚片小，隆起，向眼部渐窄，具光泽，小颊宽阔，具光泽，被稀疏淡色毛。喙粗壮，黄色，端部褐色，伸达前足基节端部，被稀疏淡色半直立毛。复眼黑色，略向两侧伸出。触角狭长，底色黄色，大面积染珊瑚红色，被淡色半直立毛，第 1 节珊瑚红色，长约为眼间距的 2.31 倍，端部 1/3 膨大，被稀疏淡色半直立短毛；第 2、3 节黄色，略染珊瑚红色，第 2 节狭长，粗细较均匀，端部略膨大，两侧和端部 1/5 珊瑚红色，密被淡色半直立毛，略短于该节中部直径，第 3 节毛同第 2 节，第 3 节略细于第 2 节；第 4 节红褐色，端部渐细，短于第 1 节，密被短毛，具若干长毛，约为该节中部直径的 2 倍长。

前胸背板黄色，具红色和黑褐色带纹，表面光滑，无刻点，具极稀疏短毛。领前缘略前凸，后部缢缩，前半黄白色，领侧面具 1 黑色纵带，从领延伸至前叶后缘，边缘略带珊瑚红色。前叶圆隆，黄褐色，胝平，不显著。后叶隆起，后半略染珊瑚红色，背面两侧各具 1 红褐色条带延伸至后侧角处，向后渐呈黑褐色，侧缘微内凹，后缘宽阔内凹，后侧角圆钝。胸部侧面和腹面黄色，前胸侧板前叶二裂，裂缝处略外翘，背面观可见。中胸盾片外露部分狭窄，褐色。小盾片微隆，黄色，具 1 模糊灰色纵带，斑基部宽阔，向端部渐细，被淡色直立毛，较触角第 2 节稀疏，长于或等于触角第 2 节中部直径。

半鞘翅淡黄褐色，具玫红色斑，光泽弱，两侧中部微内凹，密被淡色半直立毛。爪片暗黄色，向后半外侧渐呈珊瑚红色，基半外缘呈狭窄的黑色，被淡色半直立软毛，略短于小盾片毛，外侧具 1 列粗大刻点。革片浅黄色，半透明，基部染珊瑚红色，端部 1/3 具 1 个大型玫红色环斑，外缘伸达革片外缘，外半略加深，内半约占革片外侧的 1/3，后缘接近楔片缝，内缘伸达革片内角，略向楔片内侧角延伸，环斑上缘伸达爪片端部 1/10

处，被淡色半直立毛，外缘具 1 列稀疏浅刻点。缘片浅黄褐色，基部略染淡珊瑚红色，端部 1/4 珊瑚红色。翅面沿楔片缝略下折，楔片狭长，外缘直，基部微外拱，浅黄色，半透明，长略等于宽的 1.92 倍，基部内角、内缘和端部红色。膜片半透明，黄白色，中部浅褐色，翅室近端部外侧具 1 小褐色斑，脉红色，翅室端部略凹，端角尖锐，略小于直角。

足黄色，被淡色半直立长毛，前足腿节端部带珊瑚红色，中、后足腿节中部 1/4 珊瑚红色，腿节背面毛短，腹面毛较长，胫节浅黄褐色，端部略带红色，后部 2/3 具若干黑色小刚毛，排列成不甚整齐的数列。跗节浅黄褐色，各节近端部略带红色，第 3 节端部略膨大，爪红褐色。

腹部腹面黄色，被淡色长直立毛。臭腺沟缘狭窄，淡黄色。

雄虫生殖囊黄色，背面和后部略带珊瑚红色，被淡色长直立毛，长度约为整个腹长的 1/4。左阳基侧突外露部分狭长，扭曲，中部宽，向端部渐细，端部倾斜平齐，顶端指状；右阳基侧突狭小，片状，短粗。

量度 (mm)：体长 8.78，宽 2.37；头长 0.77，宽 1.14；眼间距 0.61；眼宽 0.27；触角各节长：Ⅰ:Ⅱ:Ⅲ:Ⅳ=1.41:3.58:2.61:0.78；前胸背板长 1.50，后缘宽 2.19；小盾片长 0.83，基宽 0.94；缘片长 3.78；楔片长 1.17，基宽 0.61。

观察标本： 1♂ (正模)，甘肃党川，1450m，1993.Ⅷ.8。

分布： 甘肃。

讨论： 本种与赤环曼盲蝽 *M. rubida* Hu et Zheng 相似，但前者触角第 2 节毛略短于该节中部直径，翅室外缘末端具 1 小褐色斑，革片环斑玫红色，可与之相区别。

(72) 赤环曼盲蝽 *Mansoniella rubida* **Hu et Zheng, 1999** (图版Ⅶ: 100)

Mansoniella rubida Hu et Zheng, 1999b: 167; Hu et Zheng, 2001: 421; Mu et Liu, 2018: 129.

本种仅已知雌虫：体狭长，光亮，密被淡色半直立毛。

头横宽，宽椭圆形，平伸，浅黄褐色，光亮，几无毛。头顶光滑，无毛，后半中部珊瑚红色，眼间距约为眼宽的 2.70 倍。颈背面珊瑚红色，后缘区域有时具 1 个三角形淡黄褐色小斑，侧面和腹面浅黄褐色，侧面中部有时具 1 个褐色小斑。额微隆，中部具珊瑚红色不规则斑，伸达唇基基部，后部与头顶珊瑚红色区域前部相连。唇基浅黄色，前部略带红色，垂直，隆起，侧面观约与额前端平齐，端部被稀疏淡色半直立长毛。头侧面一色黄色，毛较稀疏，上颚片宽三角形，微隆，略具光泽，下颚片小，隆起，向眼部渐窄，具光泽，小颊宽阔，具光泽，被稀疏淡色毛。喙粗壮，端部褐色，伸达前足基节端部，被稀疏淡色半直立毛。复眼黑色，略向两侧伸出。触角狭长，第 1 节珊瑚红色，长约等于眼间距的 2.1 倍，端部 2/5 膨大，被淡色半直立短柔毛，第 2 节浅黄褐色，端部珊瑚红色，狭长，粗细较均匀，端部略膨大，被淡色半直立毛，长于该节中部直径；第 3 节浅黄褐色，略细于第 2 节；第 4 节红褐色，端部渐细，短于第 1 节，密被短毛和若干长毛，后者长于该节中部直径。

前胸背板浅黄褐色，表面光滑，无毛。领前缘略前凸，中部微内凹，后部缢缩，前半黄白色，具1红色纵带，从领贯穿至前叶和后叶，领和前叶间缢缩处侧面具1个小黑色斑，前、后叶之间缢缩处侧面具1浅黄褐色小斑，有时前叶前后两斑相连成1灰色窄纵带，有时后部无斑。前叶圆隆，黄褐色，胝平，不显著。后叶隆起，侧面具1珊瑚红色宽纵带，有时色较淡，侧缘凹，后缘呈宽阔的凹陷，后侧角圆钝。胸部侧板和腹板黄色，前胸侧板前叶二裂，裂缝处略外翘，背面观可见。中胸盾片外露部分狭窄，黄褐色。小盾片浅黄褐色，微隆，具1个模糊的灰色纵带，基部宽，向端部渐细，被淡色直立毛，略长于触角第4节直径。

半鞘翅淡黄褐色，具淡红色斑，光泽弱，两侧中部略内凹，缘片后缘外拱，密被淡色半直立毛。爪片浅黄褐色，侧缘具1红色窄纵带，毛较直或微弯，外侧刻点列较浅。革片黄色，半透明，基部略带珊瑚红色，端部1/3-2/5具1个淡红色大环状斑，边缘较窄，外缘伸达革片外缘，外半占革片外部的1/3，后缘接近楔片缝，内缘伸达革片内角，外缘刻点列不明显。缘片黄色，基部和端部1/4带珊瑚红色。翅面沿楔片缝略下折，楔片狭长，外缘直，黄色，内侧基角、内缘和端部红色，半透明，长约为宽的2.17倍。膜片半透明，浅灰褐色，近翅室顶端外侧浅黄褐色，脉红色，翅室端部微凹，端角尖，略小于直角。

足黄色，被淡色半直立长毛，腿节端部1/3珊瑚红色，腿节背面毛短，腹面毛较长，胫节基部和端部背面略带珊瑚红色，后部2/3具若干黑色小刚毛，排列成不甚整齐的数列。跗节黄褐色，第3节端部红褐色，略膨大，爪褐色，基半具宽齿。

腹部腹面黄色，被淡色长直立毛。臭腺沟缘狭窄，淡黄色。

量度 (mm)：雌虫：体长9.27-9.32，宽2.87-2.93；头长0.72-0.73，宽1.06-1.08；眼间距0.62-0.63；眼宽0.23-0.24；触角各节长：Ⅰ:Ⅱ:Ⅲ:Ⅳ=1.21-1.23:3.20-3.24:2.57-2.61:0.71-0.73；前胸背板长1.33-1.36，后缘宽2.18-2.21；小盾片长0.77-0.83，基宽0.97-0.98；缘片长4.08-4.13；楔片长1.55-1.57，基宽0.71-0.73。

观察标本：1♀ (正模)，陕西凤县秦岭火车站，1400m，1994.Ⅶ.27，吕楠采；1♀，陕西凤县秦岭火车站，1400m，1994.Ⅶ.28，吕楠采。1♀，贵州习水，2000.Ⅳ.3，薛怀君采；1♀，贵州沿河麻阳河自然保护区黎家坝，700-900m，2007.Ⅵ.11，许静杨采。

分布：陕西、贵州。

讨论：本种与瑰环曼盲蝽 *M. rosacea* Hu *et* Zheng 相似，但前者体较大而色较淡，触角第2节毛长于该节中部直径，革片环斑淡红色而非玫红色，可与之相区别。

本志新增贵州的分布记录。

(73) 红带曼盲蝽，新种 *Mansoniella rubistrigata* Liu *et* Mu, sp. nov. (图60；图版Ⅶ: 101, 102)

雄虫：体较小，狭长，两侧近平行，半鞘翅外缘基部和端部仅略微突出，体橙褐色，带红色。体腹面毛较长而浓密。

头圆形，平伸，淡黄褐色，泛红色，光亮，几无毛。头顶浅黄褐色，后缘泛红色，光亮，眼间距是眼宽的1.58倍。颈黑色，背面观中部略呈红色，侧面观向下渐呈红褐色，腹面淡黄褐色。额侧面观隆起，红褐色。唇基褐色，垂直，略回折，隆起，侧面观不超过额前端，端部被稀疏淡色半直立长毛。上颚片宽三角形，较平，淡黄褐色，无光泽，被稀疏淡色毛，下颚片小，隆起，向眼部渐窄，具光泽，被稀疏淡色毛，小颊宽阔，具光泽，淡黄褐色，染红色，被稀疏淡色毛。喙粗壮，黄色，最端部褐色，伸达前足基节基部，被稀疏淡色半直立长毛。复眼黑色，不向两侧伸出。触角狭长，珊瑚红色，被淡褐色半直立毛，第1节略长于头宽，基部淡黄色，被稀疏淡色短毛，第2节狭长，粗细较均匀，密被淡褐色半直立长毛，毛长大于该节直径，第3、4节仅略细于第2节，毛被同第2节，第4节端部渐细，短于第1节。

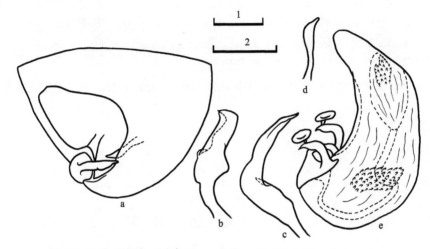

图 60　红带曼盲蝽，新种 *Mansoniella rubistrigata* Liu *et* Mu, sp. nov.

a. 生殖囊腹面观 (genital capsule, ventral view)；b、c. 左阳基侧突不同方位 (left paramere in different views)；d. 右阳基侧突 (right paramere)；e. 阳茎 (aedeagus)；比例尺：1=0.1mm (a)，2=0.1mm (b-e)

前胸背板淡黄褐色，具红色和黑褐色带状纹，表面光滑，无刻点，具极稀疏短毛，几不可见。领前缘略前凸，后部缢缩，前半淡黄白，中部具1断续的红色横带，后半黑褐色，背面观红色横带后部中央倒三角形区域淡黄褐色。前叶圆隆，黄褐色，染不规则红色斑，两侧纵带及前后缘缢缩部分黑褐色，背面后缘中部不加深，胝平，不显著。后叶隆起，淡黄褐色，两侧具2个模糊的淡红褐色宽纵带，侧缘中部内凹，后侧角较尖，但端部圆，后缘略微波浪状。中胸侧板、后胸侧板红褐色。中胸盾片外露部分狭窄，黄褐色。小盾片较平，淡黄白色，端部隆起，黄色，被淡色直立短毛。

半鞘翅橙褐色，光泽弱，两侧中部略内凹，密被淡色半直立毛。爪片淡褐色，基部具红色不规则带状斑，外侧具1列粗大刻点。革片中部黄褐色，外缘具红色纵带，缘片淡黄褐色，内缘略泛红，内缘具1列粗大刻点，翅面沿楔片缝略下折，楔片狭长，外缘直，淡黄褐色，内缘及端角泛红色，膜片烟褐色，半透明，翅脉红色，翅室端角尖锐，略小于直角。

足淡黄褐色，半透明，被淡色半直立长毛，腿节背面毛短，腹面毛较长，前足腿节端部泛红色；胫节中部毛长于该节直径；跗节及爪褐色。体腹面毛较长而浓密。

腹部红褐色，被淡色长直立毛。臭腺沟缘小，淡黄白色。

雄虫生殖囊褐色，被淡色长直立毛，长度约为整个腹长的 1/4。阳茎端膜质，宽大，端部圆钝，具 2 个披针状小膜叶。左阳基侧突粗大，弯曲，端半狭长，端部渐尖，基半略圆隆；右阳基侧突短小，狭长。

雌虫：体型、体色与雄虫大体一致，但体较宽大，体色较深，前胸背板深色纵带更为显著，触角第 2 节珊瑚红色较斑驳，不如雄虫色深且一致。

量度 (mm)：体长 5.60 (♂)、6.05 (♀)，宽 1.50 (♂)、1.68 (♀)；头长 0.49 (♂)、0.56 (♀)，宽 0.67 (♂)、0.66 (♀)；眼间距 0.29 (♂)、0.30 (♀)；眼宽 0.19 (♂)、0.18 (♀)；触角各节长：Ⅰ:Ⅱ:Ⅲ:Ⅳ=0.75:1.90:1.53:0.61 (♂)、0.79:2.00:1.45:0.59 (♀)；前胸背板长 0.95 (♂)、1.00 (♀)，后缘宽 1.20 (♂)、1.30 (♀)；小盾片长 0.46 (♂)、0.45 (♀)，基宽 0.51 (♂)、0.50 (♀)；缘片长 2.40 (♂)、2.70 (♀)；楔片长 0.14 (♂)、0.15 (♀)，基宽 0.20 (♂)、0.23 (♀)。

种名词源： 新种依据革片外缘具红色纵带命名。

模式标本： 正模 ♂，云南元江咪哩乡，2200m，2006.Ⅶ.21，董鹏志采。副模：1♀，同正模。

分布： 云南。

讨论： 本种体型与檫木曼盲蝽 *M. sassafri* (Zheng *et* Liu) 相似，但前者体较狭小，头较窄，近圆形，眼不向两侧突出，颈两侧黑色，革片外缘具红色纵带，缘片一色淡黄褐色，可与之相区别。

(74) 檫木曼盲蝽 *Mansoniella sassafri* (Zheng *et* Liu, 1992) (图 61，图 62；图版Ⅶ: 103, 104)

Pachypeltis sassafri Zheng *et* Liu, 1992: 292; Zheng, 1995: 459; Schuh, 2002-2014.
Mansoniella sassafri: Hu *et* Zheng, 1999b: 167; Hu *et* Zheng, 2001: 421.

雄虫：体长椭圆形，较狭小，密被淡色半直立毛，具明显光泽。

头横宽，椭圆形，平伸，黄褐色至珊瑚红色，光滑无刻点，毛被不明显。头顶光滑，眼间距约为眼宽的 1.91 倍。颈背面和侧面朱红色，并向前染及头后缘区域，腹面黄色。额微隆，珊瑚红色。唇基浅黄褐色，前部染红色，垂直，微隆，侧面观约与额前端平齐，端半被稀疏淡色半直立短毛。头侧面一色淡黄褐色，毛较稀疏，上颚片宽三角形，微隆，略具光泽，下颚片小，隆起，向眼部渐窄，具光泽，小颊宽阔，具光泽，被稀疏淡色毛。喙粗壮，淡黄色，顶端褐色，喙伸达前胸背板末端，被稀疏淡色半直立毛。复眼黑色，略向两侧伸出。触角狭长，珊瑚红色，被淡色半直立毛，第 1 节端半较突然加粗，加粗处约呈结节状，第 1 节长约为眼间距的 2.27 倍，基部黄色，被稀疏短毛；第 2、3 节毛淡色，几直立，长者长于该节直径，第 2 节狭长，粗细较均匀，端部略膨大，端部色较深；第 3、4 节仅略细于第 2 节，色较暗，第 3 节基部和端部以及第 4 节基部黄色，第 4 节端部渐细，短于第 1 节，被短毛和一些长毛，长毛约为该节中部直径的 2 倍。

前胸背板赤红色或珊瑚红色，后叶侧缘略内凹，表面光滑，无刻点，毛被极不显著。领前缘略前凸，后部缢缩，珊瑚红色，中部带黄色。前叶圆隆，珊瑚红色，中部染黄色，胝平，不显著。后叶隆起，珊瑚红色，中部具 1 黄色宽纵带，侧面黄色，侧缘圆隆，中部内凹，后缘中部宽阔内凹，后侧角相对尖。前胸侧板前叶二裂，裂缝处略外翘，背面观可见，中、后胸侧板黄褐色，外侧常具红色斑。中胸盾片外露部分狭窄，淡红褐色。小盾片淡黄色，饱满，密被淡色柔毛。

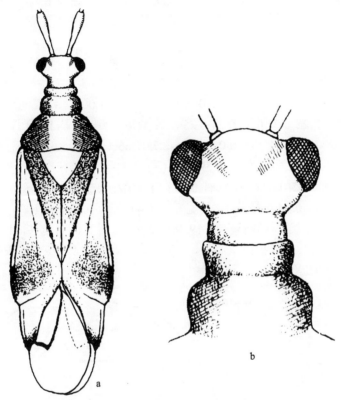

图 61 檫木曼盲蝽 *Mansoniella sassafri* (Zheng *et* Liu)
a. 体背面观 (body, dorsal view)；b. 头及前胸背板背面观 (head and pronotum, dorsal view)

半鞘翅黄色，具珊瑚红色斑，光泽弱，两侧中部略内凹，基部最宽处略大于端方外拱最宽处宽，密被淡黄色半平伏长柔毛。爪片朱红色，向接合缝和端部渐呈淡黄色或淡黄褐色，外侧具 1 列粗大刻点。革片黄色，端部 1/3 具大朱红色斑，斑外缘伸达革片外缘，前缘斜向前倾伸至爪片中部，内侧不伸达革片内角，后缘接近楔片缝，略向楔片内侧角延伸，外缘具 1 列粗大刻点。缘片黄色，基部和端部 1/5 珊瑚红色。翅面沿楔片缝略下折，楔片狭长，外缘略外拱，淡黄色或淡黄褐色，内侧角、内缘和端部 1/3 朱红色。膜片半透明，淡烟色，翅室内部略深，脉红色，翅室端部的横脉略弯曲，端角较尖锐，后指，呈直角。

足淡黄褐色或深褐色，被淡色半直立长毛。腿节端部朱红色，前、中足色常不显著，多少膨大，腿节被淡色直立毛，腿节背面毛短，腹面毛较长，胫节密被淡色毛，略长于该节直径，后部 2/3 具若干黑色小刚毛，排列成不甚整齐的数列。跗节第 3 节褐色，端部略膨大，爪褐色，基半具宽齿。

腹部腹面淡黄褐色或深褐色，斑驳，基部外侧常具红色斑，被淡色长直立毛。臭腺沟缘狭窄，淡黄色。

雄虫生殖囊黄色，后部黄褐色，被淡色长直立毛，长度约为整个腹长的 1/4。阳茎端膜质，简单，细长，端部渐尖，无任何骨化附器。左阳基侧突粗大，弯曲，端半狭长，中部略膨大，具 1 细小分叉，端部狭长，顶端钩状弯曲，向顶点渐尖，基半圆隆，弯曲；右阳基侧突短小，狭长。

雌虫：体型、体色与雄虫大体一致，但体较宽大，体色较淡，腹部宽大，中部不收缩。

量度 (mm)：体长 6.16-6.19 (♂)、7.31-7.35 (♀)，宽 1.65-1.70 (♂)、1.99-2.03 (♀)；头长 0.60-0.64 (♂)、0.61-0.63 (♀)，宽 0.90-0.94 (♂)、0.97-1.00 (♀)；眼间距 0.43-0.46 (♂)、0.50-0.51 (♀)；眼宽 0.22-0.23 (♂)、0.24-0.25 (♀)；触角各节长：Ⅰ:Ⅱ:Ⅲ:Ⅳ=0.99-1.02:2.59-2.62:1.70-1.73:0.76-0.80 (♂)、0.96-0.99:2.65-2.73:1.66-1.72:0.75-0.79 (♀)；前胸背板长 1.03-1.09 (♂)、1.27-1.30 (♀)，后缘宽 1.59-1.64 (♂)、1.93-1.95 (♀)；小盾片长 0.63-0.65 (♂)、0.67-0.70 (♀)，基宽 0.65-0.68 (♂)、0.81-0.84 (♀)；缘片长 2.78-2.83 (♂)、3.32-3.35 (♀)；楔片长 0.82-0.84 (♂)、0.94-0.95 (♀)，基宽 0.41-0.44 (♂)、0.43-0.44 (♀)。

观察标本：1♂(正模)，湖南靖县，1989.Ⅵ.20；3♂1♀，湖南靖县，1989.Ⅵ.20。2♀，贵州遵义绥阳宽阔水自然保护区核心站，1500m，2010.Ⅷ.14，杨贵江采。1♀，四川丰都世坪，610m，1994.Ⅹ.5，陈军采。

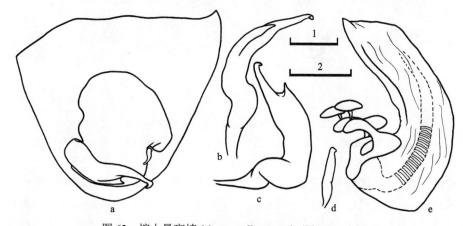

图 62　檫木曼盲蝽 *Mansoniella sassafri* (Zheng *et* Liu)

a. 生殖囊腹面观 (genital capsule, ventral view)；b、c. 左阳基侧突不同方位 (left paramere in different views)；d. 右阳基侧突 (right paramere)；e. 阳茎 (aedeagus)；比例尺：1=0.1mm (a), 2=0.1mm (b-e)

分布：湖南、四川、贵州。

讨论：本种体型与狭长曼盲蝽 *M. elongata* Hu *et* Zheng 相似，但前者革片后缘斑非环状，朱红色，前胸背板领中央带黄色，前叶侧缘无黑色斑，后叶珊瑚红色，具 1 黄色中纵带，可与之相区别。

寄主为檫树 *Sassafras tzumu* Hemsl.。

本志新增该种在贵州和四川的分布记录。

(75) 诗凡曼盲蝽 *Mansoniella shihfanae* Lin, 2000

Mansoniella shihfanae Lin, 2000a: 3; Lin, 2001b: 377; Hu *et* Zheng, 2001: 420; Schuh, 2002-2014.

作者未见标本，现根据 Lin (2000a) 描述整理如下。

体狭长，光亮，长约是半鞘翅最窄处宽的 3 倍。

头顶褐色，染珊瑚红色。额隆起，中部具黑色斑。唇基基部黑色。眼前部区域暗褐色。颈背面暗褐色，基部褐色，侧缘黑色，腹面褐色。触角珊瑚红色，被淡色半直立毛；第 1 节被淡色半直立毛，是眼间距的 2 倍，端部 2/5 膨大；第 2、3 节密被软毛；第 4 节被一些长毛，长约等于领宽。领红褐色，前部 1/4 黄白色，后部 1/5 黑色。

前胸背板前叶红褐色，后叶褐色，侧缘具暗褐色斑。小盾片淡黄褐色，被稀疏淡色半直立毛。

半鞘翅被淡色半直立毛。爪片红褐色，毛微弯。革片淡黄褐色，端部 1/3 具 1 大型珊瑚红色环斑。革片密被毛，几与小盾片毛等长。缘片淡黄褐色，基部区域珊瑚红色，端部 1/4 红色。楔片黄色，长约是宽的 3 倍，端部 1/4 染红色，毛长于革片毛。膜片黄色，中部灰色，脉珊瑚红色，端部直。

足浅黄褐色。胸部腹板和腹部腹板黄褐色。

量度 (mm)：体长 6.8 (♀)，宽 2.0 (♀)。

分布：台湾。

讨论：本种与狭长曼盲蝽 *M. elongata* Hu *et* Zheng 相似，但是可通过以下特征进行区分：楔片较短，颈侧缘和领后部 1/5 黑色，前胸背板前叶无 "X" 形黑色斑。

(76) 王氏曼盲蝽 *Mansoniella wangi* (Zheng *et* Li, 1992) (图 63；图版Ⅶ: 105, 106)

Pachypeltis wangi Zheng *et* Li, 1992: 203; Zheng, 1995: 459.

Mansoniella wangi: Hu *et* Zheng, 1999b: 167; Hu *et* Zheng, 2001: 421.

雄虫：体狭长，长椭圆形，密被淡色半直立毛，光亮，底色淡黄褐，带有红色色泽。

头横宽，椭圆形，平伸，前半及下方黄褐色，光滑无毛。头顶后半珊瑚红色，约呈 1 横带，两侧弯曲，向眼部方向狭窄延伸，光滑，眼间距约为眼宽的 4.08 倍。颈珊瑚红色，侧方具黑褐色斑，向周围渐淡。额微隆，中部珊瑚红色，延伸至唇基基部。唇基珊瑚红色，有时前部黑褐色，垂直，隆起，侧面观略超过额前端，端部被稀疏淡色半直立短毛。头侧面一色淡黄褐色，毛较稀疏。上颚片宽三角形，微隆，略具光泽，下颚片小，隆起，向眼部渐窄，具光泽，小颊宽阔，具光泽，被稀疏淡色毛。喙粗壮，黄色，伸达前足基节中部，被淡色稀疏长柔毛。复眼黑色，略向两侧伸出。触角狭长，珊瑚色，被淡色半直立毛，第 1 节长约为眼间距的 1.47 倍，端部 2/5 膨大，基部黄色，被稀疏短毛；第 2 节狭长，粗细较均匀，端部略膨大，红褐色，端部色较深，被稀疏淡色半直立毛，毛长短不一，长者略长于该触角节直径；第 3、4 节暗红褐色，毛较密，仅略细于第 2 节，第 4 节端部渐细，短于第 1 节，被短毛和若干长毛，长毛约为该节中部直径的 2 倍。

　　前胸背板黄褐色，具黑褐带纹，表面光滑，无刻点，具极稀疏短毛。领前缘略前凸，后部缢缩，大面积珊瑚色，背面中部色略淡，侧面具黑色宽纵带，从领延伸至后叶，纵带在前、后叶间缢缩处较宽，沿缢痕延伸，渐淡，有时带颜色较浅。前叶圆隆，黄褐色，胝平，不显著。后叶隆起，斜下倾，后半渐呈浅棕色略带橙色，两侧具珊瑚红色纵带，有时色较浅，侧缘中部明显内凹，后缘中部宽阔内凹，后侧角圆钝。前胸侧板黄色，前叶二裂，裂缝处略外翘，背面观可见，中、后胸侧板黄褐色。中胸盾片外露部分狭窄，红褐色。小盾片微隆，淡黄色，密被淡色直立短毛，中部具 1 条微弱的灰色纵带，伸达小盾片端部，基部较宽，向端部渐细，小盾片端角较圆钝。

　　半鞘翅黄色，具珊瑚红色和褐色斑，光泽弱，两侧中部略内凹，缘片端部略外拱，密被淡色半直立毛。爪片褐色或红褐色，端半色较淡，密被淡色半直立软毛，外侧具 1 列粗大刻点。革片浅黄色，最基部朱红色，端部 1/3 具朱红色大斑，斑外半色较深，红褐色至黑褐色，斑内缘较外缘短，内侧前缘伸达爪片端部，外侧伸达革片外侧，后部伸达楔片缝，革片外缘具 1 列粗大刻点。缘片黄褐色，基部和端部 1/3 珊瑚红色。翅面沿楔片缝略下折，楔片相对宽短，外缘微外拱，浅黄色，半透明，内缘端半和端部染珊瑚红色。膜片半透明，淡烟色，端部及翅室内后半灰褐色，脉朱红色，端角较尖锐，后指，略大于直角。

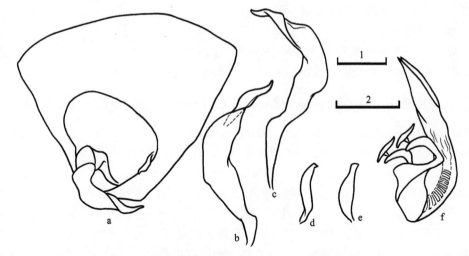

图 63　王氏曼盲蝽 *Mansoniella wangi* (Zheng *et* Li)

a. 生殖囊腹面观 (genital capsule, ventral view)；b、c. 左阳基侧突不同方位 (left paramere in different views)；d、e. 右阳基侧突不同方位 (right paramere in different views)；f. 阳茎 (aedeagus)；比例尺：1=0.1mm (a)，2=0.1mm (b-f)

　　足黄色，被淡色半直立长毛，腿节端部和近端部各具 1 模糊的淡橙色环，腿节背面毛短，腹面毛较长，胫节基部和端部淡褐色，后足胫节色较暗，胫节后部 2/3 具若干黑色小刚毛，排列成不甚整齐的数列。跗节第 3 节端部色略加深，略膨大，爪褐色。

　　腹部腹面黄色，侧面略染红色，被淡色长直立毛。臭腺沟缘狭窄，淡黄色。

　　雄虫生殖囊红褐色，腹面色略淡，被淡色长直立毛，长度约为整个腹长的 1/4。阳茎端膜质，简单，较小，细长，端部渐尖，无任何骨化附器。左阳基侧突粗大，扭曲，端半狭长，端部渐尖，基半圆隆；右阳基侧突短小，狭长。

雌虫：体型、体色与雄虫大体一致，但体较宽短，腹部中部膨大，不收缩。

量度 (mm)：体长 6.04-6.25 (♂)、6.02-6.43 (♀)，宽 2.08-2.14 (♂)、2.04-2.10 (♀)；头长 0.52-0.60 (♂)、0.49-0.54 (♀)，宽 0.70-0.74 (♂)、0.86-0.92 (♀)；眼间距 0.48-0.51 (♂)、0.40-0.43 (♀)；眼宽 0.15-0.19 (♂)、0.23-0.24 (♀)；触角各节长：Ⅰ:Ⅱ:Ⅲ:Ⅳ=0.71-0.74:2.14-2.24:1.56-1.63:0.65-0.73 (♂)、0.64-0.73:2.15-2.23:1.53-1.62:0.66-0.72 (♀)；前胸背板长 1.06-1.16 (♂)、1.10-1.18 (♀)，后缘宽 1.68-1.75 (♂)、1.69-1.76 (♀)；小盾片长 0.64-0.70 (♂)、0.54-0.60 (♀)，基宽 0.71-0.76 (♂)、0.74-0.83 (♀)；缘片长 2.65-2.74 (♂)、2.31-2.36 (♀)；楔片长 0.70-0.76 (♂)、0.51-0.56 (♀)，基宽 0.53-0.58 (♂)、0.56-0.63 (♀)。

观察标本：1♂(正模)，湖南永顺杉木河林场，600m，1988.Ⅷ.4，王书永采。14♀，甘肃文县范坝，1988.Ⅶ.31；1♀，甘肃文县邱家坝，1989.Ⅶ.17。7♂21♀，江西井冈山小溪洞，2002.Ⅶ.23，薛怀君采；1♀，江西井冈山五指峰，2002.Ⅶ.24，于昕采。2♀，江苏南京，1955.Ⅶ.25。3♀，湖北鹤峰杉园，1260m，1999.Ⅶ.18，郑乐怡采；3♀，湖北五峰渔洋关镇，300m，1990.Ⅶ.24，李传仁采；3♂1♀，湖北咸丰马河坝，450m，1999.Ⅶ.25，谢强采；5♂5♀，同前，1999.Ⅶ.26，薛怀君采；2♂3♀，同前，谢强采；1♀，湖北利川毛坝，750m，1999.Ⅶ.29，郑乐怡采。1♂1♀，湖南郴州宜章县莽山，1030-1300m，2004.Ⅶ.23，田颖采；2♀，同前，1600-1900m，2004.Ⅶ.24，柯云玲采。2♀，贵州罗甸，500m，1981.Ⅴ.25；1♂，同前，1981.Ⅵ.2；1♂3♀，贵州贵阳花溪，1995.Ⅶ.25，马成俊采；2♂8♀，贵州茂兰，1995.Ⅶ.29，马成俊采；3♂7♀，同前，420m，卜文俊采；1♀，贵州罗甸罗悃镇，480m，2000.Ⅸ.15，李传仁、周传发采；1♀，贵州梵净山回香坪，1750m，2001.Ⅶ.29，灯诱，卜文俊采；1♂5♀，贵州麻阳河沙坪村万家，840m，2007.Ⅹ.3，朱耿平采；1♂4♀，同前，2007.Ⅹ.4；3♂4♀，同前，2007.Ⅹ.5；1♀，同前，800-900m，朱耿平、蔡波采；1♂1♀，贵州荔波茂兰自然保护区板寨，550m，2010.Ⅵ.13，党凯采；1♂5♀，贵州荔波茂兰自然保护区三岔河，482m，2010.Ⅵ.14，党凯采；2♂，贵州遵义绥阳宽阔水自然保护区白哨沟，640m，2010.Ⅷ.10，灯诱，杨贵江采。2♀，福建建阳黄坑，1965.Ⅵ.8，玉良臣采；1♀，福建龙岩，1965.Ⅶ.20，刘胜利采。1♂1♀，广东连县瑶安乡，1962.Ⅹ.22，同前。1♀，广西兴安猫儿山，1000-1200m，1992.Ⅷ.23，郑乐怡采；1♀，广西灵川，275m，1984.Ⅵ.4，任树芝采；1♀，1984.Ⅴ.20，同前；3♀，广西龙胜三门，1990.Ⅴ.27，李新正采；1♀，同前，1964.Ⅶ.18，玉良臣采；6♀，同前，1964.Ⅶ.20，刘胜利采；5♀，同前，1964.Ⅷ.18，王良臣采；2♀，广西龙胜粗江，1964.Ⅷ.22，同前；2♀，同前，刘胜利采；3♀，广西龙胜天平山，1964.Ⅷ.26，同前；2♂3♀，广西龙州大青山，1964.Ⅶ.18，王良臣采；1♂2♀，广西上思，1964.Ⅶ.30，同前；1♂，广西凭祥至睦南沿途，1964.Ⅶ.26，刘胜利采；1♀，广西金秀花王庄，600m，1999.Ⅴ.20，黄复生采；1♀，广西上思南屏乡，3500m，2000.Ⅴ.10，陈军采；1♀，同前，2000.Ⅴ.11，李文柱采；1♀，广西防城港峒中乡，550m，2000.Ⅵ.5，姚建采。1♀，海南通什镇，1964.Ⅳ.20，刘胜利采；1♀，海南通什镇，1964.Ⅳ.20，刘胜利采；1♀，海南五指山保护区水满乡，650m，2007.Ⅴ.16，张旭采；1♀，同前，700m，2007.Ⅴ.19，张旭采；1♂3♀，同前，720m，2007.Ⅴ.18，花吉蒙采；1♀，同前，650m，2007.Ⅴ.19，李晓明采；2♀，同前，700m，2007.Ⅴ.20，张旭采；1♀，海南霸王岭自然保护区，600m，2007.Ⅵ.10，李卫春、张志伟采；1♂，同前，740m，2009.Ⅳ.12，穆怡然采；1♂，同前，740m，2009.Ⅳ.13，穆怡然采。

分布：甘肃、江苏、湖北、江西、湖南、福建、广东、海南、广西、贵州。

讨论：本种体型和色斑均与樟曼盲蝽 *M. cinnamomi* (Zheng *et* Liu) 相似，但前者体较宽大，头的眼前部分伸出较短，前胸背板前叶仅在侧缘具黑色纵带，革片后半更宽阔，膜片翅室端缘形状不同，可与之相区分。

根据湖北咸丰马河坝标本标签记载其采自三角枫和槭树上。

本志新增甘肃、江西、江苏、湖北、贵州、福建、广东、广西和海南的分布记录。

(77) 武夷山曼盲蝽 *Mansoniella wuyishana* Lin, 2002

Mansoniella wuyishana Lin, 2002: 376; Schuh, 2002-2014.

作者未见标本，现根据 Lin (2002) 描述整理如下。

雄虫：体长，长约为宽的 3 倍，光亮。

头褐色至暗褐色。头顶平滑，无毛，后部 1/2 具 1 珊瑚红色区域。额略隆起，黑色。额腹面黑色，伸达唇基基部。唇基黑色。颈背面褐色，侧缘黑色。触角第 1、2 节珊瑚红色，其余部分红褐色。第 1 节长度约为眼间距的 1.8 倍，端部 1/2 膨大；被稀疏短毛；第 2-4 节毛浓密，毛长约为第 2 节直径的 1.5 倍。

前胸背板褐色至红褐色，侧缘具黑色斑，延伸至领后部 1/2。前胸背板前叶背面黄白色，后叶背面褐色至暗褐色，中部具窄的黄色带。小盾片微凹，黄色，端部珊瑚红色，被半直立柔毛。

半鞘翅被浓密淡色半直立毛，前侧缘中部内凹。爪片褐色至暗褐色，内缘和爪片接合缝处黑色，被直或微弯的毛，与小盾片毛几等长。革片浅黄色，端部 1/4 具 1 个暗珊瑚红色环斑，内缘珊瑚红色，基部 1/8 区域具珊瑚红色斑。缘片浅黄色，端部 1/5 和基部 1/8 珊瑚红色。楔片黄色，端部和内缘染珊瑚红色，毛长与爪片相等。膜片灰色，端部黄白色，脉红色。

足黄褐色，腿节端部 1/3 和基部 1/3 珊瑚红色。胸部腹面黄褐色，侧面褐色，腹部腹面前半珊瑚红色，后半暗褐色。

雄虫左阳基侧突基部宽矩形，端部渐窄，尖，鸟喙状；右阳基侧突基部中度膨大，端部渐窄，指状。阳茎端宽，基部短、直，膜叶无骨针。

雌虫：与雄虫相似。触角和头顶珊瑚红色。额略微隆起，珊瑚红色。颈、领和前胸背板侧缘具黑色带。小盾片黄色，端部珊瑚红色。革片黄褐色，端部 1/4 具 1 个珊瑚红色斑，侧缘具 1 个黑色环斑，后部 1/8 珊瑚红色。

量度 (mm)：体长 6.0 (♂)、7.5 (♀)，宽 2.0 (♂)、2.6 (♀)。

分布：福建。

讨论：本种与王氏曼盲蝽 *M. wangi* (Zheng *et* Li) 相似，但是可以通过以下特征加以区别：触角各节长度比例不同 (0.8∶2.5∶2.0∶0.65)，小盾片末端延长并尖锐，楔片更狭长。

Lin (2002) 记载曾从金缕梅科 Hamamelidaceae 的枫香树 *Liquidambar formosana* Hance 上采集到该种。

(78) 雅凡曼盲蝽 *Mansoniella yafanae* Lin, 2000

Mansoniella yafanae Lin, 2000a: 5; Lin, 2001b: 377; Hu *et* Zheng, 2001: 421; Schuh, 2002-2014.

作者未见标本，现根据 Lin (2000a) 描述整理如下。

体长，光亮。

头暗褐色。头顶平滑，无毛，中部褐色，后缘具珊瑚红色线。额、唇基的基部和眼前区域暗褐色。喙端部褐色，伸达前足基节端部。颈背面和侧面褐色。触角第 1 节珊瑚红色，长约为眼间距的 1.6 倍，端部 2/5 膨大，被稀疏淡色半直立短毛。

前胸背板褐色，领珊瑚红色。前胸背板前后叶背面和侧面黄褐色。小盾片黄褐色，微弱隆起，被淡色半直立毛。

半鞘翅被浓密淡色半直立毛。爪片褐色，被淡色半直立毛。革片淡黄褐色，半透明，基部染珊瑚红色，端部 1/4 具 1 大型珊瑚红色环斑。缘片珊瑚红色。楔片浅黄色，半透明，长度约是宽的 2 倍，端部染珊瑚红色，被毛同爪片。足浅黄褐色，腿节端部 1/5 染珊瑚红色。

量度 (mm)：雌虫：体长 6.4，宽 2.0。

分布：台湾。

讨论：本种与脊曼盲蝽 *M. cristata* Hu *et* Zheng 相似，但是可通过以下特征加以区分：前胸背板前叶无侧纵脊，小盾片无红色纵带。

15. 颈盲蝽属 *Pachypeltis* Signoret, 1858

Pachypeltis Signoret, 1858a: 501. **Type species:** *Pachypeltis chinensis* Signoret, 1858; by monotypy.
Disphinctus Stål, 1871: 668. **Type species:** *Disphinctus sahlbergii* Stål, 1871. Synonymized by Reuter, 1910: 166.

体大型，狭长，体两侧平行，密被毛。头宽大于长，具短的颈，额圆隆，头顶光滑，后缘无脊。眼位于头中部，与前胸背板前缘距离约为触角第 1 节中部宽。触角第 1 节短，长约等于眼间距，中部略膨大，第 2 节约为第 1 节的 6 倍，被长直立毛，毛略长于该节直径，第 3、4 节细长，圆柱形。喙极短，伸达前足基节端部。前胸背板胝前具 2 个缢缩，将其隔成领、前叶和后叶，后叶光滑，不具刻点，后缘中部弯曲，后侧角圆隆，侧缘第 2 个弯曲浅波浪状，光亮。中胸盾片暴露，小盾片平坦。半鞘翅密被毛，基部 1/3 略窄，楔片长约为宽的 4 倍，膜片长，翅室端角尖。足细长，密被毛，毛长大于该节直径。

分布：湖南、台湾、广东、海南、广西、四川、贵州、云南、西藏；印度，缅甸，斯里兰卡，马来西亚，印度尼西亚。

本属与真颈盲蝽属 *Eupachypeltis* Poppius 相似，但本属额部无毛瘤，楔片较长，体毛明显长可与之相区别。

目前，本属世界已知 23 种，中国记载 5 种。

种 检 索 表

1. 革片端部区域无深色斑 ·· 2

　　革片端部区域具深色斑 ·· 4

2. 头顶中部具 1 对圆形小凹陷；小盾片淡黄白色，两侧黑褐色 ············ **薇甘菊颈盲蝽 *P. micranthus***

　　头顶中部无圆形小凹陷；小盾片橙色 ··· 3

3. 前胸背板后叶黑褐色，具 1 淡褐色中纵带 ·························· **二型颈盲蝽 (♂) *P. biformis***

　　不如上述 ··· 5

4. 触角第 1 节黄褐色 ·· **二型颈盲蝽 (♀) *P. biformis***

　　触角第 1 节红色 ·· **红楔颈盲蝽 *P. corallinus***

5. 头部中央有 1 黑斑 ·· **中国颈盲蝽 *P. chinensis***

　　头部无黑斑 ·· **黑斑颈盲蝽 *P. politum***

(79) 二型颈盲蝽 *Pachypeltis biformis* Hu et Zheng, 1999 (图 64；图版Ⅶ: 107, 108)

Pachypeltis biformis Hu et Zheng, 1999a: 123; Hu et Zheng, 2001: 422; Schuh, 2002-2014.

雄虫：体大型，狭长，深红褐色，被浓密褐色长毛。

头横宽，垂直，具明显的颈，黑褐色，头顶红褐色，光亮，颈橙黄色，被半直立淡色长毛。头顶圆隆，眼间距是眼宽的 1.66 倍，中纵沟不明显，后缘无脊。额微隆，被毛较头顶稀疏。唇基隆起，垂直，黑褐色，光亮，端半被稀疏淡色长毛。头侧面黄色，下颚片和小颊端部褐色，具光泽。喙黄色，端部黑褐色，伸过前足基节端部。复眼侧面观椭圆形，背面观半圆形，黑褐色，带黄色斑驳。触角狭长，黑褐色，被褐色半直立和直立毛，第 1 节短粗，基部细，黄色，中部膨大，被半直立毛，毛长短于该节端部直径；第 2 节略细于第 1 节端部，细长，被半直立短毛和直立长毛，短毛短于第 1 节毛长，端部较浓密，长毛长于该节直径的 2 倍；第 3 节约与第 2 节等粗，略短于第 2 节，被半直立短毛和直立长毛，短毛较第 2 节浓密，长毛短于第 2 节直立长毛，略长于该节直径；第 4 节短，略细于第 3 节，端部渐尖，毛被同第 3 节。

前胸背板中部缢缩，分为前后 2 叶，红褐色，具光泽，密被直立褐色短毛，领界限不明显，前缘褐色，胝隆起，较大，占据前叶宽度，中部具中纵沟；后叶侧缘中部内凹，后侧角圆，后缘圆隆，中部强烈内凹，后叶黑褐色，中部具 1 淡褐色纵带，后缘淡黄色。胸部侧板红褐色，光亮，前胸侧板二裂。中胸盾片狭窄外露。小盾片宽三角形，端部圆钝，隆起，具横皱，中部微凹，红褐色，端部黄色，密被半直立淡色长毛。

半鞘翅两侧近平行，中部略内凹，红褐色，光亮，密被半直立淡色毛，爪片中部脉浅，外缘具 1 列刻点，基部 1/3 黑褐色；革片中部色较淡；缘片狭窄，端部略宽，内缘端半具 1 列刻点；楔片缝明显，翅面沿楔片缝略下折，楔片狭长，三角形，黄褐色，外缘褐色；膜片淡黄褐色，半透明，具纵皱，脉淡黄褐色，1 翅室，翅室端角尖锐，约等于 45°。

足细长，被褐色直立长毛，前足基节淡黄色，中、后足基节褐色，中部具 1 淡色环；腿节近端部略膨大，端部渐细，前、中足腿节淡黄色，端部 1/4 橙色，后足腿节端部 1/3 红褐色；胫节微弯，前、中足胫节橙色，后足胫节红褐色，端部 1/4 淡褐色，毛长大于该节直径，具成列的褐色小刺；跗节 3 节，第 1 节最长，第 2 节较窄小，褐色，端部深褐色；爪黑褐色。腹部略向两侧扩展，背面观外缘可见。

腹部淡黄色，第 4-8 节侧面具黑褐色斑，被淡色半直立短毛。臭腺沟缘狭长，黑褐色，末端黄褐色。

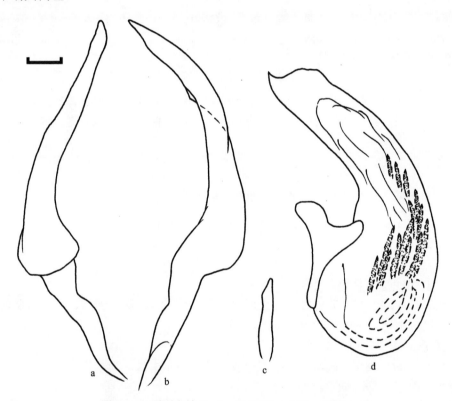

图 64　二型颈盲蝽 *Pachypeltis biformis* Hu *et* Zheng

a、b. 左阳基侧突不同方位 (left paramere in different views)；c. 右阳基侧突 (right paramere)；d. 阳茎 (aedeagus)；

比例尺：0.1mm

雄虫生殖囊黑褐色，被淡色半直立短毛，长度约为整个腹长的 1/5。阳茎端具多个小粗针状骨化附器。左阳基侧突狭长，向端部渐细；右阳基侧突短小，狭细。

雌虫：体较宽大，体底色较雄虫显著淡，头、前胸背板和小盾片橙黄色；前胸背板后叶具 2 个黑色圆斑，前缘不伸达缢缩处，侧面伸达前胸侧板；触角第 1 节黄褐色；唇基橙黄色。

量度 (mm)：体长 7.40-7.71 (♂)、8.51-8.89 (♀)，宽 1.40-1.80 (♂)、2.01-2.12 (♀)；头

长 0.55-0.58 (♂)、0.60-0.62 (♀)，宽 1.10-1.13 (♂)、1.08-1.09 (♀)；眼间距 0.48-0.51 (♂)、0.48-0.52 (♀)；眼宽 0.29-0.30 (♂)、0.28-0.30 (♀)；触角各节长：Ⅰ:Ⅱ:Ⅲ:Ⅳ=0.50-0.52:2.51-2.56:1.61-1.70:0.78-0.82 (♂)、0.51-0.70:2.61-2.89:1.51-1.70:0.82-0.90 (♀)；前胸背板长 1.27-1.32 (♂)、1.53-1.62 (♀)，后缘宽 1.90-1.93 (♂)、2.10-2.11 (♀)；小盾片长 0.73-0.81 (♂)、0.77-0.81 (♀)，基宽 0.66-0.67 (♂)、0.80-0.84 (♀)；缘片长 3.09-3.31 (♂)、3.83-3.89 (♀)；楔片长 1.20-1.31 (♂)、1.25-1.26 (♀)，基宽 0.39-0.47 (♂)、0.48-0.51 (♀)。

观察标本：1♂ (正模)，广西龙州大青山，1964.Ⅵ.18，刘胜利采；3♂3♀，同上，1964.Ⅶ.18-19。1♂，海南尖峰岭天池，1964.Ⅴ.8；4♂1♀，海南尖峰岭林场，1964.Ⅴ.7，刘胜利采。1♂，云南瑞丽珍稀植物园，1200m，2006.Ⅷ.2，张旭采。1♀，西藏墨脱，1977.Ⅶ.25，李继钧采；1♀，西藏墨脱背崩，750m，1998.Ⅺ.9，姚建采；1♀，西藏墨脱背崩，700m，2003.Ⅷ.12，魏美才、肖炜采；1♀，西藏墨脱县城-108K，800-1100m，2003.Ⅷ.16，薛怀君、王新谱采。

分布：海南、广西、云南、西藏。

讨论：本种与分布于菲律宾的 *P. humerale* (Walker) 相似，但前者体较大，前胸背板后叶黑褐色，中部具 1 淡褐色纵带，雌虫后叶斑达前胸侧板，左阳基侧突狭长亦可相互区分。

作者根据模式标本进行了重新描述，并新增了云南和西藏的分布记录。

(80) 中国颈盲蝽 *Pachypeltis chinensis* Signoret, 1858

Pachypeltis chinensis Signoret, 1858: 501; Carvalho, 1957: 140; Hu *et* Zheng, 2001: 422; Schuh, 2002-2014.

现根据 Signoret (1858) 整理描述如下。

体黄色；前翅被均一的黄色毛；头部中央、后足转节、腹部侧缘、生殖节及前翅革质部端半区域中部的斑黑色；膜片烟色。

量度 (mm)：体长 12.0，宽 4.0。

据 Signoret (1858) 记载，模式标本存放于芬兰赫尔辛基大学动物博物馆。

分布：中国 (Signoret, 1858)。

研究中作者未见此种标本，分布记录来自 Signoret (1858)。

(81) 红楔颈盲蝽 *Pachypeltis corallinus* Poppius, 1915

Pachypeltis corallinus Poppius, 1915a: 54; Carvalho, 1957: 140; Gaedike, 1971: 146; Steyskal, 1973: 206; Hu *et* Zheng, 2001: 422; Schuh, 2002-2014.

作者未见此种标本，现根据 Poppius (1915a) 整理描述如下。

体背面观具光泽，体前半珊瑚红色，被淡色较长直立毛。

眼黑色。喙端部黑色，伸达前足基节。触角黑色，触角第 1 节及第 2 节基部红色，触角第 1 节长超过额宽，第 2 节长为第 1 节的 4 倍，第 3 节长为第 2 节的 3/4，第 4 节约与第 1 节等长。

前翅通常黑色，被淡色短半直立毛。爪片及革片微带红色，爪片外侧与革片内侧区域褐色，革片外缘及楔片红色。膜片黑色，翅室脉端部红褐色。生殖节腹面黑色。

量度 (mm)：体长 8.0，宽 2.6。

分布：台湾。

讨论：本种与二型颈盲蝽 *P. biformis* Hu et Zheng 相似，但前者触角第 1 节及第 2 节基部红色，第 4 节约与第 1 节等长，爪片及革片黑色略带红色，楔片红色，膜片脉端部红褐色，可与其相区别。

在 Poppius (1915a) 记载该种在台湾的分布之后，除目录性引证外，未见任何其他关于本种的研究及分布报道。

(82) 薇甘菊颈盲蝽 *Pachypeltis micranthus* Mu et Liu, 2017 (图 65；图版Ⅶ: 109, 110)

Pachypeltis micranthus Mu et Liu, 2017: 181.

雄虫：体中型，较狭，橙褐色，被半直立、直立褐色毛。

头横宽，椭圆形，垂直，具明显的颈，橙色，有时头顶中部带褐色，光亮，被稀疏半直立褐色毛。头顶微隆，中部具 1 对圆形小凹陷，眼间距是眼宽的 1.67 倍，中纵沟不明显，后缘无脊。额微隆。唇基隆起，垂直，光亮，端半被稀疏褐色长毛。头侧面一色橙色，具光泽。喙黄色，端部黑褐色，伸达中胸腹板中部。复眼侧面观椭圆形，背面观半圆形，黑褐色，带黄色斑驳。触角狭长，黑褐色，被褐色半直立和直立褐色毛，触角基黑褐色；第 1 节短粗，基部细，中部膨大，黑褐色，基部 1/4 黄色，被半直立毛，毛长短于该节端部直径；第 2 节略细于第 1 节端部，细长，被半直立短毛和直立长毛，短毛短于第 1 节毛长，端部较浓密，长毛长于该节直径的 2 倍；第 3 节约与第 2 节等粗，略短于第 2 节，被半直立短毛和直立长毛，短毛较第 2 节浓密，长毛短于第 2 节直立长毛，略长于该节直径；第 4 节短，略细于第 3 节，端部渐尖，毛被同第 3 节。

前胸背板中部缢缩，分为前后 2 叶，橙褐色，具光泽，密被直立褐色长毛。领界限不明显，胝隆起，较大，占据前叶宽度，中部具中纵沟，前叶中部具 1 大型边缘模糊的褐色斑；后叶侧缘中部内凹，后侧角较尖，后缘圆隆，中部强烈内凹，后叶具 1 对大型黑褐色斑，斑后侧缘不伸达前胸背板后侧角。前胸侧板二裂，橙色，中胸侧板黄褐色，后胸侧板黑褐色，光亮。中胸盾片狭窄外露，黑褐色。小盾片宽三角形，端部圆钝，隆起，具横皱，淡黄白色，两侧黑褐色，密被半直立淡色长毛。

半鞘翅两侧近平行，中部略内凹，黄褐色，密被半直立褐色短毛，爪片中部脉浅，外缘具 1 列刻点，基部 1/3 黑褐色，端部淡褐色；革片基角和端部大斑黑褐色，端部斑长略大于小盾片，有时色较淡而边缘不明显；缘片狭窄，基部向端部渐宽，暗黄褐色，内缘具 1 列刻点；楔片缝明显，翅面沿楔片缝略下折，楔片狭长，三角形，黄褐色，内缘及端部 1/3 褐色；膜片烟褐色，半透明，具纵皱，脉淡黄褐色，1 翅室，翅室端角尖锐，约等于 45°。

足细长，被褐色直立长毛，前、中足基节橙黄色，中足基节基部带褐色，后足基节

黑褐色；腿节近端部略膨大，端部渐细，腹面毛较长，前、中足腿节淡黄色，端部 1/3
橙色，后足腿节黑褐色，中部具 1 宽淡黄白色环，约占腿节的 1/3；胫节微弯，端部略
粗，前、中足胫节橙色，端部带褐色，后足胫节黑褐色，端部 1/4 背面色较淡，毛长大
于该节直径，具成列的褐色小刺；跗节 3 节，第 2 节最短，褐色，端部黑褐色；爪黑
褐色。

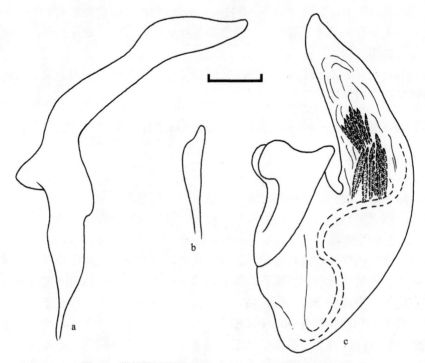

图 65　薇甘菊颈盲蝽 *Pachypeltis micranthus* Mu *et* Liu

a. 左阳基侧突 (left paramere)；b. 右阳基侧突 (right paramere)；c. 阳茎 (aedeagus)；比例尺：0.1mm

　　腹部略向两侧扩展，背面观外缘可见，腹部淡黄色，略带绿色，第 5-8 节侧面节间
具黑褐色斑，被淡色半直立毛。臭腺沟缘狭长，黑褐色。

　　雄虫生殖囊黑褐色，被淡色半直立毛，长度约为整个腹长的 1/6。阳茎端具 2 丛狭
细骨针，其中 1 丛较粗大。左阳基侧突狭长，基半具 1 隆起，近端部略膨大；右阳基侧
突狭细，中部略膨大。

　　雌虫：体较宽大，体色较雄虫略淡，革片端部斑一般色较淡而不明显，后足腿节中
部淡色环较雄虫窄，前胸背板前叶有时全部黑褐色。

　　量度 (mm)：体长 7.37-7.72 (♂)、8.53-8.86 (♀)，宽 1.41-1.82 (♂)、2.09-2.14 (♀)；头
长 0.54-0.56 (♂)、0.60-0.64 (♀)，宽 1.10-1.14 (♂)、1.06-1.09 (♀)；眼间距 0.48-0.56 (♂)、
0.48-0.53 (♀)；眼宽 0.29-0.33 (♂)、0.28-0.31 (♀)；触角各节长：I : II :III:IV=0.50-0.52:2.51-
2.54:1.61-1.72:0.77-0.83 (♂)、0.51-0.69:2.61-2.86:1.51-1.71:0.82-0.92 (♀)；前胸背板长
1.27-1.34 (♂)、1.54-1.62 (♀)；后缘宽 1.91-1.93 (♂)、2.10-2.12 (♀)；小盾片长 0.73-0.82 (♂)、
0.77-0.83 (♀)，基宽 0.66-0.69 (♂)、0.81-0.84 (♀)；缘片长 3.04-3.31 (♂)、3.81-3.89 (♀)；

楔片长 1.26-1.31 (♂)、1.25-1.29 (♀)，基宽 0.39-0.45 (♂)、0.48-0.54 (♀)。

观察标本：1♂ (正模)，云南瑞丽，840m，2010.XI.26，泽桑梓采；7♂9♀ (副模)，同前；2♂，云南瑞丽珍稀植物园，1000m，2006.VII.31，李明采；1♂，云南昆明，2010.I.20，泽桑梓采。

分布：云南。

讨论：本种小盾片及半鞘翅颜色与分布于菲律宾的 *P. reuteri* (Stål) 相似，但前者前胸背板上 2 个黑褐色斑可以与之相互区分。也与二型颈盲蝽 *P. biformis* Hu *et* Zheng 相似，但前者雌雄异形现象不明显，头顶中部具 1 对圆形小凹陷，小盾片淡黄白色，两侧黑褐色，后足腿节中部具 1 淡色环，阳茎端骨针数量和排布亦可相互区分。

云南瑞丽和昆明的标本信息记载该种采自薇甘菊上，据云南省林业科学院泽桑梓先生观察，其危害薇甘菊。

(83) 黑斑颈盲蝽 *Pachypeltis politum* (Walker, 1873) (图 66；图版VII: 111, 112)

Monalonion politum Walker, 1873: 163.

Disphinctus formosus Kirkaldy, 1902a: 295. Synonymized by Distant, 1904a: 108.

Pachypeltis politum: Carvalho, 1957: 141; Steyskal, 1973: 206; Carvalho, 1980b: 655; Carvalho, 1981b: 5; Hu *et* Zheng, 2001: 422; Schuh, 2002-2014.

雄虫：体大型，狭长，两侧平行，橙色，被浓密褐色短毛。半鞘翅端部具 1 对黑色大斑；触角深红褐色至黑褐色；后足腿节淡黄色，端部 1/3 褐色。

头横宽，垂直，具明显的颈，橙色，光亮，被稀疏直立淡色长毛。头顶圆隆，眼间距是眼宽的 1.94 倍，中纵沟不明显，后缘无脊。额微隆，被毛较头顶稀疏。唇基隆起，垂直，光亮，端半被稀疏淡色长毛。头侧面橙色，具光泽。喙橙色，端部黑褐色，伸过前足基节端部。复眼侧面观椭圆形，背面观半圆形，黑褐色，带黄色斑驳。触角狭长，深红褐色至黑褐色，被褐色半直立和直立毛，第 1 节短粗，基部黄色，基部细，中部膨大，被半直立毛，毛长短于该节端部直径；第 2 节略细于第 1 节端部，细长，被半直立短毛和直立长毛，短毛短于第 1 节毛长，端部较浓密，长毛长于该节直径；第 3 节约与第 2 节等粗，略短于第 2 节，被半直立短毛和直立长毛，短毛较第 2 节浓密，长毛短于第 2 节直立长毛，略长于该节直径；第 4 节短，略细于第 3 节，端部渐尖，毛被同第 3 节。

前胸背板中部缢缩，分为前后 2 叶，一色橙色，具光泽，密被直立褐色短毛，领界限不明显，前缘褐色，胝隆起，较大，占据前叶宽度，中部具中纵沟；后叶侧缘中部略内凹，后侧角圆，后缘平直，中部略内凹。胸部侧板橙色，光亮，前胸侧板二裂，略带红色。中胸盾片狭窄外露。小盾片宽三角形，端部圆钝，隆起，中部微凹，橙色，密被半直立淡色长毛，毛长于前胸背板毛。

半鞘翅两侧平行，橙色，光亮，密被半直立淡色毛，爪片中部脉浅，外缘具 1 列刻点；革片端部具 1 对黑色大斑；缘片狭窄，宽度均匀，内缘具 1 列刻点，有时端部色较深；楔片缝明显，翅面沿楔片缝略下折，楔片狭长，三角形；膜片深褐色，半透明，具纵皱，脉红褐色，1 翅室，翅室端角尖锐，约等于 45°。

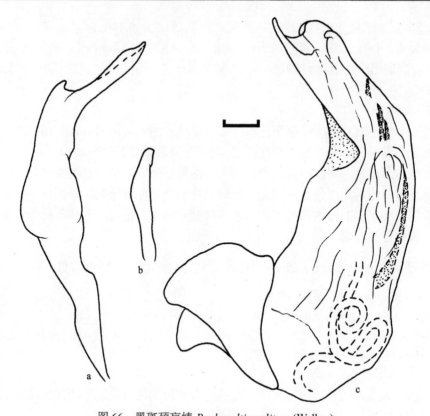

图 66　黑斑颈盲蝽 *Pachypeltis politum* (Walker)

a. 左阳基侧突 (left paramere)；b. 右阳基侧突 (right paramere)；c. 阳茎 (aedeagus)；比例尺：0.1mm

足细长，被褐色直立长毛，前足基节淡黄色，中、后足基节带褐色；腿节近端部略膨大，端部渐细，前、中足腿节淡黄色，端部 1/4 橙色，后足腿节淡黄色，端部 1/3 褐色；胫节微弯，端部略膨大，橙色，后足胫节有时褐色，端部 1/4 色较淡，毛长大于该节直径，具成列的褐色小刺；跗节 3 节，几等长，端部略膨大，端部褐色；爪黑褐色。

腹部略向两侧扩展，背面观外缘可见，腹部橙色，第 4-7 节侧面具淡黄色斑，被淡色半直立短毛。臭腺沟缘狭长，橙色。

雄虫生殖囊橙褐色，被淡色半直立短毛，长度约为整个腹长的 1/4。阳茎端具少量针状短骨化附器和 1 个较狭长的骨化附器。左阳基侧突狭长，中部具 1 突起，向端部渐细，近端部略膨大；右阳基侧突狭小。

雌虫：体较宽大，体色与雄虫几一致。

量度 (mm)：体长 7.63-8.34 (♂)、8.15-9.32 (♀)，宽 1.86-1.92 (♂)、2.03-2.47 (♀)；头长 0.53-0.58 (♂)、0.67-0.72 (♀)，宽 1.10-1.11 (♂)、1.17-1.19 (♀)；眼间距 0.42-0.49 (♂)、0.51-0.52 (♀)；眼宽 0.24-0.25 (♂)、0.20-0.30 (♀)；触角各节长：Ⅰ:Ⅱ:Ⅲ:Ⅳ=0.60-0.71: 3.02-3.11:1.89-1.92:0.74-0.92 (♂)、0.63-0.82:2.63-2.97:1.89-1.91:0.67-0.72 (♀)；前胸背板长 1.52-1.61 (♂)、1.64-1.72 (♀)，后缘宽 2.03-2.19 (♂)、2.31-2.39 (♀)；小盾片长 0.72-0.80 (♂)、0.75-0.76 (♀)，基宽 0.84-0.87 (♂)、0.84-0.87 (♀)；缘片长 2.91-3.30 (♂)、3.53-3.59 (♀)；

楔片长 1.19-1.20 (♂)、1.22-1.26 (♀)，基宽 0.58-0.61 (♂)、0.59-0.64 (♀)。

观察标本：2♂12♀，四川峨眉山报国寺，600m，1957.Ⅴ.17、19，郑乐怡、程汉华采；17♂26♀，同前，1957.Ⅵ.1、3、12、14、17。2♀，贵州镇宁，1983.Ⅶ.8，陈振跃采；1♂5♀，贵州茂兰三岔河，450m，1995.Ⅶ.29、30，卜文俊、马成俊采。3♂3♀，广西龙州大青山，1964.Ⅶ.19，刘胜利采；1♀，广西陇瑞，1984.Ⅴ.23，任树芝采；1♂，广西灵川，275m，1984.Ⅵ.4，任树芝采；1♀，广西龙胜三门，1990.Ⅴ.27，李新正采；1♀，广西金秀，1990.Ⅵ.3，李新正采。1♂，云南瑞丽勐休，1979.Ⅸ.2，刘国卿采；1♀，云南昌宁大塘，1050m，1979.Ⅸ.8，郑乐怡采；3♂，云南勐腊，1979.Ⅳ.25，郑乐怡采。1♀，海南，1935.Ⅴ.10、11，F. K. To 采；1♀，海南兴隆，1964.Ⅲ.14，刘思孔采；2♀，海南兴隆，1964.Ⅲ.20，刘胜利采；1♀，海南黎母山林场，1964.Ⅴ.19，刘胜利采；1♂，海南吊罗山白水岭，600m，2007.Ⅴ.29，董鹏志采；1♂，海南万宁东岭，100m，2008.Ⅶ.24，高翠青采；1♀，海南万宁尖岭，350m，2008.Ⅶ.29，范中华采。1♂，广东肇庆市鼎湖山，1962.Ⅹ.2，郑乐怡、程汉华采；1♂1♀，广东茂名信宜大成镇大雾岭，2009.Ⅶ.30，李敏采。

分布：湖南、广东、海南、广西、四川、贵州、云南；印度，缅甸，斯里兰卡，马来西亚，印度尼西亚。

讨论：本种与红楔颈盲蝽 *P. corallinus* Poppius 相似，但本种革片端部具大型黑斑，后足腿节端部 1/3 褐色，雄虫外生殖器特征亦可相互区分。

Distant (1904a) 曾记载该种的寄主植物为茄属 *Solanum*、铁苋菜属 *Acalypha* 和番石榴属 *Psidium* 等。

本志新增广东的分布记录。

16. 拟颈盲蝽属 *Parapachypeltis* Hu *et* Zheng, 2001

Parapachypeltis Hu *et* Zheng, 2001: 428. **Type species:** *Parapachypeltis punctatus* Hu *et* Zheng, 2001; by original designation.

体长椭圆形，较粗壮，具光泽，被半直立暗色毛。头长大于宽，在眼后方缢缩成颈，头前端略呈弧形前凸，头顶及额区较圆隆，侧面观头顶略高于眼上缘，头高等于头长，唇基中部略前凸，超过额基部，额与唇基之间具凹缢。喙伸达前足基节。触角第1节短于眼间距，粗壮，圆柱形，基部 1/3 较细，第2节细长。

前胸背面观，清楚可见领、前叶和后叶3部分；领与前叶之间具凹缢，凹缢在前叶的侧面较深，背面较浅，前叶前缘较领后缘略高隆，前叶与后叶间凹缢明显；后叶圆隆，具不规则且较为深、大的刻点；后缘呈宽阔的弧形，微前凹。小盾片微隆，微具横皱。爪片与革片被较均一的半直立毛，膜片具大型翅室，翅室端角尖锐。足较细长。腹部第3-6节侧缘外露。

分布：广东、贵州、云南。

本属与颈盲蝽属 *Pachypeltis* Signoret 相似，但本属前胸背板后叶圆隆且具刻点，小盾片微隆起，可与之相区别。

本属世界已知 1 种，分布于中国南方地区。

(84) 刻胸拟颈盲蝽 *Parapachypeltis punctatus* Hu *et* Zheng, 2001 (图 67; 图版Ⅷ: 113, 114)

Parapachypeltis punctatus Hu *et* Zheng, 2001: 429; Schuh, 2002-2014.

雄虫：体大型；体被淡色直立短毛。

头横宽，颈明显，前端圆隆，光亮，头顶至唇基黑褐色，其余部分橙红色，被稀疏淡色半直立短毛。头顶微隆，光亮，中部后缘具 2 个模糊暗红色圆斑，眼间距是眼宽的 1.98 倍，无中纵沟，后缘无脊；唇基垂直，基半隆起，被毛较头顶略密；小颊、上颚片和下颚片侧面观端部约等高，橙红色，光亮。喙短粗，伸达前足基节中部，橙红色，端部褐色。复眼略向两侧伸出，侧面观肾形，背面观近圆形，黑褐色。触角第 1 节橙红色，基部 1/3 略细，被稀疏暗色半直立毛，短于该节中部直径；第 2 节褐色，毛半直立，较为细密，端部略弯，蓬松状，长为该节中部直径的 2 倍，第 3、4 节缺。

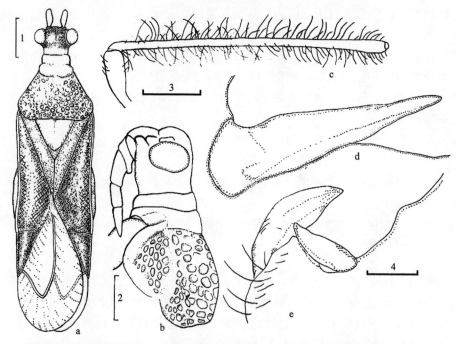

图 67　刻胸拟颈盲蝽 *Parapachypeltis punctatus* Hu *et* Zheng (仿 Hu & Zheng, 2001)

a. 体背面观 (body, dorsal view)；b. 头、胸部侧面观 (head and thorax, lateral view)；c. 触角第 1、2 节 (antennal segments Ⅰ and Ⅱ)；d. 左阳基侧突背面观 (left paramere, dorsal view)；e. 右阳基侧突侧面观 (right paramere, lateral view)；

比例尺：1=1.0mm (a)，2=0.5mm (b)，3=0.5mm(c)，4=0.1mm (d、e)

前胸背板橘红色，密被直立淡色短毛，前部 2/5 具深缢缩，明显分为前后 2 叶，领宽，前叶略带淡黄褐色，胝显著、微隆、宽阔，两胝不相连；后叶圆隆，密被粗大刻点，侧缘中部略内凹，后侧角宽圆，后缘中部略内凹。胸部侧板橘红色，被淡色半直立短毛，前胸侧板被粗大刻点，二裂，中、后胸侧板无刻点。中胸盾片极狭窄外露，橙红色。小盾片隆起，具浅横皱，端角圆钝，中部具 1 暗色窄纵带，密被淡色直立毛。半鞘翅侧缘直，中部略内凹，向后渐宽，深红褐色，被淡色半直立短毛。革片基角色略淡；爪片外缘黑褐色，具 1 列刻点；缘片窄，内缘端半具 1 列刻点；楔片狭长，色较淡；膜片烟褐色，端半略带黄褐色，具 1 个大翅室，端角略向后延伸，脉淡红色。

足细长，橙红色，后足腿节背方略呈褐色，密被褐色直立长毛，胫节暗褐色，端部膨大，毛被较稀，具多数短毛及少数长毛，短毛长度略超过胫节中部直径，长毛长度为胫节中部直径的 2 倍；跗节 2 节，端部膨大，橙红色，向端部渐呈褐色；爪黑褐色，中部具 1 齿。

腹部腹面黄褐色略淡，第 4-7 节侧缘褐色至黑褐色，第 8-9 节深黄褐色。臭腺沟缘狭长，橙红色。

雄虫生殖囊褐色，被半直立淡色毛，长度约为整个腹长的 1/5。左阳基侧突长，较大，略呈匕首状；右阳基侧突短小，竹笋状。

雌虫：体较宽大，体色较深。触角第 1 节有时暗红色，第 3 节约与第 2 节等粗，第 4 节短，圆柱状，第 3、4 节毛被同第 2 节，略短；前胸背板后侧角有时黑褐色；楔片黑褐色；前足基节、胫节端半及后足胫节略带褐色。

量度 (mm)：体长 8.80 (♂)、8.50-9.21 (♀)，宽 2.46 (♂)、1.99-2.13 (♀)；头长 0.50 (♂)、0.66-0.72 (♀)，宽 0.82 (♂)、1.20-1.29 (♀)；眼间距 0.61 (♂)、0.66-0.68 (♀)；眼宽 0.31 (♂)、0.20-0.37 (♀)；触角各节长：I∶II∶III∶IV=0.50∶2.82∶? ∶? (♂)、0.62-0.64∶2.45-2.48∶0.95-0.99∶0.45-0.46 (♀)；前胸背板长 1.71 (♂)、1.66-1.69 (♀)，后缘宽 2.03 (♂)、2.24-2.29 (♀)；小盾片长 0.59 (♂)、0.60-0.66 ♀，基宽 0.90 (♂)、0.80-0.84 (♀)；缘片长 3.48 (♂)、3.40-3.50 (♀)；楔片长 1.23 (♂)、1.37-1.41 (♀)，基宽 0.62 (♂)、0.50-0.54 (♀)。

观察标本：1♂ (正模)，广东连县，1934.IV. 29，F. K. To 采。1♀，云南思茅菜阳河，1450m，2000.V.27，卜文俊采。1♀，贵州绥阳宽阔水自然保护区，840-1200m，2010.VI. 8，党凯采。

分布：广东、贵州、云南。

讨论：作者根据模式标本进行了重新描述，并对模式标本采集日期进行了更正。胡奇和郑乐怡 (2001) 记载的模式标本采集日期为 1934 年 5 月 4-5 日，作者查看了模式标本，采集日期应为 1934 年 4 月 29 日。

本志新增了贵州和云南的分布记录。

17. 拉盲蝽属 *Ragwelellus* Odhiambo, 1962

Ragwelellus Odhiambo, 1962: 314. **Type species:** *Ragwelellus peregrinus* Odhiambo, 1962; by original designation.

体狭长，光亮无毛，头部宽大于长。额较平坦，头顶后缘无脊，颈短。眼位于头中部，球状，较小，与前胸背板前缘之间的距离几等于眼宽。触角细长，第 1 节约为头长的 7 倍，端部略膨大；第 2 节长于第 1 节，约为第 3 节长的 2 倍，第 4 节最短被毛长于该节直径。前胸背板光亮，胝后略收缩，胝中部愈合，侧方伸达前胸背板侧缘，领不明显，后叶侧缘微凹，后侧角圆，后缘较直。中胸盾片部分外露，小盾片平坦、光亮。半鞘翅两侧平行，缘片发达，楔片较窄，长约为基部宽的 5 倍，膜片长，翅室大，端角尖锐。足细长，腿节中部弯曲，端部略膨大，胫节长。雄虫生殖囊具 1 个肿胀隆起或 1 个端部尖锐的锥状隆起。

分布：广东、海南、云南；印度尼西亚，澳大利亚。

该属体型和角盲蝽属 *Helopeltis* Signoret 相似，但小盾片不呈角状隆起。Odhiambo (1965) 根据腿节形状和生殖囊，将该属分为 2 个亚属：*Ragwelellus* Odhiambo, 1962 (Type species: *Ragwelellus peregrinus* Odhiambo, 1962) 和 *Narinellus* Odhiambo, 1962 [Type species: *Narinellus thetis* (Kirkaldy, 1908)]。

世界已知 19 种，中国已知 1 种。

(85) 红色拉盲蝽 *Ragwelellus rubrinus* Hu et Zheng, 2001 (图 68；图版Ⅷ: 115, 116)

Ragwelellus rubrinus Hu et Zheng, 2001: 429; Schuh, 2002-2014.

雄虫：体狭长，被稀疏淡色短毛。

头圆，头顶红色或暗红色，有时额-头顶区具 1 黑褐色大斑，其侧缘不达眼内内缘，后缘达头顶背方中部。眼后区域黄褐色，颈红色，有时颈部靠近领前缘区域淡黄褐色；前面观额红色，唇基淡黄褐色，有时基部略带淡红色；侧面观触角窝及头侧面淡黄褐色，有时触角窝略呈淡红色。触角各节细长，被半直立毛，第 1 节珊瑚红色，基部淡黄褐色，有时基部 3/4 的背面珊瑚红色，腹面淡黄褐色，长为眼间距的 4-5 倍，末端 1/4 膨大，毛被疏短；第 2 节珊瑚红色，端部略带淡黄褐色，末端暗褐色，毛较短密；第 3、4 节红褐色或珊瑚红色，末端淡黄褐色，毛密，较均一。喙淡黄褐色。

前胸背板红色。胝略隆起。胝以外区域的中部具 1 淡黄褐色大斑，斑的前缘几达胝的后缘，宽约为前胸背板前缘中部的 1/3，斑的后缘达前胸背板后缘，宽约等于小盾片基部宽，该斑有时带红色，边界不甚明显。前胸背板后缘略宽阔前凹。小盾片淡黄褐色，光亮无毛。

半鞘翅光亮无毛，爪片红色或暗红色，内缘略淡；革片半透明，淡黄褐色，基部 3/5、内缘和端部红色或暗红色；缘片基半红色，向端部渐呈淡黄褐色，端部区域淡黄褐色，略带红色；楔片狭长，红色或暗红色；膜片暗烟色，后缘基部暗褐色，脉红色，端角尖锐，翅室内近楔片基部和翅室外方端角附近各具 1 红色小斑，有时膜片上可见 3-4 个红色小斑。

足淡黄褐色。腿节端部 1/6 明显膨大，红色，端部 1/3 处具 1 红色环带，有时模糊，腿节毛极疏短，半直立，长约为触角第 2 节中部直径的 1/2；胫节被均一半直立毛，略短于触角 2 节中部直径。

腹部腹面黄褐色或略淡。

雄虫左阳基侧突长形略弯，亚基部膨大；右阳基侧突细小，柳叶形。

雌虫：体型、体色与雄虫一致。

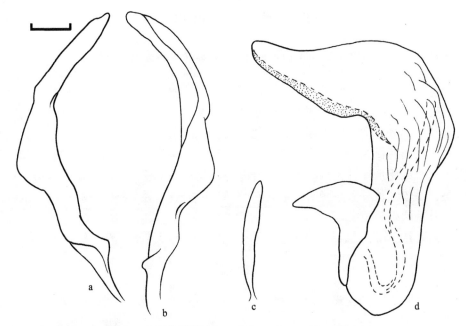

图 68　红色拉盲蝽 *Ragwelellus rubrinus* Hu *et* Zheng

a、b. 左阳基侧突不同方位 (left paramere in different views)；c. 右阳基侧突 (right paramere)；d. 阳茎 (aedeagus)；

比例尺：0.1mm

量度 (mm)：体长 6.15-7.10 (♂)、6.73-7.02 (♀)，宽 2.05-2.30 (♂)、1.82-1.92 (♀)；头长 0.50-0.56 (♂)、0.42-0.43 (♀)，宽 0.80-1.02 (♂)、0.91-0.94 (♀)；眼间距 0.52-0.53 (♂)、0.38-0.40 (♀)；眼宽 0.26-0.27 (♂)、0.27-0.28 (♀)；触角各节长：Ⅰ:Ⅱ:Ⅲ:Ⅳ=2.20-2.42:3.91-4.40:3.33-3.61:1.24-1.42 (♂)、1.86-1.89:3.80-3.85:2.62-2.64:1.23-1.36 (♀)；前胸背板长 0.93-1.01 (♂)、0.99-1.03 (♀)，后缘宽 1.31-1.43 (♂)、1.56-1.59 (♀)；小盾片长 0.61 (♂)、0.61-0.66 (♀)，基宽 0.65-0.67 (♂)、0.61-0.64 (♀)；缘片长 3.23-3.27 (♂)、3.31-3.35 (♀)；楔片长 1.14-1.33 (♂)、1.10-1.16 (♀)，基宽 0.29-0.31 (♂)、0.27-0.30 (♀)。

观察标本：1♂ (正模)，海南琼中，1964.Ⅳ.26，刘胜利采；1♀，海南琼中，1964.Ⅳ.19，刘思孔采；1♀，海南吊罗山，1964.Ⅲ.29，刘思孔采；1♂，海南尖峰岭五分区，1981.Ⅵ.30，何国锋采。1♂2♀ (副模)，云南景东城郊，1984.Ⅴ.17，郑乐怡、刘国卿采；1♀，云南思茅莱阳河保护区天壁，1650m，2000.Ⅴ.19，郑乐怡、卜文俊采；1♂，同前，瞭望塔，1600m，2000.Ⅴ.22；2♂，云南龙陵邦腊掌，1650m，2002.Ⅹ.12，薛怀君采。1♀ (副模)，广东肇庆市鼎湖山，1962.Ⅹ.2，郑乐怡、程汉华采；1♀，广州，1936.Ⅵ.17，F. K. To 采；2♂2♀，广州，1948.Ⅶ.3，Wm. E. Hoffmann 采。

分布：广东、海南、云南。

讨论：本种体长、色斑类型与分布于新几内亚岛的 *R. festivus* (Miller) 相似，但前者触角珊瑚红色，前胸背板后叶侧区不呈黑褐色，小盾片淡黄褐色，无红色色泽，爪片红色或暗红色，膜片翅室内近楔片基部和翅室外方端角附近各具 1 红色小斑，可与之相互区分。

（三）泡盾盲蝽亚族 Odoniellina Reuter, 1910

Odoniellina Reuter, 1910: 123 (Odoniellaria). **Type genus:** *Odoniella* Haglund, 1895.

头横宽。额较隆起，常具瘤突或无，眼常略向外伸，头在眼后方明显收缩，呈短颈状。触角第 1 节短粗，第 2、3 节棒状。前胸背板具较大刻点及瘤突，侧缘中部内凹或外拱呈波浪状，部分种类侧缘外侧呈较大的锯齿状。具领，领上具圆锥状突起。胝较小，侧面不伸达前胸背板侧缘。小盾片隆起，呈束状、半球状或龟背状，具刻点，部分种类瘤突极大。半鞘翅爪片较狭窄，爪片接合缝短，膜片具 1 翅室。腹部侧缘常略加宽，背面观可见。足较细长，后足胫节毛被较密，部分种类后足胫节外侧呈波纹状。爪具窄长的伪爪垫及毛状副爪间突。

本亚族世界已知 20 属，分布在东洋界、埃塞俄比亚界及澳洲界。本志记述中国 2 属。

属 检 索 表

小盾片强烈隆起，呈囊泡状或瘤状···泡盾盲蝽属 *Pseudodoniella*

不如上述···球盾盲蝽属 *Rhopaliceschatus*

18. 泡盾盲蝽属 *Pseudodoniella* China et Carvalho, 1951

Pseudodoniella China *et* Carvalho, 1951a: 465. **Type species:** *Pseudodoniella pacifica* China *et* Carvalho, 1951; by original designation.

Parabryocoropsis China *et* Carvalho, 1951a: 468. **Type species:** *Parabryocoropsis typicus* China *et* Carvalho, 1951; by original designation. Synonymized by Odhiambo, 1962: 303.

体椭圆形，被淡色半直立毛，小盾片高隆，腹侧缘外露。头横宽，宽约为长的 2 倍，略具颈部，额区中央具瘤，瘤的端部具 2 个叉状的突起，端部较钝，突起的长度不达触角第 1 节端部，眼着生于头两侧。喙伸达中足基节。触角第 1 节粗短，长略与宽相等，毛被短且稀疏；第 2 节略细长，向端部略加粗；第 3 节形状略同第 2 节；第 4 节纺锤形或棍棒状。前胸背板明显前倾，密布大而深的刻点，领明显，胝区较暗。小盾片长大于宽，隆起成囊泡状或瘤状，基部遮盖前胸背板后缘，小盾片及前胸背板有时具光滑隆起的小瘤。前翅爪片较窄长，爪片接合缝短，革片被半直立毛，外缘由中部向端部渐狭窄，缘片较窄，膜片翅室端角略超过楔片端部。腹部两侧外露，侧接缘不向背方隆起，平伸向外。足较细长，腿节背方毛较短，腹方略具少数长毛。

分布：浙江、广东、广西、四川；越南，巴布亚新几内亚 (China & Carvalho, 1951a)。

世界已知 2 种。中国均有记载。

种 检 索 表

触角第 2 节淡色丝状毛长于黑褐色刚毛，小盾片瘤突黑褐色···············肉桂泡盾盲蝽 *P. chinensis*

触角第 2 节淡色丝状毛短于黑褐色刚毛，小盾片瘤突红褐色··················八角泡盾盲蝽 *P. typica*

(86) 肉桂泡盾盲蝽 *Pseudodoniella chinensis* **Zheng, 1992** (图 69，图 70；图版Ⅷ: 117, 118)

Pseudodoniella chinensis Zheng, 1992: 119; Zheng, 1995: 459; Kerzhner *et* Josifov, 1999: 17; Ren, 2001: 6; Schuh, 2002-2014.

雄虫：体大型，黑褐色。

头背面观横宽，垂直，黄褐色，被淡色半直立毛。头顶光亮，两侧近眼处毛较浓密，眼间距是眼宽的 3.06-3.19 倍，中纵沟明显，中纵沟两侧具圆形突起，眼后部向内缢缩，呈明显的颈部，后缘无横脊；额具 1 个二叉突起；唇基微隆，垂直，侧面观基半显著隆起，端半平直；下颚片无毛，光亮，圆隆。上颚片和小颊被淡色半平伏短毛。喙细长，黑褐色，伸达中部基节端部。复眼向两侧伸出，红褐色。触角第 1 节黄褐色，基部膨大，被较短而稀疏的丝状毛；第 2-4 节被 2 种毛，即半平伏黑褐色刚毛和直立淡色闪光丝状毛，刚毛远短于丝状毛，第 2 节细长，向端部渐粗，黄褐色，基部色略淡，丝状毛长大于该节中部直径；第 3、4 节深红褐色，第 3 节棒状，端部膨大，第 4 节梭形。

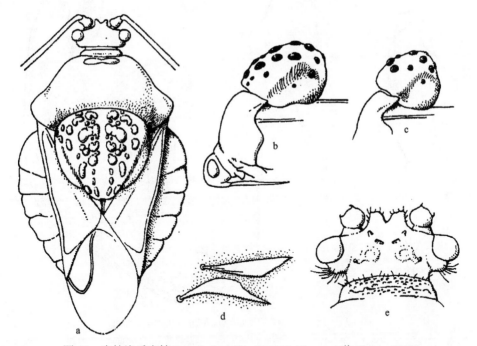

图 69　肉桂泡盾盲蝽 *Pseudodoniella chinensis* Zheng　(仿 Zheng, 1992)

a. 雌虫背面观 (female, dorsal view)；b. 雄虫小盾片侧面观 (scutellum of female, lateral view)；c. 雄虫小盾片侧面观 (scutellum of female, lateral view)；d. 革片上鳞状毛 (scale-like hairs on corium)；e. 头部背面观 (head, dorsal view)

前胸背板梯形，斜下倾，深褐色，后侧角色较浅，被深刻刻点和半直立短毛，毛基呈小突起状，侧缘隆拱，后侧角圆，略外展，微上翘，后缘圆隆，中部 2/3 被小盾片遮盖。领中部较宽，褐色，带黄色斑；胝较小，光亮，平滑，微隆，两胝不相连，后缘深凹。胸部侧板黄褐色，前胸侧板二裂，刻点较粗大。中胸盾片不外露。小盾片强烈膨大，囊泡状，具光滑黑褐色瘤突，密被刻点和半直立短毛，毛长于前胸背板毛，中部具 1 纵向凹陷，后缘中部内凹，前半部瘤突较密，后半部瘤突稀疏，且隆起程度较弱，毛基呈小突起状。半鞘翅深褐色，两侧较直，后部渐向内收拢，无刻点，具光泽，密被半直立黑色短柔毛，毛短于小盾片毛长之半。爪片大部分被小盾片遮盖，仅露出基部外侧和端部，爪片接合缝分开；革片黄褐色，脉泛红色；缘片窄，端部渐宽，色较革片深；楔片缝明显，翅面沿楔片缝略下折，楔片长三角形，黑褐色，端部内缘浅黄色；膜片深褐色，脉深褐色，1 翅室，端角略大于直角。

足红褐色，前足色较淡，密被褐色半平伏长毛，腿节端部和胫节具不规则黑褐色小刺，腿节细长，端部略细；胫节微弯，后足胫节较粗；跗节 3 节，黄褐色，端部略膨大；爪红褐色，基部具齿。

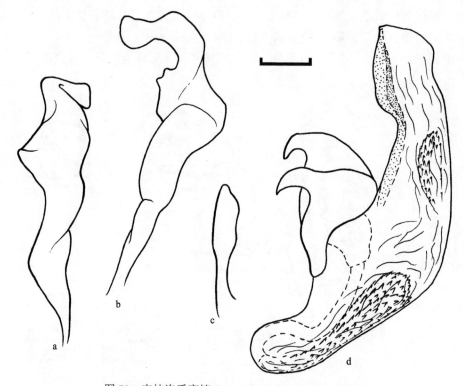

图 70 肉桂泡盾盲蝽 *Pseudodoniella chinensis* Zheng

a、b. 左阳基侧突不同方位 (left paramere in different views)；c. 右阳基侧突 (right paramere)；d. 阳茎 (aedeagus)；

比例尺：0.1mm

腹部向两侧扩展，背面观可见，深红褐色，各节端部色较浅，气门黑褐色，被淡色平伏短毛。臭腺沟缘红褐色。

雄虫生殖囊锥形，较小，长度约为整个腹长的 1/5，红褐色，毛被较腹部稀疏。阳茎端狭长，具几丛披针膜叶。左阳基侧突扭曲，狭长，基半略膨大，中部具 2 个小突起，端部略膨大，圆钝；右阳基侧突狭小，细长。

雌虫：体型、体色与雄虫相似，但较雄虫更宽大。

量度 (mm)：体长 6.84-6.85 (♂)、6.95-6.99 (♀)，宽 3.79-3.80 (♂)、4.56-4.60 (♀)；头长 0.51-0.57 (♂)、0.56-0.62 (♀)，宽 1.60-1.65 (♂)、1.69-1.73 (♀)；眼间距 0.99-1.04 (♂)、1.11-1.12 (♀)；眼宽 0.31-0.34 (♂)、0.29-0.30 (♀)；触角各节长：Ⅰ:Ⅱ:Ⅲ:Ⅳ=0.31-0.34:2.22-2.27:1.36-1.40:1.16-1.17 (♂)、0.37-0.38:2.50-2.58:1.61-1.63:1.29-1.35 (♀)；前胸背板外露部分长 1.06-1.07 (♂)、1.22-1.27 (♀)，后缘宽 3.50-3.53 (♂)、3.91-3.95 (♀)；小盾片长 2.01-2.04 (♂)、2.50-2.56 (♀)，基宽 2.11-2.15 (♂)、2.50-2.54 (♀)；缘片长 2.61-2.67 (♂)、3.33-3.39 (♀)；楔片长 0.76-0.80 (♂)、0.88-0.91 (♀)，基宽 0.62-0.66 (♂)、0.67-0.69 (♀)。

观察标本：1♂ (正模)，广西岑溪云开山，1993.Ⅺ.11，冼旭勋采；2♂3♀ (副模)，同正模；2♀，1993.Ⅺ.1，同上。3♂12♀，广东郁南县，1994.Ⅸ.6。越南：1♀，Yanbei，Vamyen，Daison，2001.Ⅹ.12。

分布：广东、广西；越南。

讨论：本种与八角泡盾盲蝽 P. typica (China et Carvalho) 相似，但前者触角第 2 节淡色丝状毛长于黑褐色刚毛，小盾片瘤突黑褐色，腹部气门黑褐色，左阳基侧突基半较膨大，并具 2 个小突起，可与之相互区别。

据广西标本记载，其寄主为肉桂 Cinnamomum cassia Presl.，栖息于树干和枝条上，吸食结果造成组织坏死和溃烂，为害甚大。

任树芝(2001)记载了该种产卵方式和卵形态，雌虫将卵单粒或两三粒紧排在一起产于植物茎的组织中，卵前极外露，卵体镶嵌组织内。卵长形，略弯，呈香蕉状，长 1.70mm，卵前极的卵盖显著向上圆隆，呈半圆形圆突，表面具许多小孔；由领缘伸出 2 个相对着生的毛状呼吸角 (一长一短)，长呼吸角 (长 0.86-0.90mm) 略弯曲，顶端膨大呈圆球状，该呼吸角 (除基部 1/3 处外) 表面布满小孔；短呼吸角 (长 0.28-0.30mm) 呈棒状，端半部具若干小孔 [呼吸角表面的小孔均为气孔的向外开孔，称气孔外孔]，顶端圆。

本种近年在广西种植肉桂的地区相继发生，若虫整个发育阶段可在一棵树上完成，雌虫将卵散产于当年生枝条、枝干分叉处及小枝叶柄基部。以卵在植物皮层内越冬，越冬卵于翌年 2 月中旬开始孵化，1、2 龄若虫在腋芽等处为害，经若虫及成虫为害后的肉桂树木，多数嫩枝梢萎蔫、枯干，影响树木的正常生长。

(87) 八角泡盾盲蝽 *Pseudodoniella typica* (China *et* Carvalho, 1951) (图 71；图版Ⅷ: 119, 120)

Parabryocoropsis typicus China *et* Carvalho, 1951a: 468; Carvalho, 1957: 147; Hinton, 1962: 486; Steyskal, 1973: 206; Carvalho, 1981a: 37.

Pseudodoniella typica: Odhiambo, 1962: 305; Szent-Ivany, 1965: 330; Leston, 1970: 276; Lavabre, 1977a: 140; Lavabre, 1977b: 111; Ren, 2001: 6; Schuh, 2002-2014.

雄虫：体大型，红褐色，被淡褐色直立短毛。

头背面观横宽，垂直，浅黄褐色，被淡色半直立毛。头顶光亮，两侧近眼处毛较浓密，眼间距是眼宽的 3.50-3.58 倍，中纵沟明显，中纵沟两侧具圆形突起，眼后部向内缢缩，呈明显的颈部，后缘无横脊；额具 1 个二叉突起；唇基微隆，斜前倾，侧面观基半显著隆起，端半平直；下颚片无毛，光亮，圆隆。上颚片和小颊被淡褐色半平伏短毛。喙细长，红褐色，伸达中胸腹板端部，未伸达中足基节。复眼向两侧伸出，红褐色。触角第 1 节珊瑚红色，基部膨大，被较短而稀疏的丝状毛；第 2-4 节被 2 种毛，即直立黑褐色刚毛和半平伏淡色闪光丝状毛，丝状毛短于刚毛，第 2 节细长，向端部渐粗，深红褐色，基部色淡，刚毛长约为该节直径的 1/3；第 3、4 节深红褐色，第 3 节棒状，端部膨大，第 4 节梭形。

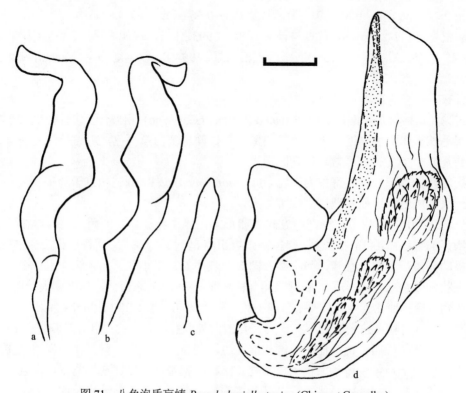

图 71　八角泡盾盲蝽 *Pseudodoniella typica* (China *et* Carvalho)

a、b. 左阳基侧突不同方位 (left paramere in different views)；c. 右阳基侧突 (right paramere)；d. 阳茎 (aedeagus)；

比例尺：0.1mm

　　前胸背板梯形，斜下倾，红褐色，后侧角色较浅，被深刻刻点和半直立短毛，毛基呈小突起状，侧缘隆拱，后侧角圆，略外展，微上翘，后缘圆隆，中部 2/3 被小盾片遮盖。领较宽，红褐色；胝较小，光亮，平滑，微隆，2 胝不相连，后缘深凹。胸部侧板红褐色，被黑色直立短刚毛，前胸侧板二裂，刻点较粗大。中胸盾片不外露。小盾片红褐色，强烈膨大，囊泡状，具光滑同色瘤突，密被刻点和半直立短毛，毛长于前胸背板毛，前缘平直，微前凸，中部具 1 纵向凹陷，色略浅，后缘中部内凹，前半部瘤突较密，后半部瘤突稀疏，且隆起程度较弱，毛基呈小突起状。

　　半鞘翅深褐色，两侧较直，后部渐向内收拢，无刻点，具光泽，密被半直立黑色短柔毛，毛短于小盾片毛长之半。爪片大部分被小盾片遮盖，仅露出基部外侧和端部，爪片接合缝分开；革片黄褐色，脉泛红色；缘片窄，端部渐宽，色较革片深；楔片缝明显，翅面沿楔片缝略下折，楔片长三角形，黑褐色，端部内缘浅黄色；膜片深褐色，脉深褐色，1 翅室，端角略小于直角。

足红褐色，前足色较淡，密被褐色半平伏长毛，腿节端部和胫节具不规则黑褐色小刺，腿节细长，端部略细，色略淡；胫节微弯，后足胫节较粗，深红褐色，基部色较淡；跗节 3 节，第 2 节较短，浅黄褐色，背面带红色，端部略膨大；爪红褐色，基半宽大。

腹部向两侧扩展，背面观可见，深红褐色，各节基部色较浅，气门黄褐色，被黑色平伏短毛。臭腺沟缘红褐色。

雄虫生殖节：生殖囊锥形，较小，长度约为整个腹长的 1/7，红褐色，毛被较腹部稀疏。阳茎端狭长，具 3 个披针膜叶。左阳基侧突细长，扭曲，基半微膨大，端部略呈直角，顶端略平截；右阳基侧突狭小，细长。

雌虫：体较雄虫宽大。

量度 (mm)：体长 8.07-8.10 (♂)、9.52-9.55 (♀)，宽 4.33-4.35 (♂)、5.72-5.77 (♀)；头长 0.71-0.73 (♂)、0.72-0.74 (♀)，宽 1.72-1.75 (♂)、1.94-1.99 (♀)；眼间距 1.11-1.12 (♂)、1.22-1.23 (♀)；眼宽 0.31-0.32 (♂)、0.36-0.40 (♀)；触角各节长：Ⅰ:Ⅱ:Ⅲ:Ⅳ=0.28-0.29:2.39-2.42:1.56-1.60:1.25-1.27 (♂)、0.27-0.28:1.05-1.08:0.72-0.73:0.52-0.55 (♀)；前胸背板外露部分长 1.36-1.37 (♂)、1.55-1.61 (♀)，后缘宽 3.83-3.85 (♂)、4.74-4.76 (♀)；小盾片长 2.17-2.20 (♂)、3.06-3.11 (♀)，基宽 2.42-2.45 (♂)、2.94-2.97 (♀)；缘片外露部分长 3.11-3.13 (♂)、3.94-3.99 (♀)；楔片长 0.87-0.90 (♂)、1.07-1.09 (♀)，基宽 0.61-0.66 (♂)、0.69-0.72 (♀)。

观察标本：5♂5♀，广西百色右江区，2006.Ⅶ.12，邓丽娟采。1♂，浙江凤阳山，600m，2007.Ⅶ.31，朱卫兵采。1♂，四川泸定磨西海螺沟，1550m，1982.Ⅸ.16，王书永采。

分布：浙江、广西、四川；巴布亚新几内亚 (China & Carvalho, 1951a)。

讨论：本种与肉桂泡盾盲蝽 P. chinensis Zheng 相似，但前者体红褐色，触角第 2 节刚毛状毛长于丝状毛，小盾片瘤突红褐色，与小盾片其他部分一色，腹部气门黄褐色，不呈黑色，雄性生殖器特征亦可相互区别。

任树芝 (2001) 记述该种卵细长，略弯，卵长 2.2mm，中部粗 0.4mm，卵盖高 1.9mm (含领缘高 0.16mm)，卵前极短呼吸角长约为长呼吸角的 1/2 (0.35-0.4mm：0.8-0.9mm)。本种卵的外形与肉桂泡盾盲蝽 P. chinensis Zheng 很相似，但卵盖明显高。

本种成虫及若虫均危害八角 Illicium verum Hook. 的嫩枝及果实，造成枝条干枯，果实脱落；亦有记载其危害可可 (Carvalho, 1981a)。

19. 球盾盲蝽属 *Rhopaliceschatus* Reuter, 1903

Rhopaliceschatus Reuter, 1903: 1. **Type species:** *Rhopaliceschatus quadrimaculatus* Reuter, 1903; by monotypy.

体长椭圆形。头背面观前方略狭窄，眼后方部分横宽，近领前缘部分呈柱状收缩，眼小，圆形，头顶较平，中部具 1 细纵沟。喙伸过前足基节端部。触角第 1 节较短，基部稍细；第 2 节细长，端部略粗；第 3 节棒状；第 4 节纺锤形，粗短。前胸背板后缘呈弧形，前凹，胝小，略隆起。小盾片高隆，前部下倾。前翅外缘基半平行，楔形。膜片翅室端角尖锐后指。爪前端弯曲，基部具齿。

分布：云南、西藏。

世界已知 2 种，其中包括 1 新种，均分布于中国。

种 检 索 表

小盾片红色，侧缘圆隆无纵向凹陷 ·························· 四斑球盾盲蝽 *R. quadrimaculatus*

小盾片灰黄色，侧缘具 1 对纵向凹陷 ·················· **灰黄球盾盲蝽，新种** ***R. flavicanus*** **sp. nov.**

(88) 灰黄球盾盲蝽，新种 *Rhopaliceschatus flavicanus* Liu *et* Mu, sp. nov. (图 72；图版Ⅷ：121)

雄虫：体大型，黑褐色，体被淡褐色直立短毛。

头背面观横宽，垂直，被淡褐色直立毛。头顶光亮，黄褐色至深红褐色，中部色较深，眼间距是眼宽的 3.13-3.18 倍，中纵沟明显，眼后部向内缢缩，呈明显的颈部，后缘无横脊；额具 1 个二叉突起；唇基微隆，垂直，黑褐色，端部腹面淡色，侧面观基半显著隆起端半平直；下颚片小，无毛，光亮，圆隆，黑褐色。上颚片和小颊被淡色半平伏短毛，上颚片红褐色，小颊黑褐色。喙短，黑褐色，伸达中胸腹板中部。复眼向两侧伸出，红褐色。触角黑褐色，第 1 节短粗，基部膨大，被较短而稀疏的丝状毛；第 2 节细长，端部膨大，黑褐色，被 2 种毛，即半直立黑褐色刚毛和半平伏淡色闪光丝状毛，丝状毛略长于刚毛长的 2 倍，丝状毛长大于该节中部直径；第 3 节棒状，向端部膨大，端部直径大于第 2 节端部直径；第 4 节缺。

前胸背板梯形，斜下倾，深褐色，略带蓝色，被深刻刻点和半直立短毛，侧缘隆拱，后侧角圆，略外展，微上翘，后缘圆隆，中部 2/3 被小盾片遮盖。领中部较宽，前缘中部略内凹，褐色，前缘色略淡；胝较小，光亮，平滑，微隆，两胝不相连。胸部侧板黑褐色，前胸侧板二裂，刻点较粗大。中胸盾片不外露。小盾片强烈膨大，囊泡状，侧缘具 1 对纵向凹陷，灰黄色，具 4 个黑色椭圆形斑，其中 2 个较小的位于背面基部，相对远离小盾片基部，另外 2 个较大，位于两侧，约占据小盾片长的 1/3，密被刻点和半直立褐色短毛，毛与前胸背板毛几等长，后缘圆隆。

半鞘翅深褐色，两侧较直，后部渐向内收拢，无刻点，具光泽，密被半直立黑色短柔毛，毛短于小盾片毛长之半。爪片大部分被小盾片遮盖，仅露出基部外侧和端部，爪片接合缝分开；革片黄褐色；缘片窄，端部渐宽，色较革片深；楔片缝明显，翅面沿楔片缝略下折，楔片长三角形，褐色，端部内缘呈狭窄的浅黄色；膜片深褐色，脉深褐色，1 翅室，端角略大于直角。

足深红褐色，密被褐色半平伏长毛，腿节细长，端部略细，腹面毛较背面长而浓密；胫节微弯，后足胫节较粗；跗节 3 节，第 3 节较长，黄褐色，向端部渐深，端部略膨大；爪红褐色，基部膨大。

腹部向两侧扩展，背面观可见，黑褐色，被淡色平伏短毛。臭腺沟缘黑褐色。

雄虫生殖囊锥形，较小，长度约为整个腹长的 1/6，黑褐色，毛被较腹部短。阳茎端狭长，具 3 个披针膜叶。左阳基侧突狭长，扭曲，端部略窄，圆钝；右阳基侧突较小，端半膨大。

雌虫：未知。

量度 (mm)：雄虫：体长 8.31-8.33，宽 4.08-4.12；头长 0.80-0.82，宽 1.67-1.71；眼间距 1.00-1.05；眼宽 0.32-0.33；触角各节长：Ⅰ:Ⅱ:Ⅲ:Ⅳ=0.41-0.44:2.68-2.72:1.69:？；前胸背板长 1.63-1.67，宽 3.72-3.74；小盾片长 2.15-2.17，基宽 2.20-2.23；缘片长 3.06-3.10；楔片长 0.93-0.94，基宽 0.71-0.72。

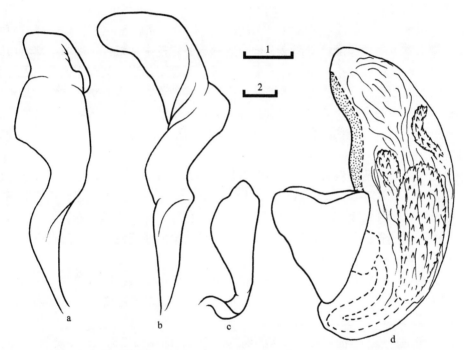

图 72　灰黄球盾盲蝽，新种 *Rhopaliceschatus flavicanus* Liu *et* Mu, sp. nov.

a、b. 左阳基侧突不同方位 (left paramere in different views)；c. 右阳基侧突 (right paramere)；d. 阳茎 (aedeagus)；

比例尺：1=0.1mm (a-c)，2=0.1mm (d)

种名词源：以小盾片灰黄色命名。

模式标本：正模♂，云南丽江鲁甸，2800m，1984.Ⅷ.10，王书永采。副模：1♂，云南兰坪，2400m，1984.Ⅷ.26，王书永采 (保存在中国科学院动物研究所)。

分布：云南。

讨论：本种与四斑球盾盲蝽 *R. quadrimaculatus* Reuter 相似，但前者小盾片灰黄色，侧缘具 1 对纵向凹陷，背面椭圆斑远离小盾片基部，可与之相区别。

(89) 四斑球盾盲蝽 *Rhopaliceschatus quadrimaculatus* **Reuter, 1903** (图版Ⅷ: 122)

Rhopaliceschatus quadrimaculatus Reuter, 1903: 3; Carvalho, 1960: 193; Kerzhner *et* Josifov, 1999: 17;
　　Schuh, 2002-2014.

雌虫：体大型，黑褐色，被淡褐色直立短毛。

头背面观横宽，垂直，黑褐色，头顶后半红褐色，被淡褐色直立毛。头顶光亮，眼间距是眼宽的 4.37 倍，中纵沟明显，眼后部向内缢缩，呈明显的颈部，后缘无横脊；额具 1 个二叉突起；唇基微隆，垂直，黑褐色，侧面观基半显著隆起，端半平直；下颚片无毛，光亮，圆隆，黑褐色。上颚片和小颊被淡色半平伏短毛，红褐色。喙短，黑褐色，刚伸过前足基节端部。复眼向两侧伸出，红褐色。触角第 1 节黑褐色，基部膨大，被较短而稀疏的丝状毛；第 2 节细长，端部膨大，黑褐色，被两种毛，即半直立黑褐色刚毛和半平伏淡色闪光丝状毛，刚毛远长于丝状毛，刚毛长大于该节中部直径；第 3、4 节缺。

前胸背板梯形，斜下倾，深褐色，被深刻刻点和半直立短毛，侧缘隆拱，后侧角圆，略外展，微上翘，后缘圆隆，中部 2/3 被小盾片遮盖。领中部较宽，前缘中部略内凹，褐色，前缘色略淡；胝较小，光亮，平滑，微隆，两胝不相连。胸部侧板黑褐色，前胸侧板二裂，刻点较粗大。中胸盾片不外露。小盾片强烈膨大，囊泡状，红色，具 4 个黑色椭圆形斑，其中两个较小的位于背面基部，另外两个较大，位于两侧，约占据小盾片长的 2/3，密被刻点和半直立短毛，毛与前胸背板毛几等长，背面中部具 1 纵向浅凹陷，后缘圆隆。

半鞘翅深褐色，两侧较直，后部渐向内收拢，无刻点，具光泽，密被半直立黑色短柔毛，毛短于小盾片毛长之半。爪片大部分被小盾片遮盖，仅露出基部外侧和端部，爪片接合缝分开；革片黄褐色；缘片窄，端部渐宽，色较革片深；楔片缝明显，翅面沿楔片缝略下折，楔片长三角形，黑褐色，端部内缘呈狭窄的浅黄色；膜片深褐色，脉深褐色，1 翅室，端角略小于直角。

足深红褐色，密被褐色半平伏长毛，腿节细长，端部略细；胫节微弯，后足胫节较粗；跗节 3 节，第 3 节较长，黄褐色，向端部渐呈褐色，端部略膨大；爪红褐色，基部膨大。

腹部向两侧扩展，背面观可见，深红褐色，各节腹面端部黑褐色，被淡色平伏短毛。臭腺沟缘红褐色。

雄虫：未见。

量度 (mm)：雌虫：体长 9.61，宽 4.83；头长 0.78，宽 1.91；眼间距 1.31；眼宽 0.30；触角各节长：Ⅰ:Ⅱ:Ⅲ:Ⅳ=0.50:3.00:?:?；前胸背板长 1.72，后缘宽 4.27；小盾片长 2.61，基宽 2.61；缘片长 3.72；楔片长 1.17，基宽 0.94。

观察标本：1♀，西藏波密易贡，2300m，1983.Ⅷ.22，林再采。

分布：西藏。

讨论：本种与灰黄球盾盲蝽 *R. flavicanus* sp. nov.相似，但前者小盾片红色，侧缘圆隆无纵向凹陷，背面椭圆斑位于小盾片基部，可与之相区别。

三、宽垫盲蝽族 Eccritotarsini Berg, 1884

Eccritotarsini Berg, 1884: 81 (Eccritotarsaria). **Type genus:** *Eccritotarsus* Stål, 1860.

体多椭圆形，头在眼后方窄缩成颈，或全部被前胸背板领遮盖。部分种类眼略向背侧突出，略具短柄。触角细长，第 1 节短粗，第 3 节棒状，第 4 节纺锤形。前胸背板一般具明显的领，强烈隆起或微隆。膜片大多具 1 个翅室，部分具 2 翅室，小翅室较小。足细长，跗节爪内面附着大而宽扁的爪垫，爪腹面常具梳状长刺。

世界已知 112 属，中国已知 7 属。

属 检 索 表

1. 复眼面隆起，眼呈颗粒状 ··· 米盲蝽属 *Michailocoris*
   复眼面不隆起，眼不呈颗粒状 ·· 2
2. 前胸背板领不具刻点 ·· 3
   前胸背板领具刻点 ·· 6
3. 缘片外缘基部具锯齿状突起 ·· 榕盲蝽属 *Dioclerus*
   缘片外缘基部无锯齿状突起 ·· 4
4. 前胸背板不明显分为前后 2 叶 ·· 息奈盲蝽属 *Sinevia*
   前胸背板明显分为前后 2 叶 ·· 5
5. 前胸背板后叶与前叶几等长，后叶较平坦，无刻点 ···················· 薯蓣盲蝽属 *Harpedona*
   前胸背板后叶明显长于前叶，后叶圆隆，刻点粗大 ···················· 杰氏盲蝽属 *Jessopocoris*
6. 楔片外缘弯曲；眼向体背方突出 ·· 蕉盲蝽属 *Prodromus*
   楔片外缘较直；眼不向体背方突出 ·· 芋盲蝽属 *Ernestinus*

20. 榕盲蝽属 *Dioclerus* Distant, 1910

Dioclerus Distant, 1910a: 12. **Type species:** *Dioclerus praefectus* Distant, 1910; by monotypy.
Serrofurius Poppius, 1912d: 23. **Type species:** *Serrofurius lutheri* Poppius, 1912; by monotypy.
　Synonymized by Carvalho, 1951: 55.

体椭圆形，两端略尖，黄褐色或金褐色，有时具深褐色斑，具光泽，被淡色半直立毛。头较短，横宽，背面观头顶前端明显前凸，后缘脊明显，脊前方区域略下凹。无眼后区，眼外缘伸过前胸背板前侧角，后缘超过领前缘，侧面观额略前凸，几与头顶垂直，眼高为头高的 1/2-2/3，喙伸达前胸腹板和中胸腹板之间。触角细长，被淡色半直立毛，第 1 节基部较粗，长度为头宽的 1/2-3/4，淡黄色至黄褐色，有时具深褐色斑，第 2-4 节褐色或深褐色，第 2 节为第 1 节长的 2 倍，第 3、4 节约等长，略短于第 1 节。

前胸背板宽约为长的 1.5 倍，后叶微隆，侧缘弯曲，后缘略呈宽阔的弧形后凸，中部微凹，后侧角圆钝，具刻点和淡色半直立毛。领宽阔，微隆，前缘略陷入头部。胝显著，侧方伸达前胸背板侧缘，两胝间具纵向宽浅凹。中胸盾片不外露，小盾片较平坦。

半鞘翅外缘呈弧形均匀外拱，除缘片外具显著刻点，缘片基部较窄，向端部渐宽，外缘基部 1/5 具 7-9 个锯齿状突起；楔片缝显著，楔片短于触角第 1 节，长楔形，较小，内外缘较直。膜片端部较窄尖，2 翅室。

足淡黄色或黄褐色，胫节端部和跗节色略深，腿节狭长，略膨大，腹面具少数细长毛；胫节圆柱状，胫节刺淡色，具列状排列褐色或深褐色小刺；跗节端部略膨大，第 3 节长约为第 1、2 节长的 2 倍；爪垫腹面后缘无梳状毛。

后胸臭腺发达，蒸发域宽阔，臭腺孔呈 1 个圆形区域。

雄虫生殖囊宽等于或大于长，向端部渐窄，顶端明显宽圆；生殖器开口卵圆形或方形，主要背向开口，有时后面观仅可见狭窄的一部分，有时前缘被宽阔的背向微隆突起。左阳基侧突有时"C"形，端半较长，基半小、微隆；右阳基侧突小，狭长。阳茎端大部分膜质，具骨化环状结构，基部具 1-2 个不同形状的小骨化结构。

分布：广东、广西、云南、西藏；印度，泰国，斯里兰卡。

该属部分种类曾在桑科 Moraceae 植物 *Chlorophora* 和 *Ficus* 上采到。

Stonedahl (1988) 对该属世界种进行了较为全面的修订，并基于形态对该属进行了系统发育分析。

世界已知 6 种。中国分布 3 种，其中包括 2 个中国新纪录种。

种 检 索 表

1. 前胸背板后叶褐色⋯⋯⋯⋯⋯⋯⋯⋯⋯⋯⋯⋯⋯⋯⋯⋯⋯⋯⋯⋯⋯⋯ 卢榕盲蝽 *D. lutheri*
   前胸背板后叶黄褐色或金褐色⋯⋯⋯⋯⋯⋯⋯⋯⋯⋯⋯⋯⋯⋯⋯⋯⋯⋯⋯⋯⋯⋯⋯⋯2
2. 触角第 2 节长明显小于前胸背板后缘宽⋯⋯⋯⋯⋯⋯⋯⋯ 泰榕盲蝽 *D. thailandensis*
   触角第 2 节长大于前胸背板后缘宽⋯⋯⋯⋯⋯⋯⋯⋯⋯ 孟加拉榕盲蝽 *D. bengalicus*

(90) 孟加拉榕盲蝽 *Dioclerus bengalicus* Stonedahl, 1988 (图版Ⅷ: 123)

Dioclerus bengalicus Stonedahl, 1988: 12; Schuh, 2002-2014.

雌虫：体卵圆形，浅黄褐色。

头垂直，背面观横宽，头宽为头长的 3.78 倍，黄褐色，光亮，被淡色直立长毛。头顶光亮，微隆，眼间距是眼宽的 1.58 倍，被毛较稀疏，无中纵沟，后缘横脊明显；额圆隆，毛较头顶略细密；唇基较平，斜向后倾，背面深黄褐色；小颊、上颚片和下颚片黄色，毛较长而直立，颈腹面褐色。喙浅黄褐色，端部褐色，伸达中足基节端部。复眼背面观豌豆形，侧面观椭圆形，占据头高的 2/3，褐色。触角被淡色半直立长毛，第 1 节浅黄褐色，微弯，基部细，近基部略膨大；第 2-4 节深褐色，第 2 节略细于第 1 节，直，毛略长于该节直径；第 3 节弯曲，毛略长于该节直径的 1.5 倍；第 4 节残。

前胸背板梯形，微下倾，后叶圆隆，黄褐色，具光泽，后叶具深刻刻点，被半直立短毛，侧缘中部微凹，后角圆，后缘几乎直，中部略内凹。领宽，约为触角第 1 节中部宽的 2 倍，圆隆，浅黄褐色；胝较平，光滑；前胸侧板翘起部分背面观可见，二裂，前叶基部和后叶中部黄褐色，中、后胸侧板黑褐色，后部呈狭窄的浅红褐色。中胸盾片狭窄外露，与小盾片分界不明显。小盾片近正三角形，黄褐色，基半具 1 半圆形黑褐色斑，微隆，被淡色半平伏短毛和细密刻点，刻点直径小于前胸背板刻点。

半鞘翅浅黄褐色，半透明，两侧圆隆，被细密刻点和浅色半直立短毛。爪片色较深，内缘端部褐色，革片端部内缘淡褐色。缘片狭窄，外缘黑褐色；楔片缝明显，翅面沿楔片缝略下折，楔片黑褐色，略短于触角第 1 节；膜片浅黄褐色，半透明，脉淡褐色。

足浅黄色，被淡色半直立毛，后足胫节具排列不规则的褐色小刺，近端部排成列状，跗节端部褐色，爪褐色。

腹部黄褐色，密被淡色半直立毛，第 9 节侧面具褐色斑。臭腺沟缘黑褐色。

雄虫：未知。

量度 (mm)：雌虫：体长 3.50，宽 1.35；头长 0.18，宽 0.68；眼间距 0.30；眼宽 0.19；触角各节长：Ⅰ:Ⅱ:Ⅲ:Ⅳ=0.59:1.22:0.45:?；前胸背板长 0.78，后缘宽 1.19；小盾片长 0.38，基宽 0.51；缘片长 1.65；楔片长 0.38，基宽 0.28。

观察标本：1♀，西藏墨脱旁辛，1300-1700m，1998.Ⅺ.20，姚建采。

分布：西藏；印度 (东北部)。

讨论：本种与卢榕盲蝽 *D. lutheri* (Poppius) 相似，但前者前胸背板一色黄褐色，爪片基部黄褐色，可与之相区分。

本种由 Stonedahl (1988) 根据采自印度西孟加拉邦的 2 头雌虫标本建立，模式标本保存在美国自然历史博物馆。

本种为中国首次记录。

(91) 卢榕盲蝽 *Dioclerus lutheri* (Poppius, 1912) (图 73；图版Ⅷ: 124)

Serrofurius lutheri Poppius, 1912d: 25.
Dioclerus lutheri: Carvalho, 1957: 97; Stonedahl, 1988: 12; Schuh, 2002-2014.

雌虫：体卵圆形，黄褐色。

头垂直，背面观横宽，头宽为头长的 3.68 倍，黄色，光泽弱，被淡色直立长毛。头顶微隆，眼间距是眼宽的 1.50 倍，被毛较稀疏，无中纵沟，后缘横脊明显；额圆隆，前半褐色。唇基较平，斜向后倾，背面黄褐色；小颊、上颚片和下颚片黄色，毛较长而直立，颈腹面褐色。喙浅黄色，端部褐色。复眼背面观豌豆形，侧面观半圆形，占据头高的 2/3，褐色。触角被淡色半直立长毛，第 1 节黄色，端部略加深，微弯，基部细，第 2、3 节褐色，细长，第 2 节向端部略加粗，第 4 节缺。

前胸背板梯形，侧面观微下倾，后叶圆隆，褐色，胝浅黄褐色，密被粗大刻点。侧缘中部略内凹，后侧角圆，后缘平直，后缘宽略大于触角第 1 节长度的 2 倍。领宽，约为触角第 1 节中部宽的 2 倍，圆隆，浅黄色，毛较直立；胝较平，光滑，胝前部及两侧刻点明显。前胸侧板翘起部分背面观可见，黄褐色，二裂，中、后胸侧板黑褐色。中胸盾片不外露。小盾片黑褐色，侧面观微隆，被淡色半平伏短毛和细密刻点，刻点直径小于前胸背板刻点。

半鞘翅浅黄褐色，半透明，两侧圆隆，被细密刻点和浅色半直立短毛，爪片黄褐色，基部 1/3、内缘和端部 1/3 深褐色；革片几一色淡黄，仅爪片接合缝端部两侧暗色；缘片窄，外缘深褐色；楔片缝明显，翅面沿楔片缝略下折，楔片褐色，端部深褐色；膜片浅黄褐色，半透明，脉淡褐色。

足浅黄色，胫节具 2 列黑褐色小刺，跗节第 3 节膨大，浅褐色，爪褐色。

腹部浅褐色，生殖节褐色。臭腺沟缘黑褐色。

雄虫：体淡黄褐色具深色斑。

头侧面观，眼占头高的 2/3。喙略伸过前足基节端部，长 0.81mm。触角第 1 节黄褐色；第 2 节中部折断，基部深褐色。

前胸背板后叶、小盾片和爪片深褐色，革片基部和中部呈宽横带的褐色。楔片仅略短于触角第 1 节长，膜片 (包括脉) 褐色。

足淡黄色，前足跗节爪和后足跗节深黄褐色。腹部第 9 节几乎全部深褐色。

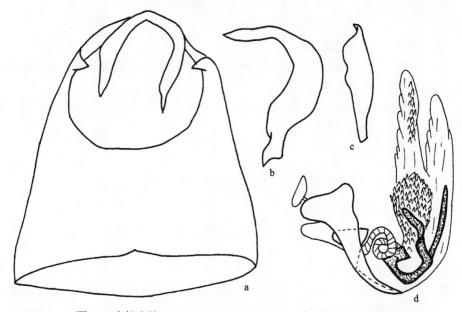

图 73　卢榕盲蝽 *Dioclerus lutheri* (Poppius) (仿 Stonedahl, 1988)

a. 生殖囊背面观 (genital capsule, dorsal view)；b. 左阳基侧突 (left paramere)；c. 右阳基侧突 (right paramere)；d. 阳茎 (aedeagus)

雄虫左阳基侧突弯曲，端部渐尖。右阳基侧突短，扁平，中部略宽，顶端较尖。阳茎端基部具 2 个小而细长的骨片，端部具 2 个膜叶。

量度 (mm)：雌虫：体长 3.45-3.55，宽 1.36-1.37；头长 0.18-0.19，宽 0.67-0.70；眼间距 0.30-0.31；眼宽 0.19-0.20；触角各节长：Ⅰ:Ⅱ:Ⅲ:Ⅳ=0.52-0.53:0.98-1.00:0.21-0.24:? ；前胸背板长 0.80-0.84，后缘宽 1.12-1.14；小盾片长 0.25-0.28，基宽 0.47-0.51；缘片长 1.59-1.62；楔片长 0.37-0.39，基宽 0.29-0.30。雄虫：体长 3.80；头宽 0.90；眼间距 0.42；触角各节长：Ⅰ:Ⅱ:Ⅲ:Ⅳ= 0.65:? :? :? ；前胸背板后缘宽 1.28。

观察标本：1♀，广西上思南屏乡，3500m，2000.Ⅵ.9，李文柱采。2♀，云南思茅菜阳河倮倮新寨山，2000.Ⅴ.21，1400m，卜文俊采。

分布：广西、云南；斯里兰卡。

讨论：本种与分布于加里曼丹岛的 *D. sabah* Stonedahl 形态相似，但前者雌虫前胸背板后叶深褐色，雄虫腹部第 9 节几乎一色深褐色，不似 *D. sabah* 侧面具褐色斑。

雄虫量度数据和生殖器特征均来自文献记载。

本种为中国首次记录。

(92) 泰榕盲蝽 *Dioclerus thailandensis* Stonedahl, 1988 (图 74；图版Ⅷ: 125, 126)

Dioclerus thailandensis Stonedahl, 1988: 15; Hu *et* Zheng, 2003: 120; Schuh, 2002-2014.

雄虫：体卵圆形，浅黄褐色。

头垂直，背面观横宽，额突出，头宽约为头长的 4.90 倍，黄褐色，光亮，被淡色直立长毛。头顶光亮，微隆，眼间距约是眼宽的 1.27 倍，被毛较稀疏，无中纵沟，后缘横脊明显；额圆隆，侧面观垂直；唇基隆起，斜向后倾，带浅红褐色；小颊、上颚片和下颚片黄色，毛较长而直立；颈一色黄色。喙浅黄色，端部褐色，略伸过中足基节中部。复眼背面观豌豆形，侧面观椭圆形，占据头高的 2/3，褐色。触角被淡色半直立毛，第 1 节浅黄褐色，有时红褐色，细长，微弯，基部细，近基部内侧略膨大；第 2-4 节深褐色，第 2 节略细于第 1 节，向端部渐粗，直，毛短于该节直径；第 3 节细，微弯，毛略长于该节直径；第 4 节弯曲，略呈念珠状。

前胸背板梯形，微下倾，后叶圆隆，一色黄褐色，有时后叶中部褐色，具光泽，后叶具深刻刻点，被淡色直立短毛，侧缘中部微凹，后角圆，后缘几乎直，中部略内凹。领宽，约为触角第 1 节中部宽的 2 倍，圆隆，浅黄褐色；胝较平，光滑，色略淡；前胸侧板黄色，二裂，后叶前角翘起，背面观可见，翘起部分基半黄褐色，中、后胸侧板黄褐色。中胸盾片不外露。小盾片黄褐色，中部具 1 三角形褐色斑，有时斑中部淡色，微隆，被淡色半平伏短毛和细密刻点，刻点直径小于前胸背板刻点。半鞘翅浅黄褐色，半透明，两侧圆隆，被细密刻点和浅色半直立短毛。爪片内缘基半褐色，端部色略深；革片内缘在爪片接合缝端部褐色；缘片较宽，向端部渐宽，外缘褐色；楔片缝明显，翅面沿楔片缝略下折，楔片浅黄色，半透明，内半有时带绿色，外缘褐色，略短于触角第 1 节；膜片浅黄褐色，半透明，脉淡黄褐色。

足浅黄色，被淡色半直立毛，腿节向端部渐细，腹面毛较长于背面，胫节细长，具 4 列褐色小刺，跗节端部渐粗，爪黑褐色。

腹部黄色，背面带红褐色，密被淡色半直立毛。臭腺沟缘黄白色。

雄虫生殖囊黄色，侧面具 1 褐色长椭圆形大斑，被淡色半直立长毛，长度约为整个腹长的 1/3。阳茎端具 1 膜叶。左阳基侧突弯曲，基半宽阔，端半扭曲，顶端尖；右阳基侧突粗细较均匀，细长，顶端尖。

雌虫：体型和色斑与雄虫相似。

量度 (mm)：体长 3.80-3.91 (♂)、3.55-3.65 (♀)，宽 1.49-1.50 (♂)、1.51-1.52 (♀)；头长 0.20-0.23 (♂)、0.16-0.18 (♀)，宽 0.98-1.08 (♂)、0.87-0.89 (♀)；眼间距 0.38-0.39 (♂)、0.40-0.42 (♀)；眼宽 0.30-0.32 (♂)、0.24-0.27 (♀)；触角各节长：Ⅰ:Ⅱ:Ⅲ:Ⅳ=0.75-0.79:1.90-1.97:0.45-0.50:0.40-0.47 (♂)、0.65-0.68:1.35-1.38:0.44-0.49:0.55 (♀)；前胸背板长 0.75-0.77 (♂)、0.75-0.82 (♀)，后缘宽 1.21-1.23 (♂)、1.20-1.24 (♀)；小盾片长 0.42-0.48 (♂)、

0.39-0.46 (♀)，基宽 0.61-0.67 (♂)、0.64-0.69 (♀)；缘片长 2.04-2.07 (♂)、1.97-1.99 (♀)；楔片长 0.38-0.43 (♂)、0.35-0.36 (♀)，基宽 0.21-0.24 (♂)、0.25-0.26 (♀)。

观察标本：1♂2♀，云南芒市，1979.Ⅷ.26，邹环光采；7♂4♀，云南盈江城关，800m，1979.Ⅸ.5，郑乐怡采；10♂12♀，云南盈江，800m，1979.Ⅸ.5，邹环光采。1♀，广西陇瑞，1984.Ⅴ.14，灯诱，任树芝采；6♂6♀，广西陇瑞，1984.Ⅴ.16，任树芝采；1♀，广西陇瑞，1984.Ⅴ.17，灯诱，任树芝采；3♂5♀，广西，1984.Ⅵ，任树芝采。1♂，广东台山市四九镇北峰山森林公园，2009.Ⅶ.20，灯诱，李敏、焦克龙采。

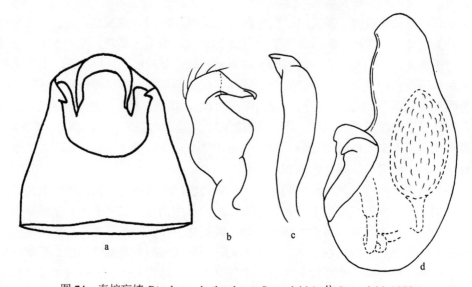

图 74　泰榕盲蝽 *Dioclerus thailandensis* Stonedahl (a 仿 Stonedahl, 1988)

a. 生殖囊背面观 (genital capsule, dorsal view)；b. 左阳基侧突 (left paramere)；c. 右阳基侧突 (right paramere)；d. 阳茎 (aedeagus)

分布：广东、广西、云南；泰国。

讨论：本种与 *D. praefectus* Distant 相似，但前者触角第 1 节明显短于头宽，第 2 节长为第 1 节的 3 倍，腿节端部不呈褐色，可与之相区别。

据观察标本记载，该种曾在榕树叶上采得。

胡奇和郑乐怡于 2003 年首次记载了该种在中国 (云南) 的分布，本志增加了该种在广西和广东的分布。

21. 芋盲蝽属 *Ernestinus* Distant, 1911

Ernestinus Distant, 1911a: 311. **Type species:** *Ernestinus mimicus* Distant, 1911; by monotypy.

Pycnofurius Poppius, 1912d: 21. **Type species:** *Pycnofurius puncticollis* Poppius, 1912; by monotypy. Synonymized by Carvalho, 1952: 55.

体宽大于体长，眼几乎接触到前胸背板前缘，向两侧伸出，宽于前胸背板前缘；触角着生于眼前，基节伸过头前部，端部适度加粗，第 2 节适度加粗，长度等于或超过第 1 节的 2 倍；前胸背板长约等于基宽，除前部以外，均圆隆并具粗大刻点，前部中央明显凹陷，后缘平截，未覆盖小盾片基部；小盾片小，三角形；革片长是宽的 2 倍，侧缘近平行，略圆；楔片窄，长大于宽；膜片远超过腹部末端，具 1 个大的近方形的翅室；足适度细长，没有小刺。

分布：台湾、广东、海南、广西、贵州、云南；日本。

研究中发现黑胸芋盲蝽 *Ernestinus nigriscutum* Lin 形态描述及生殖节结构均与四斑芋盲蝽 *E. tetrastigma* Yasunaga 极相似，地理分布上又非常接近，作者怀疑其是四斑芋盲蝽的异名，目前未对模式标本进行检查，故暂时不做异名处理，但本志未将该种列入检索表中。

本属世界已知 7 种，本志记载中国 4 种。

种 检 索 表

1. 前胸背板和小盾片灰绿色·······································微芋盲蝽 *E. brevis*
   前胸背板和小盾片大面积黑色···2
2. 触角第 2 节浅黄色，端部 2/5 黑褐色······················淡盾芋盲蝽 *E. pallidiscutum*
   触角第 2 节黑褐色······································四斑芋盲蝽 *E. tetrastigma*

(93) 微芋盲蝽 *Ernestinus brevis* Lin, 2001

Ernestinus brevis Lin, 2001a: 29; Schuh, 2002-2014.

作者未见标本，现根据 Lin (2001a) 描述整理如下。

头黑色，唇基和喙黄褐色。触角第 1 节灰绿色，第 2 节深绿色。前胸背板和小盾片灰绿色。革片、爪片和楔片淡黄绿色。膜片半透明、黄白色。体腹面和足黄白色。体长卵圆形，被明显小刻点。头半球形，宽大于长；眼长、圆形，几乎与前胸背板前缘相接触。触角着生于眼前部，第 1 节圆柱形，基部较细，端部略粗，第 2 节最粗最长，长约为第 1 节的 2 倍，被长毛，第 3、4 节较短，略细。喙长，伸达后足基节。

前胸背板长约等于基部宽，除了前缘中部前凸部分具粗大刻点，前缘近中部具明显小凹陷，后缘平直，未遮盖小盾片基部，被较稀疏短毛；小盾片小，三角形。革片长约为宽的 2 倍，两侧近平行。楔片窄，长大于宽。臭腺沟缘小。膜片具 1 个近长方形大翅室。

足中度细长，无刺。

雄虫左阳基侧突端部强烈弯曲，窄，镰刀状；右阳基侧突宽，片状。

本种与淡盾芋盲蝽 *E. pallidiscutum* (Poppius) 相似，但可从以下特征加以区分：前者体较小，带绿色，亦可根据雄虫外生殖器结构进行鉴别。

量度 (mm)：雄虫：体长 2.60，宽 0.80。

分布：台湾。

正模雄虫，Yang W. T.于 2000 年采自台湾台东，保存于台湾自然科学博物馆。

(94) 黑胸芋盲蝽 *Ernestinus nigriscutum* Lin, 2001

Ernestinus nigriscutum Lin, 2001a: 30; Schuh, 2002-2014.

作者未见标本，现根据 Lin (2001a) 描述整理如下。

雄虫：头黑色。触角第 1 节灰白色，第 2 节黑色，第 3 节基部 1/2 灰白色，第 4 节黑色。喙黄白色。前胸背板和小盾片黑色。革片黑色或褐色，除了基部和端部白色；爪片黑色；楔片白色，端部 1/3 黑色；膜片白色透明，光亮，翅室基部褐色。体腹面黑色。足灰白色，胫节端部 1/5 和跗节褐色。体长卵圆形，被明显短毛，头半球形，宽大于长；眼大，球形，几乎与前胸背板前缘相接触。触角着生于眼前部，第 1 节圆柱形，基部窄，端部略膨大，第 2 节最粗最长，长约为第 1 节的 2 倍，被长毛，第 3、4 节短、细。喙伸达后足基节。

前胸背板长约等于基部宽，除了前缘中部前凸部分具粗大刻点，前缘近中部具明显小凹陷，后缘平直，未遮盖小盾片基部，被较稀疏短毛；小盾片小，三角形。革片长约为宽的 2 倍，两侧近平行。楔片窄，长大于宽。臭腺沟缘小。膜片具 1 个近长方形大翅室；足中度细长，无刺。左阳基侧突端部窄，鸟喙状；右阳基侧突宽，片状，内面折叠。

雌虫：与雄虫相似，但胸部下方浅褐色而非黑色。

量度 (mm)：雄虫：体长 3.50，宽 1.10。

正模雄虫， Li C. Y.于 1992 年采自台湾台南，保存于台湾自然科学博物馆。

分布：台湾。

讨论：本种形态描述及生殖节结构均与四斑芋盲蝽 *E. tetrastigma* Yasunaga 极相似，在 Lin (2001a) 该种的文献引证中并未见 Yasunaga (2000a)的文章，2 种在地理分布上又非常接近，作者怀疑其是四斑芋盲蝽的异名，故未将其列入本属中的种检索表中。目前未对模式标本进行检查，暂不做异名处理。

(95) 淡盾芋盲蝽 *Ernestinus pallidiscutum* (Poppius, 1915) (图 75；图版Ⅷ: 127, 128)

Pycnofurius pallidiscutum Poppius, 1915a: 58; Carvalho, 1980b: 656.
Ernestinus pallidiscutum: Carvalho, 1957: 102; Miyamoto, 1965b: 158; Lin, 2001a: 31; Zheng, 1995: 459; Hu *et* Zheng, 2003: 121; Schuh, 2002-2014.

雄虫：体小型，椭圆形，密被淡色长毛。

头横宽，垂直，黑褐色，光亮，被淡色半直立毛。头顶微隆，眼间距是眼宽的 2.67-3.00 倍，中纵沟较短而浅，后缘无横脊；额圆隆；唇基基部圆隆，垂直，端部色略淡；上、下颚片深褐色；小颊黑褐色，光亮。喙浅黄色，端部褐色，伸达中足基节中部。复眼较小，背面观圆形，略向两侧伸出，侧面观肾形，红褐色。触角细长，被淡色半直立短毛，第 1 节狭长，基部 1/4 细，浅黄色，毛被较其他节稀疏；第 2 节长为第 1 节的 2.11-2.15 倍，向端部渐粗，基半淡浅黄色，端部 2/5 黑褐色；第 3 节弯曲，黄褐色至褐色，略细于第 2 节，毛略长于该节直径；第 4 节弯曲，略呈念珠状，褐色。

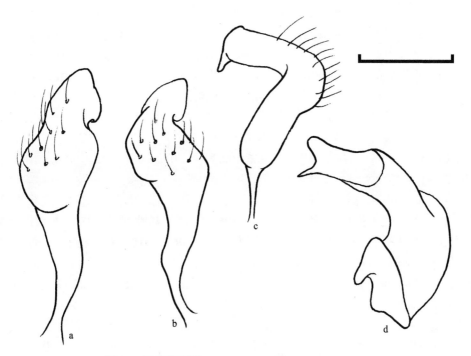

图 75　淡盾芋盲蝽 *Ernestinus pallidiscutum* (Poppius)

a、b. 左阳基侧突不同方位 (left paramere in different views)；c. 右阳基侧突 (right paramere)；d. 阳茎 (aedeagus)；

比例尺：0.1mm

前胸背板梯形，明显分为前后 2 叶，略斜下倾，后叶圆隆，刻点粗大，毛浓密而直立。前叶前缘微隆，两侧较平行，略呈梯形，胝较小，横宽，长椭圆形，较平，光亮，两胝不相连；后叶两侧后部微隆，后侧角圆，后缘中部圆隆，遮盖中胸背板、小盾片基部和半鞘翅基角。前胸侧板外侧翘起，背面观可见，二裂，前叶小，黑褐色，刻点粗大；中、后胸侧板黑褐色，毛较细长。小盾片黑色，有时端半橙红色，端部尖锐，侧面观微隆，无刻点，被半直立淡色长毛。

半鞘翅两侧圆隆，被半直立淡色长毛。爪片黑色，外缘呈狭窄的淡色；革片黄色，半透明，中部具 1 对黑褐色斑，形状变化较大，从窄椭圆形 (外缘不超过爪片外缘) 至宽大三角形 (外缘延伸至缘片内缘)；缘片狭窄，浅黄色；楔片缝明显，翅面沿楔片缝略下折，楔片三角形，淡黄色，半透明，端部 1/2-3/4 褐色；膜片基半褐色，端半淡褐色，半透明，具细密纵褶，翅室宽大，端角略呈直角，脉淡色。

足细长，淡黄色，被淡色半直立长毛，后足腿节端部略膨大；胫节向端部渐粗，具细密褐色小刺列；跗节 3 节，第 1 节细，第 2、3 节较粗，向端部渐粗；爪褐色。

腹部黄褐色，各节间深褐色，被淡色半平伏毛。臭腺沟缘黑褐色。

雄虫生殖囊褐色，腹面端半黄褐色，被半直立淡色毛，长度约为整个腹长的 1/5。阳茎端囊状，简单。左阳基侧突粗大，端半圆隆；右阳基侧突细长，弯曲端部较突然窄缩，呈指状。

雌虫：体型、体色与雄虫几一致，体型略大，部分种类体色较淡。

量度 (mm)：体长 3.50-3.57 (♂)、3.75-3.77 (♀)，宽 1.35-1.40 (♂)、1.30-1.32 (♀)；头长 0.18-0.19 (♂)、0.17-0.18 (♀)，宽 0.65-0.68 (♂)、0.65-0.69 (♀)；眼间距 0.39-0.40 (♂)、0.34-0.38 (♀)；眼宽 0.13-0.15 (♂)、0.15-0.19 (♀)；触角各节长：I : II :III:IV=0.34-0.39:0.73-0.78:0.68-0.80:0.70-0.73 (♂)、0.38-0.44:0.82-0.83:0.65-0.73:0.56-0.61 (♀)；前胸背板长 1.35-1.38 (♂)、0.97-0.99 (♀)，后缘宽 1.05-1.10 (♂)、1.14-1.19 (♀)；小盾片露出部分长 0.19-0.22 (♂)、0.23-0.25 (♀)，露出部分基宽 0.38-0.39 (♂)、0.35-0.36 (♀)；缘片露出部分长 1.40-1.46 (♂)、1.55-1.59 (♀)；楔片长 0.62-0.63 (♂)、0.65-0.68 (♀)，基宽 0.33-0.36 (♂)、0.32-0.37 (♀)。

观察标本：1♂1♀，海南五指山，1964.IV.22，刘胜利采；28♂34♀，海南尖峰岭天池，1964.V.10，刘胜利采；1♀，海南保亭县，1964.V.15，刘胜利采；3♀，海南保亭县，1964.V.16，刘胜利采。8♂10♀，广西龙州大青山，1964.VII.18，刘胜利采；1♂，广西玉林容县黎村天堂山，730-740m，2009.VIII.15，蔡波采；4♂4♀，广西河池巴马县坡月村百魔洞，2011.VIII.6，穆怡然、焦克龙采。10♂6♀，广东肇庆市鼎湖山，1962.VII.29，郑乐怡、程汉华采；2♂10♀，广东肇庆市鼎湖山，1962.IX.17，郑乐怡、程汉华采；1♀，广东肇庆市鼎湖山，1962.IX.24，郑乐怡、程汉华采；1♀，广东茂名信宜大成镇大雾岭自然保护区，2009.VII.30，李敏采；5♂12♀，同前，1000-1200m，2009.VII.31，焦克龙、崔英采；1♂4♀，同前，1000m，2009.VII.31，焦克龙、蔡波采；3♂1♀，同前，1000m，2009.VII.31，蔡波采；1♂，同前，1000m，2009.VII.31，焦克龙、李敏采。8♂15♀，贵州贵阳龙溪，1995.VII.25，马成俊采；6♂6♀，贵州茂兰，1995.VII.29，马成俊采；14♂5♀，贵州茂兰三岔河，420m，1995.VII.29，卜文俊采；1♂1♀，贵州茂兰，500m，1995.VIII.1，卜文俊采；13♂14♀，同前，530m，1995.VIII.2，卜文俊采；4♂1♀，贵州赤水桫椤保护区，2000.IX.21，李传仁采。1♀，云南思茅菜阳河鱼塘，2000.V.22，卜文俊采；3♂，云南思茅菜阳河电站，1100m，2000.V.24，郑乐怡采；1♂，云南思茅菜阳河保保新寨山，1500m，2000.V.26，灯诱，卜文俊采；1♂3♀，云南瑞丽珍稀植物园，1200m，2006.VII.29，石雪芹采。

分布：台湾、广东、海南、广西、贵州、云南；日本。

讨论：本种与四斑芋盲蝽 E. tetrastigma Yasunaga 相似，但触角第 2 节基半部浅黄色，半鞘翅中部色斑未伸过缘片内缘，左阳基侧突端部圆钝，不呈二叉状，可与之相互区分。

据记载本种寄主为天南星科 Araceae 海芋属 Alocasia 植物 A. odorata、A. indica 和 A. macrorrhiza，作者在广西采集过程中观察到该种成虫与若虫群居在芋类植物叶片背面，并观察到刚羽化个体为纯白色。

本种分布较广泛，本志增加了其在云南和海南的分布。

本种体色多变，采自海南、广东、广西的种小盾片端部淡色，而采自贵州、云南、广西的种小盾片全部黑色。

(96) 四斑芋盲蝽 *Ernestinus tetrastigma* Yasunaga, 2000 (图 76)

Ernestinus tetrastigma Yasunaga, 2000a: 101; Hu *et* Zheng, 2003: 121; Schuh, 2002-2014.

雄虫：体小型，椭圆形，密被淡色长毛。

头横宽，垂直，背面观前部圆隆，黑褐色，光亮，被淡色半直立毛。头顶微隆，眼间距是眼宽的 2.79 倍，中纵沟较短而浅，后缘无横脊；额圆隆；唇基基部圆隆，垂直，端部色略淡；上、下颚片和小颊褐色，光亮。喙浅黄色，端部褐色，伸过后足基节中部。复眼较小，背面观圆形，略向两侧伸出，侧面观肾形，红褐色。触角细长，被淡色半直立短毛，第 1 节较粗，圆柱状，浅黄褐色，向端部渐呈褐色，毛被较其他节稀疏；第 2 节长约为第 1 节的 2.32 倍，中部较粗，黑褐色；第 3 节细长，弯曲，黄褐色至褐色，毛长于该节直径的 2 倍；第 4 节端部褐色。

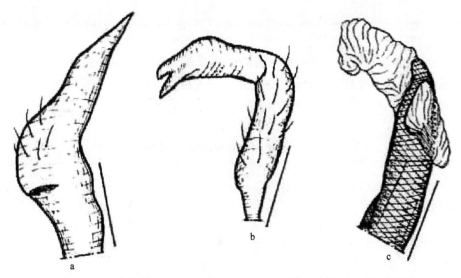

图 76　四斑芋盲蝽 *Ernestinus tetrastigma* Yasunaga (仿 Yasunaga, 2000a)

a. 右阳基侧突 (right paramere)；b. 左阳基侧突 (left paramere)；c. 阳茎端 (vesica)；比例尺：0.1mm

前胸背板梯形，明显分为前后 2 叶，略斜下倾，后叶圆隆，刻点粗大，毛浓密而直立。前叶前缘微隆，两侧较平行，略呈梯形，胝较小，横宽，长椭圆形，较平，光亮，两胝不相连；后叶两侧后部微隆，后侧角圆，后缘圆隆，中部略内凹，遮盖中胸背板、小盾片基部和半鞘翅基角。前胸侧板外侧翘起，背面观可见，二裂，前叶小，黑褐色，刻点粗大；中、后胸侧板褐色，毛较稀疏。小盾片黑色，端部尖锐，侧面观微隆，无刻点，被半直立淡色长毛。

半鞘翅两侧圆隆，中部斑较大，延伸至缘片外缘，革片基部和楔片基部 2/3 形成 4 个淡色区域，被半直立淡色长毛。爪片黑褐色，端半色略淡，具浅刻点；缘片狭窄；楔片缝明显，翅面沿楔片缝略下折，楔片三角形，淡黄色，半透明，端部和内缘褐色；膜片基半褐色，端半淡褐色，半透明，具细密纵褶，翅室宽大，端角略呈直角，脉褐色。

足细长，淡黄色，被淡色半直立长毛，后足腿节端部略膨大；胫节向端部渐粗，具细密褐色小刺列；跗节 3 节，第 1 节细，第 2、3 节较粗，向端部渐粗；爪褐色。

腹部黄褐色，各节间深褐色，被淡色半平伏毛。臭腺沟缘褐色。

雄虫生殖囊黑褐色，被半直立淡色毛。左阳基侧突弯曲，钩状突近端部略膨大，端部二叉状，感觉叶均匀膨大；右阳基侧突微弯，中部膨大，端部尖锐。阳茎端膜质。

雌虫：未见。

量度 (mm)：雄虫：体长 3.06，宽 1.18；头长 0.18，宽 0.67；眼间距 0.39；眼宽 0.14；触角各节长：Ⅰ:Ⅱ:Ⅲ:Ⅳ=0.28:0.65:0.50:0.43；前胸背板长 0.65，后缘宽 1.15；小盾片外露部分长 0.25，外露部分基宽 0.40；缘片外露部分长 1.25；楔片长 0.55，基宽 0.29。雌虫：体长 3.00；体宽 1.33；触角各节长：Ⅰ:Ⅱ:Ⅲ:Ⅳ=0.29:0.57:0.50:0.46。

观察标本：1♂，广东肇庆市鼎湖山，1962.Ⅸ.17，郑乐怡、程汉华采。

分布：广东；日本。

讨论：本种与淡盾芋盲蝽 *E. pallidiscutum* (Poppius) 相似，但前者触角第 2 节全部黑褐色，半鞘翅中部色斑延伸至缘片外缘，左阳基侧突端部二叉状，可与之相互区分。

Yasunaga (2000a) 记载该种在日本九州一年至少两代。

未见雌虫，量度数据来自原始描述。本种正模雄虫，Yasunaga 于 2000 年采自日本九州，保存于日本札幌的北海道教育大学。

22. 薯蓣盲蝽属 *Harpedona* Distant, 1904

Harpedona Distant, 1904c: 418; **Type species:** *Harpedona marginata* Distant, 1904; by original designation.

Platypeltocoris Poppius, 1912d: 15. **Type species:** *Platypeltocoris planus* Poppius, 1912; by original designation. Synonymized by Carvalho, 1981a: 68.

Maurocoris Poppius, 1914c: 152. **Type species:** *Maurocoris unicolor* Poppius, 1914; by original designation. Synonymized by Stonedahl, 1988: 16.

Taivaniella Poppius, 1915a: 57. **Type species:** *Taivaniella fulvigenis* Poppius, 1915; by original designation. Synonymized by Carvalho, 1952: 55.

体小型，狭长，具光泽，被半直立淡色毛，体褐色至黑色，半鞘翅革片和楔片有时具淡色区域，足一般淡黄色或黄褐色，与体色反差较大。头宽大于长，头顶略隆起，后方无隆脊，眼后缘基部略接近前胸背板领的前缘，头顶背方中部具 1 浅纵沟，侧面观额强烈圆隆，几垂直，上、下颚片、唇基较长。触角细长，第 1 节略粗，长约等于头宽。喙伸达中足基节，或略伸过。前胸背板光滑，具刻点，侧缘较直，后缘微呈宽阔的弧形后拱。领宽阔。胝区略隆起，较大，长度为前胸背板 (不包括领) 长的 1/2-3/5，胝侧方伸达前胸背板侧缘。中胸盾片不外露。小盾片较平坦，基部略凹。前翅外缘较平行，缘片较窄，楔片长大于宽，楔片端部至膜片端部距离较短。膜片 2 翅室，小翅室较小，大翅室大，端角略尖锐后指，约伸达楔片末端。足较细长，具淡色半直立毛。雄虫生殖囊开口发达，右侧具大型突起，左侧肿胀，有时具小突起。左阳基侧突多变，中部常较扭曲，基半狭长；右阳基侧突较简单，狭长，端部一般较尖。阳茎较小。

分布：福建、台湾、广东、海南、云南；斯里兰卡，菲律宾，巴布亚新几内亚。

本属与亥盲蝽属 *Hekista* Kirkaldy 相似，但本属眼后缘略接近前胸背板领前缘，几相互接触，前胸背板光滑，无刻点，胝大，长度占整个前胸背板的 1/2-3/5，翅室端角略尖锐。亦与 *Anthropophagiotes* Kirkaldy 属相似，但后者足全部淡黄色，生殖囊开口背面右侧端部突起显著较少，左侧膨大，但没有突起。

全世界已知 13 种。中国已知 3 种，包括 1 个新种。

种　检　索　表

1. 触角第 1 节黄褐色 ··· 2
   触角第 1 节黑色 ··· **黄颊薯蓣盲蝽** *H. fulvigenis*
2. 头顶具中纵沟，生殖器开口左侧不具细长突起 ···························· **缘薯蓣盲蝽** *H. marginata*
   头顶不具中纵沟，生殖器开口左侧具 1 顶端尖锐的细长突起 ·······································
   ··· **突薯蓣盲蝽，新种** *H. projecta* sp. nov.

(97) 黄颊薯蓣盲蝽 *Harpedona fulvigenis* (Poppius, 1915)

Taivaniella fulvigenis Poppius, 1915a: 57; Gaedike, 1971: 147.

Harpedona fulvigenis: Carvalho, 1957: 105; Stonedahl, 1988: 22; Zheng, 1995: 459; Hu *et* Zheng, 2003: 121; Schuh, 2002-2014.

作者未见标本，现根据 Stonedahl (1988) 描述整理如下。

头部黑色，喙黄色，端部黑色。触角第 1 节黑色，基部黄色，长略短于额区在两眼之间的宽度，触角第 2 节黑褐色，为第 1 节长的 3 倍，额宽为眼直径的 3 倍。前胸背板宽度小于领宽的 3 倍。前翅革片黑褐色，膜片褐色。足黄色，后足胫节基部黄色。雌体长 3.3mm。

分布：台湾。

讨论：Poppius (1915a) 依据 1909 年采自台湾嘉义大林的 1 头雌虫标本建立该种，模式标本保存于德国柏林洪堡大学动物博物馆 (原 Deutsches Entomologisches Institute) (未检查)。但 Gaedike (1971) 在该馆未发现此标本。其后，除目录性引用外，无其他报道。

根据描述，该种与缘薯蓣盲蝽 *H. marginata* Distant 接近，Stonedahl (1988) 认为这 2 种可能存在异名关系。有关该种的地位问题，有待于进一步研究加以明确。

(98) 缘薯蓣盲蝽 *Harpedona marginata* Distant, 1904 (图 77；图版IX: 129, 130)

Harpedona marginata Distant, 1904c: 419; Carvalho, 1957: 105; Carvalho, 1981a: 69; Carvalho, 1981b: 3; Stonedahl, 1988: 25; Zheng, 1995: 459; Hu *et* Zheng, 2003: 121; Schuh, 2002-2014.

雄虫：体小型，黑褐色，被浓密丝状毛。

头背面观横宽，黑色，被浓密银白色丝状短毛，侧面观垂直。头顶微隆，具 1 条橙黄色横带，有时分隔成 2 条短横带，中纵沟宽大，呈 "V" 形，后缘无脊；额微隆；唇基略隆起，光亮，褐色，垂直；小颊和上颚片黄褐色，近眼部深褐色，下颚片宽大，几呈长方形，深褐色。喙黄褐色，伸达后足基节基部。复眼黑褐色，背面观椭圆形，略向两侧伸出，略超过前胸背板前叶宽。触角被淡色短毛，第 1 节圆柱状，黄褐色；第 2-4 节深褐色，第 2 节直，略细于第 1 节端部，向端部渐粗，第 3、4 节弯曲，略呈念珠状。

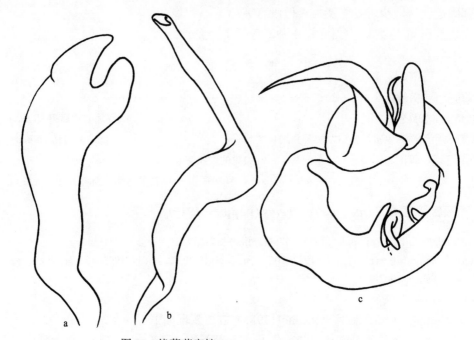

图 77　缘薯蓣盲蝽 *Harpedona marginata* Distant

a. 左阳基侧突 (left paramere)；b. 右阳基侧突 (right paramere)；c. 生殖囊后面观 (genital capsule, posterior view)

前胸背板黑褐色，后缘呈极狭的黄色，被细密半平伏短毛，侧面观下倾，中部具横向凹陷，明显分为前后 2 叶。领粗，约为触角第 1 节中部粗的 2 倍，显著隆起，侧面黄褐色；胝大隆起，背面观约占据整个前叶宽；后叶被细密浅刻点，侧缘几乎直，后侧角略向外翘，呈锐角，后缘微隆，中部略向内凹。前胸侧板黑褐色，二裂，后叶中部具 1 纵向凹陷，而将其分为明显的 3 部分；中、后胸侧板褐色。中胸盾片外露部分褐色。小盾片深褐色，中部具 1 纵向凹陷，被淡色半平伏毛。

半鞘翅褐色，平坦，两侧平行，中部微内凹，被淡色细密闪光丝状短毛。爪片宽，缘片窄，革片近楔片缝处半透明，楔片长三角形，膜片褐色，半透明，1 翅室，脉褐色，翅室端角较尖，呈锐角。

足细长，密被半直立淡色毛，黄色，胫节褐色，后足胫节较粗，向端部渐粗，端部粗，约为触角第 2 节端部粗的 2 倍，跗节 3 节，黄褐色，各节约等长，第 2 节较短，爪褐色。

腹部褐色，各节间深褐色，密被淡色半直立短毛。臭腺位于中胸侧板与后胸侧板之间，臭腺沟缘褐色。

雄虫生殖囊黑褐色，密被淡色半直立毛，长度约为整个腹长的 1/3，生殖囊开口具多个不同形状的突起，背面具 1 个最大的突起，基部宽大、弯曲，端部尖锐。左阳基侧突基半粗细较均匀，端半粗壮，顶端二叉状；右阳基侧突细长，弯曲，端部回折。

雌虫：与雄虫体型和体色相似，体略宽大。

量度 (mm)：体长 3.15-3.20 (♂)、3.40-3.45 (♀)，宽 0.93-1.05 (♂)、1.10-1.12 (♀)；头长 0.17-0.19 (♂)、0.30-0.32 (♀)，宽 0.68-0.69 (♂)、0.70-0.71 (♀)；眼间距 0.33-0.35 (♂)、0.35-0.38 (♀)；眼宽 0.17-0.18 (♂)、0.18-0.20 (♀)；触角各节长：Ⅰ:Ⅱ:Ⅲ:Ⅳ=0.26-0.28:0.77-0.85:0.40-0.45:0.38-0.41 (♂)、0.24-0.28:0.71-0.73:0.46-0.47:? (♀)；前胸背板长 0.61-0.63 (♂)、0.70-0.72 (♀)，后缘宽 0.92-1.00 (♂)、1.00-1.03 (♀)；小盾片长 0.30-0.33 (♂)、0.30-0.34 (♀)，基宽 0.42-0.45 (♂)、0.45-0.47 (♀)；缘片长 1.50-1.53 (♂)、1.50-1.54 (♀)；楔片长 0.38-0.40 (♂)、0.45-0.46 (♀)，基宽 0.18-0.20 (♂)、0.20-0.23 (♀)。

观察标本：4♂1♀，海南，1933.Ⅺ.9，Yeung K. C. 采。

分布：福建、广东、海南、云南；斯里兰卡，菲律宾，巴布亚新几内亚。

讨论：本种与 *H. cuneale* (Poppius) 相似，但本种头顶中部具 "Ｖ" 形纵沟，后足腿节背面末端无明显的褐色带，生殖囊背面突起长而弯曲，末端尖锐可与之相区别。

本种曾在薯蓣属 *Dioscorea* 植物上采得。Carvalho (1981a) 也曾报道缘薯蓣盲蝽的寄主是番薯属 *Ipomoea* 及薯蓣属植物。

本种的模式产地为斯里兰卡(Distant, 1904c)，Carvalho (1981a) 对该种模式标本进行了记述，并提供了雄虫外生殖器形态图。Stonedahl (1988) 在文中记载未能找到存放在德国昆虫博物馆中 *H. fulvigenis* Poppius 的模式标本，但在他所研究的 175 头 *H. marginata* 标本中有采自中国福建的标本，与 *H. fulvigenis* 的产地台湾极接近。因此，Stonedahl (1988) 提出 2 种可能存在异名关系，本志作者同意这一意见。

(99) 突薯蓣盲蝽，新种 *Harpedona projecta* Liu *et* Mu, sp. nov. (图 78；图版Ⅸ: 131, 132)

雄虫：体小型，黑褐色，触角第 1 节淡色，基部具红色窄环，足淡色，头顶无中纵沟，额较前突，体被浓密丝状毛。

头背面观横宽，前端突起，黑色，被浓密银白色丝状短毛，侧面观垂直。头顶微隆，具 2 条短横带，无中纵沟，后缘无脊；额隆起；唇基略隆起，光亮，褐色，斜下倾；小颊和上、下颚片全部黑褐色。喙黄褐色，末端褐色，伸达后足基节中部。复眼较小，红褐色，背面观椭圆形，略向两侧伸出，略超过前胸背板前叶宽，侧面观肾形。触角被淡色短毛，第 1 节圆柱状，黄褐色，近基部具 1 红色窄环或染红色；第 2 节深褐色，直，略细于第 1 节端部，向端部渐粗，第 3、4 节黄褐色，被半平伏毛和更长的稀疏半直立毛，弯曲，略呈念珠状，第 4 节略长于第 3 节。

前胸背板黑褐色，后缘呈极狭的黄色，被细密半平伏短毛，侧面观下倾，中部具横向凹陷，明显分为前后 2 叶。领粗，约为触角第 1 节中部粗的 2 倍，显著隆起，全部黑褐色；胝大隆起，背面观约占据整个前叶宽；后叶被细密浅刻点，侧缘几乎直，中部微内凹，后侧角略向外翘，圆隆，略小于直角，后缘微隆，中部略向内凹。前胸侧板黑褐色，二裂，后叶中部具 1 纵向凹陷，而将其分为明显的 3 部分；中、后胸侧板褐色。中胸盾片外露部分窄，黑褐色。小盾片深褐色，微隆，被淡色半平伏毛。

半鞘翅褐色，平坦，两侧平行，中部微内凹，被淡色细密闪光丝状短毛。爪片宽，缘片窄,革片近楔片缝处半透明,楔片长三角形,膜片褐色,半透明,具1翅室,脉褐色,翅室端角略大于直角。

足细长,密被半直立淡色毛,黄色,胫节微弯,较粗,向端部渐粗,端部粗,约为触角第2节端部粗的2倍,跗节3节,黄褐色,向端部渐呈褐色,第2节较短,爪褐色。

腹部褐色,各节间深褐色,密被淡色半直立短毛。臭腺位于中胸侧板与后胸侧板之间,臭腺沟缘褐色。

雄虫生殖囊黑褐色,密被淡色半直立毛,长度约为整个腹长的1/2,生殖囊开口复杂,背面具多个不同形状的突起,左侧具1顶端尖锐的狭长突起。阳茎端较小,简单,膜质。左阳基侧突基半细长,端半膨大,背面被毛;右阳基侧突细长,端部指状。

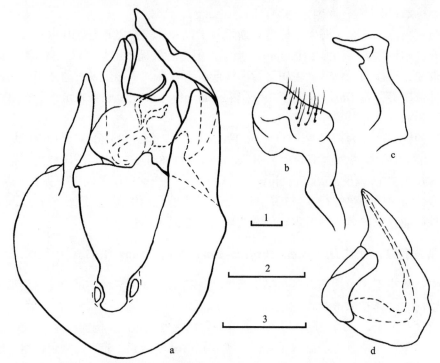

图 78 突薯蒋盲蝽,新种 *Harpedona projecta* Liu et Mu, sp. nov.

a. 生殖囊后面观 (genital capsule, posterior view); b. 左阳基侧突 (left paramere); c. 右阳基侧突 (right paramere); d. 阳茎 (aedeagus); 比例尺: 1=0.1mm (a), 2=0.1mm (b、c), 3=0.1mm (d)

雌虫:体型及色斑类型与雄虫几一致,仅体略窄小,头较宽。

量度 (mm):体长 4.09-4.14 (♂)、3.85-3.95 (♀),宽 1.35-1.40 (♂)、1.23-1.32 (♀);头长 0.24-0.28 (♂)、0.35-0.42 (♀),宽 0.81-0.84 (♂)、0.72-0.74 (♀);眼间距 0.49-0.51 (♂)、0.43-0.45 (♀);眼宽 0.16-0.18 (♂)、0.15-0.17 (♀);触角各节长:Ⅰ:Ⅱ:Ⅲ:Ⅳ=0.40-0.41:0.94-0.95:0.44-0.50:0.54-0.57 (♂)、0.40-0.42:0.91-0.95:0.48-0.49:0.55-0.56 (♀);前胸背板长 0.75-0.79 (♂)、0.75-0.82 (♀);后缘宽 1.30-1.33 (♂)、1.15-1.16 (♀);小盾片长 0.45-0.48 (♂)、0.35-0.36 (♀),基宽 0.59-0.62 (♂)、0.60-0.64 (♀);缘片长 1.98-2.02 (♂)、1.65-1.69 (♀);楔片长 0.53-0.59 (♂)、0.59-0.63 (♀),基宽 0.26-0.28 (♂)、0.30-0.31 (♀)。

种名词源：以雄虫生殖囊开口左侧具明显细长突起命名。

模式标本：正模♂，云南思茅菜阳河电站，1100m，2000.Ⅴ.24，郑乐怡采。副模：1♀，同上；1♀，云南思茅菜阳河田坝，1100m，2000.Ⅹ.23，卜文俊采；1♀，云南隆阳百花岭，1600m，2006.Ⅷ.13，朱卫兵采；1♀，同上，2006.Ⅷ.14，李明采。1♂，海南尖峰岭天池，1964.Ⅴ.10，刘胜利采；1♀，海南陵水吊罗山南喜保护站，300m，2008.Ⅷ.15，范中华采。

分布：海南、云南。

讨论：本种与缘薯蓣盲蝽 *H. marginata* Distant 相似，但前者头顶不具中纵沟，额较圆隆前突，小颊、上颚片、下颚片和颈侧面黑褐色，小盾片中部不具纵向凹陷，生殖器开口形状不同，阳基侧突不呈细长钩状，较宽短。与 *H. verticolor* Carvalho 亦相似，但是前者足淡色，触角第 2 节长于眼间距，前胸背板刻点不粗大，雄虫外生殖器结构亦可相互区别。本种还与 *H. unicolor* (Poppius) 相似，但前者体较小，前胸背板后叶具细密浅刻点，雄虫外生殖器结构亦不同。

23. 杰氏盲蝽属 *Jessopocoris* Carvalho, 1981

Jessopocoris Carvalho, 1981c: 480. **Type species:** *Jessopocoris scutellatus* Carvalho, 1981; by original designation.

体狭长，中部略收缩，被半直立淡色短毛。头具刻点，近垂直，背面观横宽；眼小而圆，与前胸背板前侧角相接触；唇基垂直；喙伸达中足基节前缘；触角细长，第 1 节较其他节粗，基部明显窄，第 2 节约为第 1 节的 2 倍，端部略微加粗，第 3、4 节非常细长，第 4 节的毛长于该节宽。前胸背板刻点深刻，前胸背板前部在胝后区域显著窄，两胝之间具刻点，盘域刻点强烈，具显著窄纵脊，侧缘强烈向两边倾，后缘中部凹，肩角显著圆隆；中胸背板和小盾片大部分被前胸背板盘域遮盖（仅可见小盾片端部）。半鞘翅亚基部凹，基部同样被前胸背板盘域遮盖，缘片加宽，与革片显著区分，楔片略长于基部宽；膜片长。足细长，具短毛，腿节端部膨大。雄虫阳茎狭长、弯曲，左阳基侧突大而弯曲，基半膨大。

分布：广西、云南。

世界已知 3 种，中国记述 2 种。

种 检 索 表

左阳基侧突端半中部具 1 个突起；触角第 2 节向端部渐为黄褐色⋯⋯ **黑带杰氏盲蝽** *J. aterovittatus*

左阳基侧突端半中部无突起；触角第 2 节向端部渐为黑褐色⋯⋯⋯⋯ **云南杰氏盲蝽** *J. yunnananus*

(100) 黑带杰氏盲蝽 *Jessopocoris aterovittatus* Mu et Liu, 2012 (图 79a、c，图 80；图版Ⅸ：133, 134)

Jessopocoris aterovittatus Mu et Liu, 2012: 50.

　　雄虫：体小型，狭长，被直立或半直立淡褐色毛。

　　头黑褐色，光亮，宽约为长的 3 倍，垂直，被稀疏半直立淡色毛。头顶黑褐色，中纵沟两侧的椭圆形区域色略淡，光滑，其余区域具浅刻点及平伏淡色短毛，眼间距是眼宽的 2 倍，后缘无脊，颈深褐色。额红褐色，微隆，被稀疏直立淡色长毛。唇基深褐色，隆起，毛被同额部。上颚片宽三角形，略隆起，黄褐色，表面颗粒状，被稀疏半直立淡色毛。下颚片黄色，近眼部淡黄褐色至深褐色。小颊较宽，黄褐色。颊较窄，黄褐色。喙短粗，未伸达中足基节，前两节黄色，第 3、4 节褐色，末端黑褐色。复眼小，黑色，背面观近圆形，向两侧伸出，外侧略向后倾。触角淡黄色，细长，第 1 节淡黄色，半透明，长于头宽，基部较细，端半较突然加粗，向端部渐细，中部最粗处粗于后足胫节直径，被半直立淡色毛；第 2 节较短，长约为第 1 节的 2 倍，与第 1 节最基部等粗，端部略加粗，淡黄色，端部渐加深为黄褐色，被淡色半直立长毛，毛长大于该节直径；第 3、4 节较细长，弯曲，毛被同第 2 节，第 3 节黄褐色，第 4 节黑褐色。

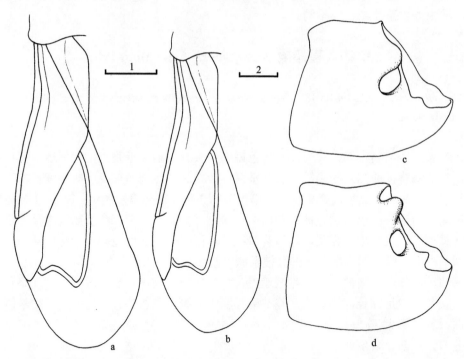

图 79　左前翅背面观 (a、b) 和雄虫生殖囊侧面观 (c、d) (dorsal view of left fore wing and lateral view of genital capsule of male)

a. 黑带杰氏盲蝽 *J. aterovittatus* Mu et Liu；b. 云南杰氏盲蝽 *J. yunnananus* Mu et Liu；c. 黑带杰氏盲蝽 *J. aterovittatus* Mu et Liu；d. 云南杰氏盲蝽 *J. yunnananus* Mu et Liu；比例尺：1=0.1mm (a、b)，2=0.1mm (c、d)

　　前胸背板钟形，黄褐色，前缘淡黄褐色，具光泽，除胝区外均密被深刻刻点。侧面观较平坦，胝后部强烈隆起，覆盖中胸背板和小盾片基半，被半直立淡色毛。前缘较直；侧缘在胝前部和后部具 2 个缢缩，前者缢缩更强烈，后叶侧缘隆起，中部略凹，后侧角圆，略扁而翘起；后缘较直，中部略内凹。胝黑褐色，光亮，略突出，两胝不相接触。

后叶中部具 1 纵脊,脊灰色,两侧呈狭窄的淡黄色。前胸侧板二裂,前叶褐色,具刻点,后部翘起,背面观可见,后叶褐色,前部略淡。中胸盾片不可见。小盾片外露部分三角形,侧面观隆起,近端部较突然下倾,端部平坦,黄褐色,可见部分基部和端部略深,被浅刻点和半直立淡色长毛。中胸侧板和后胸侧板黄褐色至黑褐色,较平坦,密被半直立淡色长毛。

半鞘翅狭长,侧缘近基部内凹,侧面观较平坦,光滑,被半直立淡色短毛。爪片较宽阔,黑褐色,端半外缘略淡,具 1 对纵脊,从基部内角延伸至端部外缘,革片淡黄色半透明,内缘褐色,在爪片接合缝后部向两侧弥散开,延伸至缘片内缘,并加深为黑褐色;缘片一色淡黄,较窄,在侧缘凹陷处略加宽;楔片缝不显著,翅面沿楔片缝不下折,楔片狭长,长是基部宽的 2 倍,褐色,内缘略淡,被半直立淡色短毛。膜片长,淡烟褐色,半透明,脉及翅室内褐色。

足淡黄色,腿节端部略膨大,被淡色半直立长毛;胫节端部略粗,被淡褐色半平伏短毛,毛长约等于该节直径;跗节 2 节,第 2 节长于第 1 节,端部加粗,端部渐呈褐色;爪黑褐色。

腹部褐色,各节间深褐色,被半直立淡色毛。臭腺沟缘狭长,黄白色。

雄虫生殖囊褐色,被淡色半直立长毛,长度约为整个腹长的 1/6。生殖囊开口左侧在左阳基侧突基部具 1 小突起。阳茎端简单,膜状,无骨化附器。左阳基侧突大,弯曲,端半平伸,较长,中部具 1 个突起,末端较尖,基半宽阔,端部圆钝,被长毛。

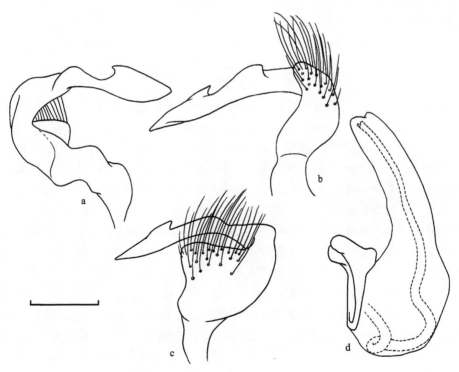

图 80　黑带杰氏盲蝽 *Jessopocoris aterovittatus* Mu et Liu

a-c. 左阳基侧突不同方位 (left paramere in different views);d. 阳茎 (aedeagus);比例尺:0.1mm

雌虫：体型和体色与雄虫相似，楔片较雄虫略狭小。

量度 (mm)：体长 3.68-4.00 (♂)、3.85-4.00 (♀)，宽 1.15-1.35 (♂)、1.20-1.35 (♀)；头长 0.16-0.20 (♂)、0.15-0.24 (♀)，宽 0.65-0.67 (♂)、0.65-0.68 (♀)；眼间距 0.35-0.36 (♂)、0.35-0.39 (♀)；眼宽 0.15-0.16 (♂)、0.14-0.15 (♀)；触角各节长：Ⅰ:Ⅱ:Ⅲ:Ⅳ=0.45-0.46:0.98-1.05:0.59-0.71:0.76-0.80 (♂)、0.45-0.48:0.80-0.90:0.55-0.56:0.77-0.84 (♀)；前胸背板长 0.90-0.95 (♂)、0.90-0.98 (♀)，后缘宽 1.06-1.15 (♂)、1.15-1.20 (♀)；小盾片长 0.22-0.26 (♂)、0.21-0.27 (♀)，基宽 0.28-0.32 (♂)、0.25-0.34 (♀)；缘片长 1.45-1.60 (♂)、1.55-1.70 (♀)；楔片长 0.61-0.68 (♂)、0.50-0.56 (♀)，基宽 0.32-0.35 (♂)、0.26-0.28 (♀)。

观察标本：1♂ (正模)，广西龙胜白崖至花坪沿途，1964.Ⅷ.28，王良臣采；2♂3♀ (副模)，同前；1♂2♀ (副模)，同前，刘胜利采。

分布：广西。

讨论：本种与分布于印度的 *J. scutellatus* Carvalho 相似，但前者触角第 2 节较短，短于触角第 3、4 节之和的 2.1 倍，前胸背板颜色亦可相互区分。

(101) 云南杰氏盲蝽 *Jessopocoris yunnananus* Mu *et* Liu, 2012 (图 79b、d, 图 81；图版Ⅸ：135, 136)

Jessopocoris yunnananus Mu *et* Liu, 2012: 52.

雄虫：体较小，狭长，被直立或半直立淡褐色毛。

头黄褐色至黑褐色，光亮，宽约为长的 3 倍，垂直，被稀疏半直立淡色毛。头顶黄褐色，后缘黑褐色，中纵沟及复眼侧缘深褐色，除中纵沟两侧的椭圆形光滑区域外，具浅刻点及平伏淡色短毛，眼间距是眼宽的 2 倍，后缘无脊，颈黑褐色。额黄褐色，中部深褐色，微隆，被稀疏直立淡色长毛。唇基深褐色，隆起，毛被同额部。上颚片宽三角形，黄褐色，中部略淡，表面颗粒状，被稀疏半直立淡色毛。下颚片黄色，近眼部淡黄褐色。小颊较宽，淡黄色。颊较窄，黄褐色。喙短粗，未伸达中足基节，前两节黄白色，第 3、4 节褐色，末端黑褐色。复眼小，黑色，背面观近圆形，向两侧伸出，外侧略向后倾。触角细长，第 1 节淡黄色，半透明，长于头宽，基部较细，端半较突然加粗，向端部渐细，中部最粗处粗于后足胫节直径，被半直立淡色毛。第 2 节较短，长约为第 1 节的 1.5 倍，与第 1 节最基部等粗，端部略加粗，最基部淡黄色，向端部渐加深为黑褐色，被淡色半直立长毛，毛长大于该节直径。第 3、4 节较细，黑褐色，弯曲，毛被同第 2 节。

前胸背板钟形，黑褐色，前缘淡黄褐色，具光泽，除胝区外均密被深刻点。侧面观较平坦，胝后部强烈隆起，覆盖中胸背板和小盾片基半。前胸背板被半直立淡色长毛，后叶毛直立。前缘较直；侧缘在胝前部和后部具 2 个缢缩，前者缢缩更强烈，后叶侧缘隆起，中部略凹，后侧角圆，略扁而翘起；后缘较直，中部略内凹。胝黑褐色，光亮，略突出，两胝不相接触。后叶中部具 1 光滑纵脊。前胸侧板二裂，前叶黄褐色至黑褐色，具刻点，后部翘起，背面观可见，后叶褐色，前部略淡。中胸侧板和后胸侧板黄褐色至黑褐色，较平坦，密被半直立淡色长毛。中胸盾片不可见。小盾片外露部分三角形，侧面观隆起，近端部较突然下倾，端部平坦，深褐色，端部略淡，被浅刻点和半直立淡色长毛。

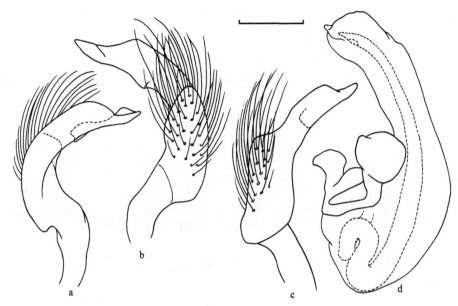

图 81　云南杰氏盲蝽 *Jessopocoris yunnananus* Mu *et* Liu

a-c. 左阳基侧突不同方位 (left paramere in different views)；d. 阳茎 (aedeagus)；比例尺：0.1mm

半鞘翅狭长，侧缘近基部内凹，侧面观较平坦，光滑，被半直立淡色短毛。爪片较宽阔，黑褐色，外缘略淡，具 1 对纵脊，从基部内角延伸至端部外缘。革片淡黄色半透明，爪片接合缝端部后方中部具模糊的褐色斑，向两侧弥散开，部分种类延伸至缘片内侧；缘片较窄，半鞘翅缢缩处略加宽；楔片缝不显著，翅面沿楔片缝略下折，楔片狭长，长是基部宽的近 3 倍，褐色，内缘略淡，被半直立淡色短毛；膜片长，淡烟褐色，半透明，脉及翅室内褐色。

足淡黄白色，腿节端部略膨大，被淡色半直立长毛；胫节端部略粗，被淡褐色半平伏短毛，毛长约等于该节直径；跗节 2 节，第 2 节长于第 1 节，端部加粗，端部渐呈褐色；爪黑褐色。

腹部褐色，各节间深褐色，被半直立淡色毛。臭腺沟缘狭长，黄白色。

雄虫生殖囊褐色，被淡色半直立长毛，长度约为整个腹长的 1/5。生殖囊开口左侧具 1 指状突起。阳茎端简单，膜状，无骨化附器。左阳基侧突弯曲，钩状突较短，末端较尖，感觉叶较小，被长毛。

雌虫：体型、体色与雄虫一致，头略长，部分种类色较淡，黄褐色。

量度 (mm)：体长 3.25-3.40 (♂)、3.55-3.70 (♀)，宽 1.05-1.15 (♂)、1.05-1.25 (♀)；头长 0.22-0.25 (♂)、0.18-0.25 (♀)，宽 0.65-0.66 (♂)、0.65-0.68 (♀)；眼间距 0.33-0.34 (♂)、0.34-0.36 (♀)；眼宽 0.15-0.16 (♂)、0.15-0.16 (♀)；触角各节长：Ⅰ:Ⅱ:Ⅲ:Ⅳ=0.44-0.50:0.85-0.95:0.55-0.64:0.83-0.86 (♂)、0.45-0.47:0.75-0.80:0.53-0.64:0.81-0.91 (♀)；前胸背板长 0.70-0.80 (♂)、0.85-0.90 (♀)，后缘宽 0.93-0.98 (♂)、1.03-1.15 (♀)；小盾片长 0.65-0.68 (♂)、0.20-0.25 (♀)，基宽 0.25-0.28 (♂)、0.25-0.29 (♀)；缘片长 1.10-1.25 (♂)、1.50-1.53 (♀)；楔片长 0.65-0.76 (♂)、0.50-0.59 (♀)，基宽 0.25-0.27 (♂)、0.20-0.24 (♀)。

观察标本：1♂ (正模)，云南瑞丽珍稀植物园，1200m，2006.Ⅶ.28，朱卫兵采。1♀，同前；1♂，同前，田晓轩采；1♂，同前，董鹏志采；2♀，同前，范中华采；1♀，同前，李明采；1♀，同前，石雪芹采；1♀，同前，2006.Ⅶ.29，李明采；2♀，同前，张旭采；3♀，同前，1250m，高翠青采；1♀，同前，1200m，2006.Ⅷ.1，范中华采 (上述标本均为副模)。

分布：云南。

讨论：本种与黑带杰氏盲蝽 *J. aterovittatus* Mu *et* Liu 相似，但前者体较窄小，前胸背板后叶毛长、直立、较浓密，楔片较细长，触角第 2 节端部深色，前胸背板后叶纵脊不变淡，以及雄虫外生殖器结构可与之相区分。

24. 米盲蝽属 *Michailocoris* Stys, 1985

Michailocoris Stys, 1985a: 412. **Type species:** *Michailocoris josifovi* Stys, 1985; by original designation.

体宽椭圆形，额圆隆，轻微延伸。头长与触角第 1 节等长或略短，是前胸背板长的一半。头背部隆起。头顶后缘较圆钝，轮廓不分明。唇基位于头前部，垂直或半垂直。触角细长，第 1 节略粗，第 2 节细，雌虫细于胫节。领侧面窄，背面宽阔。前胸背板适度凸起，侧缘直或略内凹，后侧角微翘起，后缘呈宽阔的弧形前凹。中胸盾片大面积外露，侧缘褐色。小盾片微隆。半鞘翅略呈弧形外拱，毛淡色，柔软，毛基部无深色斑。半鞘翅基部和末端呈显著的横向红色带斑。膜片具 2 翅室。腹面淡色。足腿节略粗，胫节细长。

分布：台湾、广西、四川、贵州、云南、西藏；日本，俄罗斯。

Hsiao 于 1941 年发表的中国米盲蝽 *M. chinensis* (Hsiao)，最早归于合垫盲蝽亚科 Orthotylinae 的 *Pseudoloxops* Kirkaldy (=*Aretas* Distant) 属中，Kerzhner 和 Schuh (1995) 研究模式标本后，将本种移至米盲蝽属中。Lin (2007) 和 Yasunaga (2000a) 分别补充了该种在中国台湾和日本的分布记录。

世界已知 5 种，中国已知 3 种，包括 1 新种。

种 检 索 表 (♂)

后足腿节黄色；小盾片黄白色······中国米盲蝽 *M. chinensis*

后足腿节端半部褐色；小盾片中部具 "X" 形褐色斑······暗褐米盲蝽，新种 *M. brunneus* sp. nov.

种 检 索 表 (♀)

1. 后足腿节端部 2/3 褐色······暗褐米盲蝽，新种 *M. brunneus* sp. nov.

　后足腿节全部淡黄色，或近端部具 1 褐色环······2

2. 小盾片深褐色······三点米盲蝽 *M. triamaculosus*

　小盾片黄白色······中国米盲蝽 *M. chinensis*

(102) 暗褐米盲蝽，新种 *Michailocoris brunneus* Liu et Mu, sp. nov. (图 82；图版IX: 137, 138)

雄虫：体小，长椭圆形，黄褐色，略带绿色，具红色及黑褐色斑，被半直立淡褐色长毛。

头横宽，黄褐色至暗褐色，强烈下倾，背面观唇基不可见，被半直立淡褐色长毛。复眼大，眼间距是眼宽的 1.08 倍，向两侧伸出，暗红色，后缘距前胸背板前侧角较远，头顶黄褐色至暗褐色，后缘靠近复眼处略加深。额黄褐色，中纵线及边缘色较深。唇基微隆，深褐色，向端部渐浅，垂直。小颊狭长，淡黄褐色，中部褐色。上颚片较宽阔，宽三角形，黑褐色，无光泽。下颚片基部褐色，无毛，具光泽，狭长，近复眼处明显隆拱呈狭长、圆钝的黑褐色隆脊。喙黄色，端部褐色，伸达中足基节中部。触角第 1 节黑褐色，较粗，密被半直立褐色长毛；第 2 节略细于第 1 节，黄色，基部 1/10 和端部 1/3 黑褐色，密被淡色平伏短毛；第 3、4 节较细，毛被同第 2 节，第 3 节向端部渐细，黄色，端部褐色；第 4 节基部细，端部略膨大，末端尖，淡褐色，端部色较深。

前胸背板梯形，前缘宽仅为后缘的 2/5，微下倾，深褐色，中部黄褐色，略带绿色，略具光泽，被半直立淡褐色毛。前胸背板侧缘微内凹，前缘内凹程度较弱，后侧角略上翘，后缘强烈内凹。领深褐色，背面中部黄褐色，略带绿色，背面观宽，后缘弯，侧面观极狭窄，几不可见，被淡色半直立短毛。胝淡黄绿色，略带光泽，略隆起。中胸侧板褐色，平坦，具光泽。后胸侧板黄绿色。中胸盾片外露部分宽阔，略短于小盾片长，隆起后缓慢下倾，黄色，基部具 4 个大型褐色斑，侧缘褐色，被淡褐色半直立长毛。小盾片微隆，具光泽，被淡褐色半直立毛，淡黄白色，基角褐色，中部具 "X" 形褐色斑，向下延伸至小盾片侧缘，分隔成 3 个淡黄白色斑，有时 "X" 形斑中部色较淡。

半鞘翅黄色，基部和端部具红褐色斑，光泽弱，被淡褐色平伏毛。革片基角具褐色斑，内缘深褐色，基部泛红色，靠近爪片端部具 1 对褐色模糊圆斑；缘片外缘黑褐色，基部略内凹，内缘基部黑褐色，向端部渐呈淡黄褐色；爪片暗褐色，斑驳，内缘泛红；半鞘翅近楔片缝处具不规则红褐色斑，从革片内缘延伸至缘片外缘，内缘圆斑淡褐色，中部不规则斑红色，外缘楔片缝处黑褐色；楔片狭长，黄色，外缘和基部红褐色，基半内侧红色，顶端褐色；膜片淡烟褐色，无毛，半透明，翅脉红色。

足基节较长，粗壮，黄白色；前、中足腿节黄色，被淡色半直立毛，腹面毛较长而直立，后足腿节基部粗，向端渐细，黄色，端半黑褐色，顶点黄色，毛被同前、中足腿节；前、中足胫节黄褐色，被褐色半直立毛，后足胫节基部黑褐色，最基部淡色，向端部渐呈淡黄褐色，胫节刺褐色，刺基部无斑，具 2 列褐色直立短刺；跗节黄色，基部细，向端部渐粗。爪褐色。

腹部淡黄绿色，被淡色半直立长毛。臭腺沟缘黄色。

雄虫生殖囊褐色，被淡色半直立长毛。阳茎端膜质，简单。左阳基侧突镰刀状，钩状突狭长，弯曲，向端部渐细，末端较尖，感觉叶较膨大，背部具 1 小隆起；右阳基侧突较小，钩状突较长，直，向端部渐细，感觉叶较狭长。

雌虫：体型与色斑位置大致与雄虫相同，但体色较淡；复眼向两侧突出较小，背面观眼间距是眼宽的 2.22 倍；触角第 2 节细于后足胫节，仅端部 1/6 褐色；半鞘翅斑红色，面积较雄虫小，部分种类革片大面积斑驳呈红色；中胸侧板黄绿色；后足腿节仅近端部具暗褐色环。

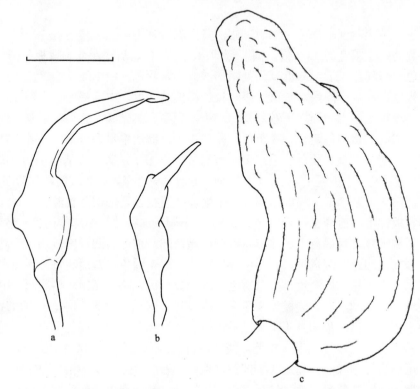

图 82　暗褐米盲蝽，新种 *Michailocoris brunneus* Liu et Mu, sp. nov.
a. 左阳基侧突 (left paramere)；b. 右阳基侧突 (right paramere)；c. 阳茎端 (vesica)；比例尺：0.1mm

量度 (mm)：体长 3.40-3.70 (♂)、3.80-3.95 (♀)，宽 1.30-1.40 (♂)、1.45-1.70 (♀)；头长 0.25-0.27 (♂)、0.26-0.30 (♀)，宽 0.67-0.70 (♂)、0.58-0.63 (♀)；眼间距 0.21-0.24 (♂)、0.31-0.33 (♀)；眼宽 0.20-0.21 (♂)、0.13-0.16 (♀)；触角各节长：I : II : III : IV=0.25-0.34 : 1.25-1.40 : 0.41-0.46 : 0.44-0.52 (♂)、0.31-0.40 : 1.00-1.25 : 0.46-0.48 : 0.58-0.59 (♀)；前胸背板长 0.25-0.27 (♂)、0.27-0.30 (♀)，后缘宽 1.00-1.10 (♂)、1.10-1.20 (♀)；小盾片长 0.27-0.42 (♂)、0.40-0.44 (♀)，基宽 0.49-0.54 (♂)、0.54-0.59 (♀)；缘片长 1.75-1.95 (♂)、1.95-2.05 (♀)；楔片长 0.49-0.53 (♂)、0.55-0.62 (♀)，基宽 0.34-0.40 (♂)、0.36-0.41 (♀)。

种名词源：以爪片全部暗褐色命名。

模式标本：正模♂，云南腾冲高黎贡山，1670m，2006.VIII.14，张旭采；副模：8♂7♀，同正模。

观察标本：1♂1♀，云南腾冲高黎贡山，1700m，2006.VIII.15，张旭采；1♀，云南腾冲高黎贡山，1700m，2006.VIII.14，高翠青采；1♀，云南腾冲国家森林公园，1700-1850m，2006.VIII.6，郭华采；1♀，云南大理苍山，2200m，2006.VIII.19，张旭采。1♀，西藏墨脱，

1200m，1983.XⅡ.2，韩寅恒采。

分布：云南、西藏。

讨论：本种体型、体色与 *M. josifovi* Stys 和中国米盲蝽 *M. chinensis* (Hsiao) 近似，亦可根据小盾片着色、后足腿节端部着色相区分，新种右阳基侧突钩状突较直，细长。本种雌虫与三点米盲蝽 *M. triamaculosus* Lin 相似，但前者体较狭长，体色较浅，雌虫后足腿节近端部具暗褐色环，可与其相区分。

(103) 中国米盲蝽 *Michailocoris chinensis* **(Hsiao, 1941)** (图 83；图版Ⅸ：139, 140)

Aretas chinensis Hsiao, 1941: 241.

Pseudoloxops chinensis: Carvalho, 1958: 127.

Michailocoris chinensis: Kerzhner *et* Schuh, 1995: 7; Kerzhner *et* Josifov, 1999: 13; Yasunaga, 2000a: 95; Lin, 2007: 91-93; Schuh, 2002-2014.

雄虫：体椭圆形，黄色，被直立、半直立淡色刚毛。

头污黄色，横宽，强烈下倾，背面观唇基不可见，复眼前部分略伸长，顶端圆，适度凸起，被淡色毛；头顶黄色，无光泽，眼间距是眼宽的 1.40 倍，复眼后各具 1 个暗褐色短纵带，头顶后缘脊淡色；额前部暗褐色，强烈隆起；唇基基部暗色，从额部散开，适度隆起；小颊狭长，黄色；上颚片黑褐色；下颚片黄褐色，中部褐色，隆起，具明显光泽。喙黄色，略伸过中胸腹板后缘。复眼较大，侧面观长椭圆形，红褐色，与前胸背板前侧角略分开。触角着生于眼前缘中部，黄色，被淡褐色半直立毛，第 1 节黑色，圆柱状，较粗，与眼间距几等长；第 2 节橙红色，较粗，与第 1 节几等宽，基部 1/9 黑色；第 3、4 节远细于第 2 节，最基部暗色，第 4 节色较深。

前胸背板梯形，黄色，两侧呈宽阔的红褐色，从领延伸至前胸背板后缘，微下倾，光泽弱，被半直立长毛，侧缘直，前侧角向内弯，后缘中部强烈内凹；领背面观梭形，中部宽阔，最宽处占前胸背板长的 1/3，侧面观狭窄；胝略突出。前胸侧板黄白色。中胸盾片外露部分宽阔，橙黄色，前侧角及侧缘深褐色，内侧泛红。小盾片黄白色，具 1 模糊中纵线，略隆起，光泽弱。中胸侧板和后胸侧板均为淡褐色。

半鞘翅黄色，外缘均匀外凸，弯曲呈弧形，被半直立金黄色毛，基部和顶端具血红色斑；缘片基部 1/3 和革片基角红色，爪片红色，最基部红褐色，中部外侧具 1 对模糊黄色圆斑；革片内侧紧贴爪片端部具 1 对不规则红色斑，近楔片缝处具不规则红褐色斑，从革片内缘延伸至缘片外缘；楔片淡红色，基半内侧及顶点红色；膜片淡烟褐色，半透明，微皱，翅脉红色。

足黄色，被半直立淡褐色毛，基节黄白色，后足腿节粗，端部渐细，淡黄色；后足胫节刺褐色，较稀疏，基部无斑；跗节黄色；爪褐色。

腹部黄白色，被半直立淡色长毛。臭腺沟缘黄白色。

雄虫生殖囊褐色，被淡色半直立长毛。阳茎小，左阳基侧突基部宽，钩状突细长；右阳基侧突较小，钩状突较长，微弯曲，向端部渐细，感觉叶膨大。

雌虫：体较大，色较浅。额黄色；唇基淡黄色；触角第 1 节黄色，第 2 节细长，略细于后足胫节，全部淡色；前胸背板两侧红色面积较小，色较淡。半鞘翅红色斑面积较小，爪片端半黄色。

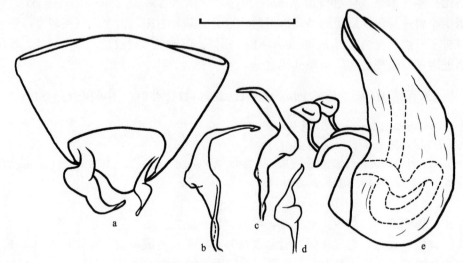

图 83 中国米盲蝽 *Michailocoris chinensis* (Hsiao)

a. 生殖囊腹面观 (genital capsule, ventral view)；b、c. 左阳基侧突不同方位 (left paramere in different views)；d. 右阳基侧突 (right paramere)；e. 阳茎 (aedeagus)；比例尺：0.1mm

量度 (mm)：体长 2.40-2.50 (♂)、3.20-3.50 (♀)，宽 1.15-1.30 (♂)、1.60-1.65 (♀)；头长 0.22 (♂)、0.24-0.29 (♀)，宽 0.53-0.55 (♂)、0.60 (♀)；眼间距 0.20-0.22 (♂)、0.31 (♀)；眼宽 0.15 (♂)、0.14 (♀)；触角各节长：Ⅰ:Ⅱ:Ⅲ:Ⅳ=0.21-0.22:1.13-1.15:0.35-0.37:0.35-0.36 (♂)、0.27:1.24-1.25:0.42-0.43:0.40-0.42 (♀)；前胸背板长 0.22-0.23 (♂)、0.26 (♀)，后缘宽 0.90-0.93 (♂)、1.05-1.08 (♀)；小盾片长 0.31-0.32 (♂)、0.38 (♀)，基宽 0.43-0.50 (♂)、0.54-0.55 (♀)；缘片长 1.45 (♂)、1.75-1.78 (♀)；楔片长 0.41-0.42 (♂)、0.49-0.55 (♀)，基宽 0.29-0.31 (♂)、0.45-0.50 (♀)。

观察标本：2♂，台湾宜兰福山，670m，2011.Ⅵ.11，谢强采。1♀，贵州惠水县摆金镇，1200m，2000.Ⅸ.12，李传仁采；1♀，贵州梵净山护国寺，1400m，2001.Ⅷ.3，朱卫兵采。

分布：台湾、四川、贵州；日本。

讨论：本种雌虫与三点米盲蝽 *M. triamaculosus* Lin 相似，但前者体较狭窄，头、前胸背板中部黄色，小盾片黄白色，可与之明显区分。

本种由萧采瑜于 1941 年建立，模式产地为四川峨眉山 (1219m)，存放于美国国家自然历史博物馆。他描述了雄虫形态特征，并绘制了生殖节图，但以 1 头雌虫作为正模，并未对雌虫特征进行描述。Kerzhner 和 Schuh (1995) 检查了模式标本，将本种由合垫盲蝽亚科 Orthotylinae 的 *Pseudoloxops* Kirkaldy (=*Aretas* Distant) 属移至米盲蝽属中，并发现模式标本中雄虫插有正模标签，提出雄虫标本应为正模。Yasunaga (2000a) 记录了该种在日本冲绳县南部岛屿的分布。Lin (2007) 对米盲蝽属进行了修订，编制了该属雌虫检索表，提出了该种雌虫的鉴别特征，并补充了该种在台湾的分布记录。

该种雌虫与 *M. josifovi* Stys 相似，主要区别为前胸背板两侧是否具纵向红黑色斑，但是 Stys (1985) 在对 *M. josifovi* Stys 的描述中，提到有 1 头标本前胸背板边缘遍布红色，该特征是否只是种内差异，还存在疑问。另外，基于文献中对该种雄虫的描述，与中国米盲蝽 *M. chinensis* (Hsiao) 在体型与体色方面亦非常近似，生殖器差异也不显著。但作者未见到中国米盲蝽和 *M. josifovi* Stys 的模式标本，有待今后进一步研究。

(104) 三点米盲蝽 *Michailocoris triamaculosus* Lin, 2007 (图版IX: 141)

Michailocoris triamaculosus Lin, 2007: 94; Schuh, 2002-2014.

雌虫：体椭圆形，淡黄色，被半直立淡色毛。触角淡黄褐色，头、前胸背板褐色，小盾片褐色，具 3 个淡黄色斑，半鞘翅基部和端部具明显的红色至褐色斑。足浅黄色。

头黑褐色，光泽较弱，强烈前倾，背面观唇基不可见，明显横宽，背面观呈宽三角形，具半直立淡色长毛。头在眼前部圆，微隆，头顶宽大于眼宽。额微隆，深褐色，中部褐色。唇基显著，黑褐色，具光泽，末端平截。上颚片较宽阔，宽三角形，深褐色，光泽弱。下颚片褐色，具光泽，狭长，近复眼处明显隆拱呈狭长、圆钝的褐色隆脊。小颊较宽，具光泽，深褐色。喙伸至中足基节中央，黄色，近末端褐色，第 1 节较粗。复眼大，褐色，向两侧伸出，远离前胸背板前侧角。触角黄色，细长，被半直立淡褐色毛，触角窝淡黄白色，第 1 节较粗，圆柱状，黄褐色；第 2 节细，一色淡黄色，最基部和近端部 1/7 处略加深；第 3、4 节黄褐色，端部淡色。

前胸背板黑褐色，钟形，侧缘几乎直，中部略内凹，后部略微翘起，后缘强烈内凹；侧面观较圆隆，胝微隆；被淡褐色半直立毛，前角处各具 1 直立长刚毛；中部纵线淡褐色，向两侧渐加深为黑褐色。前胸侧板淡黄褐色。中胸背板宽阔外露，长度略短于小盾片长，褐色，中纵线淡褐色，被淡褐色半直立毛。小盾片深褐色，具浅横皱，隆起，基角和端部具 3 个明显的淡黄色圆斑，或仅端部淡黄色，有些种类中纵线淡色。一些种类斑不明显，端部淡黄色。中胸侧板褐色，平坦，光泽弱，被稀疏淡色平伏短毛；后胸侧板黄褐色，具光泽。

半鞘翅黄色，外缘均匀外凸，弯曲呈弧形，近基部略内凹，被淡褐色半直立毛；缘片基部淡红褐色，外缘褐色；革片基角红褐色，内缘略加深；爪片黄色，基部 2/5 红褐色，分界处加深为黑褐色，爪片端部有时略加深，一些个体爪片大面积泛红；半鞘翅近楔片缝处具不规则红褐色斑，从革片内缘延伸至缘片外缘，革片端部黑褐色；楔片略下倾，黄色，基部及内缘血红色，端部褐色。膜片淡烟褐色，翅脉深红色。

足污黄色，被半直立淡色毛，后足腿节较粗，端部泛红，端部腹面具 1 模糊褐色斑；后足胫节基部略泛红，胫节刺褐色，基部无斑，具 2 列褐色直立短刺；跗节污黄色，3 节几等长；爪褐色。

腹部褐色，被稀疏褐色平伏毛。臭腺沟缘淡黄白色。

雄虫：未知。

量度 (mm)：体长 3.30-3.65，宽 1.60-1.75；头长 0.23-0.26，宽 0.58-0.64；眼间距

0.31-0.33；眼宽 0.12-0.16；触角各节长：Ⅰ:Ⅱ:Ⅲ:Ⅳ=0.26-0.27: 1.00-1.15: 0.31-0.41: 0.26-028；前胸背板长 0.27-0.30，宽 1.15-1.20；小盾片长 0.35-0.39，基宽 0.56-0.62；缘片长 1.80-1.90；楔片长 0.50-0.53，基宽 0.42-0.45。

观察标本：1♀，云南景东文龙帮迈，1900m，2001.Ⅺ.10；2♀，云南隆阳百花岭，1500-1600m，2006.Ⅷ.14，范中华采；1♀，同上，1500-1650m，李明采；2♀，同上，1600-1800m，2006.Ⅷ.15，朱卫兵采；2♀，同上，1700m，朱卫兵采；1♀，同上，董鹏志采。

分布：广西、云南。

讨论：本种与中国米盲蝽 M. chinensis (Hsiao) 相似，但是可以根据头和前胸背板黑褐色，小盾片具 3 个淡黄色圆斑区分。

25. 蕉盲蝽属 *Prodromus* Distant, 1904

Prodromus Distant, 1904c: 436. **Type species:** *Prodromus subflavus* Distant, 1904; by original designation.

Prodromopsis Poppius, 1911: 4. **Type species:** *Prodromus cuneatus* Distant, 1909 (= *Prodromus clypeatus* Distant, 1904); by original designation. Synonymized by Carvalho, 1948: 191; see also Stonedahl, 1988: 53.

体狭长，椭圆形，淡黄色至黄褐色，有时带绿色或褐色，被半直立淡色毛。头短、垂直，具明显的颈，头顶具浅中纵沟，头顶后缘无脊，眼略具柄，向背面突出，喙较细长，伸达中胸腹板中部，触角细长，第 1 节略粗，基部 1/4-1/2 强烈狭窄。前胸背板微隆，具刻点，侧缘略凹，后缘中部略凹，后侧角圆钝，领明显，胝光滑，微隆。小盾片平坦，中胸盾片不外露。半鞘翅外缘均匀外拱，粗糙或具刻点，缘片较窄，楔片狭长，末端伸达膜片顶角区域，膜片翅室大，端角伸达楔片端部。足细长。雄虫生殖囊近方形，背面略窄，开口大，长卵圆形，阳基侧突伸出的位置各具 1 突起，突起常锥形，端部弯曲。左阳基侧突"U"形，基半略抬升，圆隆，宽阔，端半常背面略膨大，顶端尖；右阳基侧突相对大，形态各异。阳茎端具 1 个大而微弯的针突。

分布：福建、台湾、广东、海南、广西、贵州、云南；印度，缅甸，越南，斯里兰卡，马来西亚，印度尼西亚，加纳。

蕉盲蝽属寄主信息已知较少，黄唇蕉盲蝽 H. clypeatus Distant 和 H. oculatus (Poppius) 2 种已被证实与芭蕉科 Musaceae 植物关系密切，马来西亚和新几内亚岛的种类曾被报道以芭蕉 Musa 嫩叶为食。加纳的 H. melanonotus Carvalho 和 H. thaliae China 曾被报道采自竹芋科 Marantaceae 植物。

世界已知 27 种，中国已知 3 种，其中包括 1 新种。

种 检 索 表

1. 触角第 1 节外侧具 1 褐色纵带⋯⋯⋯⋯⋯⋯⋯⋯⋯⋯ **黑带蕉盲蝽，新种 *P. nigrivittatus* sp. nov.**

(105) 黄唇蕉盲蝽 *Prodromus clypeatus* Distant, 1904 (图 84；图版Ⅸ: 142, 143)

Prodromus clypeatus Distant, 1904c: 437; Carvalho, 1957: 120; Odhiambo, 1962: 256; Carvalho, 1981b: 6; Stonedahl, 1988: 70; Zheng, 1995: 459; Kerzhner *et* Josifov, 1999: 13; Schuh, 2002-2014.

Prodromus cuneatus Distant, 1909: 453. Synonymized by Stonedahl, 1988.

Prodromopsis scutellaris Poppius, 1914c: 159. Synonymized by Stonedahl, 1988.

Prodromopsis basalis Poppius, 1915a: 56. Synonymized by Stonedahl, 1988.

Prodromus cochinensis Odhiambo, 1962: 262. Synonymized by Stonedahl, 1988: 70.

雄虫：体中小型，卵圆形，黄色。

头横宽，宽为长的 2.29-2.36 倍，强烈下倾，黄色，被淡色半直立短毛。头顶平，黄色，具光泽，眼间距是眼宽的 1.74-1.81 倍，被毛较长而直立，无中纵沟，后缘无横脊；额微隆，垂直；唇基隆起，背面观不可见；小颊和上颚片、下颚片黄色，上颚片端部较宽阔。喙短粗，黄色，略伸过中胸腹板中部。复眼圆，向两侧伸出，侧面观高于头顶，深红褐色。触角细长，被淡色半直立毛，第 1 节黄色，基部 1/3 柄状；第 2 节细长，向端部渐粗，浅红褐色，端部 1/5-1/4 红褐色，被毛短于第 1 节，不长于第 2 节直径；第 3 节最长，弯曲，褐色，基部色略淡，毛长于该节直径；第 4 节细长，弯曲，褐色，毛被同第 3 节。

前胸背板黄色，梯形，侧面观略前倾，被淡色半直立短毛，中部缢缩，分为前后 2 叶，领较粗，前缘强烈内凹，胝宽大，光滑，微隆，两胝中部具 1 纵沟，后叶具粗大刻点，侧缘微隆，后侧角圆隆，后缘中部内凹。胸部侧板黄色。中胸盾片外露部分窄，褐色。小盾片长三角形，端部尖锐，微隆，褐色，被半直立短毛。

半鞘翅黄色，半透明，两侧圆隆，被淡色半直立短毛，爪片宽大，脉较浅，革片纵脉明显，缘片窄，楔片缝短，不伸过缘片，翅面不沿楔片缝下折，楔片狭长，几包围膜片，膜片黄色，半透明，翅室大，狭长，端角圆，呈钝角，脉黄色。

足黄色，细长，被淡色半直立毛，后足腿节端部略膨大，胫节细长，端部略膨大，跗节 3 节，向端部渐粗，第 1 节较短，第 2、3 节约等长，第 3 节褐色，爪褐色。

腹部黄色，被淡色半直立短毛。臭腺沟缘狭长，黄色。

雄虫生殖节：生殖囊黄色，被淡色半直立短毛，长度约为整个腹长的 1/3，生殖囊开口两侧，阳基侧突伸出位置上方具狭长突起，右侧突起较大。阳茎端膜质，简单，狭长，端半具 1 列小刺。左阳基侧突粗大，"V"形弯曲，钩状突中部膨大，微弯，端部尖，感觉叶膨大，较长；右阳基侧突略短于左阳基侧突，弯曲，钩状突向端部渐细，感觉叶背侧膨大。

雌虫：体较宽大，体色较淡，有时小盾片一色黄色。

量度 (mm)：体长 4.45-5.25 (♂)、4.85-5.15 (♀)，宽 1.51-1.53 (♂)、1.65-1.66 (♀)；头

长 0.35-0.36 (♂)、0.35-0.37 (♀)，宽 0.80-0.85 (♂)、0.83-0.89 (♀)；眼间距 0.38-0.40 (♂)、0.43-0.44 (♀)；眼宽 0.21-0.23 (♂)、0.20-0.22 (♀)；触角各节长：Ⅰ:Ⅱ:Ⅲ:Ⅳ=0.39-0.48:0.88-1.15:0.95-0.98:0.85-0.87 (♂)、0.40-0.45:0.93-0.97:1.28-1.33:1.00-1.05 (♀)；前胸背板长 0.66-0.81 (♂)、0.70-0.72 (♀)，后缘宽 1.10-1.28 (♂)、1.15-1.19 (♀)；小盾片长 0.35-0.38 (♂)、0.35-0.36 (♀)，基宽 0.35-0.37 (♂)、0.40-0.44 (♀)；缘片长 2.20-2.27 (♂)、2.59-2.62 (♀)；楔片长 0.93-0.94 (♂)、0.78-0.79 (♀)，基宽 0.23-0.26 (♂)、0.25-0.29 (♀)。

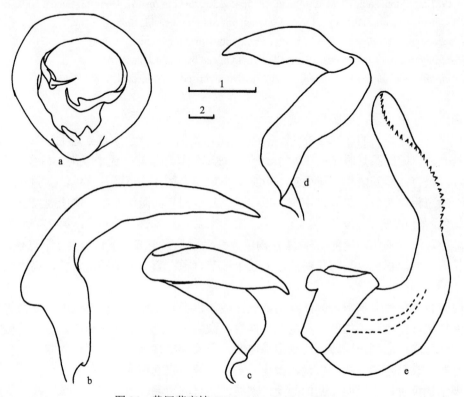

图 84　黄唇蕉盲蝽 *Prodromus clypeatus* Distant

a. 生殖囊后面观 (genital capsule, posterior view)；b、c. 左阳基侧突不同方位 (left paramere in different views)；d. 右阳基侧突 (right paramere)；e. 阳茎 (aedeagus)；比例尺：1=0.1mm (b-e)，2=0.1mm (a)

观察标本：1♀，贵州赤水桫椤保护区，200-500m，2000.Ⅸ.20，李传仁采；1♀，贵州赤水桫椤保护区，500-600m，2000.Ⅸ.23，李传仁采。3♂4♀，广州石碑，1964.Ⅴ，张维球采；38♂38♀，同前，1962.Ⅸ.4，郑乐怡、程汉华采；16♂27♀，广东连县瑶安乡，1962.Ⅹ.22，同前；2♀，1962.Ⅹ.25，同前。2♂6♀，海南，1935.Ⅸ.24，W. E. Hoffmann 采；4♂9♀，海南，1964.Ⅱ；10♀，海南尖峰岭，1985.Ⅳ.18，郑乐怡采；1♂，海南琼中，1964.Ⅳ.27，刘胜利采；1♀，海南陵水吊罗山保护区南喜保护站，300m，2008.Ⅷ.12，张旭采；1♀，海南陵水吊罗山保护区南喜保护站，2011.Ⅶ.26，灯诱，穆怡然采。2♀，广西龙舟大青山，1964.Ⅶ.18，刘胜利采。1♂3♀，福建上坑，1988.Ⅶ.21，黄邦侃采。1♂，云南，1958.Ⅴ.24。1♂，台湾新北乌来，600m，2011.Ⅵ.9，灯诱，谢强采。

分布：福建、台湾、广东、海南、广西、贵州、云南；印度，缅甸，斯里兰卡，马来西亚，印度尼西亚。

讨论：本种与淡黄蕉盲蝽 *P. subflavus* Distant 相似，但前者触角第 1 节黄色，小盾片褐色，楔片较狭长，膜片翅室端角明显呈钝角状，可与之相区别。

Odhiambo (1962) 记载其寄主为芭蕉科 Musaceae 的大蕉 *Musa sapientum* 和芭蕉。采自广州的观察标本标签上也记载其采自芭蕉和大蕉上。采自海南尖峰岭天池的标本寄主为野蕉 *Musa balbisiana*。

本志增加了该种在贵州的分布。

(106) 黑带蕉盲蝽，新种 *Prodromus nigrivittatus* Liu *et* Mu, sp. nov. (图 85；图版Ⅸ: 144, Ⅹ: 145-147)

雄虫：体小型，卵圆形，体色二型，体浅黄色。触角、小盾片及爪片接合缝深色，眼较小，侧面观不超过头顶，前胸背板后叶被粗大刻点，楔片较短，被淡色半直立短毛。

头横宽，眼前部较平，强烈下倾，黄色，被淡色半直立短毛。头顶微隆，黄色，具光泽，眼间距是眼宽的 2.60-2.84 倍，无中纵沟，后缘无横脊；额微隆，斜前倾，近垂直；唇基隆起，背面观不可见；小颊和上颚片、下颚片黄白色，上颚片端部较宽阔。喙短粗，黄色，伸达中足基节中部。复眼较小，圆，向两侧伸出，侧面观不高于头顶，黑褐色。触角细长，被淡色半直立毛，第 1 节黄色，外侧具 1 褐色纵带，基部内侧微隆；第 2 节细长，端部略膨大，微弯，黄褐色，基部 2/3 褐色，端部 1/6 深红褐色至黑褐色；第 3、4 节褐色。

前胸背板梯形，完全黄白色，深色个体除胝区外全部黑褐色，或前侧角及后缘带褐色，或两侧褐色，梯形，侧面观略前倾，被淡色半直立短毛，中部缢缩，分为前后 2 叶，领较粗，前缘微内凹，胝宽大，光滑，微隆，两胝中部具 1 纵沟，后叶具粗大刻点，侧缘微隆，中部略内凹，后侧角圆隆，后缘圆隆，中部内凹。胸部侧板黄色。中胸盾片外露部分极窄。小盾片灰色，或深褐色边缘黑色，或黄色边缘黑褐色，宽三角形，微隆，被半直立短毛。

半鞘翅黄色，半透明，被细密刻点，刻点直径远小于前胸背板，两侧圆隆，被淡色半直立短毛；爪片宽大，接合缝处深褐色，脉较浅；革片纵脉明显，缘片窄，外缘端部褐色；楔片缝短，不伸过缘片，翅面沿楔片缝略下折；楔片较宽短，膜片黄色，半透明，翅室大，狭长，端角接近直角，脉黄色。

足黄色，细长，被淡色半直立毛，后足腿节端部略膨大，胫节细长，跗节 3 节，向端部渐粗，第 3 节最长，端部褐色，爪黑褐色。

腹部黄白色，被淡色半直立短毛。臭腺沟缘狭长，黄白色。

雄虫生殖囊大，黄白色，被淡色半直立短毛，长度约为整个腹长的 1/2，阳基侧突伸出位置上方具细小突起。阳茎端膜质，简单，狭长，中部具 1 列小刺。左阳基侧突粗大，弯曲，钩状突微弯，端部渐细，最端部平截，感觉叶膨大，较长；右阳基侧突粗大，短于左阳基侧突，膨大，端部渐细，顶端圆。

雌虫：前胸背板亦为二色，体型和色斑与雄虫相似，体略宽大。

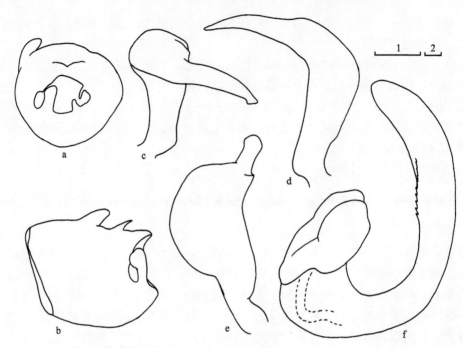

图 85 黑带蕉盲蝽，新种 *Prodromus nigrivittatus* Liu *et* Mu, sp. nov.

a. 生殖囊后面观 (genital capsule, posterior view)；b. 生殖囊侧面观 (genital capsule, lateral view)；c、d. 左阳基侧突不同方位 (left paramere in different views)；e. 右阳基侧突 (right paramere)；f. 阳茎 (aedeagus)；

比例尺：1=0.1mm (c-f), 2=0.1mm (a、b)

量度 (mm)：体长 4.71-4.74 (♂)、4.71-4.72 (♀)，宽 1.38-1.40 (♂)、1.63-1.64 (♀)；头长 0.27-0.28 (♂)、0.30-0.32 (♀)，宽 0.63-0.68 (♂)、0.65-0.69 (♀)；眼间距 0.37-0.39 (♂)、0.40-0.42 (♀)；眼宽 0.13-0.15 (♂)、0.13-0.17 (♀)；触角各节长：I : II : III : IV=0.59-0.60:1.25-1.27:1.00-1.02:0.92-0.97 (♂)、0.56-0.58:1.20-1.21:1.00-1.01:1.01-1.02 (♀)；前胸背板长 0.86-0.87 (♂)、0.85-0.88 (♀)，后缘宽 1.22-1.23 (♂)、1.29-1.30 (♀)；小盾片长 0.28-0.29 (♂)、0.39-0.41 (♀)，基宽 0.43-0.44 (♂)、0.55-0.58 (♀)；缘片长 2.05-2.07 (♂)、2.08-2.09 (♀)；楔片长 0.70-0.73 (♂)、0.85-0.86 (♀)，基宽 0.50-0.52 (♂)、0.40-0.41 (♀)。

种名词源：以触角第 1 节外侧具 1 褐色纵带命名。

模式标本：正模♂，云南隆阳百花岭，1500-1600m，2006.VIII.14，范中华采。副模：5♂15♀，同正模；1♂1♀，云南隆阳百花岭，1500-1600m，2006.VIII.12，朱卫兵采；1♂，云南隆阳百花岭，1500-1700m，2006.VIII.12，李明采；1♂，云南隆阳百花岭，1500-1700m，2006.VIII.12，范中华采；5♂2♀，云南隆阳百花岭，1500-1700m，2006.VIII.13，朱卫兵采；1♂，云南隆阳百花岭，1600m，2006.VIII.13，花吉蒙采；1♀，云南隆阳百花岭，1500m，2006.VIII.14，灯诱，范中华采；1♂1♀，云南隆阳百花岭，1600m，2006.VIII.14，李明采；4♂6♀，云南隆阳百花岭，1700m，2006.VIII.15，董鹏志采；4♂7♀，云南隆阳百花岭，1700m，2006.VIII.15，朱卫兵采。

分布：云南。

讨论：本种与黄唇蕉盲蝽 *P. clypeatus* Distant 相似，但前者眼较小，侧面观眼未超过头部上缘，触角第 1 节外侧具 1 褐色纵带，爪片接合缝处深褐色及雄虫生殖器可与之相区别。

本种与该属已知种形态差距较大，在比较了宽垫盲蝽族所有属之后，作者认为其与蕉盲蝽属形态结构最为接近，生殖器结构亦符合该属特征，故归入该属。

(107) 淡黄蕉盲蝽 *Prodromus subflavus* Distant, 1904 (图 86)

Prodromus subflavus Distant, 1904c: 437; Carvalho, 1957: 120; Odhiambo, 1962: 253; Carvalho, 1981b: 6; Stonedahl, 1988: 84; Schuh, 2002-2014.

雄虫：体小型，卵圆形，黄色。

头横宽，宽约为长的 2.38 倍，强烈下倾，黄色，被淡色半直立短毛。头顶平，黄色，具光泽，眼间距是眼宽的 2.00 倍，被毛较长而直立，无中纵沟，后缘无横脊；额微隆，垂直；唇基隆起，背面观不可见；小颊和上、下颚片黄色。喙短粗，黄色，略伸过中胸腹板中部。复眼圆，向两侧伸出，侧面观高于头顶，深红褐色。触角细长，被淡色半直立毛，第 1 节端部 2/3 外侧褐色，基部 1/3 柄状；第 2-4 节缺。

前胸背板黄色，梯形，侧面观略前倾，较平，被淡色半直立短毛，中部缢缩，分为前后 2 叶，领较粗，前缘强烈内凹，胝宽大，光滑，微隆，两胝中部具 1 纵沟，后叶具粗大刻点，侧缘微隆，后侧角圆隆，后缘中部内凹。胸部侧板黄色。中胸盾片外露部分窄，黄色。小盾片长三角形，微隆，黄色，被半直立短毛。

半鞘翅黄色，半透明，两侧圆隆，被淡色半直立短毛，爪片宽大，脉较浅，革片纵脉明显，缘片窄，楔片缝短，不伸过缘片，翅面不沿楔片缝下折，楔片较短，膜片黄色，半透明，翅室大，狭长，端角略大于 90º，脉黄色。

足黄色，细长，被淡色半直立毛，胫节细长，端部略膨大，跗节 3 节，向端部渐粗，第 1 节较短，第 2、3 节约等长，第 3 节褐色，爪褐色。

腹部黄色，被淡色半直立短毛。臭腺沟缘狭长，黄色。

雄虫生殖囊黄色，被淡色半直立短毛，长度约为整个腹长的 1/3，生殖囊开口两侧，阳基侧突伸出位置上方具狭长突起，右侧突起远大于左侧。左阳基侧突粗大，"V"形弯曲，钩状突中部膨大，端部尖，感觉叶略膨大，较长；右阳基侧突略短于左阳基侧突，弯曲，钩状突向端部渐细，感觉叶均匀膨大。

雌虫：体型、体色均与雄虫相似，但体略短。

量度 (mm)：雄虫：体长 4.61，宽 1.60；头长 0.29，宽 0.69；眼间距 0.35；眼宽 0.17；触角各节长：Ⅰ:Ⅱ:Ⅲ:Ⅳ=0.46:? :? :? ；前胸背板长 0.74，后缘宽 1.10；小盾片长 0.35，基宽 0.45；缘片长 2.05；楔片长 0.85，基宽 0.34。

观察标本：1♂，贵州赤水桫椤保护区，500-600m，2000.IX.23，李传仁采。

分布：贵州；越南，斯里兰卡。

讨论：本种与黄唇蕉盲蝽 *P. clypeatus* 的主要区别为：触角第 1 节淡黄色，端部 2/3 外侧带褐色，小盾片黄色，楔片较宽短，膜片翅室端角略大于直角。

雌虫特征依据原始文献记载。

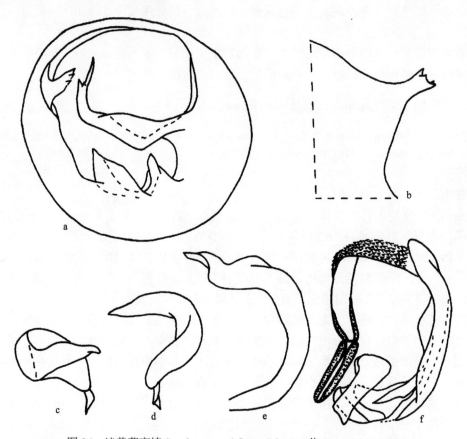

图 86　淡黄蕉盲蝽 *Prodromus subflavus* Distant (仿 Stonedahl, 1988)

a. 生殖囊后面观 (genital capsule, posterior view)；b. 生殖囊左侧突起 (left lateral process of genital capsule)；c、d. 左阳基侧突不同方位 (left paramere in different views)；e. 右阳基侧突 (right paramere)；f. 阳茎 (aedeagus)

26. 息奈盲蝽属 *Sinevia* Kerzhner, 1988

Sinevia Kerzhner, 1988b: 780, 791. **Type species:** *Sinevia tricolor* Kerzhner, 1988; by monotypy.

体小型，卵圆形。头横宽，触角第 1 节短，略短于头长，第 2 节约与第 1 节等宽，前胸背板后叶中部内凹，半鞘翅两侧圆隆。阳茎端具披针状膜叶。左阳基侧突基半宽阔，端半细长；右阳基侧突短小，基半膨大。

分布： 山西、陕西、湖北、湖南、广西、四川、贵州、云南；俄罗斯。

该属与榕盲蝽属 *Dioclerus* Distant 相似，但触角第 1 节较短，不长于头长，另外，该属雄虫生殖器结构亦可相互区分。

世界已知 3 种。中国 2 种，其中包括 1 新种。

种 检 索 表

触角第 2 节深褐色……………………………………………… 淡足息奈盲蝽 *S. pallidipes*

触角第 2 节黄色…………………………………………… 暗息奈盲蝽，新种 *S. atritota* sp. nov.

(108) 暗息奈盲蝽，新种 *Sinevia atritota* Liu et Mu, sp. nov. (图 87；图版 X：148, 149)

雄虫：体小型，椭圆形，底色黄色，唇基、头顶中部纵带、前胸背板、小盾片、爪片、革片基部和后半黑褐色，前胸背板、小盾片、半鞘翅密被刻点和淡色半直立短毛。

头背面观横宽，三角形，侧面观垂直，黄褐色，被毛稀疏。头顶光亮，眼间距是眼宽的 2.01 倍，中部具 1 褐色纵带，后端渐细，中纵沟极浅而不显著，后缘脊明显，中部内凹；额均匀隆凸；唇基隆起，垂直，黑色；上、下颚片和小颊淡黄色，近唇基具 1 褐色纵带。上唇基部黑色，喙黄色，第 4 节端部深褐色，短粗，伸达中足基节基部。复眼向两侧伸出，背面观后缘内凹，后外侧略向后倾，侧面观肾形，深褐色。触角细长，被淡色半直立长毛，第 1 节细长，圆柱状，微弯，基半内侧微隆，黄色；第 2 节略细于第 1 节，向端部渐粗，毛长于该节直径，黄色；第 3、4 节线状，略呈念珠状，弯曲，细长，褐色。

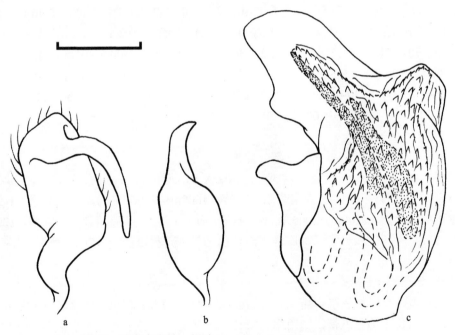

图 87　暗息奈盲蝽，新种 *Sinevia atritota* Liu et Mu, sp. nov.

a. 左阳基侧突 (left paramere)；b. 右阳基侧突 (right paramere)；c. 阳茎 (aedeagus)；比例尺：0.1mm

前胸背板黑褐色，梯形，侧面观圆隆，被细密刻点和淡色半直立长毛，侧缘几乎直，后部微隆，后侧角圆，后缘圆隆，中部内凹遮盖中胸盾片、小盾片基部和半鞘翅基角。领粗，全部黑褐色，有时背面色略淡，前缘略内凹。胝光亮，褐色，微隆。胸部侧板黑褐色，光亮，被淡色长毛，前胸侧板下缘微翘，背面观可见，二裂，刻点深刻，中胸侧板刻点较稀疏，后胸侧板无刻点。中胸盾片不外露。小盾片三角形，圆隆，端角下沉，露出部分黑褐色，被细密刻点及半直立毛。

半鞘翅外侧中部圆隆，被粗糙刻点及半直立淡色短毛。爪片宽大，黑褐色，有时中部内侧具 1 对黄色圆斑；革片黄色，半透明，基部和后半黑褐色，伸至缘片外缘；缘片狭窄；楔片缝明显，翅面沿楔片缝略下折，楔片宽三角形，黄色，半透明，基部内侧褐色，有时延伸至楔片中部，部分种类色较淡；膜片浅褐色，半透明，翅室较小，翅室内部烟褐色，翅脉褐色，翅室端角圆。

足狭长，黄色，被淡色半直立长毛，腿节端部略细，胫节毛略长于该节直径，具细小褐色刺列，跗节 3 节，端部略膨大，爪褐色。

腹部黑褐色，第 1 节侧面黄褐色，被半平伏淡色短毛。臭腺沟缘黑褐色。

雄虫生殖囊黑褐色，基部两侧黄褐色，被半平伏淡色长毛，长度约为整个腹长的 1/4。阳茎端膜状，具 1 个大型披针状膜叶，具 2 个狭长的骨化附器。左阳基侧突基半宽大，近长方形，端半下折，狭长；右阳基侧突较小，基半圆隆，端半较细，顶端尖。

雌虫：部分种类体色较淡，前胸背板深黄褐色，触角第 2 节端部有时褐色。

量度 (mm)：体长 3.88-3.94 (♂)、4.01-4.08 (♀)，宽 1.76-1.80 (♂)、1.90-1.92 (♀)；头长 0.20-0.23 (♂)、0.22-0.24 (♀)，宽 0.92-0.93 (♂)、0.86-0.89 (♀)；眼间距 0.46-0.47 (♂)、0.46-0.48 (♀)；眼宽 0.23-0.24 (♂)、0.20-0.21 (♀)；触角各节长：Ⅰ:Ⅱ:Ⅲ:Ⅳ=0.30-0.32:1.08-1.09:0.70-0.74:0.58-0.61 (♂)、0.32-0.34:1.18-1.21:0.56-0.73:0.52-0.55 (♀)；前胸前胸背板长 0.88-0.90 (♂)、0.90-0.92 (♀)，后缘宽 1.46-1.47 (♂)、1.58-1.59 (♀)；小盾片外露部分长 0.34-0.38 (♂)、0.30-0.34 (♀)，外露部分基宽 0.52-0.54 (♂)、0.52-0.54 (♀)；缘片外露部分长 1.50-1.53 (♂)、1.66-1.68 (♀)；楔片长 0.44-0.48 (♂)、0.52-0.56 (♀)，基宽 0.54-0.56 (♂)、0.56-0.59 (♀)。

种名词源：新种以小盾片露出部分黑褐色命名。

模式标本：正模♂，云南龙陵，630m，2002.Ⅹ.9，薛怀君采。副模：1♀，同前，1600m，2002.Ⅹ.10，薛怀君采；1♀，云南隆阳百花岭，1600m，2006.Ⅷ.13，朱卫兵采；1♂，云南瑞丽珍稀动物园，1200m，2006.Ⅶ.29，石雪芹采；1♀，云南瑞丽珍稀动物园，1200m，2006.Ⅶ.31，石雪芹采。1♂1♀，广西河池市巴马县坡月村百魔洞，2011.Ⅷ.6，焦克龙、穆怡然采。

分布：广西、云南。

讨论：本种与淡足息奈盲蝽 S. pallidipes (Zheng et Liu) 相似，但前者体较宽短，头黄褐色，中部具 1 褐色纵带，触角第 2 节黄色，前胸背板和小盾片一色黑褐色，臭腺沟缘黑褐色，阳基侧突的形状亦不同。

(109) 淡足息奈盲蝽 *Sinevia pallidipes* (Zheng *et* Liu, 1992) (图 88, 图 89；图版 Ⅹ: 150, 151)

Bryocoris pallidipes Zheng *et* Liu, 1992: 291, 301.

Sinevia pallidipes: Hu *et* Zheng, 2000: 265; Mu *et* Liu, 2018: 131.

雄虫：体小型，椭圆形。

头背面观横宽，三角形，侧面观垂直，黑褐色，被毛稀疏。头顶光亮，眼间距是眼宽的 2.21 倍，中纵沟极浅而不显著，后缘脊明显，中部内凹，颈背面淡黄褐色；额均匀隆凸；唇基隆起，垂直，背面向端部色渐淡，两侧黄褐色；上、下颚片和小颊淡黄褐色。喙黄色，第 4 节端部深褐色，短粗，伸达中足基节基部。复眼向两侧伸出，背面观后缘内凹，后外侧略向后倾，侧面观肾形，深红褐色。触角细长，被淡色半直立长毛，第 1 节细长，圆柱状，微弯，基半内侧微隆，黄色；第 2 节略细于第 1 节，向端部渐粗，毛长于该节直径，深褐色，向端部渐深，最基部黄色；第 3、4 节线状，略呈念珠状，弯曲，细长，褐色。

前胸背板梯形，侧面观圆隆，被细密刻点和淡色半直立长毛，侧缘微隆，后侧角圆，后缘圆隆，中部内凹，遮盖中胸盾片、小盾片基部和半鞘翅基角。领粗，背面黄色，侧面深褐色，前缘略内凹。胝光亮，褐色，微隆。后叶中部具 1 大型黄色狭长三角形斑，后侧角端部黄色。胸部侧板黑褐色，光亮，前胸侧板下缘微翘，背面观可见，二裂，刻点深刻，中胸侧板刻点较稀疏，后胸侧板无刻点。小盾片三角形，圆隆，端角下沉，露出部分黄褐色，基部外侧具 2 个黑褐色圆斑，被细密刻点及半直立毛。

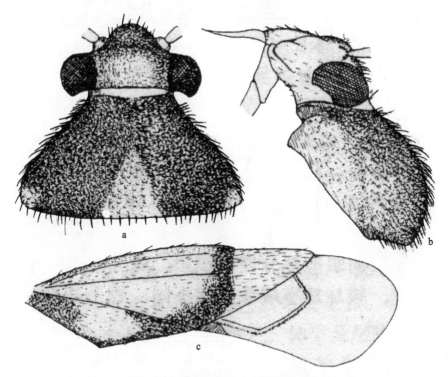

图 88　淡足息奈盲蝽 *Sinevia pallidipes* (Zheng et Liu)

a. 头及前胸背板背面观 (head and pronotum, dorsal view)；b. 头及前胸背板侧面观 (head and pronotum, lateral view)；c. 半鞘翅　(hemelytron)

半鞘翅外侧中部圆隆，被粗糙刻点及半直立淡色短毛。爪片宽大，黑褐色，中部及基半外侧黄色；革片黄色，半透明，内缘及端部沿楔片缝具黑褐色"L"形斑，伸至缘片外缘；缘片狭窄；楔片缝明显，翅面沿楔片缝略下折，楔片宽三角形，黄色，半透明，外缘淡褐色；膜片浅褐色，中部烟褐色，翅室较小，纵脉及端角褐色，横脉外侧色较淡，翅室端角圆，略大于直角。

足狭长，黄色，被淡色半直立长毛，腿节端部略膨大，胫节毛略长于该节直径，具细小褐色刺列，跗节 3 节，端部膨大，爪褐色。

腹部黄褐色，腹面色较淡，被半平伏淡色短毛。臭腺沟缘淡黄白色。

雄虫生殖节：生殖囊黑褐色，被半平伏淡色长毛，长度约为整个腹长的 1/2。阳茎端膜质，具 1 个大型披针状膜叶。左阳基侧突较大，基半膨大，近梯形，端半弯曲，狭长，顶端较尖；右阳基侧突短小，较粗，顶端指状，较细。

雌虫：体型和体色与雄虫相似。

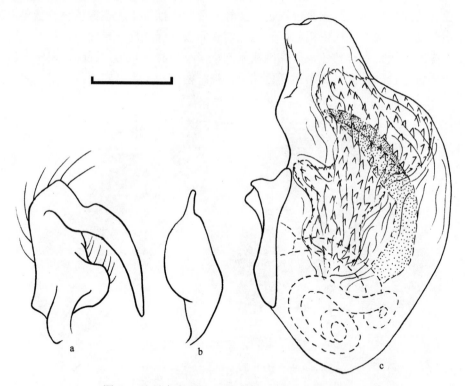

图 89　淡足息奈盲蝽 *Sinevia pallidipes* (Zheng *et* Liu)

a. 左阳基侧突 (left paramere)；b. 右阳基侧突 (right paramere)；c. 阳茎 (aedeagus)；比例尺：0.1mm

量度 (mm)：体长 4.20-4.34 (♂)、4.30-4.35 (♀)，宽 1.60-1.64 (♂)、2.05-2.12 (♀)；头长 0.23-0.25 (♂)、0.28-0.29 (♀)，宽 0.83-0.84 (♂)、0.94-0.96 (♀)；眼间距 0.44-0.45 (♂)、0.48-0.49 (♀)；眼宽 0.19-0.20 (♂)、0.22-0.23 (♀)；触角各节长：Ⅰ:Ⅱ:Ⅲ:Ⅳ=0.37-0.39:1.31-1.37:0.62-0.70:0.88-0.90 (♂)、0.51-0.53:1.73-1.78:0.71-0.73:1.01-1.03 (♀)；前胸背板长 0.80-0.87 (♂)、1.01-1.02 (♀)，后缘宽 1.30-1.33 (♂)、1.63-1.67 (♀)；小盾片长 0.32-0.35 (♂)、0.40-0.44 (♀)，基宽 0.50-0.53 (♂)、0.60-0.64 (♀)；缘片长 1.75-1.77 (♂)、1.87-1.89 (♀)；

楔片长 0.64-0.66 (♂)、0.67-0.68 (♀)，基宽 0.55-0.56 (♂)、0.67-0.68 (♀)。

观察标本：1♂ (正模)，湖南石门，1987.IX.21，雷光春采；1♀，湖南石门壶瓶山，1250m，1987.VI.30；1♀ (副模)，湖南顶坪，1987.IX.21。3♂2♀，广西龙胜白崖至花坪沿途，1964.VIII.28，刘胜利采。1♀，湖北五峰后河，1000m，1990.VII.11，郑乐怡采；1♂，湖北五峰后河自然保护区，1990.VIII.1，李传仁采。2♂，贵州赤水桫椤保护区，2000. IX.21，李传仁采；3♂6♀，贵州梵净山铜矿厂，700m，2001.VII.28，朱卫兵采；3♀，贵州梵净山铜矿厂，700m，2001.VII.28，卜文俊采；1♀，贵州梵净山回香坪，1750m，2001.VII.29，卜文俊、朱卫兵采；1♂，贵州梵净山回香坪金顶，1750-2200m，2001.VII.30，朱卫兵采。1♀，云南大理温泉村，2100m，2006.VIII.19，董鹏志采。4♂♀，陕西长安 (Weiziping)，1920.VIII.16 (天津自然博物馆)。1♂，四川峨眉山，1800-1900m，1957.VIII.17，卢佑才采。

分布：山西、陕西、湖北、湖南、广西、四川、贵州、云南。

讨论：本种与三色息奈盲蝽 S. tricolor Kerzhner 相似，但前者头黑褐色，小盾片露出部分黄褐色，雄虫生殖器结构亦可相互区别。

作者根据模式标本进行了重新描述，新增了该种在四川、湖北、贵州、云南的分布记录。

II. 细爪盲蝽亚科 Cylapinae Kirkaldy, 1903

Cylapinae Kirkaldy, 1903: 13. **Type genus:** *Cylapus* Stål, 1832.

体形多变，体背面常具深刻点 (除大盲蝽属及相关类群外)；附节 2-3 节，较细，爪细长，近端部常具齿，无爪垫，副爪间突刚毛状；头一般狭长，垂直或平伸，触角细长；半鞘翅常发达，膜片 2 翅室；该亚科阳基侧突大小较相似、形状更相似，近乎对称，阳茎端简单，具 1-2 个骨化附器。

该亚科世界已知 5 族 107 属 403 种，主要分布于热带、亚热带地区，在南半球的多样性最高。一些属是世界性广布的 (如：尖头盲蝽属 *Fulvius* Stål 和佩盲蝽属 *Peritropis* Uhler)。

本志记述中国 4 族 8 属 22 种，其中包括 3 中国新纪录属、3 新种、8 中国新纪录种。

族 检 索 表

1.	膜片具毛 …………………………………………………**毛膜盲蝽族 Bothriomirini**	
	膜片无毛 …………………………………………………………………………… 2	
2.	触角长，长于体长 ………………………………………………………………… 3	
	触角短于体长 …………………………………………………**尖头盲蝽族 Fulviini**	
3.	头平伸 …………………………………………………………**鲨盲蝽族 Rhinomirini**	
	头垂直 …………………………………………………………**细爪盲蝽族 Cylapini**	

四、毛膜盲蝽族 Bothriomirini Kirkaldy, 1906

Bothriomirini Kirkaldy, 1906: 145. **Type genus:** *Bothriomiris* Kirkaldy, 1902.

体卵圆形至长卵圆形，粗壮，长翅型；体背面密被深刻点；头下倾，背面观短，常或多或少具横皱或稀疏刻点；眼内缘被很短而稀疏毛，或无毛；触角较长，第 3、4 节窄于第 2 节，被长刚毛；喙短粗，常不伸达中足基节；前胸背板隆起，侧缘常无脊；前胸背板无领；中胸盾片不暴露；小盾片常适度隆起，有时或多或少强烈抬升，中部膨胀；膜片密被明显微毛；跗节 2 节；爪近端部具齿或无齿；毛点毛长，具发达的毛点；生殖囊开口于背面，有时具 1-2 个突起；左阳基侧突钩状，微弯，端部圆钝或略尖，基本常微凸，有时具明显凸起或刺；右阳基侧突小于左阳基侧突，常向端部渐尖；阳茎端具 2-4 个骨化附器，有时强烈发达，占据阳茎端大部分；阳茎端内部输精管的骨化结构存在，常长而粗。

关于该族的生物学信息记载有限。Yasunaga (2000b)、Yasunaga 和 Miyamoto (2006) 提供了很好的证据，他们研究了日本的 *Bothriomiris* Kirkaldy 部分种类，这些种类在夜间被发现于潮湿森林中腐烂原木上的菌类上。

目前，该族世界记录 5 属，主要分布于东洋界和巴布亚新几内亚，只有 1 属 *Afrobothriomiris* Gorczyca 分布于坦桑尼亚。Wolski 和 Gorczyca (2012) 系统总结了该族东洋界种类。我国记录 1 属。

27. 毛膜盲蝽属 *Bothriomiris* Kirkaldy, 1902

Bothriomiris Kirkaldy, 1902b: 270. **Type species:** *Bothriomiris marmoratus* Kirkaldy, 1902 (= *Capsus dissimulans* Walker, 1873); by monotypy.

Bothriomiridius Poppius, 1915a: 44. **Type species:** *Bothriomiridius lugubris* Poppius, 1915; by original designation. Synonymized by Carvalho, 1952: 49.

体背部密被半直立或直立毛；头具横皱；前胸背板胝隆起，有时几乎占据前叶的大部分；后胸侧板密被或分散的刻点；臭腺沟缘常圆，被微毛；小盾片几平坦或微隆；楔片长大于宽；阳茎端常至少含 1 个内骨片。

分布： 台湾、海南；日本，缅甸，泰国，马来西亚，新加坡，印度尼西亚。

本属与 *Dashymeniella* 和 *Leprocapsus* 相似，后胸侧板均密被刻点，触角第 1 节基部 1/4 窄，第 2 节也相对细，密被毛。然而，本属额端部平坦，唇基基部圆隆，端部近平行，小盾片几平坦或微隆，大部分种 (包含模式种带毛膜盲蝽 *B. dissimulans*) 阳茎端的骨化附器较细，可与之相区别。

全世界共已知 9 种，中国已知 3 种。

种 检 索 表

1. 革片端部具 1 对明显白色圆形斑；后胸侧板具稀疏刻点 ······················· **多毛膜盲蝽 *B. capillosus***
   不如上述 ··· 2
2. 前胸背板胝具刻点 ··· **点毛膜盲蝽 *B. lugubris***
   前胸背板胝无刻点 ··· **带毛膜盲蝽 *B. dissimulans***

(110) 多毛膜盲蝽 *Bothriomiris capillosus* Yasunaga, 2000

Bothriomiris capillosus Yasunaga, 2000b: 203; Yasunaga *et* Miyamoto, 2006: 723; Wolski *et* Gorczyca, 2012: 9; Schuh, 2002-2014.

作者未见标本，现根据 Yasunaga (2000b) 描述整理如下。

体背面密被毛，触角第 1 节相对较短，第 2 节较粗；前胸背板胝微隆；小盾片全部褐色，略隆起；胸部侧板 (除前胸侧板外) 刻点稀疏、细小；半鞘翅端部具 1 对明显的白色圆斑；生殖囊侧面具 1 发达指状突起，阳茎端具一些骨化附器。

本种与分布于日本的 *B. yakushima* Yasunaga *et* Miyamoto 后胸侧板刻点均稀疏，但本种喙仅伸达而非伸过前足基节，生殖囊侧面具 1 发达指状突起，可与之相区分。

量度 (mm)：体长：6.60 (♂)，5.80-6.60 (♀)；体宽：3.28 (♂)，2.79-3.30 (♀)。

分布：台湾；日本。

本种正模雌性，Takahashi 于 1998 年采自琉球群岛，保存于日本札幌的北海道教育大学。

Yasunaga 和 Miyamoto (2006) 首次记载了该种在台湾的分布。

(111) 带毛膜盲蝽 *Bothriomiris dissimulans* (Walker, 1873) (图 90；图版 X: 152)

Capsus dissimulans Walker, 1873: 199. New name for *Capsus simulans* Walker.
Capsus simulans Walker, 1873: 125. Junior primary homonym of *Capsus simulans* Walker, 1873: 89.
Bothriomiris marmoratus Kirkaldy, 1902b: 244. Synonymized by Distant, 1904b: 112.
Bothriomiris dissimulans: Carvalho, 1957: 26; Carvalho, 1980b: 649; Carvalho, 1981b: 2; Schuh, 1995: 20; Gorczyca, 2006c: 10; Schuh, 2002-2014; Wolski *et* Gorczyca, 2012: 9.

体大型，卵圆形，密被半直立黄色和黑色毛，淡褐色，具红色褐黄色不规则分散区域，或深褐色至黑色，具黄色带或斑。

头黄色，中部从后缘脊至唇基端部具宽红色至黑色纵带，头顶具 2 个不明显的隆起，接近头顶后缘脊和眼内缘；上颚片颜色多变，从深红色至深褐色；下颚片黄色，端部具褐色斑，基部淡红色；小颊全部褐色至黑褐色。触角密被毛，第 1 节基部窄，端部略粗，红黄色至黑褐色，基部常具淡色环，长大于或等于眼间距；第 2 节细，向端部略粗，污黄色至褐色，端部 2/3 常黑色，或全部黑色；第 3、4 节细，污黄色，被长刚毛状毛；喙黑褐色至黑色，第 2 节基部常具黄色环，伸达后足基节端部。

前胸背板胝宽，占据前叶全部，无刻点，前叶黄色，带红色，前侧缘常具 2 个明显的黑色斑，中部有时具宽黑色纵带；后叶常全部深褐色至黑色，有时褐色，染红色或黄色，常具 1 个明显的黄色纵脊，从前叶延伸至后缘。胸部侧板密被毛，中胸侧板无刻点，黄色，光亮，有时端部染红色或褐色。小盾片微隆，常深红色，具黄色纵带，从基部延伸至端部，有时基角亦具 2 个明显的黄色斑，一些标本小盾片深红色至深褐色，端部具淡色、黄色或暗黄色斑。

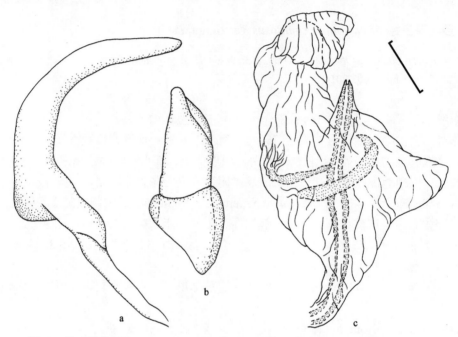

图 90 带毛膜盲蝽 Bothriomiris dissimulans (Walker) (仿 Wolski & Gorczyca, 2012)
a. 左阳基侧突 (left paramere); b. 右阳基侧突 (right paramere); c. 阳茎端 (vesica); 比例尺：0.1mm

半鞘翅常黑褐色至黑色，端部具明显的"Y"形黄色斑，少数标本半鞘翅褐色，带不规则的黄色和红色，膜片深灰色，具暗黄色斑，脉黄色。足短，密被半直立毛，基节暗黄色，端部具红色或褐色斑；腿节基半常褐色或棕色，中部具黄色环，近端部红色，最顶端具窄环，部分标本腿节全部黄色，具不规则棕色或褐色斑，或完全深棕色或褐色，具暗黄色区域；胫节深棕色，端部具黄色窄环；跗节黄色或棕色，第 2 节中部分开，爪近端部具齿。

腹部红黄色至全部黑褐色。蒸发域端部暗黄色，基部褐色至黑色，部分标本全部褐色或黑色，臭腺沟缘圆钝，常暗黄色，被微毛。

雄虫阳茎端具 3 个骨化结构。左阳基侧突基半微隆，端部圆钝；右阳基侧突端半向端部渐窄，基半宽阔，近三角形。

量度 (mm)：雌虫：体长 5.55，宽 2.72；头长 0.40，宽 1.40；眼间距 0.53；眼宽 0.34；触角各节长：Ⅰ:Ⅱ:Ⅲ:Ⅳ= 1.08:2.18:1.0:?；前胸背板长 1.44，宽 2.20；小盾片长 1.13，基宽 1.25；缘片长 2.98；楔片长 0.47，基宽 0.45。雄虫：体长 6.60，宽 2.70-3.00；头长 0.40-0.44，宽 1.72-1.75；眼宽 0.40-0.45；触角各节长：Ⅰ:Ⅱ:Ⅲ:Ⅳ= 1.0:2.0:1.0:?；前胸

背板长 1.68-1.80，后缘宽 2.50-2.56。

观察标本：1♀，海南，1935.VI.5，F. K. To 采。

分布：海南；缅甸，泰国，马来西亚，新加坡，印度尼西亚。

讨论：本种与点毛膜盲蝽 B. lugubris Poppius 相似，前者触角第 1 节长大于或等于眼间距，头顶无强烈隆起的突起。另外，体背面颜色、前胸背板胝无刻点和阳基侧突形态可与之相区别。

雄虫生殖节描述和量度数据来自文献记载。

(112) 点毛膜盲蝽 *Bothriomiris lugubris* (Poppius, 1915) (图 91)

Bothriomiridius lugubris Poppius, 1915a: 46.

Bothriomiris lugubris: Bergroth, 1920: 70; Carvalho, 1957: 26; Gaedike, 1971: 148; Carvalho, 1980b: 650; Schuh, 1995: 20; Kerzhner *et* Josifov, 1999: 10; Gorczyca, 2005: 541; Gorczyca, 2006c: 10; Wolski *et* Gorczyca, 2012: 14; Schuh, 2002-2014.

作者未见标本，现根据 Wolski 和 Gorczyca (2012) 描述整理如下。

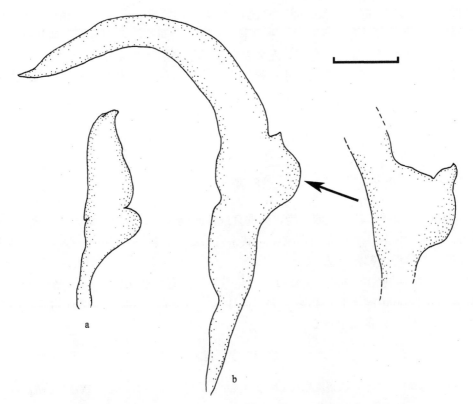

图 91　点毛膜盲蝽 *Bothriomiris lugubris* Poppius (仿 Gorczyca, 2005)

a. 右阳基侧突 (right paramere)；b. 左阳基侧突 (left paramere)；　比例尺：0.1mm

体长大于 5.5mm，密被半直立长毛，背面黑褐色至黑色，具小的黄色或褐色区域；

头顶两侧具2个小瘤状突，与眼内缘相接触；额侧面具2个明显的褐色斑，与眼内缘相接触；触角第1、2节深褐色，第1节短于眼间距，基部较窄，向端部略加粗，基部略带淡黄色，第2节被一些刚毛状毛；第3、4节黄褐色至褐色；喙深黑褐色，短粗，端部略伸过前足基节。

前胸背板胝宽，占据整个前叶，前叶适度隆起，具稀疏的清晰刻点。小盾片微隆，全部深褐色，端部具淡黄色至褐色斑。革片近端部或多或少具明显黄色或污黄色横带；楔片端部具小黄色或污黄色斑；膜片褐色，具淡灰色斑，一个位于侧缘，与边缘相接触，其他位于中部，与大翅室相接触，有时延伸至膜片内缘，少数膜片全部褐色；脉黄色。

足短，密被毛，前足基节基半暗黄色，其余部分深褐色，中、后足基节基部2/3暗黄色，端部深褐色；前足腿节全部深褐色，中足腿节深褐色，基部暗黄色，后足腿节红色，中部具长淡色斑，端部淡色；前、中足胫节黑褐色，端部具明显黄色环；跗节褐色，第2节中部分开，爪近端部具齿。左阳基侧突弯曲，基半具1明显的突起，端部尖。

腹部黑褐色，带红色。蒸发域前部红色，后部褐色，臭腺沟缘红色。

量度 (mm)：体长：6.85-7.10 (♂)，5.60-6.85 (♀)；体宽：3.00-3.12 (♂)，2.60-3.12 (♀)。

分布：台湾。

讨论：本种体背面颜色和左阳基侧突基半的突起均与 *B. sulawesicus* 相似，但可从以下特征加以区分：头顶瘤不甚突起，触角第1节短于眼间距，前胸背板胝具刻点，小盾片深褐色，端部具淡黄色至褐色斑，左阳基侧突基半突起端部尖锐。

已知的该种标本均采自台湾，正模雌性，模式标本保存于匈牙利自然历史博物馆。

五、细爪盲蝽族 Cylapini Kirkaldy, 1903

Cylapini Kirkaldy, 1903: 203 (Cylaparia). **Type genus:** *Cylapus* Say, 1832.

体狭长，常扁平，具刻点或平滑，头垂直或背腹向延伸，前面观头长短于宽的2倍，触角长，常长于体长，第1节短，常粗，其余几节细长，向端部渐细。喙较短。跗节较细长，爪细长，近端部常具齿。

目前，世界记录37属，主要分布于新热带界，只有2属 (*Cylapomorpha* Poppius、*Phylocylapus* Poppius) 分布于印度洋-太平洋地区，*Cylapomorpha* Poppius 的部分种类分布于埃塞俄比亚界。我国记录2属。

属 检 索 表

头垂直；触角第2节直；爪近端部具1明显的齿 ·······························细爪盲蝽属 ***Cylapomorpha***

头平伸；触角第2节基部1/3弯曲；爪近端部无齿 ················ 无齿细爪盲蝽属 ***Rhinocylapidius***

28. 细爪盲蝽属 *Cylapomorpha* Poppius, 1914

Cylapomorpha Poppius, 1914b: 124. **Type species:** *Cylapomorpha gracilicornis* Poppius, 1914; by monotypy.

体长卵圆形，光滑，被平伏短毛，头垂直，眼较大，触角长于体长，触角窝突出，与眼内缘相接触，触角第 1 节中部粗，短于眼间距，第 3 节长于第 2 节，下颚片狭长，喙粗而长。前胸背板领存在，前胸背板很短，平坦，前叶短，微隆，后叶波浪状。中胸盾片暴露部分宽阔，侧缘具脊，小盾片微隆。半鞘翅发达，前缘裂明显，革片窄，膜片具 2 翅室，大翅室圆。足细长，中、后足腿节端部具长毛点毛，跗节长，2 节，第 2 节游离，爪近端部具齿。

分布：台湾 (Lin & Yang, 2005)；日本，菲律宾，太平洋岛屿。

世界已知 4 种，中国记载 1 种。

(113) 斑细爪盲蝽 *Cylapomorpha michikoae* Yasunaga, 2000 (图 92)

Cylapomorpha michikoae Yasunaga, 2000b: 186; Lin *et* Yang, 2005: 17; Schuh, 2002-2014.

作者未见此种标本，现根据 Yasunaga (2000b) 描述整理如下。

体褐色，带红色，长卵圆形，两侧近平行，背面鲨鱼皮状，被均匀的深褐色至褐色毛。

头淡褐色，正面观三角形，被暗色短毛；眼向背面突出；头顶具 1 对倾斜的缝，前部分开，中部圆隆区域具 1 短中纵沟；额中度隆起；触角深褐色，第 1 节和第 2 节基部有时淡褐色或褐色，第 2 节端部黄色；喙红褐色，伸达腹部，第 4 节褐色，短，短于第 2 节之半。

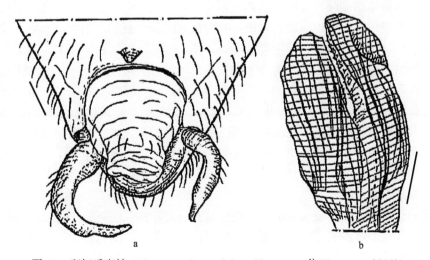

图 92　斑细爪盲蝽 *Cylapomorpha michikoae* Yasunaga (仿 Yasunaga, 2000b)
a. 生殖节背面观 (genital segment, dorsal view); b. 阳茎端 (vesica); 比例尺: 0.1mm

前胸背板红褐色，前叶中部具 1 个 "V" 形淡色斑，被暗色毛，后叶具浅横皱；胝明显；领存在，是触角第 2 节粗的 2 倍。中胸盾片红褐色，两侧具 1 对斜脊；小盾片褐色，中部具 1 个淡色纵向隆脊。

半鞘翅褐色，部分染红色，鲨鱼皮状，粗糙，被均匀的褐色半直立毛；革片中部具 1 褐色方形斑，楔片红褐色，基部淡色、半透明。

腹部深红褐色，光亮，中部常具淡色区域，雄性第 8 节后缘中部上翘。臭腺沟缘淡褐色。

雄性生殖囊背面中部具 1 指状突起。左阳基侧突弯曲；右阳基侧突近基部弯曲。阳茎端 2 叶，具细骨针。

量度 (mm)：体长：3.80-4.30 (♂)，4.10-4.40 (♀)；体宽：1.50-1.53 (♂)，1.62-1.65 (♀)。

分布：台湾 (Lin & Yang, 2005)；日本。

讨论：本种与分布于菲律宾的 *C. gracilicornis* Poppius 相似，但可从以下特征加以区分：头淡褐色，触角第 2 节端部黄色，触角第 3 节较短，不达第 2 节长的 2 倍，革片中部具 1 褐色方形斑。

Yasunaga (2000b) 记载了该种末龄若虫形态，其体形和体色与成虫相似。

Lin 和 Yang (2005) 在盲蝽科雄性外生殖器的研究文章中，描述了采自台湾南投的斑细爪盲蝽的外生殖器形态，该研究为该种在中国的首次记载，亦为该属在中国的首次记录。

29. 无齿细爪盲蝽属 *Rhinocylapidius* Poppius, 1915

Rhinocylapidius Poppius, 1915a: 48. **Type species:** *Rhinocylapidius velocipedoides* Poppius, 1915; by original designation.

体卵圆形，长翅型，被平伏鳞片状毛。头长，平伸，圆锥形，被稀疏毛，有 1 个具横皱区域。唇基端部微隆，被毛较头其他部位长。小颊具刻点，近触角窝处被长毛，眼下方被成束的较长半平伏毛。眼相对小，有时远离前胸背板领，不伸达小颊。喙细长，几伸过腹部端部，有时具刺，雄性刺较明显，第 1 节长，伸达前足基节，第 4 节细长，端部尖。触角窝远离眼边缘，触角被半平伏长毛，第 1 节圆柱形，较直，雄性基部 2/3 粗，微弯；第 2 节光亮，细，基部 1/3 弯曲，近端部粗，端部毛较浓密，雄性近基部明显粗，弯曲更为显著。前胸背板梯形；领具横皱，无毛；前叶无刻点，明显具 2 个裂口；两胝仅在前叶前部，后部具明显的中纵沟；后叶具深刻粗大刻点，侧缘具脊，或多或少具明显的斑，中部具纵沟或裂口。小盾片微隆，具横皱。半鞘翅光亮，密被深刻点和鳞片状毛，侧缘明显圆隆；缘片宽，具刻点，半鞘翅其他部位稀疏。足细长，被半平伏长毛，爪近端部不具齿。

阳茎端具 2 叶：1 个较大的位于次生生殖孔下方，具长而折叠的骨片，骨片基部较宽；另一个具长而弯曲的骨片，末端呈 1 粗而长的弯曲的具沟的骨片。

分布：台湾。

该属与 *Rhinocylapus* 相似，但本属触角第 2 节基部 1/3 弯曲、近端部较粗，缘片宽阔、具刻点等特征可与之相区分。

Carvalho (1955b) 将 *Rhinocylapus scutatus* 和 *Rh. vittatus* 移至无齿细爪盲蝽属。Gorczyca (2006c) 认为无齿细爪盲蝽属是 *Rhinocylapus* 属的异名。Wolski (2010) 提出 *Rh. velocipedoides* 具有一系列独特特征 (如雄性触角第 2 节的形态、缘片宽而具刻点以及阳茎端输精管相对长等)，因此认为该属成立，不应是 *Rhinocylapus* 属的异名。本志采用 Wolski (2010) 的观点。

世界已知 1 种，中国已有记载。

(114) 台无齿细爪盲蝽 *Rhinocylapidius velocipedoides* Poppius, 1915 (图 93)

Rhinocylapidius velocipedoides Poppius, 1915a: 49; Carvalho, 1957: 23; Gaedike, 1971: 151; Carvalho, 1980b: 656; Schuh, 1995: 35; Gorczyca, 2006c: 73; Wolski, 2010: 20.

作者未见标本，现根据 Wolski (2010) 描述整理如下。

体深褐色，具黑色区域。头平伸，长，黑褐色，近黑色，仅小颊端部红色；触角深色，第 1 节全部深褐色；第 2 节深褐色，略淡于第 1 节，雄性色较淡，基部黄色；第 3、4 节深褐色；喙褐色，第 4 节污黄褐色，喙伸过生殖节。

前胸背板暗褐色，前叶近黑色，后叶在胝后部具 1 个 "T" 形淡色斑，纵向伸达前胸背板后缘，雄性斑近三角形。中胸盾片和小盾片黑色。胸部侧板黑色，蒸发域污褐色。

半鞘翅深褐色，爪片接合缝处近小盾片端部有时染黄色，缘片很宽，具刻点，膜片较短。

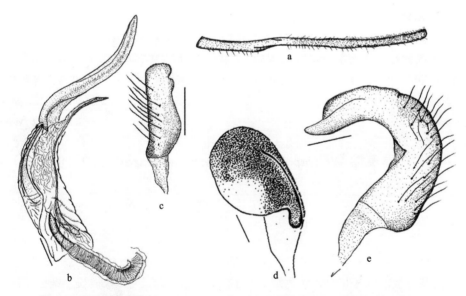

图 93　台无齿细爪盲蝽 *Rhinocylapidius velocipedoides* Poppius (仿 Wolski, 2010)

a. 雄性触角第 2 节 (antennal segment 2 in male)；b. 阳茎端 (vesica)；c. 右阳基侧突 (right paramere)；d、e 左阳基侧突不同方位 (left paramere in different views)；比例尺：0.1mm

足基节深褐色至黑色；腿节褐色，基部深褐色；胫节污黄褐色，基部渐呈淡深褐色；跗节污黄色。腹部深褐色至黑色。

量度 (mm)：体长 7.85-8.00 (♂)、5.2-5.3 (♀)，宽 3.20-3.25 (♂)、1.9 (♀)。

分布：台湾 (Poppius, 1915a)。

正模雌性，Sauter 和 Huhosho 于 1909 年采自中国台湾，保存于匈牙利自然历史博物馆。

六、尖头盲蝽族 Fulviini Uhler, 1886

Fulviini Uhler, 1886: 19. **Type genus:** *Fulvius* Stål, 1862.

体小到中型，狭长或长卵圆形，头平伸，狭长，略短或略长于宽，触角短于体长，第 2 节最长最粗，第 2、4 节细，通常短。喙细长，至少伸过中足腿节，常更长。中胸盾片常宽阔暴露，有时部分被前胸背板遮盖。臭腺沟缘位置常偏后。半鞘翅常发达，但亦存在短翅型，长翅型常具明显的楔片缝，膜片具 2 翅室或单一翅室。前足基节和前足腿节长，跗节窄，2 节，第 2 节常分开，爪近端部通常具齿。

本族是细爪盲蝽亚科中种类最为丰富的类群，世界记录 58 属。中国已知 4 属，其中包括 2 个中国新纪录属。

属 检 索 表

1. 半鞘翅具明显刻点，触角第 3、4 节之和明显长于第 2 节长 ⋯⋯⋯⋯⋯ **塞盲蝽属 Cylapofulvidius**
   半鞘翅无刻点，触角第 3、4 节之和短于第 2 节长 ⋯⋯⋯⋯⋯⋯⋯⋯⋯⋯⋯⋯⋯⋯⋯⋯2
2. 前胸背板侧缘抬升；背面观，半鞘翅常明显宽于前胸背板后缘宽 ⋯⋯⋯⋯⋯⋯⋯⋯⋯⋯ 3
   前胸背板侧缘不抬升；背面观，半鞘翅常不宽于前胸背板后缘宽 ⋯⋯⋯⋯ **尖头盲蝽属 Fulvius**
3. 头顶具明显的瘤突 ⋯⋯⋯⋯⋯⋯⋯⋯⋯⋯⋯⋯⋯⋯⋯⋯⋯⋯⋯⋯ **苏盲蝽属 Sulawesifulvius**
   头顶无瘤突 ⋯⋯⋯⋯⋯⋯⋯⋯⋯⋯⋯⋯⋯⋯⋯⋯⋯⋯⋯⋯⋯⋯⋯⋯ **佩盲蝽属 Peritropis**

30. 塞盲蝽属 *Cylapofulvidius* Chérot *et* Gorczyca, 2000

Cylapofulvidius Chérot *et* Gorczyca, 2000: 221. **Type species:** *Cylapofulvidius zetteli* Chérot *et* Gorczyca, 2000; by original designation.

体中小型，长卵圆形，具刻点，密被长毛，头狭长，平伸，头顶具 1 个较明显中纵沟，眼与前胸背板前缘相接触，触角细，第 1、2 节端部略膨大。喙很长，雄虫伸达生殖节，雌虫超过后足基节，第 1 节侧面观约等于头长。前胸背板无领，相对长，梯形，前叶刻点较浅，微隆，具短窄中纵沟，后叶具深刻点，后缘和侧缘几乎直，中胸盾片部分被前胸背板遮盖，平滑，小盾片具刻点，顶端光滑。半鞘翅发达，具明显刻点，侧缘圆隆，缘片分隔较浅，无楔片缝，中裂明显，膜片具 2 翅室，脉明显。前足基节和前足腿节明显长，前腿节具 1 列长直立毛，后足长，后腿节具一些毛点毛。跗节 2 节，第 2 节游离，爪近端部明显具齿。阳基侧突小，阳茎端膜质。

分布：云南；泰国。

该属与 *Cylapofulvius* Poppius 属相似，但本属前胸背板侧缘几乎直，前胸背板领缺，明显分开的胝和狭窄的缘片可与之相区别。

全世界已知 4 种。该属为中国首次记录，中国已知 1 种。

(115) 线塞盲蝽 *Cylapofulvidius lineolatus* Chérot *et* Gorczyca, 2000 (图 94；图版 X：153)

Cylapofulvidius lineolatus Chérot *et* Gorczyca, 2000: 227; Schuh, 2012-2014.

雄虫：体小型，狭长，卵圆形，深色，具黄色和橙色斑和带，密被粗大刻点。

头平伸，斜下伸，长略大于宽，暗色，被细密刻点和稀疏淡色极短毛。头顶微隆，具 2 个小黄色斑，斑微肿胀，与眼内缘相接触，眼间距是眼宽的 1.26 倍，后缘脊明显，中部较低平，中纵沟宽浅。额较平坦，具 2 个小黄色斑，与触角基节内缘相接触，有时不明显。唇基微隆，红褐色，基部色略深，与额平行。头侧面暗红褐色。喙长，第 1 节褐色，带红色，第 2 节淡褐色，第 3、4 节深褐色，略伸过腹部中央。复眼大，银白色。触角第 1 节细，淡色，端部色略深，染红色；第 2 节深褐色，基部 1/3 淡褐色，端部略粗，被短毛和长毛，长毛长于该节直径；第 3、4 节细，色较深，毛被同第 2 节，第 4 节端部略加粗。

前胸背板微隆，前倾，密被深刻粗大刻点，侧缘中部微凹，后侧角略小于直角，端角圆，后缘中部略内凹。前胸背板深褐色，侧缘脊黄色，前叶几乎全部黑色，胝宽大，几乎占据整个前叶，较平坦；后叶具 3 个延伸至后缘的三角形黄橙色斑：2 个位于后侧角，1 个位于中部。胸部侧板黑褐色。中胸盾片和小盾片一色黑色，具粗大刻点和浅横皱，小盾片中部具 1 纵脊，延伸至端角，脊端部带微弱的红色。

半鞘翅两侧圆隆，暗褐色，具黄色肿胀带和橙黄色斑，被黑色刻点和稀疏淡色短毛。爪片褐色，中部沿爪片接合缝具 1 个椭圆形黄色斑，内缘沿接合缝橙色，沿爪片脉形成 1 个淡黄色带；革片基部伸出 2 条淡色短纵带，伸过爪片中部，带中间具 1 个大黄橙色斑，后缘具 1 个隆起区域，革片端部接近膜片区域黄色，近端部具 1 橙红色横带，中部具 2 个狭长黄色短纵斑；缘片基部具 1 黄色短纵带，不超过小盾片端部；膜片暗色，半透明，小翅室和大翅室端部脉及周围区域淡色。

足密被淡色长毛，基节淡色，染红色，腿节红褐色，端部淡色，中、后足腿节端部染红色；胫节褐色，端部略膨大，前足胫节浅黄褐色，端部染红色，中、后足胫节端部 1/3 淡色；跗节淡黄褐色，3 节，第 1 节最长；爪淡褐色。

腹部黑褐色，密被淡色毛。臭腺沟缘深褐色。

雄虫生殖囊黑褐色，密被淡色长毛，长度约为整个腹长的 1/7。阳茎锥形。左阳基侧突弯曲，基半略膨大，端半细长，端部膨大；右阳基侧突端部具 1 个明显的突起。

雌虫：与雄虫相似，色斑颜色反差较小，脉不明显。

量度 (mm)：雄虫：体长 3.80，宽 1.43；头长 0.50，宽 0.82；眼间距 0.29；眼宽 0.23；

触角各节长：Ⅰ:Ⅱ:Ⅲ:Ⅳ=0.42:0.96:0.68:0.52；前胸背板长 0.78，后缘宽 1.33；小盾片长 0.47，基宽 0.69；缘片长 2.17。雌虫：体长 3.90，宽 1.56，头长 0.52，宽 0.83；眼间距 0.28；眼宽 0.26；触角各节长：Ⅰ:Ⅱ:Ⅲ:Ⅳ=0.39:0.91:0.78:0.54；前胸背板长 0.78，后缘宽 1.40。

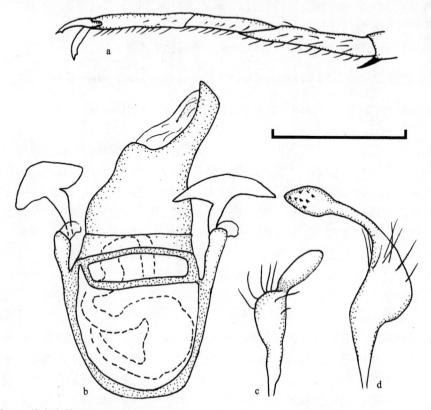

图 94　线塞盲蝽 *Cylapofulvidius lineolatus* Chérot *et* Gorczyca（仿 Chérot & Gorczyca, 2000）

a. 跗节和爪 (tarsi and claws)；b. 阳茎 (aedeagus)；c. 右阳基侧突 (right paramere)；d. 左阳基侧突 (left paramere)；

比例尺：0.2mm

观察标本：1♂，云南西双版纳勐仑，1000m，2009.Ⅵ.3，灯诱。

分布：云南；泰国。

讨论：本种与分布于苏拉威西岛的 *C. webbi* Cherot *et* Gorczyca 相似，但前者前胸背板后叶具 3 个三角形橙色斑，中胸盾片和小盾片一色黑色，革片具淡色纵带，雄性外生殖器结构亦可相互区分。

雌虫描述和量度数据来自文献记载。

本种为中国首次记录。

31. 尖头盲蝽属 *Fulvius* Stål, 1862

Fulvius Stål, 1862: 322. **Type species:** *Fulvius anthocorides* Stål, 1862; by monotypy.

Teratodella Reuter, 1875: 77. **Type species:** *Teratodella anthocoroides* Reuter, 1875; by monotypy.

Synonymized by Reuter, 1895b: 131.

Pamerocoris Uhler, 1877: 424. **Type species:** *Pamerocoris anthocoroides* Uhler, 1877 (=*Fulvius slateri* Wheeler, 1977); by monotypy. Synonymized by Reuter, 1895b: 131.

Camelocapsus Reuter, 1878: 140. **Type species:** *Camelocapsus oxycarenoides* Reuter, 1878; by monotypy. Synonymized by Reuter, 1895b: 136.

Silanus Distant, 1909: 519. **Type species:** *Silanus praefectus* Distant, 1909; by monotypy. Synonymized by Bergroth, 1914: 188.

体狭长，光滑，多为深褐色至褐色，大多数种在爪片中部和楔片基部具白色区域。头平伸；眼大，接近前胸背板前缘，侧面观下缘伸达小颊下缘；头顶后缘无脊；额圆隆；唇基突出；触角第 1 节较其他节粗，第 2 节较细长，密被毛，毛长约等于该节直径，第 3、4 节较细长；喙伸达后足基节端部，或伸达生殖节。前胸背板梯形，具领，胝大而相互接触，占据前部的 2/3，后缘凸，后侧角圆。中胸背板宽阔暴露，小盾片平坦，端角尖。半鞘翅具明显的楔片和缘片，缘片窄，楔片宽于缘片，端部窄，膜片具 1 翅室。腿节长，胫节被短毛，跗节长。爪近端部常具齿。左阳基侧突基半平，顶部钩状，阳茎端具特殊的呈束的细长骨片。

分布：台湾、海南、香港、云南、西藏；新热带界、埃塞俄比亚界和东洋界。

一些学者认为该属跗节为 3 节，但是 Yasunaga (2000b) 指出日本种为 2 节。

尖头盲蝽属为细爪盲蝽亚科中最大的属。Schuh (1976) 讨论了尖头盲蝽属在细爪盲蝽亚科中的系统发生地位。Carvalho 和 Ferreira (1994) 提供了新热带界细爪盲蝽的属级检索表，其中包含尖头盲蝽属。Carvalho 和 Costa (1994) 修订了美洲的尖头盲蝽属，描述了 22 新种，并编制了已知的 42 种的检索表。多数学者认为尖头盲蝽属隶属于细爪盲蝽亚科的尖头盲蝽族 Fulviini (如：Henry & Wheeler, 1988; Carvalho & Ferreira, 1994)，但是 Schmitz 和 Stys (1973) 提出给予其亚科地位，该提议被 Schuh (1976) 否决了。Schuh (1995) 在他的世界性名录中将该族作为细爪盲蝽族 Cylapini 的次异名，但是 Gorczyca (2000) 基于支序分析，将该亚科分为 4 个族，其中包含尖头盲蝽族。Sadowska-Woda 等 (2006) 对尖头盲蝽属 12 种的雌虫生殖节进行了了研究，为该类群研究的进一步深入做出了贡献。Sadowska-Woda 等(2008) 基于分子数据对该属进行了系统学分析。

虽然关于尖头盲蝽属的生物学信息记载很少，但是有证据表明该属部分成员是捕食性的，也有可能是菌食性的。该属大部分种类是通过灯诱诱集的 (Carvalho, 1956; Maldonado, 1969; Schuh, 1976)，其中 *F. vicosensis*、*F. imbecilis* 被观察到捕食双翅类和鞘翅类的幼虫以及其他身体柔软的节肢动物。通常在一些潮湿的地方或者在白杨 *Populus* sp. 的松散树皮上面的真菌上被发现 (Kelton, 1985)。*F. quadristillatus* 被发现与巴西亚马孙内格罗河 (Rio Negro) 源头的腐败的树上生长的真菌有关系 (Carvalho, 1954)，并且在真菌丰富的垃圾堆和食物残渣中也被大量发现 (Schuh, 1976)，但是这些地方同样有丰富的易于捕食的幼虫。Gorczyca (2000) 记载了该属一种可以通过食用蝴蝶的卵和幼虫生长多个世代。*F. paranaensis* 被发现吸食脊椎动物尸体中的液体物质，从不同的节肢动物猎物所获得的营养物质可能是非常不同的。

世界已知 83 种，本志记述中国 5 种，其中包括 1 个新种。

种 检 索 表

1. 爪片端部淡色 ……………………………………………………… 丝尖头盲蝽 *F. subnitens*
   爪片端部褐色 ………………………………………………………………………………… 2
2. 爪片一色暗褐色 …………………………………………………… 暗尖头盲蝽 *F. tagalicus*
   爪片基部淡色或白色 ……………………………………………………………………… 3
3. 头长等于或短于头宽；触角第 2 节端部 1/3 淡黄白色 …………… 花尖头盲蝽 *F. anthocoroides*
   不如上述 …………………………………………………………………………………… 4
4. 小盾片端部淡黄白色 ………………………………… 藏尖头盲蝽，新种 *F. tibetanus* sp. nov.
   小盾片完全黑褐色 ………………………………………………… 地尖头盲蝽 *F. dimidiatus*

(116) 花尖头盲蝽 *Fulvius anthocoroides* (Reuter, 1875) (图 95；图版 X：154, 155)

Teratodella anthocoroides Reuter, 1875: 8.

Fulvius brevicornis Reuter, 1895a: 138. Unnecessary new name for *Teratodella anthcoroides* Reuter, 1875.

Fulvius dolobratus Distant, 1913: 181. Synonymized by Carvalho, 1981b: 3. Synonymized by Gorczyca, 2006c: 33.

Fulvius samoanus Knight, 1935: 203. Synonymized by Carvalho, 1956: 6.

Fulvius anthocoroides: Wheeler, 1977: 589; Kerzhner *et* Josifov, 1999: 8; Gorczyca, 2000: 65; Yasunaga, 2000b: 189; Gorczyca, 2002a: 12; Gorczyca, 2006c: 33; Hernandez *et* Henry, 2010: 45; Schuh, 2002-2014.

雄虫：体狭长，褐色，被淡色半直立短毛。

头略下倾，圆锥形，背面观长是宽的 0.88 倍，深褐色，被淡色半直立短毛。头顶略微隆，眼间距是眼宽的 2.36 倍，后缘脊不显著。唇基略下倾。小颊和上颚片黄褐色，下颚片染红色。喙伸达生殖节，黄褐色，端部褐色。复眼大，侧面观下缘约与头等高，红褐色，略伸出。触角深褐色，被褐色半直立短毛，第 1 节圆柱状，基部略细，第 2 节较第 1 节细，向端部渐粗，端部 1/3 淡黄白色，第 3、4 节线状，毛较前两节长，长于第 3 节直径。

前胸背板钟形，深褐色，光泽弱，被淡色短毛。侧缘中部略内凹，后侧角略小于 90°，微翘起，后缘中部内凹，凹陷部分宽于小盾片基宽。领褐色。胝宽大，长度占前胸背板中部长的 4/5，略突出，两胝相连，中部具 1 纵沟。前胸侧板深褐色，具光泽，二裂，上翘，背面观翘起部分可见。中胸盾片外露部分宽，褐色，略染红色，被淡色短毛。小盾片深褐色，接近正三角形，微隆，具横皱，被淡色半直立短毛。中胸侧板和后胸侧板深褐色，染红色，具光泽。

半鞘翅两侧近平行，黄褐色，基部 1/3 淡黄白色，被淡褐色短毛。爪片中部具 1 纵脊，从基角延伸至端部外侧，端部 1/3 褐色；缘片外缘褐色，基部 1/3 淡黄白色，向端部渐呈褐色至红褐色，端部具 1 淡黄白色圆斑，略向革片延伸；楔片褐色，外缘 2/3 染红色；膜片烟色，半透明，脉灰褐色，具数条纵向褶皱。

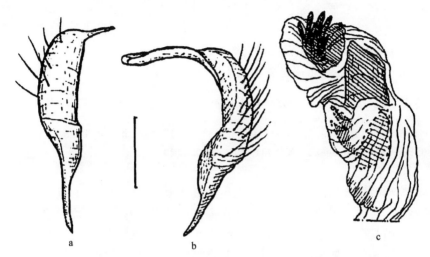

图 95　花尖头盲蝽 *Fulvius anthocoroides* (Reuter) (仿 Yasunaga, 2000b)

a. 右阳基侧突 (right paramere)；b. 左阳基侧突 (left paramere)；c. 阳茎端 (vesica)；比例尺：0.1mm

足深褐色，被淡色半直立短毛，基节较长，端部淡色，腿节粗，压扁，端部红色，胫节黄褐色，具 3 列褐色小刺，跗节长，第 2 节长于第 1 节。爪黄褐色。

腹部深褐色，具光泽，被淡色半直立短毛。臭腺小，长圆形，臭腺沟缘褐色。

雄虫生殖囊深褐色，圆柱状，被淡色长毛，长度约为整个腹长的 1/3。左阳基侧突弯曲，基半微隆，端半细长，弯曲，端部具 1 钩状结构；右阳基侧突端半细长。阳茎无完整骨针，具 1 小丛刺。

雌虫：体略宽大，喙短，伸达腹部中部，不伸达生殖节。

量度 (mm)：体长 2.61 (♂)、3.05-3.11 (♀)，宽 1.12 (♂)、1.15-1.17 (♀)；头长 0.43 (♂)、0.46-0.48 (♀)；宽 0.49 (♂)、0.54-0.56 (♀)；眼间距 0.26 (♂)、0.28-0.29 (♀)；眼宽 0.11 (♂)、0.13-0.14 (♀)；触角各节长：Ⅰ∶Ⅱ∶Ⅲ∶Ⅳ=0.28∶0.74∶0.31∶0.43 (♂)、0.27-0.29∶0.75-0.78∶0.33-0.36∶0.47-0.52 (♀)；前胸背板长 0.36 (♂)、0.40-0.41 (♀)，后缘宽 0.80 (♂)、0.90-0.96 (♀)；小盾片长 0.30 (♂)、0.31-0.36 (♀)，基宽 0.37 (♂)、0.43-0.44 (♀)；缘片长 1.09 (♂)、1.40-1.42 (♀)；楔片长 0.25 (♂)、0.26-0.27 (♀)，基宽 0.25 (♂)、0.27-0.28 (♀)。

观察标本：1♂1♀，中国，1941.Ⅸ.29，N. Y. City 采；1♀，中国，1942.Ⅴ.12，Noboken 采。

分布：台湾、香港；日本，印度，泰国，斯里兰卡，马来西亚，新加坡，古巴，马提尼克，澳大利亚，萨摩亚，加纳，马拉维，马里亚纳群岛，科隆群岛，尼日利亚，塞内加尔，塞舌尔，巴哈马群岛，巴拿马，特立尼达岛，委内瑞拉，巴西，智利，哥斯达黎加，牙买加。

讨论：本种与地尖头盲蝽 *F. dimidiatus* Poppius 相似，但本种头长不大于宽，且触角第 2 节端部 1/3 淡黄白色，其雄性外生殖器结构可与之相互区别。

Reuter (1875b) 描述了法国的该种，采自从非洲塞内加尔进口的木材上。日本学者Yasunaga (2000b) 报道了日本的 Mr. Takahashi 在石垣岛 (Ishigaki) 的枯草下面发现过该种，而 Yasunaga 在小笠原诸岛上大片阔叶树的枯树枝上采集到一系列标本。他的采集记录也显示了花尖头盲蝽 *F. anthocoroides* (Reuter) 可能每年有 2 代或更多代。本研究标本信息中有采自葛根(kudzu root) 及某种藤条上的记载。

Gorczyca (2002a) 记述了采自香港的 3 头该种标本。

(117) 地尖头盲蝽 *Fulvius dimidiatus* Poppius, 1909 (图版 X: 156, 157)

Fulvius dimidiatus Poppius, 1909a: 33; Carvalho, 1957: 17; Carvalho, 1980a: 643; Yasunaga, 2000b: 189; Yasunaga *et* Miyamoto, 2006: 731; Schuh, 2002-2014.

雄虫：体小型，狭长，黑褐色，被褐色半直立短毛。

头黑褐色，狭长，平伸，略下倾，密被褐色半直立短毛。头顶黑褐色，后缘在眼后区域具 2 个模糊黄褐色斑，光泽较弱，眼间距是眼宽的 1.53 倍，中纵沟较浅，未延伸至头顶后缘。额黑褐色，狭长，较平坦。唇基黑褐色，微隆，下倾，小颊黑褐色，被褐色半直立短毛，上颚片、下颚片黑褐色，无毛，具光泽，狭长。喙黄褐色，伸过后足基节末端，第 1 节较长，略短于头长，较粗，深褐色，端部 1/3 黄褐色，第 2 节黄褐色，第 3、4 节深褐色。复眼大，背面观狭椭圆形，侧面观肾形，超过颊下缘，红褐色。触角第 1、2 节黑褐色，较粗壮，向端部渐粗，被淡色半直立毛，毛短于该节直径，第 2 节端部 1/6 淡黄白色，第 3、4 节较细长，第 4 节略长于第 3 节，被毛较长，长于该节直径的 2 倍。

前胸背板钟形，侧面观胝区隆起，后缘平，黑褐色，具弱光泽，具细横皱，被淡色平伏短毛。前胸背板侧缘略内凹，后侧角指状伸出，略外展，后缘中部平。领黄褐色，前缘黑褐色。胝占前胸背板长度的 2/3，圆隆突出，两胝相连，中部具 1 纵沟。前胸侧板黑褐色，下部色略淡，二裂，前叶下部向背面翘起，背面观边缘可见。中胸盾片外露部分宽阔，中部长约为小盾片长的 1/2，被淡色短毛。小盾片长三角形，黑褐色，侧面观微隆，具弱光泽，被淡色半直立短毛。中胸侧板和后胸侧板具细横皱，黑褐色。

半鞘翅侧面观平，被淡色半直立毛，黑褐色，基半黄色。爪片较宽，基部红色，端部褐色，爪片接合缝处黑褐色；革片端部外侧和缘片端部乳白色，革片端部外侧与缘片端部具明显乳白色斑。缘片外缘褐色，端部深色部分较革片色深；楔片宽三角形，黑褐色膜片浅灰褐色，脉清晰，烟褐色。

足黑褐色，被淡色半直立毛，中、后足基节端半淡黄色；腿节粗大，扁平，顶端染红色，前、中足端部淡黄色；胫节黄褐色，细长，基部染红色，具 4 列黑褐色小刺，无明显胫节刺；跗节长，黄褐色。爪细长，褐色。腹部红褐色，被淡色半直立毛。臭腺沟缘狭长，黑褐色。

雄虫生殖囊红褐色，被淡色半直立毛，长度约为整个腹长的 1/5。左阳基侧突弯曲，端半狭长，较直，近端部略膨大，端部具 1 小钩，基半微隆，扭曲；右阳基侧突膨大，腹面具 1 小突起，端部较尖。

雌虫：体型、体色与雄虫相似，只是体略大，部分种类头顶后缘斑不明显。

量度 (mm)：体长 3.40 (♂)、3.55-4.05 (♀)、宽 1.10 (♂)、1.25-1.30 (♀)；头长 0.56 (♂)、0.59-0.61 (♀)、宽 0.53 (♂)、0.54-0.55 (♀)；眼间距 0.23 (♂)、0.24-0.26 (♀)；眼宽 0.15 (♂)、0.12-0.13 (♀)；触角各节长：Ⅰ:Ⅱ:Ⅲ:Ⅳ=0.35:0.90:0.39:0.51 (♂)、0.31-0.38:0.78-0.91:0.33-0.42:0.44-0.50 (♀)；前胸背板长 0.44 (♂)、0.46-0.50 (♀)，后缘宽 0.94 (♂)、1.00-1.09 (♀)；小盾片长 0.40 (♂)、0.47-0.48 (♀)，基宽 0.41 (♂)、0.45-0.59 (♀)；缘片长 1.42 (♂)、1.71-1.73 (♀)；楔片长 0.29 (♂)、0.34-0.36 (♀)，基宽 0.25 (♂)、0.27-0.28 (♀)。

观察标本：1♀，海南吊罗山，1964.Ⅲ.28，刘胜利采；1♀，海南霸王岭保护区林业局，150m，2008.Ⅳ.9，灯诱，蔡波采；1♀，海南陵水吊罗山南喜保护站，300m，2011.Ⅶ.27，穆怡然采。1♂2♀，云南隆阳百花岭，1600m，2006.Ⅶ.11，朱卫兵采。

分布：台湾、海南、云南；日本，马来西亚。

讨论：本种与花尖头盲蝽 *F. anthocoroides* (Reuter) 相似，可以通过前者触角第 2 节仅端部 1/6 淡色、半鞘翅基半黄色和阳基侧突形态相互区分。另外亦与 *F. ussurimsis* Kerzhner 相似，但前者触角颜色更深，端部淡色，革片与爪片基部淡色部分更宽阔。

本种正模雌性，1889 年采自马来西亚的槟榔屿，海拔 600-800m，保存于意大利热那亚的 Giacomo Doria 自然历史博物馆 (未检查)。

本研究为该种在中国大陆地区的首次分布记录。

(118) 丝尖头盲蝽 *Fulvius subnitens* Poppius, 1909 (图 96)

Fulvius subnitens Poppius, 1909a: 34; Carvalho, 1957: 19; Carvalho *et* Lorenzato, 1978: 139; Carvalho, 1980a: 644; Carvalho, 1980b: 652; Gorczyca, 2000: 83; Gorczyca, 2006c: 41; Schuh, 2002-2014.

Fulvius sauteri Poppius, 1915a: 50. Synonymized by Gorczyca, 2006c: 41.

作者未见标本，现根据 Carvalho 和 Lorenzato (1978) 描述整理如下。

体狭长，褐色至淡褐色，被黄色平伏短毛，半鞘翅基部和端部以及楔片端部淡色，形成明显的 5 个斑。

头褐色至黑褐色，长而尖，与前胸背板等长，头前部等宽 (♂) 或宽于 (♀) 眼直径，适度下倾。眼大而突出，背面观长卵圆形，侧面观延伸至咽，前后缘均弯。颈中部长短于后缘宽的一半，是端部宽的 2 倍。触角从眼前缘伸出，较短，被半直立毛，第 1 节短于头长，略短于头前部宽，外侧端部常呈红色；第 2 节端部 1/2 或 1/3 淡黄色，长是第 1 节的 2 倍，端部膨胀，略细于第 1 节最粗处，略长于 (♂) 或等长于 (♀) 前胸背板基部宽。喙黄色，伸达生殖节，第 1 节长于头，短于第 2 节的一半，短于第 4 节的 1/3。

前胸背板胝微隆起，后部被 1 个长的宽阔沟隔开。雄性半鞘翅显著长，雌性约等于体长，爪片端部淡色，革片外侧褐色，缘片红色，楔片长约等于基部宽，最端部橙色。

足黄褐色，基节端部白色，前足腿节长，明显扁平，后足腿节端部红色。胫节褐色至淡黄色。

雌虫第 9 节收缩，产卵器水平。

雄虫生殖囊不对称，开口偏左侧，左阳基侧突大，镰刀状，强烈弯曲，基部具 1 个大槽；右阳基侧突小，简单。

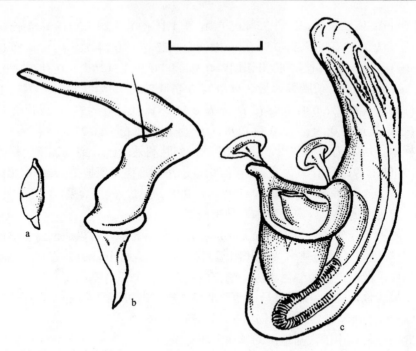

图 96　丝尖头盲蝽 *Fulvius subnitens* Poppius (仿 Carvalho & Lorenzato, 1978)

a. 右阳基侧突 (right paramere)；b. 左阳基侧突 (left paramere)；c. 阳茎 (aedeagus)；比例尺：0.1mm

量度 (mm)：体长 3.6 (♂)、3.8 (♀)，宽 1.0 (♂)、1.2 (♀)。

分布：台湾 (Poppius, 1915a)；乌干达，巴布亚新几内亚，塞舌尔群岛，坦桑尼亚。

讨论：本种与花尖头盲蝽 *F. anthocoroides* (Reuter) 相似，但可从以下特征加以区分：前者体更长，触角第 2 节颜色及喙结构都不同，半鞘翅斑更白，亦可根据体色和雄性外生殖器结构进行鉴别。

正模雄性，Poppius 于 1909 年采自乌干达，保存于意大利热那亚的 Giacomo Doria 自然历史博物馆。

(119) 暗尖头盲蝽 *Fulvius tagalicus* Poppius, 1914 (图 97)

Fulvius tagalicus Poppius, 1914b: 128; Carvalho, 1957: 19; Schuh, 1995: 29; Kerzhner *et* Josifov, 1999:
　　8; Yasunaga, 2000b: 190; Schuh, 2002-2014.

作者未见标本，现根据 Yasunaga (2000b) 描述整理如下。

体褐色，触角深褐色，第 2 节端部 1/3 黄白色。头和前胸背板全部深褐色。革片、爪片一色暗褐色，缘片端部具 1 个乳黄色带。腿节几一色深色，端部略淡，胫节黄褐色。

右阳基侧突感觉叶端部具 1 个小突起。阳茎具 1 个明显的半圆形弯曲的细长骨片，以及一些带状骨片。

目前没有雌性记载。

量度 (mm)：体长 (♂) 2.6-2.9，宽 0.95-0.97。

正模雄性，由 Poppius 于 1914 年记载的采自菲律宾吕宋岛的标本建立，保存于芬兰赫尔辛基大学动物博物馆。

分布：台湾；琉球群岛，菲律宾。

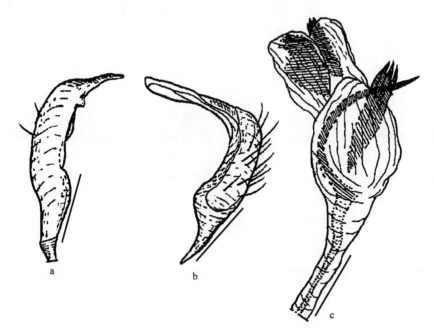

图 97　暗尖头盲蝽 *Fulvius tagalicus* Poppius (仿 Yasunaga, 2000b)

a. 右阳基侧突 (right paramere)；b. 左阳基侧突 (left paramere)；c. 阳茎端 (vesica)；比例尺：0.1mm

Poppius (1915a) 记载了该种在台湾的分布，之后再也没有中国地区该种的分布记载。Yasunaga (2000b) 记述了该种在琉球群岛的分布，并记载了该种标本可以通过敲打枯干树枝采得。

(120) 藏尖头盲蝽，新种 *Fulvius tibetanus* Liu *et* Mu, sp. nov. (图 98；图版Ⅹ: 158，159)

雄虫：体狭长，黄褐色，被淡色半直立短毛。触角第 2 节端部 1/5、小盾片顶端和缘片端部淡黄色，楔片褐色，端部红色。

头平伸，长圆锥形，长是宽的 1.18 倍，深褐色，被淡色半直立短毛。头顶略微隆，眼间距是眼宽的 1.85 倍，眼后各具 1 淡黄色斑，后缘脊不显著。额微隆。唇基平伸。小颊和上颚片黄褐色，下颚片染红色。喙伸达腹部中部，黄褐色，端部褐色。复眼大，侧面观下缘约与头下缘平齐，红褐色，略伸出。触角深褐色，被褐色半直立短毛，第 1 节圆柱状，基部略细，第 2 节较第 1 节细，向端部渐粗，端部 1/5 淡黄白色，第 3、4 节线状，毛较前两节长，长于第 3 节直径。

前胸背板钟形，褐色，两侧深褐色，光泽弱，被淡色短毛。侧缘中部略内凹，后侧角略小于 90º，微翘起，后缘中部内凹，凹陷部分宽于小盾片基宽。领褐色。胝宽大，略突出，两胝相连。前胸侧板深褐色，具光泽，二裂，上翘，背面观翘起部分可见。中胸盾片外露部分宽，中部褐色，两侧淡黄褐色，略染红色，被淡色短毛。小盾片深褐色，顶端淡黄白色，接近正三角形，微隆，具横皱，被淡色半直立短毛。中胸侧板和后胸侧板深褐色，基部染红色，具光泽。

半鞘翅两侧近平行，黄褐色，半透明，被淡褐色短毛。爪片中部具 1 纵脊，从基角延伸至端部外侧，缘片外缘向端部渐染红色，端部近楔片缝处具 1 横向红斑，楔片褐色端部染红色，膜片烟色，半透明，脉灰褐色，具数条纵向褶皱。

足黄褐色，被淡色半直立短毛，基节较长，基部褐色，腿节端部红色，胫节端部渐呈灰褐色，具 4 列褐色小刺，跗节长，第 2 节长于第 1 节。爪黄褐色。

腹部深褐色，具光泽，被淡色半直立短毛。臭腺小，圆形，臭腺沟缘褐色。

雄虫生殖囊深褐色，圆柱状，被淡色长毛，长度约为整个腹长的 1/4。阳茎端具 1 粗大环状弯曲骨针及 3 个狭长小骨片，另具 1 个披针状附器。左阳基侧突弯曲，基半膨大，具 2 个隆起，端半狭长，顶端回折；右阳基侧突基半膨大，圆隆，腹面具 1 个小三角形突起，端半狭长，向端部渐细，顶端圆钝。

雌虫：体型、体色与雄虫相似，部分种类腹部颜色略淡，各节间呈黄色至红色。

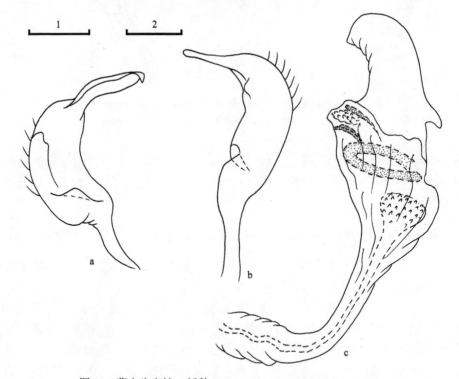

图 98 藏尖头盲蝽，新种 *Fulvius tibetanus* Liu et Mu, sp. nov.

a. 左阳基侧突 (left paramere)；b. 右阳基侧突 (right paramere)；c. 阳茎端 (vesica)；比例尺：1=0.1mm (a、b)，2=0.1mm (c)

量度 (mm)：体长 3.80-3.85 (♂)、3.90-4.15 (♀)，宽 1.25 (♂)、1.25-1.30 (♀)；头长 0.63-0.66 (♂)、0.63-0.64 (♀)，宽 0.54-0.55 (♂)、0.54-0.58 (♀)；眼间距 0.26 (♂)、0.26-0.28 (♀)；眼宽 0.14-0.15 (♂)、0.14-0.16 (♀)；触角各节长：Ⅰ:Ⅱ:Ⅲ:Ⅳ=0.43-0.54:1.08-1.09:0.48-

0.58:0.23-0.28 (♂)、0.45:1.20:0.25:0.13 (♀)；前胸背板长 0.43 (♂)、0.44-0.49 (♀)，后缘宽
1.03-1.09 (♂)、1.07-1.13 (♀)；小盾片长 0.44-0.45 (♂)、0.43-0.48 (♀)，基宽 0.49-0.53 (♂)、
0.48-0.56 (♀)；缘片长 1.60-1.63 (♂)、1.64-1.77 (♀)；楔片长 0.37-0.38 (♂)、0.39-0.43 (♀)，
基宽 0.24-0.25 (♂)、0.28-0.29 (♀)。

种名词源：根据模式标产地命名。

模式标本：正模♂，西藏波密易贡，2300m，1983.Ⅷ.16，韩寅恒采。副模：1♂2♀，
同正模 (保存在中国科学院动物研究所)。

分布：西藏。

讨论：本种与地尖头盲蝽 *F. dimidiatus* Poppius 相似，但前者小盾片端部淡黄白色，
体色较淡，半鞘翅缘片外缘向端部渐染红色，阳茎端具粗大环状弯曲骨针亦可与之相互
区别。另外，本种与花尖头盲蝽 *F. anthocoroides* (Reuter) 相似，但前者体较狭长，头长
长于头宽，触角第 2 节端部 1/5 淡色，雄性外生殖器亦可相互区别。

32. 佩盲蝽属 *Peritropis* Uhler, 1891

Peritropis Uhler, 1891: 121. **Type species:** *Peritropis saldaeformis* Uhler, 1891; by monotypy.

Mevius Distant, 1904c: 453. **Type species:** *Mevius lewisi* Distant, 1904; by original designation.
　　Synonymized by Poppius, 1909: 24.

体卵圆形或长卵圆形，头三角形，长小于宽；复眼大，接近前胸背板前缘；喙直，
细，至少伸达后足基节；触角 4 节，触角第 1、2 节最粗。第 4 节有时分离，触角窝与眼
相接触，或仅轻微离开眼边缘。前胸背板宽短，后缘宽大于前胸背板长，侧缘通常抬升，
平滑，一些种类中具横皱，领非常细，几不可见，胝相连，或多或少突起。中胸背板强
烈外露，侧缘通常强烈隆起。半鞘翅发达，短翅型未知，光滑，边缘通常明显外拱，通
常明显宽于前胸背板后缘，缘片明显；楔片缝存在，楔片宽；膜片具 1-2 个翅室。足相
对短，跗节极短，2 节，第 2 节常游离；爪近端部常具明显的齿。后胸气门可见，后胸
臭腺位于后胸后侧片后缘，较不发达。左、右阳基侧突大小差距相对不大，通常不分叉，
但至少有 2 个种：分布于洛亚尔提群岛的 *P. monikae* Gorczyca 和分布于埃塞俄比亚的 *P.
granulosa* Gorczyca，左阳基侧突是 "V" 形的。阳茎端常具 1-2 个骨针。

分布：甘肃、台湾 (Lin & Yang, 2005)、海南、云南；俄罗斯，日本，印度，越南，
泰国，菲律宾，马来西亚，文莱，印度尼西亚，新几内亚岛，澳大利亚。

该属生物学记载较少，在已知的记述中，该属种类多与真菌有关联，常被发现于腐
烂的木头上 (Yasunaga, 2000b; Moulds & Cassis, 2006; Gorczyca, 2006b)。

世界已知 73 种。本志记述中国 8 种，其中包括 1 新种、5 中国新纪录种。

种 检 索 表

2. 触角第 2 节中部具 1 淡色环或斑 ·· 斯佩盲蝽 *P. similis*
触角第 2 节中部无淡色环或斑 ·· 傍佩盲蝽 *P. poppiana*
3. 前胸背板后缘波浪状，具 5 个突起 ·· 4
前胸背板后缘几乎直，中部微凹 ·· 5
4. 雌性体淡褐色，体长 3.0mm ·· 普佩盲蝽 *P. pusillus*
雌性体黑褐色，体长 4.3mm ·· 小佩盲蝽 *P. advena*
5. 触角第 2 节约与第 1 节等粗 ·· 伊佩盲蝽 *P. electilis*
触角第 2 节明显细于第 1 节 ·· 6
6. 体小，长 2.6-3.6mm ·· 点佩盲蝽 *P. punctatus*
体较大，长 4.0-4.25mm ·· 7
7. 喙长，伸达生殖囊 ·· 云佩盲蝽，新种 *P. yunnanensis* sp. nov.
喙短，伸达中足基节端部 ·· 泰佩盲蝽 *P. thailandica*

(121) 小佩盲蝽 *Peritropis advena* Kerzhner, 1972 (图 99；图版 X: 160)

Peritropis advena Kerzhner, 1972: 279; Yasunaga, 2000b: 192; Schuh, 2002-2014.

雌虫：体小型，属内相对较大，椭圆形，黑褐色，斑驳，表面鲨鱼皮状。

头宽短，长宽比为 0.77，黑褐色，密被不规则淡色斑，斑微隆，平伸，被细密刻点和淡色短毛。头顶微隆，褐色，斑驳，中部染红色，眼间距是眼宽的 1.48 倍，后缘脊明显，中纵沟宽。额较窄而隆起。唇基褐色斑驳，端部呈狭窄的淡黄色，略下倾。上颚片长三角形，黑褐色，端部淡黄色，下颚片黑褐色。小颊狭长，褐色。喙黑褐色，光亮，第 2 节略浅，伸达后足基节。复眼侧面观下缘与头下缘平齐，黑褐色。触角窝位于复眼前方下部，触角黑褐色，前两节较粗，圆柱状，后两节细而短，被淡色半直立毛。第 1 节基部较细，向端部渐粗；第 2 节微弯，两端较细，中部背面具 1 淡黄色圆斑，前两节毛长短于该节直径之半；第 3、4 节压扁，毛长大于该节直径，黑褐色，第 4 节端部略淡，略长于第 3 节。

前胸背板微前倾，较平坦，两侧上翘明显，胝区隆起，黑褐色，被不规则淡色圆斑，前缘中部平，前角圆钝，侧缘中部略内凹，后侧角圆，略大于 90°，后缘波浪状，具 5 个突起，边缘淡色。胝隆起，中部具 1 细纵沟。胸部侧板黑褐色，边缘黄色，前胸侧板上半具淡色小圆斑，二裂，前叶圆隆，后胸侧板上半具淡色斑。中胸盾片外露部分宽阔，黑褐色，斑驳。小盾片侧面观微隆，三角形，黑褐色，斑驳，端角黄色，被细密刻点。

半鞘翅两侧圆隆，黑褐色，被淡色圆斑。爪片端部淡色，爪片纵脊、革片中裂明显，革片接近爪片处具 1 纵向隆脊，与中裂都未伸达爪片接合缝端部。缘片与革片分界不明显，端部淡色，楔片宽三角形，内缘基部具 1 黄色短纵带，端部呈狭窄的淡色。膜片烟褐色，具淡色小圆斑，半透明，脉褐色，具纵向皱褶。

足黑褐色，被淡色半直立短毛，基节粗大，腿节膨大，侧向压扁，端部具淡色环，中、后足腿节腹面具若干淡色长毛，胫节细长，向端部渐细，基部背面具 1 淡色圆斑，具 4 列黑褐色小刺，毛较腿节长，跗节 2 节，几等长，爪狭长，褐色。

腹部黑褐色，中部红褐色，被淡色半直立短毛。臭腺沟缘深褐色。

雄虫右阳基侧突半圆形弯曲，中部具 1 个小突起。阳茎骨化较弱。

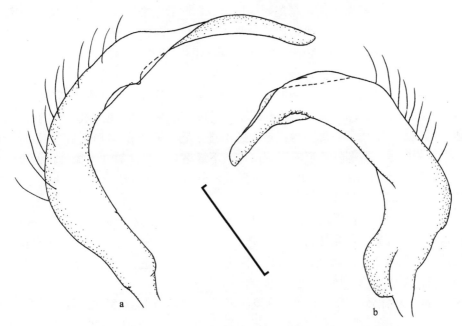

图 99　小佩盲蝽 *Peritropis advena* Kerzhner (仿 Yasunaga, 2000b)

a. 右阳基侧突 (right paramere)；b. 左阳基侧突 (left paramere)；比例尺：0.1mm

量度 (mm)：雌虫：体长 4.30，宽 1.95；头长 0.57，宽 0.74；眼间距 0.31；眼宽 0.21；触角各节长：Ⅰ:Ⅱ:Ⅲ:Ⅳ=0.30:1.06:0.25:0.24；前胸背板长 0.51，前缘宽 0.71，后缘宽 1.50；小盾片长 0.59，基宽 0.71；缘片长 1.93；楔片长 0.51，基宽 0.53。雄虫：体长 3.20-3.50，宽 1.38-1.56；头长 0.57-0.60，宽 0.64-0.69；眼间距 0.30-0.32；触角各节长：Ⅰ:Ⅱ:Ⅲ:Ⅳ= 0.29-0.33:1.14-1.23:0.28-0.30:0.30-0.32；前胸背板长 0.51-0.57，前缘宽 1.15-1.34。

观察标本：1♀，甘肃文县碧口镇碧峰沟，860m，2005.Ⅶ.10，灯诱，石雪芹、花吉蒙采。

分布：甘肃；俄罗斯，日本 (北海道)。

讨论：本种与分布于斯里兰卡的 *P. lewisi* (Distant) 体型、体色很相似，但前者触角第 1 节基部不具窄环，头较长，前胸背板略短。与分布于日本本州的 *P. hasegawa* Yasunaga 亦相似，但本种触角第 2 节中部仅具 1 淡色圆斑，而非淡色连续的环，头较短。本种亦与 *P. indica* 相似，但本种体长超过 4mm，且触角第 2 节长度超过前胸背板长的 2 倍，可与之相互区分。

该种常被发现于落叶林中腐烂的树木上，与真菌关系密切。该种生活史一年一代，成虫和若虫都是夜行性的，Yasunaga (2000b) 观察到其白天隐藏于一种革盖菌属 *Coriolus* 真菌的褶皱中。

该种为中国首次记录。

(122) 伊佩盲蝽 *Peritropis electilis* Bergroth, 1920 (图版XI: 161)

Peritropis electilis Bergroth, 1920: 83; Carvalho, 1957: 21; Gorczyca, 2006b: 418; Schuh, 2002-2014.

雄虫：体小型，卵圆形，半鞘翅两侧近平行，向后渐窄，褐色，密被淡色斑驳。

头宽短，长宽比为 0.62，平伸，略下倾，黄褐色，密被不规则褐色斑，鲨鱼皮状。头顶微隆，褐色，斑驳，中纵沟染红色，眼间距是眼宽的 0.60 倍，后缘脊明显。额平坦。唇基微隆，略下倾，褐色斑驳，端部具红色斑驳。上颚片长三角形，红褐色，斑驳，下颚片黑褐色。小颊狭长，红色，端部褐色。喙红褐色，光亮，伸达中足基节。复眼侧面观下缘略超过头下缘，深红褐色。触角窝位于复眼前方中下部，触角褐色，前两节较粗，约等粗，圆柱状，后两节较细而短，被淡色半直立毛，第 1 节基部较细，向端部渐粗，基部 2/5 淡黄白色，端部呈狭窄的淡黄白色，下缘略带红色；第 2 节微弯，两端较细，中部具 1 淡黄色环，前两节毛长短于该节直径之半；第 3、4 节线状，毛长大于该节直径，黑褐色，第 4 节略长于第 3 节。

前胸背板微前倾，较平坦，两侧上翘明显，褐色，被不规则淡色斑，背面观中部 1/3 黄褐色，前缘中部平，前角圆钝，侧缘平直，后侧角圆，略小于 90°，后缘平直，具 2 个内凹，侧面观具 2 个小隆起，边缘不规则淡色。胝区隆起，后缘突然下降，中部具 1 细纵沟。胸部侧板褐色，边缘黄色，前胸侧板二裂。

中胸盾片外露部分宽阔，褐色，具淡色斑驳。小盾片侧面观微隆，具横皱，三角形，黑褐色，斑驳，端部黄色，顶端褐色。半鞘翅两侧平直，略向后收拢，黑褐色，被淡色小圆斑，缘片与革片分界明显，外缘具 6-8 个淡黄白色小斑，端部斑染红色；楔片缝明显，楔片宽三角形，斑驳，端部黄色；膜片烟褐色，半透明，具清晰淡色小圆斑，脉褐色，大翅室端角略小于 90°，具纵向皱褶。

足细长，被淡色半直立短毛，基节粗大，淡黄色；腿节膨大，侧向压扁，淡黄色，近端部具粗褐色环，环前部具 1 红色不规则窄环，后足腿节褐色环中部具 1 不规则淡黄色环，腹面具若干淡色长毛；胫节细长，向端部渐细，具 3 个褐色宽环，中部环最宽，具 4 列黑褐色小刺；跗节 2 节；爪褐色。

腹部红褐色，被淡色半直立短毛。臭腺沟缘褐色。

雄虫生殖囊褐色，侧面后端具 1 个模糊黄色斑，被淡色半直立短毛，长度约为整个腹长的 1/2。

雌虫：未知。

量度 (mm)：雄虫：体长 3.00，宽 1.20；头长 0.40，宽 0.65；眼间距 0.15；眼宽 0.25；触角各节长：Ⅰ:Ⅱ:Ⅲ:Ⅳ=0.32:0.97:0.30:0.47；前胸背板长 0.42，后缘宽 1.05；小盾片长 0.47，基宽 0.53；缘片长 1.37；楔片长 0.22，基宽 0.31。

观察标本：1♂，海南屯昌，1957.Ⅵ.7；1♀，海南，1935.Ⅵ.4-6，F. K. To 采。

分布：海南；菲律宾。

讨论：本种与 *P. sulawesica* Gorczyca 体型和色斑类型很相似，但本种体较小而宽阔，雄性触角较粗，可与之相区别。

模式标本为雄性，由 Baker 采自菲律宾吕宋岛的马其林山，模式标本保存于芬兰赫尔辛基大学动物博物馆。

该种为中国首次记录。

(123) 傍佩盲蝽 *Peritropis poppiana* Bergroth, 1918 (图版XI: 162)

Peritropis poppiana Bergroth, 1918: 118; Carvalho, 1957: 22; Gorczyca, 2006b: 412; Schuh, 2002-2014.

雌虫：体小型，卵圆形，半鞘翅两侧圆隆，黄褐色，密被不规则黄色斑。

头长三角形，略下倾，黑褐色，具1条黄色横纹和7条黄色纵纹：头顶后缘具1条横纹，眼内侧具1对黄色纵纹，向前未伸达上颚片下缘，头顶中部具3条放射状纵纹，中纵纹伸达唇基中部，两侧2条伸达上颚片下缘，上颚片上缘各具1条黄色短纵纹。眼间距是眼宽的1.75倍，后缘无脊。额较平坦，略下倾。唇基平伸，略下倾，黑褐色，染红色，两侧各具1条黄色纵纹，被淡色短半直立毛。上颚片较宽阔，宽三角形，隆起，被淡色斑平伏短毛，下缘淡黄色。下颚片较宽，上半黄色，最上缘染红色，下半红褐色，近眼处深褐色。小颊狭长，具光泽，前端污黄色，后端褐色。喙伸达腹部后半，黄褐色，第1节红褐色，光亮，第3、4节深褐色。复眼黑褐色，背面观水滴形，侧面观肾形，下缘未伸达头下缘。触角深褐色，第1节细长，背面观伸过唇基前缘，微弯，基部1/3黄色，端部2/3红褐色，背面具1黄色小斑，被淡色半直立毛；第2节向端部略加粗，被毛极短，短于第1节毛；第3、4节缺。

前胸背板梯形，斜下倾，黑褐色，密被黄色斑，中部及后缘较密集，部分斑连成带状，近前缘1横带，近侧缘各具2条纵带，胝后缘斑亦较密，略呈带状，侧缘、后侧角和后缘黄色。前胸背板前缘中部略前凸，前侧角微向前伸，较圆钝；侧缘平直，中部略内凹；后侧角略向后凸，后缘中部平直。胝宽大，突出，约占前胸背板背面观长的2/3，中纵沟深。前胸背板侧缘具脊，前胸侧板黑褐色，二裂，前叶较宽阔，后部具1黄色圆斑，中、后胸侧板黑褐色，边缘淡黄色。中胸盾片外露部分宽阔，两侧向中部具2斜棱，形成1个倒置的梯形，棱黄褐色，梯形基部1/3黑褐色，具1对对称的半圆形黄色大斑，其余褐色，被黄色小圆斑，后侧角黄色斑较大而明显，棱外侧黑褐色。小盾片三角形，黑褐色，被黄色小圆斑，端部黄色。

半鞘翅两侧圆隆，黑褐色，被黄色小圆斑和纵带。爪片纵脊黄色，左右各具1由小黄斑连成的不规则纵带，内缘及接合缝黄色；革片具3条黄色纵带，中部纵带由小黄斑连接而成，向端部渐宽；缘片宽，外缘泛红色，内缘具1黄色纵带，端部黄色；楔片缝明显，翅面沿楔片缝微下折，楔片宽三角形，红褐色，基半被黄色小圆斑；膜片灰褐色，被淡色圆斑及纵皱，半透明，翅脉褐色。

足红褐色，被淡色短毛，足基节淡黄褐色；腿节黑褐色，基半色略淡，端部淡黄色，淡黄色部分中部具1红色窄环，后足腿节膨大；胫节微弯，向端部渐粗，具几列褐色小刺，褐色，端部黄褐色，后足胫节中部具1淡色环；跗节褐色；爪褐色。

腹部褐色，各节间部分黑褐色，被淡色半直立短毛。臭腺沟缘淡黄色。

雄虫：未知。

量度 (mm)：雌虫：体长 4.25，宽 1.76；头长 0.78，宽 0.75；眼间距 0.35；眼宽 0.20；触角各节长：Ⅰ:Ⅱ:Ⅲ:Ⅳ=0.48:1.15:?:?；前胸背板长 0.56，后缘宽 1.48；小盾片长 0.46，基宽 0.71；缘片长 2.01；楔片长 0.29，基宽 0.39。

观察标本：1♀，海南，1935.Ⅶ.1-3，F. K. To 采。

分布：海南；菲律宾。

讨论：本种与斯佩盲蝽 *P. similis* Poppius 体型和色斑类型很相似，但前者头较短，触角第 2 节较细，中部无淡色环，可与之相互区别。

模式标本为雌性，至今未有雄性记载。模式标本保存于芬兰赫尔辛基大学动物博物馆。

该种为中国首次记录。

(124) 点佩盲蝽 *Peritropis punctatus* Carvalho *et* Lorenzato, 1978 (图 100)

Peritropis punctatus Carvalho *et* Lorenzato, 1978: 144; Lin *et* Yang, 2005: 17; Moulds *et* Cassis, 2006: 184; Schuh, 2002-2014.

作者未见此种标本，现根据 Carvalho 和 Lorenzato (1978) 描述整理如下。

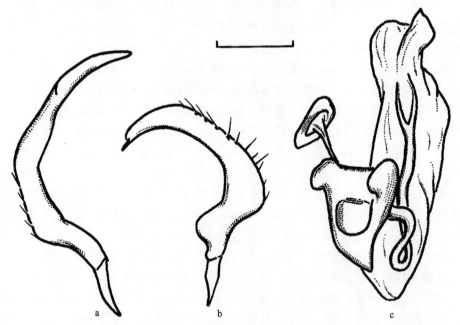

图 100　点佩盲蝽 *Peritropis punctatus* Carvalho *et* Lorenzato (仿 Carvalho & Lorenzato, 1978)

a. 右阳基侧突 (right paramere)；b. 左阳基侧突 (left paramere)；c. 阳茎 (aedeagus)；比例尺：0.1mm

体长卵圆形，密被淡色斑；触角第 1 节基部和端部淡色，第 2 节较细，中部具 1 淡色环，基部仅具淡色环的痕迹；小盾片端部具麦秆色斑；楔片端部 2/3 具褐色斑；半鞘翅后叶具褐色斑，膜片具分布不规则的淡色小圆斑；基节和腿节基部淡黄色，腿节中部

黑色，端部淡色，具少量白色和红色斑点，后足腿节近端部具 1 褐色环，胫节淡色，具
3 褐色环，跗节淡色；体腹面褐色，臭腺沟缘白色；阳茎端次生生殖孔二叉状，左阳基
侧突弯曲，端部尖，右阳基侧突细长。

量度 (mm)：体长 2.6 (♂)、3.6 (♀)，宽 1.1 (♂)、1.4 (♀)。

分布：台湾 (Lin & Yang, 2005)；新几内亚岛，澳大利亚。

讨论：本种与分布于大洋洲的 *P. aotearoae* Gorczyca *et* Eyles 相似，但腿节较宽的褐
色环可与之区分；另外，与同样分布于大洋洲的 *P. roebucki* Moulds *et* Cassis 相似，但本
种前、中足腿节端部不呈麦秆色，可与之相区分。

该种大部分被发现于倒伏的枯树上，食性可能与真菌菌丝相联系。一些大洋洲西部
的种类也在长有猪苓菌 (polyporus fungi) 的倒伏枯树上被发现，与细爪盲蝽的一般习性
相似，均与菌食性习性相联系 (Wheeler, 2001)。

正模雄性，Maa 于 1959 年采自新几内亚岛，保存于夏威夷的主教博物馆。

(125) 普佩盲蝽 *Peritropis pusillus* Poppius, 1915

Peritropis pusillus Poppius, 1915a: 49; Carvalho, 1957: 22; Gaedike, 1971: 150; Gorczyca, 2006b: 406; Schuh, 2002-2014.

作者未见此种标本，现根据 Gorczyca (2006b) 描述整理如下。

雌虫：体小型，淡褐色，具淡色斑驳。

头狭长，淡褐色，具深色和淡色斑，头顶具明显中纵沟，唇基端部、上颚片和下颚
片略染红色，眼正面观较小。触角第 1 节短，深褐色，基部略淡，第 2 节细，深褐色，
基部、中部和端部具淡色斑，被淡色极短毛，第 3、4 节短，淡色，被淡色长毛。喙褐色。

前胸背板淡褐色，具淡褐色斑驳。前叶显著隆起，中部具深裂。侧缘明显抬升，后
缘波浪状。中胸盾片深褐色，具小淡色斑和肋骨状侧缘脊，小盾片深褐色，具一些小型
单色斑，端部淡色。

半鞘翅淡褐色，爪片淡褐色，中部具 1 个明显的脉，革片淡褐色，具众多淡色斑点。
楔片相对短，淡褐色，端部淡色，基部具 1 个大型淡色斑点，脉窄，褐色，小翅室较小
而不可见。

腿节栗色，端部和基部淡色，胫节深褐色，端部淡色，具 2 个小淡色斑，胫节顶端
淡色。跗节淡褐色，很短，2 节，第 2 节端部略膨大，中部游离，爪近端部具齿。

体腹面栗色，染红色，具白色斑。

雄虫未知。

量度 (mm)：体长 3.0，宽 1.6。

分布：台湾 (Poppius, 1915a)。

讨论：本种与分布于斯里兰卡的 *P. lewisi* Distant 相似，但可从以下特征加以区分：
头和前胸背板淡褐色，头顶中纵沟长而显著。本种亦与分布于越南的 *P. popovi* Gorczyca
相似，但本种前胸背板和头淡色或深褐色，后足胫节至少部分深褐色，可相互区分。

正模雌性，Sauter 于 1912 年采自台湾台南，保存于德国昆虫研究所。

(126) 斯佩盲蝽 *Peritropis similis* **Poppius, 1909** (图 101；图版XI: 163, 164)

Peritropis similis Poppius, 1909: 26; Carvalho, 1957: 22; Carvalho, 1980a: 644; Gorczyca, 2006b: 413; Schuh, 2002-2014.

雄虫：体小型，椭圆形，红褐色，密被细刻点、淡色圆斑和淡色短毛。

头长三角形，略下倾，黑褐色，密被细小刻点和淡色短毛。头顶平，中部红色，具数条黄色条带，后缘具 2 条平行横带，两眼内侧各具 1 条纵带，伸至触角窝前缘，中部具 5 条放射状纵带，中间 1 条在唇基前分叉成为 3 条放射状纵带，共呈 7 条纵带，从左侧起第 1、7 条未伸达眼前缘，第 2、3、5、6 条伸至上颚片端部，第 4 条伸至唇基中部。眼间距是眼宽的 1.53 倍，中纵沟浅，后缘无横脊。唇基黑褐色，背面淡黄色，中部具 1 个 "X" 形褐色斑，斑端部细，红褐色，中部隆起，略下倾。上颚片宽三角形，微隆，下缘黄色，光泽弱。下颚片褐色，上缘血红色，近端部黄色。小颊狭长，红褐色，端部污黄色。喙褐色，伸达腹部中部。第 1 节长，侧面观略伸过头后缘，红褐色，第 4 节末端黑褐色。复眼肾形，黑褐色，侧面观未伸过头下缘。触角黑褐色，被淡色半直立毛，第 1 节圆柱状，向端部渐粗，基部淡色；第 2 节基部细于第 1 节基部，向端部均匀加粗，色亦渐深，中部具 1 淡色环，有时染红色；第 3、4 节细，第 4 节长是第 3 节的 1.48 倍，被毛长于各节直径。

前胸背板梯形，略下倾，微隆，黑褐色，密被不规则淡黄色小圆斑，有时聚在一起略呈带状，被细密刻点和淡色半直立短毛。前胸背板前缘平直，中部边缘由淡色斑连成的横向条纹前侧角略向前突，侧缘、后缘平，具淡黄色边缘，后侧角圆钝，前缘中部淡色区域向上延伸，达两胝中部后缘。领极窄，黑褐色。胝隆起，中部具 1 细纵沟。胸部侧板黑褐色，具横皱，前胸侧板二裂，前后叶各具 1 淡黄白色圆形突起，后叶边缘淡色；中胸侧板后缘呈宽阔的黄白色；后胸侧板前缘具 1 淡黄色圆斑。中胸盾片外露部分宽阔，下倾，黑褐色，带黄色斑驳。小盾片三角形，端部尖锐，黑褐色，带黄色斑驳，端角淡黄白色，侧面观微隆。

半鞘翅两侧圆隆，黑褐色，具不规则淡色圆斑及纵带，刻点细密，较前胸背板粗糙。爪片淡色面积较大，沿爪片走向，被分隔成 3 条褐色窄纵带，端部淡色；革片中裂淡色，形成 1 条纵带伸至爪片端部，其余纵带不规则；缘片较宽，后角淡黄白色；楔片缝明显，翅面不沿楔片缝下折，楔片宽三角形；膜片烟色，半透明，具若干大小不一的淡色圆斑，翅脉深褐色，周围淡色。

足黑褐色，被淡色直立短毛，基节淡黄白色；腿节粗，压扁，基部淡黄白色，端部淡黄白色，具 1 血红色环，后足腿节端部 1/3 背侧具 1 淡黄白色斑，中、后足腿节腹面具若干淡色直立长毛，显著区别于其他短毛；胫节细长，基部淡黄白色，染红色，端部和近端部 2/5 处具 2 个淡黄白色宽环，有时不明显，具 4 列褐色小刺。跗节较长，粗细均匀，褐色，第 1、2 节几等长。爪黑褐色。

腹部红褐色，各节气孔上部具 1 个淡黄白色圆斑，被半直立淡色短毛。臭腺沟缘乳白色。

　　雄虫生殖囊红褐色，末端淡黄色，被淡色半直立毛，长度约为整个腹长的 1/6。阳茎端膜质，细长，端部渐尖，具 1 个披针膜叶。左阳基侧突狭长，弯曲，端半狭长，端部圆钝，基半略膨大，中部具 1 三角形小突起，背面被稀疏短毛；右阳基侧突宽短，弯曲，顶端尖，背面被稀疏短毛。

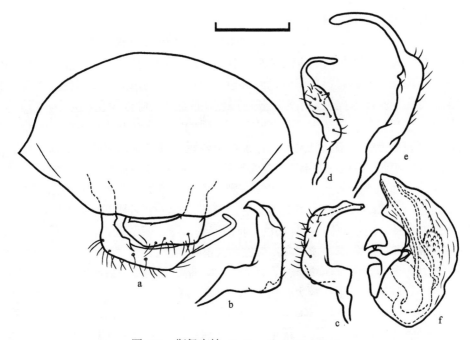

图 101　斯佩盲蝽 *Peritropis similis* Poppius

a. 生殖囊腹面观 (genital capsule, ventral view)；b、c. 左阳基侧突不同方位 (left paramere in different views)；d、e. 右阳基侧突不同方位 (right paramere in different views)；f. 阳茎 (aedeagus)；　比例尺：0.1mm

　　雌虫：色斑类型与雄虫相似，但体较宽，头长较长。

　　量度 (mm)：体长 3.20-3.65 (♂)、3.65 (♀)，宽 1.40-1.50 (♂)、1.65 (♀)；头长 0.46-0.53 (♂)、0.56 (♀)，宽 0.64-0.70 (♂)、0.70 (♀)；眼间距 0.28-0.30 (♂)、0.31 (♀)；眼宽 0.18-0.20 (♂)、0.19 (♀)；触角各节长：I∶II∶III∶IV=0.38-0.41∶1.08-1.11∶0.26-0.31∶0.40-0.44 (♂)、0.40∶1.13∶? ∶? (♀)；前胸背板长 0.44-0.53 (♂)、0.53 (♀)，后缘宽 1.10-1.21 (♂)、1.30 (♀)；小盾片长 0.36-0.43 (♂)、0.41 (♀)，基宽 0.50-0.53 (♂)、0.57 (♀)；缘片长 1.50-1.74 (♂)、1.74 (♀)；楔片长 0.26-0.29 (♂)、0.30 (♀)，基宽 0.31-0.36 (♂)、0.36 (♀)。

　　观察标本：1♂，云南西双版纳大勐龙，650m，1958.VIII.1，郑乐怡采。1♀，海南吊罗山自然保护区南喜管理站，250m，2008.IV.19，灯诱，蔡波采；1♂，海南万宁新中农场，2008.VIII.4，灯诱，张旭采。

　　分布：海南、云南；印度，越南，泰国，菲律宾，马来西亚，文莱，印度尼西亚。

　　讨论：本种与菲律宾的 *P. poppiana* Bergroth 体型和色斑类型很相似，但是前者体色较深，头较短，触角第 2 节中部常具 1 个淡色环，胫节具淡色环可与之相区分。

　　该种体色多变，是该属分布最广的种。

该种为中国首次记录。

(127) 泰佩盲蝽 *Peritropis thailandica* Gorczyca, 2006 (图版XI: 165)

Peritropis thailandica Gorczyca, 2006b: 420; Schuh, 2002-2014.

雌虫：体小型，长卵圆形。

头长三角形，长宽比为 0.89，平伸，略下倾，黄褐色，密被不规则褐色斑，鲨鱼皮状。头顶褐色，斑驳，隆起，中纵沟深凹，眼间距是眼宽的 1.50 倍，后缘脊明显。额平坦，色较头顶深。唇基微隆，斜下倾，红褐色。上颚片长三角形，红褐色，斑驳，下缘具 1 黄色横带，下颚片黑褐色。小颊狭长，黄色，带红色。喙红褐色，光亮，第 1 节短，淡色，第 4 节末端黑色，伸达中足基节端部。复眼侧面观下缘伸达头下缘，深红褐色。触角窝位于复眼前方中下部，触角褐色，前两节较粗，圆柱状，被淡色半直立短毛。第 1 节基部较细，向端部渐粗，端部 2/3 微向外弯，基部 1/3 淡黄白色，具 2 个红色至褐色斑：一个位于中部外侧，另一个位于上缘内侧，有时呈环状，端部 2/3 褐色，顶端呈狭窄的淡黄白色，下缘略带红色；第 2 节微弯，端部较粗，中部具 1 淡黄色环，基半色较淡、较斑驳，端部 1/4 淡黄色，有时褐色，前两节毛长短于该节直径之半；第 3、4 节缺。

前胸背板微前倾，两侧上翘明显，褐色，被不规则淡色斑，背面观中部 1/3 黄褐色，前缘中部平直，前角圆钝，侧缘平直，后侧角圆，略大于 90°，后缘宽阔内凹，中部较平直，边缘不规则淡色。胝区较大，占前胸背板长度的 2/3，隆起，后缘突然下降，中部具 1 细纵沟，胝两侧凹陷处黑褐色，后缘带红色。胸部侧板褐色，边缘黄色，前胸侧板二裂。中胸盾片外露部分宽阔，褐色，具淡色斑驳。小盾片侧面观微隆，三角形，黑褐色，具不规则淡色小圆斑，端角淡黄色，有时呈菱形，延伸至小盾片基部。

半鞘翅两侧圆隆，向后收拢，褐色，斑驳，被不规则淡色小圆斑，爪片基部和端角暗色，脉外缘色较深；缘片近基部和端部内侧各具 1 个黑色斑，基部斑纵向长椭圆形，端部斑较大较圆，有时色较弱而不明显；革片分界明显，具数个淡色小圆斑组成的不规则横带；楔片缝明显，楔片宽三角形，斑驳，有时带红色；膜片烟褐色，半透明，具清晰淡色小圆斑，脉褐色，大翅室端角几成直角，具纵向皱褶。

足细长，被淡色半直立短毛，基节粗大，淡黄色；腿节膨大，侧向压扁，淡黄色，近端部具粗褐色环，最端部淡色，前足腿节环宽，占 3/4，中足腿节环最窄，占 1/4，后足腿节环宽，占 1/2，环前部具 1 黄色不规则窄环，略带红色，有时形成 2、3 个黄色斑，后足腿节除黄色窄环外，还具 1 较粗黄色环，腿节腹面具若干淡色长毛；胫节细长，向端部渐细，黄色，前足胫节中部具 1 个褐色宽环，中、后足胫节具 2 个褐色宽环，第 2 个环较宽，胫节具多列黑褐色小刺；跗节 2 节；爪褐色。

腹部褐色，各节间褐色，被淡色半直立短毛。臭腺沟缘黄色。

雄虫：未知。

量度 (mm)：雌虫：体长 4.00，宽 1.75；头长 0.62，宽 0.70；眼间距 0.30；眼宽 0.20；触角各节长：Ⅰ:Ⅱ:Ⅲ:Ⅳ=0.47:1.25:? :? ；前胸背板长 0.45，后缘宽 1.30；小盾片长 0.40，基宽 0.57；缘片长 1.65；楔片长 0.30，基宽 0.32。

观察标本：1♀，海南，1935.Ⅵ.4-6，F. K. To 采。

分布：海南；泰国。

讨论：本种与 *P. annulicornis* Poppius 和 *P. punctatus* Carvalho *et* Lorenzato 的体色很接近，但可从体型及触角第1、2 节颜色明显区分。

模式标本为雌性，采自泰国，模式标本保存于丹麦哥本哈根大学动物学博物馆。

该种为中国首次记录。

(128) 云佩盲蝽，新种 *Peritropis yunnanensis* Liu *et* Mu, sp. nov. (图 102；图版Ⅺ: 166)

雄虫：体小型，卵圆形，黑褐色，具淡黄色斑驳，触角第1、2 节及头背面、小盾片端部、足基节和腿节基半淡色，触角第 1 节基部具 2 黑褐色环，膜片黑褐色，半透明。

头微下倾，长三角形，黑褐色，背面黄色，染红色，被稀疏半直立短毛，头顶微隆起，淡黄色，杂红色不规则斑，眼内缘各具 1 个灰色圆形凹陷，从凹陷向头顶后缘具 2 条黑褐色纵带，中纵沟宽阔，深红色，眼间距是眼宽的 1.33 倍，后缘脊不明显。额淡黄色，眼两侧各具 1 狭长黑褐色带，具 3 对横棱，棱上染深红色。唇基斜下倾，较长，淡黄色，背面基部具 2 个黑褐色细长小斑，周围染红色，具 1 血红色不规则斑，端部两侧黑褐色。上颚片宽三角形，近眼处黄色，基半黑褐色，具 1 延伸至端部的条带，渐呈红色，端半黄色，染红色；下颚片端部较方，红褐色，中部具 1 向后上方倾斜的黄色条带。小颊狭长，端部较宽，较方，基部 1/2 红褐色，中部红色，端部 1/4 黄色。喙黑褐色，伸达生殖节，第 1 节红褐色，端部黄色，向端部渐粗；第 2 节黄色，向端部渐呈褐色。复眼黑褐色，较大，侧面观伸过头下缘。触角细长，前两节淡黄色，后两节黑褐色，被淡色半直立毛。第 1 节圆柱状，基部较细，略弯曲，基部背面具 1 黑褐色圆斑，斑上部具 1 较粗黑褐色环，端半略染红色，最端部淡黄白色；第 2 节细长，微弯，基部背面具 1 黑褐色长圆斑，中部具 2 个距离较近的褐色环；第 3 节细，较直，向端部略细；第 4 节弯曲，长于第 3 节，第 3、4 节毛长于该节直径。

前胸背板梯形，黑褐色，密布不规则淡黄色斑，被稀疏半直立短毛，前缘平直，前侧角向前翘起，较尖，侧缘直，最外侧深色，后侧角圆钝，淡黄色，后缘中部内凹。领背面观宽阔，侧面观狭窄。胝较大，占前胸背板长度的 2/3，中部具细纵沟，侧面观均匀隆起，后部突然下降。胸部侧板黑褐色，边缘淡色，前胸侧板二裂，前叶淡黄色，中部具 1 血红色纵斑，后叶上具 1 列淡黄色圆斑，后胸侧板上半淡黄白色。中胸盾片外露部分宽阔，黑褐色，密被淡黄色小圆斑，基部两侧具 1 对较大型的圆斑，直径是其他圆斑的 1 倍以上，两侧下折部分边缘淡黄色，略下倾。小盾片圆隆，近正三角形，黑褐色，被淡色圆斑，端角淡黄白色，最端部略染橘红色。

半鞘翅前部圆隆，中部向内凹，后方略向内收拢，黑褐色，斑驳。爪片宽阔，黑褐色，基部淡黄色，染红色，端部近接合缝处色渐淡，淡色圆斑较少，不显著，中纵脊明显；革片淡色斑较模糊，近楔片缝处淡黄白色，与深色部分分界清晰，分界呈半圆形；缘片色较淡，淡黄色斑较清晰而密集，外缘具 5、6 个较大的淡色斑，端部近楔片缝处淡黄色；翅面沿楔片缝略下折，楔片长三角形，端部较尖锐，褐色，密被淡色圆斑，基部淡黄色，染红色，端角淡色。膜片深褐色，被稀疏淡色圆斑，翅室内无淡色斑，脉深褐色，小翅室小而不明显。

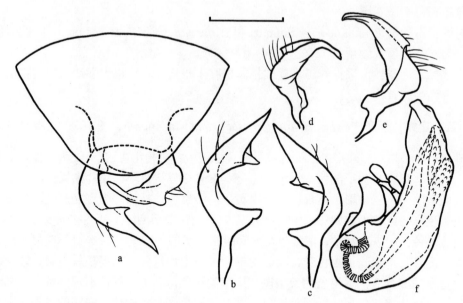

图 102　云佩盲蝽，新种 *Peritropis yunnanensis* Liu *et* Mu, sp. nov.

a. 生殖囊腹面观 (genital capsule, ventral view)；b、c. 左阳基侧突不同方位 (left paramere in different views)；d、e. 右阳基侧突不同方位 (right paramere in different views)；f. 阳茎 (aedeagus)；比例尺：0.1mm

　　足被淡色半直立短毛，基节膨大，侧向压扁，淡黄色，前足基节端半褐色；腿节膨大，侧向压扁，端部淡黄色，染血红色，中、后足腿节基部 1/3 淡黄色，后足腿节端部具 1 宽淡色环，腹面染红色，中、后足腿节腹面具数根长毛；胫节黄色，基部染红色，背面具 1 褐色斑，具 4 列深褐色小刺，前、中足胫节具 2 个宽褐色环，下方环较窄，后足胫节具 3 个褐色环，基部环最窄，其他 2 个环几等宽；跗节 2 节，几等长，黄褐色，基部褐色；爪细长，黄褐色。

　　腹部深褐色，被半直立淡色毛。臭腺沟缘乳白色。

　　雄虫生殖囊黑褐色，具光泽，开口处淡黄色，略染红色，被半直立淡色毛，长度约为整个腹长的 1/3。阳茎端膜质，简单，细长，端部渐尖，具 2 个披针膜叶。左阳基侧突粗大，弯曲，端半中部粗，具 1 三角形小突起，顶端渐尖，基半具 1 顶端圆钝突起，背面被极稀疏直立毛；右阳基侧突略短小，弯曲，背面具 1 纵脊，顶端渐尖，基半具 1 长方形突起，背面被稀疏直立毛。

　　雌虫：未知。

　　量度 (mm)：雄虫：体长 2.93，宽 1.27；头长 0.36，宽 0.60；眼间距 0.24；眼宽 0.18；触角各节长：Ⅰ:Ⅱ:Ⅲ:Ⅳ=0.40:1.03:0.35:0.40；前胸背板长 0.37，后缘宽 1.01；小盾片长 0.36，基宽 0.49；缘片长 1.35；楔片长 0.27，基宽 0.29。

　　种名词源：根据模式标本产地命名。

　　模式标本：正模♂，云南广南县坝美村，2011.Ⅷ.9，穆怡然、焦克龙采。

分布：云南。

讨论：本种与伊佩盲蝽 *P. electilis* Bergroth 相似，但触角细，体色较深，大部分黑褐色，膜片深褐色，胝隆起程度不同，小盾片端部淡黄白色，略染橘红色，前、中足胫节具 2 个褐色环而非 3 个，生殖节形态亦不同。

33. 苏盲蝽属 *Sulawesifulvius* Gorczyca, Cherot *et* Stys, 2004

Sulawesifulvius Gorczyca, Cherot *et* Stys, 2004: 2. **Type species:** *Sulawesifulvius schuhi* Gorczyca, Cherot *et* Stys, 2004; by original designation.

体小型，椭圆形，背腹扁平，被短鳞片状毛。头较短，头顶和额各具 2 个瘤突；唇基明显。触角基节几与眼边缘相接触。触角第 1、2 节相对粗，第 2 节中部略窄，被短毛；第 3 节最长，细，被稀疏暗色细毛；第 4 节短，较第 3 节粗，被长毛。喙直、细、短，伸过前足腿节；第 1 节短于头长，其余节几等长。前胸背板宽短，后缘抬升，前角凸出，包围头部两侧，伸达眼中部。前胸背板前角具 1 根直立鳞片状毛。前胸背板前侧缘明显扩展。胝隆起明显，两胝间凹陷。前胸背板后缘几直。中胸盾片强烈外露，抬升，两侧具小隆脊。半鞘翅发达，膜片端部明显呈锥状。革片很宽，略抬升。爪片微抬升，楔片缝短。楔片很长，伸达膜片端部；膜片窄，长，2 翅室，小翅室极小，脉细。臭腺孔小，前、中足为步行足，后足可能为跳跃足。中足腿节端半具至少 5 个毛点毛。后足腿节明显延长，亚端部侧面明显凹陷，密被鳞片状毛，端部具 8 个长毛点毛。后足胫节具鳞片状毛。各足胫节均具纵向短刺列，后足胫节端部具少量长而粗的刺。跗节 2 节，前、中足跗节短，后足跗节略长，第 1 节具 1 排短而粗的刺，第 2 节端部略膨大；副爪间突刚毛状；爪近端部具齿。阳基侧突不对称，有或无指状突起。阳茎较小。

分布：海南。

该属与佩盲蝽属 *Peritropis* Uhler 体形类似，但前者体扁平，头顶和额各具 2 个瘤突，喙较短，前胸背板前角向前延伸，触角第 3 节和楔片均较长，可与之相区分。

世界已知 2 种，中国记述 1 种。

(129) 鹦苏盲蝽 *Sulawesifulvius yinggelingensis* Mu *et* Liu, 2014 (图 103；图版 Ⅺ: 167, 168)

Sulawesifulvius yinggelingensis Mu *et* Liu, 2014: 327.

雄虫：体小，椭圆形，侧面观扁平，体黄褐色，遍布红褐色至褐色斑，被褐色短刚毛。头平伸，头顶和额各具 1 对瘤状突起；触角第 3 节相对较短；前胸背板侧缘向两侧扩展，前角向前延伸，包围头两侧，伸达眼中部，前侧角各具 1 个鳞片状直立毛；革片外缘具深红色斑；楔片宽大，包围至膜片端部，膜片窄小；后足胫节端半具 8 个较长而粗的刺；阳基侧突细长弯曲，阳茎端具 1 个细长骨化附器。

头长，平伸，被淡褐色短毛，黄褐色，具黑褐色斑。头顶黄褐色至红色，两侧各具 1 条褐色纵带，延伸至唇基，后部微隆，中部下凹，前部具 1 对瘤突，突起顶端黄色，眼间距约为眼宽的 2 倍，后缘具脊，颈部红色。额黄褐色，具 2 个瘤突。唇基强烈隆起，黄褐色，侧缘带红色，端部黑褐色。小颊宽三角形，淡褐色，后端略带红色。上颚片淡黄色，具光泽，下颚片红色，狭长。喙黄褐色，伸达中足基节，第 1 节基部泛红，第 3、4 节深褐色。复眼背面观圆形，红褐色，侧面观长椭圆形。触角前两节粗，后两节显著细，密被淡色半直立短毛，第 1 节短粗，未伸过唇基，黄色，基部泛红，端半深红色；第 2 节略细于第 1 节，长度为第 1 节的 2.06 倍，黄褐色，略带红色，中部具 1 黄色环；第 3 节细长，约为第 2 节端部粗的 2/5，微弯，黑褐色，基部色略淡，毛被稀疏而短；第 4 节短，端部渐细，毛较长，长于第 2 节毛长。

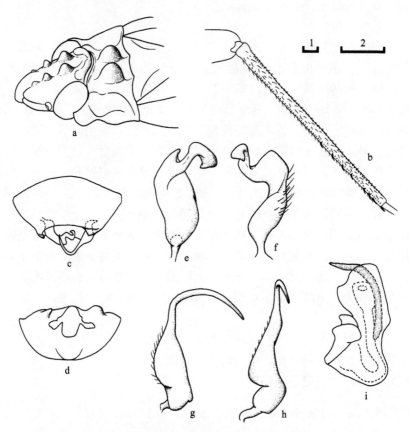

图 103　鹦苏盲蝽 *Sulawesifulvius yinggelingensis* Mu et Liu

a. 头和前胸背板背侧面观 [head and pronotum (antenna removed), dorsolateral view]；b. 后足胫节侧面观 (metatibia, lateral view)；c. 生殖囊背面观 (genital capsule, dorsal view)；d. 生殖囊后面观 (genital capsule, posterior view)；e-f. 左阳基侧突不同方位 (left paramere in different views)；g-h. 右阳基侧突不同方位 (right paramere in different views)；i. 阳茎侧面观 (aedeagus, lateral view)；　比例尺：1=0.1mm (a-d)，2=0.1mm (e-i)

　　前胸背板宽短，梯形，侧缘向两侧扩展，前侧角向前延伸，半包围眼部，伸至眼中部，前侧角各具 1 根直立鳞片状毛，端部具 1 褐色小斑。侧缘扁平微翘，半透明，具 3 个褐色小斑，被褐色鳞片状毛。后缘几乎直，中部略内凹，侧面观中部具 2 个小突起。胝较大，胝长占前胸背板中部长的 3/5，强烈隆起，椭圆形，两胝中部内凹，黄褐色至红色，杂褐色斑驳。前胸背板后叶窄，微翘起。前胸侧板黄色，具 1 红色纵带，中、后胸侧板红色。中胸盾片外露部分宽阔，黄褐色，具红色和褐色斑驳，两侧各具 1 个黑褐色圆斑。小盾片三角形，较平，中部具 1 纵脊，黄色，中部具 1 个"X"形红色斑，有时色较淡，被淡色短毛。

半鞘翅浅黄褐色，具暗红色和褐色斑，两侧圆隆，密被褐色鳞片状短毛。爪片纵脊明显，中部具不规则浅红褐色斑块；革片淡黄色，半透明，中部具大型黄褐色斑，占革片宽的 2/3，斑外缘深褐色，边缘不规则；缘片宽大，向端部渐窄，内缘浅红褐色，外缘具不规则红色至红褐色小斑；楔片宽大，端部渐细，延伸至膜片端部，不沿楔片缝下折，外缘具若干黑褐色斑，内缘具 3 个褐色小斑。膜片黄褐色，狭窄，具 2 翅室，小翅室小，脉略深。

足基节黄色，被淡色毛，前足腿节扁平，端部渐细，黄色，端半红褐色；胫节细长，微弯，向端部渐粗，黄色，背面具 4 个斑，中部 2 个红褐色，基部和端部斑较模糊，红色，背面和腹面各具 1 列细密深褐色小刺，背面被鳞片状毛，后足胫节端半具 7 个长而粗的刺，顶端具 1 个更粗的刺；跗节 2 节，第 2 节略长于第 1 节，深褐色；爪近端部具 1 小齿。雄虫中、后足缺。

腹部红褐色，各节基部黑褐色，各节端部淡黄白色，被淡色半平伏短毛。臭腺沟缘黄白色。

雄虫生殖囊红褐色，腹面端部和侧面 2 个圆斑呈淡黄色，右侧缘平直，背面具 2 个小突起，左侧的呈三角形，右侧的较圆隆，密被淡色短毛，长度约为整个腹长的 1/3。左阳基侧突较大，弯曲，端半细长、弯曲，顶端较宽，基半膨大，背面被短毛；右阳基侧突端半弯曲，细长，向顶端尖锐，基半膨大，背面圆隆，被短毛。阳茎端简单，具 1 长骨化附器，次生生殖孔发达，开口于端部。

雌虫：体略宽大，头较宽，体色较淡，红色成分较弱，体黄色，半鞘翅斑黄褐色。

量度 (mm)：体长 3.00-3.15 (♂)、3.35-3.40 (♀)，宽 1.55-1.60 (♂)、1.75-1.90 (♀)；头长 0.43-0.46 (♂)、0.40-0.45 (♀)，宽 0.61-0.63 (♂)、0.68-0.69 (♀)；眼间距 0.28-0.33 (♂)、0.30-0.33 (♀)；眼宽 0.15-0.16 (♂)、0.17-0.18 (♀)；触角各节长：Ⅰ:Ⅱ:Ⅲ:Ⅳ=0.15-0.16:0.31-0.33:0.57-0.61:0.18-0.19 (♂)、0.15-0.19:0.34-0.36:? :? (♀)；前胸背板中部长 0.23-0.25 (♂)、0.27-0.28 (♀)，侧缘长 0.43-0.45 (♂)、0.49-0.51 (♀)，后缘宽 1.20-1.21 (♂)、1.30-1.35 (♀)；小盾片长 0.34-0.35 (♂)、0.32-0.33 (♀)，基宽 0.52-0.55 (♂)、0.53-0.55 (♀)；缘片长 1.50-1.60 (♂)、1.73-1.83 (♀)；楔片长 0.72-0.75 (♂)、0.77-0.80 (♀)，基宽 0.53-0.58 (♂)、0.57-0.63 (♀)。

观察标本：1♂ (正模)，海南白沙县鹦哥岭鹦哥嘴保护站，780m，2010.Ⅷ.20，郑国采；1♂2♀ (副模)，同前。

分布：海南。

讨论：本种与分布于苏拉威西岛的 *S. schuhi* Gorczyca, Cherot *et* Stys 相似，但前者体较短，前胸背板和触角第 3 节较短，后者长是第 1 节的 4 倍以下，雄虫生殖节右侧中部平直，不内凹，阳基侧突弯曲，均无任何指状突起，左阳基侧突基半较宽阔，右阳基侧突端半更细长，基半更弯曲，可与之相区别。

七、鲨盲蝽族 Rhinomirini Gorczyca, 2000

Rhinomirini Gorczyca, 2000: 50. **Type genus:** *Rhinomiris* Kirkaldy, 1902.

　　体狭长，具刻点或平滑，头平伸或斜下倾，缘片常很窄。前胸背板领存在，两胝愈合，前胸背板前叶抬升，小盾片或多或少地隆起，中胸背板宽阔暴露，具1个倾斜的脊。触角细长、线状，长于体长，第3、4节最长。喙很长，至少伸过腹部中部。足长，跗节第2节明显分开，第1节很长，长于第2、3节之和，第3节长于第2节的2倍，爪近端部常具齿。半鞘翅很发达，具刻点，具肿胀的斑点和斑块，或仅具淡色斑块，膜片具2翅室 (小翅室有时较小而不可见)。

　　目前，世界记录6属，分布于东洋界和埃塞俄比亚界，中国首次记载1属。

34. 鲨盲蝽属 *Rhinomiris* Kirkaldy, 1902

Rhinomiris Kirkaldy, 1902b: 268. **Type species:** *Rhinomiris vicarius* Walker, 1873; by monotypy.

Psilorrhamphus Stål, 1871: 669. **Type species:** *Psilorrhamphus conspersus* Stål, 1871. Synonymized by Poppius, 1910: 236.

Psilorhamphocoris Kirkaldy, 1903: 14. New name for *Psilorrhamphus* Stål, 1871 by Kirkaldy, 1903: 14.

　　体大型，狭长，体长7.6-11mm，两侧较平行。头平伸或垂直，眼与前胸背板领接近，头顶具1个中纵沟，触角窝略离开眼或与眼前缘相接触。体褐色，具淡色斑点、斑块和带。半鞘翅足和触角颜色相似。喙弯曲，很长，至少伸达生殖节，第1节中部略具凸起，第2节基部2/3具1个小瘤。前胸背板隆起，两胝愈合，前叶或多或少抬升，后缘略具2个弯曲，小盾片常明显隆起。半鞘翅具肿胀斑点或斑块，爪片具明显脉，膜片脉可见，大翅室有时具小根。足长，后足腿节和后足胫节显著长，被短毛。阳茎端具2个明显突起。

　　本属雌虫色斑显著，对比强烈，因此，雌虫特征更具代表性，而雄虫形态及生殖器特征作为辅助特征。

　　分布：海南、云南；印度，不丹，缅甸，越南，泰国，菲律宾，马来西亚。

　　Gorczyca 和 Chérot (1998) 根据前胸背板形态、生殖器结构和体型大小将该属分为2个种团：*vicarius*-group 和 *camelus*-group。

　　世界已知13种。本志首次记录了该属在中国的分布，包括2种。

种 检 索 表

跗节第1、2节几等长，第3节最短 ·················· **散鲨盲蝽 *Rh. conspersus***

跗节第1节长于第2、3节总长 ···························· **斑鲨盲蝽 *Rh. vicarious***

(130) 散鲨盲蝽 *Rhinomiris conspersus* (Stål, 1871) (图 104；图版 XI: 169)

Psilorhamphus conspersus Stål, 1871: 669.

Rhinomiris conspersus: Carvalho, 1957: 25; Gorczyca *et* Chérot, 1998: 28; Schuh, 2002-2014.

雌虫：体大型，狭长，褐色。

头黄色，具黑褐色斑，狭长，平伸，略向下倾斜，被淡色平伏极短毛。头顶黄色，后缘斜下倾，中后部具1个梯形褐色斑，眼间距约等于眼宽，后缘无脊，具深而短的中纵沟，沟内浅褐色。额狭长，微隆，具横皱，中部具长椭圆形红褐色至黑褐色斑，端部红色，不伸达唇基基部。唇基平坦，具横皱，黄褐色，背面端部2/3具红色中纵带，有时较窄。上颚片三角形，狭长，隆起，具横皱，上缘具1红色短纵带，略具光泽；下颚片宽阔，平坦，具浅横皱，黄色，端部近唇基处具1褐色短带，下缘近复眼处具宽阔的三角形深红褐色斑；小颊狭长，具光泽，前半和上缘红褐色，具1不完整极窄红色纵带延伸至头后缘。喙长，伸过腹部末端，较粗，深红褐色，向端部渐呈黑褐色，光亮，第1节中部具1宽黄色环。复眼大，红褐色。触角狭长，长于体长，浅黄褐色，被淡色平伏极短毛，触角窝略离开眼前缘，第1节长，中部略细，黄褐色；第2节细于第1节，长度略大于第1节的2倍，端半深褐色，最端部黄色；第3、4节缺。

前胸背板梯形，中部缢缩，分为前后2叶，领细，前半黄色，后半黑褐色，胝大，占据整个前叶，强烈圆隆，密布颗粒状小突起，两胝相连，中部具1狭细的黄色纵沟，胝黑褐色，中部具2个黄色圆斑，后部和两侧具不规则黄色斑驳；后叶较平，具横皱，侧缘直，后侧角较尖，后缘两侧具2个凹陷，中部平，略凸，黄色，具4条黑褐色宽纵带，中部两条距离较近，后缘呈狭窄的浅黄色，被淡色极短毛。前胸侧板黄色，前缘黑褐色，二裂，前叶窄。中胸侧板前半黑褐色，后半黄色，具1红色纵带，后胸侧板黄色，带黑色大斑。中胸盾片外露部分宽阔，黄色，具4条黑褐色纵纹，中间两条端部靠拢。小盾片宽三角形，隆起，被浅横皱和淡色短毛，黄色，具2个宽黑褐色纵斑。

半鞘翅两侧近平行，基部1/3微内凹，褐色，具横皱，具不规则淡黄色小圆形肿胀和黄色斑，爪片褐色，脉黄色，脉内侧中部三角形斑和爪片端部黄色，脉内侧黄色圆斑较外侧稀疏；革片中部淡色斑较密，形成1个模糊黄色横带，外缘黄色；楔片缝不明显，楔片基半淡色、半透明，内角和端半褐色，内缘基半黄色；膜片烟褐色，半透明，脉淡色，翅室内部1个长方形区域和膜片后部不规则斑淡色。

足狭长，后足腿节伸过腹部末端，密被淡色短毛，基节较粗，黄色，具大型红褐色斑；腿节细于基节，端部渐窄，背腹面各具1贯穿全长的纵沟，深褐色，中部和近端部具2个边缘不规则的黄色环，端部红色；胫节细长，黑褐色，中部偏下具1黄色宽环，前、中足胫节近基部微弯，后足胫节近基部背面具1暗黄色狭长斑；跗节3节，深褐色，第3节最短，第1、2节几等长。爪细长，褐色。腹部黄色，各节间褐色，被淡色短毛。臭腺沟缘黄色。

雄虫：体色较雌虫暗。雄虫生殖节中部具1个黄色大斑，左阳基侧突大，基半具1个大突起，突起端部较尖，端半弯曲，基部细，中部略膨大，顶端微翘；右阳基侧突较小，基半指状隆起，具毛，端半膨大，顶端较尖。

量度 (mm)：雌虫：体长 8.20-8.30，宽 2.40-2.45；头长 1.13-1.25，宽 1.20-1.23；眼间距 0.40-0.45；眼宽 0.40-0.46；触角各节长：Ⅰ:Ⅱ:Ⅲ:Ⅳ=1.18-1.20:2.75-2.80:? :? ；前胸背板长 1.30-1.40，后缘宽 2.25-2.26；小盾片长 0.75-0.76，基宽 1.03-1.10；半鞘翅长 4.75-4.78。雄虫：体长 7.60-8.00，宽 2.15；头长 1.20，宽 1.35；眼宽 0.44；触角各节长：Ⅰ:Ⅱ:Ⅲ:Ⅳ=1.40:2.80:?:?；前胸背板长 1.20，后缘宽 2.00。

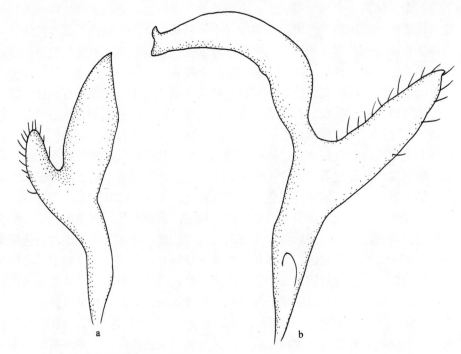

图 104 散鲨盲蝽 Rhinomiris conspersus (Stål) (仿 Gorczyca & Chérot, 1998)
a. 右阳基侧突 (right paramere)；b. 左阳基侧突 (left paramere)

观察标本：2♀，云南西双版纳勐腊，620-650m，1959.Ⅶ.10，张毅然采。

分布：云南；菲律宾。

讨论：本种与斑鲨盲蝽 Rh. vicarious (Walker)相似，但前者体较小，跗节第 1、2 节几等长，第 3 节最短。左阳基侧突基半突起端尖。

雄虫特征及量度数据均来自文献记载。该种为中国首次记录。

(131) 斑鲨盲蝽 Rhinomiris vicarius (Walker, 1873) (图 105；图版Ⅺ: 170)

Capsus vicarius Walker, 1873: 121.

Capsus canescens Walker, 1873: 121. Synonymized by Kirkaldy, 1902: 269.

Rhinomiris vicarius: Carvalho, 1957: 25; Odhiambo, 1967: 1664; Carvalho, 1980a: 645; Gorczyca *et* Chérot, 1998: 33; Schuh, 2002-2014.

雌虫：体大型，狭长，黄褐色。

头黄褐色，具黑褐色斑，狭长，平伸，略向下倾斜，被淡色平伏短毛。头顶黄色，后缘具大锐角三角形褐色斑，眼间距是眼宽的 3/5，具中纵沟。额狭长，微隆，中部具长椭圆形黑褐色斑，边缘略带红色。唇基平坦，黄褐色，略带红色。上颚片三角形，狭长，隆起，红褐色，近唇基处具 1 个血红色斑，具光泽，具浅横皱；下颚片宽阔，平坦，黄褐色，近复眼处深褐色，具浅横皱；小颊狭长，具光泽，深褐色，前端黄褐色；上唇黑褐色，基部淡色。喙长，较粗，红褐色至深褐色，一些种类中第 1、2 节中部略淡，伸达腹部末端。复眼大，红褐色。触角狭长，长于体长，黑褐色，被淡色平伏短毛，触角窝略离开眼前缘，第 1 节长，中部略细，黄褐色；第 2 节细于第 1 节，长度略大于第 1 节的 2 倍，黑褐色，最端部黄色；第 3 节略细于第 2 节，较第 2 节长，长约为第 3 节之半，黑褐色，最基部黄褐色；第 4 节缺。

前胸背板梯形，中部缢缩，分为前后 2 叶，黄色，具 4 条不规则黑褐色纵斑，后缘呈狭窄的浅黄色，被淡色短毛。领细，前缘微凸；前叶圆隆，侧缘圆，胝强烈隆起，两胝相连，中部具 1 狭细纵沟和 1 较宽短的横向凹陷，将胝分隔成 4 个圆形隆起；后叶较平，具横皱，侧缘直，后侧角较尖，后缘两侧具 2 个凹陷，中部平，略凸。前胸侧板黄色，具不规则黑褐色斑，二裂，前叶窄，宽度约为后叶的 1/4。中胸侧板和后胸侧板黑色，被粉被及细密短柔毛。中胸盾片外露部分宽阔，被淡色短毛，橙黄色，具 4 条黑褐色纵纹。小盾片宽三角形，隆起，被浅横皱和淡色短毛，黄色，具 2 个宽黑褐色纵斑。

半鞘翅两侧近平行，基部宽于前胸背板后缘宽，向后渐窄，黄色，具不规则大型黑褐色斑和淡黄色小圆形肿胀，爪片黄色至黄褐色，具 1 列不规则淡色圆形肿胀，基部、中部和近端部具 3 个模糊黑褐色斑，最端部淡色，纵脊淡色；革片具 2 个横向黑褐色斑，其余部分斑驳；缘片窄，黄色；楔片缝不明显，楔片深褐色，基部淡色；膜片烟褐色，半透明，脉淡色，翅室内部 1 个圆形区域和膜片后部淡色。

足狭长，后足腿节伸过腹部末端，密被淡色短毛，基节较粗，黄色，具褐色斑；腿节细于基节，端部渐窄，背腹面各具 1 贯穿全长的纵沟，深褐色，中部和近端部具 2 个边缘模糊的淡色环，端部腹面略染红色；胫节黑褐色，基部背面淡色，中部具淡色环，前、中足胫节微弯；跗节 3 节，深褐色，第 1 节长于第 2、3 节总长。爪细长，褐色。

腹部黄色，各节间褐色，第 8 节呈宽阔的黄色，被淡色短毛。臭腺沟缘黄色。

雄虫：与雌虫相似，体色不如雌虫鲜艳。雄虫生殖节：生殖囊黑褐色，中部具 1 宽黄色环，长度约占整个腹长的 1/2。左阳基侧突大，基半具 1 个末端平截的大型突起，端半弯曲，中部膨大，端部渐尖；右阳基侧突基半指状隆起，端部圆，具毛，端半端部较尖。

量度 (mm)：体长 9.35 (♂)、8.95 (♀)，宽 2.45-2.55 (♂)、2.53 (♀)；头长 1.50 (♂)、1.55 (♀)，宽 1.45 (♂)、1.43 (♀)；眼间距 0.38 (♂)、0.45 (♀)；眼宽 0.46 (♂)、0.48 (♀)；触角各节长：Ⅰ:Ⅱ:Ⅲ:Ⅳ=1.45:3.55:5.00:?　(♂)、1.25:3.10:5.01:2.15 (♀)；前胸背板长 1.45 (♂)、1.45 (♀)，后缘宽 2.30 (♂)、2.28 (♀)；小盾片长 0.75 (♂)、0.80 (♀)，基宽 1.15 (♂)、1.05 (♀)；半鞘翅长 4.75-5.10 (♂)、4.75 (♀)。

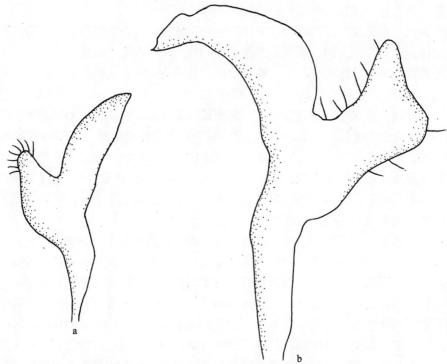

图 105 斑鲨盲蝽 *Rhinomiris vicarius* (Walker) (仿 Gorczyca & Chérot, 1998)
a. 右阳基侧突 (right paramere); b. 左阳基侧突 (left paramere)

观察标本: 1♂, 海南, 1935.Ⅵ.7-10, F. K. To 采; 1♂, 海南, 1935.Ⅵ.13-15, F. K. To 采; 1♀, 海南, 1935.Ⅷ.7-9, F. K. To 采。

分布: 海南; 印度, 不丹, 缅甸, 越南, 泰国, 马来西亚。

讨论: 本种与分布于印度尼西亚的 *Rh. schaeferi* Gorczyca *et* Chérot 相似, 但前者左阳基侧突基半突起端部较平截, 端半略膨大, 可以与之区别。

据 Gorczyca 和 Chérot (1998) 记述, 该种卵大, 狭长, 微弯, 卵膜孔处具 1 个长的延伸。

该种为中国首次记录。

III. 齿爪盲蝽亚科 Deraeocorinae Douglas *et* Scott, 1865

Deraeocorinae Douglas *et* Scott, 1865: 29, 315. **Type genus**: *Deraeocoris* Kirschbaum, 1856.

齿爪盲蝽亚科昆虫通常为椭圆形, 大型种类体长 15mm 左右, 小型种类体长仅 3mm 左右。外形与盲蝽亚科较为相像, 两者间的显著差别表现在: 齿爪盲蝽亚科昆虫前胸背板具有清晰的刻点; 爪基部具齿; 爪垫缺失; 副爪间突刚毛状。有些种的体色变异较大, 如: 斑楔齿爪盲蝽 *Deraeocoris* (*Deraeocoris*) *ater*, 不同个体呈现完全黑色至大部分橙红色不一; 有些种类体色在种群中差异很小, 如沟盲蝽属 *Bothynotus*, 全北区 14 个种大体都是褐色。在齿爪盲蝽中雌雄二型现象较不明显，通常表现在触角第 2 节的形状上，偶有表现在小盾片形状 (如：军配盲蝽属 *Stethoconus*、蚁盲蝽属 *Nicostratus*) 或翅的长度上 (如：沟盲蝽属)。

　　世界已知 6 族 130 属 747 种。本志共记述了中国分布的齿爪盲蝽亚科 5 族 13 属 98 种。

族 检 索 表

1. 头平伸⋯⋯⋯⋯⋯⋯⋯⋯⋯⋯⋯⋯⋯⋯⋯⋯⋯⋯⋯⋯⋯⋯毛眼齿爪盲蝽族 **Termatophylini**
   头下倾⋯⋯⋯⋯⋯⋯⋯⋯⋯⋯⋯⋯⋯⋯⋯⋯⋯⋯⋯⋯⋯⋯⋯⋯⋯⋯⋯⋯⋯⋯⋯⋯⋯2
2. 前胸背板胝后缘有 1 明显凹痕⋯⋯⋯⋯⋯⋯⋯⋯⋯⋯⋯⋯⋯沟齿爪盲蝽族 **Clivinemini**
   前胸背板胝后缘无明显凹痕⋯⋯⋯⋯⋯⋯⋯⋯⋯⋯⋯⋯⋯⋯⋯⋯⋯⋯⋯⋯⋯⋯⋯⋯3
3. 体拟蚁形，缘片中部明显狭缩⋯⋯⋯⋯⋯⋯⋯⋯⋯⋯⋯⋯苏齿爪盲蝽族 **Surinamellini**
   体椭圆形，缘片中部不狭缩⋯⋯⋯⋯⋯⋯⋯⋯⋯⋯⋯⋯⋯⋯⋯⋯⋯⋯⋯⋯⋯⋯⋯⋯4
4. 半鞘翅革质部半透明，几无刻点⋯⋯⋯⋯⋯⋯⋯⋯⋯⋯⋯透齿爪盲蝽族 **Hyaliodini**
   半鞘翅革质部不透明，具明显刻点⋯⋯⋯⋯⋯⋯⋯⋯⋯齿爪盲蝽族 **Deraeocorini**

八、沟齿爪盲蝽族 Clivinemini Reuter, 1876

Clivinemini Reuter, 1876: 62 (Clivinemaria). **Type genus:** *Clivinema* Reuter, 1876.

Bothynotidae Douglas *et* Scott, 1876: 47. **Type genus:** *Bothynotus* Fieber, 1864.

Largideini Knight, 1941: 20. **Type genus:** *Largidea* Van Duzee, 1912.

　　体中到大型，密被半直立毛，或无毛。头小，背面观头长明显小于头宽；眼稍外凸，被毛；触角第 2 节直径通常与第 1 节相等；唇基明显下倾，与头顶几垂直。前胸背板稍隆起或膨大成兜状，两胝后缘具 1 明显的凹痕，一直延伸到前胸背板前侧角。小盾片稍隆起，密被半直立毛。半鞘翅通常被毛，楔片较平，膜片具暗色短毛。

　　该族主要分布于新北界和新热带界，仅沟盲蝽属 *Bothynotus* 的 2 种分布在古北界。在我国分布于辽宁、内蒙古、山东和陕西等地。

　　世界已知 18 属，本志记述中国分布的 1 属。

35. 沟盲蝽属 *Bothynotus* Fieber, 1864

Bothynotus Fieber, 1864: 76. **Type species:** *Bothynotus minki* Fieber, 1864 (= *Phytocoris pilosus* Boheman, 1852); by monotypy.

Trichymenus Reuter, 1873: 7. **Type species:** *Phytocoris pilosus* Boheman, 1852; by monotypy. Synonymized by Reuter, 1875: 91.

Neobothynotus Wirtner, 1917a: 33. **Type species:** *Neobothynotus modestus* Wirtner, 1917; by monotypy. Synonymized by Knight, 1917: 251.

体暗色，强壮，长椭圆形，密被半直立毛。

头顶宽大于头长，复眼突出，靠近前胸背板前缘；喙粗壮，伸达中足基节，部分种类伸达后足基节间，第 1 节最短，第 2 节最长，第 3、4 节细，长度之和约等于第 2 节长。

前胸背板宽圆，基部凸起，盘域具粗大刻点；领窄，后缘刻点成线；胝后有 1 明显深刻痕。小盾片无刻点，具刻痕，中线隆起。

半鞘翅具长翅和短翅型，光亮，平滑或具明显刻点；膜片通常具半直立毛。跗节第 1 节稍长于第 3 节，第 2 节最短。

分布：辽宁、内蒙古、山东、陕西；俄罗斯 (远东地区)，朝鲜半岛，瑞典，法国，德国，捷克，希腊，丹麦。

世界已知 14 种。本志记述了中国分布的 2 种，包括 1 新种。

种 检 索 表

体长大于 6.0mm，右阳基侧突细长·······································沟盲蝽 *B. pilosus*

体长小于 6.0mm，右阳基侧突宽短·······················短角沟盲蝽，新种 *B. brevicornis* sp. nov.

(132) 短角沟盲蝽，新种 *Bothynotus brevicornis* Xu *et* Liu, sp. nov. (图 106；图版 XI: 172)

体长椭圆形，褐色，被褐色半直立短毛。

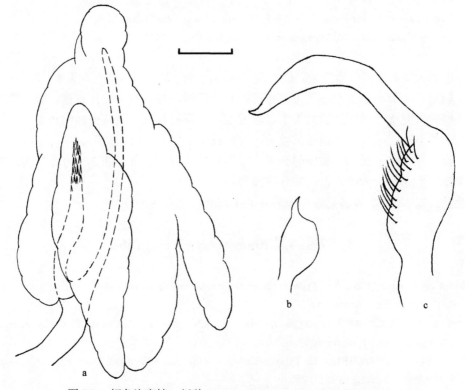

图 106　短角沟盲蝽，新种 *Bothynotus brevicornis* Xu *et* Liu, sp. nov.

a. 阳茎端 (vesica)；b. 右阳基侧突 (right paramere)；c. 左阳基侧突 (left paramere)；比例尺：0.1mm

头部褐色，平伸，复眼前缘强烈下倾；背面观头宽大于长；被褐色半直立短毛。复眼红褐色，向两侧稍突出。头顶具"><"形暗色斑纹，眼间距是复眼宽的 2.07-2.41 倍。触角褐色，被褐色半直立短毛；第 1 节圆筒状，长是眼间距的 0.68-0.76 倍；第 2 节线状，长是头宽的 1.09-1.16 倍，约是第 1 节长的 3 倍；第 3、4 节线状，较细，其总长度约等于第 2 节。喙粗壮，黑褐色，伸达中足基节前缘。

前胸背板褐色，具清晰刻点。领光滑，无刻点，在中央隆起。胝光滑，无刻点，被毛。前胸背板前侧角不明显突出或膨大。小盾片褐色，无刻点，被褐色半直立短毛。

半鞘翅革质部褐色，刻点不明显。膜片褐色，被褐色半直立短毛，翅脉深褐色，小翅室窄。

足黑褐色，被褐色半直立短毛。腿节基半部色稍浅；胫节具成列褐色小刺；跗节及爪红褐色。腹面褐色，腹部末端色深，被浅褐色半直立短毛。臭腺沟缘褐色。

雄虫左阳基侧突感觉叶圆钝突起，密布短毛，钩状突细长，向一侧稍弯曲，近末端膨大，末端尖锐；右阳基侧突宽短，感觉叶突起，钩状突小，末端尖锐。阳茎端具多个膜叶及 2 枚骨化附器，骨针长而稍弯曲，另一骨化杆短，端部密被小骨刺。

量度 (mm)：体长 4.5-5.0，宽 1.98-2.13；头宽 0.98-1.00；眼间距 0.51-0.53；触角各节长：I : II :III:IV=0.36-0.39:1.07-1.16:0.60-0.65:0.52；前胸背板长 0.88-0.96，后缘宽 1.66-1.74；楔片长 0.68-0.75；爪片接合缝长 0.73-0.99。

种名词源：以触角第 1 节较短命名。

模式标本：正模♂，山东牟平昆嵛山，2007.VII.20，张旭采。副模：1♂，陕西岳坝保护站，1100m，2006.VII.20，灯诱，丁丹采。

分布：山东、陕西。

讨论：本种和沟盲蝽 *B. pilosus* (Boheman) 相似，但新种触角第 2 节较长，约为第 1 节的 3 倍；雄性右阳基侧突宽短，感觉叶明显膨大突出；雄性阳茎端骨化杆较短。

本种不同采集地点标本体色有所差异。山东标本较陕西标本体色稍浅。

(133) 沟盲蝽 *Bothynotus pilosus* (Boheman, 1852) (图 107；图版XI: 171)

Phytocoris pilosus Boheman, 1852: 68.

Capsus fairmairii Signoret, 1852: 542. Synonymized by Thomson, 1871: 429.

Capsus horridus Mulsant *et* Rey, 1852: 132. Synonymized by Reuter, 1875: 91.

Bothynotus minki Fieber, 1864: 77. Synonymized by Puton, 1873: 24.

Bothynotus kiritschenkoi Lindberg, 1934: 20. Synonymized by Josifov *et* Kerzhner, 1972: 152.

Bothynotus pilosus: Carvalho, 1957: 39; Wagner *et* Weber, 1964a: 34; Josifov *et* Kerzhner, 1972: 152; Wagner, 1974: 31; Qi *et* Nonnaizab, 1994: 461; Qi *et al.*, 1994: 58; Qi *et* Nonnaizab, 1996: 49; Schuh, 1995: 589; Zheng, 1995: 459; Kerzhner *et* Josifov, 1999: 31; Schuh, 2002-2014.

体长椭圆形，褐色，被褐色半直立短毛。

头浅红褐色，平伸，在复眼前缘强烈下倾；背面观头宽大于长；被褐色半直立短毛。头顶具"><"形暗色斑。复眼红褐色，向两侧稍突出，眼间距是复眼宽的 2 倍。唇基与

头部同色。触角被褐色半直立短毛，第 1 节浅黑褐色，端部色深，圆筒状，长约等于眼间距；第 2 节黑褐色，基部色浅，线状，长是头宽的 1.10 倍，是第 1 节长的 2.5 倍左右；第 3 节黑褐色，线状，较细；第 4 节缺失。喙粗壮，暗褐色，伸达中足基节前。

前胸背板黑褐色，具清晰刻点。领光滑，无刻点，在中央隆起。胝光滑，无刻点，被毛。前胸背板前侧角明显突出且稍膨大。小盾片黑褐色。

半鞘翅革质部分浅褐色，刻点不明显。膜片烟褐色，被褐色半直立短毛，翅脉褐色，小翅室窄。

足黑褐色，被褐色半直立短毛。腿节及胫节端部暗褐色；胫节具成列褐色小刺；跗节及爪红褐色。

腹面红褐色，被浅褐色半直立短毛；腹部末端色深。臭腺沟缘褐色。

雄虫左阳基侧突感觉叶圆钝突起，密布短毛，钩状突细长，向一侧稍弯曲，近末端膨大，末端尖锐；右阳基侧突细长，感觉叶稍突起，端部突出，末端尖锐。阳茎端具多个膜叶及 2 枚骨化附器：骨针长而稍弯曲，另一长骨化杆端部密被小骨刺。

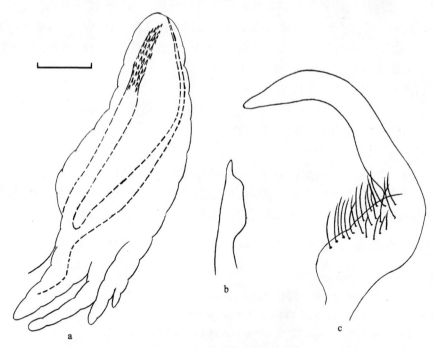

图 107 沟盲蝽 *Bothynotus pilosus* (Boheman)

a. 阳茎端 (vesica)；b. 右阳基侧突 (right paramere)；c. 左阳基侧突 (left paramere)；比例尺：0.1mm

量度 (mm)：体长 6.70，宽 2.60；头宽 1.35；眼间距 0.34；触角各节长：Ⅰ：Ⅱ：Ⅲ：Ⅳ=0.57：1.48：0.82：?；前胸背板长 1.22，后缘宽 2.18；楔片长 1.04；爪片接合缝长 0.85。

观察标本：1♂，辽宁本溪，1992.Ⅵ，沈阳农学院林学系采。

分布：辽宁、内蒙古；朝鲜半岛，瑞典，法国，俄罗斯 (远东地区)，德国，捷克，希腊，丹麦。

讨论：本种与 *B. morimotoi* Miyamoto 相似，但是本种眼间距是复眼宽的 2 倍，雄性触角第 2 节长约为第 1 节的 2.5 倍。该种生活在松属、欧石南属等植物上。一年一代，以卵越冬。成虫出现在 5-7 月底。

九、齿爪盲蝽族 Deraeocorini Douglas *et* Scott, 1865

Deraeocorini Douglas *et* Scott, 1865: 29 (Deraeocoridae). **Type genus:** *Deraeocoris* Kirschbaum, 1856.

体小型至大型，体色多变，浅色至黑色，光滑无毛或被毛；头多为三角形，复眼大；前胸背板平伸或隆起，多具刻点，刻点粗糙程度不同；小盾片三角形，光滑或具刻点；半鞘翅通常具刻点，楔片稍下倾，膜片无被毛。

世界已知 64 属，世界广布。本志记述了中国分布的 8 属。

属 检 索 表

1. 触角第 2 节明显棒状·····························棒角盲蝽属 *Cimidaeorus*
   触角第 2 节线状···2
2. 头后部收缩延伸成颈状···3
   不如上述···4
3. 头部下倾·····································驼盲蝽属 *Angerianus*
   头部平伸·····································亮盲蝽属 *Fingulus*
4. 楔片被毛·····································多盲蝽属 *Dortus*
   楔片无被毛···5
5. 领粗而隆起·····································显领盲蝽属 *Paranix*
   领细，几不隆起···6
6. 跗节第 1 节短于第 2、3 节之和·················点盾盲蝽属 *Alloeotomus*
   不如上述···7
7. 跗节第 3 节腹面具浆状毛·····················环盲蝽属 *Cimicicapsus*
   跗节第 3 节腹面无浆状毛·····················齿爪盲蝽属 *Deraeocoris*

36. 点盾盲蝽属 *Alloeotomus* Fieber, 1858

Alloeotomus Fieber, 1858: 303. **Type species:** *Lygaeus gothicus* Fallén, 1807; by monotypy.

体长椭圆形，相对扁平；黄褐色，带黑色或红色色泽；头平伸，稍下倾；头顶光滑；触角 4 节，被浅色半直立短毛，后两节稍细于前两节；喙伸达中足基节前缘至后缘间；前胸背板较扁平，具清晰的黑色刻点；领窄而晦暗，密被粉状绒毛；胝光滑，稍突出；小盾片较平，具清晰的黑色刻点；半鞘翅具清晰黑色刻点；后足第 1 跗节短于第 2、3

节之和；爪基部呈小尖突状，不呈明显的齿状。

雄虫左阳基侧突发达，感觉叶钝圆而突出，上被有较长的细毛，钩状突足状或平截，附器半膜质或呈骨片状，最长；左附器附着于膜囊上的狭骨片；右附器细杆状，骨化强，末端常分成小叉状。

分布：黑龙江、吉林、内蒙古、北京、天津、河北、山西、山东、河南、陕西、甘肃、江苏、浙江、湖北、四川、贵州、云南；俄罗斯，朝鲜半岛，日本。

依据记载及野外工作观察，本属主要生活于松树上，曾有捕食介壳虫的报道(Wheeler, 2001)。

世界已知 12 种。中国记录 5 种。

种 检 索 表

1. 前胸背板及半鞘翅毛长，为前胸背板 3-4 刻点间距离·····················**云南点盾盲蝽** *A. yunnanensis*
   前胸背板及半鞘翅毛短，约为前胸背板两刻点间距离 ··· 2
2. 前胸背板前侧角有 1 前伸的小突起···················**突肩点盾盲蝽** *A. humeralis*
   前胸背板前侧角无前伸的小突起 ··· 3
3. 缘片与革片具相同黑色刻点 ·······················**克氏点盾盲蝽** *A. kerzhneri*
   缘片几乎无刻点 ··· 4
4. 前胸背板侧缘全长黄白色胝状，光滑无刻点··········**中国点盾盲蝽** *A. chinensis*
   前胸背板侧缘色同底色，不呈黄白色 ··············**东亚点盾盲蝽** *A. simplus*

(134) 中国点盾盲蝽 *Alloeotomus chinensis* Reuter, 1903 (图 108；图版 XI: 173)

Alloeotomus chinensis Reuter, 1903: 20; Carvalho, 1957: 54; Josifov *et* Kerzhner, 1972: 154; Kerzhner, 1988b: 67; Qi *et* Nonnaizab, 1995: 13; Schuh, 1995: 595; Zheng, 1995: 459; Kerzhner *et* Josifov, 1999: 33; Nakatani, 2001: 27; Zheng *et* Ma, 2004: 474; Xu *et al.*, 2009: 104; Schuh, 2002-2014.

体长椭圆形，黄褐色，被浅色直立短毛。

头黄褐色，平伸，稍下倾。头顶黄褐色，宽是复眼宽的 1.20-1.50 倍；后缘脊黄褐色，细。复眼红褐色。唇基黄褐色，端部或末端有时黑色。触角被浅色半直立毛，第 1 节黄褐色至红褐色，圆筒状，长是眼间距的 1.10-1.30 倍；第 2 节红褐色，线状，端部稍加粗，长是头宽的 1.70-1.80 倍；第 3、4 节黑褐色，较细。喙黄褐色，端部色深，伸达中足基节。

前胸背板黄褐色，具黑褐色清晰刻点，侧缘及后缘呈黄白色胝状；领窄，黄褐色，晦暗，密被粉状绒毛；胝黄褐色，左右不相连，稍突出。小盾片黄褐色，具黑褐色清晰刻点，中纵线有时为完整的黄纹状，侧缘黄白色细边。

半鞘翅革质部黄褐色，具黑色刻点；爪片及革片脉略高出翅面，脉黄色，其上无刻点；缘片几无刻点；楔片端部稍染红褐色。膜片淡黄褐色，翅脉同色。足黄褐色，腿节端部具细碎红褐色斑；胫节背缘具 2 条黑褐色纵纹；跗节端部色深；爪红褐色。

腹部腹面红褐色，被浅色毛。臭腺沟缘暗黄白色。

雄虫左阳基侧突感觉叶钝圆，稍突出，其上被浅色长毛，钩状突细长，末端足状；右阳基侧突小，感觉叶不明显，端部平截。阳茎端具膜叶及 3 枚骨化附器：左侧附器杆状，末端二分叉；中间附器大，端部一侧伸长；右侧附器细杆状，几与左侧附器等长。

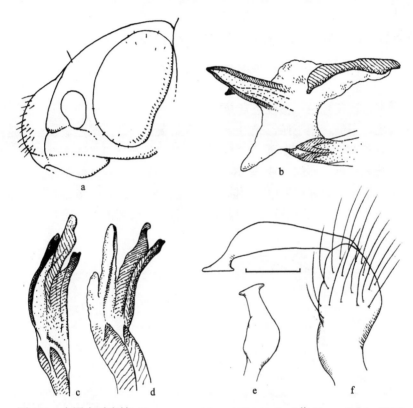

图 108　中国点盾盲蝽 *Alloeotomus chinensis* Reuter (a-d 仿 Zheng & Ma, 2004)

a. 头部侧面观 (head, lateral view)；b. 膨胀的阳茎端 (fully inflated vesica)；c、d. 未膨胀的阳茎端不同方位 (not inflated vesica in different views)；e. 右阳基侧突 (right paramere)；f. 左阳基侧突 (left paramere)；比例尺：0.1mm (e、f)

量度 (mm)：体长 4.40-5.80，宽 1.90-2.50；头宽 0.85-1.02；眼间距 0.34-0.46；触角各节长：I : II : III : IV = 0.43-0.50 : 1.50-1.70 : 0.50-0.60 : 0.53-0.70；前胸背板长 0.88-1.18，后缘宽 1.64-2.23；楔片长 0.65-0.83；爪片接合缝长 0.73-0.88。

观察标本：2♀，天津蓟县下营常州村，1989.VI.29。1♂，山东烟台芝罘岛，1973.VI.30。1♀，浙江江山，1985.XI.24-XII.4。1♀，湖北利川甘溪山，1977.VII.28，刘胜利采；3♂，湖北兴山龙门洞，1300m，1994.IX.8，陈军灯诱；1♀，同上，李法圣采；2♀，同上，宋士美采；1♀，同上，1994.VI.16，姚建灯诱。2♀，四川丰都世坪，610m，1994.VI.2，章有为灯诱。6♂1♀，重庆南山老君山坡，1984.V.18；2♂4♀，重庆缙云山，800m，1994.VI.13，章有为灯诱。8♂，贵州贵阳花溪，1995.VII.23，马成俊采；1♀，贵州茂兰三岔河，450m，1995.VII.29，卜文俊采；1♂，贵州茂兰板寨，1995.VII.31，卜文俊采；1♀，同上，1995.VIII.1，马成俊采。

分布：天津、山东、江苏、浙江、湖北、四川、贵州；俄罗斯，朝鲜半岛，日本。

讨论：本种与东亚点盾盲蝽 *A. simplus* Uhler 较为相似，但本种被毛较短，前胸背板侧缘呈完整的黄白色胝状，半鞘翅缘片不透明且无刻点。

Josifov 和 Kerzhner (1972) 核对了本种的选模，指出 Reuter (1903) 所记述种为我国南京的标本。

(135) 突肩点盾盲蝽 *Alloeotomus humeralis* Zheng *et* Ma, 2004 (图 109；图版XI: 174)

Alloeotomus humeralis Zheng *et* Ma, 2004: 479; Schuh, 2002-2014; Xu *et* Liu, 2018: 134.

体长椭圆形，浅黄褐色，被浅色直立短毛。

头浅黄褐色，平伸，稍下倾，光滑。头顶浅黄褐色，具浅褐色斑纹，宽是复眼宽的1.3-1.4 倍；后缘脊褐色。复眼红褐色。唇基黄褐色，背面观两侧有褐色纵纹，中间有 1 褐色小斑；末端黑褐色；侧面观亚基部显著隆起，唇基与额间凹纹明显。触角红褐色被浅色半直立毛，第 1 节偶有黄褐色，圆筒状，长是眼间距的 1.4-1.6 倍；第 2 节线状，端部稍加粗，长是头宽的 1.5-2.0 倍；第 3、4 节较细。喙浅黄褐色，端半部红褐色，伸达中足基节。

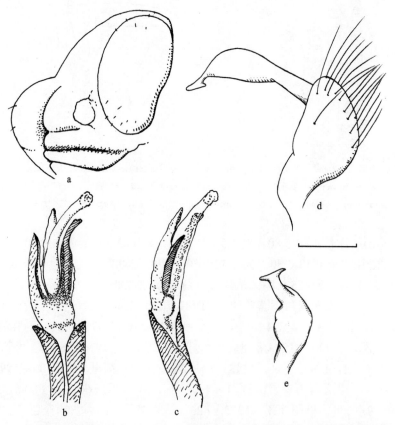

图 109 突肩点盾盲蝽 *Alloeotomus humeralis* Zheng *et* Ma (a-c 仿 Zheng & Ma, 2004)
a. 头部侧面观 (head, lateral view)；b、c. 阳茎端不同方位 (vesica in different views)；d. 左阳基侧突 (left paramere)；e. 右阳基侧突 (right paramere)；比例尺：0.1mm (d、e)

前胸背板浅黄褐色，具黑褐色清晰刻点，前侧缘前端呈小尖突状；领窄，黄褐色，晦暗，密被粉状绒毛；胝黄褐色，前缘及内侧缘黑色，稍相连，略突出。小盾片浅黄褐色，具黑色清晰刻点，中纵线黄白色。

半鞘翅浅黄褐色，具均一的清晰黑色刻点；楔片端部微染红色。膜片烟褐色，翅脉黄白色。

足黄褐色，微染红色；腿节具零星的红褐色碎斑；胫节基部背缘有 2 条红褐色纵纹；跗节端部黑褐色。

腹部腹面浅黄褐色，微染红色，被浅色毛。臭腺沟缘黄白色。

雄虫左阳基侧突感觉叶钝圆，其上被浅色长毛，钩状突短，末端足状；右阳基侧突小，感觉叶不明显，钩状突短，端部足状。阳茎端具膜叶及 3 枚骨化附器：左侧附器杆状，末端二分叉；中间附器骨化弱，长颈瓶状；右侧附器相对较细，短于左侧附器。

量度 (mm)：体长 5.25-5.30，宽 1.85-2.12；头宽 0.84-1.00；眼间距 0.38-0.44；触角各节长 I : II : III : IV=0.56-0.60 : 1.48-1.77 : 0.70-0.78 : 0.54-0.62；前胸背板长 0.92-1.06，后缘宽 1.62-1.80；楔片长 0.78-0.84；爪片接合缝长 0.88-0.96。

观察标本：1♂ (正模)，湖北兴山龙门河，1300m，1994.IX.12，李法圣采。1♀ (副模)，陕西周至板房子，1994.VIII.7，吕楠采；2♀，陕西凤县秦岭车站，1400m，1994.VII.29，卜文俊采；1♂，陕西留坝庙台子，1400m，1994.VIII.2，吕楠采；1♂1♀，陕西留坝庙台子，1400m，1994.VIII.3，吕楠采；5♂11♀，陕西留坝庙台子，1400m，1994.VIII.3，卜文俊采；1♂，陕西周至板房子，1994.VIII.9，卜文俊采；1♂，陕西宁陕火地塘，1640m，1994.VIII.14，卜文俊采；1♀，陕西宁陕火地塘，1640m，1994.VIII.14，卜文俊灯诱。2♀，河南内乡宝天曼，1998.VII.15，李后魂采；1♂，河南西峡老界岭，1350m，1998.VII.18，郑乐怡采。1♂，贵州雷公山莲花坪，2005.IX.17，丁丹灯诱。1♀，甘肃康县县城，1200m，1998.VII.11，袁德成采 (中科院动物所)；1♀，甘肃康县白云山，1250-1750m，1998.VII.12，陈军采 (中科院动物所)。

分布：河南、陕西、甘肃、湖北、贵州。

讨论：本种和中国点盾盲蝽 *A. chinensis* Reuter 及克氏点盾盲蝽 *A. kerzhneri* Qi et Nonnaizab 较为相似，但是本种体色较淡，被毛短，唇基明显隆起，前胸背板前侧缘前端呈小尖突状。

(136) 克氏点盾盲蝽 *Alloeotomus kerzhneri* Qi et Nonnaizab, 1994 (图 110；图版 XI: 175)

Alloeotomus kerzhneri Qi et Nonnaizab, 1994: 458; Qi et Nonnaizab, 1995: 16; Kerzhner et Josifov, 1999: 33; Zheng et Ma, 2004: 476; Schuh, 2002-2014; Xu et Liu, 2018: 135.

Alloeotomus montanus Qi et Nonnaizab, 1995: 15. Synonymized by Zheng et Ma, 2004: 476.

体长椭圆形，锈褐色，被浅色毛。

头锈褐色，平伸。头顶锈褐色，具细碎黑褐色斑点，宽是复眼宽的 1.40-1.50 倍；后缘脊黄褐色，较宽。复眼红褐色。唇基黄褐色，两侧有黑褐色短纹。触角红褐色，被浅色半直立毛，第 1 节色稍浅，圆筒状，长是眼间距的 1.00-1.40 倍；第 2 节线状，端部稍加粗，长是头宽的 1.50 倍；第 3、4 节较细。喙浅锈褐色，端部色深，伸达中足基节。

前胸背板锈褐色，后缘色浅，具黑褐色清晰刻点，后缘黄白色；领窄，灰褐色，晦暗，密被粉状绒毛；胝黑褐色，稍相连，稍突出。小盾片黑褐色，具黑褐色清晰刻点，顶角黄褐色，有时稍向基部纵向延伸。

半鞘翅黄褐色，革质部具均一的清晰黑色刻点；楔片端部稍染红褐色。膜片黄褐色，近楔片缘有 1 模糊的浅色斑，翅脉浅褐色。足锈褐色，腿节具细碎红褐色斑；胫节背缘具 2 条黑褐色纵纹；被直立短毛。

腹部腹面红褐色，被浅色毛。臭腺沟缘黄白色。

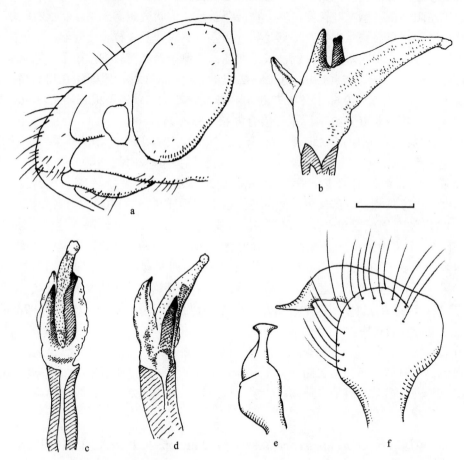

图 110　克氏点盾盲蝽 *Alloeotomus kerzhneri* Qi *et* Nonnaizab (a-d 仿 Zheng & Ma, 2004)

a. 头部侧面观 (head, lateral view)；b. 膨胀的阳茎端 (fully inflated vesica)；c、d. 未膨胀的阳茎端不同方位 (not inflated vesica in different views)；e. 右阳基侧突 (right paramere)；f. 左阳基侧突 (left paramere)；比例尺：0.1mm (e、f)

雄虫左阳基侧突感觉叶钝圆，较宽，其上被浅色长毛，钩状突宽短，末端足状；右阳基侧突小，感觉叶不明显，钩状突端部平截。阳茎端具膜叶及 3 枚骨化附器：左侧附器杆状，末端二分叉；中间附器略呈瓶状；右侧附器短，宽刃状，端尖锐，明显短于左侧附器。

量度 (mm)：体长 4.70-5.70，宽 1.95-2.38；头宽 0.94-1.00；眼间距 0.38-0.43；触角各节长 Ⅰ:Ⅱ:Ⅲ:Ⅳ=0.43-0.53: 1.40-1.58: 0.65-0.78:0.55-0.60；前胸背板长 0.85-1.00，后缘宽 1.68-1.75；楔片长 0.68-0.80；爪片接合缝长 0.86-1.04。

观察标本：3♂，北京，1954.Ⅵ.9；3♂3♀，北京卧佛寺，1973.Ⅺ.21；8♂12♀，北京清华大学，1982.Ⅷ.9，任树芝采。8♂，天津蓟县，1989.Ⅹ.11，刘国卿采。1♀，河北北戴河，1980.Ⅶ.15，任树芝采；2♂1♀，河北围场城关，1984.Ⅸ.10，郑乐怡采。1♀，山西太原，1974.Ⅷ.26。1♂，内蒙古额济纳旗赛汉陶来，1984.Ⅶ.28，刘国卿采；4♂7♀，内蒙古呼和浩特大青山，1991.Ⅺ.11，郑乐怡采。1♂1♀，吉林市郊区，1982.Ⅵ.23，任树芝采。6♂17♀，山东烟台，1973.Ⅶ.19，穆强采。1♀，湖北秭归九岭头，100m，1993.Ⅵ.13，李文柱灯诱；1♂，湖北巴东三峡林场，180m，1994.Ⅴ.13，杨星科灯诱。9♂9♀，陕西凤县秦岭车站，1400m，1994.Ⅶ.29，吕楠采。

分布：吉林、内蒙古、北京、天津、河北、山西、山东、陕西、湖北。

讨论：本种与中国点盾盲蝽 A. chinensis Reuter 较相似，但本种体色暗，半鞘翅革质部刻点均一。

(137) 东亚点盾盲蝽 *Alloeotomus simplus* (Uhler, 1897) (图 111；图版Ⅺ: 176)

Lygus simplus Uhler, 1897: 266; Carvalho, 1959: 129.

Alloeotomus linnavuorii Josifov *et* Kerzhner, 1972: 153. Synonymized by Kerzhner, 1978: 37.

Alloeotomus simplus: Kerzhner, 1978: 37; Schuh, 1995: 596; Zheng, 1995: 459; Kerzhner *et* Josifov, 1999: 34; Zheng *et* Ma, 2004: 478; Xu *et al.*, 2009: 107; Schuh, 2002-2014; Xu *et* Liu, 2018: 135.

体长椭圆形，黄褐色，被浅色直立短毛。

头黄褐色，平伸。头顶黄褐色，宽是复眼宽的 1.20-1.40 倍；后缘脊黄褐色，较宽。复眼红褐色。唇基黄褐色，末端黑褐色。触角红褐色，被浅色半直立毛，第 1 节色稍浅，圆筒状，长是眼间距的 1.40-1.60 倍；第 2 节线状，端部稍加粗，长是头宽的 1.60-1.70 倍；第 3、4 节较细。喙黄褐色，端半部红褐色，伸达中足基节。

前胸背板黄褐色，微染红色，具黑褐色清晰刻点，后缘黄白色；领窄，黄褐色，晦暗，密被粉状绒毛；胝褐色，内侧缘黑色，稍相连，稍突出。小盾片红褐色，具黑褐色清晰刻点，顶角黄褐色，有时稍向基部纵向延伸；侧缘有时呈完整的黄白色窄边。

半鞘翅黄褐色，具均一的清晰黑色刻点；革片端半部及楔片端部稍染红褐色；缘片光滑，几无刻点；楔片刻点稍细小。膜片黄褐色，翅脉同色。足黄褐色，微染红色；胫节基部背缘有 1 黑褐色小纵斑；跗节端部黑褐色。

腹部腹面黄褐色，略呈红色，被浅色毛。臭腺沟缘黄白色。

雄虫左阳基侧突感觉叶钝圆，宽大，其上被浅色长毛，钩状突短，末端细足状；右阳基侧突小，感觉叶不明显，钩状突足状。阳茎端具膜叶及 3 枚骨化附器：左侧附器较宽，末端呈小弯钩状；中间附器较大，弯刀状；右侧附器相对较粗，端半细尖而拉长。

量度 (mm)：体长 5.75-6.25，宽 2.25-2.50；头宽 1.00-1.05；眼间距 0.38-0.44；触角各节长 Ⅰ:Ⅱ:Ⅲ:Ⅳ=0.54-0.60:1.58-1.70:0.58-0.72:0.63-0.68；前胸背板长 1.00-1.08，后缘

宽 1.80-1.90；楔片长 0.95-1.00；爪片接合缝长 0.936-1.118。

观察标本：1♂，天津蓟县黄花山，1989.IX.4，刘国卿采；1♂，天津蓟县，1989.VIII.18。10♀，河北北戴河，1964.VI.25。3♂1♀，黑龙江帽儿山，1988.VII.17，李新正采；6♂，同上，于超采。1♀，陕西周至板房子，1991.VIII.9，吕楠灯诱。

分布：黑龙江、天津、河北、陕西；俄罗斯，朝鲜半岛，日本。

讨论：本种与中国点盾盲蝽 *A. chinensis* Reuter 较为相似，但本种体毛短，前胸背板侧缘具不连续的黄白色胝状边，缘片刻点稀疏。

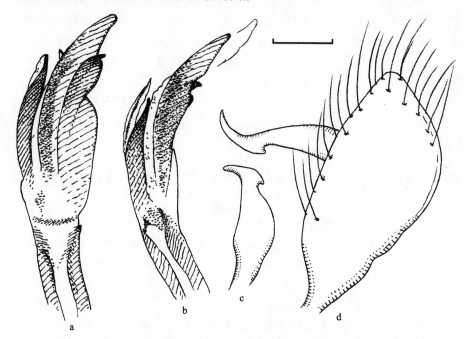

图 111 东亚点盾盲蝽 *Alloeotomus simplus* (Uhler) (仿 Zheng & Ma, 2004)

a、b. 阳茎端不同方位 (vesica in different views)；c. 右阳基侧突 (right paramere)；d. 左阳基侧突 (left paramere)；

比例尺：0.1mm (c、d)

(138) 云南点盾盲蝽 *Alloeotomus yunnanensis* Zheng *et* Ma, 2004 (图 112；图版XII: 177)

Alloeotomus yunnanensis Zheng *et* Ma, 2004: 481; Schuh, 2002-2014.

体长椭圆形，锈褐色，密被浅色直立长毛。

头锈褐色，平伸。头顶锈褐色，宽是复眼宽的 1.30-1.60 倍；后缘脊黄褐色，较宽。复眼红褐色。唇基红褐色。触角被浅色半直立毛，第 1 节浅黄褐色，背侧锈褐色，圆筒状，长约等于眼间距；第 2 节红褐色，杂有黄色碎斑，线状，端部稍加粗，长是头宽的 1.70-2.00 倍；第 3、4 节黑褐色，较细。喙黄褐色，端部色深，伸达中胸腹板后缘。

前胸背板毛长，锈褐色，具黑褐色清晰刻点，后缘黄色；领窄，灰褐色，晦暗，密被粉状绒毛；胝锈褐色，内侧前缘黑色，稍相连，略突出。小盾片锈褐色，具黑色清晰刻点，顶角黄褐色。

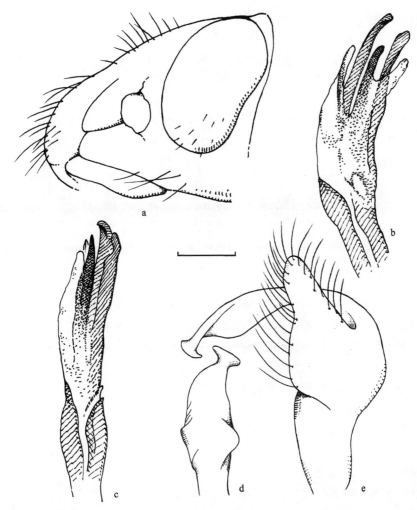

图 112　云南点盾盲蝽 *Alloeotomus yunnanensis* Zheng *et* Ma (a-c 仿 Zheng & Ma, 2004)

a. 头部侧面观 (head, lateral view); b、c. 阳茎端不同方位 (vesica in different views); d. 右阳基侧突 (right paramere); e. 左阳基侧突 (left paramere); 比例尺: 0.1mm (d、e)

半鞘翅毛长, 锈褐色, 具清晰的黑色刻点; 缘片及楔片端部稍染红褐色。膜片烟褐色, 翅脉红色。足红褐色, 腿节端部具 2 个黄褐色环; 胫节亚基部和亚端部各有黄褐色宽环 1 个; 跗节端部黑褐色。

腹部腹面红褐色, 被浅色毛。臭腺沟缘黄褐色。

雄虫左阳基侧突感觉叶稍尖, 明显突出, 其上被浅色长毛, 钩状突宽短, 末端平截; 右阳基侧突小, 感觉叶不明显, 钩状突端部平截。阳茎端具膜叶及 3 枚骨化附器: 左侧附器杆状, 端部一侧伸长; 中间附器狭长; 右侧附器杆状, 其前方有 1 指状突起。

量度 (mm): 体长 5.90-6.80, 宽 2.13-2.80; 头宽 1.04-1.20; 眼间距 0.40-0.53; 触角各节长 I : II :III:IV=0.45-0.54:2.00:0.50-0.63:0.50; 前胸背板长 1.20-1.35, 后缘宽 1.88-2.25; 楔片 0.92-1.00; 爪片接合缝长 0.96-1.17。

观察标本：1♂ (正模)，云南昆明金殿，1984.Ⅳ.23，郑乐怡采；4♀ (副模)，同上；1♂ (副模)，云南景东哀牢山方家箐，1984.Ⅴ.13，郑乐怡采；1♀，云南丽江，1979.Ⅷ.14，凌作培采；1♂，云南哀牢山徐家坝，1982.Ⅴ.9；1♂，云南昆明金殿，1984.Ⅳ.23，郑乐怡采。

分布：云南。

讨论：本种与中国点盾盲蝽 *A. chinensis* Reuter 较为相似，但本种体密被浅色直立长毛，毛长为 3-4 刻点间距离；足红褐色，腿节端部具 2 个黄褐色环，胫节亚基部和亚端部各具 1 个黄褐色宽环。

37. 驼盲蝽属 *Angerianus* Distant, 1904

Angerianus Distant, 1904b: 437. **Type species:** *Angerianus fractus* Distant, 1904; by original designation.

体椭圆形，浅黄褐色至深褐色；背面光亮，平滑；领和前胸背板有刻点；密布浅色毛。

头部下倾，在复眼前方不突出，背面观，眼间距约为眼宽的 2 倍；复眼后方有明显的领状区域及 1 条横向的深凹痕；唇基端稍突出。触角细长，被半直立毛，第 1 节长不小于眼间距。喙伸达中足或后足基节。

前胸背板前部狭缩；胝光滑，有时具长的浅色毛，两胝相连，延伸到前胸背板侧缘；小盾片隆起；半鞘翅在楔片缝处下折；缘片后部稍宽；中裂和爪片缝有成列的粗大刻点。足腿节长，胫节和跗节圆筒状，被浅色半直立毛。

分布：台湾、广东、海南、贵州、云南；尼泊尔，缅甸，越南，老挝，泰国，柬埔寨，马来西亚，印度尼西亚 (爪哇岛)。

世界已知 5 种。中国记述 3 种，包括 1 新种。

种 检 索 表

1. 触角第 1 节单一色 ···长角驼盲蝽，新种 *A. longicornis* sp. nov.
   触角第 1 节明显两色 ·· 2
2. 小盾片红褐色 ··· 暗色驼盲蝽 *A. maurus*
   小盾片端部有 1 黄白色大斑 ·· 斑盾驼盲蝽 *A. fractus*

(139) 斑盾驼盲蝽 *Angerianus fractus* Distant, 1904 (图 113a, b；图版Ⅻ: 178)

Angerianus fractus Distant, 1904b: 438; Carvalho, 1958: 182; Stonedahl, 1991b: 272; Schuh, 1995: 596; Yasunaga *et al.*, 2016: 582.

体椭圆形，黄褐色。

头部黄褐色，唇基与头顶垂直。头顶有 "Y" 形褐色斑，眼间距是复眼宽的 1.30-1.80 倍。复眼红褐色，眼后区域红褐色。触角线状，被浅色半直立毛，第 1 节稍粗，基半部黑褐色,端半部黄褐色,长约是眼间距的 2.00 倍;第 2 节细,黄褐色,长是头宽的 1.80-1.96 倍;第 3、4 节细长,浅褐色。唇基黄褐色,末端褐色。喙红褐色,第 4 节色浅,伸达中足基节。

前胸背板褐色,密被浅色长毛及褐色细密刻点。领褐色,前缘色稍浅,密被浅色长毛及褐色细密刻点;胝区侧缘及后缘直,具明显凹痕,胝褐色,密被浅色长毛及褐色细密刻点,不相连,较平。盘域稍隆起,中纵线黄白色胝状隆起,侧缘直,后缘弧形稍外突。小盾片褐色,端部具 1 黄白色大斑点,延伸至顶角,密被浅色长毛;稍隆起,端部约 1/3 处最高。

半鞘翅革质部黄褐色,仅爪片端角、革片端部内侧 1 大斑、缘片端部 1/3 褐色,密被浅色长毛,爪片缝及中裂各具 1 列清晰的刻点。膜片色浅,翅脉褐色。

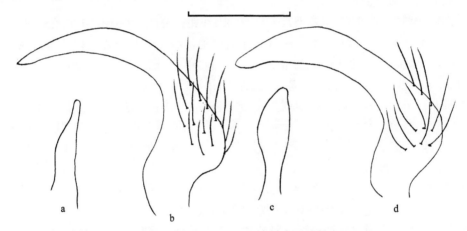

图 113　斑盾驼盲蝽 *Angerianus fractus* Distant (a、b) 和暗色驼盲蝽 *Angerianus marus* Distant (c、d)
a、c. 右阳基侧突 (right paramere); b、d. 左阳基侧突 (left paramere); 比例尺: 0.1mm

各足腿节红褐色,基部 1/4 黄褐色;胫节最基部有 1 红褐色窄环;跗节黄褐色,末端色深;爪深色。

腹部腹面红褐色,被浅色长毛。臭腺沟缘黄白色。

雄虫左阳基侧突感觉叶钝圆,突出,被稀疏浅色长毛,钩状突向一侧稍弯,末端稍细;右阳基侧突相对细长。阳茎端膜质,一侧膜叶端部具 1 簇骨化小刺。

量度 (mm):体长 2.45-2.50,宽 1.25-1.35;头宽 0.68-0.74;眼间距 0.27-0.35;触角各节长 I : II : III : IV=0.62-0.73: 1.30-1.43: 0.56-0.65: 0.31-0.46;前胸背板长 1.01-1.07,后缘宽 1.22-1.38;楔片长 0.56-0.72;爪片接合缝长 0.34-0.39。

观察标本:1♂,广东连县瑶安乡,1962.XI.26,郑乐怡、程汉华采。1♀,贵州茂兰,530m,1995.VIII.2,卜文俊采。1♀,云南勐海,1300m,1957.II.26,刘大华采;1♀,云南小勐养,900m,1957.IV.4,王书永采;1♀,云南勐海,1000m,1957.IV.23,臧令超采;1♀,云南普文,1957.IX.4,A. 孟怡茨基采;1♀,云南曼兵,1958.VI.3;1♀,云南思茅思茅港,700m,2001.XI.20,朱卫兵采;1♀,云南澜沧田房,600m,2001.XI.25,朱卫兵采;1♀,云南澜沧团田,650-950m,2001.XI.26,朱卫兵采;1♀,云南澜沧龙潭,

800m，2001.XI.27，朱卫兵采；1♂，云南元江县城郊，795m，2006.VII.25，郭华采；1♀，云南瑞丽珍稀植物园，1000m，2006.VII.30，李明采。

分布：广东、贵州、云南；尼泊尔，缅甸，越南，老挝，泰国。

讨论：本种与暗色驼盲蝽 *A. marus* Distant 相近，但本种小盾片端部有 1 黄白色大斑；翅黄褐色，仅爪片端角、革片端部内侧 1 大斑、缘片端部 1/3 褐色。

本次研究检查了《茂兰景观昆虫》中记录的暗色驼盲蝽 *A. marus* Distant 贵州标本，该标本应为斑盾驼盲蝽 *A. fractus* Distant。

本种为中国首次记录。

(140) 长角驼盲蝽，新种 *Angerianus longicornis* Xu *et* Liu, sp. nov.　(图版XII: 179)

体椭圆形，黑褐色。

头部单一黑褐色，唇基与头顶几乎垂直。眼间距是复眼宽的 1.69-1.82 倍。复眼红褐色，眼后区域红褐色。触角线状，被浅色半直立毛，第 1 节单一浅黄白色，直径与第 2 节约相等，长是眼间距的 2.13-2.22 倍；第 2 节细，单一浅黄褐色，长是头宽的 1.65-1.73 倍；第 3、4 节浅褐色，细长。唇基黑褐色；喙黑褐色，伸达中足基节。

前胸背板黑褐色，密被同色刻点及浅色长毛。领黑褐色，密被同色刻点及浅色长毛。胝区侧缘及后缘直，具明显凹痕，胝褐色，密被浅色长刚毛及褐色细密刻点，不相连，不突出。盘域稍隆起，侧缘直，后缘弧形稍外突。小盾片黑褐色，密被浅色长毛；稍隆起，端部约 1/3 处最高。

半鞘翅革质部黑褐色，缘片前半部色稍浅，革片端部沿楔片缝有 1 黄白色斑纹；密被浅色长刚毛，爪片缝及中裂各具 1 列清晰的刻点。膜片色浅，翅脉褐色。

腿节黑褐色，基部 1/5 黄褐色；胫节黄褐色，基部黑褐色。

腹部腹面红褐色，被浅色长毛。臭腺沟缘黄白色。

量度 (mm)：体长 2.50-2.70，体宽 1.35-1.38；头宽 0.77-0.82；眼间距 0.35-0.39；触角各节长 I : II : III : IV=0.78-0.83 : 1.33-1.35 : 1.04 : 0.99；前胸背板长 1.07，后缘宽 1.38-1.40；楔片长 0.78-0.86；爪片接合缝长 0.52。

种名词源：以触角第 1 节细长命名。

模式标本：正模♀，云南元江县南溪，2010m，2006.VII.23，郭华采。副模：1♀，云南瑞丽珍稀植物园，1200m，2006.VII.28，张旭采；1♀，云南瑞丽珍稀植物园，1200m，2006.VII.28，李明采。

分布：云南。

讨论：新种与暗色驼盲蝽 *A. marus* Distant 相似，但前者体单一黑褐色，触角第 1 节浅黄白色，直径与第 2 节约相等，长稍大于头宽。

(141) 暗色驼盲蝽 *Angerianus maurus* Distant, 1904　(图 113c, d；图版XII: 180)

Angerianus maurus Distant, 1904b: 438; Carvalho, 1958: 182; Stonedahl, 1991b: 274; Schuh, 1995: 596; Zheng, 1995: 459; Yasunaga *et al.*, 2016: 582.

体椭圆形，黑褐色。

头部黄褐色，唇基与头顶几垂直，背面观不可见。头顶有"Y"形褐色斑，有时呈三角形斑并延伸到头后缘，眼间距是复眼宽的 1.40-2.00 倍。复眼红褐色；复眼后侧缘有褐色带。后缘具宽的红褐色脊。触角第 1 节线状，稍粗于第 2 节，红褐色，端部 1/4 黄褐色，长约等于头宽；第 2 节黄褐色，线状，长是头宽的近 3.50 倍；第 3、4 节黄褐色，细长。喙红褐色，端半部黄褐色，伸达后足基节前缘。

前胸背板红褐色，密被刻点及浅色半直立毛，中纵线红褐色，稍突出；前半部强烈狭缩。领红褐色，密被刻点及浅色半直立毛；胝区侧缘及后缘直，具明显凹痕，胝褐色，密被浅色长刚毛及褐色细密刻点，不相连，不突出。盘域稍隆起，后缘弧形稍突出。小盾片红褐色，密被刻点及浅色毛；稍隆起，距端部约 1/3 处最高。

半鞘翅革质部红褐色，革片后缘近楔片处有 1 黄白色斑；密被浅色长毛，沿楔片缝和中裂各有 1 列刻点。膜片灰黄褐色，翅脉红褐色。

腿节红褐色，端部黄白色；胫节黄白色，最基部红褐色；跗节黄白色，端部色稍深；爪色深。

腹部腹面红褐色，密被浅色毛。臭腺沟缘黄白色。

雄虫左阳基侧突感觉叶圆钝，稍突出，其上被稀疏的浅色毛，钩状突向一侧稍弯曲，中部 1/3 处明显加宽，末端宽钝；右阳基侧突宽短，感觉叶不明显，端突中部明显加宽，末端钝圆。阳茎端膜质，一侧膜叶端部有 1 簇骨化小刺。

量度 (mm)：体长 (头最端部至楔片缝) 2.70，宽 1.35；头宽 0.68-0.74；眼间距 0.34-0.35；触角各节长 I：II：III：IV=0.65-0.75：1.22-1.40：0.91-0.94：0.91-0.94；前胸背板长 0.91-0.94，后缘宽 1.14-1.19；楔片长 0.65-0.72；爪片接合缝长 0.39。

观察标本：1♀，云南勐腊，1979.IX.24，邹环光采。1♂，Chung Kon，Hainan Id.，1935.VII.19，L. Gressitt leg.。1♀，海南尖峰岭，100m，1985.IV.23，郑乐怡采。

分布：台湾、海南、云南；尼泊尔、缅甸、越南、泰国、柬埔寨、马来西亚，印度尼西亚 (爪哇岛)。

讨论：本种与斑盾驼盲蝽 A. fractus Distant 较相似，但本种触角第 1 节直径明显大于第 2 节，小盾片单一红褐色。

38. 环盲蝽属 *Cimicicapsus* Poppius, 1915

Cimicicapsus Poppius, 1915b: 83. **Type species:** *Cimicicapsus parviceps* Poppius, 1915; by original designation.

体中等大小，椭圆形，光亮，被浓密直立毛。

头部背面观宽大于长，前额稍隆起，后缘无明显横脊；复眼被刚毛；唇基强烈下倾；触角第 2 节细，远长于第 1 节；第 3、4 节长之和短于第 2 节长。前胸背板盘域稍隆起；胝光滑，稍相连、隆起；胝近前侧缘部分有 1 明显粗大凹痕。前胸背板及半鞘翅革质部具刻点。部分种的小盾片背面观如图 114 所示。足密布软毛；后足第 1 跗节长于第 2 节，

第 3 跗节端部腹面有桨状刚毛。

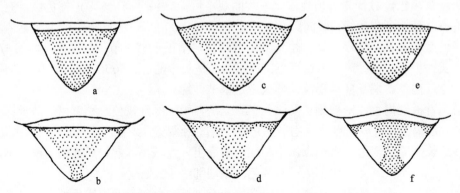

图 114 环盲蝽属部分种的小盾片 (scutellum of *Cimicicapsus* spp.)

a. 暗斑环盲蝽 *C. flavimaculus*；b. 山环盲蝽 *C. montanus*；c. 拟朝鲜环盲蝽 *C. pseudokoreanus*；d. 百花环盲蝽 *C. splendus*；
e. 羽环盲蝽 *C. squamus*；f. 毛环盲蝽 *C. villosus*

雄虫左阳基侧突半圆形；感觉叶有 1 伸长的瘤状突起；钩状突平，端部有稀疏小刚毛。阳茎端通常有 4、5 枚骨化附器；背膜叶有 1 簇小骨刺；阳茎端基部左侧高度骨化。阳基鞘不对称，顶端有 1 三角形大骨板。

雌性外生殖器的骨环明显扭曲，有 1 对背唇板；交配囊侧缘有 1 对叶状结构；交配囊前部盖有 1 大骨板。

分布：黑龙江、辽宁、河北、山东、陕西、甘肃、安徽、湖北、福建、台湾、海南、四川、云南；朝鲜，日本。

Kerzhner 和 Schuh (1995) 认为环盲蝽属 *Cimicicapsus* 的属征不足以将其与齿爪盲蝽属 *Deraeocoris* 区分开来，遂将该属的 3 个种移入齿爪盲蝽属 *Deraeocoris*，此后 Kerhzner 和 Josifov (1999) 在古北界半翅目名录中将其视为 *Deraeocoris* 的 1 个亚属。Nakatani (2001) 核对并解剖了 *Cimicicapsus parvicesps* 群模中的 1 头雄虫，依据其特殊的雄性外生殖器结构及跗节桨状刚毛的构造恢复其属级地位，推测该属与 *Apoderaeocoris* 属及 *Dortus* 属关系较为紧密。作者于 2009 年对该属进行了研究，同意 Nakatani 的观点，将其视为独立的属。

世界已知 10 种，中国记述 9 种。

种 检 索 表

1. 体长不小于 6.5mm；足基节红褐色···**红环盲蝽 *C. rubidus***
   体长小于 6.5mm；足基节黄褐色···2
2. 触角第 2 节长是头宽的 2 倍以上···3
   触角第 2 节长小于头宽的 2 倍···7
3. 腿节端部有深色环···4
   腿节无环···5
4. 触角第 2 节约为第 1 节长的 2.5 倍···**百花环盲蝽 *C. splendus***

(142) 暗斑环盲蝽 *Cimicicapsus flavimaculus* Xu et Liu, 2009 (图 114a, 图 115; 图版Ⅻ: 181)

Cimicicapsus flavimaculus Xu et Liu, 2009: 21; Schuh, 2002-2014.

体中等大小，椭圆形，浅黑褐色，密布刻点，密被浅色半直立短毛。

头浅黑褐色，被浅色直立短毛。额部及头顶具黑褐色斑，眼间距是复眼宽的 1.0-1.8 倍。复眼红褐色。触角被浅色半直立短毛，第 1 节深褐色，圆筒状，基部稍细，长是眼间距的 1.4-1.8 倍；第 2 节黄褐色，端部 1/3 黑色，线状，长是头宽的 1.7 倍；第 3 节细，线状，黑褐色，基部黄色；第 4 节细线状，黑褐色。唇基端半部黑褐色，喙黄褐色，第 4 节色深，伸达中足基节中间。

前胸背板浅黑褐色，具明显刻点。领黄褐色，后缘黑褐色。胝光亮，与前胸背板同色，边缘黑褐色，左右相连，稍隆起，内基角有 2 粗大深刻点，近前侧缘部分有 1 明显粗大凹痕；胝后各有 1 模糊的黄色斑块。前胸背板后缘黄色。小盾片深黄褐色，侧缘黄斑近基部无刻点，被浓密半直立毛。

半鞘翅革质部浅黑褐色，楔片向端部色深。膜片浅褐色，近楔片缘外侧有浅色斑，翅脉红褐色。足黄褐色，腿节近端部有 2 个黑褐色环，胫节端部黑褐色，跗节及爪黑褐色。

腹面黑褐色，被浓密浅色半直立短毛。臭腺沟缘浅黄色。

雄虫左阳基侧突感觉叶伸长，上缘有稀疏短毛，内侧具小齿，基部稍细，钩状突宽，上缘具稀疏短毛，端部鸟嘴状；右阳基侧突宽短，钩状突短小。阳茎端具界限不明显的膜囊及 4 枚骨化附器：小针突细，稍有弯曲；端骨针圆钝而短；左侧膜叶端部为 1 簇披针状骨化附器；中间为 1 大骨板，骨板端部钝圆，右侧小骨板稍卷曲成锥状。

量度 (mm)：体长 4.50-5.60，宽 2.00-2.40；头宽 0.91-0.99；眼间距 0.31-0.50；触角各节长 Ⅰ:Ⅱ:Ⅲ:Ⅳ=0.60-0.80:1.50-2.00:0.60-0.90:0.60-0.70；前胸背板长 0.90-1.40，后缘宽 1.7-2.2；楔片长 0.70-0.73；爪片接合缝长 0.90-1.40。

观察标本：1♂ (正模)，海南五指山水满乡，650m，2007.Ⅴ.17，张旭采；1♂2♀ (副模)，同前；5♂3♀ (副模)，海南吊罗山白水岭，600m，2007.Ⅴ.29，董鹏志采；2♂，海南琼中，1964.Ⅳ.19-26，刘胜利采；1♀，海南五指山水满乡，650m，2007.Ⅴ.16，张旭采。

　　分布：海南。

　　讨论：本种与小头环盲蝽 *C. parviceps* Poppius 外形较为相近，但前者体浅黑褐色，腿节近端部有明显的黑褐色环，且雄性外生殖器结构差异明显，易于区分。

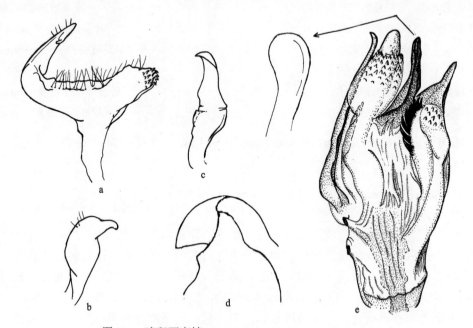

图 115　暗斑环盲蝽 *Cimicicapsus flavimaculus* Xu *et* Liu

a. 左阳基侧突 (left paramere)；b. 左阳基侧突端部顶端 (apical portion of left paramere hypophysis)；c. 右阳基侧突 (right paramere)；d. 阳茎鞘 (phallotheca)；e. 阳茎端 (vesica)

(143) 朝鲜环盲蝽 *Cimicicapsus koreanus* (Linnavuori, 1963) (图 116；图版XII: 182)

Deraeocoris koreanus Linnavuori, 1963: 73; Josifov, 1983: 83; Schuh, 1995: 611; Zheng, 1995: 459; Kerzhner *et* Josifov, 1999: 38.

Cimicicapsus koreanus: Nakatani, 2001: 255; Xu *et* Liu, 2009: 23; Xu *et al.*, 2009: 109; Schuh, 2002-2014; Xu *et* Liu, 2018: 137.

　　体中等大小，椭圆形，浅红褐色，密布刻点，被浅色半直立短毛。

　　头黄褐色，光亮，前额有时有暗褐色倒三角形斑，头顶有时具暗褐色斑，宽是眼宽的 1.9-2.0 倍，唇基黑褐色。复眼红褐色。触角被长短不一的浅色半直立短毛，第 1 节黑褐色，圆筒形，基部稍细，长是眼间距的 1.4-1.6 倍；第 2 节红褐色，端部黑色，线状，长是头宽的 1.9 倍；第 3 节黄褐色，端部色稍深；第 4 节黑褐色，基部色稍浅。喙黄褐色至红褐色，端部黑色，伸达中足基节前缘。

　　前胸背板黄褐色至红褐色，其后缘色稍浅。领黄褐色至红褐色，光亮，后缘色深。胝和前胸背板同色，光亮无毛，左右相连，稍突出，近前侧缘部分有 1 明显粗大凹痕。小盾片黄褐色至红褐色，无刻点，两侧缘各有 1 浅色窄斑，密被浅色半直立短毛。

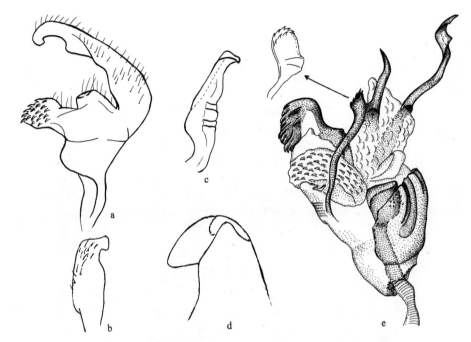

图 116　朝鲜环盲蝽 *Cimicicapsus koreanus* (Linnavuori)

a. 左阳基侧突 (left paramere); b. 左阳基侧突端部顶端 (apical portion of left paramere hypophysis); c. 右阳基侧突 (right paramere); d. 阳茎鞘 (phallotheca); e. 阳茎端 (vesica)

半鞘翅革质部红褐色，局部色浅。膜片灰黑色，翅脉红褐色至黄褐色。足被浅色短毛，腿节黄褐色，端部具 2 黑褐色环；胫节黄褐色至红褐色；跗节红褐色至黑褐色；爪红褐色。

腹面红褐色，密被浅色半直立绒毛。臭腺沟缘黄白色。

雄虫左阳基侧突感觉叶突起明显伸长，其上具稀疏毛，中部稍细，端部具小齿，钩状突细长，一侧稍呈片状，其上缘具稀疏短刚毛，端部平；右阳基侧突较小，感觉叶三角状突起，钩状突伸长，端部鸟嘴状。阳茎端具界限不清的膜囊及 4 枚骨化附器：小针突扭曲，端部稍宽扁成片状，顶端尖锐；端骨针粗大，牛角状。次生生殖孔被多个不同形状的骨板包围。

量度 (mm)：体长 5.70-6.10，宽 2.50-2.60；头宽 1.00-1.04；眼间距 0.50；触角各节长 I : II : III : IV = 0.71-0.79 : 1.86-2.00 : 0.86 : 0.64-0.71；前胸背板长 1.30-1.40，后缘宽 2.0-2.2；楔片长 0.98-1.17；爪片接合缝长 1.10-1.40。

观察标本：1♂，河北邢台，1990.VII，河北林学院采。2♂2♀，辽宁朝阳林场，1980。4♂5♀，黑龙江宁安瀑布村镜泊湖，2003.VIII.10，柯云玲采；6♀，黑龙江宁安镜泊湖，2003.VIII.10，田颖采；1♀，黑龙江宁安镜泊湖，2003.VIII.11，李晓明采；1♂，黑龙江宁安镜泊湖，2003.VIII.13，李晓明采；1♂，黑龙江宁安镜泊湖鹿苑岛，2003.VIII.13，于昕采。4♂4♀，安徽六安市金寨天堂寨镇，2004.VIII.3，李晓明采。1♂，山东烟台海阳招虎山，2007.VII.23，郭华采；2♂，山东烟台栖霞牙山，300-400m，2007.VII.27，郭华采；1♀，山东栖霞牙山，100m，2007.VII.30，韩瑶采；1♀，山东烟台招远罗山，150m，2007.VII.31，郭华采。1♂2♀，湖北咸丰马河坝，450m，1999.VII.25，郑乐怡。1♂1♀，陕西杨陵，1994.VII.25，吕楠采。1♂，甘肃康县，1120m，1986.VIII.2，李新正采。

分布：黑龙江、辽宁、河北、山东、陕西、甘肃、安徽、湖北；朝鲜，日本。

讨论：本种与小头环盲蝽 *C. parviceps* Poppius 相似，但前者体浅红褐色，触角第1节大于头顶宽，足基节黄褐色，腿节端部有明显黑褐色环，雄性外生殖器结构特殊。

(144) 山环盲蝽 *Cimicicapsus montanus* (Hsiao, 1941) (图114b，图117；图版XII: 183)

Deraeocoris montanus Hsiao, 1941: 244; Hsiao, 1942: 251, 252; Carvalho, 1957: 69; Zheng *et* Liu, 1992: 293; Schuh, 1995: 613; Zheng, 1995: 459; Kerzhner *et* Josifov, 1999: 40.

Cimicicapsus montanus: Xu *et* Liu, 2009: 24; Schuh, 2002-2014.

体中等大小，椭圆形，红褐色，密布同色刻点，被浅色半直立短毛。

头黄褐色，光亮，眼间距是复眼宽的1.3-1.7倍。复眼红褐色。触角被浅色半直立短毛，第1节红色至红褐色，圆筒形，基部稍细，长是眼间距的1.9-2.4倍；第2节黄色至浅黄褐色，端部黑色，线状，长是头宽的2.1-2.3倍；第3节约与第1节等长，黄褐色，端部色深；第4节黑褐色，基部黄褐色至红褐色。喙黄褐色，端部色深，伸达中足基节。

前胸背板红褐色，密被红褐色刻点。领红褐色，光亮，前、后缘黑色。胝与前胸背板同色，光亮，左右相连，稍突出，近前侧缘部分有1明显粗大凹痕。小盾片无刻点，被浓密浅色直立毛，侧面观中部稍弓起，红褐色，两侧缘各有1黄白色大斑。

半鞘翅红褐色，具同色均一刻点，爪片接合缝、缘片外缘及楔片稍红色。膜片灰黑色，翅脉红色至红褐色。足黄褐色，端部有2红褐色环。

腹部腹面浅黄褐色至红褐色，被浅色半直立绒毛。臭腺沟缘乳黄色。

雄虫左阳基侧突感觉叶镰刀状突起，钩状突宽大，近末端1/3处二分叉，外缘叉状突起宽大，内缘叉状突起小，感觉叶及端突被毛；右阳基侧突粗壮，感觉叶角状突起，钩状突近端部略下折。阳茎端具界限不清晰的膜叶及5枚骨化附器：小针突为明显扭曲的骨带；端骨针短小；左侧膜叶端部有1簇骨化小齿。次生生殖孔被多个不同形状的骨板包围。

量度 (mm)：体长5.40-5.90，宽2.30-2.50；头宽0.93-1.00；眼间距0.36-0.46；触角各节长 I:II:III:IV=0.86:2.14:0.86:0.71；前胸背板长1.10，后缘宽1.90；楔片长0.88-0.94；爪片接合缝长1.2。

观察标本：1♀ (正模)，四川峨眉山，1938.IX.21，C. S. Tsi 采；1♀，四川峨眉山，1938.VIII.7，C. S. Tsi 采；1♂，四川峨眉山，1938.IX.21，C. S. Tsi 采；1♀，四川峨眉山，1941.VII.4，T. T. Chuh 采；1♂，四川峨眉山大峨寺，1957.IV.11。1♂，湖北竹山县双台，1983.IX.21，灯诱；1♂，湖北竹山县双台，1983.IX.22，灯诱。

分布：湖北、四川。

讨论：本种和小头环盲蝽 *C. parviceps* Poppius 相似，但本种体红褐色，小盾片侧缘黄白色斑较大，雄性外生殖器结构特殊。

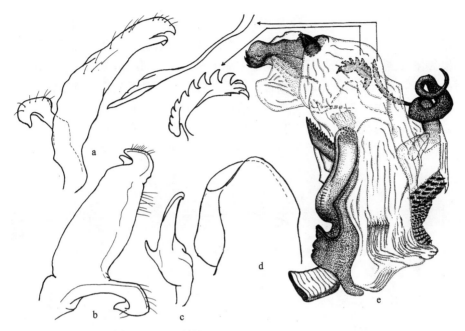

图 117　山环盲蝽 *Cimicicapsus montanus* (Hsiao)

a、b. 左阳基侧突不同方位 (left paramere in different views); c. 右阳基侧突 (right paramere); d. 阳茎鞘 (phallotheca); e. 阳茎端 (vesica)

(145) 小头环盲蝽 *Cimicicapsus parviceps* Poppius, 1915　　(图 118; 图版XII: 184)

Cimicicapsus parviceps Poppius, 1915a: 41; Nakatani, 2001: 254; Xu *et* Liu, 2009: 25; Schuh, 2002-2014.

Deraeocoris parviceps: Kerzhner *et* Schuh, 1995: 5; Schuh, 1995: 616; Kerzhner *et* Josifov, 1999: 378.

Deraeocoris luteolus Xu, Ma *et* Liu, 2005: 769. Synonymized by Xu *et* Liu, 2009: 25.

体中等大小，椭圆形，黄褐色，被浅色半直立短毛。

头顶黄褐色，宽是眼宽的 1.6-1.7 倍；唇基颜色稍深。复眼浅红褐色。触角浅黄色，被浅色半直立短毛，第 1 节圆筒形，长是眼间距的 2.0-2.2 倍，基部稍细；第 2 节细长，长是头宽的 2.2-2.5 倍，端部 1/4 褐色；第 3、4 节约等长，端部色稍深。喙浅黄褐色，端部色稍深，伸达中足基节中间。

前胸背板黄褐色，前侧角及侧角颜色稍深，密布红褐色细小刻点，被浅色半直立毛。领浅黄褐色，无光泽。胝和前胸背板同色，光亮，左右相连，稍突出，一些个体局部色稍深，近前侧缘部分有 1 明显粗大凹痕。小盾片暗褐色，两侧缘端部各有 1 黄白色斑，无刻点，密布浅色半直立短毛。

半鞘翅黄褐色，密布刻点和浅色半直立短毛；楔片和缘片微染红褐色。膜片浅黄褐色至浅红褐色，翅脉深黄褐色。足黄色，密布浅色半直立短毛；跗节端部及爪黑褐色。

腹部腹面黄褐色至红褐色，被浅色半直立绒毛。臭腺沟缘乳黄色。

雄虫左阳基侧突大，感觉叶具显著的角状突起，钩状突端部宽扁，从近末端 1/3 处显著加宽，末端平截，表面粗糙，末端下方有 1 小弯钩；右阳基侧突细长，端部弯曲成镰刀状，末端圆，感觉叶略呈圆形突出。阳茎端在半膨胀状态下背面观具界限不清的膜囊和 5 枚骨化附器：小针突基部粗，从近中部突然变细，向末端渐尖；端骨针位于 1 膜叶的后面，三角形；在阳茎端最左侧有 1 狭长的骨板，该骨板从阳茎端基部伸出，近中部变细，向端部加宽，末端具多个小齿；梳状板位于端骨针的左侧，火炬状，其上有多个齿；在左侧骨板与梳状板之间，有一半骨化的囊状构造，其上有很多骨化的小齿。次生生殖孔被多个不同形状的骨板包围，其中 1 大的骨板上有许多骨化的微齿。

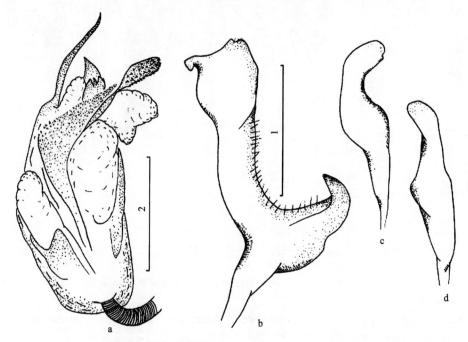

图 118　小头环盲蝽 *Cimicicapsus parviceps* Poppius
a. 阳茎端 (vesica)；　b. 左阳基侧突 (left paramere)；　c、d. 右阳基侧突不同方位 (right paramere in different views)；
比例尺：1=0.3mm (b-d)，2=0.3mm (a)

量度 (mm)：体长 4.80-6.00，宽 2.20-2.70；头宽 0.80-0.90；眼间距 0.40；触角各节长 I∶II∶III∶IV=0.80-0.90∶2.00∶0.70∶0.60；前胸背板长 1.00-1.20，后缘宽 1.70-2.10；楔片长 0.70-0.93；爪片接合缝长 1.1-1.2。

观察标本：1♂，云南西双版纳小勐养，810m，1957.III.26，刘大华采；1♂，云南西双版纳小勐养，850m，1957.IV.3，刘大华采；1♀，云南曼兵，1957.IV.13；1♀，云南曼兵，1957.VI.13；1♀，云南普文龙山，950m，1957.V.8，王书永采；1♀，云南西双版纳勐龙，1958.VI.7；2♂，云南思茅菜阳河高山村，1100m，2000.V.24，卜文俊采。

分布：台湾、云南；日本。

讨论：本种与山环盲蝽 *C. montanus* (Hsiao) 及朝鲜环盲蝽 *C. koreanus* (Linnavuori)比较相似，但具有以下明显的特征可与其区别：体黄褐色；触角浅黄色，仅在第 2 节端部和第 3、4 节色稍深；足黄色，无深色环；左阳基侧突感觉叶具显著的角状突起，钩状突端部宽扁，从近末端 1/3 处显著加宽，末端平截，下方具 1 小弯钩；阳茎端具 5 枚骨化附器。

在观察标本中，采自云南西双版纳勐龙的标本原记录为"大猛笼"，参考中国地图等资料，该地的准确名称应为"勐龙"。

(146) 拟朝鲜环盲蝽 *Cimicicapsus pseudokoreanus* Xu *et* Liu, 2009 （图 114c, 图 119；图版Ⅻ: 185）

Cimicicapsus pseudokoreanus Xu *et* Liu, 2009: 26; Schuh, 2002-2014.

体中等大小，椭圆形，红褐色，被浓密浅色半直立短毛，具清晰刻点。

头红褐色，光亮，额部具 1 暗褐色斑，头顶具暗褐色"八"形斑，两斑相连，眼间距是复眼宽的 2.0-2.1 倍，唇基黑褐色。复眼红褐色。触角红褐色，被浅色半直立短毛，第 1 节圆筒形，基部稍细，长等于眼间距；第 2 节端部色深，线状，长是头宽的 1.6-1.7 倍；第 3、4 节约等长，黑褐色。喙黄褐色，端部黑色，伸达中足基节中间。

前胸背板红褐色，密布黑褐色刻点，密被浅色半直立毛。领红褐色，光亮。胝与前胸背板同色，光亮，左右相连，稍隆起，近前侧缘部分有 1 明显粗大凹痕。小盾片褐色，两侧缘各有 1 浅色窄斑，无刻点，具半直立短毛。

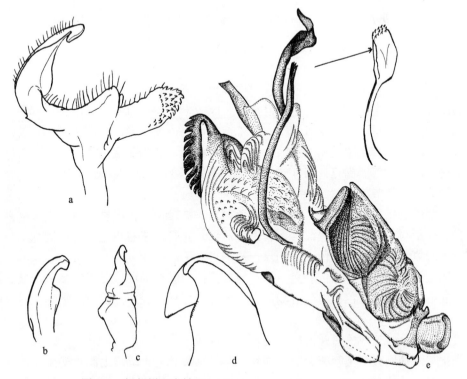

图 119　拟朝鲜环盲蝽 *Cimicicapsus pseudokoreanus* Xu *et* Liu

a. 左阳基侧突 (left paramere)；b. 左阳基侧突端部顶端 (apical portion of left paramere hypophysis)；c. 右阳基侧突 (right paramere)；d. 阳茎鞘 (phallotheca)；e. 阳茎端 (vesica)

半鞘翅红褐色，密布黑色刻点。膜片浅褐色，翅脉黑褐色。足浅红褐色，被长短不一的直立毛；腿节近端部有 2 个深色环，胫节红褐色；跗节黑褐色。

腹面红褐色，被浅色斑直立绒毛。臭腺沟缘黄白色。

雄虫左阳基侧突感觉叶突起明显伸长，其上具稀疏毛，中部稍细，端部上缘具多个小齿，钩状突长，一侧稍呈片状，其上具毛，端部略弯；右阳基侧突较小，感觉叶三角状突起，钩状突略短，端部鸟嘴状。阳茎端具界限不清的膜囊及 5 枚骨化附器：小针突基部较直，端部稍宽扁成片状，扭曲，顶端尖锐；端骨针粗大；侧叶端部平截，具小齿。次生生殖孔被多个不同形状的骨板包围。

量度 (mm)：体长 5.90-6.10，宽 2.4；头宽 1.00-1.11；眼间距 0.50-0.57；触角各节长Ⅰ:Ⅱ:Ⅲ:Ⅳ=0.50-0.57:1.79:0.64-0.71:0.57-0.70；前胸背板长 1.30-1.40，后缘宽 2.00-2.20；楔片长 0.81-0.86；爪片接合缝长 1.1-1.4。

观察标本：1♂ (正模)，福建龙岩永和，1965.Ⅶ.20，刘胜利采 (天津自然博物馆)；2♂5♀ (副模)，福建龙岩永和，1965.Ⅶ.20，刘胜利采 (天津自然博物馆)；1♂，福建漳州，1980.Ⅴ.20，吴圣丽采。

分布：福建。

讨论：本种外形与朝鲜环盲蝽 C. koreanus (Linnavuori) 较为相似，但体色稍暗，且雄性外生殖器结构差异明显，易于区分。

(147) 红环盲蝽 Cimicicapsus rubidus Xu et Liu, 2009 (图 120；图版Ⅻ: 186)

Cimicicapsus rubidus Xu et Liu, 2009: 27; Schuh, 2002-2014; Xu *et* Liu, 2018: 138.

体中等大小，椭圆形，红褐色，被浓密浅色半直立短毛，具清晰刻点。

头浅红褐色，光亮，眼间距是复眼宽的 2.1-2.2 倍，唇基红褐色，端部黑褐色。复眼红褐色。触角被长短不一的半直立毛，第 1 节红褐色，圆筒形，基部稍细，长是眼间距的 1.4-1.7 倍；第 2 节红褐色，端部 1/5 黑褐色，线状，长为头宽的 2 倍；第 3 节细，基半部黄褐色，端半部黑褐色；第 4 节细，黑褐色，基部约 1/4 黄褐色。喙红褐色，端部黑色，伸达中足基节前缘。

前胸背板黄褐色至红褐色，密布黑褐色刻点，被较密浅色半直立毛。领黄褐至红褐色，光亮。胝与前胸背板同色，其上有黑色斑纹，光亮，左右相连，近前侧缘部分有 1 明显粗大凹痕。小盾片红褐色，无刻点，被半直立毛。

半鞘翅红褐色，密布黑色刻点。膜片浅褐色，翅脉红褐色。足浅红褐色，被长短不一的直立毛；基节红褐色；腿节近端部有 2 个红褐色环，胫节红褐色，端部色深；跗节黑褐色。

腹面红褐色，被浅色斑及直立绒毛。臭腺沟缘黄白色。

雄虫左阳基侧突感觉叶突起明显伸长，其上具稀疏毛，端部上缘具多个小齿，钩状突细长，其上具稀疏毛，端部弯曲；右阳基侧突较小，钩状突较短，端部钝。阳茎端具界限不清的膜囊及 4 枚骨化附器：小针突基部较直，端部稍宽扁成片状，扭曲，顶端尖锐；端骨针粗大，梳状板密布小齿；侧叶侧缘及端部具小齿。次生生殖孔被多个不同形状的骨板包围。

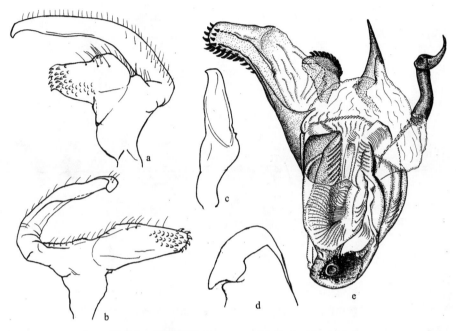

图 120 红环盲蝽 *Cimicicapsus rubidus* Xu *et* Liu

a、b. 左阳基侧突不同方位 (left paramere in different views)；c. 右阳基侧突 (right paramere)；d. 阳茎鞘 (phallotheca)；

e. 阳茎端 (vesica)

量度 (mm)：体长 6.50-8.00，宽 2.90-3.40；头宽 1.14-1.22；眼间距 0.60-0.62；触角各节长 Ⅰ：Ⅱ：Ⅲ：Ⅳ=0.81-0.86:2.26-2.50:0.88-1.04:0.78；前胸背板长 1.40，后缘宽 2.40-2.70；楔片长 1.06-1.22；爪片接合缝长 1.40-1.60。

观察标本：1♂ (正模)，陕西宁陕火地塘，1580m，1998.Ⅷ.20，袁德成灯诱；1♂2♀ (副模)，同前，1998.Ⅷ.15，袁德成灯诱。

分布：陕西。

讨论：本种和朝鲜环盲蝽 *C. koreanus* (Linnavuori) 较相似，但本种体型明显大于朝鲜环盲蝽，体红褐色，足基节红褐色，易与属内其他种相区分。雄性外生殖器结构亦不同。

(148) 百花环盲蝽 *Cimicicapsus splendus* Xu *et* Liu, 2009　(图 114d，图 121；图版Ⅻ: 187)

Cimicicapsus splendus Xu *et* Liu, 2009: 29; Schuh, 2002-2014.

体中等大小，椭圆形，黄褐色，密布刻点，被浅色半直立短毛。

头黄褐色，光亮，眼间距是复眼宽的 1.1-1.4 倍。复眼红褐色。触角被浅色半直立短毛，第 1 节黄褐色，圆筒形，基部稍细，长是眼间距的 2.2-2.4 倍；第 2 节黄色至浅黄褐色，端部约 1/5 黑色，线状，长是头宽的 2.2 倍；第 3 节黄褐色，最端部黑褐色；第 4 节黑褐色，最基部黄褐色。喙黄褐色，端部色深，伸达中足基节间。

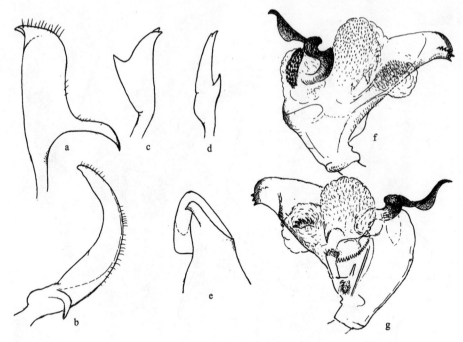

图 121　百花环盲蝽 *Cimicicapsus splendus* Xu *et* Liu

a、b. 左阳基侧突不同方位 (left paramere in different views)；c、d. 右阳基侧突不同方位 (right paramere in different views)；
e. 阳茎鞘 (phallotheca)；f、g. 阳茎端不同方位 (vesica in different views)

　　前胸背板黄褐色，两侧色深，密被红褐色刻点。领黄褐色，光亮，前、后缘黑色。
胝与前胸背板同色，光亮，左右相连，稍突出，近前侧缘部分有 1 明显粗大凹痕。胝后
各有 1 明显黄白色椭圆形斑，外缘微染红色。前胸背板盘域稍隆起。小盾片黄褐色，两
侧缘具黄白色半圆形斑，无刻点，被浓密浅色直立毛，侧面观中部稍隆起。

　　半鞘翅革质部深黄褐色，具同色均一刻点，爪片接合缝、缘片外缘及楔片稍红色。
膜片灰黑色，接近楔片端部的侧缘和外侧缘均具 1 半圆形透明斑，翅脉红色至红褐色。
足黄褐色，腿节基部色浅，近端部有 2 红色环。

　　腹部腹面浅黄褐色，被浅色半直立绒毛。臭腺沟缘乳黄色。

　　雄虫左阳基侧突感觉叶指状伸出，钩状突宽大，端部二分叉为 1 尖角突起和 1 钝圆
突起，感觉叶及端部被毛；右阳基侧突粗壮，感觉叶角状突起，钩状突细长，端部呈鸟
头状。阳茎端具界限不清晰的膜叶及 5 枚骨化附器：小针突扭曲，基部 1/3 处一侧宽扁
呈薄片状，延伸到顶端；端骨针短小；左侧膜叶端部有 1 簇骨化小齿；右侧膜叶端部为
1 条骨化齿构成的带，顶端尖锐；中部膜叶稍骨化，具小刺。次生生殖孔被多个不同形
状的骨板包围。

　　量度 (mm)：体长 5.70-5.80，宽 2.40-2.50；头宽 1.01-1.09；眼间距 0.36-0.44；触角
各节长 I : II : III : IV=0.86-0.96 : 2.18-2.37 : 0.81-0.91 : 0.57-0.70；前胸背板长 0.90，后缘宽
2.00-2.10；楔片长 0.78-0.94；爪片接合缝长 1.00-1.10。

　　观察标本：1♂ (正模)，云南隆阳百花岭，1500-1600m，2006.Ⅷ.14，范中华采；1♂

(副模)，云南瑞丽珍稀植物园，1200m，2006.Ⅶ.28，田晓轩采；1♂ (副模)，云南隆阳百花岭，1500-1600m，2006.Ⅷ.13，朱卫兵采；1♀ (副模)，同前，1600-1800m，2006.Ⅷ.15，董鹏志采；2♂ (副模)，同前，1600m，2006.Ⅷ.11，李明采；1♂ (副模)，同前，朱卫兵采；2♂ (副模)，同前，2006.Ⅷ.12，李明采；1♀ (副模)，同前，1300m，2006.Ⅷ.13，董鹏志采；1♀ (副模)，同前，1500-1600m，2006.Ⅷ.14，李明采；2♀ (副模)，云南龙陵邦腊掌，1300m，2002.Ⅹ.13，薛怀君灯诱。

分布：云南。

讨论：本种雄性外生殖器的阳基侧突与属内其他种差异明显，容易区分。

(149) 羽环盲蝽 *Cimicicapsus squamus* Xu *et* Liu, 2009　(图 114e，图 122；图版Ⅻ: 188)

Cimicicapsus squamus Xu *et* Liu, 2009: 30; Schuh, 2002-2014.

体中等大小，椭圆形，浅黄褐色，密布刻点，密被浅色半平伏短毛。

头浅黄褐色，被浅色直立短毛。头顶同色，宽是复眼宽的 1.6-2.0 倍。复眼红褐色，具毛。触角黄褐色，被浅色半直立短毛，第 1 节圆筒状，基部稍细，长是眼间距的 1.5-1.8 倍；第 2 节线状，端部色稍深，长是头宽的 2.2-2.3 倍；第 3 节细，线状；第 4 节细，线状，端部色深。唇基及颚片红褐色，喙浅黄褐色，第 4 节色深，伸达中足基节前缘。

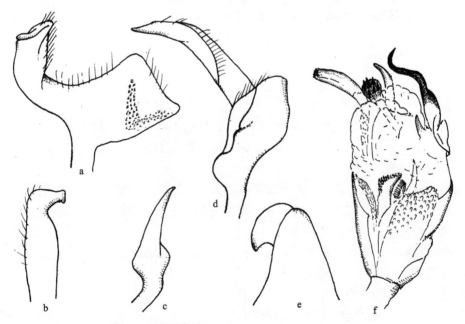

图 122　羽环盲蝽 *Cimicicapsus squamus* Xu *et* Liu

a、c. 左阳基侧突不同方位 (left paramere in different views)；b. 左阳基侧突端部顶端 (apical portion of left paramere hypophysis)；d. 右阳基侧突 (right paramere)；e. 阳茎鞘 (phallotheca)；f. 阳茎端 (vesica)

前胸背板浅黄褐色，具明显刻点。领黄褐色。胝光亮，浅黄褐色，左右相连，近前侧缘部分有 1 明显粗大凹痕。小盾片浅黄褐色，侧缘黄色窄斑几不可见，无刻点，被浅色半直立短毛。

半鞘翅黄褐色；缘片内缘及端部红色；楔片红色，外缘黄褐色。膜片浅褐色，翅脉红褐色。足黄褐色，腿节近端部有 2 个红褐色环。

腹面红褐色，被浓密浅色半直立短毛。臭腺沟缘黄白色。

雄虫左阳基侧突感觉叶伸长成三角形瘤状，内侧具三角状微小短刺突，上缘具稀疏短毛，钩状突伸长，端部鸟头状；右阳基侧突钩状突伸长，端部尖锐。阳茎端具膜囊及骨化附器：小针突多次扭曲；端骨针粗大，牛角状；舌状板端部具齿及 1 明显缺刻；板后与骨针间的膜叶端部为 1 簇骨化小齿，膜叶可见 1 簇羽状齿。

量度 (mm)：体长 5.40-5.70，宽 2.40-2.60；头宽 0.90-1.00；眼间距 0.40-0.50；触角各节长 I : II :III:IV=0.70-0.75:2.08-2.24:0.70-0.73:0.62-0.73；前胸背板长 1.00-1.20，后缘宽 2.00；楔片长 0.78-0.86；爪片接合缝长 1.0-1.2。

观察标本：1♂ (正模)，海南乐东尖峰岭，940m，2007.Ⅵ.7，张旭灯诱；2♀ (副模)，海南乐东尖峰岭，2007.Ⅵ.4，张旭灯诱；1♂ (副模)，海南尖峰岭天池避暑山庄，940m，2007.Ⅵ.4，于昕灯诱。

分布：海南。

讨论：本种与小头环盲蝽 C. parviceps Poppius 相似，但前者体浅黄褐色，光亮，雄性左阳基侧突稍外露；后者黄褐色。

(150) 毛环盲蝽 *Cimicicapsus villosus* Xu *et* Liu, 2009　　(图 114f, 图 123；图版Ⅻ: 189)

Cimicicapsus villosus Xu *et* Liu, 2009: 32; Schuh, 2002-2014.

体型较小，椭圆形，浅黄褐色，被浓密浅色半直立毛，具清晰刻点。

头黄褐色，光亮，眼间距是复眼宽的 1.1-1.6 倍，唇基黑褐色。复眼红褐色。触角黄褐色，被长短不一的半直立毛，第 1 节圆筒形，基部稍细，长是眼间距的 1.9-2.3 倍；第 2 节线状，长是头宽的 2.1-2.2 倍；第 3、4 节细，第 4 节端部黑褐色。喙红褐色，端部黑色，伸达中足基节。

前胸背板黄褐色至红褐色，密布黑褐色刻点。领黄褐色，晦暗。胝与前胸背板同色，光亮，左右相连，近前侧缘部分有 1 明显粗大凹痕。小盾片黄褐色，两侧缘各有 1 浅色半圆形斑，无刻点，具半直立毛。

半鞘翅红褐色，密布黑色刻点。膜片浅褐色，翅脉黑褐色。足浅黄褐色，被长短不一的直立毛；爪黑褐色。

腹面红褐色，被浅色斑及直立绒毛。臭腺沟缘微呈红褐色。

雄虫左阳基侧突感觉叶端部伸长成牛角状，具稀疏毛，钩状突宽扁，顶端二分叉；右阳基侧突较小，钩状突略短，顶端呈二分叉。阳茎端具界限不清的膜囊及 3 枚骨化附器：小针突扭曲，顶端尖锐；端骨针粗大；侧叶侧缘及端部具小齿。次生生殖孔被多个不同形状的骨板包围。

量度 (mm)：体长 5.10-5.30，宽 2.10-2.30；头宽 0.94-0.96；眼间距 0.34-0.42；触角各节长 I : II :III:IV=0.78:1.98-2.08:0.73-0.75:0.70；前胸背板长 0.90，后缘宽 1.80-1.90；楔

片长 0.73-0.83；爪片接合缝长 1.00-1.10。

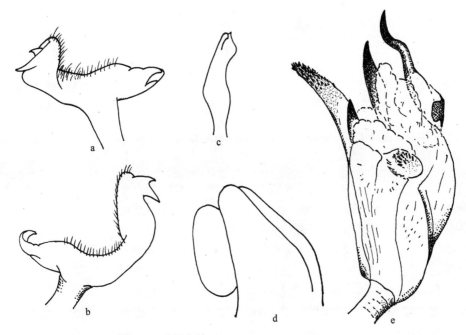

图 123　毛环盲蝽 *Cimicicapsus villosus* Xu *et* Liu

a、b. 左阳基侧突不同方位 (left paramere in different views)；c. 右阳基侧突 (right paramere)；d. 阳茎鞘 (phallotheca)；e. 阳茎端 (vesica)

观察标本：1♀ (正模)，海南霸王岭，2007.Ⅵ.10，李晓明采；1♂ (副模)，海南霸王岭南叉河监测站，600m，2007.Ⅵ.10，董鹏志、于昕采。

分布：海南。

讨论：本种与小头齿爪盲蝽 *C. parviceps* Poppius 较为相似，但前者体型较小，黄褐色，光亮；雄性左阳基侧突钩状突端部明显二分叉，易于区分。

39. 棒角盲蝽属 *Cimidaeorus* Hsiao *et* Ren, 1983

Cimidaeorus Hsiao *et* Ren, 1983: 72. **Type species:** *Cimidaeorus nigrorufus* Hsiao *et* Ren, 1983; by original designation.

体椭圆形，被浓密细长毛。

头宽短，呈三角形，稍下倾，后缘具横脊。复眼大，圆形，具毛，与前胸背板前缘几相接触。触角长不及体长的 1/2；第 1 节超过头的前端，第 2 节向端部渐粗，呈棒状，第 3、4 节较细，几等长。喙伸达中足基节前缘。

前胸背板具浓密刻点，侧缘平直，后缘稍内凹，领粗，晦暗，胝光滑，左右相连，后方的横沟伸达前胸背板前角。小盾片三角形，无刻点，稍隆起。

半鞘翅革质部具刻点。

分布：江苏、福建；日本。

本属世界已知 2 种。中国均有分布。

种 检 索 表

体褐色，触角第 2 节长约为第 1 节的 3 倍····················黑红棒角盲蝽 *C. nigrorufus*

体黑色，触角第 2 节长约为第 1 节的 3.5 倍····················长谷川棒角盲蝽 *C. hasegawai*

(151) 长谷川棒角盲蝽 *Cimidaeorus hasegawai* Nakatani, Yasunaga *et* Takai, 2000 (图 124；图版Ⅻ: 190)

Cimidaeorus hasegawai Nakatani, Yasunaga *et* Takai, 2000: 321; Liu *et al.*, 2011: 5; Schuh, 2002-2014.

体黑色，具红色花纹，体光亮，被浅色半直立毛。

头黑色，稍下倾；头顶黑色，宽是复眼宽的 1.77 倍，复眼内侧后方各有 1 黄色长横斑，不相连。复眼红褐色，被稀疏浅色短毛。头顶后缘具同色横脊，明显隆起。触角褐色，被同色半直立短毛，第 1 节圆筒状，基部细，长是眼间距的 1.17 倍；第 2 节棒状，长是头宽的 1.92 倍，约是第 1 节长的 3.5 倍；第 3、4 节细，橄榄状。唇基褐色，喙褐色，伸达中足基节后缘。

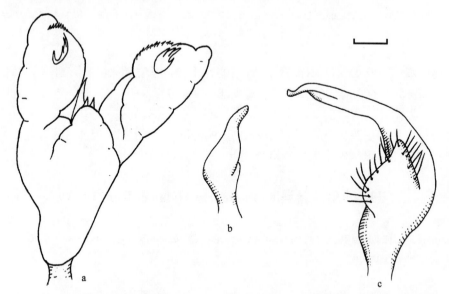

图 124　长谷川棒角盲蝽 *Cimidaeorus hasegawai* Nakatani, Yasunaga *et* Takai
a. 阳茎端 (vesica); b. 右阳基侧突 (right paramere); c. 左阳基侧突 (left paramere); 比例尺: 0.1mm

前胸背板黑色，侧缘、中纵线有宽的红色纵斑，后缘为红色窄边，侧缘直，后缘稍内凹。领宽，黑色，密被粉状绒毛，被浅色半直立毛。胝黑色，光滑，被稀疏浅色半直立毛，两胝相连，不突出。胝后有 1 明显凹痕，延伸至前侧角。小盾片褐色，无刻点，被浅色半直立毛，两基角及顶角红色。

半鞘翅革质部黑色，缘片、爪片接合缝、楔片周缘红色，被浅色半直立短毛。膜片黑褐色，翅脉红色。

腹部腹面黑色，密被浅色半直立毛。臭腺沟缘黑色。

足单一褐色。

雄虫左阳基侧突发达，感觉叶锥状突起，其上被浅色长毛；钩状突稍弯曲，上缘内折，末端平截；右阳基侧突粗短，感觉叶圆而突出，钩状突稍扭曲，末端平截。阳茎端具 3 个膜叶及 5 枚骨化附器：左、右 2 膜叶对称，腹面各具 1 手状骨化板，背面各具 1 列小齿；中间膜叶小，具 3 个骨化刺，近腹面 2 骨化刺较短。

量度 (mm)：体长 6.70，宽 3.30；头宽 1.27；眼间距 0.60；触角各节长 I：II：III：IV= 0.70:2.44:0.49:0.47；前胸背板长 1.60，后缘宽 2.80；楔片长 1.25；爪片接合缝长 1.35。

观察标本：1♂，江苏 (苏州)。

分布：江苏；日本。

本种若虫捕食草履蚧 (Nakatani *et al.*, 2000)。

(152) 黑红棒角盲蝽 *Cimidaeorus nigrorufus* Hsiao *et* Ren, 1983　(图 125；图版XII: 191)

Cimidaeorus nigrorufus Hsiao *et* Ren, 1983: 73; Schuh, 1995: 599; Zheng, 1995: 459; Kerzhner *et* Josifov, 1999: 34.

体褐色，具红色花纹，体光亮，被浅色半直立毛。

头褐色，稍下倾；头顶褐色，宽是复眼宽的 1.77 倍，复眼内侧后方各有 1 浅色长横斑，不相连。复眼红褐色，被稀疏浅色短毛。头顶后缘具同色横脊，明显隆起。触角褐色，被同色半直立短毛，第 1 节圆筒状，基部细，长是眼间距的 1.32 倍；第 2 节棒状，长是头宽的 1.92 倍，约是第 1 节长的 3 倍；第 3、4 节细，橄榄状。唇基褐色，喙褐色，伸达中足基节后缘。

前胸背板黑色，侧缘、中纵线有宽的红色纵斑，后缘为红色窄边，侧缘直，后缘稍内凹。领宽，黑色，密被粉状绒毛和浅色半直立毛。胝黑色，光滑，被稀疏浅色半直立毛，两胝相连，不突出。胝后有 1 明显凹痕，延伸至前侧角。小盾片褐色，无刻点，被浅色半直立毛，两基角及顶角红色。

半鞘翅革质部黑色，缘片、爪片接合缝、楔片周缘红色，被浅色半直立短毛。膜片黑褐色，翅脉红色。

腹部腹面黑色，密被浅色半直立毛。臭腺沟缘黑色。

足单一褐色。

雄虫左阳基侧突发达，感觉叶锥状突起，其上被浅色长毛；杆部长，钩状突稍弯曲，上缘内折，末端平截；右阳基侧突粗短，感觉叶较圆，不明显突出，钩状突稍扭曲，末端平截。阳茎端骨化较弱，具 3 个膜叶及 3 枚骨化附器：左、右 2 膜叶对称，中间膜叶小，具 3 个骨化刺，近腹面 2 骨化刺较短。

量度 (mm)：体长 8.00，宽 3.90；头宽 1.13；眼间距 0.53；触角各节长：I：II：III：IV=

0.70:2.17:0.40:0.37；前胸背板长 1.50-1.70，后缘宽 2.43；楔片长 1.25；爪片接合缝长 1.25。

图 125 黑红棒角盲蝽 *Cimidaeorus nigrorufus* Hsiao *et* Ren (仿 Hsiao & Ren, 1983)

a. 成虫背面观 (adult, dorsal view)；b. 左阳基侧突 (left paramere)；c. 右阳基侧突 (right paramere)

观察标本：1♂ (正模)，福建福州鼓山大庙，1965.Ⅴ.2；1♀ (配模)，同上，1965.Ⅴ.3；3♀，福建鼓山大庙，1965.Ⅴ.4。

分布：福建。

讨论：本种体型较长谷川棒角盲蝽 *Cimidaeorus hasegawai* Nakatani, Yasunaga *et* Takai 略大，体褐色，楔片内缘无红色斑纹。

40. 齿爪盲蝽属 *Deraeocoris* Kirschbaum, 1856

Deraeocoris Kirschbaum, 1856a: 208 (as subgenus of *Capsus*; upgraded by Dohrn, 1859: 38). **Type species**: *Capsus medius* Kirschbaum, 1856 (= *Cimex olivaceus* Fabricius, 1777)；by subsequent designation (Kirkaldy, 1906: 141).

Macrocapsus Reuter, 1875: 547. **Type species**: *Deraeocoris brachialis* Stål, 1858 (= *Cimex olivaceus*

Fabricius, 1777); by monotypy. Synonymized by Reuter, 1884: 134.

Cimatlan Distant, 1884: 281. **Type species**: *Cimatlan delicatum* Distant, 1884; by monotypy. Synonymized by Carvalho, 1952: 53.

Lamprolygus Poppius, 1910: 46. **Type species**: *Lamprolygus signatus* Poppius, 1910 (= *Lamprotygus signatus* var. *discoidalis* Poppius, 1912); by original designation. Synonymized by Carvalho, 1952: 53.

体椭圆形至长椭圆形，小型至大型；头三角形，头顶及额光滑；触角第 2 节非棒状；触角第 3、4 节细，直径小于第 2 节；领不突出；前胸背板及半鞘翅革质部上具显著刻点；后足跗节第 1 节明显短于第 2、3 节之和。雄性外生殖器：左阳基侧突、右阳基侧突差异显著，阳茎端具膜囊及骨化附器，次生生殖孔不明显。

分布：世界性分布。

全世界已知 210 种，中国记述 4 亚属 55 种。

亚属检索表

1. 触角第 1 节长大于复眼宽的 1.5 倍··**齿爪盲蝽亚属 Deraeocoris**

   触角第 1 节长约等于复眼宽，至少不足复眼的 1.5 倍·····································2

2. 小盾片具刻点···**刻盾盲蝽亚属 Camptobrochis**

   小盾片无刻点···3

3. 头后缘具明显横脊，复眼远离前胸背板前缘··························**丛盲蝽亚属 Plexaris**

   头后缘无明显横脊，复眼靠近前胸背板前缘··················**奈顿盲蝽亚属 Knightocapsus**

1) 刻盾盲蝽亚属 *Camptobrochis* Fieber, 1858

Camptobrochis Fieber, 1858: 304. **Type species**: *Lygaeus punctulatus* Fallén, 1807. Synonymized with *Deraeocoris* by Poppius, 1912a: 119; as subgenus by Knight, 1921: 81.

Callicapsus Reuter, 1876: 75. **Type species**: *Callicapsus histrio* Reuter, 1876; by monotypy. Synonymized by Reuter, 1909: 52.

Euarmosus Reuter, 1876: 76. **Type species**: *Euarmosus sayi* Reuter, 1876; by monotypy. Synonymized by Reuter, 1909: 52.

Mycterocoris Uhler, 1904: 358. **Type species**: *Deraeocoris cerachates* Uhler, 1894; by monotypy. Synonymized by Reuter, 1909: 52.

体椭圆形至长椭圆形，小型至大型；头三角形，触角第 1 节长约等于复眼宽，小盾片具刻点。

分布：黑龙江、吉林、内蒙古、北京、天津、河北、山西、山东、河南、陕西、宁夏、甘肃、新疆、浙江、湖北、湖南、福建、广东、广西、四川、贵州、云南；俄罗斯，朝鲜，日本，印度，黎巴嫩，叙利亚，以色列，西班牙，埃及，阿尔及利亚，伊朗，土耳其，瑞典，德国，捷克，法国，意大利。

我国记载 11 种。

种检索表

1. 头顶具纵走的黑褐色斑……2
   头顶无深色斑……6
2. 前胸背板及半鞘翅革质部无黑褐色斑……斑腿齿爪盲蝽 ***D. (C.) annulifemoralis***
   前胸背板及半鞘翅革质部具大的黑色斑……3
3. 头顶黑斑不伸达头顶后缘横脊……4
   头顶黑褐色斑扩展至头顶后缘横脊……5
4. 前胸背板褐色，侧缘具黄褐色宽边……东洋齿爪盲蝽 ***D. (C.) orientalis***
   前胸背板黄褐色，中纵线两侧具 2 个黑褐色扩展大斑……黑食蚜齿爪盲蝽 ***D. (C.) punctulatus***
5. 眼间距小于复眼宽……雅齿爪盲蝽 ***D. (C.) majesticus***
   眼间距大于复眼宽……东方齿爪盲蝽 ***D. (C.) onphoriensis***
6. 头顶具 2 列浅红褐色小斑组成的纵带……环足齿爪盲蝽 ***D. (C.) aphidicidus***
   不如上述……7
7. 体小型，体长不足 4mm……8
   体中等大小，体长大于 4mm……9
8. 体黄褐色……小齿爪盲蝽 ***D. (C.) serenus***
   体黑褐色……西藏齿爪盲蝽，新种 ***D. (C.) tibetanus* sp. nov.**
9. 体棕黄色……棕齿爪盲蝽 ***D. (C.) innermongolicus***
   体黑褐色至黑色……10
10. 小盾片单一黑色……秦岭齿爪盲蝽 ***D. (C.) qinlingensis***
    小盾片淡红褐至红褐色……邹氏齿爪盲蝽 ***D. (C.) zoui***

(153) 斑腿齿爪盲蝽 *Deraeocoris* (*Camptobrochis*) *annulifemoralis* Ma *et* Liu, 2002 (图 126；图版Ⅻ: 192)

Deraeocoris annulifemoralis Ma *et* Liu, 2002: 510; Schuh, 2002-2014; Xu *et* Liu, 2018: 140.

体椭圆形，黄褐色，光亮，无被毛，具黑色刻点。

头黄褐色，平伸，稍下倾，光滑，复眼内侧及唇基处被稀疏浅色短毛；头顶黄褐色，具黑色纵走斑，延伸至后缘，眼间距是眼宽的 1.19-1.42 倍，后缘具黑褐色横脊。复眼红褐色。触角被浅色半直立短毛，褐色，第 1 节圆柱状，长是眼间距的 0.76-0.82 倍，雌虫该节向端部稍加粗，中部色稍浅；第 2 节线状，长是头宽的 0.92-1.13 倍；第 3、4 节细。唇基黄褐色，中线及两侧有黑色斑纹；喙红褐色，伸达中足基节前缘。

前胸背板黄褐色，具黑色粗大刻点，盘域无色斑，侧缘较直，后缘弓形。领窄，黄色，被粉状绒毛。胝黑色，光亮，左右相连，稍隆起，两胝相连处后方有 2 个粗大刻点。小盾片黄色，中央有 1 锈红色大斑，光亮，具黑色粗大刻点。

半鞘翅革质部黄褐色，无暗色斑，具黑色刻点，楔片刻点稍细小；爪片接合缝、缘片外缘、楔片外侧缘有褐色边，革片端部及楔片染红色。膜片灰褐色，近楔片端角处有

1 浅色斑；翅脉褐色。

　　足黄褐色，腿节腹侧缘具连续成线状的黑褐色斑点，端部具 2 黑褐色环；胫节基部、中部、端部各有 1 黑褐色环；跗节端部及爪黑褐色。

　　腹部腹面红褐色，密被浅色半直立绒毛。臭腺沟缘黄白色。

　　雄虫左阳基侧突感觉叶近圆形突出，其上密被浅色毛，钩状突向一侧稍弯曲，末端足状；右阳基侧突宽短，感觉叶稍突出，钩状突宽，短，末端平截。阳茎端具膜囊及 4 枚骨化附器：1 火炬形中部骨化板，中部膜叶顶端有 1 骨化角状突起，另有 2 个膜叶顶端具骨化小尖突。

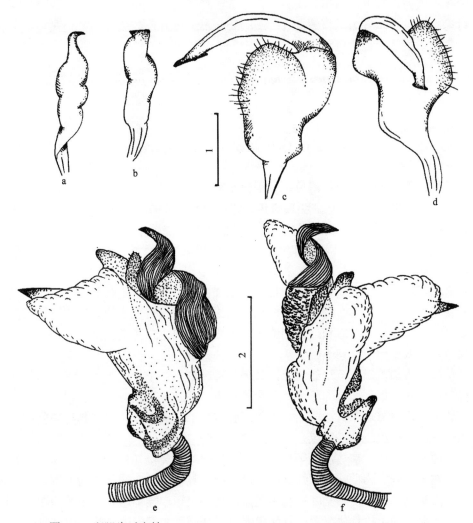

图 126　斑腿齿爪盲蝽 *Deraeocoris* (*Camptobrochis*) *annulifemoralis* Ma *et* Liu

a、b. 右阳基侧突不同方位 (right paramere in different views)；c、d. 左阳基侧突不同方位 (left paramere in different views)；

e、f. 阳茎端不同方位 (vesica in different views)；比例尺：1=0.2mm (a-d)，2=0.2mm (e、f)

　　量度 (mm)：体长 4.21-5.35，宽 2.14-2.52；头宽 1.07-1.16；眼间距 0.43-0.48；触角

各节长Ⅰ:Ⅱ:Ⅲ:Ⅳ=0.35-0.36:1.07-1.27:0.43-0.54:0.49-0.50；前胸背板长 1.07-1.21，后缘宽 1.86-2.13；楔片长 0.64-0.79；爪片接合缝长 0.86-1.07。

观察标本：1♂ (正模)，四川卧龙，1920m，1987.Ⅶ.24，于超采；18♂27♀ (副模)，1987.Ⅶ.16-24，其他同上；1♂，地点同上，1920m，1987.Ⅶ.19；2♂4♀，同上，1987.Ⅶ.20；1♂，同上，1987.Ⅶ.25。1♂ (副模)，甘肃天水麦积山，1600m，1986.Ⅷ.6，卜文俊采；1♂，甘肃榆中麻家寺，2200m，1993.Ⅷ.4，卜文俊采。1♂1♀，陕西凤县天台山，1650-1800m，1999.Ⅸ.3，郑乐怡采；1♀，同上，1800-2200m，李传仁采；1♀，陕西凤县秦岭车站，1400m，1994.Ⅶ.29，卜文俊采；1♂1♀，陕西凤县东峪，1994.Ⅶ.30，董建臻采。

分布：陕西、甘肃、四川。

讨论：本种和东方齿爪盲蝽 D. (C.) onphoriensis Josifov 较为相似，但是前者前胸背板和半鞘翅革质部无褐色斑点。

(154) 环足齿爪盲蝽 Deraeocoris (Camptobrochis) aphidicidus Ballard, 1927 (图 127；图版 XIII: 193)

Deraeocoris aphidicidus Ballard, 1927: 62; Hsiao, 1942: 252; Carvalho, 1957: 60; Zheng et Liu, 1992: 293; Schuh, 1995: 603; Zheng, 1995: 459; Kerzhner et Josifov, 1999: 38; Xu et Liu, 2018: 141.

体长椭圆形，黄褐色至红褐色，具褐色小刻点。

头黄褐色，平伸，稍下倾。头顶黄色，宽是眼宽的 0.97-1.10 倍，具 2 列浅红褐色横斑，后缘具红褐色宽横脊。复眼褐色。触角被浅色半直立短毛，第 1 节黄褐色，圆筒状，长是眼间距的 1.00-1.10 倍，基部和端部各具 1 红褐色环；第 2 节红褐色，线状，雌虫中部黄褐色，端部稍加粗，长是头宽的 0.92-1.28 倍；第 3、4 节约等长，红褐色，具浅色斑，被直立短毛。唇基红褐色，喙黄褐色，端部色深，伸达中足基节中部。

前胸背板红褐色，密布褐色细小刻点，侧缘和后缘具黄色窄边。领窄，黄褐色，光亮；胝红褐色，光亮，左右相连，稍突出。小盾片红褐色，具褐色刻点，侧缘及顶角黄色，顶角黄色偶延伸成 1 条纵线。

半鞘翅革质部黄褐色至浅红褐色，具褐色稀疏刻点；爪片、革片、缘片的基部和端部红褐色；楔片红褐色，中部色浅。膜片灰黄色，翅脉红褐色。

足黄褐色，腿节端部具 2 个红褐色环；胫节基部、亚中部、端部具红褐色环；跗节黄褐色，端部红褐色，爪红褐色。

腹部腹面红褐色，密被浅色半直立短毛。臭腺沟缘黄色。

雄虫左阳基侧突感觉叶上侧缘具近圆形突起，具较短毛，钩状突向一侧弯曲，末端足状；右阳基侧突短小，感觉叶突起不明显，钩状突短，端部略尖。阳茎端在半膨胀状态下具 2 个膜叶和 1 枚骨化附器：骨化附器位于 2 膜囊中间，短剑状，中部骨化。次生生殖孔开口不明显。

量度 (mm)：体长 4.00-4.50，宽 1.77-1.93；头宽 0.88-0.89；眼间距 0.27-0.32；触角各节长Ⅰ:Ⅱ:Ⅲ:Ⅳ=0.29-0.32:0.82-1.20:0.36-0.43:0.42-0.43；前胸背板长 0.93-1.04，后缘宽 1.50-1.79；楔片长 0.43-0.50；爪片接合缝长 0.57-0.79。

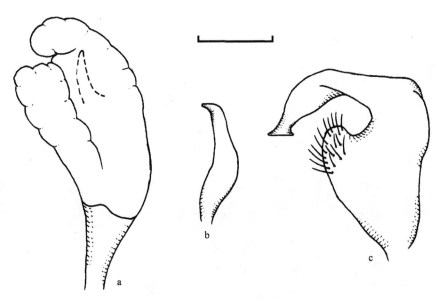

图 127　环足齿爪盲蝽 *Deraeocoris* (*Camptobrochis*) *aphidicidus* Ballard
a. 阳茎端 (vesica)；b. 右阳基侧突 (right paramere)；c. 左阳基侧突 (left paramere)；比例尺：0.1mm

观察标本：2♀，浙江西天目山，1972.Ⅶ.29，王子清采；1♀，浙江天目山仙人顶，1500m，1999.Ⅷ.19，卜文俊采。1♀，福建福州，1965.Ⅶ.8，王良臣采。2♂17♀，湖北武昌珞珈山，1957.Ⅷ.12，应松鹤采。2♂1♀，湖南东安舜皇山，1200m，2004.Ⅶ.28，朱卫兵采。1♀，广东广州，1955.Ⅶ.13，克雷让诺夫斯基采。1♀，广西兴安猫儿山，1000-1200m，1992.Ⅷ.23。1♀，四川成都，1955.Ⅴ.29，黄克仁、金根桃采；1♂，四川峨眉山龙门洞，1957.Ⅳ.3；1♂，同上，1957.Ⅵ.7；3♀，同上，1957.Ⅵ.8；1♂，四川峨眉山报国寺，600m，1957.Ⅵ.3，郑乐怡、程汉华采；2♂3♀，同上，1957.Ⅵ.7；1♀，同上，1957.Ⅵ.16；1♀，同上，1957.Ⅵ.17。1♂2♀，陕南，1963；1♂2♀，陕西周至板房子，1200m，1994.Ⅷ.7，吕楠灯诱。1♀，贵州贵阳花溪，1995.Ⅶ.24，卜文俊采。1♀，云南昆明，1995.Ⅷ.18，卜文俊采。

分布：陕西、浙江、湖北、湖南、福建、广东、广西、四川、贵州、云南；印度。

讨论：本种与东洋齿爪盲蝽 *D.* (*C.*) *orientalis* (Distant) 较相似，但前者体色黄褐色至红褐色；前胸背板单一红褐色，侧缘及后缘具黄色窄边；头顶黄色，具 2 列浅红褐色横斑。本种捕食棉蚜 *Aphis gossypii* Glover 及 *Thysanogyna limbata* Enderlein (Hsiao, 1942)。

(155) 棕齿爪盲蝽 *Deraeocoris* (*Camptobrochis*) *innermongolicus* Qi *et* Lu, 2006 (图 128)

Deraeocoris (*Camptobrochis*) *brunneus* Qi *et* Nonnaizab, 1994: 459. Junior primary homonym of *Deraeocoris brunneus* Poppius, 1912.

Deraeocoris innermongolicus Qi *et* Lu, 2006: 351. New name for *Deraeocoris* (*Camptobrochis*) *brunneus* Qi *et* Nonnaizab, 1994: 459.

体长椭圆形，棕黄色，具棕褐色刻点；头背面、复眼、前胸背板胝区及后端、小盾片大部棕褐色。

头前方略下倾，复眼表面颗粒状；触角棕褐色，具浅色半直立毛，第 1 节背面色淡，中部较粗，呈长纺锤形，第 2 节明显短于前胸背板宽，端部不明显加粗。头腹面棕褐色，喙棕黄色，伸达中足基节间。

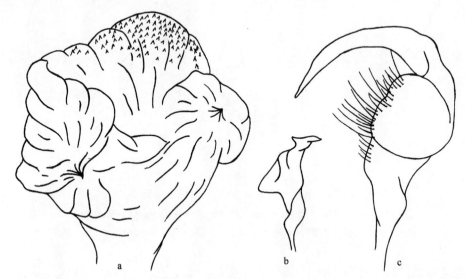

图 128　棕齿爪盲蝽 *Deraeocoris* (*Camptobrochis*) *innermongolicus* Qi *et* Lu（仿 Qi & Lu, 2006）
a. 阳茎端 (vesica)；b. 右阳基侧突 (right paramere)；c. 左阳基侧突 (left paramere)

前胸背板除胝区和中部棕褐色外，其余棕黄色；领棕黄色，不具光泽。小盾片棕褐色，具 30 个左右黑褐色刻点，基角和顶端色淡。胸部腹面褐色。

半鞘翅革质部棕黄色，具褐色刻点，除爪片、革片内侧刻点较深外，其余不明显；爪片顶端、革片端部外侧及楔片端半部色略深；膜片棕灰色，翅脉色稍深。

足棕黄色，腿节棕褐色，后足胫节中部及端部色稍暗，爪顶端弯曲，基齿大而明显。腹部腹面棕褐色，具浅色短细毛，臭腺沟缘黄白色。

雄虫左阳基侧突端部尖锐，右阳基侧突小，端部略平，阳茎端形态如图所示。

量度 (mm)：体长 4.13，宽 1.73；头宽 0.90；眼间距 0.39；触角各节长 Ⅰ:Ⅱ:Ⅲ:Ⅳ= 0.39:1.10:0.39:0.39；前胸背板后缘宽 1.50。

分布：内蒙古。

讨论：本种近似于黑食蚜齿爪盲蝽 *D.* (*C.*) *punctulatus* (Fallén)，但前者体棕黄色，不具光泽，头背面棕黑色，左阳基侧突感觉叶小。以上描述均依据原始描述。

(156) 雅齿爪盲蝽 *Deraeocoris* (*Camptobrochis*) *majesticus* Ma *et* Liu, 2002　（图 129；图版 XIII: 194）

Deraeocoris majesticus Ma *et* Liu, 2002: 517; Schuh, 2002-2014.

体长椭圆形，光亮，红褐色，具褐色刻点。

头部红褐色，光亮，沿复眼内侧黄褐色。眼间距小于复眼宽，后缘横脊红褐色。复眼大，红褐色。触角红褐色，被浅色半直立短毛，第 1 节圆筒形，最基部黄色，长是眼间距的 1.48-1.80 倍；第 2 节线状，长是头宽的 1.85 倍；第 3、4 节细，约等长。唇基红褐色，喙黄褐色，端部色深，几伸达中胸腹板后缘。

前胸背板浅红褐色，被褐色粗大刻点，前部稍狭缩，盘域具 2 个红褐色大斑，稍隆起，侧缘较直，后缘弓形突出。领窄，光亮，黄褐色，前后缘红褐色；胝黑褐色，光亮，左右相连，稍突出。小盾片红褐色，中纵线浅红褐色，具褐色粗大刻点，光亮。

半鞘翅革质部红褐色，具褐色粗大刻点，楔片基半部黄褐色，缘片及楔片刻点稀疏。膜片灰褐色，端部红褐色，翅脉红褐色。

足黄褐色，腿节端部具 2 褐色环；胫节亚基部、近中部、端部各具 1 红褐色环；跗节黄褐色，端部色深；爪红褐色。

腹部腹面红褐色，密被浅色半直立短毛。臭腺沟缘黄白色。

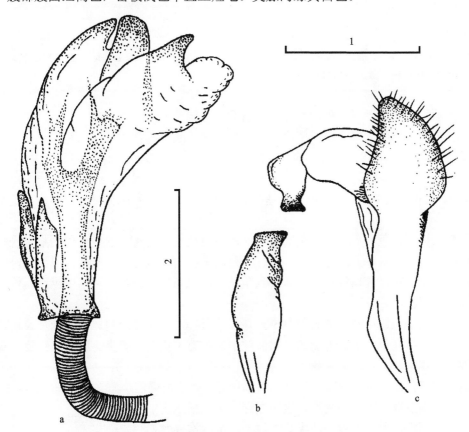

图 129　雅齿爪盲蝽 *Deraeocoris*(*Camptobrochis*) *majesticus* Ma *et* Liu

a. 阳茎端 (vesica)；b. 右阳基侧突 (right paramere)；c. 左阳基侧突 (left paramere)；

比例尺：1=0.2mm (a)，2=0.2mm (b、c)

雄虫左阳基侧突感觉叶强壮突出，其上被浅色毛，钩状突稍弯曲，末端足状；右阳基侧突感觉叶稍突出，钩状突近末端稍细，足状。阳茎端具膜囊及 1 枚骨针。

量度 (mm)：体长 4.80-5.93，宽 1.93-2.29；头宽 0.93-1.01；眼间距 0.25-0.32；复眼宽 0.31-0.38；触角各节长Ⅰ:Ⅱ:Ⅲ:Ⅳ=0.43-0.47:1.50-1.87:0.43-0.52:0.43-0.52；前胸背板长 1.11-1.29，后缘宽 1.79-2.07；楔片长 0.57-0.79；爪片接合缝长 0.75-1.00。

观察标本：1♂ (正模)，四川峨眉山报国寺，1957.Ⅴ.16，郑乐怡、程汉华采；25♂40♀ (副模)，同上，1957.Ⅳ.12-Ⅵ.1；6♂，四川峨眉山报国寺，600m，1957.Ⅴ.12，郑乐怡、程汉华采；1♂，同上，1957.Ⅴ.16；2♀，同上，1957.Ⅴ.30；1♂，同上，1957.Ⅵ.4；3♂，峨眉山清音阁，1957.Ⅵ.1；1♀，四川乐山，1955.Ⅵ.19；2♂5♀，四川峨眉山，1955.Ⅵ.21-25。

分布：四川。

讨论：本种与东方齿爪盲蝽 *D. (C.) onphoriensis* Josifov 相似，但是前者头部红褐色，沿复眼内侧黄褐色；复眼大，头顶窄；腿节端部具 2 个明显的褐色环。

(157) 东方齿爪盲蝽 *Deraeocoris (Camptobrochis) onphoriensis* Josifov, 1992 （图 130；图版 XIII: 196)

Deraeocoris (Camptobrochis) onphoriensis Josifov, 1992: 105.

Deraeocoris onphoriensis: Schuh, 1995: 615; Nakatani, 1996: 290; Ma *et* Liu, 2002: 520; Xu *et al.*, 2009: 112; Schuh, 2002-2014.

体椭圆形，褐色至黑褐色，光亮，无被毛，具同色刻点。

头稍下倾，光亮，黑褐色，中纵线有黄色纵斑，头顶黑褐色，中央具 1 黄色斑点，宽是眼宽的 1.17-1.70 倍，后缘具横脊。复眼黑褐色。触角被浅色半直立短毛，第 1 节圆柱状，黑褐色，长是眼间距的 0.77-0.91 倍；第 2 节线状，黑褐色，长是头宽的 1.12-1.34 倍；第 3、4 节细，线状，黑褐色。唇基黑褐色，中纵线黄色；喙黑褐色，伸达中足基节前缘。

前胸背板黑褐色，后缘、两胝间及前侧角有黄色不规则斑；密被同色刻点，光亮，前部稍下倾，侧缘直，后缘弓形。领窄，黄色，密被粉状绒毛。胝光滑，黑褐色，左右相连，稍突出。小盾片黑褐色，侧缘及顶角黄色，顶角的黄色斑有时沿中纵线延伸，具褐色粗大刻点。

半鞘翅黑褐色，光亮，密布同色刻点，革片近基部有浅色透明斑点；缘片及楔片几无刻点；楔片黑褐色，基部外侧角及内侧缘中部各有 1 黄白色斑点。膜片浅褐色，在翅室后方有不规则浅色带，翅脉褐色。

腿节黑褐色，近端部及末端各有 1 黄褐色环；胫节黄褐色，基部、亚基部、近中部、端部各有 1 褐色环；跗节浅褐色，端部色深；爪红褐色。

腹部腹面黑褐色，密被浅色半直立绒毛。臭腺沟缘黄白色。

雄虫左阳基侧突感觉叶近圆形突出，其上密被浅色毛，钩状突向一侧弯曲，末端足状；右阳基侧突短小，感觉叶稍突出，钩状突末端平截。阳茎端具膜囊及 3 枚骨化附器：1 中度骨化的骨板，扭曲，端部旗状；2 膜叶端部具骨化角。

量度 (mm)：体长 4.10-4.70，宽 2.00-2.25；头宽 0.95-1.04；眼间距 0.35-0.43；触角各节长Ⅰ:Ⅱ:Ⅲ:Ⅳ=0.31-0.39:1.07-1.27:0.42-0.50:0.43-0.46；前胸背板长 1.00-1.14，后缘

宽 1.73-1.93；楔片长 0.57-0.64；爪片接合缝长 0.68-0.73。

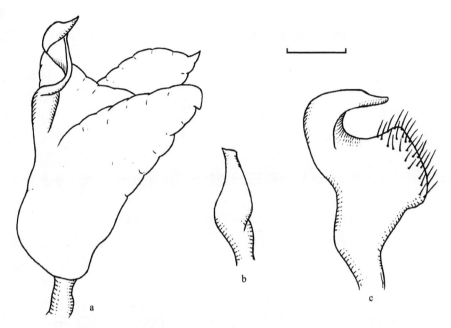

图 130　东方齿爪盲蝽 *Deraeocoris* (*Camptobrochis*) *onphoriensis* Josifov

a. 阳茎端 (vesica)；b. 右阳基侧突 (right paramere)；c. 左阳基侧突 (left paramere)；比例尺：0.1mm

观察标本：15♀，四川理县米亚罗，2800m，1963.Ⅸ.15，邹环光采。2♀，黑龙江尚志帽儿山，2003.Ⅶ.26，李晓明采。1♀，贵州麻阳河沙坪村万家，2007.Ⅹ.3，朱耿平采；1♂2♀，贵州麻阳河沙坪村万家，2007.Ⅹ.5，朱耿平采。

分布：黑龙江、吉林、河北、陕西、甘肃、新疆、四川、贵州；朝鲜，日本。

讨论：本种和黑食蚜齿爪盲蝽 *D.* (*C.*) *punctulatus* (Fallén) 相近，但前者体褐色至黑褐色；腿节黑褐色，近端部和末端各有 1 黄褐色环。

《秦岭昆虫志 2 (半翅目：异翅亚目)》中记述东方齿爪盲蝽的学名错误，应是 *Deraeocoris* (*Camptobrochis*) *onphoriensis* Josifov, 1992。其中种的前两条文献引证亦与该种无关，应删除。

(158) 东洋齿爪盲蝽 *Deraeocoris* (*Camptobrochis*) *orientalis* (Distant, 1904) (图 131；图版 XIII: 195)

Camptobrochis orientalis Distant, 1904b: 460.

Deraeocoris orientalis: Carvalho, 1957: 72; Schuh, 1995: 615; Schuh, 2002-2014.

Deraeocoris (*Camptobrochis*) *orientalis*: Kerzhner *et* Josifov, 1999: 36; Liu *et al.*, 2011: 5.

体椭圆形，褐色，光亮，密被褐色细小刻点。

头黄色，光亮，头顶至唇基有 2 列褐色暗横斑，眼间距是眼宽的 0.83-1.28 倍，后缘具浅褐色横脊。复眼红褐色。触角被浅色半直立短毛，第 1 节圆柱状，黄色，端部染褐色，长是眼间距的 1.17-1.60 倍；第 2 节线状，褐色，最基部有 1 黄色窄环，雌虫在近中部有 1 黄色宽环，长是头宽的 1.52-1.55 倍；第 3 节细，褐色，基部黄色；第 4 节细，单一褐色。唇基黄褐色，具褐色纵斑，末端褐色，喙黄褐色，端部色深，伸达后足基节前缘。

前胸背板褐色，光亮，密布同色细小刻点，侧缘在胝后具黄色宽带延伸至后缘，后缘为黄色窄边。领窄，黄色，光亮。胝褐色，光亮，左右相连，稍突出。小盾片褐色，两侧缘端部有窄的黄色斑，光亮，具褐色细小刻点，中纵线光滑。

半鞘翅革质部褐色，密布同色细小刻点；缘片和楔片染红色，几无刻点。膜片灰褐色，翅脉褐色。

足黄色，腿节端部具 2 褐色窄环；胫节最基部、亚基部、近中部、端部各具 1 褐色环；跗节端部及爪红褐色。

腹部腹面红褐色，密被浅色半直立绒毛。臭腺沟缘黄白色。

雄虫左阳基侧突感觉叶半球形，不突出，其上密被浅色长毛，钩状突近环状弯曲，末端尖足状；右阳基侧突感觉叶不明显，钩状突近末端变窄，末端足状。阳茎端膜囊具 1 枚扭曲的长骨针。

量度 (mm)：体长 4.50-5.10，宽 2.03-2.18；头宽 0.98-1.00；眼间距 0.29-0.39；触角各节长 I : II : III : IV=0.46:1.51-1.53:0.78-0.79:0.78；前胸背板长 0.96-1.04，后缘宽 1.66；楔片长 0.70-0.81；爪片接合缝长 0.73-0.83。

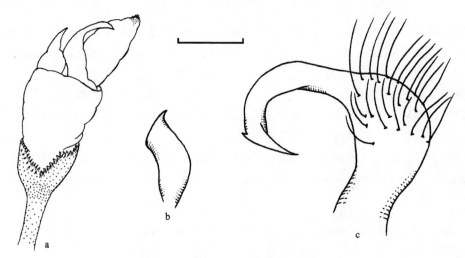

图 131 东洋齿爪盲蝽 *Deraeocoris* (*Camptobrochis*) *orientalis* (Distant)
a. 阳茎端 (vesica)；b. 右阳基侧突 (right paramere)；c. 左阳基侧突 (left paramere)；比例尺：0.1mm

观察标本：1♀，云南景东，1170m，1956.V.30，克雷让诺夫斯基采；1♂，云南勐海南糯山，1400m，1957.III.2，蒲富基采；1♂2♀，云南腾冲，1950m，2002.IX.28，薛怀君采；1♂，云南龙陵龙新，1790m，2002.X.15，薛怀君灯诱；4♀，同上，1800m，薛怀君、宋劲忻灯诱；1♀，同上，薛怀君采；1♂，同上，2006.VII.22，董鹏志采；1♀，云南元江望乡台保护区，2020m，2006.Ⅶ.23，朱卫兵采；1♀，云南隆阳百花岭，1600m，2006.Ⅷ.12，李明采。

分布：云南；斯里兰卡。

讨论：本种与环足齿爪盲蝽 *D. (C.) aphidicidus* Ballard 相似，但是前者体褐色，前胸背板侧缘有明显的黄色纵带。

(159) 黑食蚜齿爪盲蝽 *Deraeocoris (Camptobrochis) punctulatus* (Fallén, 1807) (图 132；图版 XIII: 197)

Lygaeus punctulatus Fallén, 1807: 87.

Phytocoris fallenii Hahn, 1834: 89. Synonymized by Fieber, 1863: 58.

Camptobrochis punctulatus poppiusi Reuter, 1906: 57.

Camptobrochis punctulatus pulchella Reuter, 1906: 56.

Camptobrochis punctulatus pallidula Stichel, 1930: 194.

Deraeocoris (Camptobrochis) punctulatus: Wagner *et* Weber, 1964: 52; Qi *et* Nonnaizab, 1993: 292; Kerzhner *et* Josifov, 1999: 36; Xu *et* Liu, 2018: 142.

Deraeocoris punctulatus: Hsiao, 1942: 252; Carvalho, 1957: 74; Hsiao *et* Meng, 1963: 444; Ren, 1992: 94; Qi *et al.*, 1994: 58; Qi *et* Nonnaizab, 1996: 50; Schuh, 1995: 617; Schuh, 2002-2014; Xu *et al.*, 2009: 113.

体椭圆形，光亮，黄褐色，具黑色斑及黑色刻点。

头黄褐色，光亮，具黑色斑，由额向后延伸，不伸达头顶后缘，中纵线黄褐色；眼间距是眼宽的 1.61-1.90 倍，后缘具横脊。触角红褐色，被浅色半直立短毛，第 1 节圆柱状，长是眼间距的 0.63-0.76 倍；第 2 节线状，雌虫该节向端部稍加粗，长是头宽的 1.10-1.14 倍；第 3、4 节细。唇基黑色，中纵线黄色；喙红褐色，伸达中胸腹板中部。

前胸背板黄褐色，两胝后各具 1 黑斑，密布黑色刻点，盘域稍隆起，侧缘直，后缘弓形。领窄，黄色，密被粉状绒毛。胝黑褐色，光亮，左右相连，稍突出。小盾片黄褐色，光亮，具黑色刻点，中纵线两侧各有 1 黑褐色大斑。

半鞘翅革质部黄褐色，密被黑色刻点，革片的基部、中部、端部、爪片端部及楔片端部具黑褐色斑，缘片外缘有褐色窄边。膜片浅灰褐色，翅脉褐色。

足黄褐色，腿节具不规则黑褐色斑；胫节基部、近中部、端部各有 1 黑褐色环；跗节端部及爪黑褐色。

腹部腹面红褐色，密被浅色半直立绒毛。臭腺沟缘黄白色。

雄虫左阳基侧突感觉叶稍突出，其上被浅色毛，钩状突向一侧弯曲，末端足状；右阳基侧突宽短，感觉叶不明显，钩状突近末端稍细，末端平截。阳茎端具膜囊及 2 枚骨化附器，膜叶端部具骨化小尖突。

量度 (mm)：体长 3.82-4.75，宽 1.71-2.19；头宽 0.89-1.01；眼间距 0.39-0.49；触角各节长 Ⅰ:Ⅱ:Ⅲ:Ⅳ=0.31-0.39:1.00-1.12:0.39-0.49:0.36-0.42；前胸背板长 0.86，宽 1.69-1.87；楔片长 0.57；爪片接合缝长 0.68-0.78。

观察标本：4♀，天津塘沽，1994.Ⅸ.20，卜文俊采。4♂4♀，河北张北城关，2005.

Ⅶ.21，李俊兰采。2♂♀，山西临汾，1974.Ⅷ.30。5♂3♀，内蒙古锡林郭勒盟正蓝旗，2005.Ⅶ.23，刘国卿采。10♂15♀，黑龙江宁安镜泊湖，2003.Ⅷ.8-11，李晓明、田颖等采。12♂8♀，新疆伊犁特克斯县，2002.Ⅷ.5，朱卫兵、柯云玲等采。

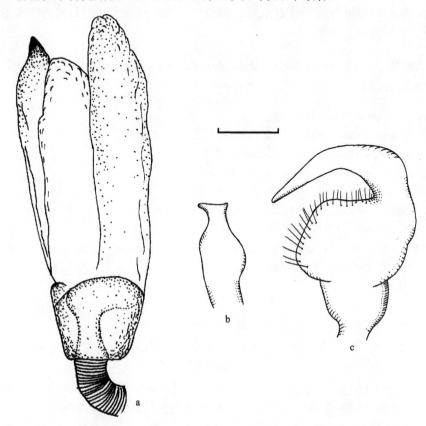

图 132 黑食蚜齿爪盲蝽 *Deraeocoris* (*Camptobrochis*) *punctulatus* (Fallén)

a. 阳茎端 (vesica)；b. 右阳基侧突 (right paramere)；c. 左阳基侧突 (left paramere)；　比例尺：0.1mm (b、c)

分布：黑龙江、内蒙古、北京、天津、河北、山西、山东、河南、陕西、宁夏、甘肃、新疆、浙江、四川；伊朗，俄罗斯 (西伯利亚)，日本，土耳其，瑞典，德国，捷克，法国，意大利。

讨论：本种与东方齿爪盲蝽 *D.* (*C.*) *onphoriensis* Josifov 非常相近，但前者体色较浅；头顶的黑斑绝不与头顶后缘的横脊相连。

(160) 秦岭齿爪盲蝽 *Deraeocoris* (*Camptobrochis*) *qinlingensis* Qi, 2006　(图 133, 图 134)

Deraeocoris qinlingensis Qi, 2006, In: Qi *et* Lu, 2006: 358; Schuh, 2002-2014; Xu *et* Liu, 2018: 143.

体椭圆形，偶有加宽，褐色或黑色，光亮，具小的浅刻点，被半平伏毛。

头部背面观三角形，下倾约 45°，褐色，光亮，头顶大部分偶为黑色，具褐色半直立短毛，唇基黑色。复眼暗褐色，蝶形。触角第 1 节浅褐色，具浅褐色半直立毛；第 2

节基部 1/2 浅褐色，端部 1/2 黑色；第 3 节浅褐色；第 4 节黑色；或者触角单一黑色，具褐色半直立短毛。喙浅褐色，端部色深，伸达后足基节之间。雌性触角黑色，仅第 2 节最基部浅色。

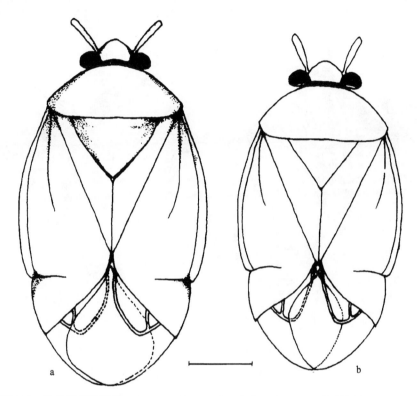

图 133　秦岭齿爪盲蝽 Deraeocoris (Camptobrochis) qinlingensis Qi (仿 Qi & Lu, 2006)

a. 正模雄虫背面观 (male of holotype, dorsal view)；b. 副模雄虫背面观 (male of paratype, dorsal view)；比例尺：0.5mm

前胸背板刻点清晰，黑色，胝光亮，盘域稍隆起，褐色。领、前胸背板前半部、胝周围褐色且向后部延伸，但不达前胸背板侧角。小盾片黑色，刻点清晰。

爪片、革片和楔片黑色，光亮，具细小浅刻点及褐色平伏短毛；或爪片及革片褐色，革片顶端内侧有 1 暗色斑。膜片烟褐色，近楔片内角有 2 个浅色区域。

足褐色，胫节浅褐色具同色短毛和黑色刺，基部无黑色斑点。前足胫节和跗节端部色深，胫节背面有时暗色。中足和后足腿节褐色，基部 1/4 黑色，近端部 1/4 处具 1 明显暗褐色环，或基部 1/2 黑色，或完全黑色。

腹面褐色，中胸腹板中部黑色，后缘黄白色。臭腺沟缘黄白色。

雄虫左阳基侧突短，感觉叶圆钝突起，具小齿和长毛，钩状突较粗，弯曲，端部呈鸟头状；右阳基侧突小，钩状突端部略尖。阳茎端有 1 弯曲的骨针和 3 个膜叶，其中 2 个膜叶端部具骨化小齿。

量度 (mm)：体长 4.05-4.88，宽 2.18-2.63；头宽 1.05-1.13；眼间距 0.45-0.48；触角各节长 I : II : III : IV=0.53-0.56:1.43-1.58:0.75:0.83-0.90；前胸背板后缘宽 1.73-2.10。

分布: 陕西。

讨论: 本种与环足齿爪盲蝽 *D. (C.) aphidicidus* Ballard 相似, 但是后者前胸背板后缘突出, 具黄色细边, 小盾片顶端和基部侧缘具浅色斑点。本次研究未见该种标本, 形态描述等均依据原始描述。

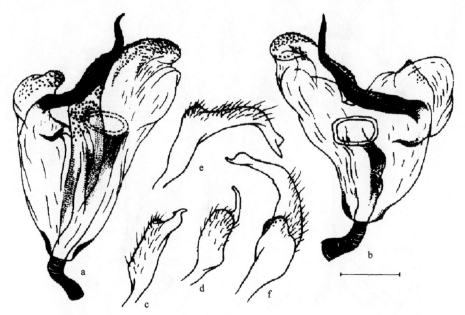

图 134 秦岭齿爪盲蝽 *Deraeocoris (Camptobrochis) qinlingensis* Qi (仿 Qi & Lu, 2006)

a、b. 阳茎端 (vesica); c、d. 右阳基侧突 (right paramere); e、f. 左阳基侧突 (left paramere); 比例尺: 0.25mm

(161) 小齿爪盲蝽 *Deraeocoris (Camptobrochis) serenus* (Douglas *et* Scott, 1868) (图 135; 图版 XIII: 198)

Capsus desertus Becker, 1864: 487. Synonymized by Muminov, 1985: 41.

Camptobrochis serenus Douglas *et* Scott, 1868: 135.

Camptobrochis punctulatus var. *beckeri* Reuter, 1900: 265. Synonymized by Wagner, 1950: 18.

Camptobrochis punctulatus f. *extensa* Stichel, 1930: 194. Synonymized by Wagner, 1950: 17.

Camptobrochis punctulatus var. *hoberlandti* Stehlik, 1948: 4. Synonymized by Stichel, 1956: 192.

Camptobrochis serenus f. *nigriceps* Wagner, 1950: 4.

Deraeocoris (Camptobrochis) serenus: Wagner *et* Weber, 1964: 50; Wagner, 1974: 45; Qi *et* Nonnaizab, 1993: 292; Kerzhner *et* Josifov, 1999: 37.

Deraeocoris serenus: Carvalho, 1957: 80; Zheng *et* Gao, 1990: 15; Qi *et al.*, 1994: 58; Schuh, 1995: 621; Zheng, 1995: 459; Qi *et* Nonnaizab, 1996: 50; Schuh, 2002-2014.

体椭圆形, 黄褐色, 具黑褐色斑, 光滑, 无毛, 具褐色刻点。

头平伸, 橙色, 头顶中央有 1 黄色小斑, 后缘具黄褐色横斑, 眼间距是眼宽的 1.59-1.88 倍; 后缘横脊不明显。复眼黑褐色。触角被浅色半直立短毛, 第 1 节黄褐色, 圆柱状,基部稍细，长是眼间距的 0.68-0.82 倍；第 2 节线状，褐色，长是头宽的 1.06-1.18 倍，雌虫该节向端部稍加粗，中部有 1 黄色环；第 3、4 节细，线状，褐色。唇基黄褐色，末端黑褐色；喙褐色，端部黑色，伸达中足基节前缘。

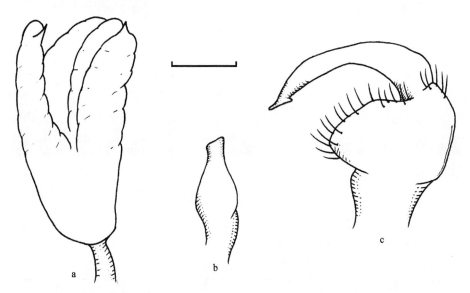

图 135　小齿爪盲蝽 Deraeocoris (Camptobrochis) serenus (Douglas *et* Scott)
a. 阳茎端 (vesica)；b. 右阳基侧突 (right paramere)；c. 左阳基侧突 (left paramere)；比例尺：0.1mm

前胸背板黄褐色，光亮，无毛，具褐色刻点；盘域具 2 个黑褐色纵走扩散斑，由胝后几延伸到后缘；侧缘直，后缘弓形。领窄，黄褐色，密被粉状绒毛。胝光亮，黑褐色，左右稍相连，稍突出。小盾片黄色，中纵线两侧具 2 个黑褐色斑，有时在基部相连，具褐色刻点。

半鞘翅黄褐色，爪片端部、革片端部、楔片端部有褐色斑；具褐色刻点，缘片及楔片几无刻点。膜片灰黄色，翅脉褐色。

足黄褐色；腿节腹侧缘具连续成线的黑色小斑点；前、中足胫节外侧缘具 1 褐色纵线，不伸达胫节末端，后足胫节外侧缘基部、中部、端部各有 1 褐色短纵线；跗节及爪褐色。

腹部腹面红褐色，密被浅色半直立绒毛。臭腺沟缘黄白色。

雄虫左阳基侧突感觉叶宽圆，突出，被浅色短毛，钩状突长，弯曲成镰刀状，末端足状；右阳基侧突短小，感觉叶突起不明显，钩状突末端平截。阳茎端具膜囊及 2 枚骨化附器，2 个膜叶的端部具有角状小尖突。

量度 (mm)：体长 3.75-3.90，宽 1.56-1.87；头宽 0.91-0.92；眼间距 0.42-0.44；触角各节长 I：II：III：IV=0.30-0.34:0.96-1.09:0.46-0.47:0.39-0.42；前胸背板长 0.82-0.93，宽 1.48-1.51；楔片长 0.50；爪片接合缝长 0.52-0.60。

观察标本：2♂3♀，内蒙古巴彦浩特，1987.VII.30；2♂，内蒙古固阳城关，1986.VIII.26，卜文俊采；1♂，内蒙古额济纳旗赛社，1984.VII.28，刘国卿采。1♂，甘肃嘉峪关，1993.

Ⅵ.20。1♂1♀，宁夏盐池大水坑，1400m，1996.Ⅶ.23，李后魂采。2♂，新疆塔城也门勒，2002.Ⅶ.25，吕昀采；1♂3♀，同上，2002.Ⅶ.24，朱卫兵采。

分布：内蒙古、宁夏、甘肃、新疆；俄罗斯，蒙古国，吉尔吉斯斯坦，哈萨克斯坦，塔吉克斯坦，土库曼斯坦，乌兹别克斯坦，亚美尼亚，土耳其，塞浦路斯，伊朗，伊拉克，以色列，黎巴嫩，沙特阿拉伯，叙利亚，加那利群岛，埃及，利比亚，摩洛哥，突尼斯，欧洲其他国家。

讨论：本种与黑食蚜齿爪盲蝽 *D. (C.) punctulatus* (Fallén) 相近，但前者体型较小，头顶宽阔，前、中足胫节外缘由基部发出 1 褐色纵线，后足胫节外侧缘基部、中部、端部各有 1 红褐色短纵线。

(162) 西藏齿爪盲蝽，新种 *Deraeocoris (Camptobrochis) tibetanus* Liu *et* Xu, sp. nov.
(图 136；图版 XIII: 199)

体椭圆形，黑褐色；光滑，无毛，具黑色刻点。

头顶黑色，宽是眼宽的 1.59-1.92 倍，后缘具同色横脊，在靠近后缘横脊的中部具 1 黄色圆斑。复眼黑褐色，边缘黄色。触角棕红色，密被浅色半直立短毛，第 1 节圆柱状，长是眼间距的 0.67-0.84 倍，色浅；第 2 节线状，长是头宽的 1.06-1.12 倍；第 3、4 节细，约等长。唇基黑褐色，喙基部黄褐色至褐色，端部色深，伸达中足基节后缘。

前胸背板黑褐色，具黑色粗刻点，后缘具黄色边，一直延伸到后侧角，前缘侧角黄色，两胝相连处的上方有 1 黄色圆斑。领浅褐色，晦暗。胝光亮，左右相连、稍突出。小盾片黑褐色，两基角和顶角各具 1 黄色小斑，具黑色刻点。

半鞘翅革质部黑褐色，具不规则黄褐色斑，密布黑色粗糙刻点；楔片黑褐色。膜片浅黄色，翅脉红褐色。腿节红褐色，端部具 2 个黄褐色至浅黄褐色环；胫节红褐色，亚基部和亚端部各具 1 浅黄褐色环；跗节浅红褐色；爪红褐色。

腹部腹面黑褐色至黑色，密被浅色半直立绒毛。臭腺沟缘乳黄色。

雄虫左阳基侧突感觉叶近圆形，具较短毛，侧上缘稍尖，钩状突弯曲，末端足状；右阳基侧突小，感觉叶稍突起，钩状突末端尖，弯曲成牛角状。阳茎端在半膨胀的状态下背面观具膜囊和 3 枚骨化附器：1 膜叶端部具 1 骨化的尖角；背侧膜叶端部具 1 牛角状骨化附器；1 骨化附器位于阳茎端中部，从次生生殖孔开口附近伸出，在近阳茎端端部 1/3 处呈片状，卷曲成舌状。次生生殖孔开口处被不规则的骨板包围。

量度 (mm)：体长 3.79-3.86，宽 1.93-2.00；头宽 0.93-0.96；眼间距 0.43-0.46；触角各节长 I : II : III : IV = 0.31-0.36 : 1.00-1.07 : 0.43 : 0.46；前胸背板长 0.93-0.99，宽 1.71-1.79；楔片长 0.57-0.64；爪片接合缝长 0.71。

种名词源：根据新种采集地西藏命名。

模式标本：正模♂，西藏波密，1973.Ⅶ.1，李法圣采；副模：1♂7♀，同正模。

分布：西藏。

讨论：本种与东方齿爪盲蝽 *D. (C.) onphoriensis* Josifov 相似，但后者头顶有不同形状的色斑；前胸背板色浅，具大的黑斑；前胸背板及前翅革质部上的刻点较粗；左阳基侧突感觉叶近方形。而新种头顶单一黑色，唇基附近黑褐色；前胸背板黑褐色，后缘具黄色边，前缘侧角及两胝相连处上方各有 1 黄色圆斑。

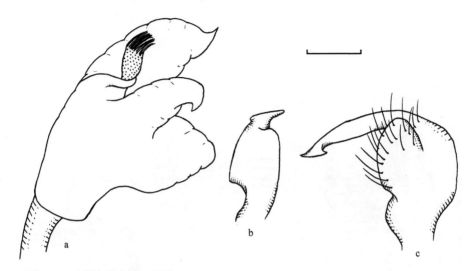

图 136　西藏齿爪盲蝽，新种 *Deraeocoris* (*Camptobrochis*) *tibetanus* Liu *et* Xu, sp. nov.

a. 阳茎端 (vesica)；b. 右阳基侧突 (right paramere)；c. 左阳基侧突 (left paramere)；比例尺：0.1mm

(163) 邹氏齿爪盲蝽 *Deraeocoris* (*Camptobrochis*) *zoui* Ma *et* Zheng, 1997 （图 137；图版 XIII: 200)

Deraeocoris zoui Ma *et* Zheng, 1997a: 20; Kerzhner *et* Josifov, 1999: 37; Schuh, 2002-2014.

体椭圆形，光亮，褐色，具黄色斑点，具黑色刻点。

头褐色，光亮，中纵线黄色，不伸达唇基，头顶具 1 黄色小斑，眼间距是眼宽的 1.24 倍，后缘具横脊。复眼红褐色。触角红褐色，被浅色半直立短毛，第 1 节圆筒状，长是眼间距的 1.10-1.35 倍；第 2 节线状，长是头宽的 1.23 倍；第 3、4 节细。唇基褐色，中纵线黄色；喙褐色，第 2、3 节端部黄褐色，伸达中足基节前缘。

前胸背板褐色，具黑褐色刻点，后侧角黄色；胝黑红色，光滑，具光泽，相互之间接触；小盾片淡红褐色到红褐色。

半鞘翅革质部褐色，具黑色刻点，仅楔片基部外侧角及内侧缘近中部各有 1 黄色小斑点。膜片褐色，翅脉褐色。

足褐色，腿节近端部有 1 黄色环；胫节亚基部、亚端部各有 1 黄色环；跗节黄褐色，端部及爪褐色。

腹部腹面褐色，密被浅色半直立绒毛。臭腺沟缘黄白色。

雄虫左阳基侧突感觉叶近方形突出，其上被浅色毛，钩状突稍弯曲，末端足状；右阳基侧突宽短，感觉叶不明显，钩状突末端平截。阳茎端具膜囊及 3 枚骨化附器：1 中度骨化的扭曲骨板，末端旗状；2 膜叶端部具骨化尖突。

量度 (mm)：体长 4.18-4.89，宽 1.86-1.96；头宽 0.93；眼间距 0.36；触角各节长 I：II：III：IV=0.32-0.39：1.14：0.39：0.40-0.43；前胸背板长 0.93-1.04，宽 1.64-1.68；楔片长

0.64-0.68；爪片接合缝长 0.71-0.75。

观察标本：1♂ (正模)，四川宝兴，950-1350m，1963.Ⅶ.7；1♂ (副模)，同上。

分布：四川。

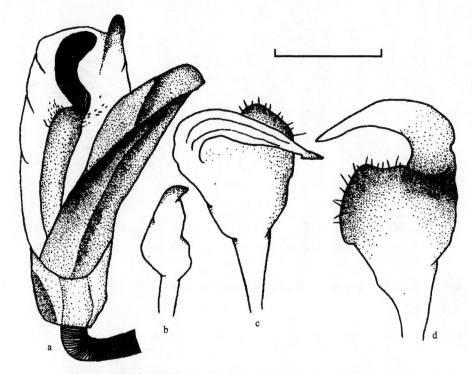

图 137 邹氏齿爪盲蝽 Deraeocoris (Camptobrochis) zoui Ma et Zheng

a. 阳茎端 (vesica)；b. 右阳基侧突 (right paramere)；c、d. 左阳基侧突 (left paramere)；比例尺：0.16mm

2) 齿爪盲蝽亚属 Deraeocoris Kirschbaum, 1856

体椭圆形至长椭圆形，头三角形，头顶及额光滑；触角第 2 节非棒状；触角第 3、4 节细，直径小于第 2 节；领不突出；触角第 1 节长大于复眼宽的 1.5 倍；前胸背板及半鞘翅革质部上具显著刻点。

分布：黑龙江、吉林、内蒙古、北京、天津、河北、山西、陕西、宁夏、甘肃、青海、新疆、浙江、湖北、江西、湖南、福建、台湾、广东、海南、广西、云南；俄罗斯，蒙古国，朝鲜半岛，日本，奥地利，比利时，克罗地亚，捷克，法国，德国，匈牙利，意大利，卢森堡，摩尔多瓦，荷兰，波兰，斯洛伐克，斯洛文尼亚，瑞士，乌克兰。

我国记载 39 种。

种 检 索 表

21. 触角第 2 节端部黑色；胫节外侧缘基部一半以上具红褐色纹 ··
 ··· 拟克氏齿爪盲蝽 *D. (D.) pseudokerzhneri*
 触角第 2 节黄褐色；胫节外侧缘无斑纹 ··························· 克氏齿爪盲蝽 *D. (D.) kerzhneri*
22. 体黑褐色 ·· 23
 体黄褐色，具褐色或黑褐色斑 ··· 27
23. 体长小于 5mm，光滑无被毛 ·· 24
 体长大于 5mm，被褐色半直立短毛 ··· 26
24. 臭腺沟缘黄褐色 ··· 25
 臭腺沟缘单一褐色 ·· 南齿爪盲蝽 *D. (D.) horvathi*
25. 喙黄褐色 ·· 弓盾齿爪盲蝽 *D. (D.) conspicuus*
 喙黄白色 ··· 光盾齿爪盲蝽，新种 *D. (D.) calvifactus* sp. nov.
26. 臭腺沟缘黄白色 ··· 艳盾齿爪盲蝽 *D. (D.) ventralis*
 臭腺沟缘黑褐色 ·· 小艳盾齿爪盲蝽 *D. (D.) scutellaris*
27. 眼间距小于复眼宽 ·· 28
 眼间距大于复眼宽 ·· 29
28. 小盾片平坦，具"八"形红褐色斑 ···················· 多斑齿爪盲蝽，新种 *D. (D.) maculosus* sp. nov.
 小盾片后部明显隆起，具 1 红褐色圆斑 ··· 翘盾齿爪盲蝽 *D. (D.) plebejus*
29. 领被粉状毛 ··· 30
 领光亮 ··· 33
30. 前胸背板两胝之间后方有 1 清晰的黄白色圆斑 ································ 圆斑齿爪盲蝽 *D. (D.) ainoicus*
 前胸背板两胝之间后方无浅色斑 ·· 31
31. 体长大于 6mm ·· 环齿爪盲蝽 *D. (D.) annulus*
 体长小于 6mm ··· 32
32. 小盾片黑褐色 ··· 道真齿爪盲蝽，新种 *D. (D.) daozhenensis* sp. nov.
 小盾片黄白色 ··· 滇西齿爪盲蝽，新种 *D. (D.) dianxiensis* sp. nov.
33. 体单一黄褐色 ·· 王氏齿爪盲蝽 *D. (D.) wangi*
 体具深色斑纹 ··· 34
34. 小盾片无斑 ··· 35
 小盾片具深色斑 ·· 36
35. 触角第 2 节红褐色 ·· 黄头齿爪盲蝽 *D. (D.) flaviceps*
 触角第 2 节污灰绿色 ··· 污齿爪盲蝽 *D. (D.) sordidus* (部分)
36. 体古铜色 ··· 37
 体黄褐色 ··· 38
37. 触角第 2 节浅红褐色，端部黑色 ··························· 郑氏齿爪盲蝽，新种 *D. (D.) zhengi* sp. nov.
 触角第 2 节黄褐色，端部褐色 ······································· 铜黄齿爪盲蝽 *D. (D.) cupreus*
38. 触角第 1 节长约等于眼间距 ··· 峨嵋齿爪盲蝽 *D. (D.) omeiensis*
 触角第 1 节长大于眼间距的 1.5 倍 ··· 39
39. 触角第 1 节橙色，端部红黑色 ····································· 安徽齿爪盲蝽 *D. (D.) anhwenicus*

(164) 圆斑齿爪盲蝽 *Deraeocoris (Deraeocoris) ainoicus* Kerzhner, 1979 (图 138；图版
XIII: 201)

Deraeocoris ainoicus Kerzhner, 1979: 37; Schuh, 1995: 602; Kerzhner *et* Josifov, 1999: 38.
Deraeocoris (Deraeocoris) ainoicus: Liu *et al*., 2011: 6.

体长椭圆形，褐色至黑褐色，光亮，具不规则黄褐色碎斑及黑褐色粗大刻点。

头黑褐色，前伸，稍下倾；头顶靠近复眼内侧缘通常可见 2 黄白色小斑，眼间距是
眼宽的 1.27-1.50 倍，后缘具黑褐色横脊。复眼褐色。触角被浅色半直立短毛，第 1 节圆
筒状，基部稍细，褐色，长是眼间距的 1.08-1.17 倍；第 2 节线状，褐色，中部有 1 黄褐
色宽环，长是头宽的 1.34-1.56 倍；第 3 节细，褐色，基部色浅；第 4 节细，黑褐色，基
部近 1/4 黄褐色。唇基黄褐色，喙黄褐色，末端色深，伸达中足基节前缘。

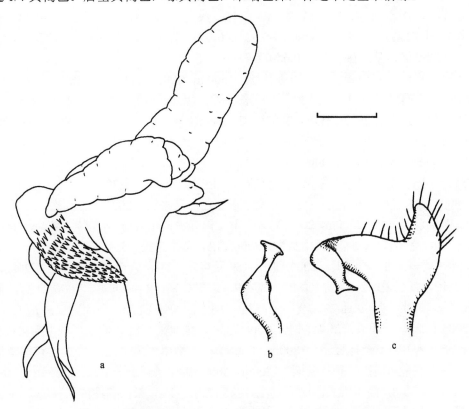

图 138　圆斑齿爪盲蝽 *Deraeocoris (Deraeocoris) ainoicus* Kerzhner
a. 阳茎端 (vesica)；b. 右阳基侧突 (right paramere)；c. 左阳基侧突 (left paramere)；比例尺：0.1mm

前胸背板褐色，两胝间及后缘中部具不规则黑褐色斑纹，被黑褐色粗大刻点，中纵
线两胝后部有 1 清晰的黄白色小斑；侧缘及后缘较直。领窄，稍晦暗，褐色，密被粉状
绒毛。两胝褐色，光滑，左右相连，稍突出。小盾片黄白色，光滑无刻点，基角及顶角

黑褐色,向端部稍隆起。

半鞘翅革质部褐色,有黄褐色不规则碎斑,具黑褐色粗大刻点,刻点向端部渐细小稀疏。缘片几无刻点;楔片缝、楔片内侧缘及端角黑褐色,靠近楔片内侧缘中部和楔片外侧缘接近楔片缝处各有1胝状黄白色小斑。膜片褐色,近楔片端角处有1透明斑;翅脉同色。

足黄褐色,腿节端部、胫节基部、近中部和端部各有1黑褐色环;跗节端部黑褐色,爪色深。

腹面黄褐色,微染褐色,密被浅色半直立短毛。臭腺沟缘黄白色,微染褐色。

雄虫左阳基侧突发达,感觉叶圆锥状突出,其上被稀疏浅色短毛,钩状突向一侧弯曲,杆部外侧面稍内凹,被稀疏浅色短毛,末端足状;右阳基侧突短,感觉叶钝圆,不明显,钩状突末端足状。阳茎端具膜囊和4枚骨化附器:由基部伸出的骨板扭曲,末端分叉,其中之一三角形,尖锐;由基部伸出的长骨针扭曲;侧膜叶端部具1骨化针;中部膜叶密布中度骨化小齿。

量度 (mm):体长 4.25-5.15,宽 1.95-2.16;头宽 0.91-0.94;眼间距 0.36-0.39;触角各节长 Ⅰ:Ⅱ:Ⅲ:Ⅳ=0.42:1.22-1.46:0.39-0.52:0.40-0.49;前胸背板长 1.01-1.17,宽 1.74-1.95;楔片长 0.78-0.86;爪片接合缝长 0.65-0.86。

观察标本:1♂,山西洪洞兴唐寺林场,1500m,2006.Ⅶ.11,许静杨采;2♀,同上,2006.Ⅶ.12,许静杨采;1♀,同上,丁丹采。1♀,黑龙江牡丹江宁安,2003.Ⅷ.3,于昕采;1♀,黑龙江宁安小北湖林场,2003.Ⅷ.3,柯云玲采;1♀,黑龙江宁安镜泊湖,2003.Ⅷ.13,李晓明采。1♀,陕西宁陕火地塘,1580m,1998.Ⅶ.27,姚建采;1♀,同上,陈军采。1♂,浙江天目山,1300m,1999.Ⅷ.18,卜文俊采。1♀,云南金平,1990.Ⅱ.7,徐志强采;1♀,云南思茅莱阳河倮倮新寨山,1500m,2000.Ⅴ.20,郑乐怡采;1♀,同上,2000.Ⅴ.27,卜文俊灯诱;1♀,云南景东无量山芹菜塘,2001.Ⅴ.23,卜文俊灯诱;2♀,云南景东无量山,2200m,2001.Ⅴ.24,卜文俊灯诱;1♂,云南龙陵一碗水,1600m,2002.Ⅹ.10,薛怀君采;1♀,云南腾冲,2006.Ⅶ.6,范中华采;5♀,同上,1650m,2006.Ⅷ.8,范中华采;1♀,同上,2006.Ⅶ.18,朱卫兵采;1♀,云南元江望乡台,2020m,2006.Ⅶ.19,张旭采;2♀,同上,2006.Ⅶ.19,朱卫兵采;2♀,同上,2006.Ⅶ.20,朱卫兵采;1♀,同上,2006.Ⅶ.22,李明采;2♀,同上,2006.Ⅶ.22,董鹏志采;1♂1♀,同上,2006.Ⅶ.23,李明采;2♀,同上,2006.Ⅶ.23,张旭采;1♀,同上,朱卫兵采;1♀,云南腾冲来凤山国家森林公园,1800m,2006.Ⅷ.6,高翠青采;1♀,同上,石雪芹采;2♀,云南腾冲来凤山国家森林公园,1800m,2006.Ⅷ.8,李明采;1♀,云南保山市腾冲,1650m,2006.Ⅷ.8,高翠青采;1♂,同上,董鹏志采;1♀,云南腾冲沙坝林场,1800m,2006.Ⅷ.9,朱卫兵、李明采;1♂1♀,云南隆阳百花岭,2006.Ⅷ.14,范中华采;1♀,云南腾冲整顶小云盘,1850m,2006.Ⅷ.15,郭华采;1♂3♀,云南隆阳百花岭,1600-1800m,2006.Ⅷ.15,朱卫兵采。

分布:黑龙江、山西、浙江、云南;俄罗斯 (远东地区),朝鲜半岛,日本。

讨论:本种与弓盾齿爪盲蝽 *D. (D.) conspicuus* Ma et Liu 较相似,但本种前胸背板胝后具黄白色小斑点,小盾片黄白色,基角和顶角黑褐色,楔片基部外侧角及内侧缘中部有黄白色胝状小斑。本种云南标本色较深，且雄性小盾片为褐色。

(165) 凸胝齿爪盲蝽 *Deraeocoris (Deraeocoris) alticallus* Hsiao, 1941 (图 139；图版 XIII: 202)

Deraeocoris alticallus Hsiao, 1941: 243; Hsiao, 1942: 251; Schuh, 1995: 602.

Deraeocoris (Deraeocoris) alticallus: Ma *et* Zheng, 1997a: 22; Kerzhner *et* Josifov, 1999: 38.

体橙褐色，光亮，无毛，具同色均一刻点。

头橙褐色，光亮，平伸，稍下倾；头顶光滑，宽是眼宽的 1.38-1.92 倍，后缘具横脊。复眼红褐色。触角被浅色半直立短毛，第 1 节圆柱状，黄褐色，最基部稍细，有 1 褐色窄环，长是眼间距的 1.44-1.82 倍；第 2 节线状，黄褐色，端部 1/5 褐色，长是头宽的 1.88-2.08 倍；第 3 节细，黄褐色，端部褐色；第 4 节细，褐色。唇基橙褐色，末端色稍深，喙橙褐色，伸达中足基节前缘。

前胸背板橙褐色，后缘具 1 模糊的褐色宽横带；密被同色均一刻点，侧缘及后缘较直。领橙褐色，光亮。胝橙褐色，光亮，左右相连，明显隆起。小盾片浅褐色，光滑，无刻点。

半鞘翅革质部橙褐色，爪片及革片内侧具褐色斑，与前胸背板后缘横带相连，延伸至膜片大翅室端部，楔片端部略呈红色；具同色刻点，向端部逐渐变稀疏，缘片及楔片几无刻点。膜片浅褐色，中部有 1 纵向暗色带，翅脉褐色。

足橙褐色，腿节端部有 2 红色环；胫节外侧缘有 1 红色纵斑，延伸至中部；跗节端部和爪红褐色。

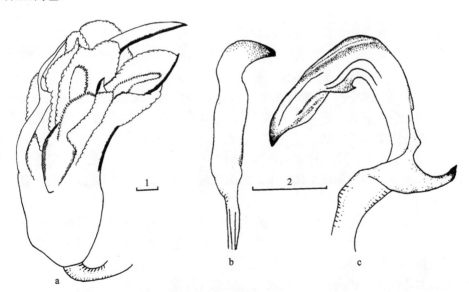

图 139　凸胝齿爪盲蝽 *Deraeocoris (Deraeocoris) alticallus* Hsiao

a. 阳茎端 (vesica)；b. 右阳基侧突 (right paramere)；c. 左阳基侧突 (left paramere)；

比例尺：1=0.1mm (a)，2=0.2mm (b、c)

腹部腹面红褐色，密被浅色半直立绒毛。臭腺沟缘红褐色。

雄虫左阳基侧突感觉叶犄角状突起，钩状突向外侧稍弯曲，内侧有 1 小角状突起，末端钩状；右阳基侧突较直，感觉叶不明显，钩状突末端近方形。阳茎端具膜囊及 7 枚骨化附器：腹面观，最左侧膜囊端部具 1 骨化角状附器；中部由腹面向背面的骨化附器依次为骨化锉状叶、角状骨化刺、密布小齿的椭圆形骨化板、密布大齿的长椭圆形骨化板、粗骨针；右侧为 1 扭曲的细骨针。

量度 (mm)：体长 4.9-5.7，宽 2.35-2.65；头宽 0.96-1.05；眼间距 0.43-0.47；触角各节长 I:II:III:IV=0.68:1.98-2.00:0.88:0.81-0.86；前胸背板长 1.09，宽 1.90-2.34；楔片长 0.68；爪片接合缝长 1.04-1.07。

观察标本：1♀ (正模)，Chungking，Szechuan，China，1932.VI，G. Liu leg.。2♂1♀，贵州茂兰，1995.VIII.2，马成俊、卜文俊采；1♀，贵州梵净山铜矿厂，700m，2001.VII.28，朱卫兵采。1♂，浙江临安天目山仙人顶，1500m，1965.VII.15，刘胜利采。1♀，福建将乐陇西山 (或龙栖山)，1991.X.9。1♂，江西宜丰官山西河站，2002.VIII.7，丁建华采。

分布：浙江、福建、四川、贵州。

讨论：本种与翘盾齿爪盲蝽 D. (D.) plebejus Poppius 相似，但体橙褐色，光亮，胝明显隆起。该种由萧采瑜先生于 1941 年根据采自重庆的 1 头雌虫定名，以后除在一些目录中引用外，没有其他报道，模式标本存放在南开大学昆虫学研究所。

(166) 窄顶齿爪盲蝽 *Deraeocoris (Deraeocoris) angustiverticalis* Ma *et* Liu, 2002 （图 140；图版 XIII: 203）

Deraeocoris angustiverticalis Ma *et* Liu, 2002: 508; Schuh, 2002-2014.

体长椭圆形，浅黄褐色，光亮，前胸背板及前翅革质部具同色刻点。

头浅黄褐色，光滑。头顶浅黄褐色，光亮，眼间距是眼宽的 0.85-1.86 倍，后缘具同色横脊。复眼大，红褐色。触角细长，被浅色半直立短毛；第 1 节红色，基部有褐色窄环，圆筒状，长是眼间距的 1.65-2.72 倍；第 2 节浅黄色，线状，长为头宽的 1.94-2.17 倍；第 3 节浅黄色，线状，约与第 1 节等长；第 4 节颜色稍深，线状。喙浅黄褐色，端部红褐色，伸达中足基节前缘。

前胸背板浅黄褐色，密布浅红褐色细小刻点。领稍宽，浅黄色至浅黄褐色，光亮。胝浅黄褐色，光亮、左右相连、稍突出。前胸背板后缘较直。小盾片浅黄褐色至浅红褐色，光滑无刻点。

半鞘翅革质部浅黄褐色，向端部刻点渐浅渐稀疏；爪片近接合缝浅褐色；楔片上刻点稀少，内侧缘与膜片相接部分微染红色。膜片黄褐色，近楔片内侧缘色略浅；翅脉红色。足浅黄褐色，腿节端部和胫节基部染红色。

腹部腹面黄褐色，具浅色半直立绒毛。臭腺沟缘黄白色。

雄虫左阳基侧突较宽阔，感觉叶稍突起，钩状突向一侧折叠；右阳基侧突细长，钩状突顶端圆，具 1 不明显的小凹痕。阳茎端具膜叶及 4 枚骨化附器；次生生殖孔不明显。

量度 (mm)：体长 5.20-6.10，宽 2.00-2.40；头宽 0.89-0.96；眼间距 0.29-0.43；触角

各节长 Ⅰ:Ⅱ:Ⅲ:Ⅳ=0.71-0.79:1.71-2.08:0.71-0.79:0.57-0.64；前胸背板长 1.07，宽 1.69-1.82；楔片长 0.86-1.00；爪片接合缝长 0.91-1.14。

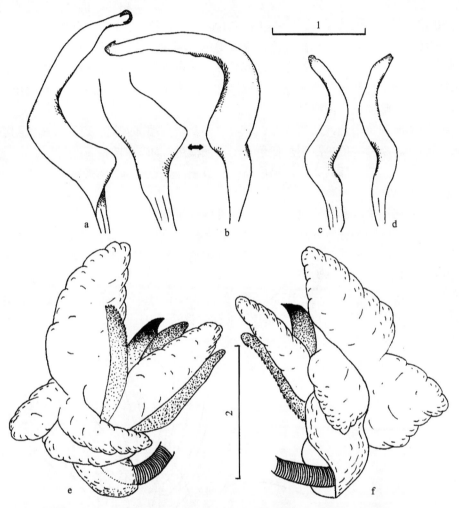

图 140　窄顶齿爪盲蝽 Deraeocoris (Deraeocoris) angustiverticalis Ma et Liu

a、b. 左阳基侧突不同方位 (left paramere in different views)；c、d. 右阳基侧突不同方位 (right paramere in different views)；

e、f. 阳茎端不同方位 (vesica in different views)；比例尺：1=0.2mm (a-d), 2=0.3mm (e、f)

观察标本：1♂ (正模)，云南勐海，1979.Ⅹ.6，凌作培采；1♀ (副模)，同上；7♂9♀，云南勐海城关，1979.Ⅹ.6，邹环光采；3♂1♀，云南勐海，1979.Ⅹ.6，郑乐怡采。

分布：云南。

(167) 安徽齿爪盲蝽 Deraeocoris (Deraeocoris) anhwenicus Hsiao, 1941　(图 141；图版 XIII: 204)

Deraeocoris anhwenicus Hsiao, 1941: 242; Hsiao, 1942: 252; Schuh, 1995: 602; Zheng, 1995: 459; Kerzhner et Josifov, 1999: 38; Schuh, 2002-2014.

　　体椭圆形，黄褐色，光滑，无毛，除头和小盾片外具褐色刻点。

　　头黄褐色，稍下倾；眼间距是眼宽的 1.00-1.44 倍，后缘具橙色横脊。复眼红褐色。触角同体色，被浅色半直立短毛，第 1 节圆柱状，橙色，最端部红褐色，长是眼间距的 1.20-1.50 倍；第 2 节线状，长是头宽的 1.21-1.28 倍，第 2、3 节基部黄褐色；第 3、4 节细，线状。唇基黄褐色，端部褐色，喙黄褐色，端部色深，伸达中足基节后缘。

　　前胸背板黄褐色，具褐色刻点，盘域具 2 个褐色纵走大斑，稍隆起，侧缘直，后缘弓形稍突出。领窄，黄褐色，光亮。胝黄褐色，后部染褐色，左右相连，稍突出。小盾片光滑无刻点，暗褐色，侧缘具黄褐色边。

　　半鞘翅革质部黄褐色，爪片端部、革片端部及楔片端部有褐色斑，具褐色刻点，刻点大小不均一。膜片褐色，沿楔片顶角有 1 浅色横带，翅脉褐色。

　　足黄褐色，腿节端部具 2 个红褐色环；胫节基部、近中部、端部具红褐色环；跗节端部及爪红褐色。

　　腹部腹面红褐色，密被浅色半直立毛。臭腺沟缘黄白色。

　　雄虫左阳基侧突感觉叶近圆形，突出，其上被浅色长毛，钩状突向一侧稍弯曲，末端钝圆；右阳基侧突感觉叶不明显，钩状突近末端稍细，末端平截。阳茎端具膜囊，其中 1 膜叶顶端具 1 列骨化小齿。

　　量度 (mm)：体长 4.75，宽 1.92-2.08；头宽 0.82-0.94；眼间距 0.31-0.35；触角各节长 I : II : III : IV=0.42-0.47 : 1.0-1.20 : 0.2 : 0.49；前胸背板长 1.04-1.21，宽 1.65-1.66；楔片长 0.64-0.79；爪片接合缝长 0.70。

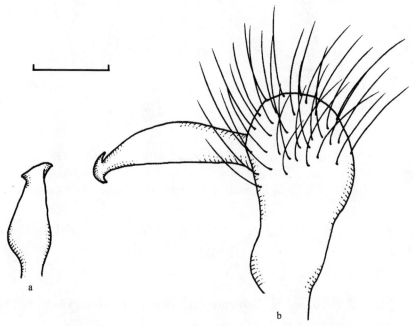

图 141　安徽齿爪盲蝽 *Deraeocoris (Deraeocoris) anhwenicus* Hsiao

a. 右阳基侧突 (right paramere)；b. 左阳基侧突 (left paramere)；比例尺：0.1mm

观察标本：1♀ (正模)，Taipingshien，Anhwei，China，1932.X，G. Liu leg.；7♂8♀，安徽六安市金寨县天堂寨镇，480m，2004.Ⅷ.3，李晓明采。

分布：安徽。

讨论：本种与黑胸齿爪盲蝽 D. (D.) nigropectus Hsiao 较为相像，但本种触角第 1 节橙色，仅端部红褐色；第 2、3 节最基部黄褐色；腹部腹面红褐色；足黄褐色，腿节端部具 2 个红褐色环，胫节基部、近中部、端部各有 1 红褐色环，可与黑胸齿爪盲蝽相区分。

(168) 黑角齿爪盲蝽 Deraeocoris (Deraeocoris) annulipes Herrich-Schaeffer, 1842 (图版 XIII: 205)

Capsus annulipes Herrich-Schaeffer, 1842: 97.

Capsus nebulosus Jakovlev, 1889: 346. Synonymized by Kerzhner, 1988: 68.

Capsus dybowskii Kiritshenko, 1926: 225. New name for Capsus nebulosus Jakovlev, 1889. Synonymized by Kerzhner, 1988: 68.

Deraeocoris annulipes: Hsiao, 1942: 251; Carvalho, 1957: 59; Kerzhner, 1988b: 68; Schuh, 1995: 602; Zheng, 1995: 459; Qi et Nonnaizab, 1996: 50; Schuh, 2002-2014.

Deraeocoris (Deraeocoris) annulipes: Wagner et Weber, 1964: 47; Wagner, 1974b: 38; Qi et Nonnaizab, 1993: 291; Kerzhner et Josifov, 1999: 38.

体椭圆形，黄色，具黑色刻点。

头黄褐色，头顶具 2 列褐色斑，眼间距是眼宽的 1.45 倍，后缘具褐色横脊。复眼红褐色，内侧缘具延伸的褐色斑。触角被浅色半直立短毛，第 1 节圆柱状，红褐色，长约等于眼间距；第 2 节线状，红褐色，长是头宽的 1.68 倍；第 3、4 节稍细，红褐色，第 3 节稍长于第 4 节。唇基褐色，侧面黄色，喙红褐色，仅伸达中足基节前缘。

前胸背板黄色，具黑色刻点；侧缘稍内凹；后缘弓形。领黄色，窄，密被粉状绒毛。胝黄色，内侧缘和后缘褐色；光亮，左右相连，稍突出。小盾片隆起，黄色，中纵线两侧各有 1 褐色斑，具稀疏黑色浅刻点。

半鞘翅革质部黄色，爪片端部、革片内侧缘、革片端部、楔片端部具褐色不规则斑，具褐色刻点，刻点大小不均一。膜片褐色，沿楔片顶角有 1 浅色横带，翅脉褐色。

足黄色，腿节侧缘具细碎褐色斑点；胫节基部、中部、端部各有 1 褐色环；跗节褐色，爪浅褐色，齿不明显。

雄虫腹部腹面黑色，雌虫腹部腹面黄色，侧缘具褐色斑点，密被浅色绒毛。臭腺沟缘黄白色。

量度 (mm)：体长 6.95，宽 3.15；头宽 1.30；眼间距 0.55；触角各节长 I : II : III : IV = 0.57:2.26:0.91:0.65；前胸背板长 1.35，宽 2.45；楔片长 1.35；爪片接合缝长 1.25。

观察标本：1♀，山西云顶山，1987.VI.1。1♀，新疆鄯善，1978，马文梁采。

分布：内蒙古、山西、新疆；俄罗斯 (远东地区)，蒙古，奥地利，比利时，克罗地亚，捷克，法国，德国，匈牙利，意大利，卢森堡，摩尔多瓦，荷兰，波兰，斯洛伐克，斯洛文尼亚，瑞士，乌克兰。

讨论：本种与平背齿爪盲蝽 D. (D.) *planus* Xu *et* Ma 相似，但本种体黄色，刻点不均匀；小盾片隆起，具褐色斑，可与平背齿爪盲蝽区分。

本种生活在落叶松属植物上，捕食蚜虫等小型害虫。本次研究未见雄虫标本，雄虫描述依据 Wagner (1974b)。

(169) 环齿爪盲蝽 *Deraeocoris* (*Deraeocoris*) *annulus* Hsiao *et* Ren, 1983 (图版 XIII: 206)

Deraeocoris annulus Hsiao *et* Ren, 1983: 73; Schuh, 1995: 602; Zheng, 1995: 459; Kerzhner *et* Josifov, 1999: 38; Schuh, 2002-2014.

体褐色，椭圆形，光亮，具粗糙刻点。

头几乎平伸，光亮，黑褐色；眼间距是复眼宽的 1.5 倍。复眼黑褐色。触角被浅色半直立毛，第 1 节褐色，圆筒状，长约等于眼间距；第 2 节褐色，中部有 1 黄色宽环，线状，向端部稍加粗，长是头宽的 1.14 倍；第 3、4 节缺失。喙红褐色，伸达中足基节间。

前胸背板褐色，前部黑褐色，具粗大刻点，较平，侧缘及后缘直。领窄，褐色，稍晦暗。胝黑褐色，不相连，稍凸出，光滑。小盾片褐色，侧缘各具 1 黄色圆斑，光滑无刻点。

半鞘翅革质部褐色，具粗大刻点；楔片刻点较浅，在楔片中央有 1 黄色圆斑。膜片褐色，翅脉褐色，在小翅室后方近楔片缘有 1 透明小斑点。

足具稀疏浅色毛，腿节红褐色，末端褐色；胫节褐色，近基部和近端部各有 1 黄色环；跗节浅褐色，端部色深；爪褐色。

腹面红褐色，密被浅色半直立短毛。臭腺沟缘褐色，下缘黄色。

量度 (mm)：体长 7.3，宽 3.2；头宽 1.23；眼间距 0.53；触角各节长 I : II :III:IV=0.5: 1.4:?:?；前胸背板长 1.72，宽 2.5；楔片长 1.22；爪片接合缝长 1.43。

观察标本：1♀ (正模)，云南勐海南糯山，1100m，1957.IV.28，蒲富基灯诱 (存于中国科学院动物研究所)。1♀ (副模)，四川峨眉山报国寺，600m，1957.V.6，郑乐怡、程汉华采。

分布：四川、云南。

讨论：本种与峨嵋齿爪盲蝽 D. (D.) *omeiensis* Hsiao *et* Ren 相似，但是本种体褐色，光亮，具粗糙刻点，小盾片侧缘及楔片中部具黄色圆斑。

(170) 斑楔齿爪盲蝽 *Deraeocoris* (*Deraeocoris*) *ater* (Jakovlev, 1889) (图 142；图版 XIII: 207)

Capsus ater Jakovlev, 1889: 344. Ruled as not a homonym of *Cimex ater* Linnaeus, 1758; ICZN, 1985.
Deraeocoris ater limbicollis Reuter, 1901: 167.
Deraeocoris ater amplus Horváth, 1905: 420.
Deraeocoris sibiricus Kiritshenko, 1914: 483. New name for *Capsus ater* Jakovlev, 1889; Kerzhner, 1973: 90; Carvalho, 1957: 80.

Deraeocoris ater: Hsiao, 1942: 251; Carvalho, 1957: 60; Miyamoto, 1957: 77; Miyamoto, 1961: 222; Schuh, 1995: 603; Zheng, 1995: 459; Kerzhner, 1997: 245; ICZN, 1985: 188; Kerzhner *et* Josifov, 1999: 38; Zheng *et* Gao, 1999: 15; Schuh, 2002-2014; Xu *et al.*, 2009: 111.

Deraeocoris (*Deraeocoris*) *ater*: Xu *et* Liu, 2018: 144.

体长椭圆形；体色变化比较大，常见黑褐色至黑色，个别个体橙黄色具黑色斑；体表密布黑色刻点。

头平伸，稍下倾，光亮，黑褐色，后缘前方有 2 个橙色斑，有时该斑扩散至头顶大部；眼间距是眼宽的 1.43-1.79 倍，后缘具横脊。触角被浅色半直立短毛，第 1 节圆柱状，黑褐色，长是眼间距的 1.48-2.11 倍；第 2 节线状，黑褐色，长是头宽的 2.00-2.29 倍；第 3 节线状，细，褐色，最基部有 1 黄褐色窄环；第 4 节线状，细，单一褐色。唇基黑褐色；喙黑褐色，伸达中足基节前缘。

前胸背板稍前倾，黑褐色，有时具橙色斑，密被褐色深刻点，光亮，被稀疏浅色短毛，侧缘直，被稀疏浅色短毛。领黑褐色，光亮。胝褐色，光亮，左右相连，稍突出。小盾片光亮，橙黄色至黑褐色，稍隆起，具同色稀疏刻点。

半鞘翅黑褐色至橙黄色，具褐色深刻点；缘片及楔片几无刻点；楔片基部黄白色至橙红色，端部通常为褐色。膜片褐色，在翅室后部沿楔片缘有 1 浅色斑；翅脉褐色。

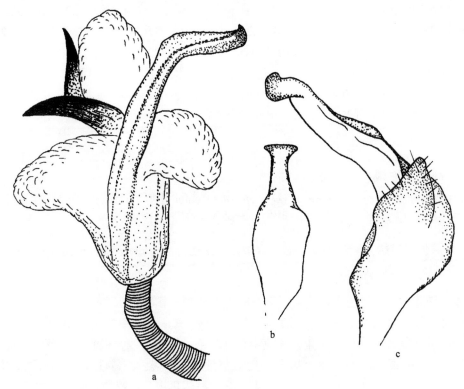

图 142　斑楔齿爪盲蝽 *Deraeocoris* (*Deraeocoris*) *ater* (Jakovlev)
a. 阳茎端 (vesica)；b. 右阳基侧突 (right paramere)；c. 左阳基侧突 (left paramere)

腿节红褐色；胫节红褐色，亚基部有 1 黄褐色窄环，端部 1/2 黄褐色，末端红褐色；跗节及爪红褐色。

腹部腹面黑褐色，密被浅色半直立绒毛。臭腺沟缘黄白色。

雄虫左阳基侧突感觉叶锥状突出，其上被浅色毛；钩状突稍弯曲，末端蘑菇状；右阳基侧突感觉叶宽圆，钩状突粗壮，末端平截。阳茎端具膜囊及 3 枚骨化附器：由基部伸出 1 骨化板，向端部渐细，且弯曲；其侧面有 1 稍短的骨针；在膜叶端部有 1 骨化角状突起。

量度 (mm)：体长 7.60-9.60，宽 3.50-4.30；头宽 1.38-1.40；眼间距 0.57-0.65；触角各节长 I:II:III:IV=0.96-1.20:2.65-3.20:1.30-1.40:0.78-0.90；前胸背板长 1.90，宽 2.80-2.90；楔片长 1.20；爪片接合缝长 1.50-1.75。

观察标本：1♂，北京百花山，1960.IX.8，杨集昆采。3♂3♀，河北隆化董存瑞陵园，2000.VII.13，薛怀君采；1♂，河北蔚县小五台山，1500m，2000.VII.27，周树敏采；1♂，河北蔚县小五台山，1200m，南开大学采；2♀，河北蔚县小五台山，1200m，2000.VII.26，侯奕采；1♀，河北蔚县小五台山，1800m，2000.VII.30，侯奕采；1♀，河北蔚县小五台山，2000.VII.27，王鹏采；2♂1♀，河北蔚县金河口，1400m，2000.VII.27，刘国卿采；1♂，河北小五台山金河口，1200m，2000.VII.23，朱卫兵采；1♂，河北小五台山金河口，1200m，2000.VII.24，朱卫兵采；1♀，河北小五台山金河口，2000.VII.30，周树敏采；2♀，河北蔚县松枝口，1300m，2000.VIII.3，朱卫兵采；1♂2♀，河北丰宁邓栅子，2000.VII.25，薛怀君采；4♂2♀，河北丰宁邓栅子，2000.VII.24，薛怀君采；1♂2♀，河北丰宁邓栅子，2000.VII.25，张万良采；2♂6♀，河北围场桃山林场，2000.VII.22，薛怀君采；2♂3♀，河北围场桃山林场，2000.VII.21，薛怀君采；1♂，河北围场桃山林场，2000.VII.21，张万良采。7♀，山西兴唐寺林场，2006.VII.14，丁丹采；4♂1♀，同上，2006.VII.11，许静杨采。2♂，黑龙江帽儿山，1988.VII.17。3♂1♀，江苏农学院，1986。5♂1♀，甘肃榆中兴隆山，1993.VIII.2，吕楠采。

分布：黑龙江、内蒙古、北京、河北、山西、陕西、宁夏、甘肃、青海、江苏、湖北；俄罗斯 (远东地区)，日本。

讨论：本种与艳盾齿爪盲蝽 D. (D.) ventralis Reuter 相似，但本种常见黑褐色至黑色，楔片基部黄白色至橙红色，端半部褐色。本种在中国北方广布。

(171) 光盾齿爪盲蝽，新种 Deraeocoris (Deraeocoris) calvifactus Liu et Xu, sp. nov.

(图 143；图版 XIII: 208)

体长椭圆形，黑褐色，前胸背板及半鞘翅革质部具黑色刻点。

头稍下倾，黄褐色，光亮，头顶具褐色三角形斑，后部黑褐色，眼间距是眼宽的 1.02-1.53 倍。复眼黑褐色。触角被浅色半直立短毛，第 1 节浅黄褐色至褐色，圆筒状，基部稍细，长是眼间距的 1.08-1.30 倍；第 2 节雄性单一褐色，雌性黄褐色，端部褐色，线状，长是头宽的 1.79-1.81 倍；第 3、4 节细。唇基黑褐色，喙黄白色，末端褐色，伸达中足基节后缘。

前胸背板黑褐色，光亮，中纵线胝后有 1 黄色小斑，有时延伸成线，被同色细密刻点，盘域稍隆起，侧缘稍内凹，后缘稍外凸。胝光亮、左右相连，稍突出，黄褐色至黑褐色。领黄褐色，宽，光亮；小盾片光亮，无刻点，黄白色，稍隆起，基部黑褐色，沿中纵线延伸，或无此斑。

半鞘翅革质部褐色，光亮，革片和缘片中部有 1 浅色大斑；浅色个体爪片缝、爪片接合缝、爪片端角、革片最基部和端部、楔片端部内侧明显深色；刻点较前胸背板的粗大且稀疏，缘片无刻点，楔片几无刻点。膜片灰褐色，有不规则透明大斑；翅脉褐色。

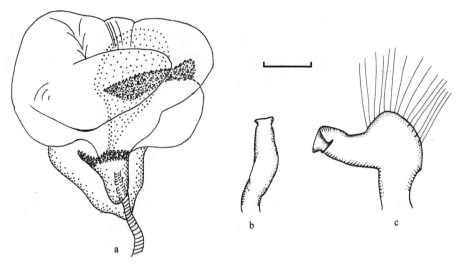

图 143　光盾齿爪盲蝽，新种 Deraeocoris (Deraeocoris) calvifactus Liu et Xu, sp. nov.
a. 阳茎端 (vesica)；b. 右阳基侧突 (right paramere)；c. 左阳基侧突 (left paramere)；比例尺：0.1mm

足黄白色，腿节端部有 2 个黑褐色环；胫节最基部、亚基部、近中部各有 1 黑褐色环，端部色深；跗节黄褐色，末端及爪色深。

腹面褐色，被浅色半直立短毛。臭腺沟缘黄白色。

雄虫左阳基侧突感觉叶圆钝突出，其上被浅色长毛，钩状突宽，弯曲，末端足状；右阳基侧突小，感觉叶不明显，钩状突末端尖锐。阳茎端具膜囊，膜囊间有 1 枚中度骨化的附器。

量度 (mm)：体长 3.90-4.79；宽 1.56-1.80；头宽 0.86-0.88；眼间距 0.30-0.39；触角各节长 I : II : III : IV=0.39-0.43:1.50-1.59:0.61-0.64:0.42-0.43；前胸背板长 0.93-1.07；宽 1.51-1.64；楔片长 0.50-0.64；爪片接合缝长 0.62-0.71。

种名词源：种名意指小盾片光滑无刻点。

模式标本：正模♂，云南大理大波箐，1996.VI.17，郑乐怡采；副模：10♂15♀，同正模；1♂1♀，云南绿春，1996.VI.30，卜文俊采。

分布：云南。

讨论：本种与圆斑齿爪盲蝽 D. (D.) ainoicus Kerzhner 相似，但是本种体长不足 5mm，黑褐色；头黄褐色；领宽而光亮；小盾片光滑无刻点。

(172) 弓盾齿爪盲蝽 *Deraeocoris* (*Deraeocoris*) *conspicuus* Ma *et* Liu, 2002 (图 144；图版 XIV：209)

Deraeocoris conspicuus Ma *et* Liu, 2002: 511; Schuh, 2002-2014.

体椭圆形，黑褐色至黑色，光亮，无毛，具同色细小刻点。

头黑色，光亮，眼间距是眼宽的 1.44 倍，后缘具横脊。复眼黑褐色。触角黑褐色，被浅色半直立短毛，第 1 节圆筒状，长是眼间距的 0.89 倍；第 2 节线状，长是头宽的 1.50 倍；第 3、4 节细，浅褐色。唇基黑色，喙黄褐色，端部红褐色，伸达中足基节前缘。

前胸背板黑褐色，光亮，具同色细小刻点；侧缘及后缘较直。领黑褐色，晦暗，密被浅色粉状绒毛。胝黑色，光亮，左右相连，稍突出。小盾片黑色，光亮，无刻点，端部 1/3 处明显隆起。

半鞘翅革质部黑褐色，具同色细小刻点，缘片、革片端部、楔片几无刻点。

腿节红褐色，末端浅黄褐色；后足胫节红褐色，亚基部和亚端部各具 1 浅黄色环；跗节黄色，末端黑褐色，爪黑褐色。

腹部腹面黑褐色，密被浅色半直立短毛。臭腺沟缘褐色，后缘污黄褐色。

雄虫左阳基侧突感觉叶角状突出，其上具短毛，钩状突向一侧弯曲，末端足状；右阳基侧突钩状突略弯，端部钝。阳茎端具膜囊和 3 枚中度骨化的附器：2 枚尖状骨化附器从近次生生殖孔的开口附近伸出，另 1 骨化附器位于阳茎端一侧，末端弯曲。次生生殖孔开口不明显。

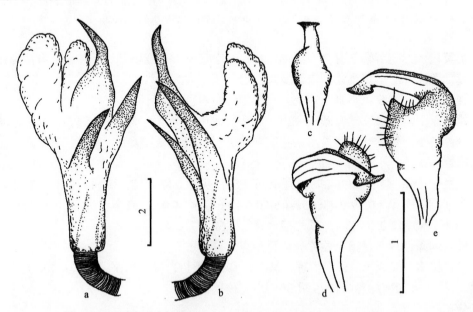

图 144 弓盾齿爪盲蝽 *Deraeocoris* (*Deraeocoris*) *conspicuus* Ma *et* Liu

a、b. 阳茎端不同方位 (vesica in different views)；c. 右阳基侧突 (right paramere)；d、e. 左阳基侧突不同方位 (left paramere in different views)；比例尺：1=0.2mm (c-e)，2=0.15mm (a、b)

量度 (mm)：体长 4.29-4.85，宽 2.07-2.50；头宽 0.86-0.88；眼间距 0.36-0.39；触角各节长Ⅰ:Ⅱ:Ⅲ:Ⅳ=0.32-0.35:1.29-1.51:0.43-0.56:0.36-0.52；前胸背板长 1.00，宽 1.71-1.87；楔片长 0.71；爪片接合缝长 0.83-0.86。

观察标本：1♂(正模)，广西兴安猫儿山，1000-1200m，1992.Ⅶ.23，郑乐怡采；1♀(副模)，同上。2♀，云南屏边，1500m，1996.Ⅴ.23，郑乐怡采；1♂，云南绿春，1900m，1996.Ⅴ.31，郑乐怡采；1♂，云南腾冲国家森林公园，1800m，2006.Ⅷ.6，郭华采；2♂，同上，石雪芹采；1♂，云南元江望乡台保护区，2020m，2006.Ⅶ.20，朱卫兵采。

分布：广西、云南。

讨论：本种与圆斑齿爪盲蝽 D. (D.) ainoicus Kerzhner 相似，体色黑褐色至黑色；触角第 1 节较短；明显弓起的黑色小盾片；后足胫节具 2 个浅色环。

(173) 铜黄齿爪盲蝽 *Deraeocoris (Deraeocoris) cupreus* Ma *et* Liu, 2002　(图 145；图版 XIV：210)

Deraeocoris cupreus Ma *et* Liu, 2002: 513; Schuh, 2002-2014.

体长椭圆形，古铜色，具褐色，体表光亮，具同色粗大刻点。

头古铜色，具褐色暗斑，平伸，稍下倾，光滑，头顶具褐色暗斑，宽是眼宽的 1.53-2.09 倍，后缘具横脊。复眼黑褐色。触角被浅色半直立短毛，第 1 节圆柱状，黄褐色，内侧染褐色，基部稍细，最基部有 1 褐色环；第 2 节线状，黄褐色，端部 1/5 褐色，长是头宽的 1.66-1.88 倍；第 3、4 节细，褐色，仅第 3 节基部黄褐色。唇基黄褐色，端部褐色；喙黄褐色，端部色深，伸达后足基节前缘。

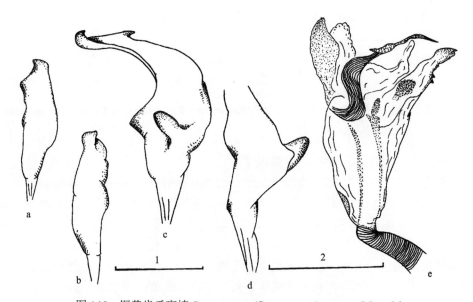

图 145　铜黄齿爪盲蝽 *Deraeocoris (Deraeocoris) cupreus* Ma *et* Liu

a、b. 右阳基侧突不同方位 (right paramere in different views)；c、d. 左阳基侧突不同方位 (left paramere in different views)；
e. 阳茎端 (vesica)；比例尺：1=0.2mm (a-d)，2=0.4mm (e)

前胸背板古铜色，具同色粗大刻点，光亮，侧缘直，被稀疏浅色半直立短毛，后缘弓形。领光亮，黄色。胝光滑，左右相连，稍突出。小盾片古铜色，稍隆起，光滑无刻点，中纵线色稍浅，线两侧各有1褐色大斑。

半鞘翅革质部古铜色，爪片端部、缘片端部及楔片端部具褐色斑，具同色刻点，缘片及楔片几无刻点。膜片灰褐色，翅脉褐色。

足黄褐色，腿节端部具2褐色环；胫节基部、中部、端部各有1褐色环；跗节端部及爪褐色。

腹部腹面红褐色，密被浅色半直立绒毛。臭腺沟缘黄白色。

雄虫左阳基侧突感觉叶双髻状突起，杆部渐加宽，外侧有1小突起，钩状突稍弯曲，末端平截；右阳基侧突钩状突近末端陡然变窄，末端鸟头状。阳茎端具膜囊及多个强烈扭曲的骨化附器。

量度 (mm)：体长 4.43-5.35，宽 1.96-2.31；头宽 0.82-0.90；眼间距 0.36-0.46；触角各节长 I : II :III:IV=0.43-0.52:1.36-1.64:0.64-0.73:0.59；前胸背板长 0.79-1.00，宽 1.71-1.90；楔片长 0.64-0.71；爪片接合缝长 0.83-0.93。

观察标本：1♂ (正模)，云南中甸虎跳峡，2450m，1996.VI.9，卜文俊采；2♂ (副模)，同上，郑乐怡采；5♂5♀ (副模)，云南昆明，1978.IX.12；2♂1♀ (副模)，云南武定狮子山，1986.VIII.7-10；1♂1♀ (副模)，云南丽江象山，1979.VIII.2，邹环光采；1♀ (副模)，云南丽江象山，1979.VIII.4，崔剑昕采；2♀ (副模)，云南昆明西山，1983.VII.22，邹环光采；1♀，云南南涧，1500m，2001.VII.2；1♂，云南保山百花岭，1600m，2002.IX.20，薛怀君采；1♂，贵州黄果树，1983.VII.8，任树芝采；1♂1♀，贵州道真大沙河保护区仙女洞，1600m，2004.V.29，朱卫兵采；1♂，贵州麻阳河自然保护区，700m，2007.VI.8，许静杨灯诱；1♂，贵州麻阳河沙坪村万家，2007.X.5，朱耿平采。

分布：贵州、云南。

讨论：本种与平背齿爪盲蝽 D. (D.) planus Xu et Ma 相似，但本种体古铜色，小盾片具2褐色斑，足黄褐色，腿节端部具2褐色环，胫节基部、中部、端部各有1褐色环。

(174) 道真齿爪盲蝽，新种 *Deraeocoris (Deraeocoris) daozhenensis* Liu *et* Xu, sp. nov.
(图 146；图版 XIV：211)

体长椭圆形，黑褐色，光亮，具黑褐色刻点。

头黑褐色，稍下倾；眼间距约等于眼宽，后缘具横脊。复眼褐色。触角被浅色半直立短毛，黑褐色，第1节圆筒状，基部稍细，长是眼间距的1.23倍；第2节线状，中部有1黄褐色宽环，长是头宽的1.67倍；第3、4节细，仅第3节最基部黄褐色。唇基明显突出，黑褐色，喙黄褐色，末端色深，伸达中足基节前缘。

前胸背板黑褐色，光亮，被稀疏的黑褐色粗大刻点，盘域稍隆起，侧缘较直，后缘稍内凹。领较宽，黑褐色，密被粉状绒毛。胝黑褐色，光滑，左右相连，突出。小盾片黑褐色，光滑无刻点，稍隆起，中纵线褐色。

半鞘翅革质部黑褐色，具黑褐色粗大刻点；楔片端半部红褐色。膜片褐色，翅脉后有1浅色透明波状带；翅脉褐色。

腿节黄褐色，前足、中足端部有 2 个黑褐色窄环，后足近中部有 1 黑褐色宽环，亚端部有 1 褐色窄环；各足胫节黄褐色，基部、亚基部、近中部和末端各有 1 黑褐色环；跗节端部和爪色深。

腹面黑褐色，密被浅色半直立短毛。臭腺沟缘黑褐色，后缘黄色。

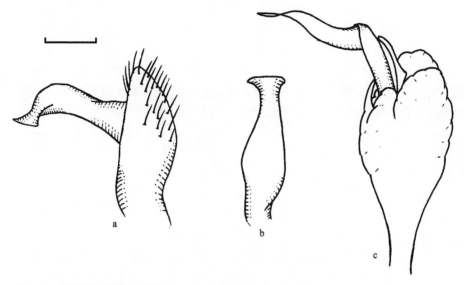

图 146　道真齿爪盲蝽，新种 *Deraeocoris* (*Deraeocoris*) *daozhenensis* Liu *et* Xu, sp. nov.
a. 阳茎端 (vesica)；b. 右阳基侧突 (right paramere)；c. 左阳基侧突 (left paramere)；比例尺：0.1mm

雄虫左阳基侧突感觉叶突起，密被短毛，钩状突稍弯曲，末端足状；右阳基侧突相对较小，感觉叶不明显突出，钩状突末端宽阔。阳茎端具膜囊，膜囊中央包裹 3 枚骨化附器：2 枚短骨刺和中间 1 枚长骨板，骨板窄，扭曲。

量度 (mm)：体长 5.75，宽 2.29；头宽 1.04；眼间距 0.34；触角各节长 I : II : III : IV = 0.42 : 1.69 : 0.65 : 0.57；前胸背板长 1.25，宽 1.90；楔片长 0.96；爪片接合缝长 0.86。

种名词源：以本种采集地贵州道真命名。

模式标本：正模♂，贵州道真石仁，1000m，2004.V.28，朱卫兵采。

分布：贵州。

讨论：本种与弓盾齿爪盲蝽 *D.* (*D.*) *conspicuus* Ma *et* Liu 相似，但前者体单一黑褐色，膜片翅脉后有 1 浅色透明波状带，雄虫右阳基侧突相对较小，感觉叶不明显突出，钩状突末端宽阔；阳茎端膜囊中央包裹 3 枚骨化附器：2 枚短骨刺和中间 1 枚长骨板，骨板窄，扭曲，以上特征可与弓盾齿爪盲蝽相区分。

(175) 滇西齿爪盲蝽，新种 *Deraeocoris* (*Deraeocoris*) *dianxiensis* Liu *et* Xu, sp. nov.　（图 147；图版XIV：212）

体长椭圆形，褐色至黑褐色，光亮，具浅黄褐色不规则碎斑及黑褐色刻点。

头黄褐色，稍下倾；头顶具 2 列模糊褐色横斑，眼间距是眼宽的 1.83-2.00 倍，后缘具黑褐色横脊。复眼褐色。触角被浅色半直立短毛，第 1 节圆筒状，基部稍细，黑褐色，长是眼间距的 0.74-0.88 倍；第 2 节线状，黑褐色，中部有 1 黄褐色宽环，长是头宽的 1.68-1.74 倍；第 3、4 节细，黑褐色，仅第 3 节最基部黄褐色。唇基明显突出，黄褐色，喙黄褐色，末端色深，伸达中足基节前缘。

前胸背板褐色，中纵线黄白色，被稀疏的黑褐色粗大刻点，盘域稍隆起，侧缘较直，后缘稍内凹。领较宽，黑褐色，密被粉状绒毛；胝黄褐色，光滑，左右相连，突出。小盾片黄白色，光滑无刻点，稍隆起，中纵线褐色。

半鞘翅革质部浅褐色，有浅色不规则碎斑，具黑褐色粗大刻点；楔片端半部褐色，基半部浅色，靠近楔片内侧缘中部和外基角接近楔片缝处各有 1 胝状黄白色小斑。膜片褐色，翅脉后有 1 浅色透明横带；翅脉褐色。

腿节黑褐色，末端有 1 黄褐色窄环；胫节黄褐色，亚基部、近中部和端部各有 1 黑褐色环；跗节端部和爪色深。

腹面黑褐色，密被浅色半直立短毛。臭腺沟缘黑褐色。

雄虫左阳基侧突感觉叶突出，上被浅色长毛，钩状突中部明显膨大，末端翘起；右阳基侧突小，感觉叶不明显，钩状突末端平截。阳茎端具膜囊及 3 枚骨化附器：中央膜叶端部为 1 扭曲大骨片，末端旗状；两侧膜叶端部各有 1 骨化小角。

量度 (mm)：体长 4.75-5.00，宽 2.34-2.50；头宽 0.88-0.90；眼间距 0.43-0.44；触角各节长 I : II : III : IV=0.33-0.38 : 1.48-1.56 : 0.57 : 0.52-0.57；前胸背板长 0.99-1.09，宽 1.90-2.03；楔片长 0.78-0.91；爪片接合缝长 0.83-0.86。

种名词源：以标本采集地滇西地名命名。

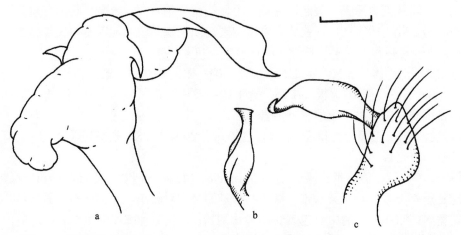

图 147　滇西齿爪盲蝽，新种 *Deraeocoris* (*Deraeocoris*) *dianxiensis* Liu *et* Xu, sp. nov.
a. 阳茎端 (vesica)；b. 右阳基侧突 (right paramere)；c. 左阳基侧突 (left paramere)；比例尺：0.1mm

模式标本：正模♂，云南腾冲整顶保护站，1900-2000m，2006.VIII.11，郭华采；副模：1♀，同正模，2006.VIII.15；2♀，云南龙陵，1470m，2002.X.11，薛怀君采；1♀，云南隆阳百花岭，1600-1800m，2006.VIII.15，朱卫兵采。

分布：云南。

讨论：本种与弓盾齿爪盲蝽 *D. (D.) conspicuus* Ma *et* Liu 相似，但后者眼间距是眼宽的 1.44 倍，触角第 2 节长是头宽的 1.50 倍，而新种眼间距是眼宽的 1.83-2.00 倍，触角第 2 节长是头宽的 1.68-1.74 倍。雄虫左阳基侧突钩状突末端上翘，右阳基侧突钩状突较直，末端平截，亦可与弓盾齿爪盲蝽相区分。

(176) 黄头齿爪盲蝽 *Deraeocoris (Deraeocoris) flaviceps* Ma *et* Liu, 2002　（图 148；图版 XIV：213）

Deraeocoris flaviceps Ma *et* Liu, 2002: 514; Schuh, 2002-2014.

体长椭圆形，橙色，爪片色深。前胸背板及半鞘翅革质部具刻点。

头顶橙黄色，光亮，眼间距是眼宽的 1.36 倍，后缘具同色横脊。复眼红褐色。触角被浅色半直立短毛，第 1 节圆柱形，长是眼间距的 1.24 倍，红褐色，基部稍细；第 2 节红褐色，线状，基部稍细，色浅，长是头宽的 1.47 倍；第 3 节细，黄色，顶端有 1 褐色环；第 4 节红褐色，基部色稍浅。喙橙黄色，伸达后足基节中部。

前胸背板橙黄色，密布同色细小刻点。胝橙黄色，光亮，左右相连。领窄，橙黄色。小盾片橙黄色，光滑无刻点，弓起。

半鞘翅革质部红褐色，具黑色粗大刻点，革片内缘、革片和缘片结合处以及缘片和楔片的端部色深；缘片无刻点；革片端部以及楔片刻点细小稀疏。膜片黄褐色，翅脉红褐色。

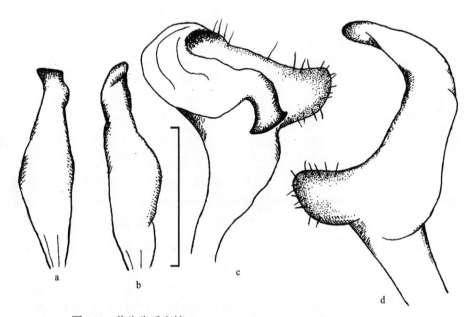

图 148　黄头齿爪盲蝽 *Deraeocoris (Deraeocoris) flaviceps* Ma *et* Liu

a、b. 右阳基侧突不同方位 (right paramere in different views)；c、d. 左阳基侧突不同方位 (left paramere in different views)；

比例尺：0.3mm

腿节橙黄色，端部红褐色；胫节浅橙红色，密布浅色半直立短毛，亚基部和亚端部各具 1 浅色环；跗节橙黄色；爪红黑色。

腹部腹面红褐色，被浅色半直立短毛。臭腺沟缘浅灰褐色，微染红褐色。

雄虫左阳基侧突感觉叶发达，具近圆形突起，其上被零星短毛，钩状突强烈弯曲，近末端 1/4 处急剧变细，端部宽阔；右阳基侧突感觉叶突起不明显，从近中部缓慢变细，末端鸟头状。

量度 (mm)：体长 5.80，宽 2.40；头宽 1.09；眼间距 0.44；触角各节长 I : II : III : IV = 0.55 : 1.61 : 0.62 : 0.46；前胸背板长 1.21，宽 2.05；楔片长 0.86；爪片接合缝长 1.07。

观察标本：1♂ (正模)，海南吊罗山，1964.III.26，刘胜利采。

分布：海南。

讨论：本种与拟克氏齿爪盲蝽 D. (D.) pseudokerzhneri Ma et Zheng 体色较为相近，但是本种小盾片光滑而弓起。

(177) 福建齿爪盲蝽 *Deraeocoris* (*Deraeocoris*) *fujianensis* Ma *et* Zheng, 1998　　(图 149；图版 XIV : 214)

Deraeocoris fujianensis Ma *et* Zheng, 1998: 36; Kerzhner *et* Josifov, 1999: 40; Schuh, 2002-2014.

体长椭圆形，浅黄褐色，光亮，密被红褐色刻点。

头黄褐色，稍下倾，光亮，无色斑，眼间距是眼宽的 1.00-1.33 倍，后缘具横脊。复眼褐色。触角被浅色半直立短毛，第 1 节圆柱形，黄色，基部稍细，具 1 褐色窄环，长是眼间距的 1.80-2.00 倍；第 2 节线状，黄色，长是眼间距的 1.90-2.10 倍；第 3 节细，黄褐色；第 4 节细，黄褐色，端部 1/4 褐色。唇基褐色；喙黄褐色，端部色深，伸达中足基节。

前胸背板浅黄褐色，密被红褐色刻点，盘域稍隆起；侧缘较直，后缘弓形。领窄，黄褐色，光亮。胝黄褐色，光滑，左右相连，稍突出。小盾片浅黄褐色，光滑，无被毛或刻点，中纵线色深，有时扩散到基部。

半鞘翅革质部浅黄褐色，密被红褐色刻点，向端部稍细小；缘片几无刻点，楔片刻点细小。膜片灰褐色，小翅室后具 1 浅色半圆形斑；翅脉红褐色。

足黄色，腿节端部具 2 个褐色环；胫节外侧缘具 1 红褐色斑；跗节端部及爪褐色。

腹部腹面浅红褐色，密被浅色半直立绒毛。臭腺沟缘黄白色。

雄虫左阳基侧突感觉叶三角形突出，其上被浅色短毛，钩状突向一侧稍弯曲，末端钩状；右阳基侧突 "S" 形，感觉叶不明显，钩状突细，末端圆钝。阳茎端具膜囊及 4 枚骨化附器，其中端骨针角状，末端尖锐，小针突稍弯，细而尖锐。

量度 (mm)：体长 6.00-7.40，宽 2.90-3.20；头宽 1.04-1.11；眼间距 0.39-0.46；触角各节长 I : II : III : IV = 0.78-0.83 : 1.95-2.21 : 0.81-0.88 : 0.78-0.86；前胸背板长 1.43，宽 2.24-2.55；楔片长 1.14；爪片接合缝长 1.20-1.27。

观察标本：1♂ (正模)，福建崇安三港，1982.VIII.3，任树芝采；1♂1♀ (副模)，福建崇安三港，1982.VIII.5，邹环光采；1♀ (副模)，福建武夷山九曲，1982.VII.26，任树芝采；

1♀(副模)，福建崇安三港，1982.Ⅷ.2，陈萍萍采；1♀，福建崇安三港，1982.Ⅷ.5，邹环光采。

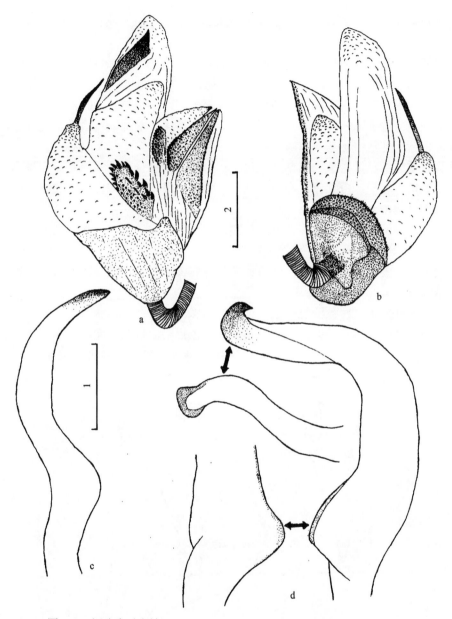

图 149　福建齿爪盲蝽 Deraeocoris (Deraeocoris) fujianensis Ma et Zheng

a、b. 阳茎端不同方位 (vesica in different views)；c. 右阳基侧突 (right paramere)；d. 左阳基侧突 (left paramere)；

比例尺：1=0.15mm (c、d)，2=0.3mm (a、b)

分布：福建。

讨论：本种与克氏齿爪盲蝽 D. (D.) kerzhneri Josifov 相似，但本种体色浅，头顶约等于眼宽，腿节端部具 2 个褐色环，胫节外缘具红褐色斑。

(178) 贵州齿爪盲蝽 Deraeocoris (Deraeocoris) guizhouensis Ma et Zheng, 1997 （图150；
图版XIV：215)

Deraeocoris guizhouensis Ma *et* Zheng, 1997b: 2; Kerzhner *et* Josifov, 1999: 40; Schuh, 2002-2014.

体橙红色，光亮，无被毛，密被同色刻点。

头橙红色，光亮，平伸，稍下倾；眼间距是眼宽的 1.24-1.49 倍，后缘具横脊。触角橙黄色被浅色半直立短毛，第 1 节圆柱形，基部稍细，长是眼间距的 1.80-1.97 倍；第 2 节线状，长是头宽的 1.92-1.97 倍；第 3、4 节细，第 4 节端部褐色。唇基橙红色，喙黄色，端部色深，伸达中足基节前缘。

前胸背板橙红色，密被同色刻点，盘域稍隆起，侧缘直，具稀疏半直立短毛，后缘弓形，稍突出。领窄，橙红色，光滑。胝橙红色，光滑，左右相连，稍突出。小盾片橙红色，端部色浅，光亮，无刻点。

半鞘翅革质部橙红色，具同色刻点，刻点向端部渐浅，缘片及楔片几无刻点。膜片烟褐色，外侧缘色浅，翅脉红色。

足黄褐色，腿节端半部红色；胫节最基部外侧缘有 1 红色斑点；跗节黄褐色，端部色深；爪红褐色。

腹部腹面红褐色，密被浅色半直立绒毛。臭腺沟缘黄白色。

雄虫左阳基侧突感觉叶突起显著，其上被浅色短毛，钩状突宽，末端弯曲；右阳基侧突短，近 "S" 形弯曲，感觉叶不明显，钩状突末端平截。阳茎端具膜囊及 5 枚骨化附器，其中小针突细而直，端骨针牛角状。

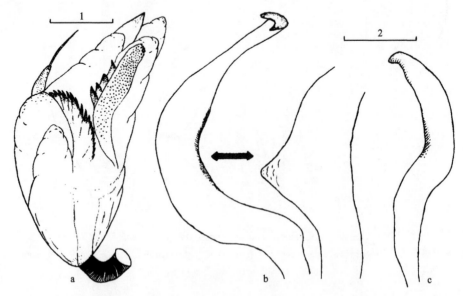

图 150　贵州齿爪盲蝽 *Deraeocoris* (*Deraeocoris*) *guizhouensis* Ma *et* Zheng
a. 阳茎端 (vesica); b. 左阳基侧突 (left paramere); c. 右阳基侧突 (right paramere);
比例尺: 1=0.4mm (a), 2=0.3mm (b、c)

量度 (mm)：体长 5.43-6.06，宽 2.39-2.57；头宽 0.88-1.00；眼间距 0.36-0.39；触角各节长Ⅰ:Ⅱ:Ⅲ:Ⅳ=0.68-0.79:1.74-1.85:0.77-0.86:0.59-0.68；前胸背板长 1.29，宽 1.95-2.21；楔片长 0.71-0.82；爪片接合缝长 1.04-1.09。

观察标本：1♂(正模)，贵州贵阳，1983.Ⅶ.20，邹环光采；3♂2♀(副模)，贵州贵阳，1983.Ⅶ.20，邹环光采。1♀，广西龙胜粗江，1964.Ⅷ.22，王良臣采；1♀，广西龙胜天平山，1964.Ⅷ.26，王良臣采；1♀，广西龙胜天平山至白崖沿途，1964.Ⅷ.27，王良臣采；1♀，广西龙胜天平山至白崖沿途，1964.Ⅷ.30，王良臣采；1♀，广西桂林，1964.Ⅸ.9，王良臣采；2♀，广西兴安猫儿山，600-800m，1992.Ⅷ.24，郑乐怡采；1♀，广西兴安猫儿山，800-1000m，1992.Ⅷ.24，郑乐怡采。

分布：广西、贵州。

讨论：本种与木本齿爪盲蝽 *D. (D.) kimotoi* Miyamoto 相似，但前者体橙红色；触角除第 4 节端部外单一橙黄色；足单一黄褐色，仅腿节端部及胫节最基部外缘有红色斑。

(179) 南齿爪盲蝽 *Deraeocoris* (*Deraeocoris*) *horvathi* Poppius, 1915

Deraeocoris horvathi Poppius, 1915b: 78; Hsiao, 1942: 252; Carvalho, 1957: 67; Schuh, 1995: 610; Schuh, 2002-2014.

Deraeocoris (*Deraeocoris*) *horvathi*: Kerzhneri *et* Josifov, 1999: 40.

体光滑，无毛。

头部黄色，明显前伸，眼间距不足复眼的 2 倍。复眼大，不突出。喙不伸达中足基节。触角第 1 节明显短于头宽；第 2 节不长大于第 1 节的 3 倍，近基部有 1 褐色环；第 3、4 节长之和短于第 2 节长度的 1/3，第 3 节稍长于第 4 节。

前胸背板黑褐色，侧缘和基部褐色，基部宽是前缘宽的 3 倍，盘域稍隆起，具稀疏刻点。领晦暗、黑褐色，侧缘和基部褐色，胝红褐色，平，左右相连，无刻点。小盾片黑褐色，具 1 浅色中纵线，侧缘和顶角黄色，无刻点。

半鞘翅革质部褐色，具刻点，爪片端部、革片基部和中部以及楔片端部褐色至黑褐色。膜片玻璃状透明，翅室黑褐色。

足黄褐色，腿节中后部有 1 环，胫节近基部、近中部各有 1 环，跗节端部黑褐色。

腹面黑色，臭腺沟缘褐色。

量度 (mm)：体长 4，宽 2。

分布：中国西南部；缅甸，越南。

本种未见标本。本种的中国记录首见于 Hsiao (1942)，分布地记述为"Yunan"。作者没有找到相应地名，猜测可能是云南。

(180) 海岛齿爪盲蝽 *Deraeocoris* (*Deraeocoris*) *insularis* Ma *et* Liu, 2002　(图 151；图版 XIV：216)

Deraeocoris insularis Ma *et* Liu, 2002: 515; Schuh, 2002-2014.

体长椭圆形，红褐色，微染黄色，体表光滑无毛，具红褐色刻点。

头红褐色，光滑，稍下倾。头顶红褐色，光亮，宽是眼宽的 1.03-4.56 倍，后缘具横脊。复眼红褐色至黑褐色。触角被浅色半直立短毛，第 1 节红褐色，圆筒形，基部稍细，长是眼间距的 1.64-2.00 倍；第 2 节黄褐色，端部 1/3 褐色，线状，长是头宽的 1.84-1.92 倍；第 3 节细，黄褐色，端部 1/4 褐色；第 4 节细，褐色，最基部黄褐色。唇基黄褐色，喙黄褐色，伸达后足基节间。

前胸背板红褐色，具红褐色均一刻点，盘域稍隆起，侧缘及后缘较直，后缘具黄色细边。领红褐色，光亮。胝红褐色，光亮，左右相连，稍突出。小盾片红褐色，无刻点，两侧缘及基角黄色；侧面观逐渐隆起，至端部 1/3 处逐渐下降。

半鞘翅革质部红褐色，具红褐色均一刻点。革片端部、缘片及楔片刻点稀疏；革片端部、缘片、楔片基色稍浅。膜片浅褐色，翅脉褐色。

足黄褐色，腿节端部红褐色；胫节外缘染红褐色纵纹，不达端部；跗节黄褐色，爪红褐色。

腹部腹面红褐色，密被浅色半直立短毛。臭腺沟缘黄白色。

雄虫左阳基侧突感觉叶不发达，稍突出，被稀疏短毛，钩状突稍弯曲，末端钩状；右阳基侧突感觉叶不明显，钩状突短小，末端向一侧弯曲成钩状。阳茎端具膜囊和 4 枚骨化附器：右侧膜囊外缘具骨化线；另一膜囊位于阳茎端的中部，其上方具 1 近圆形的骨化附器；左侧骨化附器中度骨化，从次生生殖孔的附近伸出，内缘膜质；在阳茎端中部有 1 剑状中度骨化附器，扭曲。次生生殖孔被中度骨化的骨片包围。

量度 (mm)：体长 4.30-4.57，宽 2.21-2.29；头宽 0.89-0.96；眼间距 0.32-0.39；触角各节长 I : II :III:IV=0.64-0.65:1.64-1.82:0.71-0.79:0.65；前胸背板长 0.86-1.04，宽 1.82-1.93；楔片长 0.61-0.64；爪片接合缝长 0.88-1.00。

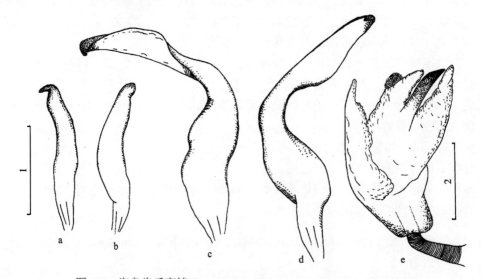

图 151　海岛齿爪盲蝽 *Deraeocoris* (*Deraeocoris*) *insularis* Ma *et* Liu

a、b. 右阳基侧突不同方位 (right paramere in different views)；c、d. 左阳基侧突不同方位 (left paramere in different views)；

e. 阳茎端 (vesica)；比例尺：1=0.2mm (a-d)，2=0.3mm (e)

观察标本：1♂ (正模)，海南尖峰岭天池，1985.Ⅴ.18，郑乐怡采；1♂ (副模)，海南尖峰岭，1980.Ⅳ.13，邹环光采；1♂，海南尖峰岭，1980.Ⅳ.11，邹环光采；1♂，同上；1♂，同上，1985.Ⅳ.19，郑乐怡采。

分布：海南。

讨论：本种与翘盾齿爪盲蝽 *D. (D.) plebejus* Poppius 相近，但后者复眼大，胫节外缘具贯穿该节的红褐色纵纹；本种复眼较小，胫节外缘红色纵纹不延伸到胫节末端。

(181) 克氏齿爪盲蝽 *Deraeocoris (Deraeocoris) kerzhneri* Josifov, 1983 (图152；图版XIV：217)

Deraeocoris pallidus Horváth, 1905: 420. Junior secondary homonym of *Camptobrochis pallidus* Reuter, 1890.

Deraeocoris (Deraeocoris) kerzhneri Josifov, 1983: 77. New name for *Deraeocoris pallidus* Horváth, 1905; Qi *et* Nonnaizab, 1993: 291; Qi *et al.*, 1994: 58; Nakatani, 1995: 403; Kerzhner *et* Josifov, 1999: 40.

Deraeocoris kerzhneri: Schuh, 1995: 611; Zheng, 1995: 459; Qi *et* Nonnaizab, 1996: 50; Schuh, 2002-2014.

体椭圆形，黄褐色，光亮，无毛，具同色刻点。

头黄褐色，光滑无毛，略平伸；头顶黄褐色，宽是复眼宽的1.59-2.00倍，后缘具同色窄横脊。复眼红褐色。触角被浅色半直立短毛，第1节圆筒状，红褐色，基部略细，有黑褐色窄环，长是眼间距的1.38-1.59倍；第2节线状，黄褐色，长是头宽的1.81-2.00倍；第3、4节细，线状，黄褐色，端部红褐色。唇基黄褐色，侧缘染红色，喙黄褐色，顶端红褐色，伸达中足基节中间。

前胸背板黄褐色，光亮，具粗大刻点，侧缘直，后缘弧形稍突出。领浅黄褐色，窄。胝黄褐色，光亮，左右稍相连，几不突出；两胝间有2个明显的深刻点。小盾片光滑无刻点，稍隆起，黄褐色，中纵线红褐色，有时伸达基部。

半鞘翅黄褐色，光亮，具粗大刻点，无被毛；缘片、楔片黄褐色，无刻点。膜片烟褐色，翅脉红褐色。

足黄褐色，被浅色半直立短毛；后足腿节端部红褐色。

腹部红褐色，密被浅色半直立绒毛。臭腺沟缘黄白色。

雄虫左阳基侧突感觉叶明显三角形突出，其上被稀疏浅色短毛，钩状突弯曲上举，末端具1弯钩；右阳基侧突钩状突末端略弯。阳茎端具膜囊及5枚骨化附器，其中端骨针宽钝，角状突出；小针突直而细，末端尖锐。

量度 (mm)：体长6.35-6.79，宽3.25-3.36；头宽1.00-1.14；眼间距0.50-0.55；触角各节长Ⅰ:Ⅱ:Ⅲ:Ⅳ=0.75-0.79:2.00-2.08:0.78-0.81:0.65-0.71；前胸背板长1.43，宽2.50-2.70；楔片长0.93；爪片接合缝长1.14-1.20。

观察标本：2♀，黑龙江宁安镜泊湖，2003.Ⅷ.9，田颖采；1♀，黑龙江宁安镜泊湖鹿苑岛，2003.Ⅷ.14，于昕采。2♂，宁夏中卫县林场，1981.Ⅶ.3；3♂4♀，宁夏银川芦花台，

1987.Ⅷ.28；1♂，宁夏盐池沙生植物园，1992.Ⅶ.24。

分布：黑龙江、内蒙古、宁夏；俄罗斯 (西伯利亚)，蒙古，日本。

讨论：本种与福建齿爪盲蝽 *D. (D.) fujianensis* Ma *et* Zheng 相似，但是本种体中到大型，椭圆形，黄褐色，刻点粗大；小盾片光滑；足黄褐色，仅后足腿节端部红褐色。

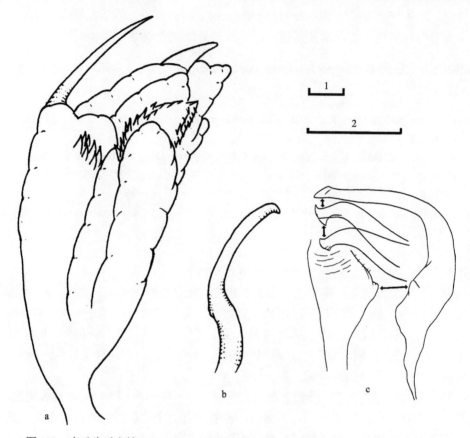

图 152 克氏齿爪盲蝽 *Deraeocoris (Deraeocoris) kerzhneri* Josifov (c 仿 Josifov, 1983)
a. 阳茎端 (vesica)；b. 右阳基侧突 (right paramere)；c. 左阳基侧突 (left paramere)；比例尺：1=0.1mm (a、b)，2=0.3mm (c)

(182) 木本齿爪盲蝽 *Deraeocoris (Deraeocoris) kimotoi* Miyamoto, 1965 (图 153；图版 XIV: 218)

Deraeocoris kimotoi Miyamoto, 1965b: 152; Nakatani, 1995: 401; Schuh, 1995: 611; Kerzhner *et* Josifov, 1999: 40; Schuh, 2002-2014.

Deraeocoris (Deraeocoris) kimotoi: Liu *et al*., 2011: 7.

体橙色，光亮，无被毛，密被同色均一刻点。

头橙色，光亮，平伸；眼间距是眼宽的 1.03-1.08 倍，后缘具横脊。复眼红褐色。触角被浅色半直立短毛，第 1 节圆柱状，黄褐色，最基部稍细有 1 褐色窄环，长是眼间距的 1.90-2.00 倍；第 2 节线状，黄褐色，长是头宽的 1.59-1.63 倍；第 3、4 节细，黄褐色，仅第 4 节最端部褐色。唇基黄褐色，喙黄褐色，端部色深，伸达中足基节后缘。

前胸背板橙色，密被同色刻点，光亮；前侧角稍突出，侧缘及后缘较直。领橙色，光亮。胝橙色，光滑，左右相连，稍突出。小盾片橙色，两侧缘有黄色窄斑，光滑，无刻点，稍突出。

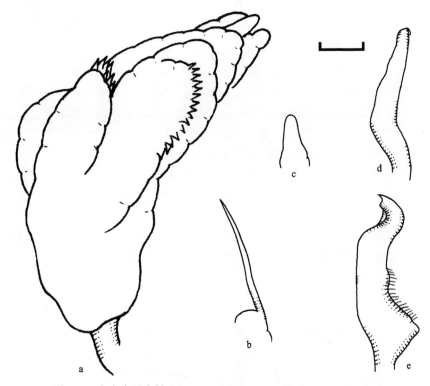

图 153　木本齿爪盲蝽 *Deraeocoris (Deraeocoris) kimotoi* Miyamoto

a. 阳茎端 (vesica)；b. 小针突 (spicule)；c. 端骨针 (apical sclerite)；d. 右阳基侧突 (right paramere)；e. 左阳基侧突 (left paramere)；比例尺：0.1mm

半鞘翅革质部橙色，密被同色刻点；缘片染红色，几无刻点；楔片几无刻点。膜片橙黄色，翅脉红色。

足黄褐色，腿节端部有 2 红色环；胫节内侧缘有 1 红色纵斑，不伸达末端；跗节端部及爪红褐色。

腹部腹面橙红色，密被浅色半直立绒毛。臭腺沟缘黄白色。

雄虫左阳基侧突感觉叶三角形突起，钩状突稍弯曲，末端平截；右阳基侧突感觉叶不明显，钩状突末端平截。阳茎端具膜囊及 4 枚骨化附器：端骨针短，钝圆；小针突直。

量度 (mm)：体长 4.90-5.20，宽 2.42-2.52；头宽 0.88-0.91；眼间距 0.31；触角各节长 I : II : III : IV=0.59-0.62 : 1.40-1.48 : 0.61-0.65 : 0.59；前胸背板长 1.07，宽 1.90-2.08；楔片长 0.65-0.73；爪片接合缝长 0.86-0.88。

观察标本：3♂，浙江天目山禅源寺，350m，1999.VIII.20，谢强灯诱。

分布：浙江；日本。

讨论：本种与贵州齿爪盲蝽 *D. (D.) guizhouensis* Ma *et* Liu 相似，但是本种膜片单一橙黄色，无黑色纹。

(183) 多斑齿爪盲蝽，新种 *Deraeocoris (Deraeocoris) maculosus* Liu *et* Xu, sp. nov.
（图 154；图版 XIV: 219）

体小，椭圆形，黄褐色，具红褐色均一刻点。

头黄褐色，平伸，稍下倾。头顶黄褐色，具不明显 "><" 形暗斑，宽是眼宽的 0.92 倍，后缘具横脊。复眼黑褐色。触角被浅色半直立短毛，第 1 节圆筒形，黄褐色，基部稍细，色深，长是眼间距的 1.45-1.68 倍；第 2 节线状，黄褐色，端部褐色，长是头宽的 1.49-1.77 倍；第 3 节细，黄褐色，端部 2/3 褐色；第 4 节细，褐色，约于第 1 节等长。唇基黄褐色，喙黄褐色，端部色深，伸达中足基节前缘。

前胸背板黄褐色，具红褐色均一刻点，盘域稍隆起，侧缘及后缘较直。领黄褐色，光亮。胝浅红褐色，光亮，左右不相连，稍突出。小盾片黄褐色，具 "八" 形红褐色斑，较平，无刻点。

半鞘翅革质部黄褐色，爪片接合缝端部、革片中部及端部、楔片端部具褐色斑，具红褐色刻点，革片端部、缘片、楔片几无刻点。膜片灰褐色，翅脉褐色。

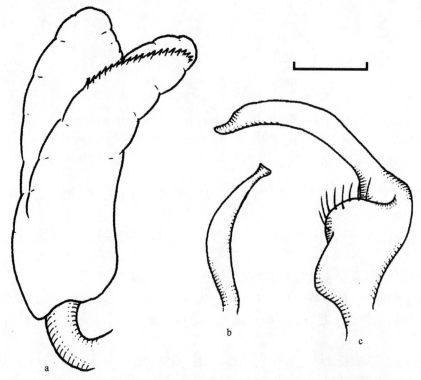

图 154　多斑齿爪盲蝽，新种 *Deraeocoris (Deraeocoris) maculosus* Liu *et* Xu, sp. nov.
a. 阳茎端 (vesica)；b. 右阳基侧突 (right paramere)；c. 左阳基侧突 (left paramere)；比例尺：0.1mm

足黄褐色，腿节端部红褐色，胫节外缘有红褐色竖带，不伸达胫节末端。跗节黄褐色，爪红褐色。

腹部腹面黄褐色，微染红色，密被浅色半直立绒毛。臭腺沟缘黄白色。

雄虫左阳基侧突感觉叶近方形，突出，其上被稀疏浅色短毛，钩状突弯曲，端半部稍加宽；右阳基侧突细长，感觉叶不明显。阳茎端具膜囊及 1 枚骨化板，骨化板上具单行小齿。

量度 (mm)：体长 4.10-4.50，宽 1.66-1.87；头宽 0.83-0.91；眼间距 0.29-0.39；触角各节长 Ⅰ：Ⅱ：Ⅲ：Ⅳ＝0.42-0.48：1.35-1.61：0.52-0.59：0.40-0.46；前胸背板长 0.65-0.78，宽 1.46-1.64；楔片长 0.44-0.65；爪片接合缝长 0.62-0.78。

种名词源：种名意指该种体背多斑。

模式标本：正模♂，海南海口，1980.Ⅲ.26，邹环光采；副模：1♀，同正模；2♂3♀，同上，任树芝采；15♂16♀，同上，1980.Ⅲ.27，邹环光采；2♂4♀，同上，任树芝采；3♂12♀，同上，1980.Ⅲ.29，任树芝采；1♂，海南吊罗山，1964.Ⅲ.26，刘胜利采；3♀，海南乐东，1964.Ⅳ.6，刘胜利采；4♂1♀，海南尖峰岭，1980.Ⅳ.7，邹环光采。1♂1♀，云南景洪，1979.Ⅴ.9，郑乐怡采；1♂，同上，刘国卿采。

观察标本：4♂1♀，海南尖峰岭，1980.Ⅳ.8-9，邹环光采；8♂4♀，同上，1980.Ⅳ.18；2♂2♀，同上，1980.Ⅳ.10-18，任树芝采。

分布：海南、云南。

讨论：本种与铜黄齿爪盲蝽 *D. (D.) cupreus* Ma *et* Liu 相似，但是本种体小型，黄褐色，小盾片光滑，具"八"形红褐色斑。

(184) 大眼齿爪盲蝽 *Deraeocoris (Deraeocoris) magnioculatus* Liu, 2005　(图 155；图版 ⅩⅣ：220)

Deraeocoris magnioculatus Liu, 2005: 770. New name for *Deraeocoris oculatus* Ma *et* Liu, 2002 by Liu, 2005: 770.

Deraeocoris oculatus Ma *et* Liu, 2002: 519. Junior primary homonym of *Deraeocoris oculatus* Reuter, 1904.

体椭圆形，黄褐色，光滑无毛，具均一褐色刻点。

头黄褐色，平伸，光滑，眼间距是眼宽的 0.69-1.00 倍，后缘具横脊。复眼大，红褐色。触角被浅色半直立毛，第 1 节圆筒状，基部稍细，黄褐色，末端有 1 褐色环，长是眼间距的 1.69-1.90 倍；第 2 节线状，黄褐色，端部 1/4 褐色，长是头宽的 1.62-1.64 倍；第 3、4 节细，约等长，黄褐色，端部褐色。唇基黄褐色，喙黄褐色，伸达中足基节中间。

前胸背板平，黄褐色，密被均一褐色刻点；中纵线模糊，黄色；侧缘直，后缘弧形外突。领窄，黄褐色，光亮，后缘黑色。胝黄褐色，光亮，左右相连，不突出。胝后各有 1 模糊的褐色大斑。小盾片黄褐色，密被均一褐色刻点，侧缘及中纵线黄色。

半鞘翅黄褐色，被褐色斑，密被均一褐色刻点；爪片脉黄色，胝状，不突出；革片端部色深，革片脉及中裂胝状，黄色；楔片刻点稍细，端半部几无刻点。膜片黄褐色，翅脉褐色。

　　足黄褐色，腿节端部具 2 个褐色环；胫节亚基部、近中部、末端各有 1 褐色环；跗节及爪黄褐色。

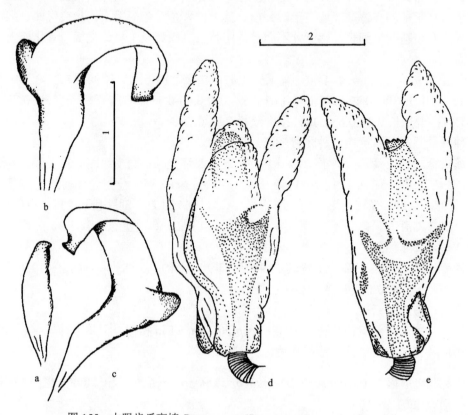

图 155　大眼齿爪盲蝽 *Deraeocoris (Deraeocoris) magnioculatus* Liu
a. 右阳基侧突 (right paramere)；b、c. 左阳基侧突不同方位 (left paramere in different views)；d、e. 阳茎端不同方位 (vesica in different views)；比例尺：1=0.2mm (a-c)，2=0.2mm (d、e)

　　腹部腹面浅黄褐色，密被浅色半直立短毛。臭腺沟缘黄白色。

　　雄虫左阳基侧突感觉叶具 1 圆形突起，钩状突向一侧弯曲，近末端卷曲，末端平截；右阳基侧突感觉叶突起不明显，端部向一侧稍弯曲，末端一侧尖。阳茎端在半膨胀的状态下多个膜囊包绕 1 中度骨化的附器，附器顶端具多个细小的齿。

　　量度 (mm)：体长 5.00-6.00，宽 2.36-2.70；头宽 1.17-1.21；眼间距 0.27-0.39；触角各节长 I : II : III : IV=0.52-0.57 : 1.93-2.08 : 0.87-0.93 : 0.79-0.95；前胸背板长 1.18-1.36，宽 1.98-2.25；楔片长 0.50-0.86；爪片接合缝长 0.88-1.14。

　　观察标本：1♂ (正模)，海南文昌，1964.VI.10，刘胜利采；4♂ (副模)，海南海口，1980.IV.10-18，任树芝采；1♀ (副模)，海南海口，1980.IV.18，任树芝采；1♀，海南文昌，1964.VI.10，刘胜利采；6♂5♀，海南海口，1980.III.18；3♂5♀，海南海口，邹环光采；3♂4♀，海南海口，1980.III.26，邹环光采；3♂4♀，海南海口，1980.III.27；4♀，海南海口，1980.III.29，任树芝采；6♂1♀，海南海口，1980.IV.17，任树芝采；1♂，海南

尖峰岭保护区，1980.Ⅳ.10，任树芝采。

分布：海南。

讨论：本种与圆斑齿爪盲蝽 D. (D.) ainoicus Kerzhner 相似，但是本种体黄褐色，复眼大，眼间距不大于眼宽，小盾片具均一褐色刻点。

(185) 黑胸齿爪盲蝽 *Deraeocoris (Deraeocoris) nigropectus* Hsiao, 1941　（图 156；图版 XIV: 221)

Deraeocoris nigropectus Hsiao, 1941: 242; Hsiao, 1942: 251, 252; Carvalho, 1957: 70; Schuh, 1995: 614; Zheng, 1995: 459; Kerzhner *et* Josifov, 1999: 41; Schuh, 2002-2014; Xu *et* Liu, 2018: 145.

体椭圆形，黄褐色，具褐色斑和褐色刻点，光滑，无毛。

头黄褐色，稍下倾；眼间距是眼宽的 0.91-1.18 倍，后缘具橙色横脊。复眼红褐色。触角红褐色，被浅色半直立短毛，第 1 节圆柱状，长是眼间距的 1.10-1.18 倍；第 2 节线状，长是头宽的 1.22-1.33 倍；第 3、4 节细，线状。唇基黄褐色，端部褐色，喙黄褐色，端部色深，伸达中足基节后缘。

前胸背板黄褐色，具褐色刻点，盘域具 2 个褐色纵走大斑，稍隆起，侧缘直，后缘弓形稍突出。领窄，黄褐色，光亮。胝黄褐色，后部染褐色，左右相连，稍突出。小盾片光滑无刻点，黄褐色，中央具 1 三角形褐色斑，由基部延伸至顶角。

半鞘翅革质部黄褐色，爪片端部、革片端部及楔片端部有褐色斑。膜片灰褐色，翅脉褐色。

足黄褐色，腿节端部具 2 个红褐色环；胫节基部、近中部、端部具红褐色环；跗节端部及爪红褐色。

腹部腹面红褐色，密被浅色半直立绒毛。臭腺沟缘黄白色。

雄虫左阳基侧突感觉叶近圆形，突出，其上被浅色长毛，钩状突向一侧稍弯曲，末端足状；右阳基侧突感觉叶不明显，钩状突近末端稍细，末端平截。阳茎端具膜囊，其中 1 膜叶顶端具 1 列骨化小齿。

量度 (mm)：体长 4.16-4.40，宽 2.04-2.21；头宽 0.87-0.95；眼间距 0.34-0.39；触角各节长 Ⅰ:Ⅱ:Ⅲ:Ⅳ=0.40-0.43:1.06-1.26:0.52:0.52；前胸背板长 0.93-1.07，宽 1.61-1.70；楔片长 0.50-0.57；爪片接合缝长 0.83。

观察标本：1♀ (正模)，Pingloo, Kwangsi, 1933。1♂，浙江临安天目山，2007.Ⅷ.8，范中华、朱耿平采。1♂，福建社口，1974.Ⅺ.2；1♀，福建武夷山，1989.Ⅸ.15；1♀，福建武夷山，1989.Ⅸ.24，徐志强采。1♂，江西武夷山自然保护区，800m，2004.Ⅵ.13，于昕采。1♂，湖北咸丰，450m，1999.Ⅶ.26，郑乐怡采；1♀，同上，谢强采。1♂1♀，湖南张家界，1985.Ⅹ.15，邹环光采；1♀，湖南衡阳衡山，2004.Ⅶ.20，花吉蒙采。2♂2♀，广东连县瑶安乡，1962.Ⅹ.23，郑乐怡、程汉华采；1♀，同上，1962.Ⅹ.19；2♂，广东韶关，1932.Ⅷ.15。1♀，广西灵川，1984.Ⅵ.6，任树芝采。4♀，贵州贵定昌明，1050m，2000.Ⅸ.9，李传仁采；1♂，贵州惠水县摆金镇，1200m，2000.Ⅸ.12，李传仁采；1♂1♀，贵州习水蔺江，600m，2000.Ⅸ.26，周长发采；1♀，贵州麻阳河保护区大河坝，300-400m，

2007.IX.29，蔡波采。1♂，云南昆明，1978.XI.26。1♀，陕西镇巴，1200m，1985.VII.21，任树芝采；1♂，陕西周至板房子，1994.VIII.7，吕楠灯诱；1♂，同上，1994.VIII.8，吕楠采；1♀，同上，灯诱；2♂2♀，同上，卜文俊采；1♀，陕西宁陕火地塘，1640m，1994.VIII.14，卜文俊采；1♂1♀，陕西岳坝保护站，1100m，2006.VII.20，丁丹灯诱；1♀，同上，李晓明采；1♀，同上，2006.VII.19。1♀，甘肃康县，1120m，1986.VIII.1，李新正采；2♀，同上，1986.VIII.2，卜文俊、李新正采。

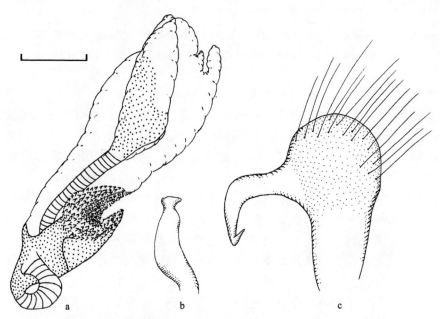

图 156 黑胸齿爪盲蝽 Deraeocoris (Deraeocoris) nigropectus Hsiao

a. 阳茎端 (vesica)；b. 右阳基侧突 (right paramere)；c. 左阳基侧突 (left paramere)；比例尺：0.1mm

分布：陕西、甘肃、浙江、湖北、江西、湖南、福建、广东、广西、贵州、云南。

讨论：本种与安徽齿爪盲蝽 D. (D.) anhwenicus Hsiao 相近，但本种触角单一红褐色；小盾片无刻点，黄褐色，有 1 三角形褐色斑；足黄褐色，腿节端部具 2 个红褐色环，胫节基部、近中部、端部各有 1 红褐色环。

(186) 大齿爪盲蝽 *Deraeocoris (Deraeocoris) olivaceus* (Fabricius, 1777) (图 157；图版 XIV: 222)

Cimex olivaceus Fabricius, 1777: 300.

Deraeocoris brachialis Stål, 1858: 185. Synonymized by Kerzhner, 1988a: 794.

Deraeocoris olivaceus: Carvalho, 1957: 61; Schuh, 1995: 615; Zheng, 1995: 459; Schuh, 2002-2014.

Deraeocoris (Deraeocoris) olivaceus: Wagner, 1961: 24; Wagner *et* Weber, 1964: 40; Wagner, 1974: 36; Zheng *et* Gao, 1990: 15; Qi *et* Nonnaizab, 1993: 291; Qi *et al.*, 1994: 58; Qi *et* Nonnaizab, 1996: 50; Kerzhner *et* Josifov, 1999: 41; Xu *et* Liu, 2018: 146.

体黄褐色，前胸背板侧缘被浅色半直立短毛，密布黑色刻点。

头橙色，由触角窝发出的黑色斑纹沿复眼内侧缘伸达头顶，光滑，平伸；头顶橙色，复眼内侧有大的黄褐色斑，不相连，眼间距是眼宽的 1.25-1.32 倍，后缘具横脊。复眼褐色。触角红褐色被浅色半直立短毛，第 1 节圆柱状，长是眼间距的 1.60-1.61 倍；第 2 节褐色，端部色深，长是头宽的 2.01-2.06 倍；第 3、4 节细。唇基橙色，具褐色不规则碎斑，喙红褐色，喙伸达后足基节前缘。

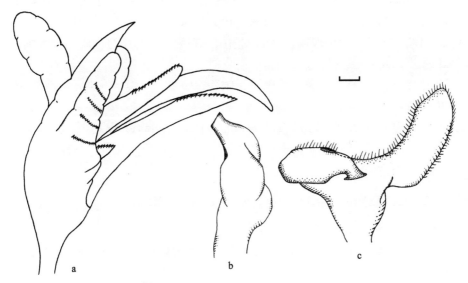

图 157　大齿爪盲蝽 *Deraeocoris* (*Deraeocoris*) *olivaceus* (Fabricius)

a. 阳茎端 (vesica)；b. 右阳基侧突 (right paramere)；c. 左阳基侧突 (left paramere)；比例尺：0.1mm

前胸背板黄褐色，密布黑色刻点，侧缘较直，被浅色半直立短毛，后缘较直。领黄色，较晦暗，后缘黑色。胝橙色，光滑，左右相连，稍突出。小盾片黄褐色，光亮，具黑色刻点，稍隆起，中纵线黑褐色。

半鞘翅革质部黄褐色，密布黑色刻点，缘片略带红褐色，无刻点；楔片几无刻点，基半部红色，端半部褐色。膜片灰褐色，翅脉褐色。

足红褐色，腿节近端部有 1 黄褐色环；胫节亚基部、亚端部各有 1 黄褐色环；跗节及爪红褐色。

腹部腹面红褐色，密被浅色半直立绒毛。臭腺沟缘红褐色。

雄虫左阳基侧突感觉叶长椭圆形，明显上指，其上具稀疏短毛，钩状突宽短，向一侧弯曲，末端足状；右阳基侧突感觉叶球状突出，钩状突短，末端足状。阳茎端具膜囊及 4 枚骨化附器：近次生生殖孔膜囊侧缘为中度骨化齿带；由基部伸出 1 长骨针，稍弯曲；骨针一侧的膜囊端部为角状骨化附器；阳茎端膜叶中部有 1 中度骨化的骨板，一侧缘具小齿；阳茎端基部伸出 1 宽短的中度骨化骨板；腹面膜囊内侧具梯状骨化带。

量度 (mm)：体长 11.63-13.58，宽 4.45-5.90；头宽 1.69-1.78；眼间距 0.65-0.71；触角各节长 I : II : III : IV=1.04-1.14 : 3.35-3.57 : 1.29-1.38 : 0.78-0.79；前胸背板长 2.00-2.14，宽

3.90-4.29；楔片长 2.36-2.57；爪片接合缝长 1.90-2.50。

观察标本：1♂，天津秃尾巴河，1956.Ⅶ.11。1♀，内蒙古乌兰察布盟四子王旗，1981. Ⅶ.10。1♀，吉林临江，1955.Ⅵ.20 (中国科学院动物研究所)；1♀，吉林长白山二道白河镇，740m，1988.Ⅵ.21，卜文俊采；1♀，同上，李新正采。1♀，黑龙江五营，1978.Ⅵ.26；1♀，黑龙江牡丹江东村，1980.Ⅷ.2，郑乐怡采；1♀，黑龙江海林市横道河子威虎山，2003. Ⅶ.29，丁建华、李晓明灯诱。1♂，安徽劳动大学，1977.Ⅷ.30，王思政灯诱。1♂，陕西宁陕火地塘，1640m，1994.Ⅷ.14，卜文俊灯诱。3♂，甘肃天水，1100m，1986.Ⅵ.24，马昌平采；1♂，甘肃榆中麻家寺，2260m，1993.Ⅷ.4，吕楠采。1♀，宁夏六盘山西峡，1983.Ⅶ.5；1♂，宁夏六盘山西峡，1983.Ⅶ.10，灯诱；1♂，宁夏六盘山二龙河，1983. Ⅶ.14，灯诱。

分布：黑龙江、吉林、内蒙古、天津、陕西、宁夏、甘肃、安徽；俄罗斯 (远东地区)，日本。

讨论：本种与黑角齿爪盲蝽 *D. (D.) annulipes* Herrich-Schaeffer 相似，但本种黄褐色，前胸背板、小盾片及半鞘翅革质部密被黑色刻点，足红褐色，腿节近端部、胫节亚基部及亚端部各有 1 黄褐色环。

(187) 峨嵋齿爪盲蝽 *Deraeocoris* (*Deraeocoris*) *omeiensis* Hsiao *et* Ren, 1983 (图版 XIV: 223)

Deraeocoris omeiensis Hsiao *et* Ren, 1983: 73; Schuh, 1995: 615; Zheng, 1995: 459; Kerzhner *et* Josifov, 1999: 41; Schuh, 2002-2014.

体黄褐色，椭圆形，前胸背板及半鞘翅革质部具黑色粗大刻点。

头黄褐色，头顶具不规则红褐色斑，眼间距是眼宽的 1.67 倍；复眼红褐色。触角被浅色半直立短毛，第 1 节圆柱状，红褐色，基部稍细，长是眼间距的 1.04 倍；第 2 节线状，浅红褐色，端部 1/4 红褐色，长是头宽的 1.55 倍；第 3、4 节细，红褐色，仅第 3 节最基部黄褐色。唇基浅红褐色，喙红褐色，向端部渐深，伸达中足基节前缘。

前胸背板黄褐色，具黑色粗大刻点。领窄，黄褐色，光亮。胝黄褐色，光亮，稍相连，不凸起，两胝内侧缘染红褐色，且向后稍延伸。前胸背板后缘平，稍向前凹。小盾片黄褐色，无刻点及被毛，弓起，中纵线为宽的红褐色纵斑，端角稍加宽。

半鞘翅革质部黄褐色，具黑色粗大刻点，刻点向端部渐细小；楔片端角红褐色。膜片浅红褐色，翅脉褐色。足红褐色，腿节基半部、胫节亚端部和亚基部以及跗节第 2 节黄褐色。

腹部腹面红褐色，被浅色半直立短毛。臭腺沟缘灰褐色，后缘黄褐色。

量度 (mm)：体长 7.8，宽 3.3；头宽 1.43；眼间距 0.65；触角各节长 Ⅰ:Ⅱ:Ⅲ:Ⅳ= 0.68:2.21:0.75:0.60；前胸背板长 1.61，宽 2.8；楔片长 1.27；爪片接合缝长 1.43。

观察标本：1♀ (正模)，四川峨眉山报国寺，1957.Ⅴ.11。

分布：四川。

讨论：本种与拟克氏齿爪盲蝽 *D. (D.) pseudokerzhneri* Ma *et* Zheng 相近，但本种体

黄褐色，体背刻点粗大，触角第 1 节短，臭腺沟缘灰褐色，后缘黄褐色。

(188) 黄齿爪盲蝽 *Deraeocoris* (*Deraeocoris*) *pallidicornis* Josifov, 1983 (图 158；图版 XIV：224)

Deraeocoris (*Deraeocoris*) *pallidicornis* Josifov, 1983: 77; Qi *et* Nonnaizab, 1993: 291; Qi *et* Nonnaizab, 1994: 461; Nakatani, 1995: 405; Kerzhner *et* Josifov, 1999: 41.

Deraeocoris pallidicornis: Qi *et al*., 1994: 58; Qi *et* Nonnaizab, 1996: 50; Schuh, 1995: 616; Zheng, 1995: 459; Schuh, 2002-2014.

体椭圆形，黄褐色，光亮，无毛，具同色刻点。

头黄褐色，光滑；眼间距是眼宽的 1.81-2.33 倍，后缘具同色横脊。复眼红褐色。触角被浅色半直立短毛；第 1 节红褐色，圆筒形，基部稍细，近基部有 1 黑褐色窄环，长是眼间距的 1.24-1.35 倍；第 2 节黄褐色，内侧具红色线，线状，末端褐色，长是头宽的 1.88-2.00 倍；第 3 节黄褐色，末端褐色；第 4 节褐色。唇基黄褐色，侧缘色深；喙黄褐色，伸达中足基节后缘。

前胸背板黄褐色，具粗大刻点，侧缘直，后缘弧形，稍外突。领光亮，黄色，后缘红褐色。胝黄褐色，光滑，左右相连，不突出，其后有 2 个粗大红褐色刻点。小盾片光滑，无毛，稍隆起，黄褐色，中纵线浅褐色。

半鞘翅革质部黄褐色，具同色刻点，向端部模糊；楔片无刻点。膜片浅黄褐色，翅脉红褐色。

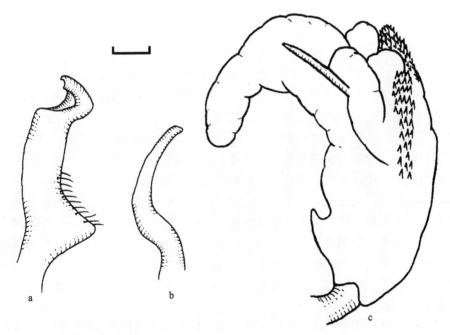

图 158　黄齿爪盲蝽 *Deraeocoris* (*Deraeocoris*) *pallidicornis* Josifov

a. 左阳基侧突 (left paramere)；b. 右阳基侧突 (right paramere)；c. 阳茎端 (vesica)；比例尺：0.1mm

足黄褐色，后足腿节端部红褐色；跗节端部色暗；爪红褐色。

腹部腹面浅黄褐色，密被浅色半直立绒毛。臭腺沟缘黄白色。

雄虫左阳基侧突感觉叶三角形突起，其上被稀疏浅色毛，钩状突弯曲上举，末端钩状；右阳基侧突感觉叶不明显，钩状突弯曲，末端钩状。阳茎端具膜囊及 5 枚骨化附器，其中端骨针角状，末端平截；小针突直，短且细。

量度 (mm)：体长 6.45-6.55，宽 2.85-3.15；头宽 1.01-1.09；眼间距 0.50-0.55；触角各节长 I : II :III:IV=0.68-0.79: 1.93-2.05: 0.79-0.81: 0.62；前胸背板长 1.50，宽 2.35-2.55；楔片长 1.00；爪片接合缝长 1.10-1.30。

观察标本：1♀，河北沧州，1980.VIII.15。1♂，黑龙江宁安小北湖，2003.VIII.5，于昕采；1♀，黑龙江宁安镜泊湖，2003.VIII.10，田颖采；2♀，黑龙江宁安瀑布村镜泊湖，2003.VIII.10，柯云玲采；1♂，黑龙江牡丹江镜泊湖，350m，2003.VIII.10，卜文俊、李军采；1♀，黑龙江宁安镜泊湖，2003.VIII.14，田颖采。1♀，甘肃永昌，1981.VIII，刘育炬采 (甘肃农科院植保所)。1♀，宁夏高家墩，1989.VI.28；1♀，宁夏高家墩，1989.VI.28，张忠采；3♀，宁夏银川，1960.VII.27。

分布：黑龙江、内蒙古、河北、宁夏、甘肃；俄罗斯 (远东地区)，朝鲜，日本。

讨论：本种和克氏齿爪盲蝽 D. (D.) kerzhneri Josifov 相近，但是本种体色稍浅，且头顶较窄。

(189) 平背齿爪盲蝽 Deraeocoris (Deraeocoris) planus Xu et Ma, 2005 (图 159；图版 XV：225)

Deraeocoris planus Xu et Ma, 2005: 768; Schuh, 2002-2014.

体长椭圆形，黄绿色，扁平，体被半直立短毛，具黑褐色刻点。

头几乎平伸，同体色。头顶橙黄色，局部具细碎的黑色斑，较宽，眼间距是眼宽的 1.86-1.97 倍，光亮，后缘具浅黄褐色至红褐色短横脊。复眼红褐色。触角被浅色半直立短毛，第 1 节橘红色，局部浅黄褐色，圆柱形，长是眼间距的 1.16-1.18 倍，基部稍细；第 2 节浅黄褐色，端部黑色，稍加粗，长是头宽的 1.74-1.83 倍；约是第 1 节长的 3 倍；第 3 节浅黄褐色，亚基部和端部黑色；第 4 节浅黄褐色，端部黑色。唇基的端部和上方色深；喙黄褐色，端部黑色，仅伸达前足和中足基节之间。

前胸背板较平，黄绿色，密布黑褐色较粗刻点，侧缘较直。领浅黄褐色，其后缘黑色，无光泽，两端向上弯曲将头顶后缘的横脊包围。胝橘黄色，光亮、相连、突出。两胝相连处上方有稀疏小刻点，相连处下方有 2 个大而深的黑褐色刻点。小盾片黄绿色，中间稍弓起，中纵线两侧区域密布与前胸背板一致的刻点。

前翅革质部平，黄绿色，具和前胸背板一样的较粗刻点；楔片的端部无刻点，其顶角红褐色。

腿节浅红褐色，亚端部具 1 红褐色环，端部具不规则的红褐色斑；胫节浅黄褐色至浅红褐色，基部的外缘具 1 红褐色斑，其上密布浅黄色半直立较粗毛，毛的长度约等于该节直径，个别毛的基部红褐色；跗节浅红褐色，稍弯曲，具浅黄色半直立短毛；爪黑褐色，齿非常大。

腹部腹面浅红褐色至黑褐色，密布浅色半直立短毛。臭腺沟缘浅黄色。

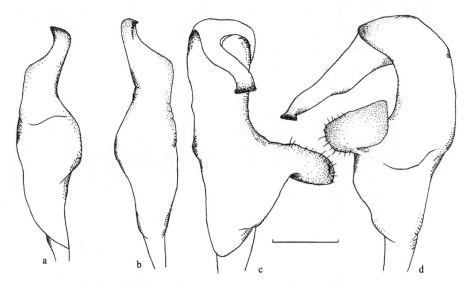

图 159　平背齿爪盲蝽 *Deraeocoris (Deraeocoris) planus* Xu *et* Ma

a、b. 右阳基侧突不同方位 (right paramere in different views)；c、d. 左阳基侧突不同方位 (left paramere in different views)；

比例尺：0.16mm

雄虫左阳基侧突感觉叶具 1 近方形的突起，其上具零星的毛，钩状突从近中部强烈向下弯曲，末端呈足状；右阳基侧突感觉叶突起不明显，端部在中部时向一侧稍突出，钩状突末端鸟头状。

量度 (mm)：体长 8.14-8.29，宽 3.00-3.43；头宽 1.11-1.21；眼间距 0.54-0.61；触角各节长 Ⅰ:Ⅱ:Ⅲ:Ⅳ=0.64-0.71:1.93-2.21:0.71-0.79:0.64；前胸背板长 1.43-1.57，宽 2.43-2.71；楔片长 1.14-1.21；爪片接合缝长 1.43-1.57。

观察标本：1♂(正模)，云南丽江玉龙雪山黑水，3000m，1996.Ⅵ.16，郑乐怡采；4♂10♀(副模)，同上。

分布：云南。

讨论：本种与黑角齿爪盲蝽 D. (D.) *annulipes* Herrich-Schaeffer 相似，但是体相对较大而平，单一黄绿色，无色斑变化，前胸背板、小盾片及前翅革质部上密布黑褐色较粗刻点，头顶较宽和复眼较小，触角第 1 节橘红色，第 2 节端部黑色，领片无光泽，头顶后缘的横脊较细。

(190) 翘盾齿爪盲蝽 *Deraeocoris (Deraeocoris) plebejus* Poppius, 1915 (图 160；图版ⅩⅤ：226)

Deraeocoris plebejus Poppius, 1915a: 40; Carvalho, 1957: 73; Carvalho, 1980: 651; Schuh, 1995: 617; Kerzhner *et* Josifov, 1999: 42; Schuh, 2002-2014.

体长椭圆形，红褐色，光亮，具红褐色较粗刻点。

头红褐色，平伸；头顶光亮，宽是眼宽的 0.82 倍，后缘具较宽横脊。复眼红褐色。触角被浅色半直立短毛，第 1 节红褐色，圆筒形，基部稍细，长是眼间距的 1.56-2.00 倍；第 2 节线状，红褐至黑褐色，最基部黄褐色，长是头宽的 1.92-1.94 倍；第 3 节细，基部浅黄褐色，端部褐色；第 4 节细，褐色，最基部黄褐色。唇基红褐色，末端褐色，喙浅黄褐色，端部色深，伸达中足基节前缘。

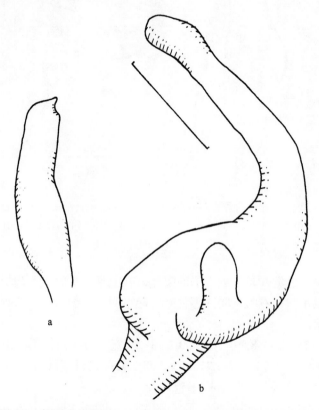

图 160 翘盾齿爪盲蝽 *Deraeocoris* (*Deraeocoris*) *plebejus* Poppius
a. 右阳基侧突 (right paramere)；b. 左阳基侧突 (left paramere)；比例尺：0.1mm

前胸背板浅红褐色，密布红褐色较粗刻点，盘域强烈弓起，侧缘较直，后缘具细的胝状浅色边。领窄，浅黄褐色，具光泽。胝红褐色，光亮，左右相连，稍突出，在其中间有 1 黑色的、贯穿两胝的横走弓形线。小盾片浅黄褐色，中央具 1 大的红褐色斑，该斑从基部一直延伸到后端；从侧面看，小盾片逐渐隆起，在端部 1/3 处最高，后逐渐下降至后端。

半鞘翅革质部浅红褐色，具红褐色刻点；缘片外缘、楔片浅黄褐色；缘片端部和楔片无刻点。膜片浅黄褐色，端部色深，翅脉浅红褐色。

腿节浅黄褐色，端部微染红褐色；胫节浅黄褐色，外缘具红褐色纵线；跗节红褐色，密布浅色半直立短毛；爪红褐色。

腹部腹面红褐色，密布浅色半直立绒毛。臭腺沟缘黄白色。

雄虫左阳基侧突感觉叶上具 1 椭圆状突起，端部从基部向一侧弯曲，后平缓延伸，末端圆；右阳基侧突感觉叶不明显，钩状突短，末端呈尖角状。阳茎端骨化不完全。

量度 (mm)：体长 5.00，宽 2.07；头宽 1.00；眼间距 0.29；触角各节长 I：II：III：IV= 0.64:1.93:0.64:0.64；前胸背板长 1.00，宽 1.82；楔片长 0.86；爪片接合缝长 1.00。

观察标本：1♂，海南吊罗山新安林场，1980.IV.1，邹环光采；1♀，海南尖峰岭，1980. IV.11，邹环光采。

分布：台湾、海南。

讨论：本种和凸胝齿爪盲蝽 *D. (D.) alticallus* Hsiao 相近，但本种触角第 1 节红褐色；胝稍突出；小盾片浅黄褐色，中央有 1 红褐色大斑，侧面观逐渐隆起，在端部 1/3 处最高。

(191) 拟克氏齿爪盲蝽 *Deraeocoris (Deraeocoris) pseudokerzhneri* Ma *et* Zheng, 1998
（图 161；图版 XV：227）

Deraeocoris pseudokerzhneri Ma *et* Zheng, 1998: 38; Kerzhner *et* Josifov, 1999: 42; Schuh, 2002-2014.

体长椭圆形，橙黄色，光亮，具同色刻点。

头橙黄色，平伸，稍下倾；头顶光亮，宽是眼宽的 1.05-1.34 倍，后缘具横脊。复眼红褐色。触角被浅色半直立短毛，第 1 节，圆柱状，红褐色，基部稍细，有 1 褐色窄环，长是眼间距的 2.16-2.23 倍；第 2 节线状，红褐色，端部 1/4 褐色，长是头宽的 2.11-2.27 倍；第 3 节细，黄褐色，端部 1/4 褐色；第 4 节褐色，基部黄褐色。唇基橙黄色，末端褐色；喙黄褐色，端部色深，伸达中足基节前缘。

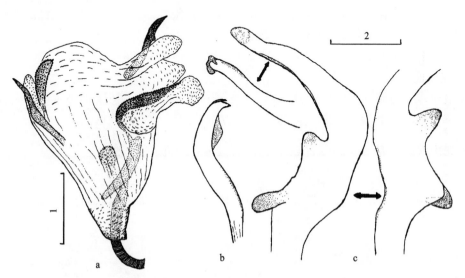

图 161　拟克氏齿爪盲蝽 *Deraeocoris (Deraeocoris) pseudokerzhneri* Ma *et* Zheng
a. 阳茎端 (vesica)；b. 右阳基侧突 (right paramere)；c. 左阳基侧突 (left paramere)；
比例尺：1=0.4mm (a)，2=0.2mm (b、c)

前胸背板橙黄色，光亮，密布同色刻点；侧缘直，后缘弓形。领窄，黄白色，光亮。胝橙黄色，光滑，左右相连，稍突出。小盾片黄白色，中纵线色深，且扩散到基部，光滑，无刻点或被毛。

半鞘翅革质部橙黄色，具同色刻点，向端部渐稀疏；爪片端部内侧、革片端部内侧有红褐色不规则大斑，楔片内侧缘染红色；缘片及楔片几无刻点。膜片烟褐色，翅脉红褐色。

足黄褐色，腿节端部 1/3 红褐色；胫节外缘由基部发出 1 条红褐色纵线，伸达端部 1/3 处；跗节黄褐色，端部及爪橙色。

腹部腹面橙色，密布浅色半直立绒毛。臭腺沟缘橙黄色。

雄虫左阳基侧突感觉叶具 2 个突起，二者几乎垂直；钩状突端部渐窄，稍弯曲，被浅色半直立短毛，末端弯曲成钩状；右阳基侧突感觉叶不明显，钩状突端部二分叉。阳茎端具膜囊及 5 枚骨化附器，其中端骨针粗大，末端尖锐小钩状，小针突弯曲。

量度 (mm)：体长 6.65-6.71，宽 2.65-2.79；头宽 1.07-1.13；眼间距 0.39-0.43；触角各节长 Ⅰ:Ⅱ:Ⅲ:Ⅳ=0.87-0.93:2.39-2.43:0.91-1.00:0.79-0.83；前胸背板长 1.43，宽 2.29-2.50；楔片长 1.00；爪片接合缝长 1.12-1.36。

观察标本：1♂ (正模)，四川峨眉山报国寺，600m，1957.Ⅴ.30，郑乐怡、程汉华采；5♂3♀ (副模)，同前；1♂2♀ (副模)，同前，1957.Ⅴ.12，郑乐怡、程汉华采；7♂8♀ (副模)，同前，1957.Ⅴ.16，郑乐怡、程汉华采；1♀ (副模)，同前，1957.Ⅴ.29，郑乐怡、程汉华采；1♂6♀ (副模)，四川峨眉山清音阁，1957.Ⅵ.1；1♂2♀ (副模)，四川峨眉山报国寺，600m，1957.Ⅵ.1，郑乐怡、程汉华采；1♀ (副模)，四川峨眉山龙门洞，1957.Ⅵ.3；2♀ (副模)，四川峨眉山报国寺，600m，1957.Ⅵ.3，郑乐怡、程汉华采；1♂ (副模)，四川峨眉山报国寺，600m，1957.Ⅵ.17，郑乐怡、程汉华采；1♂1♀，四川峨眉山报国寺，600m，1957.Ⅴ.12，郑乐怡、程汉华采；2♂，四川峨眉山报国寺，600m，1957.Ⅴ.16，郑乐怡、程汉华采；2♂，四川峨眉山报国寺，600m，1957.Ⅴ.30，郑乐怡、程汉华采；1♂，四川峨眉山清音阁，1957.Ⅵ.1；1♂，四川峨眉山报国寺，1957.Ⅵ.6。

分布：四川。

讨论：本种与峨嵋齿爪盲蝽 D. (D.) omeiensis Hsiao et Ren 相似，但是本种体橙黄色，半鞘翅革质部橙黄色具同色刻点，腿节端部 1/3 红褐色。

(192) 红齿爪盲蝽 *Deraeocoris (Deraeocoris) ruber* (Linnaeus, 1758)

Cimex ruber Linnaeus, 1758: 446.

Deraeocoris ruber: Hsiao, 1942: 252; Schuh, 1995: 619; Kerzhner *et* Josifov, 1999: 44; Schuh, 2002-2014.

体光亮，无毛，具粗糙刻点。

触角密被黑色毛，第 2 节长于前胸背板后缘宽，中部浅色；第 3、4 节浅色，被浅色短毛。楔片红褐色。足褐色，腿节除顶端外黑色，跗节黑色。

分布：江苏。

依据 Hsiao (1942) 记录，所观察标本为"Kiangsu: Nanking, June 12, 1939"，本次研究未见标本。中文译名根据拉丁名意译。

(193) 柳齿爪盲蝽 *Deraeocoris* (*Deraeocoris*) *salicis* Josifov, 1983 (图 162；图版ⅩⅤ: 228)

Deraeocoris salicis Josifov, 1983: 81; Zheng *et* Gao, 1990: 15; Schuh, 1995: 620; Zheng, 1995: 459; Nakatani, 1995: 406; Kerzhneri *et* Josifov, 1999: 44; Xu *et al.*, 2009: 115; Schuh, 2002-2014; Xu *et* Liu, 2018: 147.

体椭圆形，黄褐色，光亮，无被毛，具同色粗大刻点。

头黄褐色，光滑无毛；眼间距是眼宽的 1.77-2.03 倍，后缘脊同色，不明显。复眼红褐色。触角被浅色半直立短毛，第 1 节红褐色，圆柱形，基部稍细，有黑褐色窄环，长是眼间距的 1.47-1.81 倍；第 2 节线状，红褐色，长是头宽的 1.91-1.92 倍；第 3、4 节细，黄褐色，端部褐色。唇基黄褐色，侧缘红色；喙黄褐色，顶端褐色，伸达中足基节前缘。

前胸背板黄褐色，具粗大刻点，盘域稍隆起，侧缘直，后缘弧形稍突出。领窄，黄色，光亮。胝黄褐色，光滑，稍突出，左右相连，其后有 2 个明显粗大红褐色刻点。小盾片黄褐色，中纵线褐色，有时扩展到基部，光滑无刻点，稍隆起。

半鞘翅革质部黄褐色，具粗大刻点，向端部刻点较模糊；爪片端部、革片端部浅红褐色；楔片黄褐色，无刻点。膜片灰褐色，翅脉色深。

足黄褐色，后足腿节端部具 2 个红褐色环；胫节基部外侧具红褐色斑点，端部色深；跗节端部红褐色；爪红褐色。

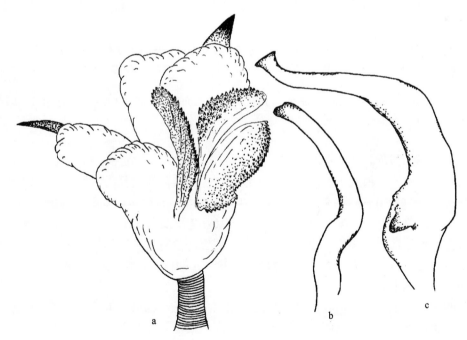

图 162　柳齿爪盲蝽 *Deraeocoris* (*Deraeocoris*) *salicis* Josifov
a. 阳茎端 (vesica)；b. 右阳基侧突 (right paramere)；c. 左阳基侧突 (left paramere)

腹部腹面黄褐色，密被浅色半直立绒毛。臭腺沟缘黄白色。

雄虫左阳基侧突感觉叶三角形突起，被浅色短毛，且感觉叶顶端有 1 小突起，钩状突弯曲，上举，末端薄，钩状；右阳基侧突感觉叶不明显，钩状突弯曲，末端鸟头状。阳茎端具膜囊及 5 枚骨化附器，其中端骨针三角形，末端尖锐；小针突稍短而细，末端尖锐。

量度 (mm)：体长 6.00-6.79，宽 2.80-3.00；头宽 1.00-1.09；眼间距 0.47-0.55；触角各节长 I : II :III:IV=0.73-0.81:1.92-2.08:0.65-0.70:0.60-0.65；前胸背板长 1.36,宽 2.10-2.36；楔片长 1.07；爪片接合缝长 1.05-1.21。

观察标本：1♂1♀，北京，1954.VIII？ 。1♂，天津南开大学马蹄湖柳树，1991.VII.29，任树芝采。1♂，河北沧州，1981.VIII.10；2♀，河北蔚县小五台山，2000.VII.27，王鹏采；1♀，同前，侯奕采；2♂，河北蔚县松枝口，1200m，2000.VIII.3，刘国卿采；3♀，同前，葛金城采；1♀，同前，侯奕采；2♀，河北蔚县小五台山，1300m，2000.VIII.3，王鹏采；1♂1♀，同前，郑爱华采。2♂2♀，内蒙古察哈尔右翼后旗土牧尔台，2001.VII.13，薛怀君采；1♂，同前，周长发采；1♂，内蒙古克什克腾旗小河滩，2001.VII.22，周长发采。1♂，湖北武昌南湖，1975.VIII.7，灯诱。3♂1♀，陕西杨陵区，1994.VII.25，吕楠采。1♀，宁夏银川，1987.VII.26。

分布：内蒙古、天津、河北、陕西、宁夏、湖北；俄罗斯 (远东地区)，朝鲜半岛，日本。

讨论：本种体椭圆形，黄褐色，光亮，与克氏齿爪盲蝽 D. (D.) kerzhneri Josifov 较为相似，但是本种胫节基部外缘有 1 红褐色斑点，且该斑通常向端部延伸成线。

本种多次采自柳树及大豆上。

(194) 大田齿爪盲蝽 Deraeocoris (Deraeocoris) sanghonami Lee et Kerzhner, 1995
(图 163；图版 XV：229)

Deraeocoris sanghonami Lee et Kerzhner, 1995: 659; Kerzhner et Josifov, 1999: 44; Schuh, 2002-2014.
Deraeocoris (Deraeocoris) sanghonami: Liu et al., 2011: 7.

体椭圆形，黑色。

头黑色，平伸，稍向下倾，光滑；头顶黑褐色，其后缘沿复眼内侧有 1 三角形黄色斑；宽是眼宽的 1.70 倍；头后缘具明显的红褐色横脊，宽而平。复眼黑褐色，不突出。触角第 1 节黑色，无毛；第 2 节黄色，基部 1/10-1/7 以及端部 1/3-3/5 黑色，端部 1/3 稍加粗，基部被毛稀疏，端部浓密；第 3 节细，黄色，少数端半部褐色或黑色，被稀疏长毛和浓密短毛；第 4 节细，黄色，少数褐色或黑色，毛被同第 3 节。喙黄褐色，仅第 4 节红褐色，伸达中足基节。

前胸背板黑色，光亮，具明显的红褐色刻点，无毛，胝后具 1 个马蹄形黄色斑；前侧角钝圆稍前突，侧缘近前侧角有明显的短压痕，后缘几近平直。领窄，黑色，晦暗，由背面观看，领侧缘不超过前胸背板前侧角。胝黑色，光亮，不相连，不凸出。小盾片稍隆起，黑褐色，侧缘各具半圆形黄白色斑，两斑相连。

半鞘翅革质部黑色，具有大而浅的同色刻点，仅缘片近中裂无刻点；楔片中部有 1 黄白色大斑，无毛。膜片烟褐色，翅脉黑褐色。

腹面黑色，被浓密浅色半直立短毛。臭腺孔外缘黑褐色，后缘黄白色。

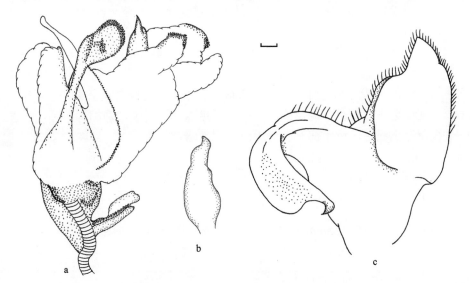

图 163　大田齿爪盲蝽 Deraeocoris (Deraeocoris) sanghonami Lee et Kerzhner
a. 阳茎端 (vesica); b. 右阳基侧突 (right paramere); c. 左阳基侧突 (left paramere); 比例尺: 0.1mm

足黑色，被稀疏浅色半直立短毛。基节和转节黄色到黑色；腿节通常黄色，顶端黑色；胫节亚基部和亚端部有黄白色带，端部宽度约为基部的 2 倍。

雄虫左阳基侧突被稀疏浅色长毛，感觉叶发达，圆锥状突出，钩状突片状，近端部细缩，末端呈钩状；右阳基侧突短，感觉叶圆突，钩状突末端较尖。阳茎端具膜叶及 2 枚骨化附器。

量度 (mm)：体长 13.00，宽 4.40；头宽 1.59；眼间距 0.73；触角各节长 I : II :III:IV= 0.9-1.00:2.55-2.60:0.80-0.90:0.60 (♂)、0.85-1.00:2.50-2.90:0.90:0.60 (♀)。前胸背板宽 3.80；爪片接合缝长 1.70。

观察标本： 1♂，甘肃小陇山，1985.VI.24，宁夏农学院园林系采。

分布： 甘肃；俄罗斯 (远东地区)，韩国。

讨论： 本种与大齿爪盲蝽 D. (D.) olivaceus (Fabricius) 相近，但是本种体黑色，前胸背板盘域有 1 马蹄形黄色斑，小盾片侧缘各具 1 黄白色半圆形斑，两斑相连。

(195) 台湾齿爪盲蝽 Deraeocoris (Deraeocoris) sauteri Poppius, 1915

Deraeocoris sauteri Poppius, 1915a: 28; Carvalho, 1957: 78; Gaedike, 1971: 150; Carvalho, 1980: 651; Schuh, 1995: 620; Kerzhner et Josifov, 1999: 44; Schuh, 2002-2014.

体光滑无毛，黑褐色至黑色。

头部黑褐色,稍平伸,雄性头顶宽小于复眼宽。复眼大,雄性稍突出。触角第1节远小于眼间距;第2节基部黄褐色,长约为第1节的2.5倍;第3节黄色,长不足第2节的一半;第4节与第1节等长。唇基黄褐色,喙黄色,喙不超出中足基节。

前胸背板后缘宽约为前缘的3倍。盘域相对隆起,刻点粗糙。胝稍隆起,左右相连。小盾片平,具刻点。

半鞘翅爪片及革片端部刻点粗糙;革片基部有1黄褐色纵斑;楔片刻点细小。膜片黄褐色,翅脉色深。

雄性腿节黄色,具1褐色环;前足胫节褐色,中、后足胫节亚基部和近中部各具1黄色环。雌性前足腿节黄色,端部褐色,中、后足腿节黑褐色,基部有1环,中部黄褐色;胫节褐色至黑褐色,近中部有1黄褐色环,爪暗黄褐色。

量度 (mm):体长5.0,宽2.0。

分布:台湾。

本研究未见标本。

(196) 小艳盾齿爪盲蝽 *Deraeocoris* (*Deraeocoris*) *scutellaris* (Fabricius, 1794) (图164;图版XV:230)

Lygaeus scutellaris Fabricius, 1794: 180.

Deraeocoris (*Deraeocoris*) *scutellaris*: Wagner et Weber, 1964: 45.

Deraeocoris scutellaris: Hsiao, 1942: 251; Carvalho, 1957: 79; Zheng et Gao, 1990: 15; Schuh, 1995: 621; Zheng, 1995: 459; Kerzhner et Josifov, 1999: 45; Schuh, 2002-2014.

体长椭圆形,黑褐色,光亮,体背几无毛,密布黑褐色刻点。

头黑褐色,平伸,稍下倾;头顶光亮,宽是眼宽的1.29-1.53倍,沿复眼外缘具稀疏浅色半直立短毛,后缘有1暗黄色或红褐色横带,具横脊。复眼黑褐色。触角黑褐色,被同色半直立短毛,第1节圆柱形,长是眼间距的1.00-1.16倍;第2节线状,长是头宽的1.52-1.61倍;第3、4节细,约等长。唇基黑褐色,喙黑褐色,伸达中足基节前缘。

前胸背板黑褐色,光亮,密布同色刻点,侧缘弓形,被稀疏浅色半直立短毛,后缘弓形突出。领黑褐色,密被粉状绒毛。胝黑褐色,光亮,左右相连,稍突出。小盾片隆起,光滑无刻点,无毛,红色。

半鞘翅革质部黑褐色,密布同色刻点;缘片具浅色半直立短毛,几无刻点;楔片几无刻点。膜片褐色,翅脉褐色。

足黑褐色。

腹部腹面黑褐色,密被浅色半直立绒毛。臭腺沟缘黑褐色。

雄虫左阳基侧突感觉叶尖角状突出,被稀疏浅色毛,钩状突近端稍弯曲,末端平截;右阳基侧突感觉叶小,基部有1近圆形突起,钩状突细,末端平截。阳茎端具膜囊和2枚骨化附器:阳茎端中部有1强烈骨化的剑状骨针和1中度骨化的窄骨板,骨板一侧具细密小齿。

量度 (mm):体长6.29-7.05,宽2.93-3.57;头宽1.36-1.46;眼间距0.55-0.57;触角

各节长 I：II：III：IV=0.57-0.64:2.07-2.34:0.85-0.96:0.85-0.96；前胸背板长 1.25，宽 2.25-2.39；楔片长 1.06；爪片接合缝长 1.17-1.25。

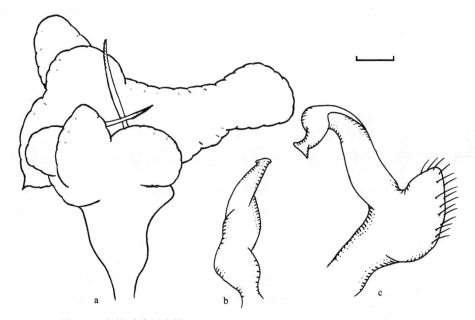

图 164　小艳盾齿爪盲蝽 *Deraeocoris* (*Deraeocoris*) *scutellaris* (Fabricius)

a. 阳茎端 (vesica)；b. 右阳基侧突 (right paramere)；c. 左阳基侧突 (left paramere)；比例尺：0.1mm

观察标本：1♀，河北雾灵山，1973.V.21。1♂2♀，黑龙江漠河，1984.VIII.7，卜文俊采。2♂1♀，湖北神农架，1977.VI.28，郑乐怡采；1♂，同上，邹环光采；2♂2♀，湖北神农架红坪，1977.VI.30，郑乐怡采；1♀，同上，邹环光采；1♂，湖北神农架大九湖，1977.VII.9，刘胜利采；1♂，同上，郑乐怡采；1♂，同上，穆强采；1♀，同上，1977.VII.10，邹环光采；1♀，同上，郑乐怡采。1♂，甘肃六盘水，1983.VII.17；1♂，甘肃文县邱家坝，2350m，1988.VII.24，灯诱。

分布：黑龙江、河北、宁夏、甘肃、湖北；俄罗斯 (西伯利亚)，德国，土耳其，英国，丹麦，瑞典。

讨论：本种与艳盾齿爪盲蝽 *D.* (*D.*) *ventralis* Reuter 相近，但本种体黑褐色，光亮，几无毛；头部后缘有 1 暗黄色或红褐色横带；小盾片光滑无刻点，红色；臭腺沟缘黑褐色。

本种依据文献记载可在杜鹃花科 Ericaceae 帚石南属 *Calluna*、欧石南属 *Erica* 植物上捕到。

(197) 污齿爪盲蝽 *Deraeocoris* (*Deraeocoris*) *sordidus* Poppius, 1915

Deraeocoris sordidus Poppius, 1915a: 39; Carvalho, 1957: 81; Gaedike, 1971: 151; Schuh, 1995: 622; Kerzhner *et* Josifov, 1999: 45; Schuh, 2002-2014.

体光滑无毛，黄褐色，具刻点。

头黄褐色，雄性眼间距约为眼宽的 2 倍。复眼大而突出。触角第 1 节污灰绿色，基部黑褐色，长稍大于头宽；第 2 节污灰绿色，端部黑褐色，约为第 1 节长的 2 倍；第 3、4 节未见。喙污灰绿色，端部黑褐色，不伸达中足基节。

前胸背板基部宽约为端部的 3 倍，侧缘较直，盘域强烈隆起，刻点粗大。胝突出，明显相连。膜片单一褐色。

半鞘翅革质部具刻点，爪片、革片及楔片外侧刻点粗大，缘片几无刻点。

足污灰绿色。

量度 (mm)：体长 5.0，宽 2.5。

分布：台湾。

(198) 艳盾齿爪盲蝽 *Deraeocoris* (*Deraeocoris*) *ventralis* Reuter, 1904 (图 165；图版 XV：231)

Deraeocoris scutellaris ventralis Reuter, 1904: 5 (upgraded by Wagner, 1953: 47).

Deraeocoris erythropus Kiritshenko, 1952a: 188. Synonymized by Muminov, 1985: 40.

Deraeocoris ventralis megophthalmus Josifov et Kerzhner, 1972: 155; Kerzhner et Josifov, 1999: 46.

Deraeocoris izjaslavi Miyamoto, Yasunaga et Siagusa, 1994: 247. Synonymized by Kerzhner, 1997: 245.

Deraeocoris ventralis: Qi et Nonnaizab, 1993: 291; Qi et Nonnaizab, 1994: 461; Qi et al., 1994: 58; Schuh, 1995: 624; Zheng, 1995: 459; Qi et Nonnaizab, 1996: 50; Schuh, 2002-2014; Xu et al., 2009: 116.

体长椭圆形，黑色，被浅色半直立短毛及黑色刻点。

头平伸，稍下倾，黑色，光亮，被稀疏浅色短毛，眼间距是眼宽的 1.06-1.38 倍，后缘具横脊，横脊前方有 1 黄色窄横带。复眼黑褐色。触角被浅色半直立短毛，单一黑色，第 1 节圆柱状，长是眼间距的 1.11-1.38 倍；第 2 节线状，雌虫向端部稍加粗，长是头宽的 1.33-1.40 倍；第 3、4 节细。唇基黑色，喙黑色，伸达后足基节前缘。

前胸背板黑色，被浅色半直立短毛及黑色刻点，侧缘稍弓，后缘弓形外突。领黑色，密被粉状绒毛。胝黑色，光亮，左右相连，稍突出。小盾片橙色、黄白色或黑色，被浅色半直立短毛，无刻点，光滑，自基部发出扩散黑斑或无。

半鞘翅黑色，被浅色半直立短毛及黑色刻点。膜片黑褐色，近楔片端角各有 1 浅色小斑，翅脉褐色。

足黑色，胫节近基部、近中部各有 1 橙色环。

腹部腹面黑色，密被浅色半直立绒毛。臭腺沟缘黄白色。

雄虫左阳基侧突感觉叶圆锥状突出，其上被稀疏浅色毛，钩状突弯曲，末端略细，稍扭曲；右阳基侧突感觉叶不明显，钩状突稍变细，末端足状。阳茎端具膜囊及 2 枚骨化附器：2 枚骨化附器位于阳茎端中部，中度骨化，一个为舌状骨片，端部一侧为不规则锯齿边缘，另一为末端尖的骨针。

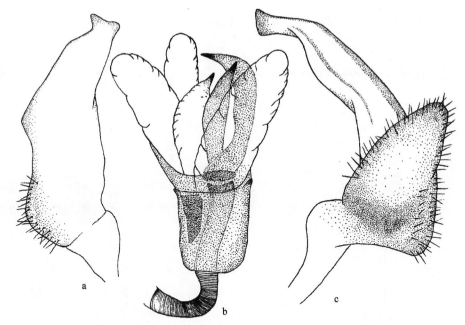

图 165　艳盾齿爪盲蝽 *Deraeocoris* (*Deraeocoris*) *ventralis* Reuter

a. 右阳基侧突 (right paramere)；b. 阳茎端 (vesica)；c. 左阳基侧突 (left paramere)

量度 (mm)：体长 5.75，宽 2.81；头宽 1.35；眼间距 0.47；触角各节长 Ⅰ:Ⅱ:Ⅲ:Ⅳ= 0.52:1.79:0.65:0.65；前胸背板长 1.20-1.45，宽 2.13；楔片长 0.71-0.93；爪片接合缝长 0.94。

观察标本：1♂7♀，山西石楼，1949.Ⅷ.18，周尧采；1♂2♀，山西文水，1964.Ⅷ.12，周尧、刘绍友采；1♀，山西关帝山，1964.Ⅷ.12/15，周尧、刘绍友采；1♂1♀，山西洪洞太岳山兴唐寺林场，1500m，2006.Ⅶ.11，许静杨采；2♂2♀，山西洪洞太岳山兴唐寺林场，1500m，2006.Ⅶ.12，许静杨采；1♀，山西洪洞太岳山兴唐寺林场，1500m，2006.Ⅶ.13，许静杨采。1♂，黑龙江镜泊湖，1980.Ⅷ.6，郑乐怡采；5♂，黑龙江帽儿山，1988.Ⅶ.17，李新正采；1♂，黑龙江帽儿山老爷岭，1988.Ⅶ.19，李新正采；1♂，黑龙江帽儿山老爷岭生态站，1988.Ⅶ.20，李新正采；3♂，黑龙江帽儿山，1988.Ⅶ.21，李新正采；1♀，黑龙江尚志帽儿山，2003.Ⅶ.22，朱卫兵采；1♂，黑龙江尚志帽儿山，2003.Ⅶ.27，柯云玲采；1♂，黑龙江尚志帽儿山，2003.Ⅶ.27，朱卫兵采；1♂，黑龙江尚志帽儿山吕家围子，2003.Ⅶ.27，于昕采；1♂，黑龙江尚志帽儿山，2003.Ⅶ.27，田颖采；2♂，黑龙江海林横道河子威虎山，2003.Ⅶ.29，丁建华、李晓明灯诱；2♂1♀，黑龙江横道河子，2003.Ⅶ.29，田颖采；1♂，黑龙江海林横道河子威虎山，2003.Ⅶ.29，丁建华采；1♂，黑龙江海林横道河子威虎山，2003.Ⅶ.30，丁建华采；1♀，黑龙江宁安小北湖林场，2003.Ⅷ.2，田颖采；1♀，黑龙江宁安小北湖林场，2003.Ⅷ.4，朱卫兵采；1♂1♀，黑龙江宁安瀑布村，2003.Ⅷ.7，柯云玲采。2♀，陕西凤县秦岭车站，1500m，1994.Ⅶ.27，董建臻采。1♀，新疆伊犁尼勒克县，2002.Ⅷ.9，吕昀采。

分布：黑龙江、内蒙古、河北、山西、新疆；俄罗斯 (远东地区)，朝鲜半岛。

讨论：本种与小艳盾齿爪盲蝽 D. (D.) *scutellaris* (Fabricius) 相近，但本种体黑色，

被浅色半直立短毛及黑色刻点；头顶后缘有 1 黄色横带；臭腺沟缘黄白色。本种多采于蔷薇科悬钩子属 *Rubus* 植物上。

(199) 王氏齿爪盲蝽 *Deraeocoris (Deraeocoris) wangi* Ma *et* Liu, 2002 (图 166；图版 XV：232)

Deraeocoris wangi Ma *et* Liu, 2002: 520; Schuh, 2002-2014.

体椭圆形，黄褐色，密被浅色刻点。

头黄褐色，稍下倾。头顶光亮，宽是眼宽的 1.16-1.64 倍，后缘具同色横脊。复眼红褐色。触角黄褐色被浅色半直立短毛，第 1 节圆筒状，基部稍细，长是眼间距的 1.48-1.58 倍；第 2 节线状，长是头宽的 1.44-1.72 倍；第 3 节细，端部褐色；第 4 节细，褐色。唇基黄褐色，喙黄褐色，端部红褐色，伸达后足基节前缘。

前胸背板黄褐色，密被同色细小刻点，稍向前倾，侧缘及后缘直。领窄，黄褐色，光亮。胝光滑，黄褐色，左右相连，稍突出。小盾片黄褐色，光滑无刻点，稍隆起。

半鞘翅革质部黄褐色，具同色细小刻点；缘片和楔片色稍淡，几无刻点。膜片灰黄色，翅脉浅黄褐色。

足黄褐色，腿节端部色深。

腹部腹面浅红褐色，密被浅色半直立绒毛。臭腺沟缘黄白色。

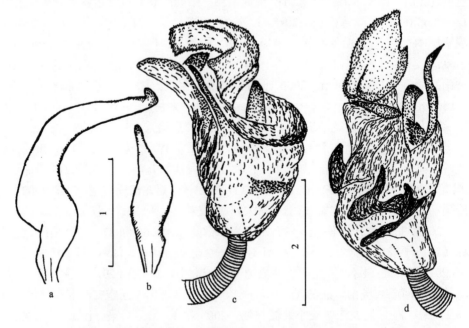

图 166　王氏齿爪盲蝽 *Deraeocoris (Deraeocoris) wangi* Ma *et* Liu

a. 左阳基侧突 (left paramere)；b. 右阳基侧突 (right paramere)；c、d. 阳茎端不同方位 (vesica in different views)；

比例尺：1=0.2mm (a、b)，2=0.3mm (c、d)

雄虫左阳基侧突镰刀状，感觉叶突起不明显，钩状突向一侧弯曲，末端尖，钩状；右阳基侧突感觉叶不明显，钩状突短小，末端尖。阳茎端具多个膜叶及 4 枚骨化附器：最左侧的骨化附器梭状，从阳茎端中部伸出；在阳茎端中部有 1 较短的骨板，其端部似鸟头状；最右侧的骨化附器细，端部弯曲，尖；右侧骨化附器具 1 小型锉状板，其上有多个小齿。次生生殖孔不明显。

量度 (mm)：体长 3.71-4.10，宽 1.64-2.00；头宽 0.79-0.82；眼间距 0.29-0.36；触角各节长 I : II : III : IV=0.43-0.57:1.14-1.48:0.57-0.73:0.50-0.73；前胸背板长 0.71，宽 1.36-1.64；楔片长 0.50-0.71；爪片接合缝长 0.71-0.83。

观察标本：1♂ (正模)，福建邵武沿山，1965，王良臣采。1♀，海南尖峰岭热林所，1985.IV.24，郑乐怡采。1♂，湖北咸丰马河坝，450m，1999.VII.25，卜文俊采。

分布：湖北、福建、海南。

讨论：本种与 D. (D.) pallidulus Poppius 相近，但本种雄虫体色稍深；后足腿节环不明显；触角第 1 节长。

(200) 西南齿爪盲蝽，新种 Deraeocoris (Deraeocoris) xinanensis Liu et Xu, sp. nov.
　　(图 167；图版 XV : 233)

体椭圆形，光亮，浅黄色，沿爪片接合缝向端部有 1 暗红褐色带，无被毛，前胸背板及前翅革质部分具均一红褐色刻点。

头浅黄褐色，眼间距是眼宽的 1.43-1.68 倍，后缘具同色横脊。复眼红褐色。触角浅黄褐色，被浅色半直立短毛；第 1 节圆筒形，具不规则红色斑，长是眼间距的 1.79 倍；第 2 节线状，端部褐色，长是头宽的 2.03-2.09 倍；第 3、4 节细，黄褐色，仅第 4 节端部褐色。唇基浅黄褐色，喙黄褐色，端部色深，伸达中足基节中间。

前胸背板光亮，浅黄褐色，具均一红褐色刻点，无被毛。胝与前胸背板同色，光滑，不突出也不左右相连。领光亮，后缘红褐色。小盾片光滑，无刻点，浅黄褐色。

半鞘翅革质部浅黄色，具均一红褐色刻点，刻点稍浅于前胸背板的刻点；革片中部纵脉染红色；爪片内侧缘暗红褐色，沿爪片接合缝向端部有 1 暗红褐色带，无被毛；楔片无刻点，端部红色。膜片烟褐色，近楔片缘各有 1 浅色半透明的半圆形斑，翅脉红色。

足黄褐色，后足腿节端部 1/3 红色。

腹部腹面红褐色，密被浅色半直立短毛。臭腺沟缘黄白色。

雄虫左阳基侧突大，感觉叶为较不明显的三角状突起，钩状突宽，顶端弯曲，钩形；右阳基侧突细长，扭曲，感觉叶不明显，钩状突顶端弯曲，呈小钩状。阳茎端具膜叶及 5 枚骨化附器：小针突长；端骨针顶端圆钝；侧面具成簇骨刺；中部骨板相对小；基部骨板缠绕有细小骨刺。

量度 (mm)：体长 5.3-5.4，宽 2.3-2.4；头宽 0.91-0.92；眼间距 0.38-0.42；触角各节长 I : II : III : IV=0.68-0.75:1.85-1.92:0.81-0.91:0.65-0.70；前胸背板长 1.22-1.25，宽 1.82-1.92；楔片长 0.83-0.94；爪片接合缝长 0.94-0.96。

种名词源：种名意指本种采自云南西南部地区。

模式标本：正模♂，云南思茅莱阳河国家森林公园，1200m，2000.V.23，卜文俊采；

副模：1♀，同正模；2♂，云南哀牢山方家箐，1984.Ⅴ.14，郑乐怡采；1♀，云南思茅菜阳河倮倮新寨山，1500m，2000.Ⅴ.25，卜文俊灯诱。

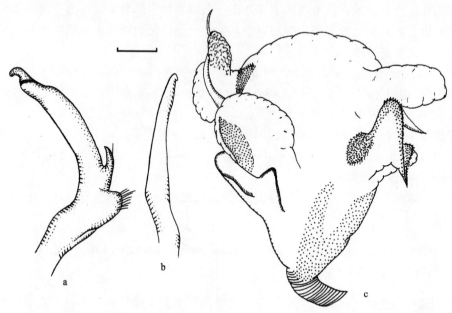

图 167　西南齿爪盲蝽，新种 Deraeocoris (Deraeocoris) xinanensis Liu et Xu, sp. nov.

a. 左阳基侧突 (left paramere)；b. 右阳基侧突 (right paramere)；c. 阳茎端 (vesica)；比例尺：0.1mm

分布：云南。

讨论：本种与安永齿爪盲蝽 D. (D.) yasunagai Nakatani 较为相近，但是本种背面观爪片接合缝可见明显的暗红褐色纵带，生殖节构造亦不相同。

(201) 安永齿爪盲蝽 Deraeocoris (Deraeocoris) yasunagai Nakatani, 1995 (图 168；图版 ⅩⅤ：234)

Deraeocoris yasunagai Nakatani, 1995: 401; Kerzhner et Josifov, 1999: 46; Schuh, 2002-2014.
Deraeocoris (Deraeocoris) yasunagai: Liu et al., 2011: 7; Xu et Liu, 2018: 148.

体浅黄色，光亮，无被毛，具浅褐色刻点。

头黄褐色，光亮，平伸；眼间距是眼宽的 1.50-1.89 倍，后缘具横脊。复眼红褐色。触角被浅色半直立短毛，第 1 节圆柱状，黄褐色，微染红褐色，最基部稍细，具 1 红褐色环，长是眼间距的 1.43-1.67 倍；第 2 节线状，黄褐色，端部色深，长是头宽的 1.75-1.83 倍；第 3、4 节细，浅褐色，仅第 3 节基部黄褐色。唇基黄褐色，末端染红色，喙黄褐色，端部色深，伸达中足基节后缘。

前胸背板黄褐色，密被浅褐色粗大刻点，光亮，无被毛，盘域稍隆起，侧缘直，后缘弧形稍突出。领黄褐色，光亮。胝黄褐色，光滑，左右相连，稍突出。小盾片黄褐色，光滑无刻点，侧缘色稍浅。

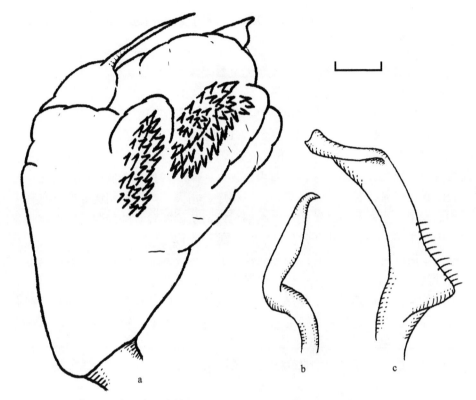

图 168　安永齿爪盲蝽 Deraeocoris (Deraeocoris) yasunagai Nakatani
a. 阳茎端 (vesica)；b. 右阳基侧突 (right paramere)；c. 左阳基侧突 (left paramere)；比例尺：0.1mm

半鞘翅革质部黄褐色，具均一浅褐色刻点，爪片最端部染褐色，楔片端部内侧缘染红色；缘片端部及楔片几无刻点。膜片黄褐色，中部纵向色深；翅脉红褐色。

足黄褐色，腿节端部有 2 红褐色环；胫节最基部外缘有 1 红褐色斑，延伸到胫节中部，腹侧缘近中部具 3 枚褐色小刺；跗节端部及爪红褐色。

腹部腹面红褐色，密被浅色半直立绒毛。臭腺沟缘黄白色。

雄虫左阳基侧突感觉叶三角形突起，钩状突向外侧扭曲，末端平截；右阳基侧突"S"形扭曲，钩状突末端鸟头状。阳茎端具膜囊及 5 枚骨化附器。

量度 (mm)：体长 5.50-6.15，宽 2.55-2.60；头宽 0.91-0.94；眼间距 0.39-0.46；触角各节长 Ⅰ : Ⅱ : Ⅲ : Ⅳ=0.52-0.65 : 1.59-1.72 : 0.61-0.65 : 0.52-0.62；前胸背板长 1.25，宽 2.11；楔片长 0.75；爪片接合缝长 1.01-1.04。

观察标本：2♂，陕西宁陕火地塘，1580m，1998.Ⅶ.17，袁德成灯诱；1♂1♀，陕西宁陕火地塘，1580m，1998.Ⅶ.20，袁德成灯诱；1♀，陕西宁陕旬阳坝，1350m，1998. Ⅶ.27，姚建采。

分布：陕西；日本。

讨论：本种与窄顶齿爪盲蝽 D. (D.) angustiverticalis Ma et Liu 较为相近，但是本种眼间距远大于眼宽。

(202) 郑氏齿爪盲蝽，新种 *Deraeocoris* (*Deraeocoris*) *zhengi* Liu *et* Xu, sp. nov.　（图 169；图版 XV：235)

体椭圆形，古铜色，光亮，体表光滑无毛具黑褐色刻点。

头顶浅红褐色，两侧色稍浅，光亮，宽约是眼宽的 1.35 倍，后缘具较窄横脊，和头顶同色。复眼黑色。触角第 1 节浅黄褐色，圆柱形，基部和中部具黑斑，长是眼间距的 1.46 倍；第 2 节浅红褐色，端部黑色，线状，长是头宽的 1.94 倍，密布浅色半直立短毛；第 3、4 节黑褐色，密布浅色半直立短毛。喙浅黄褐色，端部黑色，伸达中足基节后缘。

前胸背板古铜色，强烈前倾，密布黑色刻点，侧缘较直。领橘红色，光亮，其后缘黑色。胝红褐色略带浅黄褐色，光亮、左右相连、稍突出，两胝相连处的下方有 1 大的凹陷，刻点较密。小盾片基部黄褐色，端部黑色，从侧面观看基部明显低于前胸背板后缘，后向中部平缓升高，至小盾片的 2/3 处急剧下降至端部。

半鞘翅革质部古铜色；革片端部和缘片上的刻点较稀疏；楔片橘红色，其上几乎无刻点；膜片浅红褐色，略带灰色；翅脉边缘黑色，翅脉浅红褐色。

腿节浅黄褐色，端部具 2 个红褐色的环；胫节红褐色，基部、亚基部和亚端部各具 1 浅黄褐色环，密布浅色半直立短毛和零星红褐色较粗短毛；跗节红褐色，密布浅色半直立短毛；爪红褐色。

腹部腹面黑色，密布浅色半直立短毛。臭腺沟缘黄色，基部微染浅黄褐色。

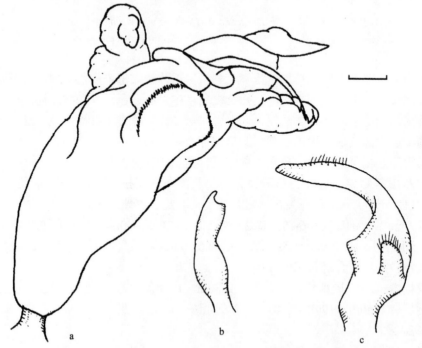

图 169　郑氏齿爪盲蝽，新种 *Deraeocoris* (*Deraeocoris*) *zhengi* Liu *et* Xu, sp. nov.
a. 阳茎端 (vesica)；b. 右阳基侧突 (right paramere)；c. 左阳基侧突 (left paramere)；比例尺：0.1mm

雄虫左阳基侧突感觉叶侧边具 1 近圆形的突起和 1 明显的柄状突起，钩状突向一侧弯曲，末端钝圆；右阳基侧突小，感觉叶不明显，钩状突末端细小。阳茎端侧面观具膜囊及 4 枚骨化附器：右侧膜叶内侧的骨化附器中度骨化，上缘具几个齿；在该膜叶下方包埋 1 枚骨化附器，其上密布小齿；左侧有 1 卷曲的骨化附器，末端尖；近中下部伸出 1 圆形中度骨化附器，上有细密小齿。次生生殖孔开口不明显。

量度 (mm)：体长 4.93，宽 2.21；头宽 0.96；眼间距 0.39；触角各节长 I : II : III : IV = 0.57:1.86:0.64:0.42；前胸背板长 1.00，宽 2.00；楔片长 0.86；爪片接合缝长 0.93。

种名词源：种名以中国昆虫学家郑乐怡教授的姓氏命名，纪念他在半翅目研究中的突出贡献。

模式标本：正模♂，云南绿春，1900m，1996.V.30，郑乐怡采。

分布：云南。

讨论：本种与翘盾齿爪盲蝽 *D. (D.) plebejus* Poppius 相近，但本种体古铜色；眼间距约为眼宽的 1.35 倍；触角第 1 节长为眼间距的 1.46 倍；前胸背板强烈前倾。两个种的生殖节结构亦不相同。

3) 奈顿盲蝽亚属 *Knightocapsus* Wagner, 1963

Knightocapsus Wagner, 1963: 23 (as subgenus of *Deraeocoris*). **Type species**: *Phytocoris lutesilutescens* Schilling, 1837; by original designation.

小盾片无刻点，头后缘无明显横脊，复眼靠近前胸背板前缘。

分布：云南；俄罗斯 (西伯利亚)，日本。

中国记载 1 种。

(203) 丽盾齿爪盲蝽 *Deraeocoris* (*Knightocapsus*) *elegantulus* Horváth, 1905 (图版 XV：236)

Deraeocoris elegantulus Horváth, 1905: 421; Carvalho, 1957: 64; Kulik, 1965: 51; Schuh, 1995: 1905; Kerzhner *et* Josifov, 1999: 47; Schuh, 2002-2014.

Deraeocoris (*Knightocapsus*) *elegantulus*: Liu *et al.*, 2011: 7.

体椭圆形，红褐色，光亮，具刻点。

头光滑，在复眼前端下倾，背面观可略见唇基，眼间距是眼宽的 1.47 倍，后缘横脊不明显。复眼红褐色，内侧缘具浅色软毛。触角密被浅色半直立短毛，第 1 节圆筒状，红褐色，长是眼间距的 0.75 倍；第 2 节线状，向端部稍膨大，红褐色，中部黄褐色，长是头宽的 1.24 倍；第 3、4 节细，黄褐色，仅第 3 节端半部红褐色。唇基红褐色，与头顶成一定角度的下倾，喙红褐色，第 2、3 节基部与顶端黄褐色，第 4 节基部黄褐色，伸达中足基节前缘。

前胸背板红褐色，刻点细密，侧缘较直，后缘弧形稍突出，后侧角微染黄色。领被粉状绒毛。胝光滑，左右相连，稍突出。小盾片光滑无刻点，橙红色。

半鞘翅革质部红褐色，具同色刻点。膜片烟褐色，翅脉褐色。

腿节红褐色，端部具黄褐色环；胫节黄褐色，亚基部、近中部、端部具红褐色环；跗节端部及爪红褐色。

腹部腹面红褐色，密被浅色绒毛。臭腺沟缘黄褐色，后缘黄色。

量度 (mm)：体长 4.1，宽 1.92；头宽 0.86；眼间距 0.36；触角各节长 Ⅰ:Ⅱ:Ⅲ:Ⅳ=0.27:1.07:0.38:0.35；前胸背板长 0.91，宽 1.56；楔片长 0.68；爪片接合缝长 0.68。

观察标本： 1♀，云南保山太保山，1979.Ⅷ.22。

分布： 云南；俄罗斯 (西伯利亚)，日本。

4) 丛盲蝽亚属 *Plexaris* Kirkaldy, 1902

Plexaris Kirkaldy, 1902: 282. **Type species:** *Plexaris saturnides* Kirkaldy, 1902 (=*Capsus ostentans* Stål, 1855); by monotypy. Synonymized by Reuter, 1907: 19, with *Camptobrochis*; as subgenus by Kerzhner, 1997: 245.

Phaeocapsus Wagner, 1963: 21 (as subgenus of *Deraeocoris*). **Type species:** *Camptobrochis pilipes* Reuter, 1879; by original designation. Synonymized by Kerzhner, 1997: 245.

小盾片无刻点，头后缘具明显横脊，复眼远离前胸背板前缘。

分布： 内蒙古、山西、陕西 (Qi & Huo, 2007)、宁夏、甘肃、新疆、台湾、云南；俄罗斯 (远东地区)，朝鲜半岛，土耳其，伊朗。

中国记载 4 种。

种 检 索 表

1. 体被浅色长毛┈┈┈┈┈┈┈┈┈┈┈┈┈┈┈┈┈┈┈┈┈┈ 毛足齿爪盲蝽 *D. (P.) pilipes*
   不如上述 ┈┈┈┈┈┈┈┈┈┈┈┈┈┈┈┈┈┈┈┈┈┈┈┈┈┈┈┈┈┈┈┈ 2
2. 小盾片单一黄白色 ┈┈┈┈┈┈┈┈┈┈┈┈ 白盾齿爪盲蝽，新种 *D. (P.) albidus* sp. nov.
   小盾片黄褐色或黑褐色 ┈┈┈┈┈┈┈┈┈┈┈┈┈┈┈┈┈┈┈┈┈┈┈┈┈┈┈┈ 3
3. 小盾片侧缘浅色 ┈┈┈┈┈┈┈┈┈┈┈┈┈┈ 毛尾齿爪盲蝽 *D. (P.) claspericapilatus*
   小盾片侧缘黑褐色 ┈┈┈┈┈┈┈┈┈┈┈┈┈┈┈┈┈┈┈ 端齿爪盲蝽 *D. (P.) apicatus*

(204) 白盾齿爪盲蝽，新种 *Deraeocoris (Plexaris) albidus* Liu *et* Xu, sp. nov. (图 170；图版 XV：237)

体椭圆形，红色，光滑无毛，具褐色刻点。

头红褐色，下倾，眼间距是眼宽的 0.96-1.58 倍，后缘具横脊。复眼红褐色。触角粗壮，被浅色半直立短毛，第 1 节褐色，圆柱状，长是眼间距的 0.67-0.91 倍；第 2 节褐色，线状，雌虫黄褐色，端部加粗，褐色，长是头宽的 1.35-1.53 倍；第 3 节褐色，最基部黄色；第 4 节褐色。唇基红褐色，端部黑褐色，喙浅红褐色，端部褐色，伸达中胸腹板端部。

前胸背板红褐色，前部色深，具褐色刻点，向后缘渐稀疏，盘域明显隆起，侧缘较直，后缘黄白色边，弓形突出。领红褐色，被粉状绒毛。胝光滑，黑褐色，左右相连，突出。小盾片黄白色，隆起，光滑，无刻点。

半鞘翅红褐色，具褐色刻点，向端部渐稀疏；缘片、楔片染红褐色，几无刻点。膜片褐色。

足红褐色，胫节亚基部和近中部各有 1 黄色环。

腹部腹面红褐色，密被浅色半直立绒毛。臭腺沟缘红褐色。

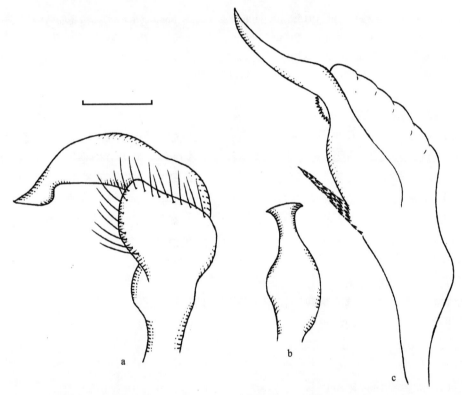

图 170　白盾齿爪盲蝽，新种 *Deraeocoris* (*Plexaris*) *albidus* Liu *et* Xu, sp. nov.
a. 左阳基侧突 (left paramere)；b. 右阳基侧突 (right paramere)；c. 阳茎端 (vesica)；比例尺：0.1mm

雄虫左阳基侧突感觉叶稍突出，其上被稀疏浅色毛，杆部在近中部加宽，钩状突向一侧弯曲，末端足状；右阳基侧突感觉叶不明显，钩状突末端宽阔。阳茎端具膜囊和 2 枚骨化附器：中部伸出 1 枚粗壮骨针；基部靠近次生生殖孔伸出 1 短刺，其上密布小齿；膜囊端部具中度骨化的小齿。

量度 (mm)：体长 3.70-3.90，宽 1.74-2.21；头宽 0.88-0.90；眼间距 0.29-0.39；触角各节长 I : II : III : IV=0.26-0.27:1.20-1.35:0.36-0.40:0.36；前胸背板长 0.94-0.96，宽 1.64-1.72；楔片长 0.65-0.70；爪片接合缝长 0.57-0.78。

种名词源：种名意指小盾片黄白色。

模式标本：正模♂，云南思茅那澜，1300m，2001.Ⅴ.15，卜文俊灯诱；副模：1♂1♀，云南思茅菜阳河傈僳新寨山，1500m，2000.Ⅴ.19，卜文俊采；1♂，同上，2000.Ⅴ.26，郑乐怡灯诱；1♀，云南瑞丽珍稀植物园，1160m，2006.Ⅶ.28，高翠青采；1♀，云南瑞丽弄岛，2006.Ⅷ.1，董鹏志采。

分布：云南。

讨论：本种与毛尾齿爪盲蝽 *D.* (*P.*) *claspericapilatus* Kulik 较为相近，但是本种体型较小，红色；小盾片光滑，黄白色。

(205) 端齿爪盲蝽 *Deraeocoris* (*Plexaris*) *apicatus* Kerzhner *et* Schuh, 1995

Deraeocoris apicalis Poppius, 1915a: 40. A junior secondary homonym of *Capsus apicalis* Signoret.

Deraeocoris apicatus Kerzhner *et* Schuh, 1995: 2. New name for *Deraeocoris apicalis* Poppius, 1915; Schuh, 1995: 603; Schuh, 2002-2014.

Deraeocoris (*Plexaris*) *apicatus*: Kerzhner *et* Josifov, 1999: 47.

体光滑无毛，黑色。

头部黄色，平伸，头顶及额部具黑色斑纹，雌虫眼间距大于眼宽。复眼大。触角黑色，第 1 节长远小于眼间距，近中部和端部各有 1 浅色环；第 2 节长是第 1 节长的 3 倍，中部有 1 宽的浅色环；第 3 节基部有 1 窄的浅色环；第 3、4 节约等长，长之和小于第 2 节长的 1/3。唇基浅黄色，喙黄色，不伸达中足基节后缘。

前胸背板具清晰刻点，基部宽不足端部的 3 倍，盘域弓起。领基部褐色。胝光滑，左右相连，稍突出。小盾片单一黑褐色，光滑，无刻点。

半鞘翅革质部黑色，具清晰刻点；爪片接合缝、革片最基部及外缘、楔片端部浅色。膜片灰黄褐色，翅脉色暗。

足黄色，腿节中部具 2 黑色环，跗节端部及爪黑褐色。

腹面黄褐色，臭腺沟缘黄色。

量度 (mm)：体长 4.3，宽 2.0。

分布：台湾。

本次研究未见该种标本。

(206) 毛尾齿爪盲蝽 *Deraeocoris* (*Plexaris*) *claspericapilatus* Kulik, 1965 (图 171)

Deraeocoris claspericapilatus Kulik, 1965: 50; Schuh, 1995: 605; Qi *et* Huo, 2007: 349.

Deraeocoris (*Phaeocapsus*) *claspericapilatus*: Kulik, 1965: 148.

Deraeocoris (*Plexaris*) *claspericapilatus*: Kerzhner *et* Josifov, 1999: 48; Xu *et* Liu, 2018: 149.

体椭圆形，光亮，黄褐色，具黑色刻点。

头部浅褐色至黑色，中纵线浅色。触角黑色，第 1-3 节基部浅色，雌虫触角第 2 节中部常有 1 浅色带。触角各节长度比为：雄虫 8：22：10：8，雌虫 8：20：9：7；触角第 1 节与眼间距比例为 8：6；触角第 1 节与眼宽的比例为 8.0：5.5。

前胸背板黑褐色，侧缘色浅，通常中纵线浅色。小盾片具细小刻点或无；光滑；黑色，侧缘浅色。

半鞘翅革质部黄褐色至黑褐色；楔片色浅，端部黑色。膜片黑色，翅脉褐色或黑色。

足红褐色，腿节端部具 2 黑色环，胫节具 3 黑色环。

腹面黑色。臭腺沟缘浅色。

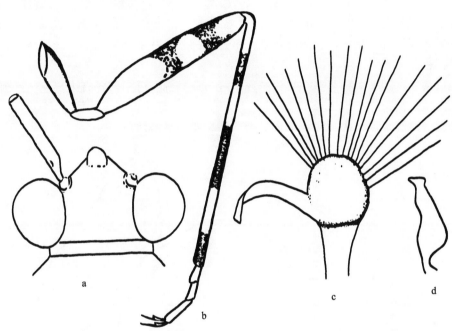

图 171　毛尾齿爪盲蝽 Deraeocoris (Plexaris) claspericapilatus Kulik (仿 Kulik, 1965)

a. 头部背面观 (head, dorsal view)；b. 后足 (hind leg)；c. 左阳基侧突 (left paramere)；d. 右阳基侧突 (right paramere)

雄虫左阳基侧突感觉叶球状，大而突出，密被长毛，钩状突端部加宽，弯曲；右阳基侧突小，钩状突顶端略平。

量度 (mm)：体长 4.4-4.8，宽 2.0-2.2。

分布：陕西 (Qi & Huo, 2007)；俄罗斯 (远东地区)，朝鲜半岛。

本种生活在柳属植物上。

本研究未见该种标本，形态描述依据原始描述。

(207) 毛足齿爪盲蝽 Deraeocoris (Plexaris) pilipes (Reuter, 1879) (图 172；图版 XV：238)

Camptobrochis pilipes Reuter, 1879: 201.

Deraeocoris pilipes: Hsiao, 1942: 251 (misidentification); Carvalho, 1957: 73; Qi *et al.*, 1994: 58; Schuh, 1995: 617; Kerzhner *et* Josifov, 1999: 49; Schuh, 2002-2014.

体长椭圆形，浅黄褐色，具浅色长毛及褐色刻点。

头红褐色，稍下倾；头顶中纵线黄色，眼间距是眼宽的 1.00-1.44 倍，后缘具浅褐色横脊。复眼红褐色。触角被浅色长毛，第 1 节圆筒状，黄褐色，内侧缘有红褐色纵斑，长是眼间距的 1.11-1.19 倍；第 2 节线状，黄褐色，端部 1/4 褐色，长是头宽的 1.24-1.46 倍；第 3、4 节约等长，细，第 3 节最基部黄褐色。唇基黄褐色，侧缘具红褐色斑，喙黄褐色，端部色深，伸达中足基节前缘。

前胸背板黄褐色，具褐色刻点，中纵线明显黄色；盘域具浅褐色大斑，稍隆起；侧缘较直，被稀疏浅色长毛，后缘弓形突出。领宽，黄褐色，被粉状绒毛。胝光滑，褐色，左右相连，稍突出。小盾片黄褐色，具 2 个褐色大斑，光亮，刻点不明显，具轻微刻痕。

半鞘翅革质部黄褐色，具褐色刻点；爪片端部、革片中部及端部、缘片端部和楔片端部有褐色斑点。

足黄褐色，腿节端部具 2 个褐色窄环；胫节亚基部和近中部各有 1 褐色环；跗节末端褐色，爪红褐色。

腹部腹面红褐色，密被浅色半直立短毛。臭腺沟缘黄白色。

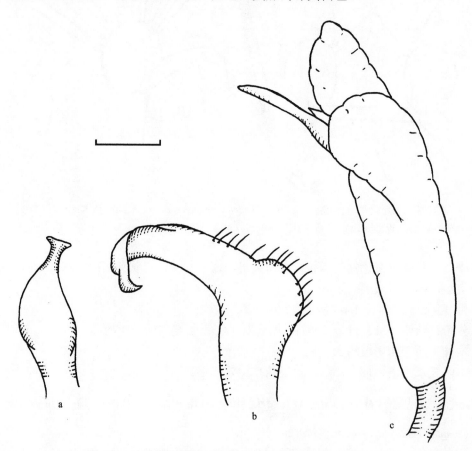

图 172　毛足齿爪盲蝽 *Deraeocoris (Plexaris) pilipes* (Reuter)

a. 右阳基侧突 (right paramere)；b. 左阳基侧突 (left paramere)；c. 阳茎端 (vesica)；比例尺：0.1mm

雄虫左阳基侧突粗大，感觉叶近圆形，其上具较短的毛，钩状突弯曲，端部钩状；右阳基侧突短粗，感觉叶不明显，钩状突亚端部略缢缩，端部变宽。阳茎端侧面观具 2

个膜叶和 2 枚骨化附器：右侧膜叶宽短，右侧缘有骨化痕迹；左侧膜叶细长；一枚骨化附器中度骨化，从近次生生殖孔开口附近伸出；另一枚骨化附器位于阳茎端端部中部，稍短，骨化强，尖角状。次生生殖孔不明显。

量度 (mm)：体长 4.20-5.11，宽 2.00-2.11；头宽 1.00-1.05；眼间距 0.34-0.39；触角各节长 Ⅰ:Ⅱ:Ⅲ:Ⅳ=0.36-0.43:1.14-1.46:0.44-0.46:0.43-0.46；前胸背板长 0.93-1.07，宽 1.64-1.79；楔片长 0.64-0.71；爪片接合缝长 0.78-1.07。

观察标本：1♀，山西太原，1974.Ⅷ.24。1♂，内蒙古巴彦淖尔盟额济纳旗，1965. Ⅶ.10；1♀，内蒙古额济纳旗七里树，1984.Ⅶ.24，刘国卿采；1♀，内蒙古达镇，1984. Ⅶ.25，刘国卿采；1♂，内蒙古额济纳旗赛社，1984.Ⅶ.29，刘国卿采；2♀，内蒙古阿拉善左旗巴彦浩特，1987.Ⅶ.30；1♂1♀，内蒙古阿拉善左旗巴彦浩特，1987.Ⅶ.30；1♂，内蒙古贺兰山西麓古拉本，1987.Ⅶ.31；2♂，内蒙古额济纳旗林场，980m，1991.Ⅶ.26，刘国卿采。3♂1♀，甘肃敦煌，1993.Ⅵ.18，卜文俊采；1♂1♀，甘肃嘉峪关，1600m，1993. Ⅵ.20，田晴采；1♀，甘肃敦煌，1993.Ⅵ.18，刘国卿采；1♀，同上，1964.Ⅵ.20-22，周尧、刘绍友采；4♀，甘肃临泽，1993.Ⅵ.22；1♀，甘肃榆中兴隆山，2200m，1993.Ⅶ.29，吕楠采。2♀，宁夏银川，1987.Ⅶ.25。1♂，新疆阿克苏沙井子，1955.Ⅷ；1♀，新疆鄯善，1975.Ⅵ.30；1♀，新疆奇台，1975.Ⅶ.11，穆强采；1♂，新疆阿克苏，1180m，1978.Ⅵ.19，灯诱 (中国科学院动物研究所)；1♀，新疆石河子，1980.Ⅴ.10；1♀，新疆石河子 148 团场，1980.Ⅵ.17，李彦发灯诱；1♀，新疆石河子总场三分场，1980.Ⅵ.26，李彦发采；1♀，新疆石河子总场一营二连，同上；1♂3♀，新疆阿勒泰哈巴河白桦林，2002.Ⅶ.15，朱卫兵采；1♀，同上，柯云玲采；1♂1♀，同上，2002.Ⅶ.16，朱卫兵采；1♂1♀，新疆伊犁尼勒克次生林公园，2002.Ⅷ.10，吕昀采。

分布：内蒙古、山西、宁夏、甘肃、新疆；俄罗斯 (亚洲地区)，伊朗，土耳其。

讨论：本种与毛尾齿爪盲蝽 D. (P.) claspericapilatus Kulik 相近，但本种体色浅黄褐色，触角和足上有零星较长毛；小盾片刻点不明显，仅具轻微刻痕，其上有 2 个大的褐色斑。

41. 多盲蝽属 *Dortus* Distant, 1910

Dortus Distant, 1910a: 13. **Type species:** *Dortus primarius* Distant, 1910; by monotypy.

体椭圆形，具光泽，被浅色半直立毛。

头长约为头宽的 1/2，下倾。复眼大而突出。触角被长毛，第 1 节等于头长，第 2 节长是第 1 节的 2 倍，第 3、4 节之和小于第 2 节长。喙超过中足基节后缘。

前胸背板前缘宽；领窄，前缘具凹痕。小盾片稍隆起。半鞘翅革质部除缘片外密布刻点；楔片被较长毛。足较长，密布长绒毛。

分布：江西、福建、台湾 (Lin & Yang, 2005)、广东、海南、广西、四川、云南；日本，缅甸。

世界已知 2 种，中国均有记录。

种 检 索 表

(208) 黑带多盲蝽 *Dortus chinai* Miyamoto, 1965 (图 173；图版 XV：239)

Dortus chinai Miyamoto, 1965b: 156; Schuh, 1995: 625; Lin *et* Yang, 2005: 99; Schuh, 2002-2014.

体椭圆形，黄褐色，具光泽，被浓密浅色半直立软毛。

头黄褐色，具光泽，有零星深色碎斑；侧面观唇基顶端黑褐色；复眼大，红褐色；头顶黄褐色，雄虫几乎与复眼等宽，雌虫约为复眼宽的 2 倍。触角红褐色，密被浅色半直立毛，短毛和触角直径几乎相等，长毛约为直径的 2 倍；第 1 节圆筒状，基部稍细且为黄褐色；第 2 节中部黄褐色，端部黑褐色，雄虫线状，长度小于头宽的 1.5 倍，雌虫端部稍粗，长度大于头宽的 1.5 倍；第 3 节基半部黄褐色，第 3、4 节细于第 2 节，且第 3、4 节长之和小于第 2 节。喙黄褐色，顶端黑褐色，超过中足基节后部。

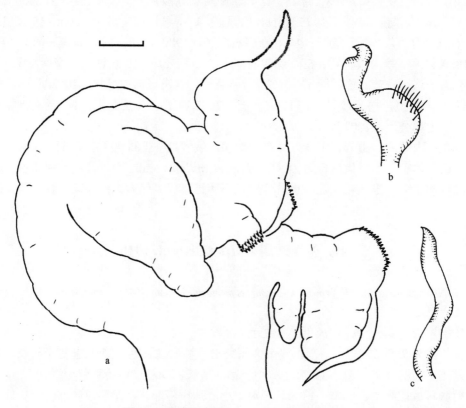

图 173　黑带多盲蝽 *Dortus chinai* Miyamoto

a. 阳茎端 (vesica)；b. 右阳基侧突 (right paramere)；c. 左阳基侧突 (left paramere)；比例尺：0.1mm

前胸背板有深色小刻点，领明显，光滑无被毛，领后缘色稍深；胝光滑，不隆起，中部宽度约为领宽的 2 倍。小盾片黄褐色，无刻点，光滑，被浅色半直立短毛，中纵线近顶角处有红褐色纵向斑纹，边缘模糊。胸部腹面颜色稍深于背面颜色。臭腺沟缘黄白色。

半鞘翅被深色小刻点，革质部黄褐色，革片中部纵脉、内侧缘端部及缘片端缘具模糊的红褐色纵斑；沿爪片接合缝有 1 明显的红褐色纵向斑纹，边缘模糊；楔片具浅色半直立软毛，顶角色稍深。膜片浅烟褐色，翅脉黑褐色，翅室清晰。

足黄褐色，前、中足腿节端部红褐色，后足腿节端部有 2 红褐色环；胫节外侧有 1 红褐色纵斑；跗节端部和爪红褐色。

腹面被浅色半直立短毛；胸部腹面红褐色；腹部腹面暗黄褐色，雄虫端部红褐色。

雄虫左阳基侧突感觉叶发达，明显凸起，被稀疏浅色长毛，钩状突末端钩状；右阳基侧突细长，末端尖锐。阳茎端囊状，膨胀状态下可见 2 个骨化针，2 列排生尖角状骨化附器和 1 簇生尖角状骨化附器；背面可见 1 簇密生尖角状骨化附器。

量度 (mm)：体长 3.85-4.90，宽 1.61-2.03；头宽 0.79-0.94；眼间距 0.27-0.40；触角各节长 Ⅰ:Ⅱ:Ⅲ:Ⅳ＝0.39-0.52:1.12-1.45:0.63-0.73:0.49-0.68；前胸背板长 1.31-1.60，宽 1.46-1.52；楔片长 0.54-0.65；爪片接合缝长 0.70-0.83。

观察标本：4♂4♀，福建泉州，1965.Ⅶ.1，王良臣采；17♂28♀，福建福州，1965.Ⅶ.8，刘胜利采；1♂，福建福州新店，1965.Ⅶ.12，刘胜利采；1♂，福建福州马鞍，1965.Ⅶ.13，王良臣采；1♀，福建崇安武夷山，1965.Ⅵ.19，刘胜利采。1♀，江西九龙山，2002.Ⅶ.16，于昕采；3♀，江西瑞金市，2004.Ⅶ.25，李晓明采。1♀，广东连县瑶安乡，1962.Ⅹ.21，郑乐怡、程汉华采；1♂，广东连县瑶安乡，1962.Ⅹ.22，郑乐怡、程汉华采。1♂1♀，广西南宁，1964.Ⅵ.30，王良臣采；1♀，广西龙州，1964.Ⅶ.16，王良臣采；1♂，广西阳朔，1964.Ⅸ.11，刘胜利采。1♂，海南文昌，1964.Ⅴ.23，刘胜利采；1♂，海南陵水吊罗山，75m，2007.Ⅴ.27，于昕灯诱；1♂，同上，2007.Ⅴ.21，董鹏志灯诱；1♀，海南白沙鹦哥岭保护区，450m，2007.Ⅴ.23，张旭采；1♀，海南霸王岭自然保护区，600m，2007.Ⅵ.10，李卫春、张志伟采。1♀，四川成都，1957.Ⅶ。1♂，云南景东紫胶研究所，1958.Ⅴ.17，郑乐怡采；1♂，同上，1958.Ⅴ.19，邹环光采；4♂4♀，云南西双版纳小勐养，1958.Ⅳ.2；1♀，同上，1958.Ⅷ.22；1♂2♀，同上，1958.Ⅷ.24；1♂，同上，1958.Ⅷ.27；1♂2♀，同上，1958.Ⅸ.20；1♂，云南保山潞江，1960.Ⅲ.25；1♂，云南勐海城关，1979.Ⅹ.5，邹环光采；2♂1♀，云南景洪，1979.Ⅹ.8，邹环光采；1♀，云南景洪，1979.Ⅹ.9，崔剑昕采；1♂2♀，云南景洪橄榄坝，1979.Ⅹ.10，邹环光采；1♂，云南思茅菜阳河鱼塘，1400m，2000.Ⅹ.21，卜文俊采；1♀，云南思茅糯扎渡自然保护区，650m，2001.Ⅴ.16，卜文俊采；2♂，云南南涧，1500m，2001.Ⅶ.2；1♀，云南泸水上江，830m，2002.Ⅳ.7，欧晓红采；2♀，云南泸水上江七棵树，900m，2002.Ⅳ.8，欧晓红采；1♂，云南龙陵江中山，900-950m，2002.Ⅹ.8，薛怀君采；1♂，云南龙陵勐糯，2002.Ⅹ.8，薛怀君灯诱；1♂，云南龙陵邦腊掌，1300m，2002.Ⅹ.13，薛怀君采；1♂，云南元江南溪，2010m，2006.Ⅶ.23，郭华采；2♂1♀，云南元江，400m，2006.Ⅶ.25，朱卫兵采；1♀，云南元江西郊，395m，2006.Ⅶ.25，高翠青采；1♂，云南腾冲城关镇，1600m，2006.Ⅷ.7，郭华采；1♂，云南隆阳百花岭，1500-1600m，2006.Ⅷ.14，范中华采；1♀，云南大理苍山，2050m，

2006.Ⅷ.21，郭华采。

    分布：江西、福建、台湾、广东、海南、广西、四川、云南；日本。

    讨论：本种与缅多盲蝽 *D. primarius* Distant 的主要区别是本种的前胸背板为梯形，侧缘外扩，而缅多盲蝽的侧缘内凹，更像钟形，和盔盲蝽属极为相似。

(209) 缅多盲蝽 *Dortus primarius* **Distant, 1910** (图 174)

> *Dortus primarius* Distant, 1910a: 13; Carvalho, 1957: 83; Schuh, 1995: 625; Lin *et* Yang, 2005: 99;
>   Schuh, 2002-2014.

    头浅黄褐色，中纵线色深。复眼黑色。触角黄褐色，被软毛，第 2 节端部黑色，第 3、4 节黑褐色，第 3 节基部黄褐色。

    前胸背板浅黄褐色，刻点明显，侧缘红褐色。胝光滑。

    小盾片浅黄褐色，中纵线黑褐色，具微皱。

    半鞘翅革质部爪片浅黄褐色，被明显而深色的刻点；缘片色浅且无刻点；楔片黄褐色，端部红褐色，稍具长软毛。膜片烟褐色。

    足浅黄褐色。

    腹面浅黄褐色，胸部侧缘和腹部端部红褐色。

    量度 (mm)：体长 5。

    分布：台湾 (Lin & Yang, 2005)；缅甸。

    本次研究未见此种的标本，形态描述依据原始描述。中文名意指该种最早记录见于缅甸。

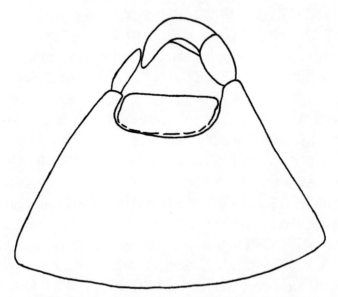

图 174 缅多盲蝽雄虫生殖节 (genital capsule of male *Dortus primarius* Distant)

(仿 Lin & Yang, 2005)

42. 亮盲蝽属 *Fingulus* Distant, 1904

Fingulus Distant, 1904a: 275. **Type species:** *Fingulus atrocaeruleus* Distant, 1904; by monotypy.

Ix Bergroth, 1916: 234. **Type species:** *Ix porrecta* Bergroth, 1916; by original designation. Synonymized by Carvalho, 1955a: 221.

Anchix Hsiao, 1944: 377. **Type species:** *Anchix atra* Hsiao, 1944; by original designation. Synonymized by Carvalho, 1955a: 221.

头部向前平伸，具强烈发达的颈状眼后区域；眼后常具横缢或皱褶；领宽平，前缘很少圆形；前翅沿楔片缝向下显著弯曲。

分布：浙江、福建、台湾、海南、香港、四川、云南；日本，印度，越南，老挝，泰国，菲律宾，马来西亚。

全世界已知 20 种。本志记述了中国分布的 8 种，其中包括 3 个中国新纪录种。

种 检 索 表

1. 触角第 2 节棒状···阿坡亮盲蝽 *F. apoensis*
   触角第 2 节线状···2
2. 臭腺沟缘浅色··3
   臭腺沟缘褐色··6
3. 触角第 2 节长小于前胸背板后缘宽···4
   触角第 2 节长大于前胸背板后缘宽·······························平亮盲蝽 *F. inflatus*
4. 前胸背板刺浅色··5
   前胸背板刺褐色···光领亮盲蝽 *F. collaris*
5. 后足胫节端部 1/4 红褐色，近基部有 1 黄褐色窄环 ···············红头亮盲蝽 *F. ruficeps*
   后足胫节端部 2/5 单一红褐色 ······································钝刺亮盲蝽 *F. umbonatus*
6. 腿节单一黄褐色···淡足亮盲蝽 *F. porrecta*
   腿节黑褐色··7
7. 体红褐色···长角亮盲蝽 *F. longicornis*
   体黑褐色··短喙亮盲蝽 *F. brevirostris*

(210) 阿坡亮盲蝽 *Fingulus apoensis* Stonedahl *et* Cassis, 1991 (图 175；图版 XV：240)

Fingulus apoensis Stonedahl *et* Cassis, 1991: 12; Schuh, 1995: 626; Kerzhner *et* Josifov, 1999: 49; Liu *et al.*, 2011: 8; Schuh, 2002-2014.

体椭圆形，黑褐色，光亮，具同色刻点。

头浅黑褐色，唇基前伸。头顶具褐色斑，眼间距是眼宽的 0.68 倍。复眼红褐色。触角被浅色半直立短毛，第 1 节黑褐色，圆筒状，基部稍细，长是眼间距的 1.43 倍；第 2 节棒状，黄褐色，端部黑褐色，长是头宽的 1.50 倍；第 3 节线状，黄褐色，端部黑褐色；

第 4 节线状，约和第 1 节等长，基半部黄褐色，端半部黑褐色。喙黑褐色，第 3 节端部及第 4 节基部黄褐色，伸达中足基节后缘。

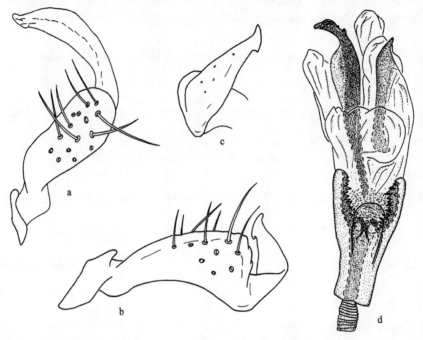

图 175 阿坡亮盲蝽 *Fingulus apoensis* Stonedahl *et* Cassis (仿 Stonedahl & Cassis, 1991)

a-c. 左阳基侧突 (left paramere: a. dorsal view; b. lateral view; c. apical view); d. 阳茎端 (vesica)

前胸背板黑褐色，具同色细小刻点，前胸背板刺不明显。领黑褐色，前缘色稍浅，光亮，具同色细小刻点。胝光滑，左右稍相连，不凸出。前胸背板盘域稍隆起，侧缘直，后缘弧状外凸。小盾片黑褐色，光亮，较平，具同色细小刻点。

半鞘翅革质部黑褐色，具同色刻点，较前胸背板刻点稍粗大；楔片几无刻点。膜片灰黄褐色，翅脉黑褐色，沿翅脉有灰褐色窄带。腿节黑褐色，胫节黄褐色，基部 2/5 黑褐色，后足胫节基部 1/2 黑褐色，端部黄褐色；跗节及爪黄褐色。

腹面红褐色，被稀疏浅色半直立毛。臭腺沟缘黑褐色。

雄虫左阳基侧突感觉叶近方形，稍突出，其上被浅色长毛，钩状突基部较宽阔，末端足状；右阳基侧突较小，钩状突亚端部略缢缩，末端稍宽阔。阳茎端具膜囊和 2 枚骨化附器。

量度 (mm)：体长 2.70，宽 1.87；头宽 0.66；眼间距 0.21；触角各节长 I：II：III：IV = 0.39：0.99：0.53：0.39；前胸背板长 1.04，宽 1.64；楔片长 0.57；爪片接合缝长 0.46。

观察标本：1♂，云南龙陵江中山，900-950m，2002.X.8，薛怀君采。

分布：云南；菲律宾。

讨论：本种与红头亮盲蝽 *F. ruficeps* Hsiao *et* Ren 较相似，但本种触角第 2 节棒状；臭腺沟缘黑褐色。

(211)　短喙亮盲蝽 *Fingulus brevirostris* **Ren, 1983**　（图 176；图版 XVI: 241）

Fingulus brevirostris Ren, 1983: 290; Schuh, 1995: 626; Zheng, 1995: 460; Kerzhner *et* Josifov, 1999: 49; Schuh, 2002-2014.

体长椭圆形，浅黑褐色，光亮，具细小刻点。

头部同体色，唇基前伸。眼间距是眼宽的 0.63-0.82 倍。复眼红褐色。触角被浅色半直立短毛，第 1 节黑褐色，圆筒状，基部稍细，长是眼间距的 2.50-3.30 倍；第 2 节细，线状，黄褐色，长是头宽的 1.60-2.50 倍；第 3 节线状，黄褐色；第 4 节线状，黑褐色，第 3、4 节长度之和约等于第 2 节长。喙黑褐色，伸达前足基节后缘。

前胸背板黑褐色，具同色细小刻点，前胸背板刺不明显。领黑褐色，光亮，具同色细小刻点。胝光滑，左右相连，不凸出。前胸背板盘域稍隆起，侧缘直，后缘弧状外凸。小盾片黑褐色，光亮，平，具同色刻点。

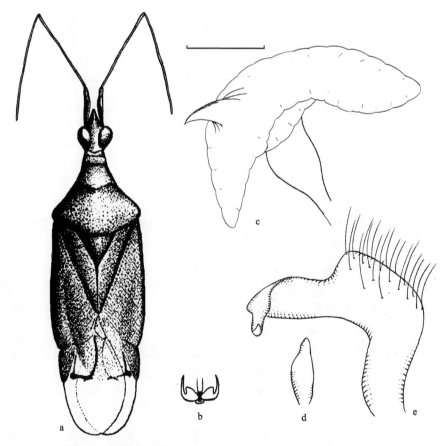

图 176　短喙亮盲蝽 *Fingulus brevirostris* Ren（a、b 仿 Ren, 1983）

a. 成虫背面观 (adult, dorsal view); b. 爪正面观 (claw, frontal view); c. 阳茎端 (vesica); d. 右阳基侧突 (right paramere);
e. 左阳基侧突 (left paramere);　比例尺：0.1mm (c-e)

半鞘翅革质部黑褐色，具同色刻点，较前胸背板刻点稍粗大；楔片几无刻点。膜片灰黄褐色，端半部色深，翅脉黑褐色。腿节黑褐色，胫节基部 2/5 黑褐色，端部 3/5 黄褐色；跗节及爪黄褐色。

腹面红褐色，被稀疏浅色半直立毛。臭腺沟缘黑褐色。

雄虫左阳基侧突感觉叶稍突出，其上被浅色长毛，钩状突向一侧稍弯曲，末端尖锐扭曲；右阳基侧突宽短，感觉叶不明显，钩状突短，末端钝圆。阳茎端具膜囊及 1 枚角状骨化附器。

量度 (mm)：体长 3.20-3.60，宽 1.56-1.85；头宽 0.65-0.72；眼间距 0.16-0.21；触角各节长 I : II :III:IV=0.52:1.48-1.79:1.04-1.07:0.65-0.70；前胸背板长 1.17，宽 1.43-1.64；楔片长 0.57；爪片接合缝长 0.65-0.81。

观察标本：1♀ (正模)，云南景洪，1979.X.9，邹环光采。1♂，浙江临安顺溪，400-600m，2007.VIII.12，范中华采。

分布：浙江、云南。

讨论：本种与长角亮盲蝽 F. longicornis Miyamoto 相似，但是本种体浅黑褐色，小盾片平；臭腺沟缘黑褐色。

(212) 光领亮盲蝽 *Fingulus collaris* Miyamoto, 1965 (图 177；图版 XVI: 242)

Fingulus collaris Miyamoto, 1965b: 155; Stonedahl *et* Cassis, 1991: 16; Schuh, 1995: 626; Kerzhner *et* Josifov, 1999: 49; Nakatani, Yasunaga *et* Takai, 2000: 2; Liu *et al.*, 2011: 8; Schuh, 2002-2014; Yasunaga *et al.*, 2016: 582.

体椭圆形，黑褐色，光亮，具细密刻点。

头部同体色，唇基前伸，复眼后缘染红色。眼间距是眼宽的 0.60-0.70 倍。复眼红褐色。触角被浅色半直立短毛，第 1 节黑褐色，圆筒状，基部稍细，长是眼间距的 2.46-2.69 倍；第 2 节细，线状，红褐色，近中部有黄褐色宽环，长是头宽的 2.14-2.34 倍；第 3、4 节缺失。喙基半部红褐色，端半部黄褐色，末端红褐色，伸达中胸腹板中部。

前胸背板黑褐色，具同色细小刻点，前胸背板刺不明显。领黑褐色，光亮，几无刻点。胝光滑，左右相连，不凸出。前胸背板盘域稍隆起，侧缘直，后缘弧状外凸。小盾片黑褐色，光亮，稍隆起，侧面观中部最高，刻点稀疏。

半鞘翅革质部黑褐色，具同色刻点，较前胸背板刻点稍粗大；楔片具细小浅刻点。膜片灰黄褐色，翅室灰褐色，近革片缘有 1 透明大斑，翅脉黑褐色。腿节黑褐色，胫节基部 1/3 黑褐色，端部近 2/3 黄褐色；跗节及爪黄褐色。

腹面红褐色，被稀疏浅色半直立毛。臭腺沟缘黄白色。

雄虫左阳基侧突感觉叶稍突出，其上被浅色长毛，钩状突向一侧弯曲，末端足状；右阳基侧突感觉叶不明显，钩状突亚端部缢缩，末端宽阔。阳茎端具膜囊，骨化较弱。

量度 (mm)：体长 3.10-3.40，宽 1.82；头宽 0.73；眼间距 0.17；触角各节长 I : II : III:IV=0.42-0.46:1.56-1.77:?:?；前胸背板长 1.17，宽 1.66；楔片长 0.91；爪片接合缝长 0.57-0.65。

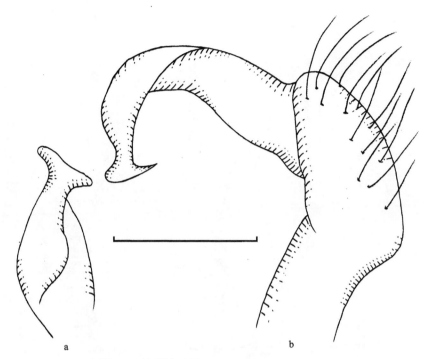

图 177　光领亮盲蝽 *Fingulus collaris* Miyamoto

a. 右阳基侧突 (right paramere)；b. 左阳基侧突 (left paramere)；比例尺：0.1mm

观察标本：1♂，浙江凤阳山，2007.Ⅶ.28，范中华采。1♀，云南勐海南糯山，1200m，1957.Ⅳ.27，臧令超采。

分布：浙江、云南；日本，印度，老挝，泰国。

讨论：本种与钝刺亮盲蝽 *F. umbonatus* Stonedahl *et* Cassis 和红头亮盲蝽 *F. ruficeps* Hsiao *et* Ren 较相似，但本种小盾片稍隆起；臭腺沟缘黄白色；喙端半部黄褐色。

(213) 平亮盲蝽 *Fingulus inflatus* Stonedahl *et* Cassis, 1991　（图 178；图版 XVI: 243)

Fingulus inflatus Stonedahl *et* Cassis, 1991: 24; Schuh, 1995: 626; Zheng, 1995: 460; Kerzhner *et* Josifov, 1999: 49; Schuh, 2002-2014; Yasunaga *et al*., 2016: 582.

体长椭圆形，黑褐色，光亮，具细密刻点。

头部黄褐色，唇基前伸。眼间距是眼宽的 0.62-0.72 倍。复眼红褐色。触角被浅色半直立短毛，第 1 节黑褐色，圆筒状，基部稍细，长是眼间距的 2.33-2.46 倍；第 2 节线状，黄褐色，端部 1/4 红褐色，长是头宽的 2.21-2.36 倍；第 3 节细，线状，黄褐色，端部 1/4 红褐色；第 4 节细，线状，红褐色，基部 1/3 黄褐色。喙基半部红褐色，端半部黄褐色，末端红褐色，伸达中胸腹板中部。

前胸背板黑褐色，具同色细小刻点，前胸背板刺不明显。领黑褐色，光亮，几无刻点。胝光滑，左右相连，不凸出。前胸背板盘域稍隆起，侧缘直，后缘弧状，稍外凸。

小盾片黑褐色，光亮，稍隆起，侧面观近端部 1/3 处最高，刻点稀疏。

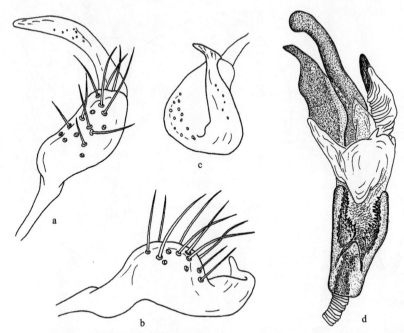

图 178 平亮盲蝽 *Fingulus inflatus* Stonedahl *et* Cassis (仿 Stonedahl & Cassis, 1991)
a-c. 左阳基侧突 (left paramere: a. dorsal view; b. lateral view; c. apical view); d. 阳茎端 (vesica)

半鞘翅革质部黑褐色，具同色刻点，向侧缘逐渐细小；楔片具细小浅刻点，几不可见。膜片灰黄色，基半部灰褐色，在大翅室近革片位置有 1 透明大斑，翅脉红褐色。腿节黑褐色；胫节黄褐色，基部有 1 红褐色环，后足胫节基部有 1 黄褐色环，基部近 1/2 黑褐色，端部近 1/2 黄褐色；跗节及爪黄褐色。

腹面红褐色，被稀疏浅色半直立毛。臭腺沟缘黄白色。

雄虫左阳基侧突感觉叶钝圆，稍突出，其上被浅色长毛，钩状突末端足状；右阳基侧突感觉叶不明显，钩状突亚端部缢缩，末端略宽阔。阳茎端具膜囊及 3 枚骨化附器。

量度 (mm)：体长 3.1-3.55，宽 1.82-2.16；头宽 0.72-0.78；眼间距 0.17-0.21；触角各节长 I : II : III : IV=0.42-0.46 : 1.64-1.72 : 0.94-1.04 : 0.57-0.68；前胸背板长 1.25，宽 1.56-1.87；楔片长 0.88；爪片接合缝长 0.68-0.78。

观察标本：2♀，浙江凤阳山，2007.Ⅷ.1，朱卫兵等采。1♂，云南思茅莱阳河瞭望塔，1600m，2000.Ⅴ.5，卜文俊采；1♂，云南隆阳百花岭，1500-1600m，2006.Ⅷ.14，范中华采。

分布：浙江、台湾、云南；印度，越南，泰国，马来西亚。

讨论：本种与光领亮盲蝽 *F. collaris* Miyamoto 较相似，但是本种小盾片稍隆起；臭腺沟缘黄白色；喙端半部黄褐色。

(214) 长角亮盲蝽 *Fingulus longicornis* Miyamoto, 1965　(图 179)

Fingulus longicornis Miyamoto, 1965b: 154; Stonedahl *et* Cassis, 1991: 30; Schuh, 1995: 627; Zheng, 1995: 460; Kerzhner *et* Josifov, 1999: 49; Nakatani, Yasunaga *et* Takai, 2000: 318; Schuh, 2002-2014.

体长椭圆形，黑褐色，光亮，具细密刻点。

头部同体色，唇基前伸。头顶色稍浅，宽是眼宽的 0.62 倍。复眼红褐色。触角被浅色半直立短毛，第 1 节黑褐色，圆筒状，基部稍细，长是眼间距的 3.50 倍；第 2 节细，线状，黄褐色，长是头宽的 2.36 倍；第 3 节线状，黄褐色，末端黑褐色；第 4 节线状，黑褐色，第 3、4 节长度之和约等于第 2 节长。喙黑褐色，伸达前足基节后缘。

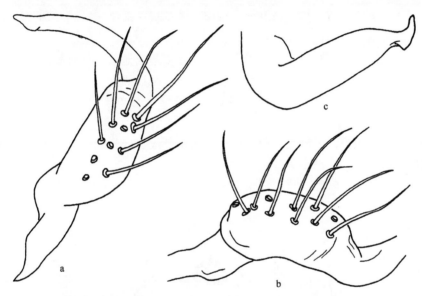

图 179　长角亮盲蝽 *Fingulus longicornis* Miyamoto (仿 Stonedahl & Cassis, 1991)

a-c. 左阳基侧突 (left paramere: a. dorsal view; b. lateral view; c. apical view)

前胸背板黑褐色，具同色细小刻点，前胸背板刺不明显。领黑褐色，光亮，具同色细小刻点。胝光滑，左右相连，不凸出。前胸背板盘域稍隆起，侧缘直，后缘弧状外凸。小盾片黑褐色，光亮，平，具同色刻点。

半鞘翅革质部黑褐色，具同色刻点，较前胸背板刻点稍粗大；楔片具细小浅刻点。膜片灰黄褐色，沿翅脉有浅黑褐色宽纹，翅脉黑褐色。腿节黑褐色，胫节基部近 1/2 黑褐色，端部近 1/2 黄褐色；跗节及爪黄褐色。

腹面红褐色，被稀疏浅色半直立毛。臭腺沟缘黑褐色。

雄虫左阳基侧突如图 179 所示。

量度 (mm)：体长 3.75，宽 3.75；头宽 0.72；眼间距 0.17；触角各节长 Ⅰ:Ⅱ:Ⅲ:Ⅳ= 0.59:1.69:1.17:0.60；前胸背板长 1.35，宽 1.77；楔片长 0.73；爪片接合缝长 0.91。

观察标本：1♀，浙江乌岩岭，2007.Ⅷ.2，朱耿平灯诱。

分布：浙江、台湾；日本，菲律宾。

讨论：本种与短喙亮盲蝽 *F. brevirostris* Ren 相似，但是本种体黑褐色，小盾片平，触角第 2 节长。

(215) 淡足亮盲蝽 *Fingulus porrecta* (Bergroth, 1916) (图 180)

Ix porrecta Bergroth, 1916: 235; Hsiao, 1942: 251.

Fingulus porrecta: Carvalho, 1957: 87; Stonedahl *et* Cassis, 1991: 45; Schuh, 1995: 627; Zheng, 1995: 460; Kerzhner *et* Josifov, 1999: 49; Schuh, 2002-2014.

Fingulus porrectusis Steyskal, 1973: 206.

体浅褐色，楔片及革片后侧角红色；颈短，无眼后平滑区域，领具刻点；前胸背板盘域稍隆起，足单一浅褐色。

雄虫头褐色，背面观头长明显大于宽；侧面观复眼明显前突；唇基前突，与额部连接较模糊；背面观复眼后部区域不平滑；颈短，在复眼后缘有明显刻痕；触角第 1 节褐色或黄褐色；第 2 节黄褐色；第 3、4 节黄褐色；喙黄褐色，伸达中胸端部，各节比例为 18：18：20：30。

前胸背板前方领平，具刻点，粗约与触角第 1 节最宽处相等；胝稍隆起，后缘有浅刻痕；侧面观盘域后部略高于头部。

小盾片较半鞘翅略隆起，背面观稍弯曲。

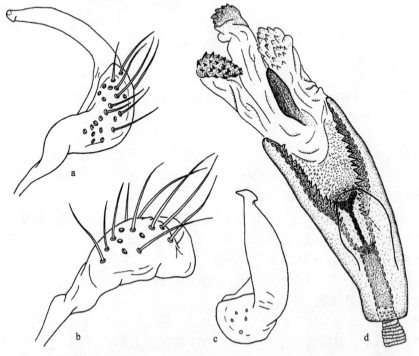

图 180　淡足亮盲蝽 *Fingulus porrecta* (Bergroth) (仿 Stonedahl & Cassis, 1991)

a-c. 左阳基侧突 (left paramere: a. dorsal view; b. lateral view; c. apical view)；d. 阳茎端 (vesica)

半鞘翅侧缘直，仅楔片前缘略内弯；楔片长是宽的 2 倍；膜片浅褐色，翅脉色深。足单一浅黄褐色；腿节不明显扁平。

胸部腹面暗褐色，无明显的凸起。臭腺沟缘暗褐色。

雄虫外生殖器：左阳基侧突及阳茎端形态如图 180 所示。

量度 (mm)：体长 3.26-3.57 (♂)，3.65-3.88 (♀)；头宽 0.67-0.68 (♂)，0.64-0.69 (♀)；眼间距 0.12-0.14 (♂)，0.15 (♀)；触角各节长 I：II：III：IV=0.44-0.45:1.65-1.68:?:? (♂)，0.47:1.61-1.75:?:? (♀)；前胸背板后缘宽 1.35-1.36 (♂)，1.39-1.57 (♀)。

分布：香港；印度。

本次研究未见该种标本，描述依据 Stonedahl 和 Cassis (1991)。

(216) 红头亮盲蝽 *Fingulus ruficeps* Hsiao *et* Ren, 1983　　(图 181；图版 XVI: 244)

Fingulus ruficeps Hsiao *et* Ren, 1983: 70; Schuh, 1995: 627; Zheng, 1995: 460; Kerzhner *et* Josifov, 1999: 49; Schuh, 2002-2014.

体长椭圆形，红褐色，革片外缘近基部有 1 浅色斑；光亮，具细密刻点。

头部浅红褐色，唇基红褐色，前伸。眼间距是眼宽的 0.75-0.78 倍。复眼红褐色。触角被浅色半直立短毛，第 1 节红褐色，圆筒状，基部稍细，长是眼间距的 2.20-2.29 倍；第 2 节线状，黄褐色，长是头宽的 1.94-2.00 倍；第 3 节细，线状，黄褐色，端部 1/4 红褐色；第 4 节细，线状，红褐色，基部 1/3 黄褐色。喙红褐色，第 3 节端部及第 4 节黄褐色，伸达中足基节前缘。

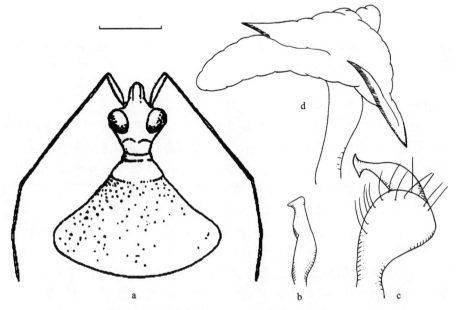

图 181　红头亮盲蝽 *Fingulus ruficeps* Hsiao *et* Ren

a. 头、前胸背板背面观 (head and pronotum, dorsal view)；b. 右阳基侧突 (right paramere)；c. 左阳基侧突 (left paramere)；d. 阳茎端 (vesica)；比例尺：0.1mm (b-d)

前胸背板红褐色，具同色细小刻点，前胸背板刺不明显。领红褐色，光亮，几无刻点。胝光滑，左右相连，不凸出。前胸背板盘域稍隆起，侧缘直，后缘弧状，稍外凸。小盾片红褐色，光亮，稍隆起，侧面观近端部 1/3 处最高，刻点稀疏。

半鞘翅革质部红褐色，具同色刻点；革片外缘近基部有 1 浅色斑。膜片灰黄色，翅脉红褐色。腿节黑褐色；胫节黄褐色，基部有 1 红褐色环，后足胫节近基部有 1 红褐色宽环，约占基部 1/5 宽；跗节及爪黄褐色。

腹面红褐色，被稀疏浅色半直立毛。臭腺沟缘黄白色。

雄虫左阳基侧突感觉叶近方形，稍突出，其上被浅色长毛，钩状突稍细，末端足状；右阳基侧突感觉叶不明显，钩状突末端鸟头状。阳茎端具膜囊及 2 枚骨化附器。

量度 (mm)：体长 2.90-3.10，宽 1.77-1.92；头宽 0.65-0.72；眼间距 0.17-0.18；触角各节长 I : II :III:IV=0.42-0.43:1.26-1.43:0.74-0.91:0.52；前胸背板长 1.30，宽 1.56-1.74；楔片长 0.73；爪片接合缝长 0.52-0.65。

观察标本：1♀ (正模)，四川雅安，600-900m，1963.VII.16，熊江采。1♂，浙江凤阳山，2007.VII.1，朱卫兵等采；1♀，同上，2007.VII.29，朱卫兵采。1♂，福建南靖，1965.IV.2，王良臣采。1♀，云南南涧，1500m，2001.VII.2；1♂，云南瑞丽珍稀植物园，1000m，2006.VII.30，李明采。2♀，海南尖峰岭天池，1985.IV.19，郑乐怡采。

分布：浙江、福建、海南、四川、云南。

讨论：本种和钝刺亮盲蝽 F. umbonatus Stonedahl et Cassis 较相似，但是本种体红褐色，领几无刻点，半鞘翅革片外缘近基部有 1 浅色斑，臭腺沟缘黄白色，后足胫节近基部有 1 红褐色宽环，约占基部 1/5 宽。

(217) 钝刺亮盲蝽 *Fingulus umbonatus* Stonedahl *et* Cassis, 1991 (图 182；图版 XVI: 245)

Fingulus umbonatus Stonedahl *et* Cassis, 1991: 49; Schuh, 1995: 627; Liu *et al.*, 2011: 8; Schuh, 2002-2014; Yasunaga *et al.*, 2016: 582.

体长椭圆形，黑褐色，革片外缘近基部有 1 浅色斑，光亮，具刻点。

头部黄褐色，唇基前伸，黑褐色。头顶黄褐色，中纵线黑褐色，眼间距是眼宽的 0.72 倍。复眼红褐色。触角被浅色半直立短毛，第 1 节黑褐色，圆筒状，基部稍细，长是眼间距的 2.46 倍；第 2 节线状，黄褐色，末端有 1 黑褐色环，长是头宽的 2.08 倍；第 3 节细，线状，黄褐色，端部 1/4 红褐色；第 4 节细，线状，红褐色，基部 1/3 黄褐色。喙基半部红褐色，端半部黄褐色，末端红褐色，伸达中胸腹板中部。

前胸背板黑褐色，具同色细小刻点，前胸背板刺不明显。领黑褐色，光亮，几无刻点。胝光滑，左右相连，不凸出。前胸背板盘域稍隆起，侧缘直，后缘弧状，稍外凸。小盾片黑褐色，光亮，稍隆起，侧面观近端部 1/3 处最高，刻点稀疏。

半鞘翅革质部黑褐色，具同色刻点，向侧缘逐渐细小；楔片具细小浅刻点，几不可见。膜片灰黄色，基半部灰褐色，翅脉红褐色。腿节黑褐色；胫节黄褐色，基部有 1 红褐色环，后足胫节基部 2/5 黑褐色；跗节及爪黄褐色。

腹面红褐色，被稀疏浅色半直立毛。臭腺沟缘黄白色。

雄虫左阳基侧突端半部略向内弯。

量度 (mm)：体长 3.00，宽 1.79；头宽 0.64；眼间距 0.17；触角各节长 I : II :III:IV＝0.42:1.33:0.91:0.55；前胸背板长 1.07，宽 1.56；楔片长 0.65；爪片接合缝长 0.65。

观察标本：1♀，海南陵水吊罗山，900m，2007.VI.1，张旭采。

分布：海南；老挝，泰国，马来西亚。

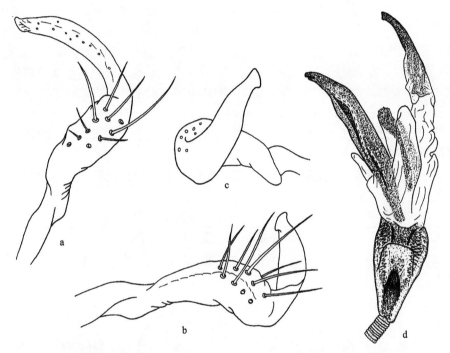

图 182　钝刺亮盲蝽 *Fingulus umbonatus* Stonedahl *et* Cassis (仿 Stonedahl & Cassis, 1991)

a-c. 左阳基侧突 (left paramere: a. dorsal view; b. lateral view; c. apical view)；d. 阳茎端 (vesica)

43. 显领盲蝽属 *Paranix* Hsiao *et* Ren, 1983

Paranix Hsiao *et* Ren, 1983: 71. **Type species:** *Paranix bicolor* Hsiao *et* Ren, 1983; by original designation.

长椭圆形，光亮，身体背面几乎无毛，前胸背板及前翅具显著刻点，身体腹面、触角及足被稀疏细毛。头宽短，前端稍倾斜，唇基突出，眼圆鼓，远离前胸背板前缘；触角细长，长于体长之半，第 1 节粗短，第 2 节长于第 3、4 节两节之和，喙几达中足基节，第 1 节不及头的后缘。前胸背板前端狭窄，后部宽阔，侧缘近平直，后缘宽圆；领宽，光滑鼓起，两端稍细，两胝相连，光滑。小盾片光滑稍隆起，半鞘翅革质部具刻点，楔片缝深；膜片具皱纹，具 2 个翅室。

分布：贵州、云南。

世界已知 1 种。本志增加了其在贵州的分布记录。

(218) 双色显领盲蝽 *Paranix bicolor* Hsiao *et* Ren, 1983　　（图 183；图版 XVI: 246）

Paranix bicolor Hsiao *et* Ren, 1983: 71; Schuh, 1995: 630; Zheng, 1995: 460; Kerzhner *et* Josifov, 1999: 50; Schuh, 2002-2014.

体长椭圆形，黑褐色，具褐色细小刻点，雄虫体较小于雌虫。

头平伸，光滑，黄色。头顶黄色，宽是眼宽的 1.50-2.00 倍，后缘具横脊。复眼红褐色，圆鼓，远离前胸背板前缘，眼后侧缘褐色。触角被浅色半直立短毛，第 1 节褐色，圆筒状，基部稍细，长是眼间距的 0.84-1.00 倍；第 2 节线状，直径小于第 1 节，黄褐色，端部 1/4 褐色，长是头宽的 1.53-1.60 倍；第 3 节褐色，最基部黄色；第 4 节褐色，端部黄褐色。唇基褐色，喙黄褐色，端部色深，伸达中胸腹板中部。

前胸背板黑褐色，前部有黄色斑，密被褐色细小刻点，侧缘较直，后缘弓形稍突出。领宽，黄褐色，光亮。胝光亮，黄褐色，左右相连，不突出。胝后有放射状黄色斑。小盾片黑褐色，光亮，无刻点。

半鞘翅革质部黑褐色，光亮，具褐色细小刻点，缘片及楔片几无刻点。膜片灰褐色，翅脉褐色。

足黄褐色，腿节端部、胫节基部、跗节端部及爪褐色。

腹部腹面红褐色，被浅色半直立短毛。臭腺沟缘黄白色。

雄虫外生殖节顶端较粗；左阳基侧突大，感觉叶球状突出，钩状突末端足状；右阳基侧突小。

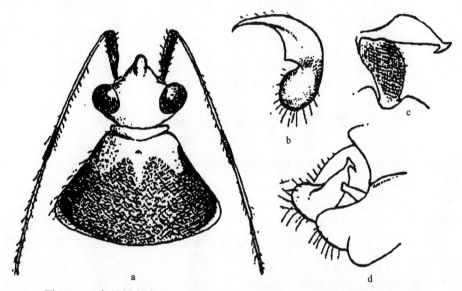

图 183　双色显领盲蝽 *Paranix bicolor* Hsiao *et* Ren　（仿 Hsiao & Ren, 1983）

a. 头及前胸背板背面观 (head and pronotum, dorsal view)；　b、c. 左阳基侧突不同方位 (left paramere in different views)；

d. 生殖囊 (genital capsule)

量度 (mm)：体长 3.80，宽 1.69-1.70；头宽 0.77-0.81；眼间距 0.33-0.40；触角各节

长Ⅰ:Ⅱ:Ⅲ:Ⅳ=0.33-0.34:1.23-1.24:0.30:0.47；前胸背板长0.99，宽1.61；楔片长0.57；爪片接合缝长0.65。

观察标本：1♀（副模），云南景东，1170m，1956.Ⅵ.30，克雷让诺夫斯基采；1♀，云南隆阳百花岭，1600m，2006.Ⅷ.11，朱卫兵采。1♀，贵州麻阳河自然保护区大河坝保护站，300-400m，2007.Ⅸ.30，蔡波采。

分布：贵州、云南。

十、透齿爪盲蝽族 Hyaliodini Carvalho *et* Drake, 1943

Hyaliodini Carvalho *et* Drake, 1943: 87. **Type genus:** *Hyaliodes* Reuter, 1876.

该族昆虫体椭圆形，头部前端平截，眼突出；半鞘翅革质部半透明，几乎无刻点，缘片明显宽大；爪相对细长；左阳基侧突感觉叶较小。

本族目前已知25属318种，主要分布在新北界和新热带界，少数分布于古北界、东洋界，中国记录1属4种。

44. 军配盲蝽属 *Stethoconus* Flor, 1861

Stethoconus Flor, 1861: 615. **Type species:** *Stethoconus cyrtopeltis* Flor, 1861; by monotypy.

Acropelta Mella, 1869: 203. **Type species:** *Acropelta pyri* Mella, 1869; by monotypy. Synonymized by Puton, 1871: 425.

Apollodotus Distant, 1909: 454. **Type species:** *Apollodotus praefectus* Distant, 1909; by monotypy. Synonymized by Carvalho, 1952: 73.

Apollodotidea Hsiao, 1944: 395. **Type species:** *Apollodotidea y-signata* Hsiao, 1944; by original designation. Synonymized by Cassis, 1986: 170.

体宽椭圆形，黄褐色，有光泽，具浅色半直立毛。

头小，头宽小于前胸背板前缘宽；额顶具"Y"形黑褐色斑纹；额和唇基端侧面观相垂直，几乎不扩展到复眼前缘；背面观，额稍凹或平，头顶稍突起；复眼远离前胸背板前侧缘。触角细长，被半直立浅色毛。喙伸达中足基节。

前胸背板具黑褐色斑点及浅色"茧"，密被粗糙刻点，前缘明显狭缩，后缘宽，侧缘稍弯曲，肩角突出，领宽；胝平滑，不相连，稍突出；小盾片平滑，隆起。前胸侧板密被粗糙刻点；前胸腹板刺圆锥形突出。

半鞘翅半透明，具黑褐色斑纹，缘片外缘近平行或稍弯曲，缘片宽，中裂和爪片缝有1行密的刻点。

腹部腹面平滑，具光泽。足细长；胫节具浅色半直立短毛，胫节侧缘具成行的暗色小刺；后足跗节短，第1、3节约等长，第2节短。爪基部具明显的齿，无爪垫，副爪间突刚毛状，平行。

雄虫生殖囊圆锥形；左阳基侧突感觉叶圆，端突长，指状；右阳基侧突非常小；阳茎端膜质，无骨化附器。

分布：北京、河南、江苏、湖北、福建、广东、广西、四川、贵州、云南；俄罗斯，日本，印度，斯里兰卡，芬兰，意大利，美国，伊朗，马达加斯加，刚果。

世界已知 11 种，中国记述 4 种。

种 检 索 表

1. 触角第 1 节色浅 ··· 2
   触角第 1 节黑色 ··· 3
2. 小盾片具 2 个黄白色斑 ·· 日本军配盲蝽 **S. japonicus**
   小盾片无斑，单一黑褐色 ·· 扑氏军配盲蝽 **S. pyri**
3. 小盾片无斑 ··· 统帅军配盲蝽 **S. praefectus**
   小盾片具 2 个黄白色斑 ·· 罗氏军配盲蝽 **S. rhoksane**

(219) 日本军配盲蝽 *Stethoconus japonicus* Schumacher, 1917 （图 184a，图 185a、b；图版 XVI: 247)

Stethoconus japonicus Schumacher, 1917: 344; Carvalho, 1958: 206; Henry, Neal *et* Gott, 1986: 724; Wheeler *et* Henry, 1992: 23; Schuh, 1995: 645; Yasunaga, Miyamoto *et* Kerzhner, 1996: 93; Yasunaga, Takai *et* Nakatini, 1997a: 263; Kerzhner *et* Josifov, 1999: 32; Schuh, 2002-2014.

雄虫体椭圆形，黄色，被浅色半直立软毛。

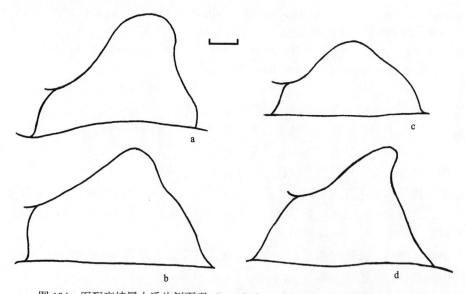

图 184　军配盲蝽属小盾片侧面观 (lateral view of scutellum of *Stethoconus* spp.)

a. 日本军配盲蝽 *S. japonicus* Schumacher；b. 统帅军配盲蝽 *S. praefectus* (Distant)；c. 扑氏军配盲蝽 *S. pyri* (Mella)；d. 罗氏军配盲蝽 *S. rhoksane* Linnavuori；比例尺：0.1mm

　　头黄色，自触角窝发出褐色"Y"形斑纹；头部在触角窝处下倾成90°，由背面观不可见额区或唇基；眼间距是眼宽的0.85倍，头后缘脊明显。复眼大，红褐色；复眼后方的红褐色斑带延伸到前胸背板前缘。触角黄色，密布浅色半直立短毛，第1节圆筒状，基部较细，顶端有1红褐色窄环，长是眼间距的1.41倍；第2节线状，端部1/3红褐色，长是头宽的1.70倍；后两节较细，第3节端部浅红褐色；第4节红褐色，基部具1黄色环。唇基红褐色，中间有1黄色大斑，触角窝位于眼高的1/2处。喙黄色，约伸达中足基节。

　　前胸背板中纵线及后侧缘胝状隆起，具红褐色粗大刻点，红褐色斑依中纵线对称。领宽，除中纵线部分外具稀疏刻点，且近前缘，黄色具红褐色斑带。胝黄褐色，稍隆起但不相连，侧缘及后缘红褐色，两胝之间有2个显著的深刻点。胸部腹面红褐色。小盾片三角形，红褐色，两侧中部均有黄白色半圆形斑。小盾片瘤状隆起，顶部片状。

　　半鞘翅半透明，具1较宽的褐色横带，革片沿爪片缘中部有1明显黄白色半圆形斑。膜片透明，翅脉黄褐色。

　　腹部腹面黄褐色，基部中间浅红褐色；腹面被浅色半直立短毛。臭腺沟缘黄白色。

　　前足黄色，腿节顶端有红褐色斑点，跗节端部和爪红褐色；中足和前足色斑一致；后足黄色，腿节端部红褐色，近顶端处有1黄白色环。

　　雌虫色斑及形态与雄虫相似，小盾片侧面观隆起形状与其不同。

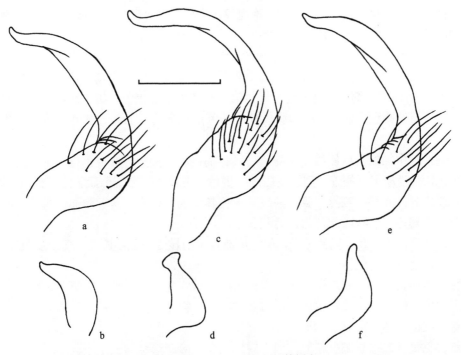

图185　左阳基侧突 (left paramere) (a、c、e) 和右阳基侧突 (right paramere) (b、d、f)

a、b. 日本军配盲蝽 *Stethoconus japonicus* Schumacher；c、d. 统帅军配盲蝽 *Stethoconus praefectus* (Distant)；e、f. 扑氏军配盲蝽 *Stethoconus pyri* (Mella)；比例尺：0.1mm

雄虫左阳基侧突感觉叶稍突出，其上被稀疏浅色毛，钩状突向一侧稍弯曲，末端钝圆；右阳基侧突感觉叶不明显，末端稍翘起；阳茎端膜质。

量度 (mm)：体长 3.30-3.50，宽 1.56-1.69；头宽 0.73-0.74；眼间距 0.22-0.25；触角各节长 Ⅰ:Ⅱ:Ⅲ:Ⅳ=0.29-0.31:1.25-1.26:0.39:0.30；前胸背板长 0.63-0.68，宽 1.51-1.53；楔片长 0.57-0.81；爪片接合缝长 0.65。

观察标本：1♂2♀，河南桐柏，1978.Ⅵ。1♀，四川雅安金风寺，600m，1957.Ⅶ.27。2♂♂♀，北京市园林研究所院内，2016.Ⅷ.5，仲丽采。

分布：北京、河南、四川；日本，美国。

本种捕食梨冠网蝽 Stephanitis nashi 和杜鹃冠网蝽 Stephanitis pyrioides，曾在西洋杜鹃植物上捕获。

(220) 统帅军配盲蝽 *Stethoconus praefectus* (Distant, 1909) (图 184b，图 185c、d；图版 XVI: 248)

Apollodotus praefectus Distant, 1909: 454.

Stethoconus praefectus: Carvalho, 1952: 73; Carvalho, 1958: 206; Schuh, 1995: 645; Linnavuori, 1995: 36; Yasunaga, Takai *et* Nakatini, 1997a: 262; Kerzhner *et* Josifov, 1999: 32; Schuh, 2002-2014.

雄虫体椭圆形，黄色，被浅色半直立软毛。

头黄色，自触角窝发出褐色"Y"形斑纹；头部在触角窝处下倾成 90°，由背面观不可见额区或唇基；眼间距是眼宽的 1.29 倍，头后缘脊明显。复眼红褐色；复眼后方的红褐色斑带延伸到前胸背板前缘。触角密布浅色半直立短毛，第 1 节浅黑褐色，圆筒状，基部较细，长是眼间距的 1.39 倍；第 2 节红褐色，线状，中部和基部色稍浅，长是头宽的 1.71 倍；后两节较细 (采自云南的标本第 1 节基半部红褐色，第 3 节红褐色，基部黄褐色；第 4 节红褐色；前胸、中胸腹板刺红褐色)。喙黄色，顶端红褐色，仅伸达中胸腹板中部。

前胸背板中纵线及后侧缘胝状隆起，具红褐色粗大刻点，红褐色斑依中纵线对称。胝黄褐色，稍隆起但不相连，侧缘及后缘红褐色，两胝之间有 2 个显著的深刻点。领宽，除中纵线部分外具稀疏刻点，且近前缘，黄色具红褐色斑带。胸部腹面红褐色。小盾片三角形，红褐色；瘤状隆起，顶点片状。

半鞘翅半透明，具红褐色斑带，革片基部有 1 明显红褐色小圆斑；楔片端角红褐色。膜片透明，翅脉红褐色。

腹部腹面黄褐色，基部中间浅红褐色；腹面被浅色半直立短毛。臭腺沟缘黄白色。

足黄色，仅后足基节红褐色，腿节基部有 1 红褐色环，近端部有 1 红褐色环，胫节基部有 1 红褐色环。

雌虫色斑及形态与雄虫相似，但小盾片侧面观隆起形状与雄虫不同。

雄虫左阳基侧突感觉叶不突出，其上被稀疏浅色毛，钩状突向一侧弯曲，末端钝圆；右阳基侧突感觉叶钝圆，末端伞状；阳茎端膜质。

量度 (mm)：体长 3.50-3.70，宽 1.56；头宽 0.65-0.73；眼间距 0.34-0.36；触角各节

长Ⅰ:Ⅱ:Ⅲ:Ⅳ=0.29-0.33:1.25-1.39:0.39-0.42:0.30-0.33；前胸背板长 0.68，宽 1.46-1.51；楔片长 0.68；爪片接合缝长 0.46-0.56。

观察标本: 1♂1♀，云南哀牢山徐家坝，1984.Ⅴ.4，郑乐怡采；1♂1♀，云南哀牢山方家箐，1984.Ⅴ.13，郑乐怡、刘国卿采；1♀，云南武定狮子山，2200m，1988.Ⅷ.9；1♂，云南腾冲沙坝林场，1750-1900m，2006.Ⅷ.9，董鹏志采。

分布: 江苏、福建、云南；日本，印度，斯里兰卡。

依据文献记载，本种可在莲叶桐科白莲叶桐上捕获，捕食网蝽科中的 *Stephanitis subfasciata*。

(221) 扑氏军配盲蝽 *Stethoconus pyri* (Mella, 1869) (图 184c，图 185e、f；图版 XVI: 249)

Acropelta pyri Mella, 1869a: 203.

Stethoconus pyri: Kerzhner, 1970: 644; Schuh, 1995: 645; Linnavuori, 1995: 33; Kerzhner *et* Josifov, 1999: 32; Liu *et al*., 2011: 8; Schuh, 2002-2014.

雄虫体椭圆形，黄色，被浅色半直立软毛。

头黄色，自触角窝发出褐色"Y"形斑纹；头部在触角窝处下倾成90°，由背面观不可见额区或唇基；眼间距是眼宽的1.8-2.0倍，头后缘脊明显。复眼大，红褐色；复眼后方的红褐色斑带延伸到前胸背板前缘。触角黄色，密布浅色半直立短毛，第1节圆筒状，基部较细，顶端有1红褐色窄环，长是眼间距的0.83-1.04倍；第2节线状，端部1/4红褐色，长是头宽的1.67-2.24倍；后两节较细，第3节端半部浅红褐色；第4节红褐色，最基部有1黄褐色窄环。唇基黄褐色，有红褐色窄边，触角窝略高于眼高的1/2处。喙黄色，顶端红褐色，约伸达中足基节。

领宽，除中纵线部分外具稀疏刻点，且近前缘，黄色具红褐色斑带。前胸背板中纵线及后侧缘胝状隆起，具红褐色粗大刻点，红褐色斑依中纵线对称。胝黄褐色，稍隆起但不相连，侧缘及后缘红褐色，两胝之间有2个显著的深刻点。前胸、中胸腹板刺圆锥状，红褐色，顶端黄褐色。小盾片三角形，红褐色，瘤状隆起。胸部腹面红褐色。

半鞘翅半透明，具红褐色斑带，革片沿爪片缘中部有1明显黄白色半圆形斑。膜片透明，翅脉黄褐色。

腹部腹面黄褐色，基部中间浅红褐色；腹面被浅色半直立短毛。臭腺沟缘黄白色。

足黄褐色，跗节端部和爪红褐色，后足基节红褐色，腿节端部1/4红褐色，近顶端处有1黄白色环。

雌虫色斑及形态与雄虫相似，小盾片侧面观隆起形状与其不同。

雄虫左阳基侧突感觉叶稍突出，其上被稀疏浅色毛，钩状突稍弯曲，末端圆钝；右阳基侧突感觉叶不突出，末端上翘；阳茎端膜质。

量度 (mm)：体长 3.35-4.05，宽 1.69-1.90；头宽 0.62-0.64；眼间距 0.31-0.39；触角各节长Ⅰ:Ⅱ:Ⅲ:Ⅳ=0.26-0.31:1.04-1.43:0.46-0.52:0.33；前胸背板长 0.70-0.73,宽 1.46-1.56；楔片长 0.55-0.65；爪片接合缝长 0.44-0.52。

观察标本: 1♂，河南泡桐研究开发中心，1997。1♀，湖北五峰后河，1000m，1999.

Ⅶ.12，李传仁采。1♀，四川峨眉山清音阁，1957.Ⅴ.28；1♂，四川峨眉山报国寺，1957.
Ⅵ.4，郑乐怡、程汉华采；3♀，四川苗溪茶场，1978.Ⅵ.24。1♀，贵州贵阳花溪，1995.
Ⅶ.23，马成俊采。

分布：河南、湖北、四川、贵州；俄罗斯，意大利。

(222) 罗氏军配盲蝽 *Stethoconus rhoksane* Linnavuori, 1995 （图 184d；图版 XVI: 250）

Stethoconus rhoksane Linnavuori, 1995: 32; Kerzhner *et* Josifov, 1999: 32; Liu *et al.*, 2011: 9; Schuh, 2002-2014.

雌虫体椭圆形，黄褐色，被浅色半直立软毛。

头黄色，自触角窝发出褐色"Y"形斑纹；头部在触角窝处下倾成 90°，由背面观不可见额区或唇基；眼间距是眼宽的 1.18 倍，头后缘脊明显。复眼大，红褐色；复眼后方的红褐色斑带延伸到前胸背板前缘。触角密布浅色半直立短毛，第 1 节红褐色，圆筒状，基部较细，长是眼间距的 1.25 倍；第 2 节黄褐色，线状，端部 1/3 红褐色，长是头宽的1.5 倍；后两节较细，第 3 节端部浅红褐色；第 4 节红褐色，基部具 1 黄色环。喙黄褐色，顶端红褐色，约伸达中足基节。

前胸背板中纵线及后侧缘胝状隆起，具红褐色粗大刻点，红褐色斑依中纵线对称。胝黄褐色，稍隆起但不相连，侧缘及后缘红褐色。前胸背板、中胸腹板刺红褐色，钝圆。领宽，除中纵线部分外具稀疏刻点，且近前缘，黄色具红褐色斑带。小盾片三角形，红褐色，两侧中部均有黄白色小斑；小盾片瘤状隆起，向端部稍弯。胸部腹面红褐色。

半鞘翅半透明，具红褐色斑带；革片基部有 1 明显褐色圆形斑；爪片接合缝基半部黄色。膜片透明，翅脉黄褐色。

各足基节红褐色，胫节黄褐色，基部有 1 红褐色窄环，跗节端部和爪红褐色；前足腿节红褐色，端部黄褐色环；中足、后足腿节红褐色，近基部有 1 黄褐色环。

雄虫左阳基侧突感觉叶稍突出，其上被稀疏浅色长毛，钩状突稍弯曲，中部较细，近末端稍细，末端稍上翘；右阳基侧突宽短，感觉叶不明显突出，钩状突向端部渐细，末端钝圆。

腹部腹面黄褐色，基部中间浅红褐色；腹面被浅色半直立短毛。臭腺沟缘黄白色。

量度 (mm)：体长 3.40，宽 1.70；头宽 0.70；眼间距 0.31；触角各节长 Ⅰ : Ⅱ : Ⅲ : Ⅳ = 0.33:1.05:0.30:0.34；喙长 1.07；前胸背板长 0.86，宽 1.40-1.46；楔片长 0.44；爪片接合缝长 0.43。

观察标本：1♀，广西龙胜三门，1964.Ⅷ.18，王良臣采。1♀，Honam Island P'an-yu District，Canton，South China，1936，W. F. Hoffmann leg.。

分布：广东、广西；也门。

十一、苏齿爪盲蝽族 Surinamellini Carvalho *et* Rosas, 1962

Surinamellini Carvalho *et* Rosas, 1962: 430. **Type genus**: *Surinamella* Carvalho *et* Rosas, 1962.

该族昆虫身体大多拟蚁形，腹部基部收缩；复眼大，表面粗糙；前翅革质部分半透明，缘片狭窄，透明；雄虫阳茎端二分叉。

该族种类由于外部形态特征与叶盲蝽亚科部分类群相似，曾被置于叶盲蝽亚科。

该族大多为喜热种类，主要分布于东洋界、埃塞俄比亚界、新北界和新热带界，Linnavuori (2004) 描述了该族古北界分布的 1 个种，Akingbohungbe (1980) 对非洲的种类进行了系统的研究，并给出了非洲属级检索表。

世界已知有 9 属。中国记录 2 属，主要分布于四川、云南、海南。

属 检 索 表

胝平··拟束盲蝽属 *Apilophorus*

胝刺状··蚁盲蝽属 *Nicostratus*

45. 拟束盲蝽属 *Apilophorus* Hsiao *et* Ren, 1983

Apilophorus Hsiao *et* Ren, 1983: 70. **Type species:** *Apilophorus fasciatus* Hsiao *et* Ren, 1983; by original designation.

体拟蚁形，细长。

头由背面观察宽于长，由侧面观察短于高；中叶突出，基部以横沟与额分开；头顶具浅纵沟，后缘隆起。眼突出，具毛，靠近前胸背板前缘。触角长于体长之半，各节粗细一致，均稍弓曲，第 2 节甚长，约等于末两节之和，第 1 节短于第 3 节，长于第 4 节。喙超过中胸腹板后缘，第 1 节几达头的后缘，各节约等长。

前胸背板晦暗，前部倾斜，后部鼓起，领细，后方具横沟，前叶短于后叶，两侧内弓，后缘圆凸，侧角钝圆。小盾片光亮，三角形，中部上突，基部凹陷，侧缘平直。前翅光亮，超过腹部末端，革片及爪片具微细刻点，前缘基部平直，端部向外弓曲，楔片较小，膜片为 2 室。足较短，腿节不加粗，胫节无刺，后足胫节弯曲。

分布：广西、云南。

世界已知 1 种，分布于中国。

(223) 横带拟束盲蝽 *Apilophorus fasciatus* Hsiao *et* Ren, 1983　　(图 186；图版 XVI: 251)

Apilophorus fasciatus Hsiao *et* Ren, 1983: 70; Schuh, 1995: 651; Zheng, 1995: 459; Kerzhner *et* Josifov, 1999: 50; Schuh, 2002-2014.

体红褐色，光亮，拟蚁形。

头黄褐色，光滑，被稀疏半直立浅色短毛；头顶有 1 三角形黑褐色斑，延伸到唇基；复眼红褐色，明显颗粒状，具有稀疏浅色直立短毛。触角被稀疏浅色半直立短毛，第 1 节黄褐色，基部直径约是端部直径的 1/2 (9：15)，由基部向基部约 1/3 处加粗；第 2 节红褐色，线状，稍内弯，端部色深，稍加粗；第 3 节红褐色，线状，基部约 1/3 黄褐色，端部稍加粗；第 4 节橄榄状红褐色，基部有 1 黄褐色环。喙红褐色，伸达后足基节前缘。

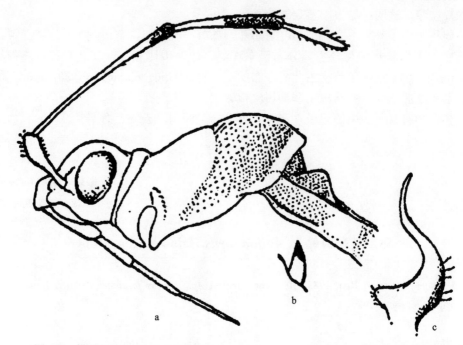

图 186 横带拟束盲蝽 *Apilophorus fasciatus* Hsiao *et* Ren （仿 Hsiao & Ren, 1983）
a. 头、前胸背板侧面观 (head and pronotum, lateral view)；b. 右阳基侧突 (right paramere)；c. 左阳基侧突 (left paramere)

前胸背板红褐色，侧角、后侧缘及后缘具乳白色带；领窄，晦暗；胝不明显；前胸背板前叶稍缢缩，后叶稍隆起，被半平伏浅色短毛，后缘稍凹曲。中胸盾片红褐色，光亮，稍外露；小盾片红褐色，三角形，基部稍隆起，被稀疏半平伏浅色短毛。

半鞘翅红褐色，基部色稍深，光亮，除楔片及缘片外均被黑褐色稀疏刻点；在小盾片后方具 1 横贯中裂至爪片接合缝的白色带；缘片窄，外缘在白色带处稍内凹；楔片浅红褐色，无刻点，稍下倾。膜片浅褐色，翅脉褐色；2 翅室。足红褐色，仅转节、胫节端部及跗节第 1 节黄褐色。

腹部腹面被浅色半直立软毛。臭腺沟缘黑褐色。

雄虫生殖腔开口在左侧。左阳基侧突感觉叶圆钝，稀疏被毛，钩状突略弯曲，端部尖锐；右阳基侧突短而粗壮，中部明显加粗，钩状突端部钝圆。阳茎端具膜叶及 5 枚骨化附器：背面基部有 1 簇披针状骨刺及 1 粗壮的小骨针；端部背面有 1 骨针、腹面有 1 顶端尖锐的骨针及 1 端部密布小刺的骨针。

量度 (mm)：体长 3.7-4.35，宽 1.56-1.65；头宽 0.78-0.85；眼间距 0.36-0.39；触角长 I : II : III : IV=0.36-0.44：1.24-1.33：0.81-0.86：0.44-0.48；前胸背板长 1.01-1.09，宽 1.36-1.43；楔片长 0.60-0.65；爪片接合缝长 0.85-0.90。

观察标本：1♀，广西防城扶隆，200m，1999.V.24，柯欣采 (中科院动物所)。1♂ (副模)，云南景东，1200m，1957.IV.25，A. 孟恰茨基采；3♂，云南思茅糯扎渡广山，1200m，

2001.Ⅴ.19，卜文俊采；1♀，云南隆阳百花岭，1500m，2006.Ⅷ.10，灯诱，范中华采。

　　分布：广西、云南。

46. 蚁盲蝽属 *Nicostratus* Distant, 1904

Nicostratus Distant, 1904b: 475. **Type species:** *Nicostratus balteatus* Distant, 1904; by original designation.

　　体拟蚁形，细长。

　　头近球形，复眼大，紧贴头部；触角第 1 节短于头长，触角第 2 节线状，端部稍加粗，触角 3 节稍长于触角 4 节；喙伸过前足基节后端。

　　前胸背板球状隆起，前叶下倾并强烈收缩，领窄，胝刺状，前胸背板后缘稍凹入；小盾片强烈隆起成瘤状；革片侧缘凹入，缘片端部加宽膨大，楔片后缘下倾；膜片相对超过腹部末端；足细长，后足腿节端部稍粗。

　　分布：海南、四川、云南；印度，泰国，伊朗。

　　世界已知 8 种。本志记述了中国分布的 2 种。

种 检 索 表

小盾片明显刺状隆起，光滑无刻点 ·· **华蚁盲蝽 *N. sinicus***

小盾片瘤状隆起，具稀疏刻点 ·· **斑额蚁盲蝽 *N. frontmaculus***

(224) 斑额蚁盲蝽 *Nicostratus frontmaculus* Xu *et* Liu, 2007 　（图 187）

Nicostratus frontmaculus Xu *et* Liu, 2007: 65; Schuh, 2002-2014.

　　体小型，红褐色；雄虫体细长，红褐色，光亮，被零星半直立浅色毛。

　　头背面观球状，额区清晰可见倒"V"字形排布的 2 列红褐色小横斑块；眼间距等于眼宽；唇基由背面观可见，具红褐色斑；复眼红褐色，大但紧贴头部，侧面观为斜椭圆形，占据整个头高。触角被浅色半直立软毛，第 1 节黄褐色，筒状，基部稍细，近基部有 1 红褐色环，长是眼间距的 0.8 倍；第 2 节暗黄褐色，线状，向端部略加粗，端部红褐色，长约等于头宽；第 3 节红褐色，端部和基部黄褐色，第 4 节橄榄状，红褐色。喙黄褐色，端部色深，伸过前足基节后端。

　　前胸背板球状隆起，光滑，无刻点；领浅黄色，前缘和后缘为红褐色；胝为两分开的瘤状突起；前胸背板后侧缘具浅黄色边，后缘稍凹入。前胸侧板具零星红褐色刻点。小盾片红褐色，隆起成瘤状，被稀疏浅色长毛，顶端靠近前胸背板后缘，背面观呈三角形；背面具黑褐色粗大刻点，较稀疏；两侧棱浅黄色。

　　半鞘翅光亮，具红褐色粗大刻点，基半部黄褐色，端半部红褐色；缘片沿侧缘下倾，端部加宽；楔片红褐色，具零星红褐色刻点，外侧缘黄褐色。膜片烟色，端半部褐色，翅脉褐色。足红褐色，细长，腿节基部 1/3 和胫节端部 1/3 黄褐色。

腹部腹面红褐色，被稀疏半直立长毛。臭腺孔边缘乳黄色。

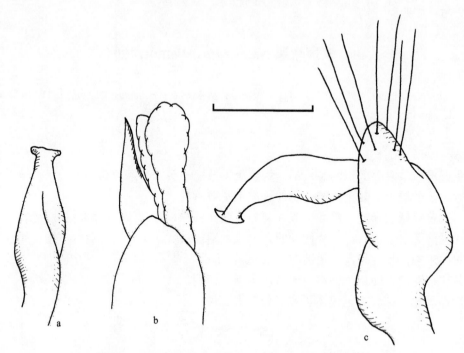

图 187　斑额蚁盲蝽 *Nicostratus frontmaculus* Xu *et* Liu
a. 右阳基侧突 (right paramere)；b. 阳茎端 (vesica)；c. 左阳基侧突 (left paramere)；比例尺：0.1mm

雄虫左阳基侧突较发达，感觉叶明显突起，其上具有稀疏长毛，钩状突向一侧弯曲，末端较宽阔；右阳基侧突小，较粗壮，中部宽，钩状突短，顶端稍宽阔。阳茎端在半膨胀状态下可见 2 个细长的膜叶，其中之一的端部具明显骨化的刺。导精管明显。次生生殖孔不清晰可见。

雌虫体型和色斑与雄虫几乎相同，但是眼间距是眼宽的 1.5 倍，触角第 1 节长是眼间距的 0.6 倍；肛呈瘤状刺，稍后指；足红褐色，腿节基部 1/2 和胫节端部 1/2 黄褐色。

量度 (mm)：体长 3.75-3.90，宽 1.07-1.22；头宽 0.70-0.75；眼间距 0.26-0.35；触角各节长 I : II : III : IV = 0.21:0.70:0.49:0.52:0.42:0.50；前胸背板后缘宽 1.14-1.17；肛高 0.17-0.22；小盾片高 0.16；缘片长 1.53-1.63；爪片接合缝长 0.53-0.60。

观察标本：1♂ (正模)，云南勐海城关，1979.X.6，邹环光采；1♂1♀ (副模)，同上。

分布：云南。

讨论：本种与华蚁盲蝽 *N. sinicus* Hsiao *et* Ren 相似，但前者小盾片瘤状隆起，具稀疏刻点，而后者小盾片明显刺状隆起，光滑无刻点，两者雄虫的阳茎结构亦不相同。与 *N. minor* China *et* Carvalho 亦相似，可通过下列特征区分：后者半鞘翅上具有清楚的白色横带或三角斑。

(225) 华蚁盲蝽 *Nicostratus sinicus* Hsiao *et* Ren, 1983　（图 188）

Nicostratus sinicus Hsiao *et* Ren, 1983: 69; Schuh, 1995: 654; Zheng, 1995: 460; Kerzhner *et* Josifov, 1999: 51; Schuh, 2002-2014.

雄虫体细长，红褐色，光亮，被零星半直立浅色毛。

头背面观近球状，长略大于宽，额区见倒"V"字形排布的 2 列红褐色小横斑块，较模糊；眼间距是眼宽的 0.6 倍；唇基由背面观可见，无色斑；复眼红褐色，大但紧贴头部，侧面观为斜椭圆形，占据整个头高。触角红褐色，被浅色半直立软毛，第 1 节筒状，基部稍细，长是眼间距的 1.56 倍；第 2 节线状，向端部略加粗，长是头宽的 1.63 倍；第 3 节基部 2/3 黄褐色，第 4 节橄榄状，基部有 1 黄褐色环。喙黄褐色，端部色深，伸过前足基节后端。

前胸背板球状隆起，光滑，无刻点；领黄白色，前缘和后缘为深黄褐色；胝为两分开的瘤状刺突起；前胸背板后侧缘具黄色边，后缘稍凹入。前胸侧板无刻点。小盾片暗黄褐色，隆起成瘤状刺，被稀疏浅色长毛，顶端靠近爪片接合缝，背面观呈三角形；背面光滑，无刻点；两侧棱浅黄色。

半鞘翅光亮，具红褐色粗大刻点，基半部黄褐色，端半部红褐色；缘片沿侧缘下倾，端部加宽；楔片红褐色，具零星红褐色刻点，外侧缘黄褐色。膜片烟褐色，近楔片侧浅色，翅脉褐色。

足红褐色，细长，腿节基部及亚端部具黄褐色环；胫节基部及亚基部具黄褐色环，端半部黄褐色，端部具红褐色环；第 3 跗节及爪红褐色。

腹部腹面红褐色，被稀疏半直立长毛。臭腺孔边缘乳黄色。

雄虫左阳基侧突较发达，感觉叶前侧突起圆钝，其上具有稀疏长毛，钩状突中部稍加宽，末端尖锐；右阳基侧突小，钩状突近亚端部收缩，顶端略平。阳茎端在半膨胀状态下可见 2 个细长的膜叶，其中之一的中部具明显骨化的刺。导精管明显。次生生殖孔不清晰可见。

雌虫体深黄褐色；头长明显大于头宽，眼间距略大于眼宽的 2 倍；触角第 1 节长是眼间距的 0.51-0.68 倍；触角第 2 节是头宽的 1.22-1.38 倍；触角第 3 节仅端部红褐色；胝基部明显分开，刺状隆起；缘片端部隆起更明显；前足腿节红褐色，中足胫节基部红褐色。

量度 (mm)：体长 4.2-4.5，宽 1.2-1.4；头宽 0.78-0.90；眼间距 0.16-0.23；触角各节长 Ⅰ : Ⅱ : Ⅲ : Ⅳ = 0.17-0.29 : 1.10-1.28 : 0.54-0.69 : 0.52-0.57；前胸背板长 ?，宽 1.12-1.19；胝高 0.20-0.29；小盾片高 0.34-0.56；爪片接合缝长 0.65-0.71。

观察标本：1♀ (正模)，海南万宁，1964.Ⅲ.16，刘胜利采；2♀ (副模)，海南万宁，1964.Ⅲ.18，刘胜利采；3♂1♀，海南万宁，1964.Ⅲ.18，刘胜利采；2♀，海南尖峰岭天池避暑山庄，940m，2007.Ⅵ.4，于昕灯诱。1♀，四川峨眉山报国寺，600m，1957.Ⅴ.15。1♀，云南景东，1170m，1956.Ⅵ.23，张伟采。

分布：海南、四川、云南。

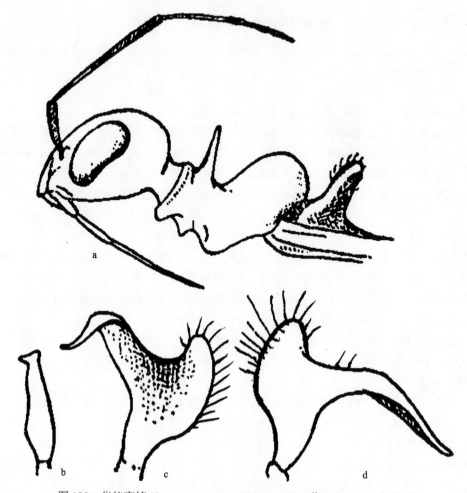

图 188 华蚁盲蝽 *Nicostratus sinicus* Hsiao *et* Ren (仿 Hsiao & Ren, 1983)

a. 头、胸及小盾片侧面观 (head, thorax and scutellum, lateral view); b. 右阳基侧突 (right paramere); c、d. 左阳基侧突不同
方位 (left paramere in different views)

讨论: 本种与斑额蚁盲蝽 *N. frontmaculus* 相似, 但本种体光亮, 红褐色; 头近球形,
长宽约相等, 触角第 2 节明显长于头宽, 触角第 3 节黄褐色, 端部红褐色; 前胸背板胝
明显刺状突起, 雄虫小盾片隆起成瘤状刺, 雌虫小盾片强烈隆起成瘤状刺。雄性左阳基
侧突感觉叶圆钝突起, 杆部较长, 端突足状; 右阳基侧突端突扁平; 阳茎端 1 膜叶中部
有骨化刺。

十二、毛眼齿爪盲蝽族 Termatophylini Carvalho, 1952

Termatophylini Carvalho, 1952: 34, 42, 43. **Type genus:** *Termatophylum* Reuter, 1884.

体小。头明显前伸, 稍短于前胸背板长; 复眼大而具毛; 触角较短; 唇基侧面观终止于触角突；喙第 1 节短，通常不超过小颊后缘。前胸背板具刻点组成的横贯线；前侧缘伸出的刚毛位于胝区的前角。后胸气门卵圆形或披针形；臭腺沟缘退化。

本族种类为捕食性盲蝽(Callan, 1975)。

世界已知 10 属，中国记述 1 属。

47. 毛眼盲蝽属 *Termatophylum* Reuter, 1884

Termatophylum Reuter, 1884: 218. **Type species:** *Termatophylum insigne* Reuter, 1884; by monotypy.

体小，卵圆形至长卵圆形，背面较平，稍具光泽，被半直立或平伏浅色毛。

头部近三角形，头顶稍隆起，有纵向的刻痕，头部后缘一般隆起。复眼大而具刚毛，占据头部侧面的大部分，靠近前胸背板前缘。触角短而粗，被半直立毛，触角第 1 节超过唇基前端。小颊侧缘近平行，喙伸达前足基节或中胸腹板端部。

前胸背板近梯形，较平，侧缘有 1 长刚毛；两胝之间有由刻点构成的纵线，但并不伸达领缘。半鞘翅革片中裂有刻点。臭腺沟缘三角形。

雄虫生殖囊不对称。左阳基侧突刀片状，感觉叶基部具刚毛；右阳基侧突明显退化。阳茎端膜质。

分布：陕西、湖北、湖南、台湾、海南、广西、四川、云南；日本。

世界已知 14 种，中国记述 4 种，其中包括 1 个新纪录种。

种 检 索 表

1. 触角第 2 节棒状··东方毛眼盲蝽 *T. orientale*
   触角第 2 节线状···2
2. 小盾片黄褐色··云南毛眼盲蝽 *T. yunnanum*
   不如上述···3
3. 臭腺沟缘黄褐色···彦山毛眼盲蝽 *T. hikosanum*
   臭腺沟缘红褐色··山毛眼盲蝽 *T. montanum*

(226) 彦山毛眼盲蝽 *Termatophylum hikosanum* Miyamoto, 1965 (图 189a)

Termatophylum hikosanum Miyamoto, 1965a: 272; Schuh, 1995: 658; Kerzhner *et* Josifov, 1999: 30; Takeno, 1998: 32; Liu *et al.*, 2011: 9.

体长椭圆形，黄褐色，通体被光亮白色长软毛。

头暗黄褐色，稍暗于体色，头顶有明显的纵向压痕，眼间距是眼宽的 0.72 倍；复眼红褐色，具毛；唇基明显突起；触角被暗色半直立短毛，第 1 节浅黄褐色，圆筒状，长是眼间距的 0.72 倍；第 2 节线状，浅黄褐色，端部暗褐色，长是头宽的 1.04 倍；第 3、4 节细，浅黄褐色。喙黄褐色，伸达前足基节后缘。

前胸背板黄褐色，由 1 行刻点组成的线分为前后叶。领晦暗，黄褐色，后缘为深刻点组成的线。胝光滑，不突出。两胝间刻痕不伸达前胸背板前叶上由刻点组成的线。前胸背板后缘色浅。小盾片深黄褐色，中胸盾片稍外露。胸部腹面红褐色。

半鞘翅黄褐色，缘片外缘染红色；楔片外缘和端角红色；爪片内有 1 行与爪片缝近平行的刻点组成的线，将爪片分为内外 2 部分，内部靠近小盾片，宽，稍隆起；外部靠近爪片缝，稍窄，较平，色深。膜片黄褐色，翅脉褐色。

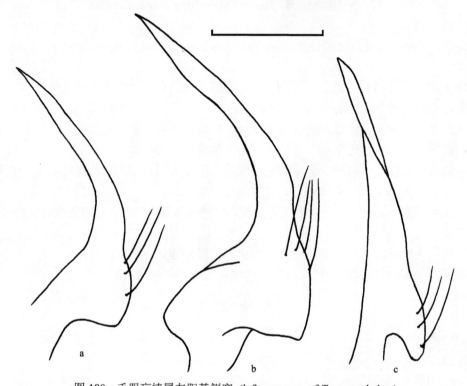

图 189　毛眼盲蝽属左阳基侧突 (left paramere of *Termatophylum*)

a. 彦山毛眼盲蝽 *Termatophylum hikosanum* Miyamoto；b. 山毛眼盲蝽 *Termatophylum montanum* Ren；c. 东方毛眼盲蝽
Termatophylum orientale Poppius；比例尺：0.1mm

足浅黄褐色；后足腿节端半部或端部 1/3 染红色。

腹部腹面黄褐色，被浅色半直立短毛。臭腺沟缘黄褐色。

雄虫左阳基侧突刀片状，感觉叶片状，近三角形，钩状突略弯，顶端尖锐；右阳基侧突退化。阳茎端膜质。

量度 (mm)：体长 2.8，宽 0.88；头宽 0.49；眼间距 0.13；触角长 Ⅰ:Ⅱ:Ⅲ:Ⅳ=0.18:0.47:?:0.21；前胸背板长 0.62，宽 0.86；楔片长 0.39；爪片接合缝长 0.36。

观察标本：1♀，湖南东安舜皇山，1200m，2004.Ⅶ.28，许静杨采。1♀，Korasan (Chikugo)，1952.Ⅴ.2，S. Miyamoto leg.。

分布：湖南；日本。

讨论：本种体黄褐色，头暗黄褐色，唇基明显突出，触角浅黄褐色，仅第 2 节端部色深，臭腺沟缘黄褐色。雄性左阳基侧突刀片状，端突顶端尖锐。本种与云南毛眼盲蝽

T. yunnanum Ren 体色较为相近，但是本种的雄性左阳基侧突较为厚实。

Takeno (1998) 指出，分布在日本西部四国岛 (Shikoku) 和九州岛 (Kyushu) 的该种主要捕食大戟科和桦木科植物上的蓟马。

本种为中国新纪录种。

(227) 山毛眼盲蝽 *Termatophylum montanum* Ren, 1983　　(图 189b；图版 XVI: 252)

Termatophylum montanum Ren, 1983: 289; Schuh, 1995: 659; Zheng, 1995: 460; Kerzhner *et* Josifov, 1999: 30; Schuh, 2002-2014.

体黑褐色，通体被光亮白色长软毛。

头黑褐色，眼间距是眼宽的 0.91-0.93 倍。复眼黑褐色。触角密被浅色半直立毛，第 1 节黄褐色，长是眼间距的 1.08-1.20 倍；第 2 节黄褐色，线状近顶端色深，长是头宽的 0.99-1.03 倍；第 3、4 节红褐色。唇基黑褐色，前伸。喙黄褐色，伸达前足基节后缘。

前胸背板黑褐色，光亮，由 1 行刻点组成的线分为前后叶。领黑褐色，胝光滑，稍突起，两胝间刻痕伸达前胸背板前叶上由刻点组成的线。小盾片黑褐色，被毛。

半鞘翅浅黑褐色，缘片外缘染红色；楔片外缘和端角红色；爪片内有 1 行与爪片缝近平行的刻点组成的线，将爪片分为内外 2 部分，内部靠近小盾片，宽，稍隆起；外部靠近爪片缝，稍窄，较平，色深。膜片浅褐色，翅脉色较深。

足浅黄褐色；后足腿节端半部染红色。

腹面红褐色，腹部腹面被浅色半直立短毛。臭腺沟缘红褐色。

雄虫左阳基侧突刀片状，感觉叶隆出，近三角形，钩状突略弯，端部尖；右阳基侧突退化。阳茎端膜质。

量度 (mm)：体长 3.4-3.5，宽 1.07-1.14；头宽 0.53-0.54；眼间距 0.17；触角各节长 I : II : III : IV=0.18-0.20 : 0.52-0.56 : 0.25-0.27 : 0.23-0.26；前胸背板长 0.75，宽 0.99-1.01；楔片长 0.48；爪片接合缝长 0.49-0.60。

观察标本：1♂ (正模)，云南丽江玉龙雪山，2700-3300m，1979.VIII.10，郑乐怡采；1♂ (副模)，同上。

分布：云南。

讨论：本种与东方毛眼盲蝽 *T. orientale* Poppius 体色较为相近，但是本种触角第 2 节为线状，且雄性左阳基侧突较为尖细。

(228) 东方毛眼盲蝽 *Termatophylum orientale* Poppius, 1915　　(图 189c)

Termatophylum orientale Poppius, 1915a: 9; Carvalho, 1957: 36; Gaedike, 1971: 149; Miyamoto, 1965a: 274; Schuh, 1995: 659; Nakatani, 1997: 569; Kerzhner *et* Josifov, 1999: 31; Schuh, 2002-2014.

体长椭圆形，黑褐色，被半直立光亮浅色毛。

头黑褐色，头顶具浅的纵向刻痕；眼间距是眼宽的 0.67-1.20 倍；复眼红褐色。触角被浅色半直立短毛,第1节圆筒形,黄褐色,外侧缘可见红色纵带,长是眼间距的1.00-1.60倍;第2节棒状,淡黑褐色,外侧缘可见红色纵带,长是头宽的0.83-0.88倍;第3节细,线状,浅黄褐色;第4节浅黑褐色。唇基暗红褐色,平伸。喙黄褐色,顶端色深,伸达前足基节后缘。

前胸背板黑褐色,晦暗,无刻点,被毛。领黑褐色,后缘为刻点组成的线。胝与前胸背板同色,被毛,不突出,两胝间稍有凹痕,未见清晰刻点。前胸背板由1行刻点分为前叶和后叶2部分。前叶稍狭缩,后叶平且宽。小盾片黑褐色,被毛,无刻点,端角有1黄褐色小斑。

半鞘翅暗黄褐色,爪片及楔片褐色。爪片内有1行与爪片缝近平行的刻点组成的线,将爪片分为内外2部分,内部靠近小盾片,宽,稍隆起;外部靠近爪片缝,稍窄,较平,色深。膜片烟灰色,后2/3色暗,翅脉暗褐色,近楔片部分色浅。

足黄褐色,基节、腿节端部1/3、胫节和跗节染红色。

腹面黑褐色,腹部腹面被浅色半直立短毛。臭腺沟缘红褐色。

雄虫左阳基侧突基本竖直;感觉叶发达,被较长感觉刚毛;钩状突明显扁平并在端部1/3扩大。

量度(mm):体长2.30-3.28,宽0.82-1.19;头宽0.42-0.55;眼间距0.12-0.18;触角各节长Ⅰ:Ⅱ:Ⅲ:Ⅳ=0.16-0.20:0.35-0.46:0.26-0.27:0.20-0.22;前胸背板长0.56,宽0.78-0.99;楔片长0.38;爪片接合缝长0.34-0.46。

观察标本:1♀,福建龙岩永和,1965.Ⅵ.21,王良臣采。1♀,广西金秀罗香,200m,1999.Ⅴ.14,黄复生采;1♂,广西金秀罗香,400m,1999.Ⅴ.15,杨星科采;4♂,广西那坡德孚,1350m,2000.Ⅵ.19,姚建采;1♀,广西防城板八乡,550m,2000.Ⅵ.4,姚建采。1♀,海南尖峰岭,1980.Ⅳ.13,邹环光灯诱;1♂1♀,海南尖峰岭,820m,1988.Ⅴ.15,卜文俊灯诱。1♀,云南怒江河谷,800m,1955.Ⅴ.11,B.波波夫采;1♀,云南西双版纳小勐养,1958.Ⅷ.22;1♂,云南丽江县城,1979.Ⅷ.4,郑乐怡采;1♀,云南丽江象山,1979.Ⅷ.5,邹环光采;1♀,云南景洪,1979.Ⅹ.8,邹环光采;1♀,云南腾冲来凤山,2006.Ⅷ.6,花吉蒙采。

分布:福建、台湾、海南、广西、云南;日本。

(229) 云南毛眼盲蝽 *Termatophylum yunnanum* Ren, 1983 (图190)

Termatophylum yunnanum Ren, 1983: 288; Schuh, 1995: 659; Kerzhner *et* Josifov, 1999: 31; Qi *et* Huo, 2007: 349; Schuh, 2002-2014; Xu *et* Liu, 2018: 150.

体长椭圆形,黄褐色,被半直立光亮浅色毛。

头黄褐色,头顶具浅的纵向刻痕;眼间距是眼宽的0.76-1.00倍;复眼红褐色。触角被浅色半直立短毛,第1节圆筒形,黄褐色,长是眼间距的1.23-1.36倍;第2节线状,黄褐色,端部色深,长是头宽的1.10-1.20倍;第3节细,线状,浅黄褐色,端部色深;第4节浅黑褐色。唇基平伸。喙黄褐色,顶端色深,伸达中足基节前缘。

前胸背板黄褐色,晦暗,无刻点,被毛。领黄褐色,后缘为刻点组成的线。胝与前胸背板同色，被毛，不突出，两胝间稍有凹痕，该凹痕不伸达领后缘。前胸背板由 1 行刻点分为前叶和后叶 2 部分。前叶稍狭缩，后叶平且宽。前胸背板后缘色浅。小盾片黄褐色，被毛，无刻点。

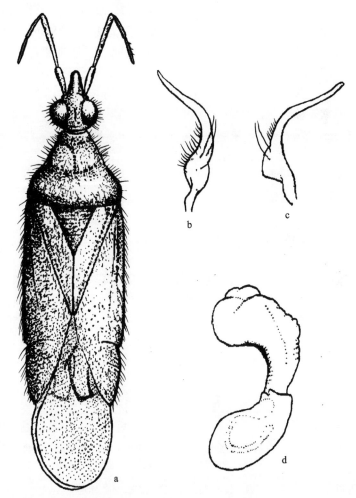

图 190　云南毛眼盲蝽 *Termatophylum yunnanum* Ren (仿 Ren, 1983)

a. 体背面观 (body, dorsal view)；b、c. 左阳基侧叶不同方位 (left paramere in different views)；d. 阳茎 (aedeagus)

半鞘翅暗黄褐色，爪片及楔片褐色。爪片内有 1 行与爪片缝近平行的刻点组成的线，将爪片分为内外 2 部分，内部靠近小盾片，宽，稍隆起；外部靠近爪片缝，稍窄，较平，色深。膜片浅红褐色，翅脉暗褐色。

足黄褐色，仅后足腿节端半部红褐色。

腹面黑褐色，腹部腹面被浅色半直立短毛。臭腺沟缘红褐色。

雄虫左阳基侧突细，感觉叶发达，被长感觉刚毛，端突端部 3/4 处向顶端渐尖削，但中部弯曲；右阳基侧突很小。阳茎端膜质。

量度 (mm)：体长 2.9-3.6，宽 0.95-1.27；头宽 0.51-0.56；眼间距 0.14-0.18；触角各

节长 Ⅰ:Ⅱ:Ⅲ:Ⅳ=0.19-0.23:0.52-0.62:0.24-0.30:0.22-0.24；前胸背板长 0.65-0.74，宽 0.87-1.00；楔片长 0.39-0.46；爪片接合缝长 0.39-0.51。

观察标本: 1♀ (正模)，云南昆明西山，1978.Ⅺ.23，任树芝采；1♂ (配模)，云南丽江，1979.Ⅷ.6，邹环光采；1♂ (副模)，云南丽江，1979.Ⅶ.6；1♂，云南西双版纳勐龙，1958.Ⅹ.22；1♀，云南昆明，1978.Ⅺ.12；1♀，云南玉龙雪山，2800m，1979.Ⅷ.11，郑乐怡采；1♀，云南元江望乡台保护区，2020m，2006.Ⅶ.19，李明采；2♂2♀，云南元江望乡台保护区，2020m，2006.Ⅶ.23，董鹏志采；1♀，云南元江望乡台保护区，2020m，2006.Ⅶ.23，李明采；1♀，云南元江望乡台保护区，2020m，2006.Ⅶ.23，朱卫兵采；1♂，云南腾冲来凤山国家森林公园，1790m，2006.Ⅷ.6，高翠青采；1♀，云南腾冲来凤山国家森林公园，1790m，2006.Ⅷ.6，董鹏志采；1♂，云南腾冲来凤山，1790m，2006.Ⅷ.9，张旭采；4♀，云南大理苍山，2200m，2006.Ⅷ.19，范中华采。1♂，湖北兴山龙门河，1400m，1994.Ⅸ.8，李法圣采。

分布: 陕西、湖北、云南。

Ⅳ. 树盲蝽亚科 Isometopinae Fieber, 1860

Isometopinae Fieber, 1860: 259. **Type genus:** *Isometopus* Fieber, 1860.

树盲蝽亚科在盲蝽科中体型较小，体长 2-4mm，最长不超过 6mm。具单眼。半鞘翅膜片具 1 个翅室。跗节 2 节，爪近顶缘处具齿或不具齿。一般来说，绝大多数种类背面均具刻点，且刻点多变：有的刻点细小，呈针眼状；有的刻点粗大，呈深坑状。后足腿节粗壮，善于跳跃，行动迅速。

各属体形不甚相同，绝大多数属为阔椭圆形或长椭圆形，亦有一些属为束腰形，体背面较平坦或微隆，半鞘翅沿楔片缝下倾或在楔片缝后平直，一般均遮盖腹部末端。

体色变化较小，有些种类甚至整个属体色均相似，且该亚科有些种类为性二型，表现在体色、触角形状等。

捕食性，捕食小型昆虫，如蚜虫、粉蚧、介壳虫、叶螨等。

本亚科曾因具单眼而被视为 1 个科，因此未包含在 Carvalho 的盲蝽科名录中。Carayon (1958) 根据该类群的翅及外生殖器的结构特征，建议将其归于盲蝽科 Miridae 中。作者同意 Carayon (1958) 的观点，将其放入盲蝽科，以亚科对待。

本亚科基本为热带和亚热带分布，其中树盲蝽属和伕树盲蝽属为世界性分布。世界已知 6 族 40 属 231 种，本志记述中国 4 族 8 属 33 种。

族 检 索 表

1. 胝不明显或不具胝 ·· **树盲蝽族 Isometopini**
   胝明显 ··· 2
2. 爪近顶缘具齿 ·· 3
   爪近顶缘不具齿 ·· **稀树盲蝽族 Gigantometopini**

3. 触角第 2 节显著膨大，呈匙状或扁铲状··································**奇树盲蝽族 Sophianini**

不如上述···**伏树盲蝽族 Myiommini**

十三、稀树盲蝽族 Gigantometopini Herczek, 1993

Gigantometopini Herczek, 1993a: 40. **Type genus:** *Gigantometopus* Schwartz *et* Schuh, 1990.

体长椭圆形，胝明显，且两胝间具 1 深纵沟。小盾片强烈隆起，呈心形。中足和后足腿节具 5、6 个连续毛点。跗节 3 节，爪近顶缘处具齿。

本族世界记录 2 属，中国已知 1 属。

48. 隆树盲蝽属 *Astroscopometopus* Yasunaga *et* Hayashi, 2002

Astroscopometopus Yasunaga *et* Hayashi, 2002: 95. **Type species:** *Astroscopometopus gryllocephala* (Miyamoto, Yasunaga *et* Hayashi, 1996); by original designation.

体长椭圆形，两侧近平行；头前缘平直，从侧面观看，头后缘明显高于前胸背板；复眼明显隆突，头顶窄，约与单眼直径等宽；具领；小盾片心形，无刻点；半鞘翅具刻点 (缘片和楔片除外)。

分布：台湾。

世界记录 2 种，中国已知 1 种。

(230) 台隆树盲蝽 *Astroscopometopus formosanus* (Lin, 2004) (图 191)

Isometopidea formosana Lin, 2004b: 319.

Astroscopometopus formosanus: Lin, 2005: 196; Schuh, 2002-2014; Yasunaga *et al.*, 2017: 422.

作者未见到该种标本，现根据 Lin (2004b, 2005) 的描述整理如下。

雄性：体长椭圆形，灰棕色，光亮，具刻点，被均匀分布的黑色长刚毛。

头黄棕色，复眼下缘深棕色，单眼周围深棕色，额圆鼓。触角黄棕色，第 1 节短、桶状，第 2 节长、细，被半直立或直立刚毛。喙黄棕色。

前胸背板暗褐色，矩形，具刻点，被浅色长毛，侧缘略向上翘折，半透明；领窄，棕色，后缘色深；小盾片隆鼓，中部具 1 纵痕，基部奶白色，侧缘色深，末端具奶白色斑点。

半鞘翅平坦，灰色，光亮。爪片深棕色，略隆突；革片灰色，革片中裂暗褐色，中部具 1 奶色圆斑；缘片白色，无刻点，被半直立长刚毛；楔片三角形，基部色浅，端部灰色，被深色长刚毛；膜片亮灰色，半透明，具 1 封闭翅室。足浅棕色具暗褐色条带，基节浅黄色。

胸节腹面和腹部深黄棕色，具刻点。

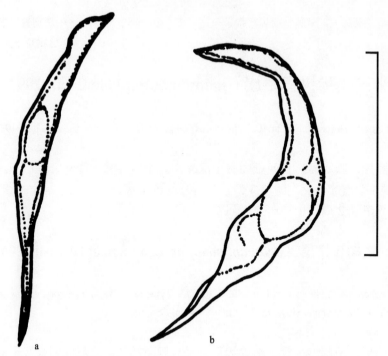

图 191 台隆树盲蝽 *Astroscopometopus formosanus* (Lin) (仿 Lin, 2004b)

a. 右阳基侧突 (right paramere); b. 左阳基侧突 (left paramere); 比例尺: 0.1mm

雄虫左阳基侧突端部弯曲, 中部膨大, 向基部渐细; 右阳基侧突较左阳基侧突细, 端部鸭头状, 中部略膨大, 基部渐窄。

雌性: 未知。

量度 (mm): 体长 4.1 (♂), 宽 1.6 (♂)。

分布: 台湾。

讨论: 本种与 *A. gryllocephalus* (Miyamoto, Yasunaga *et* Hayashi) 相似, 但通过以下特征可以区分: 本种小盾片及楔片内侧基角非奶白色, 此外两者的生殖器形态亦不同。

十四、树盲蝽族 Isometopini Henry, 1980

Isometopini Henry, 1980: 179. **Type genus:** *Isometopus* Fieber, 1860.

体卵圆形或长椭圆形, 背微凸或扁平。头宽明显大于头长。额向两侧扩展, 前部平。颊和唇基正面观不可见, 隐藏在头腹面。前胸背板两侧缘多平直, 后缘弯曲且中部向前内凹, 多不具胝。中胸盾片外露, 后缘中部强烈内凹, 与前胸背板后缘相接触, 形成左右 2 叶, 两叶明显隆起。大多数种类的小盾片长大于宽, 有些种类小盾片长宽相等, 小盾片末端伸至爪片末端甚至超过爪片。爪片末端变细窄, 爪片接合缝缺失或者短 (远短于小盾片长的 1/2)。爪近顶缘处不具齿。

本族世界已知 16 属。中国记述 2 属。

属 检 索 表

49. 树盲蝽属 *Isometopus* Fieber, 1860

Isometopus Fieber, 1860: 259. **Type species:** *Isometopus intrusus* (Herrich-Schaeffer, 1835); by subsequent designation by Distant, 1904d.

Cephalocoris Stein, 1860: 79 (junior homonym of *Cephalocoris* Heer, 1853, fossil Heteroptera). **Type species:** *Acanthia intrusa* Herrich-Schaeffer, 1835; by monotypy. Synonymized Baerensprung, 1860: 12.

Turnebus Distant, 1904d: 485. **Type species:** *Turnebus euneatus* Distant, 1904. Synonymized by McAtee *et* Malloch, 1924a: 76.

Skapana Distant, 1910b: 315. **Type species:** *Skapana typica* Distant, 1910. Synonymized by McAtee *et* Malloch, 1932a: 67.

Jehania Distant, 1911b: 293. **Type species:** *Jehania mahal* Distant, 1911; by monotypy. Synonymized by Carvalho, 1951: 391.

Magnocellus Smith, 1967: 27. **Type species:** *Magnocellus wacriensis* Smith, 1967; by original designation. Synonymized by Akingbohungbe, 1996: 38.

体卵圆形至长卵圆形，长翅 (雄) 或短翅 (雌)；体色多变，浅红棕色至黄棕色，有些种类具深红棕色或黑色或奶白色斑点。

头垂直，与复眼紧贴；背面观，头短，前缘钝圆，后缘宽，但窄于前胸背板前缘，且头后缘或多或少遮盖住前胸背板前缘；头顶平坦；额常肿凸，额下缘多向上翘折或与唇基基部、头侧叶相接；两单眼彼此分离且靠近复眼；触角多被毛，且第 3、4 节比第 1、2 节细。

前胸背板平坦，横宽，两侧缘直或外凸；雄虫前胸背板前缘常微凹，前角不明显前伸，雌虫同雄虫类似或前缘明显内凹，且前角明显前伸至头部；中胸盾片暴露，后缘中部强烈内凹与前胸背板后缘接触或几接触；小盾片长多大于宽，末端明显变尖细；半鞘翅常外扩；楔片长大于宽。

分布： 北京、天津、河南、陕西、福建、台湾 (Lin, 2004b)、海南、云南；日本。

世界已知 72 种，中国记述 13 种。

种 检 索 表

头具细小刻点，单眼周围无黑色斑 ·········· **陕西柚树盲蝽 *I. citri***

3. 喙伸至腹部 ·· 4
喙多伸至后足基节 ·· 5

4. 额具明显斑点 ·· 6
额一色，不具明显斑点 ·· 7

5. 楔片基部外侧大部分与革片分离 ········· **淡缘树盲蝽 *I. marginatus***
楔片基部外侧与革片不分离 ·· 10

6. 单眼间距明显大于单眼直径；前胸背板前缘与中部长相等·········· **褐斑树盲蝽 *I. fasciatus***
单眼间距等于单眼直径；前胸背板前缘长大于中部长 ·········· **黑痣树盲蝽 *I. nigrosignatus***

7. 半鞘翅半透明 ·· 8
半鞘翅不透明 ·· 9

8. 单眼间距大于单眼直径 ····················· **任氏树盲蝽 *I. renae***
单眼间距小于单眼直径 ····················· **林氏树盲蝽 *I. lini***

9. 额下部具 1 褐色横脊纹 ····················· **天津树盲蝽 *I. tianjinus***
额无明显横脊纹 ··························· **北京树盲蝽 *I. beijingensis***

10. 额下缘具翘折的窄边缘 ·· 11
额平坦，下缘不具翘折的边缘 ················· **双点树盲蝽 *I. bipunctatus***

11. 单眼着生处凹陷 ························· **邵武树盲蝽 *I. shaowuensis***
不如上述 ·· 12

12. 触角被淡色稀疏长毛 ····················· **毛角树盲蝽 *I. puberus***
触角无稀疏长毛 ······················· **长谷川树盲蝽 *I. hasegawai***

(231) 北京树盲蝽 *Isometopus beijingensis* Ren et Yang, 1988 (图 192；图版 XVI: 253, 254)

Isometopus beijingensis Ren et Yang, 1988: 77; Ren, 1992: 94; Zheng, 1995: 460; Kerzhner et Josifov, 1999: 3; Schuh, 2002-2014; Qi, 2005: 511; Ren, 2009: 100.

雄虫：体长椭圆形，中部微隆，棕色，具细小刻点，被浅色半倒伏短毛。

头部下倾，前缘平截，后缘内凹，头宽为长的 6 倍，棕褐色，光滑无刻点，被半直立浅色短毛。头顶棕褐色，后缘内凹，无横脊，黄棕色，复眼宽为头顶宽的 1.5 倍。复眼大，棕褐色，内缘及外缘黄棕色，后缘凸，超过头顶后缘，从前面观看，复眼肾形；单眼深棕褐色，突出，靠近复眼内缘，单眼间距约与单眼直径等长。额棕褐色，平坦，被浅色稀疏半直立短毛。唇基三角形，棕褐色，基部微隆，被浅色稀疏几直立短毛。颊棕褐色，后部稍向下延伸，黄棕色，从侧面观看，颊高为复眼高的 1/4；喙棕褐色，伸达第 7 腹板的中部，第 1 节粗，向端部渐细，第 1 节中部黄棕色，两侧红棕色，被浅色稀疏半直立短毛，略短于第 2 节；第 2 节棕褐色，约与第 3 节等长，第 4 节棕褐色，最细最长。触角黄棕色至棕褐色，第 1 节粗短，圆柱形，光滑无毛，基部棕褐色，端部黄棕色；第 2 节最长，为第 1 节的 4 倍，基部 2/3 黄棕色，端部 1/3 棕褐色，被浅色半倒伏毛，毛长与该节直径相等；第 3、4 节棕褐色，明显细于第 3 节，且第 3、4 节约等长。

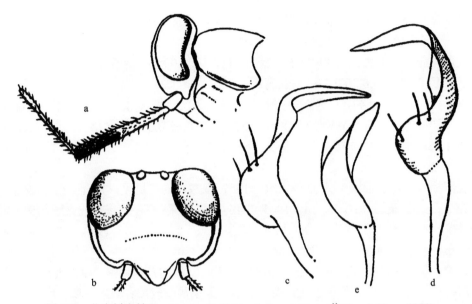

图 192　北京树盲蝽 *Isometopus beijingensis* Ren *et* Yang (仿 Ren & Yang, 1988)

a. 头部侧面观 (head, lateral view)；b. 头部前面观 (head, frontal view)；c、d. 左阳基侧突不同方位 (left paramere in different views)；e. 右阳基侧突 (right paramere)

前胸背板前倾，棕褐色，具细小刻点，被浅色半倒伏短毛，前缘宽为长的 1.5 倍，后缘宽为前缘宽的 2.2 倍，中域微隆，两侧域略下倾，侧域具半透明略翘折的窄边缘；前胸背板前缘微后凹，前侧角钝圆，侧缘圆扩，后缘呈双曲状。领呈细脊状，棕褐色，具细小刻点；胝区不明显。前胸侧板棕色，具稀疏刻点，无毛；中胸侧板棕色，具浅横纹，无毛；后胸侧板黄白色。中胸盾片外露，后缘中部强烈内凹与前胸背板后缘相接触，棕褐色，具细小刻点，被浅色稀疏半倒伏短毛。小盾片棕褐色，基部中央浅凹，顶端尖削，中部微隆，高于两侧，基部宽与长约相等，具细小刻点及浅色半倒伏毛。

半鞘翅黄棕色，具细小刻点及浅色稀疏短毛。爪片长，末端较细，前、中部两侧平行，黄棕色，具较粗大浅褐色刻点，被浅色稀疏短毛，末端超过小盾片顶端，形成爪片接合缝。革片黄棕色，半透明，刻点细小，被稀疏浅色短毛，革片中裂不甚明显。缘片黄棕色，半透明，刻点细小、浅褐色，被半倒伏短毛，前缘圆扩。楔片缝明显，楔片微下倾，长三角形，黄棕色，半透明，刻点、毛被同缘片。膜片烟灰色，明显超过腹部末端，具皱纹，有光泽，基部具 1 长椭圆形翅室，翅脉与膜片同色，不明显。

足基节棕褐色，中、后足基节相互靠近；前、中足腿节浅黄色，光滑无毛，后足腿节黄棕色且明显粗于前、中足腿节，后足腿节外侧被黑棕色平伏长毛；胫节黄棕色，细长，后足胫节为腿节长的 1.4 倍；跗节 2 节，约等长，棕褐色，被浅色半倒伏短毛；爪半透明，基部略宽，浅黄棕色，末端尖细，略带红棕色。

腹部腹面基部 1/2 黄棕色，端部 1/2 棕褐色，末端两节被零星浅色几乎直短毛。臭腺沟缘浅褐色。

雄虫左阳基侧突端半部弯曲成 90°，中部圆凸，被长毛；右阳基侧突小，较宽。

雌虫体型与雄虫相似，但体较宽，大部分深褐色。头的后缘、爪片、革片基部及缘片基部 1/3 黄白色。喙几伸达产卵器中部。

量度 (mm)：雄虫：体长 3.15，宽 1.51；头宽 0.65；头顶宽 0.22；触角各节长Ⅰ:Ⅱ:Ⅲ:Ⅳ=0.13:0.56:0.26:0.22；前胸背板长 0.43，宽 1.21；小盾片长 0.66，基宽 0.77；革片长 1.12，楔片长 0.47，基宽 0.39。雌虫：体长 3.01-3.11，宽 1.72-1.81；头宽 0.62-0.67；头顶宽 0.20-0.24；触角各节长Ⅰ:Ⅱ:Ⅲ:Ⅳ=0.22-0.24:0.65-0.69:?:?；前胸背板长 0.43-0.47，宽 1.33-1.35；小盾片长 0.56-0.58，基宽 0.63-0.67；革片长 1.27-1.31，楔片长 0.45-0.49，基宽 0.71-0.75。

观察标本：1♂ (正模)，北京公主坟，1957.Ⅵ.27，杨集昆采；1♀ (配模)，北京白祥庵，1964.Ⅵ.7，杨集昆采；3♀，同上，1963.Ⅵ.16，李法圣采；1♀，北京农业大学，1976.Ⅵ.6，李法圣采；1♂，北京公主坟，1960.Ⅵ.4，杨集昆采。1♀，河南，1960.Ⅵ.7，杨集昆采。

分布：北京、河南。

讨论：本种与天津树盲蝽 *I. tianjinus* Hsiao 相似，但前者体色深，体较大；雄虫棕色，雌虫深褐色，具白色或淡黄色色斑；头的额中部无明显横脊纹；触角各节长度比例不同；喙长，雌虫喙几达产卵器中部。模式标本保存于天津南开大学昆虫研究所昆虫学标本馆。本志增加了该种在河南的分布。

(232) 双点树盲蝽 *Isometopus bipunctatus* Lin, 2004

Isometopus bipunctatus Lin, 2004b, 24: 321; Schuh, 2002-2014.
Isometopus yehi Lin, 2004b: 323. Synonymized by Yasunaga *et al.*, 2017: 422.

作者未见标本，现根据 Lin (2004b) 描述整理如下。

雌虫：体椭圆形，棕色或赭色，具细小刻点，被浅色毛。

头垂直，额黄棕色，复眼和单眼棕褐色，颊向下延伸，具暗褐色大斑点。触角暗褐色，着生于复眼下部，第 1 节短，倒圆锥形；第 2 节长，圆柱形；第 3 节细长，比第 2 节窄；第 4 节长，梭形。喙暗褐色，长，伸达后足基节。

前胸背板宽，中后域黄棕色，侧缘具向上翘折的窄边缘，后缘呈双曲状，具细小刻点，被细小光亮短毛；中胸盾片暴露，刻点显著，暗褐色；小盾片具刻点，除端部 1/2 区域为黄棕色外，其余部暗褐色或黑色。翅面沿楔片缝明显下倾，爪片和革片刻点明显，爪片基部和革片具黄棕色大斑点；楔片黄棕色；膜片具 1 封闭的翅室，灰白色。足黑色或暗褐色，腿节和跗节具黄棕色条带。胸部腹面黑色或暗褐色。臭腺沟缘暗褐色。腹部棕色或棕黄色。

量度 (mm)：体长 2.8，宽 2.0。

分布：台湾。

讨论：本种与林氏树盲蝽 *I. lini* Lin 相似，但可以从以下特征加以区分：该种爪片基部和革片各具 1 个大而圆的黄棕色斑点，亦可根据雄虫外生殖器结构进行鉴别。

根据标本采集信息记载，该种采自 *Fraxinus formosanus* (植物)。

(233) 陕西柚树盲蝽 *Isometopus citri* Ren, 1987 (图 193；图版 XVI：255)

Isometopus citri Ren, 1987: 398; Zheng, 1995: 460; Kerzhner *et* Josifov, 1999: 3; Qi, 2005: 511; Schuh, 2002-2014; Xu *et* Liu, 2018: 152.

雌虫：体黑褐色，阔卵圆形，背面圆鼓，具细密刻点，被浅色短亮毛。

头平伸，头宽是头长的 3.3-3.6 倍，具细密刻点，被浅色光亮短毛，具褐色小斑点。头顶黄棕色，头顶宽是复眼宽的 2.0-2.1 倍，后缘无横脊；单眼红褐色，两复眼彼此远离，紧靠复眼的后内缘；复眼棕褐色，正面观肾形，侧面观几乎占整个头侧面；额宽阔、平坦，棕褐色，具 2 个横列的光滑斑，下部具向上翘折的边缘，下缘亮黑褐色；唇基小，背面观不可见，隐藏在头腹面，红褐色，有光泽；触角着生于唇基两侧，背面观，触角窝不可见，第 1 节黑褐色，粗短，光滑无毛，第 2 节最长，约为第 3、4 节长度之和，柱形，黄褐色，具浅色稀疏短毛，第 3 节黑褐色，柱形，毛被同第 2 节，第 4 节黑褐色，纺锤形，毛被同第 2、3 节；喙长，超过后足基节，覆稀疏浅色短毛，第 2 节及第 3、4 节基部黄褐色，其余棕褐色。

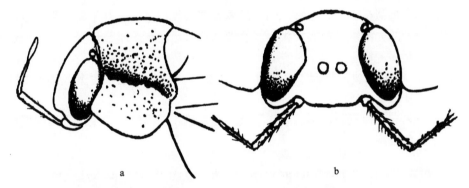

图 193　陕西柚树盲蝽 *Isometopus citri* Ren (仿 Ren, 1987)
a. 头、胸部侧面观 (head and thorax, lateral view)；b. 头部前面观 (head, frontal view)

前胸背板横宽，前缘宽为长的 2.5-2.6 倍，黑褐色，两侧域色浅、黄褐色，微下倾，中部微隆，具细密刻点，被浅色稀疏短毛。前胸背板侧缘圆扩，侧角呈钝角，前缘直，前侧角明显，钝圆，伸达复眼中部，后缘弯曲且中部向前内凹，后缘宽是前缘宽的 1.1-1.2 倍；领狭窄，与前胸背板中部同色，黑褐色，不明显，具细小刻点；胝不明显；前胸背板侧域具半透明、向上翘折的边缘。前胸侧板黄棕色，具深色细小刻点，无毛；中胸侧板和后胸侧板黑褐色，具细小刻点。中胸盾片黑褐色，后缘中部明显内凹，与前胸背板后缘相接触，具细密刻点，被浅色短毛；小盾片黑褐色，具细密刻点，被浅色半倒伏短毛，侧面观隆起，基部宽约与长相等。

半鞘翅黑褐色，具细小刻点，被浅色半倒伏短毛。爪片黑褐色，与小盾片同色，向末端渐细，且未超过小盾片顶端；革片前缘向外扩展，革片中裂明显，中裂前域明显下倾；缘片前缘明显圆扩，基部与前胸背板后侧角形成明显缺刻；楔片黄棕色，强烈下倾，具深色稀疏细小刻点，被浅色稀疏短毛，楔片末端略超过腹部末端；膜片小，透明，黄棕色，具皱纹，有光泽，基部具 1 翅室。

足腿节棕褐色，端部黄棕色，被浅色稀疏短毛，后足腿节明显粗于前、中足腿节，且后足腿节末端略带红色；胫节黄棕色，被密集浅色半倒伏短毛；跗节黄棕色，端部色较深，毛被同胫节；爪略带红棕色。

腹部黑褐色，覆浅色密集半倒伏毛，侧接缘黄棕色。臭腺沟缘棕褐色。

雄虫：未知。

量度 (mm)：体长 1.93-1.95，宽 1.94-1.97；头长 0.11-0.16，宽 0.61-0.65；头顶宽 0.33-0.36；触角各节长 Ⅰ：Ⅱ：Ⅲ：Ⅳ=0.08-0.11：0.32-0.35：0.19-0.24：0.13-0.16；前胸背板长 0.39-0.41，宽 1.23-1.26；小盾片长 0.84-0.88，基宽 0.77-0.79；前翅长 1.23-1.27；楔片长 0.40-0.46。

观察标本：1♀ (正模)，陕西西乡，1985.Ⅶ.21，任树芝采；1♀ (副模)，同上，1985.Ⅶ.25，任树芝采。1♀，云南元江望乡台保护区，2010m，2006.Ⅶ.19，张旭采；4♀，福建邵武，采集时间、采集人不详。

分布：陕西、福建、云南。

讨论：本种近似于 *I. feanus* Distant，但本种单眼靠近复眼，几乎与复眼接触；头的额部具 2 个横列的光滑斑；前胸背板后缘呈双曲状。后者单眼不靠近复眼；头的额部在两眼之间有 1 明显的横脊。

任树芝 (1987) 记载该种标本采自被矢尖盾蚧严重为害的柚子树上，认为该种可能为捕食性的，捕食矢尖盾蚧。

本种至今未有雄性记载，本志增加了该种在福建和云南的分布记录，其中采自云南的观察标本体色较深。

(234) 褐斑树盲蝽 *Isometopus fasciatus* Hsiao, 1964 (图 194；图版 XVI: 256)

Isometopus fasciatus Hsiao, 1964: 286; Kerzhner et Josifov, 1999: 3; Qi, 2005: 510; Schuh, 2002-2014.

雌虫：体卵圆形，草黄色，具浓密均匀刻点、褐色斑纹，被黄色或褐色半直立短毛。

背面观，头弯月形，宽为长的 3 倍，平伸，黄褐色，具褐色斑纹，被浅色稀疏短毛，具刻点。头顶黄棕色，具 1 个褐色大斑，头顶宽约与复眼宽相等，后缘内凹，无横脊；正面观，复眼肾形，棕褐色略带红色，背面观后缘后凸；单眼凸起，红褐色，两单眼距离为单眼直径的 4 倍。额黄棕色，被浅色稀疏短毛，具 3 对褐色小斑，中部微隆，将额分成不甚明显的上下 2 部分，上部具浅色密集刻点，下部具褐色刻点，且刻点较稀疏；唇基背面观不可见，腹面观黄棕色，光亮，基宽为长的 2 倍；颊黄棕色，具刻点，被稀疏浅色毛，具黑色大斑，后部向下延伸，形成 1 个三角形的缺刻内侧，侧面观，复眼高为颊高的 3 倍。喙细长，棕褐色，伸至腹部中央，基部宽，向端部渐细，4 节约等长，第 1 节基部、端部浅褐色，被稀疏浅色毛，第 2 节基半部浅色。触角第 1 节基部细，圆锥状，黑色，光亮无毛，基部及最顶端浅色；第 2 节最长，浅褐色；第 3 节褐色，被稀疏半倒毛，为第 4 节长的 2 倍；第 4 节短，纺锤形。

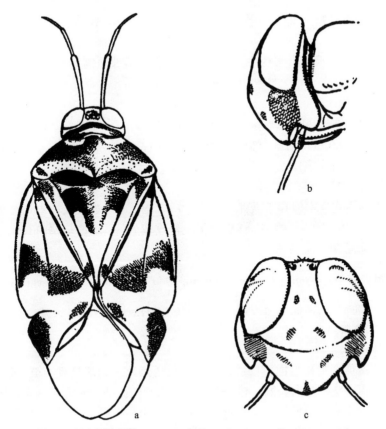

图 194　褐斑树盲蝽 *Isometopus fasciatus* Hsiao (仿 Hsiao, 1964)

a. 成虫背面观 (adult, dorsal view)；b. 头部侧面观 (head, lateral view)；c. 头部前面观 (head, frontal view)

前胸背板横宽，梯形，前缘宽约与长相等，黄棕色，具"十"字形褐色斑纹，被半倒浅色短毛，具细小密集刻点；前缘、侧缘几乎直，后缘弯曲且中部向前内凹，为前缘宽的 1.9 倍；前半部微隆，两侧具略向上翘折半透明的窄边缘。领窄，宽为头宽的 3/4，黄棕色至棕褐色，具刻点。胝平坦，不易观察。前胸侧板黄棕色，中部褐色，略内凹，具刻点，被浅色稀疏短毛。中胸盾片外露，后缘中部强烈内凹与前胸背板后缘相接触，褐色，具刻点，被浅色半倒短毛。小盾片基部宽与长约相等，基半部褐色，端部黄棕色，具细小刻点，被稀疏浅色短毛，侧面观，中部微隆。

半鞘翅黄棕色，具褐色斑纹，被浅棕色半倒伏短毛，具棕色刻点。爪片黄棕色，基部及内缘褐色，刻点褐色，被浅棕色半倒伏短毛，前中部两侧平行，后部稍窄，显著超过小盾片顶端，但未形成清楚的爪片接合缝；革片黄棕色，中后部具 1 褐色斜纹，革片中裂明显，浅棕褐色；缘片半透明，前缘基部扩展，并略向上翘折；楔片折痕深，平伸，未明显下倾，黄棕色，中央具褐色斑，其顶角超过腹部末端；膜片浅黄棕色，具显著皱纹，基部具 1 个翅室，端部浅褐色。

足基节黄棕色，腿节中部褐色，被稀疏浅色毛，且后足腿节明显粗于前、中足腿节；各足胫节均被半倒伏短毛，且较腿节毛被密集，前足胫节黄棕色，中足胫节基部 2/3 褐色，后足胫节褐色；跗节 2 节，第 1 节黄棕色，第 2 节褐色，两节约等长，被浅色半倒伏短毛；爪褐色。

腹部黄白色，被淡色半平伏毛，第 3-7 腹节腹板基部两侧具褐色横带，第 9 腹节两侧各具 1 褐色大斑。

雄虫：未知。

量度 (mm)：体长 2.90，宽？；头长 0.65，宽 0.71；头顶宽 0.20；触角各节长 I：II：III：IV=0.1:0.57:0.33:0.17；前胸背板长 0.45，宽 1.31；小盾片长 0.90，基宽 0.72。

观察标本：1♀ (正模)，广东广州康乐，1962.VIII.27，郑乐怡采。

分布：广东 (广州)。

讨论：本种模式标本保存于天津南开大学标本馆，本志对模式标本进行了重新描述，补充了体各部分的细节特征描述。该虫体褐色斑纹较为特殊，易与属内其他已知种区别。该种采自木瓜树干上。

(235) 海南树盲蝽 *Isometopus hainanus* Hsiao, 1964　　(图 195；图版 XVII: 257)

Isometopus hainanus Hsiao, 1964: 286; Eyles, 1971: 942; Kerzhner *et* Josifov, 1999: 3; Qi, 2005: 510; Schuh, 2002-2014.

雌虫：体阔卵圆形，背面黄白色，具棕褐色斑点，具细密刻点，被浅色弯曲细毛。

背面观，头横宽，宽为长的 3 倍，平伸，前缘中部微凸，光滑无刻点，被浅色细毛。头顶黄白色，顶宽约与复眼等宽，后缘微内凹，无明显横脊，单眼棕褐色，明显凸出，周围具 1 个圆形黑色斑点，单眼间距为单眼直径的 2 倍。背面观，复眼大，略呈圆形，内缘后部向内凹陷。前面观，额黄白色，呈圆形凸起，被浅色稀疏短毛，且毛被较头顶稀疏，中部具 1 黑色光亮斑，斑呈方形，几乎占额的全部。颊黄白色，后部稍向下延伸，后缘成隆脊状扩展，复眼下方具 1 黑色光亮大斑，斑横长，较额中部斑小。背面观，唇基不可见，腹面观，唇基黄白色，微隆，被浅色稀疏半倒伏短毛。喙污黄色，基部宽，向端部渐细，伸至产卵器的基部，第 1 节黄白色，基部宽，端部略窄，长度为第 2 节的 1/2，第 2、3 节污黄色，等长，与第 1 节端部等粗，第 4 节基部 1/3 污黄色，端部 2/3 黑色，与 2、3 节等长，端部尖细。触角黄白色，被浅色半倒伏短毛，着生于两侧黑色斑点的下缘，第 1 节粗短，明显粗于其余三节，第 2 节端半部 1/3 污黑色，最长，为第 1 节的 4 倍，第 3、4 节较细，污黑色，第 3 节长为第 4 节的 1.5 倍。

前胸背板梯形，前缘宽是长的 2.5 倍，黄白色，具黑色斑及细小刻点，被浅色半倒伏短毛；前缘平直，略带黄棕色，前角为钝角，伸出，略超过前缘，侧缘呈宽圆形扩展，稍向上折，后缘呈双波浪状，宽是前缘宽的 1.6 倍。领黄棕色，前缘横脊状，具稀疏细小刻点，无毛。胝与前胸背板同色，不甚明显。前域中部微隆，刻点较少，侧域前半部具光亮的大黑斑，后域两侧具狭长的棕褐色斑，且后域中部刻点较两侧稀疏。前胸侧板黄白色，光滑无毛，具光亮的大黑斑；中胸侧板黑色，光滑无毛；后胸侧板黄白色，具细小刻点，无毛。中胸盾片外露，黑褐色，前缘被前胸背板遮盖，后缘呈锯齿状，后缘中部强烈内凹，但未与前胸背板后缘接触，具刻点，被稀疏半倒伏浅色短毛。小盾片基部 1/3 黑褐色，侧面观，中部微隆，基部宽是长的 1.13 倍，被浅色半倒伏短毛，具细密刻点，刻点直径小于前胸背板刻点。

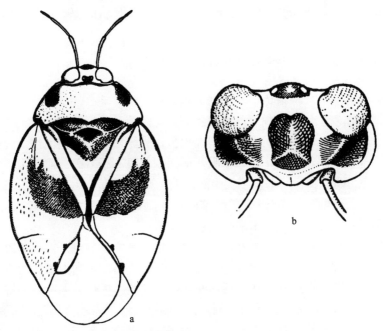

图 195　海南树盲蝽 *Isometopus hainanus* Hsiao (仿 Hsiao, 1964)

a. 成虫背面观 (adult, dorsal view)；b. 头部前面观 (head, frontal view)

半鞘翅黄白色，具黄棕色斑，平坦，两侧圆隆，刻点粗大，被浅色半倒伏短毛。爪片基部黄棕色，端部稍窄，超过小盾片末端，形成爪片接合缝，且末端略带黄棕色；革片近端部具黄棕色斜长宽条状斑，革片中裂明显，中裂前域略向两侧下倾；缘片较宽，半透明，前缘圆扩，基部略带黄棕色；楔片缝明显，翅面沿楔片缝略下折，黄白色，后域具 2 黄棕色圆形斑；膜片黄白色，半透明，具皱褶及彩色光泽，具 1 椭圆形翅室，翅室略带黄棕色。

足浅色，跗节最顶端黑色，被浅色半倒伏短毛，跗节毛被较腿节及胫节浓密，爪黑褐色。

腹部黑褐色，被浅色半倒伏毛，侧接缘各节后角突出，产卵器黄棕色。

雄虫：未知。

本种外形近似褐斑树盲蝽 *Isometopus fasciatus* Hsiao，但身体各部分的花纹不尽相同，头部无刻点，两颊的构造、单眼的位置及楔片折痕与侧接缘的构造等均易于区分。

量度 (mm)：体长 2.58，宽 1.72；头长 0.35，宽 0.65；头顶宽 0.21；复眼宽 0.22；触角各节长 I：II：III：IV=0.12：0.47：0.27：0.17；前胸背板长 0.34，宽 1.38；小盾片长 0.68，基宽 0.77；楔片长 0.52，基宽 0.55。

观察标本：1♀ (正模)，海南通什，1964.IV.11，刘胜利采。

分布：海南 (通什)。

观察标本标签上记载该种在木菠萝上采得。

原始描述较为简单，作者依据模式标本进行了补充描述。

(236) 长谷川树盲蝽 *Isometopus hasegawai* Miyamoto, 1965 (图 196；图版 XVII: 258)

Isometopus hasegawai Miyamoto, 1965b: 147; Eyles, 1972: 464; Kerzhner *et* Josifov, 1999: 4; Lin *et* Yang, 2004: 30; Schuh, 2002-2014; Yasunaga *et al*., 2017: 423.

雄虫：体阔椭圆形，棕褐色，具细密刻点，被浅色短毛。

头垂直，黄棕色，具细密刻点，被浅色半直立短毛。头顶黄棕色，头顶宽是复眼宽的 2 倍，后缘黑褐色，横脊不明显；复眼棕褐色，外缘黄白色，正面观，肾形，侧面观几乎占整个头部；单眼红褐色，紧靠复眼，侧面观单眼高于复眼；额平坦、宽阔，黄棕色，下缘黑褐色，略翘折；唇基位于头腹面，正面观不可见，小，黄褐色；触角深棕色，第 1 节倒圆锥状，最短，光滑无毛，第 2 节圆柱形，基部 3/4 黄棕色，第 3、4 节纺锤形；喙长，伸达后足基节，浅棕色，末端棕褐色。

前胸背板棕褐色，梯形，前缘宽是长的 2.7 倍，具细小刻点，被浅色短毛，中域微隆，两侧域略向下倾斜，且两侧域较中域色淡，侧缘微凸，具向上翘折的窄边缘，前缘几乎直，前侧角钝圆，后缘双曲状，后缘宽是前缘宽的 1.7 倍。领窄，黑褐色，具细小刻点。前胸侧板黄棕色，无毛，具深色刻点，近侧接缘域刻点较稀疏，中胸侧板黑褐色，近侧接缘域黄棕色，无毛，具细小刻点，后胸侧板棕褐色，具刻点。中胸盾片外露，棕褐色，刻点显著，被浅色短毛，后缘中部强烈内凹，并几与前胸背板后缘接触。小盾片棕褐色，端部黄棕色，侧面观隆起，具刻点，被浅色半倒伏短毛，基部宽与长约相等。

半鞘翅棕褐色，刻点密集，具浅色短毛。爪片棕褐色，刻点明显，后部狭窄，略超过小盾片末端；革片棕褐色，具刻点，且刻点较前胸背板刻点大，被浅色半倒伏短毛；缘片棕褐色，刻点较稀疏，被浅色半倒伏短毛，具略向上翘折的窄边缘；楔片黄棕色，半透明，明显下倾，被浅色半倒伏短毛；膜片烟灰色，透明，具 1 封闭翅室。

足棕褐色，腿节基部和端部色浅，具稀疏长毛，腿节粗，后足腿节明显粗于前、中足腿节，跗节 2 节，爪棕褐色。

腹部暗褐色，无刻点，覆稀疏浅色半倒伏短毛。臭腺沟缘棕褐色。

雄虫左阳基侧突较大，强烈弯曲，基部较尖，中部外侧被毛，内侧具小突起；右阳基侧突小，端半部较尖，中部被毛。

根据 Lin 和 Yang (2004) 记述，雌虫描述除额棕色，触角覆稀疏短毛外，其余与雄虫相似。

量度 (mm)：雄虫：体长 2.10，宽 1.38；头长？，宽 0.65；头顶宽 0.23；触角各节长 Ⅰ:Ⅱ:Ⅲ:Ⅳ=0.09:0.34:0.13:0.11；前胸背板长 0.34，宽 1.21；小盾片长 0.65，基宽 0.77；革片长 0.85；楔片长 0.30，基宽 0.31。

观察标本：1♂，海南五指山保护区水满乡，740m，2009.Ⅳ.17，穆怡然灯诱。1♂，云南元江望乡台保护区，2010m，2006.Ⅶ.18，张旭采；1♂，同上，2020m，2006.Ⅶ.19，朱卫兵采。

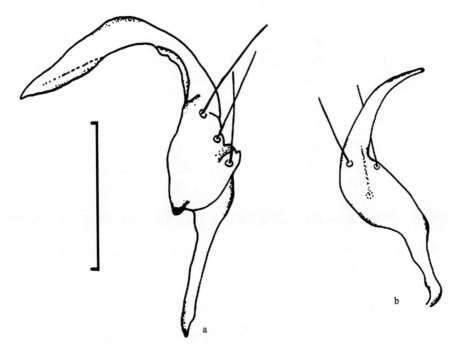

图 196　长谷川树盲蝽 *Isometopus hasegawai* Miyamoto

a. 左阳基侧突 (left paramere);　b. 右阳基侧突 (right paramere)；比例尺：0.1mm

分布：台湾、海南、云南；日本。

讨论：本种与 *I. japonicus* Hasegawa 近似，但可以通过以下特征加以区分：本种体较小，额下缘具明显翘折的窄边缘，颊狭窄，左阳基侧突亦不同。亦与 *I. hananoi* Hasegawa 相似，但前者头较宽，额刻点明显，触角第 2 节较细较短，亦可通过生殖器结构区分。

本志为该种在中国大陆分布的首次记录。

(237) 林氏树盲蝽 *Isometopus lini* Lin, 2004

Isometopus lini Lin, 2004b: 321; Schuh, 2002-2014; Yasunaga *et al.*, 2017: 423.

作者未见标本，现根据 Lin (2004b) 描述整理如下。

雄虫：体椭圆形，暗褐色。

头垂直。头顶基部暗褐色，侧缘黄白色；额宽，暗褐色，侧缘黄白色，颊下缘窄；复眼大，几乎占整个头侧面，两单眼间距离小于单眼直径；触角着生于复眼下缘，第 1 节短、黄白色，第 2 节长，约为第 1 节长的 8 倍，黄白色，基部 1/5 灰色，覆长软毛；唇基白色；喙黄白色，端部棕色，伸达第 2 腹节。

前胸背板宽阔，暗褐色，刻点明显，被长软毛，侧缘凹，侧域具翘折的窄边，后缘双曲状；中胸盾片暗褐色，蟹形，侧缘凸出，刻点明显；小盾片暗褐色，端部 1/4 白色，侧面观小盾片略隆起，具刻点和长软毛；半鞘翅奶白色，半透明，覆长软毛，具细小刻点；楔片三角形；膜片银白色。足黄白色，中足和后足基节具 1 棕色大圆点。

体腹面暗褐色，臭腺蒸发域白色。

雄虫左阳基侧突狭长，端部弯曲且末端凸出，基部稍膨大，向末端逐渐变细长；右阳基侧突短小，端部突出，基部向端部变窄。

雌虫：未知。

量度 (mm)：体长 2.5，宽 1.3。

分布：台湾 (Lin, 2004b)。

讨论：本种与长谷川树盲蝽 I. hasegawai Miyamoto 相似，但可以从以下特征加以区分：本种翅半透明和体较小。另外，亦与天津树盲蝽 I. tianjinus Hsiao 近似，但本种额无刻点。

(238) 淡缘树盲蝽 *Isometopus marginatus* **Ren** *et* **Yang, 1988** (图 197；图版 XVII: 259)

Isometopus marginatus Ren *et* Yang, 1988: 76; Zheng, 1995: 460; Kerzhner *et* Josifov, 1999: 4; Qi, 2005: 510; Schuh, 2002-2014.

雌虫：体阔卵圆形，中部微隆，棕褐色，具细密刻点，被淡色光亮短毛。

头平伸，棕褐色，具细密刻点，被稀疏淡色半倒伏短毛，背面观，头宽是头长的 3.3-3.4 倍。头顶宽阔，平坦，头顶宽为复眼宽的 2.1-2.2 倍，后缘无横脊，紧靠前胸背板前缘；复眼棕褐色，后缘略带红色，几乎占整个头侧面；单眼红棕色，紧靠复眼内缘，侧面观，单眼高于复眼及头顶；额宽阔，平坦，具深色细小刻点，被淡色短毛，下缘具略向上翘折的窄边缘，两侧缘向复眼下方延伸，形成三角形缺刻；唇基小，正面观不可见，隐藏在头腹面；触角着生于喙基部两侧，前面观，触角窝不可见，第 1 节黑褐色、粗短、光滑无毛，第 2 节最长，黄褐色且略带红色，具淡色稀疏长毛，第 3、4 节棕褐色，毛被同第 2 节；喙长，伸达后足基节，第 2、3 节及第 4 节中部黄褐色，其余棕褐色。

前胸背板横宽，前缘宽是长的 2.1-2.2 倍，棕褐色，具细密刻点，被淡色光亮短毛，中部微隆，两侧下倾；前胸背板侧缘圆扩，前缘平直，前侧角明显前伸，伸达复眼中部，后缘弯曲且中部向前内凹；两侧域色较浅，中部具 4 个光亮棕褐色小斑。前胸侧板黄棕色，具深色刻点；中胸侧板黑褐色；后胸侧板棕褐色。中胸盾片外露，棕褐色，具刻点，被浅色短毛，后缘中部强烈内凹与前胸背板后缘相接触。小盾片棕褐色，中部隆起，具细密刻点，被淡色短毛，顶角钝圆，基部宽是长的 1.3-1.4 倍。

半鞘翅棕褐色，具细密刻点，被淡色半倒伏短毛。爪片末端渐细，超过小盾片的末端；革片棕褐色，后域色较浅；缘片前缘向外侧扩展，色较浅；楔片黄棕色，基部外侧大部与革片分开；膜片透明，黄白色，具皱纹，基部宽，具 1 个翅室，翅脉明显，隆起，端部渐窄。

足腿节棕褐色，被稀疏浅色半倒伏短毛，后足腿节明显粗于前、中足腿节；胫节黄棕色，被浅色光亮半直立短毛，毛被较腿节密集，且前足胫节与腿节等长；跗节棕褐色，毛被较胫节稀疏，且毛较短；爪褐色。

腹部黑褐色，被淡色光亮短毛。臭腺沟缘棕褐色。

雄虫：未见。

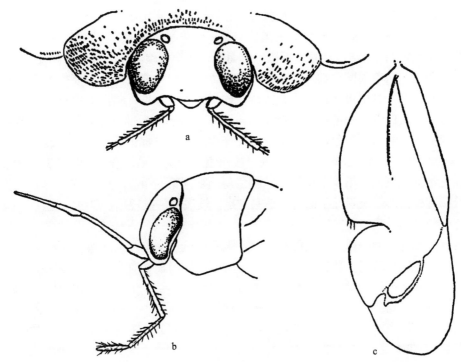

图 197　淡缘树盲蝽 *Isometopus marginatus* Ren *et* Yang (仿 Ren & Yang, 1988)

a. 头部前面观 (head, frontal view)；b. 头、胸部侧面观 (head and thorax, lateral view)；c. 前翅 (fore wing)

量度 (mm)：体长 2.53-2.57，宽 1.74-1.78；头长 0.15-0.19，宽 0.63-0.67；头顶宽 0.37-0.41；触角各节长Ⅰ:Ⅱ:Ⅲ:Ⅳ=0.11-0.14:0.24-0.26:0.15-0.19:0.11-0.15；前胸背板长 0.41-0.45，宽 1.31-1.36；小盾片长 0.55-0.59，基宽 0.74-0.79；楔片长 0.51-0.57，基宽 0.45-0.48。

观察标本：1♀ (正模)，云南墨江，1981.Ⅳ.5，杨集昆采。1♀，福建武夷山，1984. Ⅷ.16，黄邦侃采；1♀，福建沙县，1980.Ⅺ.2，采集人不详。

分布：福建 (武夷山、沙县)、云南 (墨江)。

讨论：本种接近于海南树盲蝽 *I. hainanus* Hsiao，但前者体棕褐色，头棕褐色，无黑色斑；头的前面观，两眼之间无凹陷窝；前胸背板两侧色泽较浅；前翅楔片大部与革片分离；喙达后足基节。

本种至今亦未有雄虫记载。本志增加了该种在福建的分布。

(239) 黑痣树盲蝽 *Isometopus nigrosignatus* Ren, 1987 (图 198；图版 XVII: 260)

Isometopus nigrosignatus Ren, 1987: 400; Kerzhner *et* Josifov, 1999: 5; Lin, 2004b: 27; Lin *et* Yang, 2004: 28; Qi, 2005: 511; Schuh, 2002-2014; Yasunaga *et al.*, 2017: 423.

雌虫：体卵圆形，扁平，灰白色，体背面具褐色及黑色斑，具细密刻点，覆浅色光亮细毛。

头平伸，灰白色，具黑色斑，被稀疏淡色短毛，刻点细小，背面观，头宽为头长的2.3-2.4倍。头顶灰白色，单眼周围具黑色圆斑，且单眼之间部分略凹陷，后缘略内凹，头顶宽是复眼宽的0.9倍；复眼大而圆，侧面观，高于头顶，且不与前胸背板前缘接触；单眼突出明显，两单眼间距约等于单眼直径，大于单眼与复眼间的距离；额略凸出，具横列的3个黑斑，且中央黑斑最大，额两侧向复眼下方延伸，略向上翘折；唇基小，背面观不可见，灰白色，基部微隆；喙长，伸达第7腹板的后部，棕褐色，第3节及第4节端部黑褐色；触角棕褐色，第1节粗短，光亮，末端具棕色环，第2节最长，约等于第3、4节长度之和，基部较端部色较浅，被浅色半倒伏短毛，第3节较第2节色深，被稀疏浅色半倒伏短毛，第4节纺锤形，颜色与毛被同第3节。

前胸背板梯形，未明显下倾，具细密刻点，被浅色稀疏短毛，前缘宽是长的1.8倍。前胸背板侧缘几乎直，前缘直，前角钝圆，后缘双波浪状，后缘宽是前缘宽的1.8倍，后侧角具棕色斑；领棕黑色，具细小刻点，无毛；胝不明显；前胸背板前域黑褐色，后域灰白色，侧域具略向上翘折的窄边缘；前胸侧板棕黑色，有光泽，边缘灰白色，具刻点，被浅色稀疏短毛；中胸侧板和后胸侧板棕褐色，刻点、毛被同前胸侧板。中胸盾片显著，外露，黑褐色，具刻点，被浅色半倒伏短毛，后缘中部强烈内凹与前胸背板后缘相接触；小盾片平坦，具刻点，被浅色半倒伏短毛，基部2/3为黑褐色，与中胸盾片同色，端部1/3灰白色，长是基部宽的1.3倍。

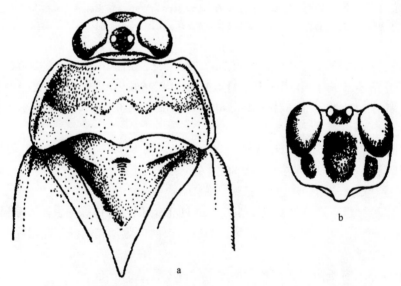

图 198 黑痣树盲蝽 *Isometopus nigrosignatus* Ren (仿 Ren, 1987)
a. 头、前胸背板、小盾片背面观 (head, pronotum and scutellum, dorsal view)；b. 头前面观 (head, frontal view)

半鞘翅灰白色，具棕褐色或黑棕色斑及细密刻点，被浅色半倒伏短毛。爪片灰白色，基部和末端棕褐色，末端超过小盾片顶端，形成爪片接合缝；革片中部棕褐色；缘片半透明，略向上翘折，前缘棕褐色；楔片缝不明显，楔片下倾亦不显著，棕褐色 (除内侧基部外)；膜片深烟灰色，具皱纹及1长椭圆形翅室，翅脉与膜片同色。

足腿节灰白色，中部棕褐色，具浅色稀疏半倒伏短毛，后足腿节明显粗于前、中足腿节；胫节深棕色，明显细于腿节，被半倒伏浅色短毛，毛被较腿节密集，后足胫节末端具2棕褐色小刺；跗节色同胫节，毛被较胫节稀疏；爪棕褐色，末端色较深。

腹部棕褐色，侧接缘各节端部1/2为灰白色。臭腺沟缘棕黑色。

雄虫：未见。

量度 (mm)：体长 2.56-2.59，宽 1.51-1.54；头长 0.22-0.26，宽 0.64-0.67；头顶宽 0.16-0.18；触角各节长Ⅰ:Ⅱ:Ⅲ:Ⅳ=0.31:0.52:0.38:0.30；前胸背板长0.41-0.45，宽1.23-1.26；小盾片长 0.71-0.76，基宽 0.54-0.59；楔片长 0.41-0.48，基宽 0.46-0.51。

观察标本：1♀ (正模)，云南昆明金殿，1984.Ⅳ.23，郑乐怡采；1♀ (副模)，同上，1984.Ⅳ.23，郑乐怡采。

分布：台湾、云南 (昆明)。

讨论：本种与天津树盲蝽 *I. tianjinus* Hsiao 相似，但前者体较大，头顶单眼周围具1圆形黑色斑；自头的前面观察，额区具横列的3个黑斑；前胸背板前半部黑褐色，后半部色淡，为灰白色；腹部侧接缘各节端半部灰白色，前翅花纹不同。

模式标本保存于天津南开大学标本馆，原始记载比较简单，本志对模式标本进行了重新描述，补充了体各部分的细节特征。该种体上斑纹特殊，易与属内其他种区分。

(240) 毛角树盲蝽 *Isometopus puberus* Ren, 1991 (图 199；图版ⅩⅦ: 261)

Isometopus puberus Ren, 1991: 204; Zheng, 1995: 460; Kerzhner *et* Josifov, 1999: 5; Qi, 2005: 511; Schuh, 2002-2014.

雄虫：体阔卵圆形，棕褐色，具细密刻点，被淡色光亮平伏短毛及稀疏长毛，体中部隆起，两侧略下倾。

头强烈下倾，棕褐色，具深色刻点，被浅色稀疏长毛，前面观，头略呈梯形。头顶棕褐色，头顶宽是复眼宽的 1.4-1.6 倍，后缘无横脊，黑褐色，微内凹，颈棕褐色。单眼鲜红色，靠近复眼，明显突出，侧面观，单眼高于复眼，两单眼间距为单眼直径的5.1-5.9倍。复眼大，黑褐色，正面观近肾形，向两侧伸出，外侧略向后倾，侧面观超过头顶后缘。额黄棕色，平坦，其上部近两单眼之间有模糊的弧形印痕，下缘弧形，中部略向下凸出，具略向上翘折的窄边缘。触角色淡，具显著而稀疏的粗长毛，第1节短粗、黑褐色、光亮、无明显长毛，第2-4节具短毛及稀疏长毛，第2节淡黄色长毛最长，第2-4节浅黄褐色，色泽显著浅于第1节。喙淡黄色，最末端色深，略超过后足基节。

前胸背板略呈矩形，明显下倾，棕褐色，两侧域色略淡于中部，被稀疏浅色长毛，具同色细密刻点，前缘宽是长的 2.13-2.15 倍。前胸背板侧缘中部微隆，前缘微内凹，前侧角钝圆，前伸至复眼后缘，后缘弯曲且后缘中部向前内凹，后缘宽为前缘宽的 1.5-1.6倍，领窄，棕褐色，具同色刻点，无毛；胝与前胸背板同色，不明显；前胸侧板浅黄棕色，光滑无刻点，中胸侧板深棕褐色，有光泽，具细小稀疏刻点，无毛，后胸侧板同中胸侧板。中胸盾片外露，棕褐色，具同色细密刻点，被稀疏浅色长毛，后缘中部强烈内凹几与前胸背板后缘相接触。小盾片棕褐色，具细密刻点，被浅色长毛，中部微隆起，长与宽约相等。

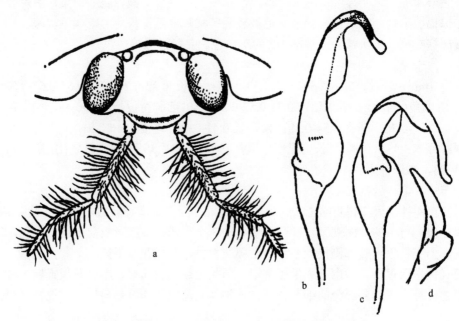

图 199 毛角树盲蝽 *Isometopus puberus* Ren (仿 Ren, 1991)

a. 头部前面观 (head, frontal view); b、c. 左阳基侧突不同方位 (left paramere in different views); d. 右阳基侧突 (right paramere)

半鞘翅一色，浅棕褐色，具细密刻点，被浅色半倒伏短毛。爪片末端伸达小盾片末端，未形成爪片接合缝；革片靠近爪片域色较深；缘片明显外扩，前缘基部具略向上翘折的窄边缘；楔片明显下倾，浅棕褐色，具细密刻点，被浅色半倒伏短毛，楔片缝明显；膜片黄白色，有光泽，褶皱，具 1 长椭圆形翅室，翅脉浅棕褐色。

足黄棕色，被稀疏浅色半倒伏短毛，腿节具不规则褐色斑，后足腿节粗壮，明显粗于前、中足腿节，胫节细长，爪黄棕色，末端红棕色。

体腹面色泽淡于背面，被浅色稀疏短毛。

雌虫：未知。

量度 (mm)：体长 1.78-1.82，宽 1.44-1.49；头长 0.09-0.12，宽 0.68-0.72；两单眼间距 0.15-0.19；头顶宽 0.29-0.33；触角各节长度 I : II :III:IV=0.11-0.13:0.41-0.46:0.30-0.32:0.20-0.24；前胸背板长 0.43-0.47，宽 0.78-0.82。

观察标本：1♂(正模)，福建沙县，1980.XI.2。1♂，海南尖峰岭天池，1985.IV.19。

分布：福建 (沙县)、海南 (尖峰岭)、云南 (通关)。

讨论：本种与邵武树盲蝽 *I. shaowuensis* Ren 相似，但可以通过以下特征加以区分：前者复眼大而显著，触角具淡色稀疏长毛，额部下缘呈宽阔翘折缘，亦可根据雄虫外生殖器结构进行鉴别。

本志增加了该种在海南和福建的分布。原始文献描述较为简单，作者依据模式标本进行了特征补充描述。

(241) 任氏树盲蝽 *Isometopus renae* Lin, 2004

Isometopus renae Lin, 2004b: 322; Schuh, 2002-2014; Yasunaga *et al.*, 2017: 423.

作者未见标本，现根据 Lin (2004b) 原始描述整理如下。

雄虫：体椭圆形，棕色，半鞘翅浅棕色，覆灰色毛。

头垂直，黄棕色，具2棕色斑点；额暗褐色；复眼大、紫色，单眼大，靠近复眼，两单眼间距大于单眼直径；触角着生于复眼下缘，第1节短，管状，棕色，第2节细长，棕色，被半直立灰色长毛，毛长是第2节触角宽的2倍，第3、4节短，细，暗褐色；喙长，棕色，伸达第4腹节。

前胸背板宽，暗褐色，刻点明显，被长软毛，前域具棕色条带，后域中部及两侧角具白色圆点；中胸盾片深棕色，刻点明显，被长毛，中部内凹；小盾片深棕色，顶端1/5白色，刻点明显，被长软毛，中部内凹。

半鞘翅棕白色，半透明，爪片和革片刻点明显，被灰色长软毛，革片基部具暗褐色圆斑；膜片具1灰色封闭翅室。足黄白色，腿节具暗褐色条带，跗节浅棕色。

体腹面黄棕色，腹部具棕色圆斑点，胸腹面暗褐色。臭腺蒸发域浅棕色。

雄虫左阳基侧突端部刀状，中部狭长，基部膨大而宽阔，向末端渐窄；右阳基侧突镰刀状。

雌虫：未知。

量度 (mm)：体长3.5，宽1.9。

分布：台湾。

(242) 邵武树盲蝽 *Isometopus shaowuensis* Ren, 1987 (图200；图版XVII: 262)

Isometopus shaowuensis Ren, 1987: 400; Ren, 1992: 94; Zheng, 1995: 460; Kerzhner *et* Josifov, 1999: 5; Qi, 2005: 511; Schuh, 2002-2014.

雄虫：体阔卵圆形，黑褐色，具细密刻点，被浅色光亮细毛。

头一色，黑褐色，下倾，背面观，头宽是头长的3.0-3.1倍，具细小刻点，被银色短毛。头顶黑褐色，具稀疏细小刻点，被浅色稀疏短毛，头顶宽是复眼宽的1.5-1.6倍，无中纵沟，后缘横脊细窄；复眼大，外凸，正面观为肾形，略红棕色，几乎占整个头的侧面；单眼深红棕色，紧靠近复眼，且单眼处略凹陷；额黑棕色，宽阔、平坦，具细小刻点，被浅色短毛，且毛被较头顶处密集，下缘具略向上翘折的窄边缘，额未向复眼下方延伸扩展；唇基小，前面观不可见，隐藏在头腹面，棕褐色，具光泽；触角位于眼内侧中部、近喙基部的外侧前方，第1节粗短，棕褐色，体背面观常不可见，第2节最长，长棒状，基部2/3黄棕色，端部1/3棕褐色，被浓密浅色半倒伏短毛，第3、4节较细，明显细于第2节，棕褐色，被稀疏浅色毛；喙细长，黄褐色，伸至后足基节。

前胸背板梯形，前缘宽是长的1.7-1.8倍，微下倾，中部微隆，两侧略下倾，黑棕色，具细密刻点，被浅色光亮短毛；前胸背板侧缘圆凸，前缘几乎直，前侧角钝圆，未明显前伸，后缘呈双凹陷。领细，黑褐色，具细小刻点，有光泽，无毛。前胸侧板黑褐色，具细小刻点，被浅色稀疏短毛；中胸侧板、后胸侧板与前胸侧板同色，黑褐色，具细小刻点，但无毛。中胸盾片显著，黑褐色，具细小刻点，后缘中部强烈内凹与前胸背板后缘相接触，且后缘中央与小盾片基部中央呈圆形凹陷。小盾片黑褐色，端部色较浅，黄棕色，具细密刻点，被浅色稀疏短毛，侧面观中部微隆起，长与宽相等。

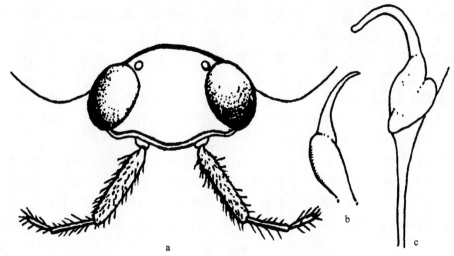

图 200 邵武树盲蝽 *Isometopus shaowuensis* Ren (仿 Ren, 1987)
a. 头部前面观 (head, frontal view)；b. 右阳基侧突 (right paramere)；c. 左阳基侧突 (left paramere)

半鞘翅黑褐色，具刻点，被浅色稀疏短毛。爪片向端部渐细，略超过小盾片顶端，未形成明显的爪片接合缝，端部色较浅，黄色；革片端半部黄褐色；缘片前缘外扩，具狭窄的略向上翘折的窄边缘，近前缘域刻点较稀疏；楔片黄褐色，折痕较浅，未强烈下倾；膜片透明，黄白色，基部具 1 长椭圆形翅室。

足棕褐色，腿节具零星浅色短毛，后足腿节粗壮，粗于前、中足腿节，胫节具密集浅色半倒短毛，后足胫节长于腿节；跗节毛被较胫节稀疏；爪棕褐色。

腹部棕褐色，光滑无毛。臭腺沟缘棕褐色。

雄虫左阳基侧突大，中部圆鼓，被长毛，向端部渐细，并呈钩状强烈弯曲，顶角钝圆。

雌虫体型和体色与雄虫相似，但雌虫体色较浅。

量度 (mm)：雄虫：体长 1.90，宽 1.26；头长 0.31，宽 0.65；头顶宽 0.27；触角各节长度 I：II：III：IV=0.12：0.37：0.20：0.15；前胸背板长 0.45，宽 1.12；小盾片长 0.61，基宽 0.61；楔片长 0.34，基宽 0.41。雌虫：体长 2.37-2.46，宽 1.60-1.64；头长 0.34，宽 0.64；头顶宽 0.30；触角各节长度 I：II：III：IV=0.10-0.13：0.31-0.35：0.21-0.26：0.15-0.19；前胸背板长 0.43，宽 1.08；小盾片长 0.65，基宽 0.64；楔片长 0.33，基宽 0.41。

观察标本：1♂ (正模)，福建邵武，1980.VII.5，黄邦侃采；1♀ (配模)，福建沙县，1974.XI.1，李法圣采；2♀，福建沙县，1980.XI.2；3♀，福建武夷山，1984.VIII.16，黄邦侃采；

1♀，福建沙县，采集时间、采集人不详。2♀，台湾台南码头，1947.VIII.27。

分布：福建、台湾。

讨论：本种相似于长谷川树盲蝽 I. *hasegawai* Miyamoto，但前者体较小；雄虫额的下缘呈翘折窄边缘；触角各节比例不同；雄虫左阳基侧突端半部显著细，而强烈弯曲，顶端钝。亦与陕西柚树盲蝽 I. *citri* Ren 相似，但前者爪片略超过小盾片顶端，且前胸背板侧缘及触角亦有明显不同。

观察标本标签上记载该种曾在柑橘树上采得，Ren (1987) 记载该种捕食柑橘红蜘蛛。

原始文献描述较为简单，作者依据模式标本进行了重新描述。本志新增该种在台湾的分布。

(243) 天津树盲蝽 *Isometopus tianjinus* Hsiao, 1964 (图 201，图 202；图版 XVII: 263)

Isometopus tianjinus Hsiao, 1964: 285; Eyles, 1971: 942; Kerzhner *et* Josifov, 1999: 5; Qi, 2005: 511; Ren, 2009: 101; Schuh, 2002-2014.

体椭圆形，具刻点，被浅色半倒伏短毛。

雄虫：头横宽，长为宽的 3 倍，垂直，黄色，具深褐色刻点，无毛。头顶微隆，侧面观，头顶高于前胸背板，头顶宽与复眼等宽，无中纵沟，后缘无横脊；复眼大，几乎占整个头侧面，后缘红棕色，外凸，超过头顶后缘；单眼位于两复眼间，明显，红棕色，紧靠复眼，两单眼间距离与单眼直径约相等；额平坦，宽阔，中下部具 1 褐色横脊纹；唇基垂直，黑褐色，光亮，基部微隆；颊三角形，黑褐色，侧缘黄色，侧面观复眼高为颊高的 3.6 倍；喙黄褐色，伸至第 4 节腹节中央，向末端渐细，第 1 节黄棕色，较其余 3 节粗，第 2 节黄褐色，第 3、4 节两节色较深，黑褐色，基部三节约等长。触角窝远离复眼下缘，侧面观复眼高为触角窝距复眼下缘的 3.4 倍，触角棕褐色，除第 1 节外，均被黄棕色半倒伏短毛，第 1 节黄色，粗短，圆柱形，光滑无毛；第 2 节约与第 1 节等粗，最长，长于第 3、4 节之和，端部 1/3 黑褐色；第 3 节黑褐色，较第 2 节细，毛长约等于该节直径；第 4 节黑褐色，略扁，呈狭纺锤形。

前胸背板梯形，前缘宽为长的 1.7 倍，棕褐色，侧面观圆隆，略向前下倾，被细密刻点及浅色半倒伏短毛；前缘内凹，后缘双曲状，后缘宽为前缘宽的 2.1 倍，侧缘中部微外凸；领窄，具刻点，黄棕色至棕褐色；胝微隆，不甚明显；前缘域色浅，刻点细小，后缘域色深，刻点粗大，侧缘域具半透明窄边缘，略向上翘折；前胸侧板黄棕色，具褐色刻点，无毛；中胸侧板棕褐色，具刻点，被稀疏细小短毛；后胸侧板棕褐色，具刻点，蒸发域明显，黄白色。中胸盾片显著，黑褐色，具刻点，被浅色半倒伏短毛，后缘中部强烈内凹与前胸背板后缘相接触，中央呈半圆形凹陷。小盾片黑褐色，顶角黄白色，具刻点，被浅色半倒伏短毛，基部宽为长的 1.3 倍，侧面观中部微隆。

半鞘翅外侧中部圆隆，污黄色，半透明，具细小刻点，被半直立浅色短毛。缘片略向上翘折；爪片向端渐细，达小盾片顶角；楔片折痕不深，略下倾，其顶角几达腹部末端；膜片烟灰色，具皱纹，基部具 1 个翅室，椭圆形。

足黄白色，腿节粗大，亚顶端具 1 个不完全的浅褐色环纹，后足腿节明显粗于前、中足腿节，胫节细长，约与腿节等长，被浅色半倒伏短毛，跗节 2 节，棕褐色，被稀疏半倒伏浅色毛，爪较小，黄褐色，末端色深，棕褐色。

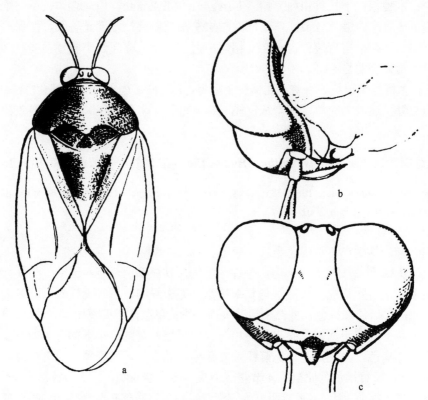

图 201　天津树盲蝽 *Isometopus tianjinus* Hsiao (仿 Hsiao, 1964)

a. 成虫背面观 (adult, dorsal view)；b. 头部侧面观 (head, lateral view)；c. 头部前面观 (head, frontal view)

腹部腹面浅褐色，被稀疏浅色毛。臭腺沟缘黑褐色。

雄虫左阳基侧突基半部圆鼓，被毛，杆部较细，端部微膨大，弯曲明显；右阳基侧突小，较直，呈拇指状，基半部被毛，顶角较尖；阳茎简单，膜状，无骨化附器。

雌虫体型与雄虫相似，仅体色略有差异，雌虫体背面大部分黄白色，但前胸背板后域中部、中胸盾片、小盾片基部中央及前翅革片顶端黑色。

量度 (mm)：体长 2.04-2.12 (♂)、2.32-2.45 (♀)，宽 0.86-1.09 (♂)、1.42-1.65 (♀)；头长 0.13-0.19 (♂)、0.13-0.26 (♀)，宽 0.47-0.65 (♂)、0.56-0.66 (♀)；头顶宽 0.13-0.31 (♂)、0.13-0.22 (♀)；眼宽 0.15-0.32 (♂)、0.13-0.23 (♀)；触角各节长 I : II : III : IV=0.09-0.17:0.43-0.56:0.30-0.39:0.08-0.13 (♂)、0.08-0.17:0.43-0.58:0.32-0.39:0.08-0.18 (♀)；前胸背板长 0.39-0.52 (♂)、0.43-0.52 (♀)，后缘宽 1.16-1.29 (♂)、1.21-1.36 (♀)；小盾片长 0.52-0.65 (♂)、0.59-0.65 (♀)，基宽 0.52-0.67 (♂)、0.54-0.71 (♀)；缘片长 0.86-1.09 (♂)、0.94-1.03 (♀)；楔片长 0.39-0.52 (♂)、0.39-0.52 (♀)，基宽 0.47-0.60 (♂)、0.45-0.61 (♀)。

观察标本：1♂ (正模)，天津张贵庄，1963.VI.16，王子清采；1♀2♂ (副模)，同上；1♀ (配模)，天津南开大学，1964.VI.19，王子清采；2♀3♂ (副模)，同上，任树芝采；7♀6♂，同上，任树芝采；1♀，天津八里台，1979，任树芝采；2♀，天津市天津大学，1979.Ⅵ.16，任树芝采；1♂，同上，1979.Ⅵ.24，任树芝采；4♀2♂，同上，1979.Ⅵ.24，任树芝采；5♀2♂，同上，1979.Ⅶ.1，任树芝采；5♀，同上，1979.Ⅶ.7，任树芝采；1♂，同上，1979.Ⅶ.17，任树芝采。2♀3♂，北京农业科学院，1958.Ⅵ.22，杨集昆采；2♀1♂，北京农业大学，1958.Ⅵ.16，杨集昆采；1♀，北京大红门，1959.Ⅷ.5，杨集昆采。

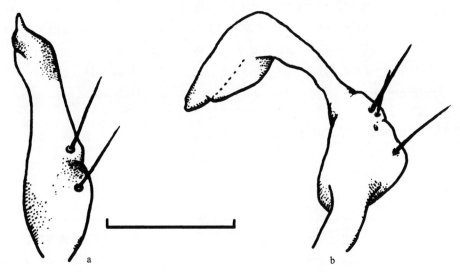

图 202　天津树盲蝽 *Isometopus tianjinus* Hsiao
a. 右阳基侧突 (right paramere)；b. 左阳基侧突 (left paramere)；比例尺：0.1mm

分布：北京、天津。

讨论：本种与北京树盲蝽 *I. beijingensis* Ren *et* Yang 相似，但前者体较小，色浅，且额中下部具 1 褐色横脊纹，可与之区分。

Hsiao (1964) 记载，其栖息于槐树的树皮裂缝中，习性活泼，稍受惊扰迅速飞去，不易采集。

50. 桂树盲蝽属 *Paloniella* Poppius, 1915

Paloniella Poppius, 1915a: 76. **Type species:** *Isometopus feanus* Distant, 1904; by monotypy.

Letaba Hesse, 1947: 34. **Type species:** *Letaba bedfordi* Hesse, 1947; by orginal designation. Synonymized by Akingbohungbe, 1996: 102.

Paraletaba Ren *et* Yang, 1988: 75. **Type species:** *Paloniella montana* (Ren *et* Yang, 1988); by original designation. Treated as subgenus by Herczek, 1991: 45.

体阔椭圆形，背面光亮、圆鼓，具浓密刻点及短毛。头不垂直，而向后方倾斜，头的后缘高于前胸背板，将前胸背板前缘遮盖；单眼大，与复眼相接；复眼大，向上侧方突出；额向上侧方突出，额向两侧及中部下方甚扩展，外缘具微皱纹，刻点浅而稀疏；

触角着生于复眼下方，第 1 节粗短，第 2 节最长，向端部略加粗，第 3、4 节两节细，第 3 节显著长于第 4 节。喙粗壮，伸达后足基节。前胸背板刻点显著，两侧微向外凸圆，边缘呈脊状，侧角钝圆，后缘呈双曲状。小盾片三角形，向上圆鼓，较高于前翅，基部中央具浅凹窝，顶角尖锐，不超过爪片末端。前翅不透明，具刻点，前缘域甚向外圆扩，显著向上翘折；楔片刻点隐约，长度略微大于基宽。前翅自楔片缝处陡然向下倾斜；膜片小，半透明。足腿节粗，胫节细，但后足腿节显著粗于前、中足腿节，适于跳跃。

本属与树盲蝽属相似，但体较大；头较倾斜，其后缘将前胸背板前缘遮盖，单眼大；眼向上侧方突出；额部强烈向中部下方及侧方扩展，外缘具微皱纹；前翅及小盾片向上圆鼓，但小盾片高于前翅；前翅不透明，前缘甚向外圆扩，并向上显著翘折；触角的形状等不相同。

分布：湖北、福建、广西、西藏；琉球群岛。

世界已知 18 种。中国记述 4 种。

种 检 索 表

1. 体无明显斑点 ··· 2
   体具明显色斑 ··· 3
2. 触角具黄色环斑；爪片超过小盾片末端 ···························· **花角桂树盲蝽 *P. annulata***
   触角不具环斑；爪片未超过小盾片末端 ······························· **平桂树盲蝽 *P. parallela***
3. 额具棕色斑点；革片基部具浅色斑点 ····························· **西藏桂树盲蝽 *P. xizangana***
   额不具明显斑点；革片基部不具浅色斑点 ····························· **山桂树盲蝽 *P. montana***

(244) 花角桂树盲蝽 *Paloniella annulata* (Ren *et* Huang, 1987) (图版 XVII: 264)

Paraletaba annulata Ren *et* Huang, 1987; Zheng, 1995: 460.
Letaba (*Paraletaba*) *annulata* Ren *et* Huang, 1987: 26; Qi, 2005: 512.
Paloniella annulata: Akingbohungbe, 1996: 102; Kerzhner *et* Josifov, 1999: 6; Schuh, 2002-2014.

雌虫：体卵圆形，背面圆鼓，棕褐色，具细密刻点，被浅色短毛。

头横宽，宽是长的 4.1 倍，后倾，将前胸背板前部 1/3 遮盖，棕褐色，具稀疏细小刻点，无毛。头顶棕褐色，后缘黄白色，具稀疏细小刻点，头顶宽是复眼宽的 1.1 倍，无中纵沟，后缘横脊不明显；复眼大而平，近圆形，棕褐色；单眼小，突出，红棕色，紧靠复眼；额棕褐色，宽阔，向前圆鼓，两侧及中部下方甚扩展，中下部具 1 不明显的横皱，具刻点，且复眼下域刻点较粗大，额下缘具微皱纹，略带黑色，有光泽；唇基小，正面观不可见，位于头腹面，棕褐色，平坦；触角褐色，第 2 节的中部、两端及第 3、4 节两节的顶端为淡黄色，具短毛及黄环斑，第 1 节粗短，光亮，第 2 节最长，前端不加粗；喙细长，伸达后足基节，黄褐色，第 3、4 节基半部色略深。

前胸背板棕褐色，具细密刻点，被浅色稀疏半倒伏短毛。前缘被头后缘遮盖，侧缘微隆，前角钝圆，后缘弯曲且中部向前内凹；领不可见；中域隆起，两侧域明显向两侧下倾。前胸侧板黄棕色，不平坦，中胸侧板和后胸侧板棕褐色，具稀疏细小刻点。中胸盾片外露，棕褐色，具细小刻点，后缘中部强烈内凹，且与前胸背板后缘相接触。小盾片棕褐色，末端色较浅，具细小刻点，基部宽与长约相等，侧面观，向上圆鼓，略高于前翅。

半鞘翅棕褐色，具细小刻点，被浅色半倒伏短毛。爪片棕褐色，具细密刻点，且刻点较小盾片粗大，被细密浅色半倒伏短毛，向末端渐细，略超过小盾片顶端；革片棕褐色，半透明，具细小刻点，被浅色半倒伏短毛；缘片棕褐色，前缘域甚向外圆扩，具向上翘折的窄边缘；楔片浅棕色，下倾，基部宽与长约相等，具细小稀疏刻点，被浅色短毛，前缘基部与缘片略分开；膜片烟灰色，半透明，具1长椭圆形翅室，翅脉色深，明显。

足棕褐色，被浅色短毛，腿节粗壮，后足腿节明显粗于前、中足腿节，后足腿节端部、胫节端半部和跗节均为黄棕色，爪黄棕色，末端色深，棕褐色。臭腺沟缘暗褐色。

雌虫产卵器发达，几乎与腹部等长。

雄虫：未见。

量度 (mm)：体长 2.03，宽 2.12；头长 0.27，宽 0.83；头顶宽 0.33；触角各节长Ⅰ：Ⅱ:Ⅲ:Ⅳ=0.10:0.42:0.17:0.13；前胸背板长 0.30，宽 1.16；小盾片长 0.81，基宽 0.80；革片长 1.30；楔片长 0.33，基宽 0.34。

观察标本：1♀ (正模)，福建莆田，1979.Ⅵ.6，黄邦侃采。

分布：福建 (莆田)。

讨论：本种与山桂树盲蝽 *P. montana* (Ren *et* Yang) 较相似，但前者额棕褐色，无明显的褐色点斑；触角褐色，具黄环斑，可与后者相区别。

(245) 山桂树盲蝽 *Paloniella montana* (**Ren *et* Yang, 1988**) (图 203)

Paraletaba montana Ren *et* Yang, 1988: 75; Zheng, 1995: 460; Qi, 2005: 513.

Paloniella montana: Akingbohungbe, 1996: 102; Kerzhner *et* Josifov, 1999: 6; Schuh, 2002-2014.

体黑褐色，有橘黄色斑，具浓密刻点，被浅色光亮短毛。

头后倾，将前胸背板前缘遮盖，浅黄褐色，具细小稀疏刻点；头顶黄褐色，约与复眼等宽，后缘黄白色；复眼大，近圆形，棕褐色；单眼大，棕褐色，紧靠复眼；额宽阔，向两侧及中部下方甚扩展，黄褐色，复眼下方外侧域淡黄色，其亚侧域褐色，具褐色小斑及横皱；唇基小，位于头腹面，背面观不可见；触角第1、2节褐色 (除第2节顶端外)，第3、4节暗黄色；喙长，达后足基节。

前胸背板横宽，黑褐色，具密集刻点，被浅色光亮短毛。前胸背板前缘被头后缘遮盖，前角钝圆，侧缘微凸，侧面观，侧角圆，后缘呈双曲状，两侧后域橘黄色。中胸盾片外露，黑褐色，具密集刻点，被浅色光亮短毛，后缘中部强烈内凹，并与前胸背板后缘相接触；小盾片向上隆起，高于前翅，具密集刻点，被浅色光亮短毛，基部 1/2 黑褐色，端部 1/2 橘黄色，长是基部宽的 1.2 倍。

半鞘翅黑褐色，具橘黄色斑，刻点密集，被浅色光亮短毛。爪片前部 2/3 橘黄色，向末端渐细，略超过小盾片末端；革片前域橘黄色，后域黑褐色；缘片发达，向上翘折，明显外扩，基半部为橘黄色；楔片明显下倾，基宽与长约相等，黑褐色，基半部橘黄色；

膜片超过腹部末端，棕色，半透明，基部具 1 翅室。

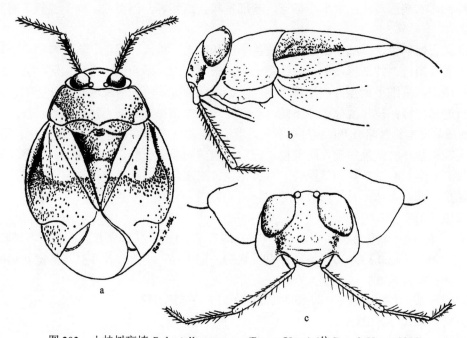

图 203　山桂树盲蝽 *Paloniella montana* (Ren *et* Yang) (仿 Ren & Yang, 1988)

a. 成虫背面观 (adult, dorsal view)；b. 头、胸部侧面观 (head and thorax, lateral view)；c. 头部前面观 (head, frontal view)

足黑褐色，前足及中足胫节端半部为淡黄色，中足胫节端半部和跗节及后足腿节端部为淡黄褐色，后足腿节发达，显著粗于前、中足腿节，适于跳跃，后足胫节细长，长于腿节。

雄虫：未见。

量度 (mm)：体长 3.40，宽 2.30；头长 0.30，宽 0.90；头顶宽 0.25；触角各节长 I：II：III：IV=0.11：0.80：0.47：0.21；前胸背板长 0.45，宽 1.70；小盾片长 1.30，基宽 1.10；楔片长 1.10，基宽 1.10。

观察标本： 1♀ (正模)，广西武鸣大明山，1963.V.21，杨集昆采。

分布： 广西 (武鸣)。

(246) 平桂树盲蝽 *Paloniella parallela* Yasunaga *et* Hayashi, 2002　　(图版 XVII: 265)

Paloniella parallela Yasunaga *et* Hayashi, 2002: 98; Schuh, 2002-2014.

雌虫：体棕色，阔卵圆形，中部微隆，具细密刻点，被浅色浓密短毛。

头后倾，黄棕色，具细小稀疏刻点，被浅色稀疏短毛，背面观，头呈蟹形，正面观，两侧近平行。头顶黄棕色，后缘呈狭窄的黄色，刻点较浅，复眼宽是头顶宽的 1.4 倍；单眼小，紧靠复眼，棕褐色；复眼肾形，棕褐色，下缘及内缘黄棕色，后缘微凸，超过头顶后缘；额宽阔，下部向两侧下方甚扩展，黄棕色，具 4 个褐色斑点，具刻点，且下部刻点较中上部稀少，被浅色稀疏短毛，中部具 1 明显浅色横皱；唇基小，正面观不可见，隐藏于头腹面，黄白色；触角黄棕色，第 1 节短，棕褐色，光亮无毛，第 2 节长，为第 1 节长的 4.1 倍，黄棕色，端部 1/3 褐色，被浅色半倒伏短毛，第 3 节端部及第 4 节色深；喙亮棕色，伸达后足基节，第 2-4 节基部黄色。

前胸背板横宽，平伸，两侧域下倾，黄棕色，后域色略深，棕褐色，具细密刻点，被浅色半倒伏短毛，后缘宽是长的 3.5 倍。前胸背板前缘被头后缘遮盖，侧缘微凸，稍向上折，前角钝圆，后缘呈双曲状。胝不明显。前胸侧板黄棕色，具深色刻点，被浅色稀疏短毛；中胸侧板棕褐色，具刻点，被浅色稀疏短毛；后胸侧板同中胸侧板。中胸盾片外露，棕褐色，具细密刻点，被浅色半倒伏短毛，后缘中部强烈内凹，与前胸背板后缘相接触。小盾片棕褐色，顶角黄白色，侧面观中部略隆起，具细密刻点，被浅色短毛，基宽与长约相等。

半鞘翅棕褐色，具细密刻点，被浓密浅色短毛。爪片棕褐色，向端部渐细，未超过小盾片末端，具细密刻点，被浅色半倒伏毛；革片棕褐色，较小盾片色浅，具细密刻点，被浅色浓密毛，革片中裂明显，端部 1/3 明显下倾；缘片黄棕色，半透明，具稀疏深色刻点，被浅色短毛，毛被较革片稀疏；楔片黄棕色，半透明，基部内侧具白色圆斑，顶角棕褐色，楔片缝不甚明显，翅面沿楔片缝强烈下倾；膜片浅灰棕色，半透明，具褶皱，基部具 1 椭圆形翅室，翅脉明显，棕褐色。

足浅棕色，中足基节深棕色，腿节粗壮，具深棕色色斑，被浅色稀疏短毛，胫节基部 1/2 深棕色，被浓密半倒伏毛，跗节基部深棕色，毛被较胫节稀疏，爪略带红棕色。

腹部浅棕色，第 9 腹板色深，侧接缘黄棕色，被浅色稀疏半倒伏短毛，产卵器黄白色，长为腹部长的 2/3。臭腺沟缘黄白色。

雄虫：未见。

量度 (mm)：体长 2.58，宽 1.73；头长 0.30，宽 0.78；头顶宽 0.22；触角各节长 I：II:III:IV=0.11:0.45:?:?；前胸背板长 0.43，宽 1.80；小盾片长 1.21，基宽 0.91；楔片长 1.05，基宽 1.05。

观察标本：1♀，湖北兴山龙门河，1500m，1994.IX.12，宋士美采。

分布：湖北；琉球群岛。

讨论：本种体均一棕色，头两侧近平行 (正面观)，与花角桂树盲蝽相似，但本种体较大，头两侧近平行，跗节深色。

本志首次记录该种在中国的分布。根据 Yasunaga 和 Hayashi (2002) 记载，本种采自常绿阔叶树上。

(247) 西藏桂树盲蝽 *Paloniella xizangana* (Ren, 1988) (图 204；图版 XVII: 266)

Letaba xizangana Ren, 1988: 107; Zheng, 1995: 460; Qi, 2005: 513.
Paloniella xizangana: Akingbohungbe, 1996: 102; Kerzhner et Josifov, 1999: 6; Schuh, 2002-2014.

雌虫：体阔卵圆形，黑褐色，具细密刻点，被浅色光亮短毛。
头后倾，将前胸背板前缘遮盖，浅黄褐色，具褐色刻点，被稀疏浅色短毛；头顶平坦，浅黄棕色，无明显毛被，具稀疏粗大褐色刻点，但两单眼间区域无刻点，后缘平直，无后缘脊，头顶宽是复眼宽的 0.73 倍；复眼大而平，近圆形，棕褐色，复眼后缘较头顶后缘突出；单眼大，黑褐色，紧靠复眼；额宽阔，向两侧及中部下方甚扩展，上部浅黄棕色，下部棕褐色，具褐色刻点，且刻点粗大，分布不均，具棕色小斑点，中下部具明显深刻横皱，被浅色稀疏几乎直短毛；唇基棕褐色，微隆，被浅色稀疏短毛；触角着生于唇基部两侧，黑褐色，被浅色光亮短毛 (第 1 节除外)，第 1 节粗短，粗于其他各节，第 2 节最长，约为第 3、4 节长度之和，第 3 节细，细于第 2 节，且毛被较第 2 节稀疏，第 4 节纺锤状，毛被同第 3 节；喙长，伸达后足基节，第 1 节粗，第 4 节细尖，黑褐色，仅第 2 节端部及第 4 节基部色淡。

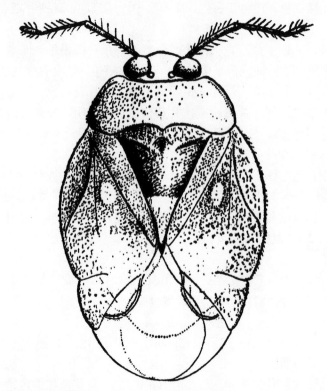

图 204 西藏桂树盲蝽背面观 [dorsal view of *Paloniella xizangana* (Ren)] (仿 Ren, 1988)

前胸背板横宽，黑褐色，具细密刻点，被浅色光亮短毛。前缘被头后缘遮盖，前角钝圆，侧缘圆阔，后缘双曲状；领被头部遮盖，不可见；胝略隆起，与前胸背板同色，不甚明显；侧域边缘色较淡，略呈黄棕色，具略向上翘折的窄边缘。前胸侧板黑褐色，具细密刻点，被浅色稀疏短毛；中胸侧板、后胸侧板同前胸侧板。中胸盾片外露，黑褐色，具细密刻点，被浅色稀疏短毛，后缘中部强烈内凹，并与前胸背板后缘相接触，形成小凹陷；小盾片三角形，具细密刻点，被浅色短毛，基部 1/2 黑褐色，端部 1/2 黄白色，长是基部宽的 1.1 倍。

半鞘翅黑褐色，具细密刻点，被浅色光亮短毛。爪片向末端渐细，约与小盾片等长；

革片前缘域甚向外突出，呈弧形，中部具 1 黄白色圆斑；缘片半透明，略向上翘折；楔片强烈下倾，基部宽与长约相等；膜片半透明，烟灰色，远超过腹部末端，基部具 1 翅室。

足深棕褐色，腿节末端淡黄棕色，具细小刻点，被浅色半倒伏毛，后足腿节明显粗于前、中足腿节，胫节末端具 1 深色短刺，爪略带红棕色。腹部黑棕色，宽扁，具毛。臭腺沟缘黑褐色。

雌虫产卵器发达，几乎与腹部等长。

量度 (mm)：体长 3.35，宽 2.02；头长 0.26，宽 0.82；头顶宽 0.22；触角各节长 I：II:III:IV=0.15:0.59:0.35:0.19；前胸背板长 0.47，宽 1.55；小盾片长 1.03，基宽 0.86；楔片长 0.60，基宽 0.56。

雄虫：未见。

观察标本：1♀(正模)，西藏 (波密易贡)，2300m，1978.VII.28，李法圣采。

分布：西藏。

十五、佚树盲蝽族 Myiommini Bergroth, 1924

Myiommini Bergroth, 1924: 5. **Type genus:** *Myiomma* Puton, 1872.

体长椭圆形，体两侧不平行。背面微隆。额未向两侧扩展。前胸背板梯形或钟形，后缘双曲状。胝明显。中胸盾片暴露，后缘中部强烈内凹，呈 2 叶，且 2 叶未隆起。小盾片较小，基宽小于长或者基宽与长相等。爪片两侧平行或向末端渐细，形成爪片接合缝，且爪片接合缝长大于小盾片长的 1/2。爪近顶缘处具齿。

该族世界已知 16 属 97 种，中国记述 3 属 10 种。

属 检 索 表

1. 体椭圆形···**佚树盲蝽属 *Myiomma***
   体狭长形或长椭圆形···2
2. 前胸背板不平坦，半鞘翅不透明···**稀树盲蝽属 *Isometopidea***
   前胸背板平坦，半鞘翅多半透明···**瘦树盲蝽属 *Totta***

51. 稀树盲蝽属 *Isometopidea* Poppius, 1913

Isometopidea Poppius, 1913: 252. **Type species:** *Isometopidea lieweni* Poppius, 1913; by original designation.

体长椭圆形。复眼大，占整个头的大部；体背面刻点明显；前胸背板不平坦，侧面观小盾片隆起，较半鞘翅高。

分布：台湾；斯里兰卡。

本属世界记录 2 种，中国均有分布。

种 检 索 表

膜片具 1 个翅室 ·· 杨氏稀树盲蝽 *I. yangi*

膜片具 2 个翅室 ·· 棕稀树盲蝽 *I. lieweni*

(248) 棕稀树盲蝽 *Isometopidea lieweni* Poppius, 1913

Isometopidea lieweni Poppius, 1913: 253; Schuh, 1995: 7; Lin, 2004b: 318; Schuh, 2002-2014.

作者未见到该种标本，现根据 Lin (2004b) 的描述整理如下。

雌虫：体长椭圆形，浅棕色，被浅色毛。

头半球形，头顶白色；复眼大，红棕色，占整个头的大部分，单眼红色、明显，单眼间距大于单眼直径；颊呈三角形；额基部白色，具 "H" 形暗褐色斑纹，端部暗褐色；唇基暗褐色，长大于宽；触角长，黄白色，长度近体长的 1/3，触角第 1 节短、圆柱形，第 2 节长、微弯曲、近端部略宽，第 3、4 节短；喙长，伸达后足基节。

前胸背板略呈半圆形，前缘宽是长的 2 倍，具明显横皱，近前域中部具 1 深纵沟，纵沟两侧略高，被刚毛，具明显刻点，奶白色；中胸盾片暗褐色；小盾片奶白色，隆起，基部暗褐色，微凹，具刻点，被长软毛。

半鞘翅平坦，奶白色，具较密棕色刻点及金黄色或棕色长毛；膜片白色，具 2 个封闭翅室。足浅黄色，后足腿节具棕色条带，且明显粗于前、中足腿节，跗节 2 节。

胸部腹面暗褐色，臭腺沟缘白色；腹节棕色，侧缘及末端白色。

量度 (mm)：体长 3.3，宽 1.5。

雄虫：未知。

分布：台湾；斯里兰卡。

Poppius 于 1913 年首次记载了该种在斯里兰卡的分布。Lin (2004b) 记载了该种在台湾的分布，亦为雌性。

(249) 杨氏稀树盲蝽 *Isometopidea yangi* Lin, 2005 (图 205)

Isometopidea yangi Lin, 2005: 198; Schuh, 2002-2014.

作者未见到该种标本，现根据 Lin (2005) 的原始描述整理如下。

雄虫：体长椭圆形，暗褐色，被黑色刚毛。

头垂直，浅黄棕色；复眼大，暗褐色，占整个头的大部分，在头顶前域沿中线处相接触，后缘具稀疏、黑色长刚毛 (约为 0.2mm)；额黄棕色，中部具 1 黑线；颊长，椭圆形，黑色；单眼明显；触角着生于头侧下方，第 1 节短小，暗褐色，第 2 节细长，基部 1/2 黄棕色，端部 1/2 暗褐色，被半倒伏黄色长毛，触角第 3 节细短，短于第 2 节，浅黄色，被半倒伏丝滑长毛；喙黄棕色，伸至第 2 腹节。

前胸背板暗褐色，矩形，具刻点，被黑色长软毛，侧域微外扩，半透明；领窄，棕色，有长毛；胝后具黑色弯曲横向条带；前胸背板中域微隆，侧域具黑色条带。中胸盾片不外露；小盾片心形，侧面观，较半鞘翅略高，平坦，被半倒伏黑色毛，两侧域奶白色，末端具奶白色斑点。

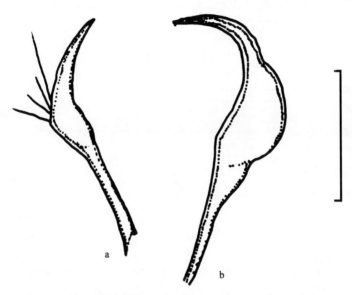

图 205　杨氏稀树盲蝽 *Isometopidea yangi* Lin (仿 Lin, 2005)

a. 右阳基侧突 (right paramere)；b. 左阳基侧突 (left paramere)；比例尺：0.1mm

半鞘翅平坦，具刻点，爪片略高于半鞘翅，具刻点；革片光亮，刻点不显著，被黑色长毛；膜片烟灰色，具 1 长椭圆形封闭翅室；楔片三角形，烟灰色，被黑色长毛。足黄棕色，中足腿节浅黄色，具黑色条带。

体腹面黄棕色。

量度 (mm)：体长 4.2，宽 1.7。

雌虫：未知。

分布：台湾 (Lin, 2005)。

52. 伥树盲蝽属 *Myiomma* Puton, 1872

Myiomma Puton, 1872: 177. **Type species:** *Myiomma fieberi* Puton, 1872; by monotypy.

Heidemannia Uhler, 1891: 119. **Type species:** *Heidemannia cixiiformis* Uhler, 1891; by monotypy. Synonymized by McAtee *et* Malloch, 1932: 64; Henry, 1979: 553.

Paramyiomma Carvalho, 1951: 381. **Type species:** *Paramyiomma lansburyi* Carvalho, 1951; by original designation. Synonymized by Smith, 1967: 41.

体长椭圆形或椭圆形，一般为长翅型。头垂直或微后倾，单眼着生处微隆。复眼大，几乎占整个头部，两复眼内缘相互接近，甚至相接触。触角第 1 节最短，常为第 3 节或

第 4 节长度的一半,第 2 节圆柱形或棒状,一般较粗,被半倒伏或直立刚毛,第 3 节与第 4 节约等长,且长度小于第 2 节的 1/3。前胸背板近钟形或梯形;胝常不明显;侧域有时具翘折的窄边缘。小盾片长与基部宽相等,或基宽大于长。爪近顶缘具齿。

分布:陕西、台湾、四川、云南;日本。

世界已知 69 种,中国记录 6 种。

种 检 索 表

(250) 高山俅树盲蝽 *Myiomma altica* Ren, 1987 (图 206)

Myiomma altica Ren, 1987: 398; Zheng, 1995: 460; Kerzhner *et* Josifov, 1999: 6; Qi, 2005: 513; Schuh, 2002-2014.

雌虫:体长椭圆形,背面平坦,棕褐色,具细密刻点,被黄褐色浓密短毛。

头半球形,平伸,棕褐色,无刻点,被浅色稀疏短毛,头宽为头长的 2 倍。头顶棕褐色,微隆,后缘奶黄色,内凹,无横脊。复眼大,几乎占整个头部,两复眼相互靠近但未接触,黄棕色,后缘及侧缘黄白色,且后缘明显超过头顶后缘,将前胸背板前缘遮盖;单眼红棕色,突出,且紧靠复眼,单眼间距大于单眼直径。额红棕色,微隆,被黄褐色短毛。唇基红棕色,微隆,被浅色半倒伏短毛。触角着生于唇基两侧,触角窝远低于复眼下缘,侧面观触角窝距复眼下缘的距离为复眼高的 1/4,触角棕褐色,触角第 1 节及第 2 节端部 1/3 黑褐色,被浅色短毛,第 2 节最长,为第 1 节长的 4.5 倍;喙棕褐色,伸达后足基节。

前胸背板平伸,梯形,前缘宽为长的 2 倍,暗褐色,具细密刻点,被浅色浓密短毛,侧缘几乎直,前缘部分被复眼遮盖,后缘中部微内凹。领与前胸背板同色,具细小刻点;胝与前胸背板同色,微隆,两胝相连,呈狭带状。前胸侧板黑褐色,具粗大刻点,被浅色稀疏毛;中胸侧板棕褐色,具褶皱,无明显刻点;后胸侧板同中胸侧板。中胸盾片暗褐色,后缘中部强烈内凹,与前胸背板后缘相接触,具细小刻点,被浅色浓密短毛;小盾片暗褐色,与中胸盾片区分不甚明显,微隆,基部宽为长的 1.3 倍,具细小刻点,被浅色浓密短毛。

半鞘翅暗褐色，翅面平坦，刻点明显，被浅色浓密半倒伏短毛。爪片暗褐色，刻点明显，且刻点直径较小盾片刻点直径大，末端明显超过小盾片末端，形成爪片接合缝，且爪片接合缝长为小盾片长的 2 倍；革片暗褐色，半透明，具细密刻点，被浅色半倒伏短毛。缘片黄棕色，半透明，缘片缝明显，黑色，前缘具略翘折的窄边缘。楔片基半部黄棕色，半透明，端半部色较深，棕褐色，楔片缝不甚明显，翅面未沿楔片缝下倾。膜片较大，淡烟灰色，具光泽，基部具 1 椭圆形翅室，翅脉色较深。

足黄褐色，被浅色短毛，后足腿节粗壮，端部 1/4 色浅，黄棕色，毛被较胫节稀疏，胫节细长，被浓密半倒伏短毛，跗节黑褐色，毛被同胫节，爪棕褐色。

腹部腹面暗褐色，光亮，具浅色短毛，产卵器黄棕色，约占腹部的 2/3。臭腺沟缘黄棕色。

量度 (mm)：体长 2.70-2.71，宽 1.42-1.46；头长 0.50-0.52，宽 0.52-0.53；触角各节长 I : II :III:IV=0.11:0.51:0.20: ?；前胸背板长 0.31-0.34，宽 0.99-1.10；小盾片长 0.43-0.47，基宽 0.56-0.60；楔片长 0.39-0.43，基宽 0.35-0.41。

雄虫：未知。

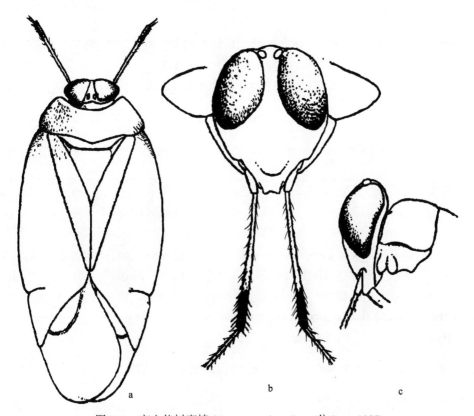

图 206　高山侏树盲蝽 *Myiomma altica* Ren (仿 Ren, 1987)

a. 成虫背面观 (adult, dorsal view)；b. 头部前面观 (head, frontal view)；c. 头、胸部侧面观 (head and thorax, lateral view)

观察标本：1♀ (正模)，四川理县刷经寺，3150m，1963.VIII.7，郑乐怡采；1♀ (副模)，同前；1♀，四川马尔康，2600-2800m，1963.Ⅷ.11，郑乐怡采。

分布：四川 (理县①、马尔康)。

讨论：本种与 *M. minutum* Miyamoto 相似，但前者体较大，略长，复眼大，几乎占整个头部，且本种前胸背板宽，显著大于长，楔片基半部色浅，半透明。

原始文献描述较为简单，作者依据模式标本进行了重新描述，增加了复眼、单眼、胸部侧板和中胸盾片等特征。

(251) 澳伖树盲蝽 *Myiomma austroccidens* Yasunaga, Yamada *et* Tsai, 2017

Myiomma austroccidens Yasunaga, Yamada *et* Tsai, 2017: 428.

作者未见到该种标本，现根据 Yasunaga 等 (2017) 的描述整理如下。

雄性：体长椭圆形，烟褐色，背面光泽微弱，被形态一样简单的半直立毛。

头接眼式，复眼大，红色，干标本呈银白色，占整个头的大部分，两复眼在头顶前域中线处相接触；额和唇基淡橘红色。触角淡奶褐色，第 2 节较长，端部色略暗，长大于 0.6mm，第 3、4 节褐色，第 3 节细、短，第 4 节细，纺锤状；喙淡褐色，伸达第 5-7 腹节间。

前胸背板有光泽，暗褐色，刻点清晰，具较窄的灰色侧缘。中胸盾片暗褐色，近后缘两侧域淡褐色；小盾片暗褐色，端部 1/4 处呈奶油黄色。

半鞘翅棕褐色，革片内角色暗，楔片 1/4 基部淡色，半透明，膜片半透明，脉灰褐色。足淡奶褐色。

腹部光亮，褐色。

雄虫左阳基侧突感觉叶扁平，钩状突略宽；右阳基侧突钩状突向端部变尖，其长度与感觉叶长度相当。

雌虫体型比雄虫大，淡褐色，触角细长，触角第 2 节长不超出 0.5mm；前胸背板灰褐色，具光泽，前 1/3 和后侧角色暗；革片端部 1/4 处烟褐色；楔片暗褐色，基部 1/3 半透明。

量度 (mm)：雄虫：体长 1.85-1.92，宽 0.88-0.90；头宽 0.43-0.45；前胸背板长 0.27-0.30，宽 0.73-0.75；触角各节长 Ⅰ：Ⅱ：Ⅲ：Ⅳ=0.09-0.11：0.60-0.61：0.14-0.15：0.13-0.15。雌虫：体长 1.96-2.01，宽 0.93；头宽 0.44-0.45；前胸背板长 0.28-0.29，宽 0.79-0.81；触角各节长 Ⅰ：Ⅱ：Ⅲ：Ⅳ=0.09-0.11：0.48-0.50：0.12-0.18：0.12-0.15。

分布：台湾；日本。

(252) 周氏伖树盲蝽 *Myiomma choui* Lin *et* Yang, 2004 (图 207)

Myiomma choui Lin *et* Yang, 2004: 36; Schuh, 2002-2014.

作者未见标本，现根据 Lin 和 Yang (2004) 的原始描述整理如下。

---

① 现在刷经寺隶属于红原县

雄虫：体长椭圆形，暗褐色或深棕色，被浅色长毛。

头半球形，暗褐色；复眼大，暗褐色，几乎占整个头部，两复眼在头顶前域中线处相接触，头后缘粉色，复眼下缘白色；单眼相互分离；颊略呈三角形，暗褐色；唇基棕色，其长大于基部宽；触角第 1 节短，圆柱形，浅黄色，基部暗褐色，第 2 节长，圆柱形，浅黄色或浅棕色，第 4 节细、短，暗褐色。喙紫色。

前胸背板暗褐色，宽是长的 3 倍，侧缘微隆且向上翘折，后缘呈波浪状，前胸背板中域具横皱；中胸盾片暗褐色，侧域橘色；小盾片具横皱，暗褐色，端部黑色，亚端部白色。

半鞘翅棕色，具刻点，楔片深棕色，基部具浅色条带。

足棕色，腿节两端及整个跗节色浅。虫体腹面暗褐色，胸节及腹节基部两侧具红色斑点。

雌虫：半鞘翅爪片浅棕色；楔片具白色条带，小盾片具"V"形白色条带。触角第 2 节白色，端部 1/6 处紫色。

量度 (mm)：体长 3.2，宽 1.4。

分布：台湾。

讨论：本种与郑氏侎树盲蝽 *M. zhengi* Lin *et* Yang 相似，但前者前胸背板暗褐色，而非黄褐色。

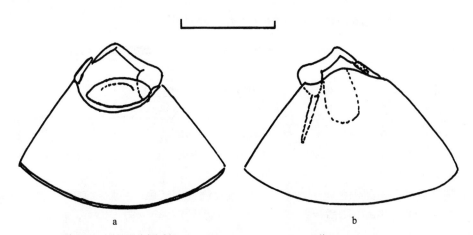

图 207 周氏侎树盲蝽 *Myiomma choui* Lin *et* Yang (仿 Lin & Yang, 2004)

a. 生殖囊背面观 (genital capsule, dorsal view)；b. 生殖囊腹面观 (genital capsule, ventral view)；比例尺：0.2mm

(253) 肯侎树盲蝽 *Myiomma kentingense* Yasunaga, Yamada *et* Tsai, 2017

Myiomma kentingense Yasunaga, Yamada *et* Tsai, 2017: 433.

作者未见到该种标本，现根据 Yasunaga 等 (2017) 的描述整理如下。

雄虫：体长椭圆形，褐色，表面略带光泽，被不规则的暗色简单的半直立毛。复眼深红色，额及唇基血红色。触角奶黄色，第 2 节强壮，端部色略暗，第 3、4 节褐色。喙淡褐色，伸达腹部第 7 腹节。

前胸背板除淡色前缘和略带褐色的后侧角外，其余暗褐色，具光泽，刻点细小、微凹；中胸盾片棕色，后缘侧部呈橘红色；小盾片暗褐色，端部 1/3 处奶黄色，光滑，略弓起。

半鞘翅淡褐色，爪片内缘和革片端部色暗；楔片基半白色，端半黑色；膜片淡褐色，半透明，脉淡色。

足奶黄色，后足腿节端部 1/3 色淡，橘色，各胫节或多或少带褐色。

腹部暗褐色，具光泽。

雄虫左阳基侧突感觉叶隆起，钩状突宽阔，顶端钝；右阳基侧突钩状突宽阔，略呈锥形，长于感觉叶。

雌虫：体形相似于雄虫，但体明显较大。第 2 节触角亚端部具 1 狭的模糊环。

量度 (mm)：雄虫：体长 1.76-1.96，宽 0.91-0.93；头宽 0.42-0.45，头高 0.40-0.44；触角各节长度 I : II : III : IV=0.09-0.10 : 0.63-0.66 : 0.12-0.14 : 0.12-0.14；前胸背板长 0.25-0.29，宽 0.76-0.80；雌虫：体长 2.08-2.20，宽 0.99-1.05；头宽 0.42-0.43，头高 0.37-0.42；触角各节长度 I : II : III : IV=0.07-0.10 : 0.46-0.50 : 0.15-0.17 : 0.12-0.15；前胸背板长 0.28-0.30，宽 0.76-0.81。

分布：台湾。

(254) 秦岭傣树盲蝽 *Myiomma qinlingensis* Qi, 2005 (图 208)

Myiomma qinlingensis Qi, 2005: 513; Qi *et* Huo, 2007: 347; Schuh, 2002-2014; Xu *et* Liu, 2018: 153.

作者未见到本种标本，现根据 Qi (2005) 的原始描述整理如下。

雌虫：体椭圆形，背部平坦，深棕色，被棕色平伏光亮软毛。

复眼棕红色，在中部相连接；复眼后缘及复眼间额区奶黄色；单眼棕红色；额深棕色；触角深棕色，触角第 2 节加粗，具黑色半直立短毛。喙棕红色，第 3 节基部深棕色，伸达第 1 腹节后缘。

前胸背板梯形，深棕色，刻点均一，前域及侧域棕红色，头后缘遮盖住前胸背板前缘，后缘中部略内凹。中胸盾片前域棕红色。小盾片深棕色，刻点均一，基部中央微凹，具横皱。

半鞘翅深棕色，具细小浅刻点。足深棕色，跗节基半部棕色。腹面深棕色。

量度 (mm)：体长 2.12，宽 1.20。

雄虫：未见。

分布：陕西。

讨论：本种与 *M. ussuriensis* Ostapenko 相似，但后者前胸背板具刻点，楔片基部无白色斑点。本种亦与 *M. minutum* Miyamoto 相似，但后者体淡棕色，后足腿节端部黄色，楔片基部近无色、透明。本种与高山傣树盲蝽 *M. altica* Ren 近似，但前者复眼在中部相连接，且触角第 2 节一色。

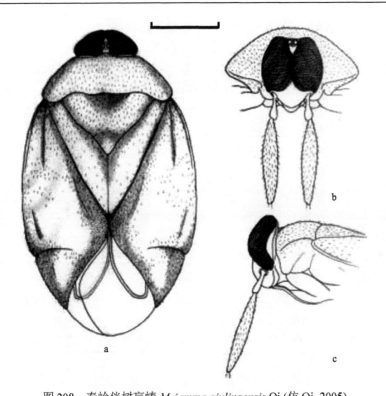

图 208　秦岭佚树盲蝽 *Myiomma qinlingensis* Qi (仿 Qi, 2005)

a. 雌虫背面观 (female, dorsal view)；b. 头部前面观 (head, frontal view)；c. 头部侧面观 (head, lateral view)；比例尺：0.5mm

(255) 郑氏佚树盲蝽 *Myiomma zhengi* Lin *et* Yang, 2004 (图 209；图版 XVII: 267)

Myiomma zhengi Lin *et* Yang, 2004: 33; Schuh, 2002-2014.

雌虫：体长椭圆形，褐色，扁平，具细密刻点，被浅色半倒伏短毛。

头平伸，半球形，黄棕色，无刻点，被浅色稀疏长毛。头宽大于头长，为头长的 2.4-2.5 倍。头顶黄棕色，无刻点，头顶宽为复眼宽的 1/3，后缘无横脊。复眼红色，大，几乎占整个头部，且两复眼在额中部相接触；单眼凸出，红色，两单眼几接触，且紧靠复眼。额微隆，黄棕色，无刻点，被浅色稀疏毛。唇基暗褐色，其长大于基部宽。触角第 1 节短、圆柱形、红棕色，第 2 节长、圆柱形、棕色 (端部 1/2 暗褐色)，被浓密半倒伏毛，第 3 节细短，红棕色，毛被同第 3 节，第 4 节红棕色，狭片状，毛被同第 2、3 节。喙长，伸达第 4 腹节，浅黄色，末端两节棕色。

前胸背板梯形，平伸，黄棕色，具刻点，被浅色半倒伏短毛，前缘宽是长的 1.6-1.7 倍；侧缘几乎直，前缘未被头后缘遮盖，后缘中部内凹 (内凹部分约占整个后缘长的 1/2)；领与前胸背板同色，光滑无刻点。胝微隆，色略浅，两胝相连，呈狭带状。前胸背板前域刻点较后域稀疏。前胸侧板黄棕色，具深色刻点，无毛，中胸侧板和后胸侧板暗褐色，无毛，刻点较前胸侧板稀疏。中胸盾片外露，棕褐色，具细小刻点，被浅色稀疏短毛，后缘中部强烈内凹，与前胸背板前缘相接触。小盾片平坦，暗褐色，较中胸盾片色深，具细小稀疏刻点，被浅色半倒伏短毛，基部宽与长约相等。

半鞘翅暗褐色，刻点明显，被浅色半倒伏短毛，翅面较平坦。爪片暗褐色，刻点较小盾片粗大，被浅色半倒伏短毛，末端明显超过小盾片末端，形成明显的爪片接合缝，且爪片接合缝长约与小盾片长相等。革片暗褐色，毛被、刻点同爪片。缘片狭窄，暗褐色，半透明，缘片缝明显，黑色。楔片黄棕色，半透明，具深色稀疏刻点，被浅色短毛，楔片缝明显，黑色，翅面沿楔片缝微下倾。

足浅黄色，被浅色稀疏短毛，后足腿节粗壮，明显粗于前、中足腿节，且基部 1/2 棕色，具红色斑，跗节棕色，爪略带红棕色。

腹部腹面暗褐色，被浅色半倒伏短毛，产卵器黄白色，伸至第 4 腹节。臭腺沟缘暗褐色。

雄虫根据 Lin 和 Yang (2004) 描述整理如下。

体长椭圆形，暗褐色，被半直立光亮浅色毛。

头半球形，红色。复眼大，红色，下缘浅黄色，几乎占整个头部，两复眼在头顶前域中线处相接触；单眼明显；颊长三角形，微隆，红棕色；唇基红黑色，长大于基部宽；触角第 1 节短，圆柱形，红棕色，第 2 节长，约为第 1 节长的 9 倍，圆柱形，棕色，端部 1/2 暗褐色，第 3、4 节细、短，红棕色。

前胸背板棕色至暗褐色，宽是长的 3 倍，后缘呈波浪状，前胸背板中域具明显刻点；中胸盾片和小盾片暗褐色。

半鞘翅刻点明显，棕色，爪片暗褐色，缘片缝黑色；膜片半透明；足浅黄色，跗节棕色，后足腿节基部 1/2 棕色，具红色斑。

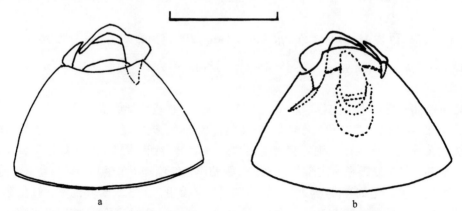

a   b

图 209　郑氏㑊树盲蝽 *Myiomma zhengi* Lin *et* Yang (仿 Lin & Yang, 2004)

a. 生殖囊背面观 (genital capsule, dorsal view)；b. 生殖囊腹面观 (genital capsule, ventral view)；比例尺：0.2mm

体腹面深棕色，胸节具红色斑。

量度 (mm)：雌虫：体长 2.10-2.15，宽 1.16-1.18；头长 0.20-0.21，宽 0.41-0.43；触角各节长 I : II : III : IV =0.06-0.08 : 0.44-0.47 : 0.12-0.16 : 0.11-0.14；前胸背板长 0.24-0.26，宽 0.81-0.86；小盾片长 0.33-0.35，基宽 0.41-0.44；革片长 0.95-0.98；楔片长 0.30-0.34，基宽 0.34-0.39。雄虫：体长 2.7，宽 1.1。

观察标本：3♀，云南屏边大围山，1700m，1996.Ⅴ.24，卜文俊采。

分布：台湾、云南。

本志增加了该种在云南地区的分布记录。

53. 瘦树盲蝽属 *Totta* Ghauri *et* Ghauri, 1983

Totta Ghauri *et* Ghauri, 1983: 19. **Type species:** *Totta zaherii* Ghauri *et* Ghauri, 1983; by original designation.

头平伸，头顶后缘内凹，额无刻点；单眼红色或红棕色；前胸背板梯形，前缘宽小于头宽；半鞘翅大部分半透明。

分布：台湾、海南、云南；尼泊尔。

本属世界已知 3 种，我国记述 2 种。

种 检 索 表

楔片缝不明显；单眼间距大于单眼直径……………………………… **红角瘦树盲蝽 *T. rufercorna***

楔片缝明显；单眼间距等于单眼直径…………………………………… **瘦树盲蝽 *T. puspae***

(256) 瘦树盲蝽 *Totta puspae* Yasunaga *et* Duwal, 2006　　（图版ⅩⅦ: 268）

Totta puspae Yasunaga *et* Duwal, 2006: 59; Schuh, 2002-2014.

雌虫：体棕褐色，具红斑，体狭长，中部微缢缩，具刻点，被浓密半直立毛。

头平伸，宽是长的 2.6-2.7 倍，亮棕色，部分红棕色，无刻点，被浅色稀疏毛。头顶亮棕色，无刻点，被金色稀疏短毛，后缘内凹，略带红色，无横脊，后缘宽为复眼宽的 0.4 倍。复眼黑褐色，后缘及外缘红棕色，侧面观，复眼高约为头高的 1/2；单眼暗红棕色，紧靠复眼，单眼间距与单眼直径相等。额平坦，亮棕色，无刻点，被稀疏短毛，中部具 1 浅纵沟。唇基棕褐色，边缘红棕色，微隆，具金色半倒伏短毛；触角着生于复眼内侧下缘，唇基两侧，第 1 节粗短，黄棕色，第 2 节最长，向端部渐粗，红棕色，被浅色半倒伏短毛，第 3 节黄棕色，细短，被浅色半倒伏短毛，第 4 节黄棕色，与第 3 节等长。喙浅棕色，基部两侧略带红棕色，略超过中足基节。

前胸背板梯形，平伸，棕褐色，刻点明显，被浅色半倒伏短毛，前缘宽是长的 1.2 倍。侧缘几乎直，微向上翘折，前缘略小于头宽，且部分被复眼后缘遮盖，后缘中部微内凹。领不可见。胝微隆，与前胸背板同色，不甚明显。前胸背板后域较前域色深。前胸侧板黄棕色，刻点明显，被浅色半倒伏短毛；中胸侧板及后胸侧板棕褐色。中胸盾片部分外露，棕褐色，具细小刻点，被浅色短毛。小盾片棕褐色，端半部具奶白色圆锥状突起，无刻点，被浅色稀疏短毛，基宽是长的 1.3-1.4 倍。

半鞘翅浅棕褐色，部分区域半透明，具细小刻点，被浓密半倒伏短毛。爪片棕褐色，具刻点，且刻点直径小于前胸背板刻点直径，被浅色浓密半倒伏短毛，末端明显超过小盾片末端，形成爪片接合缝；革片基部和端部各具 1 半透明区域，革片中裂不甚明显；缘片黄棕色，半透明，前缘中部微缢缩；楔片基部半透明，端部黑褐色，具细小刻点，被浅色半倒伏短毛，楔片缝明显，翅面沿楔片缝未强烈下倾，楔片长为基部宽的 1.4-1.5 倍；膜片灰棕色，半透明，具皱褶。

足黄棕色，被浅色短毛，前足、后足基节黄棕色，中足基节深棕色，腿节具红色斑纹，且后足腿节明显粗于前、中足腿节，后足胫节较前、中足胫节色深。

腹部腹面黑褐色，基部 1/3 黄棕色，边缘略带红棕色，被浅色光亮半倒伏短毛。

雄虫：未见。

量度 (mm)：体长 2.58-2.81 (♀)；头宽 0.36-0.71 (♀)；触角各节长 Ⅰ:Ⅱ:Ⅲ:Ⅳ= 0.08-1.12:0.56-0.80:0.14-0.18:0.15-0.17 (♀)；前胸背板长 0.41-0.45，宽 0.73-0.83 (♀)；小盾片长 0.27-0.42 (♀)，基宽 0.44-0.56 (♀)；楔片长 0.53-0.59 (♀)，基宽 0.38-0.49 (♀)。

观察标本：1♀，海南，1935.Ⅵ.11，L. Gressitt 采；1♀，同上，1935.Ⅵ.15，L. Gressitt 采。1♀，云南瑞丽弄岛等嘎，1000m，2006.Ⅶ.31，朱卫兵采；1♀，同上，2006.Ⅷ.1，朱卫兵采。

分布：海南、云南；尼泊尔。

根据 Yasunaga 和 Duwal (2006) 记载，该种采自印度锥 Castanopsis indica。

本志首次记载了该种在中国的分布。

(257) 红角瘦树盲蝽 *Totta rufercorna* Lin et Yang, 2004 (图版 XVII: 269)

Totta rufercorna Lin *et* Yang, 2004: 40; Schuh, 2002-2014; Yasunaga *et al*., 2017: 424.

雄虫：体长椭圆形，暗褐色，具密集刻点，被浅色半倒伏短毛，翅半透明，具红斑。

头平伸，半球形，黄棕色至暗褐色，无刻点，被浅色稀疏毛。头顶黄棕色，单眼周围红色，后缘内凹，红黑色，后缘脊不甚明显。复眼大，几乎占整个头部，且两复眼未接触，暗褐色，外缘红色；单眼红色，突出，单眼间距离大于单眼直径，侧面观，单眼隆起，高于头后缘。额微隆，暗褐色，被浅色短毛。唇基微隆，暗褐色，被浅色毛。触角着生于复眼内缘下半部，第 1 节浅黄色，短，圆柱形，第 2 节红色，最长，渐粗，覆浓密浅色毛，第 3 节浅黄棕色，细短，被浅色毛，毛被较第 2 节稀疏，第 4 节缺失。喙棕褐色，伸达后足基节。

前胸背板梯形，中部微隆，前缘宽是长的 1.3 倍，暗褐色，具粗大刻点，被浅色半倒伏短毛。前缘几乎直，略窄于头宽，侧缘及后缘几直。领暗褐色，具细小刻点。前胸背板前域中部色较淡，侧域具略翘折的窄边缘。前胸侧板暗褐色，具深色刻点，被浅色稀疏短毛；中胸侧板微红棕色，刻点毛被同前胸侧板；后胸侧板微红棕色，几无刻点。中胸盾片暗褐色，呈倒梯形，具刻点，被浅色短毛。小盾片圆鼓，深红棕色，亚端部浅黄色，最端部黑褐色，具粗大刻点，被浅色毛，基部宽与长约相等。

半鞘翅半透明，具刻点，被浅色短毛。爪片黄棕色，基部及外缘色深，棕褐色，具密集刻点，被浅色短毛，且末端明显超过小盾片，形成爪片接合缝。革片半透明，基半部银白色，基角棕褐色，端半部黄棕色，刻点较爪片稀疏，被浅色短毛。缘片浅黄棕色，半透明，具刻点，被浅色半倒伏短毛，缘片缝中部及端部略带红色。楔片微下倾，长大于基宽，黄棕色，半透明，基部较端部色浅，内缘 2/3 处略带红色，被浅色半倒伏短毛，楔片缝不甚明显。膜片黄棕色，半透明，有光泽，具褶皱，基部具 1 长椭圆形封闭翅室，翅脉微带红色。

足黄棕色，被稀疏浅色短毛。后足腿节明显粗于前、中足腿节，端部 2/3 红色，胫节基部 1/3 红色，跗节黄棕色。

腹部腹面红棕色，基半部红色至浅黄棕色，被浅色半倒伏短毛。

雌虫：作者未见到本种雌虫标本，根据 Lin 和 Yang (2004) 描述，与雄虫体型、体色相似，仅腹部色斑略有差异。雌虫腹部腹面褐色，基部及端部具浅黄色条带，侧接域具红斑。

量度 (mm)：雄虫：体长 2.92，宽 1.20；头长 0.43，宽 0.55；头顶宽 0.13；触角各节长 Ⅰ:Ⅱ:Ⅲ:Ⅳ=0.11:0.73:0.13:?；前胸背板长 0.39，宽 0.89；小盾片长 0.21，基宽 0.32；楔片长 0.63。雌虫：体长 2.70，宽 1.15；头长 0.25，宽 0.50；触角各节长 Ⅰ:Ⅱ:Ⅲ:Ⅳ=0.10:0.6:?:?；前胸背板长 0.40，宽 0.90；小盾片长 0.20，基宽 0.30。

观察标本：1♂，海南乐东尖峰岭自然保护区，2009.Ⅻ.4，王菁采。

分布：台湾 (南投)、海南 (乐东)。

讨论：本种与 *T. zaherii* Ghauri *et* Ghauri 相似，但本种体带红色，此外 2 种触角的特征亦不同。

雌虫的量度数据来自 Lin 和 Yang (2004) 记载。

本志首次对该种雄虫进行描述。

十六、奇树盲蝽族 Sophianini Yasunaga, Yamada *et* Tsai, 2017

Sophianini Yasunaga, Yamada *et* Tsai, 2017: 426. **Type genus:** *Sophianus* Distant, 1904.

体长卵圆形，长翅型常见，短翅型较少。复眼相互接触；触角高度特化，第 2 节显著膨胀，呈匙状，其长度不短于第 3 和 4 节的长度之和；前胸背板光亮且光滑，很少有刻点，相对较长，侧缘具脊，领清晰可见，后缘略直；胝退化；小盾片无刻点。

世界已知 2 属 10 种，中国记述 2 属 5 种。

属 检 索 表

触角第 1、2 节鹿角状 ·· **鹿角树盲蝽属 *Alcecoris***

不如上述 ·· **奇树盲蝽属 *Sophianus***

54. 鹿角树盲蝽属 *Alcecoris* McAtee *et* Malloch, 1924

Alcecoris McAtee *et* Malloch, 1924: 80. **Type species:** *Alcecoris periscopus* McAtee *et* Malloch, 1924; by monotypy.

触角粗,第 1、2 节呈鹿角状;前胸背板中部多缢缩,形成前后 2 叶。

分布:台湾。

世界记录 5 种,我国已知 3 种。

种 检 索 表

1. 触角第 2 节从基部向端部渐加宽,扁平 ·······················**鹿角树盲蝽 *A. linyangorum***
   触角第 2 节从基部向端部突然加宽,非扁平 ···2
2. 触角第 1 节具明显刺突 ································**台湾鹿角树盲蝽 *A. formosanus***
   触角第 1 节无刺突 ····································**木犀鹿角树盲蝽 *A. fraxinusae***

(258) 台湾鹿角树盲蝽 *Alcecoris formosanus* Lin, 2004

Alcecoris formosanus Lin, 2004b: 319; Schuh, 2002-2014; Yasunaga *et al*., 2017: 424.

作者未见到该种标本,现根据 Lin (2004b) 的描述整理如下。

雌虫:体长椭圆形,暗褐色,被明显黑色毛。

头半球形,暗褐色,后缘棕色,复眼下缘浅棕色;复眼大,红色,占头的大部分,两复眼在头顶前域沿中线处相接触;单眼明显;额三角形,浅棕色;唇基长大于基宽,棕色,中部具 1 深纵痕;触角棕色,触角第 1 节与第 3、4 节长度和等长或略长,触角第 1 节具 2 个明显刺突,触角第 2 节从基部突然变宽,薄,侧缘翻转,第 3 节短、红棕色,第 4 节短、红棕色,端部 2/3 处白色;背面观,头部触角窝下部各具 1 小突起。喙棕色,长,伸至第 2 腹节。

前胸背板棕色,圆隆饱满,刻点适中,侧缘后域外扩;小盾片内凹,表面粗糙,基部棕色,端部具小白斑。

半鞘翅短,末端伸达第 3 腹节,棕色,后侧域具白色条纹,具刻点,被黑色长软毛。足棕色,中足基节白色。

体腹面棕色。

雄虫:未知。

量度 (mm):体长 2.5,宽 1.0。

分布:台湾。

(259) 木犀鹿角树盲蝽 *Alcecoris fraxinusae* Lin, 2004

Alcecoris fraxinusae Lin, 2004b: 318; Schuh, 2002-2014; Yasunaga *et al*., 2017: 424.

作者未见到该种标本,现根据 Lin (2004b) 的描述整理如下。

雌虫:体长椭圆形,黑色或暗褐色。

头半球形,银灰色,后缘棕色,侧缘具 1 黑色、突出的角;复眼大,银灰色,占头的大部分,两复眼在头顶前部沿中线相接触;单眼明显;额略呈三角形,黑色或暗褐色;触角暗褐色,第 1 节粗、斧状,两侧缘不同,一侧凹,另一侧外凸,被丝滑长软毛,触角第 2 节宽、长、壳状，基部具三角状角，被丝滑长软毛；第 3 节短，棕色，基部具红色条带，第 4 节白色。喙暗褐色，长，伸至后足基节。

前胸背板黑色，长，矩形，1/3 处具横形内凹，前域横皱，后域具刻点，侧域具翘折的窄边缘；中胸盾片不可见，小盾片暗褐色，端部白色，中部下凹，末端隆鼓。

半鞘翅暗褐色，爪片及革片刻点明显，被丝滑软毛，侧域外扩，且半透明；膜片灰色，具 1 长椭圆形封闭翅室。

足暗褐色，基节白色。胸节腹面及腹部暗褐色。

雄虫：未知。

量度 (mm)：体长 3.2，宽 1.0。

分布：台湾。

讨论：本种与 *A. globosus* Carvalho 相似，但通过触角第 1、2 节及前胸背板的特征可将两者区分开，本种前胸背板具 1 明显横凹。

(260) 鹿角树盲蝽 *Alcecoris linyangorum* Yasunaga, Yamada *et* Tsai, 2017 (图 210)

Alcecoris linyangorum Yasunaga, Yamada *et* Tsai, 2017: 424. New name for *Sophianus formosanus* Lin *et* Yang, 2004 by Yasunaga, Yamada *et* Tsai, 2017: 424 .

Sophianus formosanus Lin *et* Yang, 2004: 36. Junior secondary homonym of *Alcecoris formosanus* Lin, 2004: 319.

作者未见到该种标本，现根据 Lin 和 Yang (2004) 的原始描述整理如下。

雄性：体长椭圆形，暗褐色，被黑色毛。

头半球形，暗褐色，后缘棕色，复眼下缘狭窄、浅棕色；复眼大，几乎占整个头部，两复眼在头顶前部沿中线相接触；单眼明显；额呈三角形，浅棕色；唇基棕色，长大于基部宽；触角暗褐色，第 1 节粗，无刺突，第 2 节宽扁，加厚；喙长，暗褐色，伸达后足基节。

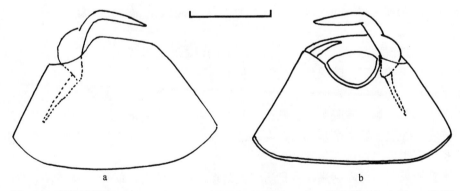

图 210　鹿角树盲蝽 *Alcecoris linyangorum* Yasunaga, Yamada *et* Tsai (仿 Lin & Yang, 2004)
a. 生殖囊腹面观 (genital capsule, ventral view)；b. 生殖囊背面观 (genital capsule, dorsal view)；比例尺：0.2mm

前胸背板暗褐色，前缘宽是长的 2 倍，后缘直，前胸背板中域具刻点，被浓密长软毛；中胸盾片暗褐色；小盾片表面粗糙，基部暗褐色，亚端部白色，最端部黑色。

半鞘翅暗褐色，刻点明显，被长刚毛 (约长 0.3mm)；楔片三角形，被长软毛，大部分暗褐色，基部具倾斜的白色条带；膜片具 1 长椭圆形封闭翅室。

足暗褐色，后足基节白色，腿节端部浅棕色，且后足腿节明显加粗。体腹面暗褐色。

雌虫与雄虫相似，但翅较短，体较大，触角第 1 节具 2 刺突。

量度 (mm)：体长 3.0 ($\male$)，宽 1.0 ($\male$)。

分布：台湾。

讨论：本种与雁山奇树盲蝽 Sophianus lamellatus Ren et Yang 相似，但本种腿节无棕色斑点，后足基节白色。此外，两者生殖节亦有明显区别。

55. 奇树盲蝽属 *Sophianus* Distant, 1904

Sophianus Distant, 1904: 485. **Type species:** *Sophianus alces* Distant, 1904; by original designation.

体卵圆形，头较宽，复眼大，且两复眼在头顶处相接触、在前胸背板前缘处相互接近，单眼明显、突出。触角第 1 节短，第 2 节长约为第 1 节的 4 倍，明显变宽变厚，第 3、4 节短小，且第 3 节细，第 4 节微粗。喙多伸达后足基节。领多明显可见。

分布：台湾、广西(Lin, 2009)。

世界记录 4 种，中国记录 2 种。

种 检 索 表

复眼不接触；腿节具褐色小斑点······························· 雁山奇树盲蝽 *S. lamellatus*

复眼相互接触；腿节不具褐色小斑点······················· 克氏奇树盲蝽 *S. kerzhneri*

(261) 克氏奇树盲蝽 *Sophianus kerzhneri* Lin, 2009 (图 211)

Sophianus kerzhneri Lin, 2009: 295; Schuh, 2002-2014; Yasunaga *et al.*, 2017: 424.

作者未见到该种标本，现根据 Lin (2009) 的原始描述整理如下。

雄虫：体长椭圆形，暗褐色，被深色长毛。

头半球形，暗褐色，后缘棕色。复眼大，几乎占整个头部，暗褐色，下缘浅棕色，两复眼在中部相接触；单眼明显。额呈三角形，黑色；唇基黑色，长大于基部宽。触角第 1 节棒状，加粗，第 2 节基部窄，向端部逐渐变宽变厚，红棕色具黑色边缘，被浅色毛。喙长，暗褐色，伸达后足基节。

前胸背板黑色，圆隆饱满，具稀疏粗大刻点，被长软毛，前缘下倾，后缘平直，后缘宽是前缘宽的 3/2；中胸盾片外露，黑色；小盾片小，三角形，表面粗糙，基部黑色，后缘色浅，具浅色长软毛。

半鞘翅半透明，被密集刚毛，刚毛约长 0.3mm；楔片三角形，被长软毛，半透明；膜片具 1 长椭圆形封闭翅室，被稀疏刚毛。

腿节黄棕色，且后足腿节明显粗于前、中足腿节；跗节 2 节，黄棕色。体腹面暗褐色或黑色。

雌虫：未知。

量度 (mm)：体长 3.2 (♂)，宽 1.1 (♂)。

分布：台湾 (Lin, 2009)。

讨论：本种与 *S. formosanus* Lin *et* Yang 相似，但前者半鞘翅半透明，且两者触角第 2 节的形状亦不同。

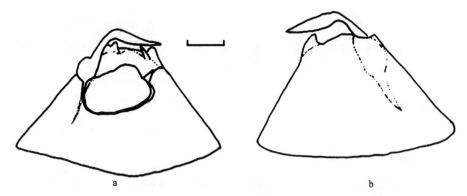

图 211　克氏奇树盲蝽 *Sophianus kerzhneri* Lin (仿 Lin, 2009)

a. 生殖囊背面观 (genital capsule, dorsal view)；b. 生殖囊腹面观 (genital capsule, ventral view)；比例尺：0.1mm

(262) 雁山奇树盲蝽 *Sophianus lamellatus* **Ren *et* Yang, 1988** (图 212；图版ⅩⅦ: 270)

Sophianus lamellatus Ren *et* Yang, 1988; Zheng, 1995: 460: 78; Kerzhner *et* Josifov, 1999: 7; Qi, 2005: 513; Schuh, 2002-2014.

雄虫：体长形，浅黄褐色，具白斑，被淡色刚毛及黄色稀疏细长毛。

头浅黄褐色，无刻点，具稀疏长毛，侧面观，头明显高于前胸背板，头宽是长的 2 倍。头顶浅黄褐色，光滑无毛，后缘宽为复眼宽的 1/3。复眼大，几乎占整个头部，暗褐色，两复眼相互靠近但未接触；单眼红棕色，突出，侧面观明显高于头顶及复眼，两单眼间距小于单眼直径。额黄棕色，平坦，无刻点，被浅色稀疏毛，中部具 1 纵沟。唇基黄棕色，微隆，无刻点，被浅色稀疏毛，长大于基宽。复眼下方、唇基两侧域呈长形浅凹陷。触角着生于复眼内侧下方，棕褐色，具毛，第 1 节杆状，黄棕色，第 2 节叶片状，基部短柄形，向前端甚扩展，中央有明显的纵脊，外缘具黑色粗短刚毛，第 3、4 节缺失；喙黄棕色，伸至后足基节。

前胸背板梯形，光亮，棕褐色，刻点浅而稀疏，被浅色毛，前缘宽与长约相等。前缘几乎直，侧缘微向内弯曲，前侧角钝圆，后缘中部微内凹，后侧角呈 60° 角。领显著，黄棕色，具细小刻点。胝不明显。前胸背板前域较后域色浅，后域中部微凹，两侧微隆，呈山丘状。前胸侧板棕褐色，无刻点。中胸盾片外露，呈倒梯形，几无刻点，棕褐色，被浅色毛。小盾片棕褐色，微隆，基宽是长的 1.2 倍，刻点浅而稀疏，被浅色长毛，中部具横缢，顶角圆，端部略带红棕色，亚端部具黄白色斑。

半鞘翅黄棕色，具白斑，翅面平坦，刻点明显，被浅色半倒伏短毛。爪片黄棕色，基部色较深，末端显著超过小盾片末端，形成爪片接合缝，且爪片接合缝长度短于小盾片长；革片棕褐色，基部浅黄棕色 (除基角外)，革片中裂明显，深褐色；缘片黄棕色，端部暗褐色，前缘 2/3 处微内凹。楔片缝明显，翅面沿楔片缝微下倾，基半部奶白色，端半部暗褐色，具刻点，被浅色半倒伏短毛；膜片烟灰色，半透明，明显超过腹部末端，基部具 1 椭圆形翅室，翅脉明显，深棕色。

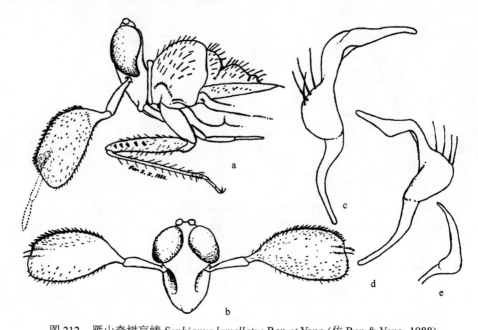

图 212　雁山奇树盲蝽 *Sophianus lamellatus* Ren *et* Yang (仿 Ren & Yang, 1988)

a. 头、胸、小盾片侧面观 (head, thorax and scutellum, lateral view)；b. 头部正面观 (head, frontal view)；c、d. 左阳基侧突不同方位 (left paramere in different views)；e. 右阳基侧突 (right paramere)

足棕褐色，被浅色毛，腿节两侧各具 2 列褐色小斑，被浅色稀疏毛，且后足腿节明显粗于前、中足腿节，胫节细长，是腿节长的 1.4 倍，端部 1/3 色较浅，被半倒伏短毛，跗节黑褐色，毛被较胫节稀疏，爪与跗节同色。

腹部暗褐色，被浓密浅色毛，侧接缘基部 1/3 黄棕色，其余部分暗褐色。臭腺沟缘黄棕色。

雌虫：未知。

量度 (mm)：体长 3.00-3.02，宽 1.16-1.22；头长 0.91-1.0，宽 0.60-0.64；头顶宽 0.15-0.21；触角各节长 I : II : III : IV=0.25-0.29 : 0.31-0.38 : ? : ? ；前胸背板长 0.45-0.51，宽 1.01-1.07；小盾片长 0.51-0.55；楔片长 0.37-0.43，基宽 0.26-0.31。

观察标本：1♂ (正模)，广西雁山，1963.VI.4，杨集昆灯诱；2♂ (副模)，同正模，1963.VI.6，杨集昆灯诱。

分布：广西 (雁山)。

讨论：本种与 *S. alces* Distant 相似，但通过以下特征可以区分：前者体较大，色淡，触角第 1 节长杆状，第 2 节叶片状；前胸背板侧缘及后缘均内凹；腿节两侧各具 2 行排列整齐的褐色小斑点。

本种目前仅在中国有记载，且无雌虫的描述。原始文献描述较为简单，作者依据正模标本进行了重新描述，增加了复眼、唇基等特征的详细描述。

Ⅴ. 撒盲蝽亚科 Psallopinae Schuh, 1976

Psallopinae Schuh, 1976: 10. **Type genus:** *Psallops* Usinger, 1946.

体形、大小较均一，均为长卵圆形，长翅型，短翅型未见。体常为淡褐色至深褐色，常被不同程度的刻点。正面观头近球形，眼大，占据了头部的大部分，单眼缺。前胸背板略下倾，具领。半鞘翅在楔片缝后下倾程度较弱，膜片具 1、2 个翅室。跗节 2 节，爪近端部具齿，副爪间突刚毛状。阳茎端具骨化刺。

该亚科世界已知 5 属，其中 3 属为化石属，仅有 2 个现生属，本志记载中国 1 属。

56. 撒盲蝽属 *Psallops* Usinger, 1946

Psallops Usinger, 1946: 86. **Type species:** *Psallops oculatus* Usinger, 1946; by original designation.

体小型，卵圆形至长卵圆形；底色褐色至深褐色；背面光亮，部分粗糙或鲨鱼皮状，具均匀分布的深色简单半直立毛；头短；眼大，特别是雄虫，占据头的大部分；头顶很窄；喙长，伸达或伸过中足基节端部；前胸背板褐色至深褐色，前缘微翘，领缺；半鞘翅二色，有时具微小斑点；膜片具 1、2 个翅室；中足腿节具 9 个毛点毛；跗节 2 节；爪近端部具 1 个细小的齿；阳基侧突显著不对称 (右阳基侧突常极小)，阳茎简单，有些种具骨化附器；阳茎鞘与阳茎基愈合。

分布：天津、台湾、广西；日本。

由于撒盲蝽亚科多数种类是通过灯诱的方法诱集的，很难通过网捕和敲打树枝的方式采集，因此关于它们的生物学现在还知之甚少。仅已知在常绿阔叶树 (如橡树、麻栎、白蜡树等) 上扫网采得。Yasunaga (1999) 报道了 2 个采自阔叶树树枝和树叶的日本种类。Yasunaga 和 Yamada (2010) 首次报道了该属若虫信息，他们指出撒盲蝽亚科与树盲蝽亚科的 6 个种 (包含一些若虫) 有着相似的生境，都是在白蜡树 *Fraxinus griffithii* Clarke 上 (Yasunaga, 2005)，因为生境相似，撒盲蝽亚科同样被认为是捕食性的。此外，Yasunaga 和 Yamada (2010) 报道的采自泰国的撒盲蝽属新种若虫与尖头盲蝽属 *Fulvius* Stål 很相似，这也暗示了这几个类群可能比较相近。

世界已知 12 种，中国记录 6 种，其中包括 1 新种和 1 中国新纪录种。

种 检 索 表 (♂)

1. 半鞘翅无明显深色斑，小盾片一色深色，无淡黄白色区域⋯⋯⋯ **褐撒盲蝽，新种 *P. badius* sp. nov.**
　　半鞘翅密被深色小圆斑，小盾片端半或多或少淡色 ⋯⋯⋯⋯⋯⋯⋯⋯⋯⋯⋯⋯⋯⋯⋯ 2
2. 半鞘翅斑淡褐色，无斑；阳茎端具 1 鹿角状骨片 ⋯⋯⋯⋯⋯⋯⋯⋯ **台湾撒盲蝽 *P. formosanus***
　　半鞘翅具深褐色斑；阳茎端无鹿角状骨片 ⋯⋯⋯⋯⋯⋯⋯⋯⋯⋯⋯⋯⋯⋯⋯⋯⋯ 3
3. 爪片基部淡色 ⋯⋯⋯⋯⋯⋯⋯⋯⋯⋯⋯⋯⋯⋯⋯⋯⋯⋯⋯⋯ **蝇头撒盲蝽 *P. myiocephalus***
　　爪片基部暗褐色 ⋯⋯⋯⋯⋯⋯⋯⋯⋯⋯⋯⋯⋯⋯⋯⋯⋯⋯⋯⋯⋯ **橙斑撒盲蝽 *P. luteus***

种 检 索 表 (♀)

1. 半鞘翅斑淡褐色，明显淡于前胸背板颜色，与淡色部分反差不明显⋯⋯⋯ **台湾撒盲蝽 *P. formosanus***
　　半鞘翅斑深褐色，与前胸背板几一色，或略淡与淡色部分反差明显 ⋯⋯⋯⋯⋯⋯⋯⋯⋯ 2
2. 爪片基部淡色 ⋯⋯⋯⋯⋯⋯⋯⋯⋯⋯⋯⋯⋯⋯⋯⋯⋯⋯⋯⋯ **蝇头撒盲蝽 *P. myiocephalus***
　　爪片基部暗褐色 ⋯⋯⋯⋯⋯⋯⋯⋯⋯⋯⋯⋯⋯⋯⋯⋯⋯⋯⋯⋯ **中国撒盲蝽 *P. chinensis***

(263) 褐撒盲蝽，新种 *Psallops badius* Liu *et* Mu, sp. nov. (图 213；图版 ⅩⅦ: 271)

雄虫：体小型，长椭圆形，深红褐色，触角黄褐色，足浅黄褐色，小盾片、半鞘翅基部及楔片外缘及端部淡红褐色，体被黑色半直立长毛。

头宽三角形，端部尖，侧面观斜下倾，红褐色，头顶被淡色长直立毛。头顶光亮，后缘黄褐色，头顶较宽，是眼宽的 1.13 倍，后缘脊明显。额圆隆，光亮，深红褐色。唇基半垂直，微隆，红褐色，中部具 1 宽黄褐色环，被淡色长毛。上颚片较宽阔，宽三角形，褐色，上部具 1 淡黄白色圆斑，被淡色长毛。下颚片细长，深褐色，微隆。小颊狭长，具光泽，淡黄褐色。喙伸达后足基节，褐色，端部淡褐色。复眼大，背面观后缘超过头顶后缘脊，侧面观眼下缘伸过头下缘，红褐色，被淡色短毛。触角黄褐色，被淡褐色长毛，第 1 节圆柱状，基部细，中部色略淡；第 2 节细长，端部淡黄白色；第 3、4节缺失。

前胸背板钟状，短宽，略下倾，深红褐色，被褐色半直立长毛，具光泽。前缘略前凸，侧缘圆隆，后侧角圆钝，后缘内凹。领背面观中部宽，两侧渐窄，侧面观极窄，几不可见。胝平坦，不明显。胸部侧板黑褐色，光亮，前胸侧板二裂，前叶小，窄三角形。中胸盾片外露部分宽大，浅红褐色，被褐色长毛。小盾片三角形，微隆，一色淡红褐色，被褐色长毛。半鞘翅烟褐色，基部浅红褐色，密被褐色长毛，毛基部褐色，缘片端部和楔片外缘基半红褐色，楔片端部 1/3 橙褐色。膜片烟褐色，脉褐色。

足黄褐色，被淡色长毛，前足基节深褐色，中、后足基节黄褐色；腿节黄褐色，后足腿节膨大，侧向压扁，端部略染红色；胫节黄褐色，后足胫节基半背面略染红色，胫节刺黄褐色，基部无斑；跗节褐色，第 2 节长于第 1 节的 2 倍。爪细长，褐色。腹部红褐色，光亮，被淡色长毛。臭腺沟缘红褐色。

雄虫生殖节：生殖囊红褐色，光亮，密被淡色长毛，长度约为整个腹长的 1/3。阳茎端膜质，简单，粗大，端部渐尖，无任何骨化附器。左阳基侧突粗大，弯曲，端半扭曲，向顶端渐细，基半具 1 指状突起；右阳基侧突短小，狭长。

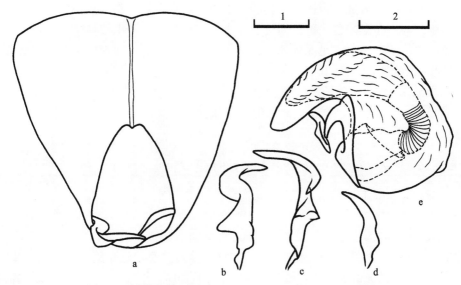

图 213　褐撒盲蝽，新种 *Psallops badius* Liu *et* Mu, sp. nov.

a. 生殖囊腹面观 (genital capsule, ventral view)；b、c. 左阳基侧突不同方位 (left paramere in different views)；d. 右阳基侧突 (right paramere)；e. 阳茎 (aedeagus)；比例尺：1=0.1mm (a)，2=0.1mm (b-e)

雌虫：未知。

量度 (mm)：体长 3.03，宽 1.14；头长 0.21，宽 0.50；眼间距 0.18；眼宽 0.16；触角各节长 I : II : III : IV =0.23:0.83:?:?；前胸背板长 0.36，后缘宽 0.96；小盾片长 0.36，基宽 0.44；缘片长 1.47；楔片长 0.44，基宽 0.36。

种名词源：种名意指体色深红褐色。

模式标本：正模♂，海南吊罗山保护区南喜管理站，250m，2008.Ⅷ.12，灯诱，蔡波、朱耿平采 (存于南开大学昆虫学研究所)。

分布：海南。

讨论：本种体色与已知种均不同，整体呈深红褐色，毛基斑点不明显。前者触角颜色与分布于泰国的 *P. fulvioides* Yasunaga *et* Yamada 相似，但是半鞘翅无乳白色区域，楔片端部 1/3 橙褐色，外缘基半红褐色可与之相区分。

本种与属内其他种区别明显，从体型和体色可以明显鉴别区分。

(264) 中国撒盲蝽 *Psallops chinensis* Lin, 2004

Psallops chinensis Lin, 2004a: 276; Schuh, 2002-2014.

作者未见标本，现根据 Lin (2004a) 描述整理如下。

雌虫：头褐色，被半直立丝状毛。喙红褐色。触角被褐色短柔毛，第 1 节褐色，长，棒状，第 2 节细长，黄褐色，第 3、4 节褐色。前胸背板褐色，被均匀分布的暗金黄色半直立毛；中胸盾片红褐色，被半直立毛，端半暗色，基半金黄色；小盾片红褐色，端半淡黄白色；胸部腹面大部分黑褐色；臭腺沟缘褐色。半鞘翅大部分淡褐色，被小褐色斑点；革片中部具三角形暗色大斑，伸过缘片中部；爪片端部和中部具暗色斑点；楔片全部黑褐色；膜片淡灰褐色。足深褐色，基节一色黄白色，腿节深褐色，后足腿节端部橙色，胫节和跗节棕色，后足胫节褐色。

量度 (mm)：雌虫：体长 3.4，宽 1.2。

正模雌性，C. S. Lin 网捕于天津八仙山，保存于台湾台中自然科学博物馆。

分布：天津。

(265) 台湾撒盲蝽 *Psallops formosanus* Lin, 2004 (图 214)

Psallops formosanus Lin, 2004a: 273; Schuh, 2002-2014.

作者未见标本，现根据 Lin (2004a) 描述整理如下。

雄虫：头褐色，颊红褐色，被半直立丝状毛。喙红褐色。触角第 1 节棒状，基部窄，端部较宽，褐色，具血红色斑点，被长约 0.5mm 的直立丝状柔毛，第 2 节细长，黄褐色，被黑色半直立丝状柔毛，第 3 节红褐色，略细于第 2 节，被黑色丝状毛，第 4 节红褐色，被丝状毛。前胸背板褐色，均一黑色，被半直立毛；中胸盾片红褐色；小盾片红褐色，端部 1/2 白色。半鞘翅大部分淡褐色，有时具分散褐色小斑，革片端部模糊，中部具淡褐色斑，延伸到缘片中部；爪片中部具褐色斑点，楔片红褐色，端部具白色斑点，膜片灰褐色。胸部腹面红褐色，臭腺沟缘红褐色，腹部腹面红褐色，端部 3 节褐色。足红褐色，基节黄白色，后足腿节端部黄褐色，胫节端半和跗节褐色。

左阳基侧突镰刀状，基部宽；右阳基侧突末端尖，基部宽。阳茎端具多个骨片，一个鹿角状，一个端部锯齿状，中部具突起，基部连接在其他宽而长的端部尖的骨针上。

雌虫：头褐色，颊褐色，被褐色半直立丝状毛。触角第 1 节棒状，褐色，被半直立褐色丝状毛，第 2 节褐色，端部 1/3 黄褐色，被丝状毛，第 3 节基半褐色，端半黄褐色，被半直立短丝状毛，第 4 节褐色，被丝状短毛，端部淡色。喙红褐色。前胸背板褐色，被褐色半直立丝状毛；中胸盾片褐色；小盾片红褐色，端部 1/3 淡黄褐色；胸部腹面大部分褐色，臭腺沟缘黄褐色。半鞘翅大部分黄褐色，具均匀褐色小斑；革片具褐色大斑；爪片端部具褐色大斑；楔片褐色，被半直立丝状毛；膜片淡黄褐色。足基节淡黄褐色，腿节褐色，胫节和跗节黄褐色。

本种与分布于欧洲的 *P. ocular* Carvalho 相似，但本种小盾片深色面积较大，至少占据基半，半鞘翅中部具大型斑，雄虫外生殖器结构亦不相同。

量度 (mm)：体长 3.3 (♂)，3.5 (♀)；体宽 1.2 (♂)，1.4 (♀)。

正模雄性，K. S. Lin 和 K. C. Chou 马氏网捕于台湾南投，海拔 650m，保存于台湾台中自然科学博物馆 (未检查)。

分布：台湾。

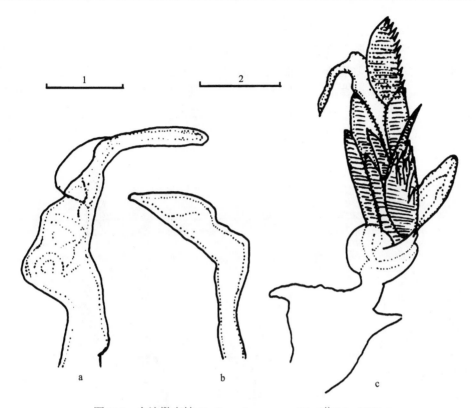

图 214　台湾撒盲蝽 *Psallops formosanus* Lin (仿 Lin, 2004a)

a. 左阳基侧突 (left paramere)；b. 右阳基侧突 (right paramere)；c. 阳茎端 (vesica)；比例尺：0.1mm (1=a、b；2=c)

(266) 李氏撒盲蝽 *Psallops leeae* Lin, 2004 (图 215)

Psallops leeae Lin, 2004a: 274.

作者未见标本，现根据 Lin (2004a) 描述整理如下。

雄虫：头褐色，被半直立丝状毛，眼大，褐色具红色环。触角褐色，被直立长丝状毛，第 1 节长，棒状。喙红褐色，光亮。前胸背板褐色，被分布均匀的半直立毛，基部 1/3 褐色，其他部分银白色；中胸盾片红褐色；小盾片褐色，1/2 黄白色；胸部腹面大部分红褐色；臭腺沟缘红色。半鞘翅呈宽阔的黄白色，具分布均匀的褐色小斑点；革片中部具大型褐色三角形斑；楔片褐色，端部红色；膜片灰褐色。足褐色，基节黄白色，前足腿节和中足腿节基部黄褐色，后足腿节褐色，基部红色和黄色，后足胫节基部 1/2 红褐色，端半黄褐色，跗节黄褐色。

雌虫：与雄虫相似，但触角第 1 节红褐色，第 2 节基部略窄，端部渐膨大。小盾片红褐色，至少基部 2/3 白色。

量度 (mm)：体长 3.5 (♂)，3.0 (♀)；体宽 1.3 (♂)，1.2 (♀)。

正模雄性，C. S. Lin 和 W. T. Yang 灯诱于台湾屏东，保存于台湾台中自然科学博物馆 (未检查)。

分布：台湾。

讨论：本种与台湾撒盲蝽 *P. formosanus* Lin 相似，可从以下特征加以区分：左阳基侧突基部更加深凹，右阳基侧突基部背面不及台湾撒盲蝽凹陷；阳茎端具 1 长而宽阔的骨片，其他 5 个短、窄而端部尖，亦可根据半鞘翅颜色进行鉴别。本种半鞘翅色斑类型与蝇头撒盲蝽 *P. myiocephalus* Yasunaga 相似，阳茎端均具 1 端部二叉形骨片，左阳基侧突形状亦相似，作者认为其可能存在异名关系，但未检查模式标本，暂不能确定两者关系，故为放在检索表内。

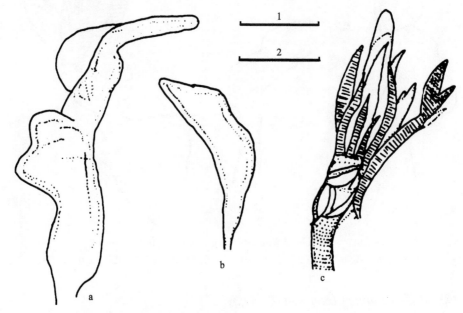

图 215　李氏撒盲蝽 *Psallops leeae* Lin (仿 Lin, 2004a)

a. 左阳基侧突 (left paramere)；b. 右阳基侧突 (right paramere)；c. 阳茎端 (vesica)；比例尺：1=0.1mm (a、b), 2=0.1mm (c)

(267) 橙斑撒盲蝽 *Psallops luteus* Lin, 2006 (图 216)

Psallops luteus Lin, 2006a: 413; Schuh, 2002-2014.

作者未见标本，现根据 Lin (2006a) 描述整理如下。

雄虫：头铁锈色，颊红褐色，被半直立丝状毛。喙褐色，伸达腹板第 4 节。触角第 1 节棒状，基部窄，端部较宽，褐色，被长约 0.5mm 的直立丝状毛，第 2 节细长，黄褐色，被黑色半直立丝状毛，第 3、4 节褐色，第 3 节略窄于第 2 节。前胸背板褐色，被均匀的半直立毛，基部 1/3 褐色，其余部分银白色；中胸盾片褐色，小盾片被褐色和橙色毛；胸部腹面大部分红褐色，臭腺沟缘白色。半鞘翅黄白色，具均匀分布的褐色小斑；革片中部具大型三角形褐色斑，伸达缘片中部；爪片中部具褐色斑，基部具橙色斑点；楔片褐色，端部橙色；膜片灰褐色。足褐色，基节黄白色，前足和中足腿基部黄褐色，后足腿节褐色，基部带红色和黄色，后足胫节基斑红褐色，端半黄褐色，跗节黄褐色。

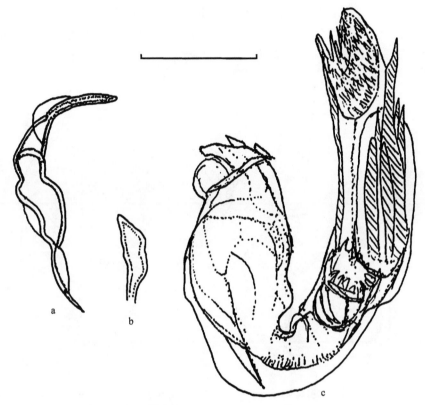

图 216　橙斑撒盲蝽 *Psallops luteus* Lin (仿 Lin, 2006a)

a. 左阳基侧突 (left paramere)；b. 右阳基侧突 (right paramere)；c. 阳茎端 (vesica)；比例尺：0.1mm

量度 (mm)：体长 3.2 (♂)，体宽 1.5 (♂)。

正模雄性，C. S. Lin 和 W. T. Yang 于 2005 年马氏网捕自台湾屏东，保存于台湾台中自然科学博物馆 (未检查)。

分布：台湾。

(268) 蝇头撒盲蝽 *Psallops myiocephalus* Yasunaga, 1999 (图 217；图版 XVII: 272)

Psallops myiocephalus Yasunaga, 1999: 738; Schuh, 2002-2014.

雄虫：体小，卵圆形，深褐色，触角第 2-4 节淡褐色，小盾片端部 2/3 淡黄白色，半鞘翅淡黄白色，被密集淡红褐色斑，中部具 1 对三角形褐色大斑，爪片近端部具 1 对褐色圆斑，最端部褐色，楔片褐色，最端部淡色，体被淡色半平伏长毛，膜片具 2 翅室。

头宽三角形，端部尖，头长约是头宽的 1/4，半垂直，黑褐色，光泽弱，被淡色半直立长毛。头顶窄，眼宽是头顶宽的 2.6 倍，无中纵沟，后缘脊明显。唇基红褐色，较窄，平坦，几垂直。上颚片较宽阔，宽三角形，红褐色，表面颗粒状，下颚片红褐色。小颊狭长，淡黄色，端部带血红色。喙几伸达生殖节，红褐色，光亮，端部黄褐色。复眼大，两侧伸过前胸背板前侧角，黑褐色，背面观内侧略呈直角。触角黄褐色，密被淡色直立长毛，第1节深红褐色，圆柱状，基部略细，光亮；第2节略细于第1节，基部向端部稍加粗，端部染红色，毛长大于等于该节直径；第3、4节略细于第2节端部，与第2节基部约等粗，色略深于第2节，第3节长约为第4节的4.68倍。

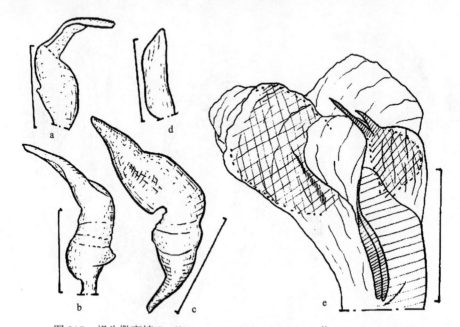

图 217　蝇头撒盲蝽 *Psallops myiocephalus* Yasunaga (仿 Yasunaga, 1999)

a-c. 左阳基侧突不同方位 (left paramere in different views)；d. 右阳基侧突 (right paramere)；e. 阳茎端 (vesica)；

比例尺：0.1mm

前胸背板全部黑褐色，微前倾，被淡色半直立长毛，毛基部微隆起，前缘微前凸，侧缘略圆隆，后侧角圆钝，后缘微内凹，中部平直。领背面观中部宽阔，两侧狭窄，侧面观极狭，几不可见。胝平坦，不突出。前胸侧板深红褐色，光亮，被淡色半直立长毛，二裂，前叶小，长三角形；中、后胸侧板红褐色，毛短于前胸侧板。中胸盾片外露部分宽阔，与小盾片区分不明显，红褐色。小盾片圆隆，被淡色长毛，三角形，端部略延伸，基角深褐色，边缘染红色，端部2/3淡黄白色，被模糊淡褐色斑。

半鞘翅淡黄白色，密被淡褐色至红褐色斑，被半直立淡色长毛。爪片内缘略染红色，接合缝两侧具1对褐色圆斑，端部黑褐色；革片中部具三角形大褐色斑，内角模糊，不伸达爪片外缘；缘片深褐色，基部略淡，端部淡色，具血红色小圆斑；翅面沿楔片缝略下折，楔片深褐色，内角淡色，端部染红色，最端部淡色；膜片烟褐色，翅脉淡褐色，翅室下缘横脉乳白色。

足被淡色半直立短毛，前足基节褐色，端半红褐色，中、后足基节淡黄白色，后足基节基部褐色；腿节深褐色，基部淡黄褐色，端部红色，后足腿节膨大，侧向压扁，被淡色半直立长毛；胫节深红褐色，中、后足胫节向端部渐淡，呈黄褐色，胫节刺淡色；跗节2节，黄褐色，第2节长于第1节的2倍；爪褐色。腹部深红褐色，被淡色半直立长毛。臭腺沟缘红色。

雄虫生殖节：生殖囊长圆柱状，长度约为整个腹长的 1/2，深红褐色，基部毛较短而平伏，近开口处毛长而半直立。阳茎端具多个狭长骨片，其中最长的一个端部二叉状。左阳基侧突较粗大，弯曲，端半膨大，基部较粗，端部尖；右阳基侧突较小，扁片状，端部尖。

量度 (mm)：雄虫：体长 3.17，宽 1.25；头长 0.16，宽 0.63；眼间距 0.10；眼宽 0.26；触角各节长Ⅰ:Ⅱ:Ⅲ:Ⅳ=0.28:0.98:0.45:0.31；前胸背板长 0.45，后缘宽 1.03；小盾片长 0.42，基宽 0.49；缘片长 1.45；楔片长 0.55，基宽 0.40。雌虫：体长 2.7，宽 1.13；头宽 0.57；眼间距 0.20；触角各节长Ⅰ:Ⅱ:Ⅲ:Ⅳ=0.26:0.76:0.46:0.33；前胸背板长 0.38，基部宽 0.9。

观察标本：1♂，广西宁明，1984.Ⅴ.27，任树芝采。

分布：广西；日本。

讨论：本种与分布于日本九州的 *P. nakatanii* Yasunaga 相似，但本种革片中部具 1 三角形大黑斑，革片端部内侧和爪片中部深色斑较为模糊，楔片端部淡色，左阳基侧突端半较粗壮，阳茎端端部具二叉形骨片，可与之相区分。

Yasunaga (1999) 记载该种采自麻栎 *Quercus acutissima*。

雌虫量度数据来自文献 (Yasunaga, 1999) 记载。

本种为中国首次记录。

参 考 文 献

Akingbohungbe A E. 1980. The African genera of Surinamellini (Heteroptera: Miridae) with the description of new species. *Systematic Entomology*, 5(3): 227-244.

Akingbohungbe A E. 1981. On the genus *Fingulus* Distant with the description of new species from West Africa and a key to the world species (Heteroptera: Miridae). *Rev Zool Afr*, 95: 181-194.

Akingbohungbe A E. 1983. Variation in testis follicle number in the Miridae (Hemiptera: Heteroptera) and its relationship to the higher classification of the family. *Annals of the Entomological Society of America*, 76: 37-43.

Akingbohungbe A E. 1996. The Isometopinae (Heteroptera: Miridae) of Africa, Europe and Middle East. Ibadan: Delar Tetdary Publishers. 190pp.

Akingbohungbe A E. 2003. New species of Isometopinae (Hemiptera: Miridae) from the Ivory Coast and Yemen. *Journal of Natural History*, 37: 2849-2862.

Akingbohungbe A E. 2004. A new genus and four new species of Isometopinae (Hemiptera: Miridae) from South Africa. *Zootaxa*, 728: 1-14.

Akingbohungbe A E. 2006. New species of Isometopinae (Hemiptera: Miridae) from Yemen with a new name for *Isometopus longirostris* Akingbohungbe from Sudan. *Zootaxa*, 1210: 27-38.

Akingbohungbe A E. 2012. Two new species of *Isometopus* Fieber (Hemiptera: Heteroptera: Miridae: Isometopinae) and a key to all known species of the genus in Europe and the Middle-East. *Zootaxa*, 3175: 45-53.

Alayo D P. 1974. Los Hemipteros de Cuba. Parte XIII. Familia Miridae. *Torreia*, 32: 41.

Andersen N M and S Gaun. 1974. Fortegnelse over Danmarks taeger (Hemiptera-Heteroptera). *Entomologiske Meddelelser*, 42: 113-134.

Arzone A, A Alma and L Tavella. 1990. Ruolo dei Miridi (Rhynchota Heteroptera) nella limitazione di *Trialeurodes vaporariorum* Westw. (Rhynchota Aleyrodidae): nota preliminare. *Boll Zool Agrar Bachic*, 22: 43-52.

Atkinson E T. 1890. Catalogue of the Insecta. No. 2. Order Rhynchota, Suborder Hemiptera-Heteroptera. Family Capsidae. *Journal of the Asiatic Society of Bengal*, 58: 25-200.

Aukema B and C H Rieger. 1999. Catalogue of the Heteroptera of the Palaearctic Region. III. The Netherlands Entomological Society, Amsterdam, xiii + 577 pp.

Baerensprung F. 1860. Hemiptera Heteroptera Europaea systematice. *Berliner Entomologische Zeitschrift*, 4(appendix): 1-25.

Ballard E. 1927. Some new Indian Miridae (Capsidae). *Mem Dept Agric India, Entomol Ser*, 10(4): 61-68.

Bao C-Q, Zhang M, Yu X-Q, Sun P-L, Wang N-X, Xu J-L, Chai X-J and Zhu G-P. 2009. *Mansoniella cinnamomi*, a new report pest to *Cinnamomum camphora* in Tonglu. *Jour of Zhejiang for Sci & Tech*, 29 (3): 94-98. [包春泉, 张敏, 余雪棋, 孙品雷, 王嫩仙, 徐君良, 柴小君, 朱光沛, 2009. 樟树新害虫——樟颈曼盲蝽. 浙江林业科技, 29(3): 94-98.]

Becker A. 1864. Naturhistorische Mitteilungen. *Bull Soc Nat Moscou*, 37(9): 477-493.

Berg C. 1883. Addenda et emendanda ad Hemiptera Argentinae (2). *Anales de la Sociedad Cientifica Argentina*, 16: 5-32, 73-87, 105-125, 180-191, 231-241, 285-294.

Berg C. 1884. Addenda et emendanda ad Hemiptera Argentina. Additamenta. Pauli Coni, Bonareae. pp. 177-201.

Bergroth E. 1889. Notes on two Capsidae attacking the cinchona plantations in Sikkim. *Entomologist's Monthly Magazine*, 25: 271-272.

Bergroth E. 1910. Über die Gattung *Bothriomiris* Kirk. *Wiener Entomologische Zeitung*, 29: 235-238.

Bergroth E. 1916. New and little-known heteropterous Hemiptera in the United States National Museum. *Proc US Nat Mus*, 51: 215-239.

Bergroth E. 1918. Studies in Philippine Heteroptera, Ⅰ. *Philippine Journal of Science*, 13: 43-126.

Bergroth E. 1920. List of the Cylapinae (Hem., Miridae) with descriptions of new Philippine forms. *Annales de la Societe Entomologique de Belgique*, 60: 67-83.

Bergroth E. 1922. New Neotropical Miridae (Hem.). *Arkiv for Zoologi*, 14(21): 1-14.

Bergroth E. 1924. On the Isometopidae (Hem. Het.) of North America. *Notulae Entomologicae*, 4: 3-9.

Bergroth E. 1925. On the annectant bugs of Messrs. McAtee and Malloch. *Bulletin of the Brooklyn Entomological Society*, 20: 159-164.

Blatchley W S. 1926. Heteroptera or true bugs of Eastern North America, with especial reference to the faunas of Indiana and Florida. Indianapolis: Nature Publishing Co. 1116 pp.

Boheman C H. 1852. Nya svenska Hemiptera. *Öfv Sv K Vet Akad Förh*, 9: 65-80.

Bu W-J and Liu G-Q. 2018. Insect Fauna of the Qinling Mountains (Hemiptera, Heteroptera) 2. World Book Inc., Xi'an. 1-679. [卜文俊, 刘国卿, 2018. 秦岭昆虫志 2 (半翅目: 异翅亚目). 西安: 世界图书出版公司. 1-679.]

Callan E M. 1975. Miridae of the genus *Termatophylidea* (Hemiptera) as predators of cacao thrips. *Entomophaga*, 20: 389-391.

Carapezza A. 1988. *Cyrtopeltis* (*Canariesia* n. subgen.) *salviae* n. sp. delle Isole Canarie (Heteroptera, Miridae, Dicyphinae). *Fragmenta Entomologica*, 20: 137-142.

Carayon J. 1958. Etudes sur les Hémiptères Cimicoidea. 1. — Position des genres *Bilia, Biliola, Bilianella* et *Wollastoniella* dans une tribu nouvelle (Oriini) des Anthocoridae; difference entre ces derniers et les Miridae Isometopinae (Heteroptera) Memoirs du Museum National d'Histoire Naturelle, Paris (A) 16: 141-172.

Carvalho J C M. 1945. Mirideos neotropicais, 19: Genero Macrolophus Fieber, com descriçoes de duas espécies novas e *Solanocoris* n. g. (Hemiptera). *Revista Brasileira de Biologia*, 6: 525-534.

Carvalho J C M. 1947. Dois generos de Isometopidae da fauna neotropica (Hemiptera). *Revista Brasileira de Biologia*, 7: 255-260.

Carvalho J C M. 1948. Mirideos neotropicais: XXXIV. Descrião de uma espécie nova de "Falconia" Distam e algumas correcões sinonimicas (Hemiptera). *Revista Brasileira de Biologia*, 8: 189-192.

Carvalho J C M. 1951. New genera and species of Isometopidae in the British Museum of Natural History (Hemiptera). *An Acad Brasil Cienc*, 23: 381-391.

Carvalho J C M. 1952. On the major classification of the Miridae (Hemiptera). (With keys to subfamilies and tribes and a catalogue of the world genera). *Anais da Academia Brasileira de Ciencias*, 24: 31-110.

Carvalho J C M. 1954. Zur systematischen Stellung zweier deutscher Miriden-Gattungen. *Beitrage zur Entomologie*, 4: 188-189.

Carvalho J C M. 1955a. Analecta mindologica: Miscellaneous observations in some American museums and bibliography. *Revista Chilena de Entomologia*, 4: 221-227.

Carvalho J C M. 1955b. Analecta Miridologica: Einige nomenklatorische Berichtigungen fur die paläarktische Fauna (Hemiptera: Heteroptera). *Beitrage zur Entomologie*, 5: 333-336.

Carvalho J C M. 1956. Insects of Micronesia: Miridae. Bishop Museum, Honolulu, 7: 100 pp.

Carvalho J C M. 1957. A catalogue of the Miridae of the world. Part Ⅰ. *Arquivos do Museu Nacional, Rio de Janeiro*, 44: 1-158.

Carvalho J C M. 1958a. A catalogue of the Miridae of the world. Part Ⅱ. *Arquivos do Museu Nacional, Rio de Janeiro*, 45: 1-216.

Carvalho J C M. 1958b. A catalogue of the Miridae of the world. Part Ⅲ. *Arquivos do Museu Nacional, Rio de Janeiro*, 47: 1-161.

Carvalho J C M. 1959. A catalogue of the Miridae of the world. Part Ⅳ. *Arquivos do Museu Nacional, Rio de Janeiro*, 48: 1-384.

Carvalho J C M. 1960. A catalogue of the Miridae of the world. Part Ⅴ. *Arquivos do Museu Nacional, Rio de Janeiro*, 51: 1-194.

Carvalho J C M. 1972. On a new genus and species of Fulviini from Rewa, Fiji (Hemiptera, Miridae). *Revista Brasileira de Biologia*, 32: 53-54.

Carvalho J C M. 1974. Concerning the types of Miridae described by A. A. Girault (Hemiptera). *Revista Brasileira de Biologia*, 34: 43-44.

Carvalho J C M. 1976. Analecta Miridologica: Concerning changes of taxonomic positions of some genera and species (Hemiptera). *Revista Brasileira de Biologia*, 36: 49-59.

Carvalho J C M. 1980a. Analecta Miridologica, Ⅲ: observations on type specimens in the natural history museums of Wien and Genova (Hemiptera, Miridae). *Revista Brasileira de Biologia*, 40: 643-647.

Carvalho J C M. 1980b. Analecta Miridologica, Ⅳ: observations on type specimens in the National Museum of Natural History, Budapest, Hungary (Hemiptera, Miridae). *Revista Brasileira de Biologia*, 40: 649-658.

Carvalho J C M. 1981a. The Bryocorinae of Papua New Guinea (Hemiptera, Miridae). *Arquivos do Museu Nacional, Rio de Janeiro*, 56: 35-89.

Carvalho J C M. 1981b. Analecta Miridologica, Ⅴ: observations on type specimens in the collection of the British Museum of Natural History (Hemiptera. Miridae). *Revista Brasileira de Biologia*, 41: 1-8.

Carvalho J C M. 1981c. On three new genera and four new species of Miridae from India and Oceania (Hemiptera). *Revista Brasileira de Biologia*, 41: 479-484.

Carvalho J C M. 1982. On a new genus and three new species of Oriental Miridae (Hemiptera). *Revista Brasileira de Biologia*, 42: 311-315.

Carvalho J C M. 1984. Um novo genero e especie de Isometopidae do Brasil (Hemiptera). *Revista Brasileira de Biologia*, 44: 361-362.

Carvalho J C M and A F Rosas. 1962. Mirideos neotropicais, XCI: Uma tribo e dois generos novos (Hemiptera). *Revista Brasileira de Biologia*, 22: 427-432.

Carvalho J C M and A V Fontes. 1968. Mirideos neotropicais, CI: Revisao do complexo *Cylapus* Say, com descriçoes de generos e espécies novos (Hemiptera). *Revista Brasileira de Biologia*, 28: 273-282.

Carvalho J C M and C J Drake. 1943. A new genus and two new species of Neotropical Dicyphinae (Hemiptera). *Rev Brasil Biol*, 3: 87-89.

Carvalho J C M and J Becker. 1957. Neotropical Miridae, LXXIX: Two new genera of Phylinae (Hemiptera, Miridae). *Revista Brasileira de Biologia*, 17: 197-201.

Carvalho J C M and L A A Costa. 1994. The genus *Fulvius* from the Americas (Hemiptera: Miridae). *Anales del Instituto de Biologia de la Universidad Nacional Autonomo de Mexico, Zoologia*, 65: 63-135.

Carvalho J C M and L M Lorenzato. 1978. The Cylapinae of Papua New Guinea (Hemiptera, Miridae). *Revista Brasileira de Biologia*, 38: 121-149.

Carvalho J C M and P S F Ferreira. 1994. Mirideos neotropicais, CCCLXXXVIII: chave para os generos de Cylapinae Kirkaldy, 1903 (Hemiptera). *Revista Ceres*, 41: 327-334.

Carvalho J C M and R I Sailer. 1954. A remarkable new genus and species of isometopid from Panama (Hemiptera, Isometopidae). *Entomological News*, 65: 85-88.

Carvalho J C M and R L Usinger. 1960. New species of *Cyrtopeltis* from the Hawaiian Islands with a revised key (Hemiptera: Miridae). *Proceedings of the Hawaiian Entomological Society*, 17: 249-254.

Carvalho J C M, J A P Dutra and J Becker. 1960. Hemiptera Heteroptera: Miridae. In: South African Animal Life. *Swedish National Research Council, Stockholm*, 7: 446-477.

Cassis G. 1986. A systematic study of the subfamily Dicyphinae (Heteroptera: Miridae). PhD Dissertation. Oregon State University, Corvallis.

Cassis G. 1995. A reclassification and phylogeny of the Termatophylini (Heteroptera: Miridae: Deraeocorinae), with a taxonomic revision of the Australian species, and a review of the tribal classification of the Deraeocorinae. *Proceedings of the Entomological Society of Washington*, 97(2): 258-330.

Cassis G and G B Monteith. 2006. A new genus and species of Cylapinae from New Caledonia with re-analysis of the *Vannius* complex phylogeny (Heteroptera: Miridae). *Memoirs of the Queensland Museum*, 52(1): 13-26.

Cassis G and G F Gross. 1995. Hemiptera: Heteroptera (Coleorrhyncha to Cimicomorpha). In: Zoological Catalogue of Australia, Vol 27.3A. CSIRO, Melbourne, Australia.

Cassis G and R T Schuh. 2012. Systematics, biodiversity, biogeography, and host associations of the Miridae (Insecta: Hemiptera: Heteroptera: Cimicomorpha). *Annual Review of Entomology*, 57: 377-404.

Cassis G, M D Schwartz and T Moulds. 2003. Systematics and new taxa of the *Vannius* complex (Hemiptera: Miridae: Cylapinae) from the Australian Region. *Memoirs of Queensland Museum*, 49: 123-151.

Castañé C, O Alomar and J Riudavets. 1996. Management of western flower thrips on cucumber with *Dicyphus tamaninii* (Heteroptera: Miridae). *Biol Control*, 7: 114-120.

Chen X X. 1997. Insect Biogeography. China Forestry Publishing House, Beijing. 1-102. [陈学新, 1977. 昆虫生物地理. 北京: 中国林业出版社. 1-102.]

Chérot F and J Gorczyca. 2000. A new genus and four new species of Cylapinae from Indonesia, Laos and Thailand (Heteroptera, Miridae). *Nouvelle Revue d Entomologie* (*N. S.*), 16: 215-230.

Chérot F and J Gorczyca. 2008. *Fulvius stysi*, a new species of Cylapinae (Hemiptera: Heteroptera: Miridae) from Papua New Guinea. *Acta Entomologica Musei Nationalis Pragae*, 48(2): 371-376.

Chérot F, J Ribes and J Gorczyca. 2006. A new *Fulvius* species from Azores Islands (Heteroptera: Miridae: Cylapinae). *Zootaxa*, 1153: 63-68.

China W E and J C M Carvalho. 1951a. Four new species representing two new genera of Bryocorinae associated with cacao in New Britain (Hemiptera, Miridae). *Bulletin of Entomological Research*, 42(2): 465-471.

China W E and J C M Carvalho. 1951b. A new ant-like Miridae from Western Australia (Hemiptera, Miridae). *Annals and Magazine of Natural History*, 4(12): 221-225.

China W E and J C M Carvalho. 1952. The *Cyrtopeltis-Engytatus* complex (Hemiptera, Miridae, Dicyphini). *Annals and Magazine of Natural History*, 5(12): 158-166.

China W E. 1938. Synonymy of *Engytatus tenuis* Reuter (tobacco capsid). *Annals and Magazine of Natural History*, 1(11): 604-607.

Cho Y J. 2010. *Bryocoris gracilis* (Hemiptera: Miridae) new to Korea. *The Korean Journal of Systematic Zoology*, 26(3): 321-323.

Cobben R H. 1968. Evolutionary trends in Heteroptera. Part Ⅰ. Eggs, Architecture of the Shell, Gross Embryology and Eclosion. Centre for Agricultural Publishing & Documentation, Wageningen, the Netherlands, 1-475.

Cobben R H. 1978. Evolutionary trends in Heteroptera. Part Ⅱ. Mouthpart-structures and feeding strategies. *Mededelingen Landbouwhogeschool Wageningen*, 68-5: 1-407.

Conway G R. 1969. Pests follow the chemicals in the cocoa of Malaysia. *Nat Hist*, 78(2): 46-51.

Costa A. 1864. Generi e specie d'Insetti della fauna Italiana. *Ann Mus Zool Nap*, 2: 147, pl. 2.

Coulianos C C and F Ossiannilsson. 1976. Catalogus Insectorum Sueciae. 7. Hemiptera-Heteroptera. 2nd ed. *Entomologisk Tidskrift*, 97 (3-4): 135-173, map, 13 tabs.

Dahlbom A G. 1851. Anteckningar öfver Insekter, som blifvit observerade pa Gottland och i en del af Calmare Län, under sommaren 1850. *Kungliga Svenska Vetenskapsakademiens Handlingar*, 1850: 155-229.

De Silva M D. 1957. A new species of *Helopeltis* (Hemiptera-Heteroptera, Miridae) found in Ceylon. *Bulletin of Entomological Research*, 48: 459-461.

Devasahayam S. 1985. Seasonal biology of tea mosquito bug *Helopeltis antonii* Signoret (Heteroptera: Miridae) a pest of cashew. *J Plant Crops*, 13: 145-147.

Devasahayam S. 1988. Mating and oviposition behaviour of tea mosquito bug *Helopeltis antonii* Signoret (Heteroptera: Miridae). *J Bombay Nat Hist Soc*, 85: 212-214.

Distant W L. 1884. Insecta. Rhynchota. Hemiptera-Heteroptera. *Biologia Centrali Americana*, 1: 265-304.

Distant W L. 1904a. Rhynchotal Notes. ⅩⅩ. Heteroptera, fam. Capsidae (Part Ⅰ). *Annals and Magazine of Natural History*, 13(7): 103-114.

Distant W L. 1904b. Rhynchotal Notes. ⅩⅪ. Heteroptera, fam. Capsidae (Part Ⅱ). *Annals and Magazine of Natural History*, 13(7): 194-206.

Distant W L. 1904c. Rhynchotal Notes. ⅩⅫ. Heteroptera from North Queensland. *Annals and Magazine of Natural History*, 13(7): 263-276.

Distant W L. 1904d. The fauna of British India, including Ceylon and Burma. Rhynchota. *Taylor & Francis, London*, 2(2): 243-503.

Distant W L. 1909. Descriptions of Oriental Capsidae. *Annals and Magazine of Natural History*, 8(4): 44-454, 509-523.

Distant W L. 1910a. Descriptions of Oriental Capsidae. *Annals and Magazine of Natural History*, 8(5): 10-22.

Distant W L. 1910b. Rhynchota Malayana, Part Ⅲ. *Records of the Indian Museum*, 5: 313-338.

Distant W L. 1911a. Rhynchota Indica (Heteroptera). *Entomologist*, 44: 309-312.

Distant W L. 1911b. The fauna of British India, including Ceylon and Burma. Rhynchota Vol. Ⅴ. Heteroptera: Appendix. Taylor & Francis, London. xii, 1-362.

Distant W L. 1913. Reports of the Percy Sladen Trust Expedition to the Indian Ocean in 1905. No. Ⅸ. Rhynchota. Part Ⅰ: Suborder Heteroptera. *Transactions of the Linnaean Socity of London*, 16: 139-190, pls. 11-13.

Douglas J W and J Scott. 1865. The British-Hemiptera. Vol. 1. Hemiptera-Heteroptera. The Ray Society, London, 1-627, 21 pls.

Douglas J W and J Scott. 1876. A catalogue of British Hemiptera; Heteroptera and Homoptera (Cicadaria and Phytophthires). *Entomogical Society of London*, 1-99.

Eckerlein H and E Wagner. 1965. Ein Beitrag zur Heteropterenfauna Algeriens. *Acta Faunistica Entomologica Musei Nationalis Pragae*, 11: 195-243.

Eckerlein H and E Wagner. 1969. Die Heteropteren fauna Libyens. *Acta Entomologica Musei Nationalis Pragae*, 38: 155-194.

Ehanno B. 1960. Contribution a la connaissance des Insectes Héteroptères Miridae Armoricains (2e note). *Bulletin de la Societe scientifique de Bretagne*, 35: 313-324.

EI-Dessouki S A, A H EI-Kifl and H A Helai. 1976. Life cycle, host plants and symptoms of damage of the tomato bug, *Nesidiocoris tenuis* Reut. (Hemiptera: Miridae), in Egypt. *Z Pflanzenkr Pflanzenschutz*, 83: 204-220.

Entwistle P F. 1977. World distribution of mirids. In: Les mirides du cacaoyer. Institut Français du Cafe et du Cacao, Paris, 35-46.

Eyles A C. 1971. List of Isometopidae (Heteroptera: Cimicoidea). *New Zealand Journal of Science*, 14: 940-944.

Eyles A C. 1972. Supplement to list of Isometopidae (Heteroptera: Cimicoidea). *New Zealand Journal of Science*, 15: 463-464.

Eyles A C and R T Schuh. 2003. Revision of New Zealand Bryocorinae and Phylinae (Insecta: Hemiptera: Miridae). *New Zealand Journal of Zoology*, 30: 263-325.

Eyles A C, T Marais and S George. 2008. First New Zealand record of the genus *Macrolophus* Fieber, 1858 (Hemiptera: Miridae: Bryocorinae: Dicyphini): *Macrolophus pygmaeus* (Rambur, 1839), a beneficial predacious insect. *Zootaxa*, 1779: 33-37.

Fabricius J C. 1777. Genera Insectorum eorumque characteres naturales secundum numerum figuram situm et proportionem omnium partium oris adjecta mantissa specierum nuper detectarum. Chilonii-Litteris Nuch. Friedr. Bartschii. xiv + 310 pp.

Fabricius J C. 1794. Entomologia Systematica emendata et aucta secundum classes, ordines, genera, species adjectis synonymis, locis observationibus, descriptionibus, vol. 4. Hafniae, Impensis Christ. Gottl. Proft. vi + 472 pp.

Fallén C F. 1807. Monographia Cimicum Sveciae. C. G. Proft, Hafniae, 1-123.

Fallén C F. 1829. Hemiptera Sueciae. Sectio prior. Hemelytrata. Gothorum, Londini, 1-188.

Ferreira P S F and T J Henry. 2002. Descriptions of two new species of *Fulvius* Stål (Heteroptera: Miridae: Cylapinae) from Brazil, with biological and biogeographic notes on the genus. *Proceedings of the Entomological Society of Washington*, 104: 56-62.

Ferreira P S F and T J Henry. 2011. Synopsis and keys to the tribes, genera, and species of Miridae (Hemiptera: Heteroptera) of Minas Gerais, Brazil Part I: Bryocorinae. *Zootaxa*, 2920: 1-41.

Fieber F X. 1858. Criterien zur generischen Theilung der Phytocoriden (Capsini auct.). *Wiener Entomologische Monatschrift*, 2: 289-327, 329-347, 388, 1 pl.

Fieber F X. 1860a. Die europäischen Hemipteren. Halbflügler (Rhynchota Heteroptera). Gerold's Sohn, Wien. pp. 1-112.

Fieber F X. 1860b. Exegesen in Hemiptera. *Wiener entomologische Monatschrif*, 4: 257-272.

Fieber F X. 1861. Die europäischen Hemipteren. Halbflügler (Rhynchota Heteroptera). Gerold's Sohn, Wien. pp. 113-444.

Fieber F X. 1864. Neuere Entdeckungen in europäischen Hemipteren. *Wien Entomol Monatschr*, 8: 65-86, 205-236, 321-336.

Flor G. 1861. Die Rhynchoten Livlands in systematischer Folge Beschrieben. Band II. C. Schulz, Dorpat. 1-638.

Franz H and E Wagner. 1961. Die Nordost-Alpen im Spiegel ihrer Landtierwelt, II. Universitatsverlag Wagner, Innsbruck, 271-401.

Fulmek L. 1925. Die kleine grüne Tabakswanze (Capside) auf Sumatra. *Bulletin van het Deli Proefstation, Medan, Sumatra*, 25: 1-14.

Gabarra R, C Castañé and R Albajes. 1995. The mirid bug *Dicyphus tamaninii* as a greenhouse whitefly and western flower thrips predator on cucumber. *Biocontrol Sci Technol*, 5: 475-488.

Gabarra R, C Castañé, E Bordas and R Albajes. 1988. *Dicyphus tamaninii* as a beneficial insect and pest in tomato crops in Catalonia, Spain. *Entomophaga*, 33: 219-228.

Gaedike H. 1971. Katalog der in den Sammlungen des ehemaligen Deutschen Entomologischen Institutes aufbewahrten Typen - V. *Beitrage zur Entomologie*, 21: 143-153.

Gagne W C. 1968. New species and a revised key to the Hawaiian *Cyrtopeltis* Fieb. with notes on *Cyrtopeltis* (*Engytatus*) *hawaiiensis* Kirkaldy (Heteroptera: Miridae). *Proceedings of the Hawaiian Entomological Society*, 20: 35-44.

Gessé S F. 1992. Comportamiento alimenticio de *Dicyphus tamaninii* Wagner (Heteroptera: Miridae). *Bol Sanid Veg Plagas*, 18: 685-691.

Ghauri M S K and F Y K Ghauri. 1983. A new genus and new species of Isometopidae from North India, with a key to world genera (Heteroptera). *Reichenbachia*, 21: 19-25.

Gibbs D G, A D Pickett and D Leston. 1968. Seasonal population changes in cocoa capsids (Hemiptera, Miridae) in Ghana. *Bull Entomol Res*, 58: 279-293.

Goel S C. 1972a. A short note on the structure of the trochanter in Miridae (Heteroptera). *Deutsche Entomologische Zeitschrift, N.F.*, 19: 367-368.

Goel S C. 1972b. Notes on the structure of the unguitractor plate in Heteroptera (Hemiptera). *Journal of Entomology* (*A*), 46: 167-173.

Goel S C and C W Schaefer. 1970. The structure of the pulvillus and its taxonomic value in the land Heteroptera (Hemiptera). *Annals of the Entomological Society of America*, 63: 307-313.

Gollner-Scheiding U. 1972. Beiträge zur Heteropteren-Fauna Brandenburgs. 2. Übersicht über die Heteropteren von Brandenburg. Veroffentl. *Bizirksheimat Mus Potsdam*, 25/26: 5-39.

Gorczyca J. 1996a. A new species of *Vannius* Distant, 1883 from Madagascar (Heteroptera: Miridae). *Genus*, 7: 337-340.

Gorczyca J. 1996b. On *Rhinophrus* Hsiao, 1944, bona genus, with the description of a new species (Heteroptera: Miridae) . *Genus*, 7: 331-335.

Gorczyca J. 1996c. *Pseudovannius lestoni* gen. n. sp. n. from Ghana (Heteroptera: Miridae). *Genus*, 7: 341-346.

Gorczyca J. 1997a. Revision of the *Vannius*-complex and its subfamily placement (Hemiptera: Heteroptera: Miridae). *Genus*, 8: 517-553.

Gorczyca J. 1997b. A new species of the genus *Peritropis* Uhler, 1891 from New Caledonia (Heteroptera: Miridae: Cylapinae). *Genus*, 8: 555-558.

Gorczyca J. 1997c. *Fulvius flaveolus*, a new species of Cylapinae from Ghana (Heteroptera: Miridae: Cylapinae). *Genus*, 8: 563-568.

Gorczyca J. 1998. A revision of *Euchilofulvius* (Heteroptera: Miridae: Cylapinae). *Eur Enromol*, 1(95): 93-98.

Gorczyca J. 1999a. On the *Euchilofulvius*-complex (Heteroptera: Miridae: Cylapinae). *Genus*, 10(1): 1-12.

Gorczyca J. 1999b. A new species of *Peritropis* Uhler from New Caledonia and two new species of *Xenocylapidius* Gorczyca from New Caledonia and Australia (Heteroptera: Miridae: Cylapinae). *Genus*, 10(1): 13-20.

Gorczyca J. 1999c. A new remarkable species of *Peritropis* Uhler from Tanzania (Heteroptera: Miridae: Cylapinae). *Genus*, 10(1): 21-23.

Gorczyca J. 2000. A Systematic Study on Cylapinae with a Revision of the Afrotropical Region (Heteroptera, Miridae). Wydawnictqo Uniwersytetu Slaskiego, Katowice, 176 pp.

Gorczyca J. 2001. *Rhinomiriella tuberculata* n. gen. n. sp., the first report of Rhiomirini from Australia (Heteroptera: Miridae: Cylapinae). *Genus*, 12 (4): 415-419.

Gorczyca J. 2002a. Notes on the genus *Fulvius* Stål from the Oriental Region and New Guinea (Heteroptera: Miridae: Cylapinae). *Genus*, 13(1): 9-23.

Gorczyca J. 2002b. A redescription of *Lundbladiolla albomaculata* (Stål) with remarks on the genus (Heteroptera: Miridae: Cylapinae). *Genus*, 13(3): 331-336.

Gorczyca J. 2002c. A new species of the genus *Euchilofulvius* Poppius (Hemiptera: Heteroptera: Miridae: Cylapinae) from the Solomon Islands. *Polskie Pismo Entomologiczne*, 71: 297-299.

Gorczyca J. 2003a. A new genus and species of the subfamily Cylapinae from Vietnam (Hemiptera: Heteroptera: Miridae). *Genus*, 14(1): 7-10.

Gorczyca J. 2003b. A new species of *Peritropis* Uhler from Nigeria (Heteroptera: Miridae: Cylapinae). *Genus*, 14(1): 11-13.

Gorczyca J. 2003c. A new species of the genus *Peritropis* Uhler from the Philippines with a redescription of *Peritropis nigripennis* Bergroth (Heteroptera: Miridae: Cylapinae). *Genus*, 14(2): 153-157.

Gorczyca J. 2003d. *Hemiophthalmocoris niger* n. sp. from Tanzania (Heteroptera: Miridae: Cylapinae). *Genus*, 14(3): 331-334.

Gorczyca J. 2004a. A new remarkable genus of Fulviini from Samoa (Heteroptera: Miridae: Cylapinae). *Genus*, 15(1): 25-29.

Gorczyca J. 2004b. *Fulvius constanti* n. sp. from Papua New Guinea (Heteroptera: Miridae: Cylapinae). *Genus*, 15(2): 153-156.

Gorczyca J. 2005. A new species of the genus *Bothriomiris* Kirkaldy, 1902 from Indonesia (Heteroptera: Miridae: Cylapinae). *Genus*, 16(4): 537-542.

Gorczyca J. 2006a. A new genus and species of Cylapinae from the Afrotropical Region (Hemiptera: Miridae). *Polish Journal of Entomology*, 75: 321-327.

Gorczyca J. 2006b. A revision of the genus *Peritropis* Uhler 1891 from the Oriental Region (Hemiptera, Miridae, Cylapinae). *Hug The Bug*, 401-422.

Gorczyca J. 2006c. The catalogue of the subfamily Cylapinae Kirkaldy, 1903 of the World (Hemiptera,

Heteroptera, Miridae). *Monographs of the Upper Silesian Museum*, 5: 1-100.

Gorczyca J and A C Eyles. 1997. A new species of *Peritropis* Uhler, the first record of Cylapinae (Hemiptera: Miridae) from New Zealand. *New Zealand Journal of Zoology*, 24: 225-230.

Gorczyca J and A Wolski. 2006. A new species of Bothriomirini from Sulawesi (Hemiptera: Miridae: Cylapinae). *Russian Entomol*, 15(2): 157-158.

Gorczyca J and A Wolski. 2007. A new species of the genus *Peritropis* from India (Heteroptera: Miridae: Cylapinae), 89-93. In: Renker C. Festschrift zum 70. Geburtstag von Hannes Günther. *Mainzer Naturwissenschaftliche Archiv, Beiheft*, 31: 89-93.

Gorczyca J and D Chlond. 2005. A new species of the genus *Peritropis* Uhler from Papua New Guinea (Hemiptera: Miridae: Cylapinae). *Genus*, 16(2): 167-170.

Gorczyca J and F Chérot. 1998. A revision of the *Rhinomiris*-complex (Heteroptera: Miridae: Cylapinae). *Polskie Pismo Entomologiczne*, 25: 33, figs. 8-9, 37.

Gorczyca J and F Chérot. 2001. A new genus and species of *Fulviini* from Thailand (Heteroptera: Miridae: Cylapinae). *Genus*, 12(4): 421-424.

Gorczyca J and F Chérot. 2008. *Stysiofulvius*, a new genus of Cylapinae (Hemiptera: Heteroptera: Miridae) from the Peninsular Malaysia. *Acta Entomologica Musei Nationalts Pragae*, 48(2): 377-384.

Gorczyca J and I Sadowska-Woda. 2006. A redescription of the Oriental genus *Teratofulvius* Poppius (Heteroptera: Miridae: Cylapinae). *Genus*, 17(2): 191-199.

Gorczyca J, F Cherot and P Stys. 2004. A remarkable new genus of Cylapinae from Sulawesi (Heteroptera: Miridae). *Zootaxa*, 499: 1-11.

Goula M and O Alomar. 1994. Miridos (Heteroptera Miridae) de interes en el control integrado de plagas en el tomate. Guia para indentificacion. *Boletin de Sanidad Vegetal Plagas*, 20: 131-143.

Gravestein W H. 1978. Hemiptera Heteroptera new to the Baleares, in particular to the island of Mallorca. *Entomologische Berichten*, 38: 37-39.

Guillermo A L. 2005. Plant bugs (Heteroptera: Miridae) associated with roadside habitats in Argentina and Paraguay: host plant, temporal, and geographic range effects. *Ann Entomol Soc Am*, 98(5): 694-702.

Gurusubramanian G, N Senthilkumar, S Bora, S Roy and A Mukhopadhyay. 2008. Change in susceptibility in male *Helopeltis theivora* Waterhouse (Jorhat Population, Assam, India) to different classes of insecticides. *Resist Pest Manage Newsletter*, 18(1): 36-40.

Gwennan E H. 2010. Thermal activity thresholds of the predatory mirid *Nesidiocoris tenuis*: implications for its efficacy as a biological control agent. *Bio Control*, 55: 493-501.

Hahn C W. 1834. Die wanzenartigen Insecten. 2: 33-120. C. H. Zeh, Nurnberg.

Heidemann O. 1908. Notes on *Heidemannia cixiiformis* Uhler and other species of Isometopinae. *Proceedings of the Entomological Society of Washington*, 9: 126-130.

Henry T J. 1979. Review of the new world species of *Bothynotus* Fieber (Hemiptera: Miridae). *Florida Entomol*, 62: 232-244.

Henry T J. 1999. Review of the eastern North American *Dicyphus*, with a key to species and redescription and neotype designation for *D. vestitus* Uhler (Heteroptera: Miridae). *Proceedings of the Entomological Society of Washington*, 101: 832-838.

Henry T J. 2009. A new species of *Pycnoderiella* (Heteroptera: Miridae: Bryocorinae: Eccritotarsinae [sic]) from the West Indies. *Proceedings of the Entomological Society of Washington*, 111: 603-608.

Henry T J and A G Wheeler Jr. 1988. Family Miridae Hahn, 1833 (= Capsidae Burmeister, 1835). The plant bugs, pp. 251-507. In: Henry T J and R C Froeschner. Catalog of the Heteroptera, or True Bugs of Canada and the Continental United States. E. J. Brill, Leiden.

Henry T J and A S de Paula. 2004. *Rhyparochromomiris femoratus*, a remarkable new genus and species of Cylapinae (Hemiptera: Heteroptera: Miridae) from Ecuador. *Journal of the New York Entomological Society*, 112(2): 176-182.

Henry T J and D L Carpintero. 2012. Review of the jumping tree bugs (Hemiptera: Heteroptera: Miridae: Isometopinae) of Argentina and nearby areas of Brazil and Paraguay, with descriptions of nine new species. *Zootaxa*, 3545: 41-58.

Henry T J and F P S Fiuza. 2003. Three new genera and three new species of Neotropical Hyaliodini (Hemiptera: Heteroptera: Miridae: Deraeocorinae), with new combinations and new synonymy. *Joumal of the New York Entomological Society*, 111(2-3): 96-119.

Henry T J and F P S Fiuza. 2005. Froeschneropsidea, a replacement name for the preoccupied genus *Froeschnerisca* (Hemiptera: Heteroptera: Miridae: Deraeocorinae: Hyaliodini). *Proceedings of the Entomological Society of Washington*, 107(3): 735.

Henry T J and J Maldonado Capriles. 1982. The four ocelli of the Isometopinae genus Isometocoris, new record (Hemiptera, Heteroptera, Miridae). *Proceedings of the Entomological Society of Washington*, 84: 245-249.

Henry T J, J W Jr Neal and K M Gott. 1986. *Stethoconus japonicus* (Heteroptera: Miridae): a predator of *Stephanitis* lace bugs newly discovered in the United States, promising in the biocontrol of *Azalea* lace bug (Heteroptera: Tingidae). *Proceedings of the EntomologicalSociety of Washington*, 88(4): 722-730.

Henry T J, R L Hoffman and A Wolski. 2011. First North American record of the Old World Cylapine *Fulvius subnitens* Poppius (Hemiptera: Heteroptera: Miridae) from Virginia, with descriptions and a key to the U.S. species of *Fulvius*. *Proceedings of the Entomological Society of Washington*, 113(2): 127-136.

Herczek A. 1991. *Amberofulvius dentatus*, a new genus and new species of the subfamily Cylapinae (Heteroptera, Miridae) in Baltic amber. *Annalen des Naturhistorischen Museums in Wien*, Ser. A, 92: 79-84.

Herczek A. 1993. Systematic position of Isometopinae Fieb. (Miridae, Heteroptera) and their interrelationships. *Prace Naukowe Uniwersytetu Slaskiego*, 1357: 1-86.

Herczek A. 2004. New Isometopinae (Heteroptera: Miridae) from Africa. *Russian Entomol.*, 13(4): 231-236.

Herczek A and Y A Popov. 1992. A remarkable psallopinous bug from Baltic amber (Insecta: Heteroptera, Miridae). *Mitteilungen aus dem Geologisch-Paläontologischen Institut der Universität Hamburg*, 73: 235-239.

Herczek A and Y A Popov. 1997. On the mirid genera *Archeofulvius* Carvalho and *Balticofulvius* n. gen. from the Baltic amber (Heteroptera: Miridae, Cylapinae). *Mitteilungen aus dem Geologisch-Paläontologischen Institut der Universität Hamburg*, 80: 179-187.

Herczek A and Y A Popov. 1998. *Epigonomiris skalskii*, a new mirine plant bug from Baltic amber (Heteroptera: Miridae: Cylapinae). *Polskie Pismo Entomologiczne*, 67: 175-178.

Herczek A and Y A Popov. 2000. *Ambocylapus kulickae* gen. et sp. n., a new plant bug from Baltic amber (Heteroptera: Miridae: Cylapinae). *Polskie Pismo Entomologiczne*, 69: 155-160.

Herczek A and Y A Popov. 2006. New isometopinae from the oriental Australian regions (Heteroptera: Miridae). *Polish Journal of Entomology*, 75: 267-276.

Herczek A, Y A Popov and I Kania. 2005. A new find of a peculiar cylapine bug (Hemiptera: Heteroptera, Miridae) from the Eocene Baltic amber. *Annals of the Upper Silesian Museum-entomology*, (13): 81-86.

Hernandez L M and T J Henry. 2010. The Plant Bugs, or Miridae (Hemiptera: Heteroptera), of Cuba. Sofia and Moscow. Pensoft Series Faunistica, 92: 212 pp.

Herrich-Schaeffer G A W. 1842. Die wanzenartigen Insecten. 6: 93-118.

Herring J L. 1976. A new genus and species of Cylapinae from Panama (Hemiptera: Miridae). *Proceedings of the Entomological Society of Washington*, 78: 91-94.

Hesse A J. 1947. A remarkable new dimorphic isometopid and two other new species of Hemiptera predaceous upon the red scale of citrus. *J. Entomol. Soc. South. Africa*, 10: 31-45.

Hinton H E. 1962. The structure of the shell and respiratory system of the eggs of *Helopeltis* and related genera (Hemiptera, Miridae). *Proceedings Zoological Society of London*, 139: 483-488.

Hoberlandt L. 1956. Results of the zoological scientific expedition of the National Museum in Praha to Turkey. 18. Hemiptera IV. Terrestrial Hemiptera-Heteroptera of Turkey. *Acta Entomologica Musei Nationalis Pragae*, 3(suppl.): 1-264 (1955).

Horváth G. 1905. Hémiptères nouveaux de Japon. *Ann. Mus. Natl. Hung.*, 3: 413-423.

Horvath G. 1926. Hemipteroligische Notizen aus Niederlandisch-Indien. *Treubia*, 8: 327-333.

Houillier M. 1964. Regime alimentaire et disponibilite de ponte des mirides dissimules du cacaoyer. *Rev. Pathol. Veg. Entomol. Agric.*, 43: 195-200.

Hsiao T-Y. 1941. Some new species of Miridae (Hemiptera) from China. *Iowa State College Journal of Science*, 15: 241-251, 1 pl.

Hsiao T-Y. 1942. A list of Chinese Miridae (Hemiptera) with keys to subfamilies, tribes, genera and species. *Iowa State College Journal of Science*, 16: 241-269.

Hsiao T-Y. 1944. New genera and species of Oriental and Australian plant bugs in the United States National Museum. *Proceedings of the United States National Museum*, 95: 369-396.

Hsiao T-Y. 1964. New species and new record of Hemiptera-Heteroptera from China. *Acta Zootaxonomica Sinica*, 1(2): 283-292. [萧采瑜, 1964. 中国半翅目异翅亚目的新种和新纪录. 动物分类学报, 1(2): 283-292.]

Hsiao T-Y and Meng H-L. 1963. The plant-bugs collected from cotton-fields in China (Hemiptera, Heteroptera, Miridae). *Acta Zoologica Sinica*, 15: 439-449. [萧采瑜, 孟祥玲, 1963. 中国棉田盲蝽纪要 (半翅目: 盲蝽科). 动物学报, 15: 439-449.]

Hsiao T-Y and Ren S-Z. 1983. New genus and new species of Deraeocorinae from China (Heteroptera: Miridae). *Acta Entomologica Sinica*, 26(1): 69-76. [萧采瑜, 任树芝, 1983. 齿爪盲蝽亚科的新属和新种记述(半翅目: 盲蝽科). 昆虫学报, 26(1): 69-76.]

Hu Q and Luo Y-M. 1999. Identification of four Chinese species of the genus *Helopeltis* Signoret. *Entomological Knowledge*, 36 (3) : 169-171. [胡奇, 罗永明, 1999. 中国四种角盲蝽的识别. 昆虫知识, 36 (3): 169-171.]

Hu Q and Zheng L-Y. 1999a. A new species of genus *Pachypeltis* Signoret from China (Hemiptera: Miridae: Bryocorinae). *Acta Scientiarum Naturalium Universitatis Nankaiensis*, 32(1): 1-3, 6. [胡奇, 郑乐怡, 1999a. 颈盲蝽属 (*Pachypeltis* Signoret) 一新种 (半翅目: 盲蝽科: 单室盲蝽亚科). 南开大学学报 (自然科学版), 32(1): 1-3, 6.]

Hu Q and Zheng L-Y. 1999b. New species of genus *Mansoniella* Poppius from China (Hemiptera: Miridae: Bryoeorinae). *Acta Zootaxonomica Sinica*, 24(2): 159-170. [胡奇, 郑乐怡, 1999b. 曼盲蝽属中国种类

研究 (盲蝽科: 单室盲蝽亚科). 动物分类学报, 24(2): 159-170.]

Hu Q and Zheng L-Y. 2000. A revision of the Chinese species of *Bryororis* Fallén (Hemiptera: Miridae). *Acta Zootaxonomica Sinica*, 25(3): 241-267. [胡奇, 郑乐怡, 2000. 中国蕨盲蝽属分类修订 (半翅目: 盲蝽科). 动物分类学报, 25(3): 241-267.]

Hu Q and Zheng L-Y. 2001. The Monaloniina from mainland China (Hemiptera: Miridae: Bryocorinae). *Acta Zootaxonomica Sinica*, 26(4): 414-430. [胡奇, 郑乐怡, 2001. 中国大陆摩盲蝽亚族种类记述 (半翅目: 盲蝽科: 单室盲蝽亚科). 动物分类学报, 26(4): 414-430.]

Hu Q and Zheng L-Y. 2003. A study on the Chinese species of *Monalocoris* Dahlbom and tribe Eccritotarsini Berg (Hemiptera, Miridae, Bryocorinae). *Acta Zootaxonomica Sinica*, 28(1): 116-125. [胡奇, 郑乐怡, 2003. 薇盲蝽属和宽垫盲蝽族中国种类记述 (半翅目, 盲蝽科, 单室盲蝽亚科). 动物分类学报, 28(1): 116-125.]

Hu Q and Zheng L-Y. 2004. Two new species of genus *Bryocoris* from China (Hemiptera, Miridae). *Acta Zootaxonomica Sinica*, 29(2): 272-275. [胡奇, 郑乐怡, 2004. 蕨盲蝽属二新种(半翅目, 盲蝽科). 动物分类学报, 29(2): 272-275.]

Hu Q and Zheng L-Y. 2007. *Bryocoris* (*Cobalorrhynchus*) *latiusculus* Hu *et* Zheng, nom. nov. 770. In: Li X-M, Liu G-Q, Hu Q and Zheng L-Y. The genus *Compsidolon* from China and a new name (Hemiptera: Miridae). *Acta Zootaxonomica Sinica*, 32: 766-770.

Hutchinson G E. 1934. Yale North India expedition. Report on terrestrial families of Hemiptera-Heteroptera. *Memoirs of the Connecticut Academy of Arts and Sciences*, 10: 119-146.

International Commission on Zoological Nomenclature (ICZN). 1985. *Capsus ater* Jakovlev, 1889 (Insecta, Hemiptera, Heteroptera): not rejected as a junior homonym of *Cimex ater* Linnaeus, 1758. *Bulletin of Zoological Nomenclature*, 42: 188-189.

Jakovlev B E. 1889. Zur Hemipteren-Fauna Russlands un der angrenzenden Lander. *Horae Soc. Entomol. Ross.*, 24: 311-348.

Jeevaratnam K and R H S Rajapakse. 1981. Biology of *Helopeltis antonii* Sign. (Heteroptera: Miridae) in Sri Lanka. *Entomon*, 6: 247-251.

Josifov M and I M Kerzhner. 1972. Heteroptera aus Korea. Ⅰ Teil (Ochteridae, Gerridae, Saldidae, Nabidae, Anthocoridae, Miridae, Tingidae, und Reduviidae). *Ann. Zool.*, 29: 147-180.

Josifov M. 1983. Beitrag zur Taxonomie der ostpaläarktischen Deraeocoris-Arten. *Reichenbachia*, 21(12): 75-86.

Josifov M. 1992. Neue Miriden aus Korea (Insecta, Heteroptera). *Reichenbachia*, 29: 105-118.

Kajita H. 1978. The feeding behaviour of *Cyrtopeltis tenuis* Reuter on the greenhouse whitefly, Trialeurodes vaporariorum (Westwood). *Rostria* (Osaka), 29: 235-238.

Kelton L A. 1959. Male genitalia as taxonomic characters in the Miridae (Hemiptera). *Canadian Entomologist*, 91(11): 1-72.

Kelton L A. 1980. The plant bugs of the prairie provinces of Canada. Heteroptera: Miridae. Part 8. In: The Insects and Arachnids of Canada. *Agriculture Canada Research Branch Publication*, 1703: 408 pp.

Kelton L A. 1985. Species of the genus *Fulvius* found in Canada (Heteroptera: Miridae: Cylapinae). *Canadian Entomologist*, 117: 1071-1073.

Kerzhner I M. 1964. Family Isometopidae. Family Miridae (Capsidae). 700-765. In: Bei-Bienko G Y. Opredelitel'nasekomykh evropeiskoichasti SSSR [Keys to the Insects of the European part of the USSR].

Vol. 1. Apterygota, Palaeoptera, Hemimetabol Nauka, Moskova and Leningrad. [In Russian; English translation: 1967, Israel Program for Scientific Translation, Jerusalem, 913-1003]

Kerzhner I M. 1970. New and little-known capsid bugs (Heteroptera, Miridae) from the USSR and Mongolia. *Entomol. Obozr.*, 49: 634-645. [In Russian; English translation: Entomol. Rev., 49: 329-399]

Kerzhner I M. 1972. New and little known Heteroptera from the Far East of the USSR. *Trudy Zoolologicheskogo Instituta Akademiya Nauk SSSR*, 52: 276-295. [In Russian]

Kerzhner I M. 1973. Heteroptera of the Tuvinian ASSR. *Trudy Biol. Inst. Sibir. Otd. Akad. Nauk. SSSR*, 16: 78-92.

Kerzhner I M. 1978. Heteroptera of Saghalien and Kurile Islands. *Trudy Biol.-Pochv. Inst. Dalnevost. Nauch. Tsjentra Akad. Nauk AN SSSR*, 50: 31-57. [In Russian]

Kerzhner I M. 1979. New Heteroptera from the Far East of the USSR. *Trudy Zool. Inst. Akad. Nauk. SSSR*, 81: 14-65.

Kerzhner I M. 1988a. Infraorder Cimicomorpha. 21. Family Miridae (Capsidae). pp. 778-857. In: Ler P A. Keys to the Insects of the Far East of the SSSR. Nauka, Leningrad. 778-857. [In Russian]

Kerzhner I M. 1988b. New and little known heteropteran insects (Heteroptera) from the Far East of the USSR. *Akad. Sci. USSR*, (1987): 1-84. [In Russian]

Kerzhner I M. 1997. Notes on taxonomy and nomenclature of Palearctic Miridae (Heteroptera). *Zoosystematica Rossica*, 5: 245-248.

Kerzhner I M and M Josifov. 1999. Cimicomorpha Ⅱ. Miridae. 1-577. In: Aukema B and C Rieger. Catalogue of the Heteroptera of the Palearctic Region. Vol. 3. The Netherlands Entomological Society, Amsterdam. xiii+577pp.

Kerzhner I M and R T Schuh. 1995. Homonymy, synonymy, and new combinations in the Miridae (Heteroptera). *American Museum Novitates*, 3137: 1-11.

Kerzhner I M and T L Yaczewski. 1967. Order Hetniptera. In: Theodon O. Keys to the Insects of the European U. S. S. R. Vol. 1. Apterygota, Palaeoptera, Hemiinetabola. Acad. Sci. USSR Zool. Inst: 851-1118.

Kiritshenko A N. 1914. Analecta Hemipterologica. *Rev. Russe Entomol.*, 13: 482-483.

Kiritshenko A N. 1926. Beiträge zur Kenntnis palaearktischer Hemipteren. *Konowia*, 5: 57-63, 218-226.

Kiritshenko A N. 1952. New and little known bugs (Hemiptera-Heteroptera) of Tadjikistan. *Trudy Zoolologicheskogo Instituta Akademiya Nauk SSSR*, 10: 140-198. [In Russian]

Kiritshenko A N.1961. Synonymical notes on Heteroptera. *Acta Entomologica Musei Nationalis Pragae*, 34: 443-444.

Kirkaldy G W. 1902. Memoir upon the Rhyncotal family Capsidae Auctt. *Transactions of the Entomological Society of London*, 1902: 243-272.

Kirkaldy G W. 1903. Einige neue und wenig bekannte Rhynchoten. *Wiener Entomologische Zeitung*, 22: 13-16.

Kirkaldy G W. 1906. List of the genera of the pagiopodous Hemiptera-Heteroptera, with their type species, from 1758 to 1904 (and also of the aquatic and semi-aquatic Trochalopoda). *Transactions of the American Entomological Society*, 32: 117-155, 156a, 156b.

Kirschbaum C L. 1856. Rhynchotographische Beitrage. *Jahrb. Vereins Naturk. Herz. Nassau*, 10: 163-348.

Knight H H. 1923. Guide to the insects of Connecticut. Part Ⅳ. The Hemiptera or sucking insects of Connecticut-Family Miridae (Capsidae). State of Connecticut Geological and Natural History Survey,

Bulletin, 34: 422-658.

Knight H H. 1935. Hemiptera, Miridae and Anthocoridae insects of Somoa. *Brit. Mus. Natural Hist.*, Part II, 5: 193-228.

Knight H H. 1968. Taxonomic review: Miridae of the Nevada test site and the western United States. *Brigham Young University Science Bulletin*, Biological Series 9: 1-282.

Knight M H. 1941. The plant bugs, or Miridae of Illinois. *Bulletin of the Illinois Natural History Survey*, 22: 1-234.

Kulik S A. 1965. Blindwanzen Ost Sibiriens und des Fernen Ostens (Heteroptera-Miridae). *Acta Faunistica Entomologica Musei Nationalis Pragae*, 11: 39-70. [In Russian]

Lavabre E M. 1977a. Importance economique des Mirides dans la cacaoculture mondiale. In: Les mirides du cacaoyer. Institut Français du Cafe et du Cacao, Paris. 139-153.

Lavabre E M. 1977b. Mirides du sud-est Asiatique et de la region Pacifique. In: Les mirides du cacaoyer. Institut Français du Cafe et du Cacao, Paris. 107-121.

Lavabre E M. 1977c. Systematique des Miridae du cacaoyer. In: Les mirides du cacaoyer. Institut Français du Cafe et du Cacao, Paris. 47-70.

Lee C E and I M Kerzhner. 1995. Two new species of Dicyphini from Korea (Heteroptera: Miridae). *Zoosystematica Rossica*, 3: 253-255.

Lee C E, S Miyamoto and I M Kerzhner. 1994. Additions and corrections to the list of Korean Heteroptera. *Nature and Life* (*Korea*), 24: 1-34.

Leston D. 1957. Cyto-taxonomy of Miridae and Nabidae (Hemiptera). *Chromosoma*, 8: 609-616.

Leston D. 1961. The number of testis follicles in Miridae. *Nature*, 191: 93.

Leston D. 1970. Entomology of the cocoa farm. *Annual Review of Entomology*, 15: 273-294.

Lever R J A. 1949. The tea mosquito bugs (*Helopeltis* spp.) in the Cameron Highlands. *Malayan Agricultural Journal*, 32: 91-107.

Li H-P, Duan L-Q, Fen Sh-J and Xu J-K. 2002. Investigation of predatory bug in wolfberry woods and the function response of the dominant species. *Journal of Inner Mongolia Agricultural University*, 23(3): 69-71. [李海平, 段立清, 冯淑军, 许继科, 2002. 枸杞林内捕食性蝽类生物学特性及主要种的功能反应. 内蒙古农业大学学报, 23(3): 69-71.]

Libutan M and E N Bernardo. 1995. The host preference of the capsid bug, *Cyrtopeltis tenuis* Reuter (Hemiptera: Miridae). *Philippine Entomol.*, 9: 567-586.

Lin C-S. 2000a. Genus *Mansoniella* Poppius (Hemiptera: Miridae) of Taiwan. *Chinese J. Entomol.*, 20: 1-7.

Lin C-S. 2000b. Genus *Eupachypeltis* Poppius (Hemiptera: Miridae) of Taiwan. *Chinese J. Entomol.*, 20: 119-123.

Lin C-S. 2000c. Genus *Felisacus* Distant (Hemiptera: Miridae) of Taiwan. *Chinese J. Entomol.*, 20: 233-241.

Lin C-S. 2001a. Genus *Ernestinus* Distant (Hemiptera: Miridae) of Taiwan. *Formosan Entomologist*, 21: 29-35.

Lin C-S. 2001b. A new species of the genus *Mansoniella* Poppius (Hemiptera: Miridae) from Taiwan. *Formosan Entomologist*, 21: 377-381.

Lin C-S. 2002. Two new species of the genus *Mansoniella* (Hemiptera: Miridae). *Formosan Entomologist*, 22: 371-380.

Lin C-S. 2003. New species and new records of Taiwanese *Bryocoris* Fallén (Hemiptera: Miridae). *Formosan Entomologist*, 23: 179-188.

Lin C-S. 2004a. First record of the plant bug subfamily Psallopinae (Heteroptera: Miridae) from Taiwan and China, with descriptions of three new species of the genus *Psallops* Usinger. *Formosan Entomol.*, 24: 273-279.

Lin C-S. 2004b. Seven new species of Isometopinae (Hemiptera: Miridae) from Taiwan. *Formosan Entomol.*, 24(4): 317-326.

Lin C-S. 2005. New or little-known Isometopinae from Taiwan (Hemiptera: Miridae). *Formosan Entomol.*, 25(3): 195-201.

Lin C-S. 2006a. A new species of the genus *Psallops* Usinger (Hemiptera: Miridae) from Taiwan. *Formosan Entomologist*, 26: 413-416.

Lin C-S. 2006b. Genus *Dimia* Kerzhner of Taiwan (Hemiptera: Miridae). *Formosan Entomologist*, 26: 407-411, figs. 1, 2.

Lin C-S. 2007. Review of the genus *Michailocoris* Stys (Hemiptera: Miridae), with a description of a new species from China. *Formosan Entomologist*, 27: 91-96.

Lin C-S. 2008. Validity and a note on type depositories of Heteropteran species described by C.-S. Lin and his colleagues in 1998-2007. *Coll. and Res.*, 21: 79-86, 79.

Lin C-S. 2009. New *Sophianus* Distant (Hemiptera: Miridae) from Taiwan. *Formosan Entomol.*, 29(4): 293-297.

Lin C-S and Yang C-T. 2004. Isometopinae (Hemiptera: Miridae) from Taiwan. *Formosan Entomol.*, 24(1): 27-42.

Lin C-S and Yang C-T. 2005. External male genitalia of the Miridae (Hemiptera: Heteroptera). *Spec. Publ. Nat. Mus. Nat. Hist.*, 9: 1-174.

Lindberg H. 1927. Zur Kenntniss der Heteropteren-Fauna von Kamtchatka sowie der Amur und Ussuri-Gebiete. *Acta Societatis pro Fauna et Flora Fennica*, 56(9): 1-26.

Lindberg H. 1934. Verzeichnis der von R. Malaise im Jahre 1930 bei Vladivostok gesammelten Heteropteren. *Notul. Entomol.*, 14: 1-23, pl. 1.

Lindberg H. 1941. Die Hemipteren der Azorischen Inseln. Societatis Scientiarium Fennica. *Commentationes Biologicae*, 8(8): 1-32.

Lindberg H. 1958. Hemiptera Insularum Caboverdensium. Societatis Scientiarium Fennica. *Commentationes Biologicae*, 19(1): 1-246.

Lindberg H. 1961. Hemiptera Insularum Madeirensium. Societatis Scientiarium Fennica. *Commentationes Biologicae*, 24(1): 1-82.

Linnaeus C. 1758. Systema Naturae. 10th ed. L. Salvii, Holmiae. 1-823.

Linnavuori R E. 1961. Hemiptera of Israel. II. Annales Zoologici Societatis Zoologicae Botanicae Fennicae 'Vanamo', 22: 1-51.

Linnavuori R E. 1962. Contributions to the Miridae fauna of the Far East II. *Annales Entomologici Fennici*, 28: 68-69.

Linnavuori R E. 1963. Contribution to the Miridae fauna of the Far East III. *Ann. Entomol. Fenn.*, 29: 73-82.

Linnavuori R E. 1964. Hemiptera of Egypt, with remarks on some species of the adjacent Eremian region. *Annales Zoologici Fennici*, 1: 306-356.

Linnavuori R E. 1974. Studies on African Miridae (Heteroptera). *Entomol. Soc. Nigeria Occ. Pub.*, 12: 1-67.

Linnavuori R E. 1975. Hemiptera of the Sudan, with remarks on some species of the adjacent countries. 4. Miridae and Isometopidae. *Annales Zoolici Fennici*, 12: 1-118.

Linnavuori R E. 1986. Heteroptera of Saudi Arabia. *Fauna of Saudi Arabia*, 8: 31-197.

Linnavuori R E. 1995. The genus *Stethoconus* Flor (Hemiptear, Miridae, Deraeocorinae). *Acta Universitas Carolinae Biologica*, 39: 29-42.

Linnavuori R E. 2004. Heteroptera of the Hormozgan province in Iran. I. Description of new species of the Miridae. *Acta Universitatis Carolinae Biologica*, 48: 3-30.

Linnavuori R and J Gorczyca. 2002. Two new species of *Peritropis* Uhler from the Arabian Peninsula (Heteroptera: Miridae: Cylapinae). *Genus*, 13(2): 183-188.

Linnavuori R E and K T Alamy. 1982. Insects of Saudi Arabia. Hemiptera. *Fauna of Saudi Arabia*, 4: 89-98.

Linnavuori R E and R Hosseini. 1999. On the genus *Dicyphus* (Heteroptera: Miridae, Dicyphinae) in Iran. *Acta Universitatis Carolinae, Biologica*, 43: 155-162.

Linsley E G. 1977. Insects of the Galapagos (Supplement). *Occasional Papers of the California Academy of Sciences*, 125: 1-50.

Liu G-Q. 2005. *Deraeocoris* (*Deraeocoris*) *magnioculatus* Liu, 2005. In: Xu J-Y, Ma C-J and Liu G-Q. Two new species and a new name of genus *Deraeocoris* Kirschbaum from China (Hemipetera, Miridae, Deraeocorinae). *Acta Zootaxonomica Sinica*, 30(4): 770-772. [刘国卿. 2005. 大眼齿爪盲蝽. 见: 许静杨, 马成俊, 刘国卿, 2005. 齿爪盲蝽属新种及新名记述(半翅目, 盲蝽科, 齿爪盲蝽亚科). 动物分类学报, 30(4): 770-772.]

Liu G-Q and Bu W-J. 2009. The Fauna of Hebei, China (Hemiptera: Heteroptera). China Agricultural Science and Technology Press, Beijing. 1-528. [刘国卿, 卜文俊, 2009. 河北动物志(半翅目: 异翅亚目). 北京: 中国农业科学技术出版社. 1-528.]

Liu G-Q and Zheng L-Y. 2014. Fauna Sinica, Hemiptera, Miridae (II), Orthotylinae. Science Press, Beijing. 1-297. [刘国卿, 郑乐怡, 2014. 中国动物志 半翅目 盲蝽科(二) 合垫盲蝽亚科. 北京: 科学出版社. 1-297.]

Liu G-Q, Xu J-Y and Zhang X. 2011. Note on new species and new records of Miridae (Hemiptera: Heteroptera: Miridae) from China. *Entomotaxonomia*, 33(1): 1-11. [刘国卿, 许静杨, 张旭, 2011. 中国盲蝽科新种及新记录. 昆虫分类学报, 33(1): 1-11.]

Lu C-Z. 1999. Study on the biology and predaceous roe of *Deraeocoris punctualtus* to cotton aphid. *Journal of Tarim University of Agricultural Reclamation*, 11(1): 13-16. [陆承志, 1999. 黑食蚜盲蝽生物学特性及对棉蚜捕食作用的研究. 塔里木农垦大学学报, 11(1): 13-16.]

Luo Y-M. 1991. The cashew pest insects in Hainan Island. *Chinese Journal of Tropical Crops*, 2: 83-92. [罗永明, 1991. 海南岛的腰果害虫. 热带作物学报, 2: 83-92.]

Luo Y-M and Jin Q-A. 1985. Notes on two *Helopeltis* bugs Hainan Island. *Chinese Journal of Tropical Crops*, 6 (2): 119-128. [罗永明, 金启安, 1985. 海南岛两种角盲蝽记述. 热带作物学报, 6 (2): 119-128.]

Lyon J P. 1986. Use of aphidophagous and polyphagous beneficial insects for biological control of aphids in greenhouse. pp. 471-474. In: Hodek I. Ecology of Aphidophaga. Proc. 2nd Symp. at Zvíkovské Podhradí, Sept. 2-8, 1984. Junk, Dordrecht, the Netherlands, 1-562.

Ma C-J and Liu G-Q. 2002. New species and new record of genus *Deraeocoris* Kirschbaum from China (Hemiptera: Miridae: Deraeocorinae). *Acta Zootaxonomica Sinica*, 27(3): 508-526. [马成俊, 刘国卿, 2002. 齿爪盲蝽属新种及中国新记录(半翅目: 盲蝽科: 齿爪盲蝽亚科). 动物分类学报, 27(3): 508-526.]

Ma C-J and Zheng L-Y. 1997a. A new species of the genus *Deraeocoris* Kirschbaum and the first description of the male of *Deraeocoris alticallus* Hsiao 1941 (Hem.: Miridae: Deraeocorinae). *Wuyi Science Journal,* 13: 20-23.

Ma C-J and Zheng L-Y. 1997b. A new species of *Deraeocoris* Kirschbaum from China (Hemiptera: Miridae: Deraeocorinae). *Acta Scientiarum Naturalium Universitatis Nankaiensis,* 30: 1-4.

Ma C-J and Zheng L-Y. 1998. New species of genus *Deraeocoris* Kirschbaum from China (Hemiptera: Miridae: Deraeocorinae). *Acta Zootaxonomica Sinica,* 23: 36-40.

Malausa J C and Y Trottin-Caudal. 1996. Advances in the strategy of use of the predaceous bug *Macrolophus caliginosus* (Heteroptera: Miridae) in glasshouse crops. In: Alomar O and R N Wiedenmann. Zoophytophagous Heteroptera: Implications for Life History and Integrated Pest Management. Thomas Say Publ. Entomol., Lanham, MD, pp. 178-189.

Maldonado C J. 1969. The Miridae of Puerto Rico (Insecta, Hemiptera). *University of Puerto Rico Agricultural Experiment Station Technical Paper,* 45: 1-133.

Mann H H. 1907. Individual and seasonal variations in *Helopeltis theivora* Waterhouse, with description of a new species of *Helopeltis. Memoirs of the Department of Agriculture in India, Entomological Series,* 1: 275-337.

Mantu B and P R Bhattacharyya. 2006. Feeding and oviposition preference of *Helopeltis theivora* (Hemiptera: Miridae) on tea in Northeast India. *Insect Science,* 13(6): 485-488.

Marchart H. 1972. Effect of capsid attack on pod development. *Cocoa Res. Inst. (Ghana) Rep.,* 70: 99.

McAtee W L and J R Malloch. 1922. Changes in the names of American Rhynchota, chiefly Emesinae. *Proceedings of the Biological Society of Washington,* 35: 95.

McAtee W L and J R Malloch. 1924. Some annectant bugs of the superfamily Cimicoideae (Heteroptera). *Buletin of the Brooklyn Entomological Society,* 19: 69-82.

McAtee W L and J R Malloch. 1932. Notes on the genera of Isometopinae (Heteroptera). *Stylops,* 1: 62-70.

McGavin G C. 1982. A new genus of Miridae (Hemiptera: Heteroptera). *Entomologist's Monthly Magazine,* 118: 79-86.

Mella C A. 1869. Di un nuovo genero e di una nuova specie di Fitocoride. *Bol. Soc. Entomol. Ital.,* 1: 203-205.

Miller N C E. 1939. A new Malayan species of *Helopeltis* (Rhynchota, Capsidae). *Bulletin of Entomological Research,* 30: 343-344.

Miller N C E. 1958. Two new species of *Pseudodoniella* China & Carvalho (Hemiptera, Miridae). *Bulletin of Entomological Research,* 48: 57-58.

Miyamoto S. 1957. List of ovariole numbers in Japanese Heteroptera. *Sieboldia,* 2: 69-82. [In Japanese]

Miyamoto S. 1961. Comparative morphology of alimentary organs of Heteroptera, with the phylogenetic consideration. *Sieboldia,* 2: 197-250.

Miyamoto S. 1965a. Three new species of the Cimicomorpha from Japan (Hemiptera). *Sieboldia,* 3: 271-280.

Miyamoto S. 1965b. Isometopinae, Deraeocorinae and Bryocorinae of the South-west Islands, lying between Kyushu and Formosa (Hemiptera: Miridae). *Kontyu,* 33: 147-169.

Miyamoto S. 1966. Five new species of Miridae from Japan (Hemiptera, Heteroptera). *Sieboldia,* 3: 427-438.

Miyamoto S and C E Lee. 1966. Heteroptera of Quelpart Island (Chejudo). *Sieboldia,* 3: 313-426.

Miyamoto S, T Yasunaga and M Hayashi. 1996. Description of a new Isometopine plant bug, *Isometopidea gryllocephala,* found on Ishigaki island, Japan(Insecta, Heteroptera, Miridae). *Species Diversity,* 1: 107-110.

Miyamoto S, T Yasunaga and T Saigusa. 1994. Heteroptera from the Russian Far East collected by T. Saigusa in 1990, with descriptions of two new mirine species. *Japanese Journal of Entomology*, 62: 243-251.

Motschulsky V. 1863. Essais d'un catalogue des Insectes de l'ile Ceylan. *Bulletin de la Societe des Naturalistes de Moscou*, 36(2): 1-153.

Moulds T and G Cassis. 2006. A review of Australian species of *Peritropis* (Insecta: Heteroptera: Miridae: Cylapinae). *Memoirs of Queensland Museum*, 52: 171-190.

Mu Y-R and Liu G-Q. 2012. New records of the genus *Jessopocoris* Carvalho, 1981 (Hemiptera: Miridae: Bryocorinae), with descriptions of two new species found in China. *Zootaxa*, 3573: 47-54.

Mu Y-R and Liu G-Q. 2014. Taxonomic notes on the genus *Sulawesifulvius* Gorczyca, Cherot & Stys, 2004 (Hemiptera: Miridae: Cylapinae) with description of one new species. *Journal of the Kansas Entomological Society*, 87(4): 327-332.

Mu Y-R and Liu G-Q. 2017. A new species in the genus *Pachypeltis* (Hemiptera: Miridae) from China. *Entomotaxonomia*, 39(3): 181-187.

Mu Y-R and Liu G-Q. 2018. Bryocorinae. 116-118. In: Bu W-J and Liu G-Q. Insect Fauna of the Qinling Mountains (Hemiptera, Heteroptera). World Book Inc., Xi'an. 1-679. [穆怡然, 刘国卿, 2018. 单室盲蝽亚科. 116-118. 见: 卜文俊, 刘国卿, 秦岭昆虫半翅目异翅亚目. 西安: 世界图书出版公司. 1-679.]

Mu Y-R, Zhang X and Liu G-Q. 2012. A new species and four new record species of Miridae from China (Hemiptera, Miridae). *Acta Zootaxonomica Sinica*, 37(1): 138-143. [穆怡然, 张旭, 刘国卿, 2012. 盲蝽科一新种及中国四新记录种(半翅目: 盲蝽科). 动物分类学报, 37(1): 138-143.]

Mulsant E and C Rey. 1852. Description de quelques Hémiptères Hétéroptères nouveaux on peu connus. *Ann. Soc. Linn. Lyon*, 1850/1852: 76-141.

Muminov N N. 1978. Central-Asiatic species of the genus *Dicyphus* (Heteroptera, Miridae). *Zoologicheskii Zhurnal*, 57: 1438-1441. [In Russian]

Muminov N N. 1985. Central Asian species of the genus *Deraeocoris* Kbm. (Heteroptera, Miridae). *Izv. Akad. Nauk Tadzhik. SSR* (Otd. Biol. Nauk), (4): 39-41.

Nakatani Y. 1995. *Deraeocoris kimotoi* Miyamoto and its allies of Japan, with description of a new species (Heteroptera: Miridae). *Japanese Journal of Entomology*, 63: 399-411.

Nakatani Y. 1996. Three new species of *Deraeocoris* Kirschbaum from Japan (Heteroptera, Miridae). *Japanese Journal of Entomology*, 64: 289-299.

Nakatani Y. 1997. A taxonomic study of the genus *Termatophylum* Reuter from Japan (Heteroptear, Miridae). *Japanese Journal of Entomology*, 65: 593-599.

Nakatani Y. 2001. *Cimicicapsus* Poppius a separate genus, with description of a new species (Heteroptera: Miridae). *Tidjschrift voor Entomologie*, 144: 253-259.

Nakatani Y, T Yasunaga and M Takai. 2000. New or little known deraeocorine plant bugs from Japan (Heteroptera: Miridae). *Tijdschrift Voor Entomologie*, 142: 317-326.

Neimorovets V V. 2006. A new species of the genus *Dicyphus* Fieber, 1858 (Heteroptera: Miridae) from the Far East of Russia and notes on taxonomical position of *Cyrtopeltis miyamotoi* (Yasunaga, 2000) comb. n. *Russian Entomological Journal*, 15: 131-132, figs. 1-3, 7.

Nucifora A and C Calabretta. 1986. Advances in integrated control of gerbera protected crops. *Acta Hortic. (Wageningen)*, 176: 191-197.

Odhiambo T R. 1961. A study of some African species of the *Cyrtopeltis* complex (Hemiptera: Miridae). *Rev. Entomol. Mocambique*, 4: 1-36.

Odhiambo T R. 1962. Review of some genera of the subfamily Bryocorinae (Hemiptera: Miridae). *Bulletin of the British Museum* (*Natural History*), *Entomology*, 2(6): 245-331.

Odhiambo T R. 1965. A new interpretation of Westwood's genus *Eucerocoris* (Hemiptera: Miridae). *Proceeding of the Royal Entomological Society of London* (*B*), 34: 20-22.

Odhiambo T R. 1967. A taxonomic study of some genera of the Ethiopian Miridae (Hemiptera). (Part 1). *Bulletin de l'Institut français d'Afrique noire. Serie A, Sciences naturelles*, 29: 1655-1687.

Pericart J. 1965. Contribution a la fanistique de la Corse: Héteroptères Miridae *et* Anthocoridae (Hem.). *Bulletin Mensuel de la Societe Linneenne de Lyon*, 34: 377-384.

Petacchi R and E Rossi. 1991. Prime osservazioni su *Dicyphus* (*Dicyphus*) *errans* (Wolff) (Heteroptera Miridae) diffuso sul pomodoro in serre della Liguria. *Boll. Zool. Agrar. Bachic.*, 23: 77-86.

Piliai G B and V A Abraham. 1975. Tea mosquito a serious menace to cashew. *Indian Cashew J.*, 10(1): 5, 7.

Popov Y A and A Herczek. 2006. *Cylapopsallops kerzhneri* gen. et sp. n. — a new peculiar mirid from Baltic amber (Heteroptera: Miridae: Psallopinae). *Russian Entomol. J.*, 15 (2): 187-188.

Poppius B. 1909. Zur Kenntnis der Miriden-Unterfamilie Cylapina Reut. *Acta Societatis Scientiarum Fennicae*, 37(4): 1-46.

Poppius B. 1910. 12. Hemiptera 4. Miridae, Anthocoridae, Termatophylidae, Microphysidae, und Nabidae. In: Wissenschaftliche Ergebnisse der schwedischen zoologischen Expedition nach dem Kilimandjaro, dem Meru und den umgebenden Massaisteppen Deutsch-Afrikas Palmqvist, Stockholm: 25-60.

Poppius B. 1911. Beiträge zur Kenntnis der Miriden-Fauna von Ceylon. *Öfversigt af Finska Vetenskapssocietetens Förhandlingar*, 53A(2): 1-36.

Poppius B. 1912a. Die Miriden der Äthiopischen Region Ⅰ Mirina, Cylapina, Bryocorina. *Acta Societatis Scientiarum Fennicae*, 41(3): 1-203.

Poppius B. 1912b. Neue Miriden aus dem Russischen Reiche. *Öfversigt af Finska Vetenskapssocietetens Förhandlingar*, 54A (29): 1-26.

Poppius B. 1912c. Zur Kenntnis der indo-australischen Bryocorinen. *Öfversigt af Finska Vetenskapssocietetens Förhandlingar*, 54A(30): 1-27.

Poppius B. 1913. Zur Kenntnis der Miriden, Isometopiden, Anthocoriden, Nabiden und Schizopteriden Ceylon's. *Entomologisk Tidskrift*, 34: 239-260.

Poppius B. 1914a. Zwei neue Bothynotinen–Gattungen aus Sumatra (Hem., Mirid.). *Wiener Entomologische Zeitung*, 33: 53-56.

Poppius B. 1914b. Die Miriden der Äthiopischen Region Ⅱ — Macrolophinae, Heterotominae, Phylinae. *Acta Societatis Scientiarum Fennicae*, 44(3): 1-136.

Poppius B. 1914c. Neue orientalische Cylapinen. *Wiener Entomologische Zeitung*, 33: 124-130.

Poppius B. 1914d. Zur Kenntnis der Miriden, Anthocoriden und Nabiden Javas und Sumatras. *Tijdschrift Voor Entomologie* (*suppl.*), 56: 100-187.

Poppius B. 1915a. H. Sauter's Formosa-Ausbeute: Nabidae, Anthocoridae, Termatophylidae, Miridae, Isometopidae und Ceratocombidae (Hemiptera). *Archiv fur Naturgeschichte*, 80A(8): 1-80 (1914) (March 1915).

Poppius B. 1915b. Neue orientalische Bryocorinen. *Philippine Journal of Science*, 10: 75-88.

Poppius B. 1915c. Zur Kenntnis der indo-australischen Capsarien. Ⅰ. *Annales Musei Nationalis Hungarici*, 13: 1-89.

Priesner H and E Wagner. 1961. Supplement to a review of the Hemiptera Heteroptera known to us from Egypt. *Bulletin de la Societe entomologique d'Egypte*, 45: 323-339.

Puton A. 1886. Énumeration des Hémiptères recueillis en Tunisie en 1883 *et* 1884 par M. M. Valery Mayet *et* Maurice Sédillot, etc. suivie de la description d'espéces nouvelles. *Exploration Scientifique de la Tunisie, Zool. Hem.*, 1-24.

Putshkov V G. 1971. On the ecology of some little known Heteroptera from the European regions of the USSR. Communication Ⅳ. Miridae. *Vestnik zoologii*, (5): 30-35. [In Russian]

Putshkov V G. 1978. Species of the genus *Macrolophus* Fieber, 1858 (Heteroptera, Miridae) of the Soviet Union fauna. *Doklady Akademii Nauk Ukrainskoi SSR, Ser. B*, (9): 854-857. [In Russian]

Puttarudriah M. 1952. Blister disease "Kajji" of guava fruits (*Psidium guava*). *Mysore Agric. J.*, 28: 8-13.

Qi B-Y. 2005. A taxonomic study of Isometopinae from China, including *Myiomma qinlingensis* sp. nov. (Hemiptera: Heteroptera: Miridae). *Can Entomol*, 137: 509-515.

Qi B-Y and Huo K-K. 2007. Note on Miridae from Qinling Mountain of Shaanxi Province (Hemiptera, Heteroptera). *Journal of Inner Mongolia Normal University* (*Natural Science Edition*), 36(3): 346-350. [齐宝瑛, 霍科科, 2007. 陕西省秦岭盲蝽科昆虫记述(半翅目: 异翅亚目). 内蒙古师范大学学报(自然科学汉文版), 36(3): 346-350.]

Qi B-Y and Lü X-H. 2006. A review of *Deraeocoris* from the mainland of China, including *D. qinlingensis* sp. nov. (Hemiptera: Heteroptera: Miridae: Deraeocorinae). *The Pan-Pacific Entomologist*, 82(3/4): 351-361.

Qi B-Y and Nonnaizab. 1993. A key to species of genus *Deraeocoris* from Inner Mongolia. *Entomological Knowledge*, 30: 290-292. [齐宝瑛, 能乃扎布, 1993. 内蒙古齿爪盲蝽属昆虫常见种类检索表. 昆虫知识, 30: 290-292.]

Qi B-Y and Nonnaizab. 1994. New and newly recorded species of Deraeocorinae from inner Mongolia, China (Hemiptera: Heteroptera: Miridae). *Acta Zootaxonomica Sinica*, 19(4): 458-464. [齐宝瑛, 能乃扎布, 1994. 中国内蒙古齿爪盲蝽亚科新种和新记录(半翅目: 异翅亚目: 盲蝽科). 动物分类学报, 19(4): 458-464.]

Qi B-Y and Nonnaizab. 1995. A brief note on the genus *Alloeotomus* Fieber from northern China, with description of a new species (Insecta: Hemiptera: Heteroptera: Miridae). *Reichenbachia*, 31: 13-16.

Qi B-Y, Nonnaizab and Jorigtoo. 1996. Note on the predatory true bugs from Inner Mongolia (Hemiptera: Miridae). *Journal of Inner Mongolia Normal University* (*Natural Science Edition*), 2: 49-53. [齐宝瑛, 能乃扎布, 照日格图, 1996. 内蒙古捕食性盲蝽及国内新纪录记述(半翅目: 盲蝽科). 内蒙古师范大学学报(自然科学汉文版), 2: 49-53.]

Qi B-Y, Nonnaizab and Zheng Z-M. 2002. A newly recorded genus and species of Miridae (Heteroptera: Miridae: Bryocorinae) from China. *Entomotaxonomia*, 24(3): 166. [齐宝瑛, 能乃扎布, 郑哲民, 2002. 盲蝽科一中国新记录属及新记录种. 昆虫分类学报, 24(3): 166.]

Qi B-Y, Nonnaizab, Li S-L, Li W-D and Liu S-F. 1994. Note on Miridae from Northern China (1). *Journal of Inner Mongolia Normal University* (*Natural Science Edition*), 4: 57-64. [齐宝瑛, 能乃扎布, 李淑莉, 李卫东, 刘殊芳, 1994. 我国北方盲蝽科昆虫记述(一). 内蒙古师范大学学报(自然科学汉文版), 4: 57-64.]

Qi B-Y, Schaefer C W, Nonnaizab and Zheng Z-M. 2003. Miridae (Heteroptera) recorded from China since the 1995 world catalog by R. T. Schuh. *Proceedings of the Entomological Society of Washington*, 105: 425-440.

Qin Y-J, Wu W-J, Yu J-Y and Liang G-W. 2003. Study on population dynamics and predatory behavior of

Dortus chinai Miyamoto. *Plant Protection*, 29(1): 48-49. [秦玉洁, 吴伟坚, 余金咏, 梁广文, 2003. 黑带多盲蝽的种群动态和捕食行为研究. 植物保护, 29(1): 48-49.]

Quaglia F, E Rossi, R Petacchi and C E Taylor. 1993. Observations on an infestation by green peach aphids (Homoptera: Aphididae) on greenhouse tomatoes in Italy. *J Econ Entomol*, 86: 1019-1025.

Raman K and K P Sanjayan. 1984. Host plant relationships and population dynamics of the mirid, *Cyrtopeltis tenuis* Reut. (Hemiptera: Miridae). *Proc. Indian Natl. Sci. Acad. B.*, 50: 355-361.

Raman K, K P Sanjayan and G Suresh. 1984. Impact of feeding injury of *Cyrtopeltis tenuis* Reut. (Hemiptera: Miridae) on some biochemical changes in *Lycopersicon esculentum* Mill (Solanaceae). *Curf. Sci. (Bangalore)*, 53: 1092-1093.

Ren S-Z. 1983. New species of *Termatophylum* Reuter and *Fingulus* Distant from China. *Acta Zootaxonomica Sinica*, 8(3): 288-292. [任树芝, 1983. 毛眼盲蝽属 (*Termatophylum* Reuter) 及亮盲蝽属 (*Fingulus* Distant) 新种记述(半翅目: 盲蝽科). 动物分类学报, 8(3): 288-292.]

Ren S-Z. 1987. New species and a newly recorded genus of Isometopidae from China (Hemiptera: Heteroptera). *Acta Zootaxonomica Sinica*, 12(4): 398-403. [任树芝, 1987. 中国树蝽科新种及一新纪录属(半翅目: 异翅亚目). 动物分类学报, 12(4): 398-403.]

Ren S-Z. 1988. Hemiptera: Reduviidae, Enicocephalidae, Isometopidae. 105-109. In: Mountaineering and Scientific Expedition, Academia Sinica. Insects of Mt. Namjagbarwa Region of Xizang. Science Press, Beijing. 105-109. [任树芝, 1988. 半翅目: 奇蝽科、猎蝽科、树蝽科. 见: 中国科学院登山科学考察队, 西藏南迦巴瓦峰地区昆虫. 北京: 科学出版社. 105-109.]

Ren S-Z. 1991. A new species of *Isometopus* Fieber from Yunnan, China (Heteroptera: Isometopidae). *Acta Zootaxonomica Sinica*, 16(2): 204-206. [任树芝, 1991. 云南省树蝽属(异翅亚目: 树蝽科)一新种. 动物分类学报, 16(2): 204-206.]

Ren S-Z. 1992. An iconography of Hemiptera-Heteroptera eggs in China. Science Press, Beijing. 1-118. [任树芝, 1992. 中国半翅目昆虫卵图志. 北京: 科学出版社. 1-118.]

Ren S-Z. 2001. Morphology and uitrastructure of the eggs of mirid bugs (Hemiptera, Miridae) scanning electron microscope observation. *Journal of Tiangjin Agricultural College*, 8(3): 6-9. [任树芝, 2001. 盲蝽卵的扫描电镜观察研究(半翅目, 盲蝽科). 天津农学院学报, 8(3): 6-9.]

Ren S-Z. 2009. Isometopidae. pp. 99-102. In: Liu G-Q and Bu W-J. The fauna of Hebei, China (Hemiptera: Heteroptera). China Agricultural Science and Technology Press, Beijing. 1-528. [任树芝, 2009. 树盲蝽科. pp. 99-102. 见: 刘国卿, 卜文俊, 河北动物志(半翅目: 异翅亚目). 北京: 中国农业科学技术出版社. 1-528.]

Ren S-Z and Huang B-K. 1987. A new species of *Paraletaba* from Fujian, China (Heteroptera: Isometopidae). *Wuyi Science Journal*, 7: 25-26.

Ren S-Z and Yang C-K. 1988. New genus and new species of Isometopidae from China (Hemiptera-Heteroptera). *Entomotaxonomia*, 10: 75-82. [任树芝, 杨集昆, 1988. 中国树蝽科新属及新种记述(半翅目: 异翅亚目). 昆虫分类学报, 10: 75-82.]

Reuter O M. 1873. Bidrag till nordiska Capsiders synonymi. *Not Sällsk Faun Flor Fenn Förh*, 14: 1-25.

Reuter O M. 1875a. Genera Cimicidarum Europae. *Bihang till Kongliga Svenska Vetenskapsakademiens Forhandlingar*, 3(1): 1-66.

Reuter O M. 1875b. Remarques sur le catalogue des Hémiptères d'Europe *et* du bassin de la Méditerranée par le Dr. A. Puton. *Pet Nouv Entomol*, 1(137): 547-548.

Reuter O M. 1876. Capsinae ex America Boreali in Museo Holmiensi asservatae, descriptae. *Öfv K Vet Akad*

Förh, 32(9): 59-92 (1875), (Sep. 1876).

Reuter O M. 1878. Déscription d'un hémiptère de la Gréce (*Camelocapsus oxycarenoides* nov. gen. *et* sp.). *Bulletin de la Societe Entomologique de France*, 8 (5): civ-cv.

Reuter O M. 1879. Capsidae Turkestanae, Diagnoser öfver nya Capsider fran Turkestan. *Öfversigt af Finska Vetenskaps-Societetens Förhandlingar*, 21: 199-206.

Reuter O M. 1884. Genera nova Hemipterorum. IV. Thermatophylina nova subfamilia Anthocoridarum ex Aegypto. *Wien Entomol Ztg*, 3: 218-219.

Reuter O M. 1888. Revisio synonymiea Heteropterorum palaearcticorum quae descripserunt auctores vetustiores (Linnaeus 1758 - Latreille 1806): 1458. Finnische Literatur-Gesellschaft, Helsingfors [also published in: *Acta Sockfatis Scientiarum Fennicae*, 15: 241-315, 443-8121.]

Reuter O M. 1893. A singular genus of Capsidae. *Entomologist's Monthly Magazine*, 4(2): 151-152.

Reuter O M. 1895a. Zur Kenntnis der Capsiden-Gattung *Fulvius* Stål. *Entomologisk Tidskrift*, 16: 129-154.

Reuter O M. 1895b. *Fulvius heidemanni*, eine Berichtigung. *Entomologisk Tidskrift*, 16: 254.

Reuter O M. 1895c. Ad cognitionem Capsidarum. III. Capsidae ex Africa boreali. *Revue d'Entomologie, Caen*, 14: 131-142.

Reuter O M. 1900. Capsidae novae mediterraneae. II. *Öfversigt af Finska Vetenskaps-Societetens Förhandlingar*, 42B: 259-267.

Reuter O M. 1901. Capsidae rossicae. *Öfversigt af Finska Vetenskaps-Societetens Förhandlingar*, 43B: 161-194.

Reuter O M. 1902. Miscellanea Hemipterologica. *Öfversigt af Finska Vetenskaps-Societetens Förhandlingar*, 44: 141-188.

Reuter O M. 1903. Capsidae Chinenses *et* Thibetanae hactenus cognitae enumeratae novaeque species descriptae. *Öfversigt af Finska Vetenskaps-Societetens Förhandlingar*, 45(16): 1-23, 1 pl.

Reuter O M. 1904a. Capsidae palaearcticae novae *et* minus cognitae descriptae. *Öfversigt af Finska Vetenskaps-Societetens Förhandlingar*, 46(14): 1-18.

Reuter O M. 1904b. Ad cognitionem Capsidarum Australiae. *Öfversigt af Finska Vetenskaps-Societetens Förhandlingar*, 47(5): 1-16, 1 pl.

Reuter O M. 1906. Capsidae in prov. Sz'tschwan Chinae a DD. G. Potanin *et* M. Beresowski collectae. *Annuaire du Musee Zoologique*, 10: 1-81.

Reuter O M. 1907. Ad cognitionem Capsidarum aethiopicarum. IV. *Öfversigt af Finska Vetenskapssocietetens Förhandlingar*, 49 (7): 1-27.

Reuter O M. 1910. Neue Beiträge zur Phylogenie und Systematik der Miriden nebst einleitenden Bemerkungen über die Phylogenie der Heteropteren-Familien. Mit einer Stammbaumstafel. *Acta Societatis Scientiarum Fennicae*, 37 (3): iv + 167pp.-Anhang I : Beschreibung einer mit Flügel-Hamus vers.

Reuter O M and B R Poppius. 1912. Zur Kenntnis der Termatophyliden. *Öfversigt af Finska Vetenskaps-Societetens Förhandlingar*, 54A(1): 1-17.

Ribes J and M Baena. 2006. Two new species of *Dicyphus* Fieber 1858 from the Iberian Peninsula and Canary Islands with additional data about the *D. globulifer*-group of the subgenus *Brachyceroea* Fieber, 1858 (Hemiptera, Heteroptera, Miridae, Bryocorinae). *Denisia*, 19: 589-598.

Rieger C. 2002. Ein neuer *Dicyphus* (*Brachyceroea*) *aus* Suddeutschland (Insecta: Hemiptera: Heteroptera: Miridae). *Reichenbachia*, 24: 257-262.

Riudavets J and C Castañé. 1998. Identification and evaluation of native predators of *Frankliniella occidentalis* (Thysanoptera: Thripidae) in the Mediterranean. *Environ Entomol*, 27: 86-93.

Riudavets J, R Gabarra and C Castañé. 1993. *Frankliniella occidentalis* predation by native natural enemies. *Int. Organ. Biol. Control/West Palearctic Reg. Sect. Bull*, 16: 137-140.

Roy S and G Gurusubramanian. 2010. Neem-based integrated approaches for the management of tea mosquito bug, *Helopeltis theivora* Waterhouse (Miridae: Heteroptera) in tea. *J. Pest Sci.*, 83: 143-148.

Roy S, A Mukhopadhyay and G Gurusubramanian. 2009. Sensitivity of the tea mosquito bug (*Helopeltis theivora* Waterhouse), to commonly used insecticides in 2007 in Dooars tea plantations, India and implication for control. *American-Eurasian Journal of Agriculture and Environment Science*, 6(2): 244-251.

Roy S, A Mukhopadhyay and G Gurusubramanian. 2010a. Development of resistance to endosulphan in populations of the tea mosquito bug *Helopeltis theivora* (Heteroptera: Miridae) from organic and conventional tea plantations in India. *International Journal of Tropical Insect Science*, 30(2): 61-66.

Roy S, A Mukhopadhyay and G Gurusubramanian. 2010b. Fitness traits of insecticide resistant and susceptible strains of tea mosquito bug *Helopeltis theivora* Waterhouse (Heteroptera: Miridae). *Entomological Research*, 40: 229-232.

Sadowska-Woda I and J Gorczyca. 2003. A new species of Cylapinae from the Oriental Region (Heteroptera: Miridae). *Genus*, 14(3): 335-343.

Sadowska-Woda I and J Gorczyca. 2005. *Fulvius ullrichi*, a new species of Cylapinae from the Oriental Region (Hemiptera, Miridae, Cylapinae). *Genus*, 16(1): 13-17.

Sadowska-Woda I and J Gorczyca. 2008. *Fulvius mateusi*, a new species of Cylapinae from the Oriental Region (Hemiptera: Miridae: Cylapinae). *Genus*, 19(1): 15-19.

Sadowska-Woda I, F Cherot and J Gorczyca. 2006. Contribution to the study of the female genitalia of twelve *Fulvius* species (Heteroptera, Miridae, Cylapinae). *Denisia*, 19: 617-636.

Sadowska-Woda I, F Cherot and T Malm. 2008. A preliminary phylogenetic analysis of the genus *Fulvius* Stål (Hemiptera: Miridae: Cylapinae) based on molecular data. *Insect Systematics and Evolution*, 39: 407-417.

Schewket B N. 1930. Zur Biologie der phytophagen Wanze *Dicyphus errans* Wolff (Capsidae). *Z. Wiss. Insektenbiol*, 25: 179-183.

Schmitz G. 1968. Monographie des especes africaines du genre *Helopeltis* Signoret (Heteroptera, Miridae). *Annales du Musee Royal d'Afrique Central, ser. 8, Zool.*, 168: 1-247.

Schmitz G. 1970. Contribution a la faune du Congo (Brazzaville). Mission A. Villiers *et* A. Descarpentries. XCVIII. Hémiptères Miridae *et* Isometopidae (1re partie). *Bulletin de l'Institut français d'Afrique noire, Series A, Sciences naturelles*, 32A: 501-530.

Schmitz G and P Stys. 1973. *Howefulvius elytratus* gen. n., sp. n. (Heteroptera, Miridae, Fulviinae) from Lord Howe Island in the Tasman Sea. *Acta Entomologica Bohemoslovaca*, 70: 400-407.

Schuh R T. 1974. The Orthotylinae and Phylinae (Hemiptera: Miridae) of South Africa with a phylogenetic analysis of the ant-mimetic tribes of the two subfamilies for the world. *Entomologica Americana*, 47: 1-332.

Schuh R T. 1975. The structure, distribution, and taxonomic importance of trichobothria in the Miridae (Hemiptera). *American Museum Novitates*, 2585: 1-26.

Schuh R T. 1976. Pretarsal structure in the Miridae (Hemiptera) with a cladistic analysis of relationships within the family. *Amer Mus Novit*, 2601: 1-39.

Schuh R T. 1984. Revision of the Phylinae (Hemiptera, Miridae) of the Indo-Pacific. *Bulletin of the American Museum of Natural History*, 177(1): 1-476.

Schuh R T. 1986. The influence of cladistics on heteropteran classification. *Annual Review of Entomology*, 31: 67-93.

Schuh R T. 1995. Plant Bugs of the World (Insecta: Heteroptera: Miridae): Systematic Catalog, Distributions, Host List, and Bibliography. New York Entomological Society, New York. 1-1329.

Schuh R T. 2002-2014. On-line Systematic Catalog of Plant Bugs (Insecta: Heteroptera: Miridae). The American Museum of Natural History. Available from: http://research.amnh.org/pbi/catalog/ (accessed 20 August 2016).

Schuh R T and J A Slater. 1993. True Bugs of the World (Hemiptera: Heteroptera). Cornell University Press, Ithaca. 1-336.

Schuh R T and J A Slater. 1995. True Bugs of the World (Hemiptera: Heteroptera): Classification and Natural History. Cornell University Press, Ithaca. 1-336.

Schuh R T and M D Schwartz. 1984. *Carvalhoma* (Hemiptera: Miridae): revised subfamily placement. *Journal of the New York Entomological Society*, 92: 48-52.

Schuh R T, W Christiane and W C Wheeler. 2009. Phylogenetic relationships within the Cimicomorpha (Hemiptera: Heteroptera): a total-evidence analysis. *Systematic Entomology*, 34: 15-48.

Schumacher F. 1917. Über die Gattung Stethoconus Flor. (Hem. Het. Caps.). *S. B. Ges. Naturf. Fr. Berlin*, 6: 344-346 (1916).

Schwartz M D and R G Foottit. 1992. Lygus bugs of the prairies. Biology, systematics, and distribution. *Agriculture Canada Technical Bulletin*, 1992-4E: 44 pp.

Scudder G G E. 1959. The female genitalia of the Heteroptera: Morphology and bearing on classification. *Transactions of the Royal Entomological Society of London*, 111: 405-467.

Servadei A. 1972. I Rincoti di Valmalenco (Heteroptera et Homoptera, Auchenorrhyncha). *Bollettino Entomol. Bologna*, 31: 13-26.

Shi X-H. 2010. The occurrence and control of *Mansoniella cinnamomi* (Zheng and Liu). Anhui Agricultural Science Bulletin, 16 (15): 153-154. [施晓红, 2010. 香樟樟颈曼盲蝽的发生与防治. 安徽农学通报, 16 (15): 153-154.]

Signoret V. 1852. Notice sur quelques Hémiptères nouveaux ou peu connus. *Ann. Soc. Entomol. Fr.*, 10(2): 539-544.

Signoret V. 1858. Note sur les Hémiptères Hetéroptères de la famille des unicellules. *Annales de la Societe Entomologique de France*, 6(3): 499-502.

Slater J A. 1950. An investigation of the female genitalia as taxonomic characters in the Miridae (Hemiptera). *Iowa State Coll. J. Sci.*, 25: 1-81, 7 pls.

Slater J A and R M Baranowski. 1978. How to know the true bugs (Hemiptera-Heteroptera). Brown, Dubuque, Iowa, U.S.A., 1-256.

Slater J A and T Schuh. 1969. New species of Isometopinae from South Africa (Hemiptera: Miridae). *Journal of the Entomological Society of Southern Africa*, 32: 351-366.

Smith M R. 1967. A new genus and twelve new species of Isometopinae (Hemiptera-Isometopidae) from Ghana. *Bulletin of the Entomological Society of Nigeria*, 1: 27-42.

Southwood T R E. 1956. The structure of the eggs of the terrestrial Heteroptera and its relationship to the classification of the group. *Transactions of the Royal Entomological Society of London*, 108: 163-221.

Southwood T R E. 1960. The flight activity of Heteroptera. *Transactions of the Royal Entomological Society of London*, 112: 173-220.

Southwood T R E. 1973. The insect/plant relationship an evolutionary perspective. pp. 3-30. In: H P van Emden. Insect/Plant Relationships. Wiley, New York. 1-215.

Southwood T R E. 1986. Plant surfaces and insects — an overview. pp. 1-22. In: Juniper B and Sir R. [T. R. E.] Southwood. Insects and the Plant Surface. Arnold, London. 1-360.

Southwood T R E and D Leston. 1959. Land and Water Bugs of the British Isles. Frederick Warne and Co., London. 1-436.

Stål C. 1858. Beitrag zur Hemipteren-Fauna Sibiriens und des Russischen Nord-Amerika. *Stett. Entomol. Ztg.*, 19: 175-198.

Stål C. 1860. Bidrag till Rio Janeiro-traktens Hemipter-fauna. *Kungliga Svenska Vetenskapsakademiens Handlingar*, 2(7): 1-84.

Stål C. 1862. Hemiptera Mexicana enumeravit speciesque novas descripsit. *Stettiner Entomologische Zeitung*, 23: 81-118, 289-325.

Stål C. 1871. Hemiptera insularum Philippinarum. - Bidrag till Philippinska öarnes Hemipter-fauna. *Öfversigt af Kongliga Vetenskapsakademiens Förhandlingar*, 27: 607-776.

Stehlik J L. 1948. Contribution to the knowledge of the Moravian species of the family Miridae (Heteroptera). *Entomol. Listy*, 11: 1-7.

Steyskal G C. 1973. The grammar of names in the catalogue of the Miridae (Heteroptera) of the world by Carvalho, 1957-1960. *Studia entomologica*, 16: 203-208.

Stichel W. 1930. Illustrierte Bestimmungstabellen der Deutschen Wanzen. Fasc. 6-7. W. Stichel, Berlin-Hermsdorf. pp. 147-210.

Stonedahl G M. 1988. Revisions of *Dioclerus*, *Harpedona*, *Mertila*, *Myiocapsus*, *Prodromus* and *Thaumastomiris* (Heteroptera: Miridae, Bryocorinae: Eccritotarsini). *Bulletin of the American Museum of Natural History*, 187: 1-99.

Stonedahl G M. 1991a. The Oriental species of *Helopeltis* (Heteroptera: Miridae): a review of economic literature and guide to identification. *Bulletin of Entomological Research*, 81: 465-490.

Stonedahl G M. 1991b. Review of the oriental genus *Angerianus* Distant (Heteroptera: Miridae). *Tijd Entomol*, 134: 269-277.

Stonedahl G M and D Kovac. 1995. *Carvalhofulvius gigantochloae*, a new genus and species of bamboo-inhabiting Fulviini from West Malaysia (Heteroptera: Miridae: Cylapinae). *Proceedings of the Entomological Society of Washington*, 97: 427-434.

Stonedahl G M and G Cassis. 1991. Revision and cladistic analysis of the plant bug genus *Fingulus* Distant (Heteroptera: Miridae: Deraeocorinae). *Am Mus Novit*, 3028: 1-55.

Stonedahl G M, J D Lattin and V Razafimahatrat. 1997. Review of the *Eurychilopterella* complex of genera, including the description of a new genus from Mexico (Heteroptera: Miridae: Deraeocorinae). *American Museum Novitates*, 3198: 1-33.

Szent-Ivany J J H. 1965. Factors influencing dispersal of insects in rainforest areas converted to cacao lands. *Proceedings 12th Int. Cong. Entomol.*, p. 330.

Takeno K. 1998. Enumeration of the Heteroptera in Mt. Hikosan, Western Japan with their Hosts and preys

Ⅰ. *Esakia*, (38): 29-53.

Tamanini L. 1981. Gli eterotteri della Basilicata e della Calabria (Italia meridionale) (Hemiptera, Heteroptera). *Memorie del Museo civico di storia naturale di Verona*, ser. 2, A 3: 1-164.

Tamanini L. 1982. Gli eterotteri dell'Alto Adige (Insecta: Heteroptera). *Studi Trentini di Scienze Naturali, Acta Biologica*, 59: 65-194.

Thresh J M. 1960. Capsids as a factor influencing the effect of swollen-shoot disease on cacao in Nigeria. *Empire J. Exp. Agric.*, 28: 193-200.

Torreno H S. 1994. Predation behavior and efficiency of the bug, *Cyrtopeltis tenuis* (Hemiptera: Miridae), against the cutworm, *Spodoptera litura* (F.). *Philippine Entomol.*, 9: 426-434.

Torreno H S and E D Magallona. 1994. Biological relationship of the bug, *Cyrtopeltis tenuis* Reuter (Hemiptera: Miridae) with tobacco. *Philippine Entomol.*, 9: 406-425.

Toxopeus H and B M Gerard. 1968. A note on mirid damage to mature cacao pods. *Nigerian Entomol. Mag.*, 1: 59-60.

Uhler P R. 1877. Report upon the insects collected by P. A. Uhler, during the explorations of 1875, including monographs of the family Cydnidae and Saldae, and the Hemiptera, collected by A. S. Packard, Jr., M. D. *Bulletin of the United States Geological and Geographical Survey of the Territories*, 3: 355-475.

Uhler P R. 1886. Check-list of the Hemiptera Heteroptera of North America. *Brooklyn Entomological Society*, 1-32.

Uhler P R. 1891. Observations on some remarkable forms of Capsidae. *Proceedings of the Entomological Society of Washington*, 2: 119-123.

Uhler P R. 1897. Summary of the Hemiptera of Japan, presented to the U.S. National Museum by Professor Mitzukuri. *Proc. U.S. Nat. Mus.*, 19: 255-297 (1896).

Uhler P R. 1904. List of Hemiptera-Heteroptera of Las Vegas, Hot Springs, New Mexico, collected by Messrs. E. A. Schwarz and Herbert S. Barber. *Proc. U.S. Nat. Mus.*, 27: 349-364.

Usinger R L. 1946. Hemiptera Heteroptera of Guam. In: Insects of Guam. Ⅱ. *Bulletin of the Bishop Museum*, 189: 11-103.

Van Duzee E P. 1923. Expedition of the California Academy of sciences to the gulf of California in 1921. The Hemiptera (true bugs, etc.). *Proceedings of the California Academy of Sciences*, 12(4): 123-200.

Vernoux J, R Garouste and A Nel. 2010. The first psallopinous bug from lowermost Eocene French amber (Hemiptera: Heteroptera: Miridae). *Zootaxa*, 2499: 63-68.

Voigt D. 2006. Zur Nahrungsaufnahme von *Dicyphus errans* Wolff (Heteroptera, Miridae, Bryocorinae): Nahrungsspektrum, Potenzial und Verhalten (Food ingestion by *Dicyphus errans* Wolff (Heteroptera, Miridae, Bryocorinae): range of food, potential and behaviour). *Mitt. Dtsch. Ges. Allg. Angew. Ent.*, 15: 305-308.

Voigt D. 2007. Plant surface-bug interactions: *Dicyphus errans* stalking along trichomes. *Arthropod-Plant Interactions*, 1: 221-243.

Voigt D. 2010. Locomotion in a sticky terrain. *Arthropod-Plant Interactions*, 4: 69-79.

Wagner E. 1950. Zwei neue Miriden-Arten un eine bisher übersehene Art aus Italien (Hem. Het.): Die Artberechtigung von *Camptobrochis serenus* Dgl. Sc. (Fam. Miridae). *Boll. Ass. Rom. Entomol.*, 5(3): 3-5.

Wagner E. 1951. Zur Systematik der Gattung *Dicyphus* Fieb. *Societatis Scientiarium Fennica, Commentationes Biologicae*, 12: 1-36.

Wagner E. 1953. *Deraeocoris ventralis* Reut., eine bisher übersehene deutsche Miiriden-Art (Hem. Heteropt.). *Nachrichten des Naturwissenschaftlichen Museums der Stadt Aschaffenburg*, 39: 47-53.

Wagner E. 1955. Die Plagiognathus-Gruppe (Hem. Heteropt. Miridae). *Acta Entomologica Musei Nationalis Pragae*, 30: 291-304.

Wagner E. 1956. Drei neue Miriden-Arten aus Aegypten und Bemerkungen zu einer bereits bekannten Art (Hemiptera-Heteroptera). *Bulletin de la Societe entomologique d'Egypte*, 40: 1-9.

Wagner E. 1957. Heteropteren aus Iran 1954 II. Teil Hemiptera-Heteroptera (Fam. Miridae). (Ergenbnisse der Entomologischen Reisen Willi Richter, Stuttgart, in Iran 1954 und 1956-Nr. 9). *Jahreshefte der Gesellschaft fur Naturkunde in Wurttemberg*, 112: 74-103.

Wagner E. 1958a. Deuxieme conribution a la faune des Hémiptères Héteroptères de France. *Vie et Milieu*, 9: 236-247.

Wagner E. 1958b. Heteropteren aus Iran 1956, II Hemiptera-Heteroptera (Familie Miridae). *Stuttgarter Beitrage zur Naturkunde*, 12: 1-13.

Wagner E. 1961a. Ein weiterer Beitrag zur Miriden-fauna Aegyptens (Hemiptera-Heteroptera). *Bulletin de la Societe entomologique d'Egypte*, 45: 315-322.

Wagner E. 1961b. Unterordnung: Ungleichflugler, Wanzen, Heteroptera (Hemiptera). *Die Tierwelt Mitteleuropas*, 4: 1-173.

Wagner E. 1963. Zur Systematik der Deraeocorini Dgl. et Sc. (Hem. Het. Miridae). *Deut. Entomol. Zeitschr., N.F.*, 10: 17-25.

Wagner E. 1967. Zur Systematik der Gattung *Dicyphus* Fieber, 1856 (Heteroptera, Miridae). *Reichenbachia*, 8: 111-121.

Wagner E. 1969. *Cyrtopeltis tenuis* Reuter, 1895 (Insecta, Hemiptera-Heteroptera): proposed validation under the plenary powers. *Bulletin of Zoological Nomenclature*, 25: 234.

Wagner E. 1970. Zur Systematic der Hallodapinae van Duz. (Heteroptera, Miridae). *Reichenbachia*, 13(15): 149-155.

Wagner E. 1974a. *Dicyphus* (*Brachyceroea*) *muchei* sp. n., eine neue Miriden-Art aus Südrussland (Heteroptera, Miridae). *Notulae Entomologicae*, 54: 23-24.

Wagner E. 1974b. Die Miridae Hahn, 1831, des Mitelmeerraumes und der Makaronesischen Inseln (Hemiptera, Heteroptera). Teil. 1. *Entomologische Abhandlungen*, 37 Suppl. iii + 484 pp.

Wagner E and H H Weber. 1964. Héteroptères Miridae. "MDUL"In"MDNM": *Faune de France*, 67: 1-592.

Walker F. 1871. Catalogue of specimens of Hemiptera Heteroptera in collection of the British Museum. Part IV. British Museum, London, 1-211.

Walker F. 1873. Catalogue of the specimens of Hemiptera Heteroptera in the collection of the British Museum. British Museum, London. Part VI, 1-210.

Waterhouse C O. 1886. Some observations on the tea-bugs (*Helopeltis*) of India and Java. *Transactions of the Entomological Society of London*, (4): 457-459.

Waterhouse C O. 1888. Additional observations on the tea-bugs (*Helopeltis*) of Java. *Transactions of the Entomological Society of London*, (2): 207.

Wheeler A G Jr. 1977. A new name and restoration of an old name in the genus *Fulvius* Stål (Hemiptera: Miridae). *Proceedings of the Entomological Society of Washington*, 79: 588-592.

Wheeler A G Jr. 1980. The mirid rectal organ: purging the literature. *Florida Entomologist*, 63: 481-485.

Wheeler A G Jr. 2000a. Chapter 3. Plant bugs (Miridae) as plant pests. pp. 37-83. In: Schaefer C W and A R

Panizzi. Heteroptera of Economic Importance. CRC Press, Boca Raton.

Wheeler A G Jr. 2000b. Chapter 28. Predacious plant bugs (Miridae). pp. 657-693. In: Schaefer C W and A R Panizzi. Heteroptera of Economic Importance. CRC Press, Boca Raton.

Wheeler A G Jr. 2001. Biology of the Plant Bugs (Hemiptera: Miridae): Pests, Predators, Opportunists. Cornell University Press, Ithaca. 1-507.

Wheeler A G Jr and J Henry. 1978. Isometopinae (Hemiptera: Miridae) in Pennsylvania: Biology and descriptions of fifth instars, with observations of predation on obscure scale. *Annals of the Entomological Society of America*, 71: 607-614.

Wheeler A G Jr and J Henry. 1992. A Synthesis of the Holarctic Miridae (Heteroptera): Distribution, Biology, and Origin, with Emphasis on North America. Thomas Say Found. Monogr. Vol. 25. Entomological Society of America, Lanham, Maryland. 1-282.

Wheeler A G Jr and T J Henry. 1977. Rev. *Modestus* Wirtner: Biographical sketch and additions and correction to the Miridae in his 1904 list of western Pennsylvania Hemiptera. *Great Lakes Entomologist*, 10: 145-158.

Wheeler A G Jr, J Henry and T L Mason. 1983. An annotated list of the Miridae of West Virginia (Hemiptera-Heteroptera). *Transactions of the American Entomological Society*, 109: 127-159.

Wheeler Q D and A G Jr Wheeler. 1994. Mycophagous Miridae? Associations of Cylapinae (Heteroptera) with Pyrenomycete Fungi (Euascomycetes: Xylariaceae). Mycophagy. *J. New York Entomol. Soc.*, 102(1): 114-117.

Wirtner M. 1917. A new genus of Bothynotinae, Miridae (Heter.). *Entomol. News*, 38: 33-34.

Wolski A. 2008. A new genus and two new species of Cylapinae from the Oriental Region (Heteroptera: Miridae). *Polish Taxonomical Monographs*, 15: 155-162.

Wolski A. 2010. Revision of the *Rhinocylapus*-group (Hemiptera: Heteroptera: Miridae: Cylapinae). *Zootaxa*, 2653: 1-36.

Wolski A and J Gorczyca. 2006. A new species of the genus *Dashymenia* Poppius from Indonesia (Hemiptera: Miridae: Cylapinae). *Polish journal of Entomology*, 75: 329-332.

Wolski A and J Gorczyca. 2007. A new species of the genus *Peritropis* from Brunei (Heteroptera: Miridae: Cylapinae). *Genus*, 14: 71-75.

Wolski A and J Gorczyca. 2012. Plant bugs of the tribe Bothriomirini (Hemiptera: Heteroptera: Miridae: Cylapinae) from the Oriental Region: descriptions of eight new species and keys to Oriental genera and species of *Bothriomiris* Kirkaldy, *Dashymenia* Poppius, and *Dashymeniella* Poppius. *Zootaxa*, 3412: 1-41.

Woodward T E. 1954. On the genus *Felisacus* Distant (Heteroptera; Miridae; Bryocorinae). *Pacific Science*, 8: 41-50.

Wu C-F. 1935. Catalogus Insectorum Sinensium (Catalogue of Chinese insects). Vol. II, 634pp. The Fan Memorial Institute of Biology, Peiping, China.

Xu J-Y and Liu G-Q. 2007. The genus *Nicostratus* Distant from China (Hemiptera: Miridae: Deraeocorinae). *Zootaxa*, 1467: 63-68.

Xu J-Y and Liu G-Q. 2009. The genus *Cimicicapsus* Poppius from China (Hemiptera: Miridae: Deraeocorinae). *Zootaxa*, 2014: 19-33.

Xu J-Y and Liu G-Q. 2018. Deraeocorinae. 132-154. In: Bu W-J and Liu G-Q. Insect Fauna of the Qinling Mountains (Hemiptera, Heteroptera) 2. World Book Inc., Xi'an. 1-679. [许静杨, 刘国卿, 2018. 齿爪盲

蟳亚科. 132-154. 见: 卜文俊, 刘国卿, 秦岭昆虫志2(半翅目: 异翅亚目). 西安: 世界图书出版公司. 1-679.]

Xu J-Y, Liu G-Q and Zheng L-Y. 2009. Deraeocorinae Douglas *et* Scott, 1863. 103-117. In: Liu G-Q and Bu W-J. The Fauna of Hebei, China (Hemiptera: Heteroptera). China Agricultural Science and Technology Press, Beijing. 1-528. [许静杨, 刘国卿, 郑乐怡, 2009. 齿爪盲蟳亚科. 103-117. 见: 刘国卿, 卜文俊, 河北动物志(半翅目: 异翅亚目). 北京: 中国农业科学技术出版社. 1-528.]

Xu J-Y, Ma C-J and Liu G-Q. 2005. Two new species and a new name of genus *Deraeocoris* Kirschbaum from China (Hemipetera, Miridae, Deraeocorinae). *Acta Zootaxonomica Sinica*, 30(4): 768-772. [许静杨, 马成俊, 刘国卿, 2005. 齿爪盲蟳属新种及新名记述(半翅目, 盲蟳科, 齿爪盲蟳亚科). 动物分类学报, 30(4): 768-772.]

Yang Z, Zhang W-N, Ding Y-N, Li C-D, Zhang Y-F, Feng C, Wu G-C and Wang Y. 2013. Studies on life cycle, biological habits of *Mansoniella cinnamomi* (Zheng & Liu) and morphological character-istics of their nymphs. *Journal of Northeast Forestry University*, 41 (1): 112-115. [杨振, 张万娜, 丁英娜, 李成德, 张岳峰, 冯琛, 吴广超, 王焱, 2013. 樟颈曼盲蟳的生活史、生物学习性及若虫的形态. 东北林业大学学报, 41 (1): 112-115.]

Yasunaga T. 1999. First record of the plant bug subfamily Psallopinae (Heteroptera: Miridae) from Japan, with descriptions of three new species of the genus *Psallops* Usinger. *Proceedings of the Entomological Society of Washington*, 101: 737-741.

Yasunaga T. 2000a. An annotated list and descriptions of new taxa of the plant bug subfamily Bryocorinae in Japan (Heteroptera: Miridae). *Biogeography*, 2: 93-102.

Yasunaga T. 2000b. The mirid subfamily Cylapinae (Heteroptera: Miridae) or fungal inhabiting plant bugs in Japan. *Tijkschrift Voor Entomologie*, 143: 183-209.

Yasunaga T. 2005. Isometopine plant bugs (Heteroptera: Miridae), preferably inhabiting *Fraxinus griffithii* on Ishigaki island of the Ryukyus, Japan. *Tijdschrift Voor Entomologie*, 148: 341-349.

Yasunaga T and I M Kerzhner. 1998. New synonymies in the East Palearctic Miridae (Heteroptera). *Zoosystematica Rossica*, 7: 88.

Yasunaga T and K Yamada. 2010. [description of new spp.] In: Yasunaga T, K Yamada and T Artchawakom. First record of the plant bug subfamily Psallopinae (Heteroptera: Miridae) from Thailand, with descriptions of new species and immature forms. *Tidjschrift voor Entomologie*, 153: 91-98.

Yasunaga T and M Hayashi. 2002. New or little known Isometopine plant bugs from Japan (Heteroptera: Miridae). *Tijdschrift Voor Entomologie*, 145: 95-101.

Yasunaga T and R K Duwal. 2006. First record of the plant bug subfamily Isometopinae from Nepal (Heteroptera, Miridae, Isometopinae), with descriptions of a new genus and five new species. *Biogeography*, 8: 55-61.

Yasunaga T and R K Duwal. 2007. A new species of the Eccritotarisine genus *Michailocoris* Štys (Heteroptera, Miridae, Bryocorinae) from Nepal, with descriptions of a related new genus and species. *Biogeography*, 9: 67-70.

Yasunaga T and S Miyamoto. 2006. Second report on the Japanese cylapinae plant bugs (Heteroptera, Miridae, Cylapinae), with description of five new species. pp. 721-735. In: Rabitsch W. Hug the Bug - For the Love of True Bugs. Festschrift zum 70. Geburtstag von Ernst Heiss. *Denisia*, 19: 1-1184.

Yasunaga T and Y Nakatani. 1998. The eastern Palearctic relatives of European *Deraeocoris olivaceus* (*Fabricius*) (Heteroptera: Miridae). *Tijdschrift voor Entomologie*, 140: 237-247.

Yasunaga T, K Yamada and Jing-Fu Tsai. 2017. Taxonomic review of the plant bug subfamily Isometopinae for Taiwan and Japanese Southwest Islands, with descriptions of new taxa (Hemiptera: Heteroptera: Miridae: Isometopinae). *Zootaxa*, 4365(4): 421-439.

Yasunaga T, K Yamada and T Artchawakom. 2013. A new species of Isometopus Fieber, the first record of Isometopinae (Heteroptera: Miridae) from Thailand. *Zootaxa*, 3599(2): 197-200.

Yasunaga T, K Yamada, J Duangthisan and T Artchawakom. 2016. Review of the plant bug genus *Fingulus* Distant in Indochina (Hemiptera: Heteroptera: Miridae: Deraeocorini), with descriptions of two new species. *Zootaxa*, 4154(5): 581-588.

Yasunaga T, M Takai and Y Nakatini. 1997. Species of the enus *Stethoconus* of Japan (Heteroptera, Miridae): predaceous Deraeocorine plant bugs associated with lace bugs (Tingidae). *Applied Entomology and Zoology*, 32: 261-264.

Yasunaga T, S Miyamoto and I M Kerzhner. 1996. Type specimens and identity of the mirid species described by Japanese authors in 1906-1917 (Heteroptera: Miridae). *Zoosystematica Rossica*, 5: 91-94.

Zhang S-M. 1985. Economic Insect Fauna of China. Fasc. 31. Hemiptera (I). Science Press, Beijing. 197-207. [章士美, 1985. 中国经济昆虫志 第三十一册 半翅目(一). 北京: 科学出版社. 197-207.]

Zhang S-M and Hu M-C. 1993. Biology of Hemiptera of China. Jiangxi Universities and Colleges Press, NanChang. 261pp. [章士美, 胡梅操, 1993. 中国半翅目昆虫生物学. 南昌: 江西高校出版社. 261pp.]

Zheng L-Y. 1992. A new species of genus *Pseudodoniella* China and Carvalho from China (Insecta, Hemiptera: Miridae). *Reichenbachia*, 29: 119-122.

Zheng L-Y. 1995. A list of the Miridae (Heteroptera) recorded from China since J. C. M. Carvalho's "World Catalogue." *Proceedings of the Entomological Society of Washington*, 97: 458-473.

Zheng L-Y and Li X-Z. 1992. Hemiptera: Miridae. 203-206. In: Huang F-S. Insects of Wuling Mountains Area, Southwestern China. Science Press, Beijing. 203-206. [郑乐怡, 李新正, 1992. 半翅目: 盲蝽科. 203-206. 见: 黄复生, 西南武陵山地区昆虫. 北京: 科学出版社. 203-206.]

Zheng L-Y and Liu G-Q. 1992. Hemiptera: Miridae. 290-299. In: Hunan Province Forestry Department. Iconography of Forest Insects in Hunan China. Hunan Science and Technology Press, Changsha. 290-299. [郑乐怡, 刘国卿, 1992. 半翅目: 盲蝽科. 290-299. 见: 湖南省林业厅, 湖南森林昆虫图鉴. 长沙: 湖南科学技术出版社. 290-299.]

Zheng L-Y and Liu G-Q. 2009. Miridae. 102-252. In: Liu G-Q and Bu W-J. The Fauna of Hebei, China, Hemiptera: Heteropteroptera. China Agricultural Science and Technology Press, Beijing. 102-252. [郑乐怡, 刘国卿, 2009. 盲蝽科. 102-252. 见: 刘国卿, 卜文俊, 河北动物志 (半翅目: 异翅亚目). 北京: 中国农业科学技术出版社. 102-252.]

Zheng L-Y and Ma C-J. 2004. A study on Chinense of the genus *Alloeotomus* Fieber (Hemiptera, Miridae, Deraeocorinae). *Acta Zootaxonomica Sinica*, 29(3): 474-485. [郑乐怡, 马成俊, 2004. 点盾盲蝽属中国种类记述(半翅目, 盲蝽科, 齿爪盲蝽亚科). 动物分类学报, 29(3): 474-485.]

Zheng L-Y, Lü N, Liu G-Q and Xu B-H. 2004. Fauna Sinica, Insecta, Hemiptera, Miridae, Mirinae. Science Press, Beijing. 1-797. [郑乐怡, 吕楠, 刘国卿, 许兵红, 2004. 中国动物志 昆虫纲 半翅目 盲蝽科 盲蝽亚科. 北京: 科学出版社. 1-797.]

Zou H-G. 1983. A new genus and three new species of Pilophorini Reuter from China (Hemiptera: Miridae). *Acta Zootaxonomica Sinica*, 8(3): 283-287. [邹环光, 1983. 中国束盲蝽族(Pilophorini)一新属三新种 (半翅目: 盲蝽科). 动物分类学报, 8(3): 283-287.]

Zou H-G. 1985. A new genus and species of Miridae from China (Hemiptera, Miridae). *Acta Scientiarum*

Naturalium Universitatis Nankaiensis, 2: 97-100. [邹环光, 1985. 中国盲蝽科一新属记述(半翅目: 盲蝽科). 南开大学学报(自然科学版), 2: 97-100.]

Zou H-G. 1987. A new species of *Pilophorus* from China. *Entomotaxonomia*, 9(2): 107-108. [邹环光, 1987. 中国束盲蝽属一新种记述(半翅目: 盲蝽科). 昆虫分类学报, 9(2): 107-108.]

Zou H-G. 1989. New species and new records of Miridae from China (Hemiptera: Miridae). *Acta Zootaxonomica Sinica*, 14(3): 327-331. [邹环光, 1989. 中国盲蝽科两新种六新纪录(半翅目: 盲蝽科). 动物分类学报, 14(3): 327-331.]

Abstract

This is third monograph on Miridae of China. It comprises of 2 sections. In the first section, it is a brief account on research history, general morphology, classifications systems, faunistics biology about subfamily Bryocorinae et al. Section 2 is the systematic account of the Chinese Bryocorinae, Cylapinae, Deraeocorinae, Isometopinae and Psallopinae. Altogether 268 species belonging to 56 genera in 5 subfamilies are described and keyed. Bryocorinae includes 109 species from 26 genera, Cylapinae 22 species from 8 genera, Deraeocorinae 98 species from 13 genera, Isometopinae 33 species from 8 genera and Psallopinae 6 species from 1 genus. 28 species are described as new to science, 6 genera and 16 species are newly recorded from China. Photographs of the dorsal habitus 272 and the characteristic illustrations 217 are provided. Full description of most species including those of genitalia, its measurements, biological notes, and distributional date are given.

In this summary, keys to Chinese taxa and descriptions of new species in English are provided. The items of species newly recorded from China are also listed.

The type specimens are deposited in the Institute of Entomology, Nankai University, Tianjin, China (except expositive).

Miridae Hahn, 1833

Key to subfamilies

1. Ocelli present ·· **Isometopinae**
   Ocelli absent ·· 2
2. Tarsi 2-segmented ··· 3
   Tarsi 3-segmented ·· 4
3. Head nearly spherical ·· **Psallopinae**
   Head either elongate, not as above ·· **Cylapinae (part)**
4. Parempodium at least weakly fleshy and flattened ··· 5
   Parempodium always setiform ··· 9
5. Parempodium divergent apically ··· **Mirinae**
   Parempodium convergent apically ·· 6
6. Tarsi incrassate apically ··· **Bryocorinae (part)**
   Tarsi not incrassate apically ··· 7

7. Hemelytra with some appressed scalelike silvery setae, often arranged in patches or transverse bands ··**Phylinae (part)**

   Hemelytra without scalelike silvery setae ··· 8

8. Pulvillus present; vesica sclerotized and rigid; left paramere boat-shaped ··············**Phylinae (part)**

   Pulvillus absent; vesica not sclerotized and rigid; left paramere never boat-shaped ··········**Orthotylinae**

9. Membrane with 2 cells, the small cell is distinct ·· 10

   Membrane with a single cell, if with 2 cells, the small one is unconspicuous···········**Bryocorinae (part)**

10. Claws with pulvilli···**Phylinae (part)**

    Claws without pulvilli ··· 11

11. Claws with a single tooth or projection basally···**Deraeocorinae**

    Claws without tooth or projection basally ···**Cylapinae (part)**

Ⅰ. Bryocorinae Baerensprung, 1860

Key to tribes

1. Pronotum never separate into collar, anterior lobe and posterior lobe, with punctures or except collar area usually ···2

   Pronotum distinct separate into collar, anterior lobe and posterior lobe, without punctures, if with punctures, scutellum cystiform or turtleback···**Dicyphini**

2. Outer margins of hemelytra weakly convex mesially; claw with pulvilli, always large and flat, claw usually with pectinate long spines ventrally; parempodium setiform·····························**Eccritotarsini**

   Outer margins of hemelytra parallel or constricted mesially, weakly convex at apical half; claw without pulvilli, with pseudopulvilli; parempodium strap like, divergent apically ······················· **Bryocorini**

Bryocorini Baerensprung, 1890

Key to genera

1. Body short and wide; cuneus with outer margin convex basally; membrane distinctly dipping ···***Monalocoris***

   Body relatively long; cuneus with outer margin straight basally; membrane weakly dipping ··············2

2. Body side parallel; segment Ⅰ of metatarsi longer than segment Ⅱ; without brachypterous·······***Hekista***

   Body side not parallel; segment Ⅰ of metatarsi shorter than segment Ⅱ; some with brachypterous ··· ***Bryocoris***

Bryocoris Fallén, 1829

Key to subgenera

Segment Ⅳ of rostrum stout, its length equal to or slightly shorter than segment Ⅲ; left paramere complex, flaky or varied shapes ··· ***Bryocoris***

Segment IV of rostrum slender, its length being 1.5x longer than segment III; left paramere simple, lanceolate or sickle shaped ··· ***Cobalorrhynchus***

Bryocoris Fallén, 1829

Key to species

1. Collar black entirely ··· 2
   Collar yellow, or at least yellow dorsally ·· 4
2. Lateral side of head black or with black band behind eye ·· 3
   Lateral side of head pale, without black band behind eye ························· ***B. (B.) bui***
3. Apical half of left paramere sunken mesially, two-branched ················· ***B. (B.) concavus***
   Apical half of left paramere not sunken mesially, arrowhead-like ··············· ***B. (B.) nitidus***
4. Lateral side of collar black ··· 5
   Lateral side of collar yellow entirely ·· 6
5. Scutellum black entirely; lateral side of male pygophore opening with an oval depression covered with dense setae ··· ***B. (B.) xiongi***
   Scutellum yellow brown, lateral margin black; lateral side of male pygophore opening without oval depression ··· ***B. (B.) formosensis***
6. Body side not parallel; male pygophore left side in dorsal view slightly concave, shining, with a transverse ridge ·· ***B. (B.) insuetus***
   Body side parallel; male pygophore not as above ······························· ***B. (B.) gracilis***

Cobalorrhynchus Reuter, 1906

Key to species

1. Head yellow brown or pale yellow entirely, without distinct black spot ··························· 2
   Head brown or black, if pale, with distinct black spot ·· 4
2. Antennal segment II blackish brown to black ······························· ***B. (C.) flaviceps***
   Antennal segment II pale yellowish brown, with apical 1/3 brown to black brown ·················· 3
3. Pronotal punctures big and deep ··· ***B. (C.) latiusculus***
   Pronotal punctures small and shallow ·· ***B. (C.) latus***
4. Scutellum brown or yellowish brown, without dark longitudinal spot mesially ··················· 5
   Scutellum black entirely, or pale with dark longitudinal spot mesially ··························· 7
5. Pronotum with distinct yellowish brown longitudinal band mesially ····························· 6
   Pronotum without longitudinal band mesially ······························· ***B. (C.) sichuanensis***
6. Left paramere without finger-like protuberance at basal half ················ ***B. (C.) paravittatus***
   Left paramere with finger-like protuberance at basal half ······················ ***B. (C.) vittatus***

7. Scutellum black brown to black, sometimes with pale spot at apex ························· *B. (C.) lobatus*

   Scutellum pale yellow to yellowish brown, with a dark longitudinal band or spot at middle ··············· 8

8. Posterior lobe of pronotum brown or black ·· 9

   Posterior lobe of pronotum with a pair of yellow spots, or posterior half yellow ························· 10

9. Body length shorter than 3.80mm; lateral side of male pygophore opening with longitudinal depression ··
   ·· *B. (C.) hsiaoi* (part)

   Body length longer than 4.10mm; lateral side of male pygophore opening without longitudinal depression
   ·································· *B. (C.) convexicollis* (part)

10. Posterior lobe of pronotum without distinct spots; if with spots, short coniform, away from pronotal posterior margin; male pygophore opening with a slender spinous protuberance at right side ··············
    ·· *B. (C.) convexicollis* (part)

    Posterior lobe of pronotum with two distinct large yellow spots; spots reaching or nearly reaching pronotal posterior margin; male pygophore opening without protuberance at right side ·················· 11

11. Body length 3.5mm; lateral side of male pygophore opening with longitudinal depression ··················
    ·· *B. (C.) hsiaoi* (part)

    Body length longer than 4mm; lateral side of male pygophore opening without longitudinal depression
    ·· 12

12. Embolium dark spot relatively large, quadrate; body relatively broad ············· *B. (C.) biquadrangulifer*

    Embolium dark spot relatively small, slender; body relatively narrow··························· *B. (C.) lii*

Hekista Kirkaldy, 1902

Key to species

Ostiolar peritreme with black outer margin, or only apodeme in the middle black; cuneus with inner half brown, sometimes cuneus black-brown entirely; left paramere without distinct processes in the middle of apical half ·· *H. novitius*

Ostiolar peritreme with white to yellow-white outer margin; cuneus pale yellow, translucent; left paramere with a distinct process in the middle of apical half······················· *H. yadongiensis* sp. nov.

(1) *Hekista yadongiensis* Mu *et* Liu, sp. nov. (fig. 22; pl. III: 35, 36)

Diagnosis: Similar in appearance to *H. papuensis* Carvalho, but can be distinguished from the latter by the antennal segment Ⅰ color and the structure of male genitalia. This species is similar to *H. novitius* (Distant) also, but can be distinguished from the latter by the different structure of male genitalia and size of body.

Description: *Male*: Body smaller, yellow-brown to black.

Head wide in dorsal view, with suberect setae, interocular space 3x eye width, with black-brown to black posterior margin carina straightness; frons light swell, black-brown, smooth; clypeus swell at middle in lateral view, with erect pale setae; rostrum yellowish brown, reaching hind margin of mesosternum. Antennae slender, with pale suberect setae; segment I yellowish white at base half, overstriking at middle, the diameter 2x of base; segment II reddish brown, slender; segments III and IV slender, weakly bend, black-brown, slightly thinner than base of segment II.

Pronotum trapezoid, swell in later view, blackish brown to black; sometimes posterior margin pale brown, shining; covered with dense, lightish and suberect setae and with shallow punctures except calli; anterior and posterior lateral angles round; lateral margin of pronotum slightly straight, slight concave at middle; collar wide, black, without shining, with pruninosity and lightish long hair; calli brown, shining, two calli disconnect, slightly convex.

Mesoscutum not exposure. Scutellum triangular, flat in lateral view, black, covered lightish long and suberect setae.

Hemelytra yellowish brown, shining, covered with pale long suberect setae; clavus broad, blackish brown, yellowish brown at inner margin; corium yellowish brown; embolium lightish, semitransparent, inner margin and inner lateral part of apical margin black brown; hemelytra weakly deflexed at costal fracture, cuneus slender, lightish yellow, semitransparent; membrane long, brown, vein lightish brown.

Legs pale yellowish brown, covered with pale brown suberect setae; femur and tibiae slender; tibiae spines lightish brown, without spots at its base; tarsus segments, segment III incrassate at apex, black brown.

Abdomen blackish brown, covered with dense suberect pale setae. Ostiolar peritreme yellowish white.

Male genitalia: Pygophore brown, covered with pale brown suberect long setae, length approximately 1/5 of abdomen length. Vesica simple, without any sclerotized appendage. Left paramere large, apical half slight curving, with a raised at its middle, apical pointed; right paramere slender, apical half intumescent, slight flat at apex.

Female: Body surface and coloration similar to male; body slightly large.

Measurements (mm): Male: body length 3.25-3.50, width 0.90-1.15; head length 0.14-0.20, width 0.52-0.54; interocular space 0.30-0.33; eyes width 0.10-0.11; length of antennal segments I : II : III : IV =0.40-0.41:0.90-0.91:0.48-0.49:0.42-0.43; pronotum length 0.50-0.60, width 0.90-1.10; scutellum length 0.36-0.37, width 0.44-0.48; embolium length 1.38-1.44; cuneus length 0.53-0.62, basal width 0.22-0.32. Female: body length 3.85-3.95, width 1.10-1.20; head length 0.17-0.18, width 0.57-0.58; interocular space 0.34-0.35; eyes width 0.11-0.12; length of antennal segments I : II : III : IV =0.43-0.49:0.91-1.00:0.50-0.53: 0.34-0.40; pronotum length 0.73-0.75, width 1.10-1.20; scutellum length 0.39-0.42, width 0.47-0.49; embolium length 1.55-1.56; cuneus length 0.57-0.64, width 0.22-0.38.

Etymology: Named in the distribution of holotype.

Type specimens: Holotype ♂, CHINA: Yadong County, Xizang Autonomous Region, alt. 2900-3100m, 29.VIII.2003, Hui-Jun XUE and Xin-Pu WANG leg. Paratypes: 6♂2♀, same data as holotype; 2♂1♀, same data as holotype, alt. 2800m, 22.Ⅷ.1978, Fa-Sheng LI leg.

Distributions: China (Xizang).

Monalocoris Dahlbom, 1851

Key to species

1. Antennal segment Ⅰ and Ⅱ black brown entirely ···***M. totanigrus* sp. nov.**
   Antennal segment Ⅰ and Ⅱ not black brown entirely, at least segment Ⅱ pale at base ······················2
2. Body long 2.1-2.8mm; rostrum long, segment Ⅳ longer than segment Ⅱ ·······················***M. filicis***
   Body longer than 2.8mm; rostrum relatively short, segment Ⅳ shorter than segment Ⅱ ·····················3
3. Scutellum black or black brown ···4
   Not as above ···5
4. Pronotum with the highest bump mesially, cuneus transverse ·······························***M. amamianus***
   Pronotum with the highest bump at its latter 2/3, cuneus relatively long ··············· ***M. nigroflavis* (part)**
5. Claval inner margin and commissure black brown or brown ······················ ***M. nigroflavis* (part)**
   Not as above ···6
6. Calli reaching lateral margin of pronotum in dorsal view, cuneus brown at apex ·········· ***M. fulviscutellatus***
   Calli not reaching lateral margin of pronotum in dorsal view, cuneus pale yellow at apex······ ***M. ochraceus***

(2) *Monalocoris totanigrus* Mu *et* Liu, sp. nov. (fig. 26; pl. Ⅲ: 45, 46)

Diagnosis: Most similar in appearance to *M. filicis* (Linnaeus), but can be distinguished from the latter by the antennal segment Ⅰ and Ⅱ black entirely, the apical 2/5 of embolium black, left paramere not bifurcate. This species is similar to *M. amamianus* Yasunaga also, but can be distinguished from the latter by the different color of antennae and the structure of male genitalia.

Description: *Male*: Body oval, shining, black-brown, covered with suberect setae.

Head transverse in dorsal view, dark orange brown, shining, without punctures, covered with pale, short and suberect setae; interocular space 0.31x eye width, slightly pale near eyes, with brown posterior margin carina; eyes semicircle in dorsal view, black-brown; frons convex, with sparse setae; clypeus convex in lateral view, black-brown, shining; head yellowish brown in lateral view. Rostrum pale yellowish brown, apex slightly across apical of fore coxa, not reaching basal of mesocoxa. Antennae slender, with pale brown, long and suberect setae, segment Ⅰ black-brown, with basal yellow brown, cylindrical, constricted at basal 1/3, setae sparse; segment Ⅱ black-brown, slender, gradually thicker toward apex, slightly thinner than segment Ⅰ, seta more densely and longer than segment Ⅰ.

Pronotum trapezoid, rounded in later view, shining, black, with posterior margin narrowed pale yellowish brown, covered with dense, brown and suberect setae and with shallow punctures, lateral margin of pronotum straight, posterior lateral angles rounded, posterior margin slightly convex, collar wide, pale brown, thicker than antennal segment Ⅰ, calli shining, long oval, two calli disconnect, slightly convex.

Mesoscutum exposure narrowly, black brown. Scutellum black brown, triangular, apex acute, with shallow transverse wrinkles, slightly convex, covered with dense pale suberect setae.

Hemelytra covered with dense pale suberect setae; clavus broad, black, apex weakly pale; corium black brown, only base and triangular part of apex weakly pale; embolium pale yellow brown, apical 2/5 to 1/2 dark brown; hemelytra weakly deflexed at costal fracture, cuneus wide, inner angle black brown, sometimes reaching to middle, outer and posterior margin widely pale yellowish brown, semitransparent; membrane pale gray brown, semitransparent, with one cell, vein brown.

Legs covered with pale brown suberect short setae, coxa brown at basal 1/3; femur slender, pale brown mesially; tibiae slightly incrassate at apex, setae more dense than femur, length of setae longer than its diameter; tarsus 3 segments, segment Ⅲ incrassate.

Abdomen covered with dense suberect pale short setae. Ostiolar peritreme with a brown swell mesially.

Male genitalia: Pygophore brown, covered with pale brown suberect short setae, length approximately 1/6 of abdomen length, ventral side of pygophore opening with a triangular protuberance. Vesica simple. Left paramere sickle shaped, with basal half slightly incrassate, not shrink mesially, slightly incrassate at apical half, tapering toward apex, flat at apex; right paramere slender, with basal half round.

Female: Body surface and coloration similar to male; body relatively stouter.

Measurements (mm): Male: body length 2.63-2.80, width 1.30-1.40; head length 0.12-0.14, width 0.53-0.56; interocular space 0.31-0.32; eyes width 0.10-0.12; length of antennal segments Ⅰ:Ⅱ:Ⅲ:Ⅳ=0.27-0.30:0.64-0.83:0.38-0.47:0.38-0.44; pronotum length 0.47-0.49, width 1.14-1.18; scutellum length 0.28-0.31, width 0.45-0.47; embolium length 1.08-1.10; cuneus length 0.34-0.36, basal width 0.39-0.42. Female: body length 2.62-2.65, width 1.36-1.42; head length 0.15-0.17, width 0.58-0.69; interocular space 0.32-0.34; eyes width 0.11-0.13; length of antennal segments Ⅰ:Ⅱ:Ⅲ:Ⅳ=0.27-0.28:0.70-0.74:0.40-0.43: 0.48-0.55; pronotum length 0.51-0.53, width 1.05-1.08; scutellum length 0.31-0.33, width 0.51-0.54; embolium length 1.12-1.14; cuneus length 0.41-0.46, width 0.44-0.45.

Etymology: Named in antennal segments Ⅰ and Ⅱ black entirely.

Type specimens: Holotype ♂, CHINA: Huaping National Nature Reserve, Multinational Autonomous County of Longsheng, Guangxi Zhuang Autonomous Region, 26-28.Ⅷ.1964, Sheng-Li LIU leg. Paratypes: 1♂7♀, same data as holotype.

Specimens examined: CHINA: **Guangdong Province**: 1♂1♀, Dawuling Natural Reserve, Dacheng Town, Maoming City, alt. 1050m, 1.Ⅷ.2009, Ying CUI leg.; 1♂, same data as above, alt. 1000m, 1.Ⅷ.2009, Bo CAI leg. **Fujian Province**: 1♀, Nanjing County, 20.

Ⅳ.1965, Liang-Chen WANG leg. **Guizhou Province**: 1♂, Shaluo National Nature Reserve, Chishui City, 29.Ⅴ.2000, Huai-Jun XUE leg.; 1♂, same data as above, 30.Ⅴ.2000, light trap, Huai-Jun XUE leg.; 1♀, Huixiangping, Fanjing Mount, alt. 1000-1750m, 29.Ⅶ.2001, Wen-Jun BU leg. **Guangxi Zhuang Autonomous Region**: 1♂1♀, Jinxiu Yao Autonomous County, alt. 1100m, 10.Ⅴ.1999, De-Cheng YUAN leg.; 1♀, same data as above, Fu-Sheng Huang leg.; 1♂, same data as above, 11.Ⅴ.1999, De-Cheng YUAN leg.; 1♀, Tian Tang Mountain, Jinxiu Yao Autonomous County, alt. 600m, 11.Ⅴ.1999, Ming-Yuan GAO leg.; 2♂4♀, same data as above, 12.Ⅴ.1999; 1♀, same data as above, alt. 1100m, Wen-Zhu LI leg.

Distributions: China (Guangxi, Guangdong, Fujian, Yunnan, Guizhou).

Dicyphini Reuter, 1883

Key to subtribes

1. Scutellum with punctures and strumae, antennal segment Ⅰ stout, length about half of interocular space ··· **Odoniellina**

   Scutellum without punctures or strumae, antennal segment Ⅰ slender, or weakly incrassate, length equal to or longer than interocular space ·· 2

2. The posterior part of head behind eye constricted to neck ···································· **Monaloniina**

   The posterior part of head behind eye not constricted ·· **Dicyphina**

Dicyphina Reuter, 1883

Key to genera

1. Inner margin of claw with a protuberance basally; male pygophore opening dorsally ············· **Dicyphus**

   Inner margin of claw without a protuberance basally, sometimes with tooth near apex; male pygophore opening posteriorly or ventrally ·· 2

2. Male pygophore with a large protuberance ventrally ·· 3

   Male pygophore without protuberance ventrally, or only with a small protuberance on ventral side of pygophore opening ·· 4

3. Pygophore with protuberance dorsally; vesica with conjoint sclerotized appendage ············· **Nesidiocoris**

   Pygophore without protuberance dorsally; vesica without conjoint sclerotized appendage ······ **Cyrtopeltis**

4. Metapleuron without ostiolar-gland evaporative ··· **Tupiocoris**

   Metapleuron with ostiolar-gland evaporative ·· 5

5. Head horizontal; posterior margin of vertex prominently inflate behind eyes ················· **Macrolophus**

   Head vertical; posterior margin of vertex not inflate behind eyes ································· **Singhalesia**

Cyrtopeltis Fieber, 1860

Key to species

Right side of pygophore opening in dorsal view with a triangular protuberance ······ *C. nigripilis* sp. nov.

Right side of pygophore opening in dorsal view with a fingerlike protuberance ······*C. clypealis* sp. nov.

(3) *Cyrtopeltis clypealis* Mu *et* Liu, sp. nov. (fig. 27; pl. III: 47, 48)

Diagnosis: *Cyrtopeltis clypealis* is most similar in appearance to *C. rufobrunnea* Lee *et* Kerzhner, but can be distinguished from the latter by the yellow body, the yellow antennal segment II, the left paramere round apically, phallotheca straight.

Description: *Male*: Body yellow, slender, covered with brown, short and suberect setae.

Head triangular in dorsal view, oblique down dip in lateral view, yellow entirely, covered with pale, short and erect setae, vertex slightly convex, white coloration, interocular space 1.24x eye width, posterior margin without carina; posterior margin of eye near anterior margin of collar, but not touch together, reniform in lateral view; frons prominently convex, tapering toward apex in dorsal view; clypeus prominently convex mesially, nearly vertical, color deepen apically; rostrum yellowish brown, apex slightly across middle of mesocoxa, covered with pale and erect setae. Antennae slender, linear, covered with pale and suberect setae; segment I stout, brown, middle weakly incrassate, with base and apex yellow, shining; segment II slender, yellow, with a brown loop basally, sometimes pale, with apical 1/3 brown, length about 1.65x of segment I, segment III-IV linear, thinner than segment II, brown except segment III yellow basally.

Pronotum trapezoid, covered with pale brown and suberect setae, prominently forerake in lateral view, flat, lateral margin straight, posterior lateral angles round, posterior margin slightly concave mesially, collar wide, length equal to diameter of middle of segment I, anterior margin slightly concave, shining, yellow, covered with brown and suberect setae, calli relatively flat, two calli not touch each other.

Mesoscutum exposure broadly, yellow to yellowish brown. Scutellum yellow to yellowish brown, slightly convex in lateral view, shiny weakly, covered with pale brown and suberect setae.

Outer margin of hemelytra straight, backward gradually widened, covered with pale brown and suberect setae; outer margin of corium with a red band apically, the band and the inner margin of embolium formed a triangular, sometimes unconspicuous; costal fracture distinct, hemelytra weakly deflexed at costal fracture, cuneus long triangular, with apex brown; membrane pale yellowish brown, semitransparent, vein pale yellowish brown, vein of cell with posterior margin deepen in color.

Legs covered with dense, pale brown, short and suberect setae; metafemur incrassate, thinning toward apex; tibiae slender, spines brown, with two rows of brown and small spines.

Abdomen pale yellow, covered with dense, pale and short setae. Ostiolar peritreme yellow.

Male genitalia: Pygophore yellow, covered with dense, pale and suberect setae, length approximately 1/3 of abdomen length, pygophore opening with a slender fingerlike protuberance on right side in dorsal view ventrally. Left paramere flat, with a fingerlike protuberance apically, basal half incrassate, covered with long setae; right paramere small, foliated. Vesica simple, membranous.

Female: Body surface and coloration similar to male, sometimes dorsal coloration slightly paler.

Measurements (mm): Male: body length 4.44-4.47, width 1.33-1.36; head length 0.28-0.30, width 0.67-0.68; interocular space 0.26-0.27; eyes width 0.21-0.22; length of antennal segments Ⅰ:Ⅱ:Ⅲ:Ⅳ=0.64-0.69:1.06-1.07:0.22-0.24:0.50-0.57; pronotum length 0.56-0.57, width 1.11-1.13; scutellum length 0.39-0.40, basal width 0.55-0.57; embolium length 2.33-2.36; cuneus length 0.78-0.80, basal width 0.31-0.33. Female: body length 4.35-4.39, width 1.35-1.37; head length 0.27-0.28, width 0.61-0.63; interocular space 0.31-0.32; eyes width 0.15-0.18; length of antennal segments Ⅰ:Ⅱ:Ⅲ:Ⅳ=0.59-0.62:1.05-1.08:1.18-1.23:0.52-0.55; pronotum length 0.50-0.52, width 1.05-1.09; scutellum length 0.37-0.39, basal width 0.52-0.54; embolium length 2.31-2.33; cuneus length 0.73-0.75, width 0.30-0.31.

Etymology: Named in brown clypeus.

Type specimens: Holotype ♂, Chong'an, Wuyishan City, Fujian Province, China, 22.Ⅵ.1965, Liang-Chen WANG leg. Paratypes: 9♂15♀, same data as holotype; 1♂7♀, same data as above, Sheng-Li LIU leg.; 1♂, Jianyang Area, Nanping City, Fujian Province, 8.Ⅵ.1965, Liang-Chen WANG leg.; 2♂1♀, 24.Ⅵ.1965, same data as above.

Specimens examined: CHINA: **Guangxi Zhuang Autonomous Region**: 1♀, Multinational Autonomous County of Longsheng, 22.Ⅷ.1964, Sheng-Li LIU leg.; 2♂, Tianping Mountain, Multinational Autonomous County of Longsheng, 26.Ⅷ.1964, Sheng-Li LIU leg.; 2♂, Tianping Mountain, Multinational Autonomous County of Longsheng, 30.Ⅷ.1964, Sheng-Li LIU leg.; 8♂5♀, Huawang Mountain Villa, Dayao Mountain, Jinxiu Yao Autonomous County, 16.Ⅳ.2002, Huai-Jun XUE leg. **Sichuan Province**: 1♂, Baoguo Temple, Emei Mountain, Leshan City, alt. 600m, 12.Ⅴ.1957, Le-Yi ZHENG, Han-Hua CHENG leg.; 1♂, 1.Ⅵ.1957, same data as above; 2♂, Longmen Cave, Emei Mountain, Leshan City, 12.Ⅵ.1957; 1♂1♀, Hongchunping, Emei Mountain, Leshan City, alt. 1500m, 12.Ⅵ.1957, Le-Yi ZHENG, Han-Hua CHENG leg.

Distributions: China (Fujian, Guangxi, Sichuan).

(4) *Cyrtopeltis nigripilis* **Mu** *et* **Liu, sp. nov.** (fig. 28; pl. Ⅳ: 49)

Diagnosis: Similar in appearance to *C. miyamotoi* (Yasunaga), but can be distinguished from the latter by the yellow antennal segment Ⅱ, the tibiae without dark spot basally, the femur without a row of brown spots. Similar to *C. clypealis* sp. nov., but can be separated from the right side of pygophore opening in dorsal view with a triangular protuberance, not fingerlike.

Description: *Male*: Body yellow, covered with brown, short and suberect setae.

Head triangular in dorsal view, oblique down dip in lateral view, yellow entirely, covered with pale, short and erect setae; vertex slightly convex, white, interocular space 1.56x eye width; posterior margin without carina; posterior margin of eye near anterior margin of collar, but not touch together, reniform in lateral view; frons prominently convex, tapering toward apex in dorsal view; clypeus prominently convex mesially, nearly vertical, color deepen apically. Rostrum yellowish brown, apex slightly across middle of mesocoxa, not reaching apex of mesocoxa. Antennae linear, covered with pale and suberect setae; segment Ⅰ stout, brown, middle weakly incrassate, with base and apex yellow, shining; segment Ⅱ slender, yellow, weakly incrassated toward apex, apical 1/3 brown, with a brown loop basally, length about 3x of length of segment Ⅰ; segment Ⅲ-Ⅳ linear, diameter thinner than segment Ⅱ, brown except segment Ⅲ yellow basally.

Pronotum trapezoid, flat, latter half of pronotum pale yellow-white, covered with brown and suberect setae, prominently forerake in lateral view, lateral margin straight, posterior margin slightly concave mesially; collar wide, anterior margin slightly straight, shiny weakly, pale yellow-white, covered with brown and suberect setae; calli yellow, relatively flat, two calli not touch each other.

Mesoscutum exposure broadly, yellow. Scutellum yellow-white, slightly convex in lateral view, shiny weakly, covered with pale brown and suberect setae.

Outer margins of hemelytra straight, covered with pale, brown, short and suberect setae; costal fracture distinct, hemelytra weakly deflexed at fracture, cuneus long triangular, with outer margin brown; membrane pale yellow, semitransparent, vein pale yellow brown.

Legs covered with dense, pale brown, short and suberect setae; metafemur incrassated, thinning toward apex, with black spines; tibiae slender, spines brown, with two row of brown and small spines, metatibiae brown basally.

Abdomen yellow, covered with dense, pale and short setae. Ostiolar peritreme yellow-white.

Male genitalia: Pygophore yellow, covered with dense, pale and suberect setae, length approximately 1/4 of abdomen length, pygophore opening with a slender triangular protuberance on right side in dorsal view ventrally. Vesica simple, membranous, slender, without any sclerotized appendage. Left paramere broad, curved, with apical half slender, tapering toward apex, basal half incrassate, dorsal side covered with sparse long erect setae; right paramere short, slender, with apex sharped.

Female: Body surface and coloration similar to male, but slightly longer and wider than male and sometimes dorsal coloration slightly paler.

Measurements (mm): Male: body length 3.60-3.70, width 1.00-1.14; head length 0.22-0.26, width 0.58-0.59; interocular space 0.25-0.26; eyes width 0.16-0.17; length of antennal segments Ⅰ : Ⅱ : Ⅲ : Ⅳ =0.30-0.32:0.97-1.09:1.00-1.06:0.47-0.48; pronotum length 0.52-0.53, width 0.94-1.06; scutellum length 0.24-0.29, basal width 0.44-0.50; embolium length 1.85-1.95; cuneus length 0.56-0.60, basal width 0.22-0.30. Female: body length 3.55, width 1.16; head length 0.25, width 0.56; interocular space 0.26; eyes width 0.15; length of antennal segments Ⅰ : Ⅱ : Ⅲ : Ⅳ =0.26:1.07:0.94:0.50; pronotum length 0.58, width 1.04; scutellum length 0.34, basal width 0.40; embolium length 1.80; cuneus length 0.48, basal width 0.26.

Etymology: Named in metafemur with black spines.

Type specimens: Holotype ♂, Baoguo Temple, Emei Mountain, Sichuan Province, China, 10.Ⅴ.1975. Paratypes: 1♀, same data as holotype; 1♂, same data as above, alt. 600m, 6.Ⅴ.1957, Le-Yi ZHENG, Han-Hua CHENG leg.

Distributions: China (Sichuan).

Dicyphus Fieber, 1858

Key to species

1. Body length longer than 3.90mm ·········2
   Body length shorter than 3.60mm ·········6
2. Body length longer than 5.00mm, collar yellow to reddish brown········· ***D. collierromerus* sp. nov.**
   Body length shorter than 4.90mm, collar pale yellow entirely ·········3
3. Head black entirely, without any pale spot ·········4
   Head dark, with V-shaped pale spot ·········5
4. Antennal segment Ⅱ length 3x longer than segment Ⅰ ········· ***D. incognitus***
   Antennal segment Ⅱ length about 2x as segment Ⅰ ········· ***D. regulus***
5. Vertex with a dark slender longitudinal band mesially ········· ***D. longicomis* sp. nov.**
   Vertex with black brown broad diamond-shaped spot ········· ***D. nigrifrons***
6. Vertex with a pale heart-shaped spot mesially ········· ***D. cordatus* sp. nov.**
   Vertex without a heart-shaped spot mesially ·········7
7. Vertex pale yellow, with a dark longitudinal band mesially········· ***D. parkheoni***
   Vertex dark brown, without longitudinal band mesially ·········8
8. Vertex with smaller circular pale spots and the posterior margin not exceeding the posterior margin of eye ········· ***D. bimaculiformis* sp. nov.**
   Vertex with larger pale spots and the posterior margin slightly exceeding the posterior margin of eye ········· ***D. angustifolius* sp. nov.**

(5) *Dicyphus angustifolius* **Mu** *et* **Liu, sp. nov.** (figs. 29a, 30; pl. IV: 50)

Diagnosis: Similar in appearance to *D. collinigrus* sp. nov., but can be distinguished from the latter by the narrower and smaller body, the width of pronotum being 1.3x head width, the antennal segment II black brown entirely, the collar pale, and the structure of male genitalia. New species is similar in overall appearance to *D. orientalis* Reuter, but can be separated from the antennal segment II without pale loop mesially, vertex dark, with two oval spots, without Y-shaped large brown spot in the former, and the structure of male genitalia.

Description: *Male*: Body small size, slender, yellowish brown, covered with pale brown and suberect setae.

Head round in dorsal view, neck slightly constricted, nearly vertical in lateral view, dark brown, shining, with two yellow rounded spots on the vertex, covered with sparse, brown, short and erect setae, vertex slightly convex, shining, interocular space being 1.56-1.57x eye width, posterior margin without carina; eyes large, reddish brown; frons convex; clypeus slightly convex, oblique downdip. Rostrum yellowish brown, apex slightly reaching to apex of metacoxa, covered with pale brown, short and erect setae, segment IV dark brown apically. Antennae slender, linear, covered with brown, short and suberect setae; segment I slender, shining, reddish brown, basal 1/4 with a pale loop, constricted basally, setae sparse and suberect; segment II brown, setae dense, thinner than diameter of segment I, incrassated toward apex; segment III and IV lack.

Pronotum campaniform, narrow, dark brown, broadly pale yellow mesially, covered with sparse, brown and suberect setae, slightly forerake in lateral view; posterior lobe flat, lateral margin concave mesially, posterior lateral angles round; posterior margin concave mesially; collar wide, anterior margin concave mesially, shiny weakly, orange yellow; lateral margin pale yellow-white, covered with sparse, brown and short setae; calli convex, shining, yellow, outer margin brown.

Mesoscutum exposure inverted trapezoid, orange yellow, with a brown longitudinal band mesially. Scutellum yellow, with a brown longitudinal band mesially, slightly convex in lateral view, shiny weakly, covered with sparse, brown and suberect setae.

Outer margins of hemelytra almost straight, covered with short, brown and suberect setae; longitudinal carina of clavus pale yellow-white; apex of corium with two brown small spots near costal fracture, sometimes pale and unconspicuous; embolium narrow, brown apically; costal fracture not distinct, hemelytra weakly deflexed at fracture; cuneus long triangular, apex brown along inner margin; membrane infuscate, vein brown, with dense longitudinal wrinkles.

Legs covered with dense, brown, long and suberect setae, coxa brownish basally; femur incrassate, with two rows of irregularity brown rounded spots each side; tibiae slender, deepen in color basally and apically.

Abdomen yellow brown, covered with pale and short setae. Ostiolar peritreme narrow and long, pale yellow.

Male genitalia: Pygophore yellow brown, black brown posteriorly, covered with long, pale brown and suberect setae, length approximately 1/4 of abdomen length. Left paramere curved, middle of apical half with a small triangular protuberance dorsally, protuberance sharp apically, basal half incrassate, covered with moderate length setae; right paramere small, leaf-shaped. Vesica simple.

Female: Body surface and coloration similar to male, but slightly longer and wider than male.

Measurements (mm): Male: body length 3.45-3.75, width 0.70-0.75; head length 0.38-0.42, width 0.50-0.52; interocular space 0.22-0.25; eyes width 0.14-0.16; length of antennal segments Ⅰ:Ⅱ:Ⅲ:Ⅳ=0.56-0.63:1.35-1.36:?:?; pronotum length 0.38-0.39, width 0.65-0.66; scutellum length 0.26-0.27, basal width 0.31-0.32; embolium length 1.67-1.70; cuneus length 0.60-0.61, basal width 0.22-0.23. Female: body length 4.05-4.15, width 0.83-0.90; head length 0.38-0.40, width 0.60-0.62; interocular space 0.25-0.26; eyes width 0.17-0.18; length of antennal segments Ⅰ:Ⅱ:Ⅲ:Ⅳ=0.56-0.58:1.38-1.39:1.22:0.55; pronotum length 0.40-0.43, width 0.78-0.80; scutellum length 0.25-0.33, basal width 0.33-0.35; embolium length 1.83-1.85; cuneus length 0.62-0.67, basal width 0.19-0.20.

Etymology: Named in vertex with narrow leaf-shaped spot.

Type specimens: Holotype ♂, Yugur Autonomous County of Sunan, Zhangye City, Gansu Province, China, 16.Ⅷ.1926. Paratypes: 3♂2♀, same data as holotype.

Distributions: China (Gansu).

(6) *Dicyphus bimaculiformis* Mu *et* Liu, sp. nov. (figs. 29d, 31; pl. Ⅳ: 51)

Diagnosis: Very similar in appearance to *D. heissi* Ribes *et* Baena, but can be distinguished from the latter by the slender body, the antennal segment Ⅲ and Ⅳ thinner, the pronotum black with pale longitudinal band mesially, left paramere more twisty.

Description: *Male*: Body small size, slender, brown, covered with brown and erect setae.

Head round in dorsal view, neck slightly constricted, nearly vertical in lateral view, dark brown, with two yellow rounded spots on the vertex, covered with sparse, brown, short and erect setae, vertex convex, shining, interocular space being 1.33x eye width; posterior margin without carina; eyes large; frons convex; clypeus slightly convex, oblique downdip, lateral margin reddish. Rostrum yellow brown, apex slightly reaching to apex of metacoxa, covered with pale brown, short and erect setae. Antennae linear, covered with brown, short and suberect setae; segment Ⅰ slender, shining, basal half pale yellow to red, apical half reddish brown, basal half slightly incrassate, constricted basally, setae sparse and suberect; segment Ⅱ dark reddish brown to dark brown, slightly incrassate apically, longer than segment Ⅲ, being about 3.06x segment Ⅰ length; segment Ⅲ and Ⅳ brown, thinner than segment Ⅱ.

Pronotum campaniform, dark brown, with a pale yellow longitudinal band mesially, orange yellow anterior half; covered with sparse, brown and suberect setae, slightly forerake in lateral view; anterior angles round, lateral margin slightly concave, posterior lateral angles tilted laterally, posterior lateral angles round, posterior margin prominent concave mesially; collar wide, in dorsal view convex laterally; anterior margin concave mesially, shiny weakly, yellow, anterior margin gray, posterior margin orange, covered with sparse, brown and short setae, calli convex, shining, groove reddish posteriorly.

Mesoscutum exposure inverted trapezoid, yellowish brown, with a brown longitudinal band mesially, extending to scutellum. Scutellum orange yellow, with a broad brown longitudinal band mesially, slightly convex in lateral view, shiny weakly, with shallow transverse wrinkles, covered with sparse, brown and suberect setae.

Outer margins of hemelytra straight, covered with short, brown and suberect setae, costal fracture with a triangular hairless area anteriorly; clavus yellowish brown; apex of corium with a large dark brown spots near costal fracture, extending to outer margin of embolium, inner margin along fracture brown, sometimes assume a small brown circular spot; embolium narrow, outer margin deepen; costal fracture short, hemelytra weakly deflexed at fracture; cuneus long triangular, pale yellow, apical 1/3 reddish brown to brown; membrane infuscate, vein brown, inferior margin of cell reddish brown near cuneus, with dense longitudinal wrinkles.

Legs covered with dense, brown, long and erect setae, coxa brown basally; femur incrassate, with irregularity brown rounded spots each side; tibiae slender, tibiae spines brown.

Abdomen reddish brown, covered with pale and short setae. Ostiolar peritreme short, reddish brown.

Male genitalia: Pygophore yellow brown, ventral side brown apically, lateral margin near pygophore opening reddish brown, covered with long, pale brown and suberect setae, length approximately 1/3 of abdomen length. Left paramere relatively complex, twisty; right paramere small, leaf-shaped. Vesica membranous, without any sclerotized appendage.

Female: Body surface and coloration similar to male, but slightly longer and wider than male.

Measurements (mm): Male: body length 3.44-3.52, width 0.76-0.80; head length 0.30-0.32, width 0.53-0.54; interocular space 0.20-0.21; eyes width 0.15-0.16; length of antennal segments I : II : III : IV = 0.31-0.33 : 0.97-0.99 : 0.46-0.50 : 0.38-0.41; pronotum length 0.36-0.38, width 0.76-0.77; scutellum length 0.29-0.30, basal width 0.30-0.32; embolium length 1.53-1.56; cuneus length 0.53-0.57, basal width 0.20-0.24. Female: body length 3.38-3.42, width 0.80-0.83; head length 0.27-0.32, width 0.52-0.54; interocular space 0.19-0.22; eyes width 0.14-0.16; length of antennal segments I : II : III : IV = 0.27-0.32 : 1.05-1.08 : 0.47-0.49 : 0.42-0.45; pronotum length 0.34-0.37, width 0.78-0.80; scutellum length 0.71-0.74, basal width 0.74-0.77; embolium length 1.51-1.54; cuneus length 0.50-0.53, basal width 0.23-0.25.

Etymology: Named in vertex with two pale circular spots.

Type specimens: Holotype ♂, Shizi Mountain, Wuding County, Yi Autonomous Prefecture of Chuxiong, Yunnan Province, China, alt. 2300m, 10.Ⅷ.1986. Paratypes: 1♂6♀, same data as holotype; 2♂2♀, same data as above, alt. 2200m, 7.Ⅷ.1986.

Distributions: China (Yunnan).

(7) *Dicyphus collierromerus* Mu *et* Liu, sp. nov. (figs. 29f, 32; pl. Ⅳ: 52, 53)

Diagnosis: Similar in appearance to *D. sengge* Hutchinson, but can be distinguished from the latter by the large body, the base of antennal segment Ⅱ pale, the vertex without V-shaped spot, the rostrum longer, reaching to apex of mesocoxa, the abdomen segment Ⅸ with two triangular protuberances laterally, and the structure of male genitalia. The new species is similar in overall appearance to *D. orientalis* Reuter too, but can be separated from the large body, the antennal segment Ⅱ without pale loop mesially and the left paramere bend.

Description: *Male*: Body middle size, slender, covered with brown and suberect setae, coloration varied, yellow to brown.

Head long, neck slightly constricted, nearly vertical in lateral view; pale yellow to dark brown, with a trident-shaped red to reddish brown narrow longitudinal stripe mesially, neck and ventral side of head pale yellowish brown to black brown, covered with sparse, brown, short and erect setae; vertex flat, shining, some species with two distinct yellow rounded spots behind trident-shaped stripe, the lateral stripes of some species paler than the middle one of the trident-shaped stripe; interocular space being 1.53x eye width; posterior margin without carina; eyes large, reddish brown, oval; frons convex; clypeus yellowish brown to black brown, with apex yellow, slightly convex, oblique downdip; mandibular plate broad, convex apically, coniform, maxillary plate broad; dark yellowish brown; buccula blackish brown entirely. Rostrum yellowish brown, apex slightly reaching middle of metacoxa, covered with pale brown, short and erect setae. Antennae linear, covered with brown, short and suberect setae; segment Ⅰ slender, shining, coral red to reddish brown, pale basally, constricted basally, setae sparse and suberect; segment Ⅱ uniform thickness, pale yellowish brown, apical 1/4-1/3 dark brown, setae dense, longer than diameter of segment Ⅱ; segment Ⅲ dark brown, with basal 1/3 pale yellow, slightly thinner than segment Ⅱ; segment Ⅳ short, diameter equal to segment Ⅲ.

Pronotum campaniform, yellowish brown to reddish brown, pale yellowish brown mesially, covered with sparse, brown and suberect setae, flat, slightly forerake in lateral view; lateral margin concave mesially, posterior lateral angles tilted laterally, posterior lateral angles round, posterior margin concave mesially; collar wide, anterior margin in dorsal view concave mesially, shiny weakly, yellow to reddish brown, covered with sparse, brown and short setae.

Mesoscutum exposure pale yellowish brown to reddish brown, dark lateral part, with a brown longitudinal band mesially. Scutellum yellow to yellowish brown, with a brown longitudinal band mesially, slightly convex in lateral view; shiny weakly, with shallow transverse wrinkles, covered with sparse, brown and suberect setae.

Outer margins of hemelytra straight, covered with short, brown and suberect setae, with a triangular hairless area before costal fracture; apex of corium with a small brown oval spot near cuneus, sometimes unconspicuous; embolium narrow, outer margin dark brown, sometimes reddish brown; costal fracture distinct, hemelytra weakly deflexed at fracture; cuneus long triangular, brown apical; membrane infuscate, vein reddish brown, with dense longitudinal wrinkles.

Legs covered with dense, brown, long and erect setae, coxa brown basally, sometimes pale brown; femur incrassate, tapering toward apex, with two rows of irregularity brown rounded spots each side, setae of ventral side longer than dorsal side; tibiae slender, tibiae spines brown.

Abdomen yellow to reddish brown, covered with pale and short setae. Ostiolar peritreme short, reddish brown.

Male genitalia: Pygophore yellow to reddish brown, covered with long, pale brown and suberect setae, length approximately 1/3 of abdomen length. Left paramere curved, apical half of dorsal side with a small triangular protuberance mesially, tapering toward apex, basal half slightly incrassate, covered with moderate length setae; right paramere small, leaf-shaped. Vesica membranous, without any sclerotized appendage.

Female: Body surface and coloration similar to male, but slightly longer and wider than male.

Measurements (mm): Male: body length 5.08-5.56, width 1.11-1.22; head length 0.50-0.53, width 0.65-0.68; interocular space 0.29-0.30; eyes width 0.19-0.20; length of antennal segments I : II : III : IV = 0.47-0.48 : 1.38-1.48 : 0.95-0.98 : 0.36-0.38; pronotum length 0.66-0.71, width 1.14-1.15; scutellum length 0.39-0.43, basal width 0.52-0.53; embolium length 2.33-2.39; cuneus length 0.59-0.68, basal width 0.23-0.25. Female: body length 5.17-5.57, width 1.17-1.33; head length 0.53-0.54, width 0.65-0.69; interocular space 0.29-0.30; eyes width 0.18-0.19; length of antennal segments I : II : III : IV = 0.47-0.48 : 1.23-1.40 : 0.83-0.88 : 0.36-0.40; pronotum length 0.71-0.73, width 1.19-1.20; scutellum length 0.39-0.40, basal width 0.52-0.53; embolium length 2.39-2.42; cuneus length 0.60-0.63, basal width 0.30-0.31.

Etymology: Named in collar thick.

Type specimens: Holotype ♂, Lianghekou, Xiaojin County, Tibetan Qiang Autonomous Prefecture of Ngawa, Sichuan Province, China, alt. 3200m, 16.Ⅷ.1963, Jiang XIONG leg. Paratypes: 2♂2♀, same data as holotype; 2♂1♀, same data as above, 15.Ⅷ.1963, Le-Yi ZHENG leg.; 1♀, same data as above, 16.Ⅷ.1963, Huan-Guang ZOU leg.

Specimens examined: Sichuan Province: 1♀, Miyaluo Parkland, Li County, Tibetan

Qiang Autonomous Prefecture of Ngawa, 20.Ⅷ.1959; 2♂, Ma'erkang County, Tibetan Qiang Autonomous Prefecture of Ngawa, alt. 2600-2800m, 10.Ⅷ.1963, Sheng-Li LIU leg.; 3♀, same data as above, Le-Yi ZHENG leg.; 1♂3♀, same data as above, 11.Ⅷ.1963, Sheng-Li LIU leg.; 1♂1♀, same data as above, Huan-Guang ZOU leg.; 1♂1♀, Tangke Township, Ruo'ergai County, 4.Ⅷ.1963, Sheng-Li LIU leg.

Distributions: China (Sichuan).

(8) *Dicyphus cordatus* Mu *et* Liu, sp. nov. (figs. 29g, 33; pl. Ⅳ: 54, 55)

Diagnosis: Similar in appearance to *D. longicomis* sp. nov., but can be distinguished from the latter by the small body, the heart-shaped spot on posterior margin of vertex mesially, the antenna with segment Ⅰ middle part yellow, the left paramere sensory lobe slight smaller, and the shape of vesica.

Description: *Male*: Body small size, slender, covered with brown and suberect setae, yellow brown.

Head oval, reddish brown, neck slightly constricted, nearly vertical in lateral view; vertex with a pale yellow heart-shaped spot, clypeus and ventral side of head pale yellow, covered with sparse, brown, short and erect setae; vertex convex, shining, interocular space 1.46x eye width, posterior margin without carina; eyes large, reddish brown; clypeus slightly convex, oblique downdip; buccula reddish brown, shining. Rostrum pale yellow, apex slightly reaching to apex of metacoxa, covered with pale, short and erect setae. Antennae linear, covered with brown, short and suberect setae; segment Ⅰ slender, base and apical half coral red, shining, basal half slightly incrassate, constricted basally, setae sparse and suberect; segment Ⅱ dark reddish brown, slightly incrassate apically, slightly longer than segment Ⅲ, length about 2.44x of segment Ⅰ; segment Ⅲ-Ⅳ brown, slightly thinner than segment Ⅱ.

Pronotum campaniform, dark brown, longitudinal band brown mesially, covered with sparse, brown and suberect setae, slightly forerake in lateral view; anterior angle round, lateral margin concave mesially, posterior margin concave mesially; collar wide, anterior margin in dorsal view concave mesially, lateral margin slightly convex in dorsal view, shiny weakly, orange yellow, covered with sparse, brown and short setae; calli convex, shining; posterior margin brown.

Mesoscutum exposure inverted trapezoid, reddish brown. Scutellum yellow, with a broad brown longitudinal band mesially, covered with sparse, brown and suberect setae.

Outer margins of hemelytra straight, covered with short, brown and suberect setae; with a semicircle hairless area before costal fracture; clavus dark yellowish brown, median longitudinal carina pale; apex of corium with two obscure small dark brown oval spots near costal fracture, the inner side spot relatively small and circle, sometimes unconspicuous, embolium narrow, semitransparent, outer margin dark brown mesially and apically; costal fracture indistinct, hemelytra weakly deflexed at fracture; cuneus long triangular, yellow, deepen toward apical angle, semitransparent; membrane infuscate, vein brown, with dense longitudinal wrinkles.

Legs pale yellow, covered with dense, pale brown, long and erect setae; coxa reddish basally; femur incrassate, with dense irregularity brown rounded spots dorsally; tibiae slender, tibiae spines pale brown.

Abdomen pale yellow, with reddish, covered with pale and short setae. Ostiolar peritreme slender, reddish brown.

Male genitalia: Pygophore pale yellowish brown, reddish dorsally, brown ventrally, covered with long, pale brown and suberect setae, length approximately 1/3 of abdomen length. Left paramere curved, apical half of dorsal side with a small triangular protuberance mesially, tapering toward apex, basal half slightly incrassate, covered with short setae; right paramere small, leaf-shaped. Vesica membranous, without any sclerotized appendage.

Female: Body surface and coloration similar to male, but slightly longer and wider than male, and abdomen reddish brown.

Measurements (mm): Male: body length 3.03-3.04, width 0.70-0.73; head length 0.27-0.28, width 0.43-0.48; interocular space 0.19-0.20; eyes width 0.13-0.14; length of antennal segments I : II : III : IV=0.24-0.29:0.60-0.62:0.67-0.70:0.26-0.28; pronotum length 0.30-0.32, width 0.64-0.67; scutellum length 0.24-0.25, basal width 0.28-0.29; embolium length 0.89-0.92; cuneus length 0.45-0.52, basal width 0.17-0.19. Female: body length 3.27-3.30, width 0.76-0.80; head length 0.31-0.32, width 0.52-0.59; interocular space 0.23-0.26; eyes width 0.12-0.13; length of antennal segments I : II : III : IV= 0.27-0.28: 0.85-0.88:0.64-0.65:0.37-0.39; pronotum length 0.35-0.38, width 0.70-0.73; scutellum length 0.20-0.24, basal width 0.31-0.34; embolium length 1.45-1.49; cuneus length 0.48-0.50, basal width 0.20-0.23.

Etymology: Named in vertex with a heart-shaped spot.

Type specimens: Holotype ♂, Qingliangfeng National Nature Reserve, Lin'an City, Zhejiang Province, China, alt. 800-900m, 9.Ⅶ.2005, Jing-Yang XU leg. Paratypes: 4♂5♀, same data as holotype; 1♀, same data as above, alt. 900-1600m, 10.Ⅶ.2005, Yun-Ling KE leg.; 2♂3♀, same data as above, 12.Ⅶ.2005.

Distributions: China (Zhejiang).

Dicyphus incognitus **Neimorovets, 2006** (New record for China)

(9) *Dicyphus longicomis* **Mu *et* Liu, sp. nov.** (figs. 29e, 35; pl. Ⅳ: 56, 57)

Diagnosis: Similar in appearance to *D. collinigrus* sp. nov., but can be distinguished from the latter by the small body, vertex with dark longitudinal band mesially, the lateral margin of left paramere incrassate basally.

Description: *Male*: Body middle size, slender, brown, covered with brown and suberect setae.

Head oval, pale yellow, neck slightly constricted; nearly vertical in lateral view, with a longitudinal band behind eye; clypeus and dorsal side of neck dark brown, covered with sparse, brown, short and erect setae; vertex convex, shining, with a reddish narrow median longitudinal band, tapering toward posterior margin, vertex slightly wider than eye, posterior margin without carina; clypeus slightly convex, oblique downdip. Rostrum yellowish brown, apex slightly reaching to middle of metacoxa, covered with pale, short and erect setae. Antennae linear, covered with brown, short and suberect setae; segment I slender, coral red, shining, basal half slightly incrassate, constricted basally, setae sparse and suberect; segment II-IV brown, covered with dense setae, segment II slightly longer than segment III, length of segment II about 3x length of segment III; segment III and IV thin, segment IV short, length 1/3 of segment II.

Pronotum campaniform, dark brown, pale yellow mesially, covered with sparse, brown and suberect setae; flat, anterior angle round, lateral margin concave mesially, posterior margin concave mesially; collar wide, slightly constricted in dorsal view, slightly constricted mesially, shiny weakly, pale yellow-white; posterior margin reddish, covered with sparse, brown and short setae; calli convex, shining, posterior margin groove reddish.

Mesoscutum exposure inverted trapezoid, reddish brown. Scutellum yellow, with a broad brown longitudinal band mesially, covered with sparse, brown and suberect setae.

Outer margins of hemelytra straight, covered with short, brown and suberect setae, with a triangular hairless area before costal fracture; clavus dark yellowish brown; apex of corium with two inward-directed small dark brown oval spots near costal fracture, the inner side spot relatively small, sometimes unconspicuous; embolium narrow, outer margin dark brown; costal fracture indistinct, hemelytra weakly deflexed at fracture; cuneus long triangular, with apical half reddish brown; membrane infuscate, vein reddish brown, with dense longitudinal wrinkles.

Legs pale yellow, covered with dense, brown, long and erect setae; femur incrassate with dense irregularity brown rounded spots dorsally; tibiae slender, tibiae spines black brown.

Abdomen pale yellow, covered with pale and short setae. Ostiolar peritreme slender, reddish brown.

Male genitalia: Pygophore black brown, with lateral margin pale yellow mesially, covered with long, pale brown and suberect setae, length approximately 1/6 of abdomen length. Left paramere curved, apical half of dorsal side with a small triangular protuberance mesially, tapering toward apex, basal half incrassate, twisty, covered with long setae; right paramere small, leaf-shaped. Vesica membranous, without any sclerotized appendage.

Female: Body surface and coloration similar to male, but slightly longer and wider than male.

Measurements (mm): Male: body length 4.56-4.86, width 0.98-1.01; head length

0.46-0.49, width 0.66-0.72; interocular space 0.23-0.24; eyes width 0.21-0.24; length of antennal segments Ⅰ:Ⅱ:Ⅲ:Ⅳ=0.65-0.67:1.73-2.01:1.60-1.77:0.66-0.75; pronotum length 0.60-0.62, width 0.98-1.03; scutellum length 0.37-0.38, basal width 0.43-0.45; embolium length 2.10-2.15; cuneus length 0.67-0.68, basal width 0.22-0.23. Female: body length 4.35-4.39, width 1.08-1.12; head length 0.48-0.52, width 0.68-0.69; interocular space 0.24-0.26; eyes width 0.22-0.24; length of antennal segments Ⅰ:Ⅱ:Ⅲ:Ⅳ=0.60-0.65: 1.57-1.73:1.55-1.77:0.67-0.69; pronotum length 0.54-0.57, width 1.03-1.05; scutellum length 0.33-0.36, basal width 0.40-0.41; embolium length 2.14-2.16; cuneus length 0.60-0.61, basal width 0.24-0.25.

Etymology: Named in the slender antennae.

Type specimens: Holotype ♂, Fengyang Mountain, Lin'an City, Zhejiang Province, China, 28.Ⅶ.2007, Zhong-Hua FAN leg. Paratypes: 1♂2♀, same data as holotype; 3♂3♀, same data as above, 30.Ⅶ.2007, Geng-Ping ZHU leg.; 1♀, same data as above, 1.Ⅷ.2007, Wei-Bing ZHU etc. leg.

Specimens examined: Fujian Province: 1♂, Aotou Village, Jianyang Area, Nanping City, 24.Ⅵ.1965, Sheng-Li LIU leg.; 1♀, Fujian, 5.Ⅹ.1980, Fan JIANG leg.; 1♀, Sangang, Wuyishan City, 10.Ⅷ.1982, Ping-Ping CHEN leg. **Jiangxi Province**: 1♀, Lu Mountain, 19.Ⅴ.1982. **Guangxi Zhuang Autonomous Region**: 1♂, Huawang Mountain Villa, Dayao Mountain, Jinxiu Yao Autonomous County, 16.Ⅳ.2002, Huai-Jun XUE leg. **Hunan Province**: 1♀, Heng Mountain, Hengyang City, alt. 335-610m, 20.Ⅶ.2004, Jun-Lan LI leg.; 1♂, Mang Mountain, Yizhang County, Chenzhou City, alt. 1100-1270m, 22.Ⅶ.2004, Wei-Bing ZHU leg.

Distributions: China (Zhejiang, Fujian, Jiangxi, Hunan, Guangxi).

Dicyphus parkheoni **Lee** *et* **Kerzhner, 1995** (New record for China)

Macrolophus **Fieber, 1858**

Macrolophus glaucescens **Fieber, 1858** (New record for China)

Nesidiocoris **Kirkaldy, 1902**

Key to species

1. Cuneus red apically ·· *N. plebejus*
   Cuneus with apical 1/5 brown ···2
2. Right side of pygophore opening with thin protuberance, apex acute ···························· *N. poppiusi*
   Right side of pygophore opening with thick protuberance, apex obtuse ···························· *N. tenuis*

Singhalesia China *et* Carvalho, 1952

Singhalesia obscuricornis (Poppius, 1915)

Tupiocoris China *et* Carvalho, 1952

Tupiocoris annulifer (Lindberg, 1927) (New record for China)

Monaloniina Reuter, 1892

Key to genera

1. Antennal segment I stout, length equal to interocular space⋯⋯⋯⋯⋯⋯⋯⋯⋯⋯⋯2
   Antennal segment I slender, length longer than interocular space ⋯⋯⋯⋯⋯⋯⋯⋯5
2. Lateral margin of abdomen not exposed in dorsal view ⋯⋯⋯⋯⋯⋯⋯⋯⋯⋯⋯⋯3
   Lateral margin of abdomen exposed at outer margin of hemelytra mesially in dorsal view⋯⋯⋯⋯⋯⋯4
3. Frons with pubescent tumour⋯⋯⋯⋯⋯⋯⋯⋯⋯⋯⋯⋯⋯⋯⋯⋯⋯⋯*Eupachypeltis*
   Frons without pubescent tumour ⋯⋯⋯⋯⋯⋯⋯⋯⋯⋯⋯⋯⋯⋯⋯⋯⋯⋯*Dimia*
4. Pronotal posterior lobe with irregular shape large and deep punctures⋯⋯⋯⋯⋯ *Parapachypeltis*
   Pronotal posterior lobe smooth, without puncture⋯⋯⋯⋯⋯⋯⋯⋯⋯⋯⋯ *Pachypeltis*
5. Scutellum with a protuberance mesially ⋯⋯⋯⋯⋯⋯⋯⋯⋯⋯⋯⋯⋯⋯ *Helopeltis*
   Scutellum flat, without protuberance⋯⋯⋯⋯⋯⋯⋯⋯⋯⋯⋯⋯⋯⋯⋯⋯⋯6
6. Clavus thicken at inner half, divided into inner and outer parts ⋯⋯⋯⋯⋯⋯ *Felisacus*
   Clavus not thicken at inner half⋯⋯⋯⋯⋯⋯⋯⋯⋯⋯⋯⋯⋯⋯⋯⋯⋯⋯⋯7
7. Scutellum and hemelytra without setae; neck not distinct⋯⋯⋯⋯⋯⋯⋯⋯ *Ragwelellus*
   Scutellum and hemelytra with setae; neck distinct ⋯⋯⋯⋯⋯⋯⋯⋯⋯⋯ *Mansoniella*

Dimia Kerzhner, 1988

Key to species

Neck without Y-shaped blood red spot; left paramere sharped basally⋯⋯⋯⋯⋯ *D. formosana*
Neck with a Y-shaped blood red spot; left paramere curved and smooth basally ⋯⋯⋯ *D. inexspectata*

Eupachypeltis Poppius, 1915

Key to species

1. Antennal segment I black or brown⋯⋯⋯⋯⋯⋯⋯⋯⋯⋯⋯⋯⋯⋯⋯⋯⋯⋯2
   Antennal segment I pale yellow ⋯⋯⋯⋯⋯⋯⋯⋯⋯⋯⋯⋯⋯⋯⋯ *E. unicolor*
2. Scutellum yellowish brown; with conspicuous spots on the lateral side of collar ⋯⋯⋯⋯⋯ *E. immanis*

Scutellum brown; without conspicuous spots on the lateral side of collar ····················· **E. flavicornis**

Felisacus Distant, 1904

Key to species

1. Head behind eyes not constricted to neck ··· 2
   Head behind eyes constricted to distinct neck ·· 5
2. Antennal segment Ⅰ swollen basally ··· 3
   Antennal segment Ⅰ cylindrical ··· **F. curvatus**
3. Rostrum long tip reaching apex of posterior coxa ······································· **F. okinawanus**
   Not as above ··· 4
4. Body long 3.9mm ·· **F. longiceps**
   Body long 4.6mm ··· **F. magnificus**
5. Posterior lobe of pronotum with broad yellow mesial longitudinal band ················ **F. gressitti**
   Posterior lobe of pronotum without broad yellow mesial longitudinal band ················· 6
6. Antennal segment Ⅰ red brown ·· **F. nigricornis**
   Antennal segment Ⅰ pale yellow ··· 7
7. Pronotal posterior lobe with two black brown transverse bands ························· **F. bellus**
   Pronotal posterior lobe pale entirely, without dark band ·································· 8
8. Antennal segment Ⅰ red; the base of clavus slightly red ···························· **F. amboinae**
   Antennal segment Ⅰ yellow brown; the base of clavus without red ··············· **F. insularis**

Felisacus nigricornis **Poppius, 1912** (New record for China)

Helopeltis Signoret, 1858

Key to species

1. Length of antennal segment Ⅰ equal to width of head; vesica without tooth ·············· **H. cinchonae**
   Length of antennal segment Ⅰ 2x width of head; vesica with a small tooth ························· 2
2. Femur with pale yellowish brown or pale yellow broad loop basally ························· **H. bradyi**
   Femur without pale loop basally ··· 3
3. Setae of antennal segment Ⅱ longer than diameter of middle of antennal segment Ⅱ; pygophore black
   brown ··· **H. fasciaticollis**
   Setae of antennal segment Ⅱ shorter than diameter of middle of antennal segment Ⅱ; pygophore pale
   yellowish brown ··· **H. theivora**

Mansoniella Poppius, 1915

Key to species

1. Collar with yellow-white at anterior portion in dorsal view, posterior margin black brown or brown ⋯⋯2

   Collar not yellow-white at anterior portion in dorsal view, not black brown posteriorly ⋯⋯⋯⋯⋯⋯3

2. Pronotal anterior and posterior lobe yellowish brown entirely, without black brown spot laterally ⋯⋯⋯⋯

   ⋯⋯⋯⋯⋯⋯⋯⋯⋯⋯⋯⋯⋯⋯⋯⋯⋯⋯⋯⋯⋯⋯⋯⋯⋯⋯⋯⋯⋯⋯⋯⋯⋯⋯⋯⋯⋯⋯ ***M. cinnamomi***

   Pronotal anterior lobe reddish brown, posterior lobe brown, posterior lobe with black brown spot laterally

   ⋯⋯⋯⋯⋯⋯⋯⋯⋯⋯⋯⋯⋯⋯⋯⋯⋯⋯⋯⋯⋯⋯⋯⋯⋯⋯⋯⋯⋯⋯⋯⋯⋯⋯⋯⋯⋯⋯⋯ ***M. shihfanae***

3. Outer margin of corium with a red longitudinal band ⋯⋯⋯⋯⋯⋯⋯⋯⋯⋯ ***M. rubistrigata* sp. nov.**

   Outer margin of corium without a red longitudinal band ⋯⋯⋯⋯⋯⋯⋯⋯⋯⋯⋯⋯⋯⋯⋯⋯⋯⋯⋯⋯4

4. The macula of hemelytra not loop-shaped ⋯⋯⋯⋯⋯⋯⋯⋯⋯⋯⋯⋯⋯⋯⋯⋯⋯⋯⋯⋯⋯⋯⋯⋯⋯5

   The macula of hemelytra loop-shaped ⋯⋯⋯⋯⋯⋯⋯⋯⋯⋯⋯⋯⋯⋯⋯⋯⋯⋯⋯⋯⋯⋯⋯⋯⋯⋯11

5. Body smaller than 6mm ⋯⋯⋯⋯⋯⋯⋯⋯⋯⋯⋯⋯⋯⋯⋯⋯⋯⋯⋯⋯⋯⋯⋯⋯⋯⋯⋯⋯⋯⋯⋯6

   Body longer than 6mm ⋯⋯⋯⋯⋯⋯⋯⋯⋯⋯⋯⋯⋯⋯⋯⋯⋯⋯⋯⋯⋯⋯⋯⋯⋯⋯⋯⋯⋯⋯⋯8

6. Posterior lobe of pronotum with black band laterally ⋯⋯⋯⋯⋯⋯⋯⋯⋯⋯⋯⋯⋯⋯⋯ ***M. formosana***

   Posterior lobe of pronotum without black band laterally ⋯⋯⋯⋯⋯⋯⋯⋯⋯⋯⋯⋯⋯⋯⋯⋯⋯⋯7

7. Anterior lobe of pronotum with black longitudinal band ⋯⋯⋯⋯⋯⋯⋯⋯⋯⋯⋯⋯⋯⋯⋯ ***M. cervivirga***

   Anterior lobe of pronotum without black longitudinal band ⋯⋯⋯⋯⋯⋯⋯⋯⋯⋯⋯⋯⋯ ***M. kungi***

8. The width of pronotal posterior lobe equal or wider than 2.0mm ⋯⋯⋯⋯⋯⋯⋯⋯⋯⋯⋯⋯⋯⋯⋯9

   The width of pronotal posterior lobe narrower than 2.0mm ⋯⋯⋯⋯⋯⋯⋯⋯⋯⋯⋯⋯⋯⋯⋯⋯10

9. Cuneus longer than 1.5mm, scutellum apex sharped ⋯⋯⋯⋯⋯⋯⋯⋯⋯⋯⋯⋯⋯⋯⋯⋯ ***M. wuyishana***

   Cuneus shorter than 1.5mm, scutellum apex round ⋯⋯⋯⋯⋯⋯⋯⋯⋯⋯⋯⋯⋯⋯⋯ ***M. wangi***

10. Pronotum coral red, posterior lobe with a pale median longitudinal band; clavus vermilion ⋯⋯ ***M. sassafri***

    Anterior lobe of pronotum pale yellow brown, posterior lobe without pale median longitudinal band; clavus black brown ⋯⋯⋯⋯⋯⋯⋯⋯⋯⋯⋯⋯⋯⋯⋯⋯⋯⋯⋯⋯⋯⋯⋯⋯⋯⋯⋯⋯⋯⋯⋯⋯⋯ ***M. flava***

11. Body length being about 2.8x width; anterior lobe of pronotum with a small longitudinal carina laterally

    ⋯⋯⋯⋯⋯⋯⋯⋯⋯⋯⋯⋯⋯⋯⋯⋯⋯⋯⋯⋯⋯⋯⋯⋯⋯⋯⋯⋯⋯⋯⋯⋯⋯⋯⋯⋯⋯⋯⋯ ***M. cristata***

    Body length longer than 3.0x width; anterior lobe of pronotum without longitudinal carina laterally ⋯⋯12

12. Head black brown, collar coral red ⋯⋯⋯⋯⋯⋯⋯⋯⋯⋯⋯⋯⋯⋯⋯⋯⋯⋯⋯⋯⋯⋯⋯⋯⋯ ***M. yafanae***

    Head yellowish brown or pale yellowish brown, collar not coral red ⋯⋯⋯⋯⋯⋯⋯⋯⋯⋯⋯⋯⋯13

13. Frons-vertex without spot ⋯⋯⋯⋯⋯⋯⋯⋯⋯⋯⋯⋯⋯⋯⋯⋯⋯⋯⋯⋯⋯⋯⋯⋯⋯⋯⋯ ***M. rosacea***

    Frons-vertex with spot ⋯⋯⋯⋯⋯⋯⋯⋯⋯⋯⋯⋯⋯⋯⋯⋯⋯⋯⋯⋯⋯⋯⋯⋯⋯⋯⋯⋯⋯⋯14

14. The inner half of ring maculation of hemelytra corium pale reddish brown and the outer half black brown

    ⋯⋯⋯⋯⋯⋯⋯⋯⋯⋯⋯⋯⋯⋯⋯⋯⋯⋯⋯⋯⋯⋯⋯⋯⋯⋯⋯⋯⋯⋯⋯⋯⋯⋯⋯⋯⋯⋯⋯ ***M. elongata***

    Not as above ⋯⋯⋯⋯⋯⋯⋯⋯⋯⋯⋯⋯⋯⋯⋯⋯⋯⋯⋯⋯⋯⋯⋯⋯⋯⋯⋯⋯⋯⋯⋯⋯⋯⋯15

15. Posterior half of vertex with two brown spots in dorsal view ⋯⋯⋯⋯⋯⋯⋯⋯⋯⋯⋯⋯ ***M. juglandis***

    Posterior half of vertex without two spots in dorsal view ⋯⋯⋯⋯⋯⋯⋯⋯⋯⋯⋯⋯⋯⋯⋯⋯16

16. Posterior half of collar to posterior margin of pronotal anterior lobe with a black brown longitudinal band in lateral view···**M. annulata**

Collar to posterior margin of pronotal anterior lobe with a longitudinal red band in lateral view············

···**M. rubida**

(10) *Mansoniella rubistrigata* Liu *et* Mu, sp. nov. (fig. 60; pl. Ⅶ: 101, 102)

Diagnosis: Similar in appearance to *M. sassafri* (Zheng *et* Liu), but can be distinguished from the latter by the small body, the head relatively narrow, nearly roundness, the eyes not reach out to each side, the neck with lateral sides black, the outer margin of corium with red longitudinal band, and the embolium pale yellow entirely.

Description: *Male*: Body small size, slender, orange brown, with reddish.

Head oval, pale yellow-brown with reddish, shining, barely with setae; vertex pale yellow brown, posterior margin reddish, shining, vertex wider than 1.58x width of eye; neck black, middle reddish in dorsal view, gradually becoming reddish brown toward inferior margin in lateral view, pale yellowish brown ventrally; eyes black; frons convex in lateral view, reddish brown; clypeus convex, brown, vertical in lateral view, slightly fold back, not across apex of frons, apex covered with sparse, pale, long and suberect setae; buccula broad, shining, pale yellowish brown, reddish, covered with sparse and pale setae. Rostrum stout, yellow, brown apically, apex reaching base of fore coxa, covered with sparse, pale, long and suberect setae. Antennae covered with pale brown and suberect setae; segment Ⅰ pale yellow, slightly longer than width of head, covered with sparse, pale and short setae; segment Ⅱ slender, covered with dense, pale brown, long and suberect setae, setae longer than diameter of this segment, segment Ⅲ and Ⅳ slightly thinner than segment Ⅱ, segment Ⅳ tapering toward apex, shorter than segment Ⅰ.

Pronotum pale yellowish brown, with red and black brown streak, shining, without punctures, covered with extremely sparse and short setae; anterior margin of collar slightly convex, posterior margin concave, anterior half pale yellow white, middle with a interrupted red transverse band, posterior half black brown, behind the transverse band with a pale yellowish brown inverted triangular area mesially in dorsal view. Anterior lobe convex, yellowish brown, with irregularity red maculation, lateral margin of longitudinal band and constricted area black brown, posterior margin in dorsal view not deepen mesially, calli flat, non-distinctive. Posterior lobe convex, pale yellowish brown, lateral sides with two obscure pale reddish brown broad longitudinal band, lateral margin concave mesially, posterior lateral angles sharp, apex round, posterior margin weakly wavy.

Mesoscutum exposure narrow, yellowish brown. Scutellum flat, convex apically, pale yellow-white, covered with pale, short and erect setae.

Outer margin of hemelytra nearly straight, slightly concave mesially, covered with dense, pale and suberect setae; clavus pale brown, with red irregularity band basally, with a row of deep punctures laterally; corium yellow brown mesially, with red longitudinal band at outer margin; embolium pale yellowish brown, inner margin reddish, inner margin with a row of deep punctures, hemelytra weakly deflexed at costal fracture; cuneus slender, outer margin straight, pale yellowish brown, with inner margin and apical angle reddish. Membrane infuscate, semitransparent, vein red, cell with apex sharp, less than right angle.

Legs covered with pale, long and suberect setae; femur dorsal setae short, ventral setae relatively long, femur with apex reddish; setae at the middle of fore tibiae longer than diameter of this segment.

Abdomen reddish brown, covered with pale, long and erect setae. Ostiolar peritreme small, pale yellow-white.

Male genitalia: Pygophore brown, covered with pale, long and erect setae, length approximately 1/4 of abdomen length. Vesica membranous, broad, apex blunt, with two spiny lobes. Left paramere broad, curved, with apical half slender, slightly tapering toward apex, basal half incrassate, right paramere short and slender.

Female: Body surface and coloration similar to male, but slightly longer and wider than male, coloration darker, dark longitudinal band on pronotum more prominently, antennal segment II coral red, more mottled.

Measurements (mm): Male: body length 5.60, width 1.50; head length 0.49, width 0.67; interocular space 0.29; eyes width 0.19; length of antennal segments I : II :III:IV=0.75:1.90: 1.53:0.61; pronotum length 0.95, width 1.20; scutellum length 0.46, basal width 0.51; embolium length 2.40; cuneus length 0.14, basal width 0.20. Female: body length 6.05, width 1.68; head length 0.56, width 0.66; interocular space 0.30; eyes width 0.18; length of antennal segments I : II : III: IV=0.79: 2.00: 1.45: 0.59; pronotum length 1.00, width 1.30; scutellum length 0.45, basal width 0.50; embolium length 2.70; cuneus length 0.15, basal width 0.23.

Etymology: Named in the red longitudinal band on outer margin of corium.

Type specimens: Holotype ♂, Mili Township, Yuanjiang Hani, Yi and Dai Autonomous County, Yunnan Province, China, alt. 2200m, 21.VII.2006, Peng-Zhi DONG leg. Paratype: 1♀, same data as holotype.

Distributions: China (Yunnan).

Pachypeltis Signoret, 1858

Key to species

1. Corium without dark spot apically···2
   Corium with dark spot apically ···5
2. Vertex with a pair of small circular depressions mesially; scutellum pale yellow-white, black brown laterally ··· ***P. micranthus***
   Vertex without a pair of circular depressions mesially; scutellum orange ······························3

3. Posterior lobe of pronotum black brown, posterior lobe with a dark yellowish brown median longitudinal band ·· *P. biformis* (♂)

   Not as above ··· 4

4. Antennal segment Ⅰ yellowish brown ·· *P. biformis* (♀)

   Antennal segment Ⅰ red ·· *P. corallinus*

5. Head with a black spot mesially ·· *P. chinensis*

   Head without black spot mesially ··· *P. politum*

Parapachypeltis Hu *et* Zheng, 2001

Parapachypeltis punctatus Hu *et* Zheng, 2001

Ragwelellus Odhiambo, 1962

Ragwelellus rubrinus Hu *et* Zheng, 2001

Odoniellina Reuter, 1910

Key to genera

Scutellum prominently convex, cystiform ··· *Pseudodoniella*

Scutellum without cystiform convex ·· *Rhopaliceschatus*

Pseudodoniella China *et* Carvalho, 1951

Key to species

Pale sericeous setae of antennal segment Ⅱ longer than black brown setiform setae, scutellum black brown ··· *P. chinensis*

Pale sericeous setae of antennal segment Ⅱ shorter than black brown setiform setae, scutellum reddish brown ··· *P. typica*

Rhopaliceschatus Reuter, 1903

Key to species

Scutellum red, lateral margin without longitudinal concave ····················· *R. quadrimaculatus*

Scutellum grayish yellow, lateral margin with a longitudinal concave ·············· *R. flavicanus* sp. nov.

(11) *Rhopaliceschatus flavicanus* Liu *et* Mu, sp. nov. (fig. 72; pl. Ⅷ: 121)

Diagnosis: Similar in appearance to *R. quadrimaculatus* Reuter, but can be distinguished from the latter by the scutellum pale yellow, the lateral margin with a pair of longitudinal concaves, the dorsal longitudinal oval spots far away from base of scutellum.

Description: *Male*: Body large size, black brown, covered with pale brown, short and erect setae.

Head transverse in dorsal view, nearly vertical in lateral view, covered with pale brown and erect setae. Vertex shining, yellow brown to dark reddish brown, dark mesially, interocular space 3.13-3.18x width of eye, median longitudinal groove distinct, constricted behind eyes, neck distinct, posterior margin without carina; eyes reddish brown; frons with a dichotomous protuberance; clypeus slightly convex, nearly vertical, black brown, apex pale ventrally, basal half prominently convex in lateral view, apical half straight; buccula covered with pale, short and suberect setae, buccula black brown. Rostrum short, black brown, apex reaching middle of mesosternum. Antennae black brown; segment I stout, base incrassate, covered with sparse, short and sericeous setae; segment II slender, apex incrassate, black brown, covered with two types of setae, suberect black brown setose and pale shining suberect sericeous setae, sericeous setae slightly 2x longer than length of setose, sericeous setae longer than median diameter of this segment; segment III clublike, expanding toward apex, apical diameter longer than apical diameter of segment II; segment IV absent.

Pronotum trapezoid, oblique dipping, dark brown, blueish, covered with deep punctures and short suberect setae, lateral margin convex, posterior lateral angles round, slightly extended laterally, tilted dorsally, posterior margin round, median 2/3 covered by scutellum, collar wide mesially, anterior margin concave mesially, brown, anterior margin pale; calli small, shining, slightly convex, two calli not touch each other.

Mesoscutum not exposed. Scutellum prominently incrassate, cystiform, lateral margin with a pair of longitudinal concaves, with four brown spots, the smaller two locating at base of dorsal side, relatively far away from base of scutellum, others at apex of lateral margin, occupied 1/3 of length of scutellum, covered with dense punctures and brown short suberect setae, length of setae equal to setae on pronotum, posterior margin convex.

Outer margins of hemelytra straight, gathering toward posterior, without punctures, shining, covered with dense, black, short and suberect setae, setae shorter than half of setae on scutellum; most of clavus covered by scutellum, only apex and outer margin of base exposed, claval commissure margin divided; corium yellow brown; embolium narrow, widening toward apex, darker than corium; costal fracture distinct, hemelytra weakly deflexed at fracture, cuneus long triangular, brown, inner margin of apex narrowly pale yellow; membrane dark brown, vein dark brown, one cell, apex of cell weakly greater than right angle.

Legs dark reddish brown, covered with dense, brown, long and suberect setae, femur slender, thinning toward apex, ventral setae longer and denser than dorsal setae; tibiae slightly curved, metatibiae thick.

Outer margin of abdomen visible in dorsal view, black brown, covered with pale, short and recumbent setae. Ostiolar peritreme black brown.

Male genitalia: Pygophore taper, small, length approximately 1/6 of abdomen length, black brown, setae shorter than setae on abdomen. Vesica slender, with 3 spiny lobes. Left paramere slender, twisty, apex constricted, obtuse; right paramere small, apical half incrassate.

Female: unknown.

Measurements (mm): Body length 8.31-8.33, width 4.08-4.12; head length 0.80-0.82, width 1.67-1.71; interocular space 1.00-1.05; eyes width 0.32-0.33; length of antennal segments Ⅰ:Ⅱ:Ⅲ:Ⅳ=0.41-0.44:2.68-2.72:1.69:?; pronotum length 1.63-1.67, posterior margin width 3.72-3.74; scutellum length 2.15-2.17, basal width 2.20-2.23; embolium length 3.06-3.10; cuneus length 0.93-0.94, basal width 0.71-0.72.

Etymology: Named in the gray yellow scutellum.

Type specimens: Holotype ♂, Ludian Township, Yulong Naxi Autonomous County, Lijiang City, Yunnan Province, China, alt. 2800m, 10.Ⅷ.1984, Shu-Yong WANG leg. Paratype: 1♂, Lanping Bai and Pumi Autonomous County, Nujiang of the Lisu Autonomous Prefecture, Yunnan Province, China, alt. 2400m, 26.Ⅷ.1984, Shu-Yong WANG leg. (Deposited in Institute of Zoology, Chinese Academy of Sciences, Beijing, China).

Distributions: China (Yunnan).

Eccritotarsini Berg, 1884

Key to genera

1. Eyes convex, granuliform ·············· ***Michailocoris***
   Eyes flat, not granuliform ··············· 2
2. Pronotum collar without punctures ············· 3
   Pronotum collar with punctures ·············· 6
3. Outer margin of embolium with serration basally ········· ***Dioclerus***
   Outer margin of embolium without serration basally ·········· 4
4. Pronotum not divided into two lobes ············ ***Sinevia***
   Pronotum distinctly divided into anterior and posterior lobes ········· 5
5. Length of pronotal posterior lobe equal to length of anterior lobe, posterior lobe flat, without punctures ············ ***Harpedona***
   Length of posterior lobe longer than anterior lobe, posterior lobe convex, with deep punctures ············ ***Jessopocoris***
6. Outer margin of cuneus curved; eye convex dorsally ········· ***Prodromus***
   Outer margin of cuneus straight; eye not convex dorsally ········· ***Ernestinus***

Dioclerus Distant, 1910

Key to species

1. Pronotal posterior lobe brown ·· *D. lutheri*

   Pronotal posterior lobe yellowish brown or gold brown ···································· 2
2. Antennal segment II shorter than width of posterior margin of pronotum ·············· *D. thailandensis*

   Antennal segment II longer than width of posterior margin of pronotum ·················· *D. bengalicus*

Dioclerus bengalicus Stonedahl, 1988 (New record for China)

Dioclerus lutheri (Poppius, 1912) (New record for China)

Ernestinus Distant, 1911

Key to species

1. Pronotum and scutellum grayish green ·· *E. brevis*

   Pronotum and scutellum large area black ·· 2
2. Antennal segment II with pale yellow and 2/5 black brown at the end ···················· *E. pallidiscutum*

   Antennal segment II black brown ··· *E. tetrastigma*

Harpedona Distant, 1904

Key to species

1. Antennal segment I yellow brown ·· 2

   Antennal segment I black ·· *H. fulvigenis*
2. Vertex with median longitudinal groove, opening of pygophore without slender protuberance on left side

   ·· *H. marginata*

   Vertex without median longitudinal groove, opening of pygophore with a slender protuberance on left

   side ·· *H. projecta* sp. nov.

(12) *Harpedona projecta* **Liu *et* Mu, sp. nov.** (fig. 78; pl. IX: 131, 132)

Diagnosis: Similar in appearance to *H. marginata* Distant, but can be distinguished from the latter by the vertex without median longitudinal groove, frons convex anteriorly, buccula, mandibular plate, maxillary plate and lateral side of collar black brown, the scutellum without longitudinal concave mesially, the shape of pygophore opening, the left paramere relative short, not slender hook-like. Also similar to *H. verticolor* Carvalho, but can be separated by the former the legs pale, the antennal segment II longer than interocular space, the pronotum punctures shallow, and the structure of male genitalia. Similar to *H. unicolor* (Poppius), but can be separated from the latter by the small body, the posterior lobe of pronotum with thin punctures, and the structure of male genitalia.

Description: *Male*: Body small size, black brown, covered with dense sericeous setae.

Head transverse in dorsal view, frons convex, nearly vertical in lateral view, black, covered with dense, silver and sericeous setae. Vertex slightly convex, with two short transverse bands, without median longitudinal groove shining, posterior margin without carina; eyes small, reddish brown, oval in dorsal view, lateral margin slightly reaching lateral margin of anterior lobe of pronotum, reniform in lateral view; frons convex; clypeus slightly convex, shining, brown, oblique dipping; buccula black brown entirely. Rostrum yellowish brown, apex brown, reaching middle of metacoxa. Antennae covered with pale and short setae; segment I cylindrical, yellowish brown, with a red narrow loop basally, sometimes obscure reddish; segment II dark brown, straight, slightly thinner than apex of segment I, increasing toward apex, segment III-IV yellowish brown, covered with semi appressed setae and relatively longer sparse suberect setae, curved, slightly bead-like, segment IV slightly longer than segment III.

Pronotum black brown, posterior margin narrowly yellow, covered with dense short semi appressed setae, forerake in lateral view, with transverse concave mesially, divided into two lobes; collar thick, being 2x median diameter of antennal segment I, prominently convex, black brown entirely; calli large, convex, occupied the whole width of anterior lobe in dorsal view; posterior lobe covered with shallow punctures, lateral margin straight, slightly concave mesially, posterior lateral angles slightly titled laterally, convex, weakly less than right angle, posterior margin slightly convex, slightly concave mesially.

Mesoscutum exposure narrow, black brown. Scutellum dark brown, slightly convex, covered with pale semi appressed setae.

Hemelytra brown, flat, outer margin nearly straight, slightly convex mesially, covered with dense, pale, shiny, short and sericeous setae; clavus broad; embolium narrow, corium nearly costal fracture semitransparent, cuneus long triangular, membrane brown, semitransparent, one cell, vein brown, apex angle of cell slightly greater than right angle.

Legs covered with dense pale suberect setae, yellow, tibiae weakly curved, thick, increasing toward apex, diameter of apex about 2x diameter of apex of antennal segment II.

Abdomen brown, covered with dense, pale, short and suberect setae. Ostiolar-gland located between mesopleuron and metapleuron, ostiolar peritreme brown.

Male genitalia: Pygophore black brown, covered with dense, pale and suberect setae, length approximately 1/2 of abdomen length, opening of pygophore complex, with several various protuberance on back, with a slender protuberance at side of left with apex sharped. Vesica small, simple, membranous. Left paramere slender at basal half, apical half incrassate, covered with setae dorsally; right paramere slender, apex finger-like.

Female: Body surface and coloration similar to male, but slightly shorter and narrower than male, and head wider.

Measurements (mm): Male: body length 4.09-4.14, width 1.35-1.40; head length 0.24-0.28, width 0.81-0.84; interocular space 0.49-0.51; eyes width 0.16-0.18; length of antennal segments I : II : III : IV =0.40-0.41:0.94-0.95:0.44-0.50:0.54-0.57; pronotum length 0.75-0.79, width 1.30-1.33; scutellum length 0.45-0.48, basal width 0.59-0.62; embolium length 1.98-2.02; cuneus length 0.53-0.59, basal width 0.26-0.28. Female: body length 3.85-3.95, width 1.23-1.32; head length 0.35-0.42, width 0.72-0.74; interocular space 0.43-0.45; eyes width 0.15-0.17; length of antennal segments I : II : III : IV =0.40-0.42: 0.91-0.95:0.48-0.49:0.55-0.56; pronotum length 0.75-0.82, width 1.15-1.16; scutellum length 0.35-0.36, basal width 0.60-0.64; embolium length 1.65-1.69; cuneus length 0.59-0.63, basal width 0.30-0.31.

Etymology: Named in male pygophore opening with distinct slender protuberance on left side.

Type specimens: Holotype ♂, Laiyang River, Pu'er City, Yunnan Province, China, alt. 1100m, 24. V.2000, Le-Yi ZHENG leg. Paratypes: 1♀, same data as holotype; 1♀, Laiyang River, Pu'er City, Yunnan Province, China, alt. 1100m, 23. X.2000, Wen-Jun BU leg.; 1♀, Flowers Ridge, Longyang Area, Baoshan City, Yunnan Province, China, alt. 1600m, 13.VIII.2006, Wei-Bing ZHU leg.; 1♀, same data as above, 14.VIII.2006, Ming Li leg.; 1♂, Heaven Lake, Jianfengling Mountain, Ledong Li Autonomous County, Hainan Province, China, 10. V.1964, Sheng-Li LIU leg.; 1♀, Nanxi Protection Station, Diaoluo Mountain, Lingshui Li Autonomous County, Hainan Province, China, alt. 300m, 15.VIII.2008, Zhong-Hua FAN leg.

Distributions: China (Hainan, Yunnan).

Jessopocoris Carvalho, 1981

Key to species

Posterior arm of left paramere with one protuberance mesially; antennal segment II gradually yellow-brown toward the apical portion ·· *J. aterovittatus*

Posterior arm of left paramere without protuberance mesially; antennal segment II gradually black brown toward the apical portion ··· *J. yunnananus*

Michailocoris Stys, 1985

Key to species

Male:

Metafemur yellow; scutellum yellow-white·· *M. chinensis*

Metafemur apical half brown; scutellum with "X"-shaped brown patch mesially ··········· *M. brunneus* sp. nov.

Female:

1. Metafemur with apical 2/3 brown ·· *M. brunneus* sp. nov.
    Metafemur pale yellow entirely, near apex with a brown loop ··································· 2
2. Scutellum dark brown ·· *M. triamaculosus*
    Scutellum yellow-white ··· *M. chinensis*

(13) *Michailocoris brunneus* **Liu** *et* **Mu, sp. nov.** (fig. 82; pl. IX: 137, 138)

Diagnosis: Similar in appearance to *M. josifovi* Stys and *M. chinensis* (Hsiao), but can be distinguished from the latter by the coloration of scutellum and apex of metafemur, and the apical half of right paramere straight and slender. The new species is also similar in female to *M. triamaculosus* Lin, but can be separated by the slender body, the apex of metafemur with brown loop of female of new species.

Description: *Male*: Body small size, oval, greenish yellow brown, with red and black brown patches, covered with pale brown, long and suberect setae.

Head transverse in dorsal view, marked forerake, clypeus invisible in dorsal view, covered with dense, pale brown, long and suberect setae, vertex yellowish brown to dark brown, posterior margin nearly eyes darker; eyes large, interocular space 1.08x width of eye, dark red; posterior margin far away from anterior angle of pronotum; frons yellowish brown, median longitudinal line and lateral margin darker; clypeus slightly convex, dark brown, becoming paler toward apex; buccula slender, pale yellow brown, brown mesially. Rostrum yellow, apex brown, apex reaching middle of mesocoxa. Antennal segment I black brown, thick, covered with dense, brown, long and suberect setae; segment II slightly thinner than segment I, yellow, basal 1/10 and apical 1/3 black brown, covered with dense, pale, short and appressed setae; segment III and IV thin, segment III tapering toward apex, yellow, apex brown; segment IV constricted basally, apex slightly incrassate, tapering toward apex, pale brown, darker apically.

Pronotum trapezoid, width of anterior margin being 2/5 posterior margin width, slightly forerake, dark brown and slightly greenish mesially, shiny weakly, covered with suberect pale brown setae; pronotal lateral margin slightly concave, anterior margin weakly concave mesially, posterior lateral angles slightly titled dorsally, posterior margin prominently concave; collar dark brown, yellow-brown in the middle dorsally and slightly greenish, broad in dorsal view, posterior margin curved, narrowly in lateral view, covered with pale suberect short setae; calli pale yellowish green, shiny weakly, slightly concave.

Mesoscutum exposure broad, slightly shorter than length of scutellum, slow dipping behind convex in lateral view, yellow, with 4 large brown spots basally, lateral margin brown, covered with pale brown, long and suberect setae. Scutellum slightly convex, shining, covered with pale brown suberect setae, pale yellow-white, basal angle brown, with "X"-shaped brown patch mesially, extending to lateral margin of scutellum, divided into three pale yellow-white patches, sometimes "X"-shaped patches paler mesially.

Hemelytra covered with pale brown appressed setae; corium with brown spots basal angle, inner margin dark brown, reddish basally, near apex of clavus with a pair of brown obscure circular spots; outer margin of embolium black brown, slightly concave basally, inner margin black brown basally, gradually becoming pale yellowish brown toward apex; clavus dark brown, mottled, reddish inner margin; near costal fracture with irregularity reddish brown patches, from inner margin of corium to outer margin of embolium, spot on inner margin of circular pale brown, irregularity patches red mesially, outer margin of cuneus fracture black brown; cuneus slender, yellow, outer margin and base reddish brown, inner margin of basal half red, apex brown; membrane pale infuscate, without setae, semitransparent, vein red.

Legs covered with pale suberect setae, ventral setae long and erect, metafemur incrassate basally, tapering toward apex, yellow, apical half black brown, apex yellow; pro- and mesotibiae yellow brown, covered with brown suberect setae, metatibiae black brown basally, becoming pale yellow brown toward apex, spines on tibiae brown, base without patches, with two rows of brown erect short spines.

Abdomen pale yellow green, covered with pale, long and suberect setae. Ostiolar peritreme yellow.

Male genitalia: Pygophore brown, covered with pale, long and suberect setae; vesica membranous, simple; left paramere sickle shaped, apical half slender, curved, tapering toward apex, apex sharp, basal half slightly incrassate, slightly swell dorsally; right paramere small, apical half long and straight, tapering toward apex, basal half slender.

Female: Body surface and coloration similar to male, but coloration paler, interocular space being 2.22x eyes width in dorsal view, antennal segment II thinner than metatibiae, only apical 1/6 brown, patches on hemelytra red, relatively small size, a large area of corium of some species red mottled, mesopleuron yellow green, metafemur with dark brown loop only near apex.

Measurements (mm): Male: body length 3.40-3.70, width 1.30-1.40; head length 0.25-0.27, width 0.67-0.70; interocular space 0.21-0.24; eyes width 0.20-0.21; length of antennal segments I : II : III : IV =0.25-0.34:1.25-1.40:0.41-0.46:0.44-0.52; pronotum length 0.25-0.27, width 1.00-1.10; scutellum length 0.27-0.42, basal width 0.49-0.54; embolium length 1.75-1.95; cuneus length 0.49-0.53, basal width 0.34-0.40. Female: body length 3.80-3.95, width 1.45-1.70; head length 0.26-0.30, width 0.58-0.63; interocular space 0.31-0.33; eyes width 0.13-0.16; length of antennal segments I : II : III : IV =0.31-0.40: 1.00-1.25:0.46-0.48:0.58-0.59; pronotum length 0.27-0.30, width 1.10-1.20; scutellum length 0.40-0.44, basal width 0.54-0.59; embolium length 1.95-2.05; cuneus length 0.55-0.62, basal width 0.36-0.41.

Etymology: Named in claval dark brown entirely.

Type specimens: Holotype ♂, Gaoligong Mountain, Tengchong City, Yunnan Province,

China, alt. 1670m, 14.Ⅷ.2006, Xu ZHANG leg. Paratypes: 8♂7♀, same data as holotype.

Specimens examined: CHINA: **Yunnan Province**: 1♀, Tengchong National Forest Park, Tengchong City, alt. 1700-1850m, 6.Ⅷ.2006, Hua GUO leg.; 1♀, Gaoligong Mountain, Tengchong City, alt. 1700m, 14.Ⅷ.2006, Cui-Qing GAO leg.; 1♂1♀, same data as above, 15.Ⅷ.2006, Xu ZHANG leg.; 1♀, Cangshan, Dali Bai Autonomous Prefecture, alt. 2200m, 19.Ⅷ.2006, Xu ZHANG leg. **Xizang (Tibet) Autonomous Region**: 1♀, Jialasa Township, Mêdog County, alt. 1200m, 2.Ⅻ.1983, Yin-Heng HAN leg.

Distributions: China (Yunnan, Xizang).

Prodromus Distant, 1904

Key to species

1. Outer margin of antennal segment Ⅰ with a brown longitudinal band ·············· *P. nigrivittatus* **sp. nov.**

   Outer margin of antennal segment Ⅰ without black brown longitudinal band ······························2
2. Scutellum yellow··· *P. subflavus*

   Scutellum brown ·· *P. clypeatus*

(14) *Prodromus nigrivittatus* Liu *et* Mu, sp. nov. (fig. 85; pls. Ⅸ: 144, Ⅹ: 145-147)

Diagnosis: Similar in appearance to *P. clypeatus* Distant, but can be distinguished from the latter by the eyes small, the eye not exceeding vertex in lateral view, the outer margin of antennal segment Ⅰ with a black brown longitudinal band, the lateral sides of anterior lobe of pronotum nearly parallel, the claval commissure black brown and the structure of male genitalia.

Description: *Male*: Body small size, oval, coloration dimorphism, pale yellow, covered with pale, short and suberect setae.

Head transverse in dorsal view, in the front of eye flat, prominent downdip, covered with pale, short and suberect setae, vertex slightly convex, yellow, shining, interocular space 2.60-2.84x of eye width, without median longitudinal groove, posterior margin without carina; eyes small; frons slightly convex, oblique, nearly vertical; clypeus slightly convex, not visible in dorsal view; buccula yellow-white. Antennae covered with pale suberect setae; segment Ⅰ yellow, with a brown longitudinal band laterally, inner side slightly convex basally; segment Ⅱ slender, apex slightly incrassate, weakly curved, yellowish brown, with basal 2/3 brown, apical 1/6 dark reddish brown to black brown; segment Ⅲ and Ⅳ brown.

Pronotum trapezoid, yellow-white entirely, dark body black brown excepted calli, or anterior angle and posterior margin brownish, or lateral sides brown; covered with pale, short and suberect setae, constricted mesially, divided into two lobes; collar broad, anterior margin slightly concave, calli broad, smooth, slightly convex, with a longitudinal groove between calli; posterior lobe with deep punctures, lateral margin slightly convex, slightly concave mesially, posterior lateral angles convex, posterior margin convex, concave mesially.

Mesoscutum exposure extremely narrow. Scutellum gray, wide triangularly, slightly convex, covered with short suberect setae.

Hemelytra semitransparent, covered with dense punctures, diameter of punctures much smaller than pronotum; lateral margin convex, covered with pale, short and suberect setae; clavus broad, commissure margin dark brown, vein shallow, longitudinal vein obvious on corium; embolium narrow, outer margin brown apically; costal fracture short, not across inner margin of embolium, hemelytra weakly deflexed at fracture; cuneus wide and short; membrane yellow, semitransparent, cell long, slender, apical angle approximately at right angles, vein yellow.

Legs yellow, covered with pale suberect setae; metafemur with apex slightly incrassate; tibiae slender.

Abdomen yellow-white, covered with pale, short and suberect setae. Ostiolar peritreme slender, yellow-white.

Male genitalia: Pygophore large, yellow-white, covered with pale, short and suberect setae, length approximately 1/2 of abdomen length, pygophore opened laterally, with tiny protuberance near paramere; vesica membranous, simple, slender, with a row of small spines mesially; left paramere large, curved, apical half slightly curved, tapering toward apex, apex flat, basal half incrassate, long; right paramere large, shorter than left paramere, incrassate, tapering toward apex, apex round.

Female: Body surface and coloration similar to male, but slightly longer and wider than male.

Measurements (mm): Male: body length 4.71-4.74, width 1.38-1.40; head length 0.27-0.28, width 0.63-0.68; interocular space 0.37-0.39; eyes width 0.13-0.15; length of antennal segments I : II : III : IV =0.59-0.60:1.25-1.27:1.00-1.02:0.92-0.97; pronotum length 0.86-0.87, width 1.22-1.23; scutellum length 0.28-0.29, basal width 0.43-0.44; embolium length 2.05-2.07; cuneus length 0.70-0.73, basal width 0.50-0.52. Female: body length 4.71-4.72, width 1.63-1.64; head length 0.30-0.32, width 0.65-0.69; interocular space 0.40-0.42; eyes width 0.13-0.17; length of antennal segments I : II : III : IV =0.56-0.58: 1.20-1.21:1.00-1.01:1.01-1.02; pronotum length 0.85-0.88, width 1.29-1.30; scutellum length 0.39-0.41, basal width 0.55-0.58; embolium length 2.08-2.09; cuneus length 0.85-0.86, basal width 0.40-0.41.

Etymology: Named for outer margin of antennal segment I with a black brown longitudinal band.

Type specimens: Holotype ♂, Flowers Ridge, Longyang Area, Baoshan City, Yunnan Province, China, alt. 1500-1600m, 14.Ⅷ.2006, Zhong-Hua FAN leg. Paratypes: 5♂15♀, same data as holotype; 1♂1♀, same data as above, 12.Ⅷ.2006, Wei-Bing ZHU leg.; 1♂, same data as above, alt. 1500-1700m, 12.Ⅷ.2006, Ming LI leg.; 1♂, same data as above, Zhong-Hua

FAN leg.; 5♂2♀, same data as above, 13.Ⅷ.2006, Wei-Bing ZHU leg.; 1♂, same data as above, alt. 1600m, Ji-Meng HUA leg.; 1♀, same data as above, alt. 1500m, light trap, 14.Ⅷ.2006, Zhong-Hua FAN leg.; 1♂1♀, same data as above, alt. 1600m, Ming Li leg.; 4♂6♀, same data as above, alt. 1700m, 15.Ⅷ.2006, Peng-Zhi DONG leg.; 4♂7♀, same data as above, Wei-Bing ZHU leg.

Distributions: China (Yunnan).

Sinevia **Kerzhner, 1988**

Key to species

Antennal segment Ⅱ dark brown ··· *S. pallidipes*
Antennal segment Ⅱ yellow ·· *S. atritota* **sp. nov.**

(15) *Sinevia atritota* **Liu** *et* **Mu, sp. nov.** (fig. 87; pl. Ⅹ: 148, 149)

Diagnosis: Similar in appearance to *S. pallidipes* (Zheng *et* Liu), but can be distinguished from the latter by the wider and shorter body, the head yellow brown, with a longitudinal black brown band mesially, the antennae pale entirely, the pronotum and scutellum black brown entirely, the ostiolar peritreme black brown and the structure of paramere.

Description: *Male*: Body small size, oval, yellow.

Head transverse in dorsal view, vertical in lateral view, yellow brown, covered with sparse setae, vertex shining, interocular space being 2.01x eye width, with a brown median longitudinal band, thinning toward posterior, median longitudinal groove extremely shallow, posterior margin carina distinct, concave mesially; posterior margin of eyes concave in dorsal view; frons uniformly convex mesially; clypeus convex, vertical in lateral view, black; buccula pale yellow, near clypeus with a brown longitudinal band; labrum black basally. Rostrum yellow, stout, apex reaching base of mesocoxa. Antennae slender, covered with pale long suberect setae; segment Ⅰ yellow, slender, cylindrical, slightly curved, inner margin of basal half slightly convex; segment Ⅱ yellow, slightly thinner than segment Ⅰ, increasing toward apex, setae longer than diameter of this segment; segment Ⅲ and Ⅳ linear, slightly bead-like, curved, slender, brown.

Pronotum black brown, trapezoid, in lateral view convex, covered with punctures and pale, long and suberect setae, lateral margin straight, slightly convex posteriorly, posterior lateral angles round, posterior margin convex, concave mesially, covered mesoscutum, base of scutellum and basal angle of hemelytra; collar thick, black brown entirely, sometimes pale dorsally, anterior margin slightly concave; calli shining, brown, slightly convex.

Mesoscutum not exposed. Scutellum triangular, convex, apex depressed, exposure black brown, covered with dense punctures and suberect setae.

Hemelytra convex middle of outer side, covered with deep punctures and pale short suberect setae; clavus broad, black brown, sometimes inner side of middle with a pair of yellow circular spots; corium yellow, semitransparent, base and posterior half black brown, extending to outer margin of embolium; embolium narrow; costal fracture distinct, hemelytra weakly deflexed at fracture, cuneus broad triangular, yellow, semitransparent, inner side of base brown, sometimes extending to middle of cuneus; membrane pale brown, semitransparent, cell small, inner part of cell infuscate, vein brown, apical angle of cell round.

Legs yellow, covered with pale long suberect setae, femur with apex slightly constricted; setae on tibiae slightly longer than diameter of this segment, with rows of tinny brown spines.

Abdomen black brown, lateral margin of segment Ⅰ yellow brown, covered with pale short setae. Ostiolar peritreme black brown.

Male genitalia: Pygophore black brown, lateral side of base yellow brown, covered with pale, long and semi-appressed setae, length approximately 1/4 of abdomen length; vesica membranous, with a large spiny lobe, with two slender sclerotized appendages; left paramere with basal half incrassate and similar rectangle, apical half folding down, slender; right paramere small, basal half convex, tapering toward apex, apex sharp.

Female: Body surface and coloration similar to male, but the coloration of some individuality slightly paler than male, pronotum dark yellow brown, apex of antennal segment Ⅱ sometimes brown.

Measurements (mm): Male: body length 3.88-3.94, width 1.76-1.80; head length 0.20-0.23, width 0.92-0.93; interocular space 0.46-0.47; eyes width 0.23-0.24; length of antennal segments Ⅰ:Ⅱ:Ⅲ:Ⅳ=0.30-0.32:1.08-1.09:0.70-0.74:0.58-0.61; pronotum length 0.88-0.90, width 1.46-1.47; scutellum length 0.34-0.38, exposure basal width 0.52-0.54; embolium length 1.50-1.53; cuneus length 0.44-0.48, basal width 0.54-0.56. Female: body length 4.01-4.08, width 1.90-1.92; head length 0.22-0.24, width 0.86-0.89; interocular space 0.46-0.48; eyes width 0.20-0.21; length of antennal segments Ⅰ:Ⅱ:Ⅲ:Ⅳ=0.32-0.34: 1.18-1.21:0.56-0.73:0.52-0.55; pronotum length 0.90-0.92, width 1.58-1.59; scutellum length 0.30-0.34, basal width 0.52-0.54; embolium length 1.66-1.68; cuneus length 0.52-0.56, basal width 0.56-0.59.

Etymology: Named in scutellum black brown entirely.

Type specimens: Holotype ♂, Longling County, Yunnan Province, China, alt. 630m, 9.Ⅹ.2002, Huai-Jun XUE leg. Paratypes: 1♀, same data as above, Yunnan Province, China, alt. 1600m, 10.Ⅹ.2002, Huai-Jun XUE leg.; 1♀, Longyang Area, Baoshan City, Yunnan Province, China, alt. 1600m, 13.Ⅷ.2006, Wei-Bing ZHU leg.; 1♂, Rare Species Botanical Garden, Ruili City, Yunnan Province, China, alt. 1200m, 29.Ⅶ.2006, Xue-Qin SHI leg.; 1♀, same data as above, 31.Ⅶ.2006. 1♂1♀, Bama Yao Autonomous County, Hechi City, Guangxi Zhuang Autonomous Region, China, 6.Ⅷ.2011, Ke-Long Jiao, Yi-Ran MU leg.

Distributions: China (Guangxi, Yunnan).

II. Cylapinae Kirkaldy, 1903

Key to tribes

1. Membrane covered with setae·· **Bothriomirini**
   Membrane without setae ··· 2
2. Antennae longer than body length ·· 3
   Antennae shorter than body length ····································· **Fulviini**
3. Head horizontal in lateral view·· **Rhinomirini**
   Head vertical in lateral view·· **Cylapini**

Bothriomirini Kirkaldy, 1906

Bothriomiris Kirkaldy, 1902

Key to species

1. Apex of corium with a pair of distinct white circular spots; metapleuron with sparse punctures············
   ·· ***B. capillosus***
   Apex of corium without pale circular spot; metapleuron without punctures ······························2
2. Calli with punctures ·· ***B. lugubris***
   Calli without punctures·· ***B. dissimulans***

Cylapini Kirkaldy, 1903

Key to genera

Head vertical in lateral view; antennal segment II straight; near apex of claw with a distinct tooth
·· ***Cylapomorpha***
Head horizontal in lateral view; antennal segment II with apical 1/3 curved; near apex of claw without
tooth·· ***Rhinocylapidius***

Cylapomorpha Poppius, 1914

Cylapomorpha michikoae **Yasunaga, 2000**

Rhinocylapidius Poppius, 1915

Rhinocylapidius velocipedoides **Poppius, 1915**

Fulviini Uhler, 1886

Key to genera

1. Hemelytra with distinct punctures; sum of the length of antennal segment III and IV obviously longer than length of segment II ·· *Cylapofulvidius*

   Hemelytra without punctures; sum of the length of antennal segment III and IV shorter than length of segment II ·· 2

2. Pronotum lateral margin upraised; width of hemelytra obviously wider than posterior margin pronotum width in dorsal view ·· 3

   Pronotum lateral margin not upraised; width of hemelytra not wider than posterior margin pronotum width in dorsal view ·· *Fulvius*

3. Vertex with obvious tubercles ·· *Sulawesifulvius*

   Vertex without tubercle ·· *Peritropis*

Cylapofulvidius Chérot *et* Gorczyca, 2000

Cylapofulvidius lineolatus Chérot *et* Gorczyca, 2000 (New record for China)

Fulvius Stål, 1862

Key to species

1. Clavus pale apically ··· *F. subnitens*

   Clavus brown apically ·· 2

2. Clavus dark brown entirely ·· *F. tagalicus*

   Clavus pale or white basally ·· 3

3. Head length equal to or shorter than its width; antennal segment II with apical 1/3 pale yellow white ··· ·· *F. anthocoroides*

   Not as above ·· 4

4. Scutellum with apex pale yellow-white ··· *F. tibetanus* sp. nov.

   Scutellum black brown entirely ·· *F. dimidiatus*

(16) *Fulvius tibetanus* Liu *et* Mu, sp. nov. (fig. 98; pl. X: 158, 159)

Diagnosis: Similar in appearance to *F. dimidiatus* Poppius, but can be distinguished from the latter by the scutellum pale yellow-white apically, the paler body, the outer margin of hemelytra embolium gradually red toward apex, and the vesica with a thick twisty annular spicule. The new species is also similar to *F. anthocoroides* (Reuter), but can be separated from the slender body, the length of head longer than width, the antennal segment II apical 1/5 pale, and structure of male genitalia.

Description: *Male*: Body small size, slender, yellow brown, covered with pale, short and suberect setae.

Head long coniform, dark brown, covered with sparse, pale, short and suberect setae, vertex slightly convex, interocular space 1.85x eye width, with a pale yellow spot behind eye, posterior margin carina unconspicuous; eyes large, inferior margin aligned over inferior margin of head in lateral view, reddish brown; frons slightly convex; clypeus not vertical in lateral view; buccula reddish. Rostrum yellowish brown, apex reaching middle of abdomen. Antennae dark brown, covered with brown short and suberect setae; segment I cylindrical, base slightly constricted; segment II thinner than segment I, increasing toward apex, apical 1/5 pale yellow-white; segment III and IV linear, setae longer than other segments, longer than diameter of segment III.

Pronotum campaniform, brown, lateral side brown, shiny weakly, covered with pale short setae, lateral margin concave mesially, posterior lateral angles slightly less than 90°, slightly tilted dorsally, posterior margin concave mesially, concave part wider than basal width of scutellum; collar brown; calli broad, slightly convex, two calli touch each other.

Mesoscutum exposure broad, middle brown, lateral sides pale yellow-brown and reddish, covered with pale short setae. Scutellum dark brown, apex pale yellow-white, nearly regular triangle, slightly convex, with transverse wrinkles, covered with pale suberect short setae.

Outer margins of hemelytra straight, semitransparent, covered with pale brown short setae; clavus with a longitudinal carina mesially, extending from basal angle to outer margin of apex; outer margin of embolium gradually becoming reddish toward apex, apex near costal fracture with a transverse red band, cuneus brown with apex reddish, membrane smoky, semitransparent, vein gray brown, with several longitudinal wrinkles.

Legs covered with pale short suberect setae, coxa long, base brown; femur with apex red; tibiae gradually becoming brown toward apex, with 4 rows of small brown spines.

Abdomen dark brown, shining, covered with pale short suberect setae. Ostiolar-gland small, round, ostiolar peritreme brown.

Male genitalia: Pygophore dark brown, cylindrical, covered with pale long setae, length approximately 1/4 of abdomen length. Vesica with a thick twisty annular spicule, and 3 small, slender sclerites, with a spiny sclerotized appendage. Left paramere curved, basal half incrassate, with 2 intumescences, apical half slender, apex folding down; basal half of right paramere incrassate, convex, with a small triangular protuberance ventrally, apical half slender, tapering toward apex, apex blunt.

Female: Body surface and coloration similar to male, but some one the coloration of abdomen paler, with transverse yellow to red bands on segments basally.

Measurements (mm): Male: body length 3.80-3.85, width 1.25; head length 0.63-0.66, width 0.54-0.55; interocular space 0.26; eyes width 0.14-0.15; length of antennal segments I : II :III:IV=0.43-0.54:1.08-1.09:0.48-0.58:0.23-0.28; pronotum length 0.43, width 1.03-1.09;

scutellum length 0.44-0.45, basal width 0.49-0.53; embolium length 1.60-1.63; cuneus length 0.37-0.38, basal width 0.24-0.25. Female: body length 3.90-4.15, width 1.25-1.30; head length 0.63-0.64, width 0.54-0.58; interocular space 0.26-0.28; eyes width 0.14-0.16; length of antennal segments Ⅰ : Ⅱ : Ⅲ : Ⅳ =0.45:1.20:0.25:0.13; pronotum length 0.44-0.49, width 1.07-1.13; scutellum length 0.43-0.48, basal width 0.48-0.56; embolium length 1.64-1.77; cuneus length 0.39-0.43, basal width 0.28-0.29.

Etymology: Named in the distribution of holotype.

Type specimens: Holotype ♂, Yigong, Bomê County, Nyingchi City, Xizang (Tibet) Autonomous Region, China, alt. 2300m, 16.Ⅷ.1983, Yin-Heng HAN leg. Paratypes: 1♂2♀, same data as holotype (Deposited in Institute of Zoology, Chinese Academy of Sciences, Beijing, China).

Distributions: China (Xizang).

Peritropis Uhler, 1891

Key to species

1. Pronotum with obvious pale patches or lines ··2
   Pronotum without pale patches or lines ···3
2. Antennal segment with a pale loop or patch mesially ································ ***P. similis***
   Antennal segment without pale loop or patch mesially ·························· ***P. poppiana***
3. Pronotal posterior margin wavy, with 5 peaks ···4
   Pronotal posterior margin straight, slightly concave mesially ····························5
4. Female pale brown, body length 3.0mm ··· ***P. pusillus***
   Female black brown, body length 4.3mm ··· ***P. advena***
5. Diameter of antennal segment Ⅱ approximately equal to segment Ⅰ ··················· ***P. electilis***
   Antennal segment Ⅱ obviously thinner than segment Ⅰ ································6
6. Body length 2.6-3.6mm ··· ***P. punctatus***
   Body large length 4.0-4.25mm ···7
7. Rostrum long, reaching genital capsule ······························· ***P. yunnanensis*** sp. nov.
   Rostrum short, reaching mesocoxa ·· ***P. thailandica***

Peritropis advena **Kerzhner, 1972** (New record for China)

Peritropis electilis **Bergroth, 1920** (New record for China)

Peritropis poppiana **Bergroth, 1918** (New record for China)

Peritropis similis **Poppius, 1909** (New record for China)

Peritropis thailandica **Gorczyca, 2006** (New record for China)

(17) *Peritropis yunnanensis* Liu *et* Mu, sp. nov. (fig. 102; pl. XI: 166)

Diagnosis: Similar in appearance to *P. electilis* Bergroth, but can be distinguished from the latter by the antennae long and thin, body coloration darker, membrane dark brown, calli with different convex degree, apex of scutellum pale, pro- and meso-femur with 2 brown loops, and the structure of male genitalia.

Description: *Male*: Body small size, oval, black brown, with pale yellow mottled.

Head slightly oblique, long triangular, black brown, dorsal side reddish yellow, covered with sparse short suberect setae, vertex slightly convex, pale yellow, with irregularity reddish patches, inner margin of eyes with a pair of gray rounded concaves, from concave to posterior margin of vertex with two black brown longitudinal bands; median longitudinal groove broad, dark red; interocular space being 1.33x eye width; posterior margin carina unconspicuous; eyes black brown, large, reaching inferior margin of head in lateral view; frons pale yellow, near eyes with two slender black brown bands, with 3 pairs of reddish transverse carinae; clypeus long, pale yellow, ventral side with 2 black brown small slender spots basally, surrounded by reddish, with a blood red irregularity patch apically, lateral side of apex black brown; buccula slender, with apex quadrate and wide, basal 1/2 red-brown, red mesially, apical 1/4 yellow. Rostrum black brown, apex reaching pygophore, segment I reddish brown, apex yellow, increasing toward apex. Antennae slender, covered with pale suberect setae; segment I cylindrical, base slightly constricted, slightly curved, base with a black brown rounded spot ventrally, superior part of spot with a thick black brown loop, slightly reddish apically, apex pale yellow-white; segment II slender, slightly curved, base with a black brown long rounded spot dorsally, with two closed brown loops mesially; segment III thin, straight, tapering toward apex; segment IV curved, longer than segment III, setae on segment III and IV longer than diameter of the segments.

Pronotum trapezoid, black brown, with dense irregularity pale yellow patches, covered with sparse short suberect setae, anterior margin straight, anterior angle tilting anteriorly, slightly sharp, lateral margin straight, posterior lateral angles blunt, pale yellow, posterior margin concave mesially; collar broad in dorsal view, narrow in lateral view; calli large, occupied 2/3 length of pronotum, with narrow median longitudinal groove, uniformly convex in lateral view.

Mesoscutum exposure broad, black brown, covered with dense pale small yellow rounded spots, base with a pair of large rounded spots laterally. Scutellum convex, nearly regular triangle, black brown, covered with pale rounded spots, apical angle pale yellow-white, and apex slightly orange red.

Hemelytra mottled; outer margin convex anteriorly, concave mesially, closing up toward posterior side; clavus broad, black brown, base reddish pale yellow, gradually paler toward apex near claval commissure margin, pale rounded spots rarely, median longitudinal carina distinct; pale patches on corium obscure, near costal fracture pale yellow-white, well defined with dark part, boundary semicircle; embolium pale, pale yellow spots distinct and dense, outer margin with 5-6 large pale patches, apex near fracture pale yellow; hemelytra weakly deflexed at fracture, cuneus long triangular, apex sharp, brown, covered with dense pale rounded spots, base reddish pale yellow, with apical angle pale; membrane dark brown, covered with sparse pale rounded spots, inner part of cell without pale patch, vein dark brown, the small cell not obvious.

Legs covered with pale short suberect setae, femur incrassate, flatten laterally; meso- and meta-femur with basal 1/3 pale yellow, metafemur with a wide pale loop apically, ventral side reddish; tibiae with 4 rows of small dark brown spines, pro- and meso-tibiae with 2 wide brown loops, the inferior loop narrower, metatibiae with 3 brown loops, the basal loop narrowest, other loops with the same width.

Abdomen dark brown, covered with suberect pale setae. Ostiolar peritreme milk white.

Male genitalia: Pygophore black brown, shining, opening of pygophore pale yellow and slight reddish, covered with suberect pale setae, length approximately 1/3 of abdomen length. Vesica simple, membranous, slender, with two spiny lobes. Left paramere broad, curved, incrassate in the middle of apical half, with a small triangle protuberance, tapering toward apex, basal half with a protuberance mesially, protuberance blunt apically, dorsal side covered with sparse erect setae; right paramere relatively short, curved, apical half with a longitudinal carina dorsally, tapering toward apex, dorsal side of base covered with sparse erect setae, basal half with a rectangle protuberance mesially.

Female: Unknown.

Measurements (mm): Body length 2.93, width 1.27; head length 0.36, width 0.60; interocular space 0.24; eyes width 0.18; length of antennal segments I : II :III:IV=0.40:1.03: 0.35:0.40; pronotum length 0.37, posterior margin width 1.01; scutellum length 0.36, basal width 0.49; embolium length 1.35; cuneus length 0.27, basal width 0.29.

Etymology: Named in the distribution of holotype.

Type specimens: Holotype ♂, Bamei Village, Guangnan County, Yunnan Province, China, 9.Ⅷ.2011, Yi-Ran MU, Ke-Long JIAO leg.

Distributions: China (Yunnan).

Sulawesifulvius Gorczyca, Cherot *et* Stys, 2004

Sulawesifulvius yinggelingensis Mu *et* Liu, 2014

Rhinomirini Gorczyca, 2000

Rhinomiris Kirkaldy, 1902

Key to species

Length of tarsomere Ⅰ almost the same length of tarsomere Ⅱ, Ⅲ the shortest ·········· ***Rh. conspersus***

Length of tarsomere Ⅰ longer than the length of tarsomere Ⅱ and Ⅲ together ·············· ***Rh. vicarius***

***Rhinomiris conspersus* (Stål, 1871)** (New record for China)

***Rhinomiris vicarius* (Walker, 1873)** (New record for China)

Ⅲ. Deraeocorinae Douglas *et* Scott, 1865

Key to tribes

1. Head elongate, frons horizontal or nearly ··· **Termatophylini**

   Head vertical or strongly declivous···2

2. Pronotum with an impressed running line ·· **Clivinemini**

   Pronotum without the line mentioned above ···3

3. Body myrmecomorphic; embolium constricted at middle ······································ **Surinamellini**

   Body normal, not myrmecomorphic; embolium not constricted at middle ·······························4

4. Hemelytra semitransparent, almost without punctures ·· **Hyaliodini**

   Hemelytra not semitransparent, with distinct punctures ··· **Deraeocorini**

Clivinemini Reuter, 1876

Bothynotus Fieber, 1864

Key to species

Body length longer than 6mm; right paramere slender ·· ***B. pilosus***

Body length shorter than 6mm; right paramere wide and short ·················· ***B. brevicornis*** sp. nov.

(18) *Bothynotus brevicornis* Xu *et* Liu, sp. nov. (fig. 107; pl. XI: 172)

Diagnosis: Body small. Allied to *B. pilosus* (Boheman), but antennal segment Ⅱ longer, 3x segment Ⅰ. Right paramere wide and short, apical part sharp.

Description: Body elongate-ovoid, brown, covered with suberect brown setae.

Head projected, brown, with brown suberect setae, width longer than head length,

2.07-2.41x eye width in dorsal view; eyes red-brownish; vertex with dull X form maculations; antennae brown, segment Ⅰ length 0.68-0.76 times of interocular space, segment Ⅱ length 1.09-1.16x width of head (including eyes), length of segments Ⅲ and Ⅳ together equal to segment Ⅱ; labium brownish black, thickset, reaching to anterior margin of mesocoxa.

Pronotum dark, with distinct punctures; collar and calli smooth, without punctures; scutellum brown, without punctures, covered with brown suberect short setae; hemelytra brown, punctures mistiness.

Legs blackish brown, basal half portion of femur slight pale; tibia with brown small spinules; tarsus and claw brownish red. Venter brown, apical portion black. Ostiolar peritreme brown.

Male genitalia: Left paramere strong, sensory lobe with dense short setae, apical portion bent, apex sharp; right paramere small, apex sharp. Vesica with membranous lobes and 2 sclerotized appendages, with small spinule in apex one of sclerotized appendage.

Measurements (mm): Body length 4.5-5.0, width 1.98-2.13; head width 0.98-1.0, interocular space 0.51-0.53; length of antennal segments Ⅰ:Ⅱ:Ⅲ:Ⅳ=0.36-0.39:1.07-1.16: 0.60-0.65:0.52; pronotum length 0.88-0.96, width 1.66-1.74; cuneus length 0.68-0.75; claval commissure length 0.73-0.99.

Etymology: Named in the antennal segment Ⅰ short.

Type material: Holotype ♂, Mt. Kunyu, Shandong Province, China, 20.Ⅶ.2007, Xu ZHANG leg. Paratype: 1♂, Yueba, Foping County, Shaanxi Province, China, 20.Ⅶ.2006, Dan DING leg.

Distribution: China (Shandong, Shaanxi).

Deraeocorini Douglas *et* Scott, 1865

Key to genera

1. Antennal segment Ⅱ clavate ·· ***Cimidaeorus***
   Antennal segment Ⅱ linear ··· 2
2. Distinctly constricted in posterior potion of head ·· 3
   Not constricted in posterior potion of head ·· 4
3. Head declinational ·· ***Angerianus***
   Head porrect ··· ***Fingulus***
4. Cuneus covered with hairs ··· ***Dortus***
   Cuneus without hairs ·· 5
5. Collar thick and raised ·· ***Paranix***
   Collar thin and not raised ·· 6
6. Tarsomere Ⅰ shorter than length of tarsomeres Ⅱ and Ⅲ together ··················· ***Alloeotomus***
   Not as above ·· 7

7.　With paddle-like setae ventrally on the apical part of tarsomere III ·························· *Cimicicapsus*

　　Without paddle-like setae ventrally on the apical part of tarsomere III ······················· *Deraeocoris*

Alloeotomus Fieber, 1858

Key to species

1.　Pronotum and hemelytra covered with long setae, length equal to distance between 3 or 4 punctures ······

　　··· *A. yunnanensis*

　　Pronotum and hemelytra covered with short setae, length equal to distance between 2 punctures ·········· 2

2.　With a forward small tuber on anterior part of pronotal lateral margin ···················· *A. humeralis*

　　Without a forward small tuber on anterior part of pronotal lateral margin ···································· 3

3.　Embolium with punctures ··· *A. kerzhneri*

　　Embolium without punctures ·· 4

4.　Pronotal lateral margin yellowish white, smooth ·· *A. chinensis*

　　Not as above ··· *A. simplus*

Angerianus Distant, 1904

Key to species

1.　Antennal segment I unicolor ··· *A. longicornis* sp. nov.

　　Antennal segment I distinct in dichromatism ·· 2

2.　Scutellum unicolor ··· *A. marus*

　　Scutellum with a yellowish white maculation ··· *A. fractus*

Angerianus fractus **Distant, 1904** (New record for China)

(19) *Angerianus longicornis* Xu *et* Liu, sp. nov. (pl. XII: 179)

　　Diagnosis: Allied to *A. marus* Distant, but new species body blackish brown; antennal segment I yellow, longer than head width (including eyes), male genitalia distinctively different.

　　Body oviform, blackish brown.

　　Head blackish brown, declination, vertex wide 1.69-1.82x width of eye; eyes reddish brown, color as long as eye after eye; antennae linear, covered with suberect setae, segment I yellowish white, long 2.13-2.22x interocular space, segment II yellowish brown, long 1.65-1.73x width of head, segments III and IV light brown and slender; labium brownish black, reaching to mesocoxa.

　　Pronotum blackish brown, covered with concolorous punctures and light long setae; collar and calli with dense punctures and long setae, collar blackish brown; calli brown, not raised; pronotal lateral margin straight, posterior margin arc. Scutellum brownish black, covered with light long setae, slightly raised.

Hemelytra blackish brown, covered with dense long setae, with distinct row punctures on clavus and median fracture; with yellowish white maculations on corium end near claval suture; membrane color light and vein blackish brown.

Femur blackish brown, base portion yellowish black; tibia yellowish brown, base portion blackish brown. Venter reddish brown, covered with long setae. Ostiolar peritreme yellowish white.

Measurements (mm): Body length 2.5-2.7, width 1.35-1.38; head width 0.77-0.82, interocular space 0.35-0.39; length of antennal segments Ⅰ:Ⅱ:Ⅲ:Ⅳ=0.78-0.83:1.33-1.35: 1.04:0.99; pronotum length 1.07, width 1.38-1.40; claval commissure length 0.52; cuneus length 0.78-0.86.

Etymology: Named in the antennal segment Ⅰ longer.

Type material: Holotype ♀, Yuanjiang County, Yunnan Province, China, 2100m, 23.Ⅶ.2006, Hua GUO leg.; Paratypes: 1♀, Ruili City, Yunnan Province, China, 1200m, 28.Ⅶ.2006, Xu ZHANG leg.; 1♀, as above, Ming LI leg.

Distribution: China (Yunnan).

Cimicicapsus Poppius, 1915

Key to species

1. Body length 6.5mm or greater; coxa reddish brown ··· *C. rubidus*
   Body length almost always less than 6.5mm; coxa yellowish brown ······························· 2
2. Antennal segment Ⅱ length longer than twice width of head ··· 3
   Antennal segment Ⅱ length shorter than twice width of head ·· 7
3. Apical portion of femur with distinct rings ··· 4
   Femur without rings ··· 5
4. Antennal segment Ⅱ length almost equal to 2.5x that of antennal segment Ⅰ ·············· *C. splendus*
   Antennal segment Ⅱ length almost equal to 3.0x that of antennal segment Ⅰ ·············· *C. squamus*
5. Body reddish brown; right paramere sensory lobe fingerlike ································· *C. montanus*
   Body yellowish brown; right paramere sensory lobe almost rounded ································ 6
6. Body pale yellowish brown, apical portion of right paramere hypophysis bifurcate ············· *C. villosus*
   Body dark yellowish brown, apical portion of right paramere hypophysis falciform ··········· *C. parviceps*
7. Antennal segment Ⅰ length equal to interocular space; antennal segment Ⅱ length longer than 3x that of antennal segment Ⅰ ·· *C. pseudokoreanus*
   Antennal segment Ⅰ length longer than interocular space; antennal segment Ⅱ length shorter than 3x that of antennal segment Ⅰ ··· 8
8. Interocular space shorter than 1.5x eye width ·· *C. flavimaculus*

Interocular space longer than 1.5x eye width ·· *C. koreanus*

Cimidaeorus Hsiao *et* Ren, 1983

Key to species

Body brown, antennal segment Ⅱ length 3.0x of segment Ⅰ length ························ *C. nigrorufus*

Body black, antennal segment Ⅱ length 3.5x of segment Ⅰ length ························ *C. hasegawai*

Deraeocoris Kirschbaum, 1856

Key to subgenera

1. Antennal segment Ⅰ length more than 1.5x eye width ································ *Deraeocoris*

   Antennal segment Ⅱ length almost equal to eye width ·································· 2

2. With punctures at scutellum ··· *Camptobrochis*

   Without punctures at scutellum ·· 3

3. Vertex posterior margin with a distinctly transverse carina, eye far away from anterior margin of pronotum ·· *Plexaris*

   Vertex posterior margin without transverse carina, eye near anterior margin of pronotum ····················
   ·· *Knightocapsus*

Camptobrochis Fieber, 1858

Key to species

1. Vertex with black maculation ··· 2

   Vertex without black maculation ·· 6

2. Pronotum and hemelytra without black maculation ······························· *D. (C.) annulifemoralis*

   Pronotum and hemelytra with black maculation ·· 3

3. Black maculation of vertex not reaching to carina of posterior margin ·············· 4

   Black maculation of vertex reaching to carina of posterior margin ·················· 5

4. Pronotum brown, lateral area with lutescens maculation reaching to lateral margin ······ *D. (C.) orientalis*

   Pronotum luteus, lateral area with black-brown maculation not reaching to lateral margin ···················
   ·· *D. (C.) punctulatus*

5. Interocular space shorter than width of eye ····································· *D. (C.) majesticus*

   Interocular space longer than width of eye ······································ *D. (C.) onphoriensis*

6. Vertex with bands making up of two rows pale red-brown small maculations ·········· *D. (C.) aphidicidus*

   Not as above ·· 7

7. Body length shorter than 4mm ·· 8

   Body length longer than 4mm ··· 9

(20) *Deraeocoris* (*Camptobrochis*) *tibetanus* Liu *et* Xu, sp. nov. (fig. 136; pl. XIII: 199)

Diagnosis: Allied to *D.* (*C.*) *onphoriensis* Josifov, but hider with maculations on vertex, pronotum slight colour and with large black maculations. Male genitalia distinctively different too.

Description: Body oblong oval, brown-black, smooth and without setae, with black punctures.

Vertex black, width 1.59-1.92x width of eye, with a distinctly transverse carina, a yellow maculation at near middle of transverse carina; antennae brown-red, covered with dense semierect light setae, segment I columned, length 0.67-0.84x interocular space, segment II linear, length 1.06-1.12x head width, segments III and IV slender; labium brownish black, reaching to posterior margin of mesocoxa.

Pronotum black-brown, shining, with black punctate; posterior margin and lateral angles yellow; lateral angle yellow, rounded in dorsal view; with 1 yellow, round maculation before calli; calli shining, slightly raised. Collar brown.

Scutellum black brown, covered with black, small punctate, with small yellow spots at base and apical angles.

Hemelytra blackish brown, covered with irregular yellowish brown maculations and dense punctures; cuneus black brown, membrane slightly yellow, veins reddish brown.

Femur reddish brown, with 2 yellowish brown rings at apical portion; tibia reddish brown, with rings at base and apical portion.

Venter blackish brown to black, covered with dense pappus. Ostiolar peritreme yellowish white.

Male genitalia: Left paramere sensory lobe with short setae, apical portion bent, apex not sharp; right paramere small, apex sharp; vesica with membranous lobes and 3 sclerotized appendages.

Measurements (mm): Body length 3.79-3.86, width 1.93-2.00; head width 0.93-0.96, interocular space 0.43-0.46; length of antennal segments I : II :III:IV=0.31-0.36:1.00-1.07: 0.43:0.46; pronotum length 0.93-0.99, width 1.71-1.79; claval commissure length 0.71.

Etymology: Referring to the Xizang (Tibet) Autonomous Region in which the type locality situated.

Type material: Holotype ♂, Bomi County, Xizang (Tibet) Autonomous Region, China,

1.Ⅶ.1973, Fa-Sheng LI leg. Paratypes: 1♂7♀, same as above.

    Distribution: China (Xizang).

Deraeocoris Kirschbaum, 1856

Key to species

1. Scutellum with punctures ·· 2

    Scutellum without punctures ··· 10

2. Interocular space smaller than width of eye ·· 3

    Interocular space larger than width of eye ·· 4

3. Length of antennal segment Ⅰ larger than interocular space ················· *D. (D.) magnioculatus*

    Length of antennal segment Ⅰ smaller than interocular space ····················· *D. (D.) sauteri*

4. Body length larger than 10mm ··· 5

    Body length smaller than 10mm ··· 6

5. Body black, pronotum with a yellow spot ························· *D. (D.) sanghonami*

    Body yellow-brown, pronotum without yellow spot ················· *D. (D.) olivaceus*

6. Body black-brown, finely punctate ··· 7

    Not as above ·· 8

7. Cuneal apex black ·· *D. (D.) ater*

    Cuneus unicolor red-brown ·· *D. (D.) ruber*

8. Scutellum unicolor yellow; corium impunctate ·· 9

    Scutellum with black maculations; corium punctate ················· *D. (D.) annulipes*

9. Length of antennal segment Ⅱ 2x of segment Ⅰ ················· *D. (D.) sordidus* (part)

    Length of antennal segment Ⅱ 3x of segment Ⅰ ························· *D. (D.) planus*

10. Length of antennal segment Ⅱ longer than 2x width of eye ······················· 11

    Length of antennal segment Ⅱ shorter than 2x width of eye ······················· 22

11. Pronotal calli clear prominent ································· *D. (D.) alticallus*

    Pronotal calli normal or slightly prominent ·· 12

12. Body light yellow or white ··· 13

    Body light red-brown to red-brown ··· 17

13. Antennal segment Ⅱ pale yellow ··························· *D. (D.) angustiverticalis*

    Not as above ·· 14

14. Body length shorter than 6mm ··· 15

    Body length longer than 6mm ·· 16

15. Clavus yellow-brown ·· *D. (D.) yasunagai*

    Clavus dark reddish brown at inner lateral margin ············· *D. (D.) xinanensis* sp. nov.

16. Outer lateral portion of tibia with a reddish brown maculation at base··············· *D. (D.) salicis*

    Not as above ·· *D. (D.) pallidicornis*

17. Body pale reddish brown; hind femora without brown ring at end ·································· 18

　　Body orange or straw yellow; hind femora with clear brown ring at end ····················· 19

18. Membrane infuscate except near cuneus·································· ***D. (D.) guizhouensis***

　　Membrane unicolor light yellow·································· ***D. (D.) kimotoi***

19. Antennae and legs yellow·································· ***D. (D.) fujianensis***

　　Antennae and legs yellow-brown to red-brown·································· 20

20. Body length shorter than 5.5mm ·································· ***D. (D.) insularis***

　　Body length longer than 5.5mm ·································· 21

21. Antennal segment Ⅱ black at end; tibiae outer lateral portion with red stripe at base ·····················

　　·································· ***D. (D.) pseudokerzhneri***

　　Antennal segment Ⅱ unicolor yellow-brown; tibiae without red stripe·················· ***D. (D.) kerzhneri***

22. Body black-brown ·································· 23

　　Body yellow-brown, with brown or black-brown maculations ·································· 27

23. Body length shorter than 5mm, smooth·································· 24

　　Body length longer than 5mm, covered with brown semierect short hairs·································· 26

24. Peritreme yellow-brown ·································· 25

　　Peritreme black-brown ·································· ***D. (D.) horvathi***

25. Rostrum yellow-brown·································· ***D. (D.) conspicuus***

　　Rostrum yellow-white·································· ***D. (D.) calvifactus* sp. nov.**

26. Peritreme yellow-white ·································· ***D. (D.) ventralis***

　　Peritreme black-brown ·································· ***D. (D.) scutellaris***

27. Interocular space shorter than width of eye ·································· 28

　　Interocular space longer than width of eye ·································· 29

28. Scutellum flat; with "八" shaped red-brown maculation ·································· ***D. (D.) maculosus* sp. nov.**

　　Scutellum clear rise at apical half portion; with a red-brown circle maculation ·············· ***D. (D.) plebejus***

29. Collar with pulverulent hairs ·································· 30

　　Collar smooth·································· 33

30. Pronotum with clear yellow circle maculations after middle of both calli ················· ***D. (D.) ainoicus***

　　Pronotum without maculations ·································· 31

31. Body length larger than 6mm ·································· ***D. (D.) annulus***

　　Body length smaller than 6mm·································· 32

32. Scutellum black-brown·································· ***D. (D.) daozhenensis* sp. nov.**

　　Scutellum yellowish white ·································· ***D. (D.) dianxiensis* sp. nov.**

33. Body unicolor, yellow-brown ·································· ***D. (D.) wangi***

　　Body with dark maculations ·································· 34

34. Scutellum without maculations ·································· 35

　　Scutellum with maculations ·································· 36

35. Antennal segment Ⅱ reddish brown·································· ***D. (D.) flaviceps***

(21) *Deraeocoris (Deraeocoris) calvifactus* **Liu *et* Xu, sp. nov.** (fig. 143; pl. ⅩⅢ: 208)

Diagnosis: Similar to *D.* (*D.*) *ainoicus* Kerzhner, new species can be identified by body small, blackish brown, head yellowish brown and scutellum smooth, without punctures.

Description: Body oblong, blackish brown.

Head yellowish brown, slight downdip, shining; with triangular brown maculations on vertex; interocular space 1.02-1.53x width of eye; eyes blackish brown; antennae with pale semierect short setae, segment Ⅰ pale yellowish brown to brown, cylindrical, slightly slender at base, length 1.08-1.30x interocular space; segment Ⅱ brown (male) or yellowish brown (female), linear, length 1.79-1.81x width of head; segments Ⅲ and Ⅳ slender; labium yellowish white and brown at end, reaching to posterior margin of mesocoxa.

Pronotum blacking brown, shining; with yellow small maculations; discal area slightly raising; lateral margin slightly concave and posterior margin convex; calli smooth, yellowish brown to blackish brown, slightly raising, each other contacting; collar yellowish brown, shiny.

Scutellum yellowish white, smooth and without punctate, slightly raising, blackish brown at base.

Hemelytra brown, shiny, with large pale maculations at middle of corium and embolium; light body with fuscous on claval suture, commissural margin, basal and apical portion of corium and inner side of cuneus end; punctures larger than pronotum, sparse; without punctures on embolium and almost without punctures on cuneus; membrance pale brown, vein brown, with irregular hyaline large maculations.

Leg yellowish white; with two blackish brown rings at apical portion of femur; tibia brown at apical portion, with blackish brown rings at base, subbase and apical portion.

Venter brown, covered with semierect pale short pappus. Ostiolar peritreme yellowish white.

Male genitalia: Left paramere sensory lobe swelling, covered with sparse pale long setae, hypophysis wider, bend and end like foot shape; right paramere small, sensory lobe not clear; vesica with one sclerotized appendage.

Measurements (mm): Body length 3.90-4.79, width 1.56-1.80; head width 0.86-0.88; interocular space 0.30-0.39; length of antennal segments I : II :III:IV=0.39-0.43:1.50-1.59: 0.61-0.64:0.42-0.43; pronotum length 0.93-1.07, width 1.51-1.64; cuneus length 0.50-0.64; length of commissural margin 0.62-0.71.

Etymology: Named in the scutellum smooth, without punctures.

Type material: Holotype ♂, Dabojing, Dali County, Yunnan Province, China, 17.VI.1996, Le-Yi ZHENG leg. Paratypes: 10♂15♀, same as holotype; 1♂1♀, Lüchun County, Yunnan Province, China, 30.VI.1996, Wen-Jun BU leg. (Deposited in Institute of Entomology, Nankai University).

Distribution: China (Yunnan).

(22) *Deraeocoris* (*Deraeocoris*) *daozhenensis* Liu *et* Xu, sp. nov. (fig. 146; pl. XIV : 211)

Diagnosis: Similar to *D.* (*D.*) *conspicuus* Ma *et* Liu. This new species can be identified by those specific characteristics: body blackish brown and membrane with a pale wave form band after vein.

Description: Body oblong, blackish brown, covered with brown punctures.

Head blackish brown, slight downdip; interocular space almost equal to width of eye in dorsal view; hind margin cristatus; antennae with pale semierect short setae, blackish brown, segment I cylindrical, slightly slender at base, length 1.23x interocular space, segment II linear, length 1.67x width of head, with a yellowish brown ring at middle, segments III and IV slender, only yellowish brown at base of segment III; labium brownish black, reaching to posterior margin of mesocoxa.

Pronotum brownish black, shining, with sparse large blackish brown punctate; discal area slightly risen; lateral margin slightly straight and posterior margin concave at middle; calli smooth, blackish brown, protrudent. Collar wider, blackish brown, covered with powdery pappus.

Scutellum black brown, smooth and without punctate, slightly risen.

Hemelytra blackish brown, with large blackish brown punctures; cuneus brownish red at apical, membrane brown, with a pale wave form band after vein.

Venter blackish brown, covered with pale dense short pappus. Ostiolar peritreme blackish brown.

Male genitalia: Left paramere covered with dense short setae, hypophysis slightly bending, sensory lobe swelling; right paramere small, end of hypophysis wider; vesica with 3 sclerotized appendages.

Measurements (mm): Body length 5.75, width 2.29; head width 1.04; interocular space 0.34; length of antennal segments I : II :III:IV=0.42:1.69:0.65:0.57; pronotum length 1.25, width 1.90; claval commissure length 0.86.

Etymology: Referring to the Daozhen County, Guizhou Province in which the type locality situated.

Type material: Holotype ♂, Shiren (alt. 100m), Daozhen Gelaozu Miaozu Autonomous County, Guizhou Province, China, 28.Ⅴ.2004, Wei-Bing ZHU leg.

Distribution: China (Guizhou).

(23) *Deraeocoris* **(***Deraeocoris***)** *dianxiensis* **Liu** *et* **Xu, sp. nov.** (fig. 147; pl. ⅩⅣ: 212)

Diagnosis: Similar to *D. (D.) conspicuus* Ma *et* Liu, but new species can be identified by body blackish brown and scutellum yellowish white.

Description: Body oblong, brown to blackish brown, shine, covered with pale irregular maculations and blackish brown punctures.

Head yellowish brown, slight downdip; two rows indistinct brown maculations on vertex; interocular space 1.83-2.00x width of eye; hind margin cristatus, blackish brown; antennae with pale semierect short setae, segment Ⅰ cylindrical, blackish brown, slightly slender at base, length 0.74-0.88x interocular space, segment Ⅱ linear, blackish brown, with a yellowish brown ring at middle, length 1.68-1.74x width of head, segments Ⅲ and Ⅳ blackish brown, only yellowish brown at base of segment Ⅲ; labium yellowish brown, reaching to anterior margin of mesocoxa.

Pronotum brown, shining, with sparse large blackish brown punctations; with yellowish white median longitudinal line; discal area slightly risen; lateral margin slightly straight and posterior margin concave at middle; calli smooth, yellow brown, slightly risen. Collar wider, blackish brown, covered with powdery pappus.

Scutellum yellowish white, smooth and without punctate, slightly risen, with brown median longitudinal line.

Hemelytra slight brown, with irregular maculations and large blackish brown punctations; cuneus pale at base half portion and brown at apical half portion, with small yellow maculations at middle of inner lateral margin and out base angle; brownish red at apical, membrane brown, with a pale hyaline transverse band after vein.

Femur blackish brown, with a yellowish brown ring at apical portion; tibia yellowish brown, with rings at base, subbase and apical portion.

Venter blackish brown, covered with dense short pappus. Ostiolar peritreme blackish brown.

Male genitalia: Left paramere sensory lobe swelling, covered with pale long setae, hypophysis slightly bending right paramere small, end of hypophysis wider; vesica with 3 sclerotized appendages.

Measurements (mm): Body length 4.75-5.00, width 2.34-2.50; head width 0.88-0.90; interocular space 0.43-0.44; length of antennal segments Ⅰ:Ⅱ:Ⅲ:Ⅳ=0.33-0.38:1.48-1.56: 0.57:0.52-0.57; pronotum length 0.99-1.09, width 1.90-2.03; cuneus length 0.78-0.91; claval commissure length 0.83-0.86.

Etymology: Referring to the Dianxi, Yunnan Province in which the type locality situated.

Type material: Holotype ♂, Tengchong County (alt. 1900-2000m), Yunnan Province, China, 11.Ⅷ.2006, Hua GUO leg. Paratype: 1♀, same as above, 15.Ⅷ.2006; 2♀, Longling County (alt. 1470m), Yunnan Province, China, 11.Ⅹ.2002, Hui-Jun XUE leg.; 1♀, Longyang Area, Baoshan City, Yunnan Province, China, alt. 1600-1800m, 15.Ⅷ.2006, Wei-Bing ZHU leg.

Distribution: China (Yunnan).

(24) *Deraeocoris* (*Deraeocoris*) *maculosus* Liu *et* Xu, sp. nov. (fig. 154; pl. ⅩⅣ: 219)

Diagnosis: Similar to *D.* (*D.*) *cupreus* Ma *et* Liu, new species can be identified by body small, yellowish brown and scutellum with reddish brown maculations of "八" form.

Description: Body small, oblong, yellowish brown, covered with homogeneity reddish brown punctures.

Head yellowish brown, slight downdip; vertex yellowish brown, with not clear dark maculations of "X" form, interocular space 0.92x of eye width; posterior margin cristatus; eyes blackish brown; antennae with pale semierect short setae, segment Ⅰ cylindrical, yellowish brown, slightly slender at base and dark color, length 1.45-1.68x of interocular space, segment Ⅱ linear, yellowish brown, brown at apical, length 1.49-1.77x width of head; segment Ⅲ slender, yellowish brown, brown at apical; segment Ⅳ slender, brown, length almost equal to segment Ⅰ length; labium yellowish brown, reaching to anterior margin of mesocoxa.

Pronotum yellowish brown, with reddish brown punctations; discal area slightly risen; lateral and postural margins slightly straight; calli shine, pale reddish brown, not contacting. Collar brown, shine.

Scutellum yellowish brown, without punctations, slight flat, with reddish brown maculations of "八" form.

Hemelytra yellowish brown, reddish brown punctured, but almost without punctures at apical of corium, embolium and cuneus; with brown maculations at commissural margin end, middle and apical of corium and apical of cuneus; membrane pale brown, vein brown.

Leg yellowish brown; femur apical reddish brown; with reddish brown vertical zone on outer margin of tibia; tarsus yellowish brown; claw reddish brown.

Venter yellowish brown, covered with dense semierect short pappus. Ostiolar peritreme yellowish white.

Male genitalia: Left paramere sensory lobe swelling, near quadrate, covered with sparse pale short setae, hypophysis bending and end wider; right paramere slender, sensory lobe not clear; vesica with 1 sclerotized appendage.

Measurements (mm): Body length 4.10-4.50, width 1.66-1.87; head width 0.83-0.91; interocular space 0.29-0.39; length of antennal segments Ⅰ:Ⅱ:Ⅲ:Ⅳ=0.42-0.48:1.35-1.61:

0.52-0.59:0.40-0.46; pronotum length 0.65-0.78, width 1.46-1.64; cuneus length 0.44-0.65; claval commissure length 0.62-0.78.

Etymology: Referring to this species with a lot of maculations on the back.

Type material: Holotype ♂, Haikou City, Hainan Province, China, 26.Ⅲ.1980, Huan-Guang ZOU leg. Paratypes: 1♀, same as holotype; 15♂16♀, same as above, 27.Ⅲ.1980; 2♂4♀, same as above, Shu-Zhi REN leg.; 3♂12♀, same as above, 29.Ⅲ.1980; 1♂, Diaoluo Mountain, Hainan Province, China, 26.Ⅳ.1964, Sheng-Li LIU leg.; 3♀, Ledong County, Hainan Province, China, 6.Ⅳ.1964, Sheng-Li LIU leg.; 4♂1♀, Jianfengling, Hainan Province, China, 7.Ⅳ.1980, Huan-Guang ZOU leg. 1♂1♀, Jinghong County, Yunnan Province, China, 9.Ⅹ.1979, Le-Yi ZHENG leg. 1♂, same as above, Guo-Qing LIU leg.

Material examined: 4♂1♀, Jianfengling, Hainan Province, China, 8-9.Ⅳ.1980, Huan-Guang ZOU leg.; 8♂4♀, same as above, 18.Ⅳ.1980; 8♂4♀, same as above, 10-18.Ⅳ.1980, Shu-Zhi REN leg.

Distribution: China (Hainan, Yunnan).

(25) *Deraeocoris* (*Deraeocoris*) *xinanensis* Liu *et* Xu, sp. nov. (fig. 167; pl. ⅩⅤ: 233)

Diagnosis: Similar to *D.* (*D.*) *yasunagai* Nakatani, new species can be identified by commissural margin reddish brown and the shape of male genitalia.

Description: Body oblong, pale yellow, shiny.

Head yellowish brown; vertex width 1.43-1.68x width of eye; eyes red; posterior margin cristatus; antennae pale yellow, covered with pale semierect short setae, segment Ⅰ cylindrical, with irregular red maculations, length 1.79x vertex width; segment Ⅱ linear, brown at apical portion, length 2.03-2.09x width of head; segments Ⅲ and Ⅳ slender, yellowish brown, brown at apical portion of segment Ⅳ; labium yellowish brown and brown at the end, reaching to mesocoxa.

Pronotum pale yellowish brown, shining; with reddish brown punctures, without setae; calli smooth, not risen, each other never contacting; collar yellowish brown, shiny.

Scutellum pale yellowish brown, smooth and without punctate.

Hemelytra pale yellow, with reddish brown punctures, red at middle of corium; dark reddish brown at inner lateral margin of the clavus; without punctures and apical red at cuneus; membrane fumose, hyaline, vein red.

Leg yellowish brown; red at 1/3 of apical portion of hind femur.

Venter reddish brown, covered with semierect pale short pappus. Ostiolar peritreme yellowish white.

Male genitalia: Left paramere large, sensory lobe slightly swelling, hypophysis wider, bend and hook at the end; right paramere slender, sensory lobe not clear, small hook shape at the end; vesica with 5 sclerotized appendages.

Measurements (mm): Body length 5.3-5.4, width 2.3-2.4; head width 0.91-0.92, interocular space 0.38-0.42; length of antennal segments Ⅰ:Ⅱ:Ⅲ:Ⅳ=0.68-0.75:1.85-1.92: 0.81-0.91:0.65-0.70; pronotum length 1.22-1.25, width 1.82-1.92; cuneus length 0.83-0.94; length of commissural margin 0.94-0.96.

Etymology: Referring to the Southwest of Yunnan Province in which the type locality situated.

Type material: Holotype ♂, Caiyang River National Forest Park, Simao, Yunnan Province, China, alt. 1200m, 23.Ⅴ.2000, Wen-Jun BU leg. Paratypes: 1♀, same as holotype; 1♀, Caiyang River Luoluo Xinzhai Mt., Simao, Yunnan Province, China, alt. 1500m, 25.Ⅴ.2000, light trap, Wen-Jun Bu leg.; 2♂, Fangjia Qing, Ailao Mt., Yunnan Province, China, 14.Ⅴ.1984, Le-Yi ZHENG leg.

Distribution: China (Yunnan).

(26) *Deraeocoris* (*Deraeocoris*) *zhengi* Liu *et* Xu, sp. nov. (fig. 169; pl. ⅩⅤ: 235)

Diagnosis: Similar in appearance to *D. (D.) plebejus* Poppius, but can be distinguished from the latter by the interocular space 1.35x width of eye, antennal segment Ⅰ 1.46x interocular space and pronotum mostly forerake. The shape of male genitalia and body colour are different also.

Description: *Male.* Body oblong, bronze, shiny, covered with black brown punctation, without setae.

Head shiny, yellowish brown; interocular space 1.35x width of eye; eyes black; posterior margin cristatus; antennal segment Ⅰ cylindrical, pale yellowish brown, with irregular black maculations at base and middle, length 1.46x interocular space; antennal segment Ⅱ linear, pale reddish brown, black apically, brown at apical portion, length 1.94x width of head; segments Ⅲ and Ⅳ slender, yellowish brown, brown at apical portion of segment Ⅳ; labium yellowish brown and brown at the end, reaching to posterior margin of mesocoxa.

Pronotum bronze, mostly forerake, covered with dense black punctations; lateral margin near straight; collar orange red, shining, posterior margin shiny; calli reddish brown and slight yellowish, smooth, slightly risen, each other contacting; with marked sunken and dense punctations between calli.

Scutellum yellowish brown basally, black apically; scutellum obvious lower than pronotal posterior margin in lateral view.

Hemelytra bronze; with sparse punctations on the back of corium and embolium; cuneus orange red, near without punctures; membrane pale reddish brown, margin of vein black, vein red.

Femur pale yellowish brown; with two red rings at apical portion of femur; tibia reddish brown, with 3 pale yellowish brown rings; covered with dense pale semierect short setae and a few reddish brown, thick, short setae; tarsus reddish brown, covered with dense pale semierect short setae; claw reddish brown.

Venter black, covered with semierect pale short setae. Ostiolar peritreme yellow, pale yellowish brown basally.

Male genitalia: Left paramere large, with a near circular and a handle projection on lateral side of a sensory lobe, hypophysis bending, apex round; right paramere small, sensory lobe not clear, small hook-shaped at the end; vesica with 4 sclerotized appendages.

Measurements (mm): Body length 4.93, width 2.21; head width 0.96; interocular space 0.39; length of antennal segments Ⅰ:Ⅱ:Ⅲ:Ⅳ=0.57:1.86:0.64:0.42; pronotum length 1.00, width 2.00; cuneus length 0.86; length of commissural margin 0.93.

Etymology: Named in family name of Prof. Le-Yi Zheng, a Chinese entomologist. To commemorate his prominent contribution to Hemiptera research.

Type material: Holotype ♂, Lüchun County, Yunnan Province, China, alt. 1900m, 30.Ⅴ.1996, Le-Yi ZHENG leg.

Distribution: China (Yunnan).

Knightocapsus Wagner, 1963

Deraeocoris (*Knightocapsus*) *elegantulus* Horváth, 1905

Plexaris Kirkaldy, 1902

Key to species

1. Body covered with light colour long hairs·· *D. (P.) pilipes*
   Not as above ···2
2. Scutellum yellow-white ··*D. (P.) albidus* sp. nov.
   Scutellum yellow-brown or black brown ···3
3. Scutellum lateral margin light colour ······································*D. (P.) claspericapilatus*
   Scutellum lateral margin black brown ···································· *D. (P.) apicatus*

(27) *Deraeocoris* (*Plexaris*) *albidus* Liu *et* Xu, sp. nov. (fig. 170; pl. ⅩⅤ: 237)

Diagnosis: Similar to *D. (P.) claspericapilatus* Kulik, new species can be identified by large body, red and scutellum smooth, yellowish white.

Description: Body oblong, red, smooth, with brown punctures.

Head reddish brown; interocular space 0.96-1.58x width of eye; eyes red; posterior margin cristatus; antennae thick, covered with pale semierect short setae, segment Ⅰ brown, cylindrical, length 0.67-0.91x interocular space; segment Ⅱ linear, brown at apical portion, length 1.35-1.53x width of head; segment Ⅲ brown, yellow at base; segment Ⅳ slender, yellowish brown, brown at apical portion of segment Ⅳ; clypeus reddish brown and blackish brown at the end, labium reaching to end of mesosternum.

Pronotum reddish brown, with brown punctures; calli smooth, blackish brown, risen, each other contacting; collar reddish brown, covered with pruinose villi.

Scutellum yellowish white, risen, smooth and without punctation.

Hemelytra reddish brown, with brown punctures, corium and embolium almost without punctation, membrane brown.

Leg reddish brown, with yellow rings at middle and subbase of tibia.

Venter reddish brown, covered with semierect pale short pappus. Ostiolar peritreme reddish brown.

Male genitalia: Left paramere sensory lobe slightly swelling, covered with sparse pale hairs, hypophysis wider, foot shape at the end; right paramere slender, sensory lobe not clear, wide shape at the end; vesica with 2 sclerotized appendages.

Measurements (mm): Body length 3.70-3.90, width 1.74-2.21; head width 0.88-0.90, interocular space 0.29-0.39; length of antennal segments I : II :III:IV=0.26-0.27:1.20-1.35: 0.36-0.40:0.36; pronotum length 0.94-0.96, width 1.64-1.72; cuneus length 0.65-0.70; length of commissural margin 0.57-0.78.

Etymology: Named in the scutellum yellow white.

Type material: Holotype ♂, Simao Area, Pu'er City, Yunnan Province, China, alt. 1300m, 15.V.2001, Wen-Jun BU leg. Paratypes: 1♂1♀, Simao Area, Pu'er City, Yunnan Province, China, alt. 1500m, 19.V.2000, Wen-Jun BU leg.; 1♂, same as above, 26.V.2000, Le-Yi ZHENG leg., light trap; 1♀, Ruili Rare Botanic Garden, Ruili City, Yunnan Province, China, alt. 1160m, 28.VII.2006, Cui-Qing GAO leg.; 1♀, Nongdao, Ruili City, Yunnan Province, China, 1.VIII.2006, Peng-Zhi DONG leg.

Distribution: China (Yunnan).

Dortus Distant, 1910

Key to species

Pronotum trapezoidal ··· ***D. chinai***

Pronotum campanulate ··· ***D. primarius***

Fingulus Distant, 1904

Key to species

1. Antennal segment II clavate ·· ***F. apoensis***

   Antennal segment II linear·· 2

2. Ostiolar peritreme light colour ·· 3

   Ostiolar peritreme brown ·· 6

3. Length of antennal segment II shorter than pronotal width ···················· 4

Length of antennal segment II longer than pronotal width ·· *F. inflatus*

4. Pronotum with pale spines ··5

  Pronotum with brown spines ··· *F. collaris*

5. Hind tibia with a red-brown ring at base··· *F. ruficeps*

  Not as above ·· *F. umbonatus*

6. Femur unicolor yellowish brown ··· *F. porrecta*

  Femur black brown ··7

7. Body red-brown ·· *F. longicornis*

  Body black-brown ·· *F. brevirostris*

Paranix Hsiao *et* Ren, 1983

Paranix bicolor **Hsiao *et* Ren, 1983**

Hyaliodini Carvalho *et* Drake, 1943

Stethoconus Flor, 1861

Key to species

1. Antennal segment I light colour ···2

  Antennal segment I black ···3

2. Scutellum with two white maculations··· *S. japonicus*

  Scutellum without maculation, black··· *S. pyri*

3. Scutellum without maculation, red-brown··· *S. praefectus*

  Scutellum with two yellow-white maculations ··· *S. rhoksane*

Surinamellini Carvalho *et* Rosas, 1962

Key to genera

Calli flat ·· *Apilophorus*

Calli spiniform·· *Nicostratus*

Apilophorus Hsiao *et* Ren, 1983

Apilophorus fasciatus **Hsiao *et* Ren, 1983**

Nicostratus Distant, 1904

Key to species

Scutellum spiniform, without punctations, smooth ·· *N. sinicus*

Scutellum tuberculiform, sparse punctations ·· *N. frontmaculus*

Termatophylini Carvalho, 1952

Termatophylum Reuter, 1884

Key to species

1. Antennal segment Ⅱ clavate ··· *T. orientale*

    Antennal segment Ⅱ linear·· 2

2. Scutellum yellow-brown ··· *T. yunnanum*

    Not as above ··· 3

3. Ostiolar peritreme yellow-brown ·· *T. hikosanum*

    Ostiolar peritreme red-brown··· *T. montanum*

Ⅳ. Isometopinae Fieber, 1860

Key to tribes

1. Calli not clear or without··· Isometopini

    Calli obvious··· 2

2. Claw with tooth near apical portion ··· 3

    Claw without tooth near apical portion ·· Gigantometopini

3. Antennal segment Ⅱ conspicuously enlarged, spoon-like or spatulate ····················· Sophianini

    Antennal segment Ⅱ not as above ··· Myiommini

Gigantometopini Herczek, 1993

Astroscopometopus Yasunaga *et* Hayashi, 2002

Astroscopometopus formosanus (Lin, 2004)

Isometopini Henry, 1980

Key to genera

Posterior margin of vertex covering pronotal anterior margin in dorsal view ··················*Paloniella*

Posterior margin of vertex not covering pronotal anterior margin in dorsal view ············· *Isometopus*

Isometopus Fieber, 1860

Key to species

1. With commissural margin ···2

   Without commissural margin ··3

2. Head without punctations, with black maculations around ocelli ·······························*I. hainanus*

   Head with small punctations, without maculations around ocelli ······························· *I. citri*

3. Rostrum extending to abdomen ··4

   Rostrum extending to hind coxa ···5

4. Frons with clear sports ··6

   Frons without sports ···7

5. Cuneus base outboard margin far away from corium ·······································*I. marginatus*

   Cuneus base outboard margin joining corium ··· 10

6. Interocellar space larger than diameter of ocellus; length of pronotal anterior margin equal to it's length ·····

   ···*I. fasciatus*

   Interocellar space equal to diameter of ocellus; length of pronotal anterior margin larger than pronotal

   length ··*I. nigrosignatus*

7. Hemelytra semitransparent ···8

   Hemelytra not semitransparent···9

8. Interocellar space longer than diameter of ocellus ··*I. renae*

   Interocellar space shorter than diameter of ocellus·· *I. lini*

9. Lower frons carinate···*I. tianjinus*

   Lower frons not carinate ··*I. beijingensis*

10. With narrow edge under the frons ·· 11

    Without narrow edge under the frons ···*I. bipunctatus*

11. Vertex depressed at ocelli ··*I. shaowuensis*

    Not as above ·· 12

12. Antennae covered with slightly sparse long hairs ··*I. puberus*

    Antennae without sparse long hairs ··*I. hasegawai*

Paloniella Poppius, 1915

Key to species

1. Body without maculations ···2
   Body with clear maculations ··3
2. Antennae with yellow ring; clavus extending to apex of scutellum ··············· *P. annulata*
   Antennae without yellow ring; clavus not extending to apex of scutellum ······· *P. parallela*
3. Frons with clear brown sports; corium base with light sports ···················· *P. xizangana*
   Frons without sports; corium base without any sports ··························· *P. montana*

Myiommini Bergroth, 1924

Key to the genera

1. Body oval ·· *Myiomma*
   Body long or elongate oval ···2
2. Pronotum not flat; hemelytra not transparent ······························· *Isometopidea*
   Pronotum flat; hemelytra semitransparent ··· *Totta*

Isometopidea Poppius, 1913

Key to species

Membrane with one cell ·· *I. yangi*
Membrane with two cells ··· *I. lieweni*

Myiomma Puton, 1872

Key to species

1. Eyes each other contacting ··2
   Eyes each other not contacting ··· *M. altica*
2. Scutellum dark brown ··3
   Scutellum apically white ···4
3. Rostrum reaching posterior margin of abdominal sterna Ⅰ ················· *M. qinlingensis*
   Rostrum reaching abdominal sterna Ⅳ ·· *M. zhengi*
4. Scutellum rugose, apically white except for extreme apex black ············· *M. choui*
   Not as above ··5
5. Frons and clypeus partly tinged with orange-red ···························· *M. austroccidens*
   Frons and clypeus mostly sanguineous ··· *M. kentingense*

Totta Ghauri *et* Ghauri, 1983

Key to species

Cuneus suture not clear; interocellar space larger than diameter of ocellus ·················· ***T. rufercorna***

Cuneus suture clear; interocellar space equal to diameter of ocellus ···························· ***T. puspae***

Sophianini Yasunaga, Yamada *et* Tsai, 2017

Key to genera

Antennal segments Ⅰ and Ⅱ antler shaped ··· ***Alcecoris***

Not as above ·· ***Sophianus***

Alcecoris McAtee *et* Malloch, 1924

Key to species

1. Antennal segment Ⅱ gradually wide from base toward apex, flat ······················ ***A. linyangorum***

   Antennal segment Ⅱ suddenly wide from base, not flat ······························· 2

2. Antennal segment Ⅰ with spines ··· ***A. formosanus***

   Antennal segment Ⅰ without spines ·· ***A. fraxinusae***

Sophianus Distant, 1904

Key to species

Eyes each other not contacting; femur with small brown spots ····························· ***S. lamellatus***

Eyes each other contacting; femur without brown spots ································· ***S. kerzhneri***

Ⅴ. Psallopinae Schuh, 1976

Psallops Usinger, 1946

Key to species

Male:

1. Hemelytra without obvious dark spots; scutellum dark entirely, without pale yellow-white area ············
   ·· ***P. badius* sp. nov.**

   Hemelytra covered with dense small dark circular spots; scutellum with apical half pale more or less ···· 2

2. Maculations pale brown on hemelytra, weakly contrast to pale area; vesica with a staghorn sclerite ·······
   ·· ***P. formosanus***

Maculations dark brown on hemelytra, obviously contrast to pale area; vesica without staghorn sclerite ·····3

3.　Clavus pale basally ·· *P. myiocephalus*

　　Clavus dark brown basally··· *P. luteus*

Female:

1.　Maculations pale brown on hemelytra, obvious paler than pronotum, weakly contrast to pale area ·········

　　·· *P. formosanus*

　　Maculations dark brown on hemelytra, the same color with pronotum, or slightly paler than pronotum,

　　obviously contrast to pale area ···2

2.　Clavus pale basally ··· *P. myiocephalus*

　　Clavus dark brown basally··· *P. chinensis*

(28) *Psallops badius* Liu *et* Mu, sp. nov. (fig. 213; pl. XⅦ: 271)

Diagnosis: This species is red-brown, and different from other species of *Psallops*; similar in appearance to *P. fulvioides* Yasunaga *et* Yamada, but can be distinguished from the latter by the hemelytra without milk white area, the cuneus pale brown, with apical half orange and with basal half of outer margin red.

Description: *Male*: Body small size, oval, dark reddish brown, covered with black long suberect setae.

Head wide triangular, with apex sharp, oblique dipping in lateral view, reddish brown, covered with pale, long and erect setae; vertex shining, posterior margin yellow brown, interocular space being 1.13x eye width, posterior margin carina distinct; eyes large, posterior margin across posterior margin carina of vertex in dorsal view, inferior margin across inferior margin of head in lateral view, reddish brown, covered with pale short setae; frons convex, shining, dark red-brown; clypeus subvertical, slightly convex in lateral view, red-brown, with a wide yellow-brown loop mesially, covered with pale long setae; buccula slender, shining, pale yellow brown. Rostrum brown, apex pale brown, apex reaching metacoxa. Antennae yellow brown, covered with pale brown long setae, segment Ⅰ cylindrical, with base constricted, middle paler; segment Ⅱ slender, apex pale yellow-white; segment Ⅲ and Ⅳ absent.

Pronotum campaniform, slightly dipping, dark reddish brown, covered with brown, long and suberect setae, shining, anterior margin slightly convex, lateral margin convex, posterior lateral angles blunt, posterior margin concave; collar wide medially in dorsal view, narrower toward lateral side, extremely narrow in lateral view; calli flat, unconspicuous.

Mesoscutum exposed broad, pale red-brown, covered with brown long setae. Scutellum triangular, slightly convex in lateral view, pale red-brown entirely, covered with brown long setae.

Hemelytra infuscate, with base pale red-brown, covered with dense brown long setae, base of setae with pale brown spot; apex of embolium, basal half of outer margin of cuneus reddish brown, cuneus with apical 1/3 orange brown; membrane infuscate, vein brown.

Legs yellow brown, covered with pale long setae, fore coxa dark brown, meso- and meta-coxa yellow-brown; femur yellow-brown, metafemur incrassate, flatten laterally, with apex reddish; tibiae yellow-brown, basal half of metatibiae reddish ventrally, spines on tibiae yellow-brown, base without patch.

Abdomen red-brown, shining, covered with pale long setae. Ostiolar peritreme red-brown.

Male genitalia: Pygophore red-brown, shining, covered with dense pale long setae, length approximately 1/3 of abdomen length. Vesica simple, membranous, broad, tapering toward apex, without any sclerotized appendage. Left paramere broad, curved, apical half twisty, tapering toward apex, basal half with a fingerlike protuberance; right paramere short and slender.

Female: Unknown.

Measurements (mm): Body length 3.03, width 1.14; head length 0.21, width 0.50; interocular space 0.18; eyes width 0.16; length of antennal segments $I:II:III:IV=0.23:0.83:?:?$; pronotum length 0.36, posterior margin width 0.96; scutellum length 0.36, basal width 0.44; embolium length 1.47; cuneus length 0.44, basal width 0.36.

Etymology: Named in the body coloration black brown entirely.

Type specimens: Holotype ♂, Diaoluo Mountain, Lingshui Li Autonomous County, Hainan Province, China, alt. 250m, 12.Ⅷ.2008, light trap, Bo CAI, Geng-Ping ZHU leg. (Deposited in Institute of Entomology, Nankai University).

Distributions: China (Hainan).

中 名 索 引

（按汉语拼音排序）

学 名 索 引

《中国动物志》已出版书目

《中国动物志》

两栖纲 下卷 无尾目 蛙科 费梁、胡淑琴、叶昌媛、黄永昭等 2009，888 页，337 图，16 图版。

硬骨鱼纲 鲽形目 李思忠、王惠民 1995，433 页，170 图。

硬骨鱼纲 鲇形目 褚新洛、郑葆珊、戴定远等 1999，230 页，124 图。

硬骨鱼纲 鲤形目(中) 陈宜瑜等 1998，531 页，257 图。

硬骨鱼纲 鲤形目(下) 乐佩绮等 2000，661 页，340 图。

硬骨鱼纲 鲟形目 海鲢目 鲱形目 鼠鱚目 张世义 2001，209 页，88 图。

硬骨鱼纲 灯笼鱼目 鲸口鱼目 骨舌鱼目 陈素芝 2002，349 页，135 图。

硬骨鱼纲 鲀形目 海蛾鱼目 喉盘鱼目 鮟鱇目 苏锦祥、李春生 2002，495 页，194 图。

硬骨鱼纲 鲉形目 金鑫波 2006，739 页，287 图。

硬骨鱼纲 鲈形目(四) 刘静等 2016，312 页，142 图，15 图版。

硬骨鱼纲 鲈形目(五) 虾虎鱼亚目 伍汉霖、钟俊生等 2008，951 页，575 图，32 图版。

硬骨鱼纲 鳗鲡目 背棘鱼目 张春光等 2010，453 页，225 图，3 图版。

硬骨鱼纲 银汉鱼目 鳉形目 颌针鱼目 蛇鳚目 鳕形目 李思忠、张春光等 2011，946 页，345 图。

圆口纲 软骨鱼纲 朱元鼎、孟庆闻等 2001，552 页，247 图。

昆虫纲 第一卷 蚤目 柳支英等 1986，1334 页，1948 图。

昆虫纲 第二卷 鞘翅目 铁甲科 陈世骧等 1986，653 页，327 图，15 图版。

昆虫纲 第三卷 鳞翅目 圆钩蛾科 钩蛾科 朱弘复、王林瑶 1991，269 页，204 图，10 图版。

昆虫纲 第四卷 直翅目 蝗总科 癞蝗科 瘤锥蝗科 锥头蝗科 夏凯龄等 1994，340 页，168 图。

昆虫纲 第五卷 鳞翅目 蚕蛾科 大蚕蛾科 网蛾科 朱弘复、王林瑶 1996，302 页，234 图，18 图版。

昆虫纲 第六卷 双翅目 丽蝇科 范滋德等 1997，707 页，229 图。

昆虫纲 第七卷 鳞翅目 祝蛾科 武春生 1997，306 页，74 图，38 图版。

昆虫纲 第八卷 双翅目 蚊科(上) 陆宝麟等 1997，593 页，285 图。

昆虫纲 第九卷 双翅目 蚊科(下) 陆宝麟等 1997，126 页，57 图。

昆虫纲 第十卷 直翅目 蝗总科 斑翅蝗科 网翅蝗科 郑哲民、夏凯龄 1998，610 页，323 图。

昆虫纲 第十一卷 鳞翅目 天蛾科 朱弘复、王林瑶 1997，410 页，325 图，8 图版。

昆虫纲 第十二卷 直翅目 蚱总科 梁络球、郑哲民 1998，278 页，166 图。

昆虫纲 第十三卷 半翅目 姬蝽科 任树芝 1998，251 页，508 图，12 图版。

昆虫纲 第十四卷 同翅目 纩蚜科 瘿绵蚜科 张广学、乔格侠、钟铁森、张万玉 1999，380 页，121 图，17+8 图版。

昆虫纲 第十五卷 鳞翅目 尺蛾科 花尺蛾亚科 薛大勇、朱弘复 1999，1090 页，1197 图，25 图版。

昆虫纲 第十六卷 鳞翅目 夜蛾科 陈一心 1999，1596 页，701 图，68 图版。

昆虫纲 第十七卷 等翅目 黄复生等 2000，961 页，564 图。

昆虫纲 第十八卷 膜翅目 茧蜂科(一) 何俊华、陈学新、马云 2000，757 页，1783 图。

昆虫纲 第十九卷 鳞翅目 灯蛾科 方承莱 2000，589 页，338 图，20 图版。

昆虫纲 第二十卷 膜翅目 准蜂科 蜜蜂科 吴燕如 2000，442页，218图，9图版。

昆虫纲 第二十一卷 鞘翅目 天牛科 花天牛亚科 蒋书楠、陈力 2001，296页，17图，18图版。

昆虫纲 第二十二卷 同翅目 蚧总科 粉蚧科 绒蚧科 蜡蚧科 链蚧科 盘蚧科 壶蚧科 仁蚧科 王子清 2001，611页，188图。

昆虫纲 第二十三卷 双翅目 寄蝇科(一) 赵建铭、梁恩义、史永善、周士秀 2001，305页，183图，11图版。

昆虫纲 第二十四卷 半翅目 毛唇花蝽科 细角花蝽科 花蝽科 卜文俊、郑乐怡 2001，267页，362图。

昆虫纲 第二十五卷 鳞翅目 凤蝶科 凤蝶亚科 锯凤蝶亚科 绢蝶亚科 武春生 2001，367页，163图，8图版。

昆虫纲 第二十六卷 双翅目 蝇科(二) 棘蝇亚科(一) 马忠余、薛万琦、冯炎 2002，421页，614图。

昆虫纲 第二十七卷 鳞翅目 卷蛾科 刘友樵、李广武 2002，601页，16图，136+2图版。

昆虫纲 第二十八卷 同翅目 角蝉总科 犁胸蝉科 角蝉科 袁锋、周尧 2002，590页，295图，4图版。

昆虫纲 第二十九卷 膜翅目 螯蜂科 何俊华、许再福 2002，464页，397图。

昆虫纲 第三十卷 鳞翅目 毒蛾科 赵仲苓 2003，484页，270图，10图版。

昆虫纲 第三十一卷 鳞翅目 舟蛾科 武春生、方承莱 2003，952页，530图，8图版。

昆虫纲 第三十二卷 直翅目 蝗总科 槌角蝗科 剑角蝗科 印象初、夏凯龄 2003，280页，144图。

昆虫纲 第三十三卷 半翅目 盲蝽科 盲蝽亚科 郑乐怡、吕楠、刘国卿、许兵红 2004，797页，228图，8图版。

昆虫纲 第三十四卷 双翅目 舞虻总科 舞虻科 螳舞虻亚科 驼舞虻亚科 杨定、杨集昆 2004，334页，474图，1图版。

昆虫纲 第三十五卷 革翅目 陈一心、马文珍 2004，420页，199图，8图版。

昆虫纲 第三十六卷 鳞翅目 波纹蛾科 赵仲苓 2004，291页，153图，5图版。

昆虫纲 第三十七卷 膜翅目 茧蜂科(二) 陈学新、何俊华、马云 2004，581页，1183图，103图版。

昆虫纲 第三十八卷 鳞翅目 蝙蝠蛾科 蛱蛾科 朱弘复、王林瑶、韩红香 2004，291页，179图，8图版。

昆虫纲 第三十九卷 脉翅目 草蛉科 杨星科、杨集昆、李文柱 2005，398页，240图，4图版。

昆虫纲 第四十卷 鞘翅目 肖叶甲科 肖叶甲亚科 谭娟杰、王书永、周红章 2005，415页，95图，8图版。

昆虫纲 第四十一卷 同翅目 斑蚜科 乔格侠、张广学、钟铁森 2005，476页，226图，8图版。

昆虫纲 第四十二卷 膜翅目 金小蜂科 黄大卫、肖晖 2005，388页，432图，5图版。

昆虫纲 第四十三卷 直翅目 蝗总科 斑腿蝗科 李鸿昌、夏凯龄 2006，736页，325图。

昆虫纲 第四十四卷 膜翅目 切叶蜂科 吴燕如 2006，474页，180图，4图版。

无脊椎动物　第二十九卷　腹足纲　原始腹足目　马蹄螺总科　董正之　2002, 210 页, 176 图, 2 图版。

无脊椎动物　第三十卷　甲壳动物亚门　短尾次目　海洋低等蟹类　陈惠莲、孙海宝　2002, 597 页, 237 图, 4 彩色图版, 12 黑白图版。

无脊椎动物　第三十一卷　双壳纲　珍珠贝亚目　王祯瑞　2002, 374 页, 152 图, 7 图版。

无脊椎动物　第三十二卷　多孔虫纲　罩笼虫目　稀孔虫纲　稀孔虫目　谭智源、宿星慧　2003, 295 页, 193 图, 25 图版。

无脊椎动物　第三十三卷　多毛纲(二)　沙蚕目　孙瑞平、杨德渐　2004, 520 页, 267 图, 1 图版。

无脊椎动物　第三十四卷　腹足纲　鹑螺总科　张素萍、马绣同　2004, 243 页, 123 图, 5 图版。

无脊椎动物　第三十五卷　蛛形纲　蜘蛛目　肖蛸科　朱明生、宋大祥、张俊霞　2003, 402 页, 174 图, 5 彩色图版, 11 黑白图版。

无脊椎动物　第三十六卷　甲壳动物亚门　十足目　匙指虾科　梁象秋　2004, 375 页, 156 图。

无脊椎动物　第三十七卷　软体动物门　腹足纲　巴锅牛科　陈德牛、张国庆　2004, 482 页, 409 图, 8 图版。

无脊椎动物　第三十八卷　毛颚动物门　箭虫纲　萧贻昌　2004, 201 页, 89 图。

无脊椎动物　第三十九卷　蛛形纲　蜘蛛目　平腹蛛科　宋大祥、朱明生、张锋　2004, 362 页, 175 图。

无脊椎动物　第四十卷　棘皮动物门　蛇尾纲　廖玉麟　2004, 505 页, 244 图, 6 图版。

无脊椎动物　第四十一卷　甲壳动物亚门　端足目　钩虾亚目(一)　任先秋　2006, 588 页, 194 图。

无脊椎动物　第四十二卷　甲壳动物亚门　蔓足下纲　围胸总目　刘瑞玉、任先秋　2007, 632 页, 239 图。

无脊椎动物　第四十三卷　甲壳动物亚门　端足目　钩虾亚目(二)　任先秋　2012, 651 页, 197 图。

无脊椎动物　第四十四卷　甲壳动物亚门　十足目　长臂虾总科　李新正、刘瑞玉、梁象秋等　2007, 381 页, 157 图。

无脊椎动物　第四十五卷　纤毛门　寡毛纲　缘毛目　沈韫芬、顾曼如　2016, 502 页, 164 图, 2 图版。

无脊椎动物　第四十六卷　星虫动物门　螠虫动物门　周红、李凤鲁、王玮　2007, 206 页, 95 图。

无脊椎动物　第四十七卷　蛛形纲　蜱螨亚纲　植绥螨科　吴伟南、欧剑峰、黄静玲　2009, 511 页, 287 图, 9 图版。

无脊椎动物　第四十八卷　软体动物门　双壳纲　满月蛤总科　心蛤总科　厚壳蛤总科　鸟蛤总科　徐凤山　2012, 239 页, 133 图。

无脊椎动物　第四十九卷　甲壳动物亚门　十足目　梭子蟹科　杨思谅、陈惠莲、戴爱云　2012, 417 页, 138 图, 14 图版。

无脊椎动物　第五十卷　缓步动物门　杨潼　2015, 279 页, 131 图, 5 图版。

无脊椎动物　第五十一卷　线虫纲　杆形目　圆线亚目(二)　张路平、孔繁瑶　2014, 316 页, 97 图, 19 图版。

无脊椎动物　第五十二卷　扁形动物门　吸虫纲　复殖目（三）　邱兆祉等　2018, 746 页, 401 图。

无脊椎动物　第五十三卷　蛛形纲　蜘蛛目　跳蛛科　彭贤锦　2020, 612 页, 392 图。

无脊椎动物　第五十四卷　环节动物门　多毛纲(三)　缨鳃虫目　孙瑞平、杨德渐　2014，493 页，239 图，2 图版。

无脊椎动物　第五十五卷　软体动物门　腹足纲　芋螺科　李凤兰、林民玉　2016，288 页，168 图，4 图版。

无脊椎动物　第五十六卷　软体动物门　腹足纲　凤螺总科、玉螺总科　张素萍　2016，318 页，138 图，10 图版。

无脊椎动物　第五十七卷　软体动物门　双壳纲　樱蛤科　双带蛤科 徐凤山、张均龙　2017，236 页，50 图，15 图版。

无脊椎动物　第五十八卷　软体动物门　腹足纲　艾纳螺总科 吴岷　2018，300 页，63 图，6 图版。

无脊椎动物　第五十九卷　蛛形纲　蜘蛛目　漏斗蛛科　暗蛛科 朱明生、王新平、张志升　2017，727 页，384 图，5 图版。

无脊椎动物　第六十二卷　软体动物门　腹足纲　骨螺科 张素萍　2022，428 页，250 图。

《中国经济动物志》

兽类　寿振黄等　1962，554 页，153 图，72 图版。

鸟类　郑作新等　1963，694 页，10 图，64 图版。

鸟类(第二版)　郑作新等　1993，619 页，64 图版。

海产鱼类　成庆泰等　1962，174 页，25 图，32 图版。

淡水鱼类　伍献文等　1963，159 页，122 图，30 图版。

淡水鱼类寄生甲壳动物　匡溥人、钱金会　1991，203 页，110 图。

环节(多毛纲)　棘皮　原索动物　吴宝铃等　1963，141 页，65 图，16 图版。

海产软体动物　张玺、齐钟彦　1962，246 页，148 图。

淡水软体动物　刘月英等　1979，134 页，110 图。

陆生软体动物　陈德牛、高家祥　1987，186 页，224 图。

寄生蠕虫　吴淑卿、尹文真、沈守训　1960，368 页，158 图。

《中国经济昆虫志》

第一册　鞘翅目　天牛科　陈世骧等　1959，120 页，21 图，40 图版。

第二册　半翅目　蝽科　杨惟义　1962，138 页，11 图，10 图版。

第三册　鳞翅目　夜蛾科(一)　朱弘复、陈一心　1963，172 页，22 图，10 图版。

第四册　鞘翅目　拟步行虫科　赵养昌　1963，63 页，27 图，7 图版。

第五册　鞘翅目　瓢虫科　刘崇乐　1963，101 页，27 图，11 图版。

第六册　鳞翅目　夜蛾科(二)　朱弘复等　1964，183 页，11 图版。

第七册　鳞翅目　夜蛾科(三)　朱弘复、方承莱、王林瑶　1963，120 页，28 图，31 图版。

第八册　等翅目　白蚁　蔡邦华、陈宁生，1964，141 页，79 图，8 图版。

第九册　膜翅目　蜜蜂总科　吴燕如　1965，83 页，40 图，7 图版。

第十册　同翅目　叶蝉科　葛钟麟　1966，170 页，150 图。

第十一册　鳞翅目　卷蛾科(一)　刘友樵、白九维　1977，93页，23图，24图版。

第十二册　鳞翅目　毒蛾科　赵仲苓　1978，121页，45图，18图版。

第十三册　双翅目　蠓科　李铁生　1978，124页，104图。

第十四册　鞘翅目　瓢虫科(二)　庞雄飞、毛金龙　1979，170页，164图，16图版。

第十五册　蜱螨目　蜱总科　邓国藩　1978，174页，707图。

第十六册　鳞翅目　舟蛾科　蔡荣权　1979，166页，126图，19图版。

第十七册　蜱螨目　革螨股　潘综文、邓国藩　1980，155页，168图。

第十八册　鞘翅目　叶甲总科(一)　谭娟杰、虞佩玉　1980，213页，194图，18图版。

第十九册　鞘翅目　天牛科　蒲富基　1980，146页，42图，12图版。

第二十册　鞘翅目　象虫科　赵养昌、陈元清　1980，184页，73图，14图版。

第二十一册　鳞翅目　螟蛾科　王平远　1980，229页，40图，32图版。

第二十二册　鳞翅目　天蛾科　朱弘复、王林瑶　1980，84页，17图，34图版。

第二十三册　螨　目　叶螨总科　王慧芙　1981，150页，121图，4图版。

第二十四册　同翅目　粉蚧科　王子清　1982，119页，75图。

第二十五册　同翅目　蚜虫类(一)　张广学、钟铁森　1983，387页，207图，32图版。

第二十六册　双翅目　虻科　王遵明　1983，128页，243图，8图版。

第二十七册　同翅目　飞虱科　葛钟麟等　1984，166页，132图，13图版。

第二十八册　鞘翅目　金龟总科幼虫　张芝利　1984，107页，17图，21图版。

第二十九册　鞘翅目　小蠹科　殷惠芬、黄复生、李兆麟　1984，205页，132图，19图版。

第三十册　膜翅目　胡蜂总科　李铁生　1985，159页，21图，12图版。

第三十一册　半翅目(一)　章士美等　1985，242页，196图，59图版。

第三十二册　鳞翅目　夜蛾科(四)　陈一心　1985，167页，61图，15图版。

第三十三册　鳞翅目　灯蛾科　方承莱　1985，100页，69图，10图版。

第三十四册　膜翅目　小蜂总科(一)　廖定熹等　1987，241页，113图，24图版。

第三十五册　鞘翅目　天牛科(三)　蒋书楠、蒲富基、华立中　1985，189页，2图，13图版。

第三十六册　同翅目　蜡蝉总科　周尧等　1985，152页，125图，2图版。

第三十七册　双翅目　花蝇科　范滋德等　1988，396页，1215图，10图版。

第三十八册　双翅目　蠓科(二)　李铁生　1988，127页，107图。

第三十九册　蜱螨亚纲　硬蜱科　邓国藩、姜在阶　1991，359页，354图。

第四十册　蜱螨亚纲　皮刺螨总科　邓国藩等　1993，391页，318图。

第四十一册　膜翅目　金小蜂科　黄大卫　1993，196页，252图。

第四十二册　鳞翅目　毒蛾科(二)　赵仲苓　1994，165页，103图，10图版。

第四十三册　同翅目　蚧总科　王子清　1994，302页，107图。

第四十四册　蜱螨亚纲　瘿螨总科(一)　匡海源　1995，198页，163图，7图版。

第四十五册　双翅目　虻科(二)　王遵明　1994，196页，182图，8图版。

第四十六册　鞘翅目　金花龟科　斑金龟科　弯腿金龟科　马文珍　1995，210页，171图，5图版。

第四十七册　膜翅目　蚁科(一)　唐觉等　1995，134页，135图。

Serial Faunal Monographs Already Published

FAUNA SINICA

Mammalia vol. 6 Rodentia III: Cricetidae. Luo Zexun *et al.*, 2000. 514 pp., 140 figs., 4 pls.

Mammalia vol. 8 Carnivora. Gao Yaoting *et al.*, 1987. 377 pp., 44 figs., 10 pls.

Mammalia vol. 9 Cetacea, Carnivora: Phocoidea, Sirenia. Zhou Kaiya, 2004. 326 pp., 117 figs., 8 pls.

Aves vol. 1 part 1. Introductory Account of the Class Aves in China; part 2. Account of Orders listed in this Volume. Zheng Zuoxin (Cheng Tsohsin) *et al.*, 1997. 199 pp., 39 figs., 4 pls.

Aves vol. 2 Anseriformes. Zheng Zuoxin (Cheng Tsohsin) *et al.*, 1979. 143 pp., 65 figs., 10 pls.

Aves vol. 4 Galliformes. Zheng Zuoxin (Cheng Tsohsin) *et al.*, 1978. 203 pp., 53 figs., 10 pls.

Aves vol. 5 Gruiformes, Charadriiformes, Lariformes. Wang Qishan, Ma Ming and Gao Yuren, 2006. 644 pp., 263 figs., 4 pls.

Aves vol. 6 Columbiformes, Psittaciformes, Cuculiformes, Strigiformes. Zheng Zuoxin (Cheng Tsohsin), Xian Yaohua and Guan Guanxun, 1991. 240 pp., 64 figs., 5 pls.

Aves vol. 7 Caprimulgiformes, Apodiformes, Trogoniformes, Coraciiformes, Piciformes. Tan Yaokuang and Guan Guanxun, 2003. 241 pp., 36 figs., 4 pls.

Aves vol. 8 Passeriformes: Eurylaimidae-Irenidae. Zheng Baolai *et al.*, 1985. 333 pp., 103 figs., 8 pls.

Aves vol. 9 Passeriformes: Bombycillidae, Prunellidae. Chen Fuguan *et al.*, 1998. 284 pp., 143 figs., 4 pls.

Aves vol. 10 Passeriformes: Muscicapidae I: Turdinae. Zheng Zuoxin (Cheng Tsohsin), Long Zeyu and Lu Taichun, 1995. 239 pp., 67 figs., 4 pls.

Aves vol. 11 Passeriformes: Muscicapidae II: Timaliinae. Zheng Zuoxin (Cheng Tsohsin), Long Zeyu and Zheng Baolai, 1987. 307 pp., 110 figs., 8 pls.

Aves vol. 12 Passeriformes: Muscicapidae III Sylviinae Muscicapinae. Zheng Zuoxin, Lu Taichun, Yang Lan and Lei Fumin *et al.*, 2010. 439 pp., 121 figs., 4 pls.

Aves vol. 13 Passeriformes: Paridae, Zosteropidae. Li Guiyuan, Zheng Baolai and Liu Guangzuo, 1982. 170 pp., 68 figs., 4 pls.

Aves vol. 14 Passeriformes: Ploceidae and Fringillidae. Fu Tongsheng, Song Yujun and Gao Wei *et al.*, 1998. 322 pp., 115 figs., 8 pls.

Reptilia vol. 1 General Accounts of Reptilia. Testudoformes and Crocodiliformes. Zhang Mengwen *et al.*, 1998. 208 pp., 44 figs., 4 pls.

Reptilia vol. 2 Squamata: Lacertilia. Zhao Ermi, Zhao Kentang and Zhou Kaiya *et al.*, 1999. 394 pp., 54 figs., 8 pls.

Reptilia vol. 3 Squamata: Serpentes. Zhao Ermi *et al.*, 1998. 522 pp., 100 figs., 12 pls.

Amphibia vol. 1 General accounts of Amphibia, Gymnophiona, Urodela. Fei Liang, Hu Shuqin, Ye Changyuan and Huang Yongzhao *et al.*, 2006. 471 pp., 120 figs., 16 pls.

Amphibia vol. 2 Anura. Fei Liang, Hu Shuqin, Ye Changyuan and Huang Yongzhao *et al.*, 2009. 957 pp., 549 figs., 16 pls.

Amphibia vol. 3 Anura: Ranidae. Fei Liang, Hu Shuqin, Ye Changyuan and Huang Yongzhao *et al.*, 2009. 888 pp., 337 figs., 16 pls.

Osteichthyes: Pleuronectiformes. Li Sizhong and Wang Huimin, 1995. 433 pp., 170 figs.

Osteichthyes: Siluriformes. Chu Xinluo, Zheng Baoshan and Dai Dingyuan *et al.*, 1999. 230 pp., 124 figs.

Osteichthyes: Cypriniformes II. Chen Yiyu *et al.*, 1998. 531 pp., 257 figs.

Osteichthyes: Cypriniformes III. Yue Peiqi *et al.*, 2000. 661 pp., 340 figs.

Osteichthyes: Acipenseriformes, Elopiformes, Clupeiformes, Gonorhynchiformes. Zhang Shiyi, 2001. 209 pp., 88 figs.

Osteichthyes: Myctophiformes, Cetomimiformes, Osteoglossiformes. Chen Suzhi, 2002. 349 pp., 135 figs.

Osteichthyes: Tetraodontiformes, Pegasiformes, Gobiesociformes, Lophiiformes. Su Jinxiang and Li Chunsheng, 2002. 495 pp., 194 figs.

Ostichthyes: Scorpaeniformes. Jin Xinbo, 2006. 739 pp., 287 figs.

Ostichthyes: Perciformes IV. Liu Jing *et al.*, 2016. 312 pp., 143 figs., 15 pls.

Ostichthyes: Perciformes V: Gobioidei. Wu Hanlin and Zhong Junsheng *et al.*, 2008. 951 pp., 575 figs., 32 pls.

Ostichthyes: Anguilliformes Notacanthiformes. Zhang Chunguang *et al.*, 2010. 453 pp., 225 figs., 3 pls.

Ostichthyes: Atheriniformes, Cyprinodontiformes, Beloniformes, Ophidiiformes, Gadiformes. Li Sizhong and Zhang Chunguang *et al.*, 2011. 946 pp., 345 figs.

Cyclostomata and Chondrichthyes. Zhu Yuanding and Meng Qingwen *et al.*, 2001. 552 pp., 247 figs.

Insecta vol. 1 Siphonaptera. Liu Zhiying *et al.*, 1986. 1334 pp., 1948 figs.

Insecta vol. 2 Coleoptera: Hispidae. Chen Sicien *et al.*, 1986. 653 pp., 327 figs., 15 pls.

Insecta vol. 3 Lepidoptera: Cyclidiidae, Drepanidae. Chu Hungfu and Wang Linyao, 1991. 269 pp., 204 figs., 10 pls.

Insecta vol. 4 Orthoptera: Acrioidea: Pamphagidae, Chrotogonidae, Pyrgomorphidae. Xia Kailing *et al.*, 1994. 340 pp., 168 figs.

Insecta vol. 5 Lepidoptera: Bombycidae, Saturniidae, Thyrididae. Zhu Hongfu and Wang Linyao, 1996. 302 pp., 234 figs., 18 pls.

Insecta vol. 6 Diptera: Calliphoridae. Fan Zide *et al.*, 1997. 707 pp., 229 figs.

Insecta vol. 7 Lepidoptera: Lecithoceridae. Wu Chunsheng, 1997. 306 pp., 74 figs., 38 pls.

Insecta vol. 8 Diptera: Culicidae I. Lu Baolin *et al.*, 1997. 593 pp., 285 pls.

Insecta vol. 9 Diptera: Culicidae II. Lu Baolin *et al.*, 1997. 126 pp., 57 pls.

Insecta vol. 10 Orthoptera: Oedipodidae, Arcypteridae III. Zheng Zhemin and Xia Kailing, 1998. 610 pp.,

323 figs.

Insecta vol. 11 Lepidoptera: Sphingidae. Zhu Hongfu and Wang Linyao, 1997. 410 pp., 325 figs., 8 pls.

Insecta vol. 12 Orthoptera: Tetrigoidea. Liang Geqiu and Zheng Zhemin, 1998. 278 pp., 166 figs.

Insecta vol. 13 Hemiptera: Nabidae. Ren Shuzhi, 1998. 251 pp., 508 figs., 12 pls.

Insecta vol. 14 Homoptera: Mindaridae, Pemphigidae. Zhang Guangxue, Qiao Gexia, Zhong Tiesen and Zhang Wanfang, 1999. 380 pp., 121 figs., 17+8 pls.

Insecta vol. 15 Lepidoptera: Geometridae: Larentiinae. Xue Dayong and Zhu Hongfu (Chu Hungfu), 1999. 1090 pp., 1197 figs., 25 pls.

Insecta vol. 16 Lepidoptera: Noctuidae. Chen Yixin, 1999. 1596 pp., 701 figs., 68 pls.

Insecta vol. 17 Isoptera. Huang Fusheng *et al.*, 2000. 961 pp., 564 figs.

Insecta vol. 18 Hymenoptera: Braconidae I. He Junhua, Chen Xuexin and Ma Yun, 2000. 757 pp., 1783 figs.

Insecta vol. 19 Lepidoptera: Arctiidae. Fang Chenglai, 2000. 589 pp., 338 figs., 20 pls.

Insecta vol. 20 Hymenoptera: Melittidae and Apidae. Wu Yanru, 2000. 442 pp., 218 figs., 9 pls.

Insecta vol. 21 Coleoptera: Cerambycidae: Lepturinae. Jiang Shunan and Chen Li, 2001. 296 pp., 17 figs., 18 pls.

Insecta vol. 22 Homoptera: Coccoidea: Pseudococcidae, Eriococcidae, Asterolecaniidae, Coccidae, Lecanodiaspididae, Cerococcidae, Aclerdidae. Wang Tzeching, 2001. 611 pp., 188 figs.

Insecta vol. 23 Diptera: Tachinidae I. Chao Cheiming, Liang Enyi, Shi Yongshan and Zhou Shixiu, 2001. 305 pp., 183 figs., 11 pls.

Insecta vol. 24 Hemiptera: Lasiochilidae, Lyctocoridae, Anthocoridae. Bu Wenjun and Zheng Leyi (Cheng Loyi), 2001. 267 pp., 362 figs.

Insecta vol. 25 Lepidoptera: Papilionidae: Papilioninae, Zerynthiinae, Parnassiinae. Wu Chunsheng, 2001. 367 pp., 163 figs., 8 pls.

Insecta vol. 26 Diptera: Muscidae II: Phaoniinae I. Ma Zhongyu, Xue Wanqi and Feng Yan, 2002. 421 pp., 614 figs.

Insecta vol. 27 Lepidoptera: Tortricidae. Liu Youqiao and Li Guangwu, 2002. 601 pp., 16 figs., 2+136 pls.

Insecta vol. 28 Homoptera: Membracoidea: Aetalionidae and Membracidae. Yuan Feng and Chou Io, 2002. 590 pp., 295 figs., 4 pls.

Insecta vol. 29 Hymenoptera: Dyrinidae. He Junhua and Xu Zaifu, 2002. 464 pp., 397 figs.

Insecta vol. 30 Lepidoptera: Lymantriidae. Zhao Zhongling (Chao Chungling), 2003. 484 pp., 270 figs., 10 pls.

Insecta vol. 31 Lepidoptera: Notodontidae. Wu Chunsheng and Fang Chenglai, 2003. 952 pp., 530 figs., 8 pls.

Insecta vol. 32 Orthoptera: Acridoidea: Gomphoceridae, Acrididae. Yin Xiangchu, Xia Kailing *et al.*, 2003. 280 pp., 144 figs.

Insecta vol. 33 Hemiptera: Miridae, Mirinae. Zheng Leyi, Lü Nan, Liu Guoqing and Xu Binghong, 2004. 797 pp., 228 figs., 8 pls.

Insecta vol. 34 Diptera: Empididae, Hemerodromiinae and Hybotinae. Yang Ding and Yang Chikun, 2004.

334 pp., 474 figs., 1 pls.

Insecta vol. 35 Dermaptera. Chen Yixin and Ma Wenzhen, 2004. 420 pp., 199 figs., 8 pls.

Insecta vol. 36 Lepidoptera: Thyatiridae. Zhao Zhongling, 2004. 291 pp., 153 figs., 5 pls.

Insecta vol. 37 Hymenoptera: Braconidae II. Chen Xuexin, He Junhua and Ma Yun, 2004. 518 pp., 1183 figs., 103 pls.

Insecta vol. 38 Lepidoptera: Hepialidae, Epiplemidae. Zhu Hongfu, Wang Linyao and Han Hongxiang, 2004. 291 pp., 179 figs., 8 pls.

Insecta vol. 39 Neuroptera: Chrysopidae. Yang Xingke, Yang Jikun and Li Wenzhu, 2005. 398 pp., 240 figs., 4 pls.

Insecta vol. 40 Coleoptera: Eumolpidae: Eumolpinae. Tan Juanjie, Wang Shuyong and Zhou Hongzhang, 2005. 415 pp., 95 figs., 8 pls.

Insecta vol. 41 Diptera: Muscidae I. Fan Zide *et al.*, 2005. 476 pp., 226 figs., 8 pls.

Insecta vol. 42 Hymenoptera: Pteromalidae. Huang Dawei and Xiao Hui, 2005. 388 pp., 432 figs., 5 pls.

Insecta vol. 43 Orthoptera: Acridoidea: Catantopidae. Li Hongchang and Xia Kailing, 2006. 736pp., 325 figs.

Insecta vol. 44 Hymenoptera: Megachilidae. Wu Yanru, 2006. 474 pp., 180 figs., 4 pls.

Insecta vol. 45 Diptera: Homoptera: Delphacidae. Ding Jinhua, 2006. 776 pp., 351 figs., 20 pls.

Insecta vol. 46 Hymenoptera: Braconidae: Agathidinae. Chen Jiahua and Yang Jianquan, 2006. 301 pp., 81 figs., 32 pls.

Insecta vol. 47 Lepidoptera: Lasiocampidae. Liu Youqiao and Wu Chunsheng, 2006. 385 pp., 248 figs., 8 pls.

Insecta Saiphonaptera(2 volumes). Wu Houyong *et al.*, 2007. 2174 pp., 2475 figs.

Insecta vol. 49 Diptera: Muscidae. Fan Zide *et al.*, 2008. 1186 pp., 276 figs., 4 pls.

Insecta vol. 50 Diptera: Syrphidae. Huang Chunmei and Cheng Xinyue, 2012. 852 pp., 418 figs., 8 pls.

Insecta vol. 51 Megaloptera. Yang Ding and Liu Xingyue, 2010. 457 pp., 176 figs., 14 pls.

Insecta vol. 52 Lepidoptera: Pieridae. Wu Chunsheng, 2010. 416 pp., 174 figs., 16 pls.

Insecta vol. 53 Diptera Dolichopodidae(2 volumes). Yang Ding *et al.*, 2011. 1912 pp., 1017 figs., 7 pls.

Insecta vol. 54 Lepidoptera: Geometridae: Geometrinae. Han Hongxiang and Xue Dayong, 2011. 787 pp., 929 figs., 20 pls.

Insecta vol. 55 Lepidoptera: Hesperiidae. Yuan Feng, Yuan Xiangqun and Xue Guoxi, 2015. 754 pp., 280 figs., 15 pls.

Insecta vol. 56 Hymenoptera: Proctotrupoidea(I). He Junhua and Xu Zaifu, 2015. 1078 pp., 485 figs.

Insecta vol. 57 Orthoptera: Tettigoniidae: Phaneropterinae. Kang Le *et al.*, 2013. 574 pp., 291 figs., 31 pls.

Insecta vol. 58 Plecoptera: Nemouroides. Yang Ding, Li Weihai and Zhu Fang, 2014. 518 pp., 294 figs., 12 pls.

Insecta vol. 59 Diptera: Tabanidae. Xu Rongman and Sun Yi, 2013. 870 pp., 495 figs., 17 pls.

Insecta vol. 60 Hemiptera: Hormaphididae, Phloeomyzidae. Qiao Gexia, Jiang Liyun, Chen Jing, Zhang Guangxue and Zhong Tiesen, 2017. 414 pp., 137 figs., 8 pls.

Insecta vol. 61 Coleoptera: Chrysomelidae: Chrysomelinae. Yang Xingke, Ge Siqin, Wang Shuyong, Li Wenzhu and Cui Junzhi, 2014. 641 pp., 378 figs., 8 pls.

Insecta vol. 62 Hemiptera: Miridae(II): Orthotylinae. Liu Guoqing and Zheng Leyi, 2014. 297 pp., 134 figs., 13 pls.

Insecta vol. 63 Coleoptera: Tenebrionidae(I). Ren Guodong *et al.*, 2016. 534 pp., 248 figs., 49 pls.

Insecta vol. 64 Chalcidoidea : Pteromalidae(II): Pteromalinae. Xiao Hui *et al.*, 2019. 495 pp., 186 figs., 12 pls.

Insecta vol. 65 Diptera: Rhagionidae and Athericidae. Yang Ding, Dong Hui and Zhang Kuiyan. 2016. 476 pp., 222 figs., 7 pls.

Insecta vol. 67 Hemiptera: Cicadellidae (II): Cicadellinae. Yang Maofa, Meng Zehong and Li Zizhong. 2017. 637pp., 312 figs., 27 pls.

Insecta vol. 68 Neuroptera: Myrmeleontoidea. Wang Xinli, Zhan Qingbin and Wang Aiqin. 2018. 285 pp., 2 figs., 38 pls.

Insecta vol. 69 Thysanoptera (2 volumes). Feng Jinian *et al.,* 2021. 984 pp., 420 figs.

Insecta vol. 70 Hemiptera: Caliscelidae, Issidae. Zhang Yalin, Che Yanli, Meng Rui and Wang Yinglun. 2020. 655 pp., 224 figs., 43 pls.

Insecta vol. 72 Hemiptera: Cicadellidae (IV): Evacanthinae. Li Zizhong, Li Yujian and Xing Jichun. 2020. 547 pp., 303 figs., 14 pls.

Insecta vol. 73 Hemiptera: Miridae (III): Bryocorinae, Cylapinae, Deraeocorinae, Isometopinae and Psallopinae. Liu Guoqing, Mu Yiran, Xu Jingyang and Liu Lin. 2022. 606pp., 217 figs., 17 pls.

Insecta vol. 75 Coleoptera: Histeroidea: Sphaeritidae, Synteliidae and Histeridae. Zhou Hongzhang, Luo Tianhong and Zhang Yejun. 2022. 702pp., 252 figs., 3 pls.

Invertebrata vol. 1 Crustacea: Freshwater Cladocera. Chiang Siehchih and Du Nanshang, 1979. 297 pp.,192 figs.

Invertebrata vol. 2 Crustacea: Freshwater Copepoda. Shen Jiarui *et al.*, 1979. 450 pp., 255 figs.

Invertebrata vol. 3 Trematoda: Digenea I. Chen Xintao *et al.*, 1985. 697 pp., 469 figs., 12 pls.

Invertebrata vol. 4 Cephalopode. Dong Zhengzhi, 1988. 201 pp., 124 figs., 4 pls.

Invertebrata vol. 5 Hirudinea: Euhirudinea and Branchiobdellidea. Yang Tong, 1996. 259 pp., 141 figs.

Invertebrata vol. 6 Holothuroidea. Liao Yulin, 1997. 334 pp., 170 figs., 2 pls.

Invertebrata vol. 7 Gastropoda: Mesogastropoda: Cypraeacea. Ma Xiutong, 1997. 283 pp., 96 figs., 12 pls.

Invertebrata vol. 8 Arachnida: Araneae: Thomisidae and Philodromidae. Song Daxiang and Zhu Mingsheng, 1997. 259 pp., 154 figs.

Invertebrata vol. 9 Polychaeta: Phyllodocimorpha. Wu Baoling, Wu Qiquan, Qiu Jianwen and Lu Hua, 1997. 323pp., 180 figs.

Invertebrata vol. 10 Arachnida: Araneae: Araneidae. Yin Changmin *et al*., 1997. 460 pp., 292 figs.

Invertebrata vol. 11 Gastropoda: Opisthobranchia: Cephalaspidea. Lin Guangyu, 1997. 246 pp., 35 figs., 28 pls.

Invertebrata vol. 12 Bivalvia: Mytiloida. Wang Zhenrui, 1997. 268 pp., 126 figs., 4 pls.

Invertebrata vol. 13 Arachnida: Araneae: Theridiidae. Zhu Mingsheng, 1998. 436 pp., 233 figs., 1 pl.

Invertebrata vol. 14 Sacodina: Acantharia and Spumellaria. Tan Zhiyuan, 1998. 315 pp., 273 figs., 25 pls.

Invertebrata vol. 15 Myxosporea. Chen Chihleu and Ma Chenglun, 1998. 805 pp., 30 figs., 180 pls.

Invertebrata vol. 16 Anthozoa: Actiniaria, Ceriantharis and Zoanthidea. Pei Zunan, 1998. 286 pp., 149 figs., 22 pls.

Invertebrata vol. 17 Crustacea: Decapoda: Parathelphusidae and Potamidae. Dai Aiyun, 1999. 501 pp., 238 figs., 31 pls.

Invertebrata vol. 18 Protura. Yin Wenying, 1999. 510 pp., 275 figs., 8 pls.

Invertebrata vol. 19 Gastropoda: Pulmonata: Stylommatophora: Clausiliidae. Chen Deniu and Zhang Guoqing, 1999. 210 pp., 128 figs., 5 pls.

Invertebrata vol. 20 Bivalvia: Protobranchia and Anomalodesmata. Xu Fengshan, 1999. 244 pp., 156 figs.

Invertebrata vol. 21 Crustacea: Mysidacea. Liu Ruiyu (J. Y. Liu) and Wang Shaowu, 2000. 326 pp., 110 figs.

Invertebrata vol. 22 Monogenea. Wu Baohua, Lang Suo and Wang Weijun, 2000. 756 pp., 598 figs., 2 pls.

Invertebrata vol. 23 Anthozoa: Scleractinia: Hermatypic coral. Zou Renlin, 2001. 289 pp., 9 figs., 47+8 pls.

Invertebrata vol. 24 Bivalvia: Veneridae. Zhuang Qiqian, 2001. 278 pp., 145 figs.

Invertebrata vol. 25 Nematoda: Rhabditida: Strongylata I. Wu Shuqing *et al.*, 2001. 489 pp., 201 figs.

Invertebrata vol. 26 Foraminiferea: Agglutinated Foraminifera. Zheng Shouyi and Fu Zhaoxian, 2001. 788 pp., 130 figs., 122 pls.

Invertebrata vol. 27 Hydrozoa and Scyphomedusae. Gao Shangwu, Hong Hueshin and Zhang Shimei, 2002. 275 pp., 136 figs.

Invertebrata vol. 28 Crustacea: Amphipoda: Hyperiidae. Chen Qingchao and Shi Changtai, 2002. 249 pp., 178 figs.

Invertebrata vol. 29 Gastropoda: Archaeogastropoda: Trochacea. Dong Zhengzhi, 2002. 210 pp., 176 figs., 2 pls.

Invertebrata vol. 30 Crustacea: Brachyura: Marine primitive crabs. Chen Huilian and Sun Haibao, 2002. 597 pp., 237 figs., 16 pls.

Invertebrata vol. 31 Bivalvia: Pteriina. Wang Zhenrui, 2002. 374 pp., 152 figs., 7 pls.

Invertebrata vol. 32 Polycystinea: Nasellaria; Phaeodarea: Phaeodaria. Tan Zhiyuan and Su Xinghui, 2003. 295 pp., 193 figs., 25 pls.

Invertebrata vol. 33 Annelida: Polychaeta II Nereidida. Sun Ruiping and Yang Derjian, 2004. 520 pp., 267 figs., 193 pls.

Invertebrata vol. 34 Mollusca: Gastropoda Tonnacea, Zhang Suping and Ma Xiutong, 2004. 243 pp., 123 figs., 1 pl.

Invertebrata vol. 35 Arachnida: Araneae: Tetragnathidae. Zhu Mingsheng, Song Daxiang and Zhang Junxia, 2003. 402 pp., 174 figs., 5+11 pls.

Invertebrata vol. 36 Crustacea: Decapoda, Atyidae. Liang Xiangqiu, 2004. 375 pp., 156 figs.

Invertebrata vol. 37 Mollusca: Gastropoda: Stylommatophora: Bradybaenidae. Chen Deniu and Zhang

Guoqing, 2004. 482 pp., 409 figs., 8 pls.

Invertebrata vol. 38 Chaetognatha: Sagittoidea. Xiao Yichang, 2004. 201 pp., 89 figs.

Invertebrata vol. 39 Arachnida: Araneae: Gnaphosidae. Song Daxiang, Zhu Mingsheng and Zhang Feng, 2004. 362 pp., 175 figs.

Invertebrata vol. 40 Echinodermata: Ophiuroidea. Liao Yulin, 2004. 505 pp., 244 figs., 6 pls.

Invertebrata vol. 41 Crustacea: Amphipoda: Gammaridea I. Ren Xianqiu, 2006. 588 pp., 194 figs.

Invertebrata vol. 42 Crustacea: Cirripedia: Thoracica. Liu Ruiyu and Ren Xianqiu, 2007. 632 pp., 239 figs.

Invertebrata vol. 43 Crustacea: Amphipoda: Gammaridea II. Ren Xianqiu, 2012. 651 pp., 197 figs.

Invertebrata vol. 44 Crustacea: Decapoda: Palaemonoidea. Li Xinzheng, Liu Ruiyu, Liang Xingqiu and Chen Guoxiao, 2007. 381 pp., 157 figs.

Invertebrata vol. 45 Ciliophora: Oligohymenophorea: Peritrichida. Shen Yunfen and Gu Manru, 2016. 502 pp., 164 figs., 2 pls.

Invertebrata vol. 46 Sipuncula, Echiura. Zhou Hong, Li Fenglu and Wang Wei, 2007. 206 pp., 95 figs.

Invertebrata vol. 47 Arachnida: Acari: Phytoseiidae. Wu weinan, Ou Jianfeng and Huang Jingling. 2009. 511 pp., 287 figs., 9 pls.

Invertebrata vol. 48 Mollusca: Bivalvia: Lucinacea, Carditacea, Crassatellacea and Cardiacea. Xu Fengshan. 2012. 239 pp., 133 figs.

Invertebrata vol. 49 Crustacea: Decapoda: Portunidae. Yang Siliang, Chen Huilian and Dai Aiyun. 2012. 417 pp., 138 figs., 14 pls.

Invertebrata vol. 50 Tardigrada. Yang Tong. 2015. 279 pp., 131 figs., 5 pls.

Invertebrata vol. 51 Nematoda: Rhabditida: Strongylata (II). Zhang Luping and Kong Fanyao. 2014. 316 pp., 97 figs., 19 pls.

Invertebrata vol. 52 Platyhelminthes: Trematoda: Dgenea (III). Qiu Zhaozhi *et al.*. 2018. 746 pp., 401 figs.

Invertebrata vol. 53 Arachnida: Araneae: Salticidae. Peng Xianjin.2020. 612pp., 392 figs.

Invertebrata vol. 54 Annelida: Polychaeta (III): Sabellida. Sun Ruiping and Yang Dejian. 2014. 493 pp., 239 figs., 2 pls.

Invertebrata vol. 55 Mollusca: Gastropoda: Conidae. Li Fenglan and Lin Minyu. 2016. 288 pp., 168 figs., 4 pls.

Invertebrata vol. 56 Mollusca: Gastropoda: Strombacea and Naticacea. Zhang Suping. 2016. 318 pp., 138 figs., 10 pls.

Invertebrata vol. 57 Mollusca: Bivalvia: Tellinidae and Semelidae. Xu Fengshan and Zhang Junlong. 2017. 236 pp., 50 figs., 15 pls.

Invertebrata vol. 58 Mollusca: Gastropoda: Enoidea. Wu Min. 2018. 300 pp., 63 figs., 6 pls.

Invertebrata vol. 59 Arachnida: Araneae: Agelenidae and Amaurobiidae. Zhu Mingsheng, Wang Xinping and Zhang Zhisheng. 2017. 727 pp., 384 figs., 5 pls.

Invertebrata vol. 62 Mollusca: Gastropoda: Muricidae. Zhang Suping. 2022. 428 pp., 250 figs.

ECONOMIC FAUNA OF CHINA

Mammals. Shou Zhenhuang *et al*., 1962. 554 pp., 153 figs., 72 pls.

Aves. Cheng Tsohsin *et al*., 1963. 694 pp., 10 figs., 64 pls.

Marine fishes. Chen Qingtai *et al*., 1962. 174 pp., 25 figs., 32 pls.

Freshwater fishes. Wu Xianwen *et al*., 1963. 159 pp., 122 figs., 30 pls.

Parasitic Crustacea of Freshwater Fishes. Kuang Puren and Qian Jinhui, 1991. 203 pp., 110 figs.

Annelida. Echinodermata. Prorochordata. Wu Baoling *et al*., 1963. 141 pp., 65 figs., 16 pls.

Marine mollusca. Zhang Xi and Qi Zhougyan, 1962. 246 pp., 148 figs.

Freshwater molluscs. Liu Yueyin *et al*., 1979.134 pp., 110 figs.

Terrestrial molluscs. Chen Deniu and Gao Jiaxiang, 1987. 186 pp., 224 figs.

Parasitic worms. Wu Shuqing, Yin Wenzhen and Shen Shouxun, 1960. 368 pp., 158 figs.

Economic birds of China (Second edition). Cheng Tsohsin, 1993. 619 pp., 64 pls.

ECONOMIC INSECT FAUNA OF CHINA

Fasc. 1 Coleoptera: Cerambycidae. Chen Sicien *et al*., 1959. 120 pp., 21 figs., 40 pls.

Fasc. 2 Hemiptera: Pentatomidae. Yang Weiyi, 1962. 138 pp., 11 figs., 10 pls.

Fasc. 3 Lepidoptera: Noctuidae I. Chu Hongfu and Chen Yixin, 1963. 172 pp., 22 figs., 10 pls.

Fasc. 4 Coleoptera: Tenebrionidae. Zhao Yangchang, 1963. 63 pp., 27 figs., 7 pls.

Fasc. 5 Coleoptera: Coccinellidae. Liu Chongle, 1963. 101 pp., 27 figs., 11pls.

Fasc. 6 Lepidoptera: Noctuidae II. Chu Hongfu *et al*., 1964. 183 pp., 11 pls.

Fasc. 7 Lepidoptera: Noctuidae III. Chu Hongfu, Fang Chenglai and Wang Lingyao, 1963. 120 pp., 28 figs., 31 pls.

Fasc. 8 Isoptera: Termitidae. Cai Bonghua and Chen Ningsheng, 1964. 141 pp., 79 figs., 8 pls.

Fasc. 9 Hymenoptera: Apoidea. Wu Yanru, 1965. 83 pp., 40 figs., 7 pls.

Fasc. 10 Homoptera: Cicadellidae. Ge Zhongling, 1966. 170 pp., 150 figs.

Fasc. 11 Lepidoptera: Tortricidae I. Liu Youqiao and Bai Jiuwei, 1977. 93 pp., 23 figs., 24 pls.

Fasc. 12 Lepidoptera: Lymantriidae I. Chao Chungling, 1978. 121 pp., 45 figs., 18 pls.

Fasc. 13 Diptera: Ceratopogonidae. Li Tiesheng, 1978. 124 pp., 104 figs.

Fasc. 14 Coleoptera: Coccinellidae II. Pang Xiongfei and Mao Jinlong, 1979. 170 pp., 164 figs., 16 pls.

Fasc. 15 Acarina: Lxodoidea. Teng Kuofan, 1978. 174 pp., 707 figs.

Fasc. 16 Lepidoptera: Notodontidae. Cai Rongquan, 1979. 166 pp., 126 figs., 19 pls.

Fasc. 17 Acarina: Camasina. Pan Zungwen and Teng Kuofan, 1980. 155 pp., 168 figs.

Fasc. 18 Coleoptera: Chrysomeloidea I. Tang Juanjie *et al*., 1980. 213 pp., 194 figs., 18 pls.

Fasc. 19 Coleoptera: Cerambycidae II. Pu Fuji, 1980. 146 pp., 42 figs., 12 pls.

Fasc. 20 Coleoptera: Curculionidae I. Chao Yungchang and Chen Yuanqing, 1980. 184 pp., 73 figs., 14 pls.

Fasc. 21 Lepidoptera: Pyralidae. Wang Pingyuan, 1980. 229 pp., 40 figs., 32 pls.

Fasc. 22 Lepidoptera: Sphingidae. Zhu Hongfu and Wang Lingyao, 1980. 84 pp., 17 figs., 34 pls.

Fasc. 23 Acariformes: Tetranychoidea. Wang Huifu, 1981. 150 pp., 121 figs., 4 pls.

Fasc. 24 Homoptera: Pseudococcidae. Wang Tzeching, 1982. 119 pp., 75 figs.

Fasc. 25 Homoptera: Aphidinea I. Zhang Guangxue and Zhong Tiesen, 1983. 387 pp., 207 figs., 32 pls.

Fasc. 26 Diptera: Tabanidae. Wang Zunming, 1983. 128 pp., 243 figs., 8 pls.

Fasc. 27 Homoptera: Delphacidae. Kuoh Changlin et al., 1983. 166 pp., 132 figs., 13 pls.

Fasc. 28 Coleoptera: Larvae of Scarabaeoidae. Zhang Zhili, 1984. 107 pp., 17. figs., 21 pls.

Fasc. 29 Coleoptera: Scolytidae. Yin Huifen, Huang Fusheng and Li Zhaoling, 1984. 205 pp., 132 figs., 19 pls.

Fasc. 30 Hymenoptera: Vespoidea. Li Tiesheng, 1985. 159pp., 21 figs., 12pls.

Fasc. 31 Hemiptera I. Zhang Shimei, 1985. 242 pp., 196 figs., 59 pls.

Fasc. 32 Lepidoptera: Noctuidae IV. Chen Yixin, 1985. 167 pp., 61 figs., 15 pls.

Fasc. 33 Lepidoptera: Arctiidae. Fang Chenglai, 1985. 100 pp., 69 figs., 10 pls.

Fasc. 34 Hymenoptera: Chalcidoidea I. Liao Dingxi et al., 1987. 241 pp., 113 figs., 24 pls.

Fasc. 35 Coleoptera: Cerambycidae III. Chiang Shunan. Pu Fuji and Hua Lizhong, 1985. 189 pp., 2 figs., 13 pls.

Fasc. 36 Homoptera: Fulgoroidea. Chou Io et al., 1985. 152 pp., 125 figs., 2 pls.

Fasc. 37 Diptera: Anthomyiidae. Fan Zide et al., 1988. 396 pp., 1215 figs., 10 pls.

Fasc. 38 Diptera: Ceratopogonidae II. Lee Tiesheng, 1988. 127 pp., 107 figs.

Fasc. 39 Acari: Ixodidae. Teng Kuofan and Jiang Zaijie, 1991. 359 pp., 354 figs.

Fasc. 40 Acari: Dermanyssoideae, Teng Kuofan et al., 1993. 391 pp., 318 figs.

Fasc. 41 Hymenoptera: Pteromalidae I. Huang Dawei, 1993. 196 pp., 252 figs.

Fasc. 42 Lepidoptera: Lymantriidae II. Chao Chungling, 1994. 165 pp., 103 figs., 10 pls.

Fasc. 43 Homoptera: Coccidea. Wang Tzeching, 1994. 302 pp., 107 figs.

Fasc. 44 Acari: Eriophyoidea I. Kuang Haiyuan, 1995. 198 pp., 163 figs., 7 pls.

Fasc. 45 Diptera: Tabanidae II. Wang Zunming, 1994. 196 pp., 182 figs., 8 pls.

Fasc. 46 Coleoptera: Cetoniidae, Trichiidae, Valgidae. Ma Wenzhen, 1995. 210 pp., 171 figs., 5 pls.

Fasc. 47 Hymenoptera: Formicidae I. Tang Jub, 1995. 134 pp., 135 figs.

Fasc. 48 Ephemeroptera. You Dashou et al., 1995. 152 pp., 154 figs.

Fasc. 49 Trichoptera I: Hydroptilidae, Stenopsychidae, Hydropsychidae, Leptoceridae. Tian Lixin et al., 1996. 195 pp., 271 figs., 2 pls.

Fasc. 50 Hemiptera II: Zhang Shimei et al., 1995. 169 pp., 46 figs., 24 pls.

Fasc. 51 Hymenoptera: Ichneumonidae. He Junhua, Chen Xuexin and Ma Yun, 1996. 697 pp., 434 figs.

Fasc. 52 Hymenoptera: Sphecidae. Wu Yanru and Zhou Qin, 1996. 197 pp., 167 figs., 14 pls.

Fasc. 53 Acari: Phytoseiidae. Wu Weinan et al., 1997. 223 pp., 169 figs., 3 pls.

1 (♂)、2 (♀) 卜氏蕨盲蝽 *Bryocoris* (*Bryocoris*) *bui* Hu *et* Zheng；3 (♂)、4 (♀) 凹背蕨盲蝽 *Bryocoris* (*Bryocoris*) *concavus* Hu *et* Zheng；5 (♂)、6 (♀) 台湾蕨盲蝽 *Bryocoris* (*Bryocoris*) *formosensis* Lin；7 (♂)、8 (♀) 纤蕨盲蝽 *Bryocoris* (*Bryocoris*) *gracilis* Linnavuori；9 (♂)、10 (♂)、11 (♀) 奇突蕨盲蝽 *Bryocoris* (*Bryocoris*) *insuetus* Hu *et* Zheng；12 (♂) 亮蕨盲蝽 *Bryocoris* (*Bryocoris*) *nitidus* Hu *et* Zheng；13 (♂)、14 (♀) 熊氏蕨盲蝽 *Bryocoris* (*Bryocoris*) *xiongi* Hu *et* Zheng；15 (♂)、16 (♀) 锥喙蕨盲蝽 *Bryocoris* (*Cobalorrhynchus*) *biquadrangulifer* (Reuter)

图版 II

17 (♂)、18 (♀) 隆背蕨盲蝽 *Bryocoris* (*Cobalorrhynchus*) *convexicollis* Hsiao；19 (♂)、20 (♀) 黄头蕨盲蝽 *Bryocoris* (*Cobalorrhynchus*) *flaviceps* Zheng *et* Liu；21 (♂) 、22 (♀) 萧氏蕨盲蝽 *Bryocoris* (*Cobalorrhynchus*) *hsiaoi* Zheng *et* Liu；23 (♂)、24 (♀) 宽蕨盲蝽 *Bryocoris* (*Cobalorrhynchus*) *latiusculus* Hu *et* Zheng；25 (♂)、26 (♀) 李氏蕨盲蝽 *Bryocoris* (*Cobalorrhynchus*) *lii* Hu *et* Zheng；27 (♂)、28 (♀) 叶突蕨盲蝽 *Bryocoris* (*Cobalorrhynchus*) *lobatus* Hu *et* Zheng；29 (♂)、30 (♀) 四川蕨盲蝽 *Bryocoris* (*Cobalorrhynchus*) *sichuanensis* Hu *et* Zheng；31 (♂)、32 (♀) 带蕨盲蝽 *Bryocoris* (*Cobalorrhynchus*) *vittatus* Hu *et* Zheng

33 (♂)、34 (♀) 褐亥盲蝽 *Hekista novitius* (Distant)；35 (♂)、36 (♀) 亚东亥盲蝽，新种 *Hekista yadongiensis* Mu *et* Liu, sp. nov.；37 (♂)、38 (♀) 大岛微盲蝽 *Monalocoris amamianus* Yasunaga；39 (♂)、40 (♀) 蕨微盲蝽 *Monalocoris filicis* (Linnaeus)；41 (♀) 黄盾微盲蝽 *Monalocoris fulviscutellatus* Hu *et* Zheng；42 (♂) 黑黄微盲蝽 *Monalocoris nigroflavis* Hu *et* Zheng；43 (♂)、44 (♀) 赭胸微盲蝽 *Monalocoris ochraceus* Hu *et* Zheng；45 (♂)、46 (♀) 均黑微盲蝽，新种 *Monalocoris totanigrus* Mu *et* Liu, sp. nov.；47 (♂)、48 (♀) 褐唇弓盲蝽，新种 *Cyrtopeltis clypealis* Mu *et* Liu, sp. nov.

图版 IV

49 (♂) 黑棘弓盲蝽，新种 *Cyrtopeltis nigripilis* Mu et Liu, sp. nov.；50 (♂) 狭显胝盲蝽，新种 *Dicyphus angustifolius* Mu et Liu, sp. nov.；51 (♂) 斑显胝盲蝽，新种 *Dicyphus bimaculiformis* Mu et Liu, sp. nov.；52 (♂)、53 (♀) 粗领显胝盲蝽，新种 *Dicyphus collierromerus* Mu et Liu, sp. nov.；54 (♂)、55 (♀) 心显胝盲蝽，新种 *Dicyphus cordatus* Mu et Liu, sp. nov.；56 (♂)、57 (♀) 长角显胝盲蝽，新种 *Dicyphus longicomis* Mu et Liu, sp. nov.；58 (♂)、59 (♀) 黑额显胝盲蝽 *Dicyphus nigrifrons* Reuter；60 (♂)、61 (♀) 朴氏显胝盲蝽 *Dicyphus parkheoni* Lee et Kerzhner；62 (♂)、63 (♀) 灰长颈盲蝽 *Macrolophus glaucescens* Fieber；64 (♀) 寻常烟盲蝽 *Nesidiocoris plebejus* (Poppius)

65 (♂)、66 (♀) 波氏烟盲蝽 *Nesidiocoris poppiusi* (Carvalho)；67 (♂)、68 (♀) 烟盲蝽 *Nesidiocoris tenuis* (Reuter)；69 (♀) 暗角锡兰盲蝽 *Singhalesia obscuricornis* (Poppius)；70 (♀) 环图盲蝽 *Tupiocoris annulifer* (Lindberg)；71 (♂)、72 (♀) 狄盲蝽 *Dimia inexspectata* Kerzhner；73 (♀) 单色真颈盲蝽 *Eupachypeltis unicolor* Hu *et* Zheng；74 (♂)、75 (♀) 艳丽菲盲蝽 *Felisacus bellus* Lin；76 (♂)、77 (♀) 弯带菲盲蝽 *Felisacus curvatus* Hu *et* Zheng；78 (♂)、79 (♀) 岛菲盲蝽 *Felisacus insularis* Miyamoto；80 (♂) 丽菲盲蝽 *Felisacus magnificus* Distant

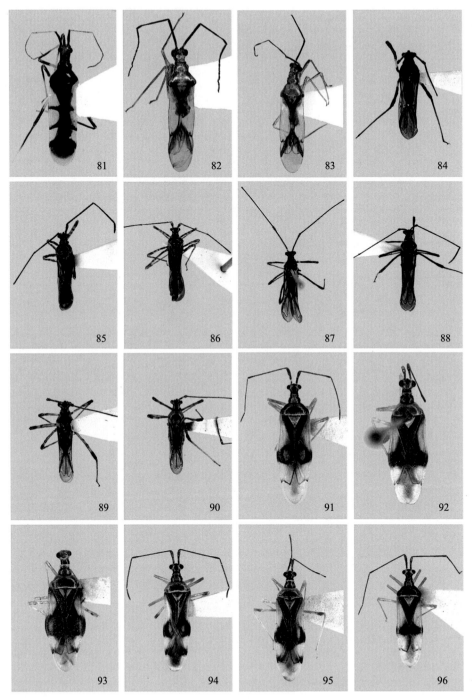

81 (♀) 丽菲盲蝽 *Felisacus magnificus* Distant；82 (♂)、83 (♀) 黑角菲盲蝽 *Felisacus nigricornis* Poppius；
84 (♂) 布氏角盲蝽 *Helopeltis bradyi* Waterhouse；85 (♂)、86 (♀) 金鸡纳角盲蝽 *Helopeltis cinchonae* Mann；
87 (♂)、88 (♀) 台湾角盲蝽 *Helopeltis fasciaticollis* Poppius；89 (♂)、90 (♀) 腰果角盲蝽 *Helopeltis theivora*
Waterhouse；91 (♀) 环曼盲蝽 *Mansoniella annulata* Hu *et* Zheng；92 (♀) 樟曼盲蝽 *Mansoniella cinnamomi*
(Zheng *et* Liu)；93 (♀) 脊曼盲蝽 *Mansoniella cristata* Hu *et* Zheng；94 (♂)、95 (♀) 狭长曼盲蝽 *Mansoniella*
elongata Hu *et* Zheng； 96 (♂) 黄翅曼盲蝽 *Mansoniella flava* Hu *et* Zheng

97 (♂)、98 (♀) 胡桃曼盲蝽 *Mansoniella juglandis* Hu *et* Zheng；99 (♂) 瑰环曼盲蝽 *Mansoniella rosacea* Hu *et* Zheng；100 (♀) 赤环曼盲蝽 *Mansoniella rubida* Hu *et* Zheng；101 (♂)、102 (♀) 红带曼盲蝽，新种 *Mansoniella rubistrigata* Liu *et* Mu, sp. nov.；103 (♂)、104 (♀) 檫木曼盲蝽 *Mansoniella sassafri* (Zheng *et* Liu)；105 (♂)、106 (♀) 王氏曼盲蝽 *Mansoniella wangi* (Zheng *et* Liu)；107 (♂)、108 (♀) 二型颈盲蝽 *Pachypeltis biformis* Hu *et* Zheng；109 (♂)、110 (♀) 薇甘菊颈盲蝽 *Pachypeltis micranthus* Mu *et* Liu；111 (♂)、'112 (♀) 黑斑颈盲蝽 *Pachypeltis politum* (Walker)

113 (♂)、114 (♀) 刻胸拟颈盲蝽 *Parapachypeltis punctatus* Hu et Zheng；115 (♂)、116 (♀) 红色拉盲蝽
Ragwelellus rubrinus Hu et Zheng；117 (♂)、118 (♀) 肉桂泡盾盲蝽 *Pseudodoniella chinensis* Zheng；119
(♂)、120 (♀) 八角泡盾盲蝽 *Pseudodoniella typica* (China et Carvalho)；121 (♂) 灰黄球盾盲蝽，新种
Rhopaliceschatus flavicanus Liu et Mu, sp. nov.；122 (♀) 四斑球盾盲蝽 *Rhopaliceschatus quadrimaculatus*
Reuter；123 (♀) 孟加拉榕盲蝽 *Dioclerus bengalicus* Stonedahl；124 (♀) 卢榕盲蝽 *Dioclerus lutheri*
(Poppius)；125 (♂)、126 (♀) 泰榕盲蝽 *Dioclerus thailandensis* Stonedahl；127 (♂)、128 (♀) 淡盾芋盲蝽
Ernestinus pallidiscutum (Poppius)

129 (♂)、130 (♀) 缘薯蓣盲蝽 *Harpedona marginata* Distant；131 (♂)、132 (♀) 突薯蓣盲蝽，新种 *Harpedona projecta* Liu *et* Mu, sp. nov.；133 (♂)、134 (♀) 黑带杰氏盲蝽 *Jessopocoris aterovittatus* Mu *et* Liu；135 (♂)、136 (♀) 云南杰氏盲蝽 *Jessopocoris yunnananus* Mu *et* Liu；137 (♂)、138 (♀) 暗褐米盲蝽，新种 *Michailocoris brunneus* Liu *et* Mu, sp. nov.；139 (♂)、140 (♀) 中国米盲蝽 *Michailocoris chinensis* (Hsiao)；141 (♀) 三点米盲蝽 *Michailocoris triamaculosus* Lin；142 (♂)、143 (♀) 黄唇蕉盲蝽 *Prodromus clypeatus* Distant；144 (♂) 黑带蕉盲蝽，新种 *Prodromus nigrivittatus* Liu *et* Mu, sp. nov.

145 (♂)、146 (♀)、147 (♀) 黑带蕉盲蝽，新种 *Prodromus nigrivittatus* Liu *et* Mu, sp. nov.；148 (♂)、149 (♀) 暗息奈盲蝽，新种 *Sinevia atritota* Liu *et* Mu, sp. nov.；150 (♂)、151 (♀) 淡足息奈盲蝽 *Sinevia pallidipes* (Zheng *et* Liu)；152 (♀) 带毛膜盲蝽 *Bothriomiris dissimulans* (Walker)；153 (♂) 线塞盲蝽 *Cylapofulvidius lineolatus* Chérot *et* Gorczyca；154 (♂)、155 (♀) 花尖头盲蝽 *Fulvius anthocoroides* (Reuter)；156 (♂)、157 (♀) 地尖头盲蝽 *Fulvius dimidiatus* Poppius；158 (♂)、159 (♀) 藏尖头盲蝽，新种 *Fulvius tibetanus* Liu *et* Mu, sp. nov.；160 (♀) 小佩盲蝽 *Peritropis advena* Kerzhner

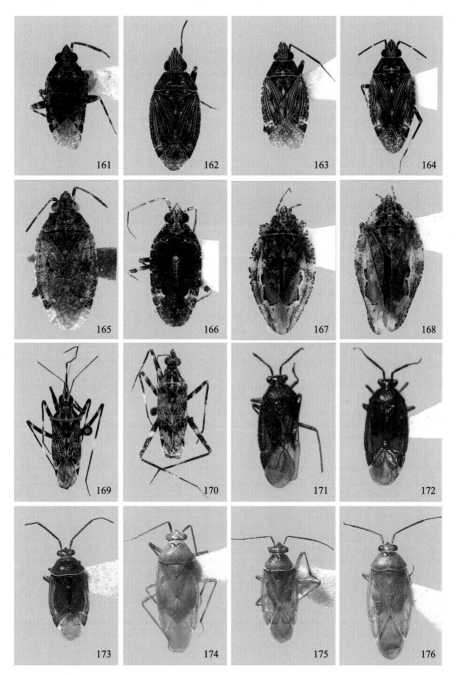

161 (♂) 伊佩盲蝽 *Peritropis electilis* Bergroth；162 (♀) 傍佩盲蝽 *Peritropis poppiana* Bergroth；163 (♂)、164 (♀) 斯佩盲蝽 *Peritropis similis* Poppius；165 (♀) 泰佩盲蝽 *Peritropis thailandica* Gorczyca；166 (♂) 云佩盲蝽，新种 *Peritropis yunnanensis* Liu *et* Mu, sp. nov.；167 (♂)、168 (♀) 鹦苏盲蝽 *Sulawesifulvius yinggelingensis* Mu *et* Liu；169 (♀) 散鲨盲蝽 *Rhinomiris conspersus* (Stål)；170 (♂) 斑鲨盲蝽 *Rhinomiris vicarius* (Walker)；171. 沟盲蝽 *Bothynotus pilosus* (Boheman)；172. 短角沟盲蝽，新种 *Bothynotus brevicornis* Xu *et* Liu, sp. nov.；173. 中国点盾盲蝽 *Alloeotomus chinensis* Reuter；174. 突肩点盾盲蝽 *Alloeotomus humeralis* Zheng *et* Ma；175. 克氏点盾盲蝽 *Alloeotomus kerzhneri* Qi *et* Nonnaizab；176. 东亚点盾盲蝽 *Alloeotomus simplus* (Uhler)

177. 云南点盾盲蝽 *Alloeotomus yunnanensis* Zheng et Ma; 178. 斑盾驼盲蝽 *Angerianus fractus* Distant; 179. 长角驼盲蝽, 新种 *Angerianus longicornis* Xu et Liu, sp. nov.; 180. 暗色驼盲蝽 *Angerianus marus* Distant; 181. 暗斑环盲蝽 *Cimicicapsus flavimaculus* Xu et Liu; 182. 朝鲜环盲蝽 *Cimicicapsus koreanus* (Linnavuori); 183. 山环盲蝽 *Cimicicapsus montanus* (Hsiao); 184. 小头环盲蝽 *Cimicicapsus parviceps* Poppius; 185. 拟朝鲜环盲蝽 *Cimicicapsus pseudokoreanus* Xu et Liu; 186. 红环盲蝽 *Cimicicapsus rubidus* Xu et Liu; 187. 百花环盲蝽 *Cimicicapsus splendus* Xu et Liu; 188. 羽环盲蝽 *Cimicicapsus squamus* Xu et Liu; 189. 毛环盲蝽 *Cimicicapsus villosus* Xu et Liu; 190. 长谷川棒角盲蝽 *Cimidaeorus hasegawai* Nakatani, Yasunaga et Takai; 191. 黑红棒角盲蝽 *Cimidaeorus nigrorufus* Hsiao et Ren; 192. 斑腿齿爪盲蝽 *Deraeocoris* (*Camptobrochis*) *annulifemoralis* Ma et Liu

193. 环足齿爪盲蝽 *Deraeocoris (Camptobrochis) aphidicidus* Ballard；194. 雅齿爪盲蝽 *Deraeocoris (Camptobrochis) majesticus* Ma *et* Liu；195. 东洋齿爪盲蝽 *Deraeocoris (Camptobrochis) orientalis* (Distant)；196. 东方齿爪盲蝽 *Deraeocoris (Camptobrochis) onphoriensis* Josifov；197. 黑食蚜齿爪盲蝽 *Deraeocoris (Camptobrochis) punctulatus* (Fallén)；198. 小齿爪盲蝽 *Deraeocoris (Camptobrochis) serenus* (Douglas *et* Scott)；199. 西藏齿爪盲蝽, 新种 *Deraeocoris (Camptobrochis) tibetanus* Liu *et* Xu, sp. nov.；200. 邹氏齿爪盲蝽 *Deraeocoris (Camptobrochis) zoui* Ma *et* Zheng；201. 圆斑齿爪盲蝽 *Deraeocoris (Deraeocoris) ainoicus* Kerzhner；202. 凸胝齿爪盲蝽 *Deraeocoris (Deraeocoris) alticallus* Hsiao；203. 窄顶齿爪盲蝽 *Deraeocoris (Deraeocoris) angustiverticalis* Ma *et* Liu；204. 安徽齿爪盲蝽 *Deraeocoris (Deraeocoris) anhwenicus* Hsiao；205. 黑角齿爪盲蝽 *Deraeocoris (Deraeocoris) annulipes* Herrich-Schaeffer；206. 环齿爪盲蝽 *Deraeocoris (Deraeocoris) annulus* Hsiao *et* Ren；207. 斑楔齿爪盲蝽 *Deraeocoris (Deraeocoris) ater* (Jakovlev)；208. 光盾齿爪盲蝽, 新种 *Deraeocoris (Deraeocoris) calvifactus* Liu *et* Xu, sp. nov.

209. 弓盾齿爪盲蝽 *Deraeocoris* (*Deraeocoris*) *conspicuus* Ma *et* Liu；210. 铜黄齿爪盲蝽 *Deraeocoris* (*Deraeocoris*) *cupreus* Ma *et* Liu；211. 道真齿爪盲蝽，新种 *Deraeocoris* (*Deraeocoris*) *daozhenensis* Liu *et* Xu, sp. nov.；212. 滇西齿爪盲蝽，新种 *Deraeocoris* (*Deraeocoris*) *dianxiensis* Liu *et* Xu, sp. nov.；213. 黄头齿爪盲蝽 *Deraeocoris* (*Deraeocoris*) *flaviceps* Ma *et* Liu；214. 福建齿爪盲蝽 *Deraeocoris* (*Deraeocoris*) *fujianensis* Ma *et* Zheng；215. 贵州齿爪盲蝽 *Deraeocoris* (*Deraeocoris*) *guizhouensis* Ma *et* Zheng；216. 海岛齿爪盲蝽 *Deraeocoris* (*Deraeocoris*) *insularis* Ma *et* Liu；217. 克氏齿爪盲蝽 *Deraeocoris* (*Deraeocoris*) *kerzhneri* Josifov；218. 木本齿爪盲蝽 *Deraeocoris* (*Deraeocoris*) *kimotoi* Miyamoto；219. 多斑齿爪盲蝽，新种 *Deraeocoris* (*Deraeocoris*) *maculosus* Liu *et* Xu, sp. nov.；220. 大眼齿爪盲蝽 *Deraeocoris* (*Deraeocoris*) *magnioculatus* Liu；221. 黑胸齿爪盲蝽 *Deraeocoris* (*Deraeocoris*) *nigropectus* Hsiao；222. 大齿爪盲蝽 *Deraeocoris* (*Deraeocoris*) *olivaceus* (Fabricius)；223. 峨嵋齿爪盲蝽 *Deraeocoris* (*Deraeocoris*) *omeiensis* Hsiao *et* Ren；224. 黄齿爪盲蝽 *Deraeocoris* (*Deraeocoris*) *pallidicornis* Josifov

225. 平背齿爪盲蝽 *Deraeocoris (Deraeocoris) planus* Xu *et* Ma；226. 翘盾齿爪盲蝽 *Deraeocoris (Deraeocoris) plebejus* Poppius；227. 拟克氏齿爪盲蝽 *Deraeocoris (Deraeocoris) pseudokerzhneri* Ma *et* Zheng；228. 柳齿爪盲蝽 *Deraeocoris (Deraeocoris) salicis* Josifov；229. 大田齿爪盲蝽 *Deraeocoris (Deraeocoris) sanghonami* Lee *et* Kerzhner；230. 小艳盾齿爪盲蝽 *Deraeocoris (Deraeocoris) scutellaris* (Fabricius)；231. 艳盾齿爪盲蝽 *Deraeocoris (Deraeocoris) ventralis* Reuter；232. 王氏齿爪盲蝽 *Deraeocoris (Deraeocoris) wangi* Ma *et* Liu；233. 西南齿爪盲蝽, 新种 *Deraeocoris (Deraeocoris) xinanensis* Liu *et* Xu, sp. nov.；234. 安永齿爪盲蝽 *Deraeocoris (Deraeocoris) yasunagai* Nakatani；235. 郑氏齿爪盲蝽, 新种 *Deraeocoris (Deraeocoris) zhengi* Liu *et* Xu, sp. nov.；236. 丽盾齿爪盲蝽 *Deraeocoris (Knightocapsus) elegantulus* Horváth；237. 白盾齿爪盲蝽, 新种 *Deraeocoris (Plexaris) albidus* Liu *et* Xu, sp. nov.；238. 毛足齿爪盲蝽 *Deraeocoris (Plexaris) pilipes* (Reuter)；239. 黑带多盲蝽 *Dortus chinai* Miyamoto；240. 阿坡亮盲蝽 *Fingulus apoensis* Stonedahl *et* Cassis

241. 短喙亮盲蝽 *Fingulus brevirostris* Ren；242. 光领亮盲蝽 *Fingulus collaris* Miyamoto；243. 平亮盲蝽 *Fingulus inflatus* Stonedahl *et* Cassis；244. 红头亮盲蝽 *Fingulus ruficeps* Hsiao *et* Ren；245. 钝刺亮盲蝽 *Fingulus umbonatus* Stonedahl *et* Cassis；246. 双色显领盲蝽 *Paranix bicolor* Hsiao *et* Ren；247. 日本军配盲蝽 *Stethoconus japonicus* Schumacher；248. 统帅军配盲蝽 *Stethoconus praefectus* (Distant)；249. 扑氏军配盲蝽 *Stethoconus pyri* (Mella)；250. 罗氏军配盲蝽 *Stethoconus rhoksane* Linnavuori；251. 横带拟束盲蝽 *Apilophorus fasciatus* Hsiao *et* Ren；252. 山毛眼盲蝽 *Termatophylum montanum* Ren；253 (♂)、254 (♀) 北京树盲蝽 *Isometopus beijingensis* Ren *et* Yang；255. 陕西柚树盲蝽 *Isometopus citri* Ren；256. 褐斑树盲蝽 *Isometopus fasciatus* Hsiao

257. 海南树盲蝽 *Isometopus hainanus* Hsiao；258. 长谷川树盲蝽 *Isometopus hasegawai* Miyamoto；259. 淡缘树盲蝽 *Isometopus marginatus* Ren *et* Yang；260. 黑痣树盲蝽 *Isometopus nigrosignatus* Ren；261. 毛角树盲蝽 *Isometopus puberus* Ren；262. 邵武树盲蝽 *Isometopus shaowuensis* Ren；263 (♀) 天津树盲蝽 *Isometopus tianjinus* Hsiao；264. 花角桂树盲蝽 *Paloniella annulata* (Ren *et* Huang)；265. 平桂树盲蝽 *Paloniella parallela* Yasunaga *et* Hayashi；266. 西藏桂树盲蝽 *Paloniella xizangana* (Ren)；267. 郑氏侎树盲蝽 *Myiomma zhengi* Lin *et* Yang；268. 瘦树盲蝽 *Totta puspae* Yasunaga *et* Duwal；269. 红角瘦树盲蝽 *Totta rufercorna* Lin *et* Yang；270. 雁山奇树盲蝽 *Sophianus lamellatus* Ren *et* Yang；271. 褐撒盲蝽，新种 *Psallops badius* Liu *et* Mu, sp. nov.；272. 蝇头撒盲蝽 *Psallops myiocephalus* Yasunaga

(Q-4903.31)

ISBN 978-7-03-072518-9

9 787030 725189 >

定价: 829.00 元